第四届面向未来井筒工作液科技创新论坛论文集

孙金声　蒋官澄／主编

中国石化出版社
·北京·

图书在版编目(CIP)数据

第四届面向未来井筒工作液科技创新论坛论文集 / 孙金声，蒋官澄主编. -- 北京 : 中国石化出版社，2024. 12. -- ISBN 978-7-5114-7766-8

Ⅰ. TE254-53

中国国家版本馆 CIP 数据核字第 2024LQ8006 号

中国石化出版社出版发行

地址:北京市东城区安定门外大街 58 号
邮编:100011 电话:(010)57512500
发行部电话:(010)57512575
http://www. sinopec-press. com
E-mail:press@ sinopec. com
北京艾普海德印刷有限公司印刷
全国各地新华书店经销

*

880 毫米×1230 毫米 16 开本 36 印张 1074 千字
2024 年 12 月第 1 版　2024 年 12 月第 1 次印刷
定价:398. 00 元

《第四届面向未来井筒工作液科技创新论坛论文集》

编　委　会

前　言

在全球能源结构转型与科技创新的双重驱动下，井筒工作液在油气勘探开发中扮演着至关重要的角色，并正迎来空前的发展机遇。自习近平总书记提出“四个革命、一个合作”能源安全新战略以来，我国能源行业的发展路径更加明确，井筒工作液领域也因此获得了清晰的发展方向。在科技革命和产业变革的推动下，新技术、新理论、新领域的不断涌现，为提升我国油气勘探开发技术水平和增强国家能源安全保障能力做出了显著贡献。面对能源行业的持续变革，我国油田企业、石油院校及科研机构正聚焦科技创新，致力于井筒工作液的高效研发与应用，体现了国内油气田企业及科研机构在承担国家能源安全重任方面的积极作为，通过持续的技术创新和实践应用，有效提升了我国油气资源的安全保障水平，促进了新型生产力的发展，并确保了国家能源供应的自主可控，牢牢把握了能源安全的主动权。

为进一步提升油气企业的服务质量，科技创新在井筒工作液领域的发展中扮演着核心角色，旨在构建新型生产力，实现井筒工作液的持续高质量发展，增强能源供应保障能力。通过深入的技术交流和创新经验分享，促进技术成果的共建与共享，集中力量解决关键技术难题，推动企业与科研院所之间的深度融合，实现产业、学术、研究与应用的协同发展。为此，中国石油学会青年工作委员会联合中国石油大学(北京)、中国石油大学(华东)、西南石油大学、西安石油大学、东北石油大学、长江大学、北京石博诚科技有限公司、北京中能经信石油装备信息咨询中心，以“创新驱动，开创未来”为主题，于2024年12月4日至6日在长沙市举办“第四届面向未来井筒工作液科技创新论坛”。

本次大会得到了中国科学院、中国工程院，以及中国石油、中国石化、中国海油、中化集团、延长石油、相关高等院校和科研院所等各单位广大油气勘探专家和科技工作者的大力支持。论坛共收录了100篇论文，经过严格的评审，择优收入论文81篇辑册成集并公开出版发行，以展示其研究成果和创新点。此外，部分代表性论文将通过展板形式进行交流，以便与会者能够更直观地了解其内容。这些论文涵盖了井筒工作液的多个方面，包括但不限于新技术发展、新材料应用、新方法研究、环保性井筒工作液、人工智能与大数据在井筒工作液领域的应用等。

本论文集所收录的论文覆盖了广泛的研究领域，体现了理论研究的深度与实践应用的广度，展现了中国井筒工作液领域的多元化发展和创新活力。这些论文不仅反映了近年来的技术进步，也为相关领域的研究者提供了宝贵的信息和启示。对于论文作者以及所有支持和关注中国井筒工作液进步的人士，我们表达最深的敬意和感谢。

鉴于编者能力有限，论文集中可能存在不足之处，敬请读者理解。我们期待与各界携手合作，共同推动中国井筒工作液的持续创新，促进行业进步，为全球井筒工作液的发展贡献力量。

本书编委会

2024 年 12 月

目　录

长庆区域高效定位漏层判断方法
……………………朱明明　孙　欢　贺会锋　刘　波　王成鑫　牟　静　陈联国　王小波(1)
土库曼斯坦上部易垮塌地层钻井液优化技术 ……高利华　陈　鑫　李华坤　王　棋　吉永忠(10)
四川盆地深层煤岩气井钻井液技术研究与应用 …冉启华　何　涛　范　劲　夏榆皓　邱　杰(15)
四川盆地高含硫区块油基钻井液高效除硫技术研究与应用
……………………………………………………李茂森　冉启华　范　劲　胡　静　郭　艳(22)
苏里格气田三开优化结构水平井水平段泥岩防塌技术研究与应用
…………………………………………侯　博　张珩林　孙　欢　朱明明　刘　波　孙志强(29)
一种用于井筒钻井液降温的相变复合材料的制备与研究
…………………………………………唐文越　冉启华　肖沣峰　梁　浩　王慧慧　邹长军(36)
基于大数据深度挖掘的钻井液数据分析推荐平台 …………………………………………王建胜(43)
大斜度井水平井水基钻井液润滑性能评价 ………许夏斌　袁志平　景岷嘉　高　强　包先德(47)
水基钻井液体系在页岩气那平 1 井应用 …………杨　勇　王清臣　孔维升　史配铭　屈艳平(55)
四川盆地某超深井水基钻井液技术难点与对策
…………………………………………敬玉娟　邓正强　罗宇峰　黄　平　欧　猛　何　涛(60)
超深井铝合金钻杆高温高压应力腐蚀研究 ……………………………陈梦圆　李　冶　刘智敏(68)
LJ22 井长段低压层破碎带裂缝性漏失治漏技术
……………………………肖金裕　周华安　钟广荣　海　波　傅相友　朱　聪　何　涛(75)
深层高温高密度油基钻井液体系优化研究与应用
……………………………陈晓文　刘義和　刘思源　张志成　文双权　胡思成　魏天奇(80)
抗高温抗盐降滤失剂制备及性能评价 ……………胡璟嵩　白　杨　陈　新　李道雄　陈玉杰(89)
纳米杂化改性油井水泥超高温降失水剂制备及其增效原理
…………………………………………陈　建　黄　盛　李早元　王建宁　张　波　王秀影(95)
固井水泥浆与水基钻井液接触污染机理及防污染研究
……………………………………………………高　源　赵殊勋　黄　盛　齐　奔　李早元(107)
抗高温延迟交联固化堵漏工作液的制备与研究
…………………………………………罗　敏　黄　盛　李早元　唐世忠　苏东华　苏子峰(118)
氧化型固井冲洗液对滤饼的分解机理研究 ………孙青连　黄　盛　李早元　刘　洋　杨　川(130)
基于 SVM 机器学习算法的油井水泥 CO_2 腐蚀深度预测研究
…………………………………………………………汪　莉　黄　盛　李早元　苏东华(142)

QYJ-Ⅰ/Ⅱ/Ⅲ型亲油剂对固井水泥石亲油性和界面胶结质量影响研究
…………………………………………………… 周　灿　黄　盛　李早元　苏东华　刘　洋(154)
国内首个水力压裂试验平台水平井钻井液技术
……………………… 王伟良　刘朝峰　骆胜伟　刘　波　韩成福　孙　欢　张　勤　杨　勇(165)
机器学习预测钻井液漏失和流变性的研究现状及展望 ……………… 白　杨　杨　宸　罗平亚(171)
抗温180℃近油基钻井液体系研究及应用 …………………… 王中华　司西强　谢　俊　王忠瑾(182)
钻井液用泥页岩抑制剂支化聚醚胺的研制及工业化应用 … 司西强　王中华　王忠瑾　谢　俊(191)
抗高温聚多糖水基钻井液体系研究 ………………………… 谢　俊　司西强　王中华　王忠瑾(203)
抗高温环保钻井液降滤失剂LDR研究与应用 ………………… 位　华　单海霞　吴修振　赵田田(215)
生物质合成基钻井液性能评价及应用 ……………………… 张　弌　周启成　马　金　单海霞(219)
抗高温环保润滑剂的研制与应用
……………………… 王晓军　孙云超　景烨琦　李　刚　戴运才　鲁政权　任　艳　袁　伟(223)
考虑井眼净化的“上翘”式水平井钻井液体系 ………………………………………………… 钱志伟(228)
深井大尺寸井眼随钻工程参数的风险特性分析试验
………………………………………… 孙立伟　高清春　常　杨　郭修成　李永钊　李鹏娜(234)
深井双层高钢级厚壁套管开窗关键技术研究 …… 高清春　孙立伟　施连海　陈振刚　赵　展(238)
温度响应型凝胶堵漏剂的研发与应用 …………… 郭联飞　牛作军　南　旭　姚如钢　袁长晶(242)
杭锦旗新召区带高性能水基钻井液技术研究与应用 …………………………… 程　欢　冯永超(250)
红河油田裂缝孔隙型油藏渗吸驱油体系性能评价及应用
………………………………………… 黄　霞　周　舰　魏开鹏　邓学峰　孔　浩　方　群(258)
双子两性抗重质油泡排剂研发及应用——以鄂尔多斯盆地东胜气田为例
………………………………………… 孔　浩　罗　懿　王锦昌　周瑞立　周　舰　黄　霞(265)
采出水高效处理技术研究及应用 ………………… 刘永存　陈健康　李梦帆　裴　洁　凌　南(273)
稠油热采用高温封窜体系的研制 ……… 孙迎胜　常国栋　崔　灿　李　杰　肖文杰　张喜玲(277)
颗粒凝胶复合调剖技术研究应用 ……… 田红燕　崔　灿　王新亮　廖　伟　张占锋　李　杰(283)
泌阳凹陷页岩油水平井压裂技术与应用
………………………………………… 冯兴武　王树森　余小燕　李梦楠　朱泽玉　王　曼(293)
辽河油区防漏堵漏技术新进展 ……………………………… 温立欣　郭联飞　蒋殿昱　王晨宇(300)
低成本耐高温海水基瓜尔胶压裂液研究
………………………………………… 宫大军　吴志明　白　岩　朱明山　王雪稳　袁　哲(309)
高密度水基钻井液聚合物降滤失剂的室内研究
……………………………… 张金波　张高波　刘海涛　曾小芳　范传宗　谢明东　郑　斌(314)
一种新型环保耐高温油基钻井液降滤失剂 ………………………… 马　俊　鲁政权　王振军(318)
海坨子水平井高性能盐水钻井液技术研究与应用 ……………………… 赵雪松　张立刚　蒋方军(323)
吉林油田新庙地区泥岩地层对水平井摩阻的影响分析 ………………… 何　泳　李艳波　郭麦玲(330)

天然裂缝扰动下页岩储层水平井多裂缝扩展规律分析
…………………………………………… 王剑波　徐兴盛　王思奇　邹林浩　李　玮　赵　欢(335)
海上疏松砂岩压裂增产工作液体系及配套工艺研究
…………………………………………… 张　宸　宋爱莉　陈维余　高　双　陈庆栋　张　薇(343)
高温海水基可在线混配一体化压裂液研究 ………………… 王家航　邱　康　李　乾　闫　秀(347)
东海深层大位移井井漏特征分析及风险识别研究 …………………… 熊振宇　陈进程　汪珂欣(357)
长庆油田陇东区域超深煤层气水平井钻井液技术
…………………………………………… 韩成福　王伟良　王成鑫　惠铁军　夏　俊　易　磊(365)
一种抗高温凝胶气滞塞在 PL001-H1 井的应用 ……………………… 海　波　刘智敏　谢显涛(370)
xs6 区块水基钻井液技术与应用 ……… 陈　飞　朱　磊　王增坤　霍　权　朱晓峰　李承林(373)
超高温水基钻井液体系研究 ……………………… 余　婷　余加水　曹家俊　贾永红　梁承锋(378)
大位移井及水平井钻井液技术探讨 …… 任重西　李吉军　于兴东　任志强　马广来　张丹阳(384)
地质工程一体化同裸眼塌漏同存复杂防控研究与应用
…………………………………………………… 张　蔚　贾永红　孟先虎　杨真进　陈　源(387)
董 17 超深井防塌钻井液技术应用实践
…………………………………………… 邱春阳　龚　伟　刘霞继　秦　涛　宋翔远　郝泽君(398)
降凝剂在钻完井中的探索应用 ………………………………… 赵红香　高素丽　林　鑫　李业成(404)
蒙古国十区块易失稳地层钻井液技术
…………………………… 郭　明　时　磊　毕春林　于长华　孙长青　王立朝　王　博(409)
松辽盆地致密气抗高温强封堵钻井液技术 ……… 潘永强　张　坤　张　洋　闫　晶　竹学友(414)
苏北盆地阜二段页岩油高性能水基钻井液推广应用
…………………………………………………… 邹　宽　高书阳　胡子乔　胡进科　曹建山(420)
碳酸盐岩储层环保钻完井液体系评价及建议 ……………………… 巴合达尔　程维恒　顾亦新
郭启军　陈宝喆　姜福华　周海秋　叶宇光　周世英(425)
温度响应型页岩封堵剂 XZ-FD4 的评价与应用
…………………………… 贾永红　黄叁鹏　孙少林　吴家乐　张　蔚　马晓飞　杨丽丽(435)
以 CO_2 为工作液的钻井技术探讨 ……… 孙文超　汪海阁　孙宝江　于　璟　纪国栋　卓鲁斌
孙小辉　左　昆　王灵碧　王　庆　呼怀刚(440)
多功能压裂液在鄂尔多斯盆地页岩油压裂中的应用 ……… 周志平　吴　江　薛小佳　齐　银(448)
复合盐成膜防塌钻井液的应用与展望 ………………………… 章洋阳　景　瑞　刘锰钰　白　净(454)
一种解吸附剂的室内性能评价与现场应用研究
…………………………… 程晓亮　李起映　龚瑞琦　屈延洲　胡名家　周树涛　曹凯程(456)
鄂尔多斯盆地西缘复杂冲断带堵漏体系研究与应用
…………………………………………… 滕宇翔　闫　乐　杨佐英　段志锋　田得粮　思代春(460)
合成基钻井液在 9508m 大位移井中的应用与性能评价 ………………………………… 王志伟(466)

长庆气田老井近平衡压井关键材料研究与应用
…………………………………………… 马旭昇 衣德强 王尚卫 任 勇 罗有刚 张华光(474)
NaCl 饱和盐水钻井液在应城压缩空气储能井中的应用
………………………………………………………… 高元臣 刘 昕 陈安亮 穆剑雷 陈 涛(489)
志丹–安塞超前注水区域高密度水平井钻井液技术应用
……………………… 刘朝峰 王伟良 骆胜伟 刘 波 朱明明 孙 欢 焦海潮 荆朝旗(496)
深层煤层气水平井信探 1H 井钻井液技术研究
……………………………… 崔永林 魏建兵 刘娅飞 官洪波 刘 涛 胡围焱 徐志刚(501)
塔里木盆地高温高密度油基钻完井液技术研究与应用
…………………………………………… 汪 倩 江 华 张 健 刘大超 胡振波 成晓雷(506)
枣园/王官屯油田钻井液用阻垢封堵剂研究……… 卓绿燕 张 毅 赵晨刚 李志强 王 滨(516)
潜山奥陶系地热资源酸压改造工艺研究与应用
…………………………………………… 闫 钰 郭树召 蔡晴琴 张宝立 杨 杨 刘 宁(522)
基于油层保护的暂堵型压井液技术研究 ……………………………… 韩 华 吕志欣 张 璠(527)
海水基压裂液研制及在非常规油气藏大型压裂中的应用
…………………………………………… 贾云鹏 田福春 杨立永 陈紫薇 王 娟 李晓娟(532)
抗高温饱和盐水钻井液用合成酯润滑剂的创新研究
………………………………………………………… 张 蔚 余加水 刘 鹏 韦西海 兰晓云(539)
微生物降粘增产技术在油田中的应用 ……………………………… 金 辉 许万利 沈 强(545)
鄂尔多斯盆地东部盐下高抗硫化氢酸性腐蚀水泥浆体系的研究与应用
……………………… 周志平 周 宇 杨佐英 刘广胜 欧阳勇 高云文 宫臣兴 杨 乐(552)
触变胶凝堵漏技术在长庆油田的应用 … 史 野 崔永林 崔节磊 张晓娟 李 超 杨 刚(561)

长庆区域高效定位漏层判断方法

朱明明　孙　欢　贺会锋　刘　波　王成鑫　牟　静　陈联国　王小波

（中国石油集团川庆钻探工程有限公司长庆钻井总公司）

摘　要　长庆油田加密部署陇东页岩油井和苏里格致密气气井，开拓盆地东缘、西缘和北缘的边缘探井，但随着开发力度的加大和区域的拓展，漏失率逐渐递增至12.4%，失返性漏失加剧到55.3%，井漏已严重制约着钻井提速增效，发生井漏后如何快速精准确定漏失层位一直是堵漏的难题，本文通过对国内外采用的精准定位漏层分析方法及工具进行研究，结合长庆区域地质特性，推荐四种漏层确定方法，为长庆区域高效堵漏提供基础数据。

关键词　井漏；漏失层位；漏层判断；堵漏

长庆区域地质层位漏失占比率从高到低依次为：洛河组、延长组、刘家沟组、双石层、马家沟、乌拉力克组、桌子山组、纸坊组，由于多套压力系统共存，多类型井身结构的限制多套漏失层位处于同一裸眼井段，如："洛河+延长组""延长组+刘家沟+双石层"等，在钻井中发生漏失后很难判断具体的漏失层位，导致堵漏效率低，为了提高钻井效益及降低堵漏成本，分析漏失层位的机理特性，结合高效的漏层定位分析方法，有的放矢地进行堵漏工作。

通过对漏层岩性、分布规律、漏失程度及堵漏效果等数据的分析，得到不同区域、不同漏层的治漏难点，进而针对区域不同、漏层不同、漏速不同，合理规划堵漏方案。洛河组存在裂缝，地层水活跃导致堵漏难度增大；气井延长组主要存在天然裂缝，多为恶性失返漏失；油井延长组漏失多为储层发育不连续，存在断层漏失特性；刘家沟组合石千锋组多为压差性孔隙漏失，漏速为10～20m^3/h；马家沟漏失多为储层破碎性漏失，地层存在破碎带。

1　长庆易漏层位漏失机理分析

1.1　洛河组漏失特性

陇东地区在洛河组地层钻井时出现的井漏情况最多，而且经常发生失返性漏失。洛河组地层为砂岩地层，漏失多为诱导的垂直裂缝，采用桥塞剂堵漏、单向压力封闭剂堵漏常常无效，注水泥堵漏一般要多次才能成功，消耗大量堵漏剂和泥浆，严重影响钻井效率，经济损失惨重。

通过观察分析洛河组地层的岩心，存在大量的天然裂缝洛河组地层存在天然裂缝见图1、图2，主要以垂直裂缝为主，并极为发育，宽度一般为0.5～15mm，裂缝在压差作用下，裂缝由闭合状态转为开启，钻井液进入裂缝内，发生"水力劈尖"作用，压力沿着裂缝传向裂缝尖端，使得裂缝扩展、延伸。

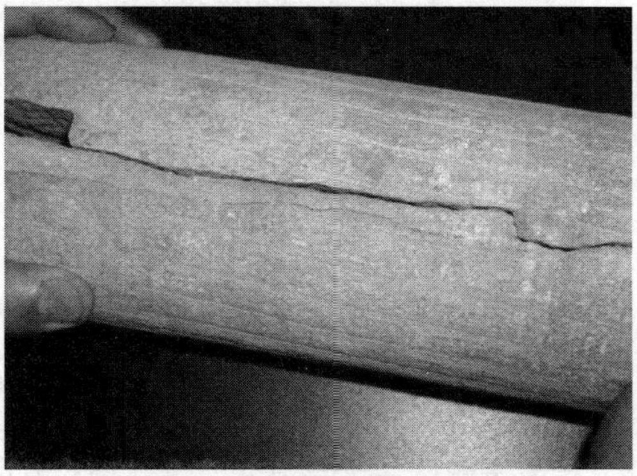

图1　洛河组岩心水平放置

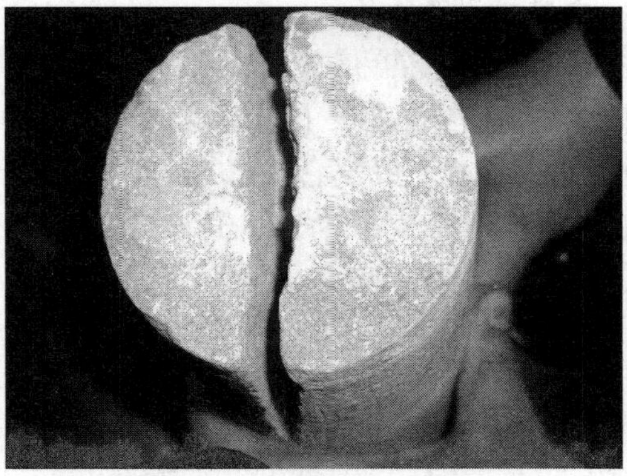

图2　洛河组岩心直立放置

1.2　延长组漏失特性

由于钻井区块间地层存在差异，延长组漏

失、延长组恶性漏失，堵漏效果差，漏失易反复。延长组易发生恶性漏失，通常存在假闭合现象，打水泥过程中经常发生留不住塞或塞段短。同时裂缝腔不规则，水泥浆无法完全填充裂缝腔，水泥浆“窜槽”，水泥浆虽凝固，但仍留有漏失通道或者水泥浆凝固不好，强度不高，钻井液波动压力破坏凝固不好水泥浆强度，再次漏失。

1.3 刘家沟、“双石层”漏失特性

刘家沟组易漏地层与“双石层”易漏易塌地层同处在同一裸眼井段，底层属于泥质砂岩交错的层，交界面稳定相差，有时出现破碎性交接地层，漏失通道发育良好，连通性强，堵漏后易出现堵漏浆返吐现象，为满足下部井段安全施工，因此必须提高延长组、刘家沟组地层承压能力。

1.4 马家沟漏失特性

（1）地层原因造成漏失。本井目的层马五段，属于碳酸盐岩沉积，通过复杂的成岩作用改造，形成了大量的次生孔、洞、缝、各种孔隙，这个一方面构成气藏的储集空间，但另一方面形成自然漏失通道，导致钻井施工时发生漏失。

（2）马家沟组地层孔隙压力系数较低，储层破碎时发育，存在多套裂缝簇，导致发生漏失如图 3 所示。地层存在漏失通道时，井筒中钻井液作用于井壁的压力超过地层的漏失压力时，即发生漏失。该区块马家沟组地层压力 7～15MPa，压力系数为 0.4～0.6，即便是清水（$1.0g/cm^3$）也会发生漏失。

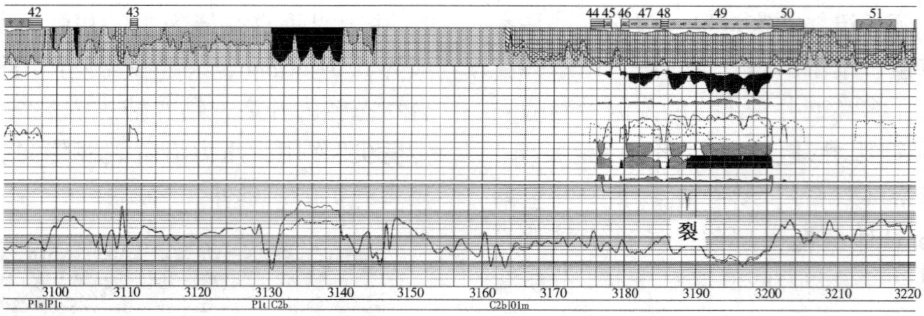

图 3　苏东储气库马家沟地层电测解释图

2　国内外漏层精准定位技术

针对于如何进行高效漏层定位技术国内外做了大量研究，仪器和方法也是多样化的，通过资料分析，国内应用成熟度较高的主要有电磁式测量仪、超声波测量法、井温法、测井资料判断漏层、综合法测量等。具体原理及操作方法如下：

2.1 电磁式测漏仪法

电磁流量传感器是基于法拉第电磁感应原理工作的，当流体在磁场中作切割磁力线运动时，流体中的带电粒子受罗仑兹力的作用将感应出与流速成正比的感生电动势，其感生电压 Ue 大小为：

$$Ue = BDV \tag{1}$$

式中，B 为磁场强度；D 为测量管道的直径；V 为流体的速度。

由式(1)可看出，当磁场强度恒定时，感生电压与流体的流速成线性关系，与流体的温度、密度、黏度等物理参数无关。仪器工作时流体流过垂直于流动方向的磁场，所产生的感生电压通过与被测流体直接接触的电极检出，送至低噪声锁相放大器进行放大整形，经电压–频率变换后，微处理机便得到一个与流速相对应的数值，然后保存在存储器中，通过存储器的电压分析可以确定漏层的具体位置，为堵漏提供准确的层位。其结构见图 4。

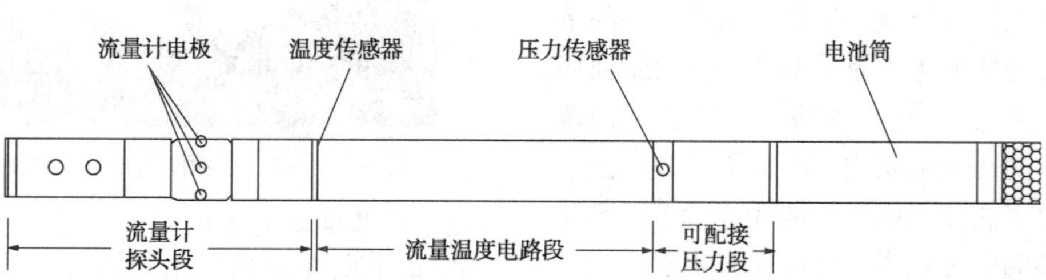

图 4　测漏仪的结构图

2.2 超声波钻井液测漏仪

超声波钻井液测漏仪采用两只性能相同的超声波传感器实现实时对发和对收。两只传感器交替地发送和接收超声波信号，把靠近地面的一只记作 B，靠近井下的一只记作 A，通过测出两次超声波只要时间差 Δt，就可以求出泥浆流速，从而推断井下漏失情况。漏层位置是通过时间与深度的换算关系确定的，地面计算机与井下测量电路在同一时刻开始计时，由于地面可以方便地实时掌握仪器的下井深度，而井下仪器又可记录任意时间点的泥浆流速，当仪器提升到地面后将记录的数据回放到计算机，就可知道任意深度处的流速，从而判断漏失层位，详见图 5。

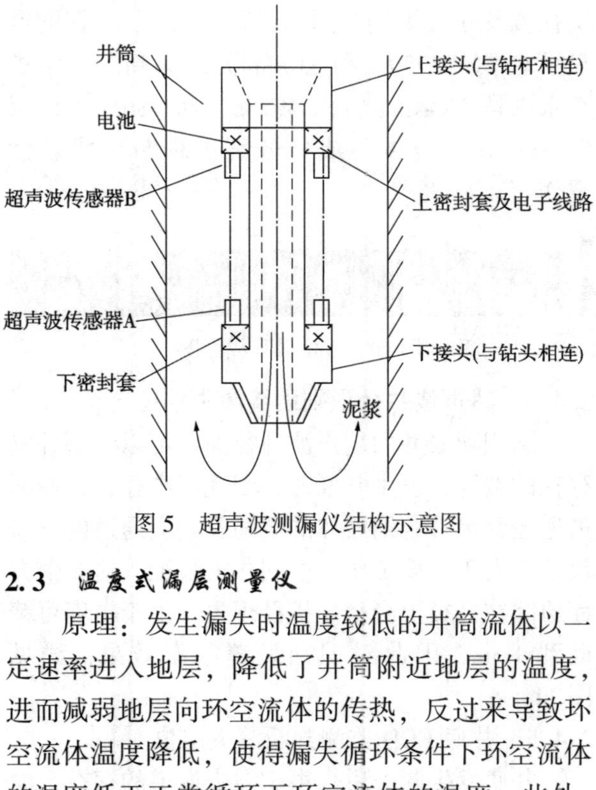

图 5　超声波测漏仪结构示意图

2.3 温度式漏层测量仪

原理：发生漏失时温度较低的井筒流体以一定速率进入地层，降低了井筒附近地层的温度，进而减弱地层向环空流体的传热，反过来导致环空流体温度降低，使得漏失循环条件下环空流体的温度低于正常循环下环空流体的温度。此外，漏失速率越大，环空流体的温度越低。这是因为随着漏失速率增大，更多的低温钻井液进入地层并冷却地层，反过来减弱地层向环空流体的传热，导致环空流体温度降低。漏失后，钻井液液柱的地温梯度曲线就会在漏失处出现异常，据此即可找到漏失点，详见图 6。

2.4 随钻测井曲线识别漏层段的方法

2.4.1　电阻率曲线识别漏失层位方法

水基钻井液发生漏失时，裂缝中充填有导电的钻井液，裂缝的电阻率比岩石的电阻率低很多，即低阻高导钻井液漏失后在冲洗带和侵入带

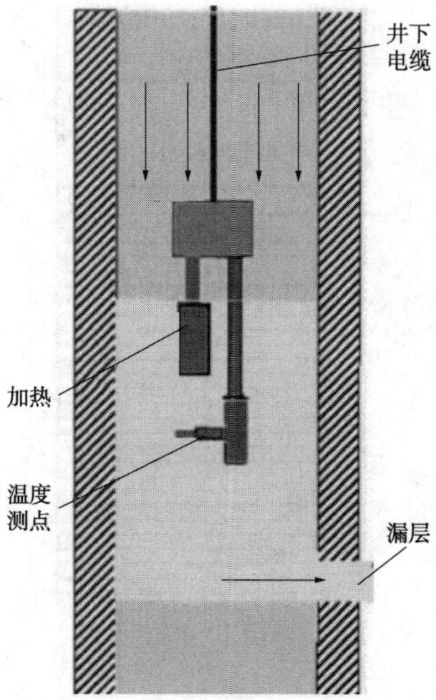

图 6　电缆加热式钻井漏层位置测量示意

造成电阻率异常，利用具有不同探测深度的电阻率测井寻找钻井液漏失层段。

探测电阻率曲线基本反映原状地层，而中探测和浅探测的电阻率受钻井液侵入影响显降低，形成明显的正差异，若通道连通性好呈现“单轨”“低尖峰”呈像，见图 7，在加重钻井液压裂造成的井漏层段反映尤为明显，呈典型的“双轨”现象，见图 8。①R_{llc} 与 R_{lls} 间的正差异的纵向延伸很大，这是 *DLL* 测井对垂直裂缝和高角度裂缝的响应特征，而且由于压裂缝的径向延伸一般不大，故主要造成浅侧向电阻率的降低，而深侧向电阻率降低不多，差异幅度一般大；②R_{lld} 与 R_{lls} 曲线较平直其电阻率值的起伏不大，这是由于压裂缝基本都是同一走向的高角度裂缝。对致密地层产生压裂时，这种“双轨”现象特别明显。当加重钻井液对储层段产生压裂时，“双轨”的起伏变大，平行程度降低，差异幅度也变小，这是天然裂缝和孔洞对双侧向测井曲线影响的结果。

2.4.2　成像测井资料识别裂缝漏失层位方法

钻井过程中由于钻井液压力差异，在裂缝发育层段造成泥浆侵入地层，使图像上显示为低阻的暗色条纹，而同样为暗色条纹的地质现象还有层界面、层理面、缝合线、断层面、泥质条带和泥机质条带等。由于其形成的机理不同，在成像图上的特征也有一定的区别，层界面或层理面在图象上常常是一组连续、完整、

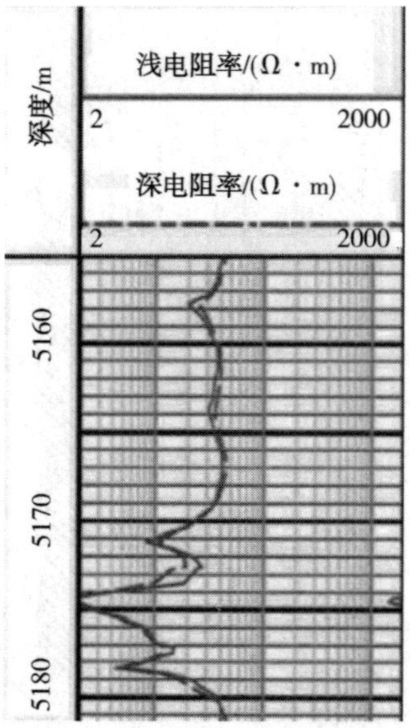

图 7　电阻率“单轨”呈像

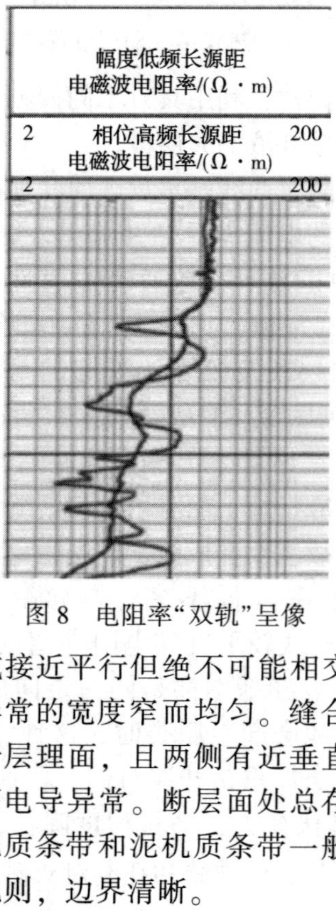

图 8　电阻率“双轨”呈像

相互平行或接近平行但绝不可能相交的电导率异常，且异常的宽度窄而均匀。缝合线基本平行或垂直于层理面，且两侧有近垂直于缝合面的细微的高电导异常。断层面处总存在地层的错动，而泥质条带和泥机质条带一般平行于层面且比较规则，边界清晰。

成像图上拾取的裂缝有天然裂缝和诱导缝之分，诱导缝与地层应力有密切关系，钻井诱导缝排列整齐，规律性强，且延伸较浅，诱导缝的缝面形状较规则且缝宽变化较小，天然裂缝常为多期构造运动形成，又遭受地下水的溶蚀与沉淀作用的改造，因而分布极不规则，见图 9。

2.4.3　方位伽马成像识别断层位置

方位伽马追踪储层技术已经在钻井领域大幅推广，在实际应用中，在储层识别的同时兼顾地

图 9　成像测井裂缝呈像

层孔隙及断层识别。图 10 所示，根据地震资料显示水平段 2750m 和 3100m 附近有断层，钻进至水平段 2744m（斜深 4974m）和 2861m（斜深 5091m）处方位伽马成像分别出现断崖式岩性突变。

图 10　方位伽马成像图

2.4.4　超声波井径识别裂缝漏失层位方法

利用裸眼井的超声波井径曲线可以识别井壁存在的裂缝。发生井漏时，因地层中存在各种漏失通道，足够容纳液体的空间及漏失通道的开口尺寸应大于井筒工作液中固相的粒径，这 2 个方面原因在井径上会呈现扩径现象，由于精度可精确到 1mm，因此对识别裂缝很有效果，详见图 11。

2.4.5　井底 ECD 监测判断漏失层位

井底发生漏失后，由于漏失通道的存在，泥浆液柱即会出现下降，进而导致环空压力、当量循环密度 ECD 出现下降，见图 12。

通过分析可知，电阻率、成像测井资料、全尺寸井径识别、井底 ECD 监测等测井技术可以判断漏失层位及漏失层位裂缝或孔隙特性，但由于钻井中井眼轨迹、钻井液性能、地层特性不是单一因素造成的，是一个很复杂的空间立体多元结构，只有综合数据分析才能得到一个较为准确的漏失层位及漏失特性判断。图 13 为综合数据判分析图，判断在 2744～2861 为漏失层位。

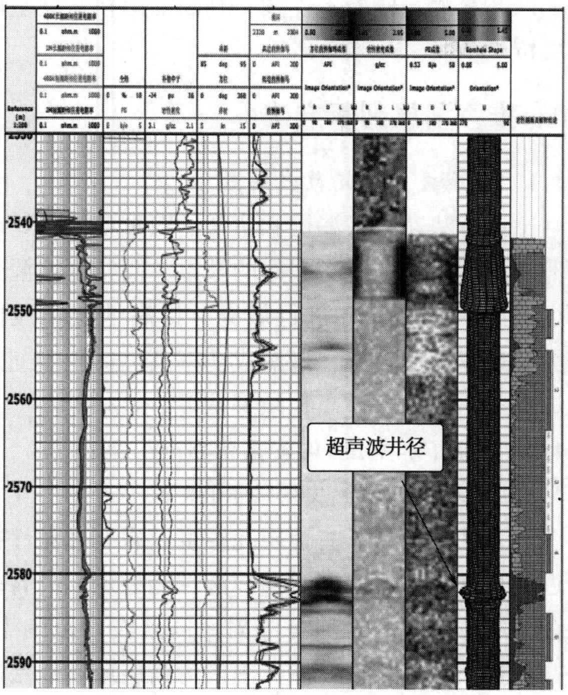

图 11　超声波井径图

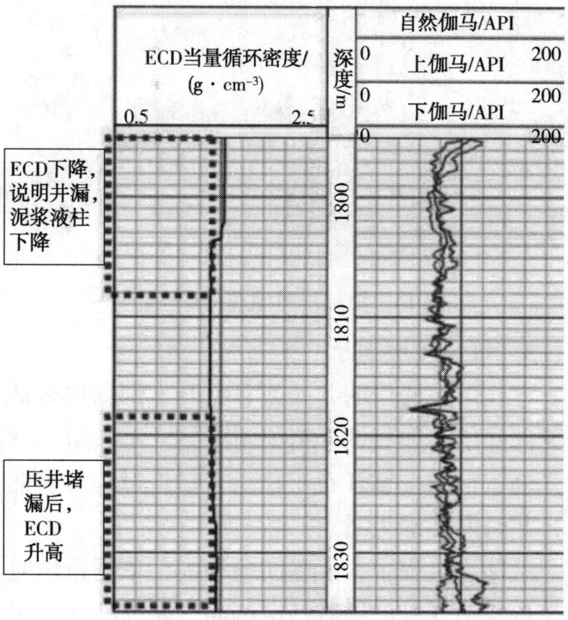

图 12　ECD 监测漏失层位图

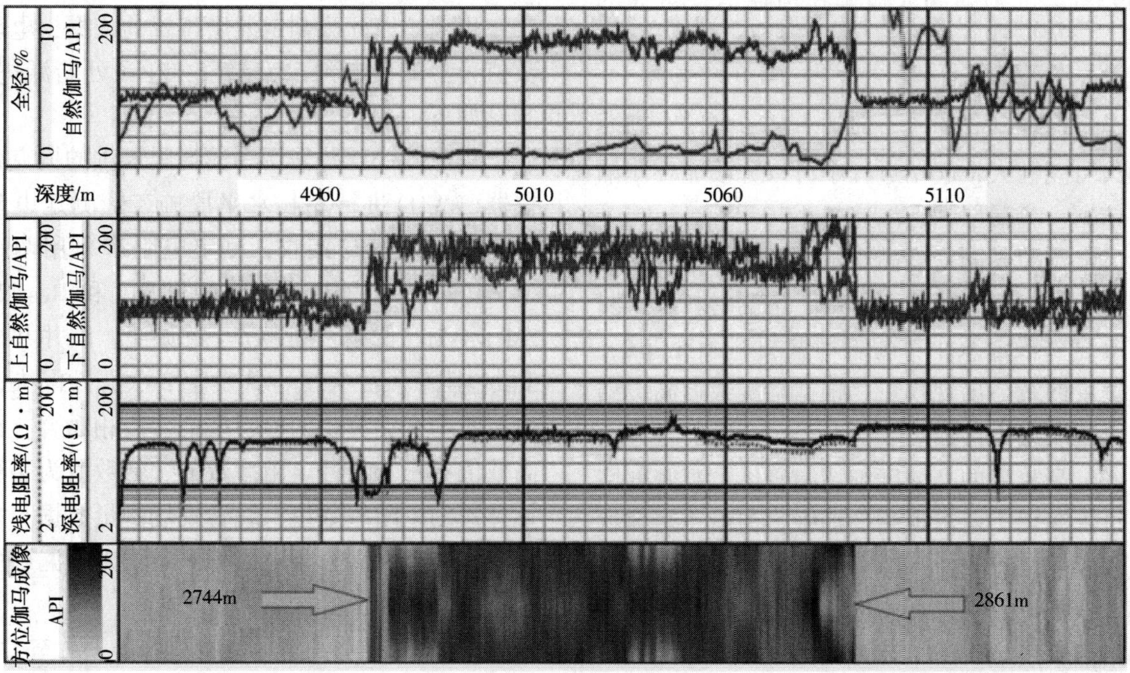

图 13　随钻测井漏层分析图

3　现场常规漏失层位判断方法

3.1　邻井资料判断

基于已钻邻井数据、邻井测三样图(固井水泥空段一般为漏失层位)、地层压力地震勘探图判断漏层，见图 14。

根据本井三维地震图判断分析，井深 2240~2300m 之间存在地质断层，为漏点判断提供了参考依据。

3.1.1　钻井实施参数判断

可根据钻时、泵压、钻压、循环方量，钻井液性能变化预判漏层，钻压明显降低或者放空，钻时加快，泵压下降明显，循环方量减少可判断所钻遇地层发生漏失，若在提高钻井液密度时，发生漏失，钻时、泵压钻压无明显变化，可判断上部承压弱层位发生漏失。

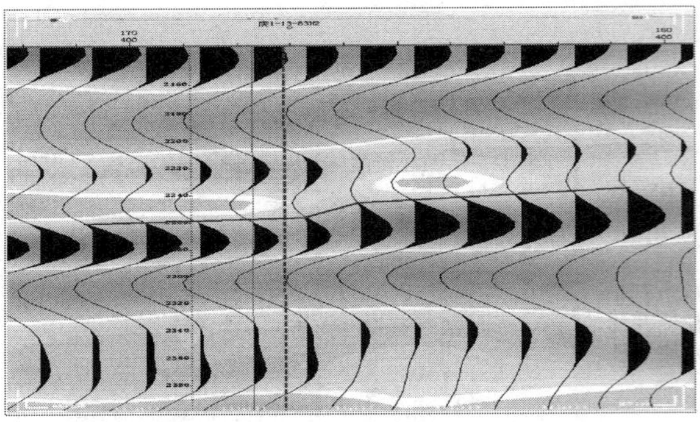

图 14　地层压力地震勘探图

3.1.2　单一漏层判断

存在单一漏层的井，或只钻开上部漏层未钻开下部漏层，如只钻开洛河组未钻开延长组或只钻开刘家沟组未钻开石千峰组，钻进过程发生漏失，此时漏层即为漏点。

若钻进过程中未发生明显漏失，依据返出时间变化及消耗量的增减情况判断，若前期存在明显消耗量大或返出时间长，后期提高密度时失返或漏失量大，则漏层大概率在前期消耗量大的井段。

3.2　多套易漏层位同存

(1) 如果钻时加快，或者有放空情况，则井底漏失可能性大，起钻过程中可以分段循环测漏速，依据：离漏层越远漏速越小。

(2) 与原浆同密度高含量堵漏浆，泵入堵漏浆后，压差一定的条件下，由于堵漏材料进入漏层后漏速一般会减小，随着堵漏材料填充漏层，漏失速度曲线会出现拐点，根据堵漏浆返高，结合拐点判断漏失层位。

(3) 高密度的高浓度细堵漏浆体，高密度堵漏浆进入漏层后会出现漏失加剧，但由于堵漏材料进入漏层堆积漏速一般会减小，漏失速度曲线会出现双拐点，根据高密度堵漏浆返高结合双拐点判断漏失层位。

(4) 高含量堵漏浆堵漏后造成堵漏材料在漏层近井壁处堆积，造成环空间隙变小，形成类似缩径的状态，造成起钻遇阻(宜黄区块最为明显)。在刘家沟-石盒子多漏点同存状态时，若起钻至某井段遇阻则大概率遇阻井段为漏层段。

(5) 根据水泥塞面确定漏失位置，若注水泥层位不漏失，水泥塞段一般下沉小于 50m，①若水泥下沉较多，证明漏层在注水泥位置以下，②若水泥塞面与注入水泥一致，判断漏层在塞面以上。③水泥塞段若不连续，判断漏层在水泥空段层位。

4　推荐漏层判断方法

4.1　高密度细堵漏浆找漏层

该方法兼顾找漏层和堵漏的双重功效，针对薄弱地层和微裂缝有很好的效果，高密度堵漏浆可以进入微裂缝并进行填充，提高地层承压能力，现场应用多次，堵漏成功率高，适用于刘家沟、双石层压差性高孔隙型漏失。

4.2　储层(水平段)漏失层位判断

4.2.1　原始地层漏失层位判断

含油气储层具有地层孔隙度及岩石理化性接近的特性、钻遇储层时钻井液性能稳定：高含盐钻井液体系、岩石原有电阻率高且波动范围小、井径扩大率小，诱发漏失主要为断层或者地层原始裂缝，发生漏失井深位置电阻率数值出现大幅降低，与正常钻井液的电阻率值接近，表明该处存在裂缝。以此为判定漏层位置的依据，电阻率数值异常降低点判定为漏层，在该处堵漏进行。实例如下：

华 H90-3D 井采用中油油服提供的贝克公司仪器(LWD)进行超长水平段施工，测定电阻率采用电流发射与接收；测定电阻率采用两种频率：Res(PD) 2MHz(高频短圆距)和 Res(PD) 2MHz4kHz(低频长圆距)电磁脉冲。该井共出现 3 段电阻率发生突变，共发生 3 次恶性漏失，漏失层段与实钻测得的电阻率突变段相吻合。正常高数值为正常岩性电阻率数值，低数值为裂缝处钻井液的电阻率数值，综合现场测量数据与井下真实漏失数据，采用电阻率测定法判断漏层可靠性高。数据如下：

(1) 第一次井漏：4 月 21 日，钻至井深：3123m，进水平段 849m，漏速：8～10m^3/h。钻压、泵压无明显变化，电阻率数值从正常 30-45→3-9；实测电阻率数值与实际漏层匹配度吻合，见图 15。

(2) 第二次井漏：4 月 23 日，钻至井深 3806m，进水平段 1532m，井口失返。钻压 8→6、降 2T，泵压 18→16.5，降 1.5MPa，阻率数值从正常 30-45→0.58，钻时加快 4→2min/m；实测电阻率数值与实际漏层匹配度吻合，见

图 16。

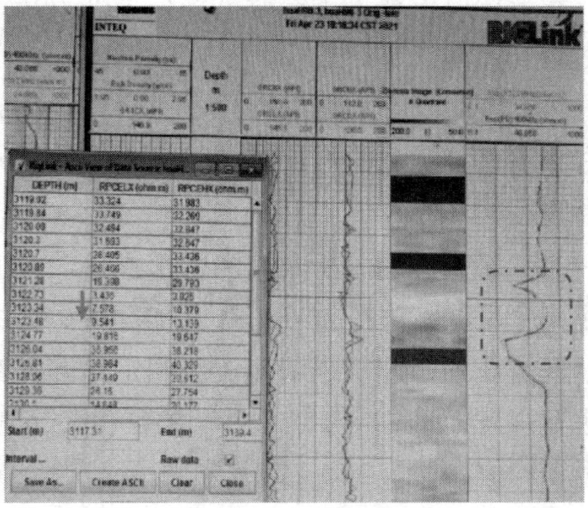

图 15　第一漏失层位电阻率

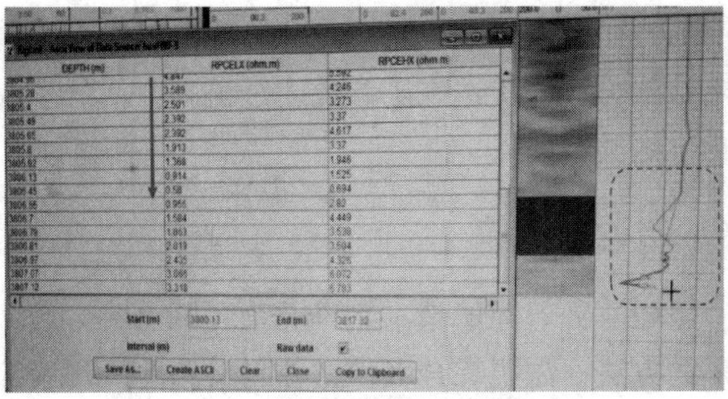

图 16　第二漏失层位电阻率

(3) 第三次井漏：4 月 23 日，钻至井深 3931m，进水平段 1657m、3941m，进水平段 1667m，3942m，进水平段 1675m，漏速 8～10m^3/h。钻压 10→8、降 2T，泵压 16→14，降 2MPa，阻率数值从正常 30-45→4.7，钻时加快 4→2min/m，见图 17。

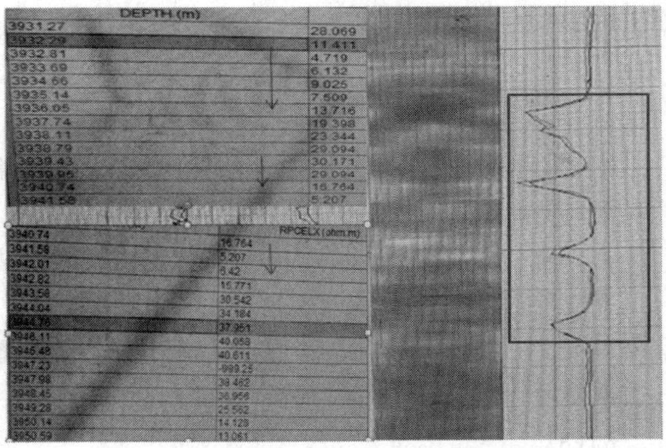

图 17　第三漏失层位电阻率

4.2.2　多漏层可固化堵漏后再次漏失判断

由于储层会存在多个漏层，由于可固化材料的电阻率低于地层岩性的电阻率，固化后的漏层电阻率依据很低，后续钻井中再次漏失，无法确定那个层位漏失复发，可采取超声波井径测量法对电阻率异常值处的井径进行复测，根据超声波井径曲线判断漏失层位。

4.3　易坍塌层位漏层判断方法

由于电阻率法测量的深度有限，坍塌层位被钻井液填充，电阻率曲线波动杂乱，很难确定漏失层位，针对此问题可采用电阻率数值确定疑似漏失层位范围，再应用超声波井径对漏层进行定位，实现高效漏层的确定。

4.4　温度、流量、压力参数综合测漏仪

该测量仪采用短节的方式安装于近钻头位置，可随钻具下入井眼进行测量，发生漏失后采用起钻的方式(慢档匀速起出钻具)对全井眼进行测量，采集压力、流量和温度 3 种参数(待钻具内钻井液通过水眼与环空内钻井液达到平衡后，测定钻具内钻井液的压力、流量和温度)，并存储数据。测量仪起出井眼后，利用测控系统的交互功能，读取所存储的数据；然后利用配套软件对得到的数据进行回放处理，形成温度、流量和压力相对于同一时间坐标的 3 条曲线。在曲线上找到各自的异常点，如果 3 条曲线在同一时间点附近都出现异常，则该点极有可能为漏失点，最后可通过录井参数确定对应的井深，从而确定漏失位置。组合示意见图 18：1 扶正器，2 测控电子短节，3 压力传感器，4 温度传感器，5 导流管组件，6 旋转接头；测试结果见图 19。

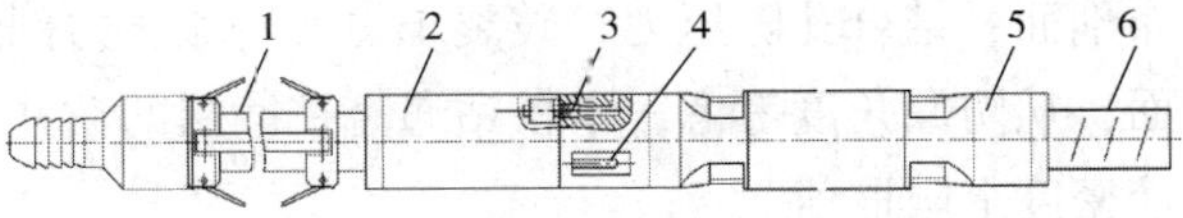

图 18　综合测漏仪结构示意图

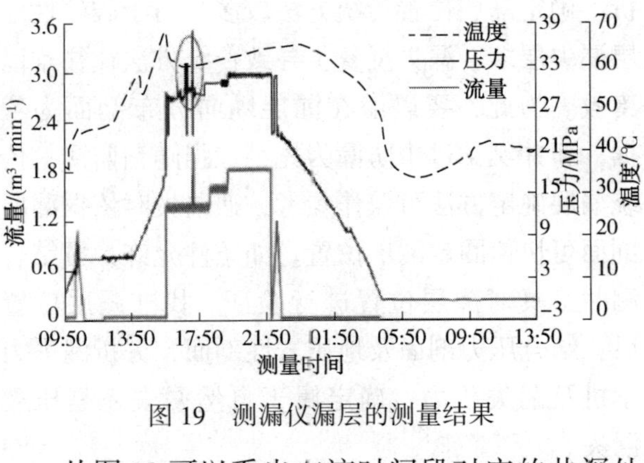

图 19　测漏仪漏层的测量结果

从图 19 可以看出在该时间段对应的井深处温度、压力、流量测量数值都有突变点，后续的井段几乎无波动，可以依据此结果判断漏层

井深。

5 基于漏失力学机理的井漏诊断及处理技术思路

目前现场忽视对漏失力学机理及漏层性质分析，堵漏作业片面倚重新型高效堵漏材料，逐法尝试而缺乏针对性。为此，提出一套井漏诊断及处理技术思路，见图20。

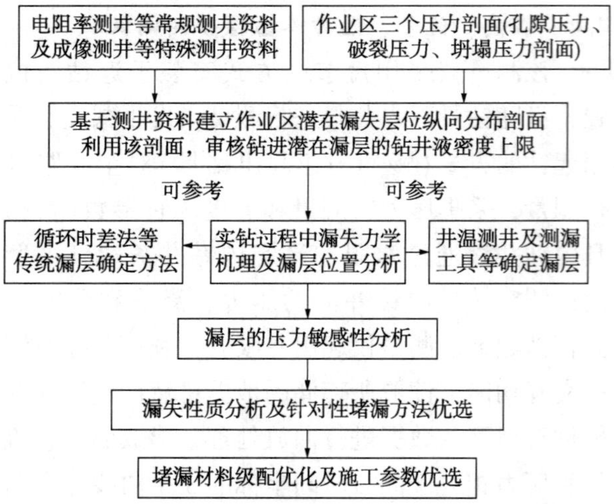

图20　基于力学机理的井漏诊断及处理技术思路

（1）作业区潜在漏层纵向分布剖面的建立。搜集作业区内已完钻各井电阻率测井、成像测井等资料，对照岩性剖面，结合实钻漏失情况及实钻钻井液密度，分析该区漏层位置及漏失力学机理，统计漏失概率，建立作业区潜在漏层纵向分布剖面；结合孔隙压力、破裂压力及坍塌压力剖面，从防漏角度考虑，审核钻遇潜在漏层的钻井液密度上限取值。

（2）实钻过程中漏层位置及漏失力学机理分析。确定漏层位置传统方法较多，由于破碎性地层漏失层多、漏失反复，导致传统方法往往难以凑效。为此，要以潜在漏层纵向分布剖面为依据，新井实钻过中防漏为先，加强随钻监测，传统漏层确定方法可兼作参考，遇漏失时依据漏层剖面可快速圈定漏层位置。如条件允许，可结合测井工具对漏层位置进行验证。找准漏层位置后，结合压力剖面及地质岩性剖面，分析漏失力学机及漏失压力，确定属于自然漏失还是压裂漏失。

（3）漏层的压力敏感性分析。漏层的压力敏感性指漏速对漏失压差的敏感程度以及漏失通道对井筒动压力的敏感程度。对于压力敏感性破碎地层井漏，推荐采用水泥浆为基础的软塞堵漏方法。若采用以桥接剂为基础的惰性堵漏方法，易发生重复性漏失；欲提高其桥接堵漏效果，需优化桥接剂级配及浆液浓度和用量，合理设计施工压力和顶挤替压力，后期尾追可固化类堵漏浆体效果较好。

（4）漏失性质分析及堵漏方法优选。漏速并不能完全反映漏失严重度，更不能反映出漏失性质。目前现场普遍根据漏速大小制定堵漏方案的作法不合理（如苏南苏南23-113H2井，入窗前发生10～15m^3的漏速，现场判断漏层裂缝肯定很大，但由于井下工具受限，配置10%随钻挤封，承压可达4.8MPa，后期恢复钻进）；根据漏失性质优选堵漏方法及配套堵漏材料级配，制定堵漏方案并优选施工参数才是提高井漏处理成功率的关键。

6 结论与建议

（1）针对漏层精准判断未有一种100%成功率的方法，需要综合多种钻井因素和地质因素综合分析进行漏失层位的确定。

（2）钻井现场发生井漏时实时钻井及地质资料是判断漏层最高效的方法，若漏层还无法判断可采用电阻率法判断漏层，该方法快捷、高效、成本低。

（3）针对复杂井、多层位漏失井推荐"电阻率+超声波井径"或温度、流量、压力参数综合测漏仪对漏层进行判断。

参考文献

[1] 李建山．杭锦旗区块防塌防漏钻井液技术[J]．钻井液与完井液，2019，36(03)：308-314.

[2] 常兴浩．大牛地气田刘家沟组井漏控制技术[J]．钻井液与完液，2013，30(05)：86-88+101-102.

[3] 冯英，王骁男．杭锦旗工区井漏机理分析与防漏堵漏技术[J]．西部探矿工程，2017，29(10)：82-85+87.

[4] 刘思远．神木双山区块气井水平井钻井液技术及应用[J]．化学工程与装备，2016(11)：92-94.

[5] 白传中，刘刚，徐同台，等．裂缝性泥页岩地层防塌误区及强封堵防塌对策[J]．钻井液与完井液，2021，38(03)：337-340.

[6] 王伟良．陇东地区洛河组大型漏失堵漏工艺技术探讨[J]. 2006年全国钻井液研学术研讨会论文集．

[7] 白小军，张晓怡．吴起油区钻井漏失预防与综合治理[J]．化工设计通讯，2021，47(06)：29-30.
[8] 孙传友．漏层位置的仪器测定法[J]．西安：石油仪器，1999：13(4)：3-5.
[9] 程世旭，李新玉，胡官阳．基于钻井过程中无电缆式测漏仪器的研究[J]．江汉石油学院学报，2000，22(2)：4-6.
[10] 谢雁．DSP 芯片在超声波钻井液测漏仪中的应用[J]．西安：电子技术应用，2004，2(2)：4-6.
[11] 孙传友，王莉．新型测漏仪原理与总体设计[J]．石油仪器，2000，14(5)15-16.
[12] 张春华，刘广华．随钻测量系统技术发展现状及建议[J]．钻采工艺，2010，33(1)：31-35.
[13] 刘振东，明玉广，王传富，等．钻井液漏失位置测量仪的研制及试验[J]．石油钻探技术，2017，45(06)：55-59.
[14] 张炳军，周扬，杨新宏，等．基于随钻测井资料的井漏位置识别及压井液密度确定[J]．测井技术，2016，40(06)：751-754.

土库曼斯坦上部易垮塌地层钻井液优化技术

高利华[1]　陈　鑫[1]　李华坤[1,2]　王　棋[1,2]　吉永忠[1]

（1. 中国石油集团川庆钻探工程有限公司土库曼斯坦分公司；
2. 中国石油集团川庆钻探工程有限公司钻采工程技术研究院）

摘　要　中国石油川庆钻探公司在2007年以来土库曼斯坦钻井进程中钻遇上部地层异常复杂，其中二开 Φ444.5mm 井段约有 3000～1700m 长裸眼段以泥页岩为主地层；二开上部泥岩水敏性强易吸水膨胀，中下部页岩硬脆，并存在断层或破碎带，钻井过程中极易发生井壁失稳，导致起钻上部井眼吸水膨胀缩径、中下部垮塌、遇阻下钻遇卡、钻头扶正器泥包、套管下不到位等井下复杂。本文作者通过对其具有代表性的阿姆河右岸东部 WXX-102D 井段易垮塌井段地表露头的黏土矿物组分及结构分别进行了 XRD、SEM 分析：垮塌井段主要矿物组分为黏土矿物、石英和长石等脆性矿物以及白云石、方解石等；上部地层呈现出弱胶结状态，且结构松散，钻井液浸泡后表面吸附了聚合物，黏土矿物水化膨胀；中下部地层存在 500nm～2μm 微裂缝层理发育；钻井液浸泡后沿裂缝和微裂缝渗入钻井液聚合物，黏土层微裂隙增大至 10μm 以上。因此认为井壁失稳的原因：①上部地层垮塌原因主要由钻井液抑制性不足引起；②中下部地层垮塌主要与钻井液封堵防塌性不足有关。技术优化措施是在原 KCl^- 聚合物钻井液基础上引入泥页岩抑制剂 JXA-1 和微纳米成膜封堵剂 FDM-1，以提高上部地层钻井液抑制性能和中下部钻井液封堵防塌能力，取得了理想的实施效果。该技术在 WXX-102D 现场应用，取得了多项指标突破的良好效果，具有积极推广价值：与邻井相比，高分子聚合物使用量和钻井液消耗量均减少 50%，成本大幅度降低；使用的振动筛筛布尺寸由 60 目提高到 180 目，跑浆和起下钻阻卡现象明显缓解；钻屑轮角分明，井壁无虚泥饼，平均井径扩大率仅有 5%，降低了 67%。

关键词　泥页岩；阻卡；抑制性；封堵；钻井液

中石油钻进市场在土库曼斯坦有南约洛坦和阿姆河右岸两大区块，上部二开地层钻遇复杂基本相同，只是南约洛坦区块相同地层埋藏较深。已具有代表性的 WXX-102D 井说明：该位于土库曼斯坦阿姆河右岸东部山前西召拉麦尔根气田，其地质结构和构造模式复杂，高地应力且局部断裂比较发育，部分区域或井段地应力非均质性强。邻井钻井实践中存在长段水敏性和硬脆性泥岩、断层破碎带井壁失稳等工程、地质、钻井液系列技术难题。其中二开 444.5mm 井眼裸眼长约 1700m 白垩系地层井壁失稳而导致的一系列诸如起钻遇阻下钻遇卡、钻头泥包以及蹩钻、钻井液消耗量大等复杂突出。为此本文选取了易垮塌地层岩屑和地表露头，进行了岩石理化特性和井壁失稳原因分析，在此基础上进行原两性离子聚合物钻井液体系技术优化与 WXX-102D 井现场应用。

1　同区块已钻井二开复杂表现

WXX-102D 井同区块已钻多口井，如 WXX-101D、WXX-21、WXX-22 等。已钻邻井二开垮塌严重，钻井液消耗量大，表现在以下几个方面：①钻进过程正常，但起钻阻卡明显，频繁划眼、钻头和扶正器泥包；②二开白垩系上部软泥岩地层谢农阶、土伦阶缩径现象明显，起钻过程剐蹭井壁，振动筛返出糊状钻屑或泥球状钻屑明显（见图 1-a，b）；③二开中下部塞诺曼、阿尔布地层硬脆性泥岩灰岩石膏等夹层多，各层位不整合交界面位置片状剥蚀和块状垮塌严重（见图 1-c），局部井径扩大率>30%；④振动筛筛布最细 60 目，每钻进 1～2 个立柱需要清理锥形罐钻井液近 $20m^3$，胶液补充量大；⑤频繁重浆举砂，钻井液性能波动大维护困难。

2　井壁垮塌原因分析

2.1　地质原因分析

二开井壁垮塌表现为同：（1）600～1500m 井深谢农阶、土伦阶地层以灰色、灰绿色泥岩为主，少量夹层灰色砂岩粉砂岩。钻进过程极易吸水膨胀缩径［见图 2(a)］，起钻过程剐蹭井壁后扶正器泥包严重；(2)1500~2300m 井深塞诺曼、阿尔布地层以深灰色层理结构硬脆性泥岩为主，灰岩石膏不等厚夹层出现频繁。钻进过程在灰岩石膏等夹层返出掉块多，起钻时在该层位阻卡明显；(3)地层各向异性表现突出，地层倾角明显，地表露头观察地层层理裂缝性结构明显，钻进过程井壁稳定难度大[见图 2(b)(c)]。

2.2 XRD 矿物组分和 SEM 结构分析

选取典型层位井壁垮塌物，分别以 XRD 和 SEM 做矿物组分和结构分析。

(a)糊状钻屑 (b)泥球或团状钻屑 (c)片状剥蚀物和块状掉块

图 1 已钻井二开异常钻屑或掉块

(a)上部掉块吸水15min (b)下部掉块吸水30min (c)下部垮塌层地表露头

图 2 上下部地层垮塌物吸水状态及地标露头

表 1 XRD 全岩定量分析表

层位	矿物百分含量×10^{-2}						
	黏土	石膏	石英	正长石	斜长石	方解石	白云石
谢农阶	78.46	0.00	8.24	4.25	3.42	4.60	1.03
土伦阶	49.18	1.37	34.67	1.19	9.77	2.38	1.44
塞诺曼	39.50	0.45	38.00	1.69	12.75	5.16	2.45
阿尔布	18.89	2.45	44.43	10.36	9.35	12.14	2.38

表 2 XRD 黏土矿物定量分析报告

层位	黏土矿物相对含量×10^{-2}				
	伊利石	蒙脱石	伊/蒙	高岭石	绿泥石
谢农阶	49.13	0.00	40.02	8.13	2.71
土伦阶	45.76	0.00	29.61	13.44	11.20
塞诺曼	43.05	0.00	28.08	14.43	14.43
阿尔布	42.58	0.00	26.28	14.61	16.53

由表 1、2 可以看出：①垮塌井段主要矿物组分为黏土矿物、石英和长石等脆性矿物以及白云石、方解石等；随井深增加黏土矿物含量逐渐减少，而石英类脆性矿物含量增加；②垮塌井段

黏土矿物以伊利石、伊/蒙混层为主，其次为高岭石和绿泥石，缺失蒙脱石。

选用 Quanta450 扫描电镜（SEM）对在 50 倍分辨率下观察发现：①土伦阶岩屑呈现出弱胶结状态，且结构松散；钻井液浸泡后表面吸附了聚合物，黏土矿物水化膨胀；②阿尔布岩屑存在 500nm～2μm 微裂缝层理发育；钻井液浸泡后沿裂缝和微裂缝渗入钻井液聚合物，黏土层微裂隙增大至 10μm 以上。

(a)土伦阶岩屑浸泡前　(b)土伦阶岩屑浸泡24h　(c)阿尔布岩屑浸泡前　(d)阿尔布岩屑浸泡

图 3　岩屑钻井液浸泡前后 SEM

3　钻井液技术优化

由井壁垮塌地质和岩石理化特性原因分析可知：①上部地层垮塌原因主要由钻井液抑制性不足引起；②中下部地层垮塌主要与钻井液封堵防塌性不足有关。原钻井液采用氯化钾-两性离子聚合物体系，钻遇塞诺曼及下部垮塌层加入聚合物降失水剂和沥青类防塌剂。现场实践证明该体系抑制性和封堵防塌效果欠佳，需要根据井壁失稳原因进行钻井液技术优化。

3.1　上部地层钻井液抑制防塌性能优化

泥页岩抑制剂 JXA-1 是一种不同分子量的有机阳离子型酰胺聚合物的复合物，具有亲油、亲水结构，其利用氨基吸附和阳离子置换效应，镶嵌在黏土层间阻止表面水化；利用氨基和酰胺基多点吸附，使疏水链包被在黏土表面，从而降低岩石表面的亲水性，形成稳定的疏水微区。该疏水微区能有效地阻止自由水与岩石（黏土）表面接触及向黏土内部渗透，从而有效地抑制黏土水化。原钻井液配方为：3%坂土浆+0.5%两性离子聚合物+7%氯化钾+聚合物提黏剂/降黏剂；抑制性和流变性测试表明，原体系优化加入 1.5%JXA-1 后：①两性离子聚合物加量降低至 0.2%；②体系能保持低黏切不再需要聚合物降黏剂；③70℃ * 16h 页岩回收率由 78.5%提高至 98.6%，页岩二次清水回收率由 56.5%提高至 89.6%。

3.2　中下部地层钻井液封堵防塌性能优化

FDM-1 是一种微纳米级高分子聚合物乳液，在地层孔隙中形成致密的封堵层，降低滤失量，有效地稳定井壁，解决泥页岩掉块问题；其粒径分布：$D_{50}/\mu m$ = 0.238 ～ 0.306、$D_{90}/\mu m$ = 0.779～1.244、粒径范围 0.035～3.289μm。根据理想充填理论，FDM-1 粒径分布满足中下部垮塌层岩屑 SEM 裂隙宽度 500nm～2μm 封堵要求，弥补了原体系中超细碳酸钙封堵粒径不匹配和沥青类防塌剂软化点与井温相比偏高封堵性不足的缺陷。现场在井深 1800m 后配合加入 2%～3%磺化酚醛树脂，达到降低失水提高封堵性和抗温性的目的。中下部钻井液优化后配方为：2.5%坂土浆+0.2%烧碱+0.2%两性离子聚合物包被剂+1%JXA-1+(4-5)%氯化钾+3%超细碳酸钙（中值直径 4～10μm）+2%FDM-1+重晶石+2%磺化酚醛树脂+重晶石；优化配方后钻井液中压滤失量明显减小，泥饼致密性增强，流变参数变化不大。

4　WXX-102D 井现场应用效果

由表 1 看出：二开防塌钻井液技术优化后，随井深增加抑制性有减弱趋势，黏切升高失水降低明显；上部地层增强抑制性，中下部地层突出封堵防塌，和同区块邻井相比取得了理想的现场应用效果。

4.1　异常钻屑和掉块消失，钻屑钻头刮痕明显并呈散沙状

和图 1 相比，WXX-102D 井二开钻井液技术优化后振动筛返砂泥糊状和团状泥球钻屑和掉块消失，PDC 钻头切削地层后钻屑痕迹菱角明显。振动筛出口堆积钻屑黏性大大降低，基本呈

分散流沙状态，与原来钻屑堆积成泥状形成鲜明对比(图4)。

表1　WXX-102D井二开钻井液性能统计

易垮塌层位/大概厚度/m	密度/(g/cm^3)	AV/(mPa·s)	PV/(mPa·s)	YP/Pa	FL/API/mL	GEL/Pa	页岩回收率/%(70℃ * 16h)
谢农阶/528	1.25~1.45	20~26	18~20	4~6	7~8	0.5/1	98.5
土伦阶/324	1.45	25~27	18~20	5~8	6~7	0.5/1 5	97.9
塞诺曼/315	1.45~1.50	26~31	18~23	8~12	4~5	0.5/2	92.3
阿尔布/377	1.50~1.55	32~36	19~24	12~15	2~3	0.5/3	90.2

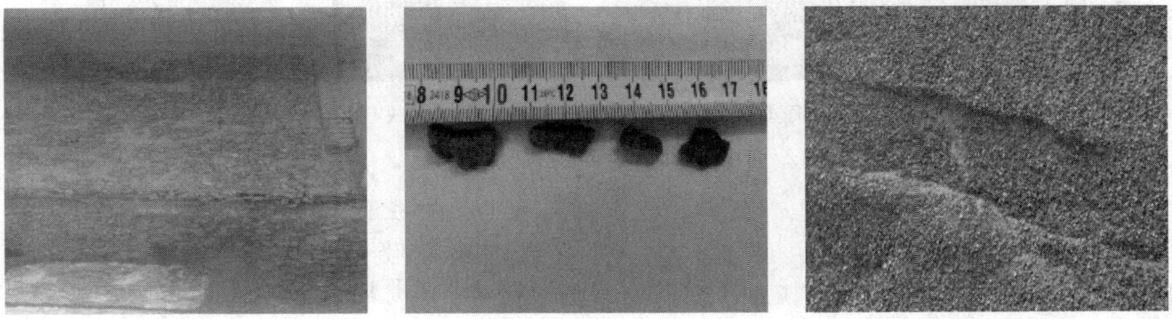

(a)振动筛出口返砂　(b)钻屑切痕明显　(c)钻屑堆积成散沙状

图4　WXX-102D井二开钻屑

4.2　包被剂加量大幅度减少，高目数筛布通过率大幅度提高

钻井液技术优化后高分子聚合物包被剂用量减少50%以上达0.2%，钻井液通过振动筛性能明显变好。以往二开使用振动筛筛布最高60目就有聚合物糊筛子跑浆现象，WXX-102D井二开逐步提高振动筛筛布目数至180目使用正常。钻井液一级固控效果发挥良好。现场上部地层快钻时(<3m/min)一体机和离心机可以不使用，钻井液密度不会自然升高。

4.3　沉砂罐排放量和胶液配制量大幅度减少

以往该区块二开钻进期间，振动筛下沉砂罐每钻进1~2个立柱就需要清理，排放钻井液>$10m^3$/次。钻井液技术优化后钻井液抑制性增强，分散进钻井液的黏土含量明显降低，加之高目数筛布使用，沉沙罐实现每钻进10个立柱才需要清理，且排放量<$2m^3$/次。相应地胶液维护量也大幅度减少。整个二开钻进期间胶液配制量减少50%以上。

4.4　井径平均扩大率降低67%，起下钻实效提高近50%

以往该区块邻井二开起下钻阻卡划眼频繁，个别井甚至发生卡钻侧钻事故。WXX-102D井通过钻井液技术优化，二开起下钻阻卡现象明显改善，全程带泵起钻划眼现象没有出现，二开钻进期间短程起下钻3次，除灰岩地层或施工夹层个别点遇阻划眼或带泵起钻外，其余起下钻均正常，井径平均扩大率较邻井降低67%达5%；由于带泵起钻或划眼造成的实效损耗降低近50%。

4.5　环空返速低引起的问题

二开444.5mm井眼127mm钻杆设计最低排量55L/s，环空返速最低0.3m/s。土库曼斯坦现场机泵能力达不到，井深超过2000m后排量最大47L/s，环空返速不到0.25m/s，钻屑黏附在软泥岩井段冲刷不掉，造成中完起钻至上部井段扶正器和钻头剐蹭井壁钻屑黏附逐渐加重，形成“假泥包”现象；该现象与以往扶正器和钻头泥包的严实程度形成了鲜明对比(图5a、图5b)。

5　结论

(1) 通过已钻井二开复杂地质原因、矿物组分、微观结构等分析，优化原KCl^-两性离子聚合物体系：上部地层加入JXA-1增强抑制防塌性能，中下部加入FDM-1提高封堵防塌性能；并通过WXX-102D井现场应用验证了良好防塌效果。

(2) WXX-102D井应用优化防塌钻井液技术后，大幅度减少了聚合物包被剂用量，振动筛筛布由60目提高到180目，锥形沉沙罐清理量和胶液配制量减少近50%，井径扩大率同比降低67%，起下钻实效提高近50%，具有积极推广价值。

(a)扶正器、钻头“假泥包”　　(b)扶正器、钻头“真泥包”

图5　扶正器钻头“真假”泥包对比

参 考 文 献

[1] 吴先忠，王玺，邓民敏编著．超高压酸性气田综合钻井技术—阿姆河右岸气田钻井工艺技术与实践[M]．北京：石油工业出版社，2017.

[2] 张亚萍，吉永忠，贺彬．一种钻井液用泥页岩抑制剂JXA-1的评价及应用[J]，矿山工程，2020，8(2)，215-221.

[3] 孙俊，艾加伟，舒义勇．FDM-1成膜封堵剂的实验评价及应用[J]．钻井液与完井液，2020，37(1)：54-58.

[4] 徐同台，刘玉杰，申威编著．钻井工程防漏堵漏技术[M]．北京：石油工业出版社，1997.

四川盆地深层煤岩气井钻井液技术研究与应用

冉启华　何　涛　范　劲　夏榆皓　邱　杰

（中国石油集团川庆钻探工程有限公司钻井液技术服务公司）

摘　要　为了探索四川盆地埋深 3000~4500m 左右煤岩地层含气潜力与成藏特征，针对四川盆地深层煤岩气井碳质泥岩、煤层易垮塌，煤层薄、割理发育良好等技术难题，分析了四川盆地龙潭组煤岩分布特征、煤岩物性特征，表现为煤层多期叠置发育、成群组赋存、单一煤层较薄、沉积差异大，煤体结构以原生结构煤和破碎煤为主等特点。基于煤岩地质特性分析了钻井液技术难点，研发了“双疏成膜水基钻井液”、“压力阻隔型油基钻井液”两套深层煤岩气钻井液体系，分别在 JT1H 井、NT1H 井进行成功应用，解决了深层煤岩气井煤层易垮塌、水平段摩阻扭矩大、溢漏同存风险大等技术难题，其中 NT1H 井最深垂深达 4071.49m，刷新煤岩气水平井最深垂深全国纪录。

关键词　深层煤岩气；双疏成膜；弹性压力阻隔剂；钻井液技术

近年来，中国煤层气勘探开发取得重大进展，浅层中低阶煤层气以含水吸附气为主，深层中高阶煤层气基本不含水，赋存游离气。在埋深 2000m 以浅煤层气勘探开发方面，已在沁水盆地高阶煤区及鄂尔多斯盆地东缘中低阶煤区建成 2 个煤层气勘探开发一体化产业基地。根据全国煤层气资源动态专项评价结果，中国 2000m 以浅的煤层气资源量约为 30.05×10^{12} m^3，埋深大于 2000m 的煤层气地质资源量为 $40.71\times10^{12}m^3$。我国已探明煤层气储量以中浅层为主(采出程度仅为 7%)，我国深层煤层气资源量丰富，是下一步天然气增储上产的重要接替领域。

为了探索四川盆地埋深 3000~4500m 左右煤岩地层含气潜力与成藏特征，试验优选深层煤岩致密气提产提效钻完井工艺技术，力争实现四川盆地超压、超饱和深层煤岩致密气新领域勘探战略新突破，相继在四川盆地完成了 JT1H 井、NT1H 井两口深层煤岩气的钻探开发。针对四川盆地深层煤岩气井碳质泥岩、煤层易垮塌，19# 煤层薄、宏观裂隙、微观气孔和晶间孔发育良好等技术难题，JT1H 井采用与中国石油大学(北京)联合研发的“双疏成膜水基钻井液”，为安全完钻提供坚强保障；NT1H 井采用“压力阻隔型油基钻井液”钻进，最深垂深达 4071.49m，刷新煤岩气水平井最深垂深全国纪录。

1　深层煤岩地质特点

1.1　煤岩分布特征

川中-川南地区龙潭期晚二叠世是最主要的聚煤期，广泛发育滨岸-沼泽环境。龙潭组煤层是盆地中非常重要的烃源岩，主要沿古海岸线呈条带状分布，遂宁-合江一带为聚煤中心。后期的构造运动导致龙潭组煤岩埋深范围较广，由南向北逐渐变深，最大埋深可达 4500m。其中，埋深 2000~3000m 煤岩主要分布在川南低陡构造区；埋深 3000~4500m 煤岩主要分布在川中低缓构造区。盆地内煤系地层中煤层多期叠置发育，表现为煤层数多，成群组赋存、间距小、单一煤层较薄、沉积差异大等特点。

1.2　煤岩物性特征

龙潭组煤层颜色呈深灰、灰黑色，条痕色为黑色，呈似金属光泽和玻璃光泽。外生裂隙一般较发育，内生裂隙(面割理、端割理)发育，多呈阶梯状、参差状断口，少量贝壳状断口，质地较坚硬。盆地内主采煤层煤体结构在平面上具有一定的规律性，川南地区位于盆地边缘，构造相对复杂且断层发育，构造煤占比相对较高；川中地区构造类型简单，断层发育较少，煤体较完整，煤体结构以原生结构煤和破碎煤为主，详见图 1。

2　深层煤岩钻井液技术难点

我国煤层气资源储量超过 1 千亿立方的大型

含气盆地包括鄂尔多斯、沁水、塔里木和滇东黔西等十个，可采资源储量超过 80%。其中鄂尔多斯盆地占全国煤层气资源量超过 24.2%，其次是沁水盆地占全国 13.3%。根据鄂尔多斯盆地、沁水盆地浅层、中深层煤层气地质特点，钻井液技术难点见表 1。

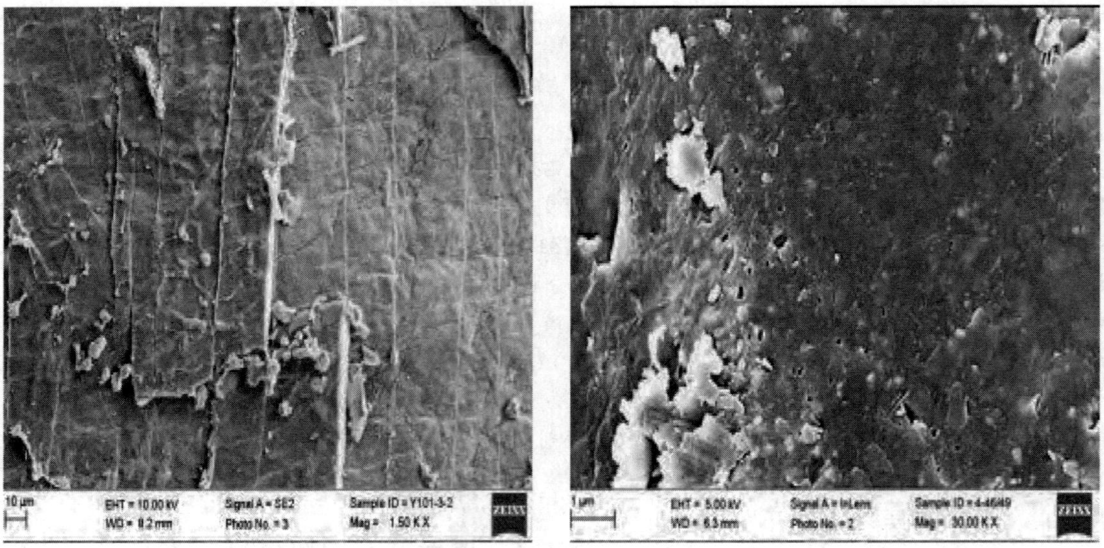

图 1　煤层孔裂隙发育扫描电镜图(左割理；右溶蚀孔)

表 1　沁水盆地、鄂尔多斯盆地煤岩气钻井液技术难点表

盆地	沁水盆地	鄂尔多斯盆地
地质 特点	主探层位：3#煤层和 15#煤层 埋深：2000m 以浅 地质难点：断层多，胶结疏松、结构不强，夹壁墙厚度薄、岩性强度低	主探层位：本溪组 8#煤 埋深：2000m～3000m 地质难点：煤层埋藏深度大、碳质泥岩、煤层、煤矸石互层发育，微裂缝发育、应力敏感
钻井液技术	密度：1.20g/cm^3 以内 常用体系：聚合物、无固相、可降解聚膜钻井液体系为主	密度：1.50g/cm^3 以内 常用体系：氯化钾聚合物、低固相钻井液体系为主
钻井液难点	煤层坍塌周期短、井壁失稳卡钻，煤层易漏失，水平段井眼净化难、托压严重与阻卡，煤粉污染等	

四川盆地深层煤岩致密气勘探开发程度低，勘探研究基础均较薄弱，埋深 3000～4500m 左右煤岩致密气成藏地质条件更复杂，富集机理、富集规律有待深入研究。龙潭组煤岩纵向叠置发育，煤层相对较薄，储层非均质性较强，水平井钻探对钻井液提出了更大的挑战。

(1) 井壁易垮塌失稳，坍塌周期短

四川盆地深层煤岩气主探龙潭煤层超薄储层，煤岩具有脆性大、强度低等特点，水平段可能会钻遇碳质泥岩、煤层、夹矸、煤泥互层等岩性，其中碳质泥岩、夹矸质地坚硬、微裂缝发育、易造成较大掉块，而且钻井过程中井壁不稳定性受煤层地质构造、地应力、地层压力及黏土矿物水化效应等多因素综合影响，仅依靠调整钻井液密度难以满足煤层井壁稳定性的要求，必须对煤层井壁进行封堵与强化。

(2) 目的层埋藏深，钻井液性能要求高

四川盆地深层煤岩气埋深大于 3000m，钻井液密度达到 2.0g/cm^3 以上(JT1H 井最高 2.0g/cm^3、NT1H 井最高 2.28g/cm^3)，深层煤岩气水平段钻进一方面需提高钻井液密度支撑井壁，一方面煤层胶结疏松易压裂性漏失，钻井液密度越高会导致孔隙压力增大，从而改变煤岩的井壁应力，又会对煤岩的稳定性产生较大的影响，所以对钻井液密度的选择、封堵性能、降滤失性能的控制提出了更高要求。同时密度、温度的上涨带来钻井液固相含量的增加，造成钻井液性能调控难度增加。

(3) 纵向上多产层，多层段油气显示活跃

目的层二叠系龙潭组煤岩储层可能存在高压异常，根据邻井资料显示，地层天然气显示普遍，以气侵、气测异常为主。以 JT1H 井邻近为

例，荣201井龙潭组钻遇油气显示8次，主要发生在煤岩和碳质泥页岩中，显示层段累厚达15.2m，全烃最高达到99.9%；荣203井龙潭组钻遇油气显示6次，煤岩发生4次气侵，其中3次槽面集气点火可燃；黄204H3-1井在龙潭组地层钻进过程中，气测全烃最高涨至85.89%，点火焰高0.5m。NT1H井龙潭组煤层段地层压力高，上部地层存在漏层，窗口密度窄，溢漏风险较大，详见表2。

表2 预计油、气、水层显示层段表

层位	显示类别	邻井显示(简述及地层)	流体性质分析
龙潭组	气测异常、气侵	荣201井龙潭组钻遇油气显示8次，主要发生在煤岩和碳质泥页岩中，显示层段累厚达15.2m，全烃最高达到99.9%，其中煤岩发生两次气侵，槽面集气点火可燃； 荣203井龙潭组钻遇油气显示6次，煤岩发生4次气侵，其中3次槽面集气点火可燃； 黄204H3-1井在龙潭组地层钻进过程中，钻井液密度1.93g/cm^{3}的条件下，气测全烃最高涨至85.89%，点火焰高0.5m	煤岩气

3 深层煤岩气钻井液技术

通过开展JT1H井、NT1H井专项专层技术分析，加强工程-地质-钻井液一体化统筹，针对可能钻遇的碳质泥岩、煤矸石卡钻，煤层节理发育井壁失稳，箱体断层井漏风险等制定"一层一策"专项技术措施，综合考虑井漏、煤层游离气及井眼周围应力的影响，确定开窗段、造斜段、煤层水平段的钻井液密度、黏度、抑制封堵等关键技术指标。

针对JT1H井碳质泥岩、夹矸、煤层易垮塌，水平段摩阻扭矩大等技术难题，采用"双疏成膜水基钻井液"钻进，全井段多次进入、钻出煤层，钻遇了上部结构煤层，中部碳质泥岩、夹矸，下部煤泥岩互层，整个水平段施工过程井壁稳定。

针对NT1H井煤层储层超薄、沉积差异大、裂缝发育，井壁垮塌风险大，同时煤层段地层压力高，上部地层存在漏层，窗口密度窄，存在较大溢漏风险等技术难题，采用一套强封堵、强胶结、强抑制、强清洁的"压力阻隔型油基钻井液"，在钻遇超薄煤层、页岩夹矸层情况下井壁稳定无掉块，详见表3。

表3 四川盆地两口深层煤岩气基本情况表

井号	JT1H井	NT1H井
井型	水平井	水平井
目的层	龙潭组19#煤岩	龙潭组19#煤岩
井眼轨迹	A点：3505m(垂深3240.98m) 完钻井深：4630m(垂深3238.78m) 水平段长1125m	A点：4470m(垂深4076.76m) 完钻井深：5470m(垂深4063.58m) 水平段长1000m
钻井液	体系：水基钻井液 密度：1.65~1.96g/cm^3 漏斗黏度：70~100s	体系：油基钻井液 密度：2.17~2.28g/cm^3 漏斗黏度：74~90s

3.1 井壁失稳机理分析

煤岩节理、微裂缝发育、胶结疏松、脆性大、应力敏感、非均质性强，在钻开煤层后，原有的力学破坏，煤层易碎裂垮塌。其次外来流体沿割理、裂隙侵入，引起分布在裂缝等处的黏土矿物水化溶胀和部分填充物溶解，弱化煤岩的胶结强度，产生突发性水化剥落掉块，引起井壁失稳。煤矸石夹在煤岩中，煤岩剥落，煤矸石会出现更大的掉块，诱使井壁更加不稳定。

3.2 JT1H井水基钻井液技术

"双疏成膜水基钻井液"体系集成了"表面双疏抑制+键合润滑减阻"技术特点，针对深层煤岩地质特性强化钻井液封堵防塌、长水平段润滑、煤泥岩互层双疏抑制等技术指标。

3.2.1 表面双疏抑制

深层煤岩裂缝发育，采用水基钻井液钻进过程中，钻井液滤液在正压差作用下将沿地层裂缝不断侵入煤层内部，导致煤岩裂缝扩展延伸、黏土水化等问题，引发井壁失稳等现象。双疏抑制剂处理后的岩心表面润湿性能由亲液性向疏液性转变，通过改善微毛细管表面的润湿性能，解决储层微毛细管中存在的水堵效应，达到保护储层的目的。

未处理过的岩心表面在纳-微尺度表现出非常光滑，只存在少量的层状结构，岩心表面表现出亲水亲油的双亲特性；当使用双疏抑制剂对岩心进行处理后，岩心表面覆盖了很多纳米尺度级别的产物，从而体现出一种微米尺度的物理结构，加上其本身的纳米结构形成了纳-微结构，纳-微多级尺度的物理结构具有双疏性质，使处理后的岩心表面具备双疏性能，详见图2。

3.2.2 键合润滑减阻

键合型润滑剂是流动型与键合型协同增效实现润滑性能的润滑剂，它作为一种两亲分子，具有多分支极性吸附基团，在金属钻具表面可形成金属螯合环，从而实现常规流动型润滑剂所没有的键合作用。其中键合型润滑剂中多分支极性吸附基团—NH_2 和—COO—提供配对电子，金属钻具表面 Fe 原子提供空电子轨道，两者通过螯合作用强化润滑剂吸附膜强度，详见图3。

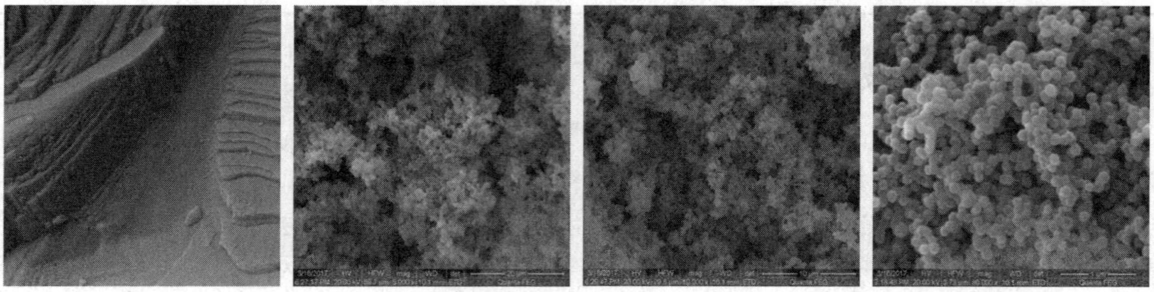

图2 双疏抑制剂处理前后岩心表面扫描电镜图(上未处理，下处理后)

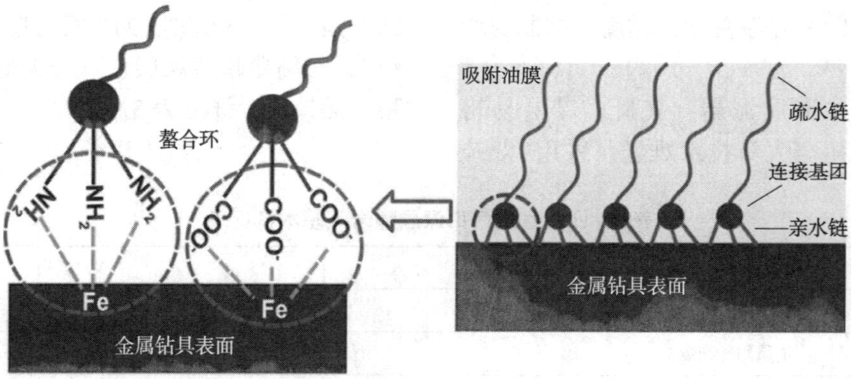

图3 键合型润滑剂与钻具表面螯合机理

采用极压润滑仪对比评价了键合型润滑剂与国内合成酯润滑剂、国外酯类润滑剂。1%加量下键合型润滑剂在120℃老化前后均能够将4%基浆极压润滑系数降低90%以上，效果优于国内外同类产品，详见表4。

表4 键合型润滑剂与国内外产品润滑性能对比

样品	老化状态	EP	降低率
4%基浆+1%国内产品	老化前	0.08	84%
	老化后	0.07	86%

续表

样品	老化状态	EP	降低率
4%基浆+1%DFL	老化前	0.11	78%
	老化后	0.08	84%
4%基浆+1%键合润滑剂	老化前	0.05	91%
	老化后	0.04	93%

3.2.3 现场应用情况

龙潭组主要岩性为深灰色、灰黑色页岩、黑色碳质页岩为主，夹灰色凝灰质粉砂岩、黑色煤，主要难点是防止页岩、煤层垮塌，长裸眼水平段磨阻、扭矩大、定向钻进困难，预防煤层气气侵钻井液起泡影响正常钻进，预防酸性气体污染钻井液导致性能恶化，长时间钻进高密度钻井液固相高流变性难以控制等，详见表5。

表5　JT1H井钻井液性能统计表

井段	密度/(g/cm^3)	漏黏 S	pH值	塑性黏度/(mPa·s)	动切力/Pa	初切/Pa	终切/Pa	摩阻系数	氯根/(mg/L)	固含/%	HTHP/mL
3111~3200	1.82~1.84	80~100	9~10	≤75	15~20	2.5~3.5	5~6.0	≤0.08	55000~70000	≤30	≤7
-3500	1.85~1.89	85~95	9~10	≤75	15~20	2.5~3.5	6~7.0	≤0.069	58000~70000	≤30	≤7
-4630	1.89~1.92	90~100	9~10	≤75	16~25	3~3.5	6~7.5	≤0.069	52000~58000	≤30	≤6.6

龙潭组将钻井液密度提至设计上限1.85g/cm^3，以有效保持钻井液液柱压力对易垮塌地层平衡，防止页岩、煤层剥落掉块；进入煤层后逐渐提高到1.9g/cm^3，完井阶段提高至1.95g/cm^3，煤层稳定。煤层段胶结性差、易被冲蚀，在保证正常排量同时，尽量控制钻井液黏度保持在90s以上，减小钻井液对煤层冲刷而造成的井壁失稳问题，同时有利于提高携砂能力，减少井眼内沉砂、岩屑床。

实钻过程中，该体系表现出了以下特点：(1)优良的流变性能防止煤岩垮塌，低渗透滤失量能有效减弱或避免泥页岩水平井井壁岩石强自吸水效应；(2)具有类似于油基钻井液强抑制性，适用于水敏性泥页岩地层的钻井；(3)在表面润湿改性与键合润滑的双重作用下，解决水平井润滑防卡、降摩减阻问题；(4)突出的“膜封堵”与双疏“岩石润湿改性”，对储层通道进行了暂堵型保护。

3.3　NT1H井油基钻井液技术

“压力阻隔型油基钻井液体系”采用了“压力阻隔+成膜胶结”的封堵固壁技术对策，针对深层煤岩地质特性强化钻井液封堵防塌、高密度流变性等技术指标，在多次钻至19#煤层上部顶板、下部底板及中部夹矸层情况下，井壁稳定无掉块，助力NT1H井实现“增斜段+水平段”一趟钻目标，一趟钻进尺1180m。

3.3.1　弹性压力阻隔剂

针对龙潭组煤岩优选出弹性压力阻隔剂，弹性压力阻隔剂对体系流变性影响较小，优化后体系HTHP滤失量滤失量小于2mL，有效胶结封堵微裂缝，压力传递平衡时间大幅提升，有效阻缓压力传递作用，显著提高油基钻井液稳定井壁能力，有助于实现龙潭组煤岩段井壁稳定。

弹性压力阻隔剂是一种具有可变形的弹性粒子的乳化改性树脂，其粒径分布0.1~1μm之间，粒径中值D_{50}仅为400nm左右，属于纳-微米级封堵剂。弹性压力阻隔剂通过分子链上的多种极性吸附基团与岩石表面发生化学吸附，黏结在岩石表面，同时在压力作用下可变形树脂颗粒紧密堆积形成一层牢固憎水膜，阻止油基钻井液中乳化水相与岩石接触，从而防止泥岩的水化，封闭微孔缝，阻止钻井液冲蚀井壁，实现稳定井壁的效果。

室内使用压力传递/膜效率仪对体系进行压力传递对比实验，考察加入弹性压力阻隔剂前后体系阻缓压力传递的效果。加入弹性压力阻隔剂后，压力传递平衡时间由214h提高至335h，能够有效封堵泥岩微纳米孔缝，延缓压力传递作用，提高井壁稳定性，详见表6。

表6　压力传递评价数据

样品	上下游压力差/psi	压力平衡时间/h
油基钻井液	500	214
油基钻井液+2%弹性压力阻隔剂	500	335

将滤饼在经过冷冻干燥后，在扫描电镜下测定滤纸的及滤饼的微观结构，含有弹性压力阻隔剂的基浆可以形成致密的滤饼，降低滤失量，阻止滤液与井壁接触，提高井壁稳定性，详见图4。

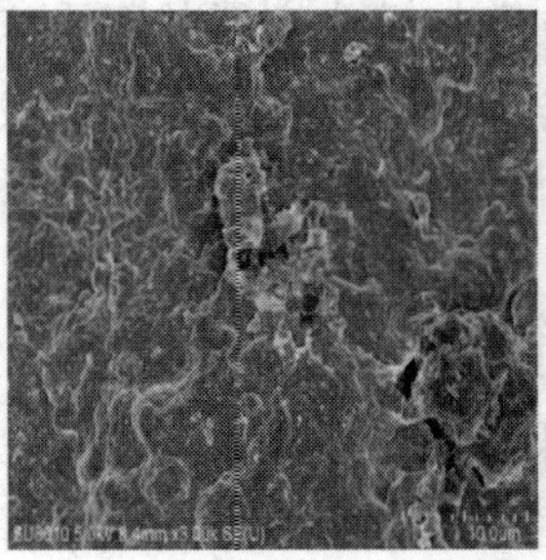

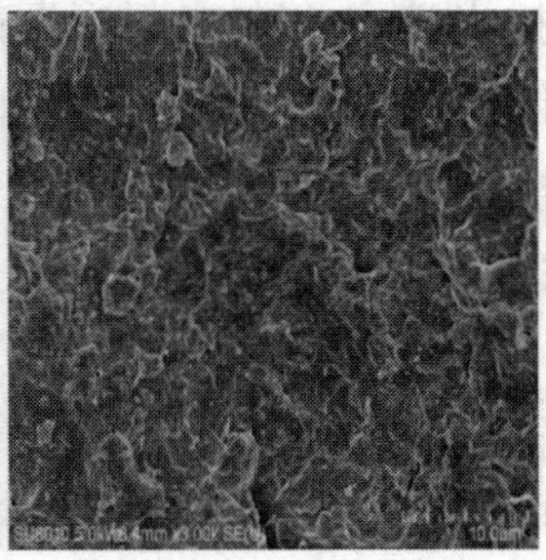

图4　加入弹性压力阻隔剂前后滤饼电镜扫描图
(左未加，右加入)

3.3.2 现场应用情况

针对油基钻井液高温下黏切低的特性，引入高温恒定提切剂，优化井底油基钻井液流变参数，保持“强清洁弱冲刷”流变特性，保障井眼清洁通畅。针对煤层有机质含量高，更易与油基钻井液“相似相溶”的岩性特点，保持合适的黏度减小对煤层的冲刷、溶蚀，防止煤层井壁剥落，详见表7。

表7 NT1H井钻井液性能统计表

层位	密度/(g/cm³)	漏黏 S	塑性黏度/(mPa·s)	动切力 Pa	初切 Pa	终切 Pa	HTHP 130℃/mL	油水比	碱度	氯根/(mg/L)	破乳电压/V
长兴组	2.17~2.28	74~80	75	10~15	1.5~2	4~6.5	2	82/18~85/15	3.5~4	18000~20000	500~817
龙潭组	2.16~2.27	85~99	78~87	10~15	3~5	5~8	1.0~2.0	85/15~86/14	2.8~4	20000~21000	949~1171

压力阻隔型油基钻井液体系采用“压力阻隔+成膜胶结”的防塌封堵技术，保障龙潭煤层段在钻进、划眼、通井等作业过程中井壁稳定均无掉块，平均井径扩大率12.09%。压力阻隔通过柔性颗粒、精细纤维复配弹性压力阻隔剂进行粒径优化级配，阻隔钻井液压力传递作用，保障煤层、夹矸层井壁稳定无掉块；成膜胶结通过多种极性吸附基团在地层表面吸附自成膜，有效胶结封堵微裂缝，减小因钻井液侵入造成尖劈效应，防止煤岩、泥页岩夹层因胶结疏松冲刷垮塌。

4 结论

（1）四川盆地龙潭组煤层多期叠置发育、单一煤层较薄、沉积差异大，外生裂隙较发育、内生面割理、端割理发育等特点。基于地质特性分析了钻井液技术难点，主要为煤层井壁易垮塌失稳、坍塌周期短，钻井液高温高密度性能要求高，纵向上多产层，多层段油气显示活跃，溢漏同存风险大。

（2）JT1H井采用“双疏成膜水基钻井液”钻进，体系集成了“表面双疏抑制+键合润滑减阻”技术特点，在表面润湿改性与键合润滑的双重作用下，解决水平井润滑防卡、降摩减阻问题，突出的“膜封堵”与双疏“岩石润湿改性”，对储层通道进行了暂堵型保护。

（3）NT1H井采用“压力阻隔型油基钻井液”钻进，体系采用了“压力阻隔+成膜胶结”的封堵固壁技术对策，通过柔性颗粒、精细纤维复配弹性压力阻隔剂进行粒径优化级配，阻隔钻井液压力传递作用，保障煤层、夹矸层井壁稳定无掉块；成膜胶结通过多种极性吸附基团在地层表面吸附自成膜，有效胶结封堵微裂缝，减小因钻井液侵入造成尖劈效应，防止煤岩、泥页岩夹层垮塌。

（4）四川盆地深层煤岩气开发处于起步阶段，深层煤层气是天然气增储上产的重要接替领域，下步将持续推进深层煤岩气井钻井液技术优化升级，深入开展深层煤岩气水平井提速提效、煤岩水平段井眼清洁和安全钻完井配套工艺技术等研究，为推动我国深层煤岩气高效开发提供技术支撑。

参考文献

[1] 罗平亚，朱苏阳．中国建立千亿立方米级煤层气大产业的理论与技术基础[J]．石油学报，2023，44(11)：1755-1763.

[2] 贾爱林，程刚，陈玮岩，等．双碳背景下中国天然气供需形势预测[J]．石油勘探与开发，2023，50(02)：431-440.

[3] 张道勇，朱杰，赵先良，等．全国煤层气资源动态评价与可利用性分析[J]．煤炭学报，2018，43(06)：1598-1604.

[4] 徐凤银，侯伟，熊先钺，等．中国煤层气产业现状与发展战略[J]．石油勘探与开发，2023，50(04)：669-682.

[5] 申建，秦勇．我国主要盆地深部煤层气资源量预测[R]．徐州：中国矿业大学，2021.

[6] 张抗，张立勤，刘冬梅．近年中国油气勘探开发形势及发展建议[J]．石油学报，2022，43(01)：15-28+111.

[7] 徐凤银，张伟，李子玲，等．鄂尔多斯盆地保德区块煤层气藏描述与提高采收率关键技术[J]．天然气工业，2023，43(01)：96-112.

[8] 刘翰林，邹才能，尹帅，等．中国煤系气形成分布、甜点评价与展望[J/OL]．天然气工业，1-21.

[9] 郭旭升，胡宗全，李双建，等．深层—超深层天然气勘探研究进展与展望[J]．石油科学通报，2023，8(04)：461-474.

[10] 邹才能，杨智，董大忠，等．非常规源岩层系油气形成分布与前景展望[J]．地球科学，2022，47(05)：1517-1533.

[11] 吴裕根，门相勇，娄钰．我国“十四五”煤层气勘探开发新进展与前景展望[J]．中国石油勘探，2024，29(01)：1-13.

[12] 鲜保安，高德利，徐凤银，等．中国煤层气水平井钻完井技术研究进展[J]．石油学报，2023，44(11)：1974-1992.

[13] 郭涛，金晓波，武迪迪，等．川东南南川区块龙潭组深部煤层气成藏特征及勘探前景[J]．煤田地质与勘探，2024，52(04)：60-67.

[14] 薛冈，郭涛，张烨，等．渝南地区二叠系龙潭组C_(25)煤层煤层气基础地质条件分析[J]．油气藏评价与开发，2024，14(03)：492-503.

[15] 姚红生，房大志，包凯，等．渝东南地区龙潭组煤层气甜点地质评价及有效压裂工艺[J]．煤炭科学技术，2023，51(S2)：132-140.

[16] 刘宣威，田亚铭，张慧，等．川北地区中二叠统茅二段储层特征及控制因素分析[J]．断块油气田，2022，29(04)：463-468.

[17] 吴占伟，黄炳香，赵兴龙，等．我国煤系共伴生矿产赋存特征及分布规律[J]．采矿与安全工程学报，2024，41(01)：29-46.

[18] 秦勇．中国深部煤层气地质研究进展[J]．石油学报，2023，44(11)：1791-1811.

[19] 阎荣辉，王京光，何旺，等．鄂尔多斯盆地深层煤岩气井储层坍塌及伤害主控因素研究[J]．钻采工艺，2023，46(06)：8-13.

[20] 赵喆，徐旺林，赵振宇，等．鄂尔多斯盆地石炭系本溪组煤岩气地质特征与勘探突破[J]．石油勘探与开发，2024，51(02)：234-247+259.

[21] 韩成福，牛逵，刘振，等．鄂尔多斯盆地深层煤岩气水平井安全钻井技术[J]．石化技术，2024，31(06)：295-297.

[22] 唐川富，李忠慧，陈晗，等．考虑多弱面的非连续煤夹层井壁坍塌模型与规律分析[J]．钻采工艺，2022，45(05)：8-15.

[23] 晁巍巍．沁水盆地南部煤层气藏地质类型与产能关系研究[J]．煤，2024，33(05)：65-67+86.

[24] 杜世涛，杨曙光，李瑞明，等．新疆地区煤层气勘探开发工艺技术难点与对策[J/OL]．地质通报，1-13.

[25] 苏乐．油基钻井液固壁技术实验研究[J]．石化技术，2022，29(12)：170-172.

[26] 冯义，任凯，刘俊田，等．深层煤层气水平井安全钻井技术[J]．钻采工艺，2024，47(03)：33-41.

[27] 何正．煤层气水平井钻井技术应用研究[J]．中国石油和化工，2024，(06)：77-79.

[28] 陈瑞杰．煤层气大位移水平井技术难点及解决措施[J]．中国石油和化工标准与质量，2024，44(01)：144-146.

[29] 张千贵，李权山，范翔宇，等．中国煤与煤层气共采理论技术现状及发展趋势[J]．天然气工业，2022，42(06)：130-145.

[30] 张遂安，刘欣佳，温庆志，等．煤层气增产改造技术发展现状与趋势[J]．石油学报，2021，42(01)：105-118.

四川盆地高含硫区块油基钻井液高效除硫技术研究与应用

李茂森　冉启华　范　劲　胡　静　郭　艳

（中国石油集团川庆钻探工程有限公司钻井液技术服务公司）

摘　要　四川盆地高含硫区块钻井过程中，硫化氢易导致酸性气污染、溢出中毒、钻具氢脆等危害，给安全勘探开发带来了极大风险。本文在总结油基钻井液防硫、除硫经验的基础上，采用压力灌注法，评价了150℃、200~300mg/L硫化氢浓度条件下，硫化氢对油基钻井液性能影响，评价了不同种类除硫剂在不同实验介质中的除硫率，形成了"锌基除硫剂+液体除硫剂"的复合除硫技术，油基钻井液中硫化氢清除效率达到74%。在四川盆地下川东、铁山坡等高含硫区块进行了现场应用，现场应用效果良好，保障了四川盆地高含硫区块的安全高效开发。

关键词　硫化氢；油基钻井液；高效除硫；液体除硫剂

四川盆地是中国高含硫天然气开发的主战场，已探明天然气储量 $9000\times10^8m^3$ 中约有三分之二的气田含硫化氢，其中川东北气田硫化氢含量高达1%~13%，最高可达62.17%。硫化氢的存在给油气藏的开发带来了极大风险，加强油基钻井液钻遇高含硫地层的防硫、除硫工作是刻不容缓的事情。多年来，国内外研究工作者对硫化氢脱除问题进行了大量研究，目前清除硫化氢的方法很多，主要分为干法、湿法和生物法，但这些方法主要针对水基钻井液。通常认为硫化氢不溶于油基钻井液，油覆盖在金属表面上可起到保护膜的作用，但在实际使用油基钻井液钻井过程中，由于硫化氢含量高，在井底压力和温度的同时作用下，硫化氢仍然会溶解在油基钻井液中，例如下川东LT1井使用油基钻井液仅振动筛检测出硫化氢含量高达20ppm以上，现有的清除硫化氢方法已经不能适用于油基钻井液，亟需研发油基钻井液高效除硫技术，为四川盆地高含硫区块的安全高效钻井提供有力保障。

1　硫化氢对油基钻井液性能影响分析

硫化氢在地层中以富集的形式存在，或者与地层油气进行混合。在油气资源开采过程中，一部分以气态硫化氢形式滑脱上升到达地面，一部分溶解在钻井液体系中，影响或破坏钻井液体系性能。硫化氢对水基钻井液体系的性能影响很大，硫化氢侵入后会造成钻井液密度下降、pH值下降、破坏流变性能和滤失性能。针对硫化氢对油基钻井液体系性能影响的相关研究较少，本文开展了硫化氢对油基钻井液体系流变性能、乳液稳定性能、滤失性能影响的实验研究。

1.1　*实验方法*

为了模拟油气勘探开发过程中钻遇硫化氢的实际情况，本文将采用压力灌注法作为研究硫化氢对油基钻井液性能影响的评价方法，此方法根据理想气体状态方程，通过压力控制通入密封容器的硫化氢体积，再将通入了硫化氢的油基钻井液进行老化，来模拟地层条件进行性能影响分析。压力灌注法通过压力调节控制输出气体体积，全程密封操作，既能降低人员操作风险，又能保障定量灌注的准确性。

1.1.1　实验原理

老化罐硫化氢气体灌注示意图如图1所示，图中硫化氢与钻井液反应的空间容器为老化罐，图1(a)表示老化罐内先倒入一定体积的钻井液，上部预留一定的空间体积作为灌注硫化氢气体的空间；图1(b)表示向已经准备好的老化罐内灌注硫化氢气体；图1(c)表示已经灌注完毕后钻井液、空气、硫化氢气体达到压力平衡。

设老化罐内空间体积为 V，老化罐内泥浆体积为 $V_{泥}$，剩余空间体积为 $V_{余}$，平衡后的空气体积和硫化氢体积分别为 V_1 和 V_2，则 $V_1+V_2=V_{余}$；设老化罐内空气和灌注的硫化氢的物质的量分别为 $N_{空气}$ 和 $N_{硫化氢}$，则老化罐内的气体的总的物质

的量为 $N=N_{空气}+N_{硫化氢}$。灌注硫化氢气体后的老化罐内气体压力为 $P_{终}$，灌注 V_2 的硫化氢气体需要的灌注压力为 P，显然 $P=P_{终}$。则根据理想气体方程：

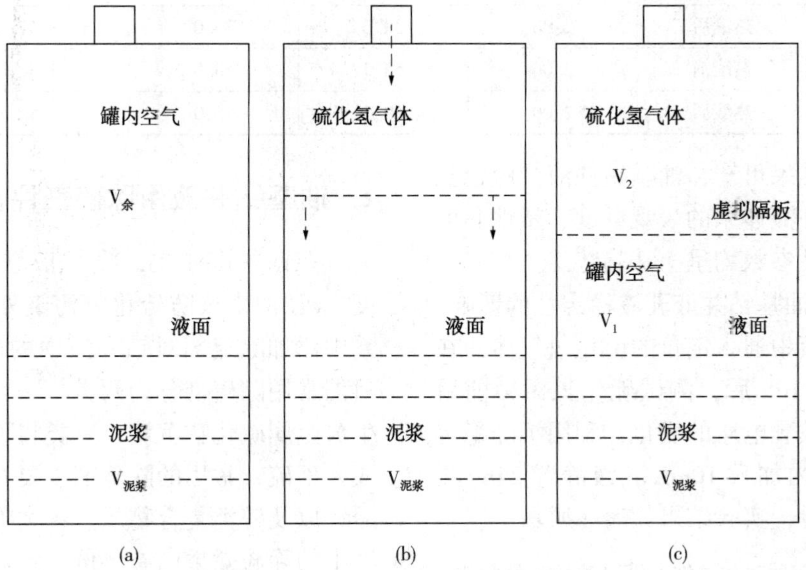

图 1　老化罐硫化氢气体灌注示意图

灌注硫化氢之前罐内空气的物质的量：

$$N_{空气}=P_0V_{余}/RT \quad (1)$$

灌注硫化氢达到平衡后罐内空气的物质的量：

$$N_{空气}=PV_1/RT \quad (2)$$

灌注后老化罐内的硫化氢的物质的量：

$$N_{硫化氢}=PV_2/RT \quad (3)$$

联立式(1)～(3)，可得到灌注一定量的硫化氢气体需要施加的灌注压力计算式：

$$P=P_0+N_{硫化氢}\mathrm{R}T/V_{余} \quad (4)$$

若现场以 mg/L 来表示侵入泥浆的酸性气体的量 n 的单位，有 $n=N_{硫化氢}\times M/V_{泥浆}$。则式(4)可变为：

$$P=P_0+n\mathrm{R}TV_{泥浆}/MV_{余} \quad (5)$$

式中，P 为灌注压力，Pa；P_0 是标准大气压；n 为酸性气侵入量，mg/L；M 为酸性气摩尔质量，g/mol；T 为气体温度，K；$V_{泥浆}$ 为老化罐内泥浆体积，m^3；$V_{余}$ 为老化罐内气体所占空间体积，m^3。

1.1.2　实验步骤

硫化氢气体压力灌注法流程示意图如图 2 所示，硫化氢气体从右边的气瓶中出来，通过压力控制和中间老化罐的阀门进入老化罐内；灌注完毕后，可关闭输出阀门和老化罐上的泄压阀，再打开排气管线上的阀门，将残余气体放到左边的硫化氢气体处理溶液中。整个灌注过程可全程密闭操作，对于管汇内残余的有害气体还能通过处理措施来减少危害。为满足试验条件，特购置以下物品和器材：硫化氢监测和报警装置；耐硫化氢腐蚀的老化罐(最高使用温度可达 300℃，最高承压 30MPa)；储存硫化氢的气瓶和配套管汇，采用专用或特制材料以保证安全；二氧化碳气体和配套气瓶及管汇。

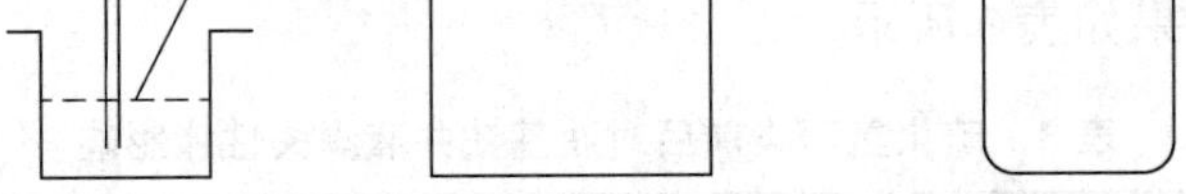

图 2　硫化氢气体压力灌注法流程示意图

1.2　实验结果分析

1.2.1　硫化氢对油基钻井液流变性的影响

在油基钻井液中通入定量的硫化氢气体(硫化氢在油基钻井液中的溶解度为 200～300mg/L)，在 150℃条件下老化 16h 后，测试硫化氢污染前后油基钻井液体系流变性能的变化，实验结果如表 1 所示。

表 1 硫化氢侵入前后对油基钻井液流变性能影响

硫化氢污染前后	实验条件	ρ/(g/cm^3)	AV/(mPa·s)	PV/(mPa·s)	YP/Pa	φ_6/φ_3
污染前	热滚前	2.00	37.5	35.0	2.5	4/3
	热滚后	2.00	39.0	36.0	3.0	4/3
污染后	热滚前	2.00	56.5	53.0	3.5	5/4
	热滚后	2.00	59.5	55.0	4.5	5/4

由表 1 实验结果可知，油基钻井液受硫化氢污染后，油基钻井液体系的表观黏度、塑性黏度及动切力等流变性参数均呈上涨趋势。

1.2.2 硫化氢对油基钻井液乳液稳定性的影响

在油基钻井液中通入定量的硫化氢气体，在150℃条件下老化 16h 后，测试硫化氢污染前后油基钻井液体系破乳电压的变化，利用沉降稳定法(在 20mL 量筒内加入 10mL 乳液静置 24h)测试乳化率及析油量，实验结果如表 2 所示。

表 2 硫化氢侵入前后对油基钻井液乳液稳定性影响

硫化氢污染前后	实验条件	ES/V	乳化率/%	析油量/mL
污染前	热滚前	762	92	0.8
	热滚后	657	89	1.1
污染后	热滚前	654	85	1.5
	热滚后	595	79	2.1

由表 2 实验结果可知，油基钻井液受硫化氢污染后，油基钻井液体系破乳电压、乳化率均呈下降趋势，乳液稳定性变差。

1.2.3 硫化氢对油基钻井液滤失量的影响

在油基钻井液中通入定量的硫化氢气体，在150℃条件下老化 16h 后，测试硫化氢污染前后油基钻井液体系 API 滤失量和高温高压滤失量，其中高温高压滤失的测试温度为 150℃，实验结果如表 3 所示。

表 3 硫化氢污染前后对油基钻井液滤失性能影响

硫化氢污染前后	实验条件	ρ/(g/cm^3)	FLAPI/mL	FL_{HTHP}/mL
污染前	热滚前	2.00	2.8	9.7
	热滚后	2.00	3.2	10.3
污染后	热滚前	2.00	4.5	15.2
	热滚后	2.00	5.0	16.5

由表 3 实验结果可知，油基钻井液受硫化氢污染后，油基钻井液滤失量均增加，其中高温高压滤失量从 10.3mL 增至 16.5mL。

2 油基钻井液用除硫剂评价

在钻井作业中，除了依靠提高钻井液的密度、pH 值来预防硫化氢污染外，常向钻井液体系中添加除硫剂对钻井液中的硫化氢予以清除。目前常用除硫剂分为两类：一类与可溶性硫化物生成金属硫化物沉淀，一类将可溶性硫化物氧化成元素硫，常用的除硫剂主要有海绵铁、碱式碳酸锌以及锌类复合物质。各类除硫剂在水基钻井液中的除硫效果已有评价，针对油基钻井液用除硫剂的评价较少，本文评价了各类除硫剂在油基钻井液中的除硫效果，并优选出一种油基钻井液用高效除硫剂。

本文油基钻井液用除硫剂评价选用了四种除硫剂：海绵铁、碱式碳酸锌、环丁砜类除硫剂、油基钻井液用液体除硫剂(SWCJ)，文中对这四类除硫剂在不同分散介质中的除硫效果进行评价。通过测定除硫剂在不同分散介质中的除硫率，分析分散介质对除硫剂除硫效果的影响，确定出不同分散介质条件下所用除硫剂的加量，最终优选一种油基钻井液用高效率除硫剂。

2.1 实验方法

油基钻井液用除硫剂评价反应流程图如图 3 所示，图中 a 为氮气阀门，b 为硫化氢发生装置，c 为脱硫反应装置，d 对未被吸收的硫化氢进行二次吸收，e 为尾气硫化氢验证装置。

油基钻井液用除硫剂评价反应装置如图 4 所示，具体实验步骤：(1)首先关闭氮气鼓入阀门，硫化氢发生装置上方为 6% 的硫酸水溶液，下方为硫化亚铁粉末；(2)硫化氢经过脱硫反应瓶时进行脱硫反应，本次实验硫化氢浓度为300ppm；(3)当脱硫反应瓶产生气泡时立即计时，通入气体 5.5min 后关闭硫化氢发生装置，在脱硫反应瓶中添加 3% 除硫剂分别反应 10min 和 30min，缓慢通入氮气，利用氮气将未脱除的硫化氢置换出来，最终反应瓶内仅剩余脱硫剂与硫化氢的反应产物，氮气通入时间为 1.5h；(4)

利用碘量法进行滴定尾气吸收瓶中的硫化氢吸收量，未添加脱硫剂和添加脱硫剂测得硫化氢质量分别为 m_0 和 m_1，脱硫率计算方法见公式(6)。

$$T=\frac{m_0-m_1}{m_0}\times 100\% \tag{6}$$

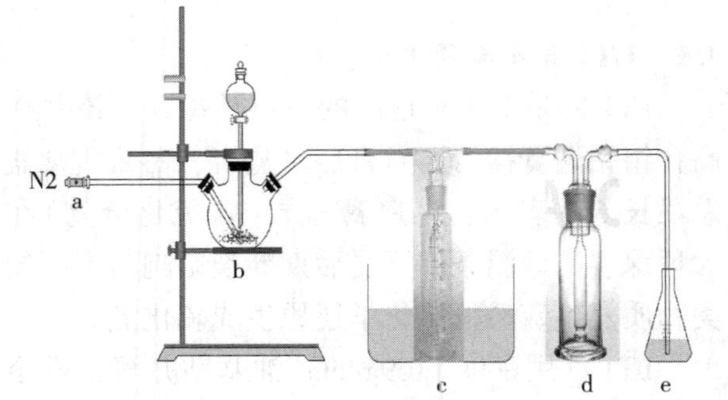

图 3　除硫反应流程图

图 4　除硫反应装置图

2.2　实验结果分析

2.2.1　除硫剂在蒸馏水中除硫效果评价

为研究不同除硫剂在蒸馏水中的除硫效果，将一定浓度的硫化氢气体通入蒸馏水中，分别测定不同除硫剂脱硫反应 10min 和 30min 后的出口浓度，其中除硫剂的加量浓度为 3%，进口硫化氢浓度为 300mg/L(下面测试条件相同)，除硫率取三次测试数据的平均值，测试结果如表 4 所示。

表 4　蒸馏水中除硫剂脱硫效果评价数据

除硫剂	10min 平均脱硫率/%	30min 平均脱硫率/%
海绵铁	10.33	55.32
碱式碳酸锌	1.52	44.68
环丁砜	78.42	87.54
SWCJ	66.87	74.16

由表 4 实验结果可知，环丁砜类除硫剂在蒸馏水中的除硫效果最好，除硫率达 80% 以上，SWCJ 除硫效果次之。海绵铁和碱式碳酸锌通入硫化氢 30min 的除硫效果明显比的通入硫化氢 10min 的除硫效果好，说明脱硫反应时间对海绵铁和碱式碳酸的除硫效果的影响较大。

2.2.2　除硫剂在白油中的除硫效果评价

油基钻井液用基础油为 3#白油，为研究不同除硫剂在白油中的除硫效果，将一定浓度的硫化氢气体通入白油中，分别测定不同除硫剂脱硫反应 10min 和 30min 后的出口浓度，测试结果如表 5 所示。

表 5　3#白油中除硫剂脱硫效果评价数据

除硫剂	10min 平均脱硫率/%	30min 平均脱硫率/%
海绵铁	42.86	55.32
碱式碳酸锌	51.98	67.48
环丁砜	31.31	50.15
SWCJ	10.03	29.79

由表 5 实验结果可知，碱式碳酸锌在 3#白油中的除硫效果最好，除硫率达 50% 以上，海绵铁和环丁砜类除硫剂次之，SWCJ 除硫剂除硫效果最差。通入硫化氢 30min 的除硫效果均明显比通入硫化氢 10min 的除硫效果好，除硫率可提高 20% 左右，主要原因是硫化氢在白油中的溶解度较小，硫化氢溶于油与除硫剂发生反应需要一定的反应时间，导致除硫剂短时间内的除硫效果不佳。

2.2.3　除硫剂在油包水乳液中的除硫效果评价

油基钻井液属于油包水乳液，研究了不同除硫剂在油包水乳液(油水比 80：20)中的除硫效果，将一定浓度的硫化氢气体通入油包水乳液中，分别测定不同除硫剂脱硫反应 10min 和 30min 后的出口浓度，测试结果如表 6 所示。

表 6　油包水乳液中除硫剂脱硫效果评价数据

除硫剂	10min 平均脱硫率/%	30min 平均脱硫率/%
海绵铁	41.21	63.03
碱式碳酸锌	85.15	87.58
环丁砜	77.27	84.55
SWCJ	64.85	70.30

由表 6 实验结果可知，除硫剂在油包水乳液中脱硫 30min 后的除硫率均达到 60% 以上，其中碱式碳酸锌和环丁砜类除硫剂在油包水乳液中的除硫效果最好，脱硫 30min 后的除硫率均在 85% 左右。主要原因是乳化剂可包裹分散相，使水能

更好地分散于油相，进而使硫化氢更多地溶于分散介质的同时增加除硫剂与硫化氢的接触几率。综上所述，碱式碳酸锌和环丁砜类除硫剂在油包水乳液中的除硫效果最好。

2.2.4 除硫剂在油基钻井液中的除硫效果评价

在进口硫化氢浓度为500mg/L相同条件下，分别测试加入相同浓度5%的海绵铁、碱式碳酸锌、环丁砜类除硫剂、油基钻井液用液体除硫剂(SWCJ)以及复配后的除硫剂除硫效率，其中单剂和复配除硫剂的除硫率图5所示。

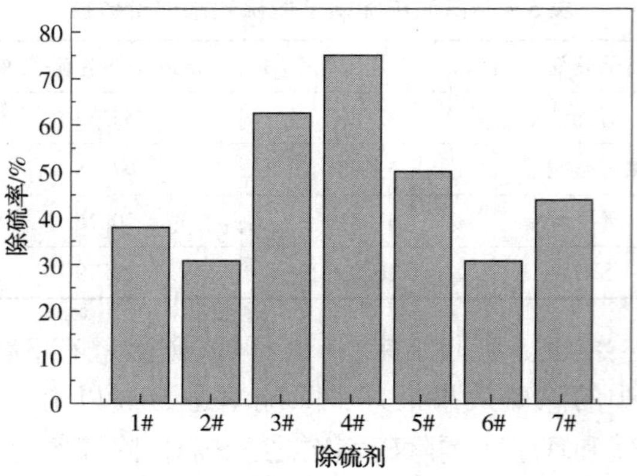

图5 不同除硫剂除硫效果对比

注：1#~7#：碱式碳酸锌、海绵铁、SWCJ、碱式碳酸锌：SWCJ(1:1)、环丁砜：SWCJ(1:1)、环丁砜：海绵铁(1:1)、SWCJ：海绵铁(1:1)。

图5实验结果表明，碱式碳酸锌和SWCJ相比液体除硫剂在油基钻井液中具有较好的除硫效率，其中SWCJ除硫剂在油基钻井液中除硫效果最好，而复配后的除硫剂除硫效果最好的为碱式碳酸锌：SWCJ(1：1)，最高除硫率为74%，因此现场采用碱式碳酸锌：SWCJ(1：1)的复配除硫剂进行现场油基钻井液除硫防硫工艺。

3 油基钻井液用除硫剂现场试验

3.1 LT1井基本情况

LT1井是下川东地区的一口预探井，该井在高台组钻遇膏盐岩、石膏层、盐岩、白云质膏盐总段长600多米，巨厚膏盐岩(含硫化合物)在大埋深、高地温条件下受后期断裂影响与下部烃类物质发生硫酸盐热化学还原生成硫化氢。

LT1井用密度1.69g/cm^{3}油基钻井液钻进至6902~6904m发现钻时加快，循环中发现出口返出大量硫磺并伴有刺激性气味，便携式硫化氢检测仪监测到振动筛有硫化氢最高值为23ppm，硫化氢持续气侵，为减少硫化氢侵入量，逐步提高密度从1.69g/cm^{3}加重至1.85g/cm^3，井底压力增加7.0MPa，仍不能有效解决硫化氢溢出问题。硫化氢侵入钻井液后，钻井性能变化如表7所示，油基钻井液黏度快速上涨，破乳电压下降，碱度从从2.8降至1.3。

3.2 LT1井现场处理情况

在LT1井钻遇高浓度硫化氢后，现场分别进行以下应急处理，包括加重、循环脱气、加入石灰提高碱度等现场处理措施，具体处理结果如下：

表7 LT1井油基钻井液受硫化氢污染后性能变化情况

时间	FV/s	ρ/(g/cm^3)	Gel/(Pa/Pa)	φ600/φ300	φ200/φ100	φ6/φ3	ES/V	碱度	备注
12.25 20：00	69	1.69	2/4	75/40	28/16	4/3	762	2.8	硫化氢侵入前
12.26 7：30	89	1.69	2/10	113/60	41/21	4/3	654	1.5	硫化氢侵入后
12.26 9：30	129	1.69	1.5/9	123/64	44/23	4/3	604	1.3	硫化氢持续侵入后

表8 LT1井高浓度硫化氢污染应急处理措施及结果

处理顺序	处理措施	钻井液性能变化情况	振动筛硫化氢监测浓度
第一次处理	循环加重至1.73g/cm^3，加入石灰	漏黏：68s↑80s 终切：4↑9 碱度：2.8↓1.3↑2.3	1~14ppm
第二次处理	循环加重至1.75g/cm^3，加入除硫剂、处理剂，降低钻井液黏度改善脱气性	漏黏：80s↑150s 终切：9↓8 碱度：2.3↑3.5	1~9ppm

续表

处理顺序	处 理 措 施	钻井液性能变化情况	振动筛硫化氢监测浓度
第三次处理	循环加重至1.80g/cm^3，短起至6689m，循环脱气	漏黏：150s↓133s 碱度：3.5↑4.2	0~8ppm
第四次处理	循环加重至1.85g/cm^3，加入除硫剂、处理剂，短起静止无气显示后起钻更换钻具后试钻进	漏黏：133s↓96s 碱度：4.2↑5.5	0~8ppm
第五次处理	循环加重至1.90g/cm^3，在套管鞋以上注水泥塞	漏黏：96s↓94s 碱度：5.5	0~18ppm

经过现场五次应急处理，通过提高钻井液密度、钻井液碱度，加入常规除硫剂(全井含量达到3%)依然不能解决高浓度硫化氢溢出问题，最终通过打水泥塞暂时封闭下部井段。经过室内紧急攻关，优选了油基钻井液用高效除硫剂，制定了现场处理工艺措施。

地面及水泥塞面以上井浆处理措施：(1)采用油基钻井液高效除硫剂，将地面循环罐中受污染油基钻井液按20%新配进行处理，然后将处理好的井浆转入储备罐中；(2)下钻探塞，按20%新配循环处理塞面以上受污染钻井液，处理完成后将多余井浆转入储备罐；(3)钻塞完，按照400米分段处理好受污染钻井液，期间继续监测好钻井液中硫化氢浓度，直至处理好受污染钻井液。

钻开水泥塞后井浆处理措施：(1)钻塞后，套管鞋以下裸眼段按处理方案：井浆+20%~30%新浆+7%高效除硫剂+3%乳化剂，进行井浆循环处理，清除硫化氢，使其达到硫化氢含量为零；(2)钻井液密度控制在1.90g/cm^3，井浆碱度控制在5以上，防止硫化氢腐蚀钻具；(3)调整全井钻井液性能，其中振动筛，循环罐等地面监测硫化氢含量降为零，并性能达到设计要求后进行新地层试钻。

4 结论

(1) 采用压力灌注法，测定在150℃、200~300mg/L硫化氢浓度条件下，硫化氢对油基钻井液性能影响，对比侵入前油基钻井液的性能参数，发现硫化氢侵入油基钻井液后，钻井液黏度上涨，破乳电压下降，高温高压滤失量增加。

(2) 建立除硫剂除硫效果评价实验装置，测定加量浓度为3%，进口H2S浓度为300mg/L条件下，除硫剂YT-1环丁枫、海绵铁CLJ、液体除硫剂SWCJ、碱式碳酸性及其复配除硫剂在不同实验介质中的除硫率，其中在油基钻井液中的除硫效果依次为碱式碳酸锌：SWCJ>SWCJ>环丁砜：SWCJ(1∶1)>SWCJ：海绵铁(1∶1)>碱式碳酸锌>海绵铁>环丁砜：海绵铁(1∶1)。

(3) 油基钻井液高效除硫技术在下川东、铁山坡等高含硫区块进行了现场应用，现场应用效果良好，保障了四川盆地高含硫区块的安全高效开发。

参 考 文 献

[1] 戴金星，胡见义，贾承造，等．科学安全勘探开发高硫化氢天然气田的建议[J]．石油勘探与开发，2004，31(02)：1-4.

[2] 费安国，朱光有，张水昌，等．全球含硫化氢天然气的分布特征及其形成主控因素[J]．地学前缘，2010，17(01)：350-360.

[3] 朱光有，张水昌，李剑，等．中国高含硫化氢天然气的形成及其分布[J]．石油勘探与开发，2004，31(03)：18-21.

[4] 林安村，韩烈祥．罗家井井喷失控解读——过平衡钻井中的井控问题[J]．钻采工艺，2006，29(02)：20-22+122.

[5] 马宗金．提高高含天然气井井喷失控后安全认识[J]．钻采工艺，2006，29(04)：23-27.

[6] 李虎．硫化氢对钻井液污染的预防及处理分析[J]．中国石油和化工标准与质量，2016，36(08)：64-66.

[7] 耿东士，何纶，李道芬，等．钻井液中硫化氢的危害及其控制[J]．钻井液与完井液，2007，25(S1)：1-3+125.

[8] 王均，蒲晓林，刘伟，等．葡萄糖酸亚铁清除钻井液中硫化氢的实验研究与评价[J]．钻采工艺，2020，43(03)：97-99+7.

[9] 王均，蒲晓林，刘争芬，等．一种新型的铁基环保型硫化氢清除剂[J]．钻井液与完井液，2009，26(01)：18-19+90.

[10] 卫伟，张洁，朱宝忠，等．钻井液用除硫方法研究进展[J]．化工技术与开发，2020，49(01)：25-

30+41.
[11] 刘榆，李道芬，孔传明，等. 钻井液用除硫剂的除硫效率测定方法研讨[J]. 钻井液与完井液，2007，25(S1)：4-5+125.
[12] 景岷嘉，陈兴明. 液体除硫剂与常规除硫剂性能对比的研究[J]. 石油化工应用，2019，38(03)：74-77+82.
[13] 周杨，杨桢剑，黄宁生，等. 钻井液中硫化氢污染特点及高效除硫剂性能评价[J]. 石油化工应用，2016，35(04)：33-36+46.
[14] 李道芬，施恩刚. 钻井液中游离的硫化氢检测方法研究[J]. 钻井液与完井液，2008，26(02)：63-64+66+89.
[15] 赵树凯，张斌，韩伟，等. 几种钻井液用除硫剂脱除硫化氢效果的研究[J]. 钻井液与完井液，2008，26(01)：73-75+91-92.

苏里格气田三开优化结构水平井水平段泥岩防塌技术研究与应用

侯 博　张珩林　孙 欢　朱明明　刘 波　孙志强

（中国石油集团川庆钻探工程有限公司长庆钻井总公司）

摘　要　针对苏里格区块施工常规三开结构水平井时易塌层石盒子组与易漏层刘家沟组处于同一裸眼段，防塌和防漏不能同时兼顾技术难题，在苏里格区块率先试验三开优化结构水平井，将7寸技术套管下深至石千峰组，封固刘家沟组地层，塌漏分治，水平井斜井段漏失现象得到明显改善。但由于苏里格区块水平段储层地质结构复杂，砂泥岩互层多，水平段施工不可避免的钻遇深灰色、灰黑色泥岩，但水平段钻遇泥岩后坍塌划眼及填井侧钻问题未能很好解决，据统计2021-22年施工的23口井，有6口井水平段钻遇泥岩后井壁坍塌，长时间划眼后被迫填井侧，复杂时效达2.53%。2023年通过室内实验，优化配方形成强抑制强封堵CQSP-4体系，该体系采用水化土粉与细目碳酸钙复配，提高了封堵性，FL_{API}≤2.5mL/30min，FL_{HTHP}≤6mL；采用10%KC、10%CQFY-1、1%XCS-3复配，提高了防塌抑制性。在苏里格区块试验应用32口井，结果表明：该体系水平段钻遇泥岩抑制性强，封堵防塌能力好，井壁稳定，钻遇泥岩后复杂时效降低至0.12%，同时配合工程措施能够有效解决因泥岩坍塌、井眼净化难等一系列技术难题，并能成功钻穿长段深灰色、灰黑色泥岩，满足水平井段泥岩安全钻井的需要。

关键词　苏里格；钻井液；水平井水平段；泥岩防塌；抑制性；封堵性

苏里格气田水平井目的层主要以石盒子组中下部盒$_8$段及山西组山$_1$段砂岩为主力气层，平均厚度20~30m，埋藏垂深约3200~3600m，该储层砂岩泥岩互层较多，非均质性强，目的层有大段泥岩，且裂缝较为发育，在钻井液滤液侵入后，受毛细管力影响，滤液进入泥岩微裂缝，加剧地层泥岩水化膨胀能力，进一步破坏了泥岩的原始力学结构，导致井壁垮塌，尤其是大段泥岩、碳质泥岩的交替出现，稳定性更差，同时该井段还处于长水平段和裸眼完井，暴露段长，更加剧水平段施工难度。通过优化井深结构，塌漏分治，解决了漏失问题，但前期施工完成的11口三开优化结构水平井中4口井水平段发生泥岩坍塌，划眼时间长达385h。通过优化配方，形成强抑制强封堵CQSP-4体系，并配合工程措施，在苏里格区块共施工32口井，水平段都钻遇大段泥岩，起下钻井下正常，电测均一次成功，完井工具下入顺利。该体系的成功实施表明所采用的钻井液体系及措施满足了泥岩井段的施工要求，为苏里格区块此类井段的钻进提供了可借鉴的方法和经验。

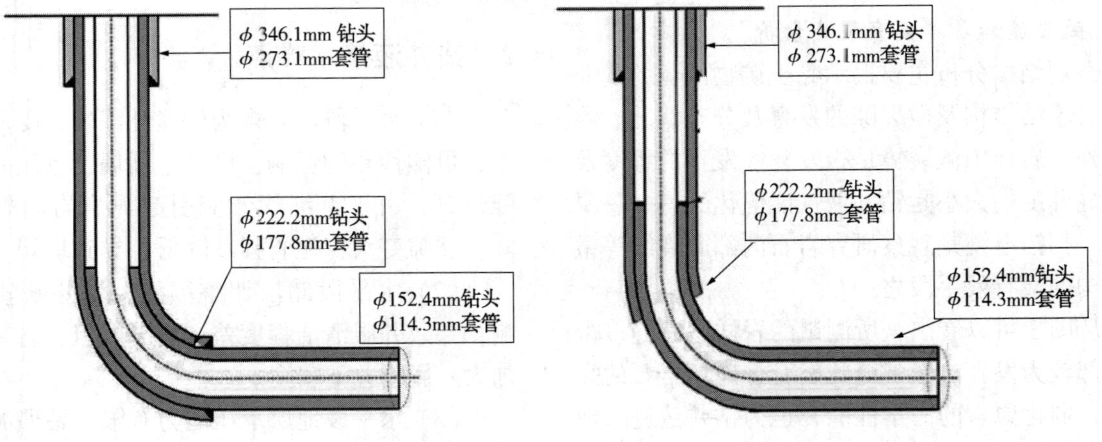

图1　三开结构水平井井身结构示意图

1 水平段泥岩坍塌机理简述

1.1 水平段泥岩岩性分析

对水平段泥岩取心，岩芯水平方向节理严重，岩芯多呈 2~4cm 的完整的岩芯段，有的裂缝甚至已闭合。泥岩岩性主要以灰色、深灰色、灰黑色泥岩为主。通过对泥岩岩性分析，其主要由伊利石组成，很少含膨胀性矿物，属于硬脆性泥岩，详见图 2。

从图 2 中看出目的层取样完整性较好，多呈黑色泥岩、灰黑色泥岩，且互层发育，在钻井液作用下二者的差异水化将加剧井壁垮塌失稳。

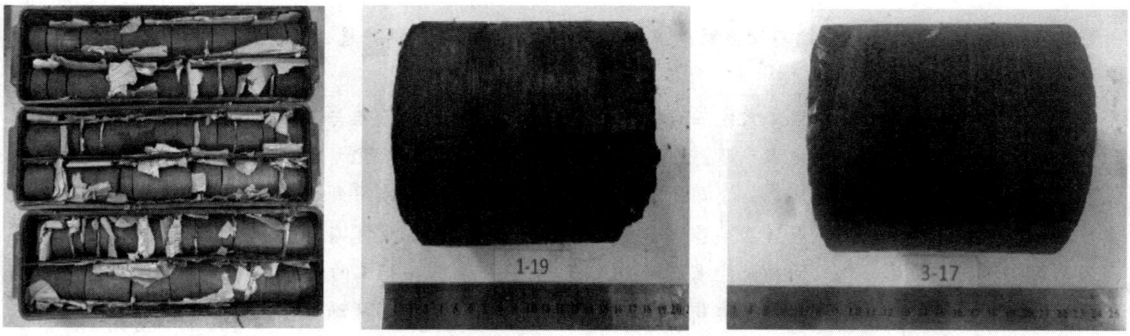

图 2　水平段岩性取芯照片

表 1　水平段黏土矿物相对含量

编号	黏土矿物相对含量×10^{-2}					间层比/%
	伊利石	蒙脱石	伊/蒙	高岭石	绿泥石	
2-2-1	38.63	0.00	21.48	31.91	7.98	20.00
2-2-2	28.92	0.00	25.88	36.16	9.04	20.00
2-4-1	33.79	0.00	23.70	34.01	8.50	20.00
2-4-2	30.96	0.00	23.63	36.33	9.08	20.00
2-16-1	22.18	0.00	18.99	47.06	11.77	20.00
2-3	16.1	0.0	6.1	64.9	13.0	20.00
3-16	20.9	0.0	18.8	50.2	10.0	20.00
3-19	30.5	0.00	13.6	46.6	9.3	20.00

从表 1 岩石黏土组成显示：水平段黏土中不含蒙脱石，主要含有伊利石、高岭石；并含有发育一定程度水敏性伊蒙混层，平均含量约为 20.00%。

1.2 微裂缝和层理发育程度分析

微观结构分析主要揭示黏土矿物晶体的定向排列、胶结结构及微裂隙的发育及分布状况。除组分外，岩样中微裂缝是否发育、发育的程度及微裂缝开度的大小是钻井液性能优化的另一重要因素。扫描电镜是观察研究岩石内部微裂缝等微观结构的最有效手段之一。

从图 3 可以看出，所测试的岩样微裂缝、微孔洞都较为发育。微裂缝的发育将破坏岩石的完整性，弱化原岩的力学性能，也为钻井液进入地层提供了通道。在钻井正压差以及毛管力的作用下，钻井液滤液沿裂缝或微裂缝侵入地层，一方面诱发水力劈裂作用，引起裂缝扩展，导致岩石破碎，另一方面也使钻井液与地层中黏土矿物和有机质发生水化，导致地层岩石力学强度降低，加剧井壁失稳。

2 钻井液技术难点

（1）水平段泥岩多为硬脆性泥岩，受泥岩吸水、可塑性差的影响，已发生坍塌，且泥岩微裂隙发育，由于毛细管效应引起泥岩岩内聚力下降，裂隙变大，泥岩强度降低，导致坍塌。

（2）水平段储层调整频繁，受井眼轨迹影响，导致井眼清洁程度差，润滑减阻、防卡难度加大，影响井下安全。

（3）水平段地层承压能力有限，钻遇泥岩时需通过提密度方式实现对井壁物理防塌，若钻进时排量较大一方面对硬脆性泥岩井壁冲蚀严重，易引发井塌，另一方面导致环空压耗过高，易引起井漏。

3 关键处理剂优选与评价

3.1 抑制性选择

通过分析水平段泥岩矿物组成，泥岩有一定含量伊蒙混层，依然具有一定水敏性。因此防水敏依然是不可或缺的因素，要求钻井液滤液依然要保持强的抑制性。因而对抑制剂 KCL、CQFY-1、NaCL、1%XCS-3 的抑制分散性进行了评价，通过直罗露头岩心一次、二次回收率来进行评价抑制性。

图 3　目的层岩屑电镜扫描

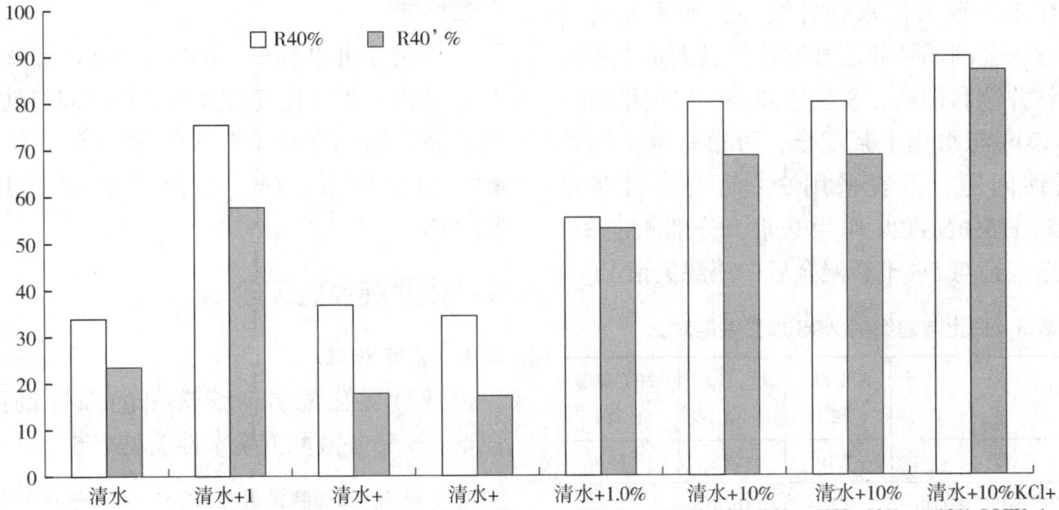

图 4　直罗岩心滚动回收率实验

注：实验条件：一次滚动 80℃X16h，二次用清水滚动 80℃X16h。

从直罗岩心的一次回收率、二次回收率来看，10%KCl+10% CQFY-1+1.0%XCS-3 复配后回收率明显高于 10% CQFY-1、10%NaCL 水溶液的回收率。

3.2 封堵性选择

3.2.1 水化白土浆

在钻井液中，水化土粉加入一方面改善泥饼虚厚现象，另一方面，土粉随着水化时间延长，黏土可以更好分散，其粒径接近微纳米粒径范围。分别养护 4h、8h、24h、48h 后分别采用激光粒度仪和显微粒径仪测定该样浆粒径分布数据。结果如下：

表 2 膨润土水化不同时间分散度分布表

水化时间	测定仪器	粉尘分散度百分数/%		
		0~6μm	6~75μm	75~200μm
水化 4h	显微粒径仪	48.42	33.49	18.09
	激光粒度仪			
水化 8h	显微粒径仪	55.95	35.97	8.08
	激光粒度仪			
水化 24h	显微粒径仪	72.9	25.91	1.19
	激光粒度仪	61.85	37.5	0.65
水化 48h	显微粒径仪	75.52	24.44	0.04
	激光粒度仪	61.15	37.98	0.87

由表可以看出，显微粒径分析仪测定数值表明膨润土随着水化时间的延长膨润土的中粒径越来小，分散性越来越好，0~6μm 粒径逐步增多。

3.2.2 钻井液用超细目碳酸钙

水化土粉混入盐水钻井液中，如果加量过大，一方面会削弱钻井液抑制性，且大量土粉加入后，钻井液黏切高，易发生漏失。采用微米级超细钙 ZDS 与水化土浆配合，可很好解决钻井液封堵性问题。下表采用 3% 无荧光白沥青 NFA-25+1.5%NAT20 作为基浆，分别测定 3% 加量内超细钙与 5%土粉混合后中压滤失情况。

表 3 白土与超细钙 ZDS 加量性能对比

	API Fl/mL	FL_{HTHP}/mL	120℃热滚16h 后 PV
基浆	7.0	18	24
基浆+2%白土+1%ZDS	6.2	16.4	25
基浆+2%白土+2%ZDS	6	15.2	28
基浆+2%白土+3%ZDS	5.6	14.3	32
基浆+3%白土+1%ZDS	6.4	13.5	26

续表

	API Fl/mL	FL_{HTHP}/mL	120℃热滚16h 后 PV
基浆+3%白土+2%ZDS	5.8	12.4	28
基浆+3%白土+3%ZDS	4.2	11.6	32
基浆+5%白土+1%ZDS	6.5	15.2	34
基浆+5%白土+2%ZDS	4.8	13.2	38
基浆+5%白土+3%ZDS	4.5	14.5	44

从表 4 看出，3%土粉加入后混入 3%ZDS 钻井液中压滤失剂高温高压滤失降低较为明显，5%土粉加入后，HTHP 高温高压失水反而增大。

3 润滑剂优选评价

在水平段钻进过程中，由于轨迹调整频繁，降摩减扭问题特别突出，我们筛选了不同种类润滑剂，和体系比较配伍的且环保符合要求的两种润滑剂对比试验结果见表 4。

表 4 润滑性试验结果

配方	失水/mL	YP/Pa	YP/PV	R 值
基浆	4.2	13.5	0.56	0.183
基浆+0.5%复合醇	4.4	14.5	0.48	0.155
基浆+0.5%RY-838	4	13	0.62	0.116
基浆+1%复合醇	5.6	15	0.68	0.143
基浆+1% RY-838	3.6	14.8	0.59	0.081
基浆+1.5% RY-838	5.8	15	0.67	0.141
基浆+2% RY-838	3.4	14.8	0.72	0.078

基浆：清水+3% NFA25+0.2%提黏剂+1.5% NAT20+3% ZDS+3%白土

由表 5 可以看出：RY-838 既可和该体系配伍，润滑效果又比复合醇强，还可降低钻井液的失水量，因此选择 RY-838 作为水平井段润滑剂，加量在 1% 时，润滑系数降低率可达到 75%。

4 钻井液性能评价

4.1 基本性能

通过优化配方，筛选出的强抑制强封堵 CQSP-4 钻井液配方基本性能见表 5。

表 5 强抑制强封堵 CQSP-4 钻井液性能

序号	性能参数及其单位	数值
1	密度/($g\cdot cm^{-3}$)	1.28~1.38
2	FV/s	65~75

续表

序号	性能参数及其单位	数值
3	API FL/mL	1.2~2.0
4	FL_{HTHP}/mL	≤6
5	pH	8~9
6	PV/mPa·s	32~38
7	YP/Pa	12~15
8	静切力/Pa	2~4/4~8
9	润滑剂含量	1.0%~1.5%

4.2 钻井液性能评价

4.2.1 滚动回收及线性膨胀试验

将优化后的的强抑制强封堵 CQSP-4 钻井液配方和聚磺钻井液，双钾聚磺钻井液、无土相复合盐钻井液体系进行比较，选取石千峰组岩屑，分别测定其在不同体系配方中的滚动回收率和线性膨胀率，对比评价抑制性能，结果见图 5。

从表 7 中可以看出，优化后的钻井液的相对回收率高达 95.75%，明显高于另外三种配方，表明强封堵强抑制 CQSP-4 水基钻井液具有较强的抑制性能。线性膨胀实验的结果也验证了滚动回收率实验中的结论(图 6)。

4.2 抗温性能评价

将选取四种不同配方钻井液，在 120℃ 热滚 16h，对比热滚后钻井液性能，结果如表 6。

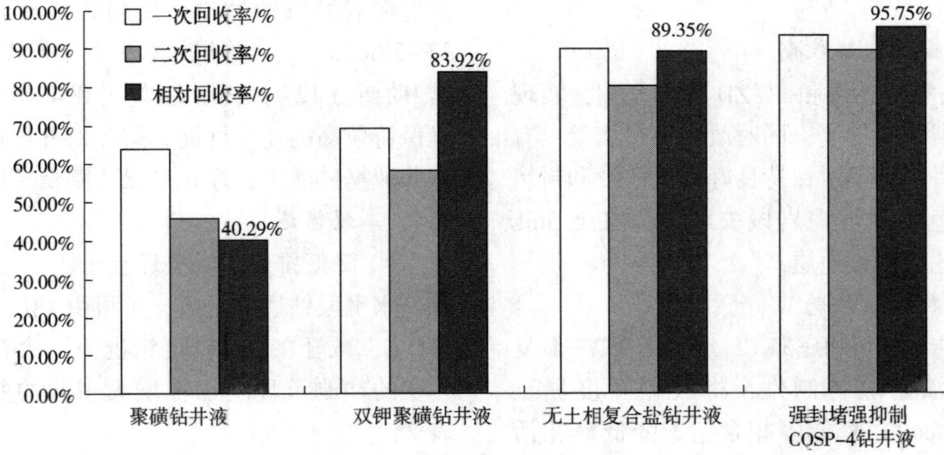

图 5 页岩滚动回收率实验结果表

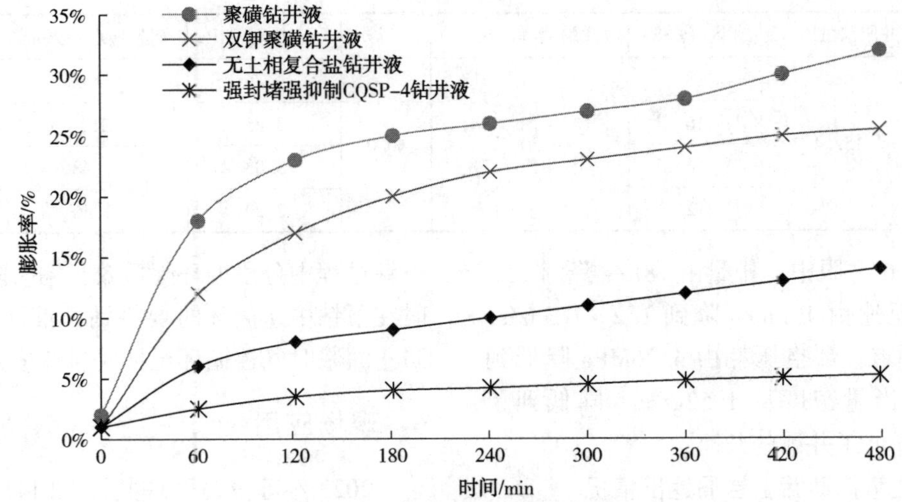

图 6 石千峰组泥岩线性膨胀率图

表 6 不同配方热滚试验

配方	状态	密度	AV/(mPa·s)	PV/(mPa·s)	YP/Pa	Gel/Pa	FL/mL	FL_{HTHP}/mL	pH 值
聚磺钻井液	热滚前		74.5	44	30.5				9
	热滚后	1.29	61.5	40	21.5	3.5/7	4	18	8

续表

配方	状态	密度	AV/(mPa·s)	PV/(mPa·s)	YP/Pa	Gel/Pa	FL/mL	FL_{HTHP}/mL	pH 值
双钾聚磺钻井液	热滚前		66.5	38	28.5				9
	热滚后	1.29	71.5	46	25.5	3.5/5	4	15	9
无土相复合盐钻井液	热滚前		75.5	44	31.5				9
	热滚后	1.3	51.5	36	15.5		4	12	8
强封堵强抑制CQSP-4 钻井液	热滚前		85	50	35				9
	热滚后	1.31	70.5	46	24.5	4.5/5.5	2	6	8

从表 8 看出，120℃热滚后钻井液塑性黏度、动切力降低值变化较小，强封堵强抑制 CQSP-4 钻井液抗温性能优于其他三种配方。

5 水平段钻遇泥岩技术措施

5.1 钻井液封堵性能控制

通出 3%水化土浆和 3%ZD 等剂复配，实现对裂缝、微裂缝的封堵，同时改善泥饼质量，有效地降低泥饼渗透率，保持良好的造壁性和封堵性，在深灰色硬脆性泥岩段失水控制在 2.5mL 以下，减少滤液侵入地层。

5.2 钻井液抑制性控制

钻遇泥岩，采用 10%KCl、10%CQFY-1 复配提高钻井液防塌抑制性，将液相密度提至 1.32~1.38g/cm^3，降低固相含量，降低液相活度，增加膜效率，主要通过化学防塌来平衡地层压力。

5.3 钻井液流变性控制

水平段钻进时，通过调控钻井液流变性，减少对泥岩井壁的冲刷。控制钻井液塑性黏度在 32~38mPa·s，六速旋转黏度计 6 转读数为 6~8，动切力 12~18Pa，动塑比 0.4~0.6，在泥岩段保持较高的流变性能，避免对井壁冲刷，提高钻井液携砂能力，净化井眼，降低摩阻。

5.4 工程措施

5.4.1 降低排量，减少环空压耗

水平段钻遇泥岩后，排量由 18L/S 降到 12~13L/S，减轻在较高密度情况下，大排量对泥岩井壁的冲刷及环空压耗增大引起的井漏，详见表 7。

表 7 排量、环空返速和环空压耗对比

密度/(g/cm^3)	井眼尺寸/mm	排量/(L/S)	塑性黏度/(mPa·s)	井深	环空压耗/MPa	当量密度/(g/cm^3)	环空返速/(m/s)
1.40	152.4	18	30	4000	4.76	1.52	1.8
		16			3.85	1.5	1.6
		14			3.03	1.48	1.4
		12			2.29	1.46	1.2

可见，在 6″井眼中，排量由 18L/s 降到 12~13L/s，环空返速由 1.8m/s 降到 1.2~1.3m/s，能满足携岩要求。环空压耗由 4.76MPa 降低到了 2.29MPa，当量密度从 1.52g/cm^3 降低到了 1.46g/cm^3，降低了井漏的几率。

5.4.2 密切注意振动筛上岩屑返出情况

如果发现有坍塌掉块，则必须停止钻进，按照预定技术措施循环处理钻井液，直到返出岩屑正常为止。

5.4.3 起下钻控制措施

每趟钻起钻前，井底循环 2 周以上。起钻时连续灌浆，防止液柱压力降低，造成井壁坍塌。下钻过程中分段循环除后效，同时防堵水眼。同时在下钻中途循环时要将钻井液灌满钻具水眼，防止灌浆时气柱循环至井底，造成井下复杂。

6 现场应用

2023 年苏里格区块共计 32 口三开优化结构水平井，通过提高封堵性，对水平段泥岩微裂缝实现有效封堵，通过筛选抑制剂，实现了对泥岩井段的抑制防塌能力，提高了水平段钻遇泥岩后井壁稳定性。

6.1 水平段钻遇泥岩井壁稳定

施工的 28 口井都不同程度钻遇大段深灰色、

灰黑色硬脆性泥岩，其中苏 36-24-18H4 钻遇 376m 连续泥岩段，苏 36-8-6XH4 钻遇 656m 泥岩段、苏东 17-86H1 井钻遇 272m 山 2 组灰黑色泥岩及 43m 碳质泥岩，起下钻无遇阻遇卡，完井管串下入顺利。

6.2 钻遇泥岩后划眼时间缩短

表 10 统计分析了 2022 年、2023 年水平段钻遇泥岩后性能对比数据

表 10　水平段钻遇泥岩数据对比

年份	完成井口数	水平段钻遇泥岩段长	泥岩岩性	伽马	钻遇泥岩后性能			钻遇泥岩划眼损失时间
					密度	APIFl/mL	HTHP/mL	
2023	32	3422	灰黑色泥岩	240~280	1.32~1.38	≤2.5	≤6	18
2023	11	348	灰黑色泥岩	240~280	1.35~1.45	≤4	≤9	358

从上表看出，强封堵强抑制 CQSP-4 钻井液配方钻遇泥岩后钻井液性能优于优化前钻井液配方，且钻遇泥岩后钻井液密度降低，漏失风险缓解，钻遇泥岩后划眼时间大幅度降低，达到提速提效的目的。

7　结论及认识

（1）苏里格区块三开优化水平井水平段泥岩裂缝发育，岩石脆性大、强度低、易碎在地层应力作用或其他外界因素影响下很不稳定，易造成坍塌、掉块、卡钻等复杂事故。

（2）针对泥岩易垮塌特点，优化后的强封堵强抑制 CQSP-4 钻井液体系，配合工程措施，采取防塌技术对策：通过土浆和 ZDS 优化配比，实现对泥岩井壁有效封堵；提高钻井液抑制性，防止地层水化膨胀；控制钻井液流变性，保持井眼清洁和润滑性；优选水平段排量，降低环空压耗，缓解塌漏矛盾，通过以上举措满足了泥岩安全钻进的需要。

（3）苏里格三开优化结构水平井水平段钻遇泥岩后应先将钻具起至砂岩安全井段，然后循环提高钻井液封堵性、抑制性，辅助以适当的钻井液密度。

参考文献

[1] 王怡，徐江，梅春桂，等，含裂缝的硬脆性泥页岩理化及力学特性研究[J]. 石油天然气学报，2011，33(6)：104-108.
[2] 闫传梁，邓金根，蔚宝华，等．页岩气储层井壁坍塌压力研究[J]. 岩石力学与工程学报，2013，32(8)：1595-1602.
[3] 郭健康，鄢捷年，杨虎，等，鄂尔多斯盆地东部区块强抑制性钻井液研究及应用[J]. 天然气工业，2006，26(3)：56-58.
[4] 冯京海，张克勤．水基钻井液配方组合的回顾与展望[]. 油田化学，2005，22(3)：269-275.
[5] 岳前升，杨青志，陈军，等．无机盐和有机盐对盐膏层溶解性的影响[J]. 钻井液与完井液，2013，30(3)：31-33.
[6] 褚奇，李涛，王栋，等，龙凤山气田强抑制封堵型防塌钻井液技术[]. 钻井液与完井液，2016，33(5)：35-40.

一种用于井筒钻井液降温的相变复合材料的制备与研究

唐文越[1] 冉启华[1] 肖沣峰[1] 梁 浩[1] 王慧慧[2] 邹长军[2]

(1. 中国石油集团川庆钻探工程有限公司钻井液技术服务公司;
2. 西南石油大学化学化工学院)

摘 要 随着钻井深度不断增加，地层温度持续上升，以及长时间钻进过程产生大量热量不能及时传递，导致井底钻具和钻井液温度升高，钻头和旋转导向工具受到损害、容易失效，因此捕获和储存井筒中产生的热能对于高效钻井至关重要。本文提出了一种葫芦脲(CB)配合氨基蒙脱土(NH_2-MT)的多孔材料来包封共晶硝酸盐(NIT)形成的复合相变材料(MAC@ NIT)，以缓解钻井过程中的井筒高温问题。结果表明，添加CB后，MAC@ NIT的结构稳定性和防泄漏性显著提高。循环200次后，MAC@ NIT-2的相变温度和结构保持稳定，固-液潜热最大变化为3.96J/g。CB的特殊腔体结构进一步增强了MAC@ NIT的导热系数，最高可达0.48W/m·k，比MT@ NIT提高20.8%。此外，在较低的固-固潜热值下，钻井液温度可降低5.7℃，钻井液性流变性、乳化稳定性、滤失性能可控。本研究为高效开发深井、水平井油气资源提供了思路。

关键词 复合相变材料；葫芦脲；蒙脱土；超分子自组装；井筒降温

1 引言

随着油气资源开发向更深层次和复杂地质环境的拓展，井筒内的高温问题日益凸显。钻井过程中，钻井液不仅起到携带岩屑、润滑钻具、平衡地层压力等作用，还在一定程度上承担着降温的功能。然而，随着钻井深度不断增加，地层温度持续上升，以及长时间钻进过程产生大量热量不能及时传递。在高温条件下，钻头、井下导向工具等容易发生故障，因此捕获和储存高温产生的热能对提高钻井效率、保障井下作业安全至关重要。钻井过程中，井筒钻井液可通过地面降温和地下降温达到降温目的。地面降温即采用自然冷却、混合低温介质和冷却装置强制降温来降低井筒返出钻井液的温度，以降低钻井液循环温度。相变材料(phase change materials，PCM)可以在相变过程中吸收或释放热量，通过合理利用这一特性，可以降低井筒内的温度，改变井筒流体温度场分布。相变材料在各种领域有广泛的应用，包括储热、制冷、建筑温控、温控服装、电子产品散热、太阳能集热、汽车空调、航天器温控系统等。然而，纯相变材料在井筒降温过程中存在泄漏影响钻井液性能、腐蚀井下工具等问题。为解决这些问题，将相变材料与其他材料复合，开发性能稳定、热能转换效率高的的相变复合材料成为一种有效途径。

针对相变材料泄漏问题，采用封装技术进行解决，包括微胶囊化、多孔材料成型、同轴静电纺丝等。其中，将相变材料浸入多孔材料中被认为是较为简单、经济的方法。蒙脱土(MT)是一种天然的、丰富的黏土矿物，具有丰富的多孔结构、优异的比表面积和良好的吸收率，被广泛用作钻井液的基础材料，以提供合适的流变性和滤失性。葫芦脲[7](CB)是一种具有空腔结构的大环配体，其疏水内腔和极性羰基形成的端口使其具有很强的主客体键合能力；其刚性结构使其能与分子、离子形成高度选择性的稳定配合物，在超分子化学中具有极其重要的应用。此外，葫芦脲两端的羰基官能团是极性的，从而通过偶极矩效应增强了其对阳离子客体分子的结合力，这意味着CB与MT配合物结合后使MT表面具有更多的阳离子。这使它们能够吸附更多的共晶硝酸盐(NIT)，从而提高了复合相变材料的热循环稳定性。此外，CB可以在MT层之间形成有效桥梁，从而提高复合相变材料的导热性。

本文制备了一种包裹NIT的超分子多孔相变

复合材料 MAC@ NIT，该材料具有较好的防漏性、热循环稳定性和导热性，可延缓钻井液升温速率，对钻井液性能影响可控。本研究为高温井筒中的钻井液降温提供了一种新思路和新方法，为高效、安全的井筒热管理提供理论依据和技术支持。

2 实验材料及方法

2.1 实验材料

硝酸钾（KNO_3）、硝酸钠（$NaNO_3$）、盐酸（HCl）、3-氨基丙基三乙氧基硅烷（KH-550）、甲醇（CH_3OH）、蒙脱土（MT）聚钧购自成都科龙化工试剂厂。葫芦脲[7]（CB）和去离子水为实验室自制。

原子吸收分光光度计（AA-7020，中国），扫描电镜（SEM，S-3700N，日本），傅里叶变换红外光谱仪（FTIR，WQF-520，中国），X 射线衍射（XRD，X′pert Pro MPD，荷兰），X 射线光电子能谱（XPS，thermoscientific NEXSA，美国），比表面积分析仪（BET，ST-MP-9，美国），差示扫描量热计（DSC，DSC 3，美国），导热分析仪（KD2Pro，Decagon Devices，美国），电子天平（JD300-3，中国），高温滚子加热炉（XGRL-4A，中国），超声波细胞破碎仪（Sonifier 250，美国）。

2.2 复合相变材料的制备

采用熔融共结晶法制备了硝酸盐 NIT：首先将 $NaNO_3$ 和 KNO_3 以 6：4 的比例加入烧杯中，机械搅拌使其混合均匀；然后转移到坩埚中，在 250℃下保持 12h；最后将产品冷却到室温并研磨以获得硝酸盐 NIT。

将蒙脱土 MT 和上述硝酸盐 NIT 分别加入去离子水中配制成溶液 a 和 b，然后将 a、b 两种溶液混合，在 60℃恒温条件下搅拌 7h，取上清液进行原子吸收光谱测定 Na^+ 和 K^+ 的浓度。剩余溶液在 110℃下干燥 24h，最后在 270℃的马弗炉中保存 4h，获得蒙脱石包覆硝酸盐的样品 MT@ NIT。

按照已发表文献的步骤制备氨基蒙脱土 NH_2-MT：将 MT 分散在去离子水中，室温超声 30min，然后用 HCl 调节 pH 值为酸性，并充分搅拌形成溶液 c；同时，在去离子水中加入 KH-550 并搅拌形成溶液 d；将 c、d 两种溶液混合，在 80℃下搅拌 24h，完成烷基化反应；真空条件下过滤，然后用甲醇和去离子水反复洗涤以去除未完全反应的 KH-550；最后在 80℃下干燥 24h 获得 NH_2-MT。

将上述 NH_2-MT 加入去离子水中，用 HCl 调节 pH 至酸性，将氨基质子化，加入不同质量分数的 CB（见表 1），得到的悬浮液在 80℃下搅拌 8h；质子化的氨基通过络合和主-客体相互作用进入 CB 的端口；将 NIT 配制成溶液，加入悬浮液中，60℃恒温条件下搅拌 7h，取上清液进行原子吸收光谱测定 Na^+ 和 K^+ 的浓度，剩余样品干燥煅烧，得到相变复合材料 MAC@ NIT。

表 1 相变复合材料 MAC@NIT 的成分

样品	氨基蒙脱石	葫芦脲[7]	硝酸盐
MAC@ NIT-1	0.5	0.2	0.75
MAC@ NIT-2	0.5	0.25	0.75
MAC@ NIT-3	0.5	0.3	0.75
MAC@ NIT-4	0.5	0.35	0.75

3 形态与结构表征

3.1 微观形貌观察

采用 SEM 观察材料的微观结构以及相变材料在载体材料上的吸附情况。MT 和 MAC@ NIT 的微观结构如图 1 所示。从图 1（a）可以看出，MT 具有致密、高度定向的片层结构，脊柱边缘有片状聚集体。NIT 与 CB 修饰的复合物 MAC@ NIT 保持了 MT 的层状结构，如图 1（b）所示。图 1（b）与图 1（a）相比，均匀地显示了许多小颗粒。这表明 NIT 和 CB 在观测区域内实现了均匀分布。

3.2 结构分析

利用 FTIR 在 500~4000cm^{-1}波数范围内测量了 MT、CB、MT@ NIT 和 MAC@ NIT 的红外光谱，结果如图 2（a）所示。从图 2（a）可知：3435cm^{-1}处的 FTIR 光谱归因于 MT 结构中—OH 的弹性振动，3770 和 1637cm^{-1}处的波段分别对应自由羟基和物理吸附水的弯曲振动。MT@ NIT 与 MT 的 FTIR 光谱相比，约 3400cm^{-1}处的宽吸收带有所增强和移位。另外，由于 NO_3^-的对称拉伸振动，在 1382cm^{-1}处出现了新的吸收峰，证实了 MT@ NIT 中 NIT 的存在。在 CB 的原始光谱中，1740cm^{-1}处的波段归属于 C═O 的伸缩振动。值得注意的是，在 MAC@ NIT 的光谱中出现了 CB 的典型波段，没有发现明显的新峰。此外，在 1382cm^{-1}处的特征峰表明 NH_2-MT 和 NIT

以直接的物理方式结合，而没有改变它们的化学组成。

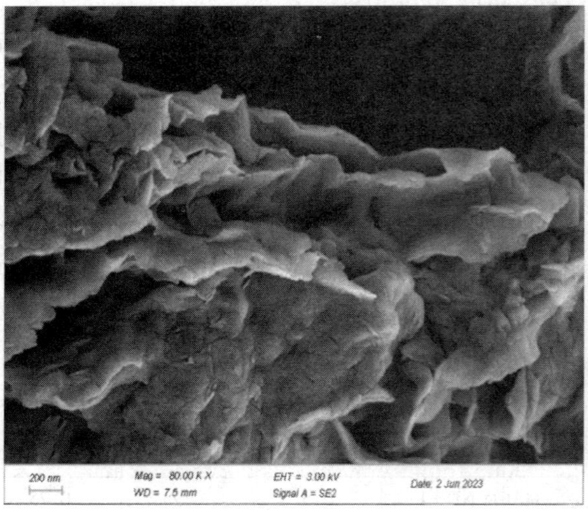

(a)MT的SEM图

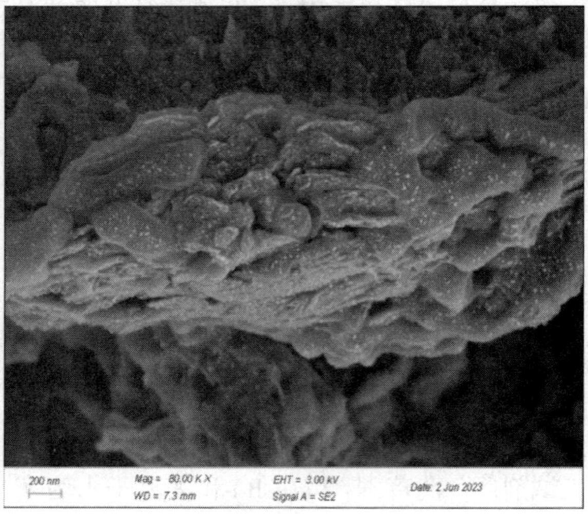

(b)MAC@NIT的SEM图

图 1

为进一步分析复合相变材料的结构和组成，采用 XRD 对 $NaNO_3$、KNO_3、NIT、MT@ NIT 和 MAC@ NIT 的晶体结构进行了测试，结果如图 2(b)所示。根据 Jade PDF 卡(71-1558)和(85-0850)，KNO_3 的衍射峰位于 23.82°、32.35°和 33.83°处，分别对应特征为(021)、(102)、(112)的晶面；$NaNO_3$ 的衍射峰位于 29.41°、38.96°和 47.84°处，对应特征为(104)、(113)和(018)的晶面；在 NIT 的曲线中，可以观察到 KNO_3 和 $NaNO_3$ 尖锐而强烈的衍射峰，说明在 NIT 的合成过程中没有发生化学相互作用，这与 FTIR 结果一致；CB 在相应的光谱中没有出现明显的衍射峰，说明该物质是非晶态的；MT@ NIT 和 MAC@ NIT 的 XRD 光谱中出现了 NIT 的特征衍射峰，说明 NIT 复合相变材料具有优越的化学相容性。同时，由于 NIT 的包封，复合相变材料的衍射强度明显降低。

采用 XPS 对 MAC@ NIT 复合材料的表面元素进行分析，结果如图 2(c)所示。从图中可以看出：MAC@ NIT 主要含有 C、N、O、Si、K、Na 等元素，从 1s 中 289.08eV 和 295.68eV 处存在 C═O、O═C-k 键，说明 NIT 和 CB 端口的羰基已成功络合并浸在 MAC@ NIT 中；在 N1s 光谱中，400.18eV 来源于 NH_2-MT 的 C—N 键，407.28eV 对应于 CB 的 NO_3^-键；O1s 只有一个 532.38eV 的特征峰，这归因于 KH-550 的 C—O 键；在 Si2p 光谱中，对应 102.48eV 和 103.18eV 的 Si—O—H 和 Si—O—Si 键可能是 KH-550 在硅化反应中部分水解产生的硅氧烷。这些元素分析表明成功制备了 MAC@ NIT。

4 性能评价

4.1 相变复合材料的形状稳定性

采用 BET 测试比表面积，MT 的比表面积为 31.732m^2/g，MAC @ NIT 的比表面积为 5.028m^2/g，MAC@ NIT 与纯 MT 相比其比表面积大幅减小，这可能是由于大量的 NIT 占据了 MAC@ NIT 的孔隙结构，导致比表面积变小。

原子吸收分光光度法进一步测量了 CB 含量对 NIT 的吸引力，实验结果如图 3 所示。随着 CB 比例的增加，Na^+和 K^+的吸收率提高。然而，当 CB 的质量大于 0.25g 时，MAC@ NIT 对阳离子的吸收率开始减慢。这可归因于当溶液中阳离子浓度下降时，吸引更多阳离子需要更大的离子偶极相互作用和结合位点。NH_2-MT 与 CB 络合后，CB 端带电荷的负羰基通过离子偶极相互作用与金属阳离子形成主客体包合物，NIT 在毛细、表面张力、静电作用和配位键的多重作用下牢固地固定在 MT 中，具有较好的防漏性。

4.2 相变复合材料的热物理性质

相变潜热是相变材料的一个重要特性，它代表了相变材料的储热能力，本研究使用 DSC 测试样品材料的熔化温度和潜热。相变材料的导热系数是决定储热体系蓄热和放热速率的关键参数，本研究利用 KD2 Pro 分析样品材料的导热系数。NIT，MT@ NIT 和 MAC@ NIT 的热物理性质

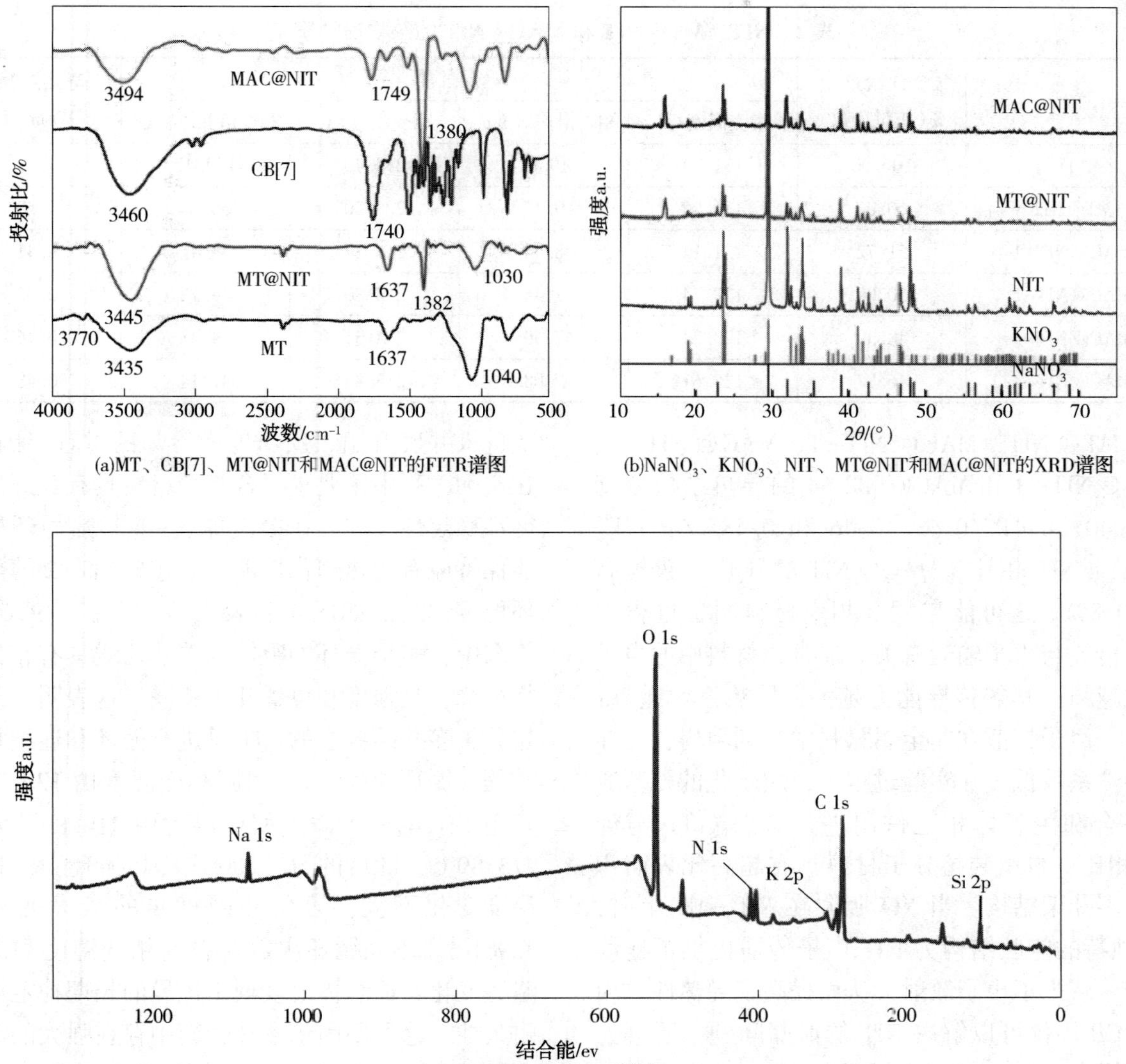

(a)MT、CB[7]、MT@NIT和MAC@NIT的FITR谱图

(b)$NaNO_3$、KNO_3、NIT、MT@NIT和MAC@NIT的XRD谱图

(c)MAC@NIT的XPS谱图

图 2

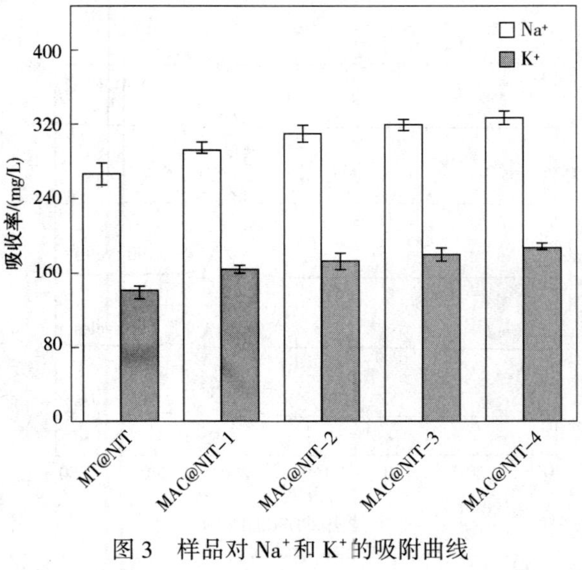

图 3　样品对 Na^+和 K^+的吸附曲线

如表 2 所示。升温过程中，测试样品出现了两个相变温度：130℃左右是 NIT 固固转化的温度，220℃左右是 NIT 固液相转变的温度，这与之前的研究结果一致。与纯 NIT 相比，复合相变材料在熔融时的相变温度值略低。这是因为基体材料的导热性会影响相变材料的传热速率，进而影响复合材料的相变温度。此外，Radhakrishnan 等发现复合材料组分之间的相互作用对多孔介质中熔点运动方向起着重要作用，如果流体与孔隙表面之间存在较弱的相互吸引，则导致较低的熔融相变温度。220℃左右，NIT、MT@ NIT 和 MAC @ NIT 的最大熔化潜热分别为 149. 40J/g、56. 20J/g 和 46. 47J/g。与纯 NIT 相比，两种复合材料的熔化潜热均有所降低。这可归因于 MT 和 CB 不利于蓄热。此外，由于表面张力、毛细力和配位键的作用，NIT 的结晶度在结晶过程中

可能发生了改变。

表 2　NIT、MT@NIT 和 MAC@NIT 的热物理性质

样品	NIT 含量 %(质量分数)	升温过程				导热系数/(W/m·k)
		相变温度/℃	相变潜热/(J/g)	相变温度/℃	相变潜热/(J/g)	
NIT	100.00	131.79	19.81	230.40	149.40	—
MT@ NIT	60.00	131.20	9.46	225.20	56.20	0.40
MAC@ NIT-1	51.72	131.14	8.44	215.87	46.47	0.41
MAC@ NIT-2	50.00	129.74	7.46	214.80	46.10	0.43
MAC@ NIT-3	48.39	129.24	7.30	214.31	44.83	0.46
MAC@ NIT-4	46.87	128.61	7.08	213.83	41.14	0.48

MT@ NIT、MAC@ NIT-1、MAC@ NIT-2、MAC@ NIT-3 和 MAC@ NIT-4 的导热系数分别为 0.40、0.41、0.43、0.46 和 0.48W/m · k。与 MT@ NIT 相比，MAC@ NIT 的导热系数提高了 20.8%。这可能与复合相变材料制备过程中的热传导与声子输运有关。通常，材料中的声子扩散越强，其热传导能力越大，导热系数越高；相反，声子扩散在非金属材料中受到阻碍，会导致导热系数低。在实验过程中，质子化的氨基通过络合和主客体相互作用进入 CB 端口。与纯 MT 相比，自组装超分子材料具有超高比表面积和超多孔架结构。当 NIT 吸附在 NH_2-MT 上时，CB 独特的空腔结构为 NIT 声子传播提供了连续路径，减少了声子散射，从而提高了导热性。因此，CB 不仅可以解决 NIT 的泄漏问题，还可大幅度提高 MT@ NIT 的传热特性。

4.3　相变复合材料的热循环稳定性

用于井筒降温的相变材料随着钻井液经历多次进入井底升温、反出地面冷却的过程。因此，在实际工程中，要求复合相变材料具有良好的热循环稳定性，即其在多次加热-冷却热循环后仍能保持原有的热理化性能。MAC@ NIT-2 的热循环稳定性测试如图 4 和表 3 所示。在 DSC 热分析图中，多个循环的吸热和放热曲线具有相似的特征峰，且强度和位置几乎相同。这表明负载在超分子多孔结构中的 NIT 可进行循环和连续相变过程。循环 50 次后，固固相变温度由 129.74℃ 降至 121.49℃，固液相变温度由 214.80℃ 降至 213.89℃；随后的 50~200 次冷热循环中，相变温度变化不大，熔化凝固潜热的最大变化为 3.96J/g。不同循环次数材料的相变温度和潜热略有变化，但总体上表现出优异的长期稳定性和耐久性，这可归因于多孔骨架中存在强大的毛细力以及 CB 端羰基与 NIT 阳离子之间的偶极矩效应。

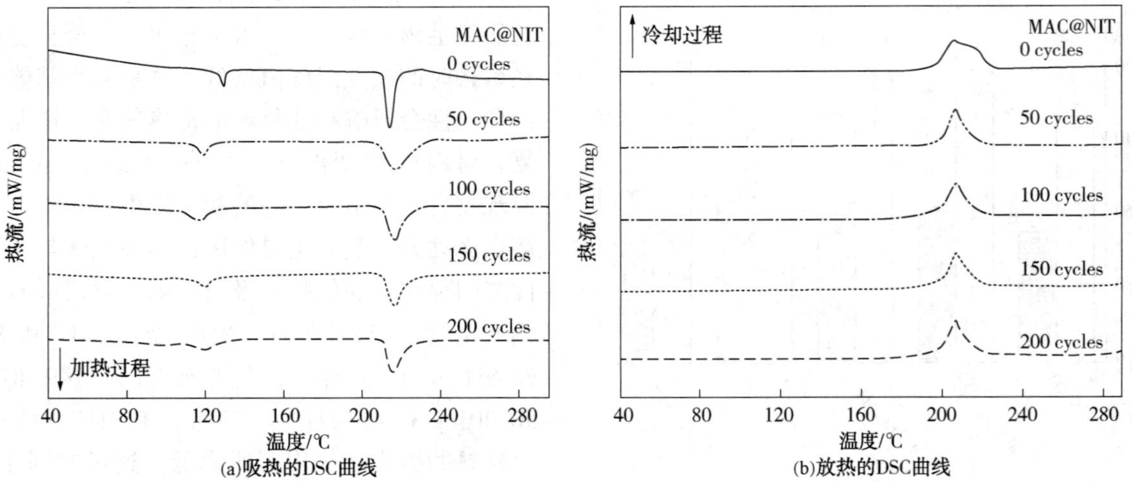

(a)吸热的DSC曲线　(b)放热的DSC曲线

图 4　相变复合材料

表 3　MAC@NIT-2 在热循环过程中的相变特性

循环次数	加热过程		冷却过程	
	相变温度/℃	相变潜热/(J/g)	相变温度/℃	相变潜热/(J/g)
0	214.80	46.10	206.97	47.35
50	213.89	43.06	207.28	45.40
100	213.70	42.63	207.20	44.43
150	213.3	42.50	207.16	43.20
200	213.20	42.14	207.20	44.27

4.4　相变复合材料的蓄热能力评价

现场钻井过程中，可以通过导向工具实时监测钻井液的温度，本研究采用温度计和加热装置模拟测试不同 MAC@NIT 加量下钻井液的升温情况，加热装置设定温度为 160℃，测试结果如表 4 所示。从表 4 中可以看出：随着 MAC@NIT 加量增加，钻井液的升温速度逐渐减小。200s 时各测试钻井液的温度差别不大；400s 时，0wt.%MAC@NIT 的钻井液温度为 128.5℃，此时 5wt.%MAC@NIT 的钻井液温度为 123.3℃，温度相差 5.2℃；600s 时，0wt.%MAC@NIT 的钻井液温度为 136.1℃，此时 5wt.%MAC@NIT 的钻井液温度为 130.4℃，温度相差 5.7℃；800s 时 0wt.%MAC@NIT 的钻井液与 5wt.%MAC@NIT 的钻井液温度相差 3.7℃，1000s 时相差 1.8℃，1200s 时相差 1.8℃，1400s 时仅相差 0.9℃。结果表明，相变复合材料 MAC@NIT 在 130℃左右进行了相变吸热，延缓了钻井液的升温速率，这为其在高温深井钻井的应用提供了可能。

表 4　不同 MAC@NIT 加量的钻井液升温情况　℃

加量＼时间	200s	400s	600s	800s	1000s	1200s	1400s
0wt.%	87.6	128.5	136.1	142.3	149.7	156.9	160.0
1wt.%	87.3	127.2	135.3	141.5	149.2	156.5	159.5
2wt.%	87.8	124.8	133.1	140.4	149.0	156.0	159.7
3wt.%	87.4	124.2	132.7	139.6	148.2	155.8	159.2
4wt.%	87.1	123.6	131.0	139.0	147.6	155.5	159.4
5wt.%	87.3	123.3	130.4	138.6	147.1	155.1	159.1

4.5　相变复合材料对钻井液性能的影响

钻井液性能的维护是钻井工程中一项重要的工作，满足设计要求的钻井液可确保钻井过程顺利进行并防止井下复杂情况的发生，因此需要考虑在钻井液中加入相变材料后其性能变化。本文选用现场油基钻井液展开研究，钻井液密度为 1.6g/cm^3，相变材料加入钻井液后在 150℃滚子炉中老化 16h，60℃测流变性，50℃测破乳电压，150℃测滤失量，结果如表 5 所示。从表 5 可以看出：在钻井液中加入相变复合材料 MAC@NIT，随着加量增加，钻井液的黏度、切力先减小后增加，破乳电压略降低，滤失量明显降低。加入低浓度相变复合材料时，润滑效应和稀释效应占主导地位，少量的固相颗粒在液相中均匀分散，可起到润滑剂的作用，减少颗粒之间的摩擦和液相的内摩擦，从而导致黏度和切力的减小；而在高浓度时，颗粒间相互作用和网络结构形成则导致黏度和切力的增加。钻井液设计要求塑性黏度≤50mPa·s，因此，为确保本研究中的钻井液性能控制在设计范围内，添加的复合相变材料 MAC@NIT 不应超过 4wt.%。

表 5　不同 MAC@NIT 加量下钻井液的性能

MAC@NIT 加量	表观黏度/(mPa·s)	塑性黏度/(mPa·s)	动切力/Pa	初/终切/Pa	破乳电压/V	滤失量/mL
0wt.%	50	42	8	3.5/5	679	1
1wt.%	45	40	5	3/5	663	0.8
2wt.%	41	37	4	2/3	652	0.5
3wt.%	44.5	40	4.5	2.5/3	664	0.5
4wt.%	55	48	7	3/5	656	0.6
5wt.%	59	52	7	3.5/5	645	0.5

5 结论

本文将硝酸盐 NIT 浸入氨基蒙脱土 NH_2-MT 与葫芦脲[7]CB 自组装形成的超分子多孔结构中，制备了新型复合相变材料 MAC@ NIT。通过 SEM、FTIR、XRD、XPS 等表征手段证明 NIT 成功进入 NH_2-MT 与 CB 形成的配合物中，并且 NIT 在包封过程中没有发生化学反应。在毛细管、表面张力、静电作用和配位键的多重作用下，NIT 被牢牢锁定在 CB 配合 NH_2-MT 构建的超分子多孔结构中。复合相变材料的性能随 CB 浓度变化而改变。MAC@ NIT 在 130℃ 和 220℃ 左右分别发生固固相变和固液相变，熔化潜热最高分别为 8. 44J/g 和 46. 47J/g。经过 50～200 次冷热循环后，MAC@ NIT-2 相变温度稳定，熔化凝固潜热的最大变化为 3. 96J/g。CB 独特的腔体结构为 NIT 的声子传播提供了连续路径，进一步提高了 MAC@ NIT 的导热系数，其最大导热系数为 0. 48W/m · k，比 MT@ NIT 提高 20. 8%。此外，在固固潜热值较低的情况下，加入 5wt. % MAC@ NIT 可使钻井液温度降低 5. 7℃，延缓钻井液升温速率。MAC@ NIT 在钻井液（1. 6g/cm^3）中的加量控制在 4wt. %内，钻井液的性能可满足设计要求。本研究结果表明所获得的相变复合材料 MAC@ NIT 对钻井液具有较好的冷却效果，为该材料在高温深井中的应用奠定了理论基础。

参 考 文 献

[1] 袁丽，陈二丁，李秀灵，等．一种基于相变材料的钻井液温度控制方法：中国，CN 109652028 A. 2019. 04. 19.

[2] 陈二丁，王成文，夏冬，等．一种基于石蜡材料调控钻井液温度的方法：中国，CN 111894520 A. 2020. 11. 06.

[3] 刘均一，陈二丁，李光泉，等．基于相变蓄热原理的深井钻井液降温实验研究[J]．石油钻探技术，2021，49(1)：53-58.

[4] 田玮俊，刘何清，吴世先．相变储能材料的应用述评[J]．广东化工，2023，50(486)：108-109.

[5] 韩天婵．基于微胶囊相变的低温作业防护材料研究[D]．哈尔滨：哈尔滨理工大学，2023.

[6] 牛少帅，程家骥，康墨云，等．不同乳化转速对聚脲微胶囊热性能的影响[J]．青岛科技大学学报(自然科学版)，2023，44(3)：38-44.

[7] 赵欣，李孙博，马永乐，等．一种海域天然气水合物钻井用相变控温微胶囊[J]．天然气工业，2023，43(7)：72-78.

[8] Jiang C，Song Z，Fizir M，Yang P，Liu M，Dramou P，et al. Host-guest interaction between cucurbit[6]uril and chain amino acids. Chem Phys Lett，2021，783：139039.

[9] Hu Y，Zou C. Cucurbit[7]uril-modified magnetically recyclable carbon nanotubes for efficient removal of Pb(Ⅱ) from aqueous solutions. Colloids Surf A Physicochem Eng Asp，2023，669：131555.

[10] Asgari M，Sundararaj U. Silane functionalization of sodium montmorillonite nanoclay：the effect of dispersing media on intercalation and chemical grafting. Appl Clay Sci，2018，153：228-238.

[11] Thomas SS，Tang H，Bohne C. Noninnocent role of Na^+ ions in the binding of the N-Phenyl-2-naphthylammonium cation as a ditopic guest with cucurbit[7]uril. J Am Chem Soc，2019，141：9645-9654.

[12] Anagnostopoulos A，Alexiadis A，Ding Y. Molecular dynamics simulation of solar salt($NaNO_3$-KNO_3) mixtures. Sol Energy Mater Sol Cell，2019，200.

[13] Radhakrishnan R，Gubbins KE. Free energy studies of freezing in slit pores：an order-parameter approach using Monte Carlo simulation. Mol Phys，1999，96：1249-1267.

[14] Wu S，Yan T，Kuai Z，Pan W. Thermal conductivity enhancement on phase change materials for thermal energy storage：a review. Energy Storage Mater，2020，25：251-295.

基于大数据深度挖掘的钻井液数据分析推荐平台

王建胜

（中国石油集团川庆钻探工程有限公司长庆钻井总公司）

摘　要　随着信息技术、设备自动化智能化技术和钻井液技术的发展，对钻井液数据的应用分析提出了新的要求。本文中提出的基于数据挖掘与物联网技术的钻井液大数据处理与分析推荐平台，充分利用了当前新兴的物联网WebGIS技术支持对复杂情况分析，通过大数据分析技术对长期以来积累的数据进行数理统计优化处理，使用云计算技术在云端对采集到的数据进行计算，并基于机器学习、数据挖掘技术探寻数据潜在的规律用于指导生产，推荐算法的使用进一步加大了该平台的智能性，辅助科学进行决策。试点单位使用后的结果表明，该平台的使用可以根据不同区块、不同地层、不同井段，产生钻井液处理剂使用情况参考模型，推荐优化方案；对结果进行提示持续积累各种复杂情况的处理方案知识库确保钻井液维护的及时性、确保钻井液资料的真实和准确性；及时预防井下复杂和井下事故、减轻钻井液技术人员的工作量；促进管理者的科学决策，为公司带来巨大收益。

关键词　钻井液；物联网技术；大数据；智能；数据挖掘机器学习

目前，石油勘探往深井、超深井的方向发展是不可避免的趋势，而在钻井过程中，钻井液的作用至关重要。直接的关系着整个钻井作业过程的安全和成败。在钻井作业过程中通过及时、准确的跟踪观察和分析钻井液量及其性能的变化，钻井液参数的变化，及时的收集相关钻井液的数据资料，并对异常及时的报警和有效的处置，就能有效地减少和消除因井漏、井塌、井涌等井下安全事故可能造成的重大人员和财产损失。

长庆钻井公司进行了长期的信息化建设，数据库中已有大量的结构化和非结构化的数据。结合钻井公司业务流程，钻井液大数据分析推荐平台的建设和川庆一期平台相结合，通过无线传输有线接入方式与钻井数据库进行数据共享，并且实现了多源数据集成、清洗、治理；并可以利用数据挖掘，数理统计技术分析历史数据；对专家经验进行数字化处理，建立用于被计算机分析处理的规则，对钻井队采集到的数据进行计算，评价钻井效率，推送推荐方案；支持检索案例信息库，提供事故发生时依据和参考，辅助科学决策。

钻井液数据分析推荐平台的建设完善优化并持续拓展了一期平台的技术架构，扩充并完善了企业钻井液相关技术信息的数据知识库，为推动企业钻井液相关信息技术的提升和发展提供数据资源支撑；进一步的完善并持续优化了企业钻井液信息数据分析诊断指标体系的设计和架构，极大的方便了现场工作人员；进一步优化完善了企业钻井液数据自动采集体系，采集数据过程中，支持多种网络环境自动进行切换，改变了目前井场数据采集的传统模式；基于机器学习和数据挖掘技术，依靠多年来积累的钻井数据，利用挖掘算法如神经网络等机器学习和知识发现的方法，实现智能分析、智能建议和井下预警提醒。

1　系统概述

钻井液数据分析推荐平台实现了移动终端APP和PC端两套系统。主要具有如下几方面特点：

（1）首次借助大数据分析技术对单井钻井液性能数据实时诊断预警并进行分析，推荐解决方案；

（2）可以持续积累各种复杂情况的处理方案知识库，对邻井复杂情况及同地层复杂情况进行相关数据分析并智能推荐处置方案；

（3）创造性的结合了不同分析模式、分析指标、分析维度、分析粒度进行块地层的钻井液性能深层次对比；

（4）采用多维分析及挖掘算法进行钻井液综合性能、电测分析、处理剂加量与性能相关分析；

（5）通过移动终端APP实现将井队采集的

钻井液信息数据及时上传，将历史数据中技术研究成果上传，方便井队钻井液维护、录入井下事故复杂状况和处理过程的信息，保存手机拍摄现场图像，从而更全面详细地记录现场处理信息，为后期施工提供更好的帮助。

2　系统总体结构

2.1　系统设计原则

（1）先进性原则

在系统的开发建设中，结合当前流行的物联网技术、大数据处理技术、人工智能技术、云计算技术，保证系统在今后较长一段时期内具备先进性。

（2）易用性原则

系统采用通用的 B/S 操作界面，操作界面友好、操作流程简单。此处，该系统还兼顾用户移动终端与 PC 端不同需求。

（3）实用性原则

系统不但切合实际工作需求，同时也汲取了以前系统的精髓，并在此基础上进行了完善。以保证系统满足实际工作的需要。系统能够 7×24 小时连续不间断工作，在井队大规模并发应用的情况下，能够稳定高效运行。

（4）易扩充性原则

作为一个智慧化一体化的服务系统，用户的需求总是在不断的提高，实际的数据要求也在不断变化，所以在开发系统时，我们充分考虑了系统的可扩充性，以满足日后不断发展的需要。

（5）安全性和完整性原则

系统采用大型关系型数据库 SQL Server 和 Mysql 作为存储大量数据的管理软件，实现了数据库系统的安全性和完整性。

2.2　系统架构

平台建设的初期，我们进行了系统功能和技术调研研究。在此基础上搭建的钻井液大数据分析推荐平台，通过对井队施工过程中上报的钻井液相关数据及无线传输系统的数据采集和集成，进行深度的数据分析，为钻井队施工推荐优化方案，也为管理者决策提供数据支持。整体来看，该平台由“3 个层次，5 大应用，2 套系统”构成。

2.2.1　平台的三大层次

（1）数据采集与集成管理层。数据采集与集成是企业信息化建设的一个重要环节。只有在信息交互通畅的情况下，各个“分散”的信息系统才能集成为一个“综合性”系统。数据采集是指从系统外部获取数据，经过数据转换并保存的过程，数据来源可能是硬件设备也可能是软件系统。数据集成指的是将多种来源下的多种数据集中起来的过程。两者本质上都是将异源或者异构的数据通过数据移动、数据转换实现信息整合。对企业来说，数据中含有巨大价值，翔实的数据集，可以使数据挖掘结果更加可靠，反应规律的更具有指导价值。

（2）数据分析管理层。该层的目的是在一大批杂乱无章的结构化、非结构化的数据中，集中对数据进行处理，将数据中的价值萃取和提炼出来，以找出所研究对象的内在规律。

（3）数据服务管理层。它是在以上两层的基础上，采用一些工具、或者在平台上开发的应用来实现对结论的分析，推荐优化方案等；对于管理者而言，可以促进管理者根据直观的数据科学进行决策，助力于提高企业收益。系统层次如图 1所示。

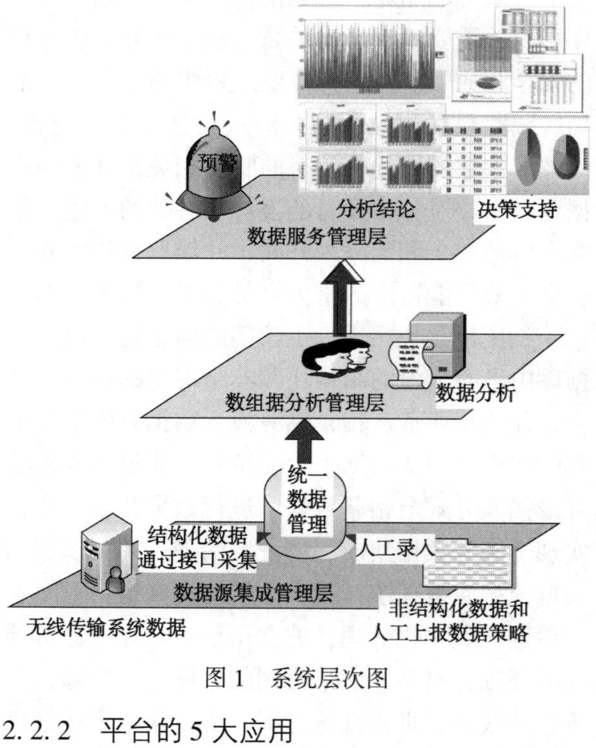

图 1　系统层次图

2.2.2　平台的 5 大应用

平台应用包括数据采集与集成管理、数据分析、规则诊断和预警、分析结论、决策支持。

2.2.3　平台的 2 套系统

平台系统包括钻井液大数据分析推荐平台手机 APP 端，钻井液大数据分析推荐平台 PC 端。

2.3　系统技术架构

为了更好的实现平台三层物理架构的搭建，

平台采用具有可移植性、开源代码库可用性、稳定性等优点的 SOA 技术架构。SOA 采用表现层、中间层(业务逻辑层)和数据服务层的三层结构，将业务规则、数据访问及合法性校验等放在中间层处理。客户端不直接与数据库交互，而是通过组件与中间层建立连接，再由中间层与数据库交互，采用该技术确保了数据的安全和可靠性。

Spring+Mybatis 框架作为中间层的技术解决方案，MVC 框架采用 Spring MVC。Spring 框架将 Web 层(MVC 模式里面的交互)、Service 层(业务逻辑层，负责实现业务逻辑)、DAO 层(负责与持久化对象交互)及 PO(持久化对象)无缝整合，本系统采用 Mybatis 作为持久层，其最大特点是可以以面向对象及面向关系的方式进行系统分析、系统设计。

3 系统实现

3.1 系统实现技术路线

3.1.1 钻井液大数据分析推荐平台手机 APP 端技术路线

考虑到 APP 功能的实现效果以及现有技术特点和优势，手机 APP 端采用了能赋予浏览器更多的功能的 HTML5 开发。CSS3 技术目前已经发展成熟，可以实现对页面的布局、字体、颜色、背景和其他效果的精确控制；多种终端的不同屏宽尺寸、像素比以及屏幕的旋转取向、动态调整页面布局(元素位置和大小)、选择性地显示页面内容等问题，采用 Bootstrap 响应式布局解决以达到最佳视觉展示效果；同时采用了适用于移动开发的 Cordova 框架，可以大大提高软件开发效率、缩短软件开发周期、减少软件开发及维护成本；采用了可与 Cordova 的配合使用的 ionic 框架，优化了 HTML5 和 CSS3 的性能，构建高效的应用程序，让自定义开发的应用程序能够使用硬件加速功能，逐步形成一个可靠的、强大的生态系统。APP 端数据录入功能实现界面如图 2 所示。

图 2　APP 端数据录入功能实现界面

3.1.2 钻井液大数据分析推荐平台 PC 端技术路线

(1) 根据事故复杂所在省区智能绘图，并且显示各地区复杂事故统计，事故复杂详细信息；以及各种类型井钻井液相关的属性。综上选择了百度出品的优秀的 ECharts 工具，其开源、兼容性好、视图功能强大，可以流畅的运行在 PC 移动设备上，广受用户青睐。

(2) 对事故复杂省区分析，不仅需要显示出井口的地理位置，还要确定具体坐标，并且可查阅该井的资料，做好预警提示；还需要对同一复杂类型或邻井施工数据进行 GIS 分析，用不同颜色区分事故动态。鉴于以上需求，我们采用了功能更加完善的 GIS 分析工具——WebGIS。

(3) 形成钻井液汇报表，能进行较多内容的汇报查看，语音汇报等非结构化数据的汇报工作；可以按项目部、项目组、井队统计查询每天钻井液班报信息。鉴于需求要求灵活多变，故我们采用了 FineReport 作为系统的报表开发工具。该工具平台兼容性良好，支持各种操作系统，支持主流 Web 应用服务器；此处，它还具有数据报表展现与输出、数据查询与过滤、数据可视化与交互、数据填报、报表管理平台等多种功能，可以满足本平台数据操作需求。

(4) 能进行单井单性能趋势分析、单井多性能趋势分析等分析操作；能对钻井液数据等进行大数据分析并给出相应的建议和预警；能对井进行智能跟踪和分析，并且能进行数据挖掘工作进行分析推荐。根据数据挖掘和机器学习的需求，我们采取了拟合回归的设计思路。通过大量实践性工作，对比择优后我们选择神经网络回归和线性回归作为分析算法，并在此基础上不断优化配置，做出了令人满意的效果。PC 端各地区复杂事故统计功以实现界面如图 3 所示。

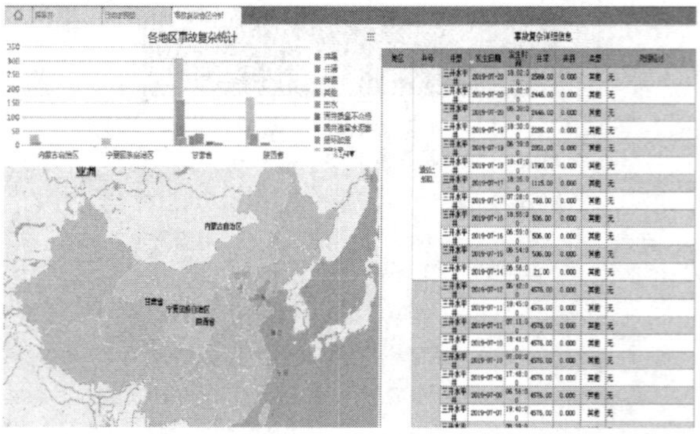

图 3　PC 端各地区事故复杂统计功能实现界面

3.2　系统实现

钻井液大数据分析推荐平台的建设目标。

（1）支持各种钻井液性能数据、处理剂使用数据、维护处理措施、异常检测信息、电测数据的自动采集，并实时集成后通过无线传输发送到到数据库，同时，系统支持数的多维分析、信息的动态查询及数据综合处理分析，具有生成不同视角下的分析报表、产生参考模型、推荐最优解决方案、预测数据的发展趋势，检测数据异常值、实现异常数据的报警功能，并可以实现电测分析，项目部日常监控等。

（2）对企业的已有的钻井液信息知识库进行持续扩充，从而可以实现同一个区块类型井眼的钻井、不同区块井型的监测预警以及解决方案信息的智能实时推送，它还支持在线对比、评价及知识库的自动更新，更新数据又进一步训练模型，使得模型优化，从而提高了预测准确率。

（3）建立并完善钻井液数据分析推荐体系，轻松实现单井实时数据诊断、智能提示综合分析评价。根据施工区块、地层分别推荐各种钻井液性能和处理剂实际用量；根据需要研究不同施工区块、不同施工地层、不同施工井段的钻井液用量性能、参数和钻井液处理剂实际使用用量情况，分析筛选出最优评价指标，产生一个参考模型。然后将正进行施工数据与参考模型进行对比，对结果进行智能提示。

（4）优化、完善钻井液数据采集体系，利用手持终端 APP 实现钻井液数据的增、删、改、查和数据上传；通过手机 APP 进行语音识别并智能录入，可完整记录钻井队现场钻井液实时处理过程；进行图像采集、归类编辑上传；通过手机 app 扫描钻井液材料上的二维码，可以提取材料名称、价格、厂家、产地、生产批次等信息，自动录入系统并上传服务器，从而实现钻井液用料的有效跟踪和信息系统数据的快速采集。支持测井遇阻等数据的采集，支持多种网络自动切换，此外也是钻井液小助手第三方 APP 算法集成适配平台。

4　结语

长庆钻井年钻井能力在 500 万米以上，多年来在钻井提速方面一直走在行业前列。本文提出的钻井液大数据分析推荐平台，针对公司多年积累的钻井液数据进行数据的深度挖掘利用，实现钻井液成分等关键因素分析预测，大大地减少了钻井液的浪费和机器的损伤，有效地节约了资源，避免了浪费；有效降低钻井过程中危险发生的概率，显著地降低了资产损失，为企业提高效率和提升管理水平提供强力支持，具有非常好的应用前景。此外，该平台在探索大数据分析技术以及新型的人工智能技术在钻井行业的应用，提升企业的综合竞争力和社会影响力方面也大有裨益。

参　考　文　献

[1] 刘胜娃，李卫，张越．长庆钻井公司统一通信平台的设计与实现[J]．物联网技术，2017，7(4)：68-69.

[2] 赖福斌．录井现场数据实时采集与传输系统设计[J]．信息系统工程，2019，000(002)：49.

[3] 周飞燕，金林鹏，董军．卷积神经网络研究综述[J]．计算机学报，2017(6).

[4] 王斌．基于云计算的 GIS 大数据分析技术与应用[J]．国外电子测量技术，2019(9).

[5] 王平，贾化萍．Study and development of application system based on combination of C/S and B/S%C/S 和 B/S 结合模式下应用系统的研究与开发[J]．电脑与信息技术，2006，014(001)：50-53.

[6] 肖祥林，周春容．基于云+SOA 架构的异构智慧校园平台设计与实现[J]．电子设计工程，2018，026(004)：85-89.

[7] 魏广群，蒋利利，张蒙蒙，等．基于 WebGIS 城市规划一张图管理系统的设计与实现[J]．科技视界，2018，000(003)：11-14.

[8] 马婧，吴清烈．面向 C2B 个性化定制的智能推荐算法研究[J]．工业工程，2018，021(005)：87-92.

[9] 钟晓，马少平，张钹，等．数据挖掘综述[J]．模式识别与人工智能，2001(01)：50-57.

[10] 杨金劳．机器学习算法在数据挖掘中的应用[J]．电子技术与软件工程，2018，000(004)：P. 191-191.

大斜度井水平井水基钻井液润滑性能评价

许夏斌[1,2] 袁志平[1,2] 景岷嘉[1,2] 高 强[1,3] 包先德[1]

(1. 中国石油集团川庆钻探工程有限公司钻采工程技术研究院；
2. 油气田应用化学四川省重点实验室；3. 高强钻井液技能专家工作室)

摘 要 本文介绍了基于国内外润滑性测试仪的测试原理，建立开发了一种水基钻井液润滑性评价的新装置，弥补国内外测试水基钻井液润滑性在模拟井下工况、摩擦方式、倾斜角等方面的不足。能够有效模拟井下水平段及大斜度井段水基钻井液的润滑性能，从而为更准确评价水基钻井液润滑性能提供可靠的技术保障。该装置能够模拟井底、钻井液自动循环、侧向压力(摩擦界面载荷)、不同倾斜角(可调0~180°)、X轴向运动等特点，通过模拟现场井下起下钻、钻进、划拉井壁、不同井斜钻进过程等工况，在相同摩擦副下，水基、油基钻井液的润滑系数差距达到2~2.5倍，现场试验表明，油基比水基拖拽力降低了58.6%，该装置测试相同摩擦副下分别下降54.3%、58.6%，更接近水基钻井液现场实际应用效果。

关键词 水基钻井液；润滑性能；摩擦系数；评价方法

川渝地区的油气勘探开发涉及大量的深井、大斜度井、水平井作业，而水基钻井液的润滑性能不能完全满足钻井需要，室内评价的润滑性能与实际工况下的润滑影响存在较大误差，不能准确反映生产中的润滑效应，导致扭矩、摩阻大，甚至发生卡钻等井下复杂。目前，国内外室内评价钻井液摩擦性能的仪器包括有：E-P极压润滑仪、润滑性评价监视器(LEM仪)、ZC-1型钻井液摩擦系数测定器、NR-1型泥浆润滑系数测定仪及MT-Ⅱ型摩擦机等。现有室内钻井液润滑性能评价方法将井况简化为直井，而大斜度井、水平井中，由于存在倾角以及泥浆造壁性能与直井时泥浆造壁性能存在显著差异，将直接导致钻井液润滑性能评价结果存在较大差异。例如国外的埃克森美孚预计将在Chayvo油田钻33口大位移水平井，为了解决摩阻问题，采用了EP极压润滑仪、MI/Westport润滑仪、Falex润滑仪、全尺寸模拟设备等多种手段对40种润滑剂和基础油，以及7种钻井液体系的润滑性能进行综合评价，最终确定使用NAF钻井液体系，仅加入一种新的润滑剂，摩阻系数下降了50%。但在现场作业过程中，加入了5%润滑剂对钻井液进行处理，摩阻却只下降了5%~15%。国内高性能水基钻井液的摩擦系数可低至0.031，扭矩低至5.6N·m，其室内润滑性能可与普通的油基钻井液相媲美，但是其在造斜段、水平段现场钻井作业中仍然易引发井下复杂，导致起下钻困难，频繁遇阻卡、划眼憋停，说明页岩气水基钻井液室内润滑性能与井下实际效果存在较大差异。

鉴于以上问题，笔者首次采用校企联合建立的水基钻井液润滑性分析仪进行模拟井下润滑性能的室内评价，通过分析水基钻井液在水平段和大斜度井段扭矩变化情况(图1)，从而更准确的判断钻井液扭矩变化情况，提高水基润滑性能提供理论和评价依据，对川渝地区油气资源的安全、高效、低成本开采具有重大意义。

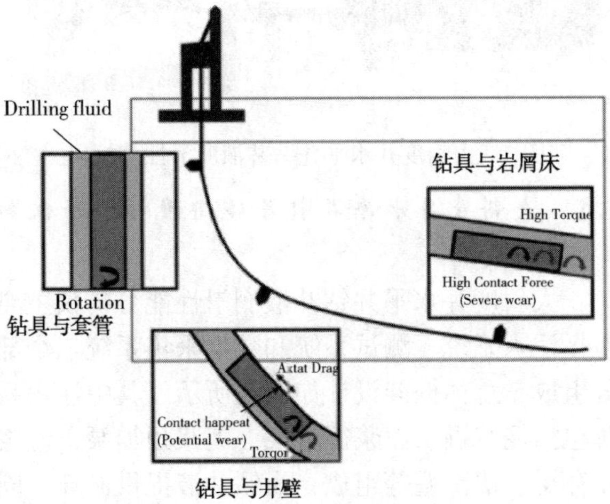

图1 水平井、大斜度井钻井中主要摩擦方式

1 大斜度井水平井钻井液润滑性分析仪的研制

川庆钻探工程有限公司钻采工程技术研究院

联合西南石油大学共同建立了一套大斜度井水平井钻井液润滑性分析仪如图2所示，该装置将旋转测锤安装在较小的可加热压力容器内，模拟地表和井下温度及压力，测试钻完井液润滑性的系统。测量在一定的接触力和转速下，钢质、岩石和石英样品与旋转测锤接触转动时所需要的扭矩。还可进行压差卡钻测试，测试当测锤黏结在岩石样品上泥饼时需要的转动扭矩。该装置可以进行不同井斜角泥浆润滑性能测试，测试测锤与样品间作用的拖拽力和转动扭矩。具有以下特点：

模拟井底(温度、压力和压差)、不同摩擦界面(钢质、岩心和岩屑床)、钻井液自动循环、侧向压力压力(摩擦界面载荷)可调、测试倾斜角可调(0~180°)、X轴向运动、同时具有自动测试和连续记录等，其数据采集频率为1s/次。与目前国内外钻井液润滑性测试装置相比，不仅在能够模拟井下工况，而且测试数据方面更加丰富，从而更准确的判断钻井液井下的润滑性能，避免高扭矩、高摩阻导致卡钻的发生。

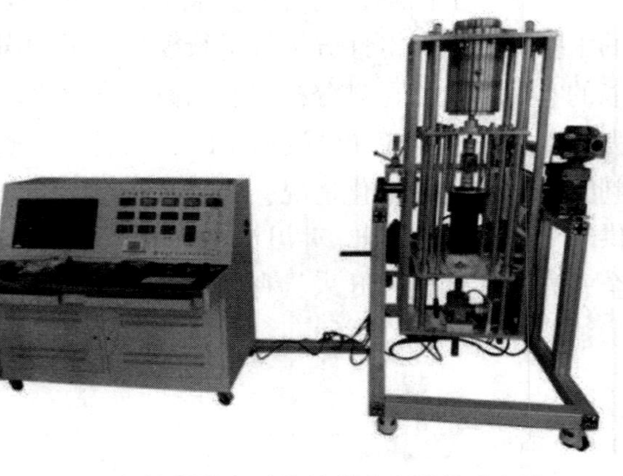

图2　大斜度井水平井钻井液润滑性分析仪

1.1　大斜度井水平井钻井液润滑性分析仪的组成

大斜度井水平井钻井液润滑性能分析仪主要包括注入系统、测试系统和数据采集系统三个部分组成，总体框架设计如图3所示。其中注入系统包括泥浆罐、泥浆循环泵、泥浆预加泵、泥浆储存罐、清洗罐等组成，为钻井液提供循环，同时外层加热套对其进行加热，模拟井下温度，形成钻井液的持续热循环。测试系统是整套仪器的核心，主要功能是测试钻井液在测试釜中的拉力和扭矩变化情况，由测试釜、旋转电机、扭矩仪、X轴向拖拽蜗杆箱、Z轴向拉压气缸、拉压力传感器、回压系统、旋转支架等组成。数据采集系统的主要是将测试系统测出的数据(压力、温度、扭矩、X轴拖拽力、Z轴拉压力)进行采集并传递到计算机。

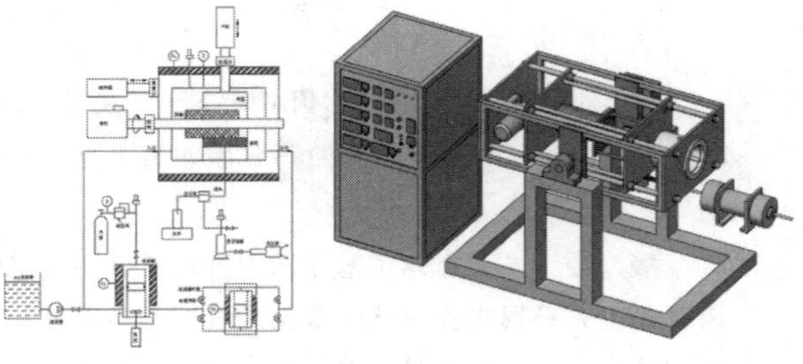

图3　大斜度井水平井钻井液润滑性分析仪的总体框架简图

1.2　大斜度井水平井钻井液润滑性分析仪现有进口设备性能参数对比

表1　设计研制的模拟设备与现有进口设备性能参数对比

实验条件	进口设备	研制设备
最大压力/MPa	7	7
最大温度/℃	170	180
测锤直径/mm	63.5	63.5
测锤长度/mm	100	50~150
测锤转速/rpm	50~380	50~466
测试样板长度/mm	100	200
测试回压/psi	100	600
循环排量/(L/h)	450	450
扭矩/Nm	0.34~22.6	0~27
侧向接触力/N	0~890	0~1000
轴向接触力/N	—	0~600
轴向拖拽速度/(cm/s)	—	0~2
轴向拖拽长度/mm	—	60
井筒角度旋转/(°)	—	0~180

1.3　大斜度井水平井钻井液润滑性分析仪的测试流程及模拟

1.3.1　测试流程

大斜度井水平井钻井液润滑性能分析仪是一套将旋转测锤安装在测试釜内，模拟地表和井下温度及压力测试钻井液润滑性的系统。①将人造岩心/钢套(外径90mm、内径75mm、长度200mm)/岩屑放入测试釜岩心室中关闭测试釜盖后加载回压。②启动注入系统，将钻井液注入搅拌罐、循环泵以及测试釜中，当完全充满后关闭注入系统，使钻井液在测试釜→循环泵→搅拌罐

→测试釜进行持续循环。③启动数据采集系统设定测试釜、循环泵、搅拌罐的温度。④达到设定温度调节气源进气阀，使测试系统压力达到测试压力。⑤设定测试相应参数进行模拟井下工况试验。

1.3.2 模拟井下情况

① 仅拖拽(模拟起下钻过程)启动拖拽电机，使测锤与不同摩擦界面在 X 轴上进行往复拖拽，数据采集系统把测出数据传输至计算机。

② 仅旋转(模拟钻进过程)开启旋转电机，使测锤旋转与不同摩擦界面进行摩擦，通过施加不同 Z 轴拉压力，改变测锤与岩心内壁间的相对作用力，采集系统将数据传输至计算机。

③ 旋转+拖拽(模拟划拉井壁过程)同时开启拖拽电机和旋转电机，测量在一定的 Z 轴拉压力和转速下，测定不同摩擦界面与旋转测锤接触转动时扭矩变化情况。

④ 旋转+倾斜(模拟不同井斜钻进过程)调节测试釜整体的倾斜角度，测量在一定倾斜角度和转速下，测定不同摩擦界面与旋转测锤接触转动时扭矩变化情况。

形成了水基钻井液井下润滑性能影响因素评价新方案，研究不同实际工况条件(温度、压力、井斜角)因素和不同摩擦界面对水基钻井液润滑性的影响。

2 水基钻井液室内润滑性能与现场应用效果对比

2.1 室内润滑性能评价

水基钻井液配方：配浆水+2%原矿土+1%聚合物降失水剂 Redul+3%聚合物降失水剂 ReduSH+5%抗盐聚合物降失水剂 WN2-2+1.5%双疏抑制剂 TSH-1+1%表面水化抑制剂 WNY-H+3%纳微毫封堵剂 WNF-X+1%键合润滑剂 XZ-RHJ+8%KCl+0.5%CaO+重晶石+5%WN2-1+5%白油+0.1%OP-10+重晶石调节密度。

油基钻井液配方：240mL 白油+4%TY0DF-301(一体乳孔化剂)+2%有机土+3%Ca0H2% TY0DP101+75mL$CaCl_2$ 盐水(25%)+重晶石调节密度。

2.1.1 不同摩擦界面的拖拽力对比

将钢套、岩屑与岩芯分别加入芯室中，紧固挡板，安装好测试釜釜盖，接通钻井液泥浆罐，直至测试釜、循环罐、搅拌罐完全注满。设置测试釜倾斜角为 0°、循环泵转速 0、测锤旋转转速为 0、调节侧向压力为 0.2MPa、拖拽速度 5mm/s，测试时间 60s。考察钻井液对不同摩擦界面的垂直拉力(即为拖拽力)的影响。

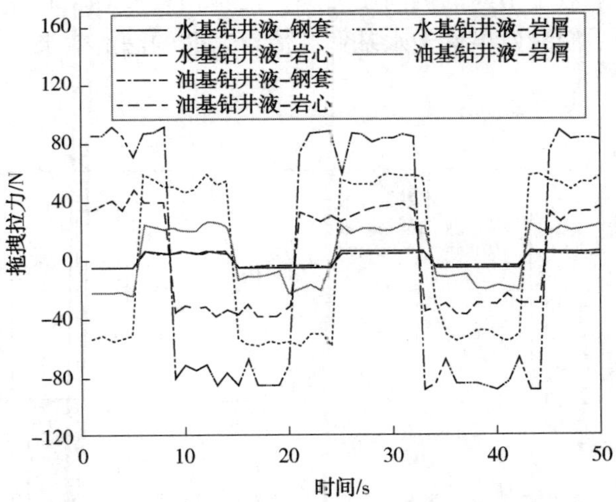

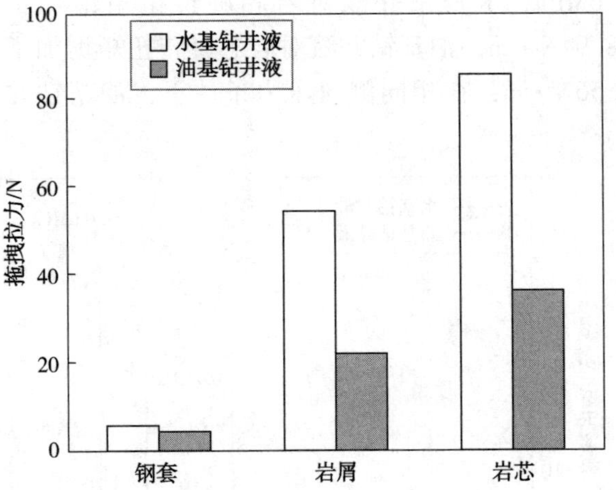

图 4 水基钻井液和油基钻井液拖拽拉力曲线(左)、绝对拖拽拉力(右)

从图 4 可以看出，三种摩擦副在相同条件下，油基钻井液的拖拽拉力都要比水基钻井液的拖拽拉力低，且对不同的摩擦界面，拖拽拉力降低能力不同。对钢套摩擦界面，油基钻井液的拖拽拉力比水基钻井液的拖拽拉力降低了 18.5%；岩屑摩擦界面副，油基钻井液的拖拽拉力比水基钻井液的拖拽拉力降低了 59.4%；岩芯摩擦界面，油基钻井液的拖拽拉力比水基钻井液的拖拽拉力降低了 58%。

2.1.2 在仅旋转条件下不同摩擦界面旋转扭矩对比

设置测试釜倾斜角为 0°，循环泵转速为 600r/min，拖拽速度为 0，测锤旋转转速 100r/min，改变侧向压力(0.0、0.2、0.4、0.6MPa)，考察侧向压力对水基钻井液润滑后旋转扭矩的影响。每组侧向压力测试时间 90s，测试前采集基底，基底采集时间为 60s。实际旋转扭矩=测试值–基底值。

从图 5 看出，在相同条件下岩屑界面，随着侧向压力的增加水基钻井液和油基钻井液对岩屑的旋转扭矩不同，存在一定的波动，由于岩屑是人工形成，实验过程中岩屑与钢套之间铺置均匀性受到影响。在比较水基钻井液和油基钻井液对岩屑的旋转扭矩数据可知，油基钻井液对岩屑的旋转扭矩远低于水基钻井液对岩屑的旋转扭矩，旋转扭矩降低率超过 40%。表明，对于不同的侧向压力下，油基钻井液对岩屑摩擦界面润滑效果远高于水基钻井液对岩屑的润滑效果。

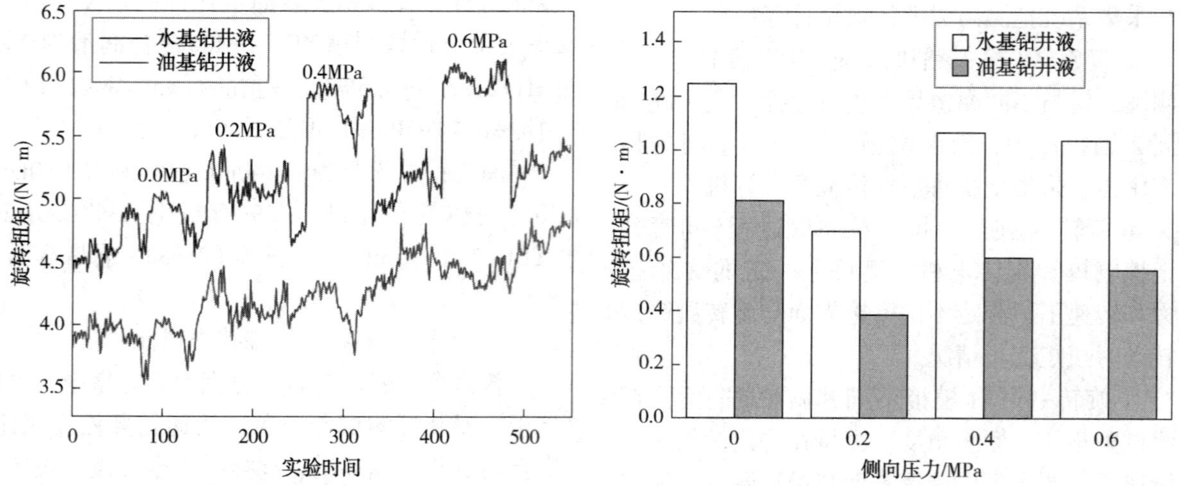

图 5　旋转下水基钻井液与油基钻井液对岩屑旋转扭矩曲线(左)实际平均旋转扭矩(右)

从图 6 可知，相同条件下岩芯摩擦界面，随着侧向压力的增加水基钻井液和油基钻井液对岩芯的旋转扭矩都增加，侧向压力从 0MPa 增加到 0.6MPa，水基钻井液对岩芯旋转扭矩增加了 18.94N·m，油基钻井液对岩芯旋转扭矩增加了 9.56N·m；在相同侧向压力条件下，油基钻井液的旋转扭矩低于水基钻井液对钢套的旋转扭矩，侧向压力从 0MPa 增加到 0.6MPa，油基钻井液旋转扭矩降低约 45%左右。对比研究表明，对于不同的侧向压力下，油基钻井液对岩芯界面润滑效果优于水基钻井液对岩芯的润滑效果。

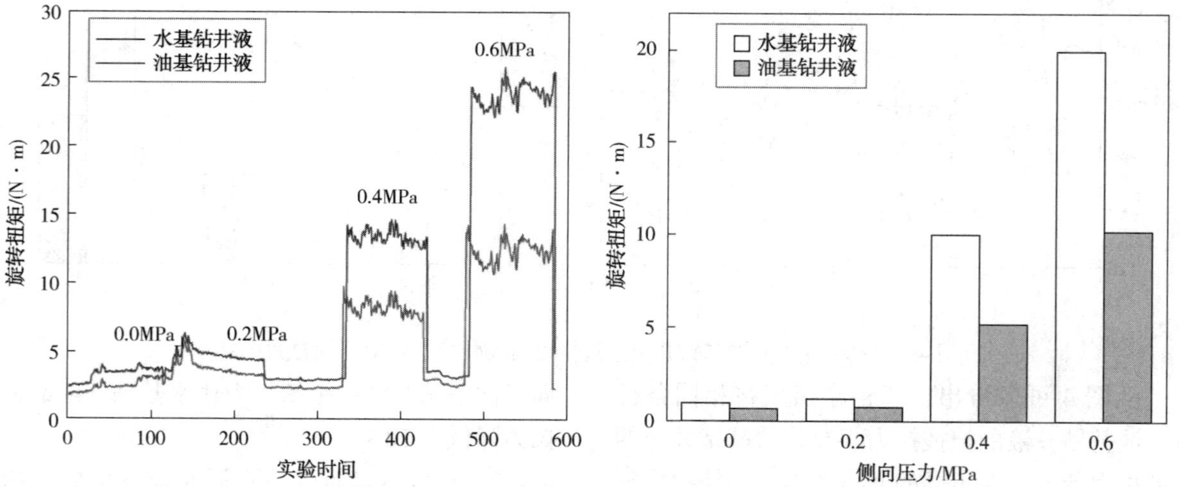

图 6　水基钻井液和油基钻井液对岩芯的旋转扭矩曲线(左)实际平均旋转扭矩(右)

2.1.3　旋转+拖拽条件下不同摩擦界面旋转扭矩对比

从图 7 可以看出，对于岩屑摩擦界面，在旋转、拖拽及其他相同条件下，随着侧向压力变化，水基钻井液对岩屑摩擦界面的旋转扭矩数值波动变化。由于测试釜内的岩屑界面是人工填装的，在测试时铺置的均匀性受到影响而使测试数据有一定的波动性。对于相同侧向压力，水基钻井液对岩屑界面的旋转扭矩大于油基钻井液对岩屑界面的摩擦界面。无论在哪种条件下，油基钻井液对岩屑界面的润滑性能均优于水基钻井液对岩屑界面的润滑性能。

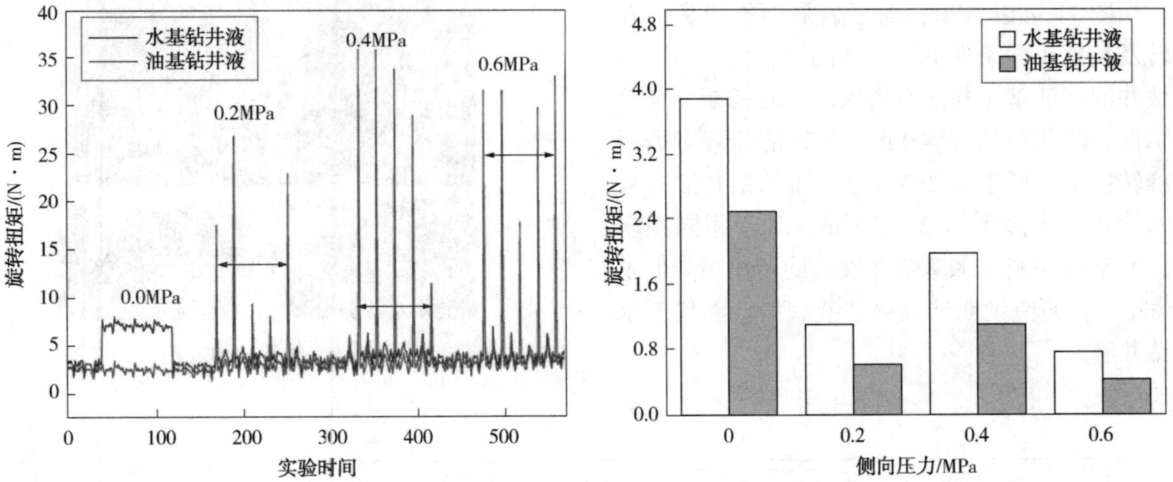

图 7　水基钻井液和油基钻井液对岩屑的旋转+拖拽扭矩曲线(左)实际平均旋转扭矩(右)

从图 8 可以看出，对于岩芯摩擦界面，在旋转、拖拽及其他相同条件下，随着侧向压力的增加水基钻井液和油基钻井液对岩芯的旋转扭矩都增加，侧向压力从 0MPa 增加到 0.6MPa，水基钻井液对岩芯旋转扭矩增加了 27.47N · m，油基钻井液对岩芯旋转扭矩增加了 11.5N · m；在相同侧向压力条件下，油基钻井液的旋转扭矩远低于水基钻井液对岩芯的旋转扭矩，侧向压力从 0MPa 增加到 0.6MPa，油基钻井液旋转扭矩降低 45%以上。研究表明对于不同的侧向压力下，油基钻井液对岩芯摩擦副润滑效果远比水基钻井液对岩芯的润滑效果好。

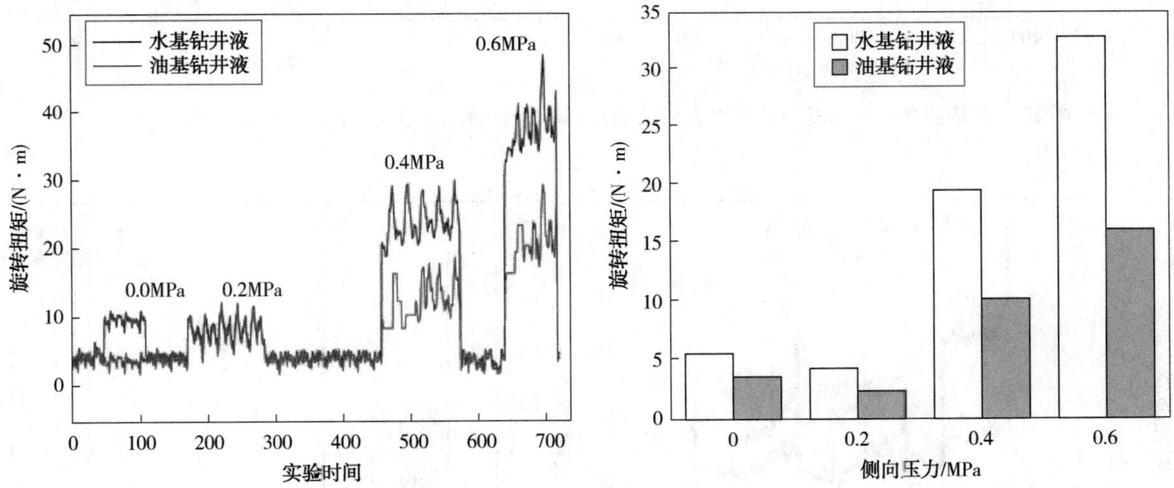

图 8　水基钻井液和油基钻井液对岩芯的旋转+拖拽扭矩曲线(左)实际平均旋转扭矩(右)

2.1.4　旋转条件下不同倾斜角的扭矩对比

设置循环泵转速 600r/min，旋转转速 100r/min，施加拖拽速度 0，施加侧向压力 0.2MPa，改变测试釜倾斜角分别为 0°、30°、60° 和 90°(图 9)。测试时间 10min，考察在不同角度下水基钻井液润滑后摩擦副对旋转扭矩的影响。每组侧向压力测试时间 90s，测试前采集基底，基底采集时间为 60s。实际旋转扭矩 = 测试值 - 基底值。

从图 10 可以看出，对于岩屑摩擦界面，在旋转及其他相同条件下，改变测试釜倾斜角，水基钻井液、油基钻井液对岩屑的旋转扭矩总体趋势降低，倾斜角从 0°~90°，水基钻井液对岩屑的旋转扭矩降低了 4.24N · m，油基钻井液对岩屑的旋转扭矩降低了 2. 4N · m。对于相同倾斜角，油基钻井液比水基钻井液的旋转扭矩降低了 45%左右，研究说明油基钻井液润滑性能优于水基钻井液。

从图 11 可以看出，对于岩屑摩擦界面，在旋转及其他相同条件下，改变测试釜倾斜角，水基钻井液、油基钻井液对岩屑的旋转扭矩总体趋势降低，倾斜角从 0°~90°，水基钻井液对岩屑的旋转扭矩降低了 4. 24N · m，油基钻井液对岩屑的旋转扭矩降低了 2. 4N · m。对于相同倾斜角，油基钻井液比水基钻井液的旋转扭矩降低了 45%左右，研究说明油基钻井液润滑性能优于水基钻井液。

图 9　倾斜角的变换

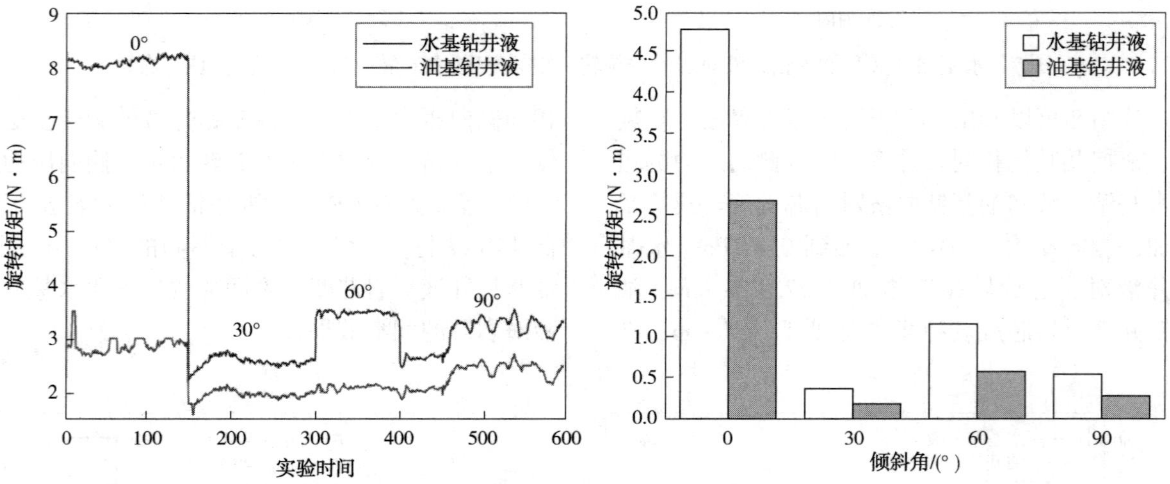

图 10　水基钻井液和油基钻井液对岩屑的旋转+倾斜角扭矩曲线(左)实际平均旋转扭矩(右)

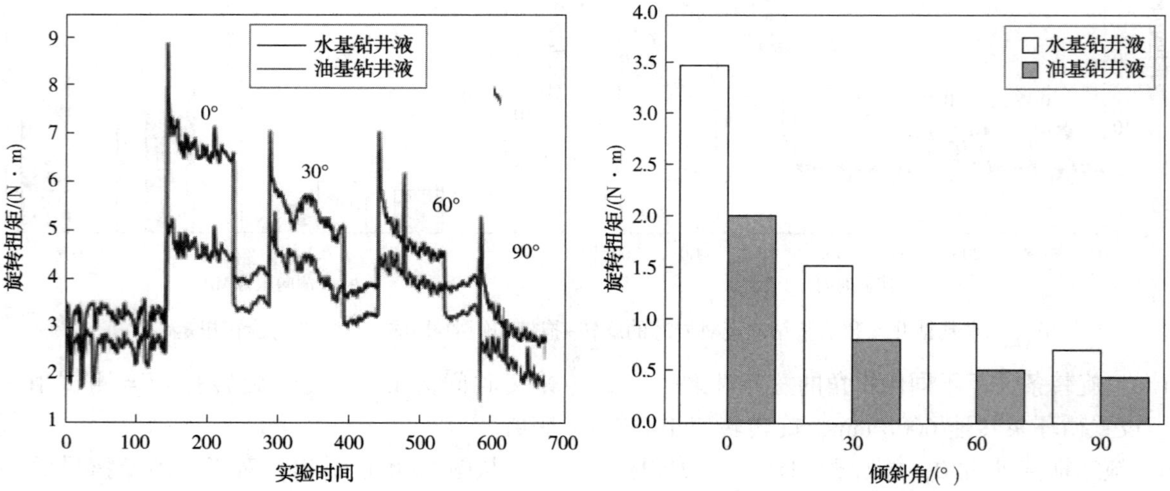

图 11　水基钻井液和油基钻井液对岩芯的旋转+倾斜角扭矩曲线(左)实际平均旋转扭矩(右)

2.2　模拟实验装置与现场实际测试值对比

设置测试釜倾斜角 90°(即水平情况下)；钢套、岩屑、岩芯摩擦副；拖拽速度：5mm/s；循环泵转速：600r/min；钻杆旋转转速：0r/min；

温度 25℃；侧向压力：0.2MPa（侧向压力为329N），测试水基钻井液和油基钻井液拖拽力，测试时间 90s，求出的平均值. 其润滑系数公式计算如下。

$$\mu=F/P$$

式中，μ 为润滑系数（无量纲）；F 为摩擦力（拖拽力），N；P 为加载的侧向垂直作用力，N。

表 2　不同摩擦副模拟装置测定的拖拽力及润滑系数

钻井液类型 测试项目	钢套		岩屑		岩芯		现场测试
	拖拽力/N	润滑系数	拖拽力/N	润滑系数	拖拽力/N	润滑系数	拖拽力/t
水基钻井液	3.72	0.017	28.2	0.082	38.6	0.117	16~22
油基钻井液	2.94	0.009	12.89	0.039	15.98	0.045	6~8
拖拽拉力下降/%	20.97	—	54.3	—	58.6	—	62.5~63.6

注：实验室采用 EP 极压润滑仪测定水基和油基的润滑系数均是 0.132。

从表 2 对比看出，采用实验室的 EP 极压润滑仪测定水基、油基钻井液的润滑系数，其值不变，均为 0.132，采用研制的模拟装置测定，在相同摩擦副下，水基、油基钻井液的润滑系数差距达到 2~2.5 倍。现场测试的拖拽力油基比水基降低了 62.5%~63.6%，采用研制的模拟装置测定的岩心摩擦副，其油基比水基拖拽力降低了 58.6%，说明该装置可较大程度模拟现场井下工况。

3　结论

（1）由校企联合研发，建立了一套大斜度井水平井钻井液润滑性分析仪，该仪器能够更准确的判断水基钻液井下摩阻、扭矩变化情况，为提高水基润滑性能研究提供理论和评价依据。

（2）通过水基钻井液、油基钻井液在不同摩擦副及不同测试条件下拖拽力的影响情况。结果表明：在同种摩擦副相同测试条件下油基钻井液的拖拽力均比水基钻井液的拖拽力小。相对水基钻井液在岩屑摩擦副条件下油基钻井液的拖拽力降低 54.3%左右，岩芯摩擦副条件下降低了 58.6%左右。

（3）改变测试釜倾斜角从 0°~90°，随着倾斜角度增大，水基、油基钻井液对岩屑的旋转扭矩都表现为逐渐降低，而油基钻井液扭矩降低幅度大于水基；在同种摩擦副条件下，随着侧向压力的增加，水基钻井液和油基钻井液对岩芯的旋转扭矩都在增加，而油基钻井液增加的幅度远小于水基，说明油基钻井液对岩芯润滑效果优于水基。

（4）对比了水基钻井液、油基钻井液在不同摩擦副及不同测试条件下对旋转扭矩的影响情况。结果表明：在相同测试条件下油基钻井液的旋转扭矩均比水基钻井液的旋转扭矩小。对于钢套、岩屑、岩芯摩擦副，油基钻井液在仅旋转、旋转+拖拽、旋转+倾斜角等条件下测试的旋转扭矩比水基钻井液旋转扭矩降低 45%左右。

参考文献

[1] 谢彬强，邱正松，黄维安．大位移井钻井液关键技术问题[J]．钻井液与完井液，2012，29(2)：7.

[2] 董晓强，王琳，杨小华．水基钻井液润滑剂研究进展[J]．中外能源，2012(10)：6.

[3] 李斌，蒋官澄，王金锡．水基钻井液用润滑剂 SDL-1 的研制与评价[J]．钻井液与完井液，2019，36(2)：6.

[4] 宋海，龙武，邓雄伟．页岩气水基钻井液用抗高温环保润滑剂的研制及应用[J]．断块油气田，2021，28(6)：4.

[5] Navarro A R，Solutions E G，Dannels W R，et al. Maximizing Drilling Operations By Mitigating The Adverse Affects of Friction Through Advanced Drilling Fluid Technology. [C]. Houston：AADE，2011：1-7.

[6] 潘小镛．钻井液润滑性能测试方法的探讨[J]．钻井液与完井液，1992，9(5)：5.

[7] 陈延滨，李进，赵建刚，等．黏附系数测定仪黏附装置的研究[J]．地质装备，2017，18(1)：3.

[8] Wang L，Qi W U，Jiang G，et al. Modified Soybean Lecithin Used as Water Base Drilling Fluid Lubricant [J]. Drilling Fluid & Completion Fluid，2019.

[9] Organic-Sulfonate Functionalized Graphene as a High Temperature Lubricant for Efficient Antifriction and Antiwear in Water Based Drilling Fluid[J]. Tribology

Letters，2022，70(2).

[10] 褚奇，李舟军，杨枝．评价水平井和大位移井的钻井液的润滑性能的装置，CN105572031B[P]. 2018.

[11] 苏俊霖，罗亚飞，罗平亚．一种考虑岩屑床的水平井钻井润滑性实验装置及实验方法，CN109209337A[P]. 2019.

[12] Saffari H , Soltani R , Alaei M , et al. Tribological properties of water-based drilling fluids with borate nanoparticles as lubricant additives[J]. Journal of Petroleum Science and Engineering，2018，171：253-259.

[13] Melekhin A A , Chernyshov S E , Blinov P A , et al. Study of lubricant additives to the drilling fluid for reducing the friction coefficient during well construction with rotary steerable system. 2016.

[14] 彭碧强．防塌水基钻井液在四川威远长宁页岩气水平井的研究与应用[C]. 中国石油学会，2016.

水基钻井液体系在页岩气那平 1 井应用

杨　勇　王清臣　孔维升　史配铭　屈艳平

（中国石油集团川庆钻探工程有限公司长庆钻井总公司）

摘　要　那平 1 井是长庆油田首在鄂尔多斯盆地部署的一口海相页岩气水平井，在施工中存在页岩气地层裂缝发育、塌漏矛盾突出、摩阻扭矩大、携岩困难等技术难题。通过室内实验研究，在聚磺体系基础上优选 KCL 作为抑制剂、纳米级封堵材料作为防塌剂，对钻井液体系进行优化，形成了纳米封堵高性能水基钻井液；优化了井身结构，解决了“上漏下塌”的矛盾，实现了那平 1 井勘探任务顺利实施，为长庆区块页岩气水平井钻井液技术积累了经验。

关键词　那平 1 井；乌拉力克；页岩；纳米封堵；钻井液

近年来，随着国内页岩气开发需求的日益迫切，长庆油田为二次增储上产，开始勘探盆地西部乌拉力克组泥质碳酸盐岩生烃和成藏潜力，为提升勘探效果，部署了那平 1 井试验攻关乌拉力克组海相页岩地层。那平 1 井位于鄂尔多斯盆地天环向斜西翼，斜井段山西组、太原组、羊虎沟组地层深灰色、灰黑色泥岩发育，煤层分布井段多，水平段乌拉力克组属于下古生界奥陶系中统，垂深约 3900~4100m，上部为褐灰色含灰泥岩与褐灰色灰质泥岩互层，底部为灰黑色含气含灰泥岩，底部的暗色泥岩为开发目的层。乌拉力克组为海相沉积，碳酸盐岩，裂缝及空洞发育，而且该地层裂缝呈高角度裂缝发育，易塌。

1　页岩地层钻井液技术难点

（1）泥页岩井壁失稳，易垮塌。钻井液穿过地层裂隙、裂缝和弱的层面后，钻井液与页岩相互作用改变了页岩的孔隙压力和页岩强度，最终影响到页岩的稳定性果。

（2）地层承压低，安全密度窗口窄。那平 1 井斜井段和水平段处于同一裸眼井段，设计长达 2185m，穿越地层多，地层的非均质性及各向异性较强，具有显著的层理裂缝特征，钻井液密度超过 1.40g/cm^3 后发生井漏，低于至 1.38g/cm^3 泥页岩垮塌严重，安全密度窗口窄，施工难度大。

（3）井眼清洁难度大。水平段由于页岩的坍塌和井中岩屑重力效应，影响了井眼清洁；再者，上部井段井眼尺寸大，返速低，携砂困难，施工中斜井段和水平段易形成岩屑床，进一步增加磨阻、扭矩和井下复杂情况发生的机率。

2　井身结构优化

那平 1 井原设计为三开井身结构（见图 1），三开井眼尺寸 φ215.9mm，斜井段和水平段处于同一裸眼井段，乌拉力克组页岩水平段首次尝试水基钻井液，在施工过程中，水平段钻进至 4853m，比重 1.31g/cm^3，黏度 70s，水平段长 631m，出现井壁失稳，划眼期间频繁憋泵憋顶驱，扭矩最大 28kN · m 顶驱憋停，泵压由 20MPa 升至 25MPa，阻卡严重，倒划眼困难，循环振动筛返出大量灰黑色泥岩掉块（见图 2），划眼期间出现多次井漏，通过堵漏逐步提高比重至 1.38g/cm^3，划眼处理长达 20 天无进展。

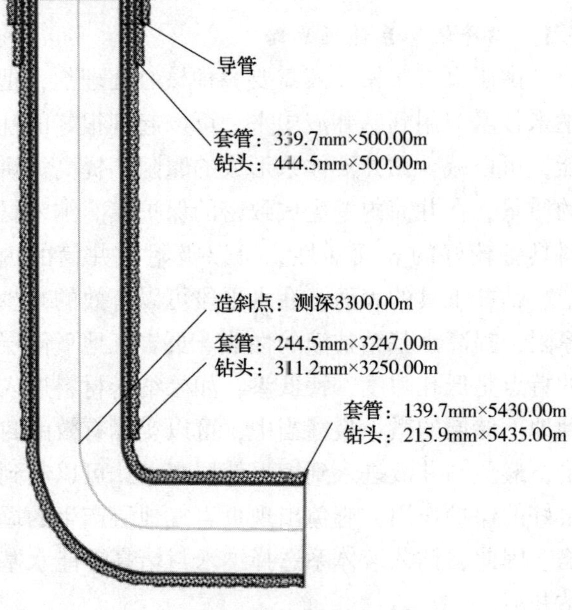

图 1　那平 1 井三开井身结构图

图 2　那平 1 井水平段泥页岩垮塌掉块

通过井身结构优化，将原“三开”井身结构优化“四开”结构（见图 3），下 7”技术套管封固斜井段薄弱地层，四开水平段井眼尺寸 φ152.4mm，钻井液比重提高至 1.42g/cm^3，实现了水平段安全钻井，井身结构优化后，解决了上部承压能力低地层、塌漏同存和裸眼段长、摩阻扭矩大的问题，为那平 1 井安全高效施工提供有力保障。

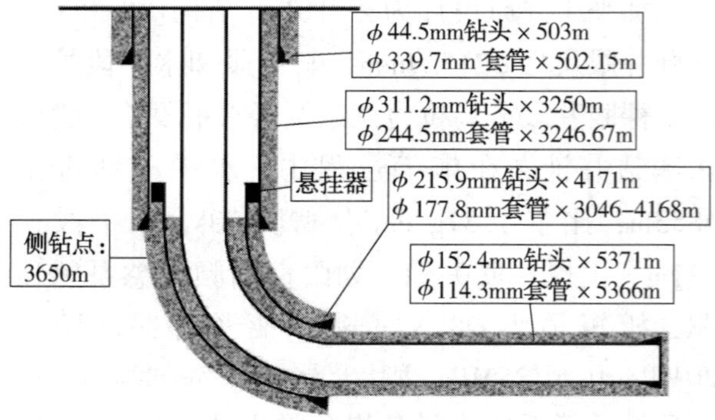

图 3　那平 1 井四开井身结构图

3　钻井液体系优化

3.1　钻井液体系优选思路

由于页岩气钻井液需要一种核心处理剂，把纳米技术应用到钻井液中来，可以起到很好的性能，可以减少钻井液体系形成的摩阻，提高泥饼的质量，在井筒内壁生成致密的保护膜。纳米材料具备较好的表面活性，可以吸附在井筒的内壁、钻井工具的表面，在水平段可以有效的减少摩阻，提高水基钻井液的性能。页岩气地下储层的特点是低孔隙度、特低渗，如果纳米材料进入到地下储层的微小裂缝当中，可以实际有效的封堵，避免钻井液进入到地下储层当中，可以起到很好的保护作用，避免出现页岩气地层产生的塌陷。因此，钻井液体系选择纳米封堵高性能水基钻井液。

3.2　室内研究

3.2.1　钻井液体系的构建

钻井液体系主要由纳米封堵材料、磺化材料、超细碳酸钙、盐、润滑剂和加重剂等组成，要求具有良好的抑制封堵能力，良好的高温流变性和携岩能力，同时还具有良好的润滑、防卡和降摩减阻作用。

基浆配方：0.2%烧碱+0.1～0.2%黄原胶 XCD+3～4%乳化沥青 SFT+3～4%磺化酚醛树脂 SMP-2+3～5%超细碳酸钙 ZDS。基浆的基本性能见表 1。

表 1　基浆的基本性能

ρ/(g/cm^{-3})	AV/(mPa·s)	PV/(mPa·s)	YP/Pa	pH 值	FL/mL	FL_{HTHP}/mL
1.04	16	12	4	9	4.4	18.8

3.2.2　抑制剂的选择

通过对比不同加量 KCL、甲酸钠、氯化钠、复合盐滚动回收率，滚动温度为 120℃，滚动时间 24h，分别测量滚动回收率。由表 2 可知：5%和 10%加量的 KCL 滚动回收率均高于其他三种盐，其他三种盐回收率接近。

表 2　岩屑回收率实验数据

序号	配方	5%盐溶液的岩屑回收率	10%盐溶液的岩屑回收率
1	基浆+KCL	94.32	97.15
2	基浆+甲酸钠	84.64	87.48
3	基浆+氯化钠	83.86	88.04
4	基浆+复合盐	83.16	87.92

3.3.3　纳米封堵剂的选择

为了提高井壁的稳定性，降低井壁坍塌压力，必须加强钻井液封堵性能，改善泥饼质量。目前国内有多种评价钻井液封堵效果的方法，钻井液是否对地层实现了封堵，本文采用中压失水仪测试 30min 钻井液的滤失量、初失水时间（第一滴失水滴出时间）、透水量、初透水时间（透水实验第一滴失水滴出时间）。透水实验方法：将中压失水仪测试 30 分钟后泥饼取出，将过滤杯中钻井液倒出，清洗干净后倒入清水，泥饼盖好再做失水。

对比基浆（滚动温度为 120℃，滚动时间 24h）中不同加量纳米封堵剂 A、B、C、D 等几种封堵剂进行降滤失能力评价。由表 3 可知，封堵剂A和B的降滤失效果较封堵剂C和D的降滤失效果好，因此选择封堵剂A和B进行复配试验；由表4可知，2%封堵剂A和1%封堵剂B复配的初失水时间、API滤失量、透水量、初透水时间均较低。因此，纳米封堵剂选用2%封堵剂A和1%封堵剂B进行复配。

表3 基浆加不同封堵剂的封堵效果对比(API)

序号	配方	初滤失时间/s	FL/mL	清水初滤失时间/s	清水FL/mL
1	基浆	85	4.6	55	5.0
2	基浆+10%KCL+2%封堵剂A	155	3.4	103	3.7
3	基浆+10%KCL+3%封堵剂A	193	3.1	134	3.3
4	基浆+10%KCL+2%封堵剂B	138	3.8	97	4.2
5	基浆+10%KCL+3%封堵剂B	161	3.6	115	3.9
6	基浆+10%KCL+2%封堵剂C	104	4.2	69	4.4
7	基浆+10%KCL+3%封堵剂C	95	4.0	81	4.3
8	基浆+10%KCL+2%封堵剂D	61	4.4	42	5.1
9	基浆+10%KCL+3%封堵剂D	70	4.3	45	4.9

表4 基浆加复配封堵剂的封堵效果对比(API)

序号	配方	初滤失时间/s	FL/mL	清水初滤失时间/s	清水FL/mL
1	基浆+10%KCL+1%封堵剂A+1%封堵剂B	112	3.6	90	4.0
2	基浆+10%KCL+1%封堵剂A+2%封堵剂B	167	2.8	118	3.2
3	基浆+10%KCL+2%封堵剂A+1%封堵剂B	205	2.4	149	2.6
4	基浆+10%KCL+1.5%封堵剂A+1.5%封堵剂B	142	3.2	101	3.6

3.3.4 钻井液配方的确定

(1) 通过优选关键处理剂和正交试验确定纳米封堵高性能水基钻井液基本配方：0.2%烧碱+0.2~0.3%XCD+3~4%SFT+3~4%SMP-2+3~5%ZDS+10~15%KCL+2%纳米封堵剂A+1%纳米封堵剂B+2~3%润滑剂+重晶石。其主要性能为：密度1.25~1.35g/cm^3，漏斗黏度60~80s，API滤失量2~3mL，高温高压滤失量6~10mL，塑性黏度25~35mPa·s，动切力10~15Pa，动塑比0.4~0.6，pH值9~11。

(2) 性能评价

测试优选水基钻井液的流变性能，并与常规水平井现用钻井液体系(配方为0.2%烧碱+0.1~0.2%黄原胶+1~2%天然高分子降滤失剂+2~3%白沥青+2~3%超细碳酸钙+5~8%CQFY-1+8~10%氯化钾+2~3%润滑剂+重晶石)进行对比。由表5可知，现用水基钻井液表观黏度和塑性黏度偏高，不利于防漏，动切力和动塑比较低，不利于携砂和井眼清洁，API滤失量和高温高压滤失量较高，不利于页岩防塌，优选水基钻井液在防漏(塑性黏度低)、防塌(API和高温高压滤失量低)和井眼清洁(动切力和动塑比高)等方面的表现均优于现用水基钻井液。

表5 不同水基钻井液的流变性

钻井液体系	AV/(mPa·s)	PV/(mPa·s)	YP/Pa	动塑比	FL/mL	FL_{HTHP}/mL
优选	37	26	11	0.42	2.2	8.8
现用	45	32	8	0.25	4.0	17.8

4 现场应用

4.1 配方应用

那平1井侧钻前三开水平段钻进631米，使用聚磺钻井体系井壁失稳，起下钻遇阻严重，划眼憋泵憋转盘，泥页岩垮塌。填井侧钻后四开水平段应用纳米封堵高性能水基钻井液，将三开泥浆留取2罐地面处理稀释后按室内实验所得配方配四开泥浆，扫塞完后泥浆处理一次到位，循环均匀后性能优良，见表6。

表 6　四开水平段井浆性能

ρ/(g/cm⁻³)	FV(s)	AV/(mPa·s)	PV/(mPa·s)	YP/Pa	pH	FL/mL	FL_{HTHP}/mL
1.39	66	40	28	12	9.5	2.3	9.8

4.2　现场维护措施

（1）四开维持 KCL 含量不低于 10%，通过加入重晶石维持钻井液比重 1.39～1.42g/cm^3，纳米封堵材料总加量不低于 3%，加入 SFT、SMP-2 和 ZDS 控制失水<3mL，高温高压失水<10mL，改善泥饼，使泥饼薄而坚韧。

（2）钻进期间排量控制在 18L/s 以上，通过加入 0.2%～0.3%黄原胶提高动切力达到 12Pa 以上，动塑比大于 0.4，6 转达到 7 以上，确保水平段携砂良好井眼畅通。

（3）维持漏斗黏度 60～80s，控制钻井液总固相含量小于 18%，塑性黏度<40mPa·s，降低环空压耗。

（4）钻进过程中，按 500L/h 的速度补充烧碱水，补充钻井液高温消耗掉的自由水，维持钻井液适度的碱度，pH 值不低于 9。

（5）振动筛安装 200 目筛布，钻进期间使用率 100%，每班开启离心机 3～4h，最大限度清除有害固相。

（6）加入液体润滑剂和固体润滑剂，维护井浆中 2～3%的加量，降摩减阻提高滑动效率，同时预防黏卡。

（7）起钻时严格落实开泵倒划眼起钻，可以有效破坏岩屑床，防止起钻抽吸造成井壁垮塌。

（8）完钻后适当提高比重至 1.42～1.43g/cm^3，控制黏切，防止泥浆静止时间较长时高温增稠，通井时注意控制下放速度，分段循环防砂卡防漏，起钻前泵入润滑封闭浆封闭水平段。

4.3　钻井液性能评价

取那平 1 井水平段井浆做室内评价实验：取样井深：4600m，水平段长：463m，地层：乌拉力克组，密度：1.41g/cm^3，黏度：70s。

4.3.1　钻井液连续老化性能评价实验

如表 7 所示，连续老化对该钻井液体系性能影响不大，老化后滤失量略微升高，表观黏度和塑性黏度变化不大，动切力和静切力有所增大。

表 7　井浆连续老化性能表

热滚时间/h	AV/(mPa·s)	PV/(mPa·s)	YP/Pa	Gel/Pa	FL/mL
0	41	29	12	5/8	2.3
16	45	31	14	6/9	2.6
32	47	32	15	6/10	2.5
48	50	34	16	7/11	2.8

注：温度为 120℃，pH=9.5，ρ=1.41g·cm^{-3}。

4.3.2　钻井液抑制性能评价实验

通过测定取自那平 1 井泥页岩岩屑过清水和井浆进行滚动回收率的实验，从表 8 实验结果可知，对于所取储层岩屑，该钻井液体系具有较高的滚动回收率，显示出该钻井液体系具有良好的抑制性。

表 8　那平 1 井泥页岩滚动回收率对比

老化条件	滚动回收率/%	
	清水	井浆
120℃，16h	54.87	97.45
120℃，32h	43.42	93.62
120℃，48h	41.73	90.44

4.3.3　钻井液“交连”性能和润滑性能评价

以现场经验法来评价泥饼韧性，即折叠看泥饼是否破裂，泥饼用手指能否从滤纸上提起不破裂，提起后轻轻晃动不破裂作为评价泥饼韧性的依据，并测定泥饼的润滑系数，评价结果见表 9。由表 9 可知，钻井液泥饼的强度及韧性良好，润滑系数较低，也即泥饼的质量和润滑性良好。

4.4　应用情况及效果

纳米封堵高性能水基钻井液通过室内实验指导，现场实践应用页岩气水平井，该钻井液在钻进过程中性能稳定（见表 10），抑制防塌性能和流变性良好，携岩返砂正常，润滑性良好，那平 1 井完钻井深 5137m，水平段长 1000m，钻井周期 5.25 天，纯钻 100h，机速高达 10m/h，创该区块水平段一趟钻、单只钻头最高进尺 1000m、机速最高 10m/h 等多项纪录，施工过程中井下正常，未见坍塌掉块，下钻、下套管和固井施工作业均比较顺利。

表 9　不同井深井浆中压失水泥饼质量对比表

井深/m	ρ/(g/cm^{-3})	FL/mL	润滑系数	泥饼韧性
4300	1.40	2.0	0.0699	折叠不破，能从滤纸上提起一半，晃动不破裂
4600	1.41	2.3	0.0524	折叠不破，能完全从滤纸上提起，晃动不破裂
4830	1.41	2.4	0.0787	折叠不破，能完全从滤纸上提起，晃动不破裂
5060	1.42	2.2	0.0612	折叠不破，能完全从滤纸上提起，晃动不破裂

表 10　那平 1 井水平段钻进期间钻井液性能表

井深/m	密度/(g/cm^{-3})	黏度/s	失水/mL	PV/(mPa·s)	YP/Pa	Gel/Pa	FL_{HTHP}/mL	pH
4200	1.39	67	2.2	28	12	4/7	8.4	9.5
4300	1.40	72	2.0	30	13	5/8	9.0	9.5
4411	1.40	75	2.4	32	14	6/10	10.0	9
4600	1.41	70	2.3	29	12	5/8	9.4	9
4830	1.41	68	2.4	30	13	5/9	10.2	9
5060	1.42	71	2.2	31	13	6/9	9.0	9
完钻	1.43	74	2.2	33	14	6/10	8.6	9.5

5　结论与建议

(1) 通过分析乌拉力克组页岩气地层特点和存在的技术难题，室内实验评价和现场实践应用，形成了一套新型的纳米封堵高性能水基钻井液体系。

(2) 那平 1 井三开井身结构优化为四开结构，有效的解决了地层承压低、塌漏同存和裸眼段长、摩阻扭矩大等问题，为页岩水平段安全高效施工提供有力保障。

(3) 纳米封堵高性能水基钻井液体系能够满足页岩气水平段井下要求，那平 1 井施工过程中未出现井塌、井漏、卡钻等井下复杂事故，井身质量合格，可以实现盐池区块乌拉力克组页岩气安全高效钻井施工。

(4) 纳米封堵高性能水基钻井液具有性能稳定，良好的抑制防塌性能、流变性性能，携岩能力强，润滑性良好等特点，有效防止泥页岩井壁失稳，能满足乌拉力克组页岩气水平井的施工要求，建议推广使用。

(5) 乌拉力克组页岩气水平段起钻时建议开泵倒划眼起钻，可以有效破坏岩屑床修复已钻井眼，同时能够防止起钻抽吸造成井壁垮塌。

参 考 文 献

[1] 伍葳，郭建华，牟乃渠，等．四川盆地长宁地区长水平段页岩气井钻井可行性分析[J]．天然气勘探与开发，2019，42(3)：133-138.

[2] 王中华．页岩气水平井钻井液技术的难点及选用原则[J]．中外能源，2012，17(4)：43-47.

[3] 邵宁，李子钰，于培志．高密度油基钻井液体系优选及其在页岩气水平井的应用[J]．探矿工程(岩土钻掘工程)，2019，46(8)：30-35.

[4] 宋保健，孙凯，乐守群，等．涪陵页岩气田钻井提速难点与对策分析[J]．钻采工艺，2019，42(4)：9-12.

[5] 牟乃渠．页岩气钻井液技术发展方向探析[J]．科学管理，2019(7)：213+185.

[6] 闫丽丽，李丛俊，张志磊，等．基于页岩气"水替油"的高性能水基钻井液技术[J]．钻井液与完井液，2015，32(5)：1-6.

[7] 王凯，韩佩章，侯博．浅谈苏里格二开水平井钻井液封堵性的重要性[J]．化工管理，2017：40+42.

[8] 胡祖彪，张建卿，王清臣，等．长庆油田华 H50-7 井超长水平段钻井液技术[J]．石油钻探技术，2020，48(3)：1-9.

[9] 程玉生，罗鸣，胡文军，等．莺琼盆地高温高压井水基钻井液技术[J]．石油钻采工艺，2015，37(5)：37-40.

[10] 袁青松，冯辉，张栋，等．强封堵钻井液体系在河南页岩气钻井中的研究和应用[J]．钻井液与完井液，2019，36(1)：29-35.

[11] 高莉，张弘，蒋官澄，等．鄂尔多斯盆地延长组页岩气井壁稳定钻井液[J]．断块油气田，2013，20(4)：508-512.

[12] 王方博，王兴忠，杨国兴，等．提高完井电测一次成功率的钻井液技术对策[J]．探矿工程(岩土钻掘工程)，2016，43(11)：36-40.

四川盆地某超深井水基钻井液技术难点与对策

敬玉娟　邓正强　罗宇峰　黄　平　欧　猛　何　涛

（中国石油集团川庆钻探工程有限公司钻井液技术服务公司）

摘　要　针对四川盆地某超深井钻遇地层特点，通过分析矿物组分及力学特点等，指出钻井存在携岩比低、井壁易失稳、安全密度窗口窄、井筒容积大、地层酸气污染、高压盐水污染、长段石膏污染等技术难题。结合实际钻井情况，分别设计不同开次钻井液体系，上部剑门关~须家河组，采用有机盐聚合物水基钻井液体系；中部须家河~栖霞组采用有机盐聚磺钻井液体系，形成超深井水基钻井液技术，为深地油气资源的勘探开发提供技术支撑。

关键词　某超深井；水基钻井液体系；有机盐；地层酸气污染。

某超深井是部署在四川盆地剑阁构造的一口万米超深井。其构造位置隶属于上扬子克拉通西北缘，川北古中坳陷低缓构造带西部向龙门山断褶带过渡区。龙门山断褶带呈北东向展布，长500余千米，宽50~80km，构成四川盆地西侧的高山区，其基底性质及展布、地层岩性与分布和构造变形特征等方面表现出沿断裂带走向的强烈差异性。须家河底部以上地层为简单的上构造层，断层不发育；梁山组~雷口坡组地层为中构造层，为断裂发育的断褶带；梁山组以下地层为较简单的下构造层，寒武系底界发育大型剑阁潜伏构造圈闭，已成为四川盆地超深层油气勘探的重要战略区。

根据邻井钻遇地层情况及地面露头情况，某超深井自上而下依次揭穿剑门关组、蓬莱镇组、遂宁组、沙溪庙组、自流井组、须家河组、雷口坡组、嘉陵江组、飞仙关组、长兴组、吴家坪组、茅口组、栖霞组、梁山组、石炭系、泥盆系、奥陶系、龙王庙组、沧浪铺组、筇竹寺组、麦地坪组、灯影组、陡山沱组。其中上部地层剑门关组~须家河组，砾石层发育，含泥质砂岩，地层可钻性差，渗透性好；中部须家河~栖霞组，泥页岩互层，大段石膏，断层发育，坍塌压力高，凝灰岩水敏性强，燧石结核可钻性差，多套压力系统共存。

某超深井纵向发育灯影组丘滩相白云岩、寒武系沧浪铺组、泥盆系-石炭系云化颗粒岩及二叠系茅口组滩相白云岩等多套规模优质储层，盖层条件优越，与主要储集层系匹配关系好，油气勘探前景广阔。钻井过程中面临井眼尺寸超大、裸眼段超长、异常高压、井壁稳定性差及安全密度窗口窄等技术难题，同时钻井液也面临超低环空返速高效携岩保障井筒清洁、超大尺寸井眼井壁长效稳定、超大容积钻井液高效处置等挑战。本文通过分析每开次地层特点，归纳钻井液技术难点，针对性设计相应水基钻井液体系，提出针对性钻井液技术对策，保障了万米超深井安全高效钻进。

1　地层及井身结构特点

1.1　上地层特点

上部地层剑门关组发育含砾砂岩，研磨性强，可钻性差，孔隙发育，易漏易垮；蓬莱镇组发育紫红色泥岩，裸眼段长，蒙脱石含量高，水敏性强，易渗透水化；沙溪庙泥岩与砂岩不等厚互层，地层坍塌压力高，井壁易垮塌；自流井组上部发育细砂岩，中部发育泥岩、砂岩，下部砂岩、砾岩、页岩和泥岩不等厚互层，局部异常高压，井控风险高。钻进过程中，沙溪庙地层出现应力释放掉块，主要易硬脆性泥岩为主，裂缝发育，其全岩矿物分析及微观形貌如表1、图1所示。

表1　沙溪庙泥岩黏土矿物分析

样品号	黏土矿物相对含量/%				混层比/%
	I/S	I	Kao	C	I/S
沙溪庙软泥岩	52	27	11	10	10
沙溪庙硬脆性泥岩	45	41	7	7	10

如表1所示，沙溪庙软泥岩和硬脆性泥岩样黏土矿物含量高，伊蒙混层含量达52%，遇水极易水化膨胀、分散。硬脆性泥岩脆性更强，微观裂缝发育，液相沿裂缝侵入地层，降低泥岩结

构，产生水力尖端劈裂导致裂纹扩展，引起岩石发生破碎；软泥岩伊蒙混层高，水敏性强，表面水化和渗透水化作用下易引起黏土矿物膨胀，产生膨胀应力，导致泥岩内部受力不均匀发生破坏。如图1所示，沙溪庙硬泥岩以长条形裂纹为主，裂缝2~3μm，且整体较致密，微观裂纹数量较少，软泥岩以孔洞为主，孔隙半径达5μm，表面缝洞多，渗透性好。

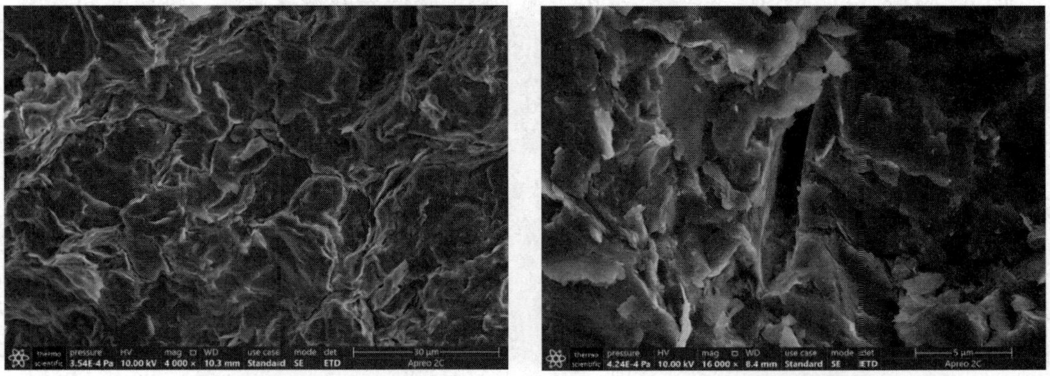

(a)沙溪庙软泥岩　　(b)沙溪庙硬脆性泥岩

图1　沙溪庙泥岩扫描电镜分析

1.2　中地层特点

中部地层须家河发育砂岩、炭质页岩，邻井中测气样分析 CO_2 含量8.9g/L，钻井液性能易受 CO_2 污染；雷口坡~飞仙关发育大段石膏，揉皱带含有高压盐水，断层易井漏，地质情况复杂(图2)。吴家坪组发育以伊利石石、伊蒙混层为主的凝灰岩，黏土矿物含量高(31.6%)，遇水易膨胀分散。凝灰岩矿物组分测试结果见表2，邻井吴家坪岩心力学测试结果见表3。

表2　凝灰岩矿物组分测试结果

组号	成分含量/%						
	石英	斜长石	方解石	白云石	菱铁矿	黄铁矿	黏土矿物
凝灰岩	19.8	1.7	24.4	9.6	8.1	1.5	31.6

表3　邻井吴家坪岩心岩力学测试结果

井深/m	实验条件	实验结果		
	围压/MPa	抗压强度/MPa	杨氏模量 10^4/MPa	泊松比
5980.24~5980.60	90	277.6	4.736	0.273
5982.15~5982.50	90	201.9	4.088	0.343
5986.88~5987.07	90	309.8	5.012	0.327

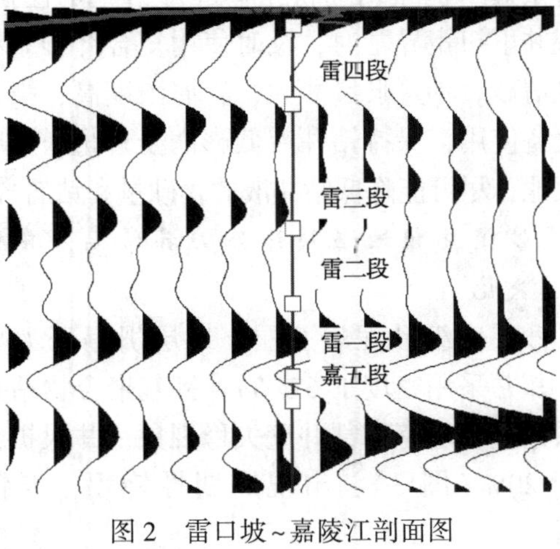

图2　雷口坡~嘉陵江剖面图

如表2所示，凝灰岩黏土矿物含量占最多为31.6%；石英和方解石占总矿物成分较多，分别为19.8%、24.4%；其次是白云石和菱铁矿，分别占总矿物成分的9.6%、8.1%；斜长石和黄铁矿最少，分别占总矿物成分的1.7%、3.3%和1.5%。如表3所示，邻井吴家坪凝灰岩泊松比0.273~0.343，孔隙度好，固结程度低，地层破碎，易产生掉块。

1.3　井身结构特点

某超深井设计井深10520m，全井设计六开(备八开)井身结构，一开~四开采用水基钻井液体系，其井身结构如表4所示。

表 4　某超深井上部井段井身结构设计

开钻次序	井深/m	钻头尺寸/mm	套管尺寸/mm	套管程序
一开	60	914.4	850.00	导管
二开	500	812.8	635.00	表层套管
三开	3600	593.73	492.13+485.78	技术套管 1
四开	7363	444.5	374.65 361.95+368.3	技术回接 2 技术悬挂 2

2　钻井液技术难点与对策

2.1　上部环空返速低，井眼清洁难度大

在环形空间里，钻井液携带岩屑颗粒向上运动的速度取决于流体的上返速度与颗粒自身滑落速度之差。如何降低岩屑的滑落速度对携岩至关重要，钻井液的滑落速度与钻井液的密度、流态、有效黏度等因素有关。某超深井二开~四开井眼尺寸超大，钻杆处最大理论环空间隙达644.5mm(二开 812.8mm 钻杆处环空间隙)，受排量限制，环空返速低，携岩困难，上部各开次理论环空返速如下表 5 所示。

表 5　某超深井上部各开次钻杆理论环空返速

开钻次序	井深/m	钻头尺寸/mm	钻杆尺寸/mm	设计排量/(L/S)	环空返速/(m/s)
二开	500	812.8	168.3	120~150	0.24~0.30
三开	3600	593.73	168.3	90~100	0.35~0.39
四开	7363	444.5	168.3	70~80	0.53~0.60

从表 5 可知，某超深井二开钻杆处理论环空返速 0.24~0.30m/s，三开钻杆处理论环空返速 0.35 ~ 0.39m/s，四开钻杆处理论环空返速 0.53~0.60m/s。二开、三开井眼尺寸大、岩屑浓度高，一旦井底岩屑不能及时清除，导致井底岩屑重复切削，钻井液温度急剧上升，井壁形成虚厚泥饼，机械钻速慢，严重时造成环空堵塞，带来较大卡钻风险。

技术对策：①尽可能提高钻井液排量，增大环空返速。实钻过程中，某超深井二开钻进过程中钻井液排量为 165L/s 时，振动筛返砂明显增多，井下扭矩波动趋于平稳，机械钻速得到明显改善。②适当提高钻井液密度，降低岩屑滑落速度。实钻过程中钻井液密度由 1.10g/cm^3 提高至 1.30g/cm^3 后，振动筛返速明显增多，钻井液温度由 84℃降低至 75℃，携岩能力得到改善。③优化钻井液流变性，提高钻井液有效黏度和钻井液动塑比，控制动塑比在 0.36~0.48 范围内，保持环空钻井液呈平板型层流。④采用高黏含纤维稠浆举砂，及时清除井筒岩屑。高黏含纤维稠浆密度低、黏度高，复配纤维形成的网架结构，可大幅度降低岩屑滑落速度，提高携岩效率，有效清除井底沉沙。实钻过程中振动筛返砂减少、井下扭矩波动大、机械钻速明显降低时，可一次性泵入 50~60m^3 高黏含纤维稠浆段塞清除井底沉沙。

2.2　蓬莱镇组大段水敏性泥岩，地层易坍塌或缩径

蓬莱镇组为碎屑岩地层砂泥岩互层频繁，垂厚1500m，岩性成分主要紫红色泥岩和粉砂质泥岩，水敏性好，遇水易膨胀、崩解，其化学成分主要以 SiO_2、Al_2O_3 为主，含少量 Fe_2O_3、CaO 和 MgO(表 6)。交换性阳离子钙、镁离子吸附在颗粒表面导致物化活性高，亲水性强，其 Fe_2O_3 和 $CaCO_3$ 将颗粒胶结在一起，起到阻止膨胀的作用，随着胶结物的溶蚀，易形成塌陷。此外，蓬莱镇组夹层多且欠压实，渗透性好，易形成虚厚泥饼，起下钻划眼困难，卡钻风险高。

表 6　蓬莱镇组泥岩和粉砂质泥岩化学成分

%

岩性	SiO_2	Al_2O_3	Fe_2O_3	CaO	MgO
粉砂质泥岩	50.29	11.9	2.81	12.18	0.09
泥岩	41.24	21.22	7.24	7.16	2.52

技术对策：①采用有机盐聚合物钻井液体系，保持高钾离子含量、中黏切，以强抑制、防塌、防漏及携砂固壁为主。②通过加强封堵，改善泥饼质量，控制滤失量等方式防止形成虚厚泥饼。采用纤维、柔性颗粒、刚性颗粒结合的物理封堵措施，填补砾石层胶结面，达到固壁的效果。③蓬莱镇组机械钻速快，坚持每钻完 1 柱拉划，发现井下扭矩异常时，及时使用复合纤维重稠浆分段清砂。④井眼尺寸大、岩屑浓度高，强化固控设备使用，保持钻井液低膨润土含量，及时淘洗灌池，尽可能降低钻井液的含砂量和钻屑含量。

2.3　沙溪庙组地层坍塌压力异常高，井壁易失稳

沙溪庙组砂泥岩互层，地层坍塌压力异常高，邻井采用密度 1.65g/cm^3 钾基聚合物钻井液体系钻进，均有局部井壁失稳现象，井眼扩大率大于 20%(图 3)，出现周期性垮塌，卡钻风险高。

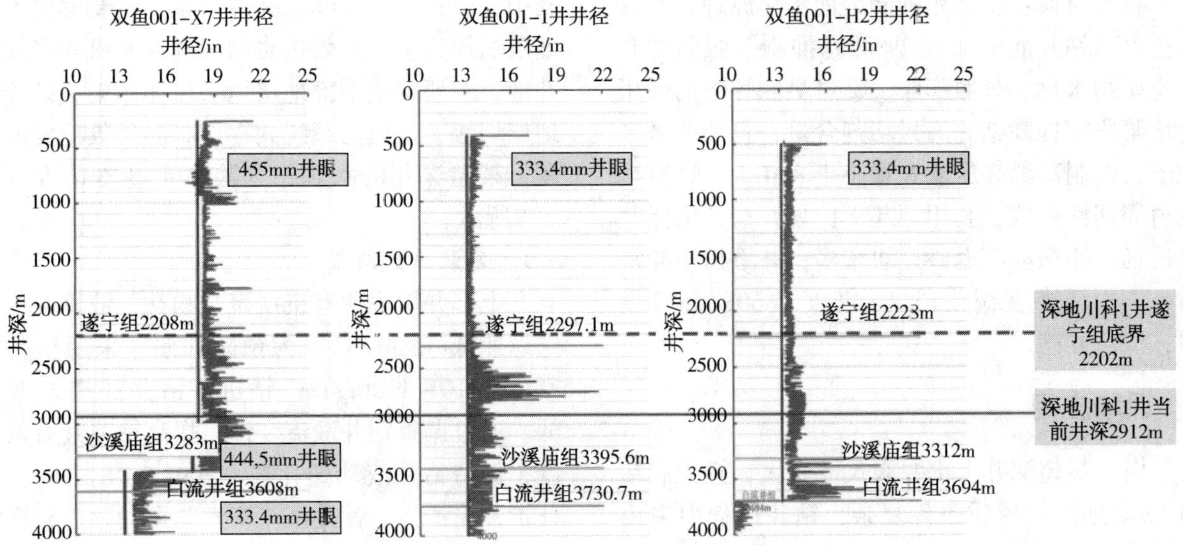

图3　某超深井邻井井径图

技术对策：①进入沙溪庙组地层前，逐步提高钻井液密度至预测预测坍塌压力以上，强化力学支撑。②强化钻井液抑制性，提高钻井液钾离子浓度，抑制表面水化和渗透水化。③强化钻井液封堵性，改善泥饼质量，采用多元多级胶结封堵措施加固井壁，提高钻井液中柔性封堵剂、刚性封堵剂及纤维封堵剂含量，控制钻井液高温高压滤失量小于10mL。④优化钻井液流变性，保持钻井液中高黏切，配合大排量及时高效带砂。

2.4　须家河组地层含酸气，易污染钻井液

须家河组岩性为内陆湖相碎屑岩沉积，以砂岩、砾岩与页岩及煤层的不等厚互层为主，较上部地层水敏性明显减弱，但存在酸性气体污染钻井液性能。当CO_2进入钻井液后生成CO_3^{2-}、HCO_3^-争夺黏土颗粒表面的处理剂吸附位点，使黏土颗粒更易分散促使网格结构形成，导致钻井液黏度切力上升，高温稳定性被破坏(图4)。

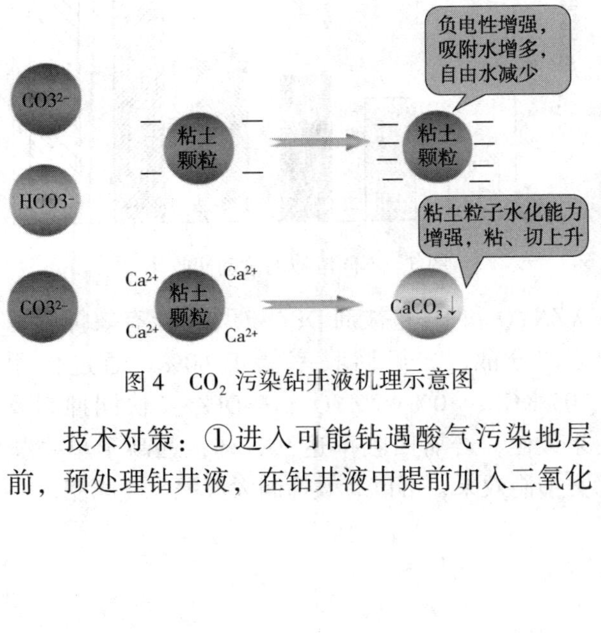

图4　CO_2污染钻井液机理示意图

技术对策：①进入可能钻遇酸气污染地层前，预处理钻井液，在钻井液中提前加入二氧化碳络合剂，提高体系抗酸气污染能力。②钻进中发现地层酸气污染钻井液后，采用“化学沉淀法”降低CO_3^{2-}、HCO_3^-浓度，在钻井液中加入石灰和氯化钙进行维护，维持pH值10～11。③地面准备100m^3抗酸气污染新配钻井液和高效稀释剂，当钻井液受酸气污染严重时，采用抗酸气污染新配钻井液置换部分污染钻井液，同时复配高效稀释剂进行处理，防止影响工程进度。

2.5　嘉陵江组含大段石膏和高压盐水，缩径卡钻风险高

嘉陵江组发育大段石膏，极易发生塑性蠕变，卡钻风险高。此外局部揉皱带含高压盐水，易污染钻井液，引发溢流。

技术对策：①进入膏盐层钻进前，开展抗污染预处理，保持钻井液抗2%石膏和15%复合盐污染的能力。②发生盐水侵后，根据盐水层压力，提高钻井液密度，防止盐水持续进入井筒。③膏盐层段采用控时钻进、进一退二的方式，定期采取短程起下钻修整膏盐互层之间的台阶，清除因石膏塑性形变而导致的井壁缩径。④采用强封堵防卡封闭液对该段进行井壁强化和防黏卡处理，封闭液配方：井浆+0.5%～1%玻璃微珠+3%～5%超细碳酸钙+3%～5%超微重晶石+3%～5%润滑剂。

2.6　吴家坪组含凝灰岩，水敏性好，地层破碎易垮塌

吴家坪组发育凝灰岩黏土矿物含量高(平均36.1%)，水敏性强，地层破碎，在水化应力和地应力耦合下，极易发生井壁失稳。

技术对策：①利用抑制表面水化原理，在有机盐聚磺钻井液中加入2%胺基抑制剂协同抑制黏土矿物水化、分散膨胀。②进吴家坪组前采用封堵浆段塞提高钻井液封堵剂含量，补偿亚微米粒子，控制高温高压滤失量小于8mL。③针对地应力周期性释放，利用短起下拉划井壁，确保井眼通畅。④振动筛返砂掉块增多，井下扭矩异常时，采用纤维重稠浆段塞（密度 2.60g/cm^3）举砂，清洁井筒。

3 现场应用

由于某超深井上部井眼尺寸超大，且先后钻遇12套地层，地质条件复杂，钻井过程中采用水基钻井液体系，成功完成上部地层钻探任务。其中，有机盐聚合物钻井液体系，主要解决上部地层坍塌失稳、高效携岩的问题；有机盐聚磺钻井液，主要解决中部地层地层流体污染、破碎带地层坍塌、多压力系统共存、高温长效稳定的问题。某超深井的水基钻井液体系基本情况，如表7所示。

3.1 高效携岩效果

上部井段采用有机盐聚合物钻井液体系，环空返速低（0.3m/s），为预防井漏，采用钻井液密度 1.10～1.30g/cm^3 钻进，钻井液携岩效率低。通过调整钻井液流变性，提高钻井液有效黏度，保持钻井液动塑比在 0.35～0.48 之间，保证了井筒清洁。钻井液流变性与振动砂返砂率情况如表 8 所示。

表7 某超深井水基钻井液体系基本情况

开次	井段/m	钻井液体系	密度/(g/cm^3)	漏斗黏度/s
一开	0～50	高黏切膨润土	1.10～1.30	50～70
二开	50～500	有机盐聚合物	1.30～1.65	40～70
三开	500～3611	有机盐聚合物	1.65～1.70	40～60
四开	3611～7460	有机盐聚磺	1.70～1.95	40～55

表8 钻井液流变性与振动筛返砂率情况

层位	井段/m	钻井液体系	密度/(g/cm^3)	漏斗黏度/s	动塑比	返砂率/%
沙溪庙	1870	有机盐聚合物	1.60	43	0.23	78.6
	1880	有机盐聚合物	1.60	48	0.34	84.8
	1890	有机盐聚合物	1.60	52	0.38	94.6

从表8可知，沙溪庙地层1870m井深监测到钻井液漏斗黏度43s，动塑比0.23，返砂率78.6%，且井下扭矩波动大，出现憋扭情况，通过调整钻井液流变性，漏斗黏度提高至52s，动塑比提高至0.38后，振动筛返砂率达99.6%，携砂效果明显变好，井下扭矩波动减小，说明通过调整钻井液流变性，有效改善了携砂能力。

3.2 稳定井壁效果

3.2.1 抑制水化膨胀

蓬莱镇组发育大段紫红色泥岩，水敏性好，现场开展抑制性评价，分别测试了有机盐WNZYQ、无机盐KCL、包被剂DFZ-7复配的抑制效果。岩屑滚动回收实验和线性膨胀实验结果如图5、图6所示。

从图5可知，实验用岩屑水化分散程度高，清水中回收率仅15.6%。10%KCL、10%有机盐WZNYQ和1%包被剂DFZ-7均不能有效抑制泥岩的分散，岩屑回收率低于60%。通过使用10%KCL、10%WNZYQ、1%DFZ-7协同抑制效果最佳，岩屑回收率达97.6%，远高于单一盐类抑制效果，可以有效抑制大段泥水化膨胀。

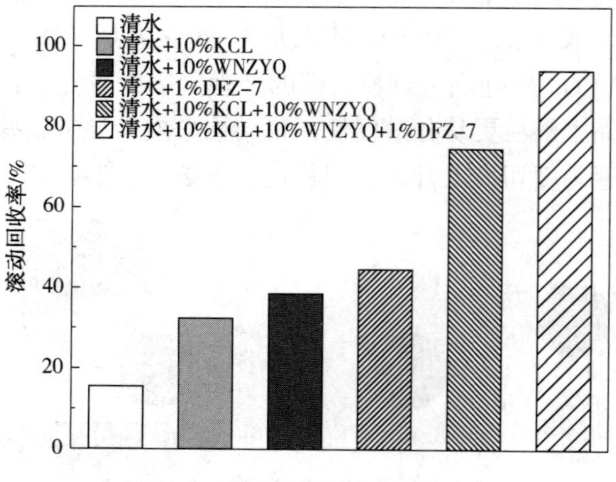

图5 不同溶液的滚动回收率

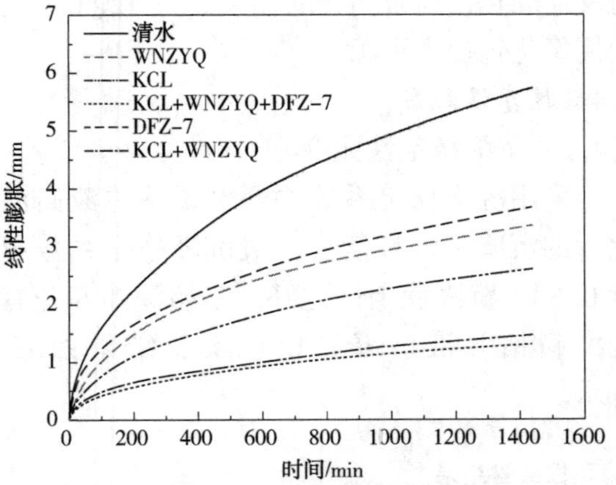

图 6　不同溶液中膨润土的线性膨胀曲线

从图 6 可知，清水中加入 KCL、WNZYQ 及 DFZ-7 复合使用的抑制效果最佳，16h 线性膨胀高度紧 1.31mm，优于单一盐类抑制效果，说明复合盐抑制黏土水化膨胀性能优良。

3.2.2　封堵防塌效果

使用 JHWD-Ⅲ型高温高压动态泥页岩井壁稳定评价系统测试有机盐聚合物钻井液中加入沥青封堵剂 WNSOL、纤维封堵剂 WNSX 及超微重晶石(6000 目)的透失水(表 9)。

由表 9 可知，在井浆中加入沥青封堵剂 WNSOL、纤维封堵剂 WNSX 及超微重晶石(6000 目)后，井浆流变性影响不大，高温高压滤失量由 8.2mL 降低至 6.4mL，透失水由 3.6mL 降低至 1.2mL，说明封堵加入后形成的泥饼更致密，封堵效果明显。

表 9　砂盘滤失量及滤饼承压能力测试结果

序号	测试样	密度/(g/cm³)	塑性黏度/(mPa·s)	动切力/(mPa·s)	高温高压滤失量/mL	透失水/mL
1	井浆	1.95	32	9	8.2	3.6
2	井浆+1%WNSOL+0.5%WNSX+1%超微重晶石(6000 目)	1.95	32	9.5	6.4	1.2

3.3　抗污染效果

进入含 CO_2 地层前，采用二氧化碳络合剂 WNLH 对钻井液进行预处理，防止钻进期间地层 CO_2 污染钻井液性能。钻进期间，加密监测钻井液滤液 Ca^{2+} 浓度、pH 值、碳酸根和碳酸氢根浓度变化，发现钻井液受地层 CO_2 污染后，采用生石灰 CaO、氯化钙 $CaCl_2$ 及氢氧化钠 NaOH 维护处理钻井液，通过"沉淀法"沉淀钻井液中的 CO_3^{2-}。室内评价了二氧化碳络合剂 WNLH 抗 CO_2 污染能力及钻井液受 CO_2 污染后的维护处理实验，实验结果如表 10、表 11 所示。

表 10　WNLH 抗 CO_2 污染能力评价结果

序号	配方	密度/(g/cm³)	塑性黏度/(mPa·s)	动切力/(mPa·s)	静切力/Pa	高温高压滤失量/mL
1	井浆	1.70	26	7	1.0/4.0	7.6
2	井浆+1%Na_2CO_3	1.70	33	9.5	3.0/12.0	12.4
3	井浆+1%WNLH	1.70	26	7	1.0/4.0	7.8
4	井浆+1%WNLH+1%Na_2CO_3	1.70	26.5	7.5	1.5/4.5	7.8

表 11　CO_2 污染钻井液后维护处理实验结果

序号	测试样	密度/(g/cm³)	塑性黏度/(mPa·s)	动切力/(mPa·s)	静切力/Pa	酸根浓度/(mg/L)	pH 值
1	井浆	1.70	29	12	2.5/13	11276.24	9.42
2	井浆+0.1%NaOH	1.70	28	9	2/12	9654.34	10.62
3	井浆+0.1%NaOH+0.2%$CaCl_2$	1.70	24	6	1/6	5434.22	10.34
4	井浆+0.2%CaO	1.70	26	9	1/8	5823.24	10.40

由表 10 可知，钻井液中加入 WNLH 后，抗 CO_2 污染能力明显提高，在 1%Na_2CO_3 污染钻井液的情况下，钻井液流变性基本维持不变。WNLH 通过与 CO_2 发生络合作用，降低钻井液中碳酸根和碳酸氢根的浓度，使钻井液中黏土表面维持原有活性，从而降低 CO_2 对钻井液流变

性的影响。

从表 11 可知，当钻井液遭遇严重 CO_2 污染后，流变性急剧恶化，酸根浓度达 11276.24mg/L，采用钙离子沉淀法，降低钻井液中碳酸根浓度，在井浆中同时加入 0.1% NaOH 和 0.2% $CaCl_2$ 或者单独加入 0.2% CaO 的维护处理效果最好，NaOH 主要用于将碳酸氢根转换为碳酸根，$CaCl_2$ 和 CaO 主要提供钙源和碳酸根反应生成碳酸钙沉淀。生石灰 CaO 在高温下易与硅酸盐反应固化，通常当井底温度超过 120℃，建议使用氯化钙提供钙源。

3.4 抗高温效果

3.4.1 沉降稳定性评价

采用沉降稳定系数法评价了钻井液高温老化后的沉降稳定性能。一般沉降稳定系数越接近 0.50，沉降稳定性越好。某超深井四开有机盐聚磺钻井液沉降稳定性实验结果如表 12 所示。

表 12 钻井液高温沉降稳定性实验结果

静恒时间/d	静恒温度	密度差/(g/cm³)	塑性黏度/(mPa·s)	动切力/(mPa·s)	静切力/Pa	沉降稳定系数
0	160℃	0	30	9	1.5/7.0	0.500
1	160℃	0	30.5	9	1.5/7.0	0.500
3	160℃	0.01	31	9.5	1.5/7.5	0.506
6	160℃	0.01	32	10	1.5/8.5	0.512
8	160℃	0.01	34	11	2.0/9.0	0.522

由表 12 所知，160℃高温下静止不同时间后钻井液沉降稳定系数远低于 0.54，塑性黏度和切力呈现略微上涨趋势，但增幅不大，说明某超深井四开有机盐聚磺钻井液抗温 160℃，高温静恒 8d 后钻井液密度差 0.01g/cm³，处理剂在高温下没有出现解吸附导致减稠或增稠，形成的弱凝胶结构有效阻缓重晶石沉降，沉降稳定性良好。

3.4.2 高温高压流变性评价

使用 Fann IX77 高温高压流变仪评价不同温度和压力下钻井液流变性变化，实验结果如表 13所示。

表 13 钻井液高温高压流变性实验结果

项目	温度/℃	压力/MPa	塑性黏度/(mPa·s)	动切力/Pa	静切力/Pa
有机盐聚磺钻井液	70	50	27	7.0	1.5/5.5
	100	80	27	7.0	1.5/5.5
	130	115	28	7.5	1.5/6.0
	160	145	29	8.0	2.0/7.0

由表 13 所知，有机盐聚磺钻井液在高温高压下的流变参数变化不大。温度 160℃，压力 145MPa 下，钻井液塑性黏度 29mPa·s，动切力 8.0Pa，静切力由 2.0/7.0Pa，与 70℃，50MPa 下流变参数差异小，表明该钻井液在高温高压下流变性稳定，无明显增稠效果，具有良好的抗高温性能。

4 结论

(1) 某超深井上部地层采用有机盐聚合物水基钻井液体系可有效防塌、防卡、清洁井筒。

(2) 进入 CO_2 污染地层前在钻井液中加入 1%WNLH 预处理可以有效提高抗 CO_2 污染能力，CO_2 污染钻井液后，采用 NaOH、$CaCl_2$ 和 CaO 维护处理可有效降低钻井液碳酸根浓度，维持钻井液流变性稳定。

(3) 某超深井中部地层采用有机盐聚磺水基钻井液体系抗地层多相流体污染能力强，高温流变参数稳定，160℃静恒 8 天沉降稳定。

参考文献

[1] 何骁．四川盆地超深井钻井关键技术及发展方向[J]．钻采工艺，2024，47(02)：19-27.

[2] 余朝毅．四川盆地超深层钻完井技术进展及其对万米特深井的启示[J]．天然气工业，2024，44(01)：40-48.

[3] 陆晓如．破解深地油气关键地质问题——专访中国

科学院院士贾承造[J]. 中国石油石化，2023(17)：14-17.
[4] 孙键. 超深井钻井技术进展研究[J]. 西部探矿工程，2023，35(07)：71-73+76.
[5] 秦紫函. 攻关前沿技术进军万米深地[N]. 中国石化报，2023-06-19(005).
[6] 刘锋报，孙金声，王建华. 国内外深井超深井钻井液技术现状及发展趋势[J]. 新疆石油天然气，2023，19(02)：34-39.
[7] 汪海阁，黄洪春，纪国栋，等. 中国石油深井、超深井和水平井钻完井技术进展与挑战[J]. 中国石油勘探，2023，28(03)：1-11.
[8] 蔡明杰，罗鑫，陈力力，等. SDCK1 井超大尺寸井眼钻井技术[J]. 石油钻探技术，1-8.
[9] 高航献，李真祥，胡彦峰. 元深 1 井超深井钻井提速关键技术[J]. 石油钻探技术，1-8l.
[10] 柏晓超. 渤海油田超高温深井钻井液配套技术[J]. 化工管理，2024，(13)：84-87.
[11] 黎然，李文哲，周井红，等. SDC-1 井上部超大尺寸井眼钻井液技术[J]. 石油钻探技术，1-12.
[12] 孙金声，刘伟，王庆，等. 万米超深层油气钻完井关键技术面临挑战与发展展望[J]. 钻采工艺，2024，47(02)：1-9.
[13] 罗平亚，王路一，白杨. 深井超深井钻井液技术应用现状及发展展望[J]. 钻采工艺，2024，47(02)：10-18.
[14] 谭宾，张斌，陶怀志. 深地勘探钻井技术现状及发展思考[J]. 钻采工艺，2024，47(02)：70-82.
[15] 孙虎，贺秋云，徐文，等. 川渝地区深层超深层试油完井技术现状及展望[J]. 钻采工艺，2024，47(02)：130-140.
[16] 张斌，曹晓宇，周天明，等. 深井超深井钻井装备技术现状与发展趋势探讨[J]. 钻采工艺，2024，47(02)：141-151.
[17] 蒋官澄，黄胜铭，侯博，等. 增效型无土相仿生油基钻井液技术的研究与应用[J]. 钻采工艺，2024，47(02)：93-103.
[18] 余婷，曹家俊，谢建辉，等. 塔里木油田富源井区深井超深井抗 240℃高温钻井液体系研究[J]. 山西化工，2024，44(02)：118-119+131.
[19] 江显俊，肖金裕，兰太华，等. FT1 井非标大井眼超深井钻井液技术优化及应用[J]. 天然气勘探与开发，2024，47(01)：63-72.
[20] 张茂林，张伟，王雷，等. 深井超深井大尺寸井眼钻井提速技术应用[J]. 西部探矿工程，2024，36(02)：69-72.
[21] 万夫磊，曹晓丽，张尧，等. 川中蓬莱气区复杂超深井钻井技术研究与实践[J]. 钻采工艺，2023，46(06)：34-40.
[22] 祝效华，李柯，李文哲，等. 上部大尺寸井眼钻柱动力学特性研究[J]. 天然气工业，2024，44(01)：49-57.
[23] 范翔宇，蒙承，张千贵，等. 超深地层井壁失稳理论与控制技术研究进展[J]. 天然气工业，2024，44(01)：159-176.
[24] 鄢捷年. 钻井液工艺学[M]. 东营：中国石油大学出版社，2001.
[25] 郑海洪. 超深井高密度抗高温钻井液研究与应用[J]. 辽宁化工，2024，53(01)：154-157.
[26] 谢建辉，任超，王瑞虎，等. 亚洲最深井-轮探 1 井水基钻井液技术[J]. 石化技术，2023，30(10)：192-194.
[27] 邓正强，欧猛，白海龙，等. 高密度水基钻井液降黏剂的研制及应用[J]. 新疆石油天然气，2023，19(03)：33-37.
[28] 刘锋报，孙金声，王建华. 国内外深井超深井钻井液技术现状及发展趋势[J]. 新疆石油天然气，2023，19(02)：34-39.
[29] 李涛，苏强，杨哲，等. 川西地区超深井钻井完井技术现状及攻关方向[J]. 石油钻探技术，2023，51(02)：7-15.
[30] 陈县伟. 深井超深井钻井技术现状和发展趋势[J]. 化学工程与装备，2023，(01)：211-213.
[31] 邓虎，贾利春. 四川盆地深井超深井钻井关键技术与展望[J]. 天然气工业，2022，42(12)：82-94.
[32] 程凯，许桂莉，钱帆，等. 川渝地区超深井强封堵高润滑水基钻井液体系研究[J]. 西部探矿工程，2022，34(12)：41-45.

超深井铝合金钻杆高温高压应力腐蚀研究

陈梦圆[1]　李　冶[2]　刘智敏[1]

（1. 中国石油集团川庆钻探工程有限公司钻井液技术服务公司；
2. 重庆威能钻井助剂有限公司）

摘　要　本研究探讨了超深井中铝合金钻杆在高温高压环境下的应力腐蚀问题。针对井底高温高压对钻杆材料性能的影响，研究重点分析了2024铝合金的耐高温特性，并评估了超声波冷锻(UCFT)和微弧氧化(MAO)表面处理技术对其耐腐蚀性能的改善效果。实验表明，经过UCFT和MAO处理的铝合金在模拟工况下的耐蚀性能得到显著提升，但弹性应力的增加会降低这种耐蚀性。电化学测试进一步证实了表面处理技术的有效性，同时揭示了应力条件对材料耐腐蚀性的影响。研究结果为超深井钻探中铝合金钻杆的材料选择和表面处理提供了科学依据。

关键词　铝合金钻杆；应力腐蚀；高温高压；表面处理；耐蚀性能

1　引言

随着科技的不断进步，人类对地球的探索已经从地表扩展到了深海、深地、深空和深蓝等“四深”领域。我国“十三五”规划纲要提出的“四深”战略，正是为了推动科技在这些领域的深入发展，以实现新的科技成果和发现，对维护国家能源安全和推动地球科学发展具有重要意义。

深地战略作为“四深”战略的重要组成部分，特别强调向地球深部进军，以实现新的科技成果和发现。在这一战略的推动下，中国企业如中石油、中石化等加大了对深层超深层油气资源的勘探和开发力度，取得了显著成就，如顺北油气田的成功勘探和开发，被誉为“深地一号”。国际上，也有多个深地探测计划正在进行，如美国的大陆反射地震探测计划(COCORP)、美国地球透镜计划(EarthScope)、欧洲深部探测计划(EUROPROBE)、加拿大岩石圈探测计划(LITHOPROBE)等。这些计划都致力于通过深地探测来增进对地球内部结构和过程的理解。通过国际合作和交流，可以进一步推动深地战略的实施，促进全球地球科学的发展。

深地科学钻探是一项为了特定目标而进行的大规模勘探工程，它需要面对高井温、高温高压、长管柱、大井径、取心难等挑战。这些挑战导致常规钻井机具难以满足科学超深井钻探的要求，施工效率低，周期长，成本和能耗高，钻井安全难以保障。因此，需要不断研发新技术、新材料，提高钻井设备的性能和可靠性，优化钻井工艺，加强钻井安全管理，以实现深地科学钻探的目标。

2　铝合金钻杆材料处理技术及其影响因素

2.1　国内外铝合金钻杆研究现状

一般来讲，正常的地温梯度为2.5℃/100m，随着井深的不断增加、地温的持续升高，科学科学超深井井底温度将达到250℃左右，因铝合金钻杆在高温条件下具有力学性能衰减的特性，开展耐高温铝合金钻杆材料的开发和评价已迫在眉睫，以解决井内高温带来的难度更大、要求更高的钻井难题。铝合金材料在热暴露环境下具有力学性能衰减的特性，随着高温热暴露时间的增加，其强度、硬度随之不断降低。同时，由于钻柱存在它的极限应用长度，当钻井超过某一深度时，钻柱自重就能将井口处附近钻杆拉断。因此，综合考虑钻井工程因素和钻杆管材因素，以钻柱组合设计为基础准则，从工程技术需求出发，如何进行铝合金钻杆材质选择和评价显得至关重要。

石油天然气工业用铝合金钻杆制定了其国际标准，对铝合金钻杆材料要求应符合标准的力学性能要求。同时，每一热处理批样都应进行金相检测，宏观组织应均匀，无裂纹、蚀坑、分层、缩孔、表面破裂或缩松。微观组织不应有点状缩松或固溶热处理造成的晶界共晶体熔化；在材料组分和其他因素对铝合金材料性能影响方面，马少明通过研究铝合金基体材料力学性能随温度的变化规律、高温下铝合金蠕变性能以及热变形温度对铝合金组织的性能影响，为确定铝合金基体及其复合材料合理的变形加工温度提供理论依据。S. Yu. Kondrat'ev 研究了石油钻杆用 2024 和 1953 铝合金的生产工艺和操作条件对其组织、力学性能和腐蚀性能的影响，论证了 2024 合金比 1953 合金的优越性，对 2024 和 1953 合金钻杆的生产和使用提出了实用建议；得出满足传递载荷及材料不产生塑性变形的过盈量范围是 0.712～1.009mm；同时，对钻杆杆体及钢接头的组装工艺进行介绍。

2.2 2024 铝合金

2024(LY12)为铝-铜-镁系中的典型高强度硬铝合金，综合性能良好，是硬铝中用量最大的种类之一。2024 铝合金具有高强度，有一定的耐热性，可进行热处理强化。在高温下 2024 铝合金仍具有高强度，当温度高于 125℃ 时其强度高于 7075 合金。热状态、退火和新淬火状态下成形性能均比较好，热处理强化效果显著，但热处理工艺要求严格。2024 铝合金的抗蚀性较差，但用表面处理(如微弧氧化、超声波冷锻、阳极氧化、稀土转化等)与涂层保护或纯铝包覆可以有效提高其耐腐蚀能力；焊接时易产生裂纹，但采用特殊工艺可以焊接，也可以铆接。广泛用于各种高负荷的零件和构件，如飞机骨架结构、蒙皮、隔框、翼肋、机梁、铆钉，以及汽车轮毂、螺旋桨元件等，经处理后也可用于钻杆、钻头等部件。采用的 2024 铝合金复合钻柱体系具有明显的技术优势，不同钻柱体系性能对比见表 1。

表 1 不同钻柱体系性能对比

钻柱体系	钻柱浮重/kN	扭矩/kN·M	大钩载荷/kN	总摩阻/kN	循环压降/MPa	钻杆规格/mm	井深/垂深/m
钢钻柱	1348	32.30	1519	616	20.10	127×9.17	4264/2884
铝钻柱	648	17.40	684	270	16.60	147×13	4264/2884
对比值	2.08	1.86	2.22	2.28	1.21	—	—

2.3 铝合金表面处理技术

为了提高铝合金材料的性质与性能，可以通过表面处理的方法提升耐蚀性，同时还保持金属原有的性质。

超声波冷锻技术(UCFT)是利用超声振动能使材料表面产生严重塑性形变(Surface plastic deformation，SPD)的一种方法，是材料表面自纳米化的方法之一。通过 UCFT 处理的材料表面结构由表面向一定深度转化为纳米结构，导致晶粒细化，同时使材料性能明显提高。UCFT 技术是一种能够提高材料表面硬度。韧性、耐摩擦性能的表面纳米结构改性技术，最初是应用在钢材表面以提高刃部强度的方法。UCFT 采用超声波振动能量作为能量源，以恒压的方式，每秒对材料表面进行数万次的冲击，使材料表面发生严重塑性形变，从而形成纳米结构。超声波冷锻技术对材料综合性能的提升有很大的促进作用，同时不改变其化学成分，具有操作简便，加工效率高，且低能耗，工艺环保，加工参数易调控等诸多优势。

微弧氧化(Micro-arc oxidation，MAO)技术是在高电压下，利用基本表面(铝、镁、钛等金属及其合金)在等离子体溶液中放电从而在基体表面形成较厚的金属氧化物为主的并辅以电解液组分的改性陶瓷膜的表面处理方法。微弧氧化技术是从阳极氧化技术的基础上发展而来的，形成的涂层优于阳极氧化膜。微弧氧化工艺主要是依靠电解液与电参数的匹配调节，在电解质中当基体表面被施加较高的阳极电压时，基体和电解质界面能够形成一层绝缘的氧化物膜。在镁、铝或其合金表面通过微弧氧化法原位生长出的具有防腐和热控功能的微弧氧化层能够满足材料的防腐和热控要求。对于镁、铝及其合金表面具有防腐蚀功能的微弧氧化涂层的研究十分广泛，然而对于同时具有高温和应力条件下的腐蚀防护功能的研究则较少，微弧氧化涂层在不同工况下的腐蚀防护性能和腐蚀反应机理还有待进一步的研究。

2.4 应力、Cl^-和温度对金属材料腐蚀的影响

钻杆是用于连接钻机地表设备和位于钻井底端钻磨设备或底孔装置。钻杆必须能够承受巨大的内外压、扭曲、弯曲和振动。应力对金属材料的腐蚀行为存在着显著的影响。应力能加速腐蚀

的发生，导致金属材料的机械性能下降，使用安全性和服役寿命大大降低。钻杆在作业过程中需要将钻探泥浆运送到钻头，并与钻头一起提高、降低或旋转。钻探过程中腐蚀介质中的侵蚀性离子，尤其是 Cl^- 对金属材料具有渗透、穿透和吸附的作用，当金属材料暴露在含 Cl^- 腐蚀环境中时 Cl^- 能够促进材料的腐蚀行为。此外，钻杆在工况下也面临着高温的影响，温度对金属材料的腐蚀行为有着显著影响，一般认为，温度越高会加剧金属材料腐蚀的发生。

由于工况复杂，影响钻杆腐蚀的因素也多种多样，同时个因素之间还可能产生协同作用进一步的加速腐蚀的发生，从而造成金属材料服役性能的下降和寿命的缩减。因此，模拟工况腐蚀环境下材料的腐蚀行为显得尤为重要。

3 实验材料和方法

3.1 实验材料与溶液

(1) 实验材料

采用2024-T6 铝合金，成分如表 2 所示，力学性能如表 3 所示。材料尺寸 70mm×20mm×1.5mm。

表 2 铝合金成分表

2024-T6 化学成分/%	Si	Fe	Cu	Mn	Mg	Cr	Zn	Ti	Others	Al
	0.5	0.5	3.8~4.9	0.3~0.9	1.2~1.8	0.1	0.25	0.15	0.15	Reminder

表 3 力学性能参数表

抗拉强度/MPa	屈服强度/MPa	弹性模量/MPa	伸长率/%	硬度 HB
470	325	69000	10	120

(2) 超声波冷锻技术

2024-T6 铝合金机械加工至(1)中尺寸，机械抛光处理后分别用丙酮和无水乙醇超声清洗15min，随后在空气中干燥，待用。本研究采用特定的超声波冷锻处理参数对铝合金表面进行处理，以保证不同不同试样表面具有相同的表面状态。超声波冷锻加工参数如下：频率 200kHz，振幅 30μm，载荷 300N，转速 200r/min，进给速度 0.02mm/r，冲击次数 30000。

(3) 微弧氧化工艺参数

铝合金试样经超声波冷锻后进行维护氧化涂层的制备。微弧氧化电解质溶液为：5g/L Na_2SiO_3+0.5g/L KOH，制备温度为 20℃，阴极材料为 316L 不锈钢，电流密度 $5A/dm^3$，频率 500Hz，制备时间为 60min。

(4) 腐蚀评价溶液采用 3.5%(质量分数) NaCl 溶液。

3.2 实验装置

应力实验采用四点弯曲应力加载装置，如图 1所示，装置中四个梁柱作为四个施力点，铝合金试样置于四梁之间，通过调节上部两个梁的长度对铝合金及 UCFT+MAO 处理的铝合金试样施加力，使试样向上弯曲凸起，从而使试样中间区域应力集中达到实验所需的弹性拉应力。实验中对微弧氧化涂层试样分别施加 100MPa、200MPa、300MPa 的弹性应力进行腐蚀评价实验。超出该铝合金屈服强度为 325MPa 以上的 400MPa 和 500MPa 的应力条件会使铝合金材料产生巨大的不可恢复的塑性变形，无法进行电化学测试。

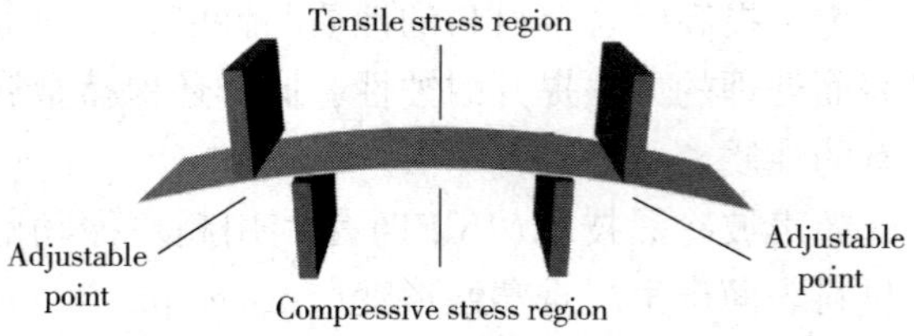

图 1 四点弯曲应力加载装置

(2) 高温腐蚀实验采用高温高压釜进行，装置如图 2 所示，将加载好特定应力的铝合金试样放置于高压釜内，通过设施温度、压力控制所需的实验条件。控制实验温度分别为 62.5℃ 至 187.5℃，同时根据对应的下深和井深施加响应的压力。

3.3 实验方法

(1) 四点弯曲应力加载方式

在四点弯曲实验中，其最大应力分布于两个内支点之间，在此区间内，他们的应力处处相同，呈均匀分布，如图 1 所示。从内支点到外支点，试样所受应力呈线性下降，直至为零。两内支点间的最大弹性应力如公式(1)所示，弹性应

图2 高温高压釜

力与屈服应力之间关系见公式(2)。当超出屈服强度(2024铝合金为325MPa)时，挠度与应力之间不成线性关系。应力与挠度的关系如图3所示。

$$\sigma_{\max}=\frac{12Ety}{3H^2-4A^2} \quad (1)$$

式中，A为内外支点间的距离，mm；E为材料的弹性模量，MPa；t为试样厚度，mm；y为试样最大挠度，mm；H为两外支点间的距离，mm。

$$Y=\frac{\sigma_{\max}}{\sigma_{0.2}}\times 100\% \quad (2)$$

式中，Y为屈服程度,%；$\sigma_{\max}$为最大弹性应力，MPa；$\sigma_{0.2}$为材料屈服极限，MPa。

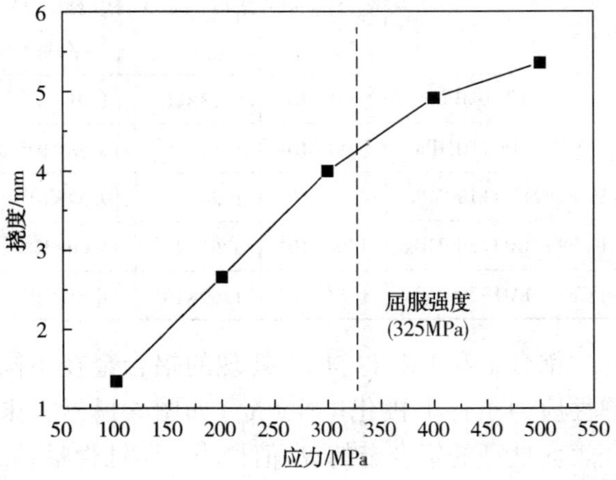

图3 应力与挠度的关系

(2) 电化学测试

采用电化学测试法(开路电位OCP、交流阻抗EIS、线性极化LPR、动电位极化PC)，对铝合金及经超声波冷锻和微弧氧化处理的铝合金材料在不同弹性应力条件下的耐蚀行为进行研究。

开路电位(OCP)用来研究试样腐蚀倾向。主要实验参数设置包括：采样间隔1s、采样频率5Hz。

交流阻抗测试(EIS)通过比较容抗弧半径大小，用来研究试样表面的耐蚀能力。主要实验参数设置包括：测试频率10^5~10^{-2}Hz，激励信号幅值10mV。

线性极化测试(LPR)采用塔菲尔拟合法拟合线性极化曲线得到极化电阻R_p，通过比较R_p值大小研究试样表面的耐蚀能力。主要实验参数设置包括：测试电位范围为-0.01~0.01V_{OCP}，扫描速率1mV/s，采样频率2Hz，测量时长20s。

动电位极化测试(PC)采用塔菲尔拟合法拟合动电位极化曲线得到自腐蚀电流密度i_0以及腐蚀速率(Corrosion Rate，CR)，用来研究试样表面的腐蚀程度，耐蚀性强弱。主要实验参数设置包括：测试电位范围为-0.2~1.5VOCP，扫描速率0.5mV/s，采样频率1Hz。

电化学测试均采用传统三电极体系，其中铝合金或表面处理后的铝合金试样为工作电极，饱和甘汞电极(Saturated Calomel Electrode，SCE)为参比电极，铂电极为辅助电极。电化学测试在室温下进行。

4 不同应力条件下铝合金的电化学测试结果

利用电化学测试评价铝合金和UCFT+MAO处理的铝合金材料在3.5%(质量分数)NaCl溶液中的腐蚀行为，使用四点弯曲的应力加载方式对材料施加系列弹性应力(100MPa、200MPa、300MPa)。通过包括开路电位、交流阻抗、线性极化、动电位极化在内的电化学测试对应力大小对铝合金和UCFT+MAO处理的铝合金的腐蚀行为进行评价，并对测试结果进行拟合得到电阻R_p、自腐蚀电流i_0、腐蚀速率CR，对测试所得的数据结果进行分析和总结。

4.1 开路电位测试

采用开路电位测试可以用来分析不同弹性应力下表面处理对铝合金基体的腐蚀防护能力。图4是铝合金和UCFT+MAO处理的铝合金在不同弹性应力条件下的开路电位。在开路电位检测的1h中，铝合金和UCFT+MAO处理的铝合金开路电位稳定均在-700~-770mV(SCE)左右，表明电化学测试体系处于稳定的状态。其中仅有

UCFT+MAO 处理的铝合金在 300MPa 应力下的开路电位随浸泡时间的提升逐渐上升。

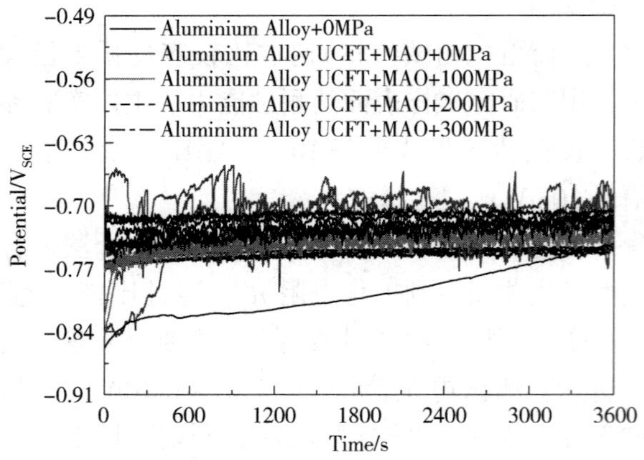

图 4　铝合金和铝合金 UCFT+MAO 在不同弹性应力条件下的开路电位图

铝合金和 UCFT+MAO 处理的铝合金在不同弹性应力条件下的开路电位如图 4 所示，铝合金开路电位相较于 UCFT+MAO 处理的铝合金的电位更负，腐蚀倾向更为严重。当向 UCFT+MAO 处理的铝合金试样施加不同弹性应力时，开路电位随着弹性应力的增大略有下降，表明弹性应力会使表面处理对基体的保护能力下降。由开路电位测试结果可知，该 UCFT+MAO 的表面处理方法对 2024-T6 铝合金基体有提升耐腐蚀能力的作用，随着弹性应力的增大会使 UCFT+MAO 表面处理对基体的保护能力下降。

4.2　电化学交流阻抗测试

采用电化学交流阻抗测试进一步掌握在腐蚀介质中铝合金和 UCFT+MAO 处理的铝合金表面的腐蚀反应。图 5 是铝合金和 UCFT+MAO 处理的铝合金在不同弹性应力条件下的交流阻抗 Nyquist 图，各个测试条件下铝合金或 UCFT+MAO 处理的铝合金的交流阻抗谱均表现为单一容抗弧。一般而言，容抗弧半径越大，表明该条件下材料的耐蚀性越好。

铝合金和 UCFT+MAO 处理的铝合金在不同弹性应力条件下的交流阻抗如图 5 所示，未经表面处理的铝合金容抗弧半径最小，耐蚀性最差。相比于未表面处理的材料，经 UCFT+MAO 处理的铝合金 Nyquist 图中的半圆弧半径明显增加，耐蚀性增大，UCFT 处理层和微弧氧化膜层能够有效保护铝合金基体，减缓腐蚀速率，该结果与开路电位中所得结果一致。在弹性应力的作用下，UCFT+MAO 处理的铝合金的容抗弧半径随

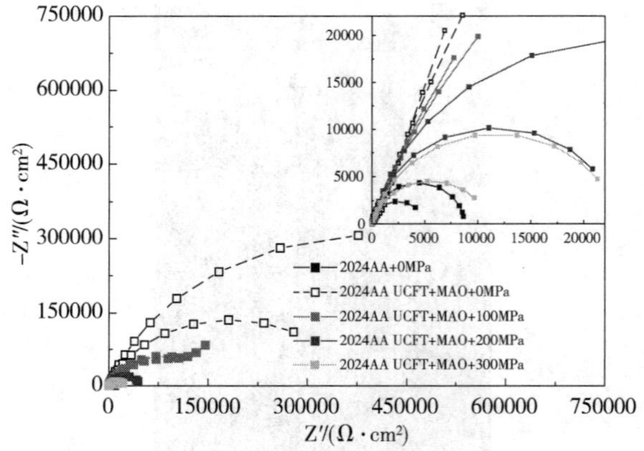

图 5　铝合金和 UCFT+MAO 处理的铝合金在不同弹性应力条件下的交流阻抗 Nyquist 图

着弹性应力的增加而逐渐减小，表明耐腐蚀性能逐渐下降。弹性应力的施加会导致铝合金表面保护基体的 UCFT 处理层和微弧氧化膜层的耐腐蚀性能下降，更容易受到腐蚀影响。

4.3　线性极化测试

通过线性极化测试计算极化电阻(R_p)，用以研究铝合金或 UCFT+MAO 处理的铝合金表面腐蚀反应发生的阻力。表 4 为铝合金和 UCFT+MAO 处理的铝合金在不同弹性应力条件下极化电阻 R_p 数据以及平均值，图 6 是铝合金和 UCFT+MAO 处理的铝合金随弹性应力变化的极化电阻 R_p 曲线。

表 4　铝合金和 UCFT+MAO 处理的铝合金在不同弹性应力条件下的极化电阻 R_p

	R_p(Ω/cm²) 第一组	R_p(Ω/cm²) 第二组	R_p(Ω/cm²) 平均
未处理+0MPa	1.40×10^3	6.23×10^2	1.01×10^3
UCFT+MAO+0MPa	8.81×10^4	1.89×10^5	1.38×10^5
UCFT+MAO+100MPa	3.64×10^4	1.54×10^5	9.54×10^4
UCFT+MAO+200MPa	1.94×10^4	3.61×10^4	3.06×10^4
UCFT+MAO+300MPa	1.54×10^4	1.69×10^4	1.61×10^4

铝合金和 UCFT+MAO 处理的铝合金在不同弹性应力条件下极化电阻(R_p)如图 6 所示，未经表面处理的铝合金的 R_p 值最小，耐蚀性最差。相比之下，UCFT+MAO 处理的铝合金的 R_p 值明显增加，耐蚀性增大。铝合金表面的超声波冷锻形成的细晶层和微弧氧化涂层能够有效增大腐蚀反应电阻，从而抑制腐蚀反应的发生，为基体提供保护作用。随着弹性应力的逐渐增加，UCFT+MAO 处理的铝合金的 R_p 逐渐减小，耐蚀性能逐

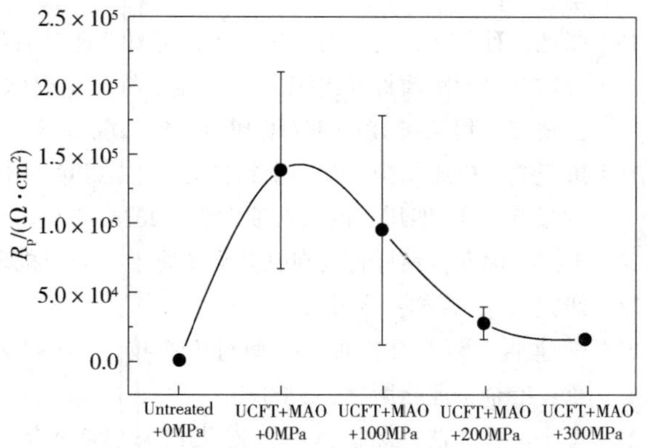

图 6 铝合金和 UCFT+MAO 处理的铝合金在不同弹性应力条件下极化电阻图

渐下降。该结果与交流阻抗结果一致，表明弹性应力的施加会导致铝合金表面的细晶层和微弧氧化膜对腐蚀介质的屏蔽作用下降，弹性应力越大对 UCFT+MAO 处理的铝合金的耐腐蚀作用影响越大。

4.4 动电位极化测试

采用动电位极化曲线测试，可以对铝合金和 UCFT+MAO 处理的铝合金的耐蚀性进行分析。图 7 是铝合金和 UCFT+MAO 处理的铝合金在不同弹性应力条件下的动电位极化曲线。

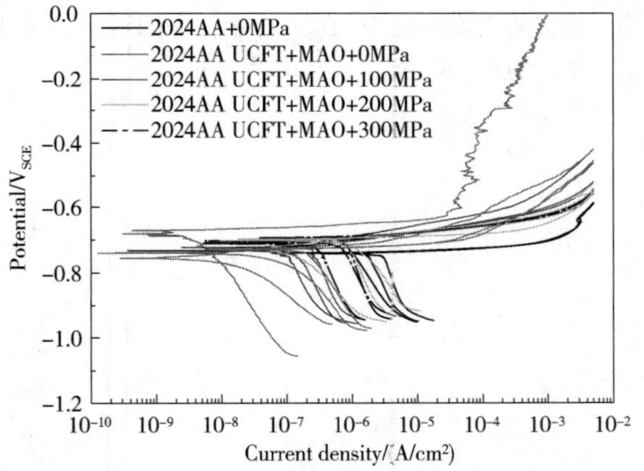

图 7 铝合金和 UCFT+MAO 处理的铝合金在不同弹性应力条件下动电位极化曲线图

铝合金和 UCFT+MAO 处理的铝合金在不同弹性应力作用下的动电位极化曲线如图 7 所示，铝合金或 UCFT+MAO 处理的铝合金在腐蚀溶液中均表现为活化腐蚀的极化曲线形貌，表明 UCFT 形成的细晶层和微弧氧化形成的膜层无法改变腐蚀反应机理。极化曲线中自腐蚀电位在-700mV(SCE)左右，与 4.1 中开路电位测试的结果相符合。从图中还可以发现，未进行表面处理的铝合金的自腐蚀电流密度(i_0)最大，表明 UCFT+MAO 表面处理能够有效防止腐蚀的发生。相比于未经表面处理的铝合金，UCFT+MAO 处理的铝合金的自腐蚀电流密度(i_0)最小，耐蚀性增大。在弹性应力的作用下，UCFT+MAO 处理的铝合金的自腐蚀电流密度(i_0)逐渐减小，耐蚀性能逐渐下降。

5 结论

(1) 常温条件下电化学测试结果表明，UCFT+MAO 处理的铝合金相较于未经表面处理的铝合金，开路电位增加，交流阻电容圆弧半径增大，极化电阻 R_p 增加，自腐蚀电流密度 i_0 和腐蚀速率减小，耐蚀能力增加，铝合金表面的 UCFT 细晶层和微弧氧化涂层能够有效保护基体。

(2) 在弹性应力 100MPa、200MPa、300MPa 条件下，随着弹性应力的增加，UCFT+MAO 处理的铝合金的交流阻电容圆弧半径逐渐减小，极化电阻 R_p 下降，自腐蚀电流密度 i_0 和腐蚀速率增大，耐蚀能力下降。弹性应力会导致铝合金表面 UCFT 细晶层和微弧氧化涂层对基体的保护能力减弱，使基体更容易受到腐蚀侵害。但在 300MPa 作用下，仍能维持在较低的腐蚀速率(1×10^{-2}mm/a)。

参 考 文 献

[1] 董树文，李廷栋，高锐，等．地球深部探测国际发展与我国现状综述[J]．地质学报，2010，84(6)：743-770.

[2] 曾义金，刘建立．深井超深井钻井技术现状和发展趋势[J]．石油钻探技术，2005，33(5)：1-5.

[3] 孙清德，汪志明．中原油田深井超深井钻井技术[J]．石油钻探技术，2005，33(5)：62-67.

[4] 刘四海，蔡利山．深井超深井钻探工艺技术[J]．钻井液与完井液，2002，19(6)：116-121.

[5] 张克勤，张金成，戴巍．西部深井超深井钻井技术[J]．钻采工艺，2010，33(1)：36-39.

[6] 王建华．2618 耐热铝合金的组织与力学性能的研究[D]．湖南：中南大学，2003.

[7] 葛灵丹．7075 铝合金摩擦磨损行为及磨损机理研究[D]．江苏：江苏大学，2011.

[8] S. Wilson，A. T. Alpas. Effect of temperature on the sliding wear performance of Al alloys and Al matrix composites[J]. Wear，1996，196：270-278.

[9] S. Wilson，A. T. Alpas. Thermal effects on mild wear transitions in dry sliding of an aluminum alloy[J].

Wear, 1999, 225-229: 440-449.
[10] R. L. Deuis, C. Subramanian, J. M. Yellup. Dry sliding wear of aluminum composites - A reviewer [J]. Composites Science and Technology, 1997, 57: 415-435.
[11] J. Singh, A. T. Alpas. High-temperature wear and deformation processes in metal matrix composites [J]. Metallurgical and Materials Transactions A - Physical Metallurgy and Materials Science, 1996, 27A: 3135-3148.
[12] ISO 15546, Petroleum and natural gas industries-Aluminium alloy drill pipe [S]. Swizerland: International Organization for Standardization, 2011.
[13] 马少明. 轻质高强铝合金钻杆材料组织与性能的改善研究[D]. 吉林: 吉林大学, 2017.
[14] S. Yu. Kondrat'ev, O. V. Shvetsov. Effect of high-temperature heating on the structure and properties of aluminum alloys in the production of drill pipes[J]. Metal Science and Heat Treatment, 2013, 55 (3 - 4): 191-196.
[15] S. Yu. Kondrat'ev1, O. V. Shvetsov. Technological and operational features of drill pipes from alminum alloys 2024 and 1953[J]. Metal Science and Heat Treatment, 2018, 60(1-2): 32-38.
[16] 丁超豪. 铝合金材料的腐蚀性能研究[D]. 吉林: 吉林大学, 2015.
[17] 郭晓华. SiC 颗粒对钻杆用 Al-Cu-Mg 铝合金腐蚀行为及机理的影响机制[D]. 四川: 西南石油大学, 2016.
[18] 张弛, 孙友宏, 马少明, 等. 激光熔覆处理对铝合金钻杆表面耐磨性和组织的影响[J]. 探矿工程(岩土钻掘工程), 2017, 44(增刊): 262-266.
[19] 彭正委. 挤压织构对铝合金钻杆力学性能和耐蚀性的影响[D]. 四川: 西南石油大学, 2018.
[20] 李闯. 铝合金钻杆材料在钻井液中腐蚀行为与机理研究[D]. 吉林: 吉林大学, 2018.
[21] 李建湘. 铝合金特种管、型材生产技术[M]. 北京: 冶金工业出版社, 2008.
[22] 王平, 曹文洁, 蒲俊, 等. SiC 微粉添加剂对铝合金钻杆材料微弧氧化膜层性能的影响[J]. 表面技术, 2018, 47(6): 63-67.
[23] 伍婷. 石油钻杆用 7E04 铝合金微弧氧化工艺及其机理研究[D]. 四川: 西南石油大学, 2017.
[24] 王艳秋, 王岳, 陈派明, 等. 7075 铝合金微弧氧化涂层的组织结构与耐蚀耐磨性能[J]. 金属学报, 2011, 47(4): 455-461.
[25] 蒋百灵, 赵仁兵, 梁戈, 等. Na2WO4 对铝合金微弧氧化陶瓷层形成过程及耐磨性的影响[J]. 材料导报, 2006, 20(9): 155-157.
[26] 陈金菊, 王燕, 等. 显色剂对 6061 铝合金黑色微弧氧化膜层性能的影响[J]. 表面技术, 2022, 51(12): 285-294.
[27] 朱明宇. 铝合金及其复合材料微弧氧化制备热控耐蚀多功能涂层研究[D]. 合肥: 中国科学技术大学, 2023: 67-82.

LJ22 井长段低压层破碎带裂缝性漏失治漏技术

肖金裕[1] 周华安[1] 钟广荣[2] 海 波[1] 傅相友[1] 朱 聪[1] 何 涛[1]

(1. 中国石油集团川庆钻探工程有限公司钻井液技术服务公司;
2. 中国石油集团川庆钻探工程有限公司川东钻探公司)

摘 要 川东北高含硫罗家寨区块属于罗家寨背斜潜伏构造，纵向剖面裂缝发育，钻井过程中井漏和恶性井漏频发。本文分析了LJ22井工程地质特点和防漏治漏难点，提出了有效解决LJ22井钻井井漏难题的技术对策。通过须家河、雷口坡、嘉陵江组实钻过程中发生的多次井漏及实施堵漏结果分析总结，须家河地层承压能力低，堵漏以纤维和细颗粒为主，雷口坡和嘉陵江地层裂缝发育，以多元多级配复合堵漏为主，但嘉五~嘉四段恶性漏失，在地层条件允许下，宜采取清水强钻方式穿过漏层，然后采取多种堵漏工艺相结合的方式进行综合治漏以提高承压能力。LJ22井须家河~嘉陵江段的复杂井漏及堵漏经验，为后续罗家寨区块的安全钻井积累了宝贵的堵漏经验。

关键词 低压层；井漏；裂缝性漏失；防漏治漏技术

川东北高含硫罗家寨区块位于四川省宣汉县和重庆市开州区境内，属于罗家寨背斜潜伏构造，据实钻数据结合电测资料综合研究，从纵向地层剖面看，罗家寨区块沙溪庙组、凉高山组、须家河、雷口坡、嘉陵江组(嘉五、嘉四)裂缝发育，钻井过程中井漏和恶性井漏频发，以沙溪庙组、凉高山组、嘉陵江组尤为严重，严重影响了钻井施工进度，制约勘探开发速度。本文通过分析LJ22井的工程地质特点和防漏治漏难点，提出了有效解决LJ22井钻井井漏难题的技术对策，为该地区的后续井施工提供可借鉴的方案。

1 工程地质特点

LJ22井设计为五开井身结构：660.4mm * 100m；444.5mm * 1155m；311.2mm * 2745m，215.9mm * 3885m，，152.4mm * 4884m。三开311.2mm井眼经过大安寨、马鞍山、东岳庙、珍珠冲、须家河、雷一^1、雷一^2、嘉五^2、嘉五^1、嘉四$^{4-2}$、嘉三，这些层位的压力系数仅有1.00/1.10，地层承压能力低，而且断层多，缝洞发育，地层破碎带长，井漏频繁，存在区域性大漏，堵漏难度较大，耗费时间较长。三开井漏共计随钻堵漏10次、桥浆堵漏17次、水泥堵漏4次，漏失钻井液2081m^3，清水2248m^3，损失时间28d。2000m以上采用垂钻工具防斜打直，2000~2745m采用旋导工具增斜至28.68°并稳斜钻进至中完井深。因仪器通道小，对堵漏剂粒径和堵漏浆浓度限制较大，发生井漏时一般以随钻堵漏剂和2mm以内刚性颗粒为主，浓度一般控制在20%以内。漏速较大时，采用高浓度粗颗粒只能开通旁通阀堵漏，仪器在井下，存在卡钻风险。

2 防漏堵漏技术难点

(1) 低压层、破碎带。大安寨~须家河地层压力系数为1.00，雷口坡~嘉三段地层压力系数为1.10，实钻监测须家河地层压力系数仅为0.91，地层压力系数较低，存在漏层、垮塌层等复杂层位，如须家河易垮煤层、嘉五区域性漏层和嘉四膏盐层。须家河组为陆相碎屑岩，岩性以细砂岩、页岩和煤为主，底部以灰黑色页岩与雷口坡组呈假整合接触。存在长段的孔隙、裂缝型破碎带，钻进中容易频繁发生漏失，钻井液消耗量大，通常以纤维、细颗粒为主的低浓度堵漏浆进行随钻堵漏配合快速钻进，每次堵漏后均见效果，但继续钻开新地层又出现漏失。如果采用高浓度桥浆蹩堵，容易“封门”，起下钻拉刮井壁后容易复发井漏，彻底堵住较困难。

(2) 裂缝发育、断层多、连通性好。雷口坡~嘉陵江以海相碳酸盐为主，由于受中三叠世末期印支运动的影响，气田范围雷口坡组遭风化剥蚀至雷一段，残余地层包括雷一^{2}和雷一^{1}两个亚段。嘉四段中部存在逆断层，重复地层：嘉五2~嘉四段，多个逆断层导致出现多条裂缝，且连通性好，容易出现裂缝性井漏甚至大漏，加上地层承压能力低，蹩堵套压不高且不稳，下降较快，不易形成硬实的堵漏塞，容易被冲刷掉，出现再次复漏可能，导致堵漏成功率较低。

（3）多个漏层、漏点多。须家河组持续井漏，雷一^{2}、雷一^{1}、嘉五^{2}、嘉五^{1}、嘉四$^{4-2}$、嘉三不同地层均存在裂缝性井漏，在每个层位钻进都易发生井漏和堵漏作业，尤其是嘉五^{1}地层为云岩与灰岩为主的刚性地层，邻井成像测井显示云岩见有溶孔、灰岩见有鲕粒，裂缝、溶洞、溶孔发育，含水饱和度66%，存在水层。嘉四^{4}为石膏为主的柔性地层，在强烈的构造运动下柔性地层容易被挤压至构造的隆起部位形成三角区域，这些区域的地层裂缝发育，易发生脱空现象，在钻井中表现为区域性大漏，环空液面低，细粒径堵漏效果差，高浓度桥堵易“封门”且蹩压不理想，不易形成硬实的堵漏塞，因漏点多，极易出现上部低压地层蹩漏，桥浆往上移现象，水泥堵漏自找平成塞强度不好，水泥浆进入水层被稀释流走，会存在多处放空和无钻压现象，进而诱发复漏，所以出现多次桥堵、水泥堵漏均无效。

3 防漏堵漏技术对策

罗家寨区块须家河～嘉陵江井段的井漏分为渗透性、裂缝性和断层或裂缝体恶性井漏。总体对策是：力求最大限度提高钻井时效和堵漏成效，立足于“地质-钻井-钻井液”一体化，树立“积极防漏，高效治漏”的综合治漏观，钻具组合应坚持带有多次开关旁通阀，充分应用随钻堵漏/清水或低密度强钻尽可能暴露漏层，“遇大漏即堵，钻进一段堵一段”，针对渗透性井漏，主要采用“低浓度随钻堵漏剂+细刚性颗粒”堵漏技术；微裂缝性井漏则采用“较高浓度随钻堵漏剂+复合堵漏剂+中细刚性颗粒+膨润土”间歇关井挤堵技术；若规模较大的裂缝系统、断层、裂缝体的井漏，则采用“清水强钻、纤维水泥堵漏、高溶胀强滞阻黏弹胶结性高承压复合桥接堵漏等”综合堵漏技术。当出现井漏时，通过确定漏失层位、计算漏失速度，初步估算裂缝大小等，确定堵漏浆浓度、堵漏材料配比等桥浆堵漏方案。其中，“DRF”多元多级复合封堵胶结技术、高溶胀强滞阻黏弹胶结性高承压复合桥接堵漏技术、纤维水泥堵漏技术是目前罗家寨区块堵漏的主要技术。

（1）首先强化钻井液自身的封堵特性，提高防漏能力。采用“DRF”多元多级复合封堵胶结技术，也就是“柔性封堵+刚性封堵+韧性封堵”多元协同一致的综合应用技术，通过全井加入2%～3%随钻堵漏剂+3%～5%超细钙+2%～3%沥青类封堵剂，改善泥饼质量，进一步提高对孔隙和微裂缝地层的封堵能力，从而降低渗透性地层钻井液漏失量；

（2）提前准备随钻堵漏浆，主体配方：随钻堵漏剂+细刚性颗粒+超细钙+沥青+干坂土粉+适量高分子聚合物。钻遇平均漏速小于10m^{3}/h，则每钻进2～3h泵入5～6m^{3}进行随钻堵漏。要求不同级配颗粒均能通过垂钻和旋导仪器。

（3）钻遇平均漏速10～30m^{3}/h，则实施不同浓度的多元多级复合桥浆堵漏技术。

（4）钻遇平均漏速30m^{3}/h～失返性漏失，则配制高浓度的“高溶胀强滞阻黏弹胶结性高承压复合桥浆”开通多次开关旁通阀或下光钻具进行专项承压堵漏。主体配方：果壳类堵漏剂+刚性颗粒+纤维+沥青+干坂土粉+高分子聚合物，充分突出复合堵漏浆良好的“高溶胀、强滞阻、黏弹胶结性”特性，憋压不超过5MPa，但要根据地层承压能力定。

（5）如果专项桥堵无效，则考虑打水泥堵漏。如果打水泥堵漏仍然无效，在地层和井眼轨迹控制条件允许情况下则考虑清水强钻。

4 现场应用

4.1 现场应用

4.1.1 须家河堵漏情况

（1）LJ22井在须家河细砂岩地层钻进，因孔隙发育，渗透性漏失频发，以随钻堵漏剂+细刚性颗粒为主的低浓度堵漏浆进行随钻堵漏均见效果。在H1787.49m以浓度20%堵漏浆（8%随钻堵漏剂+12%细刚性颗粒WNDK-3/WNDK-4）进行随钻堵漏，漏速降至3.84m^{3}/h。在H1805.90m以浓度20%堵漏浆（8%随钻堵漏剂+12%细刚性颗粒WNDK-3/WNDK-4）进行随钻堵漏，漏速减小至停漏。在H1965.48m以浓度15%堵漏浆（8%随钻堵漏剂+7%细刚性颗粒WNDK-3/WNDK-4）进行随钻堵漏，漏速减小至2.54m^{3}/h。

（2）LJ22井在须家河底部页岩、煤层钻进，因存在微裂缝破碎带，漏速高达 25.6m³/h，开多次开关旁通阀注入桥浆蹩压堵漏效果明显。在 H1972.67m 开多次开关旁通阀泵入浓度 24.5% 复合堵漏浆（8%随钻堵漏剂+1.5%复合堵漏剂+3%刚性颗粒 WNDK-2+6%刚性颗粒 WNDK-3+6%刚性颗粒 WNDK-4）关井蹩压，套压由 0↑4.80↓4.21MPa，循环不漏，堵漏成功恢复钻进。

4.1.2　雷口坡堵漏情况

LJ22 井在雷口坡石灰岩地层钻进，因存在微裂缝漏失，开多次开关旁通阀注入桥浆憋压堵漏效果明显。在 H2002.00m 开多次开关旁通阀泵入浓度 24.5%复合堵漏浆（8%随钻堵漏剂+1.5%复合堵漏剂+3%刚性颗粒 WNDK-2+6%刚性颗粒 WNDK-3+6%刚性颗粒 WNDK-4），关井憋压，套压由 0.0↑4.80↓3.96MPa，开井循环不漏，堵漏成功。但在起下钻过程中发生漏失，开旁通阀泵入浓度 35%复合堵漏浆（4%坂土粉+5%沥青+8%随钻堵漏剂+8%刚性颗粒 WNDK-2+5%刚性颗粒 WNDK-3+5%刚性颗粒 WNDK-4），关井憋压，套压由 0.0↑4.57↓2.58MPa，开井循环不漏，堵漏成功，恢复钻进。

4.1.3　嘉陵江组堵漏情况

（1）LJ22 井在嘉五² 白云岩地层钻进，因存在微裂缝漏失，开多次开关旁通阀注入桥浆憋压堵漏效果明显。在 H2265.09～2280.00m 泵入浓度 14%随钻堵漏浆（7%随钻堵漏剂+7%刚性颗粒 WNDK-4），关井憋压无效，堵漏失败。再次泵入浓度 29.5%复合堵漏浆（0.5%复合堵漏剂+3%HTK（细）+8%随钻堵漏剂+6%刚性颗粒 WNDK-2+4%刚性颗粒 WNDK-3+4%刚性颗粒 WNDK-4+4%干坂土粉），关井憋压，套压由 0.0↑4.09MPa，开井循环不漏，堵漏成功。

（2）LJ22 井在嘉五¹ 石灰岩地层钻进，因裂缝发育，出现区域性大漏，通过 5 次桥浆堵漏、1 次水泥堵漏取得明显效果。在 H2344.60～2347.75m 平均漏速 12.0m³/h，开多次开关旁通阀泵入浓度 33%复合堵漏浆（3%HTK（细）+3%复合堵漏剂+8%随钻堵漏剂+6%刚性颗粒 WNDK-2+5%刚性颗粒 WNDK-3+5%刚性颗粒 WNDK-4+3%干坂土粉），关井憋压，套压由 0.0↑3.5MPa，开井循环不漏，堵漏成功。在 H2351.28～2353.22m 井漏失返，开多次开关旁通阀泵入浓度 45%复合堵漏浆（5%HTK（细）+3%HTK（中）+4%复合堵漏剂 1+5%矿植物复合材料+3%复合堵漏剂 2+8%随钻堵漏剂+2%刚性颗粒 WNDK-2+6%刚性颗粒 WNDK-3+6%刚性颗粒 WNDK-4+3%干坂土粉），出口未返。再次开旁通阀泵入浓度 45%随钻堵漏浆（3%HTK（细）+6%复合堵漏剂 1+6%矿植物复合材料+5%复合堵漏剂 2+5%随钻堵漏剂+6%刚性颗粒 WNDK-1+3%刚性颗粒 WNDK-2+6%刚性颗粒 WNDK-3+5%刚性颗粒 WNDK-4），出口未返，堵漏失败。接铣齿下钻至井深 1845.37m 注入水泥浆 45.0m 8110853.6未返，堵漏失败。强钻至 H2367.36m，开多次开关旁通阀泵入浓度 33%复合堵漏浆（3%HTK（细）+3%复合堵漏剂 1+8%随钻堵漏剂+6%刚性颗粒 WNDK-2+5%刚性颗粒 WNDK-3+5%刚性颗粒 WNDK-4+3%干坂土），关井憋压，，套压由 0.0↑3.50↓0MPa，堵漏失败。再次开多次开关旁通阀泵注浓度 45%"高溶胀强滞阻黏弹胶结性高承压复合桥浆"（井浆+5%HTK（细）+8%复合堵漏剂 1+5%复合堵漏剂 2+3%矿植物复合材料+6%刚性颗粒 WNDK-2+5%刚性颗粒 WNDK-3+5%刚性颗粒 WNDK-4+3%沥青+5%坂土+适量高分子聚合物）关井憋压，，套压由 2.21↓0.23↑4.86↓2.22MPa，开井循环不漏，堵漏成功。

（3）LJ22 井在嘉四⁴⁻² 石膏层钻进，因逆断层裂缝发育，出现区域性大漏，通过 3 次水泥堵漏、清水强钻、2 次随钻堵漏、5 次桥浆堵漏取得明细效果。在 H2372.06m 开多次开关旁通阀泵入浓度 28%复合堵漏浆（4%复合堵漏剂 1+2%矿植物复合材料+6%刚性颗粒 WNDK-2+5%刚性颗粒 WNDK-3+5%刚性颗粒 WNDK-4）关井憋压堵漏，漏速降至 2.4m³/h。强钻至 2380.00m 进行水泥堵漏，平均漏速 2.1m³/h。开多次开关旁通阀泵注浓度 27%堵漏浆（5%HTK 细+5%随钻堵漏剂+3%矿物纤维+5%刚性颗粒 WNDK-3+5%刚性颗粒 WNDK-4）关井憋压，循环不漏，堵漏成功。在井深 2405.00m 泵入浓度 28%随钻堵漏浆（2%矿物纤维+6%随钻堵漏剂+5%刚性颗粒 WNDK-3+6%刚性颗粒 WNDK-4+5%超细钙）仍然微漏。强钻至 H2412.35～2413m 进行水泥堵漏，钻塞复漏，泵注浓度 23%随钻堵漏浆（井浆+6%矿物纤维+3%刚性颗粒 WNDK-3+6%刚性颗粒 WNDK-4+4%超细钙+1%沥青）漏速降至 4.4m³/h。强钻至 H2441.35m 漏速增大至漏速

71.1m³/h，进行水泥堵漏，钻塞间断放空发生复漏，漏速 81.2m³/h，清水强钻至井深 2442.34m 失返，继续强钻至 H2479.87m，存储式电测，接铣齿下钻至 H2340.00m，泵注浓度 59%“高溶胀强滞阻黏弹胶结性高承压复合桥浆”(井浆+5%坂土+5%复合堵漏剂 1+8%矿物纤维+8%复合堵漏剂 2+5%矿植物复合材料+4%刚性颗粒 WNDK-1+6%刚性颗粒 WNDK-3+5%刚性颗粒 WNDK-4+6%HTK(中)+5%HTK(粗)+足够沥青+适量高分子聚合物)不漏，堵漏成功。再次用清水钻进至井深 2513.95 发现井漏，继续强钻至井深 2729.50m(层位：嘉三)中完。

4.1.4　中完下套管前堵漏情况

用密度 1.17g/cm³ 钻井液替出井筒内清水，泵注浓度 48%“高溶胀强滞阻黏弹胶结性高承压复合桥浆”(配方：井浆+4%坂土+8%随钻堵漏剂+5%复合堵漏剂 1+3%复合堵漏剂 2+5%HTK(细)+3%HTK(中)+5%矿植物复合材料+5%刚性颗粒 WNDK-2+4%刚性颗粒 WNDK-3+4%刚性颗粒 WNDK-4+足够沥青+适量高分子聚合物)关井憋压候堵，开井无回流。再次泵注浓度 62%“高溶胀强滞阻黏弹胶结性高承压复合桥浆”(配方：井浆+4%坂土粉+5%随钻堵漏剂+5%复合堵漏剂 1+8%复合堵漏剂 2+5%HTK(细)+6%HTK(中)+3%HTK(粗)+5%矿植物复合材料+5%刚性颗粒 WNDK-1+5%刚性颗粒 WNDK-3+4%刚性颗粒 WNDK-4+5%超细钙+足够沥青+适量高分子聚合物)关井憋压，套压由 0↑4.1↓1.7MPa，循环无漏失，堵漏成功。折算钻井液密度达到 1.25g/cm³ 满足固井要求，固井期间水泥浆返至地面，保障了固井质量。

4.2　效果评价

(1) 须家河底部破碎带，地层破裂压力低，从后期多次针对嘉五[1]段大裂缝进行的桥浆堵漏施工情况来看，该段地层破裂压力不超过 3MPa，导致桥浆挤堵施工过程中，若挤堵压力过高，易造成上部须家河段发生漏失，导致堵漏浆无法有效进入漏层中，影响桥浆堵漏效果。在下部井段进行堵漏施工时，应采取以下两种方式：一是采用两罐堵漏浆进行堵漏，其中一罐细颗粒堵漏浆顶替至须家河薄弱井段对该段地层进行有效保护，另一罐中粗颗粒堵漏浆替至下部漏层段进行挤堵施工，根据套压变化情况确定最大挤堵压力，避免将上部须家河薄弱井段挤破。二是，堵漏施工时，控制好最高套压，根据后续针对 2202m 处漏层桥浆堵漏施工过程来看，控制套压不超过 3MPa，间歇式缓慢挤堵，挤堵过程中，未出现套压瞬时下降的情况，最终堵漏成功。

(2) 嘉五[1]段为云岩与灰岩为主的刚性地层，嘉四[4]为石膏为主的柔性地层，在强烈的构造运动下柔性地层容易被挤压至构造的隆起部位形成三角区域，使得该区域的地层易发生脱空现象，钻遇易发生恶性漏失。实钻过程中，嘉五[1]钻进至 2353m 发生井漏失返，采用 5 次桥浆堵漏、1 次水泥堵漏后漏速降低至 4.4m³/h 恢复钻进，嘉四[4]钻进至 2414.98m、2442.34m~2479m 段时出口未返，同时 2442.34~2443.55m、2444.42~2444.93m 出现放空现象，造成堵漏难度增大，堵漏成功率不高。针对嘉五、嘉四段恶性漏失，采取多种堵漏工艺相结合的方式进行综合治漏，优先通过 1~2 次“高溶胀强滞阻黏弹胶结性高承压复合桥浆”对漏失通道进行改造，再通过 1~2 次水泥堵漏使水泥浆与前期堆集在漏失通道内的桥塞颗粒相结合并固结，形成有一定强度的封堵隔墙，有效提高漏层处承压能力，建立循环，最后通过桥浆+水泥、固结堵漏、高失水堵漏等方式构建起堵漏隔墙，对漏层进行有效封堵。

5　认识及结论

(1) 对于钻遇长段漏失带，旋转导向或定向钻具组合很有必要带有多次开关旁通阀，将极大提高钻进时效和堵漏时效以及堵漏成效。

(2) LJ22 井桥浆堵漏施工再次表明，桥浆堵漏的憋压候堵时间要足够，至少不低于 8h，有利于桥浆中的溶胀性材料未充分膨胀，同时要根据裸眼段地层承压的薄弱环节把控好关挤压力，以保证桥浆堵漏施工效果。

(3) LJ22 井在嘉五[1]~嘉四[4]段钻进过程中，通过地质工程一体化综合分析，对可能发生井漏的层位提前预告，地面上预先提前配制一罐由纤维、细刚性颗粒、柔性颗粒、沥青组成的高浓度随钻井壁强化浆，在钻井过程中用泥浆泵每隔 2~3h 泵入 5~6 方高浓度随钻井壁强化浆，有效提高钻井液防塌封堵能力，做好积极防漏准备；发生井漏后，根据漏失情况，在堵漏浆中及时补充主架桥颗粒，迅速将随钻井壁强化浆转化为堵漏桥浆，有效节约堵漏准备时间。该方法可推广至所有井漏风险较大的作业井中，特别是夜晚非全日制用工难以到场的井。

（4）LJ22 井 311.2mm 井眼钻进期间基本无气测显示，该井使用密度 1.17～1.18g/cm^3 的有机盐钻井液在嘉五^{1}段、嘉四^{4}段钻进过程中发生多次失返性井漏，多次堵漏施工仍未有效止漏，几次井漏监测液面高度都在 400～500m 之间，计算地层压力系数仅为 0.9g/cm^3，果断采用清水强钻技术快速钻至中完井深。因此后续井在该段钻进过程中若同样发生恶性井漏，在同样无气测显示情况下应直接采用清水强钻+稠浆携砂的方式，钻穿漏层段后再进行整体堵漏施工，有效提高钻井时效。

（5）过去嘉陵江恶性井漏堵漏十分困难，往往采取清水强钻至中完，然后“穿鞋带帽”固井，从而导致嘉陵江井段固井质量差甚至无水泥塞，但 LJ22 井采用“高溶胀强滞留黏弹胶结性高承压复合桥浆”堵漏并堵漏成功，为固井质量优质率达 96.84%，合格率达 100%奠定了坚实的基础。

参 考 文 献

[1] 刘延强，徐同台，杨振杰，等．国内外防漏堵漏技术新进展[J]．钻井液与完井液，2010，27(6)：80-84.

[2] 薛玉志，刘振东，唐代绪，等．裂缝性地层堵漏配方及规律性研究[J]．钻井液与完井液，2009，26(6)：28-30.

[3] 张新民，聂勋勇，王平全，等．特种凝胶在钻井堵漏中的应用[J]．钻井液与完井液，2007，24(5)：83-84.

[4] 陈家旭，李兆丰，邱正松，等．高酸溶纤维堵漏剂的实验研究[J]．钻井液与完井液，2018，35(5)：41-45.

[5] 闫丰明，康毅力，孙凯，等．裂缝-孔洞型碳酸盐岩储层暂堵性堵漏机理研究[J]．石油钻探技术，2011，39(2)：81-85.

[6] 王业众，康毅力，游利军，等．裂缝性储层漏失机理及控制技术进展[J]．钻井液与完井液，2007，24(4)：74-77.

[7] 陈家旭，李兆丰，邱正松，等．高酸溶纤维堵漏剂的实验研究[J]．钻井液与完井液，2018，35(5)：41-45.

[8] 赵正国，蒲晓林，王贵，等．裂缝性漏失的桥塞堵漏钻井液技术[J]．钻井液与完井液，2012，29(3)：44-46.

[9] 王贵，蒲晓林．提高地层承压能力的钻井液堵漏作用机理[J]．石油学报，2010，31(6)：1009-1012.

[10] 邱正松，暴丹，李佳，等．井壁强化机理与致密承压封堵钻井液技术新进展[J]．钻井液与完井液，2018，35(4)：1-6.

[11] 康毅力，张敬逸，许成元，等．刚性堵漏材料几何形态对其在裂缝中滞留行为的影响[J]．石油钻探技术，2018，46(5)：26-34.

[12] 许明标，赵明琨，侯珊珊，等．油基桥架堵漏剂的研究与应用[J]．断块油气田，2018，25(6)：799-802.

[13] 唐国旺，于培志．油基钻井液随钻堵漏技术与应用[J]．钻井液与完井液，2017，34(4)：32-37.

[14] 吕开河，邱正松，魏慧明，等．自适应防漏堵漏钻井液技术研究[J]．石油学报，2008(5)：757-760.

[15] 潘一，温峥，杨双春，等．国内外堵漏剂的研究进展[J]．油田化学，2015，32(4)：628-632.

[16] 王中华．复杂漏失地层堵漏技术现状及发展方向[J]．中外能源，2014，19(1)：39-48.

[17] 张希文，李爽，张洁，等．钻井液堵漏材料及防漏堵漏技术研究进展[J]．钻井液与完井液，2009，26(6)：74-76，79，97.

[18] 孙金声，张家栋，黄达全，等．超低渗透钻井液防漏堵漏技术研究与应用[J]．钻井液与完井液，2005(4)：21-23.

[19] 李锦峰．恶性漏失地层堵漏技术研究[J]．探矿工程(岩土钻掘工程)，2019，46(5)：19-27.

[20] 李家学，黄进军，罗平亚，等．随钻防漏堵漏技术研究[J]．钻井液与完井液，2008(3)：25-28，85.

深层高温高密度油基钻井液体系优化研究与应用

陈晓文　刘羲和　刘思源　张志成　文双权　胡思成　魏天奇

（中国石油新疆油田公司勘探开发研究院）

摘　要　玛湖A井区钻井常采用油基钻井液体系，仍然存在井壁垮塌、掉块等井壁失稳问题。本文优选对克上组及百口泉组代表性岩心，开展了X射线衍射、线性膨胀、扫描电镜、润湿性、岩石力学等实验，分析了该地区的理化性质、微观结构和力学性能。实验结果表明，黏土水化作用、岩石孔缝发育、钻井液侵入降低岩石强度是导致井壁失稳的主要原因。根据实验结果，对油基泥浆体系进行优化，对比分析不同配比处理剂（乳化剂、降滤失剂、有机土等）的油基泥浆性能，优选封堵体系，建立了1套适应于A井区的强封堵油基钻井液体系：基液（5号白油：25%$CaCl_2$水溶液=80：20）+2%主乳化剂+2%辅乳化剂+4%降滤失剂+1.5%有机土+3%氧化沥青+2%超细碳酸钙+1.5%CaO+重晶石。建立的油基钻井液性能实验评价良好并在现场应用，实验井起下钻正常，井径明显较小，封堵效果显著。

关键词　百口泉组；井壁失稳；油基泥浆；封堵剂

准噶尔盆地玛湖砾岩大油区是目前世界上发现的最大砾岩油田，目前，玛湖A井区已有50余井建成投产，成为玛湖油田百口泉组致密油气藏率先规模化开发的井区。A井区具有油藏埋深大（垂深4000m左右）、钻井液密度高（目的层普遍在1.70g/cm^3以上）和环保要求高（靠近湖泊）等特点。自上而下钻遇白垩系吐谷鲁群，侏罗系齐古组、头屯河组、西山窑组、三工河和八道湾组，三叠系白碱滩组、克拉玛依上组、克拉玛依下组和百口泉组。白垩系以泥砂岩互层为主；西山窑组以细砂岩为主，夹杂煤层；三工河组以泥岩为主；八道湾组中上部以泥岩为主，下部以砂砾岩为主，部分夹煤层；白碱滩组中部以上含2套砂岩，下部以泥岩为主；克拉玛依上组以泥粉砂岩为主，夹砂砾岩；克拉玛依下组以砂砾岩、泥质粉砂岩为主；目的层百口泉组以砂砾岩和含砾泥岩为主，孔隙度10.46%，孔隙类型以粒内溶孔（28%~79%）、剩余粒间孔（55%~85%）为主，气测渗透率5.48mD。主力油层厚度一般小于30.00m，单油层厚1.00~8.10m；隔夹层发育，一般1~5条，隔夹层厚度1.00~5.00m，储层物性差，天然裂缝不发育。

目前该地区钻井主要采用油基钻井液体系。油基钻井液体系种类较多，贝克休斯公司研究了高温高密度油基钻井液配方PS4Vi（密度2.16/cm^3），该配方在238℃，83MPa下动切力小于9Pa且切力稳定，在235℃静态老化96h和热滚16h下流变性能良好。M-I SWACO公司对油基钻井液中的常用处理剂抗温极限进行了研究，研制了特高温高密度油基钻井液，体系抗温达315℃，密度达2.28g/cm^3，在315℃和275MPa下流变性能稳定。哈里伯顿公司高温高密度油基钻井液主要为无土相油基钻井液，该体系相比传统油基钻井液具有高剪切稀释性、高触变性和低储层伤害等优点。体系密度在1.08~2.16g/cm^3，抗温达190℃，150℃静置48h无明显重晶石沉降现象。国内油基钻井液虽然相比国外起步较晚，但自主化研究发展迅速，各钻探公司、研究院及高校研究团队相继形成了高温高密度油基钻井液系列技术。中石油工程技术研究院自主研制了高温高密度油基钻井液DR-OBM，体系抗温达200℃，密度达2.6g/cm^3，破乳电压大于1000V。中石油长城钻探公司（2017年）研制了抗温220℃，密度2.4g/cm^3的全白油基钻井液体系GW-JLS，该体系主要以有机胺改性腐殖酸为核心处理剂，体系流变性能稳定，渗透率恢复值大于90%，具有良好的储层保护性能。中石油川庆钻探工程公司（2017年）针对长宁-威远页岩气示范区页岩地层钻井需求，自主研发了高密度白油基钻井液体系DEH，密度达2.25g/cm^3，体系具有良好的高温沉降稳定性、抑制性和封堵性能。中国石油大学（北京）蒋官澄等（2016

年）研发了抗高温无土相油基钻井液，该体系核心处理剂为具有超分子缔合结构提切剂，抗高温脂肪酰胺乳化剂及树脂类封堵降滤失剂，无土相油基钻井液具有良好的剪切稀释性能。杨虎、谢建安等通过大量室内实验，优选出适合古近系安集海河组和紫泥泉子组的柴油基钻井液配方，并根据霍尔果斯背斜安集海河组井筒温度与地层压力情况，开展了所优化高密度柴油基钻井液的性能评价，包括沉降稳定性、封堵性、抗地层水和岩屑污染能力和高低温流变稳定性等。

油基钻井液相比水基钻井液具有更好的抑制性、润滑性及体系稳定性，因而 A 井区钻井常采用油基钻井液体系，然而采用油基钻井液体系仍然存在井壁垮塌、掉块等井下复杂问题。本文针对 A 井区钻井过程中存在的问题，优选克上组及百口泉组代表性岩心，通过室内实验探究壁稳定性机理、优化油基钻井液体系，形成一套适应于 A 井区的油基钻井液体系，实现 A 井区致密砾岩油气藏的高效开发。

1　井壁稳定机理研究

井壁失稳主要包括井壁坍塌、掉块、卡钻、缩颈、扩径和井漏等井下复杂情况。井壁失稳现象的发生不仅会降低钻井作业速度，严重时会导致钻孔报废。首先以实验方式从化学因素和力学因素研究井壁稳定性问题。

1.1　全岩和黏土矿物组成

通过使用 X 射线衍射测试，分析岩石矿物组分。选用玛 6XX 井三叠系克上组（井深 3384m）和百口泉组（井深 3894m）井段钻屑，参照“SY/T 5163—2010 沉积岩中黏土矿物和常见非黏土矿物 X 射线衍射分析方法”分析其全岩矿物组成及含量和黏土矿物的相对含量，如图 1、表 1 和表 2 所示为测试结果。

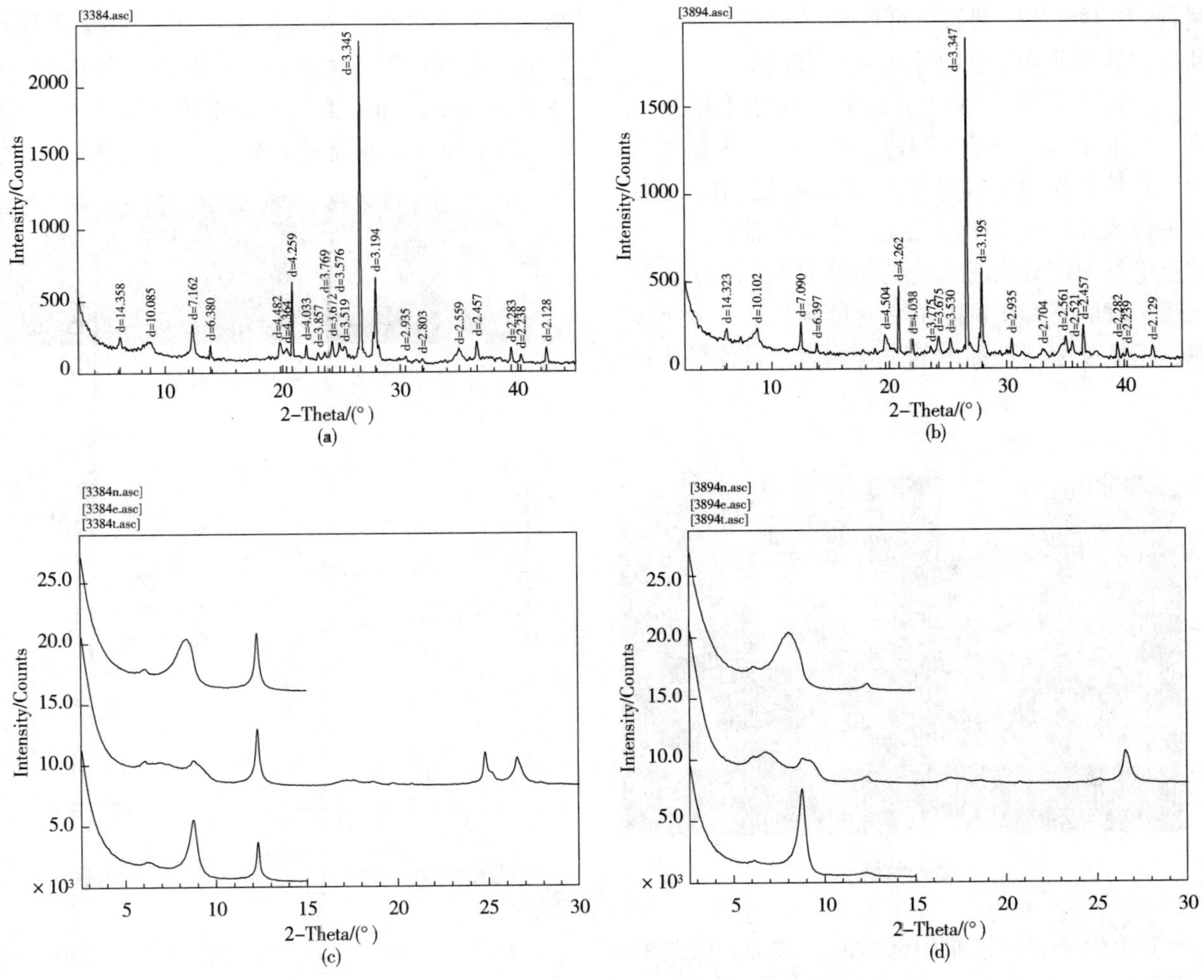

图 1　X 射线衍射测试，a 和 c 分别是克上组全岩矿物和黏土矿物 X 射线衍射图，b 和 d 分别是克上组全岩矿物和黏土矿物 X 射线衍射图

表 1　矿物 X-射线衍射分析

地　　层	矿物含量/%				
	石英	钾长石	斜长石	赤铁矿	黏土矿物
克上组	46.4	0.7	18.6	—	34.3
百口泉组	34.6	—	17.1	6.2	42.1

表 2　黏土矿物 X-射线衍射分析

地层	黏土矿物相对含量/%						混层比(%S)	
	S	I/S	It	K	C	C/S	I/S	C/S
克上组	—	57	14	22	7	—	25	—
百口泉组	—	86	11	1	2	—	25	—

S：蒙皂石类 I/S：伊蒙混层 It：伊利石 K：高岭石 C：绿泥石　C/S：绿蒙混层

由表 1 可知，克上组和百口泉组矿物含量以石英和黏土矿物为主，其中，克上组石英和长石等含量达到 65.7%，黏土矿物含量为 34.3%，属于典型的硬脆性岩石。表 2 分析黏土矿物成分可知，克上组和百口泉组黏土矿物以伊蒙混层为主，其中克上组为 57%，百口泉组为 86%。克上组含有 29%的非膨胀性黏土矿物(高岭石和氯泥石)和 14%的伊利石。百口泉组含有 11%的伊利石，其他非膨胀性黏土含量较低(3%)。

对比克上组和百口泉组全岩和黏土矿物组成，克上组属于典型的硬脆性岩石。钻井过程中，在外力作用下容易产生诱导裂缝，增加了井壁失稳风险。百口泉组黏土矿物含量较高，并且黏土中绝大部分为易水化的伊蒙混层，水化作用极强。蒙脱石和伊利石的水化膨胀是扩大微小裂隙，降低井壁岩石强度的主要原因，进而导致扩径、坍塌掉块等井壁不稳定现象。根据全岩和黏土矿物组成的特点可知，钻井过程中，在外力和液体作用条件下很容易产生诱导性的裂缝。

1.2　线性膨胀实验

将岩样粉碎后过 100 目的分样筛，然后在 105℃烘箱中烘干 4h。将滤纸放入岩心套内，装入约 10g 干燥膨润土，再取一张滤纸盖上；将压棒放入岩心套中，放入压力机用 15MPa 下压制 5min，得到压制好的岩心片(图 2)。将岩心放入膨胀率仪中，加入测试液体(清水和柴油)，测定 38h 内岩心的膨胀率(图 3)。

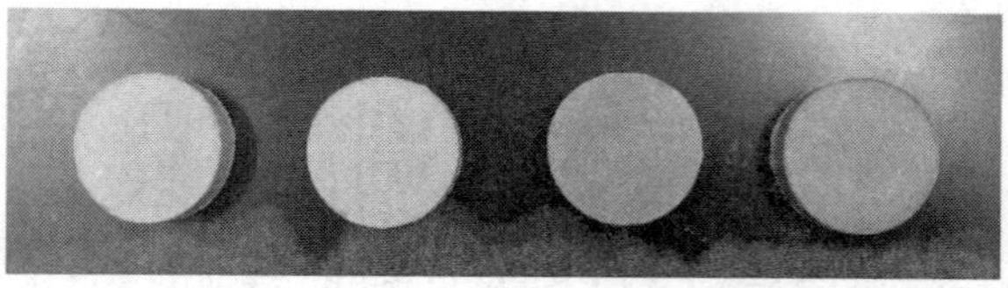

图 2　压制好的岩心片

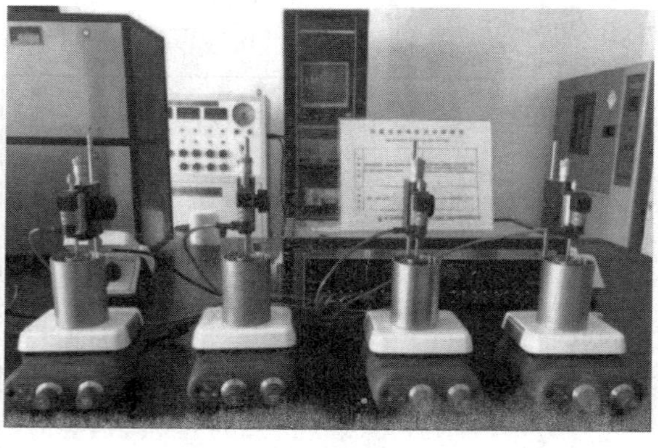

(a)是线性膨胀仪

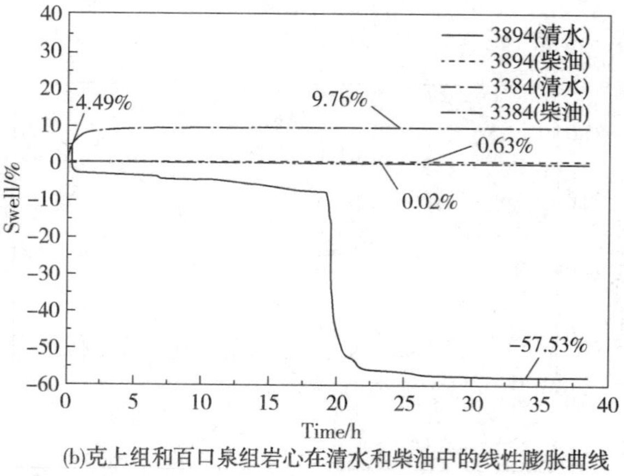

(b)克上组和百口泉组岩心在清水和柴油中的线性膨胀曲线

图 3　岩心的膨胀率测试

克上组岩样在清水中随时间的增加，膨胀率逐渐升高直到维持稳定。稳定时的线性膨胀率为 9.76%。百口泉组岩心片在清水中首先在 15min 左右膨胀到 4.49%，随后由于水化分散，膨胀率逐渐降低到负值，最后膨胀率稳定在-57.53%。说明百口泉组岩心水化膨胀严重，泥岩水化能力较强。不利于井壁稳定。克上组和百口泉组岩样在柴油中膨胀率均低于1%。克上组的膨胀率仅为0.02%，几乎不发生膨胀。

1.3 润湿性实验

接触角测量仪能定量测定岩心表面的亲水亲油特性，判定液相侵入岩心难易程度。取克上组和百口泉组约2mm的剖光岩心片，放入105℃烘箱中烘干24h，冷却至室温后，采用JC2000D型接触角测量仪测量蒸馏水和柴油在岩心表面的接触角(图4)，第一次测试后，每隔10s再次测量接触角。

由图4可知，克上组和百口泉组岩心滴加蒸馏水后接触角分别为14.82°和17.60°，而滴加柴油后接触角分别为5.15°和6.22°。由此可知，岩心滴加蒸馏水和柴油后接触角均较低，说明该岩层具有较强的亲水亲油两亲特性；柴油的接触角明显低于蒸馏水的接触角，说明岩心亲油性大于亲水性，油到岩心表面后能更快铺展到岩心表面。图5是岩心片接触角随时间的变化，可以看出随时间增加各接触角逐渐降低，百口泉组岩样相对于克上组接触角降低速率更快。岩样滴加完柴油后30s基本能完全铺展，接触角明显低于相应岩样水的接触角，说明柴油更容易在岩心表面铺展，岩样的亲油性更强。钻井过程中，油基钻井液与岩石接触后，在毛细管力的作用下，钻井液滤液会侵入岩石内部，引起井壁失稳。

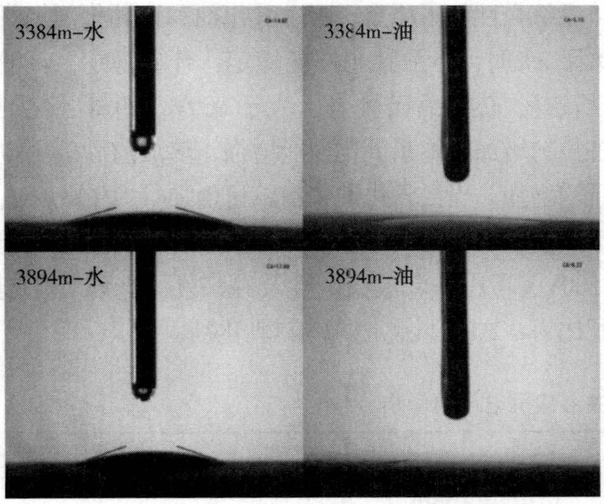

图4 克上组和百口泉组岩心片接触角测量

1.4 微观结构

采用扫描电镜实验定量表征岩石微观孔隙结构(图6)，克上组和百口泉岩石在高倍电镜图中可以观察到微孔隙、裂隙十分发育，孔隙直径在1μm以下占多数。岩石的微孔隙、裂缝等发育

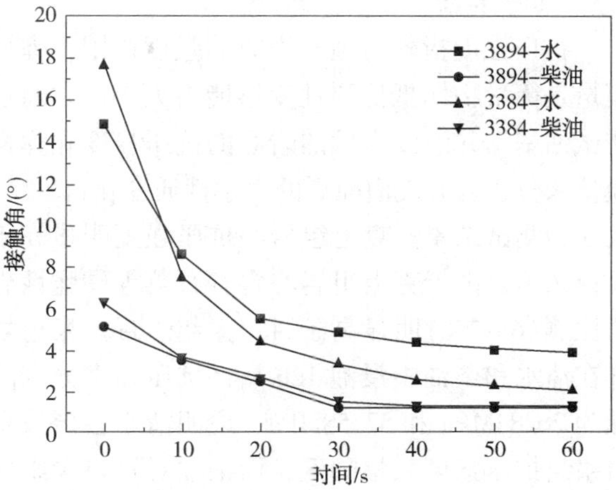

图5 克上组和百口泉组岩心接触角随时间变化

破坏了岩石完整性，降低岩石强度。还会使钻井液在正压差或毛细管力作用下侵入岩石内部，进一步弱化岩石强度，诱发井壁失稳。相对克上组，百口泉组岩心质地相对疏松，柴油容易通过孔隙和裂缝进入岩心内部，更容易发生井壁失稳。

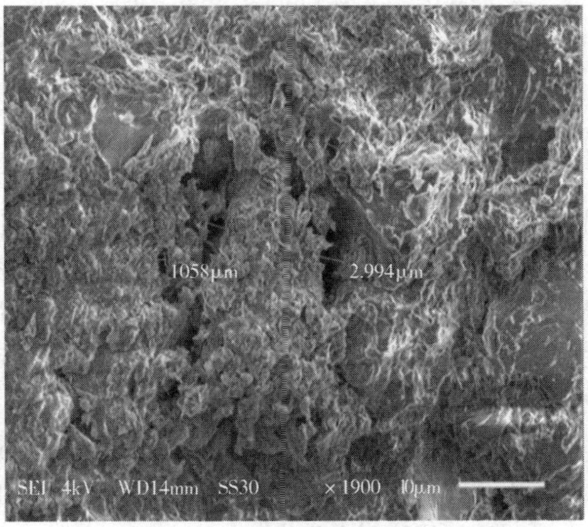

(a)克上组

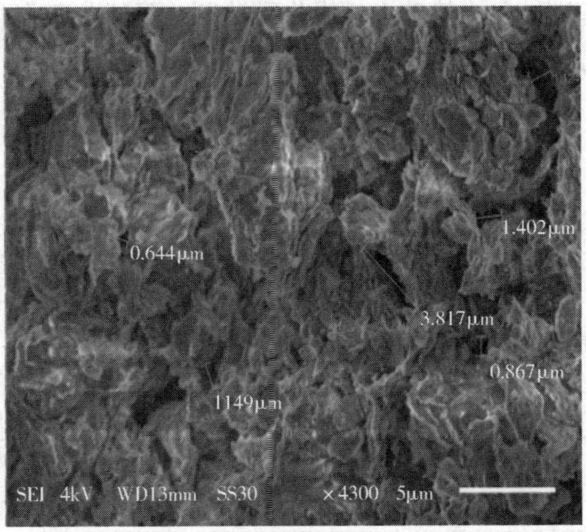

(b)百口泉组

图6 岩心表面扫描电镜图

1.5 力学实验

抗压强度指外力施压力时的强度极限，弹性模量是衡量物体抵抗弹性变形能力大小的。通过测试油基钻井液浸泡后的岩心的抗压强度和弹性模量来分析岩心浸泡前后的力学性质变化(图7)，表3为测试结果。克上组岩心抗压强度明显高于百口泉组，由于克上组岩心含有石英等硬脆性岩石比例(65.7%)明显高于百口泉组。百口泉组岩样在清水和柴油中浸泡12h后，抗压强度分别降低为26.84MPa和57.58MPa，说明清水会导致百口泉组抗压强度大幅降低，而柴油对百口泉组的抗压强度影响较小。

图7　岩石力学测量装置

表3　克上组和百口泉组岩心的岩石力学参数

岩心样品	浸泡介质	浸泡时间	围压/MPa	弹性模量/GPa	泊松比	抗压强度/MPa
克上组	—	—	10	31.32	0.18	92.17
百口泉组	—	—	10	12.43	0.32	61.62
百口泉组	清水	12	10	5.12	0.25	26.84
百口泉组	柴油	12	10	11.25	0.31	57.58

2　油基钻井液基础配方优化

根据上述实验得出：油相或水相易在岩石表面铺展，由于岩石存在微纳米孔隙，在毛管力和液柱压差的作用下，钻井液侵入岩石内部，一方面改变岩石的内部应力分布，另一方面岩石抗压强度和弹性模量降低，引发坍塌。应从两方面强化井壁稳定性：抑制岩石水化膨胀；增强钻井液封堵性能。

油基钻井液中油相对岩石理化性质影响小，同时水相中含有适当比例的$CaCl_2$，能有效降低水的活度，起到较好抑制水化作用。在现场油基钻井液基础配方的基础上，优化乳化剂、降滤失剂等配比，建立适应A井区的强封堵油基钻井液体系。

2.1 乳化剂配比优化

实验室采用油基钻井液基浆配方为：基液(5号白油：25%$CaCl_2$水溶液=80：20)+2.5%降滤失剂+2%氧化沥青+2.5%有机土+1.5%CaO+重晶石，调节主乳化剂及辅乳化剂加量，研究乳化剂配比对体系乳液稳定性的影响。表4列出不同乳化剂配比对钻井液破乳电压的影响。当主乳化剂和辅乳化剂加量低于2%时，油基钻井液乳液稳定性及沉降稳定性较差，体系出现硬沉。热滚后破乳电压较低，体系综合性能不稳定。当主乳化剂和辅乳化剂加量大于2%时，体系乳化性能稳定，开罐稳定，流变性较好，热滚后破乳电压大于800V。随着乳化剂加量的增加，体系乳化性能增强，热滚前后破乳电压均增强。当主乳化剂和辅乳化剂加量大于3%时，热滚前破乳电压大于2047V，热滚后破乳电压大于1500V，考虑到乳液稳定性及经济性，选取乳化剂配比为：2%主乳化剂+2%辅乳化剂。

表4　不同乳化剂配比对钻井液破乳电压的影响

乳化剂配比	老化条件	ES/V		备注
		热滚前	热滚后	
主乳(1%)+辅乳(1%)	120℃/16h	547/532/527	365/382/387	出现硬沉及油水分层
主乳(2%)+辅乳(1%)	120℃/16h	986/1054/1038	583/546/573	出现硬沉，稳定性差
主乳(2%)+辅乳(2%)	120℃/16h	1534/1511/1567	847/883/903	开罐稳定，流变性较好
主乳(2.5%)+辅乳(2.5%)	120℃/16h	1987/2021/2033	1208/1254/1227	开罐稳定，流变性较好
主乳(3%)+辅乳(3%)	120℃/16h	>2047	1574/1603/1589	开罐稳定，流变性较好

2.2 降滤失剂配比优化

实验室采用油基钻井液基浆配方为：基液（5号白油：25% $CaCl_2$ 水溶液=80：20）+2%主乳化剂+2%辅乳化剂+2.5%有机土+2%氧化沥青+1.5%CaO+重晶石，调节降滤失剂加量，研究降滤失剂对体系黏度、切力、高温高压滤失量、破乳电压等参数的影响。表5列出不同降滤失剂(XZ-OJL)加量对钻井液基础性能的影响，随着降滤失剂加量的增加，高温高压滤失量逐渐降低，破乳电压逐渐升高，乳液稳定性逐渐增强。降滤失剂为高分子聚合物，体系黏度和切力随降滤失剂加量的增加而升高，说明降滤失剂加量对流变性有显著影响。当降滤失剂加量为4%，高温高压滤失量为2.9mL，达到设计要求。当降滤失剂加量为5%，滤失量降低幅度不大。综合高温高压滤失量及成本，选取4%的降滤失剂加量。对比设计方案，该降滤失剂加量高于设计值，设计方案针对抗温100℃、密度1.35~1.77g/cm³ 设计，因而对于温度大于120℃的地层钻井，应适度提高降滤失剂加量，保证滤失量控制在合理范围。

表5 降滤失剂加量对钻井液性能的影响

降滤失剂加量	老化条件	AV/(mPa·s)	PV/(mPa·s)	YP/Pa	FL_{HTHP}/mL	ES/V
2%	室温	66.5	50	16.5	—	1463
	120℃/16h	69	56	13	6.4	765
3%	室温	71	56	15	—	1521
	120℃/16h	74.5	62	12.5	4.5	823
4%	室温	77	59	18	—	1614
	120℃/16h	82.5	67	15.5	2.9	882
5%	室温	85	68	17	—	1723
	120℃/16h	90.5	76	14.5	2.5	925

2.3 有机土加量优化

实验室采用油基钻井液基浆配方为：基液（5号白油：25% $CaCl_2$ 水溶液=80：20）+2%主乳化剂+2%辅乳化剂+4%降滤失剂+2%氧化沥青+1.5%CaO+重晶石，有机土选择新疆同益土，调节有机土加量，研究有机土对体系黏度、切力、高温高压滤失量、破乳电压等参数的影响。表6为不同有机土加量对钻井液基础性能的影响，随着有机土加量的增加，体系黏度和切力均有所增加，高温高压滤失量略有降低。说明有机土加入对体系流变性具有较为显著的影响，当加入量为1.5%时，动塑比为0.25，处于合理范围。当加入量大于1.5%时，黏度和切力持续增加，然而动塑比处于0.23左右，另一方面，黏度的增加将减慢钻速，不利于提高时效。因而考虑实际钻井需求及经济成本，选取有机土含量为1.5%。

表6 有机土加量对钻井液性能的影响

有机土加量	老化条件	AV/(mPa·s)	PV/(mPa·s)	YP/Pa	FL_{HTHP}/mL	ES/V
1%	室温	49.5	42	7.5	—	1475
	120℃/16h	46	41	5	3.0	658
1.5%	室温	59	46	13	—	1536
	120℃/16h	56.5	45	11.5	2.8	721
2%	室温	68	54	14	—	1653
	120℃/16h	65.5	53	12.5	3.1	863
2.5%	室温	77	59	18	—	1614
	120℃/16h	82.5	67	15.5	3.2	882

2.4 封堵体系优化

根据A井区克上组和百口泉组地层岩性特征，优选氧化沥青和超细碳酸钙作为主要封堵材料。氧化沥青可软化变形，粒径分布较宽，与地层孔隙和裂缝胶结能力强。超细碳酸钙应用范围广，承压封堵能力强。基于优化的油基钻井液体系配方，通过改变封堵体系种类及加量，形成强封堵油基钻井液体系。

选择不加氧化沥青的油基钻井液体系作为基浆，配方为：基液(5号白油：25% $CaCl_2$ 水溶液=80：20)+2%主乳化剂+2%辅乳化剂+4%降滤失剂+1.5%有机土+1.5%CaO+重晶石。通过改变氧化沥青及1000目超细碳酸钙加量，明确各封堵剂对油基钻井液体系基本性能的影响。结果如表7所示，随着氧化沥青及超细碳酸钙的加入，高温高压滤失量降低。氧化沥青相比超细碳酸钙具有更好的封堵效果，由于氧化沥青大部分粒径分布于微米级，分布范围广，并且在高温高压下容易软化变形，能对微米级孔隙具有较好的封堵，超细碳酸钙为微米级的刚性颗粒，只能对固定孔隙进行封堵，无变形性，因而封堵效果劣于氧化沥青。随着氧化沥青加量的增加，降滤失效果明显降低，当加量达到3%以后，高温高压滤失量为1.8mL，再增加氧化沥青加量，降滤失效果不明显。氧化沥青与超细碳酸钙具有协同降滤失效果，超细碳酸钙加量对体系降滤失效果影响不明显，选取2%超细碳酸钙作为最佳加量。确定最终封堵体系配方为：基浆+3%氧化沥青+2%超细碳酸钙。

表7 不同封堵体系对钻井液性能的影响

体系	老化条件	AV/(mPa·s)	PV/(mPa·s)	YP/Pa	Φ_6/Φ_3	FL_{HTHP}/mL	ES/V
基浆	室温	48.5	36	12.5	11/10	—	1356
	120℃/16h	47	35	12	9/8	3.7	568
基浆+2%氧化沥青	室温	59	46	13	10/9	—	1536
	120℃/16h	56.5	45	11.5	9/7	2.8	721
基浆+3%氧化沥青	室温	67.5	53	14.5	12/11	—	1659
	120℃/16h	65.5	53	12.5	10/9	1.8	824
基浆+4%氧化沥青	室温	72.5	56	16.5	13/11	—	1781
	120℃/16h	70	56	14	10/9	1.8	886
基浆+2%超细碳酸钙	室温	53.5	41	12.5	10/9	—	1528
	120℃/16h	51.5	40	11.5	9/8	3.3	716
基浆+3%超细碳酸钙	室温	55	42	13	11/10	—	1631
	120℃/16h	53	41	12	10/9	3.4	765
基浆+3%氧化沥青+2%超细碳酸钙	室温	69.5	55	14.5	12/11	—	1795
	120℃/16h	66.5	54	12.5	10/9	1.5	981

2.5 油基钻井液体系评价

确定的强封堵油基钻井液体系配方为：基液(5号白油：25% $CaCl_2$ 水溶液=80：20)+2%主乳剂+2%辅乳化剂+4%降滤失剂+1.5%有机土+3%氧化沥青+2%超细碳酸钙+1.5%CaO+重晶石。采用高温高压渗透性封堵仪(PPA)评价不同封堵剂体系的封堵效果。室内采用渗透率为400mD(对应的孔隙直径为3μm)陶瓷砂盘，在120℃×3.5MPa下进行渗透性封堵实验。岩心选取百口泉组岩心，岩心渗透率在0.1mD左右。基浆+2%氧化沥青接近现场应用的油基钻井液体系，图8为滤失量随时间变化。现场油基钻井液体系(基浆+2%氧化沥青)渗透性滤失量为2.7mL，经过优化后的基浆+3%氧化沥青+2%超细碳酸钙的强封堵钻井液体系渗透性滤失量为1.2mL，相比现场油基钻井液体系，PPA渗透性滤失量降低55.6%。

针对优化出的强封堵油基钻井液体系开展现场适应性评价，分别开展体系抗温性能、抗老化、抗污染性能评价。抗温达180℃、具有较好的120℃长时间老化稳定性、良好的抗盐性能、抗最大岩屑百分比为7%。建立的强封堵钻井液体系在 MaHwX0 井三开钻进过程中使用，井壁稳定、井眼畅通，平均井径扩大率为 2.75%，最大井径扩大率为 9.33%，整个钻进过程中起下钻正常，相比附件采用水基钻井液的 MaHwX1 井，井径明显较小，封堵效果显著(图 9)。

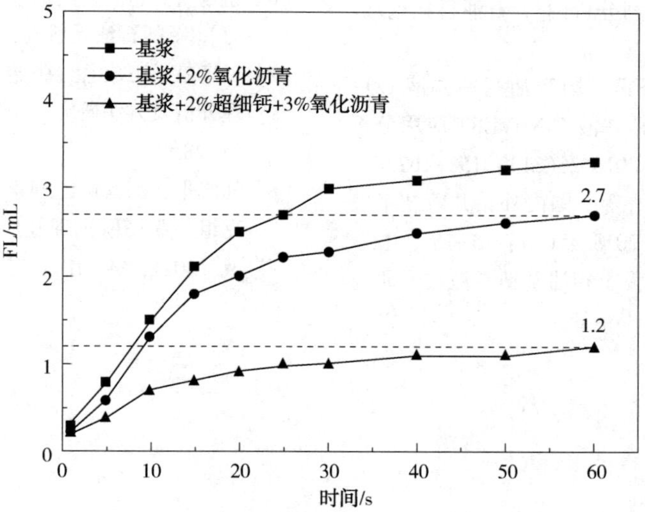

图 8　不同封堵体系渗透性滤失量随时间变化图

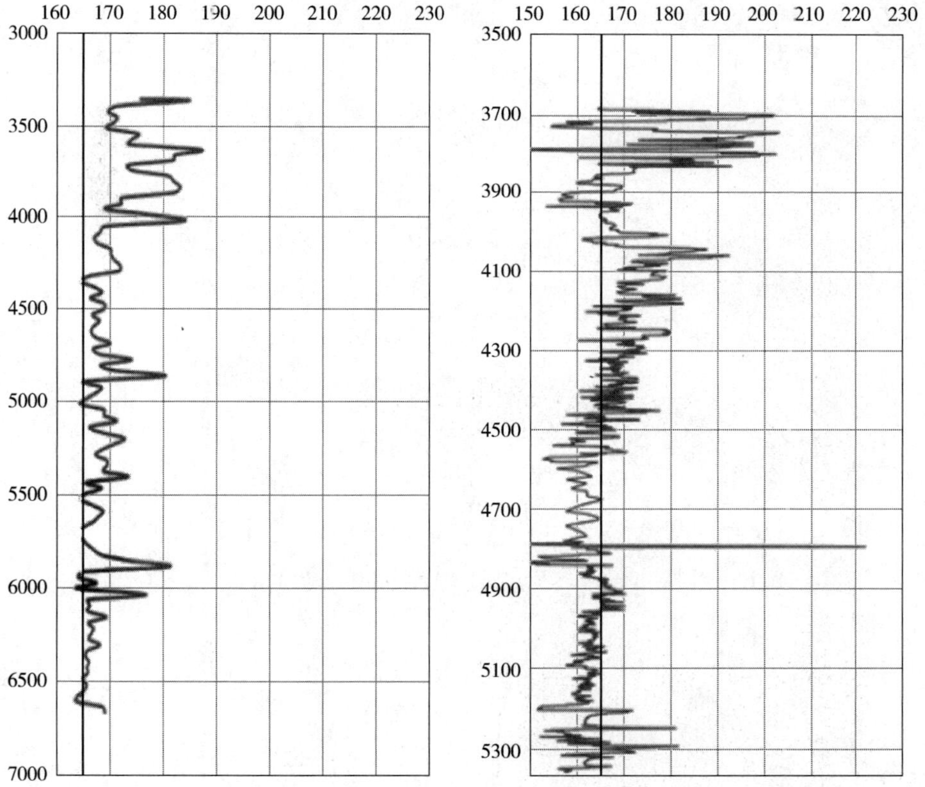

图 9　玛湖井区井径对比图

3　结论

(1) 黏土水化作用、岩石孔缝发育、钻井液侵入降低岩石强度是导致 A 井区井壁失稳的主要原因。

(2) 建立了适应于 A 井区的强封堵油基钻井液体系：基液(5 号白油：25%CaCl2 水溶液 = 80：20) +2%主乳化剂+2%辅乳化剂+4%降滤失剂+1.5%有机土+3%氧化沥青+2%超细碳酸钙+1.5%CaO+重晶石，该油基钻井液性能实验评价良好，并应用于现场应用，封堵效果明显。

参 考 文 献

[1] 邸伟娜，赵汨凡，李婧，等 . M-I SWACO 公司控制井壁稳定钻井液技术专利分析[J]. 石油科技论坛，2014. 33(5)：69-73.

[2] 明显森，刘胜玺，莫裕宾 . 国产油基钻井液 CQ-WOM 与哈里伯顿油基钻井液 INNOVERT 应用分析[J]. 科学技术与工程，2016. 26(31)：158-162.

[3] 谷海江，于延泽，马德，等 . 国内外钻井液技术发展概述[J]. 云南化工，2018. 45(4)：15-15.

[4] 黄贤斌 . 抗高温高性能无土相油基钻井液技术研究[D]. 中国石油大学(北京)，2017.

[5] 杨虎，周鹏高，石建刚，等 . 霍尔果斯背斜安集海河组巨厚泥岩油基钻井液技术[J]. 科学技术与工程，2019. 019(020)：180-186.

[6] 谢建安 . 超高密度油基钻井液技术在霍 11 井的应用[J]. 新疆石油天然气，2018. 014(003)：39-42.

[7] 王李昌，王成善，张金昌 . 科学深井井壁稳定性机理分析及方法研究[J]. 地质装备，2019. 20(004)：25-28.

[8] 陈修平，高雷雨，刘景涛，等 . 顺北油气田却尔却克组井壁失稳机理及应对措施[J]. 钻井液与完井液，2021，38(01)：35-41.

抗高温抗盐降滤失剂制备及性能评价

胡璟嵩　白　杨　陈　新　李道雄　陈玉杰

（西南石油大学）

摘　要　在油气资源勘探开发的深井和超深井作业中，经常面临高温、高密度和高矿化度等“三高”问题，这些问题对钻井液性能提出了更高要求。为了应对这些挑战，本文基于分子结构设计原理，采用N，N-二甲基丙烯酰胺、二烯丙基二甲基氯化铵、2-丙烯酰胺基-2-甲基丙磺酸和对苯乙烯磺酸钠作为合成单体，成功合成了一种新型的抗高温抗盐降滤失剂。通过单因素实验优化了单体的配比，确定了最佳配比为m(DMAM：DMDAAC：AMPS：SSS)=6：2：2：4。性能评价结果表明，该降滤失剂在高温、高盐、高钙条件下表现出优异的稳定性，能有效降低钻井液的滤失量，同时对钻井液的黏度影响较小，保持了钻井液的流变性能。通过红外光谱分析，确认了聚合产物分子链上具有四种单体的特征官能团，分子结构符合预期。进一步的抗温性能测试显示，该降滤失剂在220℃的高温下仍具有良好的流变与降滤失性能，其抗温性能优异。在盐水基浆和钙基浆中的性能测试结果也表明，该降滤失剂具有出色的抗盐和抗钙能力，在高浓度的NaCl和$CaCl_2$条件下仍能保持较低的滤失量和一定的黏度。综上所述，本文合成的抗高温抗盐降滤失剂不仅能有效应对油气勘探开发中的“三高”问题，而且具有显著的降滤失效果和良好的流变性能，为深井、超深井钻井液的高性能化提供了一种新的技术选择。该研究成果对于推动我国深井、超深井油气资源的高效开发具有重要的理论和实际意义。

关键词　钻井液；抗温；抗盐；抗钙；降滤失剂

随着油气资源勘探开发由浅井、中深井逐步转向深井、超深井领域，以及由常规油气向非常规油气转型，深层、超深层的非常规油气资源已逐渐成为我国油气开发的焦点。2023年5月30日，深地塔科1井在新疆塔里木油田开钻，7月20日，全球钻井难度最高的万米科学探索井——深地川科1井在四川盆地开钻，这标志着深井、超深井的开发是我国乃至世界的发展趋势。

但不同于常规浅井，深井、超深井存在着极大的勘探难度，具有高温、高压、高矿化度、地层条件复杂等难点，因此对钻井液的性能要求也更加苛刻。例如元坝区块下部海相地层温度可达220℃，最大压力系数达2.15，且存在大段盐膏层；塔里木山前构造地温可达200℃，盐膏层段最长可至3000m；常规的钻井液处理剂在高温高矿化度条件下存在功效降低甚至失效的问题，极大地破坏了钻井液性能的稳定。

目前深井、超深井中常用的处理剂中，降滤失剂作为控制滤失量和维持黏度的关键处理剂，在钻井液中发挥着不可或缺的作用，同时也面临着更高的难度与挑战。如何保持降滤失剂在高温、高压、高盐钙下的性能稳定，是目前亟需解决的一大难题。基于此，本文致力于研究出一种适用于深井、超深井，适用于“三高”条件，即高温、高密度、高矿化度条件的新型抗高温抗高盐钙滤失剂，为深井、超深井勘探开发和安全钻进提供技术参考。

1　材料与方法

1.1　药品与仪器

N,N-二甲基丙烯酰胺(DMAM)(99.61%)、二烯丙基二甲基氯化铵(DMDAAC)(60%水溶液)，上海毕得医药科技股份有限公司；2-丙烯酰胺基-2-甲基丙磺酸(AMPS)(98%上海阿拉丁生化科技有限公司)、对苯乙烯磺酸钠(SSS)(98%(HPLC)上海麦克林生化科技有限公司)、氯化钠、氢氧化钠、无水碳酸钠、无水氯化钙，分析纯，成都市科隆化工试剂厂；钙基膨润土(工业级 怀安县腾飞膨润土开发有限责任公司)。

JF2004精密电子天平(余姚市金诺天平仪器有限公司)、ZNN-D6六速旋转黏度计、XGRL-4A滚子加热炉、1614变频高速搅拌机，青岛创梦仪器有限公司、SD3中压滤失仪(青岛同春石油仪器有限公司)、B-013203乌氏黏度计(上海

垒固仪器有限公司)

1.2 实验方法

1.2.1 抗高抗盐降滤失剂的制备

称取一定质量的 DMAM、DMDAAC、SSS 于烧杯中，加入适量去离子水，搅拌至 SSS 溶解。继续加入一定质量的 AMPS，用 NaOH 溶液调节 pH 值，并搅拌溶解。将此溶液转移至三颈烧瓶内，磁力搅拌并通入氮气，升温至实验温度后，加入一定质量的引发剂，恒温反应若干小时，得到白色粘稠状聚合产物。将所得产物提纯后，烘干、剪切、粉碎，获得白色粉末状产品，即为目标产物抗高抗盐降滤失剂。

1.2.2 基浆配置

(1) 淡水基浆：在 1000mL 蒸馏水中，加入 40g 钙基膨润土，在 1500r/min 下搅拌 10min，加入 2.0g 无水碳酸钠，继续搅拌 30min 至所有固体溶解，在室温下养护 24h，即得实验用淡水基浆(4%膨润土)。

(2) 盐水基浆：在 1000mL 蒸馏水中，加入 40g 钙基膨润土，在 1500r/min 下搅拌 10min，加入 2.0g 无水碳酸钠和 100g NaCl，继续搅拌 30min 至所有固体溶解，在室温下养护 24h，即得实验用盐水基浆(10%NaCl)。

(3) 钙基浆：在 1000mL 蒸馏水中，加入 40g 钙基膨润土，在 1500r/min 下搅拌 10min，加入 2.0g 无水碳酸钠和 10g $CaCl_2$，继续搅拌 30min 至所有固体溶解，在室温下养护 24h，即得实验用钙基浆(1%$CaCl_2$)。

2 结果与讨论

2.1 单体配比

单体配比影响着聚合产物的分子结构，影响着各种特征官能团的比例，对聚合反应速率、聚合产物分子量以及反应物转化率等均有着较大影响。因此本文首先对四种单体的配比进行优化，以保证所得产物具有预期的分子结构与性能，实验中保持如表 1 所示实验条件不变。

表 1 单体配比实验条件

合成条件	各项参数
单体浓度/%	30
引发剂用量/%	0.2
反应时间/h	3
反应温度/℃	60
pH 值	7

2.1.1 DMAM 加量确定

DMAM 聚合活性较高，在聚合产物中作为提供骨架结构的主要单体，对产物分子量的影响很大。同时 DMAM 存在的酰胺基团，能有效吸附黏土颗粒，对于降滤失性能有着很大影响，因此首先确定其加量。实验中保持 DMDAAC、AMPS 和 SSS 配比不变，改变 DMAM 加量，探究其对聚合产物降滤失性能的影响，实验结果如图 1所示。

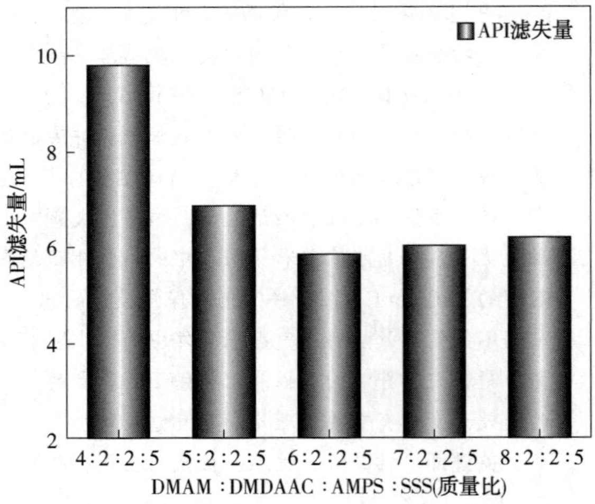

图 1 DMAM 加量对 API 滤失量的影响

由图 1 可知，随着 DMAM 加量增加，API 滤失量先降低后增加。其原因可能是当 DMAM 加量过低时，聚合产物中的吸附基团不足，难以稳定地吸附在黏土颗粒表面，性能发挥有限，因此 API 滤失量较大。但 DMAM 加量过高时，聚合产物的分子量较大，加大了水溶液黏度，且吸附基团过多，水化基团过少，容易导致黏土颗粒絮凝和表面水化膜厚底降低，API 滤失量增大。当 DMAM∶DMDAAC∶AMPS∶SSS=6∶2∶2∶5 时，聚合产物降滤失性能最佳，其 API 滤失量为 5.8mL。

2.1.2 DMDAAC 加量确定

DMDAAC 可以为聚合产物提供阳离子基团，能通过静电作用多点位吸附在黏土颗粒表面，增强黏土颗粒稳定性。并能引入刚性五元环结构，进一步提高了聚合产物的抗温性能。实验中保持 DMAM、AMPS 和 SSS 配比不变，改变 DMDAAC 加量，探究其对聚合产物降滤失性能的影响，实验结果如图 2 所示。

由图 2 可以看出，随着 DMDAAC 加量增加，API 滤失量呈现先降低后升高的趋势。这是因为当 DMDAAC 加量过低时，阳离子吸附基团较少，

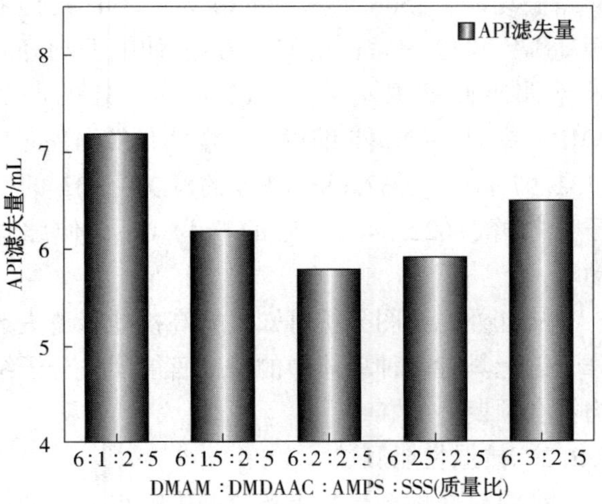

图 2　DMDAAC 加量对 API 滤失量的影响

聚合产物与黏土颗粒间静电吸附作用较低，较多的产物脱附于黏土颗粒表面，难以发挥其降滤失作用。当 DMDAAC 加量过大时，一是聚合产物中水化基团过少，黏土颗粒表面水化膜厚度减小，降低了护胶能力；二是阳离子基团过多，对黏土颗粒的包被作用增加，絮凝作用加剧，导致 API 滤失量逐渐增加。当 DMAM∶DMDAAC∶AMPS∶SSS＝6∶2∶2∶5 时，聚合产物降滤失性能最佳，其 API 滤失量为 5.8mL。

2.1.3　AMPS 加量确定

AMPS 可以为聚合产物提供抗温抗盐能力优良且水化能力强的磺酸基团，聚合活性高，是聚合反应中不可或缺的单体之一。实验中保持 DMAM、DMDAAC 和 SSS 配比不变，改变 AMPS 加量，探究其对聚合产物降滤失性能的影响，实验结果如图 3 所示。

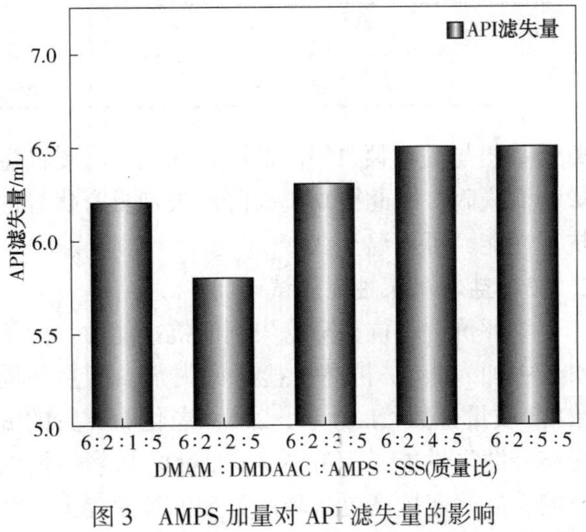

图 3　AMPS 加量对 API 滤失量的影响

由图 3 可知，随着 AMPS 加量的提高，API 滤失量先降低，这主要是因为磺酸基团的增加，提高了聚合产物的抗温抗盐能力，同时水化能力增加致使其护胶能力提高，增强了降滤失能力。但加量过高时，API 滤失量反而增加，这是由于 AMPS 过量后，聚合时位阻效应增加，降低了聚合产物的分子量。且吸附基团与水化基团比例失调，降低了聚合产物在黏土颗粒上的吸附能力，导致 API 滤失量增加。当 DMAM∶DMDAAC∶AMPS∶SSS＝6∶2∶2∶5 时，聚合产物降滤失性能最佳，其 API 滤失量为 5.8mL。

2.1.4　SSS 加量确定

SSS 在提供磺酸基团的同时，引入了刚性苯环结构，增加了分子链刚性，对聚合产物抗温抗盐能力有着明显的提升作用。实验中保持 DMAM、DMDAAC 和 AMPS 配比不变，改变 SSS 加量，探究其对聚合产物降滤失性能的影响，实验结果如图 4 所示。

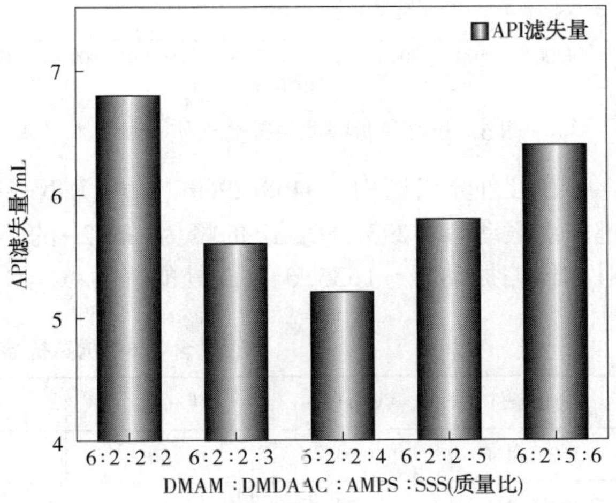

图 4　SSS 加量对 API 滤失量的影响

由图 4 可见，API 滤失量随着 SSS 加量的增加，先降低后增加，呈明显“V”型。导致这一现象的原因是：当 SSS 加量较低时，随着其加量升高，聚合产物中磺酸基团和刚性苯环结构增多，能逐渐提高其抗温抗盐能力，API 滤失量逐渐降低；当 SSS 加量过大时，会增加聚合反应的空间位阻效应，不利于反应进行，降低聚合产物分子量，增加 API 滤失量。当 DMAM∶DMDAAC∶AMPS∶SSS＝6∶2∶2∶4 时，聚合产物降滤失性能最佳，其 API 滤失量为 5.2mL。

通过单因素实验，确定最佳单体配比为：m(DMAM∶DMDAAC∶AMPS∶SSS)＝6∶2∶2∶4。

2.2　表征与性能评价

2.2.1　红外光谱特征

红外光谱分析是利用物质分子对红外光的吸

收特性，通过测量不同波长下的红外光吸收情况，获得分子的振动和转动信息，进而推断出分子的结构和化学键类型的一种分析方法，广泛应用于化学、物理、生物等领域。本文采用Nicolet iS5型红外光谱仪，将提纯后的聚合产物经溴化钾压片后，测量其红外光谱图，结果如图5所示。

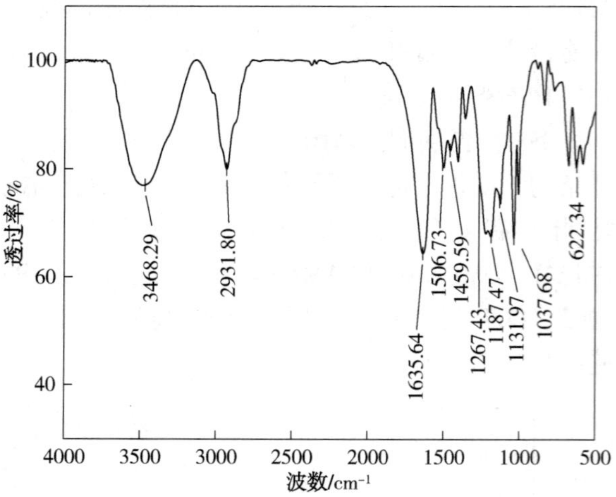

图5 抗高抗盐降滤失剂的红外光谱图

在红外光谱图中，3468.29cm^{-1}的峰为N-H键伸缩振动峰，2931.80cm^{-1}的峰为-CH2-的不对称伸缩振动峰，1635.64cm^{-1}处的峰为-C=O伸缩振动峰，1506.73cm^{-1}的峰为苯环骨架伸缩振动峰，1459.59cm^{-1}的峰为C-N伸缩振动峰和苯环骨架伸缩振动峰，1267.43cm^{-1}处的峰为AMPS中C-N伸缩振动峰，1187.41cm^{-1}、1131.97cm^{-1}、1037.68cm^{-1}等的峰为-SO3的特征吸收峰，622.34cm^{-1}处的峰为C-S伸缩振动峰。

从红外光谱图分析可知，抗高抗盐降滤失剂分子链上具有四种单体中的特征官能团，分子结构符合预期。

2.2.2 抗温性能测试

高温对处理剂与黏土颗粒的影响很大，会加剧聚合物降滤失剂的热分解作用，加剧黏土颗粒的高温聚集和高温钝化作用，并通过高温解吸附与高温去水化等影响着降滤失剂与黏土颗粒间的相互作用。因此研究含抗高抗盐降滤失剂的盐水基浆在高温下的性能变化情况，对于确定抗高抗盐降滤失剂在钻井液中的抗温能力有着积极意义。

向盐水基浆中加入3.5%抗高抗盐降滤失剂，测量不同老化温度后的流变与降滤失性能，探究抗高抗盐降滤失剂在盐水基浆中的抗温性能，实验结果如表2所示。

表2 含3.5%抗高抗盐降滤失剂的盐水基浆抗温能力

老化条件	AV/mPa·s	PV/mPa·s	YP/Pa	FL_{API}/mL	FL_{HTHP}/mL	泥饼厚度/mm
160℃/16h	54	40	14	4.2	10.4	1.0
180℃/16h	34	26	8	4.3	10.8	1.0
200℃/16h	26	23	3	4.7	13.8	1.5
220℃/16h	18.5	16	2.5	4.8	15.0	1.5
240℃/16h	26	25	1	5.0	20.2	2.0

随着老化温度的升高，基浆的黏度和切力逐渐降低，当温度达到240℃时，出现了略微增稠现象；基浆的API滤失量和HTHP滤失量随老化温度的增加，逐渐提高，这是因为高温促进了高温解吸附与高温去水化作用；但在220℃之间，均能保持良好的流变与降滤失性能，其原因在于，抗高抗盐降滤失剂能紧密吸附在黏土颗粒表面，增加其水化膜厚度，提高黏土颗粒间的静电斥力，提高黏土颗粒的分散程度，防止其大量聚集。同时磺酸基团和苯环等结构具有良好的抗温性能，保证了高温下性能的稳定，加之季铵阳离子基团与黏土颗粒间的静电作用也不易受高温影响而脱附，因此抗高抗盐降滤失剂具有优异的抗温性能，可抗温至220℃。

2.2.3 盐水基浆性能测试

为评价抗高抗盐降滤失剂的抗盐能力，向淡水浆中加入3.5%抗高抗盐降滤失剂，测量不同浓度(质量分数)NaCl下，220℃老化16h后的流变与降滤失性能，探究NaCl加量对基浆性能的影响，并确定抗高抗盐降滤失剂的抗盐能力，结果如表3所示。

表 3　抗高抗盐降滤失剂的抗盐性能测试结果

NaCl 加量	AV/mPa·s	PV/mPa·s	YP/Pa	FL_{API}/mL	FL_{HTHP}/mL	泥饼厚度/mm
0%	55.5	41	14.5	4.6	14.8	1.0
5%	39.5	33	6.5	5.1	12.2	1.5
10%	18.5	16	2.5	4.8	15.0	1.5
15%	18	16	2	4.4	16.2	1.5
20%	15	14	1	4.2	17.5	2.0
25%	13.5	13	0.5	5.0	20.4	2.0
30%	10.5	10	0.5	5.4	29.8	3.0

由上述实验数据可知，随着 NaCl 加量的增加，基浆的黏度与切力逐渐降低，这是因为 NaCl 的加入促进了分子链蜷缩，降低了基浆黏度。当 NaCl 加量为 30%时，基浆仍具有一定黏度，这可能是因为抗高抗盐降滤失剂作为两性离子聚合物，具有反聚电解质特性。Na^+的侵入会破坏存在于其分子结构中的内盐键，这会导致抗高抗盐降滤失剂与溶剂间的相互作用增加，使分子链的蜷缩阻力增大，有助于提高流体力学体积，维持基浆黏度；另一原因可能是，抗高抗盐降滤失剂分子链上因酰胺基团氮原子上的两个氢原子被空间位阻更大的甲基所取代，增大了分子链段的蜷曲阻力，使得分子链更为舒展。同时双甲基取代所具备的孪尾特性，使得抗高抗盐降滤失剂分子具备一定的疏水缔合性能，当其浓度较高时，易发生分子间缔合，增大了流体力学体积。且随温度升高，溶剂水的极性增强，进一步强化了抗高抗盐降滤失剂分子的疏水缔合效应，保证了基浆在高浓度盐加量下仍具有一定黏度。

API 滤失量和 HTHP 滤失量随着 NaCl 加量增加，呈现先降低后升高的趋势，当 NaCl 加量为 30%时，基浆 API 滤失量仅有 5.4mL，HTHP 滤失量仅有 29.8mL，表明抗高抗盐降滤失剂具有优异的抗盐能力。这可能是因为抗高抗盐降滤失剂分子具有一定的疏水缔合作用，在 NaCl 加量较低时，随着其加量升高，增强了水的极性，致使其疏水缔合能力加强，有效地提高了抗温抗盐能力；但随着加量持续增加，NaCl 对黏土颗粒的聚集作用加强，且加剧了分子链的蜷缩，因此降滤失能力逐渐减弱，滤失量逐渐增加。由于抗高抗盐降滤失剂分子中存在的磺酸基团和刚性苯环等结构，对高温和外界阳离子的侵入不敏感，且可通过氢键、范德华力和静电作用紧密吸附在黏土颗粒表面，大幅提高了抗温抗盐能力，保证了滤失量始终在较低范围。

2.2.4　钙基浆性能测试

为评价抗高抗盐降滤失剂的抗钙能力，向淡水基浆中加入 3.5%抗高抗盐降滤失剂，测量不同浓度（质量分数）$CaCl_2$ 下，220℃老化 16h 后的流变与降滤失性能，探究 $CaCl_2$ 加量对基浆性能的影响，并确定抗高抗盐降滤失剂的抗钙能力，结果如表 4 所示。

表 4　抗高抗盐降滤失剂的抗钙性能测试结果

$CaCl_2$ 加量	AV/mPa·s	PV/mPa·s	YP/Pa	FL_{API}/mL	FL_{HTHP}/mL	泥饼厚度/mm
0%	55.5	41	14.5	4.6	14.8	1.0
0.5%	20	18	2	4.4	12.0	1.0
0.75%	21	20	1	4.6	10.4	1.5
1.0%	14.5	14	0.5	5.4	14.2	1.5
1.25%	13.5	12	1.5	5.7	15.8	2.5
1.5%	12	11	1	5.7	16.6	2.5
1.75%	13.5	13	0.5	6.2	23.6	3.0
2.0%	13	13	0	6.5	68.0	5.0

由上实验结果可知，随着 $CaCl_2$ 加量的增加，黏度呈现先降低后几乎不变的趋势，API 滤失量与 HTHP 滤失量则均是先降低后升高，在 1.75% $CaCl_2$ 加量下，基浆仍具有一定黏度，

HTHP 滤失量也仅有 23.6mL，表明抗高抗盐降滤失剂具有优异的抗钙能力。其原因可能是抗高抗盐降滤失剂分子存在的反聚电解质特性和疏水缔合效应，加之磺酸基团等对 Ca^{2+} 不敏感，并能紧密吸附在黏土颗粒表面。因此保证了基浆在高浓度 Ca^{2+} 下仍可保持一定黏度，并具有优异的降滤失能力。

3 结论

本文基于分子结构原理，成功合成了一种新型的抗高温抗盐降滤失剂。这种降滤失剂以 N, N-二甲基丙烯酰胺、二烯丙基二甲基氯化铵、2-丙烯酰胺基-2-甲基丙磺酸和对苯乙烯磺酸钠为合成单体，通过水溶液聚合法制备而成。通过单因素实验优化了单体的质量比，最终确定了最佳配比为 DMAM：DMDAAC：AMPS：SSS=6：2：2：4，这一配比下的降滤失剂展现出了卓越的性能。

在性能评价方面，该降滤失剂在高温、高盐、高钙的极端条件下均表现出了优异的稳定性和降滤失效果。特别是在 220℃ 的高温老化条件下，其 API 滤失量和 HTHP 滤失量均保持在较低水平，表明了其出色的抗温性能。在盐水基浆和钙基浆中的测试结果也显示，即使在高浓度的 NaCl 和 $CaCl_2$ 存在下，该降滤失剂仍能有效降低滤失量，维持钻井液的黏度和流变性能，证明了其良好的抗盐和抗钙能力。

综合上述研究结果，该抗高温抗盐降滤失剂的开发为深井、超深井钻井液的性能提升提供了一种有效的技术手段。它不仅能有效应对油气勘探开发中的“三高”问题，提高钻井液的降滤失性能，而且对维护钻井液的流变稳定性具有重要意义。这一研究成果对于促进我国深井、超深井油气资源的高效、安全开发具有重要的理论价值和应用前景，有望在油气行业得到广泛的应用。

参 考 文 献

[1] 汪海阁，黄洪春，纪国栋，等．中国石油深井、超深井和水平井钻完井技术进展与挑战[J]．中国石油勘探，2023，28(03)：1-11.

[2] 王敏生，光新军，皮光林，等．低油价下石油工程技术创新特点及发展方向[J]．石油钻探技术，2018，46(06)：1-8.

[3] 李月清．油气勘探下半场：鏖战油气全新领域[J]．中国石油企业，2020，(07)：36-37.

[4] 胡素云，李建忠，王铜山，等．中国石油油气资源潜力分析与勘探选区思考[J]．石油实验地质，2020，42(05)：813-823.

[5] 刘小丽，田磊，杨光，等．实施五大战略　推动油气生产革命[J]．国际石油经济，2015，23(12)：10-15.

[6] Wang H G，Huang H C，Bi W X，et al. Deep and ultra-deep oil and gas well drilling technologies：Progress and prospect[J]．Natural Gas Industry B，2022，9(2)：141-157.

[7] 深地塔科 1 井[J]．保密工作，2023，(11)：2.

[8] 刘虎，罗平亚，陈思安，等．元坝区块超高温高密度饱和盐水钻井液体系优化与现场试验[J]．钻采工艺，2023，46(05)：124-132.

[9] 张晓兵，李长坤，衡宣亦，等．塔里木山前构造盐膏层固井难点与技术对策[J]．西部探矿工程，2021，33(12)：48-52.

[10] Ali Ghalambor，M. J. Economides. Formation Damage Abatement：A Quarter-Century Perspective[J]．Spe Journal，2002，7：4-13.

[11] 闫丽丽．抗温抗饱和盐聚合物钻井液降滤失增粘剂的研制及应用[D]．中国地质大学(北京)，2013.

[12] 刘鹭，蒲晓林，戎克生，等．抗高温四元聚合物降滤失剂的合成与表征[C]//2016 年全国天然气学术年会论文集，2016：1927-1935.

[13] 侯代勇．抗高温抑制型降滤失剂的合成研究[D]．西南石油大学，2015.

[14] 张健，张黎明，李健，等．无机盐对水溶液中两性离子聚合物分子线团尺寸的影响[J]．油田化学，1998，(02)：10-13.

[15] 罗霄．抗温耐盐共聚物降滤失剂及抑制剂的合成与性能研究_罗霄[D]．西南石油大学，2014.

[16] 任鲲，姜桂元，林梅钦，等．NaCl 对疏水缔合聚合物溶液性质的影响研究[J]．功能高分子学报，2005，(02)：321-324.

[17] 毛惠．超高温超高密度水基钻井液技术研究_毛惠[D]．中国石油大学(华东)，2017.

[18] 李东，王翟，赵英杰，等．高温高盐钻井液用降滤失剂的合成与性能评价[J]．现代化工，2021，41(08)：187-192.

[19] 李玺．环糊精对疏水缔合聚合物溶液性能的影响[D]．西南石油大学，2018.

[20] 孙立君．复合型耐温耐盐降滤失剂的合成及评价_孙立君[D]．西南石油大学，2018.

[21] 张蒙．甜菜碱型共聚物降滤失剂 PADAN 的合成及性能研究[D]．西南石油大学．

纳米杂化改性油井水泥超高温降失水剂制备及其增效原理

陈　建[1]　黄　盛[1]　李早元[1]　王建宁[2]　张　波[2]　王秀影[2]

(1. 西南石油大学石油与天然气工程学院；2. 中国石油华北油田公司工程技术研究院)

摘　要　随着油气资源向更深地层开采，传统材料难以适应超深层钻完井技术要求，无法满足作业条件。有关学者尝试通过在常规2-丙烯酰胺-2-甲基丙磺酸(AMPS)类线性降失水剂中引入纳米SiO_2来增强其性能，以满足新的应用需求。虽然相关研究取得一定成效，但是对于纳米SiO_2增效降失水剂性能的原因尚不明确。针对这一问题，使用γ-甲基丙烯酰氧基丙基三甲氧基硅烷(KH-570)表面改性纳米SiO_2，将改性后的产物KNS与AMPS、N，N-二甲基丙烯酰胺(DMAA)、衣康酸(IA)、4-丙烯酰吗啉(ACMO)共聚，制备了高温降失水剂CAF-1。通过傅里叶变换红外光谱仪、热重分析、核磁共振氢谱、表面水接触角测试以及粒径测试，验证了KNS和CAF-1均为结构设计的目标产物，通过扫描电子显微镜观察到CAF-1在水溶液中形成了三维网状结构。与线性结构降失水剂CHF-1(AMPS/DMAA/IA/ACMO)相比，引入KNS后的CAF-1展现出更好的结构耐温性和应用性能。含6% CAF-1水泥浆在230℃条件下，失水量可控制在50mL/30min内，并能保持良好的悬浮稳定性，水泥浆上下密度差<0.02g/cm^3。通过多种测试方法，表征分析了滤饼的比阻、渗透率、孔喉、粒径、微观形貌以及水化产物，引入KNS能显著提升降失水剂的性能，并增强滤饼的致密程度。在水泥早期水化阶段，KNS发生了“火山灰反应”，促进滤饼中水化产物形成，降低滤饼中的孔喉尺寸，改善其空间结构。KNS与聚合物分子接枝聚合后，降低了纳米颗粒团聚效应,，改善了滤饼中固相颗粒的尺寸分布，并实现了对滤饼中微小孔隙的充填。CAF-1在溶液中形成的三维网状结构使其能有效堵塞滤饼中的失水通道，显著增大了浆体中液相的流动阻力，从而降低了滤饼的渗透率。通过上述结果揭示了纳米杂化改性降失水剂控滤失增效机理：CAF-1通过纳米颗粒材料的封堵作用和火山灰反应，实现协同增效，有效减少了超高温水泥浆的失水量。

关键词　降失水剂；油井水泥；纳米二氧化硅；火山灰反应

中国深层以下油气资源量达到671×10^8t油当量。随着全球油气需求的增加，勘探开发正逐渐扩展至深层和超深层领域，开采过程中的温度和压力随着地层深度的增加而持续上升。固井作业作为油气井钻井工程的关键环节，高温高压地层环境对固井工作液提出了更高的技术要求。降失水剂作为油井水泥浆中的主要外加剂之一，其主要用于控制水泥浆的液相滤失，以维持浆体在流动过程中的密度和流动性，从而确保固井质量和施工安全。传统线性AMPS类降失水剂因具有优异的耐温性和抗盐性而被广泛应用，然而这类降失水剂中的酰胺基团在高温碱性条件下容易发生水解反应，导致聚合物分子的侧链脱落，从而影响其应用性能。

为了拓宽降失水剂的适用范围，相关研究人员采取了多种措施：郭锦棠等引入了双羧基化合物，开发出耐高温(达200℃)、耐饱和盐环境的降失水剂HTF-200C；严思明等采用特殊结构的磺酸基单体，成功制备出适用于90~200℃水泥浆的降失水剂FR；韩亮等在聚合物中引入了阳离子单体，合成了适用于高达200℃的降失水剂TSM-1。除此之外，Bu Yuhuan、Yang Yaping、Li Pengpeng等人引入二烯丙基二甲基氯化铵(DMDAAC)，增强了聚合物对水泥颗粒的吸附能力，从而提高了降失水剂的使用温度。

除了引入新型水溶性单体外，研究人员还尝试加入颗粒材料以提升降失水剂的综合性能。李晓岚等突破了传统水溶性共聚物思路，在丙烯酰胺(AM)、IA和AMPS共聚物中引入了无机非金属材料-碳化硅粉(SiC)，成功制备出了适用于93~200℃的高温油井水泥降失水剂ZFA-1。此外，由于纳米SiO_2具有颗粒效应和较大的比表面积，相关学者也开始将其应用于改善降失水剂的性能。Zhang Jian、赵建胜、Su Junlin、刘欢和

Ma Jingyuan 等人引入纳米 SiO_2 与传统水溶性高分子单体共同制备了性能更优的油井水泥降失水剂。

尽管引入纳米 SiO_2 能有效提升降失水剂的应用性能，其具体增效机制尚不完全清楚。本文使用 KH-570 作为硅烷偶联剂，通过“溶胶-凝胶法”表面改性纳米 SiO_2，制备了改性产物 KNS。随后采用水溶液聚合法将 KNS 引入 CHF-1（AMPS/DMAA/IA/ACMO），成功合成了高温降失水剂 CAF-1，并利用相应的测试方法分析了 KNS 提升 CAF-1 降滤失性能的原因。

1 实验部分

1.1 主要材料

2-丙烯酰胺基-2-甲基丙磺酸（AMPS）、衣康酸（IA）、纳米 SiO_2、N，N-二甲基丙烯酰胺（DMAA）、4-丙烯酰吗啉（ACMO）、亚硫酸氢钠（SHS），上海麦克林生化科技股份有限公司；γ—甲基丙烯酰氧基丙基三甲氧基硅烷（KH-570），过硫酸铵（APS）、氢氧化钠（NaOH），成都市科隆化学品有限公司；降失水剂（CHF-1）、缓凝剂（LHR-1L），实验室自制；石英砂，峨眉山市托阳油田工程技术有限公司；G 级油井水泥，四川乐山嘉华特种水泥有限公司。

1.2 结构设计与合成

1.2.1 分子结构设计

为了合成耐高温降失水剂，选择键能较大的 C-C 键作为聚合物分子主链，具体侧链设计如下：AMPS：含有两个 S-O 键的磺酸基（$-SO_3H$），能够提供良好的电负性和水溶性，增强分子抵抗阳离子进攻能力，并且大体积侧链具有空间位阻作用，可以增强分子稳定性；DMAA：酰胺基（$-CONH_2$）侧链的两个 H 原子被甲基（$-CH_3$）取代，增大了聚合物分子链的刚性和蜷缩阻力，具有更大的空间位阻，有效减缓酰胺基水解，增强聚合物的稳定性；ACMO：含 N 的刚性六元杂环，抑制酰胺基（$-CONH_2$）在高温碱性环境中的水解，增大降失水剂的流体力学体积，改善分子结构稳定性；IA：分子侧链含有两个羧酸基（-COOH），能够螯合水泥浆中的多价金属离子，形成多元环状结构，具有强大的吸附能力；纳米 SiO_2：具有较高的比表面积和表面能，颗粒尺寸小且易产生氢键作用。

1.2.2 合成与纯化

（1）KNS 制备

首先，将 KH-570 与乙醇溶解在 pH 值约为 4 的盐酸溶液中进行水解。随后，将分散处理后的 NS 乙醇溶液加入反应体系中，在 80℃恒温条件下反应 2h，然后将反应混合物冷却至室温。接着依次进行离心、洗涤和干燥处理，最终获得白色粉末 KNS。制备过程详见图 1、图 2。

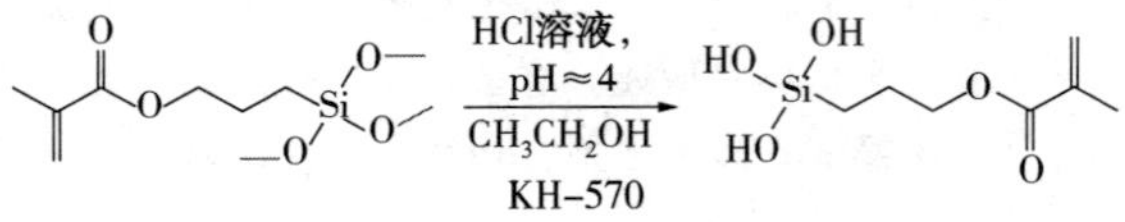

图 1 KH-570 水解示意图

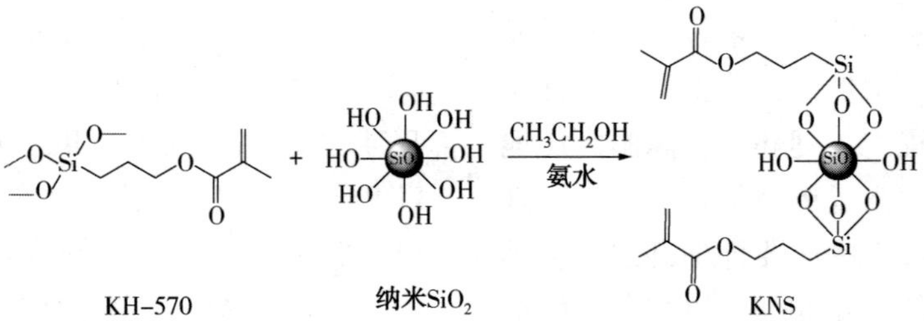

图 2 纳米 SiO_2 表面改性示意图

（2）CAF-1 合成

采用水溶液聚合法制备降失水剂 CAF-1 的具体步骤如下：首先，按照一定摩尔比将 AMPS 和 IA 溶解在超纯水中，使用氢氧化钠溶液调节溶解液的 pH 值至 7。接着依次加入 ACMO、DMAA 和 KNS 混合搅拌，待初步溶解后得到反应物溶液。同时，将 SHS 和 APS 按比例混合溶解在超纯水中，确保完全溶解后得到引发剂溶液。随后，将上述反应物溶液倒入三口烧瓶内，启动恒温装置和搅拌装置。当溶液升温至反应温度后，向三口烧瓶内持续通入氮气，待气体充满三口烧瓶后，加入引发剂溶液。在恒温反应指定时间后，可以得到乳白色微粘高温降失水剂 CAF-1。具体合成流程见图 3。

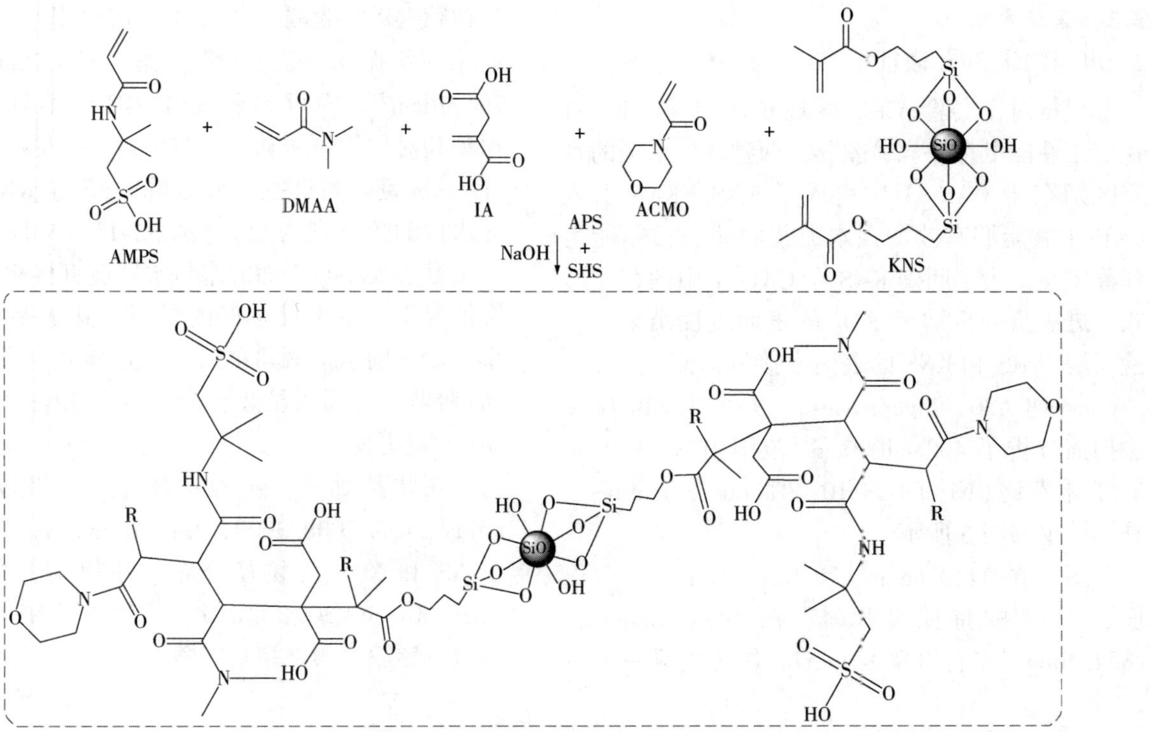

图 3　CAF-1 合成结构示意图

（3）CAF-1 的纯化

使用超纯水将降失水剂稀释至 0.1g/mL，将稀释液倒入截留分子量为 3500Da 的透析袋中密封，随后将其浸泡在装满超纯水的量杯中，每 12h 更换一次超纯水，经过 3 天的透析后，倒出样品进行冷冻干燥处理，得到白色蓬松絮状固体，将其研磨后得到粉末状降失水剂。

2　结果与讨论

2.1　降失水剂及应用性能

以 GB/T 19139—2012 油井水泥试验方法为标准，采用水泥浆配方：600gG 级油井水泥+210g 石英砂+18gLHR-1L+36g 降失水剂+水（ρ≈1.90g/cm^3，W/C=0.44），对比评价 CHF-1 和 CAF-1 的应用性能，水泥浆的失水量和稳定性结果如图 4 所示。

由图 4 可知，随着试验温度升高，水泥浆的失水量和水泥石的密度差增加，在相同的试验温度下，CHF-1 水泥浆的失水量更多，水泥石的密度差较大。通常使用水泥浆的失水量用来反映浆体的滤失控制能力，水泥石的密度差用来反映浆体的稳定性。结合实验结果表明，CAF-1 更有助于维持高温水泥浆的滤失控制能力和稳定性。6%加量的 CAF-1 能够基本控制 230℃水泥浆失水量少于 50mL/30min，满足应用需求。

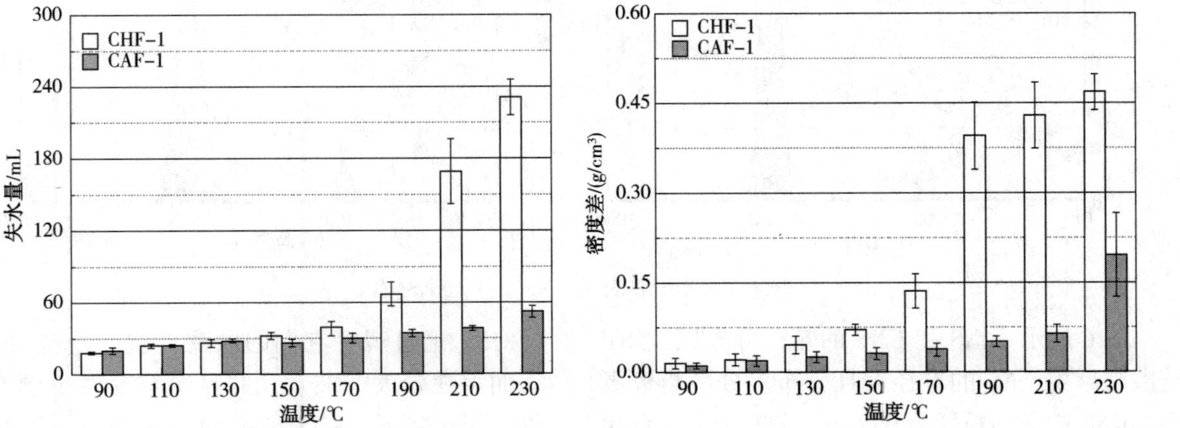

图 4　降失水剂应用性能测试：滤失性（左）；悬浮性（右）

2.2 表征分析

2.2.1 纳米 SiO_2 表征

根据对比实验结果，发现 CAF-1 和 CHF-1 在应用性能上存在显著差异，两种降失水剂的本质区别在于 CAF-1 中引入了 KNS。KNS 引入 CAF-1 后能够有效增强水泥浆的滤失控制能力和稳定性，为了明确 KNS 在 CAF-1 中的存在形式，进一步分析纳米 SiO_2 的表面改性结果，实验开展了 NS 和 KNS 的表面水接触角测试(Dataphysics-OCA20，Dataphysics)，并采用 KBr 压片法扫描分析了 400~4000cm^{-1} 范围内 NS 和 KNS 的红外光谱(Nicolet iS 10，Thermo Scientific)，具体结果如图 5 所示。

图 5 在 3440.66cm^{-1} 和 1631.81cm^{-1} 左右出现了-OH 的特征吸收峰，在 2924.88cm^{-1} 和 2854.46cm^{-1} 左右出现 KH-570 中 $-CH_3$ 和 $-CH_2-$ 的伸缩振动吸收峰，1758.47cm^{-1} 出现 C=O 基团的伸缩振动特征峰，在 1106.22cm^{-1} 和 796.76cm^{-1} 左右可观察到 Si-OH 的不对称伸缩振动和对称伸缩振动峰，471.21cm^{-1} 左右出现了 Si-O-Si 键的弯曲振动吸收峰。NS 和 KNS 的表面水接触角分别为 22.1°和 32.1°，材料表面的水接触角大小与表面的亲疏水性质直接相关，通常情况下，亲水性越好的材料，其水接触角越小。KNS 的水接触角更大，并且样品含有的 Si-OH 吸收峰强度明显低于 NS，说明 KNS 表面的-OH 含量更少。

在此基础上，实验使用激光粒度分析仪(Mastersizer 2000/3000，MalvernPanalytical)测试了 NS 和 KNS 的粒径分布，并利用扫描电镜(Zeiss Gemini 300，Carl Zeiss)观察了 NS 和 KNS 的微观形貌，测试结果如图 6 所示。

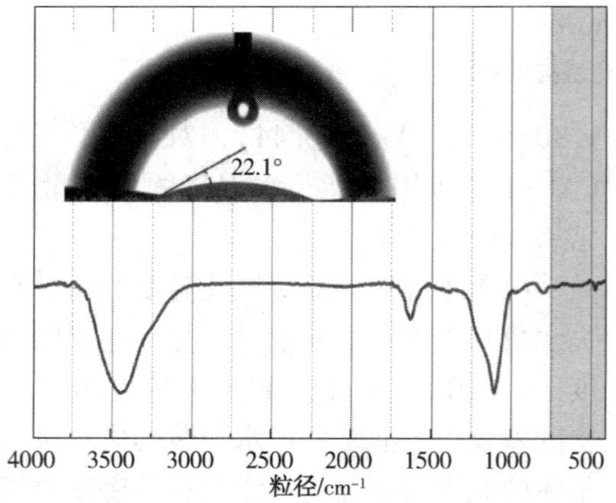

图 5 FTIR 谱图和水接触角结果：NS(左)；KNS(右)

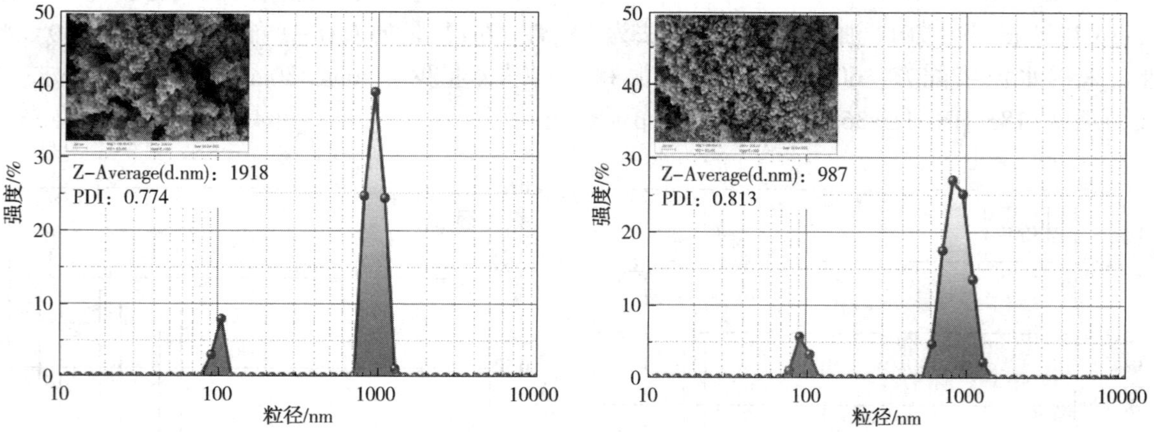

图 6 纳米材料表征：NS(左)；KNS(右)

图 6 展示了 NS 和 KNS 的粒径分布以及 10^5 倍微观形貌。NS 的粒径大且分布多分散指数更小，KNS 的平均粒径为 987nm，分布分散指数为 0.813。通过观察它们的微观形貌，发现 NS 的表面存在较大的波动，并且更容易发生颗粒团聚。相比之下，KNS 的表面较为平整，颗粒大

小较小且分布均匀。

纳米 SiO_2 具有较大的比表面积，表面富含大量活性羟基(-OH)，这使得其具备优异的亲水性，然而这些-OH 也会导致在表面效应的影响下，纳米 SiO_2 颗粒易于发生团聚，形成粒径更大的二次粒子。根据相关测试发现，KNS 的亲水性更差，不易团聚形成大颗粒，这表明实验成功将 KH-570 接枝到纳米 SiO_2 的表面，形成了改性产物 KNS。

2.2.2 降失水剂表征分析

通过对比 NS 和 KNS 的研究，可以确认 KH-570 成功地对纳米 SiO_2 进行了表面改性，KNS 为结构设计的目标产物。为了进一步明确 KNS 在 CAF-1 中的存在形式，采用 Nicolet iS 10 进行了 FTIR 测试，并结合核磁共振波谱 NMR (BRUKER AVANCE 400, Bruker Corporation)，以重水(D_2O)为溶剂对 CAF-1 和 CHF-1 的组成结构进行了分析，具体结果如图 7 所示。

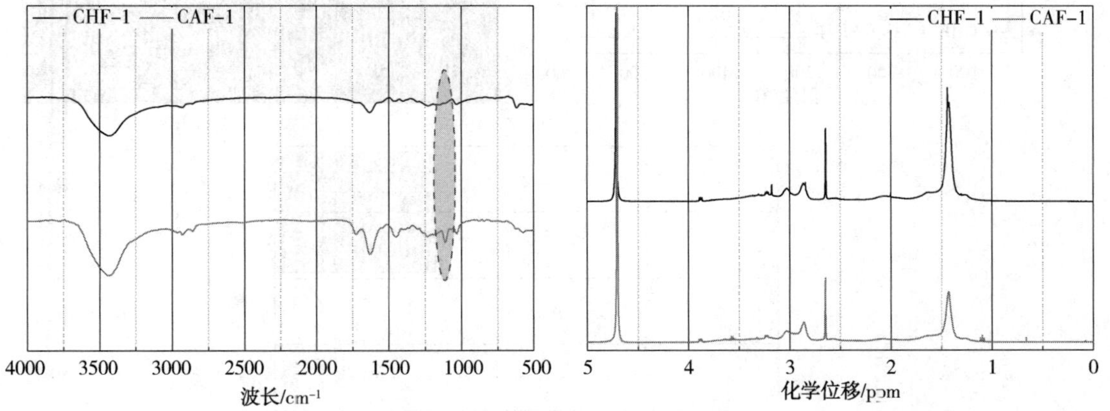

图 7　降失水剂表征测试：FTIR(左)；^{1}H-NMR(右)

图 7 的 FTIR 谱图中，3443.31cm^{-1}为 AMPS 中-NH 的伸缩振动吸收峰；2926.40cm^{-1}为 DMAA 中-CH_3 的不对称伸缩振动峰；1632.16cm^{-1}为 IA 中羧基的-C=O 的伸缩振动峰；1111.52cm^{-1}为 KNS 上 Si-O-Si 的特征伸缩振动吸收峰；1033.77cm^{-1}为 ACMO 中-C-O-C-的伸缩振动峰。

图 7^{1}H-NMR 结果中，δ=4.79ppm 是 D_2O 溶剂的吸收峰，δ=3.63ppm 和 δ=3.51ppm 是 ACMO 侧链六元杂环的-CH_2-的吸收峰，δ=3.40ppm 是 KH-570 上-OCH_3 的吸收峰，δ=3.12ppm 是 AMPS 上-CH_2-的吸收峰，δ=2.95ppm 是 DMAA 上-CH_3 的吸收峰，δ=2.75ppm 是 IA 中-CH_2-的吸收峰，δ=1.51ppm 是 AMPS 上-CH_3的吸收峰，δ=0.75ppm 是 KH-570 上与硅相连的-CH_2-的吸收峰。

FTIR 和 1H-NMR 分析结果显示，AMPS、DMAA、IA、ACMO 和 KNS 均出现了相应的特征峰，表明所有原料成功地参与了合成反应，确认了 CAF-1 为 AMPS、ACMO、DMAA、IA 和 KNS 的五元共聚产物。

基于降失水剂的结构分析，实验采用热分析仪(DSC823 TGA/SDTA85/e, METTLER TOLEDO)对 CAF-1 和 CHF-1 在 30~600℃范围内的热稳定性进行了表征，使用 N_2作为保护气，升温速率为 10℃/min。同时利用 Zeiss Gemini 300 进一步观察和分析了两种降失水剂的微观形貌和元素组成，具体结果如图 8 所示。

通过图 8 可以发现，CHF-1 的热稳定性较差，温度超过 239℃后质量迅速损失，相较而言，CAF-1 在 30~318℃范围内的热损失较少，而在 318~506℃之间，由于 ACMO 六元杂环的分解和主链的断裂，导致质量损失约为 48.58%。通过微观形貌发现，CAF-1 在水溶液中呈现三维空间网状结构，聚合物分子链交错堆叠，能谱分析表明样品表面富含 Si 和大量 O 元素，表明 KNS 通过接枝方式附着在 CAF-1 的侧链上。

相关测试结果表明，KNS 作为共聚原料参与了合成反应，制备的 CAF-1 作为分子设计的目标产物，在热稳定性上优于 CHF-1。此外，在 KNS 的作用下，CAF-1 溶解于水中后形成了三维网状结构。

2.3 纳米材料增效机理研究

在传统的线性降失水剂中引入 KNS 可以有效改善聚合物的分子结构，提升降失水剂的综合性能。除了对聚合物结构的影响之外，实验还深入研究了 KNS 对水泥滤饼的影响，通过探究降失水剂在过滤介质中的作用，进一步分析了 KNS 增效 CAF-1 的机理。

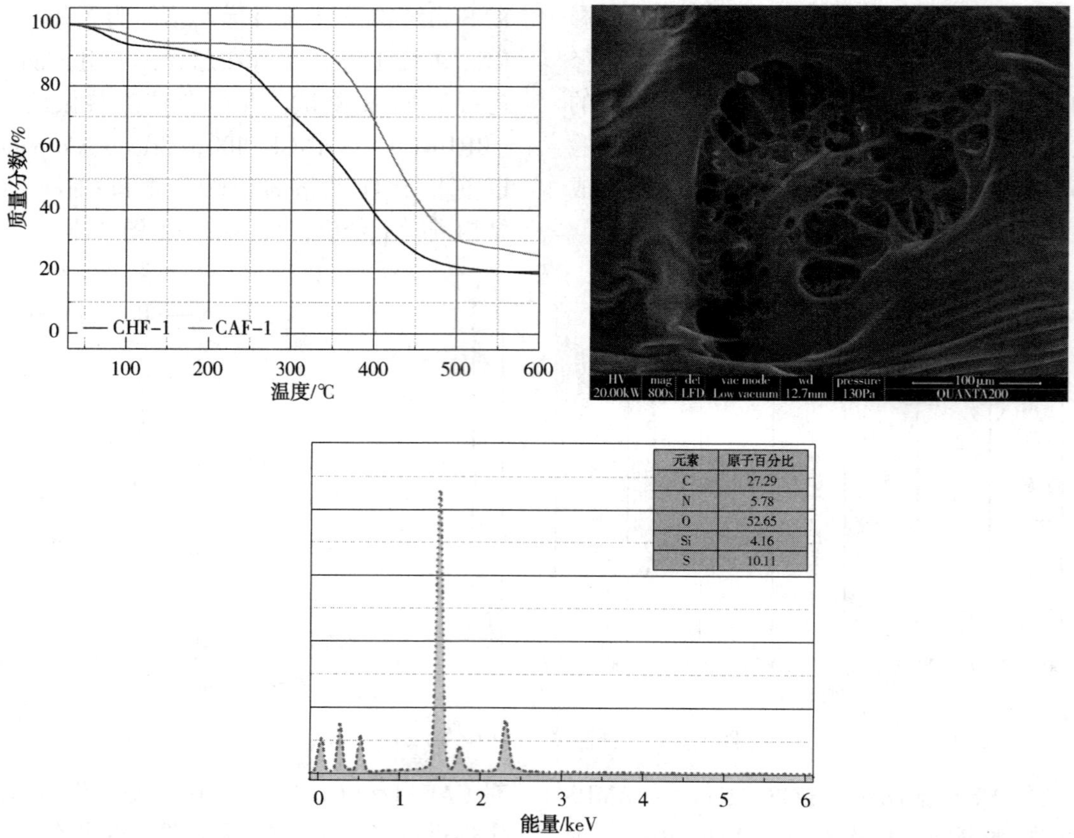

图 8　降失水剂表征测试：TG(左)；CAF-1 SEM(中)；DES(右)

2.3.1　流通性测试

收集水泥浆失水实验中的滤液和滤饼，采用旋转黏度计(NDJ-8S Pro，上海精密仪器仪表有限公司)测试滤液的黏度，通过达西定律变式(1)和(2)计算滤饼的渗透率和比阻，计算结果如表 1 所示。

$$V_t = \sqrt{\frac{2KA^2\Delta P}{\mu r}}\sqrt{t} \rightarrow K = \frac{\mu r V_t^2}{2A^2\Delta P t} \tag{1}$$

$$a = \frac{2\Delta p\left[\left(\frac{t}{q}\right)_2 - \left(\frac{t}{q}\right)_1\right]}{\mu r(q_2 - q_1)} \tag{2}$$

式中，K 为滤饼的渗透率，μm^2；μ 为滤液的黏度，mPa·s；r 为滤饼与滤液的体积比；V_t 为 t 时间对应的滤液体积，mL；A 为滤饼的截面积，cm^2；ΔP 为滤饼受到的压差，atm；t 为实验时间，s；α 为滤饼的比阻，m/kg；q 为单位过滤面积所过滤的滤液体积，m^3/m^2。

由表 1 可知，随着试验温度的升高，滤饼的渗透率增加而比阻减小。在相同的试验温度下，CAF-1 的滤饼表现出较低的渗透率和较大的比阻，其中 230℃ 条件下，CAF-1 滤饼渗透率为 CHF-1 的 9/40，而比阻则是 CHF-1 滤饼的 13 倍。

表 1　滤饼渗透率和比阻

温度/℃	渗透率/μm^2		比阻/(m/kg)	
	CHF-1	CAF-1	CHF-1	CAF-1
90	1.83×10^{-5}	2.3×10^{-5}	57755.56	56705.45
110	3.98×10^{-5}	4.7×10^{-5}	47254.55	39984.62
130	1.66×10^{-4}	1.21×10^{-4}	13328.21	21216.33
150	5.91×10^{-4}	1.33×10^{-4}	5650	16545.36

续表

温度/℃	渗透率/μm²		比阻/(m/kg)	
	CHF-1	CAF-1	CHF-1	CAF-1
170	1.62×10^{-3}	2.47×10^{-4}	2905.26	1181.14
190	8.96×10^{-3}	5.65×10^{-4}	1142.42	6671.23
210	1.32×10^{-2}	1.23×10^{-3}	242.22	3817.38
230	3.2×10^{-2}	7.12×10^{-3}	136.55	1859.75

渗透率反映了滤饼的紧密程度，而比阻则表示单位过滤面积上水泥浆液相受到的阻力，结合这两个参数可以分析水泥滤饼的流通性。对比CAF-1和CHF-1滤饼的比阻和渗透率结果显示，CAF-1滤饼的流通性较差，表明其水泥浆中的液相更不易滤失。

采用全直径岩心核磁共振分析系统(AniMR-150，上海纽迈电子科技有限公司)，通过监测滤饼中氢元素的分布，对230℃条件下的滤饼孔隙结构进行分析，测试结果如图9所示。

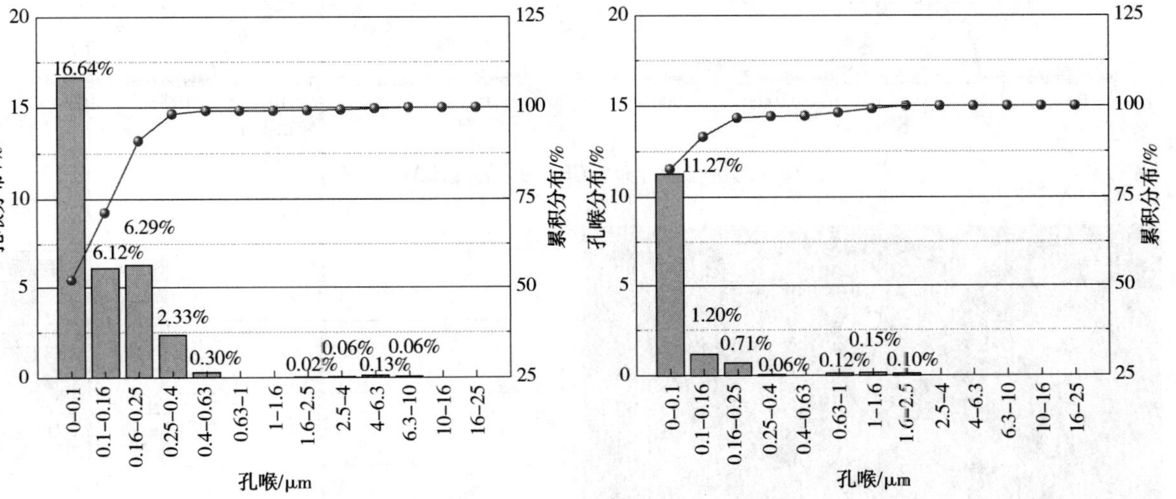

图9　滤饼孔喉分布：CHF-1(左)；CAF-1(右)

根据孔喉分布图9的测试结果，发现CHF-1和CAF-1滤饼的主要孔喉类型为微毛细管孔喉(<0.1μm)，在这个范围内，CHF-1滤饼的孔喉分布强度为16.64%，而CAF-1滤饼则为11.27%。此外，CHF-1滤饼中较大的孔喉数量和尺寸更多，其中15.31%的孔喉分布强度为毛细管孔喉(0.1~1μm)和超毛细管孔喉(>1μm)。

孔喉在滤饼中充当连接孔隙的通道，是水泥浆在压差作用下失水形成的，它也是滤饼内部液相流动的通道。因此，较大尺寸的孔喉有利于浆体中液相的流动。测试结果显示，CAF-1滤饼中的孔喉尺寸和数量较少，表明液相在CAF-1滤饼中的流动能力更差。孔喉尺寸与渗透率基本呈正相关，结合表1的计算结果发现，KNS加入降失水剂后能够有效增强滤饼对水泥浆液相的束缚能力，减小孔喉尺寸，从而减少浆体中的液相滤失。

2.3.2　微观结构分析

根据滤饼的渗透率、比阻以及孔喉分布的分析，可以得出CAF-1滤饼的流通性较差，更有利于自由水保留在水泥浆中。实验使用Mastersizer 2000/3000分别测试了CHF-1和CAF-1在230℃条件下滤饼表面的粒径分布，具体结果详见表2和图10。此外，通过Zeiss Gemini 300进一步观察和分析230℃滤饼表面的微观形貌和元素组成，结果如图11所示。

表2和图10展示了CHF-1和CAF-1滤饼表面的粒径分布情况。根据结果可以观察到CHF-1滤饼表面的平均粒径显著大于CAF-1滤饼，其中表面积平均粒径约为CAF-1滤饼的

2.74倍，体积平均粒径约为CAF-1的16.75倍。此外，CAF-1滤饼表面固相颗粒的分布离散度为5.70，表明其粒径分布较为集中。

表2　滤饼表面粒径分布

滤饼	表面积平均粒径/μm	体积平均粒径/μm	d(0.1)/μm	d(0.5)/μm	d(0.9)/μm
CHF-1	15.60	287.99	1.85	3.65	9.21
CAF-1	5.70	17.19	0.39	2.69	15.73

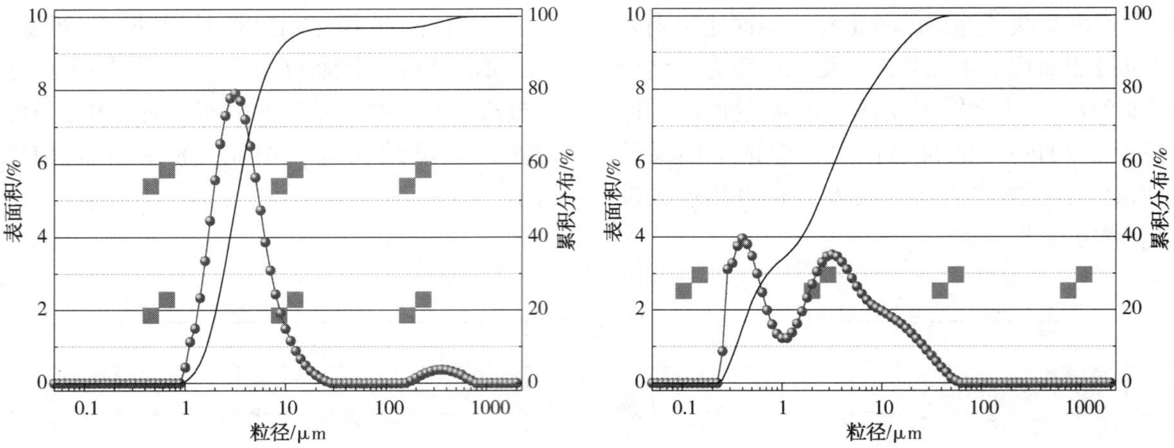

图10　滤饼粒径分布：CHF-1(左)；CAF-1(右)

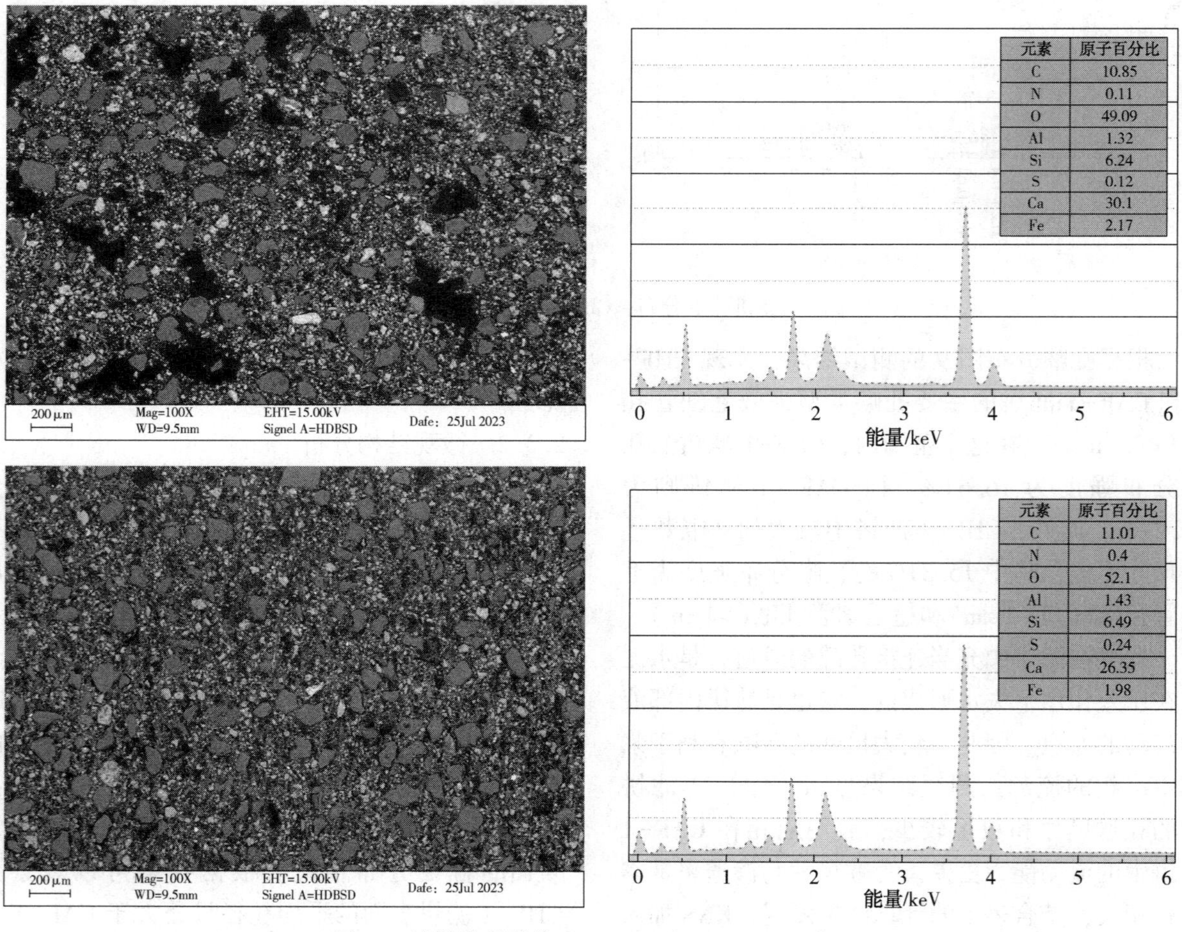

图11　滤饼微观形貌：CHF-1(左)；CAF-1(右)

滤饼的形成是通过固相颗粒的架桥和填充来实现的，其中大颗粒固相充当连接桥梁，小颗粒固相填充形成空隙。固相颗粒尺寸较小时，颗粒可以更紧密地填充水泥滤饼中的空隙，形成更加致密的滤饼结构，有助于减少液相的漏失。相反，如果固相颗粒尺寸过大，颗粒填充不均匀会导致滤饼中形成大孔隙，从而导致水泥浆中的液相大量漏失。CAF-1 滤饼表面的颗粒尺寸更小，相较于 CHF-1 滤饼，CAF-1 在形成滤饼时能够更有效地填充空隙，促进水泥浆形成更致密紧实的滤饼结构，从而减少浆体中的液相滤失。

通过滤饼的微观形貌图 11，可以看出 CHF-1 和 CAF-1 滤饼表面的显著差异。CHF-1 滤饼表面呈现疏松结构，具有许多大颗粒固相，并且存在尺寸较大的滤失孔道。相比之下，CAF-1 滤饼表面则呈现出更为致密的结构，固相颗粒尺寸较小，存在少量尺寸较小的失水孔道，这与图 9 中的孔喉测试和图 10 中的粒径测试结果是一致的。同时，观察元素组成发现，两种滤饼表面都含有 N 元素和 S 元素，这表明一定量的降失水剂沉积在滤饼表面，特别是 CAF-1 滤饼表面的 Si 元素含量更高，这表明 CAF-1 中的 KNS 部分在滤饼表面有较为显著的堆积现象。通过对比 CHF-1 和 CAF-1 滤饼表面的微观形貌和元素组成，进一步揭示了两者在滤饼堆积状况和结构特征上的显著差异。

2.3.3 水化进程分析

通过滤饼的流通性测试和微观结构分析，证实了 KNS 接枝到降失水剂中对改善滤饼结构的有利影响。KNS 的引入能够改善滤饼表面固相颗粒的分布，增强滤饼的致密度，进而降低滤饼的流通性。然而纳米 SiO_2 除了具有较大比表面积和丰富的-OH 之外，还能发生特殊的“火山灰反应”，在碱性环境中能够促进 CH 生成 C-S-H 凝胶，加速水泥水化反应。

高温失水实验通常持续一个小时，为了研究纳米 SiO_2 在滤失过程中对短期水化的影响，本实验利用 DSC823 TGA/SDTA85/e 分析了水泥滤饼在 40~1000℃范围内的热损失。通过比较不同水化产物的质量损失，评估了纳米 SiO_2 对失水实验中水泥水化过程的影响，具体测试结果如表 3和图 12 所示。

表 3 不同温度范围滤饼的质量损失

滤饼	质量损失/%			
	40~105℃	105~400℃	400~600℃	600~1000℃
Blank	0.024	0.822	0.980	0.506
CAF-1	0.032	0.973	0.612	0.830

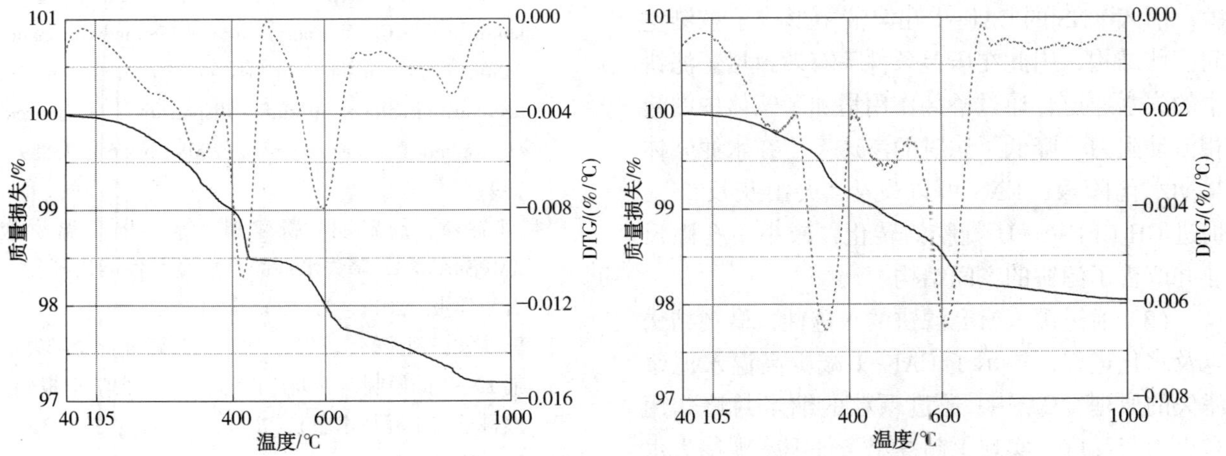

图 12 滤饼的 TG 曲线：Blank(左)；CAF-1(右)

热重分析是目前评估水泥中结合水和碳酸钙 $CaCO_3$ 含量的重要手段，通过对比两者的含量进一步分析水泥水化程度。在热失重过程中，40~105℃的失重主要是由于水的蒸发，105~400℃阶段则由于 C-S-H 凝胶、钙矾石和石膏的分解引起变化，400~600℃对应 CH 的热失重，600~

1000℃则对应$CaCO_3$的热损失。根据表3和图12的结果，发现空白水泥滤饼在105~400℃范围内热失重更少，而在400~600℃热损失更多，这表明CAF-1水泥滤饼中的CH含量更少，而C-S-H含量更多。

对比试验结果显示，CAF-1在水泥失水过程中消耗了部分CH，同时生成了更多的C-S-H凝胶，这符合“火山灰反应”的特征。因此可以推断，KNS在水泥浆失水过程中能够发生“火山灰反应”，通过促进CH生成更多C-S-H凝胶，进而加速水泥的水化反应。

3 结论

（1）通过FTIR、TG、1H-NMR、表面水接触角测试和粒径测试表明，成功通过KH-570表面改性纳米SiO_2制备了KNS，随后，引入AMPS、DMAA、IA和ACMO制备了高温降失水剂CAF-1。应用性能测试显示，添加6%的CAF-1能够基本控制水泥浆在230℃下的失水量少于50mL/30min，并且能够保持浆体的稳定性。与CHF-1相比较，CAF-1引入KNS后能够显著提高空间位阻，形成更加稳定的三维网状结构，增强了降失水剂的结构耐温性。TG分析结果表明，CAF-1的耐温性相较于CHF-1提升了79℃；

（2）滤饼测试发现，改性KNS具有良好的分散性和小颗粒尺寸，有效改善了滤饼中固相颗粒的尺寸分布，根据颗粒级配理论填充了微小孔隙。引入KNS的CAF-1在溶液中形成了三维空间网状结构，因此在压差条件下有效封堵了滤饼中的失水通道，通过桥接作用增加了浆体中的液相流动阻力，降低了滤饼的渗透率。在水泥浆体早期水化阶段，KNS可以发生“火山灰反应”，促进CH向C-S-H凝胶的转化，减小了孔隙尺寸并改善了滤饼的空间结构。

（3）通过深入研究滤饼的渗透性、微观结构以及水化进程，揭示了CAF-1减少高温水泥浆滤失的原理，CAF-1通过颗粒的纳米封堵作用和火山灰反应，实现了超高温条件下水泥浆失水量的有效控制。

参考文献

[1] 刘岩生，张佳伟，黄洪春．中国深层—超深层钻完井关键技术及发展方向[J]．石油学报，2024，45(01)：312-324.

[2] 常晓峰．一种具有“盐响应”特性的两性离子聚合物增黏降滤失剂[J]．天然气工业，2024，44(05)：118-126.

[3] 黄福喜，汪少勇，李明鹏，等．中国石油深层、超深层油气勘探进展与启示[J]．天然气工业，2024，44(01)：86-96.

[4] 汪海阁，黄洪春，毕文欣，等．深井超深井油气钻井技术进展与展望[J]．天然气工业，2021，41(08)：163-177.

[5] 王成文，王桓，薛毓铖，等．高密度水泥浆高温沉降稳定调控热增黏聚合物研制与性能[J]．石油学报，2020(第11期)：1416-1424.

[6] 于永金，薛毓铖，夏修建，等．一种抗240℃超高温固井缓凝剂的研发与评价[J]．天然气工业，2023，43(03)：107-112.

[7] 李壮壮，杨振声，王亚茹，等．四元共聚抗高温耐盐粉体降失水剂的制备及性能研究[J]．现代化工，2024，44(06)：191-197.

[8] 李早元，陈建，黄盛，等．含双温敏单体的耐220℃高温降失水剂[J]．油田化学，2024，41(01)：1-9.

[9] 李皋，付强，余杭航，等．四元共聚抗高温抗盐油井水泥浆降失水剂的合成[J]．天然气工业，2018，38(12)：96-101.

[10] 严思明，杨珅，王富辉，等．新型耐高温油井降失水剂的合成与性能评价[J]．石油学报，2016，37(05)：672-679.

[11] Johann Plank，Andreas Brandl，Nils Recalde Lummer. Effect of different anchor groups on adsorption behavior and effectiveness of poly(N，N-dimethylacrylamide-co-Ca 2-acrylamido-2-methylpropanesulfonate) as cement fluid loss additive in presence of acetone-formaldehyde-sulfite dispersant. [J]. Journal of Applied Polymer Science，2008(No.6)：3889-3894.

[12] 郭锦棠，周贤明，靳建洲，等．抗高温耐盐AMPS/AM/AA降失水剂的合成及其性能表征[J]．石油学报，2011，32(03)：470-473.

[13] 郭锦棠，刘振兴，何军，等．新型耐温抗盐降失水剂LX-1的研制与性能评价[J]．天津大学学报(自然科学与工程技术版)，2021，54(03)：318-323.

[14] Luo Yuanhao，Lin Ling，Guo Yongjun，et al. Study on high-temperature degradation of acrylamide-based polymer ZP1 in aqueous solution [J]. POLYMER DEGRADATION AND STABILITY，2023：110533.

[15] 靳志远，单国荣，潘鹏举．AM/AMPS/SSS三元共聚物的制备及耐温耐盐性能[J]．化工学报，2023，

74(02): 916-923.

[16] Fatima Dugonjić - Bilić, Johann Plank. Polyelectrolyte complexes from polyethylene imine/acetone formaldehyde sulfite polycondensates: A novel reagent for effective fluid loss control of oil well cement slurries [J]. Journal of Applied Polymer Science, 2011 (No. 3): 1262-1275.

[17] 郭锦棠，卢海川，刘硕琼，等．新型固井降失水剂 HTF-200C[J]．石油勘探与开发，2012，39(03)：359-364.

[18] 韩亮，唐欣，杨远光，等．新型两性离子固井降失水剂的合成与性能评价[J]．钻井液与完井液，2018，35(02)：85-91.

[19] Bu Yuhuan, Liu, Huajie, Nazari Ali, et al. Amphoteric ion polymer as fluid loss additive for phosphoaluminate cement in the presence of sodium hexametaphosphate (Article) [J]. Journal of Natural Gas Science and Engineering, 2016: 474-480.

[20] Yang Yaping, Li Ming, Zhang Wei, et al. Synthesis and performance study of amphoteric ion fluid loss additive SSS/AM/FA/DMDAAC[J]. Journal of Polymer Research, 2023(No. 12): 1-14.

[21] Li Pengpeng, Lu Haichuang, Hu Miaomiao, et al. Performance comparison and adsorption mechanism analysis of polyanionic and zwitterionic copolymer fluid loss additives for oil-well cement paste: An experimental and computational study[J]. Construction and Building Materials, 2024: 134955.

[22] 李晓岚，郑志军，郭鹏．高温油井水泥降失水剂 ZFA-1 的合成及性能[J]．钻井液与完井液，2020，37(02)：209-213.

[23] Li LG, Huang ZH, Zhu J, et al. Synergistic effects of micro-silica and nano-silica on strength and microstructure of mortar[J]. Construction and Building Materials, 2017(No. 0): 229-238.

[24] 王成文，陈新，周伟，等．纳米 SiO2 溶胶缓解油井水泥高温强度衰退的作用机理[J]．天然气工业，2019，39(03)：72-79.

[25] P. P. Abhilash, Nayak Dheeresh Kumar, Sangoju Bhaskar, et al. Effect of nano-silica in concrete; a review. [J]. Construction & Building Materials, 2021: 122347.

[26] Zhang Jian, Peng Zhigang, Zou Changjun, et al. Synthesis and performance evaluation of a polymer microsphere based nanosilica as a cementing fluid loss reducer [J]. Advances in Cement Research, 2019 (No. 1): 13-25.

[27] 赵建胜，代清，霍锦华，等．高温固井水泥浆用降失水剂 GT-1 的制备及性能[J]．钻井液与完井液，2022，39(02)：234-240.

[28] Su Junlin, Zhang Ai, Zuo Fuyin, et al. Study on the Preparation and System of Desulfonated Anti-High Temperature Fluid Loss Agent [J]. Chemistry and Technology of Fuels and Oils, 2022 (No. 1): 169-180.

[29] 刘欢，曾雪玲，李文研，等．新型抗温耐盐聚合物降失水剂的制备及性能研究[J]．现代化工，2023，43(01)：226-233.

[30] Ma Jingyuan, An Yuxiu, Yu Peizhi. Core-shell structure acrylamide copolymer grafted on nano-silica surface as an anti-calcium and anti-temperature fluid loss agent [J]. Journal of Materials Science, 2019 (No. 7): 5927-5941.

[31] Liu T, Li Y, Du Q, et al. Adsorption of methylene blue from aqueous solution by graphene. [J]. Colloids and surfaces. B, Biointerfaces, 2012 (No. 1): 197-203.

[32] Jeremy Holtsclaw and Gary P. Funkhouser, SPE, Halliburton. A Crosslinkable Synthetic-Polymer System for High-Temperature Hydraulic-Fracturing Applications [J]. Spe Drilling & Completion, 2010, 25 (04): 555-563.

[33] 罗霄，都伟超，蒲晓林，等．抗高温有机硅-胺类抑制剂的研制与性能研究[J]．油田化学，2016，33(04)：575-580.

[34] 纪宽，王春晖，贾伟娜，等．含辣素衍生结构的疏水缔合共聚物的制备及性能[J]．精细化工，2022，39(08)：1706-1715.

[35] 李晓岚，郑志军，郭鹏．高温油井水泥缓凝剂 ZRT-1 的合成及性能[J]．钻井液与完井液，2020，37(01)：93-96.

[36] Hajiabadi Seyed Hasan, Scopus preview-Bedrikovetsky, Pavel G, Mahani, Hassan, et al. Effects of surface modified nanosilica on drilling fluid and formation damage. [J]. Journal of Petroleum Science & Engineering, 2020(No. 0): 107559.

[37] 中国石油集团工程技术研究院．GB/T 19139—2012 油井水泥试验方法[S]. 2012.

[38] 丁彬，熊春明，耿向飞，等．致密油纳米流体增渗驱油体系特征及提高采收率机理[J]．石油勘探与开发，2020，47(04)：756-764.

[39] Corredor LM, Aliabadian E, Husein M, et al. Heavy oil recovery by surface modified silica nanoparticle/HPAM nanofluids(Article)[J]. Fuel, 2019(No. 0): 622-634.

[40] Wang Guangyu, Wen Shaoguo, Qian Suping, et

al. Synthesis of novel nano hyperbranched polymer resin and its corrosion resistance in coatings. [J]. Progress in Organic Coatings, 2020(No. 0): 105496.

[41] Vorobiev Eugene. Unified model for the prediction of consecutive solid-liquid filtration and expression at the constant pressure[J]. AIChE Journal, 2022, 68(3): n/a-n/a.

[42] 冯泽宇. 微细矿物滤饼微观孔隙结构特征及渗流机理研究[D]. 太原理工大学, 2022.

[43] 董长银, 张清华, 高凯歌, 等. 机械筛管挡砂精度优化实验及设计模型[J]. 石油勘探与开发, 2016, 43(06): 991-996.

[44] 王凤启. 徐家围子断陷致密砂砾岩束缚水饱和度测定研究[D]. 东北石油大学, 2017.

[45] 董鑫旭, 孟祥振, 蒲仁海. 基于致密砂岩储层孔喉系统分形理论划分的可动流体赋存特征认识[J]. 天然气工业, 2023, 43(03): 78-90.

[46] 钟汉毅, 高鑫, 邱正松, 等. 环保型β-环糊精聚合物微球高温降滤失作用机理[J]. 石油学报, 2021, 42(08): 1091-1102.

[47] Jiang Dongbing, Li Xiangguo, Lv Yang, et al. Early-age hydration process and autogenous shrinkage evolution of high performance cement pastes [J]. JOURNAL OF BUILDING ENGINEERING, 2022 (Suppl C).

[48] 徐洁, 汤金辉, 高畅, 等. 丙烯酰胺单体聚合复合硅灰石晶须协同增韧混凝土[J]. 硅酸盐学报, 2024, 52(02): 533-544.

[49] Ma Baoguo, Zhang Ting, Tan Hongbo, et al. Effect of triisopropanolamine on compressive strength and hydration of cement - fly ash paste [J]. Construction and Building Materials, 2018(No. 0): 89-99.

[50] 宋碧涛, 姚晓, 许仲梓. 油基细水泥水化机理研究[J]. 天然气工业, 2005(08): 57-59.

[51] K. De Weerdt, M. Ben Haha, G. Le Saout, et al. Hydration mechanisms of ternary Portland cements containing limestone powder and fly ash[J]. Cement and Concrete Research, 2011(No. 3): 279-291.

固井水泥浆与水基钻井液接触污染机理及防污染研究

高　源[1,2]　赵殊勋[3]　黄　盛[1,2]　齐　奔[3]　李早元[1,2]

[1. 油气藏地质及开发工程全国重点实验室(西南石油大学); 2. 西南石油大学石油与天然气工程学院;
3. 中国石油集团渤海钻探工程有限公司第二固井分公司]

摘　要　在固井过程中，水基钻井液(WBM)与水泥浆发生接触是不可避免的，由于两者化学相容性差，导致水泥浆受到污染，各项性能下降。本文评价了WBM与水泥浆在不同掺混比例下的污染程度，在掺混比例为75∶25时，混浆各项性能不能满足固井需求，结合表征分析微观形貌和组分变化，探明了WBM对水泥浆的污染机理为：WBM中聚合物组分与水泥颗粒发生吸附反应，并与水泥浆中金属离子发生化学反应，形成凝胶结构，导致了混浆流动性和抗压强度丧失，稠化时间缩短等问题。以污染机理为理论依据，开发了一种能够有效降低水泥浆污染的有机小分子抗污染剂(PH-2)，通过与大分子聚合物处理剂“争抢”易交联的Ca^{2+}、Fe^{3+}和Al^{3+}等金属离子和活性位点，实现防污染目的。控制PH-2加入隔离液的加量，通过实验和表征共同证明了PH-2的有效性。在7∶2∶1比例下，流动度从8cm提升到24cm，稠化时间恢复至350min，且适用于不同掺混比例混浆。PH-2有效减少了WBM对水泥浆体系的影响，提高隔离液的抗污染性能。为证明PH-2的抗污染机理，采用XPS证实PH-2的结合能大于聚合物，利于竞争吸附。进一步通过拆结构实验和金属离子吸附实验证实PH-2效果明显，能够有效的抑制KLS污染水泥浆导致胶凝结构的产生，达到防污染目的。

关键词　固井；水泥浆；接触污染；水基钻井液；稠化时间

水基钻井液(WBM)是钻井工程中最常见的钻井液，由膨润土、各种聚合物剂(稀释剂、降滤失剂、页岩稳定剂等)和润湿材料组成。WBM体系相对经济且环保，常用于钻探页岩地层。虽然WBM具有较多优异性能，但不包括与固井水泥浆的相容性。在固井作业过程中，WBM不可避免会与固井水泥浆发生接触，由于二者化学环境差异较大，当掺混发生时，将导致水泥浆性能严重恶化。即使采用不同的机械和化学辅助措施，如刮泥器、隔离液和化学清洗剂以降低水泥污染风险，但WBM不能100%去除，钻井泥浆仍然会滞留在环空中，进而污染水泥浆。污染导致水泥浆闪凝、稠化时间过短、套管内堵塞或者环空桥堵、注水泥后起不出等问题，造成“灌香肠”和“插旗杆”等事故。东海某井在套管固井作业过程中发生“灌香肠”，钻除水泥塞后，射孔未能建立循环通道，通过挤水泥等补救措施也未能实现固井质量的改善，最终开窗侧钻井眼，才顺利达到预定钻井深度；也门71区块的重点探井Rabaa-1在尾管固井过程中发生“插旗杆”事故，经历14天的套铣、倒扣处理才得以挽救。

为此，探索WBM体系中对固井水泥浆污染及开发解污染措施是十分必要的。本文使用WBM样品取自川渝地区现场在用钻井液与水泥浆掺混，评价WBM与水泥浆不同掺混比例下的污染程度，结合表征分析(微观结构、微观形貌)，明确造成污染的主要原因。在此基础上，开发一种具备防污染能力的隔离液外加剂，解决水泥浆与WBM掺混后的污染问题，优化抗污染剂加量，评价其在不同掺混比例下的解污染能力。最后，从微观层面上去分析防污染后混浆组成变化，探明解污染的作用方式。

1　实验部分

1.1　材料与仪器

有机小分子PH-2，纯度：98%，生产厂家：上海阿拉丁生化科技股份有限公司；固井水泥：嘉华G级油井高抗盐水泥；水泥浆外加剂取自成都欧美克石油科技股份有限公司，包括降失水剂(HX-12L)和缓凝剂(HX-36L)。实验用水泥浆配方：G级水泥(600g)+200目石英砂(210g)+4000目微硅(30g)+水(320g)+4.0%

HX-12L+0.15% HX-36L，密度为 1.87g/cm³；实验用隔离液配方：水 + 2% GW301 + 3% GW201+重晶石，密度为 1.7g/cm³；实验用泥浆关键处理剂：水+1%降滤失剂 KLS-1+3%抑制润滑剂 YRH+3%封堵剂 YFT+50%复合有机盐 YJZ-1。

扫描电子显微镜(SEM)ZEISS Sigma 300，德国卡尔·蔡司股份公司；X 射线衍射仪(XRD) Nexsa，赛默飞世尔科技公司；高速搅拌器(OWC-9360)，沈阳航空应用技术研究所；常压稠化仪(OWC-9530C-1)，沈阳航空应用技术研究所；高温高压稠化仪(OWC-9480CBL)，沈阳航空应用技术研究所；高温增压养护釜(OWC-9390Y)，沈阳航空应用技术研究所；冷冻干燥机(SCIENTZ-10N)，宁波新芝生物科技股份有限公司。电子液压式压力机(YA-300)，北京海智科技开发中心；六速旋转黏度计(ZNN-D6S)，青岛海通达专用仪器厂。

在分子构建中，采用 Materials Studio 软件分别构建了 PH-2 分子模型以及 KLS 聚合物，并且对分子模型进行量子力学(DMol³)优化，得到稳定结构，计算其量子化学信息。

1.2 实验方法

取自 180min 和 2d 水化阶段样品，采用液氮冷冻以及冷冻干燥的方法，终止水化，用于测试表征。实验时采用的是美国赛默飞 Nexsa 型 X 射线衍射仪(XRD)，扫描速率为 10°/min，以 Cu-Ka 作为射线辐射源，对应工作电压为 40kV，电流为 40mA，在 2θ 为 5~90°范围内步长为 0.02°下对粉末材料进行衍射扫描。采用德国 ZEISS Sigma 300 型扫描电子显微镜观察物相形貌，由于水泥的导电性较差，需对表面进行真空镀金处理，提高试样导电性。

根据 GB/T 19139—2012 程序，进行 WBM 与水泥浆污染评价实验以及解污染实验，主要测定掺混水泥浆(石)的流动度、流变性、稠化时间、初始稠度和抗压强度。水泥石养护条件为：20.7MPa×120℃；稠化实验条件为：70MPa×160℃×90min。

2 结果与讨论

2.1 不同掺混比例混浆水泥浆性能影响

按照水泥浆和 WBM 比例为 100：0、95：5、85：15、75：25 和 50：50 进行掺混，以研究 WBM 对水泥浆流动性、水泥石抗压强度和稠化实验的影响(图 1)。

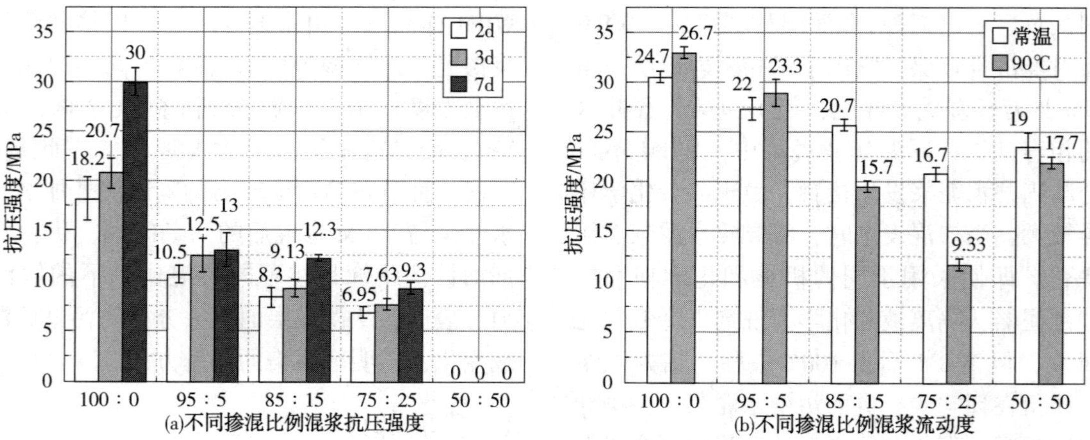

图 1　不同掺混比例混浆抗压强度(a)，不同掺混比例混浆流动度(b)

图 1(a)为不同掺混比例混浆的抗压强度，未污染水泥浆在短时期内就有较大抗压强度，随着水化时间延长，抗压强度在不断提高。相较于未污染水泥浆，掺混 5%的 WBM 后，水泥石的抗压强度衰退非常严重，缩小近 50%。这能够有效地证明 WBM 对水泥浆的污染是十分严重的，即使是低掺量也能够明显改变水泥浆水化程度。随着掺混比例的增高，水泥石的抗压程度呈反比例降低，当掺混比例达到 50：50 时，水泥石彻底丧失抗压强度，甚至出现 7 天不凝固的现象。

随着 WBM 掺混比例的增加，水泥浆的流动性会受到不同程度的影响。如图 1b 所示，随着 WBM 掺混比例的提高，水泥浆的流动度会出现明显的下降趋势。然而，在 50∶50 的掺混条件下，水泥浆的流动度明显高于 75∶25 掺混条件下的流动度，这可能是由于污染混浆中水泥浆含量减少，水泥浆与 WBM 产生的相互干扰较小。在 75∶25 掺混下，高温养护 20min 后，掺混水泥浆的流动度降低到 9cm，已丧失可泵送性。造成这种现象的原因可能是，WBM 聚合物高分子结构本身就能对水泥浆的流动性产生阻碍，高温条件下，聚合物链的交联或缠绕现象会更加明显，增加水泥浆的内摩擦力，使其黏度增加，流动度减小。

随着掺混比例升高，流变性能变差，常温条件下，掺混比例大于 25%时，水泥浆流变性能迅速恶化，见图 2(a)。这可能是因为太多的 WBM 混入水泥浆，固相颗粒降低导致的。在 90℃养护条件下，混浆的流变性变差，75∶25 掺混比例下，高温下失去其流变性能力，见图 2(b)。

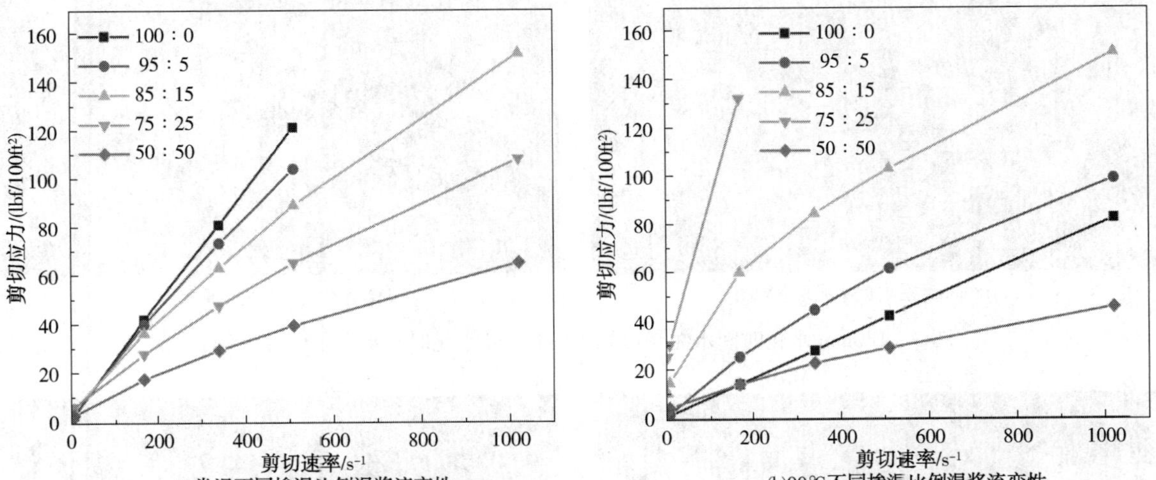

(a)常温不同掺混比例混浆流变性　(b)90℃不同掺混比例混浆流变性

图 2　常温不同掺混比例混浆流变性(a)，90℃不同掺混比例混浆流变性(b)

通过不同掺混研究对水泥浆稠化时间影响如表 1 所示。

表 1　不同掺混比例下混浆稠化实验

掺混比例	稠化时间/min	初始稠度/Bc
100∶0	297	28
95∶5	216	18
85∶15	150	30
75∶25	94	42
50∶50	140	24

随着 WBM 掺混，固井水泥浆与钻井液之间相互接触发生污染，无论掺混比例高低，混浆都出现包心现象，在掺混比例为 95∶5 时，稠化时间缩短到 216min，这与未污染水泥浆的稠化时间相比，缩短 81min。在掺混比例达到 85∶15 时，稠化时间缩短为 150min；当比例为 75∶25 时，稠化时间缩短到 93min，这与未污染水泥浆相比，缩短 204min，稠化曲线波动严重，出现鼓包现象；当掺混比例为 50∶50 时，稠化时间相比与 75∶25 有所好转，但不能满足固井的安全需求。从以上现象，可以得出：当 WBM 与水泥浆发生接触时，无论接触比例的高低，水泥浆的稠化时间都会严重缩短，这可能是由于钻井液中的物质与水泥颗粒发生物理和化学反应，导致水泥浆水化过程不能正常进行。WBM 中存在着高浓度的离子溶液，可能与水泥浆中的离子发生交换，导致水泥浆的化学环境发生变化，从而影响水泥浆的凝结和稠化过程。

通过对钻井液掺混水泥浆稠化时间、流动度、抗压强度和流变性能的规律总结，研究 WBM 对水泥浆性能恶化的方面和程度，最终探索接触污染的作用机理，为开发抗污染剂提供指导。

2.2　污染水泥浆(石)微观分析

如图 3(a)所示，未污染水泥浆在 90℃养护 180min 后，液氮冷冻干燥，进行微观结构分析，发现水泥正常水化后产生了大量的片状氢氧化钙(CH)。CH 对于水泥水化反应的早期强度发展起着一定的作用。在养护 2d 后，如图 3(b)所示，出现大量针状水合硅酸钙(CSH)产生。硅酸盐在水的作用下发生水化反应，生成 CSH 凝胶，这是水泥水化过程中最重要的产物之一，具有胶凝和强度发展的功能，是水泥胶凝体系中的主要结构组分。

当 WBM 与水泥浆掺混后不同水化时间扫描电镜（SEM）分析可以看出，当水化时间为 180min 时，如图 4(a)所示，水泥颗粒表面出现膜状物质，这可能是钻井液中的聚合物与水泥颗粒发生交联形成。而养护 2d 的水泥石表面出现少量的水化产物，见图 4(b)，经历长时间的水化后，交联结构仍然存在，意味着水泥未产生较多产物。这也是导致水泥浆不能正常水化的原因。

(a)180min水化时间水泥浆形貌图 (b)2d水化时间水泥浆形貌图

图 3　180min 水化时间水泥浆形貌图(a)，2d 水化时间水泥浆形貌图(b)

(a)180min水化时间污染水泥浆形貌图 (b)2d水化时间污染水泥浆形貌图

图 4　180min 水化时间污染水泥浆形貌图(a)，2d 水化时间污染水泥浆形貌图(b)

进一步，通过 SEM 观察到水泥颗粒表面被聚合物包裹，见图 5(a)，通过对样品表面 mapping 元素分析，见图 5(b)，从元素分布图可以发现，中间部分有大量碳和氧元素富集且占总体 80%以上，而铝、硅、硫和钙元素含量低，证明了有机物包裹了水泥颗粒。

对未污染水泥浆在不同水化时间的 XRD 物相分析，见图 6(a)，可以看出在 90℃条件下养护正常水化时，180min 水化时间内，水泥浆体中还存在水泥熟料铝酸三钙(C_3A)、硅酸三钙(C_3S)和硅酸二钙(C_2S)，水化产物中只有少量 CH 生成，这可能是由于水化时间较短，导致水化产物含量较低。然而，在水化时间到达 2d 时，发现在 18°、28°、34°和 54°产生水化产物 CH 特征衍射峰，并且衍射峰较高，说明其含量高，同时在 51°也产生了 CSH 特征衍射峰。相对于水泥熟料而言，C_3A、C_3S 和 C_2S 的特征衍射峰都在降低甚至消失。

图 6(b)为水泥浆与 WBM 掺混后 XRD 图谱，在分析中除了惰性的重晶石和石英砂，其他都为水泥熟料物相以及水化产物物相。观察到 WBM 掺混后，水泥水化程度明显降低，在水化 2d 后 C_3S、C_3A 和 C_2S 特征峰还存在，并且水泥水化产物 CH 和 CSH 的特征峰也没有出现，或者特征峰强度低。这能够证明 WBM 与水泥浆发生接触时，钻井液阻碍了水泥浆的正常水化进程，这

符合掺混钻井液后水泥石的抗压强度规律。

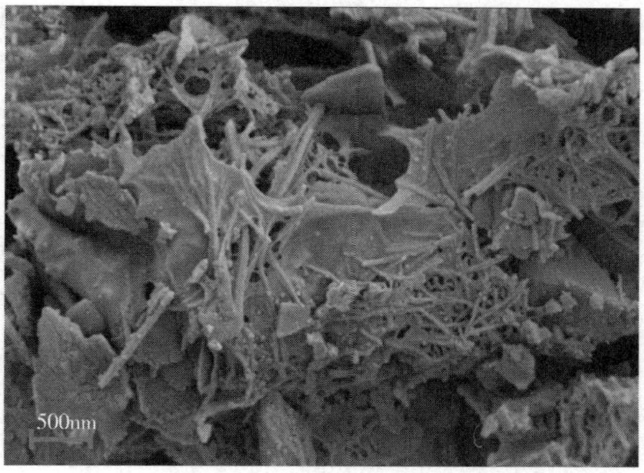

(a)水化2d污染水泥石被有机物包裹形貌图

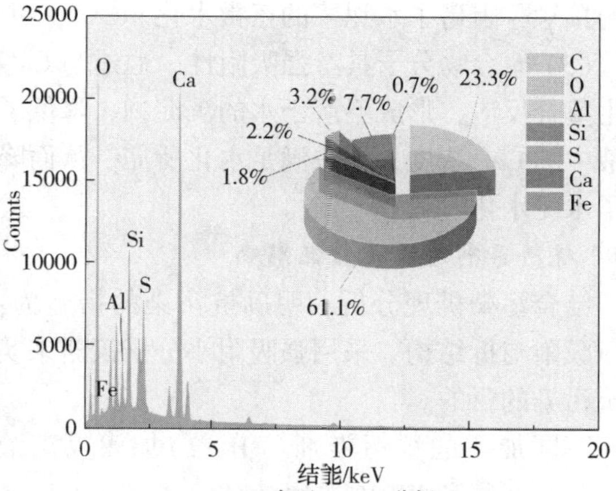

(b)表面mapping分析

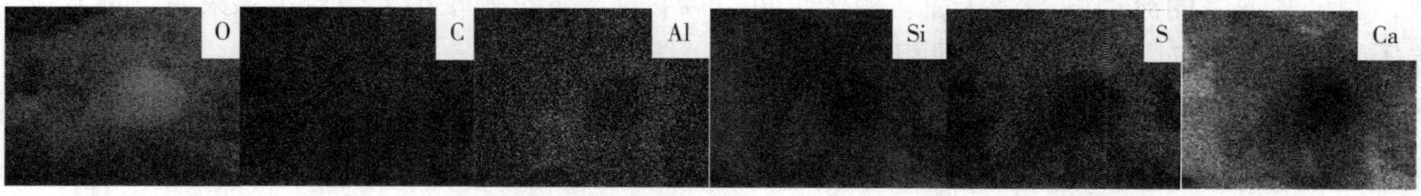

图 5　水化 2d 污染水泥石被有机物包裹形貌图(a)，表面 mapping 分析(b)

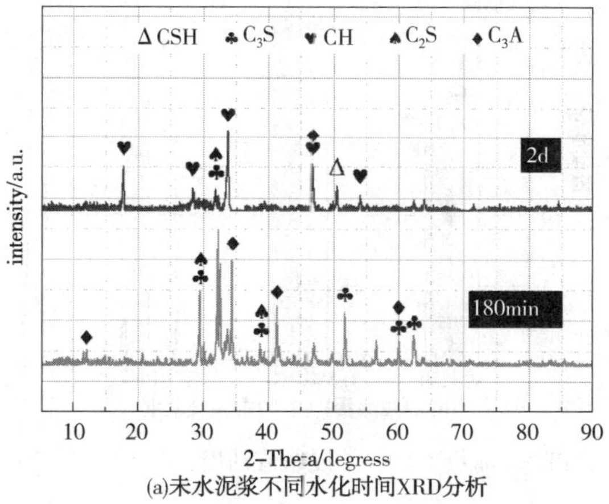

(a)未水泥浆不同水化时间XRD分析

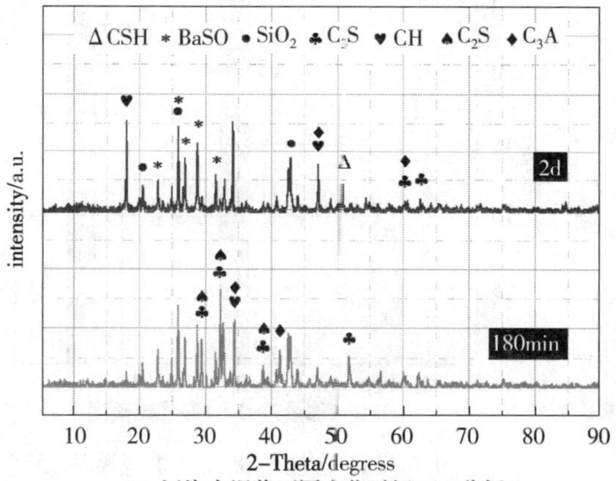

(b)污染水泥浆不同水化时间XRD分析

图 6　未污染水泥浆不同水化时间 XRD 分析(a)，污染水泥浆不同水化时间 XRD 分析(b)

2.3　污染机理分析

根据实验和表征研究发现，当水基钻井液与水泥浆发生掺混时，混浆流动度降低、抗压强度下降和稠化时间缩短，发生假凝现象。通过一系列表征对混浆的结构和组成变化进行了详细分析。在微观形貌上，通过 SEM 发现水泥颗粒表面被聚合物包裹，形成了大量的网状结构，这种结构不仅阻碍了水泥颗粒之间的相互作用，还影响了水泥浆的流动性。此外，经过一段水化时间后，发现掺混后的混浆产生水化产物明显减少。通过 XRD 也能得到类似结论，污染水泥浆中未水化水泥熟料含量和种类较多，而水化产物的含量则明显减少。综上所述，WBM 掺混导致水泥浆水化程度降低、流动度下降，造成污染的作用机理具体如下：

(1) 在 WBM 处理剂中降滤失剂等聚合物中存在大量强吸附基团，比如磺酸基($-SO_3H$)等。这些强吸附基团在水泥浆这种强碱性条件下，发生去质子化反应，导致这类基团吸附性非常强。水泥浆体系由于在水化过程中产生较多的金属离子以及水泥颗粒表面暴露着较多的活性位点，导致水泥浆体系与 WBM 发生掺混后，WBM 中的聚合物组分的活性基团会与金属离子以及水泥颗粒上的活性位点发生吸附反应，产生胶凝结构，导致混浆流动度严重下降，进而引发假凝现象。

(2) 具有强吸附性能的活性基团会吸附于水

泥颗粒上，可与水泥颗粒 Si-O 形成氢键，在水泥颗粒表面形成一层溶剂膜，阻碍了水与水泥颗粒的接触，阻碍了水泥浆的正常水化。

（3）聚合物分子具有强吸附性，通过与 Ca^{2+} 发生螯合反应，形成不溶于水的沉淀物，降低了溶液中的 Ca^{2+} 浓度，无法满足水化所需，从而降低了水泥水化过程。

2.4 抗污染剂对混浆性能影响

结合污染机理分析，明确抗污染的措施为：竞争吸附与拆结构。采用强吸附小分子策略来实现抗污染的目的。

不同加量的抗污染剂（PH-2）加入隔离液中，与水泥浆和 WBM 按照 7∶2∶1 和 1∶1∶1 掺混，测试水泥浆的流动度、流变性、稠化时间和抗压强度。如图 7（a）所示，发现相对于没有加入抗污染剂的对照组相比，抗污染剂的加入能促进水泥浆的流动度，7∶2∶1 掺混比例下，高温养护后的混浆流动度明显高于常温，即使加量只有 0.5%，也能大幅度改善混浆性能。而掺混比例为 1∶1∶1 条件下，0.5%的加量也能达到固井所需要求，对流动性提升明显，见图 7(b)。

进一步测试了混浆的流变性能，通过对 7∶2∶1 混浆进行流变性分析［图 8(a)］，发现常温条件下不同掺混比例的对照组和抗污染剂加入对混浆的流变性影响较小。然而，将样品进行升温 90℃养护 20min 后，发现未加入抗污染剂的对照组，流变性能没有发生明显好转，抗污染剂加入后有效改善水泥浆性能。掺混比例为 1∶1∶1 条件下，如图 8(b) 所示。PH-2 的加入，在常温下对混浆影响较小，当养护结束后，混浆流变性能有所改善。

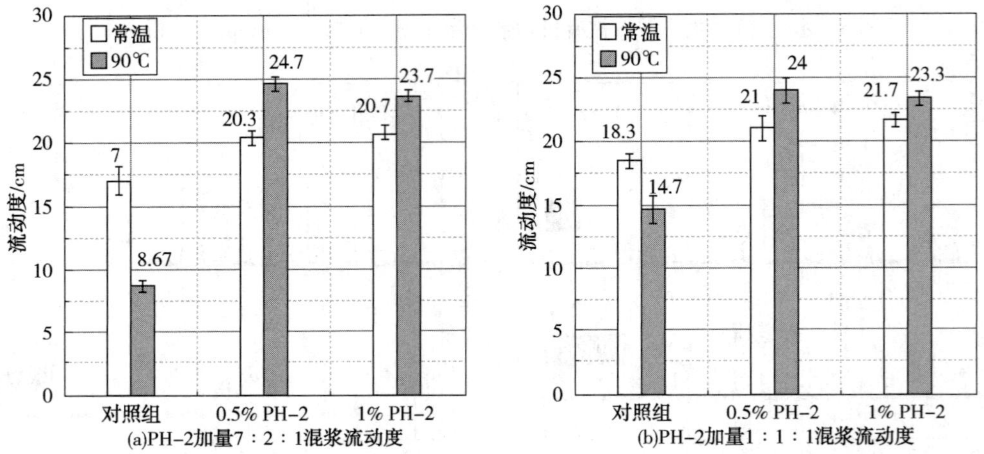

图 7　PH-2 加量 7∶2∶1 混浆流动度(a)，PH-2 加量 1∶1∶1 混浆流动度(b)

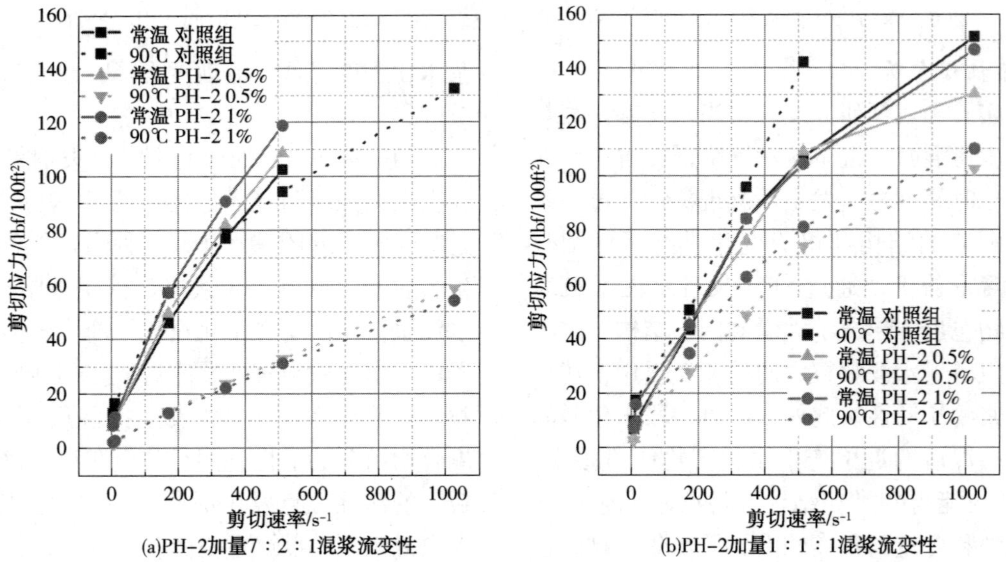

图 8　PH-2 加量 7∶2∶1 混浆流变性(a)，PH-2 加量 1∶1∶1 混浆流变性(b)

为了验证抗污染剂在不同掺混比例下均能满足设计稠化时间，图 9(a)为 7：2：1 未加入抗污染剂稠化曲线，稠化温度在起伏波动，混浆出现包心。稠化时间缩短至 150min，即使存在隔离液也不能实现抗污染目的。在 7：2：1 隔离液中加入抗污染剂是十分必要的，当抗污染剂 PH-2 加入后明显改善了混浆的稠化时间，见图 9(b)。加量为 1%时，稠化时间延长到 350min，大于未污染水泥浆稠化时间 297min。

将抗污染剂 PH-2 加入到 1：1：1 比例下的隔离液中。如图 10a 所示，在未加入 PH-2 的对照组中发现混浆不仅出现包心，还出现鼓包现象，稠化时间缩短到 220min。当 1%的 PH-2 加入后，混浆的稠化时间恢复至 346min。由此证明，PH-2 加入能够满足固井安全需求，见图 10(b)。

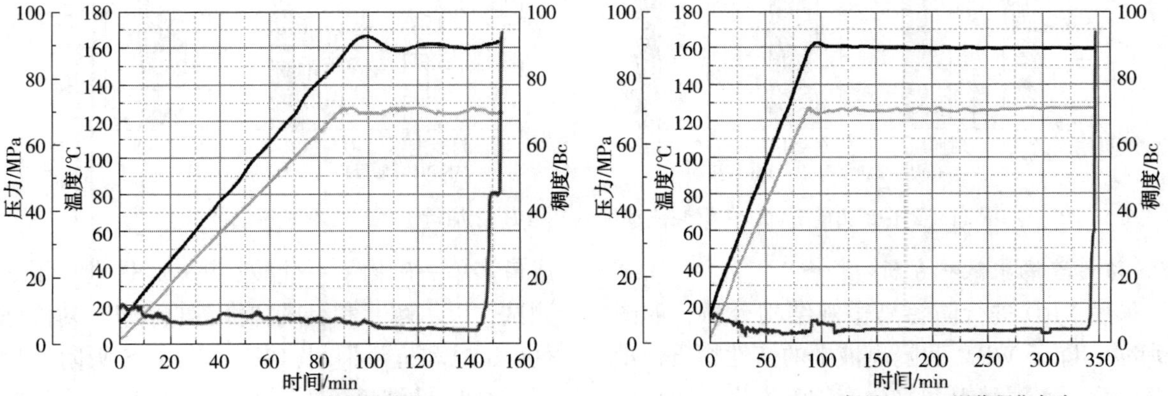

(a)7：2：1混浆稠化实验　(b)1%PH-2加量7：2：1混浆稠化实验

图 9　7：2：1 混浆稠化实验(a)，1% PH-2 加量 7：2：1 混浆稠化实验(b)

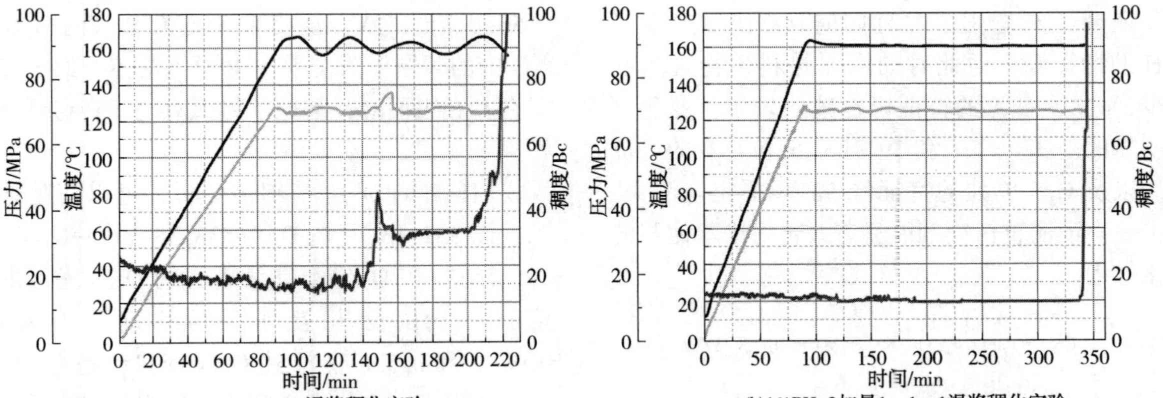

(a)1：1：1混浆稠化实验　(b)1%PH-2加量1：1：1混浆稠化实验

图 10　1：1：1 混浆稠化实验(a)，1% PH-2 加量 1：1：1 混浆稠化实验(b)

分析稠化实验和流动性能测试实验后，在 PH-2 加入能够满足固井安全的前提下，研究 PH-2 对固井质量的改善程度，选取 7：2：1 和 1：1：1 比例下 PH-2 加量为 0.5%和 1%进行抗压强度测试。

如图 11(a)，掺混比例为 7：2：1 条件下，未加入抗污染剂样品组中，水泥浆强度发展较为缓慢，7d 的抗压强度为 7.3MPa。采用 PH-2 加入隔离液进行水泥石抗压强度优化，当加量为 0.5%时，2d 的水泥石抗压强度达到 9MPa。当加量提升至 1%时，7d 的抗压强度能够达到 18.5MPa，在抗污染剂的作用下，水泥石的强度得到了较好的发展。在低 WBM 掺混比例下，性能满足要求，因此选择更大掺混比例 1：1：1 进行实验，如图 11(b)所示。发现未加入 PH-2 时，混浆在 2d 和 3d 养护下，无强度，当时间延长到 7d 后，才出现极低的抗压强度。在加入 0.5%的抗污染剂后，混浆抗压强度有了明显提高，但是短期抗压强度仍然较低，7d 抗压强度提升到 9.5MPa。然而，当抗污染剂加量提升到 1%后，混浆的抗压强度有所下降，这可能是因为由于隔离液的增多，导致抗污染剂的加量也随着升高，在高浓度的抗污染剂作用下导致水泥浆的水化速率降低。因此，为了保证水泥浆的强度发展，应适当添加抗污染剂。

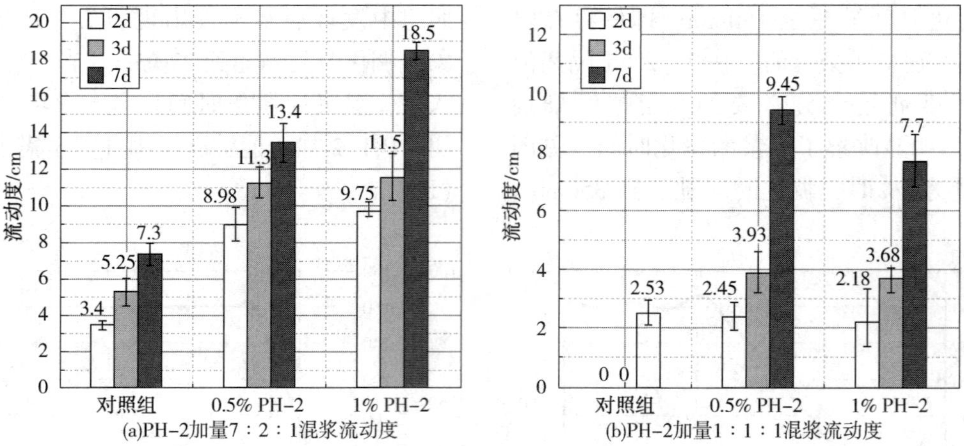

图 11　PH-2 加量 7：2：1 混浆流动度(a)，PH-2 加量 1：1：1 混浆流动度(b)

2.5　防污染混浆微观分析

采用 XRD 进行防污染微观结构分析，如图 12 所示，除了 WBM 和隔离液中的惰性物质含量没有变化，水泥熟料和水化产物都发生了明显变化。水化时间为 180min 时，样品中已在 18°产生了 CH 特征峰。当水化继续进行到 2d 时，CH 的特征峰继续增强，并且同时在 51°也产生了 CSH 的特征峰。而此时的水泥熟料矿物含量在减少，41°处 C_3A 的特征峰也减弱较多，变化最为明显的是 32°、29°和 39°处 C_3S 和 C_2S 的特征峰，以及 C_3S 单独的特征峰 52°几乎完全消失。这再一次证明抗污染剂能显著改善污染水泥浆的水化过程。

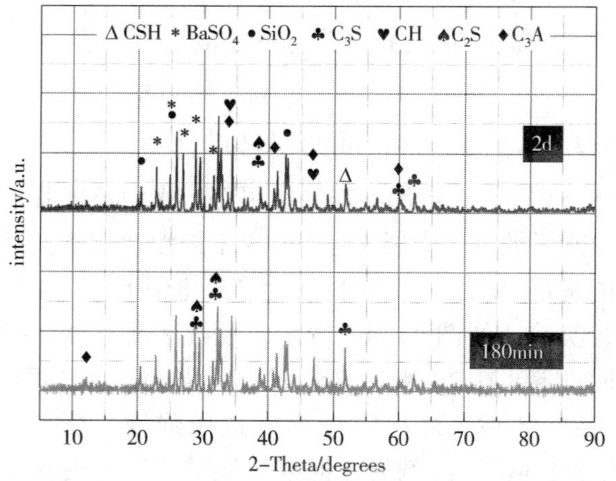

图 12　防污染后水泥浆不同水化时间 XRD 分析

2.6　防污染机理分析

为明确抗污染剂(PH-2)、钻井液降滤失剂聚合物(KLS)与矿物之间的反应机制，对水泥组成最多单一矿物——硅酸三钙(C_3S)进行了 XPS 测试，以了解元素组成和价态的信息。对降滤失剂(KLS)和抗污染剂(PH-2)与 C_3S 吸附前后进行了 O 1s 精细谱分析(图 13)。与 KLS 的 XPS 光谱相比 531.40eV(C-O)、532.87eV(O-C=O)在吸附后变为 530.84eV、531.68eV，前后位移了 0.56eV、1.19eV。证明 KLS 与 C_3S 吸附后 O-C=O 中的氧原子为主要的电子供给体，KLS 被吸附在 C_3S 表面时，氧原子将孤对电子转移到金属钙离子。

PH-2 的 O 1s 精细谱分析，可以清楚地看到，以 532.13eV(C-O)、533.38eV(O-C=O)和 531.55eV(P-O)结合能为中心的 O 1s 光谱的峰值在与 PH-2 相互作用后移动了 0.36eV、0.67eV 和 0.53eV。上述 O 1s 峰移动是由 PH-2 与 C_3S 表面 Ca^{2+}位点之间螯合反应引起的，相比于 KLS 位移量，PH-2 位移量更大，证实了抗污染剂 PH-2 的化学吸附能力强于聚合物，能够实现竞争吸附的目的。

为了更加直观的观察到，抗污染剂 PH-2 的抗污染能力。将水泥浆中金属离子加入聚合物 KLS 中，如图 14 所示，发现钙离子与聚合物发生交联的现象不明显，而铁离子与铝离子都发生了严重的交联反应。当 PH-2 加入后，三种胶凝结构全部消失，证实 PH-2 能够与聚合物大分子竞争金属离子，达到防污染的目的。

为进一步探明 KLS 和 PH-2 对金属离子的吸附能力，采用原子吸收分光光度计测试水泥浆中的金属离子含量(图 15)。当 KLS 和 PH-2 加入后，发现金属离子浓度明显下，尤其是 PH-2 加入后，钙离子浓度从 419mg/L 降低为 46mg/L，铝离子浓度从 122mg/L 降低为 21mg/L，铁离子浓度从 14mg/L 降低为 3mg/L。证实 PH-2 的吸附性强于 KLS。通过对水泥浆滤液中金属离子剩余量，发现 PH-2 的吸附性能要强于 KLS，因此在竞争吸附中起到至关重要的作用。

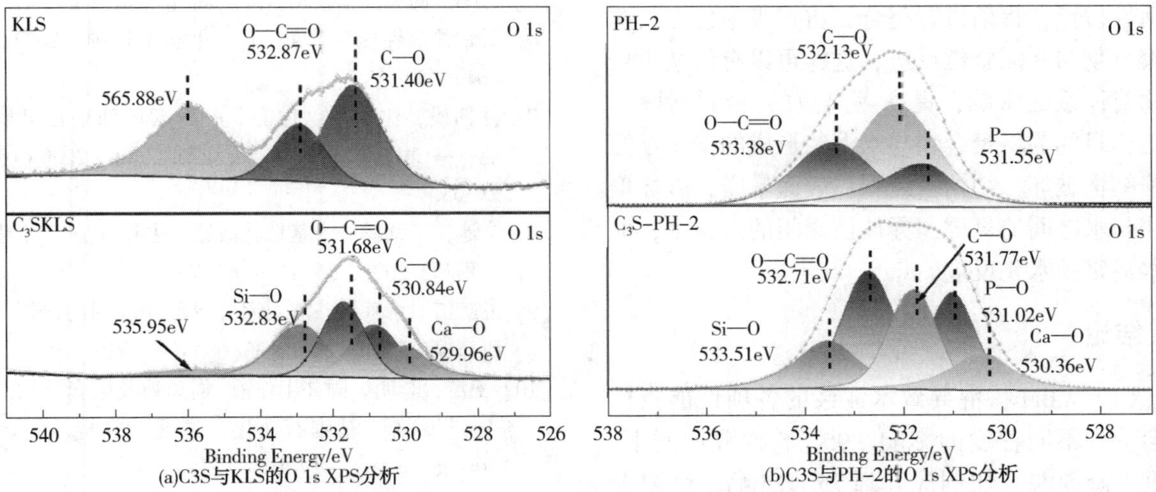

图 13　C_3S 与 KLS 的 O 1s XPS 分析(a)，C_3S 与 PH-2 的 O 1s XPS 分析(b)

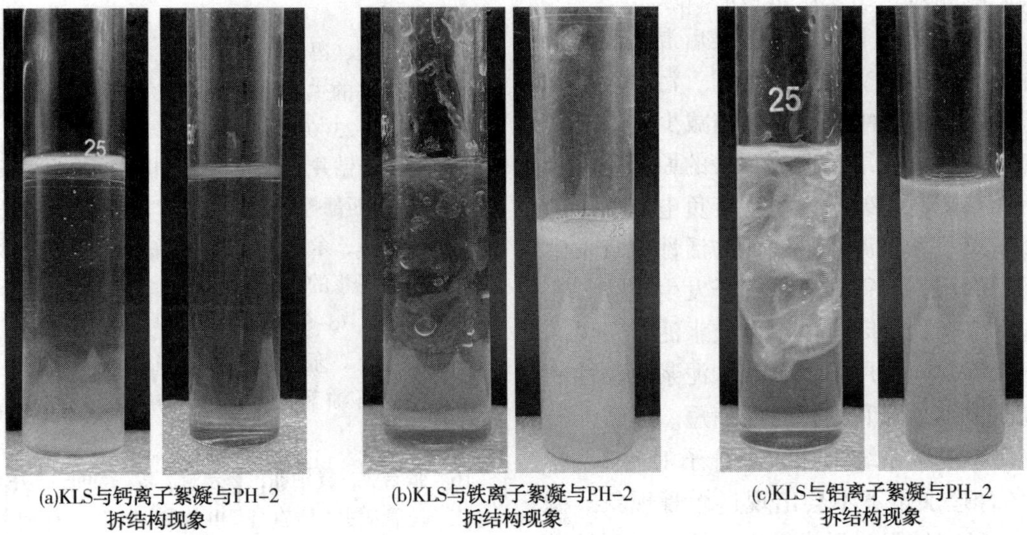

图 14　KLS 与钙离子絮凝与 PH-2 拆结构现象(a)，KLS 与铁离子絮凝与 PH-2 拆结构现象(b)，KLS 与铝离子絮凝与 PH-2 拆结构现象(c)

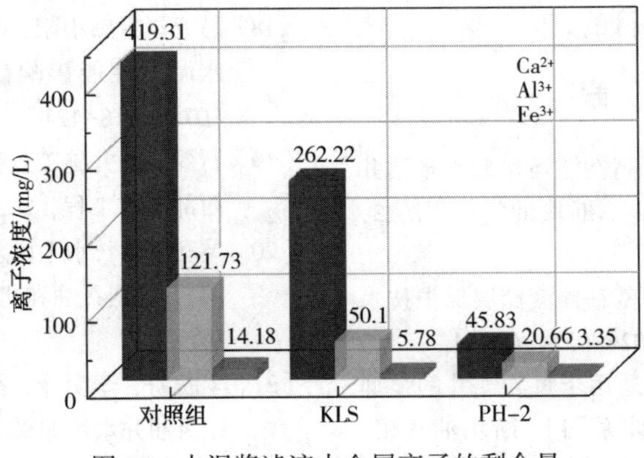

图 15　水泥浆滤液中金属离子的剩余量

抗污染隔离液的设计原则：竞争吸附、拆结构。因此，在设计中采用在隔离液中加入具有螯合能力的抗污染剂，使用螯合剂与金属离子形成螯合环，与大分子聚合物处理剂“争抢”易交联的 Ca^{2+}、Fe^{3+}、Al^{3+} 等金属离子、水泥颗粒表面的活性位点，提前进行螯合，占据吸附位点，避免聚合物与水泥颗粒反应，这样可以有效减少聚合物对体系的影响，提高隔离液的抗污染性能。拆结构目的为将聚合物与水泥浆形成的交联互穿网络结构破坏，初始水泥颗粒表面暴露，破坏聚合物与水之间的氢键，释放被圈闭的自由水，促进水泥浆的水化反应。

3 结论

（1）WBM 掺混导致水泥浆的各项性能指标都会受到不同程度的影响，95：5 掺混比例下，强度下降 50%。比例提升到 75：25 后，高温养护 20min 后的流动性降为 9cm，伴随着污染混浆稠化时间急剧缩短，出现严重包心现象。

（2）从微观形貌上观察到污染后混浆表面被聚合物覆盖，并产生交联网状结构。污染后水化速率降低，CH 和 CSH 等水化物相减少。结合实验现象和表征分析结果，造成污染的原因是聚合物分子活性基团在强碱水中呈现带负电的离子基团，与金属离子和水泥颗粒表面的活性位点发生极强的吸附作用，使得聚合物分子发生缠绕。在胶凝结构、聚合物圈闭自由水以及水泥浆金属离子浓度下降等共同作用下，导致水泥浆流动性能降低、抗压强度下降和稠化时间缩短。

（3）污染混浆系统中加入小分子 PH-2，在 0.5%~1%合理加量下不会出现过缓凝现象，稠化无包心，具有较强防污染能力。抗污染剂的设计原则为竞争吸附、拆结构。吸附性更强的小分子与聚合物竞争吸附，屏蔽金属离子和活性位点与聚合物反应，达到防污染目的。

参考文献

[1] 田文欣，俞浩杰．页岩储层高性能环保型水基钻井液体系及其环境影响评价[J]．断块油气田，2023，30(01)：38-43.

[2] 方圆，周书胜，鄢佳蓉．水基钻井液储层保护技术研究进展[J]．化工管理，2024(02)：69-71.

[3] 陈庚绪，刘奥，王茜，等．适用于页岩气井的强抑制防塌高性能水基钻井液体系[J]．断块油气田，2018，25(04)：529-532.

[4] 李虎．钻井液与水泥浆化学不兼容原因分析[J]．化学工程与装备，2015(12)：93-94.

[5] 武治强，岳家平，幸雪松，等．一种新型抗污染固井前置液体系研究及应用[J]．石油化工应用，2021，40(08)：48-52.

[6] 何军，高亮，张盛良，等．固井弱界面增强剂及其对钻井液性能的影响[J]．化学工程师，2022，36(04)：52-55.

[7] 林伟民，沈文平，付饶．一种新的油层污染解堵剂——ClO_2 体系[J]．断块油气田，2000(04)：62-63.

[8] 艾池，王颖骅．水基钻井液滤饼去除方法[J]．化学工程师，2021，35(11)：67-70.

[9] 王广雷．水基钻井液用固井界面亲和剂的研制[J]．西部探矿工程，2021，33(08)：80-82.

[10] 王浩，李明．固井工作液-隔离液及配套外加剂研究进展[J]．精细石油化工进展，2018，19(06)：24-28.

[11] 许桂莉．聚阴离子纤维素对川渝地区固井用水泥浆性能的影响研究[J]．能源化工，2023，44(5)：70-75.

[12] 李建新，冯松林，李明忠，等．影响固井注水泥顶替效率的主要问题及其研究进展[J]．断块油气田，2016，23(03)：393-396.

[13] 孙威．钻井液处理剂对固井水泥浆的污染影响研究[J]．西部探矿工程，2022，34(03)：91-93.

[14] 郑友志，佘朝毅，姚坤全，等．钻井液处理剂对固井水泥浆的污染影响[J]．天然气工业，2015，35(04)：76-81.

[15] 姜小龙．东海某井固井灌肠事故分析与思考[J]．中国石油和化工标准与质量，2020，40(17)：35-36.

[16] 张君亚，夏柏如，曹永斌，等．Rabaa-1 井 Φ177.8mm 尾管固井“插旗杆”事故处理[J]．石油钻采工艺，2010，32(04)：33-36.

[17] 张刚刚．长宁—威远页岩气固井水泥浆抗污染研究[D]．西南石油大学，2020.

[18] 易亚军，郭小阳，李明，等．典型水溶性聚合物对水泥浆性能影响研究[J]．塑料工业，2014，42(07)：118-121.

[19] 石磊．固井施工过程中的常见问题及对策分析[J]．西部探矿工程，2022，34(11)：79-80.

[20] 吴利胜．长水平段水平井固井技术难点与对策分析[J]．中国石油和化工标准与质量，2024，44(01)：167-169.

[21] 李盼盼，李明泽，徐萍，等．石英砂细度和掺量对 G 级油井水泥浆体系性能的影响[J]．水泥，2024(01)：14-17.

[22] 朋改非，张贵，左雪宇，等．掺氢氧化钙对超高强混凝土力学性能影响的机理[J]．材料导报，2024，38(03)：114-119.

[23] 赵殊勋，左天鹏，陈绪，等．钻井液用包被剂对固井水泥浆体系的影响[J]．钻井液与完井液，2022，39(03)：359-364.

[24] 王海平，李治，董志明，等．高活性低密度水泥浆及其强度形成机理研究[J]．钻采工艺，2023，46(03)：147-153.

[25] 金惠玲，孙振平，杨海静，等．硫酸和柠檬酸溶液对水泥硬化浆体的腐蚀及机理[J]．建筑材料学报，2024，27(01)：58-66.

[26] 袁彬，范鸿飞，徐璧华，等．140℃高温下 SiO_2 晶态对硅酸三钙水化产物的影响[J]．材料导报，2023，37(S1)：201-205.

[27] 张浩，崔策，龚勇，等．适用于硅质材料减轻水泥浆的缓凝剂研究[J]．石油化工应用，2021，40(04)：12-17.

抗高温延迟交联固化堵漏工作液的制备与研究

罗 敏[1] 黄 盛[1] 李早元[1] 唐世忠[2] 苏东华[1] 苏子峰[3]

（1. 西南石油大学石油与天然气工程学院；2. 中国石油大港油田公司采油工艺研究院；
3. 中国石油集团川庆钻探工程有限公司井下作业公司）

摘 要 针对裂缝性漏失，为了解决常规堵漏材料耐高温能力弱、停留能力差、承压能力低等导致封堵效果不佳的问题。现以超高分子量聚丙烯酰胺(HPAM)、聚乙烯亚胺(PEI)、矿渣、活性硅质材料复合形成一种在常温下为流动性良好的悬浊液，当温度升高后，在一定时间内HPAM与PEI发生交联反应生成抗水稀释的抗高温延迟交联凝胶，然后矿渣经碱性活性硅质材料激活后水化固化的抗高温延迟交联固化堵漏工作液。研究了凝胶成胶时间和抗高温延迟交联固化堵漏工作液的固化时间的可调性以及堵漏工作液对不同尺寸裂缝的承压能力。结果表明，无机盐NaCl的加入会使凝胶的成胶时间发生变化，因此，可以通过控制NaCl的加量来调节凝胶成胶时间。活性硅质材料的加入可以促进矿渣固化，其加量的变化会导致堵漏工作液的固化时间发生变化，因此，可以通过调控活性硅质材料的加量来调控堵漏工作液的固化时间，以此满足不同的施工需求。堵漏工作液的承压能力测试表明矿渣的加入会提高凝胶的承压能力，含堵漏工作液对1~3mm裂缝承压能力均大于等于14MPa/m，对3mm裂缝承压能力可达125MPa/m，且击碎后的堵漏工作液颗粒因水力冲击发生颗粒运移而堵塞通道，能继续承压，延长堵漏工作液的承压时间。堵漏工作液的承压能力良好，能在井下复杂环境封隔流体通道。

关键词 堵漏；延迟交联；凝胶；矿渣

井漏是在石油工程作业过程中，各种工作液在压差作用下漏失到地层的井下复杂情况，是钻井工程中常见的技术难题之一。井漏会延长钻井周期、造成储层伤害或地层水质污染、干扰地质录井、破坏钻井液性能、引起井下复杂等诸多事故。裂缝性漏失是最常见的一种漏失情形，国内外研制了多种堵漏材料及堵漏技术，但至今仍然没有一种成熟的堵漏材料完全可以解决漏失问题，漏失问题仍然是制约钻井速度的最大问题。

目前国内外在堵漏材料研究方面取得了一定进展。成本低廉、不影响钻井液流变性的桥接堵漏材料对漏失通道的适应性较差，特别是大裂缝地层，承压能力差，并且在高温下易软化；适用于高渗透性地层的高失水类堵漏材料易堆积在漏失通道门口，堵塞深度浅，易被钻井液循环破坏；有较强的粘滞阻力和抗剪切稀释能力的聚合物凝胶堵漏材料承压能力不足、成胶时间难以控制；固化后胶结强度大的化学固结堵漏材料在施工时安全风险高，抗高矿化度地层水污染和稀释能力差，堵漏材料难停留；具有较强的抗钻井液污染性、具有较强触变性和剪切稀释性，固化后强度适中的MTC堵漏材料密度调节范围小，综合性能调节繁琐，固化后高温下易开裂；适应性强、力学性能好、堵漏效率高的智能堵漏材料仍处于基础研究阶段，大部分尚未进行现场应用。

因此，针对上述问题，本文结合聚合物凝胶堵漏材料与化学固结堵漏材料的优点，选择超高分子量聚丙烯酰胺(HPAM)作为聚合物主链，聚乙烯亚胺(PEI)为交联剂，矿渣为固化材料，碱性的活性硅质材料为矿渣激活剂制备了一种抗高温延迟交联固化堵漏工作液。该堵漏工作液在室温下流动性好，易于泵送。当堵漏工作液泵送至漏失层时，HPAM与PEI发生交联反应形成抗高温延迟交联凝胶，提高了堵漏工作液的抗冲稀能力和停留能力。交联反应发生后，由于矿渣被激发活性后开始固化，提高了堵漏工作液的承压能力。该堵漏工作液只需一次泵送，可以提高堵漏效率，在一定程度上控制和解决高温环境下的漏失问题，为未来发展堵漏技术提供新思路、新参考。

1 实验部分

1.1 实验材料

聚丙烯酰胺分子量300万(HPAM)，聚乙烯亚胺分子量7万(PEI),四种矿渣:河南S105、河南S95、河北S105和河北S95,活性硅质材料,重晶石,G级油井水泥,石英砂,氯化钙($CaCl_2$),硅酸钠(Na_2SiO_3),降失水剂(HX-12L)。

1.2 凝胶成胶时间的测试

将配制好的聚合基液置于高温高压流变仪中,剪切速率为$170s^{-1}$,以1℃/min的升温速率将温度升高至目标温度并保持一段时间,测试其黏度随温度的变化曲线,规定以黏度骤升的时间为凝胶的成胶时间。

1.3 堵漏工作液固化时间的测试

根据实验配方配制抗高温延迟交联固化堵漏工作液,将其装入OWC-9480B型高温高压稠化仪,设置相应的温度和压力,开始稠化实验,记录稠化曲线,规定以稠度达到70Bc的时间作为堵漏工作液的固化时间。

1.4 堵漏工作液固化体抗压强度测试

根据实验配方配制抗高温延迟交联固化堵漏工作液,将堵漏工作液倒入直径25mm、高度50mm的圆柱形模具中,置于高温高压养护釜中,在一定温度压力下养护1d形成固化体,采用YAW-300全自动电子伺服压力试验机对固化体进行抗压强度测试。

1.5 裂缝承压能力评价

采用由实验室自制的界面水力密封能力测试装置改装而来的模拟裂缝性地层承压能力评价装置进行裂缝承压能力评价实验。具体操作如下:

(1) 将养护的地层裂缝注浆模型装入模拟裂缝性地层承压能力评价装置中,用钢垫沿着承压能力评价装置的轴向将地层裂缝注浆模型前后压紧,将模型固定在承压能力评价装置之中,钢垫要选择合适的长度,防止密封胶套在施加围压时被击穿,然后封紧两端密封端口。

(2) 连接上YX-100D恒速恒压泵和Q5000 PUMP SYSTEM。

(3) 打开下端入水口,用空气压缩机从下端入水口为模拟裂缝性地层承压能力评价装置的环空内注水,直到上端出水口出水,此时环空内已经注满水,然后关闭上端出水口。

(4) 使用YX-100D恒速恒压泵施加围压,当围压稳定后,打开轴向的入水口,先打开Q5000 PUMP SYSTEM电脑上的数据记录,再开始运行Q5000 PUMP SYSTEM,从轴向入水口通入一定压力的带有染色剂的水(染色水为蓝色,目的是实验结束后敲开地层裂缝模型便于观察裂缝内被击穿后的状态),Q5000 PUMP SYSTEM的泵入压力可根据实验情况而定,但必须保证比施加的围压小2MPa,此时Q5000 PUMP SYSTEM电脑上会记录承压能力的变化过程。

(5) 当轴向出水口开始出液,继续用Q5000 PUMP SYSTEM通入一定压力的水,直到电脑所记录的压力-时间曲线趋于平稳,然后关闭Q5000 PUMP SYSTEM,停止实验。当出水口开始出水同时压力开始掉落时,压力掉落前的最大压力就是堵漏工作液的承压能力;当出水口开始出水,之后地层裂缝注浆模型还能继续承压且压力呈上升趋势,则以最大压力作为堵漏工作液的承压能力。

2 结果与讨论

2.1 抗高温延迟交联固化堵漏工作液的组成

2.1.1 堵漏工作液的组成

选择分子量300万聚丙烯酰胺(HPAM)作为聚合主剂,分子量7万聚乙烯亚胺(PEI)为交联剂形成聚合基液。聚合基液在常温下是液体状态,易于泵送,随着地层温度升高,在泵送至漏失层后聚合基液中的HPAM与PEI发生交联反应生成凝胶,使得堵漏工作液在裂缝中具有停留能力。但生成的凝胶的强度达不到封堵裂缝的程度,因此,向聚合基液中加入高炉粒化矿渣。高炉粒化矿渣因具备潜在活性,在一定碱性环境中容易被激发,而聚合基液呈碱性($pH=10$),能激活矿渣发生水化反应后固化,提高堵漏工作液的承压能力。由于聚合基液提供的碱性环境较弱,且矿渣的水化产物含有SiO_3^{2-},为了提高矿渣的激活效率,在堵漏工作液中加入一种呈碱性含有SiO_3^{2-}的活性硅质材料。这不仅有利于激活矿渣,还有利于向反应溶液提供SiO_3^{2-},参与矿渣水化进程并促进矿渣水化硬化。因此,抗高温延迟交联固化堵漏工作液的最终组成为:HPAM(分子量300万)、PEI(分子量7万)、矿渣、活性硅质材料、水。

2.1.2 矿渣的优选

粒化高炉矿渣是玻璃相(约占90%)和结晶相的聚合体,前者是活性组分,而后者是惰性组分。玻璃相是矿渣的主要组成成分,它是一种热力学不稳定状态物质,具有潜在活性,在中性环境中一般呈惰性状态，其潜在活性可在碱性环境中被激活。因此本文选择具有潜在活性的矿渣作为固化材料。

矿渣玻璃相由表面的连续相富钙相与内部的富硅相构成。当矿渣与碱溶液混合后，由于其表面的富钙相 Ca-O、Mg-O 键能小于富硅相 Si-O 键能，具有较高的热力学不稳定性，Ca-O、Mg-O 与 OH^- 发生水化反应导致矿渣玻璃体的结构被破坏，富硅相暴露在碱性环境中，≡Si-O-吸附溶液中 H^+，形成原硅酸，原硅酸不稳定，受热会分解成 SiO_2 与 H_2O，SiO_2 会与溶液中的 $Ca(OH)_2$ 发生反应形成水化产物。此后水化产物不断成核生长，彼此交叉形成一种网状胶凝结构，使得浆体硬化产生强度。

现利用 X 射线荧光光谱仪对 4 种矿渣(河南 S105、河南 S95、河北 S105 和河北 S95)组分进行分析，测试结果如表 1 所示。矿渣主要是由 SiO_2、Al_2O_3、MnO、CaO、MgO、TiO_2 六种氧化物组成。质量系数 K 作为优选矿渣种类的依据之一，GB/T 203—2008 规定粒化高炉矿渣的质量系数 K 不得小于 1.2，优等品的质量系数不得小于 1.6，质量系数高则活性高，活性高则反应速率快，更易发展早期强度。根据各氧化物质量分数由公式(1)计算四种矿渣的质量系数，河北 S105 质量系数>河南 S105 质量系数>河北 S95 质量系数>河南 S95 质量系数。

表 1　矿渣的理化性能

矿渣名称	密度/(g/cm³)	质量分数/%						质量系数 K
		SiO_2	Al_2O_3	MnO	CaO	MgO	TiO_2	
河北 S105	2.80	28.25	13.37	0.53	44.36	8.00	1.57	2.17
河南 S105	2.85	28.36	13.40	0.54	44.23	8.01	1.57	2.15
河北 S95	2.93	29.89	15.17	0.56	40.49	7.86	1.14	2.01
河南 S95	2.90	33.43	12.51	0.56	40.18	7.20	1.20	1.70

$$K=\frac{\omega_{CaO}+\omega_{MgO}+\omega_{Al_2O_3}}{\omega_{SiO_2}+\omega_{TiO_2}+\omega_{MnO}} \tag{1}$$

式中，K 为矿渣的质量系数；ω 为矿渣中该氧化物的质量分数，%。

为了进一步评价 4 种矿渣的活性，将 4 种矿渣分别与黄原胶和 G33S 混合，在 150℃、20.7MPa 下分别养护 24h 和 48h，考察其 24h、48h 抗压强度发展情况。实验配方：水 + 2% G33S+0.1%黄原胶+100%矿渣+2%NaOH，实验结果如表 2 所示。由表 2 可以看出，河北 S105 矿渣 24h 抗压强度较高，48h 抗压强度最高。因此，根据四种矿渣的质量系数和矿渣抗压强度测试结果，本文最终选用河北 S105 矿渣作为抗高温延迟交联固化堵漏工作液的固化材料。

表 2　矿渣抗压强度试验结果

矿渣名称	24h 抗压强度/MPa	48h 抗压强度/MPa
河南 S105	1.90	1.97
河南 S95	1.30	1.57
河北 S105	1.77	2.07
河北 S95	1.20	1.05

2.2　抗高温延迟交联凝胶的形成

以分子量 300 万的聚丙烯酰胺(HPAM)为凝胶主链，以分子量 7 万的聚乙烯亚胺(PEI)为交联剂制备聚合基液。制备过程如下：称取一定质量的 HPAM 颗粒并将其缓慢加入至匀速搅拌且装有去离子水的烧杯中，待 HPAM 完全溶解后停止搅拌，将 HPAM 溶液倒入装有一定量 PEI 溶液的烧杯中，搅拌均匀后的溶液即为聚合基液。HPAN 与 PEI 的反应历程如图 1 所示。HPAM 与 PEI 交联前后的溶液情况如图 2 所示。

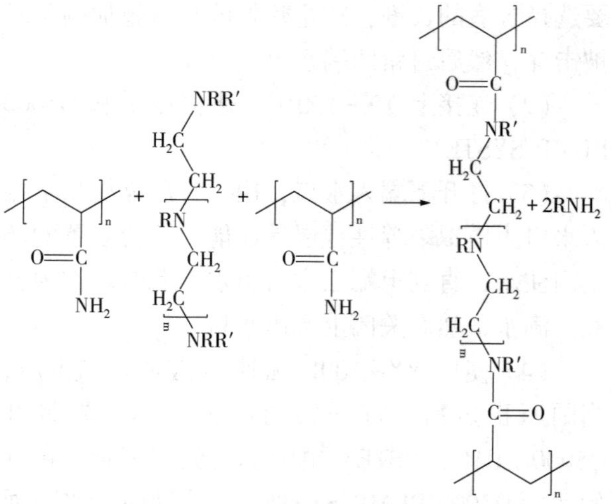

图 1　HPAM 与 PEI 的反应历程

(a)交联前　　(b)交联后　　(c)凝胶放置水中

图 2　HPAM 与 PEI 交联前后的溶液情况

将聚合基液倒入至水热反应釜中，在 150℃ 反应 3h 后取出得到抗高温延迟交联凝胶。图 2 为 HPAM 与 PEI 反应前后溶液的变化情况。从图 2 中可以看到反应前抗高温凝胶基液呈液态且流动性良好，而经 150℃ 反应 3h 后溶液黏度增大且流动性变差，这说明 HPAM 与 PEI 发生了交联反应生成了凝胶。将生成的凝胶取出一部分放入水中，并用玻璃棒搅拌一段时间后，如图 2(c)所示，凝胶在水中不分散，说明凝胶在水中具有优异的抗水稀释能力。抗高温凝胶基液在反应前流动性好，反应后形成的凝胶在水中不易分散的特性，满足堵漏工作液“进得去、站得住”的要求。

2.3　抗高温延迟交联凝胶成胶时间的调控

为了满足堵漏工作液“进得去、站得住、能承压”的要求，堵漏工作液的固化时间应大于抗高温交联凝胶的成胶时间应大于堵漏施工时间。因此，堵漏工作液的固化时间和成胶时间的可调性是至关重要的。利用高温高压流变仪对凝胶在不同条件下的成胶时间进行测试。

2.3.1　温度

井深不同，漏失层温度也不同，堵漏施工时间也不同。为研究温度对凝胶成胶时间的影响，设计了 120℃、135℃、150℃、180℃ 4 个温度梯度对凝胶成胶时间的影响研究实验，实验结果如表 3 和图 3 所示。聚合基液配方：100%水+7.5% HPAM+0.25% PEI。实验条件：110MPa/pH=10。

由图 3 可知，随着反应温度的升高，凝胶成胶时间缩短。反应温度为 135℃ 和 120℃ 的凝胶成胶时间只相差 5min；反应温度为 180℃ 和 150℃ 的凝胶成胶时间只相差 13min；但反应温度为 135℃ 和 150℃ 的凝胶成胶时间相差 45min。这说明在 120~135℃ 和 150~180℃ 时，温度对凝胶的成胶时间影响不大；当反应温度在 135~150℃ 时，温度对成胶时间影响较大。当温度为 150℃ 和 180℃ 时，达到成胶时间后，体系黏度趋近于直角上升，说明一旦成胶后，大量凝胶迅速生成，这一现象非常有利于堵漏工作液在流动状态下进入地层漏失通道然后快速成胶，保证工作液在漏失通道中的停留能力，避免被地层水稀释分散。

虽然温度可以影响凝胶的成胶时间，但是在实际应用中某一地层深度，其温度是恒定的，温度并不能作为调控凝胶成胶时间的因素，且当温度为 120~180℃ 时，凝胶的成胶时间最高为 125min。由于井底温度越高，施工时间就越长，125min 的成胶时间太短会导致堵漏工作液还未到达漏失层就以发生交联而堵住井筒。因此，需要通过别的途径来调控凝胶的成胶时间，使成胶时间延长。

表 3　凝胶在不同温度下的成胶时间

配方	HPAM：PEI	pH 值	温度/℃	成胶时间/min
1	7.5%：0.25%	10	120	120
2			135	125
3			150	80
4			180	67

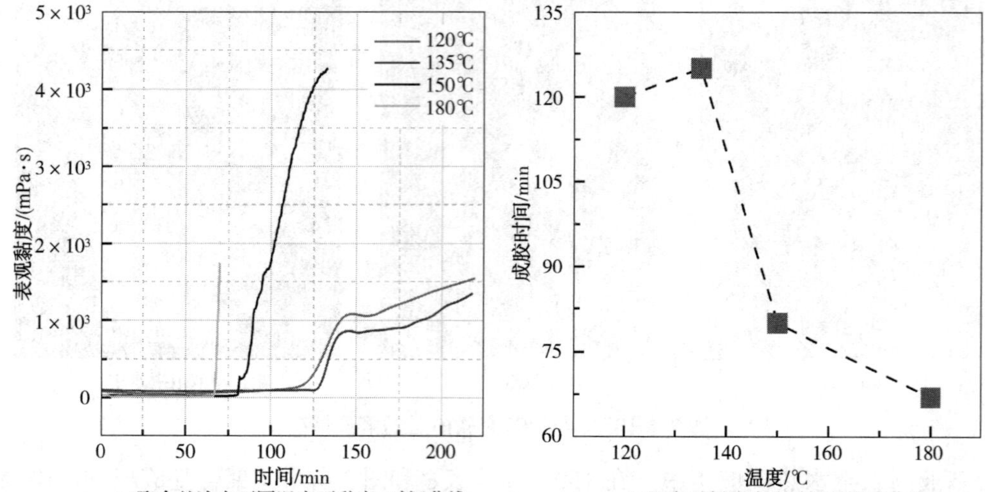

(a)聚合基液在不同温度下黏度-时间曲线　(b)温度对凝胶成胶时间的影响曲线

图 3　温度对凝胶成胶时间的影响

2.3.2　氯化钠加量

聚合物分子链在盐离子作用下会卷曲，分子间斥力增强，改变聚合物交联体系活性，聚合体系的成胶时间也会受到影响。因此，选择氯化钠（NaCl）考察无机盐加量对高温延迟交联凝胶成胶时间的影响。凝胶配方：100%水+7.5% HPAM+0.25% PEI+0%～5% NaCl。实验条件：150℃/110MPa/pH=10。具体实验结果如表 4 所示。

表 4　凝胶在不同 NaCl 加量下的成胶时间

配方	HPAM：PEI	温度/℃	pH 值	NaCl/%	成胶时间/min
1	7.5%：0.25%	150	10	0	80
2				3	100
3				5	146
4				7	203

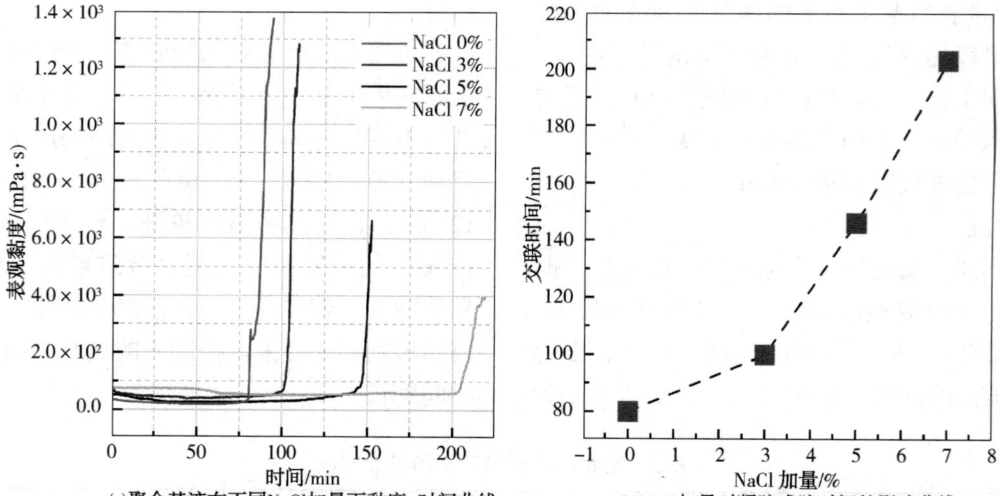

(a)聚合基液在不同NaCl加量下黏度-时间曲线　(b)NaCl加量对凝胶成胶时间的影响曲线

图 4　NaCl 加量对凝胶成胶时间的影响

由图 4 可知，随着 NaCl 加量的增加，凝胶成胶时间逐渐增加，且当加量为 3%～7%时，NaCl 加量每增加 2%，交联反应成胶时间延长 50min，成胶时间与 NaCl 加量呈正相关关系。这是因为 NaCl 浓度的增加使 HPAM 与 PAM 分子链蜷缩，交联的活性位点减少，导致凝胶的成胶时间延长。因此，可以利用这一特点调节凝胶的成胶时间，使凝胶的成胶时间大于堵漏施工时间来满足堵漏工作液“进得去、站得住”的要求。

2.4 堵漏工作液固化时间的调控

活性硅质材料对矿渣既有激活作用又能促进矿渣水化，因此评价了0%、1%、3%、5%4种活性硅质材料加量对堵漏工作液固化时间以及养护1d堵漏剂水泥石抗压强度的影响，实验结果如表5所示。堵漏工作液的配方：7.5% HPAM+0.25% PEI+100% S105+0%～5%活性硅质材料+100%水。实验条件：稠化实验150℃/90MPa，增压养护150℃/20.7MPa。

表5 不同活性硅质材料加量对固化时间和1d抗压强度的影响

配方	活性硅质材料加量/%	固化时间/min	抗压强度/MPa			平均抗压强度/MPa
1	0	无稠化趋势	0.00	0.00	0.00	0.00
2	1	312	4.20	4.20	3.50	3.97
3	3	87	5.30	5.10	4.70	5.03
4	5	135	6.90	7.10	6.90	6.97

由表5可知，当未加入活性硅质材料时，堵漏工作液固化体1d的抗压强度为0MPa，当活性硅质材料的加量为1%～5%时，固化体1d的抗压强度呈线性增加，强度可达到3.80～6.88MPa，抗压强度效果较好。且随着活性硅质材料加量的增加，堵漏工作液固化后的抗压强度也增加，说明活性硅质材料的加入可以提高堵漏工作液1d的固化强度。

图5为堵漏工作液在不同活性硅质材料加量下的稠化曲线。从图5可以看到，未加入活性硅质材料的堵漏工作液在500min内未固化，加入活性硅质材料后，堵漏工作液的稠化曲线呈上升趋势，说明活性硅质材料的加入促进了矿渣水化，使堵漏工作液发生了固化。当活性硅质材料加量从0%增加至3%时，堵漏工作液的固化时间缩短，加量从3%增加至5%时，堵漏工作液的固化时间却延长了。这是因为当活性硅质材料加量小于3%时，碱性的活性硅质材料既提供OH^-，激活矿渣，又提供SiO_3^{2-}，促进矿渣的水化进程，从而缩短了固化时间；而当加量为5%时，变强的碱性环境使得矿渣水化生成大量的SiO_3^{2-}，由于矿渣富钙相水化生成Ca^{2+}等阳离子以及SiO_3^{2-}进行下一步反应生成C-S-H均需要消耗大量OH^-，而因为富钙相中的Ca-O、Mg-O具有较高的热力学不稳定性，更易与OH^-发生水化反应，从而使得环境中OH^-大量减少，使SiO_3^{2-}与OH^-反应生成C-S-H的速度减慢从而延长了堵漏工作液的固化时间。当活性硅质材料加量为1%～5%时，从稠化曲线可以看到堵漏工作液的初始稠度均小于20Bc，说明堵漏工作液的流动性良好，满足堵漏工作液“进得去、站得住”的要求。因此，可以通过调控活性硅质材料的加量来控制固化时间，使凝胶成胶时间小于堵漏工作液的固化时间来满足不同施工要求。

2.5 堵漏工作液的抗水稀释性

将配制好的堵漏工作液分别在150℃养护3h，使堵漏工作液交联且未固化，将交联后的堵漏工作液取出倒入水中观察其在水中的分散情况，如图6所示。堵漏工作液的配方：7.5% HPAM+0.25% PEI+100% S105+1%活性硅质材料+100%水，固化时间为312min。

由图6可以看出，堵漏工作液在交联前流动性很好，分别在150℃养护3h后，发现堵漏工作液的流动性变差，这是由在养护过程中堵漏工作液中的HPAM与PEI发生交联反应生成凝胶而导致的。将养护前和养护后的堵漏工作液加入水中并摇晃后静置如图6(c)所示，发现在养护前的堵漏工作液在水中分散后浑浊，养护后的堵漏工作液在水中仍然保持原状，未被水稀释冲散，这说明堵漏工作液中凝胶的生成大大地增加了堵漏工作液的抗水稀释性。

2.6 承压能力评价

2.6.1 模拟地层裂缝

(1) 地层裂缝模型养护模具

根据模拟裂缝性地层承压能力评价装置胶套内径尺寸设计了高150mm，直径52mm的地层裂缝模型养护模具，上下分别有一个顶盖与底盖，裂缝宽度设计了1mm、2mm、3mm三种缝宽，具体模具制作由3D打印完成。CAD图与3D打印出的实物图分别如图7、图8所示。

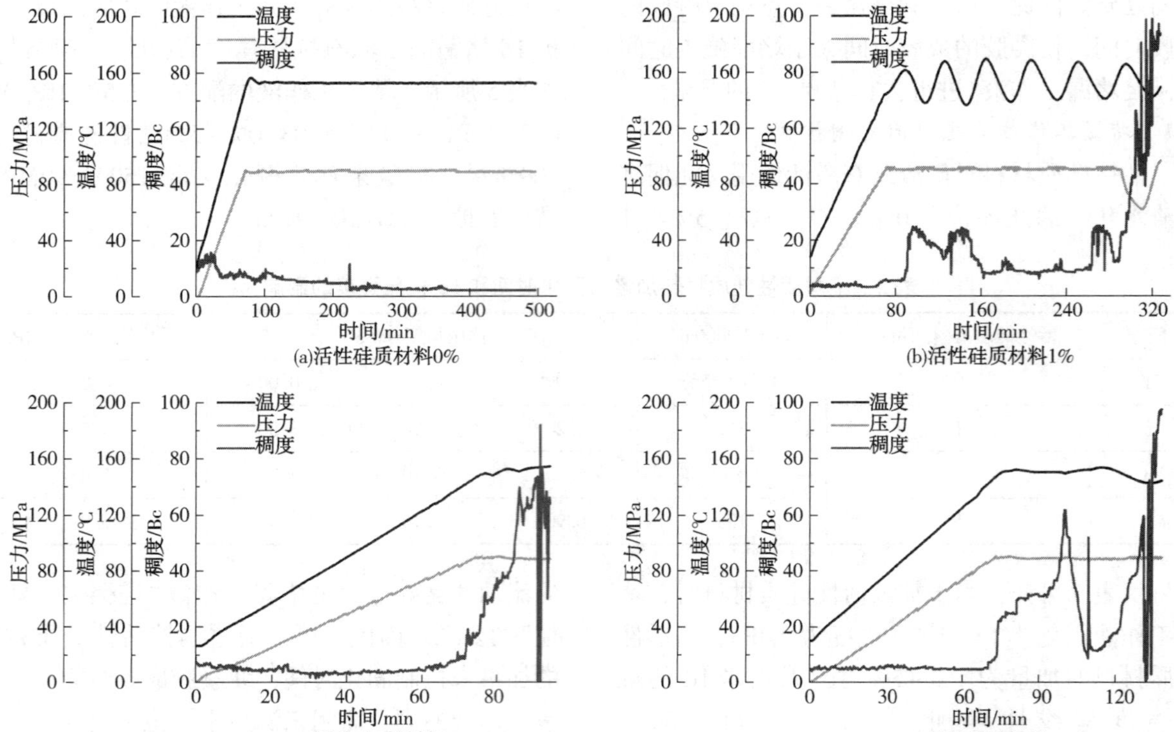

(a)活性硅质材料0%　(b)活性硅质材料1%

(c)活性硅质材料3%　(d)活性硅质材料5%

图 5　堵漏工作液在不同活性硅质材料加量下的稠化曲线

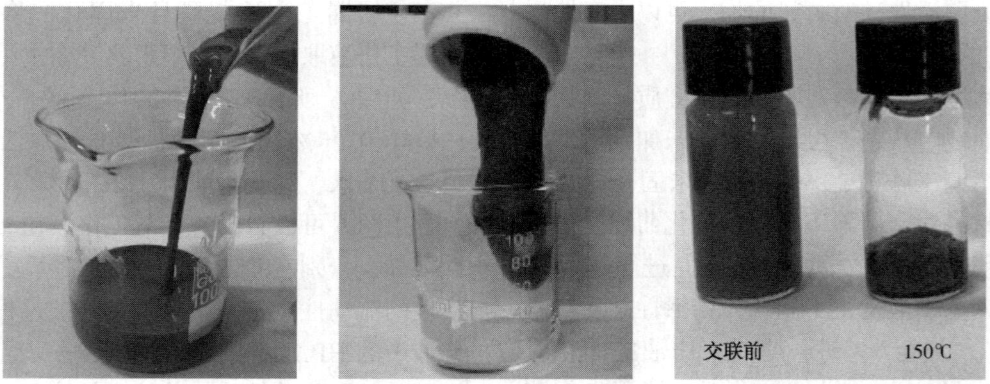

(a)交联前　(b)交联后　(c)交联前后在水中状态

图 6　堵漏工作液交联前后状态

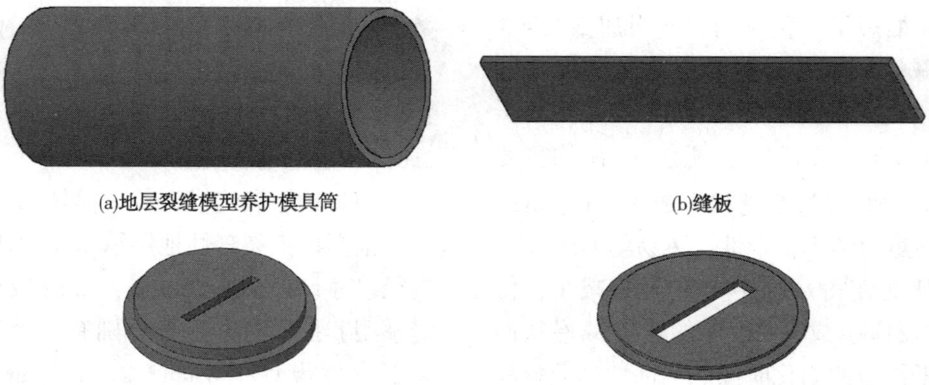

(a)地层裂缝模型养护模具筒　(b)缝板

(c)底盖　(d)顶盖

图 7　地层裂缝模型养护模具 CAD 图

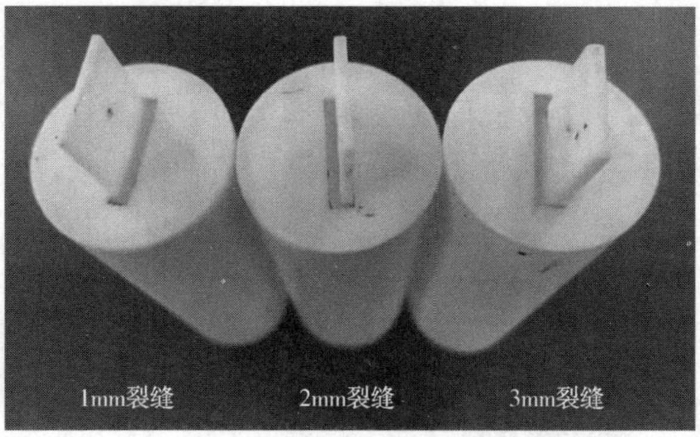

图 8　地层裂缝模型养护模具实物图

(2) 地层裂缝模型的制备

根据水泥配方配制水泥浆并倒入地层裂缝模型养护模具中，放置 24h 待水泥凝固后脱模。为了防止养护好的地层裂缝模型开裂破坏，将其用保鲜膜密封后放入 60℃恒温水浴锅中长期养护，使用时随时取出即可。图 9 和图 10 为养护后的地层裂缝模型。水泥配方：100%G 级油井水泥+100%石英砂+0.5%$CaCl_2$+1%Na_2SiO_3+3%HX-12L。

图 9　地层裂缝模型实物图

图 10　60℃恒温水浴锅中养护的地层裂缝模型

(3) 地层裂缝注浆模型养护

地层裂缝模型养护完成后，向裂缝内注入抗高温延迟交联固化堵漏工作液，然后将其放入增压养护釜中在一定温度压力下养护一定时间成形或硬化后即可得到地层裂缝注浆模型。

2.6.2　抗高温延迟交联固化堵漏工作液承压能力评价

抗高温延迟交联固化堵漏工作液的封隔能力是封堵裂缝的关键，堵漏工作液的承压能力越高，对地层的封隔能力越强。向地层裂缝模型的裂缝注入抗高温延迟交联固化堵漏工作液，然后将其放入增压养护釜中在 150℃、20.7MPa 养护 1d 后得到地层裂缝注浆模型，利用裂缝承压能力评价实验装置对堵漏工作液的承压能力进行测试。堵漏工作液配方选用堵漏工作液固化 1d 后强度最低的配方，堵漏工作液的配方如表 6 所示。

表 6　堵漏工作液的组成

配方	HPAM/%	PEI/%	S105/%	重晶石%	活性硅质材料/%	水/%
1	7.5	0.25	0	100	1	100
2	7.5	0.25	100	0	1	100

由于模具裂缝模型长 0.15m，但在实际实验中由于模具两端涂有黑油或者黄油，导致实验中裂缝的有效长度为 0.1m，所以最终单位长度承压能力数值为实验直接测出的承压能力数值的十倍。抗高温延迟交联固化堵漏工作液承压能力实验结果如表 7 所示。承压实验单位长度承压能力-时间关系图、裂缝击穿情况图如图 11、图 12 所示，图 11、图 12(a)(c)(e) 中上方箭头所指处为地层裂缝模型的水力击穿点，图 12(e) 中下方箭头所指处为堵漏工作液固化体被击碎点。

表 7　抗高温延迟交联固化堵漏工作液承压能力实验结果

裂缝尺寸/mm	单位长度承压能力/(MPa/m)	
	配方 1	配方 2
1	0.8	17
2	0.5	14
3	0.3	125

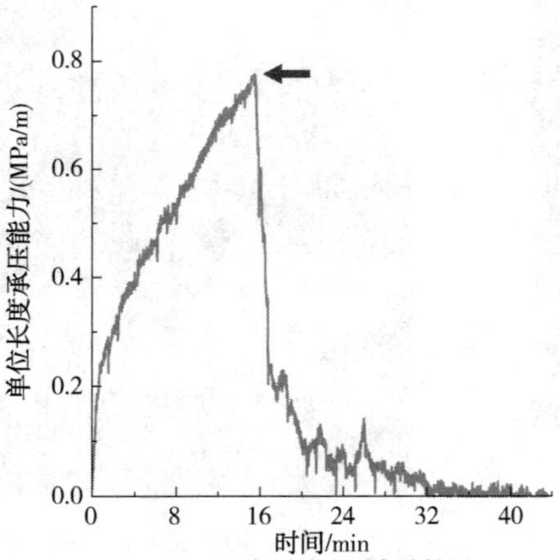

(a)1mm宽裂缝承压实验结果

(b)1mm宽裂缝承压实验击穿情况

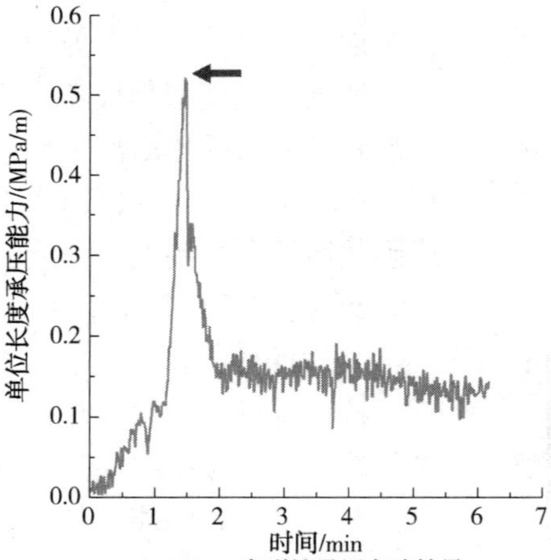

(c)2mm宽裂缝承压实验结果

(d)2mm宽裂缝承压实验击穿情况

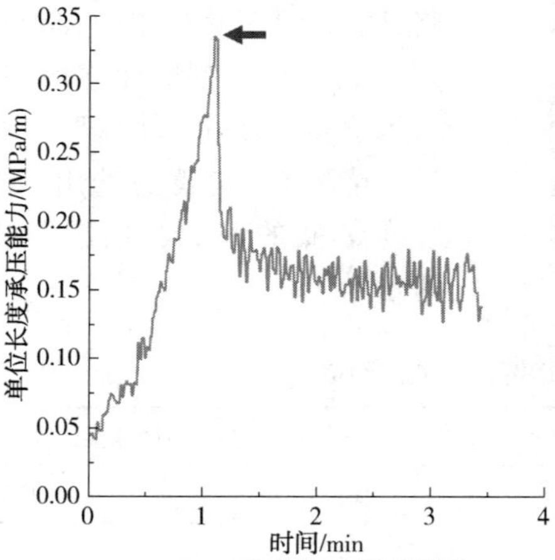

(e)3mm宽裂缝承压实验结果

(f)3mm宽裂缝承压实验击穿情况

图 11　配方 1 堵漏工作液裂缝承压实验结果及击穿情况

由图 11(b)(d)(f)可以看出裂缝内部配方 1 堵漏工作液被带有蓝色染色剂的水击穿，随着裂缝宽度的增大，配方 1 堵漏工作液承压能力逐渐减小，最大承压不超过 0.8MPa/m，封隔效果差。这是因为重晶石是惰性的，不会固化，养护 1d 后的堵漏工作液只发生了交联反应，形成了凝胶，而凝胶的承压能力很弱。由表 7 可知，配方 2 堵漏工作液对 1mm、2mm 裂缝承压能力分别只有 17MPa/m、14MPa/m，对 3mm 裂缝承压能力可达 125MPa/m，堵漏工作液对 3mm 裂缝的承压能力显著高于对 1mm、2mm 裂缝承压能力。堵漏工作液对 1mm、2mm 裂缝承压能力相对较低可能是由堵漏工作液固化体与裂缝壁面的胶结能力弱而导致的。由图 12(b)(d)(f)可以看到三个裂缝内部均被带有蓝色染色剂的水击穿，由图 12(f)观察到 3mm 的地层裂缝模型被敲开成两半后，模型左右分别都有白色的堵漏工作液固化体残留，说明堵漏工作液与裂缝内壁界面胶结质量高，硬化后产生的承压能力极强。由图12(b)(d)可以到1mm和2mm的地层裂缝模型被敲开成两半后，模型左右两部分分别都只有其中一部分有白色的堵漏工作液固化体，另一部分为裂缝壁面本色，说明这两个地层裂缝内壁与堵漏工作液固化体的胶结质量差，压力水将界面胶结处击穿。这可能是因为养护地层裂缝脱模后裂缝内有残留的黄油，导致界面胶结质量降低，从而使承压能力下降。虽然存在界面胶结质量的影响，但堵漏工作液对1mm、2mm裂缝承压能力仍然能达到14MPa/m以上，说明堵漏工作液的承压能力良好，能在井下复杂环境封隔流体通道。

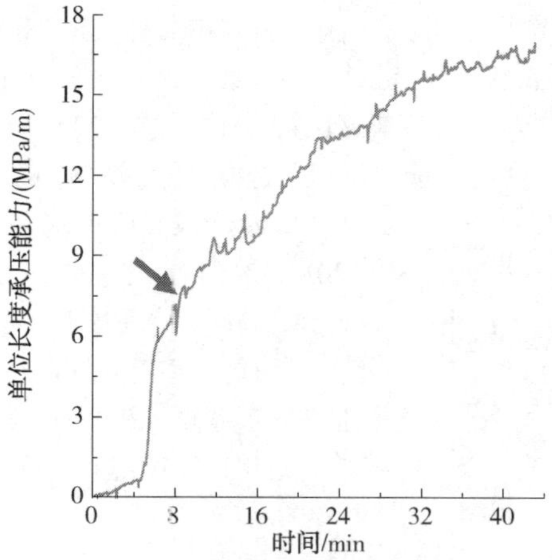

(a)1mm宽裂缝承压实验结果

(b)1mm宽裂缝承压实验击穿情况

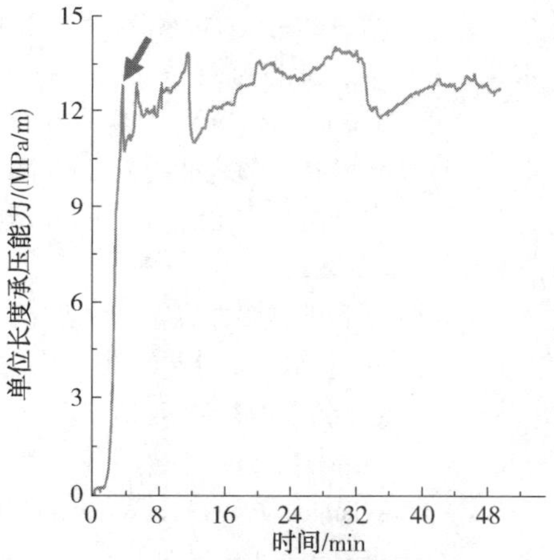

(c)2mm宽裂缝承压实验结果

(d)2mm宽裂缝承压实验击穿情况

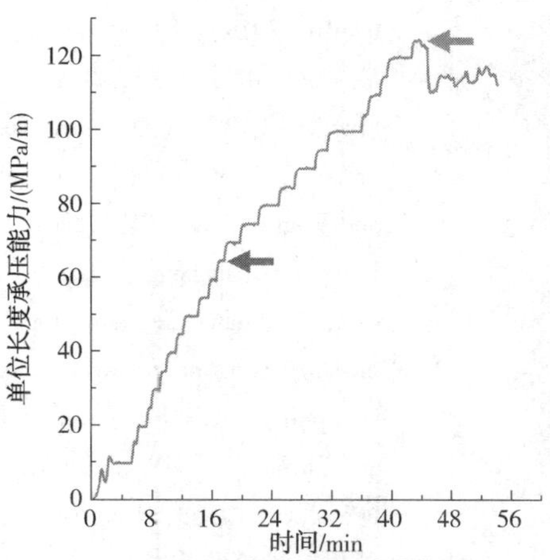

(e)3mm宽裂缝承压实验结果

(f)3mm宽裂缝承压实验击穿情况

图12　配方2堵漏工作液裂缝承压实验结果及击穿情况

从图12(e)中可以看到3mm地层裂缝注浆模型被水力击穿后承压能力还在继续上升，直到44min时承压能力达到最高值125MPa/m，之后略微下降，但仍有一段承压能力为110MPa/m左右的平稳阶段，结合图12(f)中3mm裂缝击穿情况来看，堵漏工作液固化体被压力水击碎后成了层状，承压能力下降，但是由于水力冲击导致固化体发生了颗粒运移，而被压力水击穿的流体通道间隙较小，颗粒运移后堵塞通道，还能继续承压，此状态有利于延长堵漏工作液的承压时间，增强承压效果。

3 结论

(1) 抗高温延迟交联固化堵漏工作液中的HPAM与PEI能在一定时间后发生交联反应，形成抗水稀释性的凝胶，具有延迟交联的作用，有利于堵漏工作液配浆及泵送，满足堵漏工作液“进得去、站得住”的需求；

(2) 凝胶的成胶时间和抗高温延迟交联固化堵漏工作液的固化时间都可调。可通过加入NaCl来调控凝胶的成胶时间；控制活性硅质材料的加量可以调节抗高温延迟交联固化堵漏工作液的固化时间，以此满足不同的施工需求；

(3) 抗高温延迟交联固化堵漏工作液对1mm和2mm裂缝承压能力大于14MPa/m，对3mm裂缝承压能力可达125MPa/m，具有良好的界面胶结强度，能够有效封堵地层裂缝，在井下复杂环境封隔流体通道。

参 考 文 献

[1] 扶喆一. 石油钻井工程防漏堵漏工艺质量标准探析[J]. 中国石油和化工标准与质量. 2023，43(21)：P1-P3.

[2] 李伟，白英睿，李雨桐，等. 钻井液堵漏材料研究及应用现状与堵漏技术对策[J]. 科学技术与工程. 2021，21(12)：4733-4743.

[3] 刘静，马诚，杨超，等. 井漏地层钻井液堵漏材料研究现状与展望[J]. 油田化学. 2023，40(4)：729-735.

[4] 韩立国. 新型随钻防漏堵漏钻井液技术研究[J]. 钻采工艺. 2015(3)：37-39，42.

[5] Alsabagh A M, Abdou M I, Ahmed H E, et al. Evaluation of some natural water-insoluble cellulosic material as lost circulation control additives in water-based drilling fluid[J]. Egyptian Journal of Petroleum. 2015, 24(4): 461-468.

[6] Idress M, Hasan M L. Investigation of different environmental-friendly waste materials as lost circulation additive in drilling fluids[J]. Journal of Petroleum Exploration and Production Technology. 2020, 10(2): 233-242.

[7] 肖波，李晓阳，陈忠实，等. HHH堵漏剂在治理多点井漏中的应用[J]. 天然气工业. 2008，28(10)：55-57.

[8] 方俊伟，贾晓斌，刘文堂，等. ZYSD高失水固结堵漏技术在顺北5-9井中的应用[J]. 钻井液与完井液. 2021，38(1)：74-78.

[9] 卢小川，赵雄虎，王洪伟，等. 固化承压堵漏剂在渤海油田断层破碎带的应用[J]. 钻井液与完井液. 2014，31(4)：47-49.

[10] 徐元德，葛际江，潘逸平，等. 铬冻胶缓交联体系[J]. 石油化工. 2019，48(9)：943-948.

[11] 张世华，彭振斌，秦弋丰，等. PVA凝胶堵漏剂的研究与适用性探讨[J]. 土工基础. 2016，30(4)：495-498.

[12] Jia H, Chen H. Using DSC technique to investigate the non-isothermal gelation kinetics of the multi-crosslinked Chromium acetate(Cr3+)-Polyethyleneimine(PEI)-Polymer gel sealant[J]. Journal of Petroleum Science and Engineering. 2018, 165: 105-113.

[13] 罗兴树，蒲晓林，黄岩，等. 堵漏型聚合物凝胶材料研究与评价[J]. 钻井液与完井液. 2006(02)：28-32.

[14] 潘蕾茗，缪文振. 一种适合于海上油田新型聚合物堵漏剂的研制与性能评价[J]. 当代化工. 2017，46(5)：873-875，879.

[15] Jiang G, Deng Z, He Y, et al. Cross-linked polyacrylamide gel as loss circulation materials for combating lost circulation in high temperature well drilling operation[J]. Journal of Petroleum Science and Engineering. 2019, 181: 106250.

[16] Magzoub M I, Shamlooh M, Salehi S, et al. Gelation kinetics of PAM/PEI based drilling mud for lost circulation applications[J]. Journal of Petroleum Science and Engineering. 2021, 200: 108383.

[17] Deng Z, Guancheng J, Lili Y, et al. Microencapsulation of 2, 2′-Azobis(2-methylpropionamide) dihydrochloride initiator using acrylonitrile butadiene styrene as shell for application in lost-circulation control[J]. Colloids and Surfaces A: Physicochemical and Engineering Aspects. 2018, 553: 134-142.

[18] 黄勇. 浅谈硅酸盐水泥堵漏技术[J]. 中国新技术新产品. 2013(1)：175.

[19] Abid K, Gholami R, Tiong M, et al. A pozzolanic supplementary material to reinforce class G cement used for drilling and completion operations[J]. Journal of Petroleum Science and Engineering. 2019, 177: 79-92.

[20] 游云武."智能快干"堵漏水泥浆体系的室内研究与现场应用[J]. 长江大学学报(自科版). 2015, 12 (20): 81-84.

[21] Wang C, Wang R, Zhou W, et al. The Use of a Novel Spacer and Ultralow-Density Cement System To Control Lost Circulation in Coalbed-Methane Wells [J]. SPE Drilling and Completion. 2015, Vol. 30 (No. 1): 76-85.

[22] Guo X, Deng Z, Li Z, et al. The effect of different activators on the performance of an inorganic solidifiable gel plugging fluid[J]. Journal of Natural Gas Science and Engineering. 2016, 34: 253-264.

[23] Li P, Hu M, Liu M, et al. Thixotropic and hydration effects of Mg/Al-layered double hydroxide and sodium montmorillonite composite dispersion on oil well cement paste [J]. Cement and Concrete Composites. 2022, 134: 104785.

[24] Tan C, Guo S, Huang J. An Investigation into the Effects of Oil-Well Cement Expansion Agent on the Integrity of Cement Sheath[J]. Fluid Dynamics & Materials Processing. 2023, 19(5): 1291-1300.

[25] Mezhov A, Ben Shir I, Schmidt A, et al. Retardation mechanism of cement hydration by a comb polyphosphate superplasticizer[J]. Construction and Building Materials. 2022, 352: 128698.

[26] Liu X, Nair S, Aughenbaugh K, et al. Mud-to-cement conversion of non-aqueous drilling fluids using alkali-activated fly ash[J]. Journal of Petroleum Science and Engineering. 2019, 182: 106242.

[27] Mansour A, Dahi Taleghani A, Salehi S, et al. Smart lost circulation materials for productive zones [J]. Journal of Petroleum Exploration and Production Technology. 2019, 9(1): 281-296.

[28] 暴丹, 邱正松, 叶链, 等. 热致形状记忆"智能"型堵漏剂的制备与特性实验[J]. 石油学报. 2020, 41(01): 106-115.

[29] Lashkari R, Tabatabaei Nezhad S A, Husein M M. Shape Memory Polyurethane as a Drilling Fluid Lost Circulation Material[J]. Macromolecular materials and engineering. 2021, 306(11): n/a-n/a.

[30] 秦义, 张顶学, 刘玉莉, 等. 缓膨耐盐性纳米复合凝胶颗粒的合成及性能研究[J]. 现代化工. 2018, 38(10): 171-174.

氧化型固井冲洗液对滤饼的分解机理研究

孙青连[1] 黄 盛[2] 李早元[2] 刘 洋[3] 杨 川[3]

(1. 西南石油大学化学化工学院；2. 西南石油大学石油与天然气工程学院；
3. 中国石油集团川庆钻探工程有限公司井下作业公司)

摘 要 研究针对水泥环-地层界面因滤饼存在而封固能力弱的问题，从固井工程角度考虑，提出了固井过程中快速降解滤饼中聚合物处理剂的方法，探究了滤饼的分解机理，拟针对性开发可短时间内快速清除滤饼的氧化型冲洗液。实验结果表明，处理剂降解效率随着氧化剂加量的增加而增加，在第5min最大达70%以上，在第30min最大达80%以上；采用环境扫描电子显微镜(ESEM)和凝胶渗透色谱(GPC)分别对钻井液处理剂的形貌和分子量进行了表征，结果表明钻井液处理剂氧化后的膜/网状形貌被破坏，并且氧化前后聚合物分子量大小发生1~2个数量级的改变。对比清水和氧化型冲洗液($C_{OA}=40mM$、$60mM$、$80mM$)，其中氧化型冲洗液($C_{OA}=80mM$)滤失得到的滤液体积最大，通过渗透率和比阻计算，结果表明氧化型冲洗液($C_{OA}=80mM$)的作用后的滤饼渗透率最小、比阻最大；采用全直径岩心核磁共振分析系统(NMR)表征了滤饼的孔隙度，结果表明氧化型冲洗液($C_{OA}=80mM$)作用后的滤饼孔隙度最小。采用激光粒度分析仪器(LS)表征了滤饼氧化分解后的游离固相的粒径大小，在占比为90%大颗粒中，氧化型冲洗液$C_{OA}=80mM>C_{OA}=60mM>C_{OA}=40mM>$清水，其中氧化型冲洗液($C_{OA}=80mM$)冲洗掉的滤饼游离固相颗粒最大粒径为37.9512μm。通过总有机碳分析仪(TOC)表征测试，TOC值是氧化型冲洗液$C_{OA}=80mM>C_{OA}=60mM>C_{OA}=40mM>$氧化前，实验结果表明，滤饼游离固相颗粒的TOC值随着氧化剂浓度的增加而减小，表明氧化剂浓度提升有利于滤饼的分解。

关键词 氧化型冲洗液；钻井液处理剂降解效果；滤饼滤失特征；滤饼孔渗结构

钻井过程中，钻井液在井内压差作用下向地层渗透滤失，并且聚合物处理剂、膨润土和加重剂等堆积于井壁形成滤饼。形成的滤饼在后期发生脱水收缩，导致水泥环与地层之间形成微间隙，甚至引发油气水窜流，严重影响固井质量。因此，在固井过程中清除井壁的虚厚滤饼，提高二界面封隔能力，才能更好地保障后期油气开发效益。多年来，如何有效地清除井壁滤饼一直是固井工程中一个技术难题。

国内外工业界、高校和研究机构围绕如何在固井过程中清除滤饼开展了大量研究。目前，在固井过程中清除井壁滤饼的方法主要有：机械法和工作液冲洗法。机械法是指通过刮泥器、泥饼刷等物理工件对井壁滤饼进行物理刮除，或是通过振动固井装置带动套管振动引起井筒工作液振动，以此达到清除井壁滤饼的目的。单一采用机械法很难有效地清除井壁滤饼，一般需要与其他清除方法配合使用，该方法通常会受井眼形状、井下或者井口条件等条件的限制。因此，单一的物理清除效果是极其有限的。工作液冲洗法是指通过化学分解和流体冲洗动力将滤饼从井壁剥离下来并携带出环空的技术。目前通过工作液清除滤饼的方法主要包括：(1)酶分解高分子聚合物，(2)氧化反应分解高分子聚合物，(3)采用酸液静态溶蚀固相。该技术因流体的特性因此其可适用范围广，可在任意环空通道作业，不受空间条件限制。但固井注水泥是动态过程，时间短，水泥水化要求井壁pH为中性至碱性。长时间的酸溶浸泡无法适应固井要求，而酶分解慢，耐温性差。

高级氧化技术是处理水中难降解有机污染物的最有效、最经济的新兴技术。基于硫酸根自由基的高级氧化技术通过反应产生的强氧化性$SO_4^-\cdot$($E_0=2.50-3.20V$)实现对有机物的快速分解，具有反应速率快、降解效率高、环境适应性宽、活化方式多的特点，为固井过程中滤饼中大分子聚合物的降解提供了可行性。

本文通过氧化分解前后的钻井液处理剂黏度变化，评价氧化剂加量对钻井液处理剂降解效率的影响。通过ESEM观察了氧化前后的聚合物形貌结构变化。通过分子量表征测试获取了氧化前后钻井液处理剂的分子量变化。为了研究泥饼的分解过程，采用高温高压失水仪模拟了井壁滤饼在压差作用下的滤失过程，通过冲洗液作用下滤饼的滤失特征以及滤饼的孔渗结构特征，探讨了滤饼的分解机理。

1 实验

1.1 原料及仪器

实验材料：氧化剂 OA（分析纯，成都市科隆化学品有限公司），氢氧化钠 NaOH（分析纯，成都市科隆化学品有限公司），表面活性剂 PH-1（分析纯，上海阿拉生化科技股份有限公司）；PH-2（实验室自合成）；WNFB、JNJS-220、RSTF、AB-201、LS-2、LS-2A、DFZ-7 和钻井液均由中国石油川庆钻探工程公司井下作业公司提供。

实验设备：数显黏度计（上海尚普仪器设备有限公司，型号：DNJ-8S Pro）；高温高压失水仪（沈阳石油仪器研究所有限公司，型号：OWC-9508D）；电子六速黏度计（青岛同春石油仪器有限公司，型号：ZNN-D6B）。

1.2 实验方法

1.2.1 钻井液处理剂的分解效率评价及表征

（1）实验室用冲洗液配方：水+OA+NaOH

（2）钻井液处理剂分解效率评价方法

采用旋转黏度计，通过水浴加热将钻井液处理剂溶液加热到设定温度，然后依次加入 OA、NaOH，并开始计时，分解过程中每 1min 读取黏度值并记录，实验过程为 30min。

（3）钻井液处理剂分解后表征方法

采用环境扫描电子显微镜（ESEM）观察钻井液处理剂的微观形貌。钻井液处理剂的分子量使用凝胶渗透色谱（GPC）来表征。

1.2.2 滤饼滤失特征测试及孔渗结构表征

（1）实验室用冲洗液配制过程

烧杯中加入一定量水，并使用加热搅拌器加热至预设置温度，然后加入 OA（40mM~80mM）、NaOH（40mM）、PH-1 和 PH-2（0.1wt%），再定时搅拌。参考现场配制冲洗液作业时间和泵送冲洗液到达环空所需时间，实验中将冲洗液的预反应时间设计为 45min。

（2）泥饼制备

滤饼是由改良后的高温高压失水仪形成的。首先，将岩心和钻井液放入高温高压失水仪釜内，然后给釜体加热到 70℃，加压到 3.5MPa，1h 后最终形成滤饼。

（3）冲洗液作用下滤饼滤失实验

冲洗液作用下滤饼滤失实验是在高温高压失水仪进行的。首先，将制备好的泥饼和冲洗液放入高温高压失水仪釜内，然后给釜体加热到实验设定温度，加压到 6MPa，滤失时间 1h，收集滤失液体并每 1min 记录滤液体积。

（4）滤饼的渗透率和比阻计算方法

为了更加清晰的表征滤饼滤失能力的高低，将采用滤饼的渗透率（K）和滤失比阻（α）进行量化。其中渗透率表示单位面积上滤液通过滤饼时的流通能力，比阻是指在压差 ΔP 条件下单位面积上所受到的的阻力，可以衡量滤饼的滤失性能。常见滤饼的渗透率和比阻计算方法分别如式（1）和式（2）。

$$K=\frac{\mu r V_t^2}{2A^2\Delta pt} \tag{1}$$

式中，K 为滤饼的渗透率，达西（1D = 1um^2）；μ 为滤液的动态黏度，mPa · s；r 为滤饼和滤液的体积比，无量纲；Vt 为 t 时间对应的滤液体积，mL；A 为滤饼的截面积，cm^2；ΔP 为滤饼受到的压差，atm；t 为实验时间，s。

$$\alpha_e=\frac{2\Delta p\left[\left(\frac{t}{q}\right)_2-\left(\frac{t}{q}\right)_1\right]}{\mu r(q_2-q_1)} \tag{2}$$

式中，α_e为滤饼的平均比阻，m/kg；ΔP 为滤饼受到的压差，N/m^2；μ 为滤液的动态黏度，kg/(m · s)；r 为滤饼总体积除以滤液总体积，无量纲；q 为单位过滤面积所过滤的滤液体积，m^3/m^2；t 为滤失时间，s。

（5）滤饼孔隙结构表征

采用全直径岩心核磁共振分析系统（NMR）表征了滤饼的孔隙度。

1.2.3 氧化分解后滤饼游离固相粒径与总有机碳含量表征

（1）滤饼冲洗实验

为了模拟井壁滤饼的滤饼清洗和冲刷过程，在常规电子六速黏度计的设计基础上进行了适当改装，形成了一套滤饼冲洗装置，实物如图 1 所示。

滤饼冲洗后脱落的游离固相通过滤饼冲洗实验收集。将制备好的滤饼通过夹持器固定，通过变速搅拌器带动外筒旋转，外筒旋转带动冲洗液冲刷岩心壁上的滤饼，冲洗后从岩心上脱落并分

图 1　滤饼冲洗装置实物图

散在冲洗液中的固相，则是本次实验所需的滤饼氧化分解后的游离固相。

（2）游离固相粒径表征

采用激光粒度分析仪器（LS）表征了滤饼氧化分后的游离固相的粒径大小。

（3）游离固相总有机碳含量测试

采用总有机碳分析仪（TOC）表征了滤饼氧化分后的游离固相的总有机碳含量。

2　结果与讨论

2.1　冲洗液氧化组分对外加剂分解效率评价及聚合物表征

2.1.1　氧化组分对典型钻井液处理剂降解效果评价

图 2 展示了三种钻井液处理剂 LS-2、LS-2A 和 DFZ-7 在不同氧化剂加量下的降解效率。由图 2(a~c)可知，三种钻井液处理剂的降解效率均随着氧化剂浓度的增大而增大。在第 5min 时，氧化剂浓度为 10~40mM，LS-2 的降解效率从 22.41% 增加到 70.29%，降解效率增加了 47.88%；LS-2A 的降解效率从 67.98% 增加到 78.28%，降解效率增加了 10.3%；DFZ-7 的降解效率从 12.83% 增加到 94.81%，降解效率增加了 81.98%。氧化剂浓度为 40mM，对比三种聚合物 LS-2、LS-2A 和 DFZ-7 在第 5min 时的降解效率分别达到了 70.29%、78.28%、94.81%，在第 30min 均达到了 80%以上。实验结果表明，增大氧化剂浓度可显著提高钻井液处理剂的降解效率，这为滤饼的分解奠定了基础。

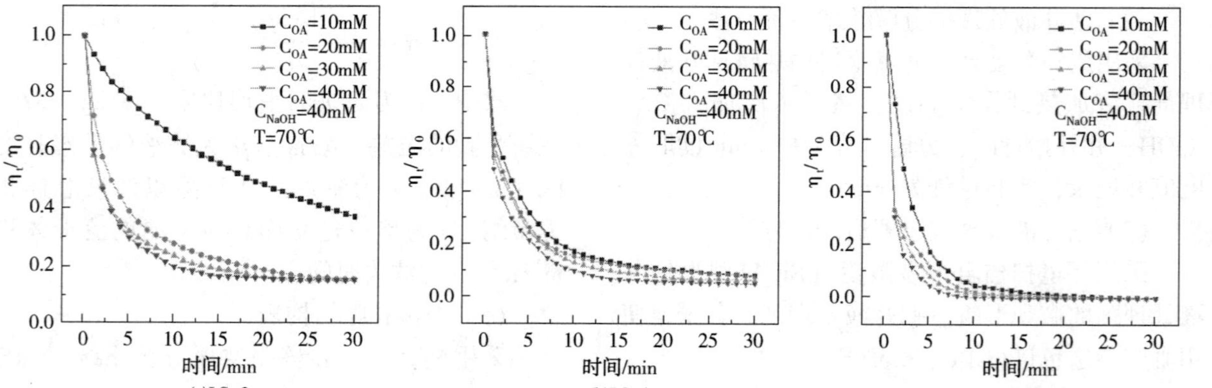

(a)LS-2　(b)LS-2A　(c)DFZ-7

图 2　不同氧化剂浓度对钻井液处理剂的降解效率

2.1.2　钻井液处理剂氧化分解后形貌表征

图 3 分别为钻井液处理剂 LS-2、LS-2A、DFZ-7、AB-201、JNJS-220、RSTF 和 WNFB 降解前后形貌变化。由图可观察，在氧化体系作用下，7 种钻井液处理剂形貌结构发生了极明显的改变，氧化 3min 后处理剂的膜状结构破裂成许多大小形状不规则的孔洞，具有网状结构的处理剂被分解后其网状结构遭到破坏，网状结构减少甚至消失，而未完全分解的网状结构则收缩成条形状和团状。这说明在氧化分解过程中，聚合物分子链发生断裂，导致分子量降低，聚合物网状结构破坏。由于聚合物存在于滤饼中时，通过主链侧面的吸附基团与膨润土等固相颗粒吸附，在颗粒间形成类似致密的网状结构，包裹颗粒。因此，只需分解滤饼中的聚合物，破坏其网状结构，使其失去了包裹固相颗粒的能力，就可达到清除滤饼的目的。

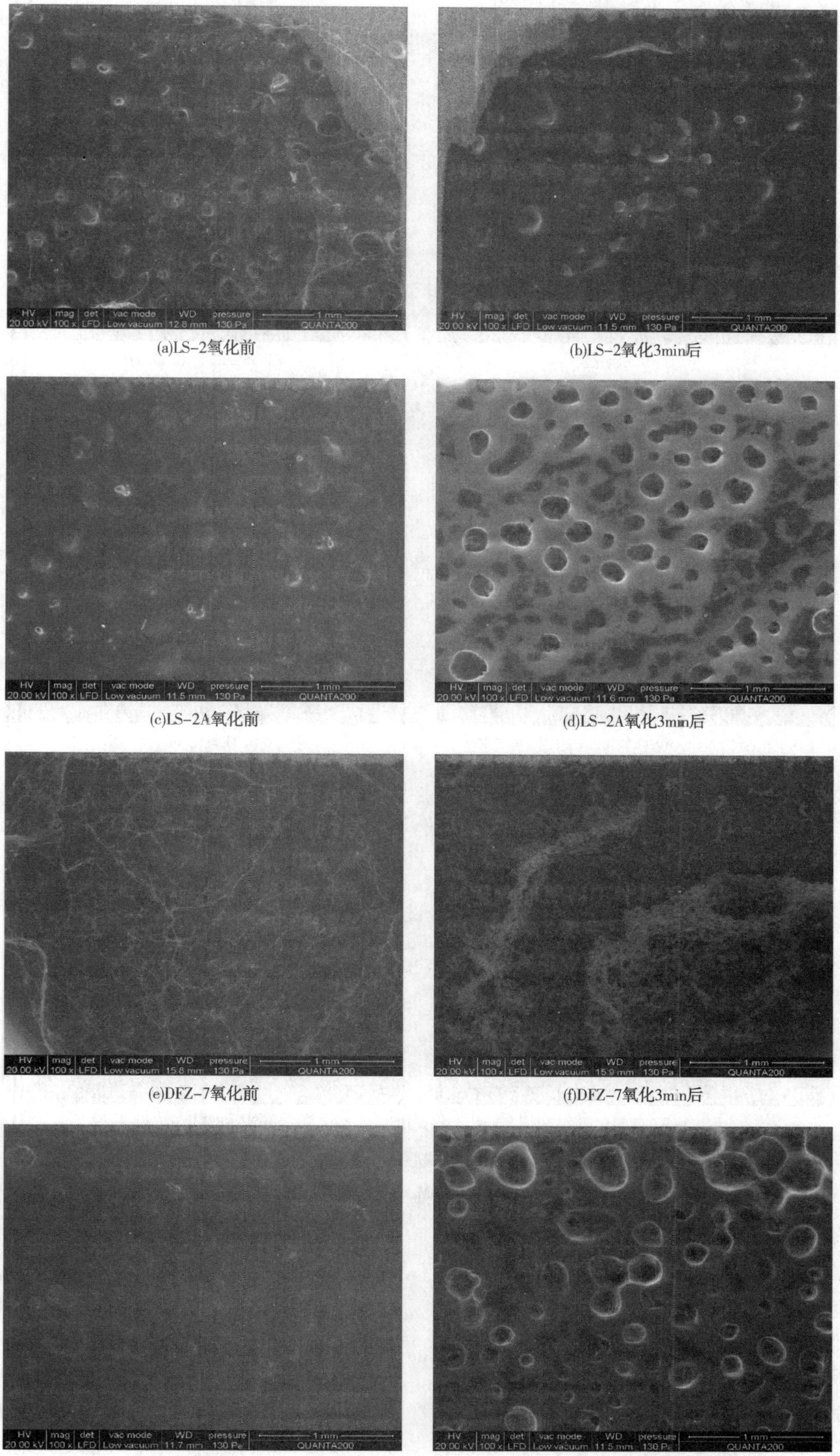

(a)LS-2氧化前 (b)LS-2氧化3min后

(c)LS-2A氧化前 (d)LS-2A氧化3min后

(e)DFZ-7氧化前 (f)DFZ-7氧化3min后

(g)AB-201氧化前 (h)AB-201氧化3min后

图 3 钻井液处理剂氧化分解前后形貌(钻井液处理剂：1wt%，$C_{OA}=40mM$，$C_{NaOH}=40mM$，温度：70℃)

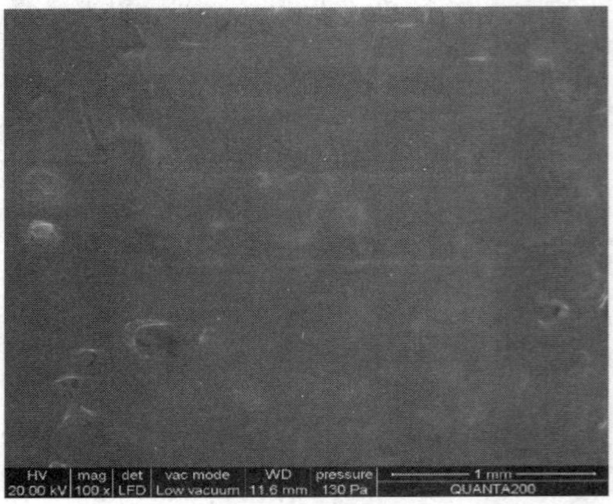

(i)JNJS-220氧化前

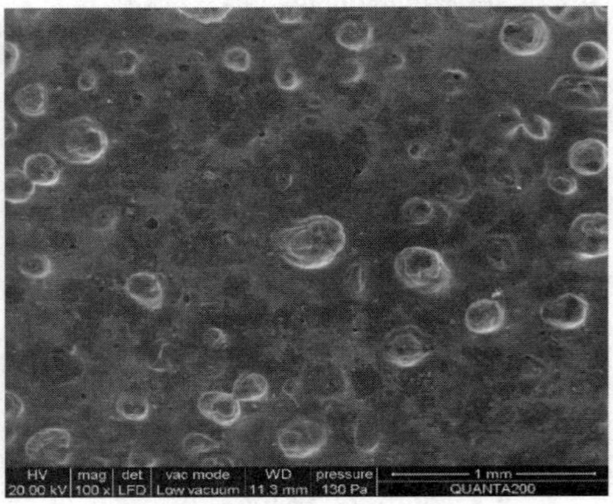

(j)JNJS-220氧化3min后

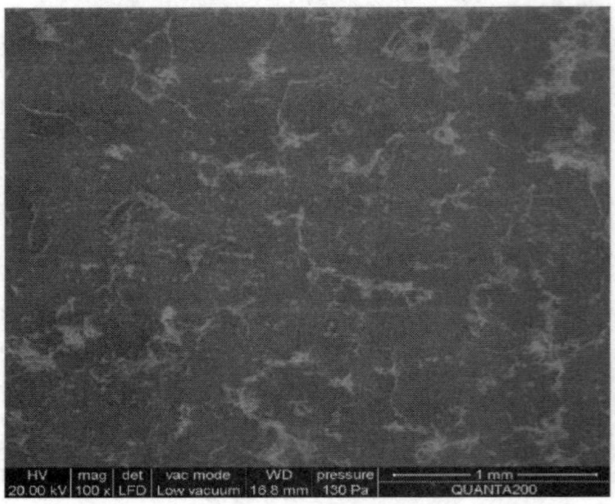

(k)RSTF氧化前

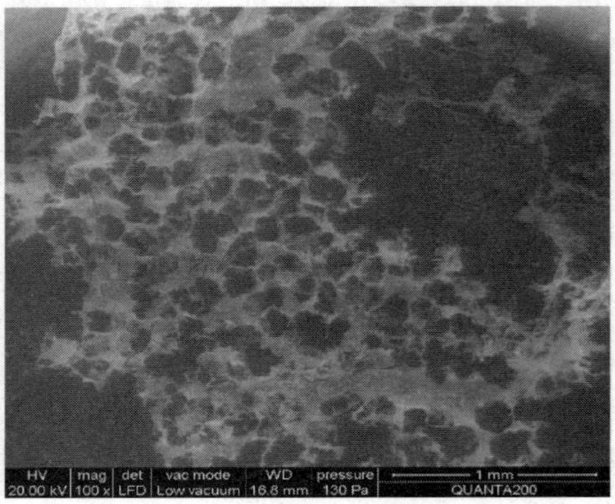

(l)RSTF氧化3min后

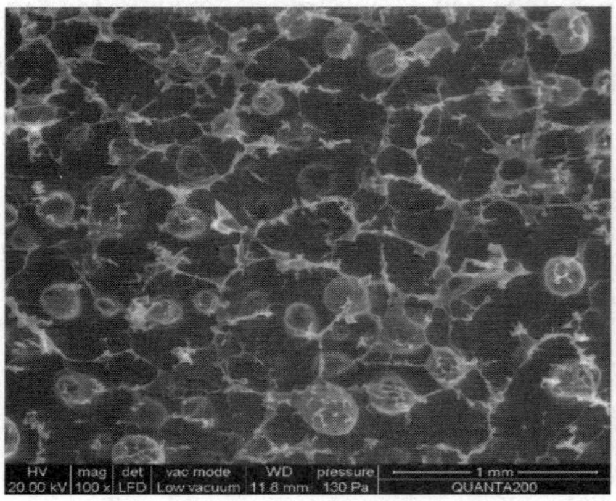

(m)WNFB氧化前

(n)WNFB氧化3min后

图 3　钻井液处理剂氧化分解前后形貌

（钻井液处理剂：1wt%，$C_{OA}=40mM$，$C_{NaOH}=40mM$，温度：70℃）（续）

2.1.3　钻井液处理剂氧化分解后分子量表征

分子量测试结果进一步证明了氧化过程中钻井液处理剂分子链的断裂，如图 4 所示。LS-2 和 LS-2A 两种钻井液处理剂的初始分子量均达到百万级，分子量大小在 $10^3\sim10^7$ g/mol 之间，经 OH^- 活化 OA 体系分解后分子量大小集中在 $10^2\sim10^5$ g/mol，分子量最大下降了 2 个数量级，且呈现多峰分布。AB-201、JNJS-220、RSTF 和 WNFB 这四种钻井液处理剂的黏度较低（0.89～1mPa·s），分子量大小在 10^4 g/mol 以下，经 OH^- 活化 OA 体系分解后分子量大小集中在 $10^3\sim10^4$ g/mol 之间，分子量最大下降了 1 个数量级。分子量的降低，表明了分子链的断裂，钻井液处理剂的网架结构被破坏，这样滤饼便会被拆分成大小形状不等的泥饼碎屑，才能更好地容易被流体冲刷携带出环空，以此提高滤饼冲洗的效率。

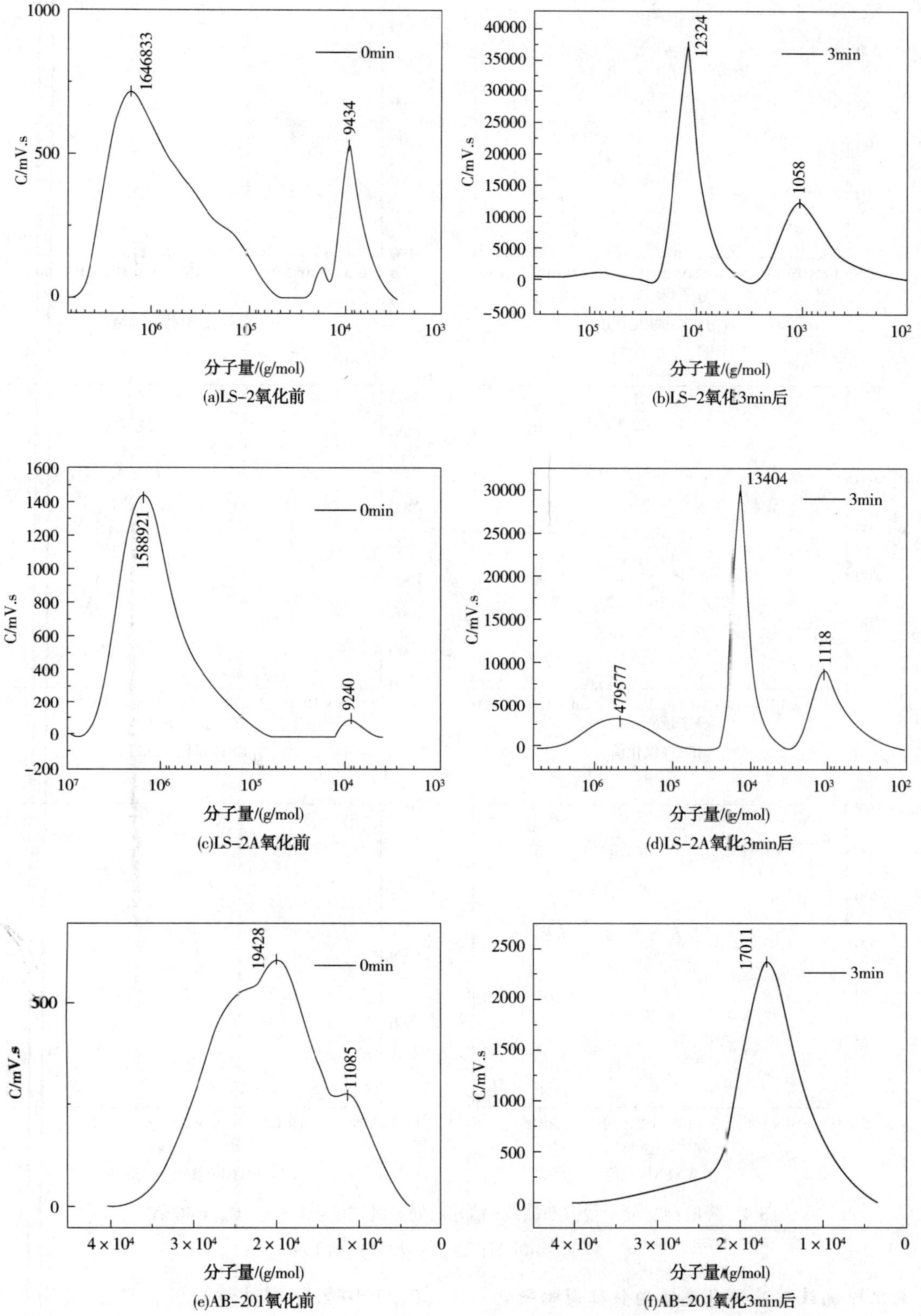

图 4　降解前后分子量分布曲线（钻井液处理剂浓度：1wt%，$C_{OA}=40mM$，$C_{NaOH}=40mM$，温度：70℃）

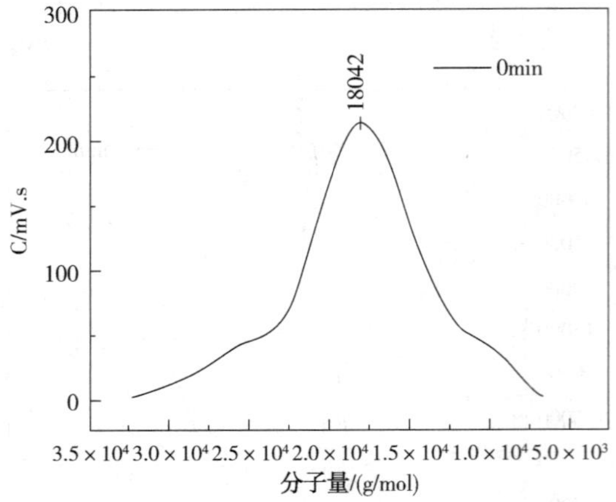

(g)JNJS-220氧化前

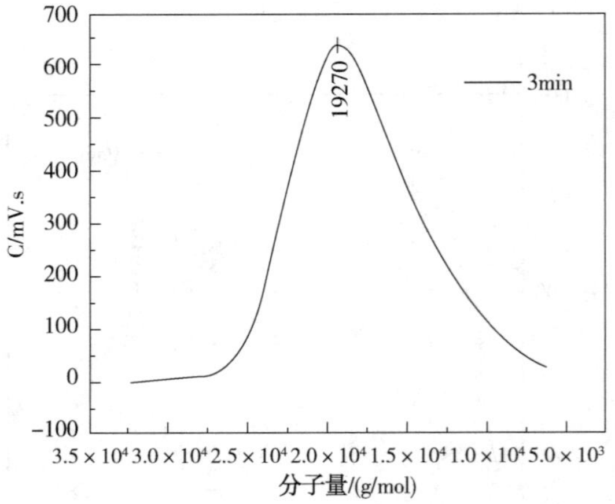

(h)JNJS-220氧化3min后

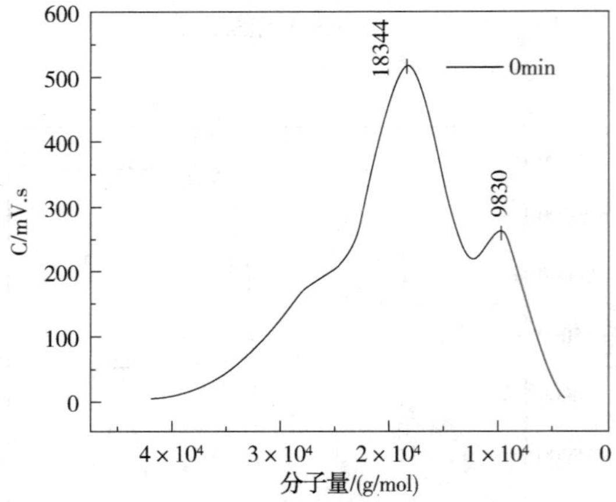

(i)RSTF氧化前

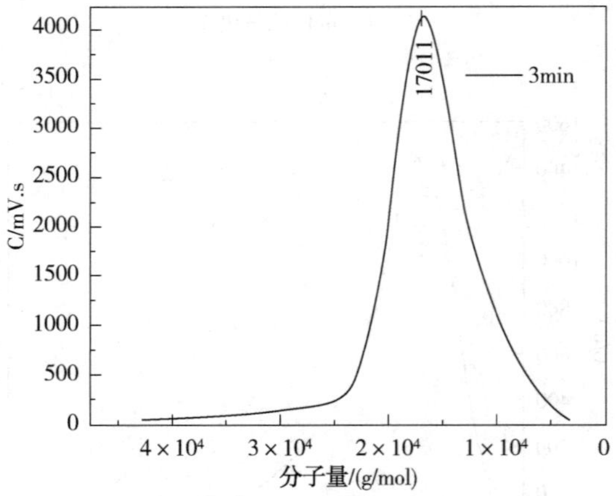

(j)RSTF氧化3min后

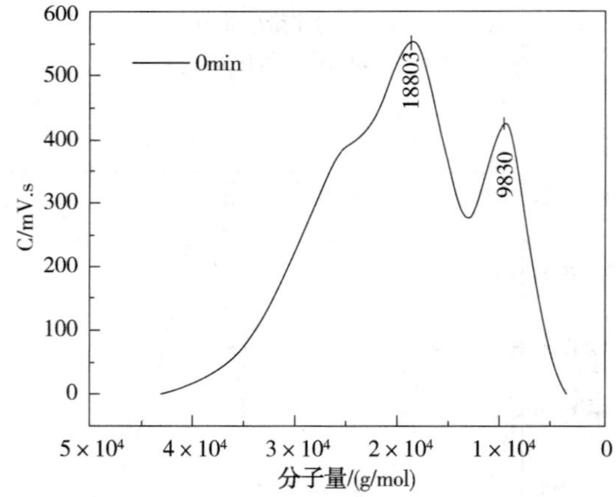

(k)WNFB氧化前

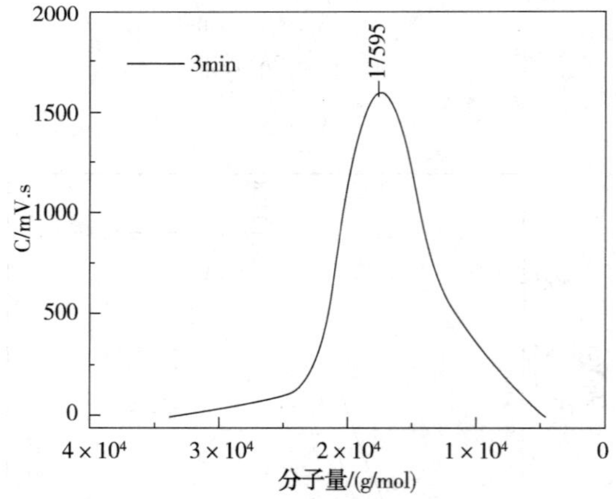

(l)WNFB氧化3min后

图4 降解前后分子量分布曲线(钻井液处理剂浓度：1wt%，C_{OA}=40mM，C_{NaOH}=40mM，温度：70℃)(续)

2.2 氧化冲洗液对滤饼孔渗结构特征影响研究

2.2.1 不同冲洗液作用下的滤饼滤失特征

图5(a~c)所示为在相同滤失条件下，滤饼经三种不同类型冲洗液(清水、氧化型冲洗液和常规冲洗液)静态滤失，收集到的滤液量体积大小关系图，以及相应的滤失速率曲线。由图可知，其中氧化型冲洗液的滤失总量为4.59mL，常规冲洗液滤失总量为3.82mL，清水滤失总量为3.15mL，由此可见氧化型冲洗液对滤饼的破坏程度最大，表明氧化型冲洗液在破坏滤饼的能力上更加具有优势。从图中可以看出，氧化型、清水和常规三种冲洗液在滤失前10min的滤失速

率分别为 0.135、0.09 和 0.118mL/min，明显氧化型冲洗液滤失速率更高。而第 10min 后滤失速率逐渐减缓，其原因是滤饼中得聚合物被氧化型冲洗液分解，导致泥饼骨架结构坍塌，在压力作用下，固相颗粒重新排列并紧密堆积，形成更为致密的泥饼，因此滤失速率下降较快。而清水和常规冲洗液不能分解泥饼中聚合物，因此滤失速率下降缓慢。

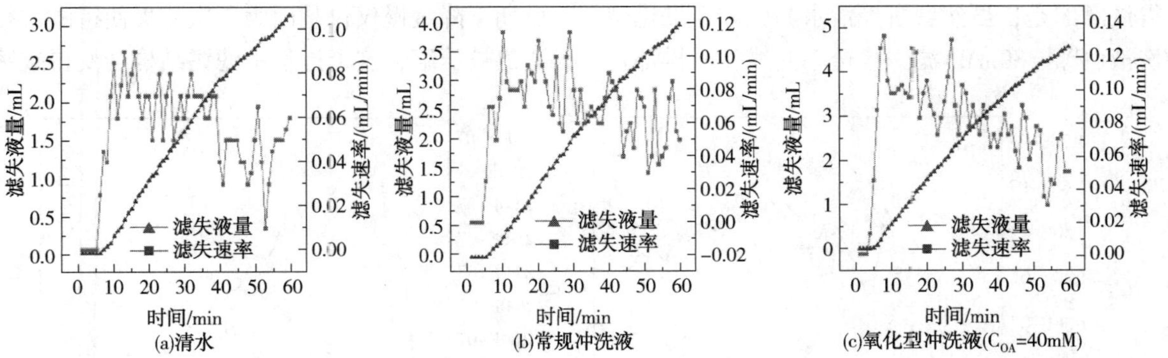

图 5　不同冲洗液滤失速率曲线图(温度：70℃，氧化型冲洗液：C_{OA} = 40mM，C_{NaOH} = 40mM)

2.2.2　氧化剂浓度对滤饼滤失特征的影响

图 6 所示为滤饼经不同类型冲洗液(清水、氧化型冲洗液和常规冲洗液)静态滤失，收集到的滤液量大小关系图。通过对比不同冲洗液类型，发现为 30min 后滤液量体积大小顺序分别为：常规冲洗液 > 清水 > 氧化型冲洗液(C_{OA} = 80mM)。由于常规冲洗液和清水不能分解聚合物，而氧化型冲洗液能分解聚合物，因此经氧化型冲洗液滤失后的滤饼聚合物含量较前两者更少。这表明泥饼中聚合物被分解后，滤饼就会变得越致密，滤失速率减缓，滤液量越少，因此，氧化型冲洗液对泥饼的破坏的效果最明显。通过对比氧化型冲洗液的氧化剂浓度大小，30min 后滤液体积大小顺序分别为：C_{OA} = 40mM > C_{OA} = 60mM > C_{OA} = 80mM。实验结果表明，氧化剂浓度越高，聚合物分解效果越好，导致滤饼骨架坍塌就越快，滤失过程中滤饼变的更致密，从而收集的滤液量体积就更少。因此，氧化型冲洗液(C_{OA} = 80mM)的对滤饼的氧化作用的效果最好，对泥饼结构的破坏起的作用也是最大的。

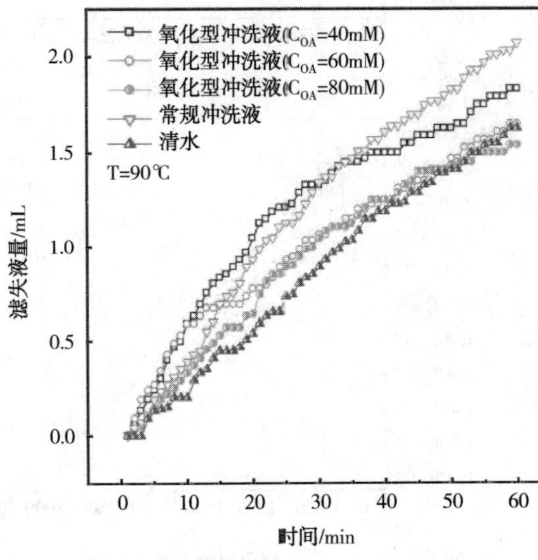

图 6　不同冲洗液滤失时间与滤失液量的关系图(氧化型冲洗液：C_{NaOH} = 40mM)

2.2.3　冲洗液滤失后滤饼渗透率

图 7(a~d)分别为清水、氧化型冲洗液(C_{OA} = 40mM)、氧化型冲洗液(C_{OA} = 60mM)和氧化型冲洗液(C_{OA} = 80mM)滤失实验的渗透率变化曲线。从图 7a 可以看出，滤饼经清水滤失的过程中，渗透率短时间内提高，但随着时间增加渗透率变化极小。这是因为滤饼在经历第二次滤失时，短时间内滤饼原有的孔隙通道还未被压缩，因此前期渗透率得到小幅提升。但随着时间的不断增加，滤饼在压力作用下孔隙通道被慢慢压缩，因此后期渗透率下降。从图 7(b~d)可知，滤饼经氧化型冲洗液滤失的过程中，前 10min 滤饼的渗透率上升较快，是因为氧化型冲洗液分解了滤饼中聚合物使得网架结构被破坏，导致颗粒间留出孔隙，进而使得渗透率短时间快速提升。但是随着滤失的持续进行，聚合物慢慢被完全分解，固相颗粒在压力与流体作用下进行重新排列组合，滤饼逐渐变的更为致密，孔隙度随之减小，因此出现渗透率降低的现象。与氧化型冲洗液(C_{OA} = 40mM)和氧化型冲洗液(C_{OA} = 60mM)对比，其中氧化型冲洗液(C_{OA} = 80mM)在后期渗透

率下降的更为缓慢，这是因为氧化剂浓度越高，聚合物分解速率越快，因此在更短时间内形成更为致密的滤饼，随之渗透率下降缓慢。这也足以说明，氧化剂浓度越高，滤饼渗透率就越小，泥饼中聚合物分解效果越好，越有利于分解滤饼。值得注意的是，虽然滤饼经清水滤失和经氧化型冲洗液（C_{OA}=80mM）滤失渗透率曲线，同样都是前期短时间上升，后期下降逐渐缓慢，但两者的作用机理存在很大的区别。经氧化型冲洗液滤失的滤饼，随着时间增加滤饼中聚合物被氧化剂逐渐分解，固相颗粒间重排紧密堆积，导致渗透率后期下降缓慢。经清水滤失的滤饼，导致渗透率后期下降缓慢仅仅是因为二次滤失使得滤饼孔隙通道被压缩，这个过程中滤饼结构会变得致密。

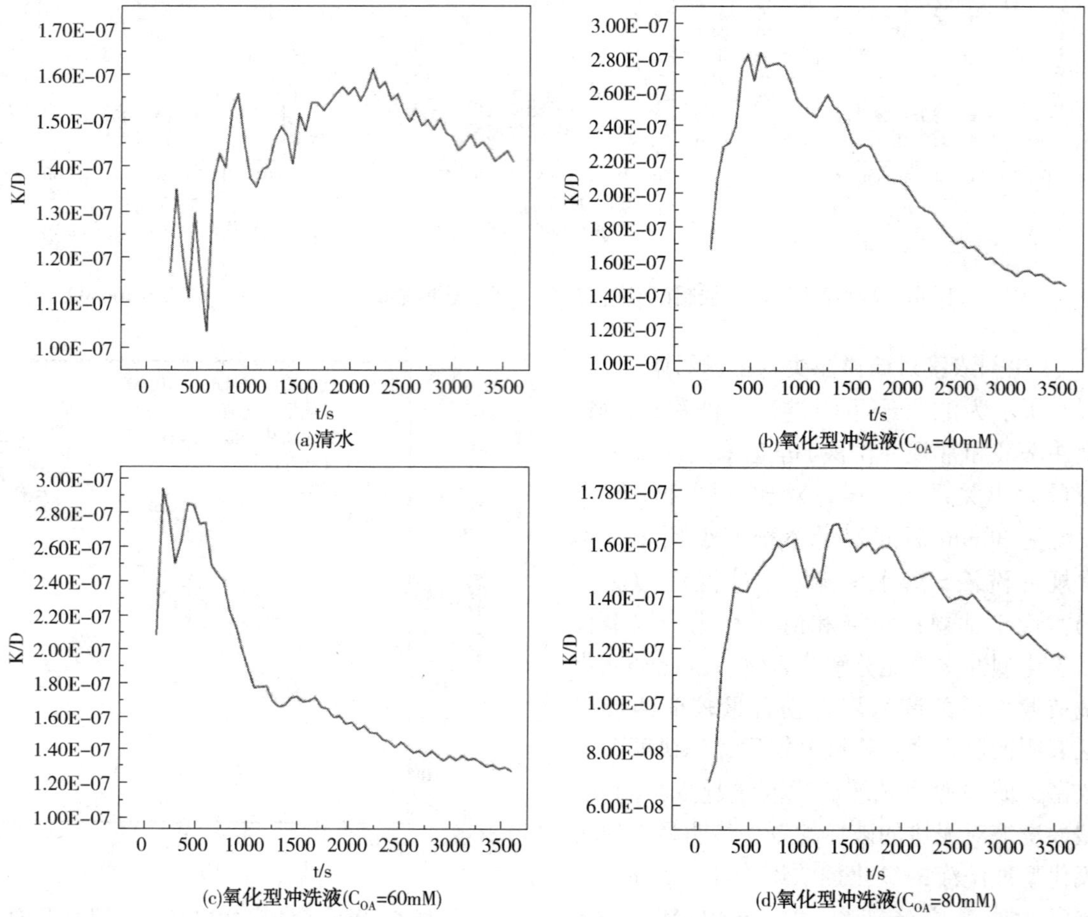

图 7　泥饼渗透率随时间变化曲线（温度：90℃，氧化型冲洗液：C_{NaOH}=40mM）

2.2.4　冲洗液滤失后滤饼比阻

表 1 进一步说明了滤失过程中的滤饼渗透率大小直接影响着滤饼的分解效果。通过表 1 可知，随着氧化剂浓度的增加，滤失过程中滤饼的比阻越大。这是因为 OA 浓度越高，聚合物分解效果越好，随着聚合物被逐渐分解，滤饼颗粒之间留出间隙，并在流体和压力作用下形成更为致密的滤饼，造成滤饼比阻增大，因此渗透率越小。其中经过清水滤失后的滤饼比阻相较于氧化型冲洗液滤失后的比阻大，这是因为经清水滤失后的滤饼中聚合物未被分解，导致渗透率很小，因此比阻很大。

表 1　不同冲洗液滤失 30min 后的滤饼滤失比阻（C_{NaOH}=40mM，温度：90℃）

冲洗液	滤液黏度/（mPa·s）	滤饼体积/m^3	滤饼截面/m^2	平均比阻（α_e）/（m/kg）
清水	1.21	9.8125×10^{-6}	1.9625×10^{-3}	9.3466×10^{17}
氧化型冲洗液（C_{OA}=40mM）	1.12	9.8125×10^{-6}	1.9625×10^{-3}	4.9147×10^{18}
氧化型冲洗液（C_{OA}=60mM）	1.09	9.8125×10^{-6}	1.9625×10^{-3}	6.5293×10^{18}
氧化型冲洗液（C_{OA}=80mM）	1.06	9.8125×10^{-6}	1.9625×10^{-3}	9.1565×10^{18}

2.2.5 冲洗液作用下滤饼孔渗结构

为了证明氧化剂浓度越高，泥饼分解效果越好，对滤失后的滤饼进行了孔隙结构表征。如图8所示，经清水、常规冲洗液、氧化型冲洗液（C_{OA}=40mM）、氧化型冲洗液（C_{OA}=60mM）和氧化型冲洗液（C_{OA}=80mM）作用后的滤饼孔隙度大小分别为2.89%、14.36%、3.52%、1.65%和1.77%。

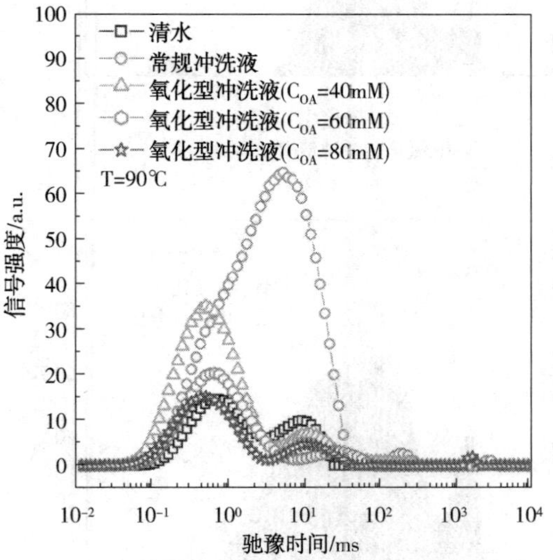

图8 冲洗液作用下滤饼核磁共振T_2谱图
（氧化型冲洗液：C_{NaOH}=40mM）

通过对比经不同类型冲洗液作用后的滤饼孔隙度大小，经氧化型冲洗液（C_{OA}=80mM）作用后分滤饼孔隙度最小，几乎接近于清水作用后的滤饼孔隙度。在滤失过程中，聚合物被分解后留出大量间隙，在压力与流体共同作用下使滤饼中固相颗粒重新排列组合，颗粒间间距被压缩，孔隙度变小。对于清水和常规冲洗液而言，不具有分解滤饼中聚合物的效果，虽然经清水和常规冲洗液作用后的滤饼孔隙度比氧化型冲洗液（C_{OA}=80mM）作用后的滤饼孔隙度大，但滤饼中却仍保留着大量聚合物，固相颗粒仍然被聚合物包裹不容易被流体携带冲刷。经过氧化型冲洗液作用后的滤饼虽然孔隙度小，但滤饼中聚合物被分解无法裹挟固相颗粒因此很容易被流体冲刷携带，进而达到清除井壁滤饼的目的。

通过对比氧化型冲洗液（C_{OA}=40mM）、氧化型冲洗液（C_{OA}=60mM）和氧化型冲洗液（C_{OA}=80mM）作用后的滤饼孔隙度大小，其中氧化型冲洗液（C_{OA}=80mM）作用后的滤饼孔隙度最小，这也说明氧化剂加量越大，聚合物分解效果越好，泥饼孔隙越小。

2.3 氧化分解后对滤饼游离固相结构表征分析

2.3.1 氧化分解后滤饼游离固相粒径表征

滤饼游离固相颗粒粒径的大小是影响滤饼颗粒是否容易被流体携带的关键。由于滤饼颗粒在被流体冲刷过程中受到的作用力较为复杂，其中包括环空施加实物外力（举升力、拖曳力、浮力、和滤失渗流摩擦阻力）和颗粒自身或颗粒间相互作用力（重力、范德华力、静电斥力、Pauli/Born斥力、水合作用力）。这些作用力与环空压差、流体流动特性、颗粒的粒径和表面特性等相关。对于粒径较大的颗粒（D≥2μm），各个作用力数量级别随着颗粒粒径增加而减小，拖曳力成为最主要的作用力。当粒径越大，颗粒表面积越大，受到的拖曳力越大。因此，被冲洗掉的滤饼游离固相颗粒粒径越大，越容易被流体冲刷携带。

如图9所示，清水、氧化型冲洗液（C_{OA}=40mM）、氧化型冲洗液（C_{OA}=60mM）和氧化型冲洗液（C_{OA}=80mM）的粒径大小分别为0.41μm、1.13μm、0.54μm和0.92μm占比10%，粒径大小分别为1.86μm、4.92μm、3.83μm和7.04μm占比50%，粒径大小分别为5.88μm、14.47μm、16.08μm和37.95μm占比90%。通过对比游离固相粒径大小，发现经氧化型冲洗液冲洗掉的游离固相粒径远大于清水冲洗的，其中氧化型冲洗液（C_{OA}=80mM）的粒径最大，而最大粒径占比最高达90%，几乎大于清水清洗掉的最大粒径游离固相颗粒粒径的5倍。实验结果表明，经氧化型冲洗液（C_{OA}=80mM）冲洗掉的游离固相粒粒径最大因而受到拖曳力最大，因此更容易被流体冲刷携带，证明了氧化型冲洗液对滤饼的清除具有显著的效果。同时，也进一步证明了氧化剂浓度越高，滤饼中聚合物分解效果越好，颗粒间的相互作用力越明显，游离固相粒径越大，滤饼颗粒越容易被流体冲刷。

2.3.2 氧化分解后滤饼游离固相总有机碳含量表征

游离固相的TOC值直接证明了氧化型冲洗液具有降解滤饼中聚合物的效果，见表2。由表2可知，通过对比滤饼氧化前后的总有机碳含量，发现氧化后的滤饼总有机碳含量明显下降，并随着氧化剂浓度的增加而减小。这表明氧化型冲洗液对滤饼的分解具有明显效果，并且加大氧化剂浓度可提高对滤饼的分解能力。

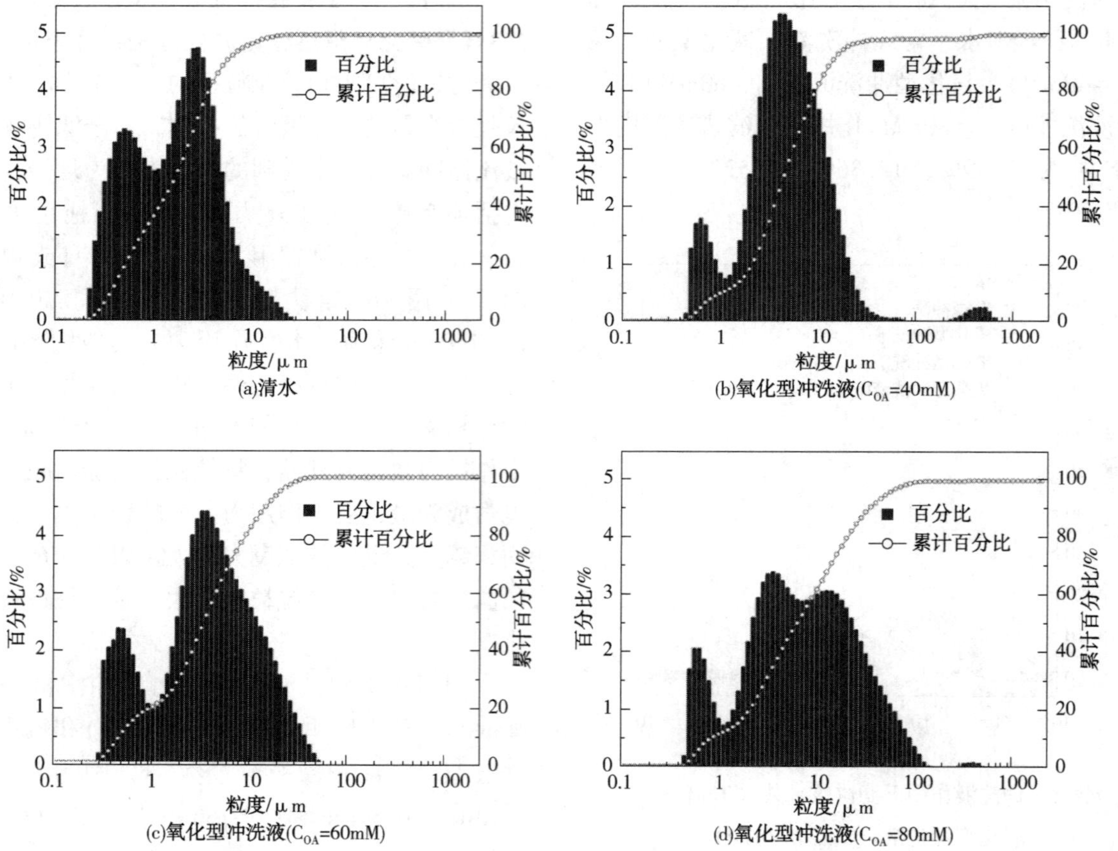

图 9　滤饼氧化后的游离固相粒度分布图(温度：90℃，氧化型冲洗液：C_{NaOH} = 40mM)

表 2　滤饼氧化分解前后游离固相总有机碳含量表征(NaOH：40mM，温度：90℃)

滤饼	TOC/(mg/L)
清水(未经氧化)	5.702
经氧化型冲洗液(C_{OA} = 40mM)氧化后	4.262
经氧化型冲洗液(C_{OA} = 60mM)氧化后	3.657
经氧化型冲洗液(C_{OA} = 80mM)氧化后	2.412

3　结论

(1) 通过聚合物降解实验，发现随着氧化剂加量增加，钻井液处理剂 LS－2、LS－2A 和 DFZ-7 的降解效率在第 5min 最大达到 70%以上，第 30min 最大达到 80%以上。通过 ESEM 表征观察，发现 LS－2、LS－2A、DFZ－7、AB－201、JNJS-220、RSTF 和 WNFB 氧化后的膜/网状形貌被破坏，表明聚合物氧化后结构发生改变。通过 GPC 表征分析，发现氧化前后聚合物分子量大小发生 1~2 个数量级的改变，表明了氧化后钻井液处理剂分子链的断裂，进一步证明氧化后钻井液处理剂的结构发生了破坏。

(2) 通过冲洗液滤失滤饼实验，证明了氧化剂浓度越高，钻井液处理剂分解效果越好，滤饼会因聚合物被降解滤饼固相颗粒间留出间隙，在压力和流体共同作用下再次被重新排列组合成更为致密的结构，导致滤饼的滤失滤液体积减小，渗透率下降，比阻增大，孔隙度减小。

(3) 从氧化分解后滤饼的游离固相粒径表征结果分析得出，通过对比清水和氧化型冲洗液冲洗掉的游离固相粒径大小，发现经氧化型冲洗液冲洗掉的游离固相粒粒径最大。随着氧化剂浓度提升，游离固相颗粒粒径越大。而颗粒粒径越大，颗粒表面积越大，受到拖曳力越大。当粒径越大，拖曳力为固相颗粒在流体中主要作用力。因此，颗粒越大，越容易被流体携带。通过 TOC 表征测试，发现滤饼游离固相颗粒的总有机碳含量随着氧化剂浓度的增加而减小，进一步表明氧化剂浓度提升有利于滤饼的分解。

参考文献

[1] 艾池，王颖骅．水基钻井液滤饼去除方法[J]．化学工程师，2021，35(11)：67-70.

[2] 张举政．影响井壁泥饼冲洗效率的理论与技术研究[D]．成都：西南石油大学，2019.

[3] 顾军．MTA方法防气窜固井技术在涩北气田的应用[J]．天然气工业，2014，34(4)：83-89.

[4] 陈二丁，王成文，孟仁洲．一种高效清除井壁滤饼的新型固井冲洗液[J]．天然气工业，2015，35(8)：69-74.

[5] 李照川．清除水基滤饼提高第二界面胶结质量的绒囊冲洗液研究[D]．北京：中国石油大学(北京)，2021.

[6] 聂翠平，邹祥富，徐峰，等．新型井下低频水力振动固井装置的研制[J]．天然气工业，2009，29(4)：45-47.

[7] 汤琦，陈艳，徐乐，等．生物酶浸洗清除水平井钻井液污染技术研究[J]．石油钻采工艺，2011，33(3)：17-20.

[8] Egbe P，Al-Mousa F，Gadalla A，et al. A Novel Application of Filter Cake Remover to Free Differential Stuck Pipe[C]. Perth，Australia：SPE Asia Pacific Oil & Gas Conference and Exhibition，2020.

[9] 刘浩，蔡记华，肖长波．生物酶可降解钻井液降解效果评价方法[J]．钻井液与完井液，2012，29(3)：74-77.

[10] Huang S.，Guo X，Duan W，et al. Degradation of high molecular weight polyacrylamide by alkali-activated persulfate：Reactivity and potential application in filter cake removal before cementing[J]. Journal of Petroleum Science and Engineering，2019，174：70-79.

[11] Ali S，Texaco C，bte Ahmad A，et al. An Improved，One-Step Cleanup System for Removing Mud Damage in Horizontal Wells[C]. Lafayette，Louisiana：SPE International Symposium and Exhibitionon Formation Damage Control，2004.

[12] 朱启武，何笑薇，周永璋，等．非酸性氧化型复配钻井液滤饼清洗剂的研究[J]．钻井液与完井液，2014，31(2)：47-50.

[13] Elkatatny S，Nasr-El-Din H A，Anonymous. Removal efficiency of water-based drill-in fluid filter cake using polylactic acid[C]. Copenhagen，Denmark：SPE Europec/EAGE Annual Conference，2012.

[14] Ba Geri B. S，Mahmoud M，Abdulraheem A，et al. Single stage filter cake removal of barite weighted water based drilling fluid[J]. Journal of Petroleum Science and Engineering，2017，149：476-484.

[15] Bageri B. S，Gomaa I，Mahmoud M，et al. Complex barite filter cake removal using in-situ generated acids by thermochemicals[J]. Sci Rep，2020，10(1)：15773.

[16] Wolski L，Sobańska K，Walkowiak A，et al. Enhanced adsorption and degradation of methylene blue over mixed niobium-cerium oxide-Unraveling the synergy between Nb and Ce in advanced oxidation processes[J]. Journal of Hazardous Materials，2021，415：125665.

[17] Zhou Z，Liu X，Sun K，et al. Persulfate-based advanced oxidation processes(AOPs) for organic-contaminated soil remediation：A review[J]. Chemical Engineering Journal，2019，372：836-851.

[18] 黄盛．提高固井质量的钻井液滤饼高效清除机理研究[D]．成都：西南石油大学，2018.

基于 SVM 机器学习算法的油井水泥 CO_2 腐蚀深度预测研究

汪　莉[1]　黄　盛[2]　李早元[2]　苏东华[2]

（1. 西南石油大学化学化工学院；2. 西南石油大学石油与天然气工程学院）

摘　要　腐蚀深度预测对高含 CO_2 气藏、CCUS 和 CO_2 驱油气井固井水泥环优化设计至关重要。现有的基于实验和统计的评估方法耗时、费力且不准确。针对上述问题，本研究旨在开发一种有效、可靠且经济的机器学习模型，用于预测油气井水泥环受酸性气体侵蚀的腐蚀深度。通过文献调研选取了水灰比、温度、时间和总压等九种对腐蚀深度有影响特征；并通过文献和实验构建了包含 330 组数据的完整数据集。采用四种传统的机器学习方法，通过对四种标准算法（人工神经网络（ANN）、径向积函数神经网络（RBF）、随机森林（RF）和支持向量机（SVM））进行腐蚀深度预测；通过调节超参数优化算法，并比较他们提出了一种有效的方法来预测油井水泥石在不同影响参数下的碳化深度。此外，利用 SHapley Additive exPlanations（SHAP）模型解释法评估输入特征对腐蚀深度发展的贡献。研究结果表明，SVM 模型预测精度最高，在训练和测试阶段分别确定系数（R^2）为 0.999 和 0.968，均方根误差（RSME）分别为 0.185mm 和 0.7999mm，平均绝对误差（MAE）分别为 0.155mm 和 0.4753mm。根据重要性分析，对腐蚀深度影响最大的因素是时间二氧化碳分压和抗腐蚀材料含量。本研究为探明复杂环境下固井水泥环腐蚀速率提供理论模型。

关键词　腐蚀；油气井水泥；腐蚀深度；机器学习；预测

固井水泥环作为井筒重要组成单元，主要起支撑和保护套管，封隔地层流体，防止层间窜流的作用，其长期密封完整性是确保井筒完整性的关键。但水泥作为典型的碱性材料，易被酸性的二氧化碳（CO_2）腐蚀。被腐蚀后的水泥石组成结构发生劣化，导致水泥石力学性能下降，水泥环封隔失效。严重时地层中 CO_2 会渗过水泥石对套管产生腐蚀，特别是当气体向井口运移时，压力会不断上升，造成井喷，缩短油井使用寿命，造成巨大的经济损失。同时，由于水泥石在井下固化后无法取出地面，导致无法对处于生产过程中的水泥石的长期腐蚀状况、腐蚀程度及抗腐蚀能力进行检测和评价，为制定和实施相应的防腐蚀措施带来严重不便。因此，迫切需要一个能实现水泥石受酸性气体腐蚀深度及规律预测的数学模型，该模型能够预测在复杂地层条件下 CO_2 对水泥环的腐蚀深度和规律，以此来评估水泥环的完整性以及损坏程度或者设计防腐性能更好的水泥配方。

目前建立的 CO_2 腐蚀深度预测模型，主要包括基于实验数据拟合建立的半经验模型和考虑外因素的数学模型。例如，Zuo 等开发了一种反应传输模型模拟油井水泥石在地下水暴露情况下的化学降解过程。校准后的模型模拟时间可长达 1000 年。Woyciechowski 等研发了一种碳化深度随时间变化的模型。此外，Zhang 等基于单因素碳化模型，研究了不同粉煤灰掺量对混凝土的碳化影响。然而，CO_2 腐蚀水泥石的过程十分复杂，影响因素众多，不同实验条件下测得的腐蚀深度和腐蚀规律有较大差异，从而导致建立的数学模型不具有普遍适用性。

机器学习，具有精度高、收敛速度快等优点，在各领域，尤其是土木工程领域受到了广泛的关注。与传统的碳化模型不同，基于机器学习的模型适用于各种变化的条件，只要有一个构建良好的训练数据库，就可以应用于各种复杂环境。相较于传统的经验或半经验模型，机器学习可以更好地适应不同的数据库。在水泥和混凝土研究方面，机器学习在复合材料优选配比和性能预测等研究中脱颖而出。目前，一些研究已经利用机器学习来模拟混凝土的碳化过程。例如，Woubishet 通过对比机器学习中的四种学习方法预测混凝土碳化深度。通过实例验证了该方法的可行性与适用性。根据单因素模型，Zhang 等人通过建立多线性方程模型和反向传播(BP)神经网络模型，对实际碳化程度进行预测分析。然而，目前还未见关于预测油井水泥石腐蚀深度的机器学习方法的研究。因此，迫切需要提供一种有效的方法来填补机器学习模型在预测油井水泥腐蚀深度方面的空白。

此次研究的总体目标是提出一个应用模型并分析关键因素和结果之间的关系，以促进水泥石在固井作业中的使用优化。为了评估水泥的水灰比、外加剂等因素和腐蚀深度之间复杂的函数关系，本研究开发了一个可在已发表文献中访问的广泛数据集。在此基础上，使用四种机器学习模型，人工神经神经网络(ANN)、径向积函数神经网络(RBF)、随机森林(RF)和支持向量机(SVM))来预测水泥石的腐蚀深度，及其计算结果通过不同的性能评价方法进行比较。

1 数据收集和预处理

1.1 数据集构建

一个强大的数据库是执行机器学习计算的必要条件。可接受的数据收集不仅包含大量样本，还应包含可能影响调查结果的所有因素。只有达到前两个标准后，才能充分解决所提出的问题。通过考虑影响碳化深度的主要因素，本研究包括10个变量(即9个输入和1个输出)。九个输入分别为水灰比、抗腐蚀材料、温度、硅类、外加剂、时间、总压、CO_2分压和H_2S分压，输出是腐蚀深度。为了尽可能扩大所收集数据的覆盖范围，从17篇出版物中获取了305个实验数据集，从本人已开展的腐蚀实验中获取了25组数据。表1列出了数据的来源和数量。随后将获得的数据集归一化处理并随机分为训练组(70%，230组)和测试组(30%，100组)。在训练和测试过程中，通过调整模型中的参数来优化输入值和输出值之间的关系。

表1 数据来源

序号	数据来源	数据量/组
1	B Xu，et. al	12
2	Z Peng，et. al	6
3	赵章平等	4
4	刘天恩等	4
5	辜涛	22

续表

序号	数据来源	数据量(组)
6	武治强等	6
7	张亮等	3
8	刘伟刚	14
9	B Yuan，et. al	4
10	相金元	12
11	刘子玉	48
12	J. Zhang，et. al	24
13	B Xu，et. al	20
14	J. Zhang，et. al	12
15	B. Zhang，et. al	12
16	辜涛	90
17	张健等	12
18	实验	25

1.2 数据集分析

良好的数据分散性和较宽的分布范围是决定模型预测范围的重要性因素。分布表2总结了个输入变量的数值范围，平均值、标准方差和众数，图1展示了每个特征值的数据分散性。水泥的水灰比范围为0.31至0.75，其中大部分的水泥实验水灰比为0.44。抗腐蚀材料含量范围为0到30%，大部分水泥实验未加抗腐蚀材料，极少量水泥腐蚀实验抗腐蚀材料加量超14%。温度分布在40~210℃，其中占比最多的是在100℃下腐蚀实验，高温腐蚀试验数据约占20%，超高温腐蚀实验不足5%。二氧化硅含量主要集中在0、10%以下和35%左右，这与实验温度息息相关。此数据集大部分是中低温实验，因此未加硅砂。为添加外加剂的腐蚀实验占比较大，其余外加加含量比较均匀的分布在40%以下。腐蚀时间主要集中在60天及以下，且分布较均匀，长期腐蚀(90~120)占比较低。总压主要集中在10MPa和20MPa左右，约10%的总压超40MPa。二氧化碳总压样品分布图，从压力分布图可以看出，水泥石腐蚀的压力主要集中在8~24MPa。二氧化碳分压主要集中在21MPa以下，且分布均匀，高于40MPa的数据较少。硫化氢分压主要集中在0.15MPa以下，结合表2可知，其中大部分分压为0，这与H_2S实验收到管制有关。但已有数据也能为模型提供相对充足的数据。

表 2 输入特征数据分析

名称	单位	属性	最小值	最大值	平均值	标准差	众数
水灰比	%	输入	0.31	0.75	0.448	0.502	0.44
抗腐蚀材料	%	输入	0	30	2.712	8.071	0
温度	℃	输入	40	210	94.470	135.46	60
硅类	%	输入	0	41	12.155	25.970	0
外加剂	%	输入	0	106.5	6.8383	20.818	0.7
时间	d	输入	0	120	26.574	52.202	7
总压	MPa	输入	2	56	20.510	33.940	10
CO_2 分压	MPa	输入	0	40	10.139	17.484	20
H_2S 分压	MPa	输入	0	6	0.333	1.168	0

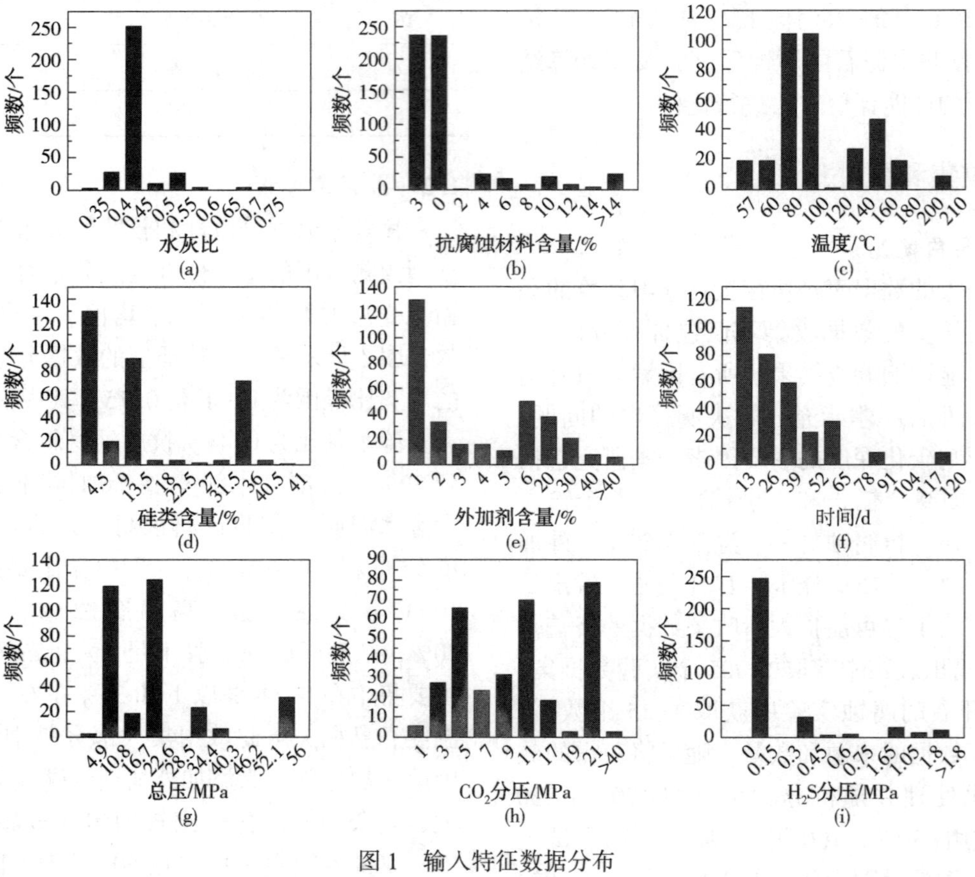

图 1 输入特征数据分布

各模型在进行正式建模学习之前，应该先对输入输出变量之间的相关性进行分析。根据 Pearson 相关系数分析表明(图 2)，所有变量之间相关性系数均低于 0.7，表明变量之间不存在线性关系。表明个特征对水泥石腐蚀深度的影响并不完全是线性关系，他们之间的关系十分复杂，不能简单地使用数学函数推算。而机器学习更擅长处理此类数据。

1.3 特征重要性分析

在预测特定结果时评估各个输入条件对输出的影响的过程被称为特征重要性分析。为探究不同输入特征对输出结果的影响成程度，本文采用 Shapley additive exPlanations(SHAP)值来评估各输入参数的特征重要性。

1.4 数据预处理

在这项研究中，初步建立了四种模型：ANN、RBF、RF 和 SVM，建模过程的方法如图 3所示。为了模型之间更公平的对比，每个模型在训练和测试集的分配都是统一的，均采用 70∶30。这种用于训练和测试的 70∶30 数据集拆分比例是基于前人的研究经验。

为了提高模型的预测能力，在建模之前，先对当前的所有数据进行归一化处理。一般来说，数据集在[0，1]和[-1，1]的范围内变化，本研究选择的归一化范围是在[0，1]。这种对数据的预处理方式是有效的，因为激活函数或隶属函数的变化范围通常是在这些范围内。

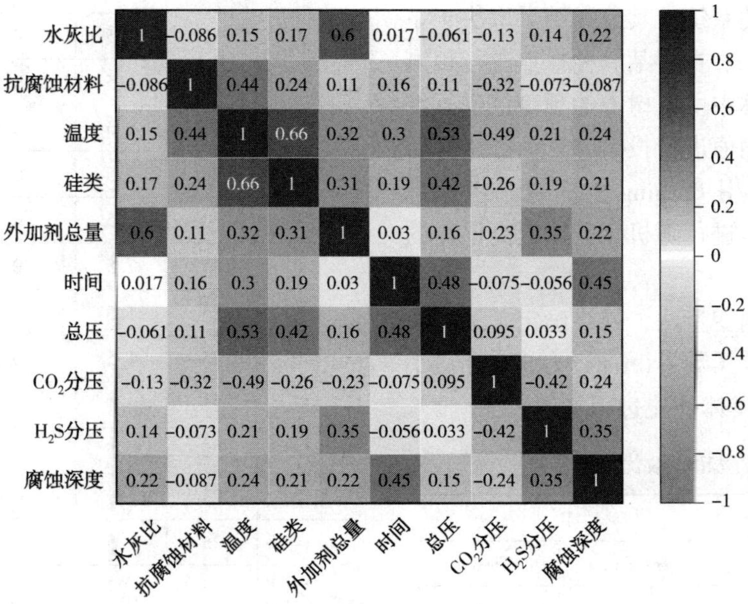

图 2　Pearson 相关系数

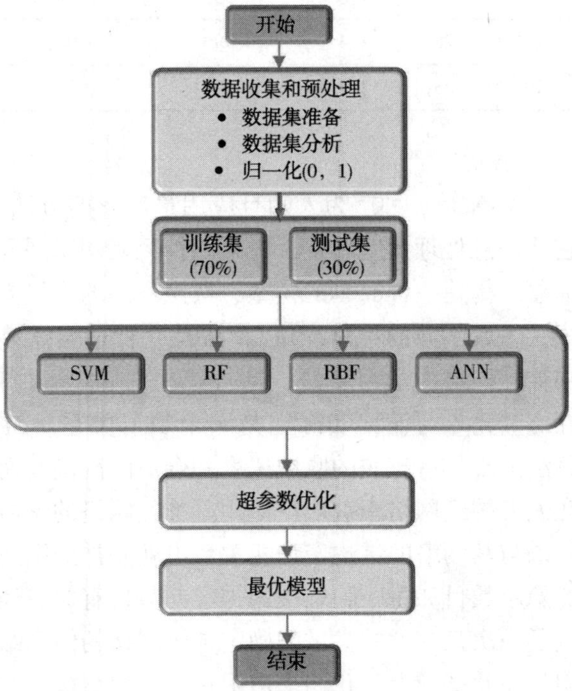

图 3　模型计算流程图

1.5　模型评估方法

确定系数(R^2)、均方根误差(RMSE)和平均绝对误差(MAE)是 ML 算法常用的性能评价指标。值得注意的是，模型的 MAE、RMSE 越小，模型的性能越优越。R^2的值范围从 0 到 1，若 R^2越接近 1，则表明该模型的预测能力越强。这些统计措施由以下公式确定：

$$R^2 = 1 - \frac{\sum_{i=1}^{n} (y'_i - y_i)^2}{\sum_{i=1}^{n} (y_i - \bar{y}_i)^2} \tag{1}$$

$$RMSE = \sqrt{\frac{\sum_{i=1}^{n} (y'_i - y_i)^2}{n}} \tag{2}$$

$$MAE = \frac{1}{n} \sum_{i=1}^{n} |y'_i - y_i| \tag{3}$$

式中，y'_i为输出预测值；y_i为实际输出值；$\bar{y}$为表示输出平均值。

2　模型发展

机器学习是人工智能的一个主要子领域。这种方法可以是一种预测性的以对将来作出预测，或者是一种描述性的以获得来自数据的知识，或者这两种方式都有。机器学习算法一般可分为有监督和无监督两类。在有监督的情况下，无监督的学习是没有输出结果的。前一种方法是通过学习来对某一类或者某一数值进行预测，后一种方法则是通过将类似的例子进行分组或者从中找出一些有意思的规律。

2.1 RF

RF 算法是一种以统计学习为基础，由 Breiman 提出的一种最小二乘法。它是一种由多个决策树组成的分类系统，其分类结果取决于单个决策树的分类结果。在对某一种样点进行预测时，首先对整片树林中所有树木的预测值进行统计，并对所有的预测值进行投票，从而产生最后的结果。Breiman 使用 Bagging 方法对一组训练数据和一组输入变量进行随机化，以提高该树的多样性。

本研究采用控制变量法，最终确定了训练模型的最优参数，决策树数目(trees)为 550 和最小叶子数(leaf)为 1，具体优化过程见表 3。

表 3 RF 模型超参数优化记录表

序号	trees	leaf	R^2	
			Training	Testing
1	20	1	0.936	0.905
2	20	2	0.866	0.799
3	20	3	0.822	0.795
4	20	4	0.948	0.847
5	5	1	0.932	0.877
6	10	1	0.897	0.877
7	50	1	0.933	0.924
8	100	1	0.929	0.901
9	200	1	0.932	0.914
10	300	1	0.934	0.910
11	400	1	0.934	0.915
12	500	1	0.934	0.916
13	600	1	0.934	0.910
14	550	1	0.935	0.916

2.2 SVM

SVM 是基于监督学习的数据分类和回归方法。SVM 在解决非线性、小样本处理和模型泛化等方面具有突出优势。通过一系列优化，本研究使用 libsvm 工具箱建立了具有 e-SVR 类型(p=0.001)和 rbf 内核(kernel=rbf)的 SVM。交叉测试用于调整成本(c=25)和伽玛(g=1.5)等参数(表 4)。

表 4 SVM 模型超参数优化记录表

序号	c	g	R^2	
			Training	Testing
1	1	1.5	0.878	0.826
2	5	1.5	0.996	0.968
3	10	1.5	0.998	0.968
4	20	1.5	0.999	0.968
5	40	1.5	0.999	0.968
6	60	1.5	0.999	0.967
7	30	1.5	0.999	0.968
8	35	1.5	0.999	0.968
9	25	1.5	0.999	0.968
10	25	1.5	0.998	0.954
11	25	0.1	0.778	0.746
12	25	0.5	0.990	0.943
13	25	1	0.998	0.967
14	25	1.5	0.999	0.968
15	25	2	0.999	0.966
16	25	2.5	0.999	0.961
17	25	1.6	0.999	0.968
18	25	1.4	0.999	0.968
19	25	1.7	0.999	0.967

2.3 ANN

ANN 是一种广为人知且应用最广泛的方法。它从信息处理角度出发，对人脑神经元网络展开抽象，构建一种简单的模型，按照不同的连接方式，组成不同的网络。BP 算法是一种适合于多层神经网络的学习算法，是 ANN 的一种学习特性。其输入与输出实际上是一个映射关系。BP 算法由于具有较快的收敛速度和合适的准确度而在人工神经网络中被广泛使用。神经网络的学习效果与其网络的结构密切相关，也就是神经网络的隐层数目和每个隐层中的神经元数目有关。经过了一次又一次的尝试来确定神经网络的体系结构。在此基础上，我们提出了一种新的结构，该结构包含了不同的隐含层和神经元数目，并且每一种结构都会进行 1000 次的重复。为了该模型更稳定，隐藏层的神经元数量设定在 4～12。采用 rng 函数控制随机函数的生成，设置在 0～6。然后，选取了 BP 作为训练函数。在此基础上，通过计算 R^2，将隐藏层的最优神经元个数确定为11个，rng为3。表5显示了优化过程中ANN模型的R^2。

表5　ANN模型超参数优化记录表

序号	rng	隐藏层	R^2	
			Training	Testing
1	0	10	0.601	0.449
2	1	10	0.903	0.650
3	2	10	0.931	0.656
4	3	10	0.923	0.725
5	4	10	0.899	0.495
6	5	10	0.916	0.647
7	6	10	0.608	0.373
8	3	4	0.655	0.489
9	3	6	0.848	0.411
10	3	8	0.08	0.205
11	3	12	0.714	0.602
12	3	11	0.940	0.862
13	3	9	0.860	0.420

2.4　RBF

RBF神经网络和BP神经网络在结构上基本相同。同样由输入层、隐含层和输出层组成。首先，输入层将信号原封不动地传递到隐藏层。随后，隐藏层可以表示为高斯函数一样的辐射函数，映射到输出层。最后，输出层将其转变为简单的线性函数。与BP神经网络不同的是，RBF神经网络的激活函数是一个局部响应函数，也是一个中心对称的非线性函数。RBF神经网络学习过程分为自组织学习和导师学习两个阶段。前者主要求解隐层基函数，后者是为了解决隐藏层和输出层之间的权重。RBF神经网络基本原理是以RBF为隐单元的"基"，将低维空间中的线性不可分问题转化为高维空间中的线性可分问题。表6显示了对RBF模型优化的过程，结果显示，当参数rbf_spread为90时，该模型具有最佳预测能力。

表6　RBF模型超参数优化记录表

序号	rbf_spread	R^2	
		Training	Testing
1	50	0.991	0.587
2	100	0.954	0.798
3	200	0.927	0.730
4	300	0.926	0.730
5	400	0.905	0.715
6	500	0.900	0.71
7	150	0.929	0.700
8	75	0.977	0.696
9	125	0.931	0.710
10	110	0.949	0.764
11	90	0.958	0.822
12	95	0.957	0.826
13	85	0.967	0.800

3　结果与讨论

3.1　输入参数选择的理由

影响水泥石腐蚀深度的相关因素很多，但各种因素的影响程度略有差异。本研究通过SHAP平均值计算了各特征在训练集中的重要性，结果如图4所示。重要度得分越大，则对水泥石腐蚀深度影响程度越高。结旲表明时间是影响水泥石腐蚀程度三大重要特征为时间、二氧化碳分压和抗腐蚀材料含量。总压对输出结果也具有焦达峰的影响。硫化氢分压、水灰比、外加剂和温度等四种特征对输出结果的影响较弱。二氧化硅的参入量对水泥石的腐蚀深度影响最弱。

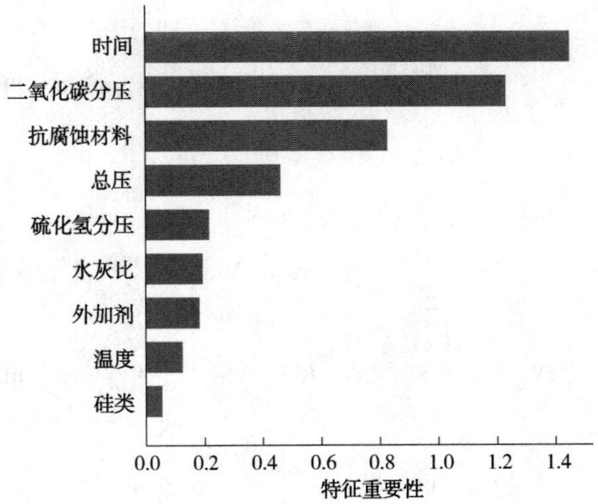

图4　特征重要性

3.2　模型对比

在调整所有模型中涉及的参数后，运行每个模型并根据前面提到4种性能指标评估其性能。

表7和图5分别采用精确和直观的形式显示了4个模型在训练阶段和测试获得的性能指标。从该表中可以看出，在训练阶段，SVM模型的R^2值最接近1，ANN和RBF模型的R^2值处于中等水平，但也都高于0.94。RF模型相较于其他三种模型，展示了最差的性能，R^2最小为0.935。对比RMSE值，结果为SVM模型的RMSE值最小，RF模型的RMSE值最大。对于MAE值，同样也表现为SVM模型最小，但最大的是ANN模型。结果表明，不同的模型，对于同一性能参数的评估也会出现不同的结果。因此，对于模型的优选不能从单一的性能指标来来判定，该综合各个性能指标，才能得到最准确的结果。

虽然在训练阶段有适当的表现有助于模型预测目标，但它并不能保证模型在测试阶段的表现。换句话说，模型可能无法在测试阶段重复它们的训练结果；也就是说，模型可能会出现过拟合的现象。因此，为了确保模型的选择能够准确的预测水泥石的腐蚀深度，还需要对测试阶段能力进行评估。在测试阶段，SVM模型的R^2值最接近理想值1，达到0.968，比ANN，RF和RBF模型分别高出0.106，0.052和0.146。对于RBF和ANN模型，虽然在训练阶段具有较好的预测能力，但是在测试杰顿，预测精度显著降低。而在训练阶段不被看好的RF模型，反而在测试阶段更胜一筹，但也并没有超过SVM模型。对比其他三个性能参数RMSE、MAE和MSE值，SVM模型也表现出最优异的结果。综合寻来你和测试阶段各个性能评估指标，一致表现为SVM模型具有最高的预测精度。

表7　最优模型评估值

ML模型		R^2	RMSE	MAE
ANN	训练阶段	0.940	1.1824	0.7497
	测试阶段	0.862	1.6675	1.0526
RBF	训练阶段	0.958	1.0481	0.7113
	测试阶段	0.822	1.5317	0.9691
RF	训练阶段	0.935	1.2859	0.6665
	测试阶段	0.916	1.1205	0.7335
SVM	训练阶段	0.999	0.1850	0.1550
	测试阶段	0.968	0.7999	0.4753

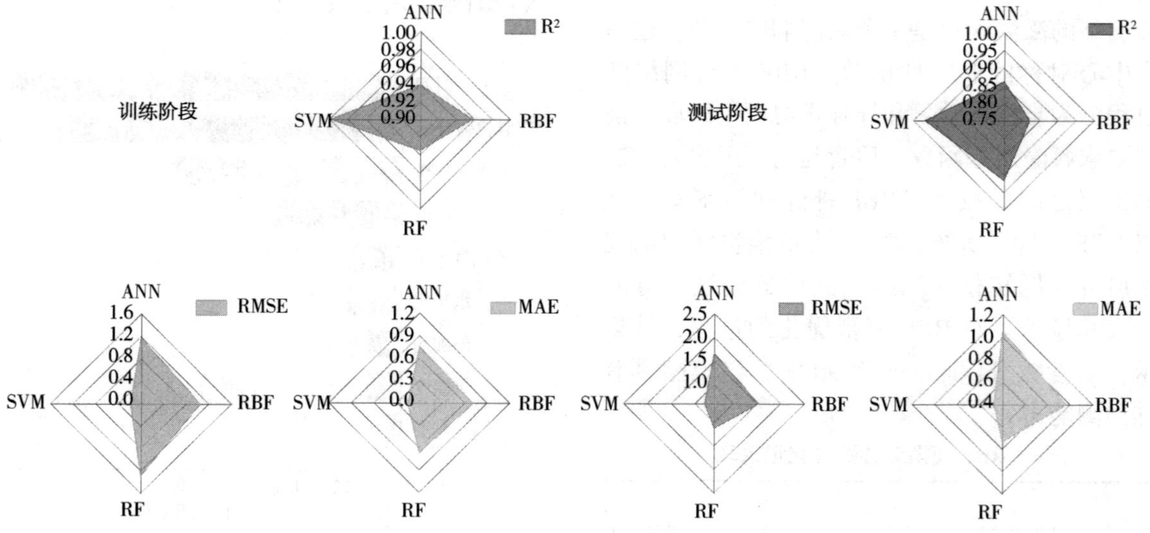

图5　四种模型训练和测试阶段各性能指标对比

图6展示了所有模型在训练阶段的回归图。每个图的横轴表示训练样本中的观察腐蚀深度，而纵轴表示模型的预测腐蚀深度。每张图中的红色线是观测值和预测值完全一致的线。因此，如果所有的值都越靠近或者放在方程$y=x$的红色线上，则意味着模型能够较准确地预测实际值。从

该图中可以看出，SVM 模型的拟合线最贴近 $y=x$。表明 SVM 模型在训练阶段具有最佳预测性能。

图 7 显示了模型在测试阶段的回归图。SVM 模型的可以实现更好的性能，因为它的回归线最接近 y=x，且 R^2 为 0.9789，相较于其他三个模型，最接近理想值 1。并且从图中的数据的分散情况来看，SVM 模型的的实验数据与预测数据沿着红线(具有 100%一致性的线)更紧凑地聚集在一起。而 ANN 和 RBF 模型在测试阶段的实际数据与预测结果分散较严重，因此，认为 RF 和 RBF 模型是四种模型中预测准确度最低的两种，预测能力最强的是 SVM 模型。

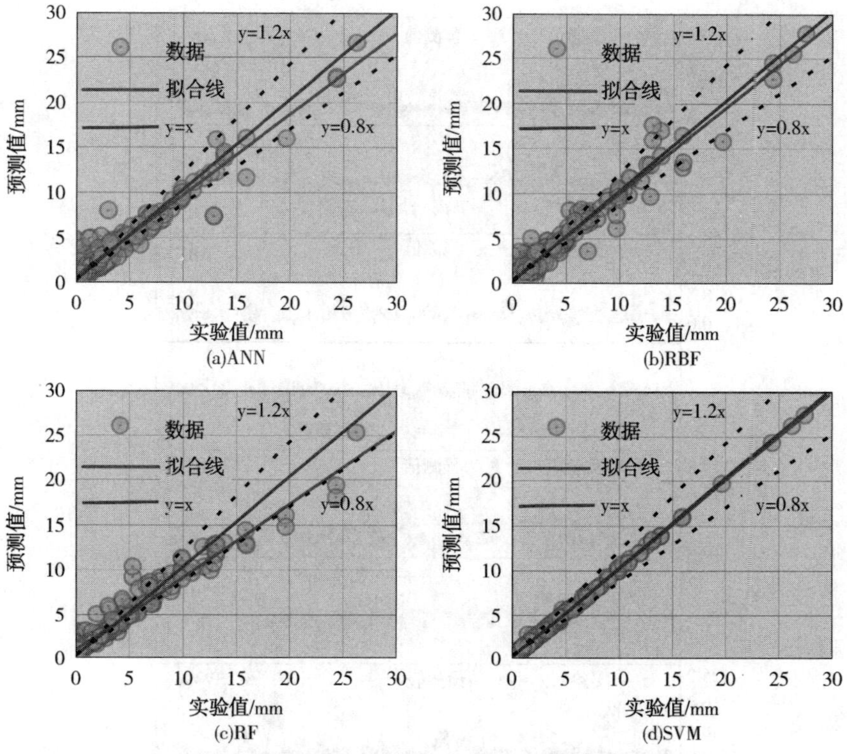

图 6　训练阶段模型预测值与实验值的回归拟合

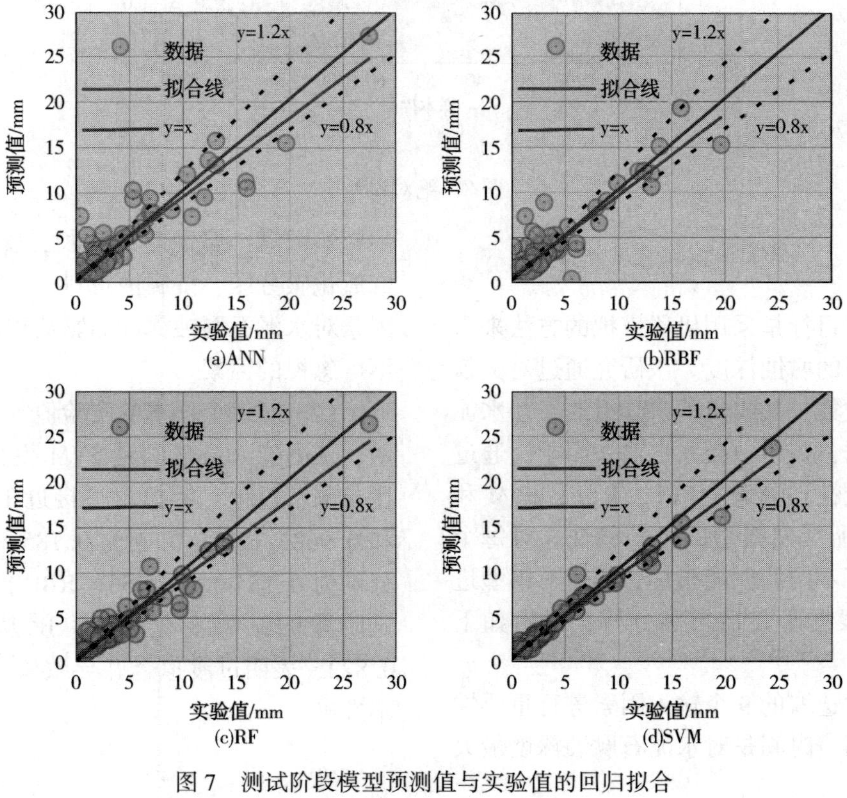

图 7　测试阶段模型预测值与实验值的回归拟合

为了更准确、直观地观察模型在测试阶段的性能，还绘制图 8 来表示模型对每个样本的预测能力。从图 8 中可以清楚地看出，无论是从绝对误差还是从实验值与预测值的比较来看，所有模型基本上都能很好地预测大部分被测样品。更令人兴奋的是，SVM 模型的最优性是显而易见的，所有的预测数据基本都能与实验数据重叠，绝对误差浮动范围最小。与其他模型相比，ANN 模型的绝对误差浮动范围较大。综上所述，在 4 种模型中，SVM 模型是预测油井水泥腐蚀深度的最佳模型。

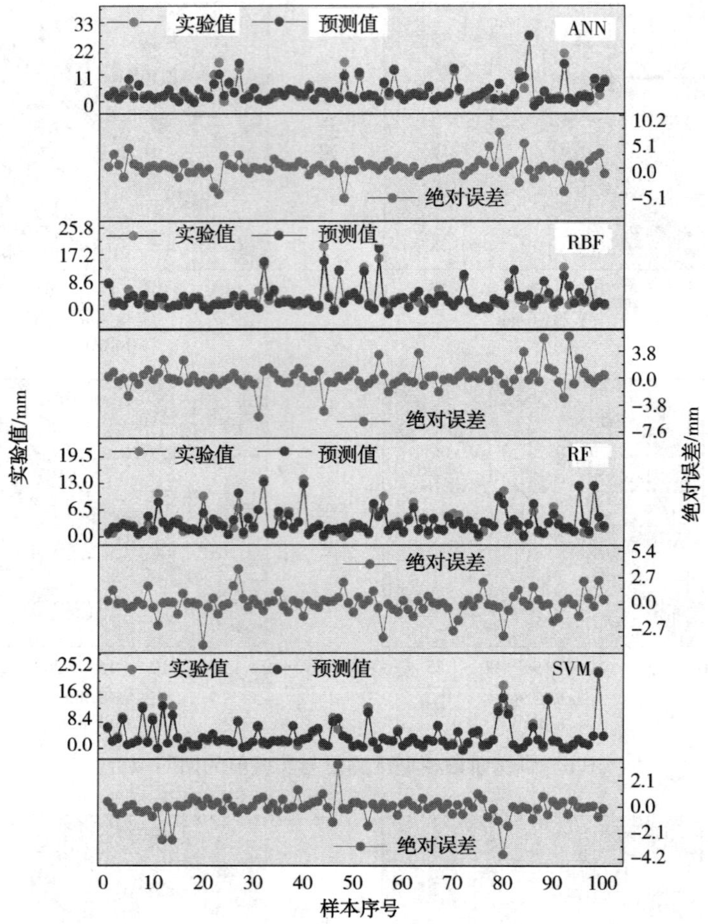

图 8　绝对误差

4　结论

本文的主要目标是采用机器模拟的方法来预测油气井水泥石的腐蚀深度。该研究通过对文献数据的广泛挖收集，共收集了 330 组油气井水泥石腐蚀深度数据，其中包括 9 个输入因子。通过建立良好的非线性预测模型(RF，RBF，SVM 和 ANN)，验证了所提出模型的可预测性。对每个模型定义并计算不同的性能指标，然后对模型进行统计评价。根据研究结果和分析，得出如下结论：

（1）通过对选取的 9 个输入因素进行重要性分析，结果表明，时间是对水泥石腐蚀深度最大的影响因素，腐蚀时间越长，腐蚀程度越严重。二氧化碳分压、抗腐蚀材料、总压、水灰比和等因素对水泥石腐蚀深度的影响程度稍小，但也是不可忽视的因素。

（2）对每个样本的实验值与预测值的分析表明，预测能力最强的是 SVM 模型。无论是训练还是测试过程，R^2 值均最接近 1，分别为 0.999 和 0.968，RSME 分别为 0.185 和 0.7999，MAE 分别为 0.155 和 0.4753。RBF 模型在训练和测试阶段的结果变化很大，R^2 从 0.958 恶化到 0.822，表明过渡拟合并导致验证和测试阶段的不准确。

参 考 文 献

[1] LESTI M, TIEMEYER C, PLANK J. CO_2 stability of Portland cement based well cementing systems for use on carbon capture & storage (CCS) wells[J]. Cement and Concrete Research, 2013, 45: 45-54.

[2] LI B, LI H, ZHOU F, et al. Effect of cement sheath induced stress on well integrity assessment in carbon sequestration fields[J]. Journal of Natural Gas Science and Engineering, 2017, 46: 132-142.

[3] LIU J, JIA Y. Experimental investigation on durability of cement-steel pipe for wellbores under CO_2 geological storage environment[J]. Construction and Building Materials, 2020, 236: 117589.

[4] YUANHUA L, DAJIANG Z, DEZHI Z, et al. Experimental studies on corrosion of cement in CO_2 injection wells under supercritical conditions[J]. Corrosion Science, 2013, 74: 13-21.

[5] DOU N, HU Z, WANG Z, et al. Risk assessment of annular pressure caused by tubing leakage in offshore gas wells with high CO_2[J]. Geofluids, 2023, 2023: 1-10.

[6] 张聪, 张景富, 彭邦洲, 等. CO_2 腐蚀油井水泥石的深度及预测模型[J]. 硅酸盐学报, 2010(9): 1782-1787.

[7] 袁彬, 袁坤峰, 徐璧华, 等. 基于固体钙含量的 CO_2 腐蚀水泥石规律预测[J]. 西南石油大学学报(自然科学版), 2021, 43(4): 191-198.

[8] ZUO Z, BENNETT T. Simulation of the degradation of oilwell cement for the prediction of long - term performance[J]. Construction and Building Materials, 2019, 202: 669-680.

[9] WOYCIECHOWSKI P, WOLIŃSKI P, ADAMCZEWSKI G. Prediction of carbonation progress in concrete containing calcareous fly ash co-Binder[J]. Materials, 2019, 12(17): 2665.

[10] ZHANG J shuang, CHENG M, ZHU J hua. Carbonation depth model and prediction of hybrid fiber fly ash concrete[J]. Advances in Civil Engineering, 2020, 2020: 1-11.

[11] YANG Y, YUAN B, WANG Y, et al. Carbonation resistance cement for CO_2 storage and injection wells[J]. Journal of Petroleum Science and Engineering, 2016, 146: 883-889.

[12] PETER M A, MUNTEAN A, MEIER S A, et al. Competition of several carbonation reactions in concrete: A parametric study[J]. Cement and Concrete Research, 2008, 38(12): 1385-1393.

[13] PENG Y, UNLUER C. Analyzing the mechanical performance of fly ash-based geopolymer concrete with different machine learning techniques[J]. Construction and Building Materials, 2022, 316: 125785.

[14] SEBAALY H, VARMA S, MAINA J W. Optimizing asphalt mix design process using artificial neural network and genetic algorithm[J]. Construction and Building Materials, 2018, 168: 660-670.

[15] GUJAR R, VAKHARIA V. Prediction and validation of alternative fillers used in micro surfacing mix-design using machine learning techniques[J]. Construction and Building Materials, 2019, 207: 519-527.

[16] ASHRAFIAN A. Compressive strength of foamed cellular lightweight concrete simulation: New development of hybrid artificial intelligence model[J]. Construction and Building Materials, 2020.

[17] TAFFESE W Z, SISTONEN E, PUTTONEN J. CaPrM: Carbonation prediction model for reinforced concrete using machine learning methods[J]. Construction and Building Materials, 2015, 100: 70-82.

[18] ZHANG Y, XU M, SONG J, et al. Study on the corrosion change law and prediction model of cement stone in oil wells with CO_2 corrosion in ultra - high - temperature acid gas wells [J]. Construction and Building Materials, 2022, 323: 125879.

[19] BIHUA X, BIN Y, YONGQING W. Anti - corrosion cement for sour gas(H_2S-CO_2) storage and production of HTHP deep wells [J]. Applied Geochemistry, 2018, 96: 155-163.

[20] PENG Z, LV F, FENG Q, et al. Enhancing the CO_2-H_2S corrosion resistance of oil well cement with a modified epoxy resin [J]. Construction and Building Materials, 2022, 326: 126854.

[21] 赵张平, 庄稼, 兰悦, 等. 低密度胶乳水泥石抗 CO_2 腐蚀性能研究[J]. 钻井液与完井液, 2010, 27(01): 50-54.

[22] 刘天恩, 贺彦亮, 靳盛, 等. 防 H_2S 和 CO_2 酸性气体腐蚀水泥浆体系研究与应用[J]. 钻井液与完井液, 2014, 31(04): 68-70.

[23] 幸涛. 高酸性气田环境下油井水泥石腐蚀机理研究[D]. 西南石油大学, 2013.

[24] 武治强, 岳家平, 谢仁军, 等. 南海超高温耐腐蚀防气窜固井水泥浆体系研究[J]. 石油化工应用, 2021, 40(09): 47-51.

[25] 张亮, 姚晓, 罗霄, 等. 提高油井水泥石抗 CO_2 腐蚀外掺料的性能[J]. 石油钻探技术, 2010, 38(04): 15-18.

[26] 刘伟刚. H_2S 与 CO_2 环境下油井水泥石腐蚀规律研

究[D]. 西南石油大学, 2017.

[27] YUAN B, WANG Y, YANG Y, et al. Wellbore sealing integrity of nanosilica-latex modified cement in natural gas reservoirs with high H_2S contents [J]. CONSTRUCTION AND BUILDING MATERIALS, 2018, 192: 621-632.

[28] 相金元; 韩长武; 张健. 改善固井水泥石抗 CO_2 腐蚀性能的无皂胶乳合成及性能评价[J]. 应用化工, 2019, 48(05): 1062-1066.

[29] 刘子玉. CO_2 对油井水泥石腐蚀规律及控制机制研究[D]. 西南石油大学, 2020.

[30] ZHANG J, WANG C, PENG Z. Corrosion integrity of oil cement modified by environment responsive microspheres for CO_2 geologic sequestration wells [J]. Cement and Concrete Research, 2021, 143: 106397.

[31] XU B, YUAN B, WANG Y, et al. H_2S-CO_2 mixture corrosion-resistant Fe_2O_3-amended wellbore cement for sour gas storage and production wells [J]. Construction and Building Materials, 2018, 188: 161-169.

[32] ZHANG J, PENG Z, ZOU C, et al. Improving the carbonation resistance of cement stone for oil wells by a polymer with acid response characteristic [J]. Journal of Petroleum Science and Engineering, 2018, 164: 382-389.

[33] ZHANG B, ZOU C, PENG Z, et al. Study on the preparation and anti-CO_2 corrosion performance of soap-free latex for oil well cement [J]. ACS Omega, 2020, 36(5): 23028-23038.

[34] 辜涛. 二氧化碳地质封存条件下固井水泥石腐蚀损伤与防护研究[D]. 西南石油大学, 2017.

[35] 张健, 王长宁, 彭志刚. 油井水泥用微球型防腐蚀剂的合成及性能评价[J]. 应用化工, 2022, 51(01): 50-54.

[36] AHMED A, AL-AMIN R, AMIN R. Design of static synchronous series compensator based damping controller employing invasive weed optimization algorithm[J]. SpringerPlus, 2014, 3(1): 394.

[37] TIEN BUI D, KHOSRAVI K, LI S, et al. New hybrids of ANFIS with several optimization algorithms for flood susceptibility modeling [J]. Water, 2018, 10(9): 1210.

[38] KHOSRAVI K, PANAHI M, BUI D. A comprehensive study of new hybrid models for adaptive neuro-fuzzy Inference system (ANFIS) with invasive weed optimization (IWO), differential evolution (DE), firefly (FA), particle swarm optimization (PSO) and bees (BA) algorithms for spatial prediction of groundwater spring potential mapping [J]. Hydrology and Earth System Sciences Discussions, 2018.

[39] SOLA J, SEVILLA J. Importance of input data normalization for the application of neural networks to complex industrial problems [J]. IEEE Transactions on Nuclear Science, 1997, 44(3): 1464-1468.

[40] PRASAD B K R, ESKANDARI H, REDDY B V V. Prediction of compressive strength of SCC and HPC with high volume fly ash using ANN [J]. Construction and Building Materials, 2009, 23(1): 117-128.

[41] SHARIATI M, MAFIPOUR M S, GHAHREMANI B, et al. A novel hybrid extreme learning machine-grey wolf optimizer (ELM-GWO) model to predict compressive strength of concrete with partial replacements for cement [J]. Engineering with Computers, 2022, 38(1): 757-779.

[42] SHARIATI M, MAFIPOUR M S, MEHRABI P, et al. Prediction of concrete strength in presence of furnace slag and fly ash using Hybrid ANN-GA (Artificial Neural Network-Genetic Algorithm) [J]. Smart Structures and Systems, 2020, 25(2): 183-195.

[43] AZIMI-POUR M, ESKANDARI-NADDAF H, PAKZAD A. Linear and non-linear SVM prediction for fresh properties and compressive strength of high volume fly ash self-compacting concrete [J]. Construction and Building Materials, 2020, 230: 117021.

[44] CHEN Z, LIN J, SAGOE-CRENTSIL K, et al. Development of hybrid machine learning-based carbonation models with weighting function [J]. Construction and Building Materials, 2022, 321: 126359.

[45] ZHANG L, YAO X, LUO X, et al. Research on the performance of an additive to CO_2 corrosion resistance in oil well cement [J]. Petroleum Drilling Techniques, 2010, 38(04): 15-18.

[46] GU T. Study on corrosion damage and protection of cementing cement stone under carbon dioxide geological storage conditions [J]. 2017.

[47] ZHOU J, ASTERIS P G, ARMAGHANI D J, et al. Prediction of ground vibration induced by blasting operations through the use of the Bayesian Network and random forest models [J]. Soil Dynamics and Earthquake Engineering, 2020, 139: 106390.

[48] MOUCHTARIS D, SOFIANOS E, GOGAS P, et al. Forecasting natural gas spot prices with machine learning [J]. Energies, 2021, 14(18): 5782.

[49] MEI L. Research on software reliability model based on improved BP neural network [C]//2018 International Conference on Smart Grid and Electrical Automation

(ICSGEA). 2018: 221-223.

[50] LU Z, TANG C. Research on grouping-cascaded BP network model[C]//2010 2nd International Conference on Advanced Computer Control: Vol. 5. 2010: 425-429.

[51] SHARIATI M, MAFIPOUR M S, MEHRABI P, et al. Application of a hybrid artificial neural network-particle swarm optimization (ANN-PSO) model in behavior prediction of channel shear connectors embedded in normal and high-strength concrete[J]. Applied Sciences, 2019, 9(24): 5534.

[52] WANG H jun, JIN T. Comparative study of BP neural network and RBF neural network in surface reconstruction[C]//2019 4th International Conference on Mechanical, Control and Computer Engineering (ICMCCE). 2019: 405-4054.

[53] YUAN J, ZHONG L, DU H, et al. Prediction of free lime content in cement clinker based on RBF neural network[J]. Journal of Wuhan University of Technology-Mater. Sci. Ed., 2012, 27(1): 187-190.

[54] LIU Y, ZHAO S, YI C. The forecast of carbonation depth of concrete based on RBF neural network[C]//2008 Second International Symposium on Intelligent Information Technology Application: Vol. 3. 2008: 544-548.

QYJ-Ⅰ/Ⅱ/Ⅲ型亲油剂对固井水泥石亲油性和界面胶结质量影响研究

周 灿[1] 黄 盛[1] 李早元[1] 苏东华[1] 刘 洋[2]

(1. 西南石油大学石油与天然气工程学院; 2. 中国石油集团川庆钻探工程有限公司井下作业公司)

摘 要 在使用油基钻井液对页岩井进行钻进后，套管、井壁会因滞留油基钻井液的存在形成窜流通道，进而对固井界面胶结质量造成影响，对后续生产造成不利影响。虽然前置液能有效提高界面润湿反转，但受冲洗效率限制，界面仍会出现油膜滞留附着情况。前期研究发现添加亲油剂 QYJ 可以赋予水泥浆亲油性能提高水泥在含油界面的吸附能力，本文通过评价不同分子量的 QYJ-Ⅰ、QYJ-Ⅱ和 QYJ-Ⅲ的环境耐受性发现，分子量较高的 QYJ-Ⅱ和 QYJ-Ⅲ分别在200℃高温、pH=14、高矿化度下能够保持自身能够降低液体表面张力的能力和提高水泥表面亲油的能力。在界面胶结质量的研究中微观上，用 SEM 观察添加 QYJ 的水泥与含油基钻井液的胶结面，可见缝隙宽度从 12 μm 或 30 μm 缩小到不可见，用 XRD 和 EDS 元素对其界面水化产物进行研究结果表面其界面处水泥水化产物有所增加，水化程度有一定提高；宏观上，通过界面胶结强度实验和界面水力封隔实验验证 QYJ 对水泥界面胶结质量的提高，发现 QYJ 加入后的水泥界面抗流体压力提高了 2~9 倍，界面胶结强度提升了 0.2~3 倍。研究结果表明 QYJ 较低分子量时在复杂条件下无法保证其亲油的性能，较高分子量的 QYJ-Ⅱ和 QYJ-Ⅲ可维持自身稳定的亲油性能，且 QYJ 掺入水泥后可有效提高水泥环与地层及套管的胶结质量，提高界面处水泥的水化程度，由此可见 QYJ 具备提高油基钻井液条件下固井界面胶结质量的能力。

关键词 固井；亲油剂页岩气；界面胶结；油基钻井液

由于页岩具有脆性和水敏性强的特点导致页岩井壁稳定性不高，与水基钻井液相比，油基钻井液抑制性强、润滑性好，有利于保持页岩井壁稳定，因此，页岩气井储层钻井时常采用油基钻井液。但由于油基钻井液粘附性强，钻井后套管及井壁上会附着油基钻井液，在一二界面上形成非极性的油膜，而水泥浆为极性工作液，两者间存在较强界面张力，相容性差，导致水泥环无法与一二界面形成良好的胶结，严重影响固井后的层间封隔质量，进而影响后期作业。目前，固井时多采用含表面活性剂的前置液进行冲洗，利用表面活性剂分子的润湿反转和乳化作用改变井壁及套管界面的润湿性并分散多余油污，降低其与水泥浆的界面张力，提高一二界面胶结质量。如国外斯伦贝谢公司的 Frederik 等研发的专门适用于各种类型的油基钻井液条件下固井冲洗液用表面活性剂，该体系选用烷基多糖苷型表面活性剂，辅以油脂甲基酯等作助溶剂；路博润公司的 Roderick 等研究了一种新型表面活性剂溶液，加入隔离液中可有效提高对油基钻井液的冲洗效率和相容性；Seyyed 等研发了一种由表面活性剂、润湿剂和流型调剂组成的隔离液，对油基钻井液冲洗效果较好。国内李韶利、王翀、许明标等人也研制出一种加入表面活性剂等化学剂就能具备高效冲洗性能的前置液。虽然加入表面活性剂能提高前置液对油基钻井液的冲洗性能，但页岩井水平段较长，尤其是深层页岩井水平段(段长>1500m)，前置液不能保证完全替净环空中的油基泥浆，仍存在固井胶结面质量差、封隔能力弱的风险。

基于前期对亲油水泥的基本研究的认识，明确加入亲油剂的水泥浆可与含油或含油基钻井液的界面充分粘结，提高水泥在界面处的胶结质量。目前研究可知，亲油型的表面活性剂具备双亲基团，表面活性剂分子在水泥浆中分散吸附是水泥石具备亲油能力的原因，通过前期研究可知亲油剂加入不仅会提供水泥浆与油这两类工作液的相容性让两者更好地吸附，同时对水泥水化也有一定地促进作用，且表面活性剂地起泡作用并未对水泥石孔结构产生较大危害。

因此，本文在前期研究地基础上分类进行微观分析和宏观实验研究，把研究对象从亲油水泥石整体缩小到胶结界面，且引入了不同分子量的Ⅰ/Ⅱ/Ⅲ型QYJ亲油剂，三种亲油剂分子量依次递增，选择不同分子量类型的亲油剂进行研究，并分析其加入水泥前后含油界面微观结构的变化，研究该类型不同分子量的亲油剂在界面发挥作用的规律和机理。同时亲油剂在地层等复杂条件下存在导致其亲油性能的失效的可能，本文也将对亲油剂的环境适应性进行评价研究，试图找到此类亲油剂的使用极限及亲油剂随环境条件改变的性能变化规律和三类分子量不同的亲油剂的亲油性能规律。

1 仪器材料和实验方法

1.1 仪器与材料

材料与试剂：油井G级水泥(嘉华特种水泥股份有限公司)、降失水剂G33S(卫辉市化工有限公司)、表面活性剂脂肪醇聚氧乙烯硫酸钠QYJ-Ⅰ/QYJ-Ⅱ/QYJ-Ⅲ(市售)、消泡剂XP-1(成都川锋化学工程有限责任公司)、1-溴代萘(成都市科龙化工试剂厂)、氯化钙$CaCl_2$(阿拉丁)、氯化铝$AlCl_3$(阿拉丁)、页岩岩芯、P110套管钢钢片

仪器：OWC-9360恒速搅拌器、TG-1220C常压稠化仪、OWC-118F型双温强度养护箱、JY-PHb型接触角测试仪、界面水力封隔实验装置、水热合成釜

2.1 实验及测试方法

2.1.1 水泥浆的制备

本文所采用的为基本水泥配方见表1，其目的是为了更易观察和分析表面活性剂对水泥石表面的亲油改善效果，并巨避免其他外加剂与亲油表面活性剂产生协同或互斥作用而干扰实验本身结果。其中降失水剂主要起到避免水泥浆沉降、控制其滤失性保证水泥浆自身稳定性的能力，消泡剂主要作用是消去因加入表面活性剂后搅拌所形成的气泡，水泥浆的水灰比为0.44，所有外加剂的掺量均为基于水泥质量(BWOC)。

表1 水泥浆配方

样品名称	组分掺量/%				
	水泥灰	G33S	水	亲油剂QYJ	XP-1
常规水泥	100	2	44	0	0.001
亲油水泥	100	2	44	0.5	0.001

水泥浆的配置方法参考GB/T 10238—2015进行。分别称量水、灰和所用外加剂，用恒速搅拌器，选择4000r/min的转速搅拌15s，边搅拌边加入水泥灰，加灰结束后用12000r/min的转速高速搅拌35s，此时加入消泡剂并采用变速模式进行消泡，配浆完成后将水泥浆放入常压稠化仪中预制20min进一步消泡，即获得实验所用的两种配方的水泥浆。

2.1.2 亲油剂高温、高pH、高矿化老化处理

将亲油剂稀释一定浓度置于水热合成釜中密封，设定温度梯度为10℃，制备90~200℃的老化样品，放置烘箱中24h后取出即为高温处理后的样品；将亲油剂用pH为12~14的NaOH溶液稀释一定倍数静置24h即为高pH的实验样品；将亲油剂用不同浓度CaCl2和AlCl3溶液稀释一定倍数静置24h即为高矿化度的实验样品。

2.1.3 接触角、液体表面张力测试

将水泥浆倒入内径为100.0mm的塑料表面皿中常压90℃养护72h，形成表面积较大的水泥石，将养护后的水泥石表面用120目、400目、800目、1200目砂纸逐级打磨光滑后，用JY-PHb接触角测量仪分别选取水与1-溴代萘测量其接触角，通过接触角的测量结果表征水泥石表面的润湿性。

将亲油剂稀释至1%浓度，保证溶液静止无浮沫状态且维持室温25℃条件下，利用BZY-1全自动表面张力仪进行液体表面张力的测试，移动平台使悬吊的铂金片接触溶液，由于液体表面张力的作用会将铂金板向下拉，此时读取仪器数值即为该溶液的表面张力，重复读取3~5组取平均值。

2.1.4 界面胶结水化产物表征

将钢柱(P110套管钢)和岩心在油基钻井液中浸泡5h后取出，静置2h，模拟含油(油基钻井液)界面。将静置后的钢柱或岩心放入内径50.00mm，高50.00mm的圆柱形模具中，在环

空浇注水泥，密封上下端面后在 90℃×0.1MPa 条件下养护 72h。用压力机将界面与水泥剥离，用药匙刮取界面上黏附的水泥和胶结产物，用无水乙醇研磨后烘干得到界面产物的粉末样品。将样品进行 XRD 分析，XRD 测试扫描步长：0.02°，扫描范围：5～80°，得到衍射曲线后进行水泥的水化物相组成分析。

2.1.5 界面微观形貌及元素分析

将页岩用砂纸打磨成小块，同时准备 P110 套管钢钢片，岩心和钢片在油基钻井液中浸泡 5h 后取出，静置 2h，模拟含油（油基钻井液）界面，用水泥进行浇筑，90℃养护 72h 后取出样品，将样品的水泥与页岩/钢片形成的交界处打磨清晰，同时用无水乙醇进行洗涤吹干，吹去表面粉尘，使样品交界面暴露在外，该交界面即为模拟的第一和第二固井界面如图 1、图 2 所示，利用 SEM 观察界面形貌，同时进行 EDS 线扫分析界面及两端 O、Ca、Si、Al 四种元素分布，判断界面处水泥水化情况。

图 1 水泥-岩芯界面样品

图 2 水泥-钢片界面样品

2.1.6 界面封隔性和界面胶结强度实验

本文采用界面水力封隔评价装置（图 3）评价一二界面水力封隔能力，采用水为窜流介质，评价流体沿界面的窜通压力。采用钢柱模拟一界面套管，页岩岩心模拟井壁二界面，如图 4 所示，钢柱与页岩岩心直径均为 25.00mm，高度为 50.00mm。将钢柱和岩心在油基钻井液或白油中浸泡 5h 后取出，静置 2h，模拟含油（油基钻井液）界面。将静置后的钢柱或岩心放入内径 50.00mm，高 50.00mm 的圆柱形模具中，在环空浇注水泥，密封上下端面后在 90℃×0.1MPa 条件下养护 72h。养护后将样品装入界面水力封隔装置内，装置两端分别为进液端和出液端，装置内通过恒速泵给橡胶套施加围压，密封胶套与样品间隙，防止流体从边壁窜流。采用千德乐 Quizix Q5000 高压液体泵（图 5）向样品端面施加液压，模拟窜流介质，并记录流体压力。界面水力封隔失效后，压力下降，此时，记录得到的最大压力即为界面抗流体窜通的压力，通过式（1）换算得到单位长度下水泥环封隔压力。界面胶结试样与界面封隔试验样品相同，将养护后的试样取出，在岩心或钢柱顶端放置一压头，采用电子伺服压力机对样品进行加载测试，加载速率 100N/s。根据式（2）计算界面胶结强度。

$$G=\frac{P}{L} \tag{1}$$

式中，G 为单位长度可封隔的压力，MPa/m；P 为流体窜通压力，MPa；L 为样品试样的长度，m。

图 3 界面水力封隔实验装置

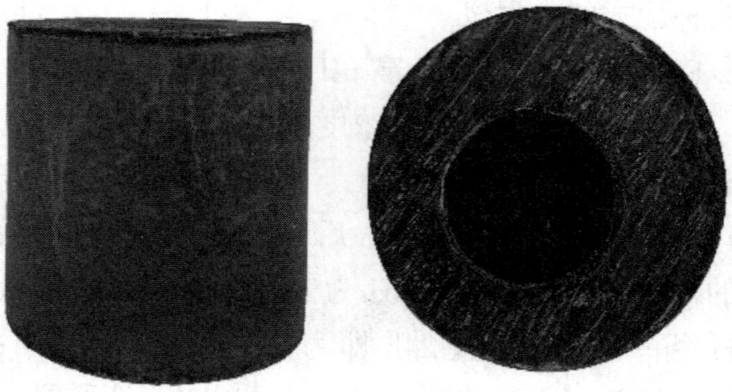

图 4 模拟二界面试样图

$$S=\frac{P}{\pi DH} \tag{2}$$

式中，S 为界面胶结强度，MPa；P 为界面失效压力，N；D 为钢柱或岩芯直径，mm；H 为钢柱或岩芯高度，mm。

图 5　Quizix Q5000 高压驱替泵

3　结果讨论

3.1　温度、pH 和矿化度对亲油剂表面张力及润湿性的影响

首先，如图 6 所示，90℃～200℃处理后的三类表面活性剂在温度升高后逐渐有固相物质的析出且颜色逐渐加深，温度在 150℃左右时三类亲油剂变化最明显，摇晃后固相物质仍可继续溶于液相；而经 NaOH 和无机金属盐处理后的三类亲油表面活性剂均无明显变化。将处理后的亲油剂摇晃均匀后按一定比例稀释表面活性剂溶液进行液体表面张力的测试，同时按照表 1 配方配置水泥浆进行接触角测试，结果如图 7 所示。QYJ-Ⅰ经处理后的外观的变化较大，由图 6(a) 可看出 QYJ-Ⅰ从 90℃略微浑浊的液体到 150℃变为澄清再到 200℃出现固相物质析出，表明其在高温和超高温下均不稳定，有效成份易析出，但其液体表面张力在温度逐渐升高的情况下数值基本稳定，维持在 25mN/m 左右小幅度波动，可见其充分溶于水后液体其降低表面张力的作用未被削弱；QYJ-Ⅱ与 QYJ-Ⅲ趋势相同，由图 6(b) 和图 6(c) 可见，90～170℃之前其液体均呈透明澄清，同时颜色逐渐加深，当超过 170℃后溶液开始出现固相的析出，表明溶液超过 170℃会出现不稳定的状态，同时两者的液体表面张力均出现温度升高表面张力降低的现象，两者均从 33mN/m 降低至 29mN/m 左右，可见 QYJ-Ⅱ和 QYJ-Ⅲ在高温下其降低液体表面张力的能力会更加突出。

图 8 为未经处理的对照组水泥石接触角数据，图 9～图 12 为经处理后的三种亲油表面活性剂所制备的水泥石接触角走势图，通过水油的接触角判断水泥石表面润湿性的变化。由图 9 结果可看出在高温处理后的接触角 QYJ-Ⅰ出现了最大的波动，QYJ-Ⅱ和 QYJ-Ⅲ波动幅度较小，其中 QYJ-Ⅲ所表现的亲油性能最强，接触角在 140℃时小于 10°在 200℃处理后接触角仅 14°，而 QYJ-Ⅱ的油接触角总是维持在 20°以下；对比图 3 可知，无论是否经高温处理，QYJ-Ⅱ和 QYJ-Ⅲ均表现为双亲性，表明两者均具备较强的耐高温性能。

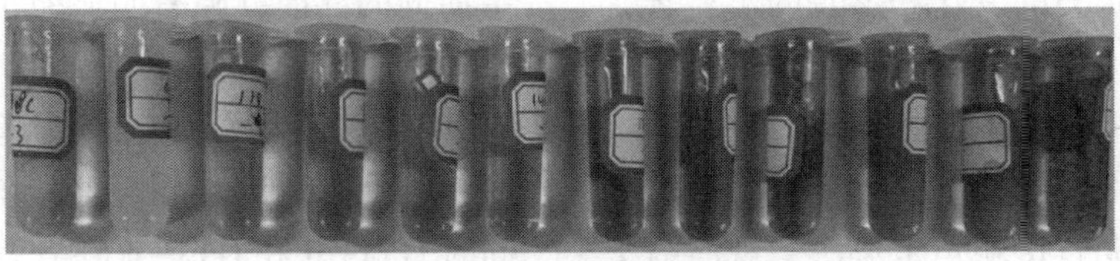

(a)QYJ-Ⅰ90~200℃高温老化外观

(b)QYJ-Ⅱ90~200℃高温老化外观

(c)QYJ-Ⅲ90~200℃高温老化外观

图 6　90～200℃高温老化后亲油表面活性剂性形貌变化

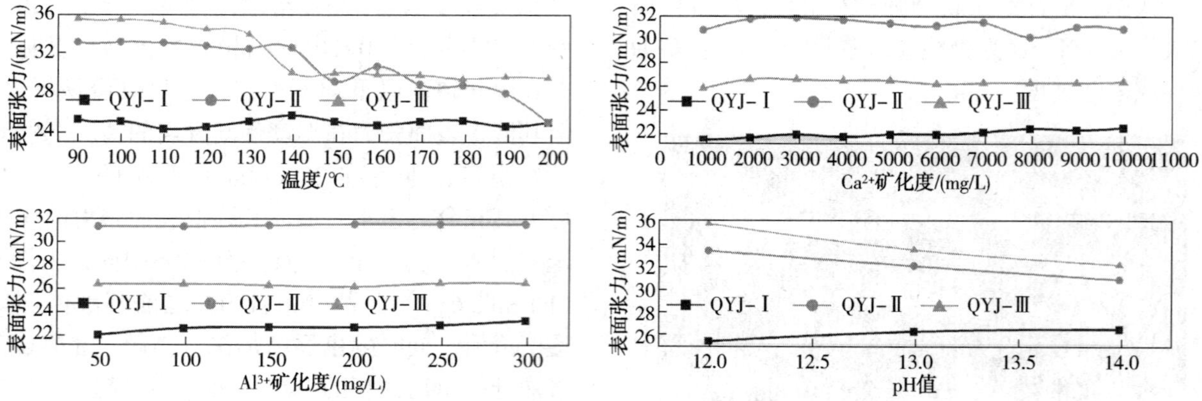

图7　处理后的亲油剂表面张力变化曲线

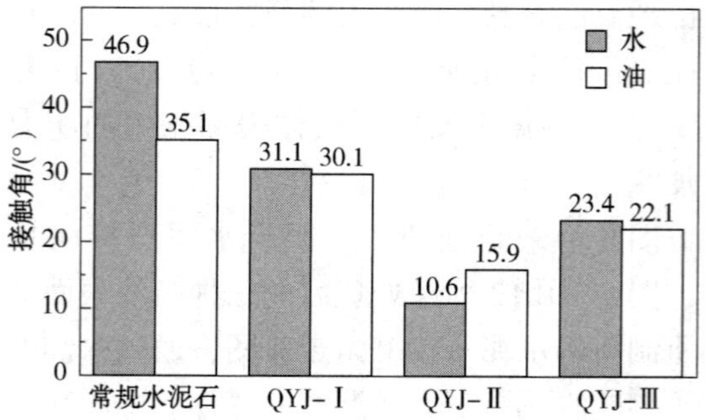

图8　未经处理的常规水泥石和亲油水泥石接触角

由图10可知，高pH处理后，QYJ-Ⅰ和QYJ-Ⅲ变化较为明显，其亲油性和亲水性均有不同程度的提高，其中QYJ-Ⅲ表现为超亲水超亲油，油水接触角均小于10°，QYJ-Ⅰ和QYJ-Ⅱ的亲油能力都有所提高，油接触角也均小于10°，结果表明用NaOH处理后的亲油表面活性剂其亲水性变化较小，对三者亲油性都有提高的作用，且结合表面张力的变化和形貌的不显著变化可知QYJ类亲油剂可适应水泥强碱性的使用环境而达到润湿性能不被降低的效果。

图11图12分别为通过不同浓度 Ca^{2+} 和 Al^{3+} 处理后的亲油剂水泥石接触角走势图。观察纵坐标可知，该亲油剂整体接触角有所提高，由图11可知，QYJ-Ⅰ和QYJ-Ⅱ具备较差的抗 Ca^{2+} 的能力，水油接触角都有所上升，其中QYJ-Ⅲ保持了较低的接触角，无论 Ca^{2+} 和 Al^{3+} 处理后均能将接触角稳定在20°左右。由图12可知，QYJ-Ⅰ抗 Al^{3+} 能力也较弱，油水接触角均提升，对应其亲油亲水性能都有所下降，QYJ-Ⅱ和QYJ-Ⅲ同样都维持在20°上下，保持了较强的亲油亲水的润湿面。

综上对于QYJ-Ⅰ、QYJ-Ⅱ和QYJ-Ⅲ三种亲油剂而言，QYJ-Ⅱ和QYJ-Ⅲ具备良好的抗高温能力（200℃），三类亲油剂都具有抗pH的能力，QYJ-Ⅱ和QYJ-Ⅲ也具备良好的抗矿化度的性能，在高温、高pH和高矿化度的作用下两者均能维持水泥石界面的亲油性且满足降低液体表面张力的需求。

3.2　界面形貌及元素分析

图13分别为未添加亲油剂和添加亲油剂的水泥石与含油基钻井液的第一第二界面的SEM电镜扫面图像，可明显看出未添加亲油剂的图13(a)和图13(e)有明显的缝隙存在，而添加亲油剂的界面缝隙有明显缩小或形成良好的胶结吸附。其中QYJ-Ⅰ的水泥与套管钢的吸附可从图(b)看出有就存在较小的缝隙，而水泥与页岩的胶结处可看出水泥已经牢牢吸附在页岩表面，同时QYJ-Ⅱ和QYJ-Ⅲ在套管钢和页岩界面都表现为吸附良好的现象，从电镜图可看出添加亲油剂后水泥与含油一二界面的界面胶结质量均有所提升，其中添加QYJ-Ⅱ和QYJ-Ⅲ的的水泥石在界面胶结质量的改善中效果更为明显。

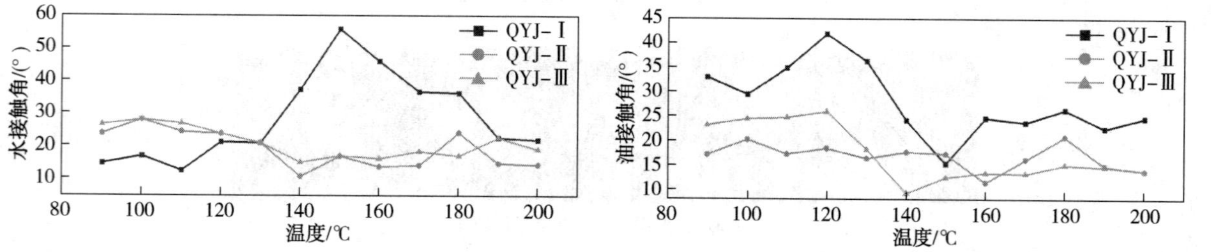

图9　高温处理后的水泥石表面水/油接触角

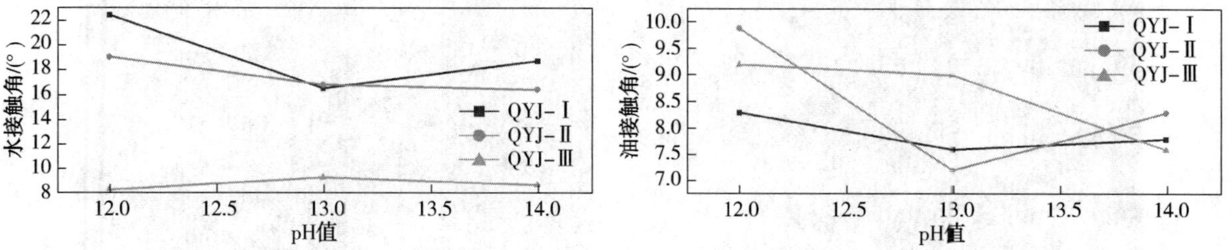

图 10　高 pH 处理后的水泥石表面水/油接触角

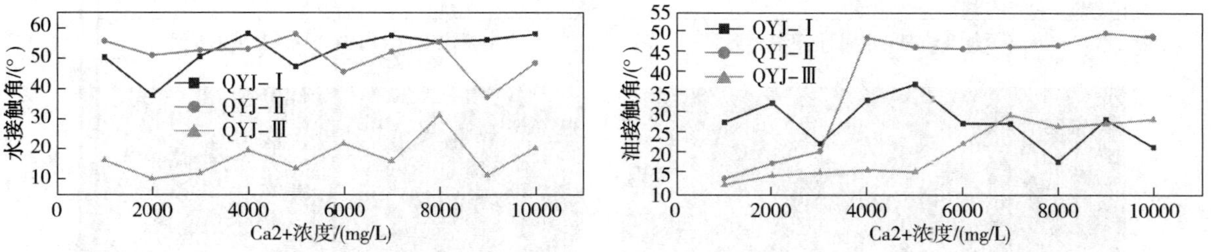

图 11　Ca^{2+}处理后的水泥石表面水/油接触角

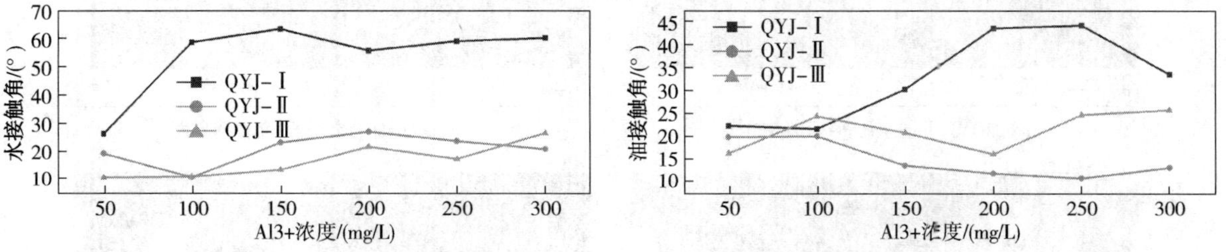

图 12　Al^{3+}处理后的水泥石表面水/油接触角

在上述 SEM 电镜图所示的界面交界处进行 EDS 线扫描，选取水化产物元素进行分析，图 14为线扫描的元素分布曲线。曲线横坐标可量化界面缝隙的宽度，曲线突变到坐标轴即为缝隙的端点，曲线明显可见未添加 QYJ 的第一界面缝隙为 30 μm 第二界面缝隙宽度为 12 μm，添加 QYJ 后的两界面曲线均无明显断层，可见缝隙较小或不存在。水泥套管钢元素分布和水泥页岩界面的元素分布曲线两侧分别为岩石/钢或水泥，岩石/钢下端的曲线元素分布较低，分布较高的为水泥，此时只考察界面及水泥侧形成的元素分布图即可。两组对照组界面下端所对应的元素分布曲线基本接近坐标轴，表明界面处水化产物分布较少，QYJ-Ⅰ曲线右侧含有元素分布，是因打磨样品时水泥粉末吸附在套管钢表面后扫描形成的表面元素分布。对比第一界面处 Ca 元素和 O 元素的分布，可见 Ca 元素分布基本在 6000cps，未添加亲油剂的图 14(a)可见 O 元素分布在 2000cps 左右，而添加亲油剂的三组样品中 O 元素分布在 3000~4000cps，同时 Si 元素分布都有不同程度的提升，这表明水泥在界面附近水化产生的 CH、C3S 等水化产物。第二界面样品的元素分布图对比可看出，未添加亲油剂的界面整体 Si 元素和 Al 元素含量较低，且界面缝隙处所有元素含量均较低，而添加 QYJ-Ⅰ的界面水泥元素分布整体同样偏低，说明 QYJ-Ⅰ在二界面处的亲油能力较弱，不能促使水泥与含油界面水化粘连，QYJ-Ⅱ和 QYJ-Ⅲ在水泥端的元素曲线中 Si 元素和 Al 元素均有所提高，说明水化产物的量高于前两者，水泥在含油界面处水化程度更深。

综上，根据 SEM 形貌及元素分析可知 QYJ-Ⅱ和 QYJ-Ⅲ在第一和第二固井界面处更能稳定发挥其亲油性能，增进水泥在界面处的水化粘连，形成质量更高更稳定的胶结面。

(a)未添加亲油剂的水泥石-套管钢界面

(b)添加QYJ-Ⅰ的水泥石-套管钢界面

(c)添加QYJ-Ⅱ的水泥石-套管钢界面

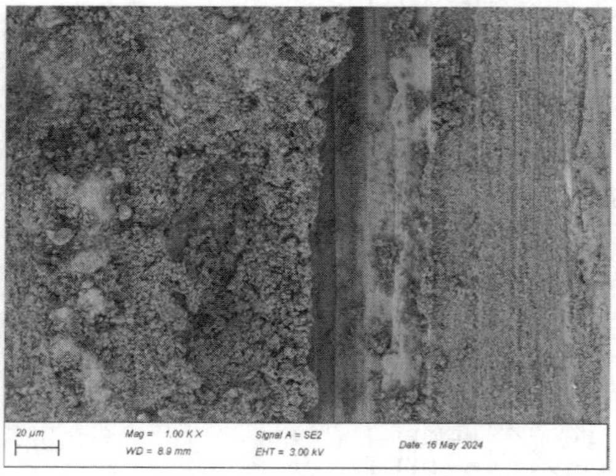

(d)添加QYJ-Ⅲ的水泥石-套管钢界面

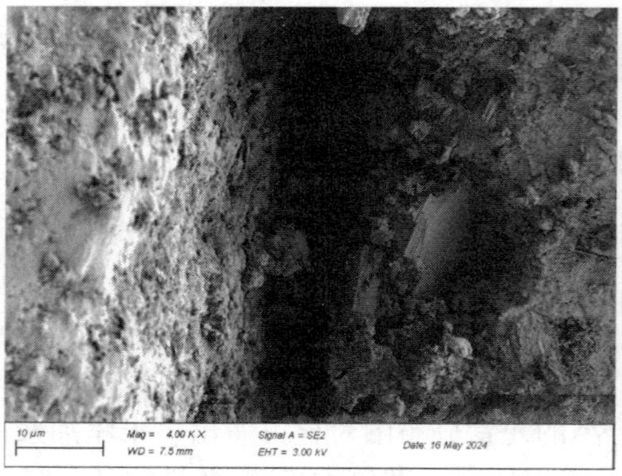

(e)未添加亲油剂的水泥石-页岩界面

(f)添加QYJ-Ⅰ的水泥石-页岩界面

(g)添加QYJ-Ⅱ的水泥石-页岩界面

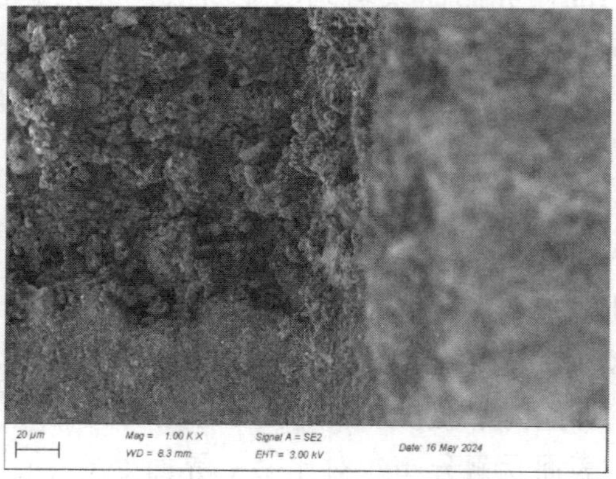

(h)添加QYJ-Ⅲ的水泥石-页岩界面

图 13　水泥界面 SEM 电镜图

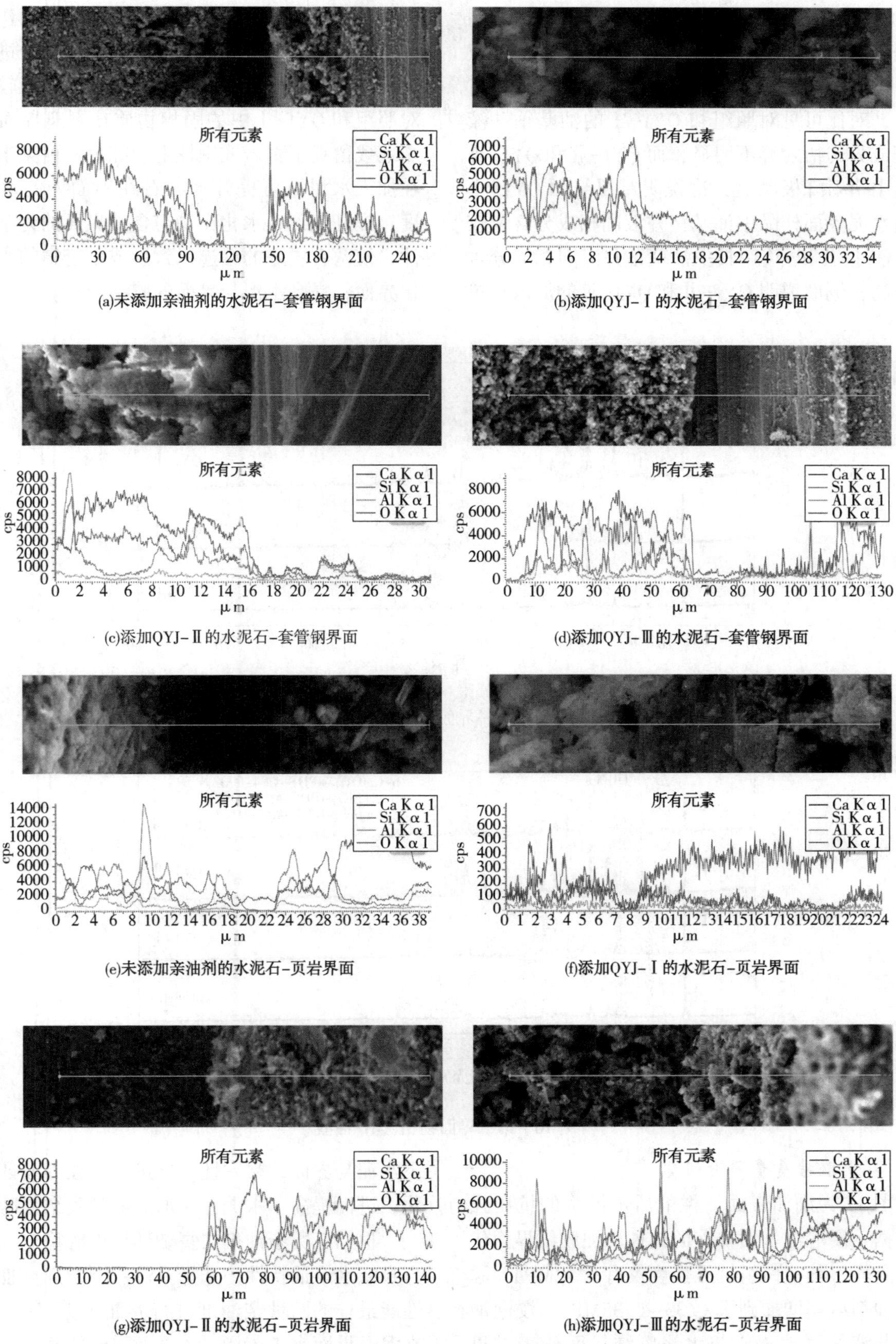

(a)未添加亲油剂的水泥石-套管钢界面

(b)添加QYJ-Ⅰ的水泥石-套管钢界面

(c)添加QYJ-Ⅱ的水泥石-套管钢界面

(d)添加QYJ-Ⅲ的水泥石-套管钢界面

(e)未添加亲油剂的水泥石-页岩界面

(f)添加QYJ-Ⅰ的水泥石-页岩界面

(g)添加QYJ-Ⅱ的水泥石-页岩界面

(h)添加QYJ-Ⅲ的水泥石-页岩界面

图 14　水泥界面样品 EDS 线扫元素分布图谱

3.3 界面物相产物 XRD 分析

从刮取的界面水泥(含油基钻井液固相成分)的水化产物 XRD 图谱分析可知(图 15、图 16)，两界面产物 XRD 曲线呈现相同趋势，在 $2\theta=35°$ 左右和 $2\theta=47°$ 左右 $Ca(OH)_2$ 的衍射峰明显增强，且 $2\theta=32°$ 附近的 Ca_2SiO_4 和 Ca_3

SiO_5峰相对于未加入亲油剂的对照组而言也有明显提升，其中2θ=27°左右经分析为油基钻井液（OBM）的固相成分，在刮取水泥样品时被同时带入，对比可见对照组和QYJ-Ⅰ的油基钻井液固相成分的衍射峰不明显，而QYJ-Ⅱ和QYJ-Ⅲ两组中衍射峰极明显，这说明对照组和QYJ-Ⅰ两组水泥界面样品中油基钻井液固相成分含量较低，QYJ-Ⅱ和QYJ-Ⅲ中油基钻井液固相成分含量较高，侧面说明QYJ-Ⅱ和QYJ-Ⅲ的加入对提高含油界面水泥与油基钻井液的相容性的作用极其明显，水泥能较好地与油基钻井液成分进行融合吸附并在界面形成良好地胶结，而性能较差的对照组和QYJ-Ⅰ中的固相物质在剥离界面时更多地残留在了页岩或钢柱上。综上，可见亲油剂在加入水泥石可提升水泥石在界面处的水化程度，提高水泥石水化产物与含油界面的化学相容性，使两者更好的粘连以致形成更密集的水泥水化界面，提高水泥与界面的胶结质量。

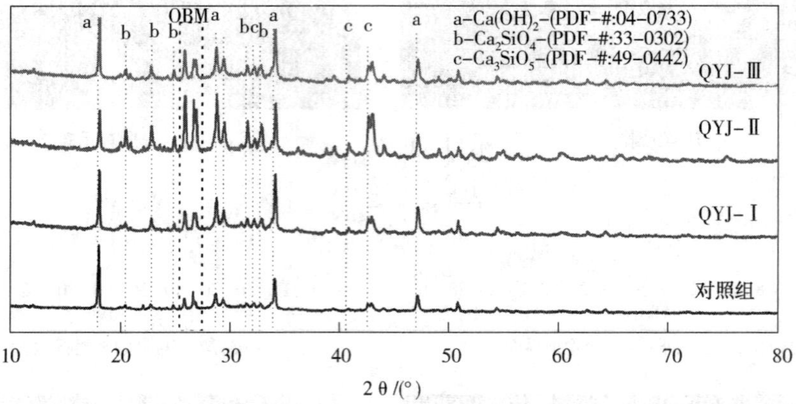

图15　第一界面物相XRD曲线

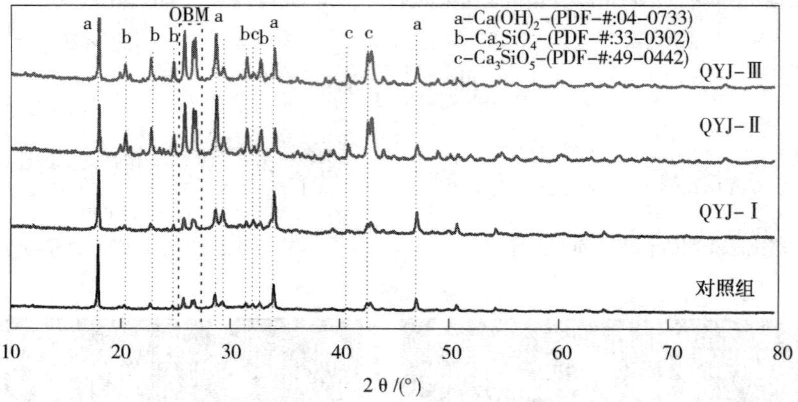

图16　第二界面物相XRD曲线

3.4　界面胶结质量评价研究

图17为添加表面活性剂后水泥浆的抗压强度数据。浸泡油基钻井液的钢柱水泥胶结界面代表一界面，其空白组抗压强度仅有0.12MPa，添加亲油剂后都增加到了0.33~0.35MPa。浸泡油基钻井液的页岩岩心与水泥胶结界面代表二界面，其空白组抗压强度有0.39MPa，添加亲油剂后都增加到了0.49~0.55MPa，对比之下添加亲油剂后的水泥石一界面与二界面胶结强度明显增加，说明添加亲油剂能够明显改善界面含油状态下水泥与界面的粘附性，促进水泥在界面处的水化，进而提高了水泥在含油界面的胶结强度。

根据三类亲油剂在复杂环境中的稳定性以及自身亲水亲油特性，选择QYJ-Ⅱ和QYJ-Ⅲ作为性能最佳的两种亲油剂进行界面水力封隔实验。水泥石界面水力封隔曲线如图18与图19所示，当压力逐渐升高，不添加亲油剂的水泥石界面较早出现了压力降低的现象，第一界面实验中压力达到30MPa/m时和第二界面压力大到40MPa/m时，因样品界面出现被高压流体击穿的孔隙而导致内部压力将无法继续升高。相比之下，添加亲油表面活性剂后，两个界面的流体抗窜能力明显提高，第一界面样品的抗窜压力由30MPa/m增加到75MPa/m，而在第二界面尤为明显，抗窜压力由40MPa/m增加到最高340MPa/m。从实验结果可以看出QYJ-Ⅱ和QYJ-Ⅲ的加入对提高含油界面的抗窜能力有极大提升，且QYJ-Ⅱ效果最佳，可见添加表面活性剂可显著提高水泥浆与油基钻井液污染的抗窜一、二界面的水力封隔性能，提高水泥石对地层的封隔能力。

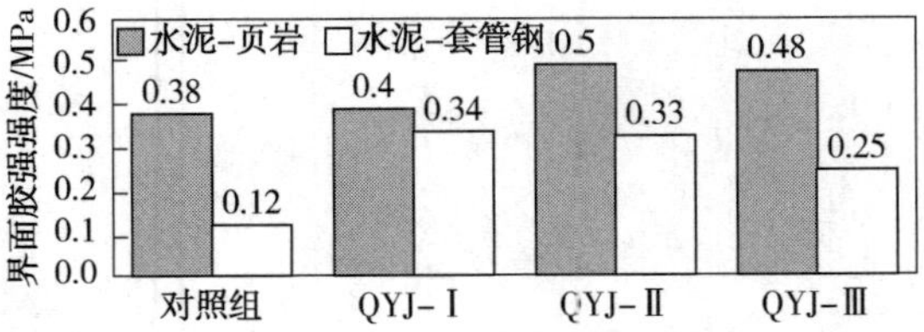

图17 水泥石界面胶结强度

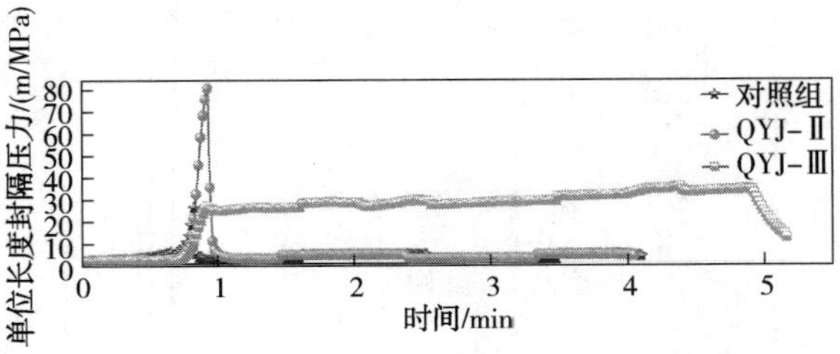

图18 水泥-套管钢界面水力封隔曲线

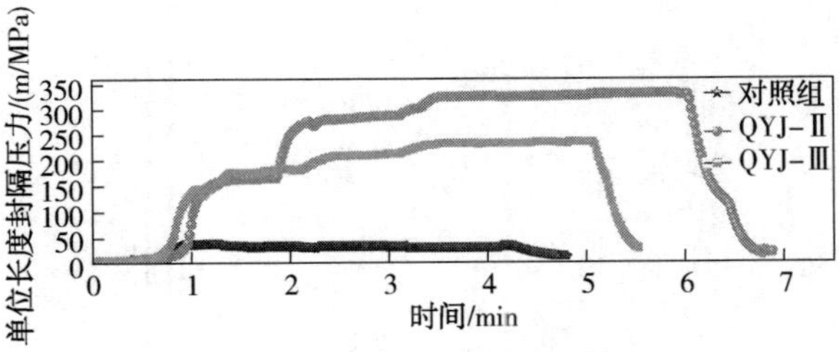

图19 水泥-页岩界面水力封隔曲线

4 结论

通过亲油剂在高温、高pH、高矿化度的处理后进行的润湿性评价研究和界面微观分析和宏观界面评价实验，对三类亲油剂的使用条件有了如下结论和认识：

(1) 分子量过小的亲油表面活性剂QYJ-Ⅰ在高温(200℃)、高pH(pH=14)、高矿化度下维持自身性能和提高水泥石润湿性的能力较弱，QYJ-Ⅱ和QYJ-Ⅲ相对较强；且QYJ-Ⅱ和QYJ-Ⅲ有较强的提高界面胶结质量的性能。

(2) 微观上，亲油表面活性剂QYJ加入水泥后可明显提高水泥在界面处与含油界面的吸附能力降低界面形成微间隙的能力，且界面处水泥的水化产物明显增多水化程度明显提高，水泥与油基钻井液的相容性有所提高，水泥石与含油界面形成更高质量的胶结。

(3) 宏观上，亲油表面活性剂QYJ的加入可极大提升含油基钻井液界面的水力封隔性能，界面抗流体压力2~9倍，界面胶结强度提升0.2~3倍。

参 考 文 献

[1] 齐静，李宝贵，张新文，等．适用于油基钻井液的高效前置液的研究与应用[J]．钻井液与完井液，2008.25(3)：49-52.

[2] 罗立公，关增臣，苏常明，等．油基钻井液在特殊钻井中的应用[J]．钻采工艺，1997(3)：75-78.

[3] 何涛，李茂森，杨兰平，等．油基钻井液在威远地区页岩气水平井中的应用[J]．钻井液与完井液，2012.29(3)：1-5.

[4] 高莉，张弘，蒋官澄，等．鄂尔多斯盆地延长组页岩气井壁稳定钻井液[J]．断块油气田，2013.20(4)：508-512.

[5] 刘伟，刘学鹏，陶谦．适合页岩气固井的洗油隔离液的研究与应用[J]．特种油气藏，2014(6)：119-122.

[6] Frederik Nilsson，Sylwia Komocki. Surfactant compositions for well cleaning：US，20030008803[P]．2012-6-12.

[7] Roderick Pernites，Merouane Khammar，Ashok Santra，et al. Robust Spacer System for Water and Oil based Mud[R]．SPE 174005，2015.

[8] Seyyed Shahab Tabatabaee Moradi，Nikolay lvanovich Nikolaev. Optimization of Cement Spacer System for Zonal Isolation in High - Pressure High Temperature Wells[R]．SPE 171282，2014.

[9] 李韶利，姚志翔，李志民，等．基于油基钻井液下固井前置液的研究及应用[J]．钻井液与完井液．2014，31(3)：57-60.

[10] 王翀，谢飞燕，刘爱萍，等．油基钻井液用冲洗液BCS-020L研制及应用[J]．石油钻采工艺．2013，35(6)：36-39.

[11] 许明标，由福昌，王晓亮．一种页岩气开发油基钻井液固井前置液：CN 103642476[P]．2014-03-19.

[12] 黄盛，周灿，李早元，等．亲油水泥浆界面封隔性能评价研究．西南石油大学学报(自然科学版)2024，46(1)：115-125.

[13] 韩正金. 高强度超疏水混凝土制备及其性能研究[D]. 大连：大连理工大学，2017.
[14] 刘伟，曾敏，马开华，等. LQ 乳液亲油水泥浆研究与性能评价[J]. 石油钻探技术，2017，45(01)：39-44.
[15] 柯佳含，沈方烈，徐宇威. 超疏水材料表面的制备方法[J]. 浙江化工，2020. 51(06)：8-10.
[16] 张逢玉，卢艳，韩建彬. 表面活性剂及其复配体系在三次采油中的应用[J]. 石油与天然气化工，1999(02)：130-132+73.

国内首个水力压裂试验平台水平井钻井液技术

王伟良　刘朝峰　骆胜伟　刘　波　韩成福　孙　欢　张　勤　杨　勇

（中国石油集团川庆钻探工程有限公司长庆钻井总公司）

摘　要　庆 H4X 平台检查井保压、保形取心井段为老井大规模体积压裂段，裂缝延展性好，地层压力较高，高油气比、井控风险高；压裂破碎地层钻进易漏、易塌。由于国内还未见相关钻井液技术的介绍，通过对技术难点的分析，开展室内实验，优选具有稳定性好、抗地层流体侵污能力强、对井壁稳定性有较好的保持能力的高性能低渗透强润滑多层次封堵钻井液体系，设计合理钻井液性能及参数，兼顾防溢、防塌和防漏。现场应用结果表明，该钻井液体系具有良好的流变性，携岩能力和对压裂缝漏失的控制能力，能够有效预防故障复杂，保障了保形取心收获率和安全高效施工，为该类型井钻井液技术的发展积累了经验。

关键词　页岩油；庆 H4X 平台；水力压裂场；保形取心；井壁稳定

庆 H4X 平台是国内首个水力压裂试验场平台。长庆油田为了研究页岩油体积压裂缝网形态与井网匹配关系，明确不同压裂改造方式裂缝缝网关键参数（缝长、缝高、缝宽），评估压裂缝支撑剂分布范围及铺置状态，进一步深化体积压裂裂缝特征及全生命周期生产动态变化规律，为压裂改造工艺与井网合理匹配提供依据，在该平台部署了 2 口检查水平井，由于常规取心工艺岩心上的裂缝会发生破坏和位移，支撑剂也可能脱落，无法保证原始状态，影响评价压裂效果，2 口井均采用保形取心工艺，确保岩心收获率。钻井工程中，由于连续保形取心井段为老井大规模体积压裂段，裂缝延展性好，地层压力较高，高油气比、井控风险高；压裂破碎地层钻进易漏、易塌，因此，施工安全和保形取心收获率对钻井液技术提出了更高要求。

1　工程概况

庆 H4X 平台同井场前期施工 5 口页岩油水平井，庆 H 检 4X-1 井和庆 H 检 4X-2 井部署在庆 H4X-3 和庆 H4X-4 井之间水平段根部地质优势甜点段，2 口井均为三开井身结构，技套下至入窗取心点。庆 H 检 4X-1 井为大斜度井，设计井深 2394m，保形取心首靶点设计由油层顶垂向距离 20m 开始，末靶点距油层底部垂向距离 10m 结束，大斜度取心段纵向下穿储层厚度 47m，取心 284m，监测庆 H4X-3 井水平段 280m，与其最近距离 30m；庆 H 检 4X-2 井为水平井，设计井深 2394m，水平段取心 360m，监测庆 H4X-4 井水平段 340m，与其最近距离距 24.4m。如图 1、图 2 所示。

图 1　庆 H 检 4X-1 井与邻井距离图

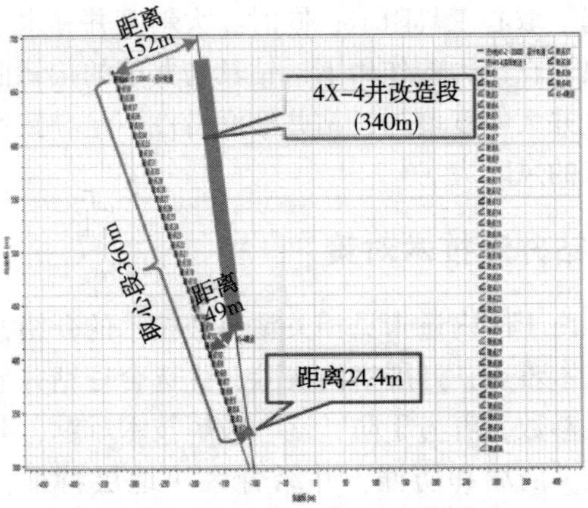

图 2　庆 H 检 4X-2 井与邻井距离图

2　难点分析

2.1　破碎井段易垮塌

井壁稳定性是岩石力学强度与井眼井周应力对抗的结果。由于邻井地层已完成压裂改造，地层岩石原始结构已破坏，导致其强度大幅低，形成了抗拉强度弱、弹性模量小、微裂缝发育、脆性大等易垮塌地层特征。主要是在地层应力或其它外力(如钻具碰撞、起钻抽吸、液柱压力降低等)作用下失去稳定性，从而发生垮塌；而页岩油地层含黏土矿物丰富，水化能力强的水敏性特征，容易受钻井液滤液的侵入而强度进一步降低。在水平井段，井眼高边的弱结构地层在没有下倾支撑作用时，受上覆压力及重力的作用，更易失去力学稳定性而垮塌。

2.2 地层裂缝易井漏

地层网状裂缝已形成，邻井采油抽汲，裂缝周围地层可能形成“负压”亏空带，在钻井液液柱压力，起下钻激动压力作用下，存在较大的发生诱导性井漏的风险。收集的区域井地质资料中，邻井多口井在水平段发生了10~60m³/h漏失。发生井漏，产生的次生危害势必导致取心作业风险倍增。

2.3 取心井段井控风险高

庆H4X平台开展压裂后检查取心工作，邻井已经进行大规模体积压裂，裂缝延展性好，地层压力较高，存在井喷及出水风险。平台同井场前期施工井中，5口井在在垂深1698~1707m发生溢流出水，压井密度1.55~1.75g/cm³。检查与发生溢流出水井距离近，因此，检查井三开取心段发生溢流出水几率极高，一旦发生溢流，保形取心作业安全无法保障。见表1。

表1 庆4X井场前期施工井溢流情况

井号	井深/m	垂深/m	地层	溢流类型	溢流量/(m³/h)	钻井液密度/(g/cm³)	压井液密度/(g/cm³)	旋转控压/MPa
庆H4X-1	2394	1707.4	长7_1	出水	15	1.35	1.55	
庆H4X-2	2051	1706.04	长7_1	出水	8~10	1.40	1.65	0.5
庆H4X-3	2585	1703.11	长7_1	出水	30	1.45	1.70~1.75	
庆H4X-4	2216	1704.39	长7_1	出水+油花/气泡	60	1.37	1.85	6
庆H4X-7	2477	1698.1	长7_1	出水+油花/气泡	8~10	1.40	1.58	3

2.4 取心工具阻卡风险高

取心工具外壁与环空间隙小，取心段为大斜度井段和水平段，取心排量限制，低环空返速造成岩屑不能及时带出井筒，井眼清洁度差，易造成起下取心工具阻卡；同时，大斜度井和水平井井眼，在重力的作用下，钻具与井壁的接触面积比直井大幅度增加，钻井液润滑性不足导致钻具粘卡的风险大。

3 钻井液技术对策

由于国内还未见相关钻井液技术的介绍，针对技术难点，开展室内实验，优选合理钻井液性能及参数，着力于防，逐一破解技术难题，兼顾防溢、防塌和防漏，并结合区块地层特征，庆H4X平台检查井研究确定采用高性能低渗透强润滑多层次封堵钻井液体系，该体系具有稳定性好，具备极强的抗地层流体侵污能力；抑制封堵性强，对井壁稳定性有较好的保持能力；具有良好的流变性，剪切稀释性强，携砂性能好；与堵漏剂、润滑剂配伍性好等优点，可保障安全高效取心施工。

3.1 室内实验

钻井液封堵能力、抑制分散能力等是钻井液对井壁稳定能力的综合体现，抑制、封堵和力学稳定也是目前水基钻井液体系公认的主要防坍塌措施。针对压裂缝缝宽幅度不同，通过开展“细+微细+超细”的复合封堵实验，优选钻井液封堵剂配比；通过开展岩屑分散性评价实验，优选抑制剂配比，使得最终钻井液配方具备强封堵、强抑制能力，能够在微裂缝表面有效形成一层薄而有韧性的隔层，减少滤液沿裂缝侵入，起到良好的防塌作用。

3.1.1 低渗透封堵性实验

设计4组针对现场的不同封堵剂级配和含量的钻井液配方，测量其滤失量随时间变化情况，作出对比曲线。

以上实验数据中可以看出，随着封堵剂加量的增加，滤失量逐步降低，当加量达到5%时，如4#，滤失量达到≤3mL的预期，滤失量随时间变化平缓，显示其封堵能力最强，根据封堵材料的粒径分布，按 KFD-1(细封堵)：水化膨润土(微细封堵)：ZDS(超细封堵)=1：2：2 比例复配的复合封堵，可作为现场优先封堵防塌配方。

表 2　钻井液封堵性实验

序号	配方	滤失量/mL
1#（基浆）	0.2%NaOH+0.3%PAC-HV+2%JH-1+2%FT-401+1%SMC	4.0
2#	基浆+1%KFD-1+1%白土+1%ZDS	3.4
3#	基浆+1%KFD-1+2%白土+1%ZDS	3.1
4#	基浆+1%KFD-1+2%白土+2%ZDS	2.8

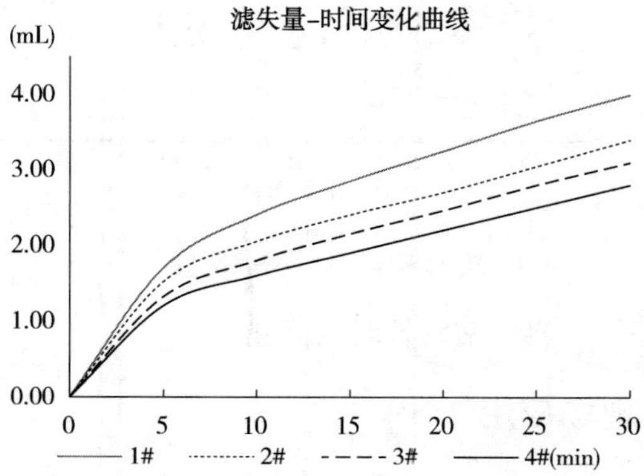

图 3　不同封堵配方滤失量随时间变化图

3.1.2　岩屑分散性实验

取区域页岩油水平井长$_7$岩样清洗烘干，称取粒径为 5~10mm 的岩屑掉块 50g，分别放置在不同配方钻井液中，90℃、16h 测定一次回收率和二次回收率。

表 3　岩屑分散性实验

序号	配方	一次回收率/%	二次回收率/%
1#（基浆）	0.2%NaOH+0.3%PAC-HV+2%JH-1+2%FT-401+1%SMC	62.7	48.5
2#	基浆+7%KCl+10%NaCl	71.6	54.9
3#	基浆+10%KCl+15%NaCl	75.4	62.7
4#	基浆+15%KCl+20%NaCl	78.5	64.3

以上实验数据中，3#和 4#岩屑滚动一次回收率高于 75%，二次回收率高于 60%，满足抑制性要求，因此，优选抑制剂加量为：10~15% KCl+15~20%NaCl，降低钻井液活度，使钻井液滤液化学势小于孔隙水化学势，减少水化分散和水化侵蚀导致的岩石强度减弱。

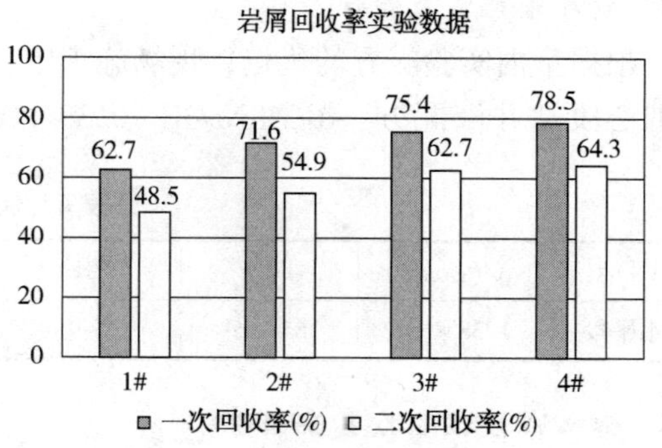

图 4　不同抑制剂加量回收率对比

3.2　密度的确定

井筒内液柱压力有支撑井壁作用，当钻井液密度过量的提高也会对井周发生破坏，井周轴向应力就会减少，发生拉伸破坏；另外高密度钻井液诱发井漏几率高。因此选择适当钻井液密度尤为关键。通过调阅往年施工井井史资料，选取 5 口安全施工井（无溢流、无井漏、无井塌），通过水平段垂深和施工密度，推算安全施工压力为 22.69~25.05MPa（图 5）。以此为参考，对应钻井液密度范围 1.35~1.49g/cm^3（图 6）。因此，取中位 1.40g/cm^3 左右作为检查井保形取心段钻井液施工密度，施工中根据具体情况需要进行调整。

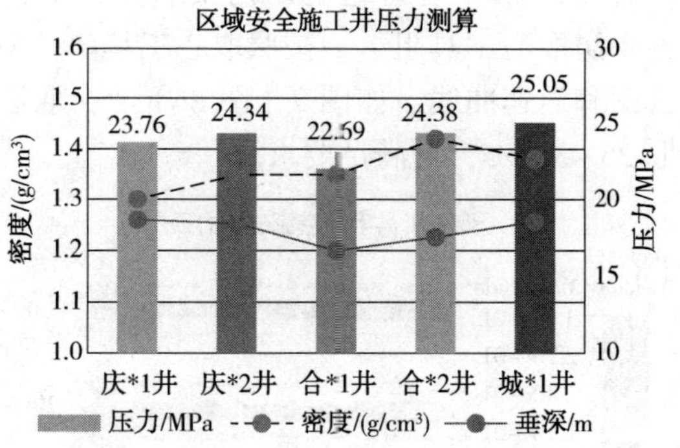

图 5　区域安全施工井压力测算图

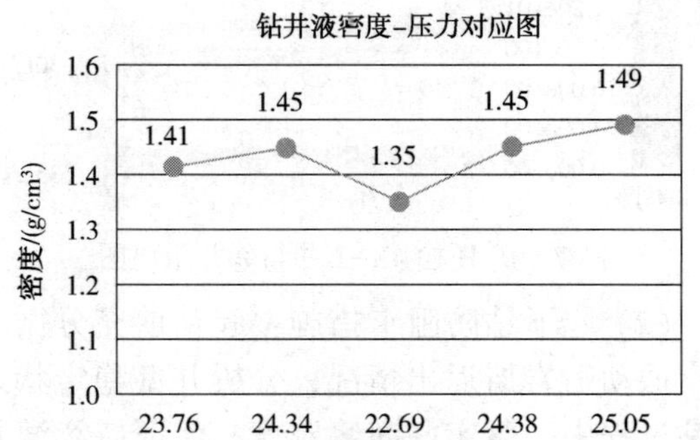

图 6　庆 H4X 平台钻井液密度参考图

3.3 钻井液配方及性能

根据室内实验配方的优选，现场施工中，保形取心段钻井液配方：0.2%NaOH+0.3%PAC-HV+2~3%JH-1+2~3%FT-401+1~2%SMC+10~15%KCl+15~20%NaCl+5%封堵剂+3~4%润滑剂+加重剂，相应性能控制见表4。

表4 保形取心段钻井液性能

性能	ρ/(g/cm³)	Fv/s	PH	API FL/mL	AV/(mPa·s)	PV/(mPa·s)	YP/Pa	Φ6
水平段	1.38~1.42	55~65	8~9	2.5~3.0	30~45	25~30	5~10	4~8

3.4 取心风险控制及复杂预防

3.4.1 井控风险控制

（1）立足一次井控，依照钻井液配方，取心前钻井液密度调整至1.40g/cm³。

（2）加强井控坐岗，监控气测值，高于30%时，控时循环除气，持续高则控压提高密度。

（3）控压设备处于待命状态，取心钻进过程中发生溢流出水时，合理控压，循环提高钻井液密度，出水得到控制、险情解除、钻井液性能稳定后方可继续取心。

（4）勤测、勤维护钻井液性能，防止因地层流体大量侵入造成的性能破坏。

3.4.2 取心工具阻卡的预防

（1）选取合理取心排量范围，既满足取心要求，有能确保环空返速足以携带岩屑，清洁井筒，预防取心工具阻卡。按照取心工具串环空流速云图和返速曲线，如图7、图8所示，取心排量取25~30L/s，可满足要求。

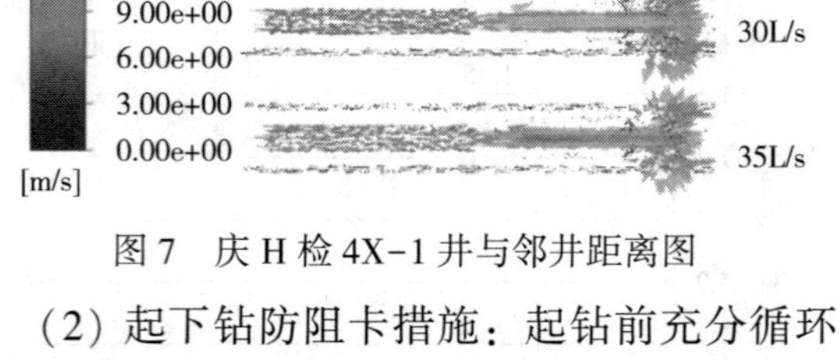

图7 庆H检4X-1井与邻井距离图

（2）起下钻防阻卡措施：起钻前充分循环，观察振动筛岩屑返出情况，分析井壁稳定状态。起钻过程中，落实好灌浆制度，保证持续灌浆，严格控制速度。

（3）防取心段钻具粘卡：每趟取心前，加入适量润滑剂，确保钻井液润滑性良好。取心钻具入井后，避免钻具长时间静止。

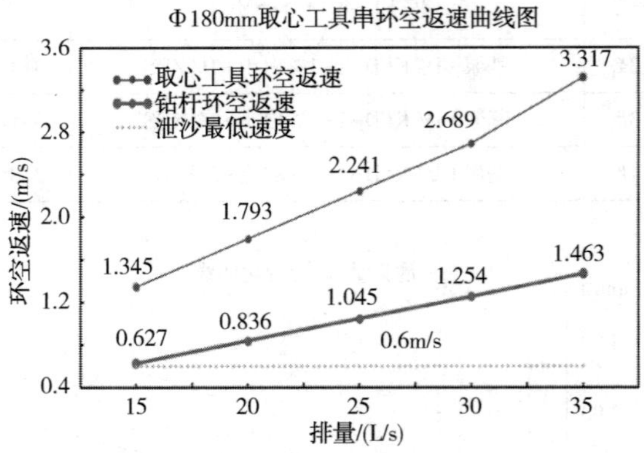

图8 庆H检4X-2井与邻井距离图

4 现场应用

庆H4X平台，第一口井庆H检4X-1井从井深1851m开始取心，至2151m取心完；第二口井庆H检4X-2井从井深1999m开始取心，至2360m取心完；取心前按方案调整钻井液性能，重点增强钻井液封堵能力，取心钻进过程中，及时维护调整，性能控制见表5。

从现场施工中来看，按照设定钻井液性能施工，取心段钻遇大段含压裂缝地层，井壁能够保持稳定，振动筛岩屑中无掉块，钻进过程中摩阻扭矩正常，起下钻正常无遇阻，未发生大型井漏复杂和井控险情，钻井液性能稳定。

5 应用效果

现场应用结果表明：钻井液体系具有很好的流变特性、润滑性、抑制性及封堵防坍塌能力，钻井液性能控制复合预期，不仅解决了压裂地层井壁稳定问题，而且预防了井漏、溢流的发生，保障了取心作业的顺利完成。从取出岩心情况看，压裂缝广泛分布，与预测的地层状况相符，其中不乏肉眼可见的宽缝和破碎岩心（庆H检4X-2井2075~2077m岩心），如图9、10、11所示。

表 5　取心段钻井液性能控制

井号	取心段	ρ/(g/cm³)	Fv/s	PH	API FL/mL	AV/(mPa·s)	PV/(mPa·s)	YP/Pa	Φ6
庆 H 检 4X-1	1851	1.38	55	9	3.2	40	35	5	4
	1919	1.39	58	9	3.0	4X	36	5	4
	1995	1.40	61	9	2.8	4X	35	6	5
	2049	1.40	58	9	3.0	4X	34	7	5
	2098	1.40	57	9	3.0	43	35	8	5
	2151	1.4X	62	9	2.8	44	35	9	5
庆 H 检 4X-2	1999	1.40	64	9	2.8	44	37	7	6
	2020	1.40	62	9	3.0	43	36	7	6
	2095	1.40	65	9	3.0	47	40	7	6
	2148	1.4X	64	9	2.8	45	38	7	6
	2201	1.4X	63	9	2.6	44	36	8	6
	2269	1.4X	65	9	2.6	46	39	7	7
	2307	1.42	63	9	2.8	45	37	8	7
	2360	1.42	64	9	2.6	44	34	10	7

图 9　庆 H 检 4X-1 井岩心裂缝

图 10　庆 H 检 4X-2 井破碎岩心

5.1　压裂段井壁稳定

从图 12 和图 13 井径扩大率看，庆 H 检 4X-1 井平均扩大 5.88%，最大扩大率 24.4%；庆 H 检 4X-2 井平均扩大 7.75%，最大扩大率 19.49%；平均扩大率略高于区域 5.5% 的水平，最大扩大率低于区域 25% 的水平，压裂段井壁稳定性达到了预期，取心起下钻正常。平均扩大率略高的主要原因是起下钻趟数多，对井壁的修整扩大，少量压裂破碎的岩屑从井壁剥落。

图 11　庆 H 检 4X-2 井破碎岩心

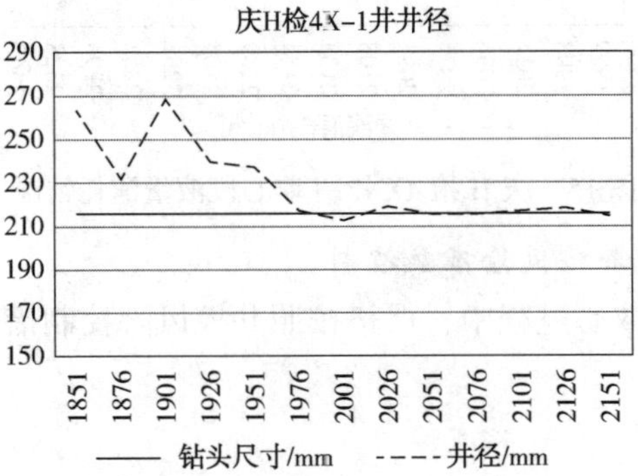

图 12　庆 H 检 4X-1 井取心段井径情况

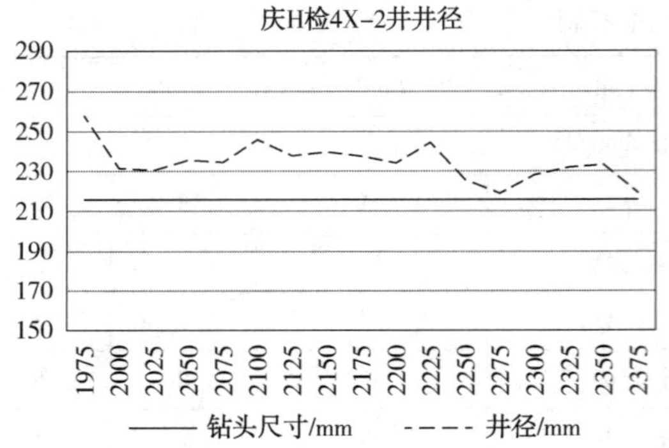

图 13　庆 H 检 4X-2 井取心段井径情况

5.2　压裂缝防漏有效

取心过程中，监控钻井液消耗，当出现≥$2m^3/h$消耗时，及时补充封堵剂含量，控制延裂缝的渗透，庆 H 检 4X-1 井平均消耗 $0.9m^3/h$，最大消耗量 $2m^3/h$，庆 H 检 4X-2 井平均消耗 $1.2m^3/h$，最大消耗量 $3m^3/h$，如图 14、图 15 所示。消耗量始终控制在可控范围，没有发生较大型的漏失，显示出了钻井液低渗透多层次封堵对压裂缝的有效性。

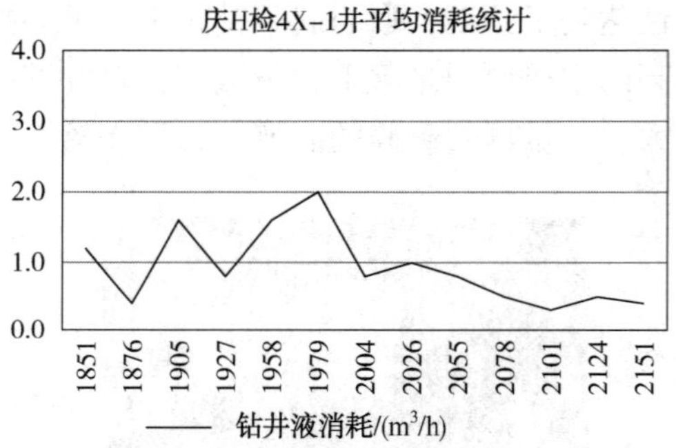

图 14　庆 H 检 4X-1 井取心段液量消耗情况

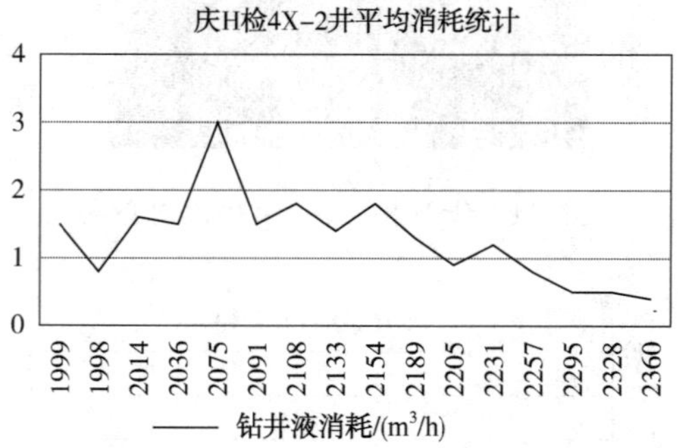

图 15　庆 H 检 4X-2 井取心段液量消耗情况

5.3　井控风险有效控制

取心过程中，严格按照井控风险控制措施防范，井控坐岗正常，监控气测值，发生高于 30%时，控时循环除气，降低后继续取心，持续高则控压提高密度。两口井钻井全作业过程均无井控险情发生，显示出钻井液密度控制合理，一级井控措施有效。

5.4　取心作业高效保障

完成的庆 H 检 4X－1 井，在长$_6$－长$_7$段 1851～2151m 连续进行保形取心，累计取心 33 趟，总进尺 300m，收获率 100%。完成的庆 H 检 4X-2 在延长组长$_7$段 1999～2360m 连续进行保形取心 4X 趟，总进尺 361m，收获率 100%。并刷新水平井最长连续保形(361.80m)和最短钻井周期(56.58d)记录。显示出钻井液体系能够保障连续长段保形取心的收获率和作业安全。

6　结论及建议

(1) 从岩心情况看，近井眼地层压裂缝广泛分布，与预测的地层状态相符，其中不乏肉眼可见的宽缝和破碎岩心，“溢、漏、塌”同存是钻井液技术面对的主要挑战。

(2) 高性能低渗透强润滑多层次封堵钻井液体系，具有良好的稳定井壁，携岩能力和对压裂缝漏失的控制能力，满足保形取心收获率和安全高效施工要求。

(3) 取心风险控制及复杂预防，立足一次井和预防井下故障复杂，保障了取心作业的井控安全和井下安全。

参　考　文　献

[1] 闫园园，王大陆，张宝林，等．徽页 1 井页岩气钻井取心技术应用[J]．钻采工艺．2016，39(5)：91-92.

[2] 李伟成．提高碳酸盐岩破碎地层取心收获率技术[J]．钻采工艺，2007，30(2)：37-38.

[3] 吕开河，李会亮．井壁化学稳定性综合评价模型及其应用[J]．钻井液与完井液，2003，20(5)：20-22.

[4] 宋碧涛，等．硬脆性泥页岩钻井液封堵性评价方法[J]．钻井液与完井液，2016，33(4)：51-55.

机器学习预测钻井液漏失和流变性的研究现状及展望

白 杨[1,2,3] 杨 宸[1] 罗平亚[1,2]

(1. 西南石油大学石油与天然气工程学院；
2. 西南石油大学油气藏地质及开发工程国家重点实验室；
3. 油气钻完井技术国家工程研究中心)

摘 要 随着大数据、人工智能技术不断开发拓展，在油气勘探开发中，油气大数据与油气人工智能技术已成为行业转型发展已成必然趋势。特别是在深部及超深层钻探领域，面对愈加复杂的地质环境和技术挑战，钻井液的性能优化显得尤为重要。然而，在实际操作中，由于地质条件的不确定性以及钻井液本身的复杂性，经常会出现诸如井漏、流变性变化问题，这些问题不仅增加了作业成本，还可能威胁到人员安全和环境保护。

针对上述挑战，将机器学习技术应用于井漏和流变性的管理工作之中，数据驱动分析历史数据与实时监测信息，构建精准预测模型，实现对钻井液漏失风险的有效预警及流变性能的动态调整。具体而言，基于机器学习的井漏预测工作可以归纳为漏失速率预测、预测不同漏失类型和漏失层位预测三种。流变性的预测则涉及多个关键参数，包括剪切应力、表观黏度、塑性黏度等。尽管研究成果已经表明机器学习在钻井液管理中具有的巨大潜力，但在实际应用过程中仍存在诸多局限。由于缺乏统一的标准和规范，数据异构程度高，不同研究之间难以直接对比，影响了该领域整体进展的速度。此外，所用数据和方法在质量和模型泛化能力方面的不足，这限制了其在新环境下的适应性和预测准确性。未来，随着技术的不断进步，应关注以下四个方面：①融合多源异构数据，建立典型的区块数据集；②解决小样本数据集导致的模型泛化能力不足问题；③推动大模型的应用，尤其是时序大模型的应用；④建立在线局部模型以提高预测准确性，进一步提高预测的精度，推动钻井作业的智能化和高效化发展。

关键词 机器学习；井漏；流变性；油气钻井；人工智能

1 引言

钻井作业逐渐向深层、超深层发展，钻井液面临的挑战也越来越严峻。钻井液需要适应更高的温度，流变性更难以调控，容易出现井下漏失等钻井风险，储层损害难以控制等问题。为了使钻井液表现出满足符合特定地层的性能，从而应对现场出现的各种问题，需要严密监控钻井液的流变性能。在过去很长一段时间内，钻井自动化取得了进步，但是大都是监测，没能实现提前预知。针对当前钻井液领域漏失问题和流变性调控问题，机器学习技术表现出极大的优势。通过机器学习模型帮助预测钻井液的漏失情况，使钻井液工程师能够快速做出预防井漏的策略。基于历史数据和实时数据，这些模型在处理复杂地质条件下的多变量关系方面表现突出，能够挖掘出导致井漏的潜在因素并预测漏失。另外，通过机器学习分析钻井数据，识别影响钻井液流变性能的关键因素，对钻井液流变性进行预测，并据此优化钻井液配方，使钻井液更加适应特定的地质条件。同时成本也大幅度降低，推动钻井技术向更加智能化和高效化方向发展。

尽管钻井液技术不断进步，但在实际操作中仍面临严峻的挑战。钻井工作逐步向深井超深井转变，存在着大量复杂的地质情况，如：孔隙、裂缝等地质条件，造成了钻井液漏失，对井壁稳定和井控安全造成严重的威胁。在深井、超深井的作业中，井下的高温高压条件容易导致钻井液流变性能衰减。钻井液的性能决定了其能否在钻井过程中有效发挥作用钻井液必须具备适当的流变性，以便在循环系统中能够顺畅流动，同时携带井下产生的岩屑。

为了应对复杂的井下条件，钻井液中往往需要加入多种添加剂，这使得钻井液成分复杂化，也可能导致流变性能不稳定，调控难度增加，调控的要求变得十分严苛。长期以来，钻井依赖于专家的知识和经验，在面对复杂的地质条件，这种方法显得不够高效且容易出错。随着传感器技术的发展和数据收集能力的增强，产生了大量的钻井数据，这些数据包含了大量潜在的可被挖掘的信息，但人工分析这些数据较为复杂且十分耗时。

目前，围绕钻井液的漏失和钻井液的性能的研究已经逐渐出现，因此有必要梳理研究思路并总结现有的研究工作，发掘当前研究的发展方向。本文的结构如下：首先对钻井液进行了概述并阐述了机器学习在钻井液领域中应用的意义。然后介绍了钻井工作中通过数据驱动的一般过程，这一过程是介绍的后续的研究工作中使用的基本步骤。随后总结了机器学习技术在预测井漏和钻井液流变性方面的研究工作。接下来是当前关于人工智能研究所面临的挑战和机遇。最后讨论了机器学习技术在钻井液领域的发展趋势，为AI+钻井液技术进一步发展提供参考。

2 机器学习数据驱动的基本流程

围绕钻井液漏失和流变性预测开展的机器学习研究，数据驱动是核心概念，数据驱动的基本流程如图1所示。基于现场获取的数据，构建数据驱动的机器学习模型实现预测，其基本步骤包括：数据采集与预处理、关键特征与变量选择、建立预测模型的评价指标、预测模型的构建四个方面。

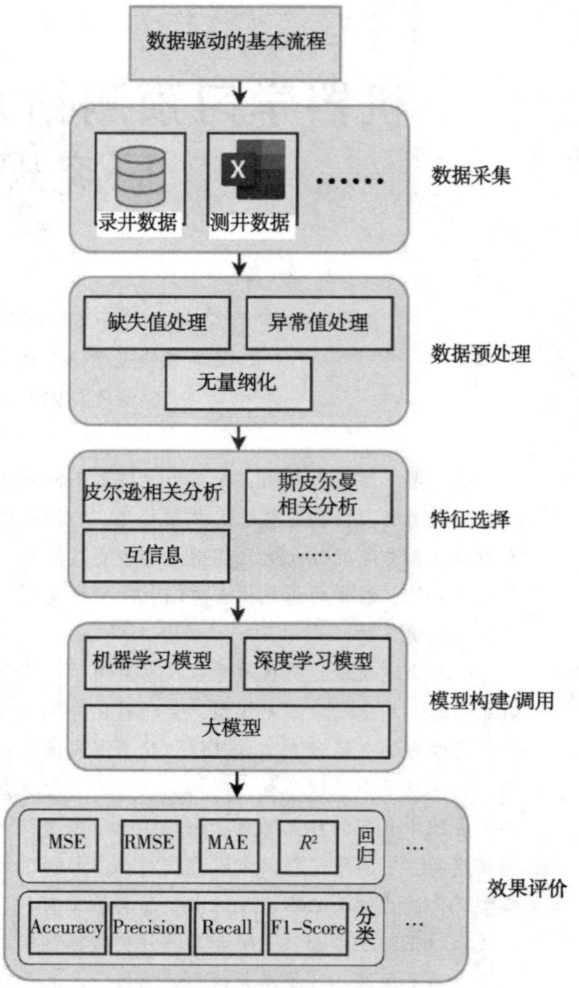

图1 数据驱动的基本过程

2.1 数据采集与预处理

在钻井过程中，数据采集通常依赖于井下传感器、地面监控系统和随钻测量（MWD，LWD）等技术，这些设备实时收集钻井液的流速、密度、压力、温度等关键参数，以及测井数据中的地层特征信息。这些数据为机器学习模型的分析和优化提供了基础。然而，数据的准确性和一致性对于后续模型的有效性至关重要，因此在数据采集后，预处理过程必不可少。

预处理的首要任务是数据清洗，消除由于设备采集数据时或者操作过程中的异常数据，保证数据的准确，例如缺失值处理、异常值处理等。针对不同的工况，数据清洗完成后可能还包括对数据进行分段与标注，根据不同地层条件和钻进阶段划分数据集，使模型能够适应多样化的工况。由于钻井过程中的数据涉及不同的物理量和单位，进一步地，需要完成数据的标准化或归一化处理，以便在同一数据尺度下进行分析，保证模型的预测效果。

2.2 关键特征与变量选择

钻井液性能受多种复杂因素的影响，包括密度、黏度、滤失量、固相含量、温度、压力等。没有合理的特征选择，模型可能会引入过多不相关的信息，出现数据冗余和计算资源浪费的情况，进而导致预测精度降低。因此，通过特征选择识别对模型预测最关键的因素，降低数据维度，减小噪声影响，进而增强模型的稳定性和泛化能力。

特征选择的目的是从大量变量中识别出对钻井液性能或者影响井漏的最大因素，常用的特征识别方法包括过滤法、嵌入法和包裹法。过滤法基于统计学方法评估每个特征与目标变量的相关性，帮助初步筛选重要变量，例如皮尔逊相关分析、互信息。嵌入法则在模型训练过程中自动选择最优特征，例如LASSO回归通过正则化减少不重要变量的影响，决策树模评估各个特征对分类或回归任务的贡献度来挑选出关键变量。包裹法如递归特征消除(RFE)则通过反复测试不同的特征组合来找到最佳的特征子集。

2.3 预测模型的评价标准

基于机器学习的钻井液流变性预测模型和漏失模型，任务主要分为回归和分类两类。对于回归任务，常用的评估指标包括均方误差(MSE)、均方根误差(RMSE)和平均绝对误差(MAE)，这些指标用于衡量模型预测值与实际值之间的差距。误差越小，模型的预测性能越好。MSE 和 RMSE 对较大误差更敏感，而 MAE 则更加稳健，不易受极端值影响。对于分类任务，常用指标包括准确率(Accuracy)、查准率(Precision)、查全率(Recall)和 F1 分数(F1-Score)。在漏失预测等场景中，查准率和查全率能更好地反映模型对关键事件的判断性能。

此外，模型的泛化能力是评估其质量的重要标准之一。尽管模型在训练数据上表现良好，但可能在新数据上出现过拟合现象。因此，使用交叉验证或留出法评估模型在未见数据上的表现尤为关键。交叉验证通过将数据划分为多个子集，交替进行训练和测试，以确保模型的稳健性和泛化能力。另外，模型也可能出现欠拟合的情况，当不同折数的交叉验证结果差异较大时，往往是由于数据存在差异或模型泛化能力不足，此时需要引入更多数据来提升模型性能。

2.4 构建预测模型

在钻井液流变性和井漏的分析与预测中，开发预测模型的目的是基于历史数据和当前操作参数，预测钻井液的流变性或井漏情况。开发合适的模型主要取决于数据特性和预测任务的复杂性。如果数据量较小且变量间呈线性关系，线性回归或支持向量机可能是较为合适的选择。在多维数据和非线性关系显著的情况下，决策树、随机森林或人工神经网络通常表现更优。对于数据规模较大且精度要求高的任务，可以考虑开发深度学习模型。

3 机器学习在井漏监测中的应用

随着钻探工作向更深更复杂的地质构造推进，井漏问题变得越来越突出。尽管传统的基于规则的方法在一定程度上能够检测到井漏的发生，但对于井漏发生的前期预警以及后续处理策略的制定却显得力不从心。

机器学习模型有助于预测钻井液的漏失情况，使钻井液工程师能够快速做出预防井漏的策略。通过集成历史数据与实时监测信息，这些模型在处理复杂地质条件下的多变量关系方面表现突出，能够挖掘出导致漏失的潜在因素并预测漏失的情况。

为了构建高效且可靠的预测模型，通常会使用工作井的地质参数(如地层压力、岩石性质)、钻井参数(如钻井液密度、流变性)以及环境因素(如温度、湿度)等。基于机器学习的井漏预测可分为漏失速率预测(漏失量、漏失率、漏速)、预测不同漏失类型(漏失类型、漏失程度、是否漏失)和漏失层位预测。见表 1。

表 1　人工智能技术预测井漏研究统计

预测方法	研究内容	模型输入	输出结果	数据集	参考文献
XGBoost	利用高斯混合模型(GMM)对大量未标记的漏失特征数据聚类，将漏失数据划分为不同的类别。然后对包含漏失的数据，使用 XGBoost 对漏失严重程度进行分类，并使用 SHAP 对结果进行了解释	漏失特征、地质参数、钻井液性能、钻井参数、泥浆泵压力	漏失类型(漏失程度)	塔里木油田 296 条井漏数据	Feng 等
MDN	将地震特征数据与井漏数据结合，建立混合密度网络(MDN)对碳酸盐层的钻井液漏失率进行了预测	16 个地震参数	漏失率	15 口井的数据	Pang 等
胶囊神经网络、BP、CNN	开发了三种深度学习神经网络(胶囊神经网络、BP 神经网络、卷积神经网络)，使用碳酸盐层数据，讨论了模型的训练参数对漏失层位预测准确率的影响	13 个特征	漏失层位	95 条数据	Kang 等

续表

预测方法	研究内容	模型输入	输出结果	数据集	参考文献
SVM、ANN	利用 ANN 和 SVM 对直井和斜井的井漏进行预测	19 个特征	漏失类型（漏失程度）	伊拉克南部 385 口井整理的 744 条井漏数据	Abbas 等
预测模型：ELM、IELM、BP 优化模型：SSA	提出滑动窗口结合随机森林对数据特征进行选择的方法。建立了 ELM 模型，引入多个适应度函数对 ELM 进行了改进，讨论了改进的 ELM 模型（IELM）、ELM 和 BP 神经网络对识别不同漏失严重程度的准确率。使用了麻雀搜索算法（SSA）对模型超参数进行了调优	12 个测井参数	漏失类型（漏失程度）	南海莺-琼盆地 4073 条数据	Wu 等
GA-BP、RF	使用 GA 对 BP 网络的超参数进行优化，实现了 GA-BP 模型预测钻井液漏失层位，并与随机森林模型进行了对比	24 个岩性文本数据特征（One-Hot 编码）	漏失层位	中国西南地区 240 口井的 57576 条井史数据	Su 等
ANN	针对自然裂缝地层中的漏失问题，分别设计两个具有相同结构的 ANN 模型，对比了加入地质力学参数与不加入地质力学参数对漏失的影响	15 个特征参数（包含地质力学参数）	天然裂缝性储层漏失量	伊朗南部 21 口井的 260 条数据	Jahanbakhshi 等
RF、ADA、DT、KNN、SVC、CNN、GRU、LSTM	使用了 8 种机器学习算法对漏失严重程度进行了预测和对比评价	17 个钻井参数	漏失类型（漏失程度）	伊朗 Azadegan 油田 20 口井的 65376 条数据	Wood 等
预测模型：MNN、MLP 优化模型：PSO	采用 PSO 算法优化 MNN 和 MLP 两种模型的超参数，实现了 PSO-MNN 和 PSO-MLP 对裂缝性地层的漏失的预测	16 个特征	漏失量	Maroun 油田的 38 口井的 1630 条数据	Toreifi 等
RF、DT、XGB、KNN、Extra trees、SGB、CatBoost、Logistic、Naïve Bayes、AdaBoost、DNNs	基于 SHAP 开发了一种可解释的预测漏失严重程度的系统。该系统集成了 11 种模型，研究中使用了 GA 算法优化 11 种机器学习的模型参数，并比较了各模型预测漏失的效果	17 个钻井参数	漏失类型（漏失程度）	伊朗 Azadegan 油田 20 口井的 65376 条数据	Elmousalami 和 Sakr
PLS、MLR	针对易漏的 Dammam 地层的漏速，采用偏最小二乘法（PLS）与最小二乘多元线性回归（MLR）进行了统计分析	/	漏失量	伊拉克 Rumaila 油田超过 700 口井的数据	AI-Hameedi 等
预测模型：BiLSTM 优化模型：WOA	对 WOA 算法进行了改进并优化了 BiLSTM 的超参数，对比了 LSTM、BiLSTM 和 WOA-BiLSTM 预测漏失的效果	15 个钻井参数	漏速	四川盆地的 3 口井 14.4 万的数据	Liu 等
预测模型：SVC 优化模型：FOA、IFOA、ACO、IACO、PSO	改进了果蝇优化算法（FOA），使用了改进后的算法（IFOA）优化支持向量分类器的超参数，并与随机森林、BP 网络、KNN 比较了漏失预测的准确率。另外还对比了 IPSO、IACO、FOA、PSO 和 ACO 对 SVC 模型的预测精度的提升效果	8 个测井数据	是否漏失	600 条数据	Deng 等

续表

预测方法	研究内容	模型输入	输出结果	数据集	参考文献
预测模型：MELM、LSSVM、CNN 优化模型：GA、PSO、COA	Savitzky-Golay 滤波器对原始数据的噪声进行处理。使用多种优化算法对 MELM、LSSVM 两种模型的超参数进行优化。评估了不同特征参数下 MELM、LSSVM、CNN 对漏失预测的效果	9 个特征	漏速	Marun 油田 305 口井 2783 条数据	Jafarizadeh 等
ANFIS	采用 Plackett-Burman 方法分析不同钻井变量对漏失的影响，建立了自适应神经模糊推理系统（ANFIS）漏失预测模型	17 个特征	漏失量	Marun 油田 61 口井 42948 条数据	Agin 等
MGGP	使用多基因遗传编程算法实现了对漏失量的预测	7 个特征	漏失类型（漏失程度	伊朗 Marun 油田 61 口井的 16970 条钻井数据	Mohamed 和 Etta-Agbor
BP、SVC、RF	将漏失抽象为二分类问题。考虑地质参数和钻井操作变量，比较了 BP 神经网络、SVC 和随机森林算法预测漏失的准确率	12 个特征	是否漏失	伊拉克某油田 17 口直径 6976 条数据	Li 等
ANN	利用人工神经网络研究了伊朗西南部某油田 Asmari 组 UBD 井泥浆密度、井深、泵压和泵排量对井漏失量的影响	5 个特征	漏失量	伊朗某油田 Asmari 地层 3 口井的数据	Behnoudfar 等
SVC	对 SVC 模型的预测结果加入 QA/QC 约束，限制了模型分类错的误差，完成了对不同类型漏失的识别及处理方式的建议	/	漏失类型	3000 口井	Alkinani 等
DT、ANN、ANFIS、RBF、GA-MLP	收集伊朗 Marun 油田 61 口井的井漏数据。对比 5 种机器学习模型预测漏失量的效果	20 个特征	漏速	伊朗 Marun 油田 61 口井 1900 条数据	Sabah 等
预测模型：LSSVM、MLP 优化模型：COA、GA、PSO	Savitzky-Golay 过滤器完成了对数据的去噪，使用优化算法自动搜索模型的超参数进行调优，对比了结合了三种优化算法后，LSSVM、MLP 的预测漏失的效果	10 个特征	漏失量	2820 条数据	Sabah 等
MDN	使用了 16 个钻井液参数，结合混合密度网络（MDN）建立了一套实时评估钻井过程中钻井液相色谱风险的框架	16 个录井参数	漏失率	Mishrif 油藏 4500 条数据	Pang 等
DCC-LSTM	扩张因果卷积网络（DCC）获取最佳隐藏层的层数，并结合长短期记忆网络（LSTM）进行了钻井液微量漏失预测	60 个监测参数	是否漏失	10 口井的 4827 条数据	孙伟峰等

分析研究内容可以发现对于井漏的预测，多数研究内容使用了人工神经网络（BP、MLP、ELM、ANN）。此外，还有一些使用优化算法搜索模型最佳超参数来提高模型预测漏失性能的研究，例如改进的果蝇优化算法，鲸鱼优化算法（WOA），粒子群优化算法。不少研究基于现场数据构建模型，但多为事后分析预测。

4 机器学习预测钻井液流变性能

在使用机器学习技术预测钻井液流变性能方面，大量的研究聚焦于钻井液流变性的关键参数预测，包括剪切应力、屈服值（YP）、稠度系数

(k)、表观黏度(AV)、塑性黏度(PV)、流性指数(η)，通过机器学习技术实现对现场数据或实验测量数据的挖掘。见表2。

表2 人工智能预测钻井液流变性能研究统计

方法	研究内容	流变性能参数	数据量	参考文献
预测模型：SVR 优化算法：WOA	研究了管式黏度计的流变参数校正方法，通过Mooney滑移校正和Tikhonov正则化方法确定钻井液的滑移速度并使用WOA-SVR模型进行预测，同时考虑壁面剪切率校正黏度，提高黏度的预测精度	剪切应力	496条实验数据	Liang等
ANN	将泥浆比重和Marsh漏斗黏度作为人工神经网络的输入参数，预测了超深气井的流变性	k、AV、PV、YP、η	1200条流变数据	Gomaa等
预测模型：ELM 优化算法：PSO、JAYA	基于PSO-ELM实现流变参数的预测，并通过JAYA优化算法和优化后的ELM模型实现对预测结果进行反演验证校正测量的参数	η、k、YP	25条钻井液进行Bootstrap重采样后形成的数据集	Zou等
预测模型：LSSVM、MELM 优化算法：COA、GA	使用优化算法对预测模型的超参数进行调优，开发了基于测井参数的预测模型用于预测流变性	PV、YP	伊朗南部14口井的水基钻井液共1160条数据	Davoodi等
预测模型：LSSVM、MLP 优化算法：SA、Levenberg-Marquardt	使用Levenberg-Marquardt学习算法构建和优化MLP超参数以及使用模拟退火算法优化LSSVM的超参数。预测纳米二氧化钻井液的性能	剪切应力	156条数据用于预测剪切速率，254条数据用于预测滤失量	Ning等
预测模型：多元线性回归、ANN、SVR、KNN、决策树、随机森林、	引入多种机器学习算法，用于预测加入环保草添加剂的钻井液的流变性能及凝胶强度	PV	30条实验测试数据	Ismail等
集成多种神经网络模型的系统	建立了一个包含多种优化算法和不同结构的神经网络模型用于预测水基钻井液的流变性	AV、PV、YP	伊朗西南部Aghar气田20口井的水基钻井液共998条数据	Jafarifar等
集成多种神经网络模型的系统	建立了包含多种算法的机器学习系统用于预测油基钻井液的流变性能	PV、AV	Algerian地区的440条AV数据和486条PV数据	Mohamed等
ANN	将人工神经网络预测的流变参数归纳总结为数学模型	PV、AV、YP、η、k	3000条现场数据	Elkatatny等
ANN	开发ANN模型来预测Micromax油基钻井液的流变特性	PV、AV、YP、η	385条现场数据	Alsabaa等
ANN	使用泥浆重量和Marsh漏斗黏度作为ANN的输入，预测了钻井液的流变性，并将模型总结成为了数学方程	AV、PV、YP、η、AV	522条数据	Alsabaa等

续表

方法	研究内容	流变性能参数	数据量	参考文献
ANN	针对全油基钻井液流变性的预测问题，将泥浆重量 Marsh 漏斗黏度作为输入，开发 ANN 模型用于预测现场钻井液实验的流变性，并将模型总结成为了数学方程	PV、YP、η、AV	56 口井的 369 条数据	Alsabaa 等
ANFIS	采用 ANFIS 反相乳化钻井液的泥浆重量和 Marsh 漏斗时间对流变性能进行了预测	PV、YP、η、AV	741 条现场数据	Alsabaa 等
ANN	耦合前馈神经网络和 Levenberg-Marquardt 算法预测 Max-Bridge 油基泥浆的塑料黏度、表观黏度、屈服点和流变指数	PV、YP、η、AV	383 条现场数据	Alsabaa 等
ANN	泥浆重量和 Marsh 漏斗时间作为 ANN 模型的输入预测 $CaCl_2$ 卤水基钻井液流变性能	PV、YP、η、AV、k	515 条现场样本数据	Gowida 等
ANN	基于反相乳化钻井液的现场实测数据，开发了 ANN 模型预测塑性黏度、屈服点、表观黏度流变指数，并总结为数学方程	PV、YP、η、AV	9000 条现场数据	Elkatatny 等
预测模型：MLP 优化算法：Levenberg-Marquardt	采用 Levenberg-Marquardt 优化方法优化 MLP 的超参数，预测了钻井液的表观黏度并与统计回归模型进行了比较，结果由于统计模型	AV	1017 条实验数据	Bispo 等
预测模型：Stacking(SVM、RF、ET、GB、LightGBM、XGBoost)	预测流变性采用了集成学习的方法，使用 5 种机器学习模型作为基学习器，用 XGBoost 作为元学习器	AV	2380 条数据	刘乃鹏

流变性预测模型的输入参数多样，包括地质参数、钻井参数和实验测量数据等。许多研究使用了人工神经网络和优化算法来提升模型性能。此外，一些研究还探讨了特定条件下(如超深气井、环保草添加剂、反相乳化钻井液等)钻井液流变性能的预测。机器学习技术在钻井液流变性能预测方面展现出巨大潜力，各类模型与优化算法的组合应用显著提高了预测的准确性和可靠性。

5 面临的挑战及展望

5.1 数据质量和多源数据整合

在机器学习应用于钻井液漏失和流变性预测的过程中，数据通常被按照不同的数据模板被记录下来，且数据种类繁多。数据质量参差不齐，不同井的数据异构程度高(尤其是具有不同的特征参数)，这造成了数据不能被有效利用，不能很好的训练出机器学习模型应用到实际生产中。因此，如何高效地将大量多源异构的数据进行整合，区块内形成全面且具有代表性的大型输入集合，是当前面临的问题。

5.2 模型泛化能力不足

在钻井液漏失和流变性预测方面，由于实际作业环境复杂多变，训练数据往往难以覆盖所有可能的情况，甚至出现部分施工过程没有完整的记录。而仅仅使用少量的数据进行机器学习模型训练，在新环境下模型可能出现过拟合或欠拟合的问题，现有的研究多为事后分析，难以现场应用。另外，使用少量数据过采样扩大样本，由于数据本身辐射范围较小，过采样能力有限，数据相似度极高，易造成过拟合。因此，扩大训练集规模，尽可能包含各种条件下的数据，增强鲁棒性，是当前面临的难题。

5.3 结合时序大模型进行预测

针对时间序列大模型的预测任务，包括从头开始设计和训练适用于时间序列的大模型以及为现有大语言模型设计针对时间序列任务的机制两种策略。前者需要大量数据积累，对垂直领域的针对性更强。后者对使用者更加友好，但是预测效果的提高依赖于是否超越原始语言模型。由于钻井数据具有典型的时间序列的特征，针对这一特点，需要考虑开发针对时序数据预测的大模型，利用大模型深入探索钻井及钻井液领域的内在机制，结合当前研究中已经产生的小模型进行融合创新。

5.4 建立在线局部模型提高预测准确率

尽管在利用机器学习预测钻井液性能、井漏等方面已有大量研究工作，但这些研究往往倾向于使用所有可用数据来训练全局模型以预测钻井问题。较少有研究关注到从不同工作井采集而来的数据集具有高度个性化的特点。这些特点往往由多种干扰因素造成，如环境变化、钻井设备故障以及操作不当等不确定性因素。特别是在复杂地层条件下，当采用监督学习进行预测时，使用所有数据训练的全局模型不能准确预测出结果。另外现有的研究也大都是事后进行数据挖掘，没能够做到现场在线预测。

针对以上问题，需要构建在线局部模型。例如，通过计算数据相似度，找到与待预测的数据具有更相似的特征数据加入监督学习的训练集中。进一步可以考虑开发符合每个区块特征的相似度计算方法，提高在线局部模型预测的准确率。

6 结论

当前，基于机器学习技术对钻井液的流变性和井漏预测的任务，其核心概念是数据驱动。围绕井漏开展的研究中，使用工作井的地质参数(如地层压力、岩石性质)、钻井参数(如钻井液密度、流变性)以及环境因素(如温度、湿度)等完成了对漏失量、漏失率、层位等的预测。钻井液流变性的预测聚焦于剪切应力、动切力、稠度系数、300转黏度、600转黏度、表观黏度、塑性黏度、流性指数等。

现有的大多数研究主要集中在特定条件下的钻井液特性预测上，要构建具有更好泛化能力的模型，使其能够适应不同地质条件下的钻井作业，需要进一步的探索。同时，需要关注高质量、大规模的数据集对机器学习模型性能的影响。未来，不同区块应构建具备区域特点的典型数据集，以提升机器学习模型对特定钻井条件下的流变性及漏失预测的适应性。随着大模型的发展，未来还可构建钻井垂直领域的时序大模型，实现更精细的预测。此外，建立局部在线模型也有助于提高实际场景预测的准确性。

基于机器学习的漏失和流变性预测技术已逐渐显示出优异性能，但距离现场应用仍有差距。随着技术不断完善、数据逐渐规范，机器学习将在钻井液领域加速技术创新步伐，为实现高效、安全、环保的钻井作业贡献力量。

参 考 文 献

[1] AGWU O E, AKPABIO J U, ALABI S B, et al. Artificial intelligence techniques and their applications in drilling fluid engineering: A review[J]. Journal of Petroleum Science and Engineering, 2018, 167: 300-15.

[2] 王敏生，光新军．智能钻井技术现状与发展方向[J]．石油学报，2020，41(04)：505-12.

[3] WOOD D A, MARDANIRAD S, ZAKERI H. Effective prediction of lost circulation from multiple drilling variables: a class imbalance problem for machine and deep learning algorithms [J]. Journal of Petroleum Exploration and Production Technology, 2022, 12(1): 83-98.

[4] KIRAN R, DANSENA P, SALEHI S, et al. Application of machine learning and well log attributes in geothermal drilling[J]. Geothermics, 2022, 101: 102355.

[5] LIU N, ZHANG D, GAO H, et al. Real-Time Measurement of Drilling Fluid Rheological Properties: A Review[J]. Sensors, 2021, 21(11): 3592.

[6] 孙金声，刘凡，程荣超，等．机器学习在防漏堵漏中研究进展与展望[J]．石油学报，2022，43(01)：91-100.

[7] 蒋官澄，董腾飞，崔凯潇，等．智能钻井液技术研究现状与发展方向[J]．石油勘探与开发，2022，49(03)：577-85.

[8] LIU Z, MA Q, SHI X, et al. A dynamic quantitative risk assessment method for drilling well control by integrating multi types of risk factors[J]. Process Safety and Environmental Protection, 2022, 167: 162-72.

[9] 罗平亚，王路一，白杨．深井超深井钻井液技术应用现状及发展展望[J]．钻采工艺，2024，47(02)：10-8.

[10] ELKATATNY S, AHMED A, ABUGHABAN M, et al. Deep Illustration for Loss of Circulation While Drilling[J]. Arabian Journal for Science and Engi-

neering, 2020, 45(2): 483-99.

[11] 匡立春，刘合，任义丽，等．人工智能在石油勘探开发领域的应用现状与发展趋势[J]．石油勘探与开发，2021，48(01)：1-11.

[12] BRUNTON S L, KUTZ J N. Data-driven science and engineering: Machine learning, dynamical systems, and control[M]. Cambridge University Press, 2022.

[13] 李航．机器学习方法[M]．北京：清华大学出版社，2022.

[14] 肖立志．机器学习数据驱动与机理模型融合及可解释性问题[J]．石油物探，2022，61(02)：205-12.

[15] 周志华．机器学习[M]．北京：清华大学出版社，2016.

[16] FENG Y, YANG H, LI X, et al. Interpretable Lost Circulation Analysis: Labeled, Identified, and Analyzed Lost Circulation in Drilling Operations[J]. SPE Journal, 2024, 29(04): 1692-709.

[17] PANG H-W, WANG H-Q, XIAO Y-T, et al. Machine learning for carbonate formation drilling: Mud loss prediction using seismic attributes and mud loss records[J]. Petroleum Science, 2024, 21(2): 1241-56.

[18] KANG Y, MA C, XU C, et al. Prediction of drilling fluid lost-circulation zone based on deep learning[J]. Energy, 2023, 276: 127495.

[19] ABBAS A K, BASHIKH A A, ABBAS H, et al. Intelligent decisions to stop or mitigate lost circulation based on machine learning[J]. Energy, 2019, 183: 1104-13.

[20] WU S, HU Y, ZHANG L, et al. Intelligent risk identification for drilling lost circulation incidents using data-driven machine learning[J]. Reliability Engineering & System Safety, 2024, 252: 110407.

[21] SU J, YANG Z, TAO H, et al. Prediction of drilling leakage locations based on optimized neural networks and the standard random forest method[J]. Oil & Gas Science and Technology-Revue d'IFP Energies nouvelles, 2021.

[22] JAHANBAKHSHI R, KESHAVARZI R, JALILI S. Artificial neural network-based prediction and geomechanical analysis of lost circulation in naturally fractured reservoirs: a case study[J]. European Journal of Environmental and Civil Engineering, 2014, 18(3): 320-35.

[23] TOREIFI H, ROSTAMI H, MANSHAD A K. New method for prediction and solving the problem of drilling fluid loss using modular neural network and particle swarm optimization algorithm[J]. Journal of Petroleum Exploration and Production Technology, 2014, 4(4): 371-9.

[24] ELMOUSALAMI H, SAKR I. Automated lost circulation severity classification and mitigation system using explainable Bayesian optimized ensemble learning algorithms[J]. Journal of Petroleum Exploration and Production Technology, 2024.

[25] AL-HAMEEDI A T T, ALKINANI H H, DUNN-NORMAN S, et al. Mud loss estimation using machine learning approach[J]. Journal of Petroleum Exploration and Production Technology, 2019, 9(2): 1339-54.

[26] LIU X, JIA W, LI Z, et al. Prediction of Lost Circulation in Southwest Chinese Oil Fields Applying Improved WOA-BiLSTM[J]. Processes, 2023, 11(9): 2763.

[27] DENG S, PEI C, YAN X, et al. Lost Circulation Prediction Method Based on an Improved Fruit Fly Algorithm for Support Vector Machine Optimization[J]. ACS Omega, 2023, 8: 32838-47.

[28] JAFARIZADEH F, LARKI B, KAZEMI B, et al. A new robust predictive model for lost circulation rate using convolutional neural network: A case study from Marun Oilfield[J]. Petroleum, 2023, 9(3): 468-85.

[29] AGIN F, KHOSRAVANIAN R, KARIMIFARD M, et al. Application of adaptive neuro-fuzzy inference system and data mining approach to predict lost circulation using DOE technique (case study: Maroon oilfield)[J]. Petroleum, 2020, 6(4): 423-37.

[30] AMISH M, ETTA-AGBOR E. Genetic programming application in predicting fluid loss severity[J]. Results in Engineering, 2023, 20: 101464.

[31] LI Z, CHEN M, JIN Y, et al. Study on Intelligent Prediction for Risk Level of Lost Circulation While Drilling Based on Machine Learning; proceedings of the 52nd US Rock Mechanics/Geomechanics Symposium, F, 2018[C]. ARMA-2018-105.

[32] BEHNOUDFAR P, HOSSEINI P. Estimation of lost circulation amount occurs during under balanced drilling using drilling data and neural network[J]. Egyptian Journal of Petroleum, 2016, 26.

[33] ALKINANI H, AL-HAMEEDI A T, DUNN-NORMAN S. Data-Driven Decision-Making for Lost Circulation Treatments: A Machine Learning Approach[J]. Energy and AI, 2020, 2: 100031.

[34] SABAH M, TALEBKEIKHAH M, AGIN F, et

al. Application of decision tree, artificial neural networks, and adaptive neuro-fuzzy inference system on predicting lost circulation: A case study from Marun oil field[J]. Journal of Petroleum Science and Engineering, 2019, 177: 236-49.

[35] SABAH M, MEHRAD M, ASHRAFI S B, et al. Hybrid machine learning algorithms to enhance lost-circulation prediction and management in the Marun oil field [J]. Journal of Petroleum Science and Engineering, 2021, 198: 108125.

[36] PANG H, MENG H, WANG H, et al. Lost circulation prediction based on machine learning[J]. Journal of Petroleum Science and Engineering, 2022, 208: 109364.

[37] 孙伟峰，卜赛赛，张德志，et al. 基于DCC—LSTM的钻井液微量漏失智能监测方法[J]. 天然气工业，2023，43(09)：141-8.

[38] DENG S, PEI C, YAN X, et al. Lost Circulation Prediction Method Based on an Improved Fruit Fly Algorithm for Support Vector Machine Optimization[J]. ACS Omega, 2023, 8(36): 32838-47.

[39] LIANG H, ZHANG W, XU W, et al. Research on Rheological Parameters Correction Method Based on Pipe Viscometer[J]. IEEE Sensors Journal, 2023, 23(9): 9447-56.

[40] GOMAA I, ELKATATNY S, ABDULRAHEEM A. Real-time determination of rheological properties of high over-balanced drilling fluid used for drilling ultra-deep gas wells using artificial neural network[J]. Journal of Natural Gas Science and Engineering, 2020, 77: 103224.

[41] ZOU J, NI Y, LIANG H. Real-time measurement method of drilling fluid rheological parameters based on multi-objective inversion[J]. Measurement, 2023, 223: 113706.

[42] DAVOODI S, MEHRAD M, WOOD D A, et al. Hybridized machine-learning for prompt prediction of rheology and filtration properties of water-based drilling fluids [J]. Engineering Applications of Artificial Intelligence, 2023, 123: 106459.

[43] NING Y C, RIDHA S, ILYAS S U, et al. Application of machine learning to determine the shear stress and filtration loss properties of nano-based drilling fluid[J]. Journal of Petroleum Exploration and Production Technology, 2023, 13(4): 1031-52.

[44] ISMAIL A, RASHID H M A, GHOLAMI R, et al. Characterization based machine learning modeling for the prediction of the rheological properties of water-based drilling mud: an experimental study on grass as an environmental friendly additive[J]. Journal of Petroleum Exploration and Production Technology, 2022, 12(6): 1677-95.

[45] JAFARIFAR I, NAJJARPOUR M. Modeling Apparent Viscosity, Plastic Viscosity and Yield Point in Water-Based Drilling Fluids: Comparison of Various Soft Computing Approaches, Developed Correlations and a Committee Machine Intelligent System[J]. Arabian Journal for Science and Engineering, 2022, 47(9): 11553-77.

[46] YOUCEFI M R, HADJADJ A, BENTRIOU A, et al. Real-Time Prediction of Plastic Viscosity and Apparent Viscosity for Oil-Based Drilling Fluids Using a Committee Machine with Intelligent Systems [J]. Arabian Journal for Science and Engineering, 2022, 47(9): 11145-58.

[47] ELKATATNY S. Real-Time Prediction of Rheological Parameters of KCl Water-Based Drilling Fluid Using Artificial Neural Networks [J]. Arabian Journal for Science and Engineering, 2017, 42(4): 1655-65.

[48] ALSABAA A, GAMAL H, ELKATATNY S, et al. Rheology Predictive Model Based on an Artificial Neural Network for Micromax Oil-Based Mud[J]. Arabian Journal for Science and Engineering, 2023, 48(7): 9179-93.

[49] ALSABAA A, GAMAL H, ELKATATNY S, et al. Machine Learning Model for Monitoring Rheological Properties of Synthetic Oil-Based Mud[J]. ACS Omega, 2022, 7(18): 15603-14.

[50] ALSABAA A, GAMAL H, ELKATATNY S, et al. New correlations for better monitoring the all-oil mud rheology by employing artificial neural networks[J]. Flow Measurement and Instrumentation, 2021, 78: 101914.

[51] ALSABAA A, GAMAL H, ELKATATNY S, et al. Real-Time Prediction of Rheological Properties of Invert Emulsion Mud Using Adaptive Neuro-Fuzzy Inference System[J]. Sensors, 2020, 20(6): 1669.

[52] ALSABAA A, ELKATATNY S. Improved Tracking of the Rheological Properties of Max-Bridge Oil-Based Mud Using Artificial Neural Networks [J]. ACS Omega, 2021, 6(24): 15816-26.

[53] GOWIDA A, ELKATATNY S, RAMADAN E, et al. Data-Driven Framework to Predict the Rheological Properties of CaCl2 Brine-Based Drill-in Fluid Using Artificial Neural Network[J]. Energies, 2019, 12(10): 1880.

[54] ELKATATNY S, TARIQ Z, MAHMOUD M. Real time prediction of drilling fluid rheological properties using Artificial Neural Networks visible mathematical model(white box)[J]. Journal of Petroleum Science and Engineering, 2016, 146: 1202-10.

[55] BISPO V D D S, SCHEID C M, CALçADA L A, et al. Development of an ANN-based soft-sensor to estimate the apparent viscosity of water-based drilling fluids[J]. Journal of Petroleum Science and Engineering, 2017, 150: 69-73.

[56] SUN C, LI H, LI Y, et al. TEST: Text prototype aligned embedding to activate LLM's ability for time series[J]. arXiv preprint arXiv: 230808241, 2023.

抗温 180℃近油基钻井液体系研究及应用

王中华[1,2]　司西强[1,2]　谢　俊[1,2]　王忠瑾[1,2]

（1. 中石化石油工程公司钻完井液技术中心；2. 中石化中原石油工程有限公司钻井工程技术研究院）

摘　要　近油基钻井液是原创研发的一种作用机理与油基钻井液相近、性能与油基钻井液相当，且绿色环保的水基钻井液，通过嵌入及拉紧晶层、吸附成膜阻水、低水活度反渗透驱水、封堵微孔裂缝形成封固层等发挥抑制防塌性能，可实现"水替油"的技术目标。针对目前新疆顺北工区深井超深井在抗高温、井壁稳定、润滑防卡、绿色环保等方面的技术亟需，开展了抗高温近油基钻井液体系研究攻关。研发出耐温达 332℃近油基基液，构建并优化得到了抗温 180℃近油基钻井液配方：近油基基液（水活度 0.682）+1.0%～3.0%土+1.0%～1.5%降滤失剂 AMC+0.5%～1.5%降滤失剂 ZY-JLS+0.1%～0.3%流型调节剂 MSG+3.0%～7.0%成膜封堵剂 ZYPCT-1+1.0%～3.0%纳米封堵剂 ZYFD-1+0.5%～2.0%固壁抑制剂 GAPG-1+5.0%～7.0%辅助抑制剂 ZYCOYZ-1+0.1%～0.3%pH 调节剂+重晶石。钻井液密度在 1.14～2.60g/cm³范围内可调。密度为 1.14g/cm³时，钻井液水活度为 0.641。钻井液抗温达 180℃；岩屑回收率接近 100%；极压润滑系数 0.034，泥饼黏附系数 0.0524；钻井液滤液表面张力 25.178mN/m；钻井液中压滤失量 0mL，高温高压滤失量 8.0mL；钻井液 EC_{50}值 139700mg/L；钻井液抗盐达饱和，抗钙 10%，抗土 30%、钻屑 25%，抗水 30%，抗原油 20%；钻井液表现出较好的储层保护性能。截至目前，抗高温近油基钻井液体系已在新疆顺北 4-1H 井、顺北 11X 井成功应用，效果突出，顺北 4-1H 井应用井段井径扩大率仅为 5.21%，起下钻摩阻仅为 4～8t。在抑制防塌、润滑防卡、降低循环温度、老浆回收利用、测井保障、钻后处理费用等方面表现出显著优势，实现了新疆深井超深井的绿色、安全、高效钻进，具有较好的经济效益和社会效益，应用前景广阔。

关键词　深井超深井；抗高温近油基钻井液；低活度；强抑制；高润滑；绿色环保；水替油

自 2011 年以来，历经十余年攻关研究，中石化中原石油工程公司王中华创新团队研制出了系列化的低活度近油基基液，并以其为基础，配套不同功能的其他配伍处理剂，构建并优化形成了抗温 150℃近油基钻井液体系，先后在东北页岩油水平井、江苏页岩油水平井、延长页岩气水平井、四川页岩气水平井成功应用，较好地满足了国内页岩油气水平井的绿色、安全、高效钻进。其中，采用近油基钻井液施工的松页油 2HF 井为国内第一口水基钻井液打成的页岩油水平井，打破了松辽盆地北部页岩油储层被称为"钻井禁区"、"不可战胜"的神话，为我国下步页岩油大规模开发积累了宝贵的第一手资料，意义重大。在松页油 2HF 井施工过程中，100%纯泥岩裸眼浸泡 165d 仍然保持强效持久的井壁稳定（邻井坍塌周期不超过 21d），完井作业以 200～300m/h 的高速度下套管一次成功。总的来说，近油基钻井液是一种作用机理与油基钻井液相近、性能与油基钻井液相当，且绿色环保的水基钻井液，通过嵌入及拉紧晶层、吸附成膜阻水、低水活度反渗透驱水、封堵微孔裂缝形成封固层等发挥抑制防塌性能，从技术、成本及环保等角度来说，近油基钻井液体系均表现出明显的优势，可实现"水替油"的技术目标，适用于高活性泥页岩、含泥岩等易坍塌地层的绿色、安全、高效钻进。

近年来，鉴于目前新疆顺北工区部分超深井的井深已超过 9000m，深层地层温度已高达 180℃，地质状况更加复杂，环保要求更加严苛。因此，针对新疆顺北工区深井超深井在抗高温、井壁稳定、润滑防卡、绿色环保等方面的技术亟需，开展了抗高温近油基钻井液体系研究攻关，形成了抗温 180℃近油基钻井液体系。抗高温近油基钻井液体系已在新疆顺北 11X 井、顺北 4-1 井成功应用，在抑制防塌、润滑防卡、降低循环温度、老浆回收利用、测井保障、钻后处理费用等方面效果突出，并正在继续推广应用。本文主要介绍抗温 180℃近油基钻井液体系的研究概况及现场应用效果，以期对国内外钻井液技术人员有一定启发作用，促进钻井液技术不断进步。

1 抗温 180℃近油基钻井液体系

抗温 180℃近油基钻井液体系的研究目标在于在高温条件下充分发挥近油基基液的近油特性，以近油基基液为基础和连续相，研制或优选其他配伍处理剂，通过协同作用来提升近油基钻井液的综合性能，形成一种作用机理与油基钻井液相近，性能与油基钻井液相当，且绿色环保的抗高温近油基钻井液体系，满足现场高温高活性易坍塌地层的绿色、安全、高效钻进的技术亟需。

1.1 耐高温近油基基液研制

耐高温近油基基液是由糖基聚醚、杂多糖、胺基壳寡糖、烷基糖苷、甜菊糖苷、硬葡聚糖等天然产物经一系列生物化学反应制备得到。耐高温近油基基液对自由水具有牢固的束缚作用，其具有油的性质，可认为是一种近似油的物质，但又不存在油的环保问题。热重分析结果表明，近油基基液耐温达 332℃。耐高温近油基钻井液的热重曲线如图 1 所示。

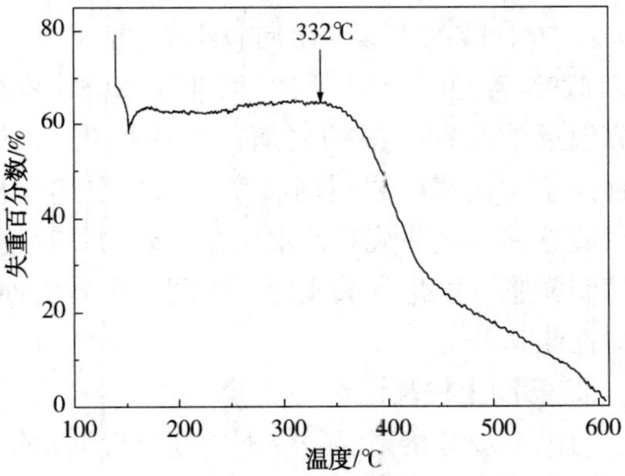

图 1 耐高温近油基基液的热重曲线

通过对耐高温近油基基液的特性进行测试评价，结果表明，其水活度 0.682，EC_{50} 值为 506800mg/L，220℃高温下基液相对抑制率达 100%，润滑系数 0.0178。可以定性预测的是，以耐高温近油基基液作为连续相配制得到的近油基钻井液体系必然具有突出的抗高温稳定性、超强的抑制防塌性能和突出的润滑防托压防卡性能。

1.2 体系构建及配方优化

以水活度为 0.682 的耐高温近油基基液作为基础和连续相，开展抗高温近油基钻井液体系的构建及配方优化。通过配套研制或优选的不同功能的各种配伍处理剂，并通过单因素考察实验和正交优化实验对钻井液配方组成进行优化，最终研究形成了抗温 180℃近油基钻井液体系的优化配方：耐高温近油基基液（水活度 0.682）+1.0%~3.0%土+0.1%~0.3%流型调节剂 MSG+1.0%~1.5%降滤失剂 AMC+0.5%~1.5%降滤失剂 ZY-JLS+3.0%~7.0%成膜封堵剂 ZYPCT-1+1.0%~3.0%纳米封堵剂 ZYFD-1+0.5%~2.0%固壁抑制剂 GAPG-1+5.0%~7.0%辅助抑制剂 ZYCOYZ-1+0.1%~0.3% pH 调节剂+重晶石。经测试，密度为 1.14g/cm^3 时，钻井液水活度为 0.641。

根据高温高压地层的实际需要，抗温 180℃近油基钻井液体系密度在 1.14~2.60g/cm^3 范围内可调。对抗高温近油基钻井液体系优化配方及加重钻井液性能进行了评价。钻井液老化实验条件为：180℃、16h。不同密度下抗高温近油基钻井液体系的性能评价结果见表 1。

表 1 不同密度下抗高温近油基钻井液体系配方的性能结果

密度 ρ/(g/cm^3)	AV/(mPa·s)	PV/(mPa·s)	YP/Pa	YP/PV/[Pa/(mPa·s)]	G′/G″/(Pa/Pa)	FL_{API}/mL	FL_{HTHP}/mL	润滑系数	黏附系数	pH
1.14	38.5	24	14.5	0.604	3.0/5.0	0	8.0	0.034	0.0524	9.0
1.40	46.5	31	15.5	0.500	4.0/5.5	0	6.4	0.047	0.0612	9.0
1.70	52.5	36	16.5	0.458	4.0/6.5	0	6.0	0.064	0.0787	9.0
2.00	63.5	49	14.5	0.296	5.0/7.0	0	5.4	0.078	0.1228	9.0
2.50	71.5	55	16.5	0.300	5.5/8.5	0	4.6	0.097	0.1228	9.0
2.60	77.0	60	17.0	0.283	5.5/12.5	0	2.8	0.127	0.1228	9.0

由表 1 中数据可以直观地看出，抗高温近油基钻井液体系在不加重及密度较低的情况下，流变性及降滤失性能均较好，随着密度的升高，钻井液黏度和切力均呈上升趋势，高温高压滤失量呈降低趋势，虽然润滑系数随着密度升高而逐渐增大，但在高密度条件下仍然保持了较好的润滑性能。当密度为 1.14g/cm^3 时，钻井液表观黏度 38.5mPa·s，塑性黏度 24mPa·s，动切力

14.5Pa，动塑比0.604，中压滤失量0mL，高温高压滤失量8.0mL，极压润滑系数0.034，泥饼黏附系数0.0524；当密度升高至2.0g/cm^{3}时，钻井液表观黏度63.5mPa·s，塑性黏度49mPa·s，动切力14.5Pa，动塑比0.296，中压滤失量0mL，高温高压滤失量5.4mL，极压润滑系数0.078，泥饼黏附系数0.1228；当密度升高至2.6g/cm^{3}时，钻井液表观黏度77.0mPa·s，塑性黏度60mPa·s，动切力17.0Pa，动塑比0.283，中压滤失量0mL，高温高压滤失量2.8mL，极压润滑系数0.127，泥饼黏附系数0.1228。可以看出，在高密度情况下，钻井液黏度上升幅度较大，特别是塑性黏度较表观黏度上升的速度更快，针对上述问题，可通过严格控制重晶石质量及粒度、调变钻井液配方中聚合物加量来优化钻井液流变性能，确保抗高温近油基钻井液体系在高密度时仍然具有较好的流型，以满足不同区域不同地层现场施工的技术需求，实现安全、快速、高效钻进。普通水基钻井液或高性能水基钻井液在高密度情况下，由于其抑制地层造浆的能力较差，随着劣质固相不断侵入钻井液体系，在钻进中后期，往往会出现钻井液黏切大幅度上升且难以控制的难题，而近油基钻井液体系中的近油基基液是一种性能与油相近的流体，可消除地层黏土矿物及钻屑的水化作用，从而避免地层造浆导致的流变性能失控难题。

1.3 钻井液性能

抗高温近油基钻井液体系是以水活度为0.682的耐高温近油基基液作为连续相配制而成。由于耐高温近油基基液具有强抑制、高润滑、低表面张力、吸附自由水、固液容量限高、封固微孔裂缝、无毒环保等特性，配制得到的抗高温近油基钻井液体系也表现出优异的性能。具体对抗高温近油基钻井液体系的抑制、润滑、滤液表面活性、降滤失、抗污染、储层保护、生物毒性等性能进行了评价测试。并从抑制、润滑、失水、储层保护及生物毒性等方面对抗高温近油基钻井液和油基钻井液进行了比较。

1.3.1 抗高温近油基钻井液性能

（1）抑制性能

① 岩屑回收实验

清水、对比浆与抗高温近油基钻井液的岩屑回收率实验结果如图2所示。对比浆为按照抗高温近油基钻井液体系优化配方扣除近油基基液后配制得到的参照钻井液。岩屑回收实验条件为180℃、16h，所用岩屑为马12井4～10目泥岩岩屑。

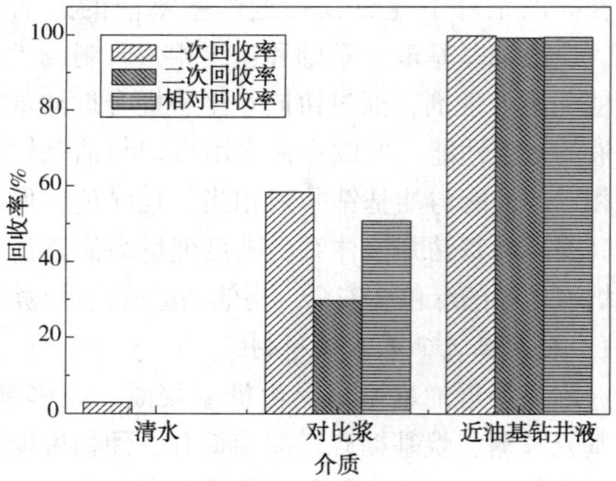

图2 清水、对比浆及抗高温近油基钻井液岩屑回收率结果

由图2中实验结果可以看出，180℃高温滚动16h，抗高温近油基钻井液中岩屑一次回收率为99.80%，二次回收率为99.20%，相对回收率为99.40%，而清水中的岩屑一次回收率仅为2.9%，对比浆的岩屑一次回收率为58.40%，二次回收率为29.70%，相对回收率为50.86%。抗高温近油基钻井液的岩屑回收率接近100%，远远高于对比浆的岩屑回收率。综合上述分析，抗高温近油基钻井液对易水化黏土矿物具有超强的抑制膨胀、水化分散能力，表现出优异的抑制防塌性能。

② 膨润土柱高温滚动实验

为进一步考察高温条件下抗高温近油基钻井液对膨润土柱子的影响，对清水、对比浆、抗高温近油基钻井液浸泡并高温滚动的膨润土柱子外观形貌进行了对比，对膨润土柱子的筛余量(过40目筛)进行干燥称重。对比浆为按照抗高温近油基钻井液体系优化配方扣除近油基基液后配制得到的参照钻井液。老化实验条件：180℃热滚16h。热滚前后膨润土柱子的外观形貌如图3和图4所示；热滚后膨润土柱子回收质量如表2所示。

表2 清水、基液、抗高温近油基钻井液热滚后膨润土柱子回收质量

介质种类	热滚前柱子质量/g	热滚后柱子质量/g	柱子回收率/%
清水	20.33	3.14	15.45
对比浆	20.32	8.97	44.14
抗高温近油基钻井液	20.33	20.86	102.61

清水　　对比浆　　抗高温近油基钻井液

图 3　不同介质热滚前膨润土柱子的外观形貌

清水　　对比浆　　抗高温近油基钻井液

图 4　不同介质热滚后膨润土柱子的外观形貌

由图 3、图 4 和表 2 中实验现象及实验结果可以看出，180℃热滚 16h 后，从膨润土柱子的外观状态来看，清水中高温滚动的膨润土柱子分散最为严重，已经失去原来柱子的形状，外观为一滩泥水，干燥后称重质量仅为 3.14g，柱子回收率为 15.45%；扣除近油基基液后的对比浆中高温滚动的膨润土柱子也未保持住柱子的原始形貌，外观表现为一些尺寸较大的黏土颗粒碎屑，干燥后称重质量仅为 8.97g，柱子回收率为 44.14%，说明对比浆具有一定的抑制黏土矿物水化膨胀分散的功能；抗高温近油基钻井液中高温滚动的膨润土柱子保持了原始形貌，柱体未出现裂缝和水化膨胀分散现象，可以认为，抗高温近油基钻井液完全抑制住了膨润土柱子的水化分散，且其在膨润土柱子上具有成膜吸附作用，导致干燥称重的膨润土柱子超过原始质量，干燥后称重质量为 20.86g，柱子回收率为 102.61%。

（2）润滑性能

对抗高温近油基钻井液的润滑性能进行了测试评价，并与清水和对比浆的润滑性能进行了对比。对比浆为按照抗高温近油基钻井液体系优化配方扣除近油基基液后配制得到的参照钻井液。对比浆和抗高温近油基钻井液的润滑性能结果均在 180℃热滚 16h 后测试得到，所用仪器为 EP 极压润滑仪、泥饼黏附系数测定仪。评价测试结果见表 3。

表 3　清水、基液、抗高温近油基钻井液润滑性能测试结果

配方	极压润滑仪示数	极压润滑系数	润滑系数降低率/%	泥饼黏附系数	黏附系数降低率/%
清水	40.0	0.340	—	—	—
对比浆	17.0	0.145	—	0.1687	—
抗高温近油基钻井液	4.0	0.034	76.55	0.0524	68.94

由表 3 中实验数据可以看出，抗高温近油基钻井液中水活度为 0.682 的近油基基液的存在可显著降低钻井液的极压润滑系数和泥饼黏附系数。对比浆的润滑系数为 0.145，黏附系数为 0.1687；抗高温近油基钻井液极压润滑系数为 0.034，泥饼黏附系数为 0.0524，与对比

浆相比，润滑系数降低率和黏附系数降低率分别为76.55%和68.94%。综上所述，抗高温近油基钻井液中存在的水活度为0.682的近油基基液可显著改善钻井液的润滑性能，避免现场钻井施工过程中出现的起下钻摩阻大、托压卡钻等井下复杂，满足现场施工过程中的润滑防卡要求。

（3）滤液表面活性

考察了对比浆及抗高温近油基钻井液的滤液表面活性。对比浆为按照抗高温近油基钻井液体系优化配方扣除近油基基液后配制得到的参照钻井液。将180℃热滚16h后的对比浆及抗高温近油基钻井液压取滤液，在室温下测定其表面张力，实验结果见表4。

表4 清水、基液、抗高温近油基钻井液滤液表面张力测试结果

配方	表面张力/(mN/m)	表面张力降低率/%
清水	72.300	—
对比浆	36.316	—
抗高温近油基钻井液	25.178	30.67

由表4中实验数据可以看出，抗高温近油基钻井液的滤液表面张力为25.178mN/m，较对比浆滤液的表面张力有较大程度的降低，表面张力降低率为30.67%，表现出较好的表面活性，有利于减小水锁效应，提高滤液返排效率，提高油气采收率。

（4）降滤失性能

考察了对比浆、抗高温近油基钻井液的中压滤失量和高温高压滤失量。对比浆为按照抗高温近油基钻井液体系优化配方扣除近油基基液后配制得到的参照钻井液。通过对比分析，得出近油基基液对抗高温近油基钻井液滤失量的影响。老化条件：180℃、16h。实验结果见表5。

表5 近油基基液水活度对钻井液滤失量的影响

配方	FL_{API}/mL	FL_{HTHP}/mL
对比浆	1.8	14.0
抗高温近油基钻井液	0	8.0

由表5中实验数据可以看出，对比浆的中压滤失量为1.8mL，高温高压滤失量为14.0mL，抗高温近油基钻井液的中压滤失量为0mL，高温高压滤失量为8.0mL。这说明在抗高温近油基钻井液中，由于水活度为0.682的低水活度近油基基液连续相的存在，其可与其他处理剂发生协同作用，使抗高温近油基钻井液的滤失量显著降低。低水活度近油基基液对抗高温近油基钻井液体系具有显著的降滤失效果。

（5）抗污染性能

为了考察抗高温近油基钻井液的抗盐、抗钙、抗膨润土、抗钻屑、抗水侵及抗原油等污染的能力，在抗高温近油基钻井液中人为加入工业盐、氯化钙、膨润土、钻屑、水、原油等对钻井液性能影响较大的固体液体物质，180℃高温滚动16h，对钻井液性能进行评价测试，得出抗高温近油基钻井液的抗污染性能评价结果。实验评价结果表明，抗高温近油基钻井液体系抗盐达饱和，抗钙10%，抗土30%、抗钻屑25%，抗水侵30%，抗原油20%。抗高温近油基钻井液体系具有较高的固相和液相容量限，这些固体和液体的侵入不会破坏钻井液的性能，表现出突出的抗污染性能。

（6）储层保护性能

为了评价抗高温近油基钻井液体系的储层保护性能，考察了该钻井液对岩心进行静态和动态污染后的渗透率恢复值。渗透率恢复值评价实验所选用岩心为东北松页油2HF井天然岩心，岩心直径25mm，岩心长度25.5mm。岩心夹持器加热温度90℃。评价测试结果见表6。

表6 抗高温近油基钻井液渗透率恢复值测试结果

实验方式	围压/MPa	$P_{前稳}$/MPa	$P_{后稳}$/MPa	渗透率恢复值/%
静态	6.0	0.355	0.382	92.93
动态	6.0	0.421	0.462	91.13

由表6中天然岩心的动态渗透率恢复值和静态渗透率恢复值的测试数据可以看出，用抗高温近油基钻井液动态或静态污染岩心后，岩心的静态渗透率恢复值大于92%，动态渗透率恢复值大于91%，说明抗高温近油基钻井液对地层伤害程度较小，表现出较好的储层保护性能。

（7）生物毒性

对抗高温近油基钻井液体系的生物毒性进行了评价测试，所用方法为发光细菌法，检测指标为EC_{50}值。经检测，抗高温近油基钻井液优化配方的EC_{50}值为139700mg/L，远大于排放标准30000mg/L。得出结论为：抗高温近油基钻井液无生物毒性，绿色环保，可适用于海洋及其他环境敏感地区的钻井施工，实现绿色、安全、高效钻进。

1.3.2 近油基与油基性能对比

为充分认识抗高温近油基钻井液体系的近油基特性及环保性能，从抑制、润滑、失水、储层保护及生物毒性等方面对抗高温近油基钻井液和油基钻井液进行了对比。岩屑回收实验条件为180℃、钻井液老化实验条件为180℃、16h。抗高温近油基钻井液按1.2中提供的优化配方配制；油基钻井液配方组成：柴油+4%~6%有机膨润土+20% $CaCl_2$+2%~3%氧化沥青+4%粉状乳化剂+1% Span80+3% CaO+2%结构剂+2%降滤失剂 JPAS，油水比为8∶2。实验结果见表7。

表7 抗高温近油基钻井液与油基钻井液性能对比

钻井液	岩屑回收率/%	润滑系数	FL_{API}/mL	FL_{HTHP}/mL	动/静态渗透率恢复值/%	EC_{50}值/(mg/L)
近油基	99.80	0.034	0	8.0	91.13/92.93	139700
油基	100.00	0.043	0.8	7.8	90.76/93.52	—

由表7中实验数据可以看出，抗高温近油基钻井液岩屑回收率为99.80%，油基钻井液岩屑回收率为100%；抗高温近油基钻井液润滑系数为0.034，油基钻井液润滑系数为0.043；抗高温近油基钻井液中压滤失量和高温高压滤失量分别为0mL和8.0mL，油基钻井液中压滤失量和高温高压滤失量分别为0.8mL和7.8mL；抗高温近油基钻井液动静态渗透率恢复值分别大于91%和92%，油基钻井液动静态渗透率恢复值分别大于90%和93%。由上述实验数据分析结果可以看出，抗高温近油基钻井液在抑制、润滑、降滤失、储层保护等方面性能与油基钻井液相当，且具有油基钻井液所不具备的绿色环保效果。因此，在目前世界环保要求日益严格的情况下，抗高温近油基钻井液可作为避免高温复杂地层现场施工环保压力的一种有效解决手段，实现绿色、安全、高效钻进。

2 抗高温近油基钻井液现场应用

截至目前，抗高温近油基钻井液体系已在新疆顺北4-1H井、顺北11X井成功应用，效果突出。其中，顺北4-1H井应用井段井径扩大率仅为5.21%，起下钻摩阻仅为4~8t。在抑制防塌、润滑防卡、降低循环温度、老浆回收利用、测井保障、钻后处理费用等方面表现出显著优势，实现了新疆深井超深井的绿色、安全、高效钻进。目前正在顺北53-2井、顺北46X井等多口井推广应用，具有较好的经济效益和社会效益，应用前景广阔。本节主要介绍抗高温近油基钻井液体系在顺北4-1H井的应用情况。

2.1 概况

抗高温近油基钻井液体系在新疆顺北4-1H井成功应用。顺北4-1H井位于新疆沙雅县境内，是中石化西北油田分公司部署于顺北4号断裂带的一口定向开发水平井，设计井深8036.61m/7928m(垂)，由华北西部钻井公司90103HB钻井队承钻，由中原钻井院提供四开抗高温近油基钻井液技术服务，于2021年4月28日19：00开钻，由于定向方位数据出现偏差，甲方决定填井侧钻，2021年5月16日16：00开始侧钻，2021年6月2日7：00完钻，完钻井深8036.61m/7925.09m(垂)，完钻井斜38.1°。整个钻进过程井壁稳定无掉块，起下钻摩阻低，顺利完钻，电测顺利，裸眼完井。

顺北4-1H井的井身结构设计见表8。

表8 顺北4-1H井井身结构设计表

开钻顺序	钻头直径/mm	井深/m	套管外径/mm	套管下深/m	备 注
1	444.5	2000	339.7	1999	
2	311.2	5820	250.8+244.5	5818	双级固井，双级箍位置3000m±
3	215.9	7284	177.8	7282	悬挂器位置5618m
4	149.2	8036.61/7928	—	—	

2.2 技术难点

顺北4-1H井位于顺北4号断裂带上，该井施工技术难点主要表现在以下三个方面：

(1) 破碎带地层易井壁失稳

顺北4-1H井地质预测在井深7783.8~7836.7m(斜)/7470~7480m(垂)，水平位移

417.5～469.5m 处钻遇破碎带，地层易垮塌掉块，井壁失稳风险极大，且破碎带附近裂缝可能非常发育，易发生放空、井漏、卡钻等。

（2）小井眼定向易托压，环空压耗高

顺北 4-1H 井四开井眼尺寸为 149.2mm，环空间隙小，定向易托压，对钻井液润滑防卡性能要求极高，同时井眼小导致环空压耗高，对钻井液流变性能要求高。

（3）对钻井液高温稳定性及环保要求高

顺北 4-1H 井井底温度高达 169℃，对钻井液高温稳定性要求高，同时对定向工具和仪器的抗高温性能要求高，以确保轨迹控制和定向钻井效率。前期甲方在顺北 4-1H 井的部分邻井采用油基钻井液，油基钻井液钻屑需要环保处理，存在综合使用成本过高及影响完井电测数据获取的难题，而近油基钻井液绿色环保，抑制防塌及润滑性能与油基钻井液相当，钻屑无需环保后处理，同时不影响电测数据的获取。

2.3 技术对策

针对施工技术难点，主要从井壁稳定、润滑防卡、高温稳定等三个方面来制定技术对策。

（1）井壁稳定技术

① 低活度近油基基液作为连续相，通过嵌入及拉紧晶层、吸附成膜阻水、低水活度反渗透驱水、封堵微孔裂缝形成封固层等发挥超强抑制防塌性能；

② 引入固壁抑制剂 GAPG-1，通过与地层黏土矿物发生化学胶结作用，固结破碎带井壁，实现井眼稳定；引入辅助抑制剂 ZYCOYZ-1，通过嵌入黏土晶格抑制黏土矿物水化膨胀分散；

③ 引入成膜封堵剂 ZYPCT-1、纳米封堵剂 ZYFD-1、不同粒径刚性和变形材料（与地层孔缝相匹配），通过成膜柔性封堵和纳微米级配刚性封堵等多重封堵措施，降低液相压力传递，预防破碎地层应力坍塌。

（2）润滑防卡技术

① 近油基基液作为连续相，含大量长链烷基、氮、醇羟基等疏水亲油基团及强吸附基团，可通过强吸附基团在井壁及钻具表面产生物理吸附和化学吸附，亲油基朝外，形成金属杂化薄膜，具有突出的抗磨性和耐极压性；

② 后期完井作业使用塑料小球、石墨等固体润滑剂，使钻具与井壁之间的滑动摩擦转变为滚动摩擦，保障下套管作业顺利施工。

（3）高温稳定技术

近油基基液本身耐温达 332℃，以其为连续相配制成的近油基钻井液抗高温性能突出；同时，引入抗温 180℃的流型调节剂 MSG、抗温 180℃的抗盐降滤失剂 AMC、抗温 200℃成膜封堵剂 ZYPCT-1 和抗温 200℃固壁抑制剂 GAPG-1 等多种配套抗高温处理剂，与近油基基液协同提升近油基钻井液高温稳定性能。

2.4 应用效果

通过对现场实钻情况进行总结分析，发现近油基钻井液体系具有以下应用效果。

（1）抑制防塌效果突出，井壁保持长久稳定

顺北 4-1H 井四开钻进过程中井漏严重，多次发生失返性漏失，共漏失钻井液 600 余方，为减小漏失几率，将近油基钻井液密度由设计的 1.34g/cm^3 降至 1.13g/cm^3，降低幅度高达 0.21g/cm^3，即便在密度如此大幅波动的情况下，依然保持了强效持久的井壁稳定状态，无掉块产生，起下钻顺畅，完井电测一次成功，井径规则，应用井段平均井径扩大率仅为 5.12%。

抗高温近油基钻井液在顺北 4-1H 井四开应用井段的井径曲线如图 5 所示。

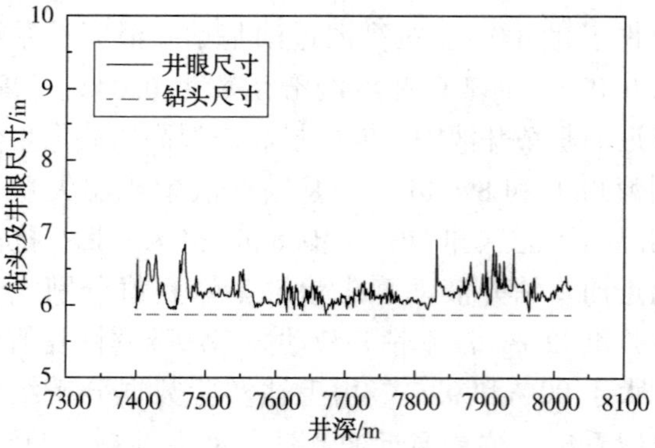

图 5 抗高温近油基钻井液在顺北 4-1H 井四开应用井段井径曲线

（2）机械钻速高

抗高温近油基钻井液在顺北 4-1H 井四开应用，平均机械钻速 4.4m/h，四开钻井周期 16.63d，较设计周期缩短 10.37d，节约率达 38.4%。跟邻井相比提速效果显著。

（3）润滑效果突出

顺北 4-1H 井四开钻进过程中，抗高温近油基钻井液润滑系数小于 0.06，定向过程非常顺利，无托压现象，一趟钻完成造斜目标，起下钻摩阻 4～8t，润滑效果与油基钻井液相当。

（4）钻井液降温效果显著，提高了定向仪器工作效率

通过对顺北工区应用的其他水基钻井液的降温效果进行统计分析，结果表明，常规水基钻井液降温幅度为9℃，顺北8X井侧钻2开第1趟钻最高温度168.75℃，顺北11侧钻探管数据最高静止温度163℃。而顺北4-1H井的井底静止温度经定向仪器测试为153~169℃，使用抗高温近油基钻井液体系，由于其具有在井底热容量限高，返出井底时散热快的优点，钻进过程中钻井液循环温度仅为132~141℃，循环降温幅度可达20~29.9℃，有效提高了螺杆、定向仪器及钻头在高温下的工作效率及使用寿命。

（5）保障了测井项目不受限制

近油基钻井液体系连续相为近油基基液，其虽具有油的特性，但本质仍为水基，对所有的测井项目均无干扰，有效解决了油基钻井液部分测井项目受限的技术难题。

（6）老浆循环利用率高，绿色环保

顺北4-1H井使用顺北11X老浆240m^3，抗高温近油基钻井液重复使用率达92.3%，老浆性能稳定，与新配制浆配伍性能良好，钻井过程中钻井液高温性能稳定，有效降低了近油基使用综合成本；抗高温近油基钻井液EC_{50}值为139700mg/L，远大于排放标准30000mg/L，无生物毒性，绿色环保。

3 结论及认识

（1）研制出耐温达332℃、水活度为0.682的近油基基液，其是由糖基聚醚、杂多糖、胺基壳寡糖、烷基糖苷、甜菊糖苷、硬葡聚糖等天然产物经一系列生物化学反应制备得到，对自由水具有牢固的束缚作用。

（2）以水活度为0.682的耐高温近油基基液作为基础和连续相，构建并研究得到了抗温180℃近油基钻井液体系优化配方。钻井液密度在1.14~2.60g/cm^3范围内可调。密度为1.14g/cm^3时，钻井液水活度为0.641。钻井液表现出优异的抗高温、抑制、润滑、降滤失、抗污染、储层保护、环保等性能。

（3）抗高温近油基钻井液在抑制、润滑、降滤失、储层保护等方面性能与油基钻井液相当，且具有油基钻井液所不具备的绿色环保效果。因此，在目前世界环保要求日益严格的情况下，抗高温近油基钻井液可作为避免高温复杂地层现场施工环保压力的一种有效解决手段，实现绿色、安全、高效钻进。

（4）抗高温近油基钻井液体系在超深井应用效果突出。顺北4-1H井应用井段井径扩大率仅为5.21%，起下钻摩阻仅为4~8t。在抑制防塌、润滑防卡、降低循环温度、老浆回收利用、测井保障、钻后处理费用等方面表现出显著优势，实现了新疆超深井的绿色、安全、高效钻进。

（5）继续开展抗温200℃及以上的近油基钻井液技术攻关，满足现场更高温度地层绿色、安全、高效钻进的技术需求。

（6）在目前"近油基钻井液体系"持续深入研究及不断实践的基础上，探索开展"超油基钻井液体系"的前瞻研究。

参考文献

[1] 王中华. 钻井液及处理剂新论[M]. 北京：中国石化出版社，2017：456-457.

[2] 司西强，王中华. 钻井液用烷基糖苷及其改性产品合成、性能及应用[M] 北京：中国石化出版社，2019：301-312.

[3] 司西强，王中华，赵虎. 钻井液用烷基糖苷及其改性产品的研究现状及发展趋势[J]. 中外能源，2015，20(11)：31-40.

[4] 司西强，王中华. 钻井液用聚醚胺基烷基糖苷的合成及性能[J]. 应用化工，2019，48(7)：1568-1571.

[5] 司西强，王中华，魏军. 等. 钻井液用阳离子甲基葡萄糖苷[J]. 钻井液与完井液，2012，29(2)：21-23.

[6] 魏风勇，司西强，王中华，等. 烷基糖苷及其衍生物钻井液发展趋势[J]. 现代化工，2015，35(5)：48-51.

[7] 司西强，王中华，贾启高，等. 阳离子烷基糖苷的中试生产及现场应用[J]. 应用化工，2013，42(12)：2295-2297.

[8] 司西强，王中华，王伟亮. 聚醚胺基烷基糖苷类油基钻井液研究[J]. 应用化工，2016，45(12)：2308-2312.

[9] 司西强，王中华，魏军，等. 阳离子烷基葡萄糖苷钻井液[J]. 油田化学，2013，30(4)：477-481.

[10] 司西强，王中华，王伟亮. 龙马溪页岩气钻井用高性能水基钻井液的研究[J]. 能源化工，2016，37(5)：41-46.

[11] 谢俊，司西强，雷祖猛，等. 类油基水基钻井液体系研究与应用[J]. 钻井液与完井液，2017，34

(4)：26-31.

[12] 赵虎，司西强，王爱芳. 国内页岩气水基钻井液研究与应用进展[J]. 天然气勘探与开发，2018，41(1)：90-95.

[13] 赵虎，司西强，甄剑武，等. 氯化钙-烷基糖苷钻井液页岩气水平井适应性研究[J]. 钻井液与完井液，2015，32(6)：22-25.

[14] 赵虎，孙举，司西强，等. ZY-APD高性能水基钻井液研究及在川南地区的应用[J]. 天然气勘探与开发，2019，42(3)：139-145.

[15] 高小芃，司西强，王伟亮，等. 钻井液用聚醚胺基烷基糖苷在方3井的应用研究[J]. 能源化工，2016，37(5)：23-28.

[16] 司西强，王中华，雷祖猛，等. 近油基钻井液技术及实践[A]. 2019年度全国钻井液完井液学组工作会议暨技术交流研讨会论文集[C]. 北京：中国石化出版社，2019. 7-20.

[17] 董小虎，商森. 顺北区块超深120mm小井眼定向技术难点及对策[J]. 西部探矿工程，2018，30(1)：47-50.

[18] 王建云，杨晓波，王鹏，等. 顺北碳酸盐岩裂缝性气藏安全钻井关键技术[J]. 石油钻探技术，2020，48(3)：12-19.

[19] 付均，袁俊文. 抗高温高密度水基钻井液技术研究[J]. 西部探矿工程，2019，31(1)：27-29.

钻井液用泥页岩抑制剂支化聚醚胺的研制及工业化应用

司西强[1,2] 王中华[1,2] 王忠瑾[1,2] 谢 俊[1,2]

(1. 中石化石油工程公司钻完井液技术中心；2. 中石化中原石油工程有限公司钻井工程技术研究院)

摘 要 针对胺基抑制剂存在的抑制性能和配伍性能不能同时兼顾的矛盾，以及产品生产工艺条件苛刻、成本较高等问题，在分子设计思路指导下，采用先醚化活化、再胺化的方法，研制出了强抑制、抗高温、配伍性好、绿色环保、性价比高的泥页岩强抑制剂支化聚醚胺产品PEA-1。性能评价结果表明，支化聚醚胺产品具有突出的抑制防塌性能，抗高温及配伍性好，无毒环保。当产品含量≥0.3%时，200℃热滚16h，其对钙土的相对抑制率已经高达99.28%，且趋于平稳，随着含量增加，相对抑制率最高达100%；产品在钻井液中可抗温达220℃；产品在6%膨润土浆中加量不超过0.5%时，表观黏度变化值不超过4.0mPa·s，API滤失量变化值不超过8.5mL，在发挥强抑制效果的同时兼具较好的配伍性能；产品EC_{50}值为521400mg/L，远大于排放标准30000mg/L。形成了成熟的产品工业生产技术。产品生产工艺条件温和，能耗小，易操作，无三废排放，工业品性能与室内产品一致；产品与不同区域不同地层钻井液适应性好，产品适用于强水敏性泥页岩、含泥岩、泥岩互层等易坍塌地层的钻井施工。截至目前，已在陕北、山西、新疆、四川、中原、内蒙、东北等地区51口井应用，抑制防塌效果突出，加量较小时即可发挥优异的抑制效果，加量较大时，在发挥强抑制剂性能的同时，不会对钻井液流变性和滤失量造成不良影响，配伍性好，该产品较好地满足了现场井壁稳定技术要求，经济效益和社会效益显著，应用前景广阔。

关键词 支化聚醚胺；泥页岩抑制剂；井壁稳定；抗高温；高配伍；绿色环保

油气钻探过程中的井壁失稳问题一直是影响钻井施工顺利进行的主要因素，特别是在深井、超深井、水平井、定向井和大斜度井日益增多的情况下，上述问题就显得尤为突出。据统计，90%以上的井壁失稳发生在泥页岩及含泥岩等易坍塌地层。研究表明，影响井壁稳定的因素主要是物理化学因素和力学因素。从物理化学的角度来说，如果钻井液抑制性不足，泥页岩及含泥岩地层的黏土矿物在与水基钻井液相互作用的过程中极易吸水膨胀分散，导致地层强度降低，地层应力分布发生变化，造成井壁失稳。可以说，井壁失稳与黏土矿物的水化膨胀分散作用密切相关，当钻遇泥页岩等易坍塌地层时，在钻井液中加入抑制剂是解决井壁失稳的最有效途径之一。因此，研制高性能泥页岩强抑制剂，抑制地层黏土矿物的水化膨胀分散，对有效提高井壁稳定性、降低钻井成本、增加经济效益、保证安全钻进意义重大。随着对井壁稳定机理认识的不断加深，近年来泥页岩抑制剂研究的针对性越来越强，发展较快。

据大量文献调研发现，在当前的认知水平下，胺基类产品仍被认为是抑制能力最强、应用最广泛的一类有机材料。人们习惯上将小阳离子、大阳离子等季铵类产品及胺基聚醚产品统称为聚胺。早在上世纪80年代，季铵类产品(小阳离子、大阳离子)就广泛应用于钻井液中，但由于其阳离子化程度高，与阴离子处理剂配伍性差，使其应用受到一定限制。其间人们尝试通过引入极性基团以减少阳离子基团的比例，如固相化学清洁剂。上世纪90年代末，国外将胺基聚醚(其他行业作为环氧树脂固化剂，是一种成熟的工业品)引入钻井液体系，形成了高性能水基钻井液(High Performance Water Based Mud，HP-WBM)。胺基聚醚作为高性能水基钻井液的主抑制剂，通过嵌入及拉紧黏土晶层起到井壁稳定作用，但其胺基吸附活性位少，加量大，在钻井液中抑制效果并不突出。总的来说，前期胺基类产品的抑制性能和配伍性能往往不能同时兼顾，且生产工艺条件苛刻，成本较高。

针对上述情况，重点从强化钻井液的抑制性和配伍性等功能出发，开展强抑制、抗高温、配伍好、绿色环保的泥页岩强抑制剂的研究攻关，有效解决泥页岩、含泥岩等易坍塌地层的井壁失稳难题，符合现场技术亟需，具有较好的前瞻性、创新性和实用性。本文对泥页岩抑制剂支化聚醚胺 PEA-1 产品的研制及工业化应用情况进行介绍，以期对钻井液同行具有一定借鉴作用。

1 实验材料及仪器

1.1 实验材料

产品合成原料：多元醇起始剂 A，分析纯；端羟基醚化剂 B，分析纯；氯代环氧化物桥接剂 C，分析纯；有机胺 D，实验室自制；长链烷基磺酸催化剂 E，分析纯。

钻井液配浆原料：钠膨润土，工业品；碳酸钠，分析纯；钙膨润土，工业品；黄原胶(XC)；工业品；高黏度羧甲基纤维素钠(HV-CMC)，工业品；低黏度羧甲基纤维素钠(LV-CMC)，工业品；磺化沥青(FT)，工业品；聚合物增粘剂(80A51)，工业品；磺化褐煤(SMC)，工业品；磺化酚醛树脂(SMP)，工业品；氢氧化钠，工业品；氯化钠，工业品；氯化钾，工业品；天然岩屑(云页平 6 井 2087~2345m)等。

1.2 实验仪器

ZNCL-TS 恒温磁力搅拌器，河南爱博特科技公司；六速旋转黏度计，XGRL-4A 高温滚子加热炉，LHG-2 老化罐，GJS-B12K 变频高速搅拌机，青岛海通达专用仪器厂；DZF-6050 真空干燥箱，上海创博环球生物科技有限公司；BL200S 精密电子天平，上海勤酬实业有限公司。

2 产品分子设计及合成设计

2.1 产品分子设计

为能够准确快速的获得具有特定功能的产品，需提前对拟合成的产品分子结构进行设计。因为产品的功能来源于产品分子性质，而产品分子性质取决于产品分子结构，因此在分子设计前，需要对拟合成产品分子的功能做一个限定，根据功能需要来筛选具有特定官能团的原料，并对合成条件进行预测。本节对泥页岩抑制剂支化聚醚胺 PEA-1 产品的分子设计及合成设计进行了概述。

2.1.1 分子设计理念

支化聚醚胺 PEA-1 产品分子设计需遵循如下理念：

(1) 绿色环保。保证所用原料和得到产品无毒或低毒，所配制钻井液绿色环保；完井后钻井液易于无害化处理；

(2) 性能满足要求。产品具有特定官能团，以满足性能要求(如抗温、抑制、配伍等)；产品形成主体骨架结构必须稳定，满足抗温性要求；

(3) 成本低。原料来源丰富，廉价易得，产品成本低。

2.1.2 分子设计思路

通过控制合适的主链缩聚度，保证产品分子随滤液进入地层实现强抑制效果；通过化学反应使分子具有伯胺、仲胺基等功能基团，设计得到近井壁稳定的支化聚醚胺分子结构。由于其分子量较小，可使其尽可能少的在钻井液中固相颗粒表面上吸附，尽可能多的随滤液进入近井壁地带，通过嵌入及拉紧晶层，抑制地层黏土矿物的水化膨胀分散，防止井壁失稳。

支化聚醚胺产品的分子设计思路如下：

(1) 在分子结构主链上引入季铵基团。通过主链与季铵基团的共轭效应，改变分子电子云分布，提升抗温性能；同时主链季铵基团辅助提升吸附能力；另外，季铵基团兼具杀菌及延缓降解性能；

(2) 在分子结构上引入伯胺基团。通过伯胺的强吸附能力，随滤液进入近井壁地带，嵌入及拉紧黏土晶层，实现强抑制作用；

(3) 确保在分子主链上含有烷基或羟烷基侧链，用以削弱分子的阳离子特性，提升配伍性能；

(4) 控制分子结构的合适主链缩聚度，保证产品分子可随滤液进入近井壁地带实现强抑制。

设计得到近井壁稳定的支化聚醚胺产品分子结构。使其尽可能减少在钻井液中固相颗粒表面上的吸附，尽可能多的随滤液进入近井壁地带，通过嵌入及拉紧黏土晶层，抑制地层黏土矿物的水化膨胀分散，防止井壁失稳。

2.1.3 分子设计过程

依据分子设计思路，进行分子设计：

(1) 通过缩聚反应，以多元醇为起始剂，引入端羟基醚化剂、氯代环氧化物桥接剂，使分子主链上含有烷基或羟烷基侧链，削弱分子的阳离子特性，提升配伍性；

(2) 通过胺化反应，在氯代支化聚醚上引入胺基基团，通过主链与胺基的共轭效应，改变分子电子云分布，提升抗温性能；主链胺基基团辅助提升吸附能力；胺基基团兼具杀菌及延缓降解性能；

(3) 通过胺化反应，在分子结构上引入伯胺基团，通过伯胺的强吸附能力，随滤液进入近井壁地带，嵌入及拉紧黏土黏土晶层，预防和抑制井壁坍塌；

(4) 通过合理优化缩聚反应及胺化反应条件，控制合适主链缩聚度，得到合适大小的产品分子，保证产品分子随钻井液滤液进入地层实现强抑制。

2.1.4 理论设计结构

通过分子设计，得出了支化聚醚胺产品的理论分子设计结构，如图 1 和图 2 所示。

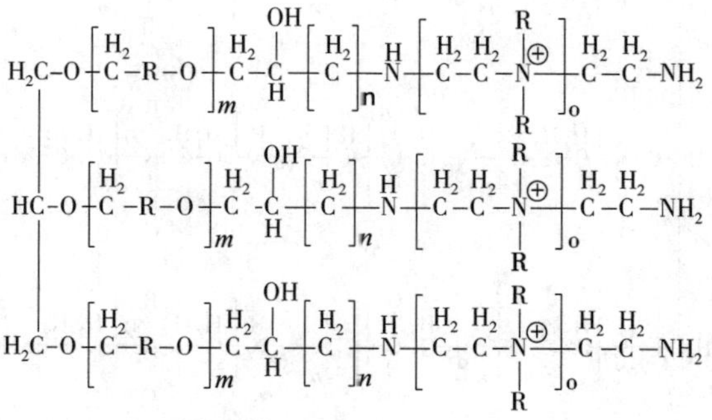

m=1~16中的整数；n=1，2；o=0，1，2，3，4；

R为$-CH_2-CH_2OH-CH_2OH$。分子量范围为：550~3500。

图 1 支化聚醚胺产品的理论分子设计结构

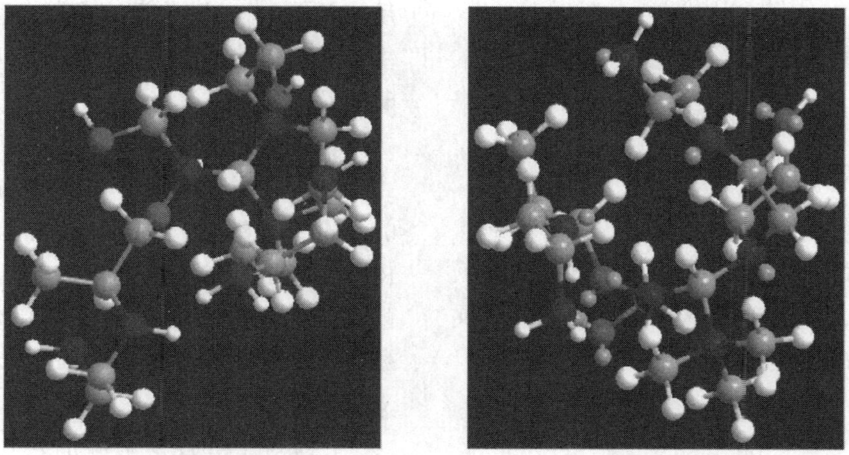

能量优化前　　能量优化后

图 2 支化聚醚胺产品理论分子结构简化模型图

在确保满足环保要求的前提下，设计得到支化聚醚胺产品的理论分子结构。使其尽可能减少在钻井液中固相颗粒表面上的吸附，尽可能多的随滤液进入近井壁地带，拉紧晶层间距，防止井壁坍塌。

2.2 产品合成设计

在产品分子设计的基础上，对其进行合成设计，合成设计的关键是合成原料的选择和合成方法的确定。

2.2.1 合成设计原则

通过对设计得到的产品理论分子结构进行拆分，保证所用原料(合成子、合成单元)易得，反应易行，合成路线及合成工艺需满足以下原则：

(1) 合成工艺简单、合成操作步骤少，尽量简化反应流程，减少人工成本；

(2) 合成反应采用常压加热反应，条件温和，降低设备要求及生产成本，易于实现工业化生产；

(3) 采用选择性好的合成方法，产品收率高，副产物少；

(4) 产品成品液态易流动，无需后处理，方便出料，方便包装储存；

(5) 产品为液态，避免了干燥粉碎过程中由于降解、交联等造成的不利影响，在钻井液中溶解速度快，溶解时间远小于循环周期，使用方便，效果好。

2.2.2 合成设计思路

合成单元拆分：按照原料质优价廉易得，反应条件温和、工艺简单、原料及产品绿色环保的原则，将产品的理论分子结构拆分为多元醇起始剂、醚化剂、氯代环氧化物桥接剂、有机胺等基本合成单元，指导所用合成原料的筛选。支化聚醚胺的理论分子结构拆分示意图如图 3 所示。

拆分得到合成支化聚醚胺所需的合成原料之后，再通过合适的化学反应进行合理组合，提出如下反应步骤：

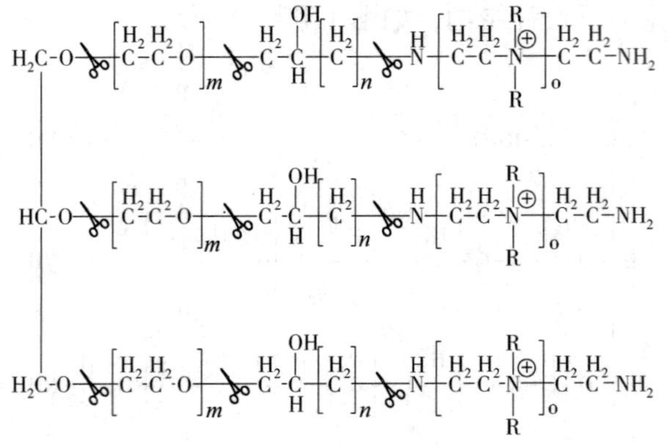

图 3　支化聚醚胺产品理论分子结构拆分示意图

（1）醚化：多元醇起始剂通过与端羟基醚化剂发生缩聚反应，生成支化聚醚。

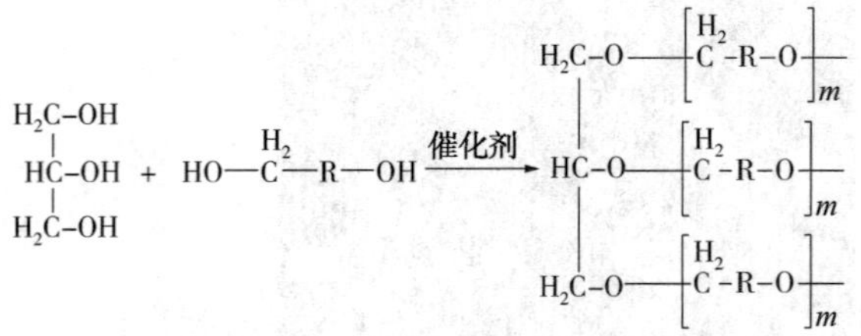

（2）氯代活化：支化聚醚与桥接剂氯代环氧化物发生缩聚反应，生成氯代支化聚醚，为后续胺化反应提供活性反应点。

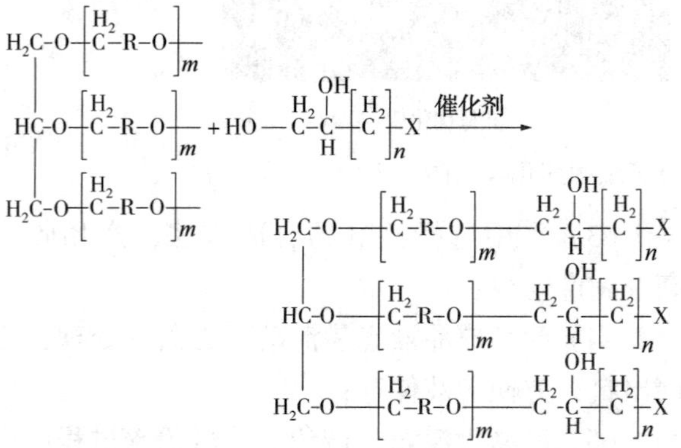

（3）胺化：氯代支化聚醚与有机胺发生胺化反应，生成支化聚醚胺。

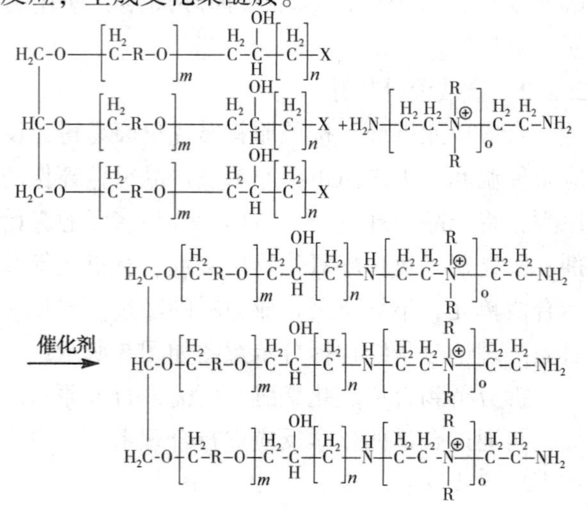

3　产品合成研究、结构表征及性能评价

3.1　产品合成研究

研究确定了支化聚醚胺 PEA-1 的合成方法为：多元醇起始剂与端羟基醚化剂、氯代环氧化物桥接剂先发生醚化反应，再与有机胺发生胺化反应。

产品合成方法、合成原料及合成所需质子酸催化剂的种类及用量确定后，在此基础上进行了产品合成工艺条件优化，优化过程主要包括：(1)足够快的搅拌速度，消除原料内扩散效应对反应的影响；(2)醚化反应条件；(3)氯代活化反应条件；(4)胺化反应条件。考察的工艺参数主要有：搅拌速度、原料配比、反应温度、反应时间及加料方式等。

支化聚醚胺产品的优化合成工艺条件如下：

（1）在搅拌速度为 1000r/min 的条件下，将 0.4mol 多元醇起始剂 A、0.4mol 端羟基醚化剂 B、6%长链烷基磺酸催化剂 E（占多元醇起始剂的质量百分数）加入装有冷凝和搅拌装置的四口烧瓶，搅拌混合均匀，在 96℃ 反应 2.0h，得到支化聚醚；

（2）在上述反应液中加入 0.4mol 桥接剂氯代环氧化物 C，搅拌均匀，在 102℃ 下反应 1.0h，降至室温，得到氯代支化聚醚；

（3）在上述反应液中缓慢加入 0.6mol 胺基化试剂有机胺 D，保持反应温度在 84~94℃，反应 4.0h，降至室温，即得到黄褐色黏稠状透明液体，即为支化聚醚胺产品。

在上述优化合成工艺条件下制备得到支化聚醚胺产品，经过减压蒸馏、提纯分离，得到纯化后的产品样品，用于产品结构表征。

3.2　产品结构表征

3.2.1　红外光谱分析

为了确定支化聚醚胺产品的分子结构，需要对纯化后的支化聚醚胺产品样品进行红外光谱分析。所用仪器为傅里叶变换红外光谱仪，所用方法为涂膜法。通过对产品中特征官能团—OH、C—O—C、伯胺基、仲胺基、C—N 键等对应的特征吸收峰进行分析来检验所得产物是否为目标产物。支化聚醚胺产品的红外光谱表征结果如图 4 所示。

如图 4 中支化聚醚胺的红外谱图显示，

1151cm^{-1}为 C—O—C 的伸缩振动峰，1050～1100cm^{-1}为羟基中 C—O 键的伸缩振动峰，可确定含有聚醚结构；1419cm^{-1}为 C—N 键的吸收峰，1196cm^{-1}为 C—N 键的弯曲振动峰，3380cm^{-1}为 N—H 的吸收峰，可确定含有胺的结构。综合上述结果，支化聚醚胺产品分子结构中含有羟基、醚键、C—N 键、胺基等特征结构，初步确定其分子结构为理论设计结构。下面通过核磁共振、元素分析等其他表征手段来进一步确定产品分子结构。

3.2.2 核磁共振分析

对提纯后的支化聚醚胺产品样品进行了^{1}H 核磁共振分析。支化聚醚胺产品的^{1}H 核磁共振谱图如图 5 所示。

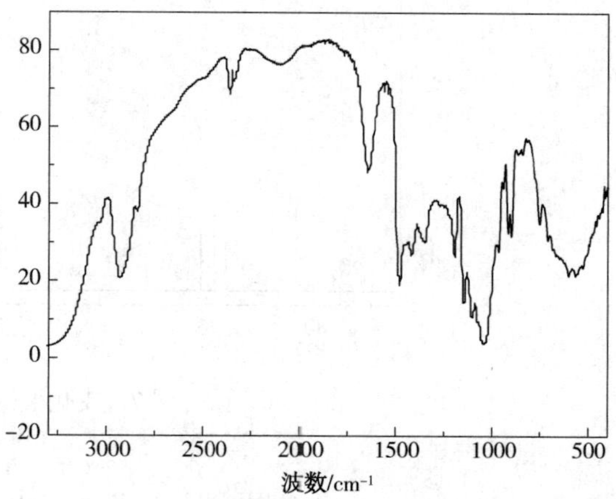

图 4 支化聚醚胺产品红外谱图

对支化聚醚胺产品分子结构的氢原子归属标号结果如图 6 所示。

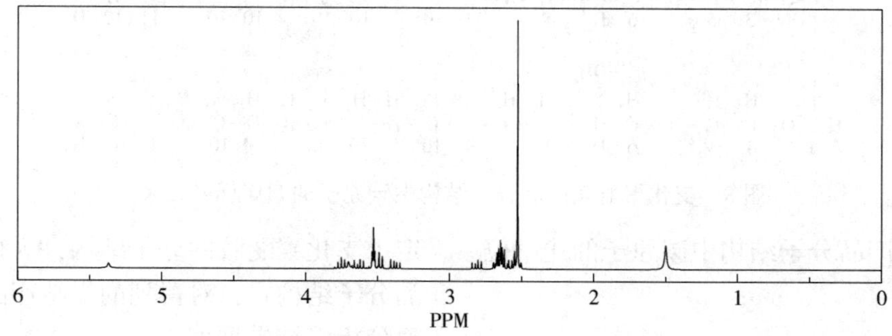

图 5 支化聚醚胺产品的^{1}H 核磁共振谱图

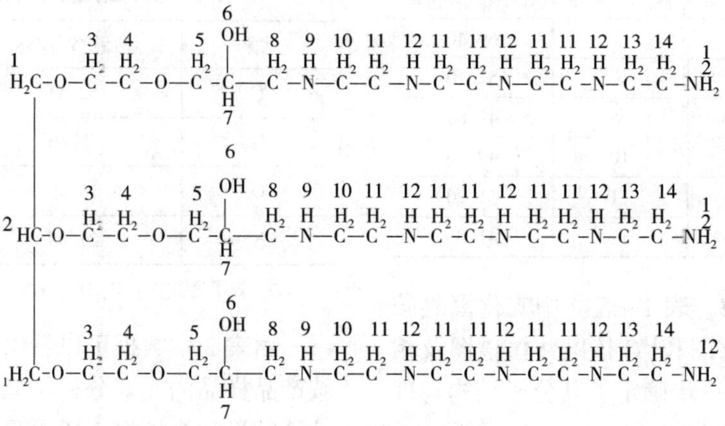

图 6 支化聚醚胺产品分子结构中氢原子的归属标号结果

支化聚醚胺产品分子结构中氢原子的化学位移见表 1。

表 1 支化聚醚胺产品分子结构中氢原子的化学位移

氢原子编号	化学位移/ppm	氢原子编号	化学位移/ppm
1	3.48	6	5.37
2	3.70	7	3.75
3	3.52	8	2.81
4	3.54	9	3.70
5	3.63	10	2.67

续表

氢原子编号	化学位移/ppm	氢原子编号	化学位移/ppm
11	2.53	13	2.66
12	1.50	14	2.62

对提纯后的支化聚醚胺产品样品进行了^{13}C 核磁共振分析。支化聚醚胺产品的^{13}C 核磁共振谱图如图 7 所示。

对支化聚醚胺产品分子结构的碳原子归属标号结果如图 8 所示。

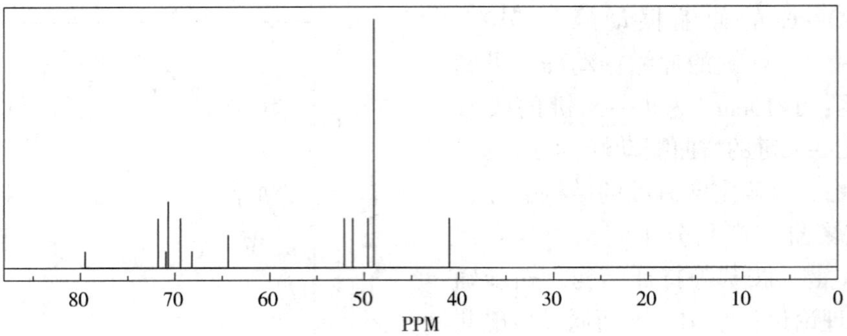

图 7　支化聚醚胺产品的^{13}C核磁共振谱图

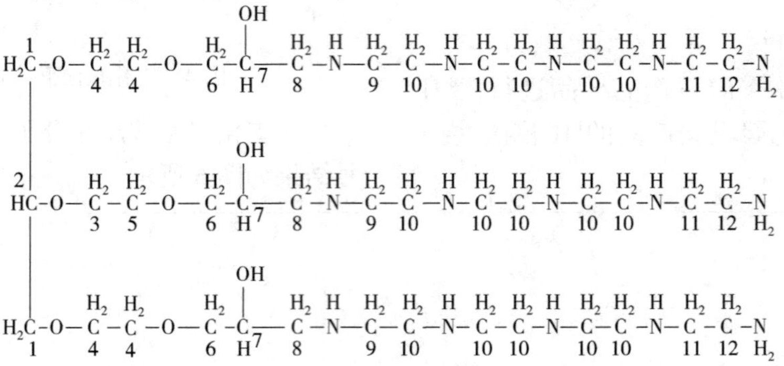

图 8　支化聚醚胺产品分子结构中碳原子的归属标号结果

支化聚醚胺产品分子结构中碳原子的化学位移见表 2。

表 2　支化聚醚胺产品分子结构中碳原子的化学位移

碳原子编号	化学位移/ppm	碳原子编号	化学位移/ppm
1	64.40	7	69.40
2	79.50	8	52.10
3	68.20	9	49.60
4	70.70	10	49.00
5	71.00	11	51.20
6	71.80	12	41.00

通过对图 5~图 8、表 1~表 2 中支化聚醚胺产品的^{1}H核磁共振谱图和^{13}C核磁共振谱图及相关信息进行分析，进一步确定了其分子结构与理论设计相符。

3.2.3　元素分析

通过红外光谱分析和核磁共振分析，基本确定了支化聚醚胺的分子结构，为得到更准确的产品分子结构式，对得到的提纯产品样品进行了元素分析，结果见表 3。

表 3　支化聚醚胺产品元素分析数据

元素	理论含量/%	实测含量/%
C	52.53	52.64
H	10.60	10.49
O	14.99	15.03
N	21.88	21.84

注：分子通式为：$C_{42}H_{101}O_9N_{15}$。

由表 3 中数据可以看出，实际合成支化聚醚胺产品样品的元素分析结果与其理论分子结构的计算结果吻合较好，所以最终确定合成的支化聚醚胺产品分子结构如图 9 和图 10 所示，相对分子质量为 960.37。

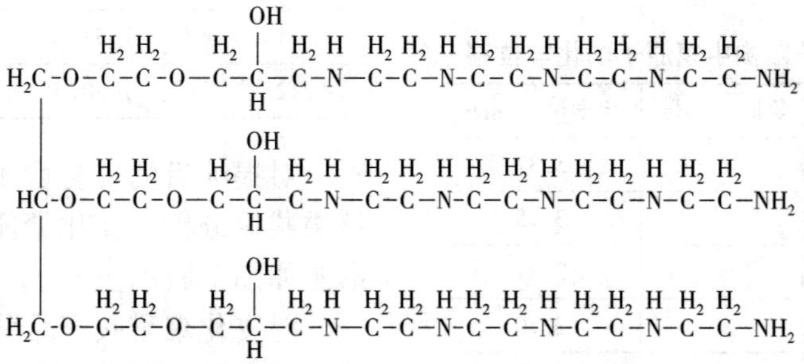

图 9　支化聚醚胺产品的实际合成分子结构

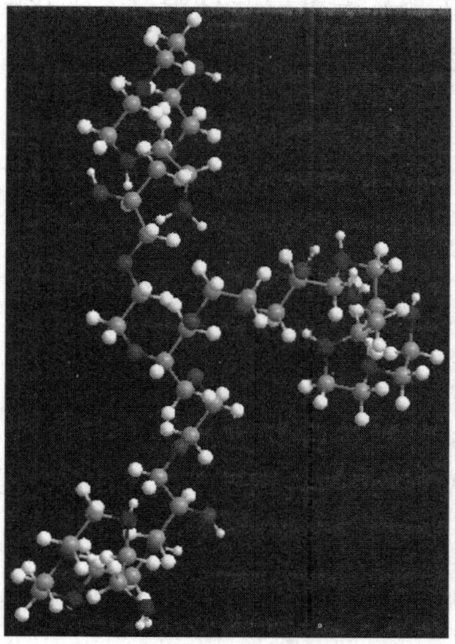

图 10　支化聚醚胺产品实际合成分子的结构模型

支化聚醚胺产品分子的总键能为 48.4633kcal/mol，摩尔质量为 960.37g/mol，是一种中等分子量的泥页岩强抑制剂。

经分析化学实验测试，支化聚醚胺产品的胺值为 6.5mmoL/g，具有较多的胺基吸附活性位。

3.2.4　支化聚醚胺 PEA-1 分子结构

通过对合成的支化聚醚胺产品样品进行红外光谱、^{1}H 核磁共振、^{13}C 核磁共振和元素分析，最终确定合成的支化聚醚胺产品分子结构如图 9 和图 10 所示，分子中含有羟基、醚键、C-N 键、胺基等特征结构。

3.3　产品性能测试

对制备得到的泥页岩抑制剂支化聚醚胺 PEA-1 产品的抑制性能进行了性能评价，主要包括抑制性能、抗温性能、配伍性能、生物毒性等。

3.3.1　抑制性能

（1）岩屑回收率

对不同含量的支化聚醚胺产品水溶液进行岩屑回收率评价实验，所用岩屑为陕北延长油田云页平 6 井 2087~2345m 处岩心，该岩心岩性为紫红色软泥岩，极易水化膨胀分散。岩心一次回收实验条件为：200℃热滚 16h，岩心二次回收实验条件为：清水介质中 200℃热滚 2h。结果如图 11 所示。

由图 11 可以看出，随着支化聚醚胺含量的增加，岩屑回收率呈上升趋势。在支化聚醚胺含量较低时即可达到较高的岩屑回收率，当含量达 0.7%时，岩屑回收率超过 95%，之后随着支化聚醚胺含量升高，岩屑回收率基本趋于平稳，由于高含量时产品在钻屑上的吸附量增大，产品吸附量大于岩屑水化损失量，岩屑回收率最高达 100.68%。

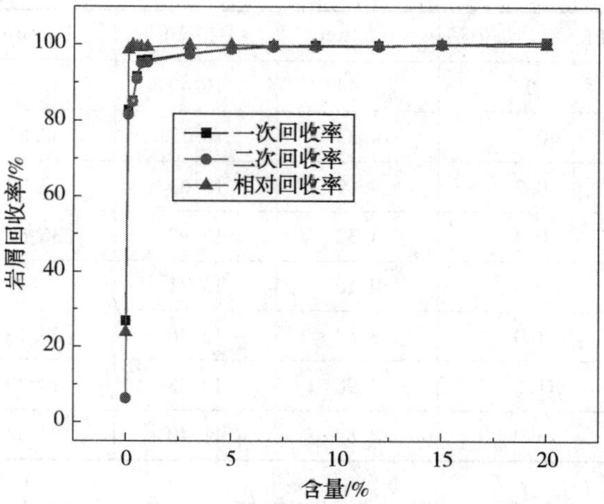

图 11　支化聚醚胺含量对岩屑回收率影响

（2）相对抑制率

将不同含量支化聚醚胺 PEA-1 加入到钙土基浆中，考察抑制剂对钙土基浆的相对抑制率。老化实验条件为：200℃，16h。相对抑制率评价结果如图 12 所示。

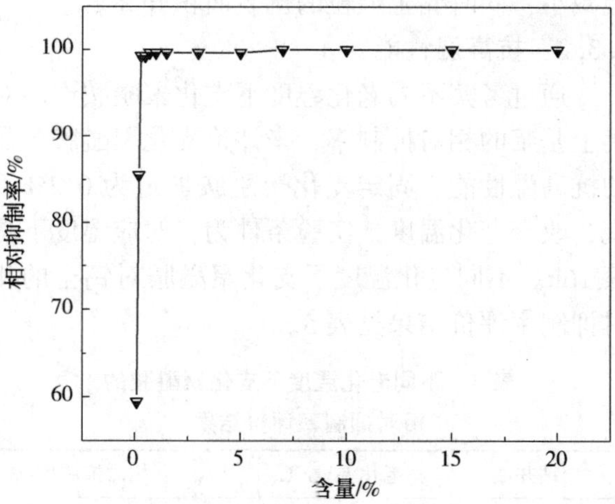

图 12　不同含量支化聚醚胺产品对相对抑制率的影响

由图 12 中实验结果可以看出，随着支化聚醚胺含量的增加，相对抑制率呈上升趋势。当支化聚醚胺含量≥0.3%时，其对钙土的相对抑制率已经高达 99.28%，且趋于平稳，最高为 100%。可以认为，当支化聚醚胺含量≥0.3%时，即可充分发挥其优异的抑制黏土矿物水化膨胀分散的能力。

（3）产品对土浆粒度分布影响

为考察支化聚醚胺产品对预水化膨润土浆中的固体粒度分布的影响，对不同支化聚醚胺加量条件下的6%膨润土浆的粒度分布进行了考察。老化实验条件为：200℃，16h。所用仪器为LS 13320 XR激光衍射粒度分析仪。支化聚醚胺对膨润土浆的粒度分布影响结果见表4。

表4　支化聚醚胺PEA-1加量对膨润土浆粒度的影响

PEA-1加量/%	D_{50}/μm	D_{90}/μm	D_{99}/μm	Dav/μm	S/V/(cm^2/cm^3)	<2μm/%	<20μm/%
0	4.44	16.49	37.21	7.24	15247.84	8.91	93.18
0.1	4.33	16.12	38.67	7.16	15491.05	9.24	93.41
0.2	4.09	13.63	23.90	6.24	16194.04	9.93	95.89
0.3	4.32	15.97	36.87	7.06	15522.91	9.21	93.41
0.5	4.10	13.71	31.88	6.31	16124.07	9.62	95.54
1.0	3.83	12.36	29.19	5.82	16925.85	10.66	96.47
1.5	3.90	12.85	29.29	5.92	16707.91	10.37	96.34
3.0	3.87	11.40	23.98	5.48	16889.12	10.22	97.81

由表4中测试数据可以看出，不同加量的支化聚醚胺产品加入到6%的预水化膨润土浆中，200℃高温滚动16h后，随着支化聚醚胺加量的增大，预水化膨润土浆的平均粒径呈降低趋势，粒子比表面积呈升高趋势。这是因为支化聚醚胺抑制住了固体粒子的水化膨胀分散，表现出来的结果就是黏土粒子处于不水化状态，黏土颗粒半径减小，同时黏土颗粒的比表面积升高。

3.3.2　抗高温性能

通过考察不同老化温度下支化聚醚胺产品对钙土基浆的相对抑制率，来评价支化聚醚胺产品的抗高温性能。固定支化聚醚胺加量为0.3%不变，改变老化温度，实验条件为：对应温度下热滚16h。不同老化温度下支化聚醚胺对钙土的相对抑制率评价结果见表5。

表5　不同老化温度下支化聚醚胺的相对抑制率评价结果

钻井液	老化温度/℃	Φ_{100}	相对抑制率/%
基浆	120	193	—
基浆+0.3%PEA-1	120	5.0	97.41
基浆	160	157	—
基浆+0.3%PEA-1	160	3.0	98.09
基浆	200	138	—
基浆+0.3%PEA-1	200	1.0	99.28
基浆	220	94	—
基浆+0.3%PEA-1	220	2.0	97.87
基浆	240	198	—
基浆+0.3%PEA-1	240	4.0	97.98

由表5中实验数据可以看出，老化温度对钙土基浆的100r/min读数影响较大，但从相对抑制率结果来说，老化温度的变化对相对抑制率的数值影响不大。当老化温度为220℃时，支化聚醚胺对钙土基浆的相对抑制率>97%，可认为支化聚醚胺在220℃时仍然对黏土矿物的水化膨胀分散起到较强抑制作用，且钻井液流变性能稳定，支化聚醚胺在钻井液中可抗温达220℃。

3.3.3　配伍性能

作为泥页岩抑制剂来说，在钻井液中的配伍性能主要表现在与膨润土的配伍性，因此，为了考察支化聚醚胺与钻井液的配伍性能，只需重点考察支化聚醚胺与膨润土的配伍性。考察了不同加量的支化聚醚胺产品对6%预水化膨润土浆的流变性能及失水的影响，老化实验条件为：200℃，16h。支化聚醚胺对膨润土浆的配伍性评价结果见表6。

表6　支化聚醚胺PEA-1对膨润土浆流变及失水的影响

PEA-1加量/%	AV/(mPa·s)	PV/(mPa·s)	YP/Pa	FL/mL	pH值
0	8.5	8.0	0.5	36.5	7.5
0.1	7.0	6.0	1.0	37.5	8.0
0.2	6.0	5.0	1.0	38.5	8.0
0.3	6.0	5.0	1.0	40.0	8.0

由表6中实验结果可以看出，当支化聚醚胺在6%预水化膨润土浆中的加量不超过0.3%时，表观黏度变化值不超过2.5mPa·s，中压失水变化值不超过3.5mL，产品对预水化膨润土浆的流变性能及失水性能影响较小，可在发挥强抑制效

果的同时表现出较好的配伍性能。在实际现场施工过程中，支化聚醚胺产品的具体加量应根据现场井浆的实际情况（膨润土含量、劣质固相含量等），并结合现场小型试验结果来确定。

3.3.4 生物毒性

采用发光细菌法测试了泥页岩抑制剂支化聚醚胺 PEA-1 产品的生物毒性。测试结果显示，所合成 PEA-1 产品样品 EC_{50} 值高达 521400mg/L，远高于排放标准 30000mg/L（参照国标：GB/T 15441—1995 水质急性毒性的测定发光细菌法）。得出结论为，合成得到的支化聚醚胺 PEA-1 产品无生物毒性，绿色环保。

4 产品工业生产技术

4.1 产品工业生产工艺

支化聚醚胺 PEA-1 产品的工业生产工艺如下：

（1）将 150 质量份长链烷基磺酸催化剂投入到带有搅拌装置、冷凝回流装置、反应液冷却装置的反应釜中，继续加入 800 质量份的多元醇起始剂、1000 质量份的端羟基醚化剂，混合均匀，在 96℃反应 2.0h；接着加入 1200 质量份的氯代环氧化物桥接剂，搅拌均匀，在 102℃下反应 1.0h，降至室温，得到氯代聚醚；

（2）在上述反应液中缓慢加入 1800 质量份的胺基化试剂（缓慢分批加入），保持反应温度在 94℃，反应 4.0h，降至室温，即得到黄褐色粘稠状透明液体，即为支化聚醚胺产品；最终出料与加入物料平衡；

（3）对产品随机取样测试其性能，确保产品质量合格；

（4）出料，装桶，张贴产品标签及合格证，在阴凉处保存备用。

4.2 工艺优点

最终形成的支化聚醚胺 PEA-1 产品的工业生产工艺主要有以下优点：

（1）反应条件温和、节能。整个生产过程只需在较低温度（≤102℃）、常压下进行，反应时间短，化学反应为自身放热反应，能耗低；

（2）可操作性强。反应温度范围较宽，反应较缓和，易于控制；多为液体原料，可直接泵入反应釜，操作安全，劳动强度低；

（3）绿色环保。生产过程无“三废”排出，绿色环保，生产原料及产品均无毒。

5 产品现场应用

5.1 产品现场应用概况

截至目前，支化聚醚胺 PEA-1 产品已在陕北、山西、新疆、四川、中原、内蒙、东北等地区 51 口井应用，抑制防塌效果突出，加量较小时即可发挥优异的抑制效果，加量较大时，在发挥强抑制剂性能的同时，不会对钻井液流变性和滤失量造成不良影响，配伍性好，该产品较好地满足了现场井壁稳定技术要求，经济效益和社会效益显著，应用前景广阔。

5.2 产品现场应用效果

支化聚醚胺 PEA-1 产品的现场应用效果如下：

（1）支化聚醚胺产品抑制防塌效果显著

支化聚醚胺泥页岩强抑制剂对现场强水敏性泥页岩、含泥岩、泥岩互层等易坍塌地层表现出显著的井壁稳定效果，以及优异的预防井壁坍塌及井壁坍塌后的现场补救能力，为陕北、山西、中原、内蒙等地区易坍塌地层的井壁失稳难题提供了良好的解决方案。

山西 YH45-20-1H 井三开水平段由于未钻遇砂岩目的层，为寻找砂岩目的层，按甲方要求，共钻开了三个水平段，结果钻遇岩性显示均为强水敏软泥岩地层，由于三个水平段均未找到砂岩目的层，故甲方通知完钻。在 YH45-20-1H 井的二开造斜段、三开水平段钻进过程中，在现场井浆中加入 0.3%的支化聚醚胺产品，对钻遇的石千峰、石盒子组的紫红色、灰黑色软泥岩表现出优异的抑制水化膨胀分散的效果，确保了三个泥岩水平段的井壁稳定，未出现任何坍塌掉块，避免了造斜段托压、卡钻等井下复杂情况，机械钻速显著提高，钻井综合成本显著降低。YH45-20-1H 井现场井浆中加入支化聚醚胺产品后，从振动筛返出的钻屑形状完整，干燥且聚结成团，如图 13 所示，有利于振动筛对钻井液中有害固相的及时清除，较好地保持了钻井液清洁。

内蒙拐 13 井跟前期邻井相比，该井井身结构由三开制井身结构简化为二开制井身结构，二开裸眼段长近 2000m，银根组、苏红图组、巴音戈壁组含有大段红棕色、灰色、灰黑色软泥岩，泥岩含量高达 90% 以上，泥岩吸水后易膨胀、垮塌，导致缩径与垮塌共存，银根组与下部苏红

图 13　山西 YH45-20-1H 井
加入支化聚醚胺后振动筛返砂情况

图组及巴音戈壁组在同一个裸眼段，随着钻井周期延长，钻井液对银根组地层的浸泡时间必然大大延长，从而对银根组的井壁稳定要求更高，否则将影响后期的起下钻、电测等施工。该井二开裸眼段井壁失稳风险极大，施工难度较前期三开制的邻井显著增加，且前期施工的拐 5 侧井及拐 12 侧井，出现了完井电缆测井频繁遇阻的问题，最终不得不采用钻具输送完成电测，严重影响了勘探开发进度。部分邻井银根组与苏红图组交界面的井径扩大率见表 7。

表 7　部分邻井银根组与苏红图组交界面附近井径扩大率

井号	井深/m	地层层位	井径扩大率/%
拐参 1 井	1600	银根组	17.6
拐 2 井	1400	银根组	27.9
拐 4 井	1675	银根组	79.5
拐 5 侧井	1909	银根组	93.2
拐 8 井	1530	银根组	40.6
拐 9 井	1475	银根组	44.2

因此，为进一步强化井壁稳定效果，在拐 13 井二开钻至银根组、苏红图组、巴音戈壁组等软泥岩地层时，在现场井浆中加入 0.1%～0.3% 支化聚醚胺产品，将现场井浆转化为支化聚醚胺-复合盐钻井液体系，对钻遇的强水敏性软泥岩表现出了强效的抑制防塌效果，钻进过程中井壁一直保持稳定，井径规则，应用井段井径扩大率仅为 4.32%，电测及下套管一次成功。支化聚醚胺产品对拐 13 井银根组、苏红图组、巴音戈壁组的强水敏软泥岩地层表现出突出的抑制效果。

拐 13 井在钻至二开巴音戈壁组时，振动筛返出的棕色泥岩岩屑完整，并可见附着 PDC 钻头切削印，岩屑照片如图 14 所示。

图 14　拐 13 井振动筛返出的巴音戈壁组棕色泥岩

拐 13 井苏红图组-巴音戈壁组钻出的井眼较为规则，从井径数据来看，基本没有糖葫芦井眼，平均井径扩大率为 3.73%，与邻井苏红图组-巴音戈壁组的平均井径扩率 9.03% 相比，拐 13 井应用支化聚醚胺产品后该井段的平均井径扩大率有较大幅度下降，钻进过程中返出岩屑规则，起下钻畅通。

（2）支化聚醚胺产品对现场井浆适应性好

从分子设计结构来看，支化聚醚胺产品分子主链上含有多个羟烷基或烷基侧链，可明显削弱分子的阳离子特性，提升配伍性能。其加入钻井液后对钻井液流变性能不会产生不良影响，且略有降失水效果，保证了现场使用时钻井液性能的稳定。

陕西 YB013-H03 井三开 2274～3271.5m 井段加入支化聚醚胺产品后，对钻井液流变性能基本无影响，钻井液无需进行大幅度调整，保证了现场使用时钻井液性能的稳定。支化聚醚胺产品对 YB013-H03 井三开井浆的适应性较好，与流型调节剂、降滤失剂等协同作用，可优化钻井液流型，改善泥饼质量，使泥饼变得薄韧致密。加入 0.2% 支化聚醚胺 PEA-1 前后 YB013-H03 井的三开钻井液性能见表 8。

内蒙拐 13 井二开 2050～3275m 井段使用支化聚醚胺产品，该产品加入前，在现场井浆中加入支化聚醚胺产品后，对钻井液流变性能无不良影响，略有增黏提切效果，钻井液无需进行大幅度调整，保证了现场使用时钻井液性能的稳定。支化聚醚胺产品与拐 13 井二开井浆的适应性较好，与井浆中的流型调节剂、降滤失剂等配套处理剂协同作用，可优化钻井液流型，改善泥饼质量，保障了现场钻井施工的顺利进行。该井二开的现场 KCl 钻井液中加入 0.1%～0.3% 支化聚醚胺产品前后的钻井液部分性能见表 9。

表 8 YB013-H03 井加入支化聚醚胺产品前后的三开钻井液性能变化

钻井液	FV/s	AV/(mPa·s)	PV/(mPa·s)	YP/Pa	YP/PV/[Pa/(mPa·s)]	G′/G″/(Pa/Pa)	FL_{API}/mL	pH 值
井浆	51	21.5	17.0	4.5	0.26	3.0/7.0	6.4	9
井浆+0.2%PEA-1	54	22.0	17.0	5.0	0.29	4.0/9.0	6.2	9

表 9 拐 13 井加入支化聚醚胺产品前后部分钻井液性能

钻井液	FV/s	AV/(mPa·s)	PV/(mPa·s)	YP/Pa	YP/PV/[Pa/(mPa·s)]	G′/G″/(Pa/Pa)	FL/mL
井浆	39	13.5	10	3.5	0.35	0.5/1.0	4.8
井浆+0.1%~0.3%PEA-1	40	19.0	15	4.0	0.27	0.5/1.0	4.2

(3) 支化聚醚胺产品低温下流动性好

支化聚醚胺产品在内蒙拐 13 井的应用时间为 2019 年 12 月份，当时外界环境温度为-15~-25℃左右，支化聚醚胺在往现场井浆中加入时，流动性较好，呈液态黏稠流动状。通过支化聚醚胺产品在拐 13 井严寒环境下的流动状态，可以认为该产品在内蒙、新疆、东北等极端严寒条件下使用时，不会冻结，能够直接倒入现场井浆中，避免了高温加热等额外处理措施，可节省大量人力物力。

6 结论

(1) 针对胺基抑制剂存在的抑制性能和配伍性能不能同时兼顾的矛盾，以及产品生产工艺条件苛刻、成本较高等问题，在分子设计思路指导下，采用先醚化活化、再胺化的方法，研制出了强抑制、抗高温、配伍性好、绿色环保、性价比高的泥页岩强抑制剂支化聚醚胺 PEA-1 产品。

(2) 得到了支化聚醚胺 PEA-1 产品性能评价结果。产品具有突出的抗高温强抑制性能，当产品含量≥0.3%时，200℃热滚 16h，相对抑制率达 99.28%；产品抗温达 220℃；同时产品配伍性好，成本低，无生物毒性。

(3) 形成了支化聚醚胺 PEA-1 产品工业生产技术。产品生产工艺条件温和，能耗小，易操作，无三废排放，工业品性能与室内产品一致；产品与不同区域不同地层钻井液配伍性好，适用于强水敏性泥页岩、含泥岩、泥岩互层等易坍塌地层的钻井施工，

(4) 实现了产品的较大规模现场应用，抑制防塌效果突出。产品在陕北、山西、新疆、四川、中原、内蒙、东北等地区应用 51 口井，在发挥强抑制剂性能的同时，对钻井液流变性和滤失量无不良影响，该产品较好地满足了现场井壁稳定技术要求，实现了绿色、安全、高效钻进，经济效益和社会效益显著，应用前景广阔。

(5) 在现有胺基抑制剂研究基础上，继续优化开展基于不同分子尺寸、具有不同功能基团、发挥不同抑制机理的胺基系列强抑制剂的研制及应用，用于解决现场高活性泥页岩等易坍塌地层的井壁失稳及地层造浆问题，满足现场复杂地层更高的技术要求。

参 考 文 献

[1] 王中华. 钻井液及处理剂新论[M]. 北京：中国石化出版社，2017：77-81.

[2] 王中华. 关于聚胺和“聚铵”钻井液的几点认识[J]. 中外能源，2012，17(11)：1-7.

[3] 王倩，周英操，唐玉林，等. 泥页岩井壁稳定影响因素分析[J]. 岩石力学与工程学报，2012，31(1)：171-179.

[4] 李劲松，翁昊阳，段飞飞，等. 钻井液类型对井壁稳定的影响实例与防塌机理分析[J]. 科学技术与工程，2019，19(26)：161-167.

[5] 赵凯，樊勇杰，于波，等. 硬脆性泥页岩井壁稳定研究进展[J]. 石油钻采工艺，2016，38(3)：277-285.

[6] 张兴来，罗健生，郭磊，等. 聚胺抑制剂 PF-UHIB 与膨润土相互作用机理[J]. 油田化学，2016，33(2)：195-199.

[7] 鲁娇，方向晨，黎元生，等. 聚胺抑制剂和蒙脱土的作用机理[J]. 石油学报(石油加工)，2014，30(4)：724-729.

[8] 郭文宇，彭波，操卫平，等. 钻井液用低聚胺类页岩抑制剂的结构与性能[J]. 钻井液与完井液，2015，32(1)：26-29.

[9] 王维恒，董樱花，方颖，等. 聚胺抑制剂 DEG 对水

基钻井液抑制性的影响[J]. 科学技术与工程，2014，14(9)：144-146.
[10] 潘一，廖松泽，杨双春，等. 耐高温聚胺类页岩抑制剂的研究现状[J]. 化工进展，2020，39(2)：686-695.
[11] 钟汉毅，邱正松，黄维安，等. 聚胺高性能水基钻井液特性评价及应用[J]. 科学技术与工程，2013，13(10)：2803-2807.
[12] 赵欣，邱正松，石秉忠，等. 深水聚胺高性能钻井液试验研究[J]. 石油钻探技术，2013，41(3)：35-39.
[13] 鲁娇，方向晨，王安杰，等. 聚胺抑制剂黏度和阳离子度与页岩相对抑制率的关系[J]. 石油学报(石油加工)，2012，28(6)：1043-1047.
[14] 钟汉毅，黄维安，林永学，等. 新型聚胺页岩抑制剂性能评价[J]. 石油钻探技术，2011，39(6)：44-48.
[15] 钟汉毅，邱正松，黄维安，等. 聚胺水基钻井液特性实验评价[J]. 油田化学，2010，27(2)：119-123.
[16] 黄进军，田月昕，谢显涛，等. 水基钻井液用聚胺抑制剂研究与性能评价[J]. 化学世界，2018，59(9)：590-597.
[17] 张国，徐江，詹美玲，等. 新型聚胺水基钻井液研究及应用[J]. 钻井液与完井液，2013，30(3)：23-26.
[18] 钟汉毅，邱正松，黄维安，等. 新型聚胺页岩水化抑制剂的研制及应用[J]. 西安石油大学学报(自然科学版)，2013，28(2)：72-77.
[19] 储政. 国内聚胺类页岩抑制剂研究进展[J]. 化学工业与工程技术，2012，33(2)：1-5.
[20] 鲁娇，方向晨，王安杰，等. 国外聚胺类钻井液用页岩抑制剂开发[J]. 现代化工，2012，32(4)：1-5.
[21] 陈楠，张喜文，王中华，等. 新型聚胺抑制剂的实验室研究[J]. 当代化工，2012，41(2)：120-122.
[22] 邱正松，钟汉毅，黄维安. 新型聚胺页岩抑制剂特性及作用机理[J]. 石油学报，2011，32(4)：678-682.

抗高温聚多糖水基钻井液体系研究

谢　俊[1,2]　司西强[1,2]　王中华[1,2]　王忠瑾[1,2]

（1. 中石化石油工程公司钻完井液技术中心；2. 中石化中原石油工程有限公司钻井工程技术研究院）

摘　要　抗高温聚多糖水基钻井液是以抗高温改性聚多糖处理剂系列产品为基础而形成的一种环保抗高温水基钻井液体系。针对现场钻井液环保性能和抗高温性能不能兼顾的技术难题，以自主研制的抗温180℃改性硬葡聚糖抗高温增黏提切剂MSG、抗温180℃改性壳聚糖抗高温抗盐降滤失剂AMC、抗温220℃改性烷基糖苷抗高温强抑制剂SNAPG等三种改性聚多糖处理剂为基础和核心主剂，优选封堵剂、固壁防塌剂、润滑剂等其他配伍处理剂，构建并优化得到了抗高温聚多糖水基钻井液体系配方：10% SNAPG+2%土+0.5% MSG+1.5% AMC+4% SMPC+2%成膜封堵剂MD-1+2%纳米封堵剂ND-1+1% GAPG+1% LAPG+7% KCl+0.2% NaOH+重晶石。钻井液密度在1.15~2.60g/cm^{3}范围内可调。钻井液抗温达185℃；岩屑一次回收率99.10%，相对回收率99.59%；极压润滑系数0.061，泥饼黏附系数0.0524；钻井液中压滤失量0.4mL，高温高压滤失量8.6mL；钻井液EC_{50}值293200mg/L；钻井液抗盐达饱和，抗钙5%，抗土30%、钻屑25%，抗水30%，抗原油20%；岩心的静态渗透率恢复值大于92.50%，动态渗透率恢复值大于91.20%。抗高温聚多糖水基钻井液已在新疆顺北53-2H井、罗西1X井等5口井现场应用，效果突出，有效解决了新疆顺北超深井奥陶系破碎地层、塔河碎屑岩地层的井壁失稳及水平段定向易托压难题，利于避免井下复杂，提高机械钻速，缩短钻井周期，降低钻井成本，最终实现现场的绿色安全高效钻井施工，表现出较好的经济效益和社会效益，推广应用前景广阔。

关键词　深井超深井；碎屑岩井；抗高温聚多糖；强抑制；高润滑；固壁防塌；绿色环保

近年来，随着世界环保要求的日益严格，国内外为实现环保钻井液的目标开展了大量的研究工作，并取得了积极的进展，人们逐渐认识到，钻井液绿色化成为世界钻井液技术发展的必然趋势。当前钻井液技术正朝着环保绿色化的方向发展，以满足环境敏感区域的需求。同时，随着油气勘探开发范围不断扩大，在钻探高温复杂地层时，对钻井液抗高温性能和实际钻进过程中应用性能要求越来越高，以满足高温复杂地层安全高效钻进的技术需求。现有水基钻井液存在着环保性能和抗高温性能不能同时兼顾的矛盾。而油基钻井液虽然能够满足高温复杂地层的安全高效钻进，但环保问题凸显，在废弃老浆环保处理、油基钻屑后处理等方面存在着巨大的成本压力和社会舆论压力，导致在环境敏感区域应用受限。因此，在这种严峻形势下，综合考虑环境敏感区域需求和高温复杂地层技术需求，在自主研发的抗温180℃改性硬葡聚糖增黏提切剂MSG、抗温180℃改性壳聚糖抗盐降滤失剂AMC、抗温220℃改性烷基糖苷强抑制剂SNAPG等抗高温改性聚多糖处理剂基础上，配伍封堵剂、固壁防塌剂、润滑剂等其他处理剂，形成环保抗高温水基钻井液体系配方，并在新疆顺北超深井、塔河碎屑岩井开展了现场应用。本文主要介绍抗温185℃抗高温聚多糖水基钻井液体系的研究概况及现场应用效果，以期对国内外钻井液技术人员有一定启发作用，促进钻井液技术不断进步。

1　抗高温聚多糖水基钻井液体系

以自主研发的三种不同功能的抗高温改性聚多糖处理剂为基础和核心主剂，优选封堵剂、固壁防塌剂、润滑剂等其他配伍处理剂，构建并优化得到环保抗高温水基钻井液体系配方，从根本上解决钻井液环保性能和抗高温性能不能兼顾的难题，应用于现场环保要求较高地区的高温复杂地层，实现绿色、安全、高效钻进。

1.1　抗高温改性聚多糖处理剂及其特性

研发的MSG、AMC、SNAPG等三种抗高温改性聚多糖处理剂已形成了成熟的工业化生产技术，并实现了工业化生产，现场应用40余口井，表现出突出的抗高温增黏提切、抗盐降滤失、强抑制等性能，且作为单剂避免了对现场井浆造成额外环保压力。对抗高温改性聚多糖处理剂及其特性进行简要介绍。

1.1.1　改性硬葡聚糖抗高温增黏提切剂 MSG 及其特性

硬葡聚糖作为聚多糖的一种，其分子糖元之间以 β-(1,3) 和 β-(1,6) 糖苷键连接，β-(1,6) 糖基侧链的存在会显著影响其物理性质，硬葡聚糖的特殊结构决定了其在高温条件下具有较好的黏切性能，硬葡聚糖可在不高于 130℃ 的地层使用，而生物聚合物黄原胶的适用地层温度一般为 <120℃，在抗高温增黏提切方面，硬葡聚糖跟黄原胶相比已经具有显著优势。硬葡聚糖分子结构上含有多个羟基活性位，可作为抗高温增黏提切剂的基质材料，通过接枝共聚等化学反应制备得到改性硬葡聚糖抗高温增黏提切剂 MSG，抗温达 180℃，作为抗高温聚多糖水基钻井液的增黏提切剂。

（1）抗高温增黏提切剂 MSG

研究得到改性硬葡聚糖抗高温增黏提切剂 MSG 产品的制备方法：①将 15 质量份(下同)硬葡聚糖 SG-1、200 份水、4 份氢氧化钠加入反应容器中，在 1000r/min 的搅拌速度下，搅拌均匀，在温度 60℃ 下碱化糊化 1h，得到硬葡聚糖水凝胶；②在配液容器中加入 54 份酰胺基单体-I、27 份磺酸基单体 S1、6 份氢氧化钠、60 份水，在 1000r/min 的搅拌速度下，在温度 40℃ 下，搅拌 1h，确保反应液均匀，得到单体水溶液；③将单体水溶液与硬葡聚糖水凝胶混合，在搅拌速度 1000r/min 下搅拌均匀，用 40% 氢氧化钠水溶液调节反应液 pH 值至 10，将组成为 0.12 份亚硫酸盐、0.24 份过硫酸盐的氧化还原引发剂加入反应液中，在 40～70℃ 下反应 8h，得到淡黄色半透明的黏稠状不流动固体，剪切造粒，在烘箱中于 80℃ 下干燥，粉碎至 60～80 目，即得改性硬葡聚糖抗高温增黏提切剂 MSG。

改性硬葡聚糖抗高温增黏提切剂 MSG 的分子结构如图 1 所示：

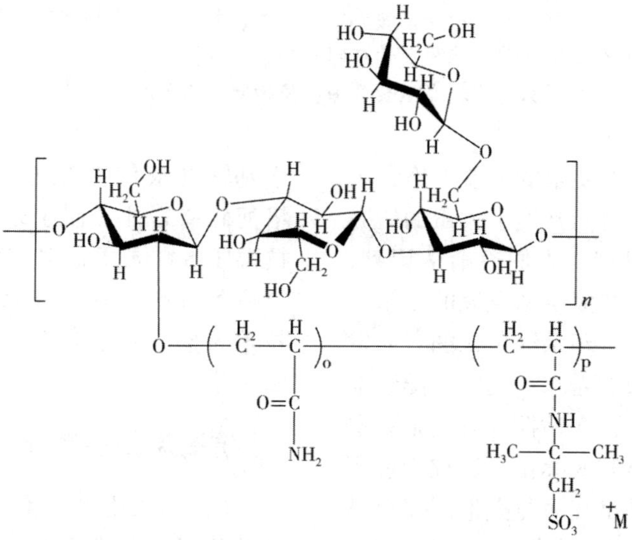

图 1　改性硬葡聚糖抗高温增黏提切剂 MSG 分子结构

（2）抗高温增黏提切剂 MSG 特性

改性硬葡聚糖抗高温增黏提切剂 MSG 的特性评价结果见表 1。

表 1　改性硬葡聚糖抗高温增黏提切剂 MSG 的特性评价结果

参数	MSG 特性评价结果
增黏提切性能	0.5% 样品对 4% 土浆，表观黏度上升率达 1083.33%，静切力上升率：初切上升率 300%，终切上升率 1600%
抗温性能	抗温达 180℃(黄原胶抗温<120℃)
配伍性能	产品与淡水基浆、盐水基浆、饱和盐水基浆、复合盐水基浆配伍性好； 0.3% 产品对淡水基浆，表观黏度上升率达 566.67%，静切力上升率：初切上升率 200%，终切上升率 400%；API 滤失量从 40mL 降至 9.0mL
生物毒性	产品 EC_{50} 值为 553400mg/L，无生物毒性，绿色环保

由表 1 中数据可以看出，改性硬葡聚糖 MSG 产品具有突出的抗高温增黏提切性能，兼

具优良的配伍性能，无生物毒性，绿色环保，适用于环境敏感区域高温复杂地层的流型调节，可作为环保抗高温水基钻井液体系的增黏提切剂。

1.1.2 改性壳聚糖抗高温抗盐降滤失剂 AMC 及其特性

壳聚糖是自然界中唯一一种碱性多糖，与其他天然材料相比优势明显，可做为研发集环保、高温稳定性于一体的高性能钻井液处理剂的优选原料来源。由于壳聚糖分子结构中含有大量氢键，氢键作用使其晶体结构呈紧密排列，其自身水溶性差，在中性或碱性环境中均不溶于水(壳聚糖在钻井液的碱性环境中不溶解只能以悬浮态存在)，壳聚糖只能通过形成—NH_3^+阳离子而溶于稀酸水溶液中，制约了其应用领域的扩展。为了改善壳聚糖在水或其他溶剂中的溶解性能，通过对壳聚糖分子结构中的胺基和羟基活性位进行改性反应，制备改性壳聚糖产品。这些改性壳聚糖产品的制备，一方面可改善壳聚糖的溶解性能，更重要的是不同取代基的引入可赋予壳聚糖更多的特殊功能，得到无毒环保、溶解性好、成本低廉、性能优异的改性壳聚糖产品，在实际生产、生活中拓展出更广阔的应用领域。因此，近年来对壳聚糖进行化学改性是壳聚糖研究领域中最活跃的方向之一。充分利用壳聚糖这一天然可再生材料，在保持壳聚糖优良性能的基础上，通过醚化、胺化、接枝共聚等化学改性，引入合适的羧烷基、胺基及聚合物接枝侧链，研制水溶性好的钻井液用改性壳聚糖(AMC)产品，分子稳定性好，抗盐降滤失性能突出，作为抗高温聚多糖水基钻井液的降滤失剂。

(1) 抗高温抗盐降滤失剂 AMC

研究得到改性壳聚糖抗高温抗盐降滤失剂 AMC 产品的制备方法：①将 12 份壳聚糖 CST-1 加入 150 份水中，在≥400r/min 的搅拌速度下搅拌均匀，加入 20 份氢氧化钠，在 64℃下碱化糊化 0.5h；②加入 42 份氯代烷基酸 A，在 77℃下反应 1h，得到羧甲基壳聚糖；③加入胺基化试剂 NH-I 20 份，在 107℃下搅拌反应 3h；④将反应液温度降至 40~60℃，加入碱中和的接枝共聚单体水溶液(54 份 S2+27 份 S1+6 份 NaOH)约 100mL，搅拌 0.5h，使反应液混合均匀，微调 pH 值至 8~9；⑤在反应液中加入引发剂水溶液(0.3 份亚硫酸盐+0.6 份过硫酸盐)，在 40~60℃下反应 1h，降至室温，即得黄褐色粘稠状的改性壳聚糖。经造粒后，在干燥箱中 80℃干燥 2~5h，用粉碎机粉碎至 40 目，得到淡黄色粉末状固体，即为改性壳聚糖抗高温抗盐降滤失剂 AMC。

改性壳聚糖抗高温抗盐降滤失剂 AMC 的分子结构如图 2 所示。

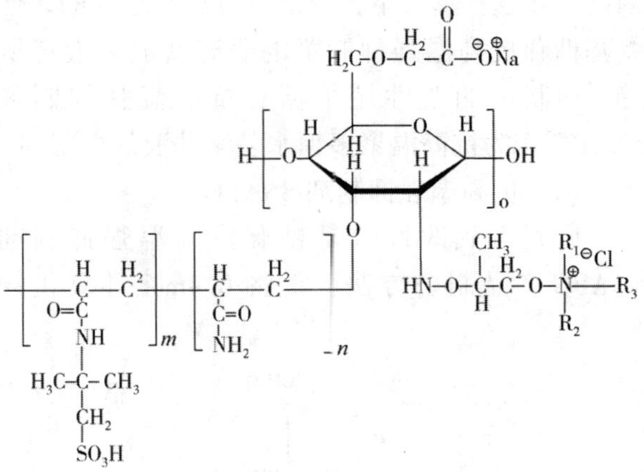

图 2 改性壳聚糖抗高温抗盐降滤失剂 AMC 分子结构

(2) 抗高温抗盐降滤失剂 AMC 特性

改性壳聚糖抗高温抗盐降滤失剂 AMC 的特性评价结果见表 2。

表 2 改性壳聚糖抗高温抗盐降滤失剂 AMC 的特性评价结果

参数	AMC 特性评价结果
降滤失性能	1.5%样品，API 滤失量降低率：淡水浆：86.36%；盐水浆：88.14%；饱和盐水浆：85.92%；复合盐水浆：86.21%
抗温性能	抗温达 180℃
配伍性能	产品与淡水基浆、盐水基浆、饱和盐水基浆、复合盐水基浆配伍性好； 0.5%产品可使复合盐水钻井液 API 滤失量从 116.0mL 降至 50.0mL
生物毒性	产品 EC_{50} 值为 524600mg/L，无生物毒性，绿色环保

由表 2 中数据可以看出，改性壳聚糖 AMC 产品具有优异的抗高温抗盐降滤失性能，配伍性好，无生物毒性，绿色环保，适用于环境敏感区域高温复杂地层的滤失量控制，可作为环保抗高温水基钻井液体系的降滤失剂。

1.1.3 改性烷基糖苷抗高温强抑制剂 SNAPG 及其特性

烷基糖苷(APG)是一类新型绿色表面活性剂，应用前景广阔。主要应用于日化产品、纺织助剂、皮革助剂、造纸助剂等多个行业。烷基糖苷应用到钻井液中虽然综合性能优良，具有较好的润滑性能，但其分子抗温性相对较差，抑制性能有待提高，限制了其在钻井液中的进一步应用推广，故需寻求有效的解决办法来弥补其不足；同时，油气勘探开发过程中深井超深井越来越多，对钻井液处理剂抗高温性能要求越来越高。因此，在这种形势下，开展具有更高性能的改性烷基糖苷抗高温强抑制剂的研究就成为大势所趋。研制出的改性烷基糖苷抗高温强抑制剂SNAPG作为抗高温聚多糖水基钻井液的抑制剂。

（1）抗高温强抑制剂SNAPG

研究得到改性烷基糖苷抗高温强抑制剂SNAPG产品制备方法：①将0.4mol环氧化物A、5%对烷基苯磺酸（占烷基糖苷质量的百分数）、0.4mol多元醇I、3.6mol水加入装有冷凝回流和搅拌装置的反应容器，搅拌混合均匀，在101℃下反应1.0h，接着加入0.4mol烷基糖苷APG-1，在97℃下反应2.0h，得到烷基糖苷聚醚，降至室温；②缓慢滴加（滴加速度0.5mL/s）0.4~0.6mol有机胺N4，控制温度在92℃左右，反应4.0h，得到醚胺基烷基糖苷；③加入0.4mol胺基有机溶剂和0.4mol磺化试剂S3，在78℃下反应2.0h，降至室温，即得红褐色粘稠状的改性烷基糖苷抗高温强抑制剂SNAPG。

改性烷基糖苷抗高温强抑制剂SNAPG的分子结构如图3所示。

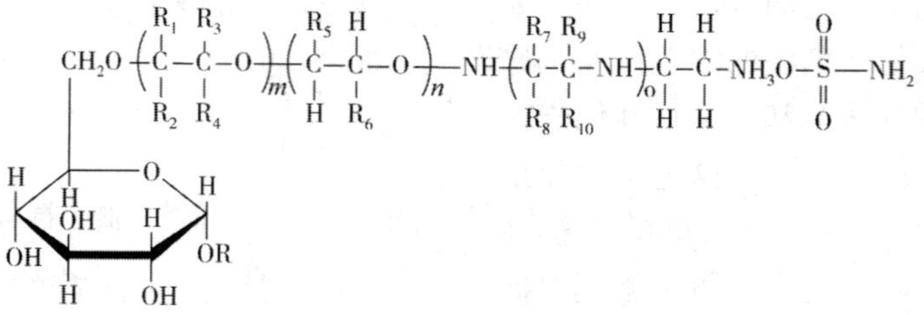

图3　改性烷基糖苷抗高温强抑制剂SNAPG分子结构

（2）抗高温强抑制剂SNAPG特性

改性烷基糖苷抗高温强抑制剂SNAPG的特性评价结果见表3。

表3　改性烷基糖苷抗高温强抑制剂SNAPG的特性评价结果

参数	SNAPG特性评价结果
抑制性能	0.5%样品，相对抑制率：98.51%
抗温性能	180℃，0.5%样品，相对抑制率：98.51%； 200℃，0.5%样品，相对抑制率：99.28%； 220℃，0.5%样品，相对抑制率：97.87%
配伍性能	产品与淡水基浆、盐水基浆、饱和盐水基浆、复合盐水基浆配伍性好； 0.5%产品对不同基浆ΔAV≤1.0mPa·s，ΔFL≤3.0mL
生物毒性	产品EC_{50}值为506800mg/L，无生物毒性

由表3中数据可以看出，改性烷基糖苷SNAPG产品具有突出的抗高温强抑制性能，配伍性好，无生物毒性，绿色环保，适用于高温泥页岩等易坍塌地层的钻井施工，也可适用于海洋及其他环保要求较高地区的钻井施工，实现现场钻井施工的绿色、安全、高效钻进。改性烷基糖苷抗高温强抑制剂SNAPG产品可作为环保抗高温水基钻井液体系的抑制防塌剂。

综上，三种抗高温改性聚多糖处理剂从本质上解决了现有处理剂的环保和抗温不能兼顾的问题，无毒环保，并形成了成熟工业化生产技术，可作为抗高温聚多糖水基钻井液的基础和核心主剂，分别发挥增黏提切、降滤失、强抑制等功能。除此之外，根据钻井液功能要求，需开展封堵剂、固壁防塌剂、润滑剂等配伍处理剂的优选，为抗高温聚多糖水基钻井液体系的形成奠定基础。

1.2　配伍处理剂优选

优选的配伍处理剂中，封堵剂用于解决微孔裂缝发育地层的封堵问题；固壁防塌剂用于解决破碎带等易坍塌地层的固壁防塌问题；润滑剂用于解决高密度钻井液、长水平段等高摩阻工况的润滑防卡问题。通过大量评价实验，确定以成膜封堵剂MD-1、纳米封堵剂ND-1两者复配来作为抗高温聚多糖水基钻井液体系的封堵剂，形成致密封堵层；以硅胺基烷基糖苷GAPG作为抗高温聚多糖水基钻井液体系的固壁防塌剂，强化破碎地层井壁稳定；以磺化胺基烷基糖苷LAPG作为抗高温聚多糖水基钻井液体系的润滑剂，解决高密度增黏和长水平段摩阻大的难题。

1.3　体系构建及配方优化

开展了抗高温聚多糖水基钻井液体系构建及

配方优化，以改性硬葡聚糖抗高温增黏提切剂MSG、改性壳聚糖抗高温抗盐降滤失剂AMC、改性烷基糖苷抗高温强抑制剂SNAPG等抗高温改性聚多糖处理剂为基础和核心主剂，配伍封堵剂、固壁防塌剂、润滑剂等其他不同功能的关键处理剂，配合膨润土、氯化钾，再加入烧碱起到pH值调节作用，通过单因素考察和正交设计优化实验来优化各组分加量，最终形成了抗高温聚多糖水基钻井液体系优化配方：10% SNAPG+2%土+0.5% MSG+1.5% AMC+4% SMPC+2%成膜封堵剂MD-1+2%纳米封堵剂ND-1+1% GAPG+1% LAPG+7% KCl+0.2% NaOH。可根据平衡地层压力需求，加入重晶石等加重剂调整至合适密度。抗高温聚多糖水基钻井液体系的密度在1.15~2.60g/cm^{3}范围内可调。

对不同密度的抗高温聚多糖水基钻井液性能进行评价。老化实验条件为：180℃、16h。钻井液性能评价结果见表4。

表4　不同密度的抗高温聚多糖水基钻井液性能评价结果

编号	密度ρ/(g/cm^3)	AV/(mPa·s)	PV/(mPa·s)	YP/Pa	YP/PV/[Pa/(mPa·s)]	G′/G″/(Pa/Pa)	FL_{API}/mL	FL_{HTHP}/mL	润滑系数	黏附系数	pH值
1#	1.15	51	39	12	0.308	3.5/8.0	0.2	8.2	0.044	0.0524	9.0
2#	1.40	55.5	43	12.5	0.291	3.5/9.0	0.2	8.0	0.052	0.0612	9.0
3#	1.60	58	45	13	0.289	3.5/11.0	0	8.0	0.052	0.0612	9.0
4#	1.80	55	45	10	0.222	3.0/10.0	0	7.8	0.052	0.0787	9.0
5#	2.00	58	50	8	0.160	2.5/10.0	0	7.6	0.061	0.0875	9.0
6#	2.20	62.5	55	7.5	0.136	2.5/9.5	0	7.0	0.065	0.0875	9.0
7#	2.50	65.5	57	8.5	0.149	2.5/8.5	0	6.4	0.069	0.1051	9.0
8#	2.60	72.5	64	8.5	0.133	2.0/8.0	0	5.8	0.074	0.1228	9.0

由表4中实验数据可以看出，抗高温聚多糖水基钻井液在不加重及密度较低的情况下，流变性能及降滤失性能均较好，随着密度升高，钻井液黏度升高明显，高温高压滤失量呈降低趋势，虽然润滑系数随着密度升高而增大，但在高密度条件下仍然保持了较好润滑性能。当密度为2.0g/cm^{3}时，钻井液表观黏度升至58mPa·s，塑性黏度升至50mPa·s，高温高压滤失量降至7.6mL，极压润滑系数0.061，泥饼黏附系数0.0875；当密度为2.5g/cm^{3}时，钻井液表观黏度升至65.5mPa·s，塑性黏度升至57mPa·s，高温高压滤失量降至6.4mL，极压润滑系数0.069，泥饼黏附系数0.1051。高密度情况下，钻井液黏度大幅上升，特别是塑性黏度较表观黏度上升的速度更快，针对上述问题，可通过严格控制重晶石的质量、调变钻井液配方中聚合物及土相的加量来优化钻井液的流变性能，确保抗高温聚多糖水基钻井液在高密度时仍然具有较好的流型，满足不同区块现场施工的技术需求，实现绿色、安全、快速、高效钻井。

1.4　钻井液性能

继1.3中确定了抗高温聚多糖水基钻井液体系的优化配方后，对其性能进行了系统全面的测试评价，主要包括抗温性能、生物毒性、抑制性能、润滑性能、滤液表面活性、降滤失性能、抗污染性能、储层保护性能等。

1.4.1　抗温性能

通过对不同老化温度时的抗高温聚多糖水基钻井液性能进行考察，来评价钻井液的抗温性能。温度点选取120、150、180、185、190℃、195℃等，热滚条件为：设定温度下热滚16h。流变性能及中压滤失量在室温下测试，高温高压滤失量在对应的热滚温度下测试。钻井液流变性能及滤失性能测试结果见表5。

由表5可知，抗高温聚多糖水基钻井液在180℃老化16h后，动塑比0.308，初终切适宜(3.5/8.0Pa)，中压滤失量0.2mL，高温高压滤失量8.2mL；在185℃老化16h后，仍然表现出较好的流变性能及降滤失性能，动塑比0.286，初终切2.0/7.5Pa，中压滤失量0.4mL，高温高压滤失量8.6mL；当热滚温度超过185℃以后，钻井液性能开始变差，190℃热滚16h后，钻井液虽然仍具有较好的流变性能和中压降滤失性能，动塑比0.197，初终切1.5/6.0，中压滤失量2.8mL，但是高温高压滤失量升至13.4mL，钻井液性能出现了明显的恶化趋势。继续增加热滚温度，195℃热滚16h后，钻井液仍具有较好的流变性能，但是失水继续快速增加，中压失水达5.2mL，高温高压失水达22.6mL。依据上述实验结果，得出结论为：抗高温聚多糖水基钻井液抗温达185℃。

为进一步考察抗高温聚多糖水基钻井液的抗温持久稳定性，对钻井液在固定温度不同老化时间后的性能进行了考察，老化条件为：185℃、16h；185℃、32h；185℃、48h；185℃、64h；185℃、96h。实验结果见表6。

表5　抗高温聚多糖水基钻井液在不同老化温度下的性能

老化温度/℃	Φ_{600}/Φ_{300}	AV/(mPa·s)	PV/(mPa·s)	YP/Pa	YP/PV/[Pa/(mPa·s)]	G′/G″/(Pa/Pa)	FL_{API}/mL	FL_{HTHP}/mL	PH值
120	124/79	62	45	17	0.378	4.0/16.0	0	6.0	9.0
150	108/67	54	41	13	0.317	3.5/13.0	0	7.2	9.0
180	102/63	51	39	12	0.308	3.5/8.0	0.2	8.2	9.0
185	90/55	45	35	10	0.286	2.0/7.5	0.4	8.6	9.0
190	79/56	39.5	33	6.5	0.197	1.5/6.0	2.8	13.4	8.5
195	76/43	38	33	5	0.152	1.0/4.5	5.2	22.6	8.0

表6　不同老化时间抗高温聚多糖水基钻井液的性能评价结果(185℃)

老化时间/h	Φ_{600}/Φ_{300}	AV/(mPa·s)	PV/(mPa·s)	YP/Pa	YP/PV/[Pa/(mPa·s)]	G′/G″/(Pa/Pa)	FL_{API}/mL	FL_{HTHP}/mL	pH值
16	90/55	45	35	10	0.286	2.0/7.5	0.4	8.6	9.0
32	94/58	47	36	11	0.306	2.0/7.0	0.4	8.6	9.0
48	92/55	46	37	9	0.243	2.0/6.5	0.4	8.6	9.0
64	86/51	43	35	8	0.229	1.5/6.5	0.4	8.8	9.0
96	81/48	40.5	33	7.5	0.227	1.5/6.5	0.6	8.8	8.5

由表6中实验结果可以看出，在185℃高温下，抗高温聚多糖水基钻井液老化96h后仍能保持较好的流变和降滤失性能，动塑比0.227，初终切适宜(1.5/6.5Pa)，中压滤失量0.6mL，高温高压滤失量8.8mL。当钻井液流变及降滤失性能开始变差时，可通过补充增黏提切剂、降滤失剂等进行维护，使钻井液性能在高温条件下长时间维持稳定。通过上述分析，可说明抗高温聚多糖水基钻井液在185℃长期老化后，可保持稳定的钻井液性能，满足现场安全钻进技术要求。

1.4.2　环保性能

通过生物毒性、生物降解性、重金属含量等评价抗高温聚多糖水基钻井液的环保性能。

(1) 生物毒性

对抗高温聚多糖水基钻井液的生物毒性进行了评价测试，所用方法为发光细菌法，检测指标为EC_{50}值。测试结果显示，所研发的抗高温聚多糖水基钻井液优化配方的EC_{50}值为293200mg/L，远大于排放标准30000mg/L。得出结论为：抗高温聚多糖水基钻井液无生物毒性，可适用于海洋及其他环保要求较高地区的钻井施工，实现绿色、安全、高效钻进。

(2) 生物降解性

生物降解性评价方法采用BOD_5/COD比值法进行评价。抗高温聚多糖水基钻井液的BOD_5及COD检测结果见表7。

表7　抗高温聚多糖水基钻井液的BOD5及COD检测结果

项目	检测结果
COD	32000mg/L
BOD_5	>6000mg/L
BOD_5/COD	>18.75%(标准值要求>5%)

由表7中的检测结果可以看出，抗高温聚多糖水基钻井液COD值为32000mg/L，BOD_5值>6000mg/L，BOD_5/COD>18.75%，远大于标准值5%，达到环保排放标准。

(3) 重金属含量分析

依据国家能源局发布的行业标准《钻井液环保性能评价技术规范》(SY/T 7467—2020)，对抗高温聚多糖水基钻井液的重金属含量进行了分析测试。将采集的抗高温聚多糖水基钻井液样品混匀，105℃加热烘干或冷冻干燥后研磨，过孔径0.149mm(100目)筛网，混匀作为待测样品备用。总汞、总砷等具有挥发性的重金属元素采用冷冻干燥法检测评价。抗高温聚多糖水基钻井液中的重金属含量检测结果见表8。

表8 抗高温聚多糖水基钻井液中重金属含量分析测试结果

项目	检测值/(mg/kg)	标准值/(mg/kg)
镍	8	≤200
铜	未检出	≤1500
锌	51	≤3000
铬	118	≤1000
镉	0.13	≤15
铅	20	≤1000
汞	0.476	≤15
砷	1.29	≤75

由表8中的检测结果可以看出，抗高温聚多糖水基钻井液中的各种重金属含量均远低于标准值，符合环保排放标准。

综上所述，抗高温聚多糖水基钻井液 EC_{50} 值为293200mg/L，远大于排放标准30000mg/L，无生物毒性；钻井液 $BOD_5/COD>18.75\%$，远大于标准值5%，易生物降解；钻井液中的各种重金属含量均远低于标准值。得出结论为：抗高温聚多糖水基钻井液符合环保排放标准。

1.4.3 其他性能

除抗温性能和环保性能外，对抗高温聚多糖水基钻井液的抑制、润滑、滤液表面活性、降滤失、抗污染、储层保护等性能进行了评价。性能评价结果见表9。

2 现场应用

2.1 现场应用概况

截至目前，抗高温聚多糖水基钻井液已在新疆顺北及塔河工区应用6口井，有效解决了顺北超深井奥陶系破碎地层、塔河碎屑岩地层井壁失稳及水平段定向托压难题。抗高温聚多糖水基钻井液施工井概况见表10。

表9 抗高温聚多糖水基钻井液其他性能评价结果

参数	评价结果
抑制性能	180℃高温滚动16h，岩屑一次回收率为99.32%，相对回收率为99.61%(清水岩屑一次回收率4.20%，基浆岩屑一次回收率为58.65%，相对回收率为55.52%)；185℃高温滚动16h，岩屑一次回收率为99.10%，相对回收率为99.59%(清水岩屑一次回收率2.70%，基浆岩屑一次回收率为55.20%，相对回收率为51.63%)。抗高温聚多糖水基钻井液通过吸附成膜阻水、低水活度反渗透驱水、嵌入及拉紧晶层、嵌入黏土晶格等发挥抑制防塌效果，对易水化地层黏土矿物具有超强的抑制水化膨胀分散能力，来确保现场应用地层的井壁稳定，实现现场施工的安全、快速、高效钻进
润滑性能	180℃高温滚动16h，抗高温聚多糖水基钻井液极压润滑系数为0.044，泥饼黏附系数为0.0524，与基浆相比，润滑系数降低率和黏附系数降低率分别为70.27%和68.68%；185℃热滚16h后，抗高温聚多糖水基钻井液极压润滑系数为0.061，泥饼黏附系数为0.0524，与基浆相比，润滑系数降低率和黏附系数降低率分别为63.25%和71.72%。抗高温聚多糖水基钻井液润滑性能突出，可避免现场钻井施工过程中出现的托压卡钻、起下钻摩阻大等井下复杂情况，满足现场施工过程中的润滑防卡及长水平段摩阻控制要求
滤液表面活性	抗高温聚多糖水基钻井液滤液表面张力为25.178mN/m，较基浆的滤液表面张力有较大程度的降低，表面张力降低率为30.67%，表现出较好表面活性，利于减小水锁效应，提高滤液返排效率，提高油气采收率
降滤失性能	4%土浆185℃热滚后中压滤失量高达58mL，泥饼厚度3.30mm，而抗高温聚多糖水基钻井液的中压滤失量0.4mL，泥饼厚度1.42mm，高温高压滤失量8.6mL
抗污染性能	抗高温聚多糖水基钻井液抗各种污染效果突出。抗盐达饱和，抗钙5%，抗土30%，抗钻屑25%，抗水30%，抗原油20%
储层保护性能	用抗高温聚多糖水基钻井液对岩心进行动态和静态污染后，岩心静态渗透率恢复值大于92%，动态渗透率恢复值大于91%，对地层伤害程度较小，表现出较好的储层保护性能

表 10 抗高温聚多糖水基钻井液施工井概况

施工区域	井号	井底温度/℃	开次	钻头尺寸/mm	技套下深/m	施工井段/m	水平段长/m	平均井径扩大率/%
顺北深井超深井	顺北 53-2H	177	四	149.2	7755	7770~8887	927	4.33
	罗西 1X	167	四	120.65	6398	6411~6998		12.21
塔河碎屑岩井	TKC1-5H	117	二	215.9	1506	4810~6005	726	5.09
	TKC1-10H	110	二	215.9	800	4765~5631	418	8.22
	TKC3-1X	113	二	241.3	808	3350~5428		5.79
	TKC3-2X	115	二	215.9	800	4300~5590		7.61

2.2 现场应用效果

通过对抗高温聚多糖水基钻井液在新疆顺北、塔河等工区 6 口井的现场施工情况进行分析，现场应用效果总结如下：

(1) 钻井液抑制及固壁防塌效果好，井壁稳定

抗高温聚多糖水基钻井液体系配方以 10% 改性烷基糖苷强抑制剂 SNAPG 为主抑制剂，7% KCl 为辅助抑制剂，通过吸附成膜阻水、低水活度反渗透驱水、嵌入及拉紧晶层、嵌入黏土晶格等发挥作用，保障了井壁和钻屑颗粒的稳定性；体系中引入硅胺基烷基糖苷 GAPG，提高了钻井液固壁胶结性能；SNAPG、KCl、GAPG 等协同增效，使体系表现出突出的抑制防塌及固壁防塌性能。在抗高温聚多糖水基钻井液施工的 6 口井中，应用地层主要是顺北奥陶系一间房～鹰山组的破碎地层和塔河工区碎屑岩地层，碎屑岩地层含有大段泥岩，钻进过程中井壁稳定无掉块，工程参数平稳，完井作业顺利，井径曲线平滑，平均井径扩大率低，有效解决了顺北奥陶系破碎地层及塔河碎屑岩地层的井壁失稳难题。

顺北 53-2H 钻井施工过程中返出钻屑完整，无掉块产生，扭矩平稳，井径规则，平均井径扩大率仅为 4.33%，完井电测一次成功。

顺北 53-2H 井施工中抗高温聚多糖水基钻井液有效拓宽了安全密度窗口。该井应用井段含有硅质团块和破碎地层，开钻密度采用设计上限（设计 1.08~1.28g/cm^3），钻至 8062.5m 出现溢流，井浆密度提高至 1.80g/cm^3，压井稳定后钻井液密度逐渐下降，在 8728.95m 发生井漏后钻井液密度又降至 1.30g/cm^3，此后保持该密度至完钻。全井密度控制曲线如图 4 所示，从图 4 中可以看出，尽管钻井液密度变化幅度较大，但井壁始终保持稳定，表明抗高温聚多糖水基钻井液可有效拓宽安全密度窗口。

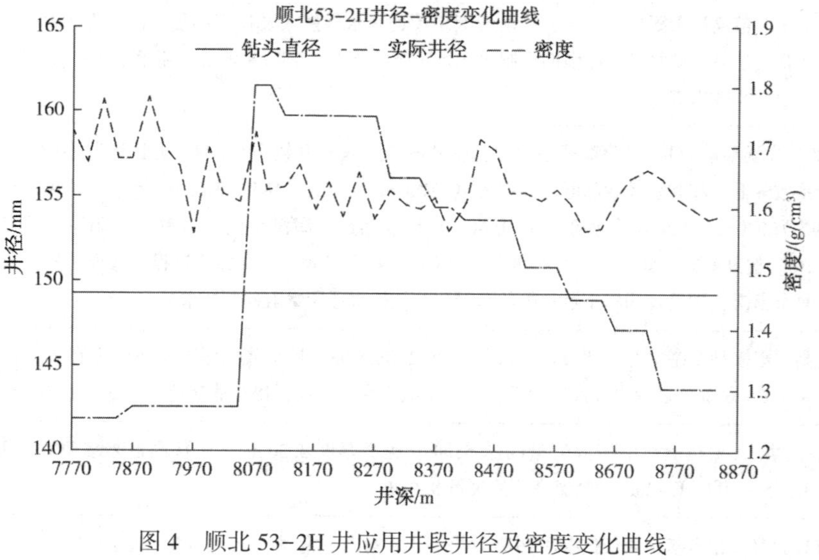

图 4 顺北 53-2H 井应用井段井径及密度变化曲线

罗西 1 井四开鹰山组岩性分析均以硅质白云岩为主，岩屑中硅质含量 15~35%，地层破碎。原直井采用钾胺基聚磺钻井液，在 6550~6650m 破碎地层井壁垮塌严重，呈糖葫芦井眼，平均井径扩大率高达 39.37%，最大井径扩大率高达 166.34%，导致钻进期间顶驱频繁憋停，起下钻

遇阻，环空堵塞，泵压升高，后期完井电测遇阻；而侧钻井罗西 1X 采用抗高温聚多糖水基钻井液，具有突出的抑制水化及固壁胶结作用，利于破碎地层的井壁稳定。侧钻井罗西 1X 井的抗高温聚多糖水基钻井液应用井段井径曲线见图 5，返出钻屑外观如图 6 所示。由图 5 和图 6 可以看出，侧钻井罗西 1X 井破碎地层井壁稳定无掉块，井径规则，起下钻顺畅，完井 3 次电测均一次到底，应用井段平均井径扩大率仅 11.25%，侧钻井眼较原直井眼平均井径扩大率降低率达 71.42%。

塔河 TKC1-5H 井应用抗高温聚多糖水基钻井液，振动筛返出的泥岩钻屑外观如图 7 所示。

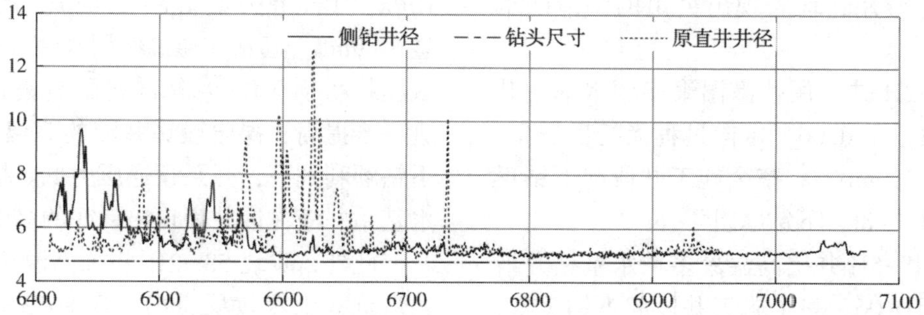

图 5　罗西 1X 井侧钻井(抗高温聚多糖水基)与罗西 1 井原直井(钾胺基聚磺)井径曲线

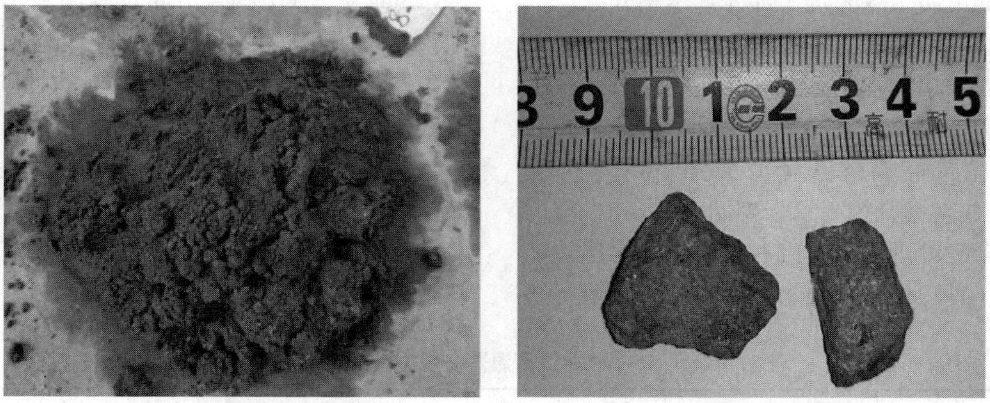
罗西1X井抗高温聚多糖水基钻屑　　罗西1X井原直井电测遇阻后仪器带出掉块

图 6　罗西 1X 井侧钻井(抗高温聚多糖水基)钻屑与罗西 1 井原直井(钾胺基聚磺)掉块

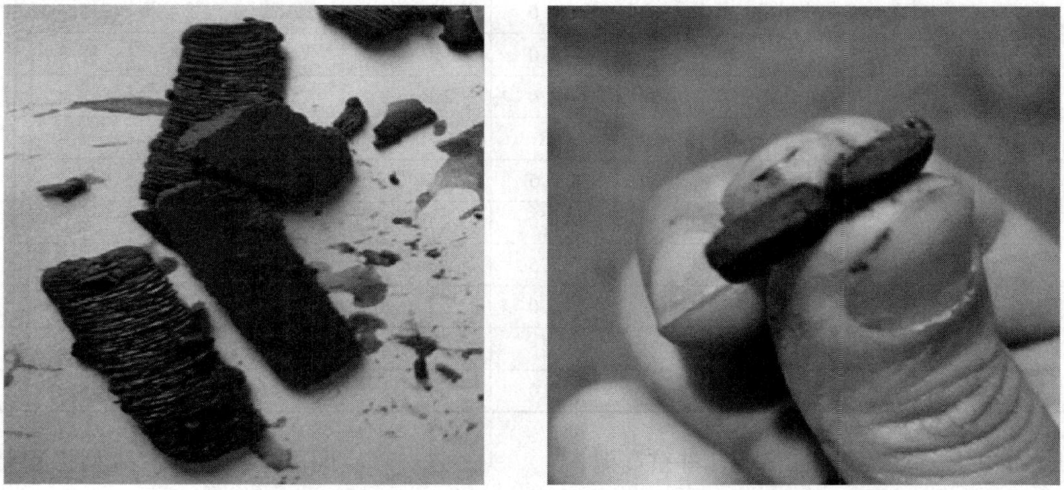
图 7　塔河 TKC1-5H 井钻遇红棕色泥岩钻屑外观及掰开后内部状态

由图 7 可以直观地看出，钻遇红棕色泥岩钻屑表面的钻头切削痕迹清晰，钻屑掰开后内部干燥，保持了钻屑的原始状态，充分说明抗高温聚多糖水基钻井液具有突出的抑制防塌性能。

（2）钻井液摩阻低，润滑防卡效果好

抗高温聚多糖水基钻井液体系配方中的高效极压润滑剂 LAPG 通过在钻具和井壁表面的强吸附成膜作用来发挥降摩减阻性能。同时，根据井下实钻情况，在钻井液中加入石墨等固体润滑剂，起到滚动降摩阻的作用。抗高温聚多糖水基钻井液在超深小井眼水平井、超深大斜度井、长裸眼水平井等应用，均表现出突出的润滑防卡效果。

顺北 53-2H 井应用抗高温聚多糖水基钻井液，润滑系数小于 0.06，定向过程无托压现象，定向钻时 10~20min/m；整个施工井段起下钻正常，起钻摩阻 5~8t，下钻摩阻 4~6t。

塔河 TKC1-5H 井抗高温聚多糖水基钻井液润滑系数小于 0.06，整个施工井段起下钻正常，砂泥岩定向段无任何定向托压现象，也未发生卡钻事故，润滑防卡效果优于邻井油基钻井液。

（3）钻井液高温稳定性好，抗污染能力强

抗高温聚多糖水基钻井液是以抗温 180℃改性硬葡聚糖抗高温增黏提切剂 MSG、抗温 180℃改性壳聚糖抗高温抗盐降滤失剂 AMC、抗温 220℃改性烷基糖苷抗高温强抑制剂 SNAPG 等三种改性聚多糖处理剂为基础和核心主剂构建并优化形成的一种环保抗高温水基钻井液。体系抗温达 185℃，现场应用温度最高达 177℃，钻井液流变性及失水等性能稳定，抗高温效果显著。

顺北 53-2H 井钻至井深 8886.69m 完钻，裸眼段长 1116.69m，水平段长 926m，井底温度 177℃，实钻过程中钻井液高温流变性及失水稳定，钻井液使用密度 1.25~1.80g/cm^3，漏斗黏度 45~60s，塑性黏度 21~29mPa·s，动切力 5~10Pa，中压滤失量 1.8~3.0mL，高温高压滤失量 8~9mL。起钻前通过使用改性硬葡聚糖 MSG、成膜封堵剂 MD-1 等材料配制高浓度封闭浆，进一步提高了裸眼段钻井液的高温沉降稳定性，下钻顺利到底，开泵顶通压力低。抗高温聚多糖水基钻井液在该井表现出良好的高温稳定作用。

此外，顺北 53-2H 井抗高温聚多糖水基钻井液抗盐水侵效果突出。在 8073m 钻遇高压盐水层，发生溢流，套压达 30MPa，Cl^- 浓度达 64138mg/L，压井后全井密度提高至 1.80g/cm^3，后期采用旋转控制头装置控压钻进。在井底动态出盐水的复杂情况下，通过加入改性硬葡聚糖抗高温增黏提切剂 MSG、改性壳聚糖抗高温抗盐降滤失剂 AMC 等进行维护处理，解决了盐水侵后流变性差及失水大的难题。

顺北 53-2H 井抗高温聚多糖水基钻井液分段性能见表 11。

表 11　顺北 53-2H 井抗高温聚多糖水基钻井液分段性能

井深/m	密度/(g/cm^3)	FV/s	AV/(mPa·s)	PV/(mPa·s)	YP/Pa	G′/G″/(Pa/Pa)	K^+/(mg/L)	FL/mL	$HTHP_{170℃}$/mL	pH
7879	1.25	58	32	26	6.0	1.0/4.0	28000	2.2	8.2	9.0
7917	1.27	57	32	25	7.0	2.0/5.5	28500	2.4	8.6	9.0
7982	1.27	55	34	28	6.0	1.0/5.0	35500	2.4	8.8	9.0
8062	1.60	57	35	28	7.0	2.0/7.0	35000	2.0	8.4	9.0
8100	1.80	52	37	29	8	2.0/7.5	31000	1.8	8.2	9.0
8184	1.75	52	36.5	29	7.5	2.0/7.5	28050	1.8	8.6	9.0
8398	1.60	53	31	25	6.0	2.0/6.5	27500	2.6	8.4	9.0
8586	1.45	54	31.5	24	7.5	2.0/8.0	29000	2.8	8.0	9.0
8728	1.30	53	28	22	6.0	1.5/6.5	30000	2.4	8.4	9.0
8886	1.30	52	27.5	21	6.5	1.5/6.5	29050	2.4	8.2	9.0
8886	1.25	56	28	21	7.0	1.5/5.5	35500	2.4	8.4	9.0

由表 11 可以看出，顺北 53-2H 井抗高温聚多糖水基钻井液高温流变性能稳定，黏切适宜，携岩带砂能力强，保障了井下安全和顺利完井。

（4）钻井液剪切稀释性好

顺北 53-2H 井侧钻井段采用 Φ149.2mm 钻头钻进，环空间隙小，钻井液流型控制要求高。应用抗高温聚多糖水基钻井液体系，在保证携岩带砂效果的同时，剪切稀释性好，实现低黏切钻进，有效降低了小井眼循环压耗，下钻期间套管顶替压力小于 1MPa，水平段顶替泵压小于 3MPa，保障了井下安全作业。

（5）利于提高机械钻速

在相同地质条件下，由于地层岩石的水润湿特性、抗高温聚多糖水基钻井液的高瞬时失水及高剪切稀释性等因素影响，导致抗高温聚多糖水基钻井液的机械钻速较油基钻井液更高。顺北53-2H井环保抗高温水基钻井液提速效果明显，钻进过程中定向钻时10～15min/m，复合钻时5～10min/m，而第一次侧钻时油基钻井液定向钻时20～25min/m，复合钻时10～18min/m，抗高温聚多糖水基钻井液机械钻速较油基钻井液显著提高。TKC1-5H井的实际钻井周期48.7d，较油基钻井液施工的邻井TKC1-8H井节约钻井周期22.84d。塔河TKC3-1X井和TKC3-2X井的钻井周期分别为28.92d和35.63d，较设计周期分别节约23.9%和36.4%。

（6）钻井液绿色环保，降低了环保处理成本

抗高温聚多糖水基钻井液EC_{50}值293200mg/L，无生物毒性。现场产生的钻屑通过不落地压滤机处理后，即可按照一般固废处理，而其他聚磺混油钻井液或油基钻井液的钻屑含油，需拉运至环保站进行后续处理，抗高温聚多糖水基钻井液钻屑的处理单价为217元/吨，油基钻井液的废弃物处理单价为1130元/吨，相比较，抗高温聚多糖水基钻井液每吨钻屑的处理单价仅为油基钻屑的19.2%，大幅降低了钻屑的环保处理成本。

3 结论及认识

（1）创新研发的改性硬葡聚糖增黏提切剂MSG、改性壳聚糖抗盐降滤失剂AMC、改性烷基糖苷强抑制剂SNAPG等三种抗高温改性聚多糖处理剂从本质上解决了现有处理剂的环保和抗温性能不能兼顾的问题，无毒环保，可作为抗高温聚多糖水基钻井液体系的基础和核心主剂，分别发挥增黏提切、降滤失、强抑制等功能。

（2）确定以成膜封堵剂MD-1、纳米封堵剂ND-1两者复配来作为抗高温聚多糖水基钻井液体系的封堵剂，形成致密封堵层；以硅胺基烷基糖苷GAPG作为抗高温聚多糖水基钻井液体系的固壁防塌剂，强化破碎地层井壁稳定；以磺化胺基烷基糖苷LAPG作为抗高温聚多糖水基钻井液体系的润滑剂，解决高密度增黏和长水平段摩阻大的难题。

（3）通过对抗高温改性聚多糖基础材料、封堵剂、固壁防塌剂、润滑剂及其他配浆材料等进行合理组合，构建并优化得到环保抗高温水基钻井液配方。钻井液EC_{50}值293200mg/L；抗温达185℃；钻井液高温高压滤失量8.6mL；泥页岩回收率99.10%；润滑系数0.061。

（4）现场应用表明，抗高温聚多糖水基钻井液高温稳定性好，抑制防塌及润滑防卡效果突出，有效解决了顺北奥陶系地层、塔河碎屑岩地层井壁失稳难题，满足了超深小井眼水平井润滑防卡技术需求，实现了高温复杂地层绿色、安全、高效钻进，经济效益和社会效益显著，应用前景广阔。

（5）下步继续开展抗高温聚多糖水基钻井液体系的现场推广应用，满足环保要求较高地区的高温复杂地层的绿色安全高效钻井施工；同时，在现有研究基础上，继续提高钻井液抗温性能，研究攻关抗温200℃抗高温聚多糖水基钻井液体系，进一步扩大高温地层应用范围。

参考文献

[1] 王中华. 钻井液及处理剂新论[M]. 北京：中国石化出版社，2017：456-467.

[2] 司西强，王中华. 钻井液用烷基糖苷及其改性产品合成、性能及应用[M]. 北京：中国石化出版社，2019：301-312.

[3] 王中华. 国内外钻井液技术进展及对钻井液的有关认识[J]. 中外能源，2011，16(1)：48-60.

[4] 孙金声，张希文. 钻井液技术的现状、挑战、需求与发展趋势[J]. 钻井液与完井液，2011，28(6)：67-76.

[5] 司西强，王中华. 绿色高性能水基钻井液研究进展及发展趋势[J]. 应用化工，2019，48(8)：1980-1984.

[6] 韩来聚，李公让. 胜利油田钻井环保技术进展及发展方向[J]. 石油钻探技术，2019，47(3)：89-94.

[7] 艾加伟，向兴华，陈俊斌，等. 环保水基钻井液处理剂研究进展[J]. 精细石油化工，2023，40(2)：67-70.

[8] 宿振国，王瑞和，刘均一，等. 高性能环保水基钻井液的研究与应用[J]. 钻井液与完井液，2021，38(5)：576-582.

[9] 李家学，张绍俊，李磊，等. 环保型高性能水基钻井液在山前超深井中的应用[J]. 钻井液与完井液，2017，34(5)：20-26.

[10] 田文欣，俞浩杰. 页岩储层高性能环保型水基钻井液体系及其环境影响评价[J]. 断块油气田，2023，

30(1)：38-43.

[11] 刘自广，宋丰博，尤志良，等. 基于改性植物多酚的高温高密度环保型水基钻井液[J]. 钻井液与完井液，2021，38(3)：285-291.

[12] 刘均一，郭保雨，王勇，等. 环保型水基钻井液在胜利油田的研究与应用[J]. 钻井液与完井液，2020，37(1)：64-70.

[13] 梁文利. 四川盆地涪陵地区页岩气高性能水基钻井液研发及效果评价[J]. 天然气勘探与开发，2019，42(1)：120-129.

[14] 张建甲，张洁，陈刚，等. 柿子皮制备环保型水基钻井液处理剂及其作用效能研究[J]. 石油与天然气化工，2014，43(3)：302-307.

[15] 胡进军，孙强，夏小春，等. 环境友好型水基钻井液 GREEN-DRILL 的研制与应用[J]. 石油钻探技术，2014，42(2)：75-79.

[16] 刘畅，许洁，冉恒谦. 干热岩抗高温环保水基钻井液体系[J]. 钻井液与完井液，2021，38(4)：412-422.

[17] 朱宽亮，王富华，徐同台，等. 抗高温水基钻井液技术研究与应用现状及发展趋势(Ⅱ)[J]. 钻井液与完井液，2009，26(6)：56-64.

[18] 黄治中，杨玉良，马世昌，等. 抗 220℃高温水基钻井液技术研究[J]. 新疆石油天然气，2009，5(3)：52-55.

[19] 张雁，屈沅治，张志磊，等. 超高温水基钻井液技术研究现状及发展方向[J]. 油田化学，2022，39(3)：540-547.

[20] 朱宽亮，王富华，徐同台，等. 抗高温水基钻井液技术研究与应用现状及发展趋势(Ⅰ)[J]. 钻井液与完井液，2009，26(5)：60-68.

[21] 王中华. 国内油基钻井液研究与应用综述[J]. 中外能源，2022，27(8)：29-36.

[22] 司西强，王中华，吴柏志. 中国页岩油气水平井水基钻井液技术现状及发展趋势[J]. 精细石油化工进展，2022，23(1)：42-50.

[23] 司西强，王中华. 改性壳聚糖抗高温抗盐降滤失剂的研制[J]. 应用化工，2022，51(6)：1702-1704.

[24] 司西强，王中华，赵虎. 钻井液用烷基糖苷及其改性产品的研究现状及发展趋势[J]. 中外能源，2015，20(11)：31-40.

抗高温环保钻井液降滤失剂 LDR 研究与应用

亢　华[1,2]　单海霞[1,2]　吴修振[3]　赵田田[1,2]

（1. 中石化中原石油工程有限公司钻井工程技术研究院；
2. 中石化石油工程公司钻完井液技术中心；3. 中石化中原石油工程公司塔里木钻井公司）

摘　要　为顺应石油勘探开发对钻井液的绿色环保需求，开发了一种以木质素为原料的抗高温（210℃）环保钻井液降滤失剂（LDR）。发光细菌法测试 LDR 的生物毒性（EC_{50}）为 6.4×10^6mg/L，对环境无毒；以 LDR 为降滤失剂配制抗高温钻井液体系，测试样品浆的黏度及滤失量，并将 LDR 在元坝、顺北区块应用。结果表明 LDR 黏度效应较小，有利于控制抗高温钻井液流变性，降滤失效果远优于 SMP-Ⅲ。2% LDR 在顺中 1X 井 7755～9316.27m 井段使用时，高温高压滤失量（FL_{HTHP}）均为 8.8mL；5%LDR 在元深 1 井 8140～8866m 井段使用时，FL_{HTHP} 为 13mL，表观黏度（AV）为 25.5mPa・s，表明 LDR 与抗高温钻井液体系配伍性良好，降滤失效果明显。抗高温环保钻井液降滤失剂的成功研发，促进了生物质资源在钻井液领域的应用，为石油天然气能源向更深部勘探开发提供了技术手段。

关键词　抗高温环保降滤失剂；高温/超高温钻井液；绿色钻井；木质素

在“碳中和、碳达峰”的背景下，绿色钻井显得尤为重要。降滤失剂是钻井液重要的处理剂之一，它对稳定井壁、保护油气层起着很重要的作用。随环保要求的提升及石油钻探地层的不断复杂、深井和超深井深部地层的高温环境影响，石油勘探开发对降滤失剂的要求也越来越高，要求降滤失剂兼具结构稳定、抗高温、绿色、易生物降解等性能。树脂类降滤失剂因具备优良的结构稳定性和降滤失性被广泛采用，目前最常用的磺化酚醛树脂降滤失剂（SMP-Ⅲ）有较好的抗温抗盐降滤失效果，但其生产原料以石油炼化物质苯酚为主，产品降解性差，在一些环保要求较高的地区，SMP 的应用已经受到限制。

木质素是植物中含量仅次于纤维素的高分子聚合物，结构十分复杂，由苯丙烷基本结构单元组成，含有与苯酚相似的活性位点，可以替代苯酚合成磺化酚醛树脂。本文以生物酶解工艺处理木质素，得到高活性酶解木质素中间体，并以其为原料合成抗高温 210℃ 环保钻井液降滤失剂（LDR），实现了树脂类降滤失剂升级换代，解决了钻井液抗温性与环保性之间的矛盾，为环境敏感、环保要求高的地区钻井材料提供一种选择，具有广阔的应用前景。

1　实验部分

1.1　主要原料与试剂

甲醛、苯酚、氢氧化钠和亚硫酸氢钠，均为分析纯。膨润土、钻井液用评价土、磺化褐煤（SMC）、SMP-Ⅲ、DSP-1、天然沥青、氯化钾、氯化钙和氯化钠均为工业品。高活性酶解木质素中间体为自制。

1.2　主要设备与仪器

FA1604 型电子天平，上海天平仪器厂；HEWT-1000 型磁力搅拌电热套，巩义市予华仪器有限责任公司；YC-500 型喷雾干燥器，上海雅程仪器设备有限公司；GW300-PLC 型变频高温滚子加热炉、SD-4 型中压失水仪、GGS42-2A 型高温高压失水仪、ZNN-D68 型电动六速黏度计、GJSS-B12K 型变频高速搅拌机，青岛得顺电子机械有限公司。

1.3　合成方法

将高活性酶解木质素中间体、苯酚、甲醛按一定质量比加入带有回流冷凝管、温度计和搅拌装置的四口烧瓶中，搅拌混合均匀后加入一定质量的氢氧化钠、亚硫酸氢钠，搅拌反应 30min（反应温度控制在 75℃±2℃），然后迅速升温至 105℃，回流反应 4h，期间少量多次补加水以控制液体黏度。反应结束后，液体降温出料，经喷雾干燥即得 LDR。

1.4　环保性能评价方法

按照《水溶性油田化学剂环境保护技术评价方法》（SY/T 6788—2020）的要求，采用发光细菌生物毒性的评价方法测得 EC_{50}，评价产品的生物毒性。

1.5 钻井液性能测试

按照《石油天然气工业钻井液现场测试》(GB/T 16783.1—2014)的要求，测试样品浆的黏度及滤失量。

2 结果与讨论

2.1 环保性能

LDR 的 EC_{50} 为 6.4×10^6mg/L，达到《水溶性油田化学剂环境保护技术要求》(SY/T 6787—2010)无毒(>20000mg/L)标准；SMP-Ⅲ的 EC_{50} 为 6540mg/L，生物毒性等级为微毒，表明 LDR 具有良好的环保性能。

2.2 在饱和盐水基浆中的性能

向盛有 350mL 蒸馏水的高速搅拌杯中加入 0.56g 无水碳酸钠、14.00g 膨润土和 14.00g 钻井液用评价土，搅拌期间中断两次并刮下容器壁上的黏附物，累计高速搅拌 20min。在 25±1℃下密闭养护 24h，即配制成基浆。

分别以 LDR 和 SMP-Ⅲ为降滤失剂，试验浆配方为基浆+LDR+SMC+105g 氯化钠，LDR 与 SMC 加量相同，老化试验条件为温度 210℃、16h。不同加量降滤失剂对应的试验结果见表 1。

表 1 LDR 和 SMP-Ⅲ在抗高温复合盐钻井液中的性能

降滤失剂	加量	AV/(mPa·s)	PV/(mPa·s)	YP/Pa	Gel/(Pa/Pa)	FL_{HTHP}/mL
无	0	32.0	26.0	6.0	0.5/3.5	62.2
LDR	2	36.0	28.5	7.5	0.5/2.0	13.0
	3	38.5	31.0	7.5	0.5/2.0	10.0
	4	39.0	31.0	8.0	0.5/2.5	9.0
	5	41.0	32.0	9.0	1.0/3.0	8.0
SMP-Ⅲ	2	38.0	31.0	7.0	0.5/3.0	60.4
	3	43.0	33.0	10.0	1.0/3.0	55.4
	4	45.0	34.0	11.0	1.0/3.5	51.8
	5	46.0	35.0	11.0	1.0/3.5	40.4

由表 1 可知：随着 LDR 或 SMP-Ⅲ加量增加，钻井液 FL_{HTHP} 降低，钻井液黏度和切力均有所提高。当加量为 3.0%时，LDR 表观黏度增加了 28%，SMP-Ⅲ表观黏度增加了 44%。通过对比可以看出，LDR 黏度效应较 SMP-Ⅲ小，有利于控制钻井液流变稳定性。

由表 1 还可知：随着 LDR 或 SMP-Ⅲ加量增加，FL_{HTHP} 均降低，LDR 加量为 2.0%~3.0%时，钻井液 FL_{HTHP} 降幅最高可达 84%，加量 5%，FL_{HTHP} 降幅达 87%；而 SMP-Ⅲ加量为 2.0%~3.0%时钻井液 FL_{HTHP} 降幅只有 11%，加量 5%，FL_{HTHP} 降幅仅为 35%。综上表明，LDR 与钻井液配伍性良好，利于控制流型，LDR 高温下降滤失效果远优于 SMP。

3 LDR 在高温/超高温钻井液中的应用

LDR 在顺北、元坝等高温区块现场应用，表现出持续抗温能力强的特点，利于钻井液流型的控制，尤其是高温高密度钻井液中效果突出，最高应用温度为 205℃(元深 1 井)，井底温度超过 150℃井有 78 口井，如顺深 1 井、顺北 4-1、蓬页 1、塔深 5 井、泸 211 等，支撑了一批重点深井超深井的勘探开发。

3.1 顺中 1X 井的应用评价

3.1.1 顺中 1X 井的概况

顺中 1X 井是新疆沙雅县境内顺北 8 号主断裂南段东侧外的一口斜井，主探奥陶系鹰山组。设计完钻井深 9308m，完钻井深 9316.27m，井底温度达到 199.2℃，最高密度 1.90g/cm^3。

3.1.2 四开钻井液性能要求及处理措施

(1) 目的层施工阶段，地层含有 CO_2 等酸性气体，易混入钻井液中形成 CO_3^{2-}、HCO^{3-}；高温下，处理剂抗温不足时，也会部分降解，生成大量的 CO_3^{2-}、HCO^{3-}，几种原因集中出现后，会对钻井液产生较为严重的污染，因此，对处理剂的选择尤其重要。采用抗钙能力强的钻井液助剂配制胶液维护钻井液性能，胶液配方：LDR+SMC+5%磺化单宁+0.2% AP220。

(2) 完井阶段对钻井液沉降稳定性要求极

高，完井浆主要考察长期高温稳定性。

3.1.3 小试效果分析

取 7755m 井浆，井浆密度 1.85g/cm^3，漏斗黏度 52s，具体实验方案如下，基础配方：400mL 井浆+20mL（2% 土浆）+30mL 水（2% LDR+2% SMC+5%磺化单宁+0.2%磺酸盐共聚物），老化条件 210℃。试验结果见表 2。

从表 2 实验结果可以看出，LDR 效果远优于 SMP-Ⅲ，高温高密度条件下流型调节作用明显，且能很好的控制高温高压滤失量。

3.1.4 顺中 1X 井的现场实施

在小型现场试验的基础上配制胶液，施工过程中，无漏失、无阻卡，实现了安全高效钻进，钻井液性能数据见表 3。

表 2 顺中 1X 室内试验结果

序号	AV/（mPa·s）	PV/（mPa·s）	YP/Pa	Φ6/Φ3	YP/PV	N	K	FL_{HTHP}/mL
井浆	33	26	6.7	2/6	0.26	0.72	0.21	/
井浆老化	35.5	28	7.5	3/7	0.27	0.80	0.21	9.8
LDR	33	27	5.7	2/5	0.21	0.76	0.16	8.6
SMP-3	稠化							

表 3 顺中 1X 井钻井液性能数据

井深/m	AV/（mPa·s）	PV/mPa·s	YP/Pa	YP/PV	Gel/（Pa/Pa）	n	K/（Pa. Sn）	FL_{HTHP}/mL
9116	39.0	30.0	9.0	0.30	3.5/10.0	0.700	0.311	8.8
9264	25.0	21.0	4.0	0.19	2.5/7.5	0.786	0.110	8.8
9316.27	32.0	27.0	5.0	0.19	3.0/8.5	0.791	0.137	8.8

由表 3 可知：LDR 在体系中的配伍性好，流型控制稳定，FL_{HTHP}均为 8.8mL，表明 LDR 可以很好地控制滤失量。

钻达设计井深，测完油气上窜速度后泵入滑抗温封闭浆 35m^3，封闭井段：9316.27-7700m（全裸眼段），实际封闭浆性能：密度 1.95g/cm^3、黏度 265s，（封闭浆配方：加重井浆/38m^3+胶液/2m^3+原油/4m^3+白油润滑剂/1t+固体润滑剂/1t+LDR-502/0.8t+SPNH/0.8t+AP-220/0.1t+重粉 10t），电测顺利，一次到底。

3.2 元深 1 井的应用评价

3.2.1 元深 1 井的概况

元深 1 井位于四川盆地川北坳陷九龙山背斜南西翼的一口重点探井，主探震旦系上统灯影组，设计井深 8680m，完钻井深 8866m，四开、五开作为唯一树脂类降滤失剂使用。

3.2.2 四开应用情况

四开井段 6800m~8140m，最高密度 2.25g/cm^3，井底最高温度 183℃，室内小试对比确定了 LDR 作为核心抗高温材料，对比评价数据见表 4。

现场应用中，以 LDR 为核心，构建出一套抗高温复合盐水基钻井液体系，配方为 80mL 井浆+120mL 胶液（0.6% DSP-1+15% KJ-4+5% LDR+8% SMT+2% AOP-1+10% KCl+3% NaOH），密度 2.25g/cm^3，185℃/16h，表现出持续抗温能力强，沉降稳定性好，183℃静止时间 132h，返出钻井液漏斗黏度 52s，配制钻井液抗污染能力强，黏度保持 42~54s，切力 3~7/9~18Pa。

表 4 LDR 和 SMP-Ⅲ在抗高温复合盐钻井液中的性能

样品	AV/（mPa·s）	PV/（mPa·s）	YP/Pa	Φ6/Φ3	Gel/Pa
SMP-Ⅱ	67	52	15	14/13	7/29
SMP-Ⅲ	54	42	12	12/12	7/29.5
LDR	56	47	9	11/11	5.5/14

3.2.3 五开应用情况

五开井段 8140~8866m，完钻密度 1.55g/cm^3，井底最高温度 205℃。

（1）树脂降滤失剂对比实验

考察不同树脂降滤失剂对钻井液流变性能的影响，井浆密度 1.77g/cm^3，漏斗黏度 37s，具体实验方案如下，基础配方：400mL 井浆+20mL（10%土浆）+30mL 水（2% DSP-1+5% KJ-4+2% FT-3+2%天然沥青），老化条件 190℃/16h。从表 5 实验结果可以看出，高温高压滤失量数据从低到高依次是 LDR、SMP-3，说明 LDR 生物质合成树脂降滤失剂在高温条件下具有更好的降滤失效果。

（2）抗 210℃实验

预测该井钻至寒武系灯影组井底最高温度可达 210℃，考察生物质树脂降滤失剂在高温下与钻井液配伍性老化温度 200℃/16h。试验结果见表 6。

从实验数据可以看出，以核心处理剂 LDR 配制的抗高温复合盐水体系，210℃老化后，开罐无沉淀，钻井液性能稳定，具有很好流变性能，说明生物质合成树脂降滤失剂起到很好抗温护胶的作用，可以有效控制钻井液流变和降低滤失量。

（3）长期老化实验

现场应用中，井底最高温度 205℃，完钻密度 1.55g/cm^3，从表 7 可知，井浆 210℃老化 6d，无沉淀，钻井液性能稳定，抗温持效能力强：电测作业期间静止 204h，性能稳定，电测顺利到底，启动泵压 3.7MPa，黏度效应低；配制钻井液黏切低，稳定性强，满足超深井、超高温小井眼施工技术需求。

表 5　树脂对比实验数据

序号	AV/(mPa·s)	PV/(mPa·s)	YP/Pa	Φ6/Φ3	Gel/Pa	动塑比	N	K	FL_{HTHP}/mL
井浆	20	18	2	3/2	1/3	0.11	0.86	0.05	/
井浆老化后	23.5	20	3.5	4/3	1/4	0.18	0.80	0.09	20.0
基础配方+5% LDR	22.5	22	0.5	2/1	0.5/2	0.02	0.97	0.03	13.0
基础配方+5% SMP-3	20	19	1	1/0.5	0.5/3.5	0.05	0.93	0.03	15.0

表 6　抗 210℃对比实验数据

序号	AV/(mPa·s)	PV/(mPa·s)	YP/Pa	Φ6/Φ3	Gel/Pa	动塑比	N	K	FL_{HTHP}/mL
井浆性能	21.5	18	3.5	7/7	3.5/6	0.19	0.78	0.10	16
井浆老化	22.5	20	2.5	4/4	1.5/6	0.13	0.85	0.06	15
井浆+0.5% LDR	20.5	18	2.5	3/3	1.5/6	0.14	0.83	0.06	13

表 7　长期老化实验数据

老化条件	ρ/(g/cm^3)	FLHTHP/mL	AV/(mPa·s)	PV/(mPa·s)	YP/Pa	Gel/Pa
210℃/72h	1.55	8.6	28	25	3	2/6.5
210℃/144h	1.55	10.2	30	26	4	2/8.5
静止 204h	1.55	14.4	40	34	6	3.5/12

4　结论

（1）LDR 以自主研制的高活性酶解木质素为原料研制而成，环保优势突出，抗温 200℃，为实现绿色钻井提供支撑，具有广阔应用前景。

（2）LDR 在抗高温复合盐钻井液中有良好的配伍性，黏度效应低，表现出良好的降滤失效果，促进了生物质资源在抗高温钻井液中的应用。

（3）在高温深井的应用中表明，在抗高温复合盐钻井液体系中加入 LDR 后，顺中 1 井 FL_{HTHP}为 8.0~11.0mL；元深 1 井 FL_{HTHP}为 9.0~11.0mL，相同加量条件下，LDR 较 SMP-Ⅲ控制滤失效果更好，可以满足抗温 200℃深井、超深井钻井液的需求。

参　考　文　献

[1] 李辉，曲永林，王国娜. 绿色钻井技术的综合应用［C］//中国环境科学学会 2022 年科学技术年会：环境工程技术创新与应用分会场论文集. 北京：《工业建筑》杂志社有限公司，2022：747-751.

[2] 王中华. 国内钻井液处理剂研发现状与发展趋势［J］. 石油钻探技术，2016，44(3)：1-8.

[3] 艾加伟，向兴华，陈俊斌，等. 环保水基钻井液处理剂研究进展［J］. 精细石油化工，2023，40(2)：67-70.

[4] 张勇，王彪，刘晓栋. 国内钻井液用磺化酚醛树脂研究进展［J］. 油田化学，2016，33(3)：547-551.

[5] 周启成，单海霞，位华，等. 环保型生物质合成树脂降滤失剂［J］. 钻井液与完井液，2020，37(5)：593-596.

[6] 张伟. 生物炼制木质素基酚醛树脂的制备与应用［D］. 北京：中国林业科学研究院，2013.

生物质合成基钻井液性能评价及应用

张　式　周启成　马　金　单海霞

（中石化中原石油工程有限公司钻井工程技术研究院）

摘　要　矿物油基钻井液虽然具备强抑制性和强润滑性等，但随着国家环保政策越加严格，且油基钻屑属于危险废弃物，其在钻井过程中的应用受到限制。本研究以生物质合成基液 LAE-12 为基础液，通过优选乳化剂、有机土、降滤失剂、润湿剂等关键处理剂，形成了一种密度 1.2~2.5g/cm^3，抗温 150℃的生物质合成基钻井液，室内评价表明，该体系具有良好的流变性、滤失量控制能力、乳液稳定性、高温沉降稳定性。评价了体系的环保和安全性，具有无毒，绿色环保，易生物降解等特点，基液、钻井液以及回收老浆的运输、储存安全性强，产生的钻屑经热解处理后属于一般工业固废，可满足环保要求，利于减量化和后续治理，有效降低综合成本。体系在现场应用 9 口井，表现出性能稳定性好，井壁稳定性强，润滑效果好等特点，助力多口井创多项指标，具有广阔的推广应用前景。

关键词　生物质合成基钻井液；性能评价；环保性；安全性；现场应用

油基钻井液作为最常用的钻井液体系，因使用的基液多为矿物油，而绝大部分矿物油难降解，有一定毒性，使得油基钻井液的使用受到了越来越严格的限制。在这种情况下，合成基钻井液应运而生，它不仅具有油基钻井液的优点，而且具有可生物降解、无毒和环保等优点。在全世界范围内，使用合成基钻井液的地区包括墨西哥湾、北海、远东、欧洲大陆、南美等地区和澳大利亚、墨西哥及俄罗斯等国家，其中墨西哥湾和北海地区占使用合成基体系总数的 90%以上，可以看出使用绿色、环保的合成基钻井液逐渐成为一种趋势。目前所使用的合成基钻井液主要有 α 烯烃合成基钻井液和气制油合成基钻井液，这些体系的基液多为国外引进。其中 α 烯烃结构比较稳定，生物降解性较差，环境可接受程度不高；气制油合成基钻井液环保性能较好，配制的钻井液性能优良，但是基液进口价格高，限制了规模化应用。

本文以自主研发的生物质合成基液 LAE-12 为基础油，通过对关键处理剂的研选及配伍性研究，形成了一种绿色环保的生物质合成基钻井液。自主研制的基液是一种性能优异、可生物降解的“绿色化学品”，具有闪点高、不易燃、倾点低、黏度小、流动性好、不含芳烃、润滑性强等特点，形成的生物质合成基钻井液无毒、易降解、绿色环保。

1　钻井液配方研究

室内对基液 LAE-12 的极性研究，以芘(Py)荧光探针法测定出 LAE-12 的极性为 0.95、0#柴油的极性为 0.79，LAE-12 极性比柴油高 0.16 个单位，以此为依据对乳化剂、有机土、润湿剂、降滤失剂等组成进行优选，并形成生物质合成基钻井液配方。

1.1　乳化剂研选及加量优化

为保证生物质合成基钻井液的乳化稳定性，以自主研发的基液极性为指导原则，依据乳状液稳定性机理、相似相溶原理，室内筛选了多种乳化剂，并最终研选出一种复合乳化剂 MUL，该乳化剂的碳链数为 16~18，HLB 值为 4.3~4.7，其分子结构与基液分子结构相似，具有多个相似基团，因此乳化剂与基液极性匹配性好，有利于在油水界面吸附。为考察乳化剂对乳液稳定性的影响，配制油水比为 80：20 的基浆（配方：基液+20% $CaCl_2$水溶液+乳化剂 MUL+3%有机土），经过 150℃/16h 老化后测定破乳电压，实验结果如图 1 所示。由图 1 可看出，乳化剂加量在 6%时，破乳电压达 600V 以上，兼顾体系稳定性及综合成本，确定乳化剂 MUL 的加量为 3%~5%，破乳电压保持在 426~597V，乳状液稳定。

1.2　有机土优选及加量优化

室内对比了多种与基液碳链数相当的改性有

机土，考察150℃老化16h后的胶体率(配方：基液+2%有机土)，并优选出一种季铵盐改性有机土HFGEL，结果如图2所示。配制油水比80∶20、密度为2.1g/cm³钻井液，经150℃/16h老化后，考察有机土加量，结果见表1。由表1可以看出，随着有机土加量增加，钻井液粘切逐渐上升，滤失量逐渐降低，兼顾沉降稳定性及滤失量，确定有机土的加量为3%~5%。

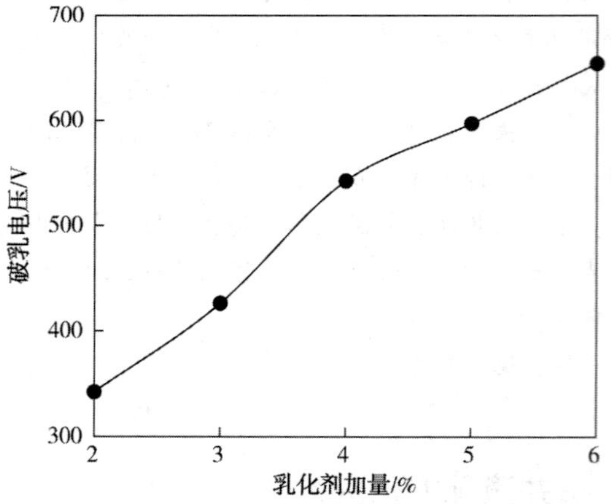

图1　乳化剂MUL加量对破乳电压影响

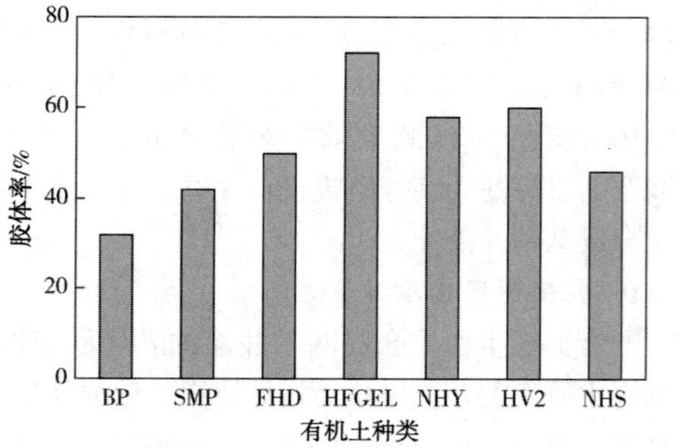

图2　不同种类有机土的胶体率

表1　有机土加量对体系性能的影响

有机土加量/%	AV/(mPa·s)	PV/(mPa·s)	YP/Pa	Gel/(Pa/Pa)	FL_{HTHP}/mL
2.0	47	41	6	2/3	7.6
3.0	51	42	9	3/5	5.8
4.0	54	45	9	5/6	5.0
5.0	58	47	11	7/9	4.6
6.0	74	60	14	10/11	4.0

配方：基液+20% $CaCl_2$水溶液+有机土HFGEL+5%乳化剂MUL+3%润湿剂RJ+4%降滤失剂FR+3% CaO+重晶石。

1.3　降滤失剂优选及加量优化

室内优选出了一种腐殖酸改性降滤失剂FR。在油水比为80∶20，密度2.1g/cm³，150℃老化16h的条件下对其加量进行考察，结果见表2。由表2可知，随着降滤失剂加量增加，高温高压滤失量由5.4mL降至4.2mL，当加量在3%~5%时，滤失量为4.4~4.8mL，加量继续增加，滤失量变化不大，因此，确定降滤失剂FR的加量为3%~5%。

表2　降滤失剂加量对体系性能的影响

加量/%	AV/(mPa·s)	PV/(mPa·s)	YP/Pa	Gel/(Pa/Pa)	FL_{HTHP}/mL
2	53.0	44.0	9.0	4.0/5.0	5.4
3	54.5	45.0	9.5	4.0/5.5	4.8
4	54.5	45.0	9.5	4.0/5.5	4.4
5	55.0	45.0	9.5	4.0/5.5	4.4
6	56.5	46.5	10.0	4.0/5.5	4.2

配方为：基液+20% $CaCl_2$水溶液+3%有机土HFGEL+5%乳化剂MUL+3%润湿剂RJ+降滤失剂FR+3% CaO。

1.4　润湿剂优选及加量优化

室内优选出一种酰胺类润湿剂RJ，该润湿剂碳链数为18，与基液结构相似，亲水基团比例大，可促进固相颗粒在基液中的分散。在油水比为80∶20，密度2.1g/cm³，150℃老化16h的条件下对其加量进行考察，结果见表3。由表3可知，随着润湿剂RJ-2加量的增加，体系黏度先降低后增加，破乳电压先升高后降低，当加量在2%~4%时，体系黏度和破乳电压变化不大，说明该润滑剂不仅能提高钻井液的沉降稳定性能优良，又能辅助提高乳化稳定性，因此确定润湿剂RJ加量为2%~4%。

表3　润湿剂加量对体系性能的影响

加量/%	AV/(mPa·s)	PV/(mPa·s)	YP/Pa	ES/V
1	64.5	55	9.5	622
2	61	51	10	688
3	58.5	47	11.5	725
4	56	45	11	726
5	62	49	13	655

通过对处理剂进行优选及加量优化，最终形成了生物质合成基钻井液配方，即80%~100%基液LAE-12+0~20% $CaCl_2$水溶液(质量浓度20%)+3%~5%有机土HFGEL+3%~5%乳化剂

MUL+2%～4%润湿剂 RJ+3%～5%降滤失剂 FR+3% CaO+重晶石。

2 钻井液性能评价

2.1 不同密度钻井液性能

在油水比为 80：20，150℃老化 16h 的条件下，对密度为 1.2～2.5g/cm^{3}钻井液体系的基本性能进行了评价，实验结果见表 4。从表 4 可知，密度为 1.2～2.5g/cm^{3}的钻井液，表观黏度为 41.5～70mPa·s，动切力 9.5～12Pa，高温高压滤失量均小于 5mL，破乳电压>700V，说明该体系具有良好的流变性能、滤失量控制能力和乳化稳定性。

表 4 不同密度生物质合成基钻井液性能评价

钻井液密度/(g/cm^3)	AV/(mPa·s)	PV/(mPa·s)	YP/Pa	Gel/(Pa/Pa)	FL_{HTHP}/mL	ES/V
1.2	41.5	32	9.5	3.5/4.5	4.6	745
1.4	50.5	40	10.5	4/5.5	4.8	736
1.6	52.5	42.5	10	4/5	4.6	731
1.9	55.5	46	9.5	5.5/6.5	4.2	729
2.1	58.5	49	9.5	5/6	4.4	724
2.3	65	53	12	5/7	4.6	715
2.5	70	58	12	6/8	4.2	709

2.2 抗温能力

配制密度为 2.1g/cm^3，油水比 80：20 的生物质合成基钻井液(下同)，在 120～160℃下老化 72h，考察体系的抗温能力，实验结果见表 5。从表 5 可知，生物质合成基钻井液抗温可达 150℃，随着温度的升高体系黏度切力变化不大，密度差均在 0.03g/cm^{3}以内，HTHP 滤失量可控制在 5mL 以内，在 160℃时，体系黏度切力急剧升高，HTHP 滤失量为 8.8mL，因此，体系抗温可达 150℃。

表 5 生物质合成基钻井液抗温性能评价

温度/℃	AV/(mPa·s)	PV/(mPa·s)	YP/Pa	Gel/(Pa/Pa)	FL_{HTHP}/mL	$\Delta\rho$/(g·cm^{-3})	ES/V
120	55	44.5	10.5	4/5.5	4.2	0.02	815
130	57	46.5	10.5	5.5/7	4.8	0.02	786
140	57	46	11	5/6	4.6	0.03	756
150	60	48.5	11.5	6/7	4.8	0.03	724
160	133	90	43	23/28	8.8	0.35	473

2.3 沉降稳定性

配制密度为 2.1g/cm^3，油水比 80：20 的生物质合成基钻井液，静置不同时间，温度保持 150℃，测定不同密度钻井液体系静置不同时间后的密度差，考察体系的沉降稳定性，结果见表 6。从表 6 可以看出，。钻井液静置 1～3d，密度差在 0.01～0.03g/cm^3，底部无沉淀，表明该钻井液体系具有优良的沉降稳定性能。

表 6 生物质合成基钻井液的沉降稳定性能评价

时间/d	$\Delta\rho$/(g·cm^{-3})
1	0.01
2	0.01
3	0.03

2.4 环保性和安全性

评价钻井液的环保性，一般有 LD_{50}、EC_{50}以及可生化性(BOD_5/COD_{Cr})，根据标准对生物质合成基钻井液的环保性能进行了评价。结果见表 7。从表 7 可知，根据毒性分级标准判定，生物质合成基钻井液无毒、绿色环保，易生物降解。

表 7 生物质合成基钻井液的环保性

指标	LD_{50}/(mg·kg^{-1})	EC_{50}/(mg·L^{-1})	可生化性 BOD_5/COD_{Cr}
基液	>5000	>100000	0.67
乳化剂	>5000	>50000	0.45
润湿剂	>5000	>50000	0.48
降滤失剂	>5000	>50000	0.54
生物质合成基钻井液	>5000	>100000	0.61
标准	>5000，微毒	>20000，无毒	≥0.05，易生物降解

钻屑环保性评价：取现场生物质合成基钻井液热蒸馏处理后的钻屑进行危险特征鉴别，检测项目包括浸出毒性、易燃性、反应性和毒性物质

含量的危险特性，结果显示钻屑不具有浸出毒性、不具有剧毒性、有毒性、致癌性、至突变性、生殖毒性以及持久性有机污染物、不具有急性毒性，属于一般工业固体废物。

将生物质合成基液、钻井液以及回收的老浆进行了货物运输条件鉴定，检测依据：JT/T 617—2018《危险货物道路运输规则》。生物质合成基液、钻井液以及回收的老浆的鉴定结论如下：无爆炸危险性，不属于爆炸品；无氧化危险性，不属于氧化剂；无燃烧危险性，闭杯闪点93℃未发生闪燃，不属于易燃液体；无腐蚀危险性，不属于腐蚀品；无毒害危险性，不属于毒害品；无放射危险性，不属于放射性物质。

3 现场应用效果

生物质合成基钻井液在现场应用 9 口井，体系应用井深最深 5538m，最长水平段 2031m，最高井温 142℃，摩阻 4～24t，应用密度 1.40～2.25g/cm^3，平均井径扩大率 5.85%。应用概况见表 8。现场应用表明，生物质合成基钻井液性能稳定，满足携岩带砂需求，防漏、防塌效果好，井眼清洁，井径规则，稳定井壁能力强，已施工井均未发生垮塌和井漏；润滑效果好，起下钻摩阻低；返出的钻屑干燥，含油量低，利于减量化和后续治理；钻井液重复利用高。

表 8　生物质合成基钻井液应用概况

井号	W72-P102	W72-P202	W72-P203	W203-P1	W90-P1	P7601H	W72-P201	Z204H	JS321-11HF
完钻井深/m	4239	4452	4590	4206	3499	5538	4459	4420	4588
固井质量	优秀	优秀	优秀	优秀	优秀	良好	优秀	未测	优秀
施工段长/m	1038	1262	1227	933	730	1691	1269	2394	1888
水平段长/m	652	888	811	444	213	1506	799	2031	1294
应用密度/(g/cm^3)	1.55～1.75	1.55～1.75	1.55～1.75	1.85～1.87	1.40～1.61	1.55～1.58	1.55～1.75	1.83～1.92	2.03～2.25
摩阻/t	4～10	4～15	4～10	4～8	5～8	12～16	4～14	8～24	16～20

生物质合成基钻井液助力多口井创工区施工新纪录，效果得到了甲方高度认可，其中：W72-P202 井设计周期 63d，节约 9d，创该区块水平井最短周期纪录；W203-P1 井造斜和水平段钻进一趟钻完成，创 W203 块水平井完钻井深最深，钻井、完井周期最短，机械钻速最高等 4 项指标。P7601 井创该区域水平井完钻井深最深、垂深最深、水平段最长、井温最高等 13 项指标。

4 结论

（1）以生物质基液 LAE-12 的极性为指导，通过对处理剂的优选和加量优化，形成了密度为 1.2～2.5g/cm^3，抗温 150℃的生物质合成基钻井液，具有良好的流变性能、滤失量控制能力、乳液稳定性、沉降稳定性、润滑性及抑制性，且无毒、绿色环保、易降解。

（2）体系在现场应用 9 口井，取得了较好的应用效果，表现出钻井液性能稳定，井壁稳定能力强，润滑效果好，起下钻摩阻低等效果，助力多口井创多项指标。

（3）通过现场应用，验证了该体系的适应性，可满足致密砂岩、页岩油气、强水敏地层、长水平段以及环境敏感地区钻井需要，同时具有无毒、环保的特点，利于减量化和后续治理，综合成本低于矿物油基钻井液，具有广阔的推广前景。

参 考 文 献

[1] 王中华. 国内钻井液技术现状与发展建议[J]. 石油钻探技术，2023，51(4)：114-123.

[2] 王中华. 国内油基钻井液研究与应用综述[J]. 中外能源，2022，27(8)：29-36.

[3] 代秋实，潘一，杨双春. 国内外环保型钻井液研究进展[J]. 油田化学，2015，32(3)：435-439.

[4] 吴涛，王志龙. 环保型钻井液的研究现状及发展趋势[J]. 化学与生物工程，2018，35(10)：1-5.

[5] 潘一，刘天龙，杨双春. 国内外海洋钻井液研究现状[J]. 油田化学，2015，32(2)：292-295.

[6] 罗健生，李自立，罗曼，等. 深水钻井液国内外发展现状[J]. 钻井液与完井液，2018，35(3)：1-7.

[7] 单海霞，王中华，何焕杰，等. 生物质合成基液 LAE-12 的合成及性能研究[J]. 钻井液与完井液，2016，33(2)：1-4.

抗高温环保润滑剂的研制与应用

王晓军[1] 孙云超[1] 景烨琦[1] 李 刚[2] 戴运才[1] 鲁政权[1] 任 艳[1] 袁 伟[1]

(1. 中国石油集团长城钻探工程有限公司工程技术研究院；
2. 中国石油集团长城钻探工程有限公司钻井液公司)

摘 要 针对常规润滑剂特殊工况下减摩降阻性能不足导致的定向托压、起下钻困难、粘卡和完井管串无法顺利下入等难难，通过植物油环氧化改性，并引入极压抗磨剂组分，制备了抗高温环保润滑剂。对该润滑剂的结构进行了表征，并对其性能进行了评价。结果表明，润滑剂分子结构中含有大量的强吸附基团和长链烷基，能够牢牢吸附在钻具和井壁表面；抗温性能200℃以上，四球摩擦系数降低率达52.2%，钢球磨斑直径缩短了43.6%，在金属表面形成润滑膜厚度100nm以上，半数效应浓度100000mg/L以上，重金属含量远远低于排放标准。现场应用表明：抗高温环保润滑剂凭借着优异的油膜强度适用于小井眼侧钻井、深层大井眼定向井和长水平段水平井等复杂结构井。

关键词 润滑剂；分子结构；吸附基团；摩擦系数；无毒环保

随着油气勘探开发的不断深入，深井超深井、长水平段水平井、大位移定向井、短半径/超短半径水平井等复杂结构井逐年增多，施工时钻具与井壁接触面积明显增大，摩阻和扭矩较高，引发定向托压、起下钻困难、粘卡和完井管串无法顺利下入到底等诸多难题，对钻井液在高温、极压状态下的抗磨减阻性能提出了更高要求。而现有润滑剂存在着极压抗磨效果不理想、荧光级别高、环保处理难度大、抗温性能差和起泡严重等诸多问题，导致使用范围受限、重复添加且成本过高，无法满足高效钻完井和降本增效的要求。针对上述问题，笔者研发了一种具有优良的吸附性、高温稳定性和极压抗磨能力，且无毒环保的高效润滑剂，在对其结构表征的基础上进行了性能评价，并通过现场试验进行了验证。

1 实验

1.1 实验材料与仪器

豆油，工业级，中储粮油脂有限公司；双氧水，分析纯，茂名市雄大化工有限公司；甲酸，分析纯，湖北成丰化工有限公司；氨基乙酸，分析纯，茂名市雄大化工有限公司；乙酸酐，分析纯，南京化学试剂股份有限公司；三硫化钼，工业级，山东昌耀新材料有限公司；十二烷基苯磺酸钠分析纯，分析纯，广东翁江化学试剂有限公司；石油醚，分析纯，东莞市勋业化学试剂有限公司；无水乙醇，分析纯，南京化学试剂股份有限公司；1#润滑剂，美国倚科能源有限公司缔合型钻井液用润滑剂DFL；2#润滑剂，长城钻探公司工程技术研究院GW-ELUB。

JJ1A增力电动搅拌器，上海科兴仪器有限公司；HZ-9912S水浴振荡器，常州市凯航仪器有限公司；Thermo Scientific Nicolet iS 10型红外光谱仪，赛默飞分子光谱仪器；Bruker AVANCE Ⅲ 400MHz核磁共振波谱仪，布鲁克(北京)科技有限公司；NETZSCH STA 449F5型热重测试仪，青岛启翔仪器设备有限公司；MRS-1J四球摩擦试验机，济南竟成测试技术有限公司；K-Alpha型X射线光电子能谱仪，赛默飞分子光谱仪器；JC2000D接触角测量仪，北京奥德利诺仪器有限公司；OFITE型高温滚子加热炉，奥莱博(武汉)科技有限公司。

1.2 实验方法

1.2.1 抗高温环保润滑剂的制备

使等摩尔比的大豆油与双氧水在甲酸催化下进行环氧化反应，生成环氧化大豆油，在乙酸存在的条件下，使等摩尔比的环氧化大豆油与乙酸酐在64℃下进行开环反应，得到改性大豆油；将改性大豆油置于容器内部搅拌加热至48℃，边搅拌边向容器内部加入粒度为50nm的三硫化钼，搅拌均匀；继续向容器内部加入十二烷基苯磺酸钠，并升温至53℃，持续搅拌30分钟，得到抗高温环保润滑剂GW-ELUB；其中，改性大豆油与三硫化钼的质量比为1∶0.05，三硫化钼与十二烷基苯磺酸钠的质量比为1∶0.3。

1.2.2 抗高温环保润滑剂的分子结构测试

傅里叶红外光谱测试。利用Nicolet iS 10型红外光谱仪，将少量抗高温环保润滑剂置于金刚石ATR模块中，设定仪器参数如下：波数范围400~4000cm^{-1}，扫描次数32，分辨率4cm^{-1}，测定抗高温环保润滑剂的红外光谱图。

核磁共振波谱测试。采用Bruker AVANCE Ⅲ 400MHz核磁共振波谱仪，将少量抗高温环保润滑剂置入核磁管中，测定其核磁氢谱，其中DMSO作为样品溶剂，测试磁场为400M，谱图类型为一维谱。

1.2.3 抗高温环保润滑剂的性能测试

热重分析测试。采用NETZSCH STA 449F5型热重测试仪测定抗高温环保润滑剂的抗温性能，将少量抗高温环保润滑剂至于铝坩埚中，测量其重量随温度的变化，考察润滑剂的热稳定性，测试条件为N_2氛围，设定测试温度范围为30~600℃，升温速度为10℃/min。

四球摩擦系数测试。采用MRS-1J四球摩擦试验机测定不同试验浆的四球摩擦系数，摩擦钢球选择二级轴承钢球，直径12.7mm，GCr15材质。摩擦方式为圆周运动，摩擦时间30min，摩擦速率为300rpm，施加力固定为300N，摩擦行程为40mm。

磨斑直径测试。四球摩擦测试结束后，利用石油醚和无水乙醇超声清洗钢球，去除钢球磨斑表面残留的润滑剂和黏土矿物，自然干燥后对钢球磨斑进行拍照，利用磨斑直径来表征其抗磨损性能。

润滑膜厚度测试。采用K-Alpha型X射线光电子能谱仪测定试验浆的润滑膜厚度，将磨损钢球的磨损面作为测试面，测试类型为氩离子刻蚀/溅射，每次刻蚀深度20nm，共刻蚀5次，采谱6次，利用常规精细谱模式设定测试元素的轨道，通过分析主要元素的原子含量来测定润滑膜厚度。

接触角测试。为考察润滑剂在金属表面的吸附性，将润滑剂溶液滴至钢片表面，自然风干后测试钢片润湿性变化；为考察润滑剂在泥饼表面的吸附性，将制备的润滑剂/膨润土悬浮液滴至载玻片表面，自然风干后测试泥饼润湿性变化。润湿性试验采用JC2000D接触角测量仪，利用悬滴法测试，拍照记录润湿性照片，采用内置软件计算接触角大小，润湿角测量范围：0~180°。

2 抗高温环保润滑剂的分子结构测试

2.1 傅里叶红外光谱测试

抗高温环保润滑剂的红外光谱如图1所示，3438cm^{-1}处的宽峰为—OH的伸缩振动吸收峰，2924cm^{-1}和2854cm^{-1}是—CH_3和—CH_2的C—H伸缩振动吸收峰，1591cm^{-1}和1743cm^{-1}为酯键羰基的—C ═O伸缩振动吸收峰，1436cm^{-1}和1351cm^{-1}是烷基C—H弯曲振动吸收峰，1161cm^{-1}为饱和脂肪族中酯的C—O伸缩振动吸收峰，724cm^{-1}为C—H面内摇摆振动吸收峰，因此推测抗高温环保润滑剂分子结构中含有羟基、烷基、酯基等官能团，与设计分子结构相符。

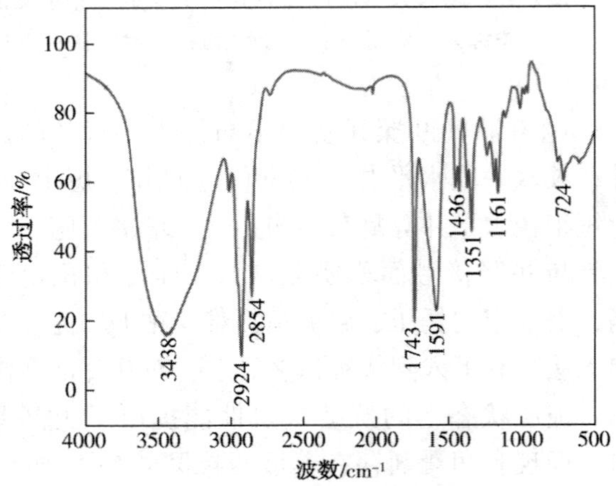

图1 抗高温环保润滑剂的红外光谱图

2.2 核磁共振波谱测试

抗高温环保润滑剂的核磁氢谱图(图2)中，δ=0.81~0.86ppm为润滑剂中—CH_3的特征信号，δ=1.27~1.30ppm为润滑剂中—CH_2的特征

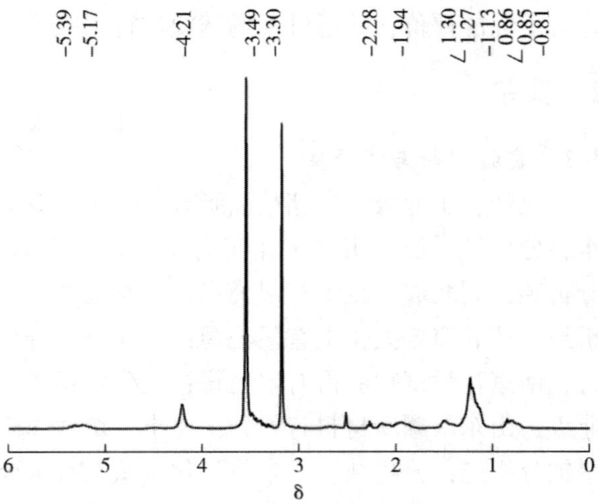

图2 抗高温环保润滑剂的核磁氢谱图

信号，$\delta = 1.94 \sim 2.28$ppm 为润滑剂中—CH_2—CH═CH—CH_2—的特征信号，$\delta = 3.30 \sim 3.49$ppm 为润滑剂中—CH_2—OH 的特征信号，$\delta = 4.21$ppm 为润滑剂中—CH_2—COO—的特征信号，进一步说明抗高温环保润滑剂分子结构含有烷基、羟基、酯基等官能团。

3 抗高温环保润滑剂的性能测试

3.1 抗温性能测试

抗高温环保润滑剂的热失重曲线如图 3 所示，室温至 120℃的热失重为 1.87%，归因于溶剂的热蒸发；温度接近 200℃时润滑剂开始发生热分解，失重率也仅仅为 10.96%；297℃后润滑剂的重量基本趋于稳定，润滑剂含量保持在 56.80%左右。由此可见，所测抗抗高温环保润滑剂的具有较好的热稳定性，200℃以下聚合物骨架结构不会发生热分解。

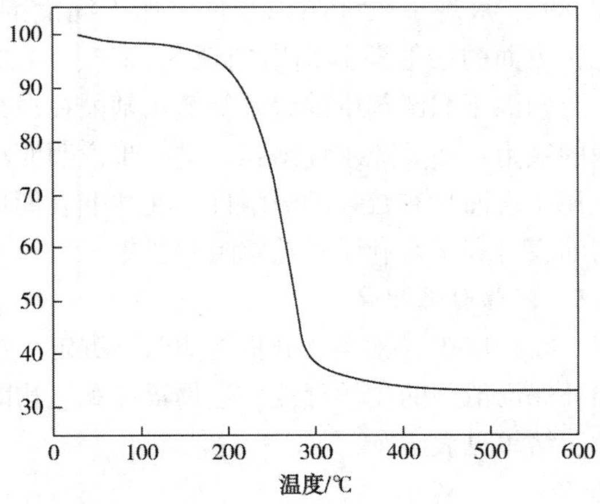

图 3 抗高温环保润滑剂的热失重曲线

3.2 抗磨性能测定

不同试验浆的四球摩擦系数测定结果如图 4 所示，基浆在前 5s 测试过程中，四球摩擦系数上升迅速，平均摩擦系数为 0.23。基浆中分别加入 3%润滑剂后，四球摩擦系数的上升幅度均显著减小，平均摩擦系数分别降低至 0.13、0.11，且随着时间推移，摩擦系数基本保持稳定，说明自主研发的抗高温环保润滑剂其极压润滑性能略优于国外产品 DFL。

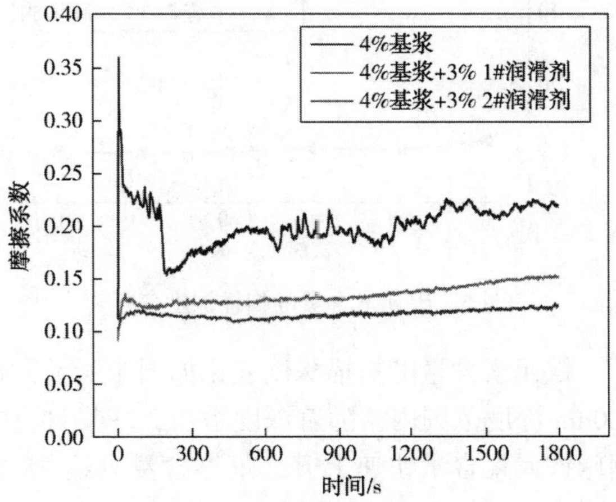

图 4 不同试验浆的四球摩擦系数

四球摩擦钢球的磨斑直径如图 5 所示，对比四球摩擦系数的测试结果可以看出，四球摩擦系数越大，对应的磨斑直径越大。其中 4%基浆的钢球磨斑直径达 0.78mm，加入润滑剂后钢球磨斑直径分别降低至 0.49mm、0.44mm。说明自主研发的抗高温环保润滑剂和国外产品 DFL 在抗磨损方面性能相当。

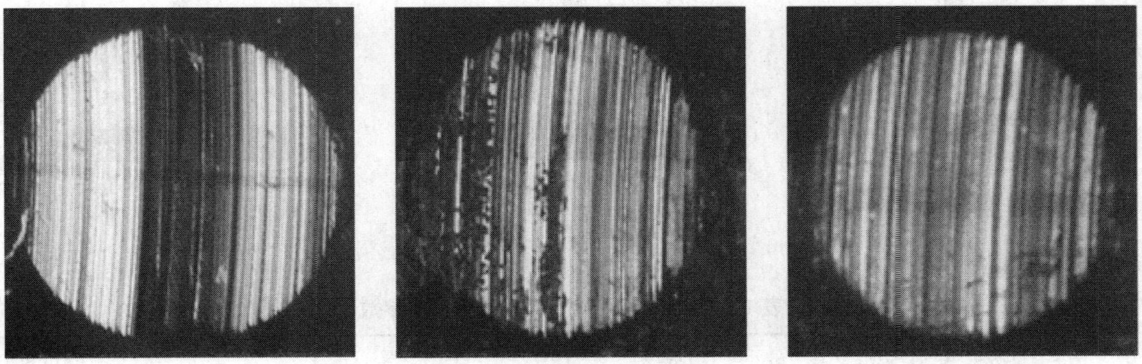

0.78mm (a)4%基浆　0.49mm (b)4%基浆+3%的1#润滑剂　0.44mm (c)4%基浆+3%的2#润滑剂

图 5 四球摩擦钢球的磨斑图

3.3 润滑膜厚度测试

碳元素含量随扫描深度变化图(图 6)中可以看出，在 100nm 深度范围内，基浆与钢球表面作用后，除表层碳元素，碳元素含量均在 5%以下。基浆中分别加入润滑剂后，金属表面至 100nm 内均具有较高的碳元素含量，100nm 处的碳元素含量分别为92%、94%，说明基浆未在钢球表面形成明显的润滑膜，而抗高温环保润滑剂和国外产品 DFL 在钢球表面形成的润滑膜厚度均在 100nm 以上。

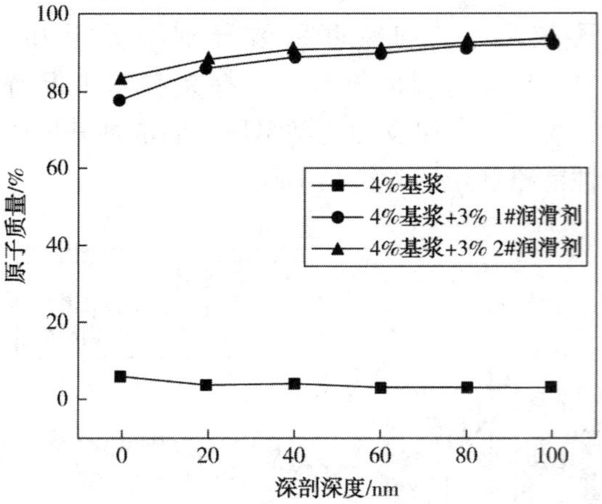

图 6　碳元素含量随扫描深度变化

铁元素含量随扫描深度变化如图 7 所示，在 100nm 深度范围内，随着深度增加，基浆对应的钢球铁元素含量快速上升，最终含量高达 95%。基浆中分别加入 1#润滑剂和 2#润滑剂后，铁元素含量基本为 0，铁元素深剖分析进一步证实抗高温环保润滑剂和国外产品 DFL 在钢球表面均可形成 100nm 以上润滑膜。抗高温环保润滑剂分子结构上具有酯基、羟基强吸附基团，能够牢牢吸附在表面为水润湿的钻具表面，朝外延展的烷烃基形成致密的吸附油膜。

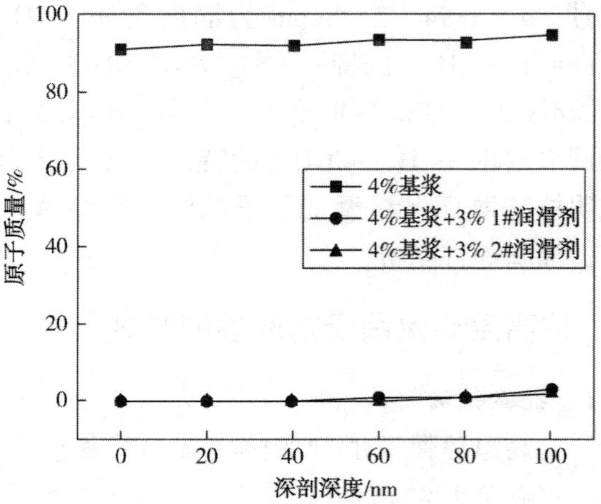

图 7　铁元素含量随扫描深度变化

3.4　接触角测试

将润滑剂/膨润土悬浮液均匀地涂抹在干净的载玻片上，室温下自然风干形成泥饼。使用去离子水对三种泥饼进行接触角测试，实验结果如图 8 所示。去离子水在泥饼表面的接触角为 20.89°，展现出较强的亲水性，加入润滑剂后，泥饼表面的接触角分别增加至 52.27°、54.21°，主要归因于润滑剂中的烷基等疏水基团在泥饼表面的吸附，使其疏水性增强，进一步说明润滑剂在泥饼表面具有较强的吸附性，在井壁表面形成的油膜有利于有利于降低摩阻和扭矩。

3.5　环保性能测试

委托广东省微生物分析检测中心测定了抗高温环保润滑剂的化学毒性、生物毒性和生物降解性，结果见表 1。

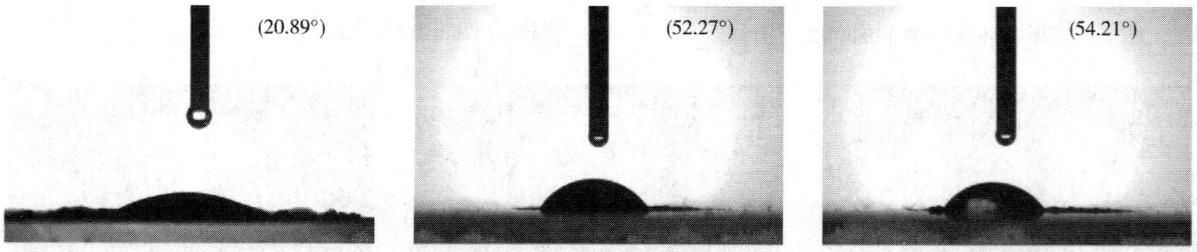

(a)4%基浆　(b)4%基浆+3%的1#润滑剂　(c)4%基浆+3%的2#润滑剂

图 8　泥饼表面的接触角测试

表 1　抗高温环保润滑剂的环保性能参数

测试对象	总铬/(mg/kg)	总镍/(mg/kg)	总铜/(mg/kg)	总锌/(mg/kg)	总铅/(mg/kg)	总镉/(mg/kg)	总镉/(mg/kg)	总汞/(mg/kg)	EC_{50}/(mg/L)	BOD_5/COD_{Cr}
GW-ELUB	14	<3	<1	2	<10	<0.01	<0.01	<0.002	>100000	0.46
规定值	≤1000	≤200	≤1500	≤3000	≤1000	≤15	≤75	≤15	≥30000	≥0.1

注：EC_{50}急性生物毒性值；BOD_5/COD_{Cr}可生物降解性指数；BOD_5五天生物耗氧量；COD_{Cr}化学耗氧量。

由表 1 可知，研发的抗高温环保润滑剂其重金属含量、生物降解性和生物毒性完全满足国家相关环保标准要求。

4 现场应用

抗高温环保润滑剂 GW-ELUB 在辽河油田、吉林油田、长庆油田累积应用 200 余井次。现场应用中与钻井液配伍性良好，润滑性能优异，起出钻头表面清洁，极大地缓解了定向托压严重带来的机械钻速慢、粘卡风险高及软泥岩钻头泥包等技术难题，下面 3 个案例能够充分说明抗高温环保润滑剂在不同井型中均具有良好的减摩降阻效果。

4.1 在连续油管侧钻井中的应用

抗高温环保润滑剂在辽河油田 4 口连续管侧钻井现场试验中应用效果良好。其中，Q22-17C 井井身轨迹为增-稳-降-直 4 段制，创下了国内连续管侧钻井完钻井深最深 1759m 新纪录；J2-9-303CH 井是国内第一口连续油管侧钻水平井，创下了连续油管侧钻井最长裸眼段 802m、最长水平段 123m、最大井斜角 90.11°和最大水平位移 414.5m 多项国内纪录。

4.2 在长裸眼水平井中的应用

SH＊＊-36H3 井从 600m 开始定向，增斜至 15°后稳斜至 2366m，从 2366m 至 A 点 2999m 增斜增方位，水平段 4100m 之前要求井斜控制在 89.8°±0.2°钻进，4100m 之后要求井斜控制在 90°平推，水平段长 1500m，定向工作量繁重，井眼轨迹控制难度大。抗高温环保润滑剂凭借着优异的润滑减阻性能，确保全井段施工中上提附加拉力均在 10t 以内，定向过程中无托压现象，水平段仅用两趟钻，二开造斜段机械钻速 10.8m/h，三开水平段机械 11.08m/h，比邻井分别提高了 36.7%和 33.5%，两项指标均创同区块最快纪录。

4.3 在深层大井眼定向井中的应用

RT-1＊＊井采用大三开井身结构，二开井眼尺寸 311.1mm，从 2500m 开始定向，由于地层倾角原因，复合钻进掉井斜严重，定向工作量繁重。Φ311.1mm 大井眼深层定向托压问题普遍存在，严重影响机械钻速的提升。邻井沈 307 井 1238m~3709m 共计七趟钻，纯钻进时间 391.1h，平均机械钻速 6.3m/h；本井 1206m~3885m 只用了三趟钻，纯钻进时间 154h，平均机械钻速 18.56m/h，机械钻速提高了近 3 倍，钻井综合成本明显降低。

5 结论

（1）通过对植物油进行改性，同时复配极压抗磨剂和分散剂协等环境友好型组分，研制出新型抗高温环保润滑剂 GW-ELUB。

（2）抗高温环保润滑剂具有优良的吸附性、高温稳定性和极压抗磨能力，且无毒环保，其性能优于国外同类产品。

（3）抗高温环保润滑剂能够有效缓解小井眼侧钻井、长裸眼段水平井和深层大井眼定向井中由于钻井液润滑性能不足引发的定向托压难题。

参 考 文 献

[1] 屈沅治，黄宏军，汪波，等. 新型水基钻井液用极压抗磨润滑剂的研制[J]. 钻井液与完井液，2018，35(1)：34-37.

[2] 王晓军. 一种润滑剂及其制备方法：CN202011194706.8[P]. 2023-04-25.

[3] American PetroleumInst tute. Recommended practice standard procedure for laboratory testing drilling fluids [M]. NewYork：Production Dept. Of American Petroleum Institute，1990.

[4] 中华人民共和国环境保护部. GB/T 156181—1995 土壤环境质量标准[s]. 北京：中国标准出版社，1995.

[5] 中华人民共和国环境保护部. GB/T 15441—1995 水质：急性毒性的测定：发光细菌法[s]. 北京：中国标准出版社，1995.

[6] 中国土壤学会农业化学专业委员会. 土壤农业化学常规分析方法[M]. 北京：科学出版社，1983，55-108.

考虑井眼净化的“上翘”式水平井钻井液体系

钱志伟

（中国石油集团长城钻探工程有限公司工程技术研究院）

摘　要　针对沈267-HX“上翘”式水平井井眼净化及常规油基钻井液塑性黏度高导致的井底ECD大的问题，研发了油基钻井液用流型调节剂及封堵剂，建立了无土相油基钻井液配方。室内实验结果表明：研发的流型调节剂在乳液中具有良好的剪切稀释性及触变性；研发的封堵剂能够提升地层承压能力达25MPa。与常规油基钻井液相比，无土相油基钻井液具有良好的“低黏高切”、高温静态沉降稳定性及封堵能力。现场试验结果表明：管柱上提下方的有效应力及扭矩均未超过管柱及设备极限能力，起下钻、电测及下套管均一次成功，井径规则，平均机械钻速较同区块邻井提高约10%。体现了无土相油基钻井液良好的井眼净化与井眼强化能力。

关键词　上翘式水平井；井眼净化；流型调节剂；Landmark；无土相油基钻井液

一般谈及的水平井包含60°到85°的大斜度井和90°以上的“上翘”井，此类井可有效扩大了泄油面积，增加油层产能和开采效果。井眼净化是水平井钻井面临的主要挑战之一，尤其是在35°~65°环空中由于“Boycott”垂沉效应导致的井眼净化效果差，易引起井下摩阻和扭矩的增加，当在复杂的井眼轨迹条件下，严重时会出现卡钻事故，甚至会影响后续电测、下套管和固井作业的正常进行。井眼净化是一个复杂的多因素耦合过程，而钻井液流变参数作为水平井段改善井眼净化效果的主要可控因素，调控好钻井液流变参数对井眼净化有着重要的意义。本文从关键处理剂研发、体系建立出发，优化钻井液动塑比、低剪切黏度等参数实现“上翘”水平井的井眼净化。

1　施工井概况

为利用水平井+体积压裂提高沈267区块储量动用程度，改善区块发展效果，辽河油田在大民屯凹陷西部陡坡带北部沈267块部署12口水平井(本文以沈267-HX井为例)。沈267区块受大民屯凹陷西部北东走向的边界逆断层及次一级正断层控制，总体上呈北高南低的单斜构造，因此沈267-HX井水平段设计为三维六段制(直-增(扭)-稳-增(扭)-稳-降)，增斜至104.44°由B点着陆后降斜至85.23°A点中靶，整个水平段呈“弓形”轨迹。B点垂深2588m，A点垂深2502m，两点垂深相差86m。如图1、图2所示。

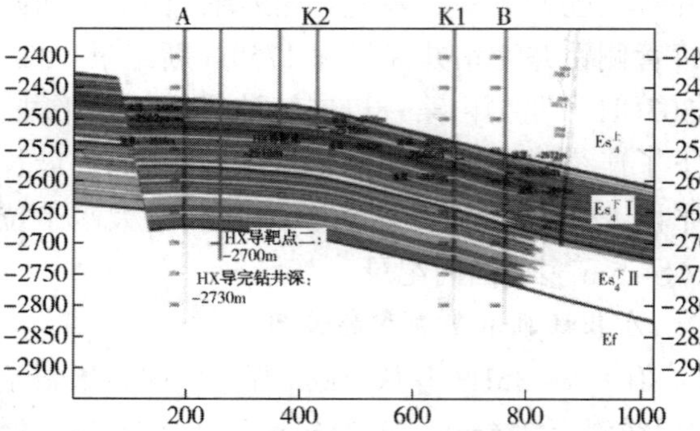

图1　过沈267-HX井水平段预测油层剖面图

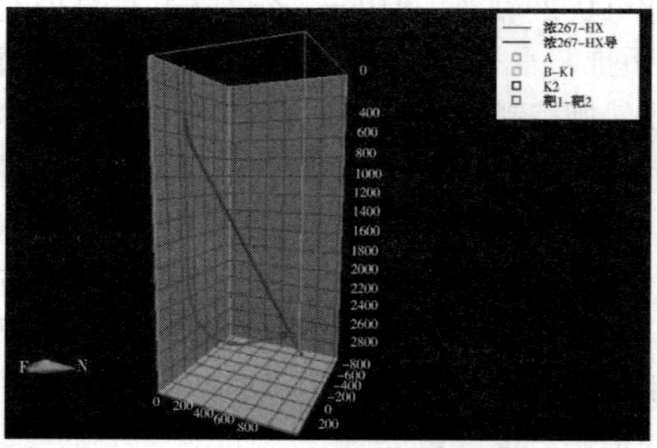

图2　沈267-HX井井眼轨迹三维示意图

2　钻井施工难点

沈267-HX井目的层为沙四$Es_4^{下}$Ⅰ(沙四下亚段Ⅰ段)，$Es_4^{上}$岩性为大套深灰色泥岩，易剥落掉块，利用线性膨胀和滚动分散实验分析该泥岩属弱膨胀、较强分散型硬脆泥岩；$Es_4^{下}$岩性为泥岩、泥质粉砂岩及粉砂质泥岩，室内岩心分析表明，储层为中等偏强水敏、强亲水。利用核磁共振法测试了邻井同层位岩样基质孔隙孔径和比表面积，岩样的比孔隙体积分布范围为0.0071mL/g~0.0247mL/g，比表面积分布范围为4.2963m²/g~19.44572m²/g，目的层页岩多为纳米孔，滤液在压力作用下进入裂缝会导致井壁脱落进而发生井壁失稳。

根据设计井眼轨迹及地层岩性分析，施工难点为：(1)井眼净化，由于井眼轨迹呈“弓形”，岩屑运移难度较大，井眼净化效果差；(2)井壁稳定，目的层岩性属弱膨胀、较强分散型且孔隙发育，井壁极易发生剥落掉块；(3)润滑性能，在“弓形”轨迹条件下，钻具可能背向受力导致摩阻大，极易引起起下钻困难及套管下不到位的复杂情况。

因此，现场钻井液施工的主要技术手段应为封堵为主结合抑制防塌，尽可能提高钻井液的动塑比及降低钻井液的低剪切黏度，强化钻井液净化井眼能力。为满足沈267-HX井水平段施工要求，结合目的层泥岩性质及基质孔隙，室内通过研发油基钻井液关键处理剂，建立了一套满足沈267-HX井钻井施工要求的无土相油基钻井液体系。

3 油基钻井液室内研发

3.1 油基钻井液关键处理剂研发

3.1.1 流型调节剂研制(GW-LXJ)

油基钻井液可通过加入有机土增加油基钻井液切力，但含量高会大幅增加塑性黏度，导致井底ECD增高、甚至会诱发地层漏失；而含量低会导致钻井液切力过低，不能有效悬浮和携带岩屑。综合来看，油基钻井液井眼净化能力不足的关键在于无法兼顾“低塑性黏度和高切力”。笔者以油酸和二乙醇胺为主要原料，利用缩合法制备了油基钻井液用流型调节剂。将油酸与二乙醇胺物质的量比为1∶2.5加入到三口烧瓶中，通入氮气5min，升温至150℃以200r/min的搅拌速度反应3h后，依次加入反应物总量0.5%的催化剂及抗氧剂，待反应温度降低到80℃以下后加入萃取剂，制备得到流型调节剂。

乳液基液的配制：在75mL基础油(DBN-80)中加入3mL乳化剂(ZFS)，搅拌均匀后加入不同量的流型调节剂，充分溶解后加入25mL $CaCl_2$溶液(浓度35%)，高速搅拌配制成乳液基液。

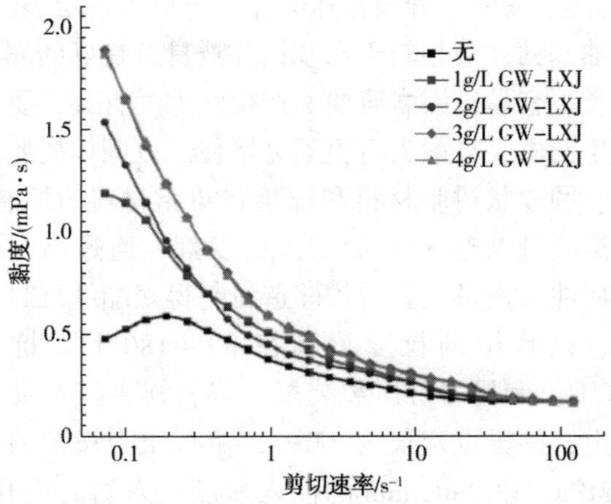

图3 不同流型调节剂加量下乳液的流变曲线

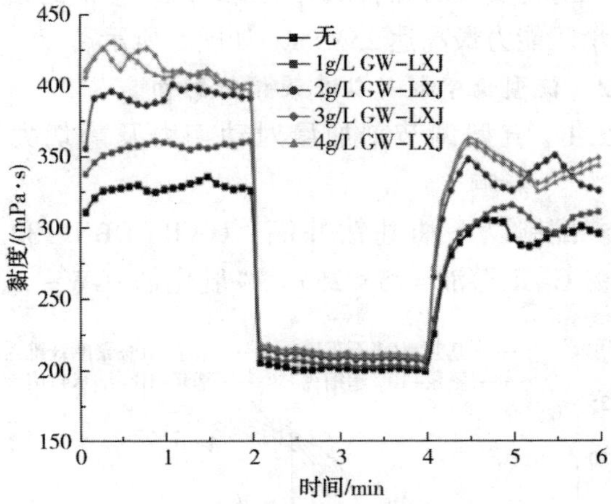

图4 不同流型调节剂加量下乳液的触变曲线

对不同流型调节剂加量下乳液基液黏度与剪切速率关系、“静止-剪切-静止”三段式触变性进行了测试。结果表明：(1)如图3所示，在不同流型调节剂加量下，随着切剪速率的增加乳液基液黏度显著减小，表明乳液基液具有良好的剪切稀释性；剪切速率较低时，加入流型调节剂的乳液基液黏度相对于空白样明显增加，随着剪切速率增加，乳液的黏度差逐渐减小，说明流型调节剂有利于增加低剪切黏度。低剪切速率条件下更有利于携岩，而高剪切速率时更有利于提高机械钻速。(2)如图4所示，剪切速率较低时(0~2min，$5.11s^{-1}$)乳液基液黏度较高，剪切速率较高时(2~4min，$170s^{-1}$)乳液基液黏度迅速降低，再次降低剪切速率后(4~6min，$5.11s^{-1}$)乳液基液黏度又恢复到较高的状态。说明加入流行调节剂后乳液基液具有较好的触变性，对降低ECD及稳定井壁具有重要意义。

3.1.2 聚酯纤维封堵剂研制(GW-FDJ)

沈267-HX井目的层裂缝、溶蚀孔隙发育，钻井液/滤液在静液柱压力作用下进入地层裂缝，而油基钻井液相较于水基钻井液具有良好的润滑性，更容易进入岩石弱面产生水力学劈裂，更易发生漏失，且漏失后更不易堵住。以固体树脂材料、圆片状树脂材料和纤维状树脂材料为原料，待温度升高至 80℃后加入引发剂，通过高温熔融后注入模具成型后粉碎造粒制得聚酯纤维封堵剂，该封堵剂粒度范围在 80～180 目、抗温 200℃。利用岩心压裂装置，将岩样夹持在夹持器上，围压设定值为 3MPa，驱替压力设定值为 30MPa，以 2mL/min 的注入速度进入岩心内孔，待岩心破裂后停止注入，通过与其他封堵剂进行承压对比实验可知，加有聚酯纤维封堵剂的钻井液承压能力最高达 25MPa。如图 5 所示。

3.2 流型调节剂对钻井液性能影响

3.2.1 流型调节剂加量对动切力及静切力的影响

配制以下油基钻井液：OWR（DBN－80：35% $CaCl_2$溶液＝75：25）＋3%乳化剂＋GW－LXJ＋3%氧化钙＋2%氧化沥青＋2%有机褐煤＋3% $CaCO_3$＋重晶石（加重至 1.55g/cm³）。

考察流型调节剂加量对上述无土相油基钻井液动切力及静切力的影响，结果如图 6 所示。在流型调节剂浓度为 0～3g/L 范围内，无土相油基钻井液的动切力及静切力均逐渐上升，当浓度大于 3g/L 后动切力与静切力均下降。这与流变曲线的结论是一致的。

3.2.2 与常规油基钻井液性能对比

常规油基钻井液配方：OWR（DBN－80：35% $CaCl_2$溶液＝75：25）＋3%乳化剂＋1.5%有机土＋3%氧化钙＋2%氧化沥青＋2%有机褐煤＋3% $CaCO_3$＋重晶石（加重至 1.55g/cm³）。

无土相油基钻井液配方：OWR（DBN－80：35% $CaCl_2$溶液＝75：25）＋3%乳化剂＋0.3% GW－LXJ＋3%氧化钙＋2%氧化沥青＋2%有机褐煤＋3% $CaCO_3$＋重晶石（加重至 1.55g/cm³）。

常规油基钻井液与无土相油基钻井液性能对比见表 1。

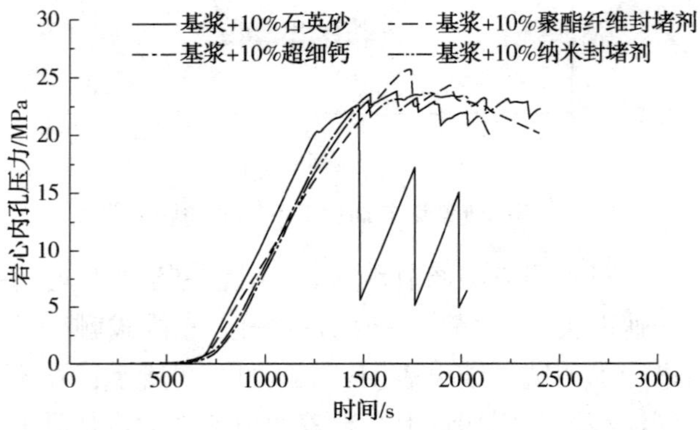

图 5 不同封堵剂岩心承压能力对比实验

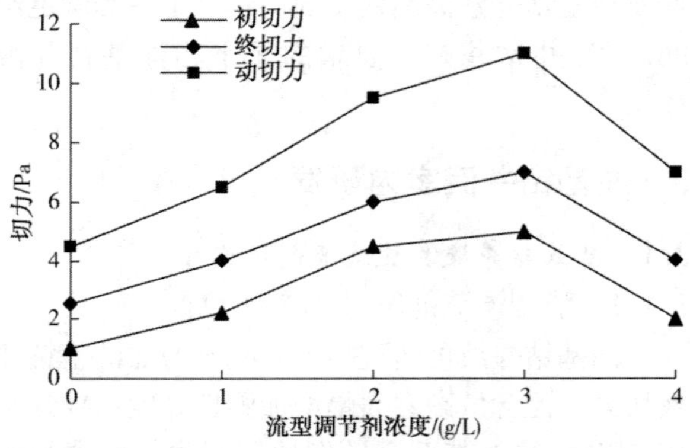

图 6 流型调节剂浓度对钻井液切力的影响

表 1 常规油基钻井液与无土相油基钻井液性能对比

钻井液类型	测试条件	塑性黏度 PV/(mPa·s)	动切力 YP/Pa	动塑比 YP/PV	静切力/Pa		高温高压滤失量 FL_{HTHP}/mL	电稳定性 ES/V
					初切	终切		
常规油基钻井液	老化前	45	6.5	0.1444	2.5	4.5		817
	老化后	28	4.0	0.1428	2.0	3.5	3.2	623
无土相油基钻井液（0.3% GW－LXJ）	老化前	36	8.5	0.2361	3.0	6.0		1054
	老化后	30	7.0	0.2333	2.5	5.5	1.8	836
无土相油基钻井液（0.1% GW－LXJ）	老化前	34	6.0	0.1764	2.5	4.5		887
	老化后	29	5.0	0.1724	2.0	4.5	3.0	649

注：①老化条件 180℃×16h；②流变性测试温度 65℃；③高温高压滤失量测试温度 150℃。

由表 1 数据可知，相较于常规油基钻井液，无土相油基钻井液具有更低的塑性黏度与更高的动切力，以及更好的触变性。这有利于提高机械钻速和井眼净化效率，另外较低的塑性黏度也有利于降低 ECD 及稳定井壁，尤其是窄密度窗口地层可避免造成井漏。通过调整流型调节剂加量可以调控钻井液动切力，以满足不同井型及井段施工要求。

3.3 无土相油基钻井液性能评价

3.3.1 高温静态沉降稳定性评价

高温静态沉降测试是评价钻井液在井筒静态条件下沉降趋势的方法。一般用沉降因子（*SF*）表征钻井液静态沉降稳定性。当 $SF=0.5$ 时，说明沉降稳定性较好；当 SF 大于 0.52 时，说明沉降稳定性较差。静态沉降因子（*SF*）按下式计算：

$$SF=\frac{\rho_{bottom}}{\rho_{top}+\rho_{bottom}} \tag{1}$$

式中，ρ_{top}为上部钻井液密度；ρ_{bottom}为下部钻井液密度。

通过沉降因子法考察无土相油基钻井液的高温静置沉降稳定性，由表 2 可知，体系静置 7d 后沉降因子仅为 0.511，且底部未发生沉降。表明研制的无土相油基钻井液具有良好的高温静态沉降稳定性。

表 2 无土相油基钻井液
高温静态沉降稳定性评价

序号	$t_{静置}$ d	ρ_{top}/(g/cm³)	ρ_{bottom}/(g/cm³)	$\rho_{差}$/(g/cm³)	沉降状态	*SF*
1	0	1.55	1.55	0	无沉	0.500
2	1	1.55	1.55	0	无沉	0.500
3	3	1.54	1.56	0.02	无沉	0.503
4	5	1.53	1.57	0.04	无沉	0.506
5	7	1.52	1.59	0.07	无沉	0.511

注：静置温度 180℃。

3.3.2 岩心突破压力测试

对加入封堵剂 GW-FDJ 前后的无土相油基钻井液进行了岩心突破压力测试，结果如图 7 所示。利用无土相油基钻井液进行驱替过程中，岩心一端的压力达到 17MPa 后突然下降，说明此时流体已经突破岩心，此时钻井液未能对岩心端面形成完全封堵，导致钻井液透过岩心到达另一端。当对加入 GW-FDJ 的油基钻井液进行驱替时，岩心端面的压力最高达到 27MPa 依然未下降，说明 GW-FDJ 使钻井液在岩心端面有效封堵，阻止了钻井液透过岩心。

4 现场应用

沈 267-HX 井钻进至井深 2956.26m、井斜 103.26°由 B 点（垂深 2588m）入靶，稳斜钻进至

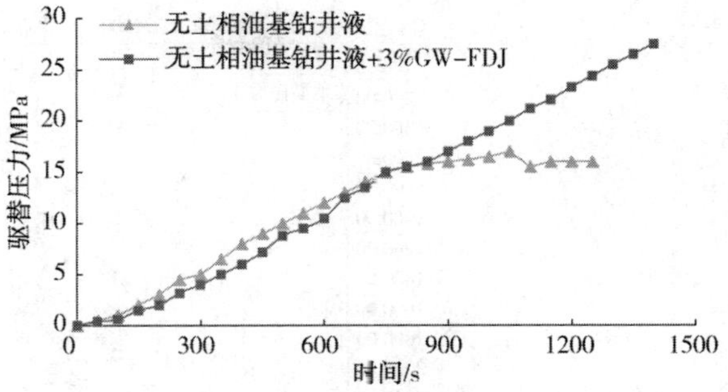

图 7 岩心突破压力测试

3254m 后降斜钻进至井深 3512m、井斜 84.96°由 A 点（2502m）中靶完钻，三开裸眼段呈“弓形”轨迹，油层钻遇率达 97.6%。由现场施工效果看，研制的无土相油基钻井液具有以下优点。

4.1 井眼净化效果好

现场施工过程中无土相油基钻井液性能稳定，且塑性黏度较低而动切力较高，动塑比达 0.25 以上。利用 Landmark 软件模拟了井内管柱的有效应力及扭矩，计算模拟条件为曲折度：实钻轨迹，摩阻系数：技术套管 0.25，裸眼段 0.3，钻井液密度：1.52g/cm³。3512m 时，钻柱上提悬重 864kN，钻柱下放悬重 542kN，钻柱自由悬重 700kN；理论空转扭矩 13.6kN·m，加钻压后，按钻头扭矩附加，有效应力及扭矩均未超过管柱及设备极限能力。起下钻、电测及下套管过程中悬重及扭矩较平稳，说明研制的无土相油基钻井液具有良好的井眼净化能力。如图 8、图 9 所示。

4.2 井壁稳定性强

沈 267-HX 井三开 2647~3261m 为大套深灰色硬脆性泥岩，平均井径扩大率仅为 3.53%。由于油层轨迹原因导致水平段呈弓形，起下钻、电测及下套管均顺利到底，未发生掉块及阻卡现象。

4.3 机械钻速快

沈 267-HX 井三开裸眼段长 865m，滑动钻进 252.73m，占比 29.22%，平均机械钻速 3.57m/h；复合钻进 612.27m，占比 70.78%，平均机械钻速 6.87m/h，较同区块平均机械钻速提高了约 18.5%。一是无土相油基钻井液较强的井眼净化能力，及时的将岩屑运移至上部井段、携带至地面，避免了重复切削；二是无土相降低了体系的固相含量，有利于提高机械钻速。

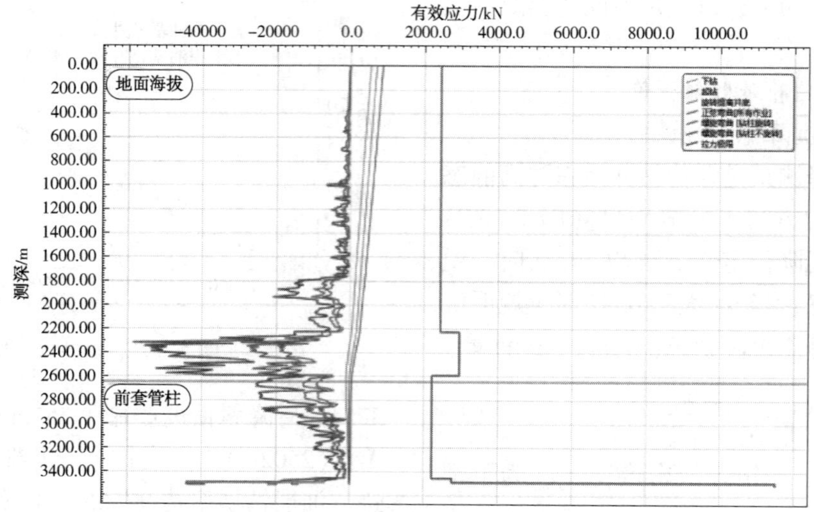

图 8 Landmark 模拟下套管有效应力分析

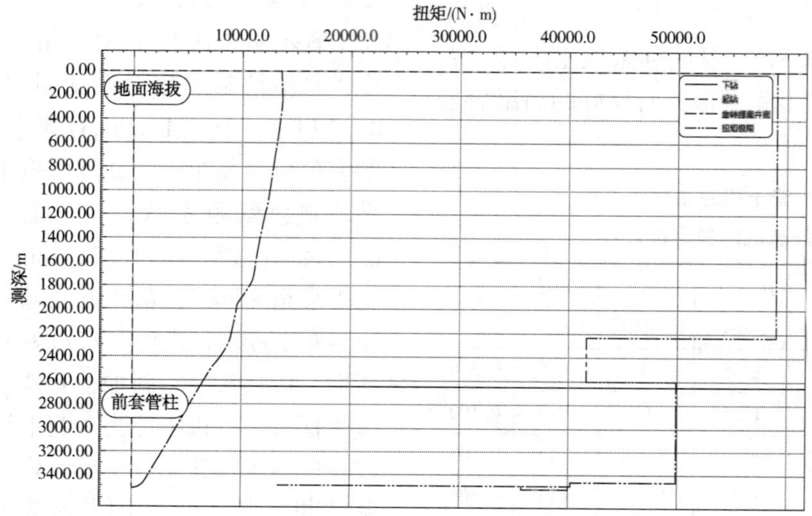

图 9 Landmark 模拟下套管扭矩分析

5 结论

（1）研制的油基钻井液流型调节剂，通过乳液基液黏度与剪切速率关系、“静止－剪切－静止”三段式触变性测试结果表明，研制的流型调节剂具有良好的剪切稀释性及触变性；研制的聚酯纤维封堵剂能够有效封堵地层微裂缝、提升地层承压能力。

（2）无土相油基钻井液具有低黏高切、良好的高温静态沉降稳定性及封堵能力，可以有效提升钻井液的井眼净化、抗高温及封堵防塌能力。

（3）现场应用中，无土相油基钻井液体现了良好的井眼净化能力及稳定井壁的能力，利用 Landmark 软件模拟下套管有效应力及扭矩均未超过管柱极限能力，电测及下套管均一次成功。为上翘式水平井施工降本增效提供了新的技术手段。

参 考 文 献

[1] 曲晶瑀. 水平井岩屑运移力学模型及井眼清洁效果评价研究[D]. 大庆：东北石油大学，2022.

[2] 陈锟，夏成宇，冯超，等. 页岩气水平井岩屑沉降规律仿真[J]. 石油机械，2021，49(11)：1-9.

[3] 陈秀英. 水平井钻井优化施工实践与认识[J]. 石油和化工设备，2023，26(08)，92-94.

[4] 常晓峰，孙金声，王清臣. 水平井和斜井井眼清洁技术研究进展及展望[J]. 钻井液与完井液，2023，40(01)，1-19.

[5] 王植锐，肖宇，郭少璞，等. 摩阻及扭矩分析在实时监控井眼净化中的应用[J]. 钻采工艺，2023，46(05)，157-161.

[6] 尹家峰，王晓军，鲁政权，等. 辽河大民屯凹陷页岩油储层强封堵恒流变油基钻井液技术[J]. 特种油

气藏，2023，30(04)：163-168.

[7] 李建成，钱志伟，杜兴国，等. 辽河油田油页岩地层全油基钻井液技术[J]. 钻井液与完井液，2015，32(04)：9-12+104.

[8] 安锦涛，李军，黄洪林，等. 考虑井眼清洁条件下的小井眼钻井液性能优化研究[J]. 钻井液与完井液，2022，39(06)：700-706.

[9] 马天寿. 页岩气水平井井眼坍塌失稳机理研究[D]. 四川，西南石油大学，2018.

[10] 马天寿，王浩男，杨赟，等. 不同地应力状态下各向异性地层斜井井壁破裂规律[J]. 中南大学学报(自然科学版)，2022，53(03)：1123-1135.

[11] 黄宁，吕开河，孙金声，等. 油基钻井液提切剂研究现状与发展趋势[J]. 钻井液与完井液，2022，39(04)：397-405.

[12] 钱志伟，鲁政权，白洪胜，等. 油基钻井液防漏堵漏技术[J]. 大庆石油地质与开发，2017，36(06)：101-104.

[13] 李家学，蒋绍宾，晏智航，等. 钻完井液静态沉降稳定性评价方法[J]. 钻井液与完井液，2019，36(5)：575-580.

深井大尺寸井眼随钻工程参数的风险特性分析试验

孙立伟　高清春　常　杨　郭修成　李永钊　李鹏娜

（中国石油集团长城钻探工程有限公司工程技术研究院）

摘　要　近年来，塔里木盆地超深层探明油气地质储量约占全球的19%，且已累计钻成110多口超8000m的超深井。2023年5月我国首口万米深井—深地塔科1井开钻，推动我国成为全球第三个实现万m深井钻探的国家。而目前超深复杂钻完井及效益建产难题，需要不断攻关深地勘探开发的钻速慢、振动大；复杂地应力及体系压力不同，伴随高温高压风险；盐膏层缩径、泥岩段垮塌，薄弱层漏失严重、高压盐水溢流；故障复杂处理时间长钻具易失效、处置难度增大等工程技术问题。本文通过对311mm井眼井下数据的深挖掘，将参数特性进行分析，开展基于井下参数的提速降险科学评价方法和应用系统研究，实现井下工况的准确刻画、即时反馈、随钻知情和实时决策。

关键词　超深井；故障复杂；参数特性；评价方法

针对一些复杂区块和复杂井，仅仅依靠地面的工程参数，很难达到预期的效果。调查统计，复杂风险的非生产时间占所有时间的20%，井下事故处理费用占钻井总费用的15%。钻井过程中由于缺少井底钻头处扭矩、钻压等实际参数，无法分析掌握井下真实工作动态，避免事故复杂发生，减少非生产时间，实现科学化钻井目的。而在国外，斯伦贝谢、哈里伯顿、贝克休斯研发相应集地面和井下工程参数测量、实时模型优化与监测、参数优化、远程支持等系统模块，降险提速效果显著，国外部分油田已形成标准的服务模式。

本文结合现场复杂情况发生时，了解哪些井下参数可以进行识别，并重点对钻井风险发生时随钻工程参数的变化进行分析研究，达到地面-井下工程参数一体化测量处理分析，意在实现提前预防应对复杂问题的目的，为科学钻井提供数据支撑。

1　井下参数获取方式

通过一种井下随钻测量仪器，获取近钻头位置钻具参数变化信号，信号源通过处理板块，经放大、电压偏移、滤波、再次放大处理后，输出信号到主控模块。由主控模块进行AD数值处理，并经过一定的比例、温漂调整、修正系数等最终计算出测量值。该短节可采集扭矩、钻压、内外环空压力、转速、振动及温度等参数，并通过近距离无线通信方式（近场磁通信）将数据传输给仪器里的接收装置，并将数据存储，并按照事先优化的逻辑发送给MWD主控短节，从而驱动脉冲器工作将数据传输到地面。利用软件平台，进行地面-井下参数的实时对比分析。

2　井下参数风险特性识别

当井下实时诊断钻井风险，需实时监测的特征参数为两个集合，即钻井力学风险因素集和钻井风险征兆集。而我们通过模型计算，把井下各种力已经转化为对应的井下参数，分析风险前或风险发生时地面-井下仪器测量的表征参数变化作出判断，来实现预防。

2.1　滑动托压风险

施工过程中，由于井眼轨迹、井眼清洁、泥饼虚厚、钻具结构的影响，导致钻压无法有效的施加钻头处，都加到了钻具或扶正器位置，地面钻压一直增加，井下钻压不变或减小，形成托压状态，地面扭矩不变，井下扭矩会随着突然的释放而迅速变大，最终导致反扣、遇阻或遇卡等复杂发生。

2.2　气侵、井漏、井喷风险

发生井下风险时，随着机械钻速增加，井下泵压、排量会出现变化。外环空压力会出现降低或升高现象，伴随着井底实测的ECD出现波动，压差越来越大。随着地温梯度变化，井下复杂发生，井底温度也会出现变化。钻井复杂风险的发生，严重危害人身、设备、环境安全，分析井下参数变化带来的影响，有利于预防故障复杂发生，减少损失提高效益。目前，研究者对于钻井气侵的检测已形成了一部分研究成果。

气侵或井漏发生时，随着机械钻速增加，井下泵压、排量会出现变化。外环空压力会出现降低或升高，井底实测的 ECD(钻井液的当量循环密度)出现波动，压差越来越大。随着地温梯度变化，井底温度也会出现变化。诱发出井喷风险发生，严重危害人身、设备、环境安全，分析井下参数变化带来的影响，有利于预防故障复杂发生，减少损失提高效益。目前，研究者对于钻井气侵的检测已形成了一部分研究成果。

2.3 钻具疲劳风险

钻柱发生振动时，钻具振动频率近似其固有频率时，其振幅加强、交变应力增大，而随着阶数的增多，振动波越来越密集，强度越来越大。转速虽然增加但机械钻速反而会降低，钻具受损，使用寿命降低。严重的导致黏扣、钻具疲劳、钻具断裂、随钻仪器故障等复杂情况发生。

3 现场应用

在×××井上部 311.1mm 井眼开展了随钻参数测量试验，设计轨道为斜井段，PDC 钻头定向不稳且绕障造成的托压现象严重。上部层位较多且复杂，存在局部圈闭压力，导致井控复杂风险频发。通过随钻实现井斜、方位、井下钻压、扭矩、钻柱内压力、环空压力、轴向振动、径向振动等参数的测量和监测，进而探知钻具在井下真实工作状态，完成井眼清洁监测和风险预测，从而降低井下故障风险发生率。

3.1 钻压动态分析

监测表明：××井稳斜井段，地面-井下钻压变化基本保持一致，且能真实有效的传递到钻头处。但长时间的裸眼段施工，井眼清洁不及时，会有大量的岩屑堆积在不规则处。随井深的增加，需要调整轨迹时，岩屑上返不及时，井下摩擦阻力慢慢增大，形成托压趋势，地面与井下钻压曲线会出现明显朝向两个方向变化，或地面钻压增加井下钻压无变化，直到加压过程中，扭矩突然增大，钻压开始逐渐恢复，表明钻压传递效率发生变化。通过数据监测，提前预判，采取有效措施，合理优化钻压参数，就可以有效避免托压带来的钻具疲劳引发的井下复杂事故发生。如图 1 所示。

井下正常工作状态，地面-井下钻压保持一定的数值区间，呈现均匀变化。保持钻压平稳钻进，即可达到动力钻具的最大使用效果。随着井深增加和井身轨迹变化，井眼摩阻逐渐增大，地面-井下钻压差值也会呈现增大变化，但整体变化趋势相近，且上提下放无反应，即可出反应井下真实状况。通过钻压对比，结合钻时、振动数据，发现托压时，振动、扭矩值也会出现相应的变化。所以通过井下数据的变化，推算复合钻进和滑动钻进下合理钻压范围，优化施工参数，从而达到提高机械钻速的目的。

3.2 扭矩动态分析

扭矩与钻压测量原理相同，所以数据趋势变化结合紧密，可以还原井下真实的工作状态。常态钻进时，井下扭矩值随着钻柱向上延伸，受摩擦力等因素影响，扭矩值到地面最大，数值变化比钻压更明显。如图 2 所示。

监测表明：托压发生时，扭矩先趋于稳定，随着钻压释放，井下扭矩瞬间上升，对井下钻具安全使用急剧危害性。而合理的钻压，能形成有效破岩，地面-井下扭矩呈现稳定趋势变化。

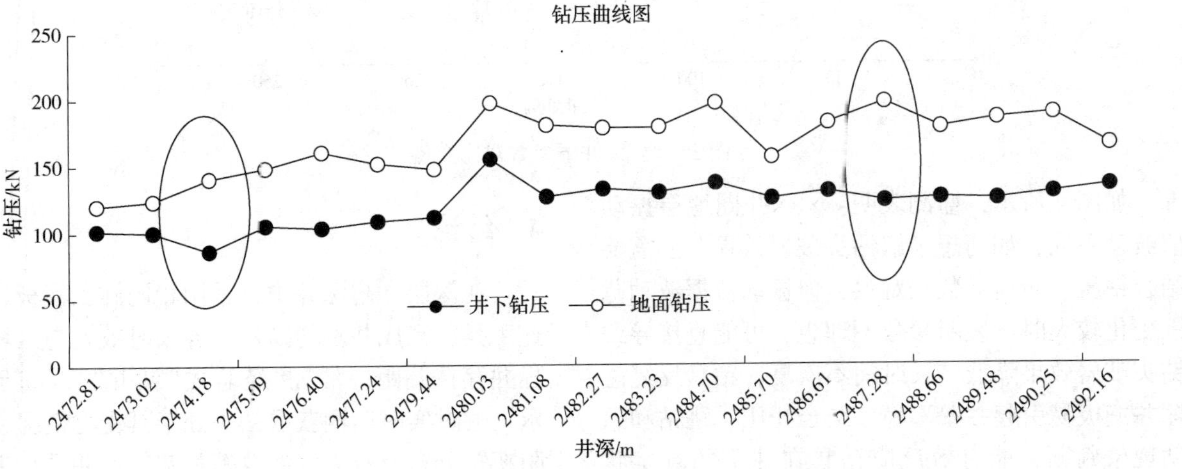

图 1　×××井地面-井下钻压变化

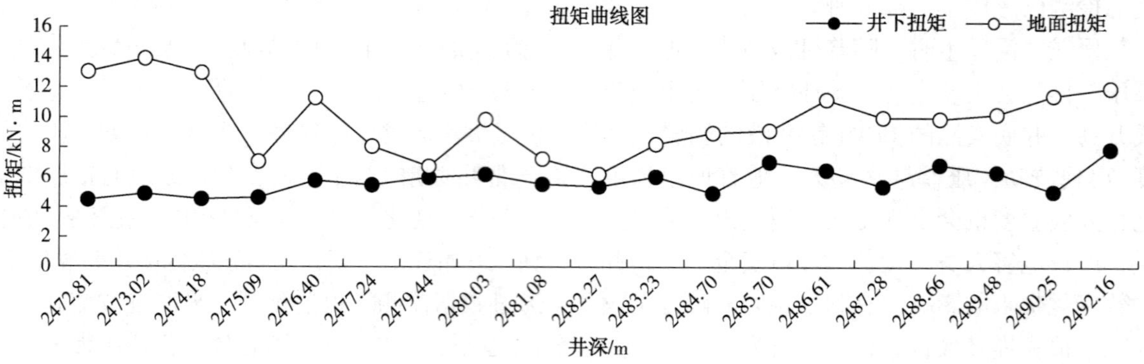

图 2　×××井地面-井下扭矩变化

3.3　外环空压力动态分析

通过前期×××区块数据调研，311mm 井段属于多层系、多压力系统油气富集区，存在多套易漏、易气侵地层，茅口、栖霞等地层含黄铁矿、燧石结核，地层可钻性差。在气侵风险预警、机械钻速、降低仪器故障率等方面，存在着较大提升空间。因理论计算数据和实际 ECD 值差别较大，不利于客观评估循环压力、地层压力，因此通过随钻测得的工程参数，准确计算各井段的 ECD 真实数值。

×××井某井段外环空压力变化：钻进至 2823.56m，外环空压力由 54.3MPa 下降至 53MPa（压力下降 1.3MPa），怀疑发生气侵（图 3）。

如图 3 所示，监测表明：外环空压力开始下降时，结合地面观察现象出口流量和全烃反应，从井下压力变化到地面录井发现，有 5~7min 时间差，表明利用外环空压力变化来进行风险预警有一定可行性。再结合地面参数对比分析，提前预判井下气体运移状态，利用大量数据验证反馈地层信息的准确性，完善实时盯防气侵、溢流井控风险模型，从而更精确的进行密度优化、排量调整、控压设计等工作，以减少井漏、漏喷转换等风险发生。

3.4　振动动态分析

正常施工状态下振动相对平稳，随着岩性、井深发生变化，振动也会呈现增长趋势。岩性变化，导致钻头适应性变差是诱发井下振动变化的原因之一，通过地层的识别，数据监测和软件分析，有效辅助钻井操作，进而采取有效的措施规避，对提高钻头使用寿命，保护钻具安全有重要意义。通过井下振动监测，结合地面-井下钻压变化，从而确定避免钻柱共振事故的风险转速阈值区间，实现钻具故障的风险管控。

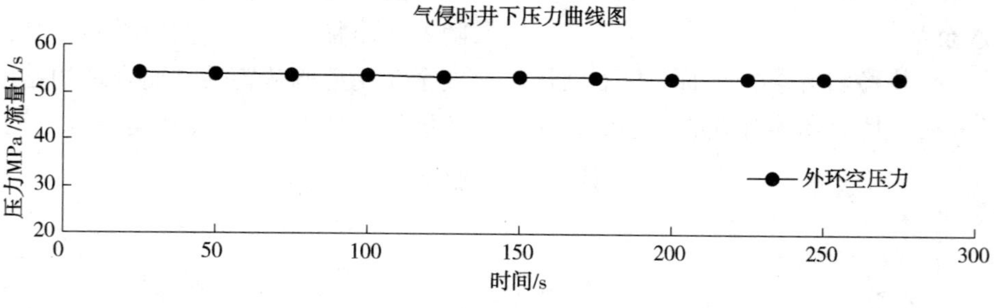

图 3　地面-井下参数对比变化

如图 4 所示，监测表明：×××井同地层振动值波动不同，如何想了解钻头破岩效果，还需要结合钻压、转速等数据观察，但振动数据波动范围变化较大时，表明参数不理想，可能直接导致钻头破岩效果降低，长时间不恢复，钻具反复碰撞井壁极易引起井壁不稳。结合托压、跳钻和憋钻现象判断，能有效反应钻具在井下的真实状态，从而出现优化空间。

4　结论

在深层、超深井中，采用相同施工模板、提速工具，完成井平均指标的各项时效均与区域指标井存在差距，常规“经验式”钻井难以满足需求。通过实时监测获取钻头处工具受力情况、摩阻扭矩分布及水力学参数等基础数据并进行理论分析与科学优化，针对性制定钻井参数强化模

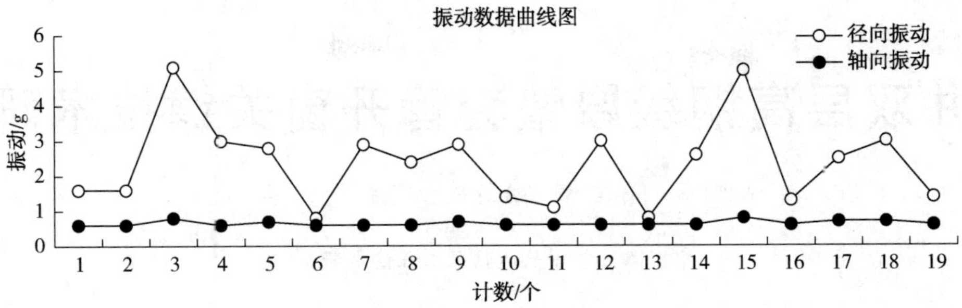

图 4　振动数据变化

板，以支撑钻井提速挖潜。开展基于井下参数的提速降险科学评价方法和应用系统研究，实现井下工况的准确刻画、即时反馈、随钻知情和实时决策。

参　考　文　献

[1] Chris Rhodes. Intelligent planning reduces nonproductive drilling times [J]. Oilfeld Review, 2001, 13 (2): 1-4.

[2] Laurence Cahuzac, Chin Yuin Hui, etc. Managing drilling Risk[J]. Oilfeld Review, 1999, 11(2): 2-20.

[3] 蒋希文. 事故与复杂问题[M]. 北京: 石油工业出版社, 2006.

[4] 易先中, 宋顺平, 陈霖, 王立宏. 复杂结构井中钻柱托压效应的研究发展. 石油机械, 2013.

[5] 王维斌, 唐家琼. 川东地区井喷显示特征及地质因素分析[J]. 天然气工业, 2007, 27(11): 19-23.

[6] 耿亚楠, 李轶明, 朱磊等. 深水钻井沿隔水管超声波气侵实时监测技术研究[J]. 中国海上油气, 2016, 28(1): 86-92.

[7] 谷树天, 应用水击效应预测井筒气侵的可行性数值分析[J], 能源与节能, 2015(9): 176-177.

[8] 许玉强, 管志川, 张会增, 等. 深水钻井气侵程度实时定量描述方法[J]. 石油勘探与开发, 2016, 43(2): 292-296.

[9] 卓鲁斌, 葛云华, 张富成, 等. 碳酸盐岩油气藏气侵早期识别技术[J]. 石油学报, 2012, 33(增2): 174-180.

[10] 徐朝阳, 孟英峰, 魏纳, 等. 气侵过程井筒压力演变规律实验和模型[J]. 石油学报, 2015, 36(1): 120-125.

深井双层高钢级厚壁套管开窗关键技术研究

高清春　孙立伟　施连海　陈振刚　赵　展

（中国石油集团长城钻探工程技术研究院）

摘　要　针对国内外油田区块深井双层高钢级厚壁套管开窗侧钻的技术难点及需求，长城钻探公司于2023年底成立研发小组，开始技术攻关。从优化斜向器材料和提高铣锥磨铣效率入手，进行一系列的方案设计，经过3个多月的科研攻关，研发了1套高效稳定的双层套管开窗工具。目前，该套工具已成功开展两次地面模拟试验，试验效果达到设计要求。

关键词　深井；高钢级；厚壁套管；双层套管；开窗

1　国内外技术现状

国外贝克休斯、威德福、哈里伯顿等主流技术服务商均有自己的套管开窗工具。贝克公司在墨西哥湾完成过 φ250.8mm（钢级 TP140，壁厚 15.88mm）和 φ346mm（钢级 TP140，壁厚 16.16mm）双层套管开窗作业。

贝克休斯套管开窗工具如图1所示。

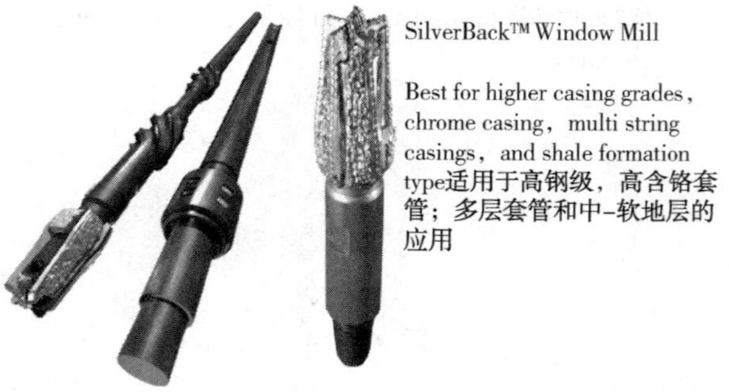

图1　贝克休斯高钢级套管开窗斜向器与铣锥

国内中海油在海上完成过 φ609.6mm 隔水导管（钢级 X52，壁厚 25.4mm）加 φ339.7mm（钢级 K55，壁厚 9.65mm）技术套管双层复合套管的开窗作业；川庆钻探在平2井采用 φ150mm 铣锥对 φ244.5mm（钢级 P110，壁厚 11.99mm）和 φ177.8mm（钢级 TP140，壁厚 12.46mm）套管实现双层套管开窗作业；中原油田在文25-侧61井成功实施 φ139.7mm（钢级 N80，壁厚 7.72mm）和 φ244.5mm（钢级 P110，壁厚 11.05mm）双层套管开窗作业（图2）。

2　技术难点

2.1　工程难点

（1）开窗点位置选择：双层套管开窗的窗口铣锥要穿双层套管，这两层套管的接箍往往不会在同一位置，所以在选择开窗点难度很大，同时还需充分考虑地层、固井质量等因素；

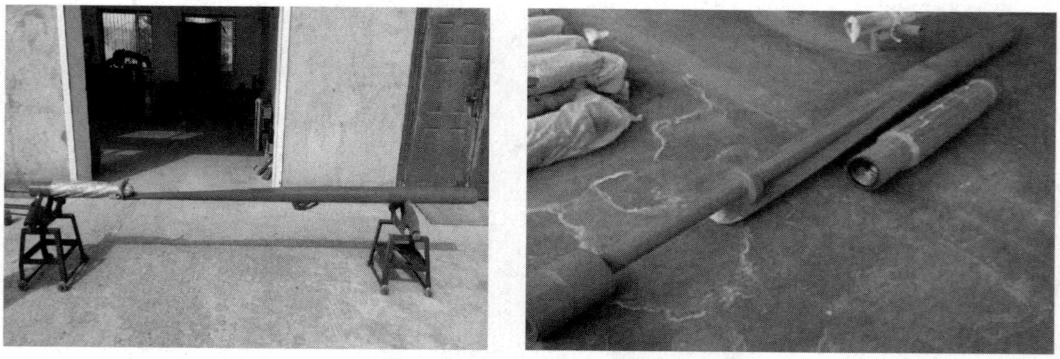

图2　国产斜向器与铣锥

（2）开窗工具选择：双层套管开窗要穿越双层套管，对铣锥的耐磨性和攻击性要求很高，要满足长时间作业对工具的磨损。但为了避免工具提前出窗口，对斜向器硬度要求并不是越高越好，铣锥在切削套管的时候，不易确定作用位置，无法很好地掌握在作业中的技术参数；

（3）双层套管在开窗作业工程中会遇到两个“死点”：上死点和下死点，在钻压和钻柱等技术参数选择上很重要，要打破内外都硬的套管障碍是很难的技术操作；

（4）双层套管磨铣工况复杂：磨铣过程中内层套管与外层套管偏移程度（居中、靠边）、内外套管接箍位置、内外层之间固井质量等复杂因素较多，对磨铣最终结果产生巨大的影响；

（5）保证窗口平滑问题：在开双层套管窗开窗作业中选择什么样的操作能开出足够长、大且平滑的窗口来保证后续作业的进行也是重重之重。

双层开窗示意图如图 3 所示。

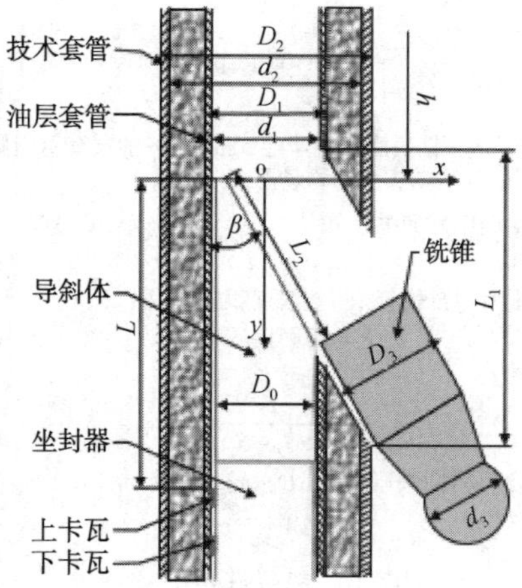

图 3　双层开窗示意图

2.2　技术难点

（1）斜向器、铣锥与套管三者之间硬度匹配问题：如何选择好三者之间的硬度差，成了开窗成功的关键因素之一。高钢级套管硬度固定、铣锥合金硬度也在一定范围内，这时候斜向器材料硬度选择就变得特别重要。斜向器硬度过软或过硬都容易开窗失败，过软容易被过度切削，将斜向器锚定机构破坏；过硬容易过度破坏铣锥，影响切削效率，是铣锥过早失效。

（2）铣锥高效进尺问题：由于高钢级套管强度高、硬度大对铣锥切削齿合金的切削和耐磨能力提出了更高的要求。常规铣锥过度磨损，单只进尺小、效率低，必要对铣锥结构及材料进行优化设计，保证单只铣锥的高效进尺能力，才能满足双层套管开窗施工需求。

（3）斜向器稳定锚固问题：由于高钢级套管双层套管开窗施工过程中振动和冲击较常规套管开窗大，对斜向器锚定结构的抗冲击和振动能力提出更高的要求，因此锚定机构要求锚定力大、牢固。

3　工具研发

长城钻探公司于 2023 年底成立技术攻关小组。项目组成员在充分调研国内外技术现状的基础上，着重从优化斜向器材料和提高铣锥磨铣效率入手，经过 4 个多月的科研攻关，研发了 1 套高效稳定双层高钢级厚壁套管开窗工具。

3.1　斜向器的研发

着重优化斜向器材质、斜面形状、角度及锚定结构。选择材质较硬材料，同时表面硬度处理，增大斜向器耐磨性。将原来常用的斜面固定角度，设计成弧面、变角度。根据双层套管开窗铣锥理论出窗位置，合理增加斜向器斜面角度，以增加铣锥侧向切削力，今儿保证铣锥能正常出窗，进入地层。同时，设计三重锚定机构，进一步提高斜向器锚定机构的稳定性。如图 4 所示。

图 4　斜向器

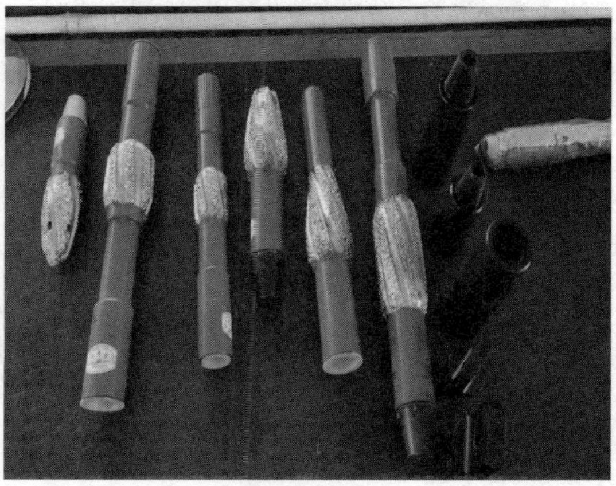

图 5　铣锥

3.2　铣锥的研发

着重优化铣锥结构、合金材质等。突破传统一个铣锥开一个窗的观念，根据双层套管开窗施工的三个重要过程，分初始磨铣、中间磨铣和末端出窗三个阶段分别设计铣锥，每个阶段的铣锥功能及结构均不同，保证每个铣锥各司其职，提高单只铣锥不同阶段磨铣效率。如图 5 所示。

3.3 地面试验工装的研发

结合油气井钻完井技术国家工程研发中心分室(长城钻探分试验室)的现有试验设备，配套设计了双层套管开窗直井试验系统。该试验系统可以实现全程自动钻进，远程可视化控制，试验全过程监控，可提供最大循环排量 41L/s，最大循环压力 35MPA、最大扭矩 12kN · m，最高转速 100r/min，最大钻压 100t 的试验能力，同时配备振动筛、沉降罐等净化设施，可充分满足双层套管开窗地面模拟试验的需求。如图 6、图 7 所示。

图 6　远程控制室

图 7　双层套管开窗直井试验井筒

3.4 模拟分析计算

考虑开窗铣锥在双层套管开窗时和内层套管、水泥环、外层套管及地层岩石的实际接触情况，建立双层套管开窗模型，利用 Matlab 软件计算优化钻具组合刚性，计算钻压、扭矩和位移之间的关系，为磨铣作业提供指导。如图 8～图 10 所示。

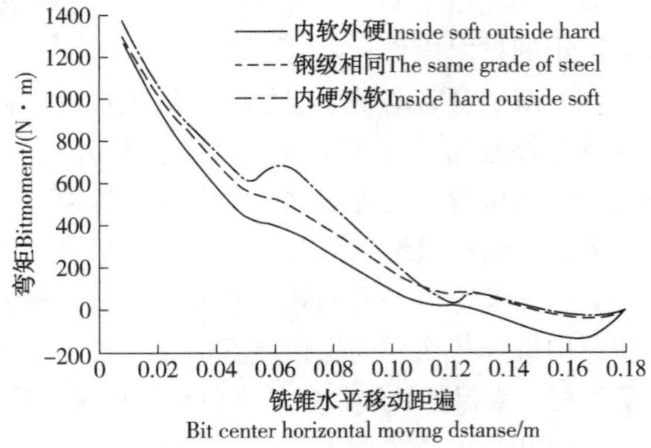

图 8　铣锥侧向移动距离与扭矩的关系

$$\begin{cases}(x+r)^2+y^2=r_1^2\\x^2+y^2=R_0^2\end{cases} \tag{1}$$

式中，R_0—钻头底面圆半径，m；r_1—油层套管内圆半径，m；r—钻头水平移动距离，m。

由图中几何关系知

$$x_2=r_1-r \tag{2}$$

钻压为均布载荷q_0与接触面积S的乘积

$$F=2q_0(S_2-S_1) \tag{3}$$

可得

$$q_0=\frac{F}{2(S_2-S_1)} \tag{4}$$

综合可得钻头弯矩M，(N · m)

$$M=2q_0(C_2-C_1) \tag{5}$$

图 9　部分计算公式

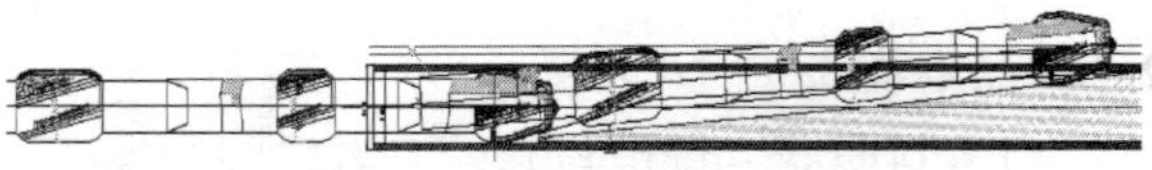

图 10　双层套管开窗过程模拟分析图

4　地面试验情况

2024 年 1～5 月期间，成功开展两次双层高钢级厚壁套管开窗地面模拟试验，窗口形成后下入刚性钻具后无刮卡，顺利通过，验证了工具及工艺的可行性。

通过试验有以下几点认识：

（1）形成的窗口长度与单层套管开窗不同。由于外层套管的束缚，导致内层套管切削长度较单层套管开窗长，最终形成的窗口长度与单层套管开窗有很大的区别。

（2）斜向器斜面的磨铣严重。由于两层套管，钢级高，硬度和厚度大，铣锥磨铣厚度大，铣锥在磨铣套管的同时也在磨斜向器。

（3）单只铣锥磨铣效率较低。铣锥同时磨铣两层套管，对铣锥切削合金齿的磨损较大，影响铣锥的切削效率。

（4）开窗磨铣施工过程中的钻压和扭矩等参数与单层常规套管开窗也有很大的区别。

（5）双层套管开窗所用钻具组合刚性与单层常规套管开窗也有一定的区别，钻具刚性过大容易过度磨铣斜向器，窗口长度过长，刚度过小窗口长度短，后期刚性钻具难以通过。

试验情况如图 11～图 14 所示。

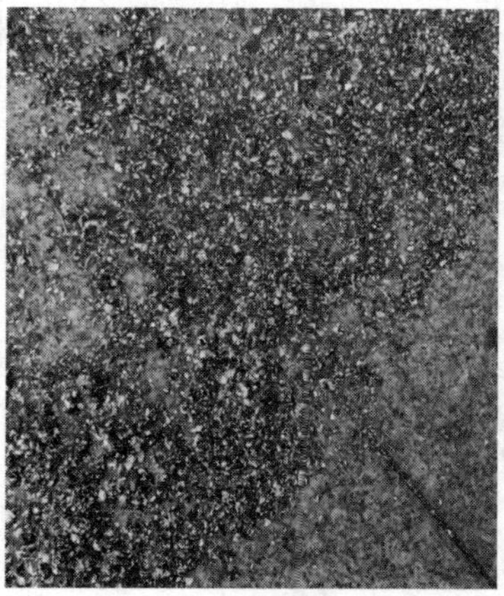

图 11　开窗铁屑

图 12　铣锥出窗

图 13　窗口形状

图 14　磨损后的斜向器

5　结论及认识

（1）通过铣锥和导斜器的结构、材料和工艺优化，能够实现双层高钢级厚壁套管开窗作业需求，实现从不能实施到能实施。

（2）通过 2 次成功试验的经验看，铣锥磨铣效率相对于常规套管开窗仍然较低，仍有进一步优化提升的空间。

（3）虽然地面模拟试验尽可能模拟井下实际工况，但与井下实际情况还是不同，现场试验时需要考虑的因素还有很多，因此还需要下井试验进一步验证该套工具及工艺的可行性。

参　考　文　献

[1] 李涛. 超深井 155V 高钢级厚壁套管开窗技术[J]. 复杂油气藏，2022(2).

[2] 刘亮. 双层套管开窗工艺在某井中首次成功应用[J]. 工艺管控，2022(5).

[3] 孟照峰. 波纹 25-侧 61 井双层套管开窗钻井技术实践[J]. 科学管理，2017(5).

[4] 张斌. 双层套管开窗技术在平 2 井的应用[J]. 钻采工艺，2018(9).

[5] 崔月明. 双层套管开窗侧钻小井眼水平井技术在吉林油田的应用[J]. 工艺技术，2012(10).

[6] 李涛. 超深井高强度厚壁套管开窗侧钻技术难点与对策[J]. 石油工业技术监督，2022(2).

[7] 张德荣. 双层套管高效快速分叉技术研究及应用[J]. 西南石油大学学报，2015(2).

[8] 张德荣. 双层套管开窗工艺设计[J]. 钻采工艺，2013(2).

[9] 滕志想. 塔里木油田 140V 高钢级厚壁套管开窗技术[J]. IPPTC-202314120.

温度响应型凝胶堵漏剂的研发与应用

郭联飞　牛作军　南　旭　姚如钢　袁长晶

（中国石油集团长城钻探工程有限公司钻井液公司）

摘　要　随着钻井技术的不断进步，各类新型钻头的研发、各类提速工具的使用、钻机设备的更新换代使得以前困扰钻井行业的低钻速、高事故率等难题不断得以攻克，同时各类型高性能钻井液的成熟也使得提速增效得到保障。在各类可控因素导致的事故复杂不断降低的情况下，因为地层本身的原因引起的井漏复杂时效比重越来越突出，同时因为井漏而造成井喷、井塌、卡钻等复杂事故也越来越引起大家的关注，甚至因为井漏造成钻井失败也变得越来越影响突出。虽然各地区统计数据有所差别，但是分析各个油区统计数据，目前井漏占井下各类复杂事故60%以上，在新疆、青海、鄂尔多斯盆地等深井、复杂井的施工中尤为突出。

研究国内外堵漏技术发展趋势与现状，钻井防漏堵漏的发展大致可分为8个阶段：桥接堵漏材料-暂堵材料-高失水材料-柔弹性堵漏材料-凝胶堵漏材料-软(硬)塞类堵漏材料-无机凝胶堵漏材料-化学堵漏材料。

我们研究认为，目前防漏堵漏技术存在的以下几个难点与不足：

① 目前的堵漏技术，一次堵漏成功率低，特别是恶性漏失；

② 目前的堵漏剂，难以在光滑裂缝壁面形成稳定承压封堵层，承压力低；

③ 堵漏材料形成的堵塞带易被地层流体(如：水)冲稀，使堵漏失败；

④ 目前的凝胶类堵漏剂抗温能力有限，大部分不能实现很好的随钻堵漏。

⑤ 固结类堵漏风险极大，多次发生“插旗杆”、“灌香肠”事故。

因此，我们与中国石油大学(北京)科研人员合作，基于超分子化学理论，研发出了克服以上不足，具有智能聚集体的温度响应型凝胶堵漏剂与配套堵漏技术，解决了以前堵漏剂在漏层中需要粒及匹配、堵漏浆停不住、易被水混合冲稀、难以在漏失通滞留、漏失通道难以承压等技术难题，在经过现场使用后，有效解决井漏复杂情况，取得了显著的经济效益。

关键词　凝胶；堵漏剂；响应型

1　堵漏剂的研发

1.1　合成理论

基于超分子材料间的相互作用(氢键为主)力，通过温度响应型凝胶主剂、结构增强剂和温度响应剂的协同作用，我们合成了一种具有疏水性缔合特性的聚丙烯酰胺类温度响应型凝胶堵漏剂。其中温度响应型凝胶主剂提供了基础的超分子网络结构，通过氢键和其他非共价键相互作用形成稳定的网状结构。结构增强剂的引入显著提升了该结构的机械强度和热稳定性。而温度响应剂赋予凝胶显著的温度响应特性，使其能够在温度变化时调整结构，从而实现从水凝胶到类固体超分子凝胶的转变。温度响应型凝胶的合成是通过自由基引发的接枝共聚反应来实现的。反应过程始于引发剂在适宜温度下分解生成自由基，这些自由基引发了丙烯酰基基团的聚合反应，随后与水镁纤维发生接枝。随着反应的进行，单体不断加入到生长的聚合链上，导致链长逐步增加。自由基的持续生成还可能引发新的单体或已形成的聚合链，从而形成复杂的分支或交联结构。

在低温条件下，温度响应型凝胶以氢键、静电作用等非共价相互作用形成的相对疏松的超分子聚集体为特征。此时，酰胺基团、羟基以及其他官能团之间的相互作用有助于维持其结构的稳定性和溶解性。

当温度升高至相转变温度时，氢键和其他非共价相互作用减弱或重新排列，导致聚合物链间的相互作用模式发生改变。这种变化诱导了超分子网状结构的形成。聚(N-羟乙基丙烯酰胺)的亲水性以及DMDAAC-LA接枝共聚物中的疏水基团和电荷分布在温度引发的构象变化和凝胶形成中起到了关键作用。

这些材料的动态特性使得聚合物在温度变化过程中能够迅速响应并调节其结构和性能，从而展现出温敏性凝胶特有的水溶胶-类固体凝胶的转变。聚合物链的聚集与解聚能够根据温度变化实现动态平衡，以适应不同温度条件下的需求。

与传统堵漏剂相比，温度响应型凝胶堵漏剂具有一些独特的优势。它在拉伸变形、剪切稀释、粘附力等方面表现优异，同时具备类固体的特性。这些优点使得它能够与惰性堵漏材料有效混合，提供出色的堵漏效果。此外，温度响应型凝胶能够根据环境温度的变化灵活调整其性能，确保在各种应用条件下都能实现高效封堵。

1.2 合成方案设计

主剂的合成：N-羟乙基丙烯酰胺与具有特殊结构的乙烯基单体在引发剂的作用下，通过自由基引发的共聚反应合成共聚物，该共聚物中的官能团和酰胺基团能够通过氢键及其他非共价相互作用与N-羟乙基丙烯酰胺上的羟基形成稳定的超分子网络结构。

增强剂的选择：通过评价引入水镁纤维作为结构增强剂，水镁纤维的引入不仅增强了材料的力学性能和热稳定性，还优化了凝胶的温度响应特性，使其能够根据温度变化灵活调整成胶时间，满足不同工况下的应用需求。

温度响应剂的确定：通过对比实验确定合适的催化剂(反应控制剂)。

1.3 温度响应型凝胶堵漏剂堵漏凝胶形成原理

温度响应型凝胶堵漏剂堵漏凝胶形成原理图如图1所示。

2 堵漏剂的生产

温度响应剂的生产主要是主剂的合成，合成线路图如图2所示。

在主剂研发生产成功的同时，我们进行了大量的优选工作。选择了匹配的高强度纤维和反应催化剂。实现了室内研发到工业化生产的成功。

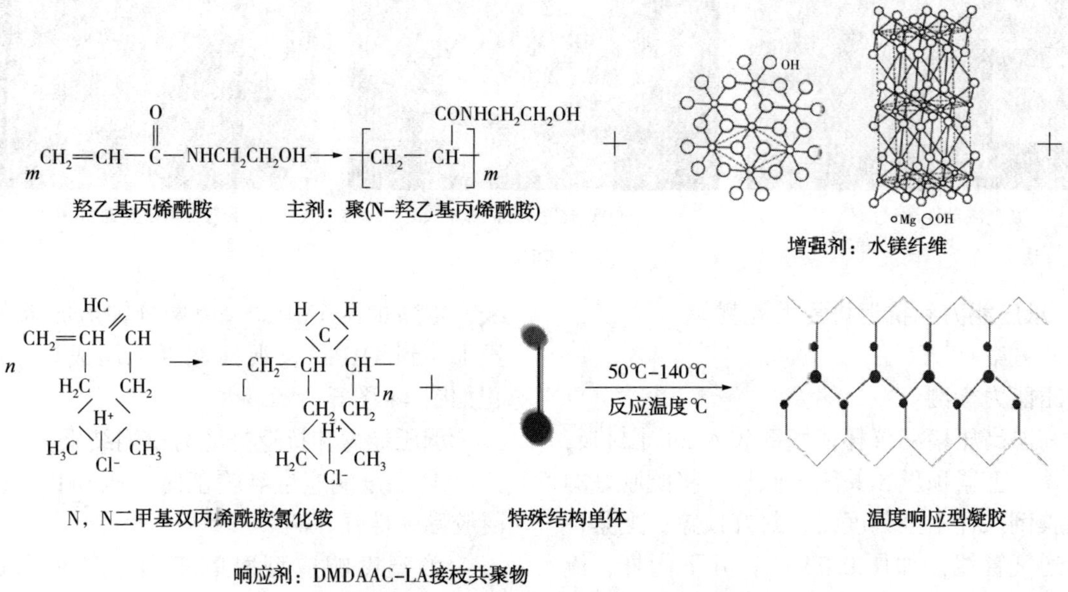

图1 温度响应型凝胶堵漏剂堵漏凝胶形成原理图

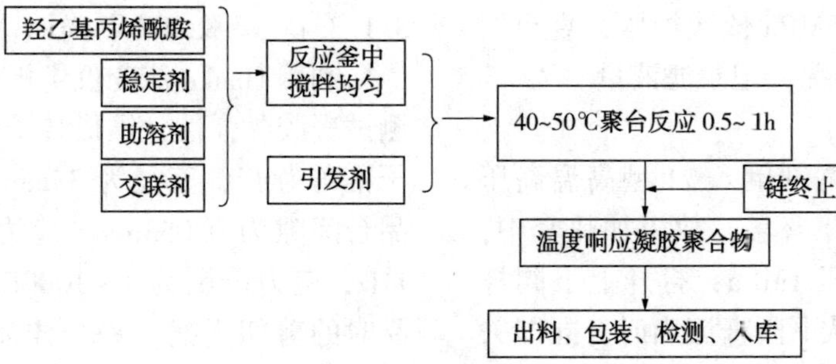

图2 主剂合成路线图

3 堵漏剂的室内评价

3.1 产品常规检测

根据产品特点制定了温度响应型凝胶堵漏剂的标准，见表1。

表1 温度响应型凝胶堵漏剂标准

序号	项目	指标	检测结果
1	成胶时间/h	3~8	5.0
2	承压能力/MPa	≥6.0	6.2
3	抗反排能力/MPa	≥3	3.2
4	黏弹性测试(140℃成胶养护6h)，储能模量大于耗能模量(G′>G″)/Pa	≥200	272.0
5	破胶率/%(140℃，72h)	≥90%	93.6

3.1.1 成胶时间检测

实验方案：

(1) 试验浆的配制：量取300mL蒸馏水于高搅杯杯中，在转速为300r/min低速搅拌器上边搅拌边依次加入18.0g增强剂搅拌3min，加入60.0g主剂搅拌3.0min，降低转速至100r/min加入0.9g响应剂搅拌2.0min备用。

(2) 成胶时间的测定：升温至90℃时，先将配制好试验凝胶倒入烧杯内，在将烧杯放入水浴锅观察成胶时间；升温至140℃时，先将配制好试验凝胶倒入老化罐内，在将老化罐放入烘箱内，设定开罐时间，观察成胶状态。

成胶时间测定结果：

① 温度响应型凝胶在90℃条件下放置7.5h后完全成胶，成胶状态强度良好；

② 在140℃温度条件下凝胶放置2h有流动性未成胶，放置3h底部基本成胶，顶部有少量未成胶，放置4h完全成胶。

成胶状态如图3所示。

凝胶流动性测试图片

90℃放置7.5h图片

凝胶140℃放置3h图片

图3

3.1.2 承压能力和抗返排能力检测

实验方案：

承压能力检测：

在高温高压堵漏仪杯体底部放入2mm封板，封好底盖，上紧顶丝，关闭下阀杆，将配制好的试验凝胶倒入杯中至刻度线，封好顶盖，上紧顶丝，接通气管线，加压0.7MPa，开下阀杆，流出2毫升关闭下阀杆。按照高温高压失水测量操作规程，升温至140℃，继续老化8小时，打开下阀杆，按照2分钟0.5MPa依次加压，直至加压至6MPa，观察承压情况，记录滤液量。

抗返排能力检测：

将配制好的凝胶堵漏剂倒入71型高温高压堵漏仪仪器中，旋紧上下杯盖，放入加热套中，升温至140℃并同时加压1MPa，打开上下阀杆(旋转90°)，当有凝胶从下阀杆流出时，立即关闭下阀杆，静置6小时，待凝胶反应完全后，卸掉罐中压力并将其倒置放在加热套中，连接管线，重新加压1MPa(每隔两分钟增加压力1MPa至加压到4MPa)，观察能否承压成功。试验过程如图4~图6所示。

承压能力和抗返排能力检测结果：

① 温度响应型凝胶正向承压6MPa无滤失，凝胶黏弹性强。

② 温度响应型凝胶正向承压反向加压至4MPa无滤失，承压成功。

3.1.3 黏弹性测试：(哈克流变仪检测)

3.1.3.1 *凝胶应力扫描测试凝胶弹性性能*

利用Haake流变仪锥板模块的动态振荡模式测试凝胶黏弹性，锥形转子型号为C35 1°/Ti(转子锥角为1°，直径为35mm)，测试时转子与样品台间隙为0.053mm。应力扫描时固定频率为1Hz，应力范围为1~1000Pa。为了消除倾倒样品时的剪切干扰，每个样品在测试前进行预剪切，即1000s^{-1}剪切3min，然后静置10min后进行后续测试。如图7所示。

图 4　实验仪器图片：加压 6MPa 图片

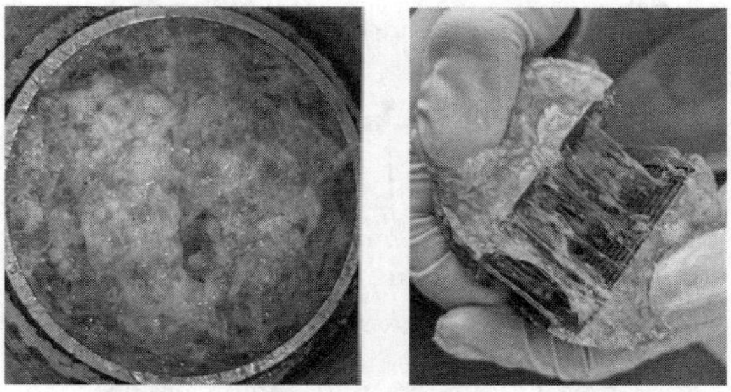

图 5　从堵漏仪中取出缝板后图片和打开封板图片

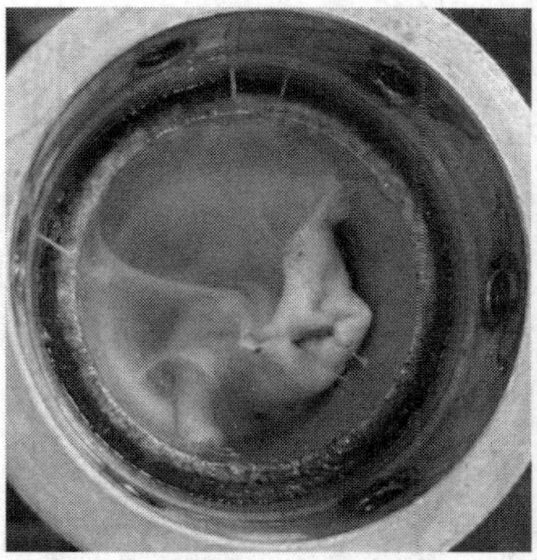

开罐后照片

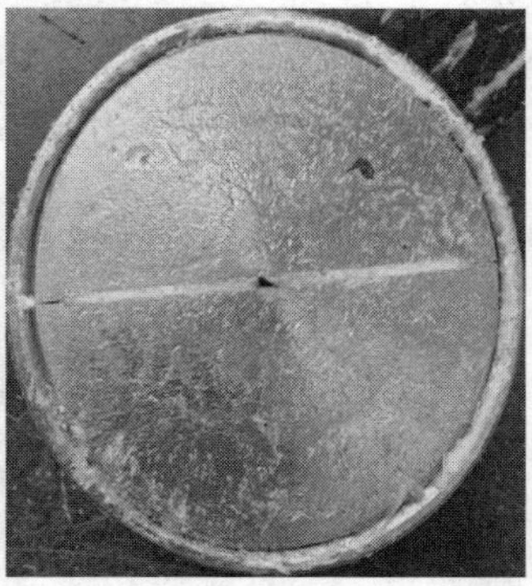

缝板照片

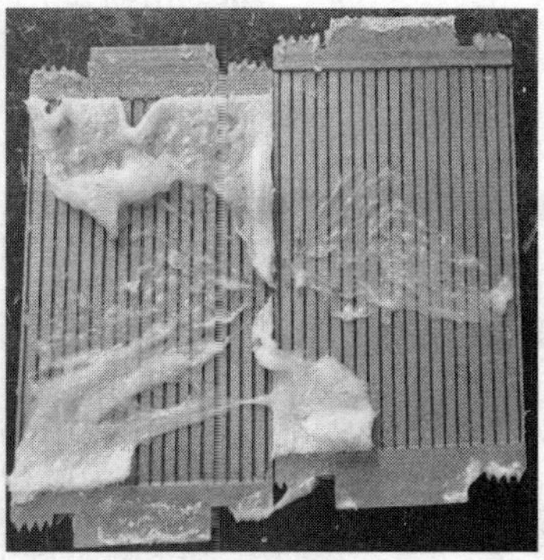

缝板内部照片

图 6

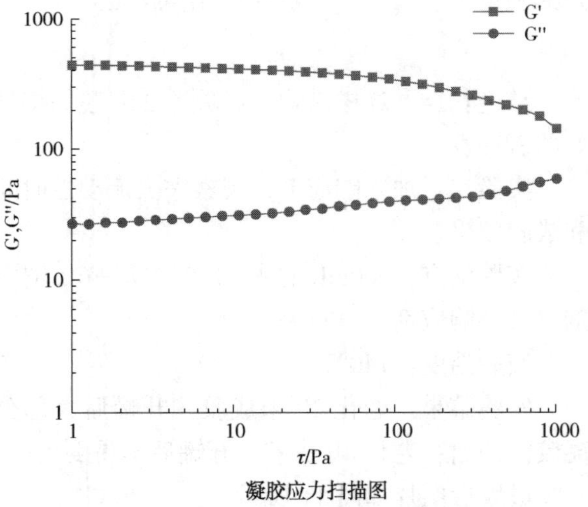

图 7　凝胶应力扫描图

从图中可以看出，凝胶具有类固体性质，储能模量 G′数值大于 400，具有较好的弹性性能。

3.1.3.2　*凝胶流变曲线测试凝胶剪切稀释性能*

利用 Haake 流变仪锥板模块的控制速率(CR)模式测试凝胶黏度和剪切应力，锥形转子型号为 C35 1°/Ti(转子锥角为 1°，直径为 35mm)，测试时转子与样品台间隙为 0.053mm。测试表观黏度时剪切速率选择为 1000~1s^{-1}，测试过程中每个测试点进行 10s 校正，保证测试准确性。为了消除倾倒样品时的剪切干扰，每个样品在测试前进行预剪切，即 1000s^{-1} 剪切 3min，然后静置 10min 后进行后续测试。流变曲线如图 8 所示。

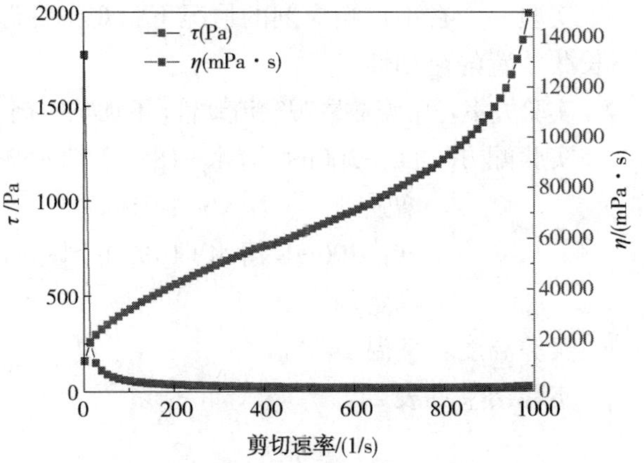

图 8　流变曲线图

图中曲线表明凝胶切力随剪切速率增高增强，黏度降低，较好剪切稀释性。

3.1.3.3　*凝胶应力周期恢复测试凝胶触变性能*

利用 Haake 流变仪锥板模块的动态振荡模式对凝胶进行了周期应变扫描实验。应变周期为：1%应变(3min)→400%应变(3min)→1%应变(3min)，频率固定为 10Hz。如图 9 所示。

通过不同应力周期性测试，凝胶变形恢复快，胶体性状稳定性强。

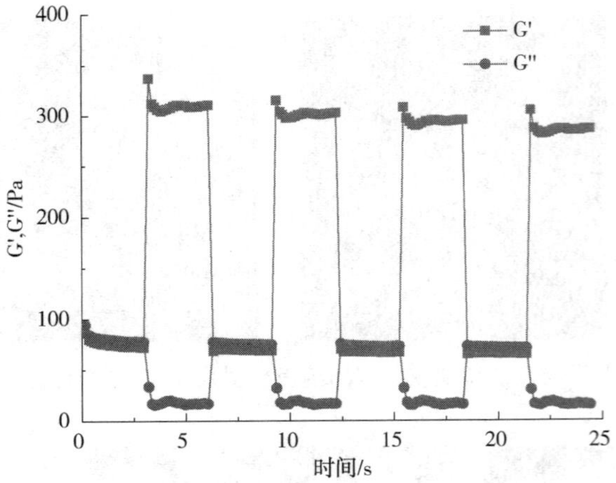

图 9 应力周期恢复测试

3.1.4 破胶率的检测

实验方案：

量取浓度为 20%破胶剂的破胶液 200mL 倒入老化罐内，称取 140℃老化 48 小时凝胶 100g 放入其中，装罐，将老化罐放入 140℃烘箱中静置 24h 观察开罐胶体状态，称取未破胶胶块重量，按照下列公式计算破胶率：$P=(M-M_1)/M\times100\%$，（P：破胶率）（M_1：剩余胶块质量）（M：凝胶质量）。如图 10 所示。

破胶率检测结果：

温度响应型凝胶胶体在 140℃温度下 24h 破胶率为：93%。

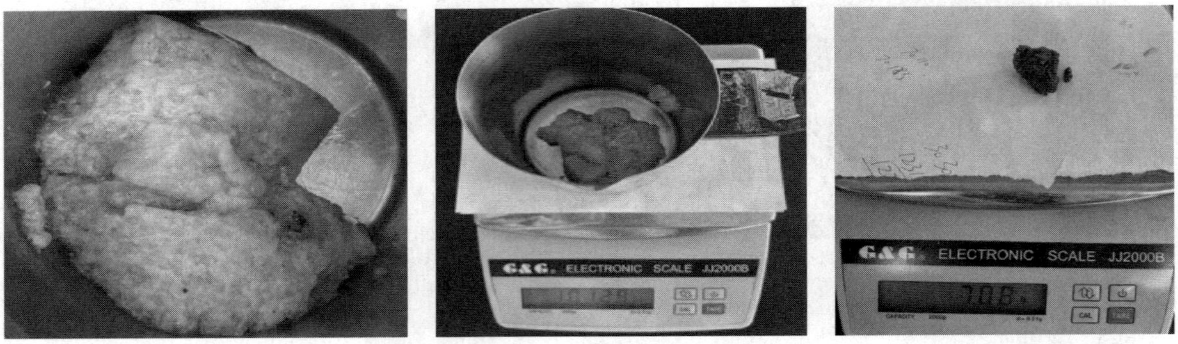

（a）140℃放置 48h 图片　（b）破胶前凝胶质量　（c）破胶后凝胶质量

图 10

3.2 特殊条件下的流动性检测

实验一：在不加响应剂的情况下，观察常温下长久放置的流动性。

实验方案：常温放置观察流动性(不加响应剂)

实验配方：1#：300mL 清水+18%主剂+6%增强剂

2#：300mL 清水+19%主剂+6%稳定剂

实验温度：室温 24℃

实验结果见表 2。

表 2

	布氏黏度计				流动性/
	时间/h	转子/型号	转速	黏度/(mPa·s)	(有/无)
1#	0	3	6	1354	有
	4	3	6	6092	有
	8	3	6	6328	有
	24	3	6	7355	有
2#	0	3	6	1579	有
	4	3	6	6498	有
	8	3	6	6742	有
	24	3	6	7535	有

结论：1#、2#样品均可以放置 24h 还保持良好的流动性。

实验二：加入响应剂，观察失去流动性时间和成胶效果。

实验配方：300mL 清水+19%主剂+6%增强剂+0.3%响应剂。

实验温度：140℃。

实验结果：老化 2h 未成胶，开罐后大部分凝胶能倒出；老化 4h 成胶，开罐后不易倒出。

成胶后图片如图 11 所示。

3.3 堵漏浆抗污染实验

温度响应型凝胶抗 10%钻井液（现场取的不分散钻井液井浆）污染实验：

量取 270mL 蒸馏水与 30mL 钻井液于高搅杯杯中，在转速为 300r/min 低速搅拌器上边搅拌边依次加入 18.0g 增强剂搅拌 3min，加入 60.0g 主剂搅拌 3.0min，降低转速至 100r/min 加入 0.9g 响应剂搅拌 2.0min 后倒入老化罐内，将老化罐放入 140℃烘箱内，按照设定温度静止老化 2~6h，开罐观察成胶状态。

温度响应型凝胶在 140℃温度下抗 10%钻井

液(不分散泥浆)污染，两个小时完全成胶。如图12所示。

老化4h图

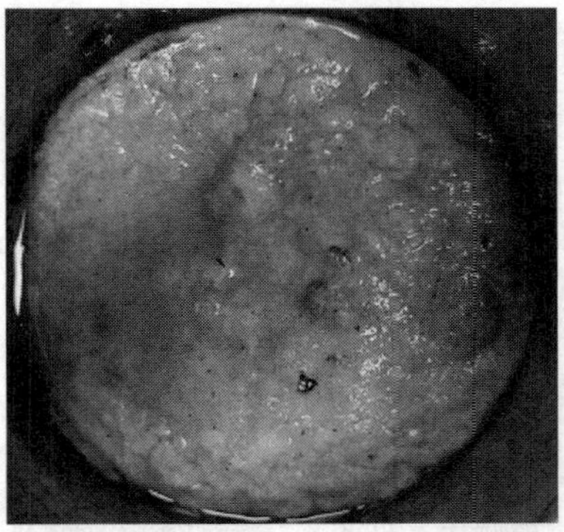

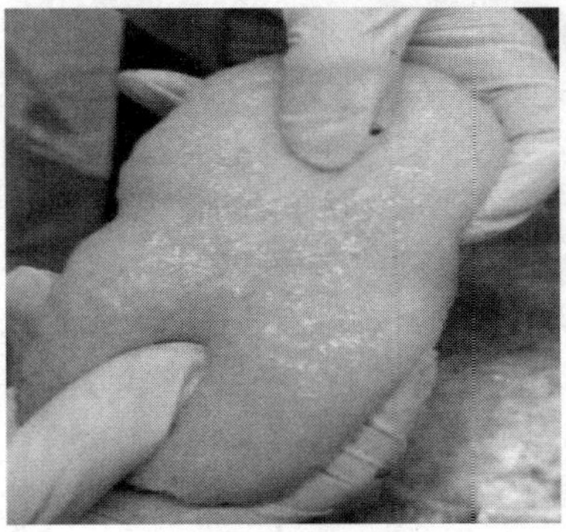

老化72h图片

图11

图12　140℃放置2h泥浆污染视频

3.4　堵漏浆凝胶体在碱水中的浸泡实验

碱水的配制：

碱水成分：碳酸钠(g/L)：63.6；碳酸氢钠(g/L)：80.64；氯化钠(g/L)：169.88；硫酸钠(g/L)：100.77。

将配制好的温度响应型凝胶堵漏浆放入80℃烘箱中静置加热72小时后取出，倒入烧杯中，加入盐碱水，80℃放置，观察浸泡后的状态。如图13所示。

图13　80℃老化72h黏弹性测试图片

浸泡实验图片如图14所示。

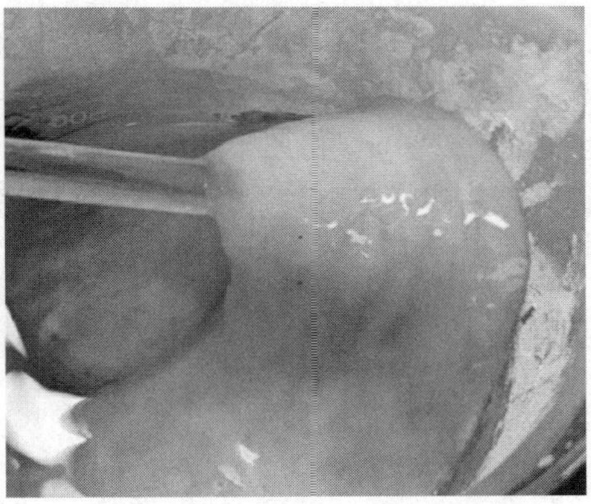

(a)浸泡7天图片

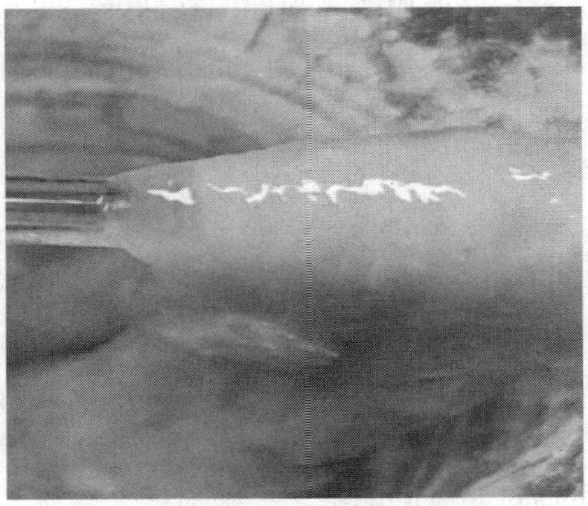

(b)浸泡12天图片

图14

温度响应型凝胶抗盐碱水能力强，浸泡12天后凝胶保持完整状态，黏弹性无变化，拉伸不断。

4 现场应用

苏10-XX-XXH井是由长城钻二承钻施工的鄂尔多斯盆地苏10区块的一口水平井，钻进至石盒子组3565～3568发生井漏；打入20%浓度堵漏浆10方，井口无返出，静止堵漏；循环筛堵漏浆，有返出，排量不够，决定使用温度响应型凝胶堵漏。

施工过程：

(1) 下钻至井底，循环清扫井底岩屑和堵漏剂，使漏层充分暴露，便于堵漏浆有效进入漏层。

(2) 上浆罐内配制温度响应型凝胶堵漏浆15m^3：清水12m^3+600kg增强剂+2500kg响应型凝胶堵漏剂主剂+30kg温度响应剂。

(3) 用泥浆泵泵入温度响应型凝胶12m^3，排量：10L/S。使用固井车将堵漏浆全部替出钻头。堵漏浆出水眼后漏失3.0m^3。起钻至套管内，起钻灌浆期间漏失1.0m^3。

(4) 关井憋挤，共挤入5m^3，计算井桶内剩余堵漏浆2m^3。憋挤时最高套压7.5MPa，停泵后静止立压6.2MPa，稳压半小时不降。

(5) 关井侯凝2小时后开井，下钻筛堵漏挤恢复钻进，无漏失。

5 结论

本研究主要创新点如下：

(1) 借助国际前沿的超分子化学理论，通过分子间的非共价键相互作用(氢键和亲疏水)得到多节点连接而成的高强度、高韧度、空间受力均匀的蜂窝状网格结构，进而形成复杂而有序且有特定功能的超分子聚集体——温度响应型凝胶堵漏剂。

(2) 基于超分子化学理念，引入共价高分子并适当的交联，形成了具有温度响应性的堵漏工艺和技术。针对常规聚合物凝胶流动性差、施工操作复杂的缺陷，温度响应型堵漏浆成胶前流动性佳、易泵送，通过温度变化调节其成胶时间，并且可通过破胶降解解堵，随温度、磁场等外界环境刺激下，温度响应型凝胶堵漏浆受体系作用力影响产生相变，从水凝胶变成具有类固性质凝胶，强粘附性有利于其滞留于漏层孔隙裂缝中，无“封门”现象，同时具有高负载常规桥塞材料能力，可有效封堵各漏失层，从而提高承压能力。

研发基于超分子化学理论的防漏堵漏钻井液新理论、新方法和新技术，不仅可解决井漏难题，而且有望实现钻井液技术的智能化，推防漏堵漏技术的革命性进步。这对提高本区块的钻井速度、缩短堵漏周期、降低堵漏成本以及加快油田增产上储，对推动钻井液防漏堵漏技术的发展具有理论意义和实用价值，且成果推广前景广阔，有望创造出重大经济和社会效益。

参考文献

[1] 王中义，孙金声，黄贤斌，等. LCST型温度敏感聚合物的研究及其在钻井液领域的应用进展[J/OL]. 精细化工，1-23[2024-08-28]. https://doi.org/10.13550/j.jxhg.20230790.

[2] 陈波. 温敏材料在油气田开发中的研究进展[J]. 化学工程师，2023，37(06)：82-86. DOI:10.16247/j.cnki.23-1171/tq.20230682.

[3] 冯杰，臧晓宇，邱正松，等. 温敏形状记忆堵漏材料实验研究[J]. 钻井液与完井液，2022，39(05)：545-549.

[4] 王想云. 井下交联有机/无机复合堵漏材料的研究与应用[D]. 西安：西安石油大学，2022. DOI：10.27400/d.cnki.gxasc.2022.001094.

[5] 崔凯潇. 温度响应形状记忆材料的研制及防漏堵漏机理研究[D]. 北京：中国石油大学(北京)，2022. DOI:10.27643/d.cnki.gsybu.2022.000158.

[6] 蒋官澄，董腾飞，崔凯潇，等. 智能钻井液技术研究现状与发展方向[J]. 石油勘探与开发，2022，49(03)：577-585.

[7] 沈浩坤，孙金声，吕开河，等. 水基钻井液有机处理剂智能化研究进展与应用展望[J]. 油田化学，2022，39(01)：155-162. DOI：10.19346/j.cnki.1000-4092.2022.01.027.

[8] 刘兆年，邱正松，暴丹，等. 温敏形状记忆聚合物堵漏剂的制备与评价[J]. 能源化工，2021，42(04)：35-38.

[9] 章江. 抗高温延迟交联型聚合物凝胶堵漏剂研制及应用[D]. 成都：成都理工大学，2021. DOI：10.26986/d.cnki.gcdlc.2021.000455.

[10] 李伟，白英睿，李雨桐，等. 钻井液堵漏材料研究及应用现状与堵漏技术对策[J]. 科学技术与工程，2021，21(12)：4733-4743.

[11] 张坤，王磊磊，苏君，等. 温敏型凝胶堵漏剂的室

内研究[J]. 钻井液与完井液，2020，37(06)：753-756.
[12] 王照辉，崔凯潇，蒋官澄，等. 基于形状记忆环氧树脂聚合物的温敏可膨胀型堵漏剂研制及性能评价[J]. 钻井液与完井液，2020，37(04)：412-420.
[13] 张文哲，孙金声，白英睿，等. 抗高温纤维强化凝胶颗粒堵漏剂[J]. 钻井液与完井液，2020，37(03)：269-274.
[14] 颜帮川，蒋官澄，胡文军，等. 高温延迟交联聚丙烯酰胺凝胶堵漏剂的研究[J]. 钻井液与完井液，2019，36(06)：679-682.

杭锦旗新召区带高性能水基钻井液技术研究与应用

程　欢　冯永超

（中国石化华北油气分公司石油工程技术研究院）

摘　要　针对杭锦旗新召区带刘家沟、石千峰和石盒子组泥岩地层漏塌复杂难题，开展泥岩岩心观察、X射线衍射矿物组分分析、扫描电镜和薄片分析泥岩微观结构及理化性能测试分析，揭示了泥岩地层井壁失稳机理，明确需抑制全流程黏土水化膨胀，强化多尺度裂缝封堵，通过开展薄弱地层井壁强化实验和高性能水基钻井液性能研究，构建多盐配比高性能复合盐钻井液技术，保障长裸眼段硬脆性泥岩井壁稳定。该技术在杭锦旗11口井进行了实验应用，成功实现硬脆性泥岩井壁稳定，钻井周期同比缩短36%，产量相比配产提高26.7%。研究结果为杭锦旗新召区带泥岩地层高效钻井提供了技术支撑。

关键词　杭锦旗；新召区带；泥岩；钻井提速；井壁强化

杭锦旗新召区带位于鄂尔多斯盆地北缘，属于低孔、低渗、低压气藏，主力开发气层为下石盒子组盒3、盒2、盒1段及山西组山2段等，构造复杂，断裂发育，前期钻井过程中在上古生界刘家沟组、石千峰组、盒1-3层的泥岩和砂泥岩互层段发生不同程度的漏失、阻卡、井垮、井塌等井壁失稳情况，对钻井液的抑制性及携砂能力提出了严峻的挑战，制约着气田的经济有效开发。

因此，本文针对杭锦旗新召区带开展地层泥岩井壁失稳机理分析，通过薄弱地层井壁强化技术攻关和盐水钻井液性能优化，形成一套高性能复合盐钻井液技术，实现新召区带泥岩段封缝即堵，降低井壁失稳风险，强化储层保护效果。经过现场应用，推动新召区带漏塌防治，有效保障了安全成井及钻井提速。

1　井壁失稳机理分析

1.1　地质背景分析

利用构造导向滤波、相干、曲率、倾角方位角等属性进行断层识别，杭锦旗新召区带解释出断层151条，断穿地表的断层16条，断穿刘家沟组22条，断穿下石盒子组113条主要发育两组断裂，以东西向走向断层为主（三眼井断裂带98条）。其中，刘家沟组与石千峰组为三叠系与二叠系交界面，也是中生界和古生界的交界面，受地质环境影响，裂缝发育，横向连通性强，地层整体承压能力低、易漏。上石盒子泥岩（井斜角45D75°）呈层理状分布，易发生剥落破碎，下石盒子泥岩（井斜角75～90°）钻遇长度大，在50～100m，井壁稳定性受井漏与井眼轨迹影响，低承压地层与易垮塌地层容易发生“漏塌叠合”，钻井高风险区域尤其严重。

泥岩岩屑样品进行扫描电镜分析显示（图1），盒1段泥岩内部平行裂缝和微裂缝发育，裂缝裂缝类型以垂直缝、高角度缝为主，刘家沟组存在水平层理和高角度裂缝，存在天然的滤液侵入通道，易诱发泥岩地层井壁失稳，在钻井正压差、化学势差及毛管力等共同作用下，钻井液滤液沿裂缝或微裂缝侵入地层，一方面可能诱发水力劈裂，加剧井壁地层岩石破碎，另一方面也提高了钻井液与地层中黏土矿物和有机质的作用几率及作用程度，降低地层强度，加剧井壁失稳。

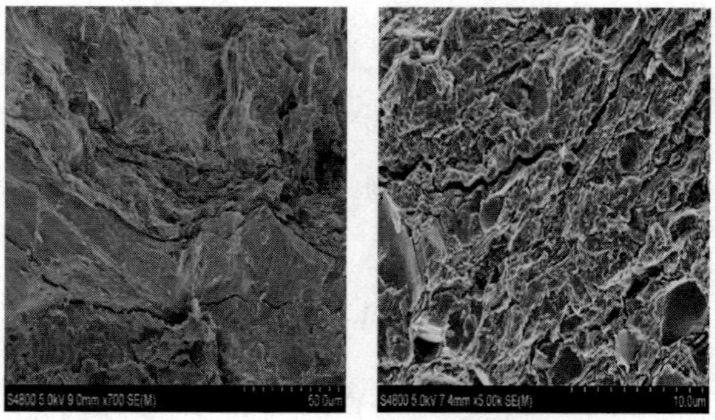

图1　杭锦旗泥岩样品电镜扫描分析

泥岩岩心（图2）和成像测井（图3）同样显示该区刘家沟组地层存在水平层理和高角度裂缝，垂直裂缝宽度在0.5～1.3mm之间，缝长在5～10m之间，施工过程中随压力波动会出现高角度诱导裂缝，并产生呼吸效应，诱导裂缝方向为70°~80°，导致钻遇该地层时候易发生井漏、钻具放空、钻速加快等现象。因此，所用钻井液应实现对泥岩多尺度裂缝封堵。

1.2 黏土矿物分析

对杭锦旗新召区带易失稳地层泥岩进行X射线衍射矿物组分测试(表1)，泥岩主要矿物组分以黏土矿物、石英矿物、长石类矿物为主，含量较高，属于硬脆性砂泥岩，这是影响泥岩基质孔隙和微裂缝发育程度的重要因素，石英和长石含量高，岩石脆性大，裂缝发育的可能性高。同时，黏土矿物含量21%~33%，黏土矿物主要以伊/蒙混层和伊利石为主，间层比30%~40%，具有强水化分散遇水强剥落的特征，是地层可能出现井壁失稳的重要因素。

1.3 理化性能分析

对杭锦旗新召区带泥岩岩心开展膨胀性和滚动回收测试(表2)，测得不同层位的泥岩的阳离子交换容量和滚动回收率及线性膨胀率等参数，所取岩样的滚动回收率都偏高，阳离子交换容量较低，说明水化分散性相对较弱，主要因为试样以粉砂质泥岩为主。从泥岩分散实验来看，盒1组的水化膨胀能力相对较强，下石盒子组泥岩分散性很强。

图2 杭锦旗泥岩岩心(水平层理和垂直裂缝)

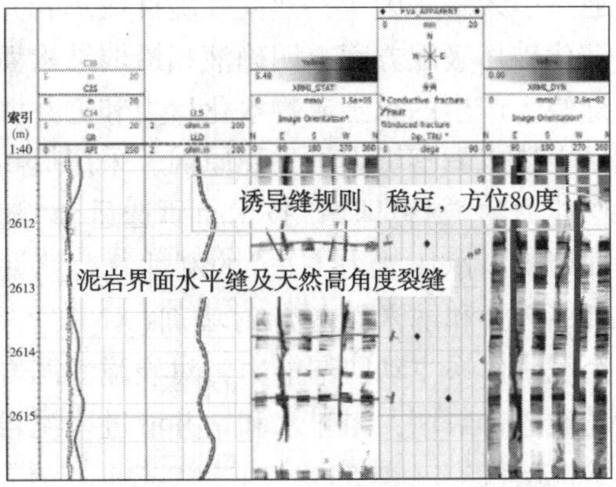

图3 成像测井解释结果

表1 杭锦旗泥岩矿物组成分析

层位	全岩矿物含量/%									黏土矿物含量/%			
	石英	钾长石	斜长石	方解石	铁白云石	菱铁矿	黄铁矿	赤铁矿	黏土	伊蒙混层	伊利石	绿泥石	间层比
石千峰组	40	9	22	6	2	1	-	2	28	72	26	2	30
上石盒子组	53	—	7	1	—	1	—	5	33	70	25	0	40
盒3段	58	—	18	—	—	—	—	2	22	69	20	0	30
盒2段	55	—	18	—	—	—	—	6	21	65	14	0	30
盒1段	58	—	11	—	—	—	—	1	30	52	33	5	30

表2 阳离子交换容量和滚动回收测试结果

序号	层位	岩性	滚动前质量	滚动后质量	滚动回收率	阳离子交换容量/(mmol/kg)	膨胀率/%
1	石千峰	棕褐色泥岩	30.05	25.98	86.46%	20	14.4
2	上盒	棕褐色泥岩	30.01	28.68	95.57%	15	7.95
3	盒3	灰绿色泥岩	30	26.74	89.13%	20	9.06
4	盒2	棕褐色泥岩	28.54	25.21	88.33%	10	11.78
5	盒1	棕褐色泥岩	30.07	25.95	86.30%	10	18

2 高性能水基钻井液技术研究

由于杭锦旗钻井主体采用漏塌分治井身结构，二开封至刘家沟组底部，以此降低因漏致塌风险。然而，钻井过程中仍存在刘家沟组漏失和长裸眼水平段井壁失稳问题，同时由于地层孔隙压力低(0.86～0.93g/cm^3)，钻井液侵入返排能力差，钻井复杂处理进一步加剧储层伤害。

因此，本文从强化多尺度裂缝封堵、优化钻井液流变参数和建立临界携岩模型等方面开展研究，形成一套高性能水基钻井液技术，有效提升钻井液抑制性减少漏塌风险，同时减少钻井液对储层的伤害。

2.1 强化多尺度裂缝封堵

针对杭锦旗多尺度裂缝特征，强化多尺度裂缝封堵才可有效阻止裂缝进一步延伸，减少钻井液侵入，因此首先开展随钻提高承压能力防漏堵漏技术，深化硬脆性泥岩井壁失稳特征认识。

通过引入膨胀因子，建立硬脆性泥页岩夹层损伤演化破坏极限方程，明确液相沿弱结构面和微裂缝侵入产生的粘土矿物水化斥力和近井壁高孔隙压力造成剥落坍塌的失稳原因，采用提高地层承压能力的“封缝即堵”技术，研选适合“随钻封缝即堵提高承压能力方法”的刚性复合堵漏剂(XNEP 系列)和纳米石墨烯封堵剂(XNFT)，优化整个泥浆体系主动防漏能力，对硬脆性泥岩井壁微孔喉进行封堵，阻止水和钻井液进入泥岩以及井壁地层(图 4～图 5)。

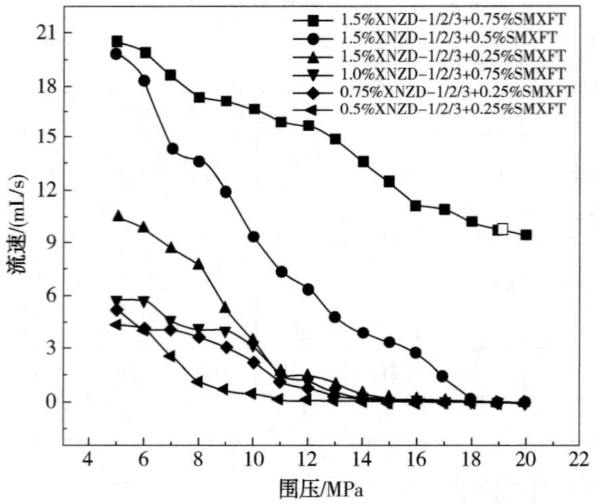

图 4 封堵剂平均流速随围压变化趋势图

2.2 优化盐水钻井液体系

基于泥岩失稳特征，应用“多元协同”井壁稳定理论，在现有成熟 KCl 型复合盐钻井液的基础上，引进有机盐类抑制剂甲酸钾，开展室内试验评价分析，确定各盐类最佳加量，达到适度抑制的效果，再结合活度平衡理论，通过降低钻井液活度，提高膜效应，阻止滤液进入地层，降低泥岩的活性，合理控制钻井液体系的抑制性能，达到稳定井壁的效果。

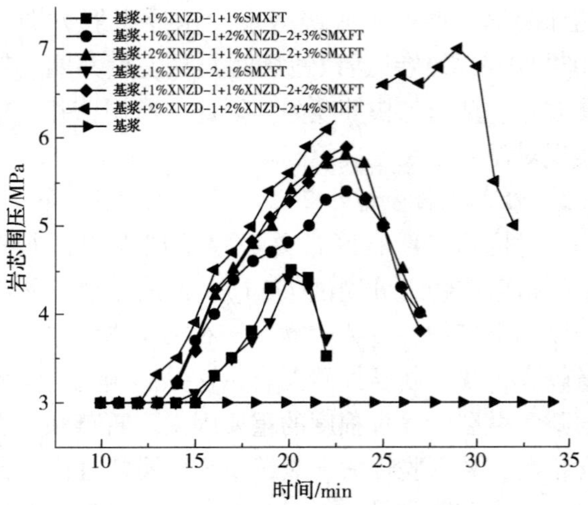

图 5 封堵剂驱替下岩心围压变化趋势图

2.2.1 优选多盐配比

目前采用的 6%～8% KCl 盐水钻井液体系在钻进过程通过增加 KCl 加量来增强抑制，但过量的 KCl 加入到导致井壁变硬，引起阻卡，同时，由于 K^+抑制黏土水化分散的能力较弱，泥浆后期受到钻屑侵污后增稠明显，严重影响携砂效果，也会造成阻卡问题。因此，要解决起井壁失稳问题，必须在控制 K^+含量的前提下强化钻井液抑制活性泥岩水化膨胀和水化分散的性能，鉴于有机盐类强抑制的性能，尝试引进甲酸钾抑制黏土水化膨胀。

通过对 KCl、NaCl 和甲酸钾复合盐钻井液开展室内评价试验，通过对不同加量下钻井液流变性和抑制性进行正交测试，通过极差分析法(表 3)，初步分析三种无机盐对钻井液流变性和抑制性的影响大小和最优水平取值，综合考虑个制表的影响因素的主次关系，和各指标随因素的波动情况，从成本和性能两个方面得到各无机盐最佳加量为：氯化钾 3%，氯化钠 12%，甲酸钠 2%。

表 3 塑性黏度试验数据极差分析

序号	氯化钾/%	氯化钠/%	甲酸钠/%	塑性黏度视数据
1	3	10	1	2.44
2	3	11	2	2.14
3	3	12	3	2.32
4	4	10	2	2.13
5	4	11	3	2.14
6	4	12	1	2.13
7	5	10	3	2.08
8	5	11	1	1.93
9	5	12	2	2.21
I	6.9	6.65	6.5	—

续表

序号	氯化钾/%	氯化钠/%	甲酸钠/%	塑性黏度视数据
Ⅱ	6.4	6.21	6.48	—
Ⅲ	6.22	6.66	6.54	—
R	0.68	0.45	0.06	—

2.2.2 优选钻井液活度

基于泥页岩成膜理论，依据杭锦旗新召区带地应力分布，对三井区4口井开展泥页岩地层水活度计算，明确了地层泥岩地层水活度平均水平为1.009。

表4 新召区带地层水活度计算

井名	层位	孔隙压力/(g/cm³)	σ_V 当量密度/(g/cm³)	σ_H 当量密度/(g/cm³)	σ_h 当量密度/(g/cm³)	aw，shale
锦X1	石盒子组	1.52	2.562	2.131	1.554	1.009
锦X2	石盒子组	1.5	2.508	2.306	1.585	1.009
锦X3	石盒子组	1.52	2.581	2.33	1.503	1.009
锦X4	石盒子组	1.5	2.634	2.216	1.499	1.009

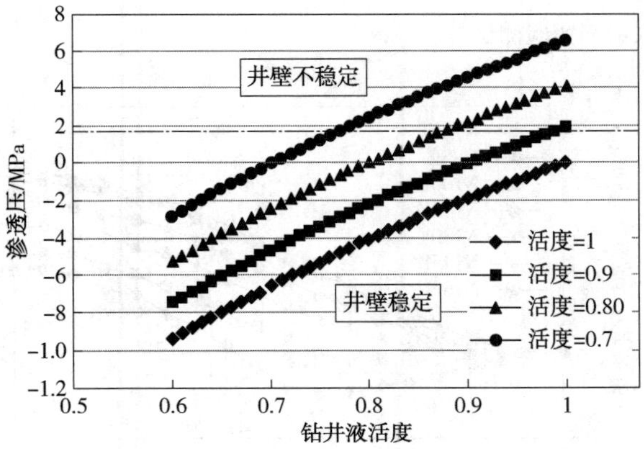

图6 不同钻井液活度下地层渗透压变化图

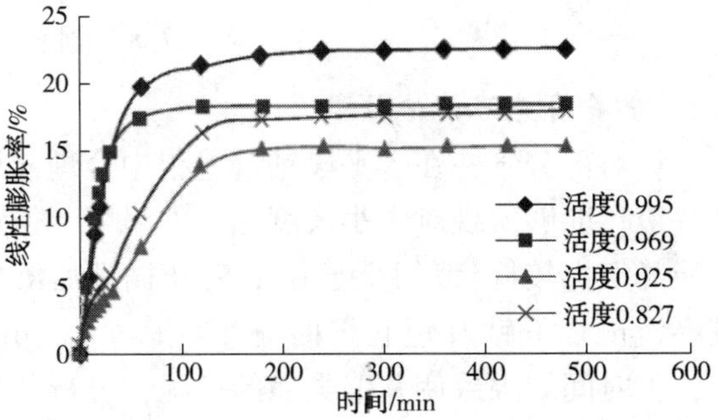

图7 泥岩岩心在不同活度甲酸钾溶液中的线性膨胀率

根据“活度平衡”的钻井液防治技术思路，开展钻井液优化方向论证，开展了9组泥岩岩心岩石强度测定，结果表明泥岩岩石强度中抗拉强度最小，且在1.71~8.43MPa之间，因此在确定钻井液活度时取1.71MPa作为岩石最小强度进行计算。根据前期对杭锦旗泥页岩地层水活度，通过文献调研发现，天然泥页岩的膜效率通常小于0.1，钻井液理化封堵处理后可有效改善膜效率，一般会在0.1~0.2之间，取值为0.1，计算可得保持岩石稳定的钻井液活度为0.95。

鉴于有机盐环保性好和对钻井液性能影响小的特点，选取复合盐钻井液配方中有机盐甲酸钾为活度调节剂，采用取自新召区带泥岩岩心，开展4组不同活度甲酸钾溶液浸泡下的线性膨胀实验(图7)，效果分析可知，泥岩岩心膨胀率随甲酸钾溶液活度的降低先降低再升高，通过前期研究可知，保持岩石稳定的钻井液活度为0.95，甲酸钾溶液最佳活度应控制在0.900~0.950。综合考虑性能、成本等因素，确定甲酸钾加量为15%。

钻进过程中通过控制甲酸钾的加量将钻井液活度控制在0.95，并且现场实时监测，及时补充活度调节剂以保持钻井液活度不高于0.95，确定了适应于封堵泥岩裂缝和井周水化微裂缝扩展的技术对策，构建了高效水基钻井液体系。

2.2.3 研发高效储层保护剂

新召区带储层泥岩微裂缝发育，需针对性开展复合暂堵剂优选，提高对微裂缝硬脆性泥岩的封堵能力，降低泥岩坍塌压力，确保低密度井壁稳定。

通过对聚乳酸进行分子修饰，引入亲水链段，形成嵌段聚合物，合成自降解储层保护剂，80℃条件下降解时间>15d，降解率97.3%。降解后自生成的聚乳酸可与，自动解除堵塞带，地层渗透率恢复值>90%；基于非极性基团为氟碳链、碳氢链的表面活性剂复配并配合消泡剂的研发低泡防水锁剂，水溶液界面张力降低至27.63mN/m，接触角57.20°，起泡率1.67%，有效降低水锁伤害(图8)。

根据架桥理论和理想充填理论，结合泥岩微裂缝尺寸，开展不同封堵剂压力传递实验和复配实验，纳米封堵剂 2MPa 压力传递时间为 12000s，超细沥青 2MPa 压力传递时间为 8000s，具有良好的微裂缝封堵效果，在此基础上，开展复配研究，优选出适用于上古生界泥岩的纳米封堵材料（纳米封堵剂：超细沥青 = 3：2），综合封堵率达到 91.2%。

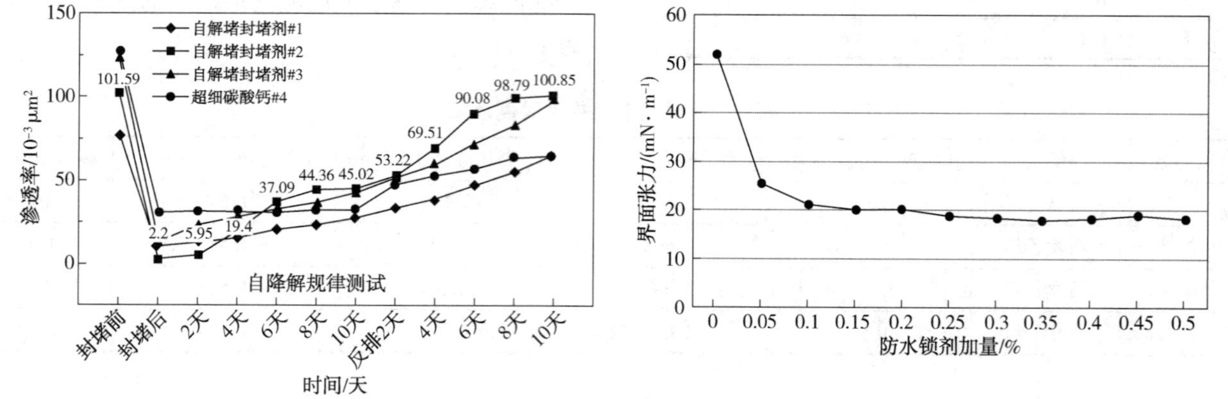

图 8　自降解剂和防水锁剂实验测试

2.3　全井筒井眼清洁技术

针对部分气井在水平段钻进过程中合理使用钻井液，能够实现对中小尺度泥岩的封堵，但钻井液静切力较低（终切小于 6），停止循环后沉砂较多，正常下钻及短起下时频繁在砂岩段遇阻卡，长时间划眼致使井壁失稳的情况，分析井筒环空岩屑颗粒运移主控因素，修正井眼净化模型，建立临界携岩模型（图 9），优选流型调节剂（2%抗盐土+0.3%黄原胶），优化钻井液流变参数，提高胶体结构力，实现井眼有效清洁。

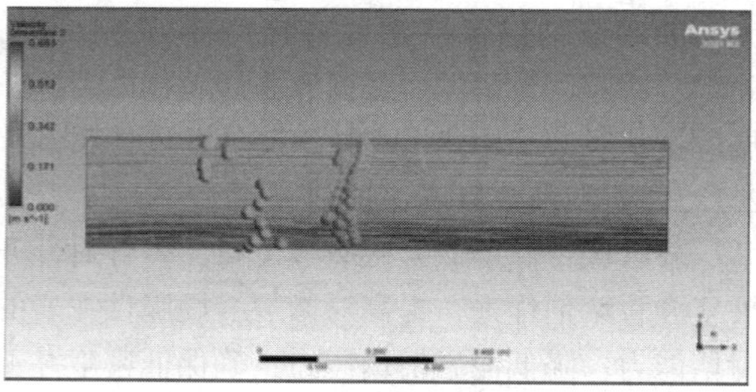

图 9　长裸眼井眼清洁模型

同时基于水平井井壁稳定理论，根据坍塌压力计算结果（图 10），分井斜角精细控制钻井液密度，二开起步 1.20g/cm³、井斜 60°提至 1.23g/cm³、随揭开泥岩时间增加逐步提至 1.25g/cm³。

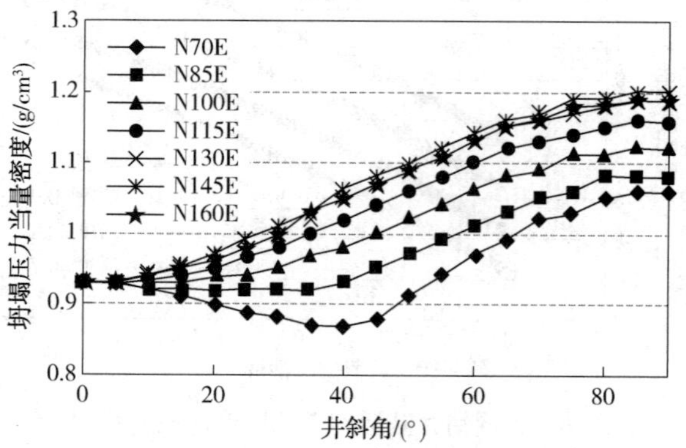

图 10　不同密度钻井液坍塌压力随井斜变化情况

3　高性能复合盐钻井液体系性能评价

结合新召区带地层特征及上述处理剂优选结果，优化形成高性能复合盐钻井液体系配方为：3%氯化钾+12%氯化钠+2%甲酸钠+2%抗盐土+0.3%黄原胶+2%乳化沥青+3%超细碳酸钙（5000 目：2000 目：500 目 = 1：1：2）+2%固壁剂+1.5% XNEP-1/2/3+0.75% XNFT。按照以上配方配制复合盐钻井液，其性能指标明显优于引进的钻井液体系（表 5），并进一步开展流变性、抑制性、封堵性和储层保护性能评价。

表 5　钻井液性能对比

性能及参数 \ 井段		二开水平段	
		贝克休斯	高性能复合盐
钻井液性能	密度 ρ/(g/cm³)	1.10~1.23	1.18~1.20
	马氏漏斗黏度 Fv/S	45~60	50~55
	低温低压滤失量 FL_{API}/mL	3.2~4	≤4.0
	高温高压滤失量 FL_{HTHP}/mL	未测定	9.6
	泥饼厚度 K/mm	0.2~0.4	≤0.5
	Cs/%	0.1~0.2	≤0.25
	G10s/G10min(Pa)	2~5/3~6.5	3~4/6~8
	pH	8.5~9	10~11
	固含/%	14~16	≤6
	坂含/(g/L)	13~30	≤30.00
	K_f	0.04~0.05	<0.05

续表

性能及参数		二开水平段	
		贝克休斯	高性能复合盐
流变参数	YP/Pa	10~18	8.0~10.0
	动塑比	0.4~0.89	0.45~0.5
氯离子含量/(mg/L)		未测定	≥30000

3.1 钻井液流变性评价

对配制的复合盐钻井液在 80、100℃条件下老化 16、32h，实验结果见表 6。老化后表观黏度和塑性黏度等性能变化较小，API 滤失量 2.4~2.8mL，粘附系数 0.06~0.08，钻井液体系保持较好的流变性能和较低的滤失性，满足钻井要求。

表 6 钻井液配方流变性能

温度/℃	老化时间/h	AV/(mPa·s)	PV/(mPa·s)	YP/Pa	Gel/(Pa/Pa)	FLAPI/mL	粘附系数
80	16	28	22	8	3/5	2.8	0.07
	32	26	20	6.5	2.5/4	3	0.08
100	16	28	21	7	2/4.5	2.4	0.06
	32	26.5	19	7.5	2/4	2.8	0.06

3.2 钻井液抑制性评价

泥页岩的水化膨胀和分散性能是宏观评价泥岩井壁稳定性的重要指标，选取新召区带石盒子组泥岩，对配制的复合盐钻井液和钾铵基钻井液进行理化性能对比分析，结果如表 7 所示。从实验结果可知，高性能复合盐钻井液 16h 膨胀率仅 16.5%，比钾铵基钻井液的 20.15%低了 3.65%，16h 后膨胀基本趋于稳定，在有效保证储层井壁稳定的同时，也可减少砂岩内水敏泥岩的膨胀，保护储层。

表 7 不同钻井液膨胀性评价

钻井液类型	膨胀率/%			
	2h	4h	8h	16h
清水	49.61	61.92	72.72	80.62
钾铵基聚合物	10	14.42	17.97	20.15
复合盐钻井液	7.34	11.11	14.43	16.5

3.3 钻井液封堵性评价

通过开展室内可行性实验来验证钻井液封堵剂效果，由于刘家沟组微纳米级裂缝、孔隙一般小于 5μm，垂直裂缝宽度在 0.5~1.3mm，缝长在 5~10m，分别采用宽度 0.4×0.3mm、1.2×0.9mm、2.0×1.5mm、裂缝端口为 100μm、裂缝尖端为 50μm 的裂缝来模拟地层中的致漏裂缝。实验结果表明，随着时间推移，液相侵入量趋于平缓，封堵率达到 91.2%(图 11)。

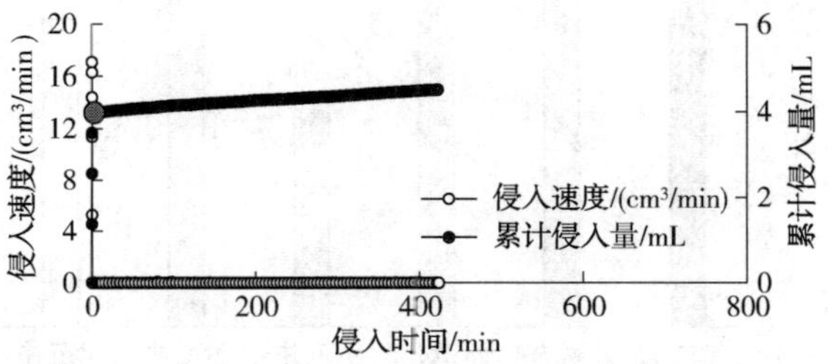

图 11 泥浆侵入图版

3.4 钻井液储层保护性评价

选取新召区带盒 1 段储层砂岩岩心开展毛管力、渗透率恢复率、泥饼酸溶率和泥浆侵入深度对钻井液储层保护能力进行宏观评价，结果如表 8 所示。从实验结果来看，高性能复合盐钻井液体系储层渗透率恢复值 > 90%，$\sigma\cos\theta$ 值 13.19dyn/cm，储层渗透率恢复值可达 91.11%，泥浆侵入深度降低至 7.6cm，相对于钾铵基聚合物钻井液具有较好的储层保护性。

表 8 不同钻井液储层保护评价

序号	体系	接触角/(°)	表面张力/(dyn·cm^{-1})	$\sigma\cos\theta$/(dyn·cm^{-1})	渗透率恢复率/%	泥饼酸溶率/%	24h 泥浆侵入深度/cm
1	钾铵基聚合物	43.5	52	26.78	81.43	84.52	45.8
2	复合盐钻井液	65.2	32.4	13.19	91.11	95.43	7.6

4 应用效果分析

2022 年，该高性能复合盐钻井液在杭锦旗新召区带 6 口水平井进行推广应用，刷新日进一英里、连续两天进尺破千等指标 14 项，钻井周期缩短 36%以上，产量相比配产提高 26.7%(图 12~图 13)。在解决了易塌层井壁失稳技术问题的同时，钻井液成本较国外引进降低 50%、较前期钻井液体系增加 25 万左右(节约了产建时间及乙方工程费用)(表 9)，助力杭锦旗钻完井提质增效。

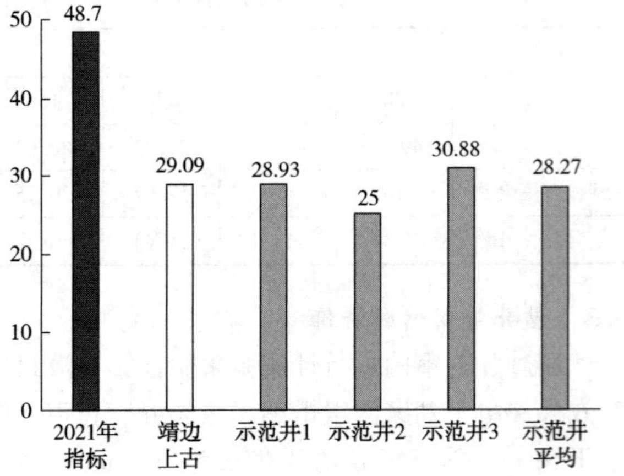

图 12　示范井平均钻井周期 28. 27 天

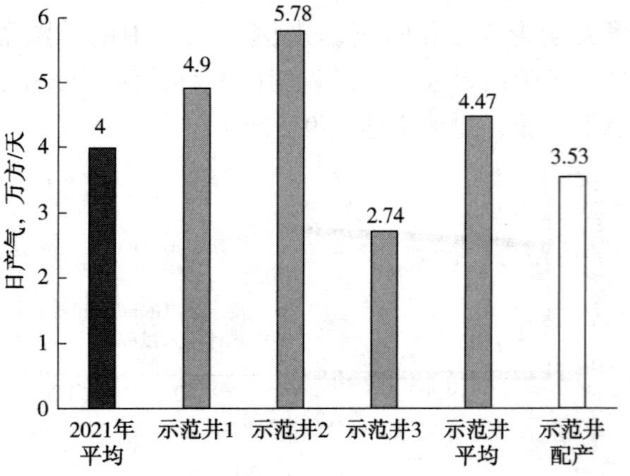

图 13　示范井平均单井产量 4. 47 万方/天

表 9　不同阶段钻井液体系、井壁稳定情况及成本对比

阶段	钻井液体系	井壁失稳损失时间/天	钻井液费用/万元
初始阶段	钾铵基钻井液体系	18	55
国外引进阶段	贝克休斯 PEFFLOWTM 水基钻井液	11	160
自主研发阶段	高性能复合盐水钻井液（无固相强抑制）	4	110
研发优化阶段	复合盐水钻井液（低密度强封堵抑制）	0	80

2024 年新召区带采用多盐配比复合盐钻井液封缝即堵技术，有导眼水平井平均钻井周期 58. 41 天，较 2023 年缩短 37. 4%（图 14），成功解决新召区带井壁失稳难题，多口井钻进过程中未出现井壁失稳或井漏现象，顺利完成钻完井作业，同时确保储层伤害最小，最大程度释放该井储层产能，进一步验证了该复合盐钻井液体系的有效性。

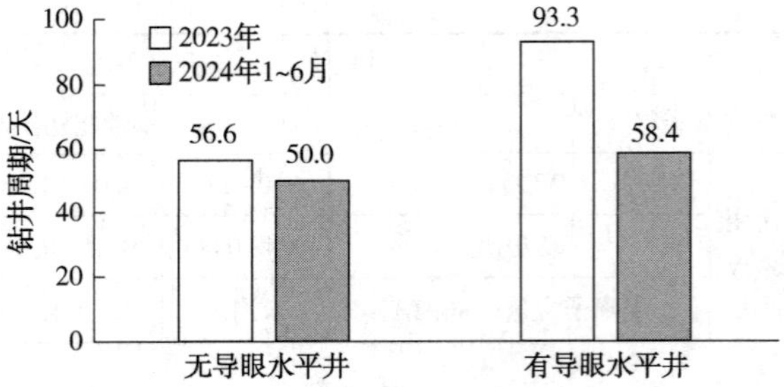

图 14　杭锦旗 2023—2024 年钻井周期对比

5　结论与认识

（1）杭锦旗新召区带刘家沟、双石组及目的层石盒子组泥岩属于硬脆性泥岩，地层裂缝发育，遇水分散性强，在钻井过程中易发生井壁剥落掉块失稳。

（2）基于以上地层损伤机理，通过超微-纳米封堵技术和多盐配比优化技术，开展全井筒井眼清洁技术，研选储层保护剂，形成一套高性能复合盐钻井液体系。

（3）优化后的高性能复合盐钻井液体系具有梁高的化学封堵抑制性和储层保护性能，同时流变性满足钻井需求。

（4）通过实际应用，该钻井液体系解决了易塌层井壁失稳技术问题，缩短了建井周期，防塌效果好，提速提效显著，可进一步推广应用。

参　考　文　献

[1] 李晓华，邱正松，冯永超，等. 鄂尔多斯盆地富县区块强抑制强封堵防塌钻井液技术[J]. 钻井液与完井液，2021，38(4)：462-468.

[2] 李德红，罗宏志，李明忠，等. 杭锦旗刘家沟组易漏地层随钻防漏技术研究[J]，钻探工程，2022，49(5)：111-117.

[3] 王翔. 鄂尔多斯盆地西部页岩油水平井井壁稳定技术[J]. 石油地质与工程，2019，33(4)：88-91.

[4] 吕开河，王晨烨，雷少飞，等. 裂缝性地层钻井液漏失规律及堵漏对策[J]. 中国石油大学学报(自然科学版)，2022，46(2)：85-93.

[5] 张磊，等. 天然裂缝性地层漏失压力预测新模型[J]. 钻采工艺，2018，41(5)：19-22.

[6] 彭红利，等. 川西气田长水平段井壁失稳机理及对策[J]. 天然气技术与经济，2023. 17(3)：48-54.

[7] 李骏函，等. 复合盐成膜钻井液技术研究[J]. 广州化工，2024，52(3)154-160.

[8] 冯永超，等. 泾河油田页岩油储层井壁失稳机理研究. [J]石油地质与工程，2024，38(1)122-126.

[9] 陈颖杰，邓传光，马天寿. 井壁失稳风险的可靠度理论评价方法[J]. 天然气工业，2019，39(11)：97-104.

[10] 张震，万秀梅，吴鹏程，等. 川南龙马溪组深层页岩井壁失稳原因分析及对策[J]. 特种油气藏，2022，29(1)：160-168.

[11] 孙金声，李锐，王韧，等. 准噶尔盆地南缘井壁失稳机理及对策研究[J]. 西南石油大学学报(自然科学版)，2022，44(1)：1-12.

[12] 侯杰，李浩东，于兴东. 等. 松辽盆地陆相致密油井壁失稳机理及钻井液对策[J]. 钻井液与完井液，2021，38(05)：598-604.

[13] 张民立，等. 青海油田风西区块长水平段水平井钻井液技术[J]. 钻井液与完井液. 2024，41(1)：31-38.

红河油田裂缝孔隙型油藏渗吸驱油体系性能评价及应用

黄 霞 周 舰 魏开鹏 邓学峰 孔 浩 方 群

(中国石化华北油气分公司石油工程技术研究院)

摘 要 红河油田长8储层具有致密(低孔、特低渗)、孔隙结构复杂、天然裂缝发育、黏土矿物发育等特征,依靠常规自然能量弹性开采,存在地层能量递减快,产能低问题。采用注水开发时易沿裂缝水窜,无法实现注入水的高效利用。因此可通过渗吸置换出近井地带的原油,为了更好的发挥毛细管渗吸采油作用,改善注入水的渗吸采油效果,有必要开展渗吸效果影响因素及渗吸剂的选择评价研究。本文基于核磁共振扫描技术和岩心动静态渗吸等实验方法,开展了渗吸效果的影响因素研究以及渗吸剂的选择并通过现场试验明确了渗吸效果。研究结果表明:(1)渗吸采收率受地层水矿化度、油水黏度比、界面张力以及压力的影响。对于不同矿化度地层水条件下,致密岩心渗吸过程中,随着渗吸时间延长,渗吸采收率先迅速增加,后变缓直至稳定;油水黏度比越高,渗吸速率和渗吸采收率越低;随着油水界面张力降低,渗吸平衡时间缩短,平均渗吸速率增加,渗吸采收率增加;随着增压幅度增加,渗吸采收率和渗吸速率增加。(2)渗吸能驱替近井地带的原油,但渗吸后开井初期日产液较高,后期日产液下降明显,可能为2D纳米片堵塞了微纳米级的孔喉通道,导致供液能力不足,从而出油效果不佳。

关键词 红河油田;渗吸;矿化度;油水黏度比;界面张力

1 引言

随着油气勘探开发的不断深入发展,致密油等非常规油气在现有经济技术条件下展示了巨大潜力。红河油田长8_1储层平均孔隙度为10.8%;平均渗透率为$0.4\times10^{-3}\mu m^2$,属于低孔特低渗储层,喉道类型以缩颈型、片状和弯片状为主,孔喉组合为中孔微喉,配位数0.59(表1),连通性差,储层的非均质程度一般在中等—较强;地面原油分析结果表明长8油层原油为低含硫、轻质的常规原油;地层水为中高矿化度,但Ca^{2+}、Mg^{2+}等二价离子偏高。长8储层孔隙结构复杂、天然裂缝发育、黏土矿物发育等特征,依靠常规自然能量弹性开采,存在地层能量递减快,产能低问题。注水或注气为长8裂缝性致密油藏补充能量的有效方式。然而,常规注水开发易沿裂缝水窜,基质赋存大量剩余油未动用,采出程度低,油井注水受效表现为增液、降水,见效快,但见效时间短,无法实现注水的高效开发。近年来,利用渗吸作用提高致密油藏油井产量已成为研究热点之一。注水吞吐渗吸采油是将水注入产层,注入水优先充满大孔喉或裂缝等高渗条带,关井后在毛细管压力作用下,注入水与致密孔隙中的原油发生油水渗吸置换,开井后被渗吸置换至大孔喉或裂缝中的原油随部分注入水一起被采出。

表1 长8储层铸体薄片分析统计表

层位	平均孔隙半径/μm	平均面孔率/%	平均分选系数	平均孔喉比	平均配位数
长8	33.09	8.07	15.29	2.96	0.59

2 渗吸机理研究

基质和裂缝存在孔隙尺度的差异,在基质中存在较强的毛管力,将裂缝中水吸入基质,进而排出基质中的油,即渗吸排油现象。渗吸是指多孔介质中自发地吸入润湿相流体并置换出非润湿相流体的过程。

一般认为多孔介质渗吸作用主要由外部压力、毛管压力、重力、粘滞力和贾敏效应等附加阻力效应共同作用的结果。渗吸动力主要为毛管压力和重力,渗吸阻力为粘滞力和贾敏效应等附加阻力效应。渗吸动力和渗吸阻力影响着渗吸速率和渗吸采收率。

2.1 渗吸动力

(1)毛管压力

致密砂岩储层岩石内存在的油水两相润湿性

的差异，岩石孔隙中油水界面是一个弯液面。静态渗吸过程中，渗吸的主要动力来源为毛管压力，毛管压力公式为：

$$P_c = \frac{2\sigma\cos\theta}{r} \tag{1}$$

毛管压力主要由油水界面张力、岩石润湿接触角 θ 和岩石孔隙半径 r 决定。当岩石润湿性为水湿时，毛管压力为渗吸动力，岩石润湿程度越亲水，岩石孔隙半径 r 越小，毛管压力越高，渗吸动力越强。由于基质岩心孔隙尺寸的差异，导致了毛管压力差的产生，水将从岩心小孔隙进入，将原油从大孔隙排出。

(2) 重力(浮力)

由于油水密度差产水的浮力(重力)也是渗吸驱油的动力。如图 1 所示，水湿岩心毛细管孔隙中，由于油水密度差原因，基质岩心毛细管中油柱受到的净浮力计算如下：

基质岩心毛细管中油柱受到的净浮力为：

$$F_F = h\Delta\rho_{wo} g\pi r^2 \tag{2}$$

由上式(2)中可知，对于基质毛细管模型中油柱，由于油水密度差大于 0，则表明基质岩心毛细管中油柱受到的净浮力大于 0，净浮力方向向上，油在浮力的作用下，会有向上流动的趋势。若油流流出了孔隙，外部的地层水就会随之流入孔隙。如图 2 所示。

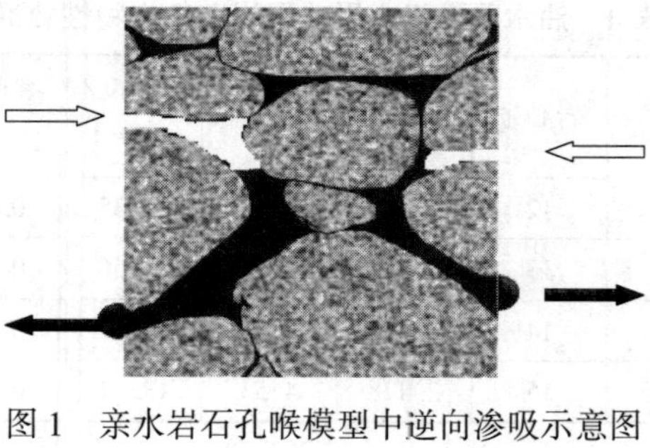

图 1　亲水岩石孔喉模型中逆向渗吸示意图

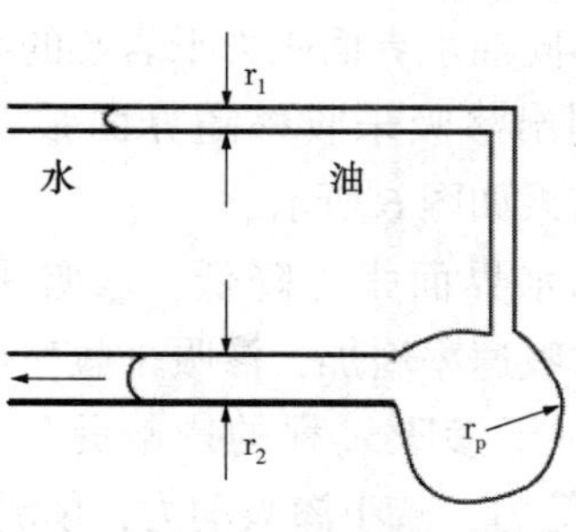

图 2　简化的亲水毛细管模型

2.1 渗吸阻力

(1) 粘滞力

毛细管模型认为毛细管内壁粗糙，毛细管内油柱在管内流动时，会受到流体粘滞阻力作用。粘滞力大小可由下式求得：

$$F_{visco} = 8\pi\mu hv \tag{3}$$

原油黏度越高，原油受到粘滞阻力越高，油滴越难发生流动。

(2) 毛细管附加阻力(贾敏效应)

在岩心渗吸吸水排油过程中，当油滴从孔隙排出，在孔喉运移过程中，当油滴通过孔喉时发生变形导致前后曲率不等，而引起的附加阻力效应，即贾敏效应。毛细管孔喉半径越小，产生的附加阻力越高。如图 3 所示。

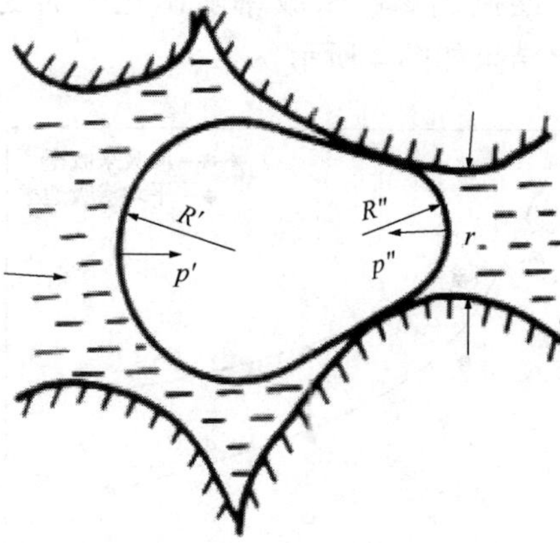

图 3　水湿岩心油滴变形通过孔喉时产生附加阻力(贾敏效应)

3　渗吸效果影响因素

3.1 自发渗吸

3.1.1　实验材料及仪器

(1) 实验材料

1) 实验岩心：长 8 目标储层岩心渗透率范围 0.01~1.0mD；

2) 实验用水：模拟不同矿化度地层水 $65000mg \cdot L^{-1}$、$40000mg \cdot L^{-1}$、$20000mg \cdot L^{-1}$ 和 $10000mg \cdot L^{-1}$；

3) 实验用油：模拟油(2.0~3.0mPa · s, 65℃下)。

(2) 实验仪器：孔渗联测仪、岩心抽真空加压饱和装置、全自动渗吸实验装置：由 Sartorius 赛多利斯高精度天平(0.1mg)、数据自动采集系统、控温系统、烧杯和升降台等组成、TX500c 油水界面张力仪、Kruss 油水固三相接触角测量仪和 Brookfield DVII 黏度计。

3.1.3　矿化度

根据渗吸实验方法，在温度 65℃和常压条件下，通过改变模拟渗吸地层水矿化度，研究矿化度对渗吸效果影响规律。岩心数据见表2。

表2 矿化度影响用岩心基本物性数据

地层水矿化度/（mg·L⁻¹）	岩心号	直径/cm	长度/cm	孔隙度/%	渗透率/$10^{-3}\mu m^2$
10000	5	2.465	4.15	12.55	0.327
20000	6	2.471	4.05	12.06	0.359
40000	7	2.468	4.46	10.87	0.320
65000	8	2.483	4.55	11.27	0.347

根据下岩心渗吸采油量随地层水矿化度的变化关系，绘制出渗吸采收率随矿化度的变化关系，实验结果如图4所示。

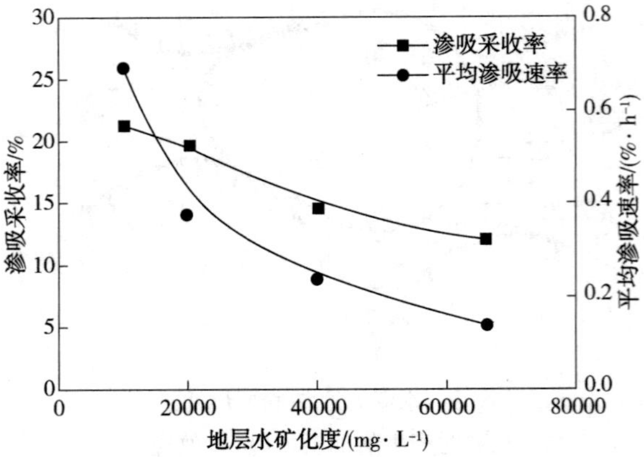

图4 不同矿化度条件下岩心的渗吸采收率和平均渗吸速率

由上图中可知，随着矿化度降低，渗吸速率增加，渗吸平衡时间降低，渗吸采出程度增加。由于长8岩心黏土发育，当低矿化度地层水与岩心接触后，岩石表面钙离子被取代导致pH局部升高，岩石表面的带电性、润湿性被改变，岩石变得更水湿，从而原油在黏土矿物表面解吸附。因此，适当降低地层水矿化度有助于增大毛细管自吸的速率，提高渗吸采收率。

3.1.4 油水黏度比

在温度65℃和常压条件下，通过改变模拟油黏度来调整油水黏度比，研究油水黏度比对渗吸效果影响规律。实验用岩心数据见表3。

表3 油水黏度比影响用岩心基本物性数据

油水黏度比	岩心号	直径/cm	长度/cm	孔隙度/%	渗透率/$10^{-3}\mu m^2$
10	9	2.465	4.55	12.35	0.427
4	10	2.462	4.32	12.16	0.359
1	11	2.473	4.68	10.87	0.220

根据不同油水黏度比下的渗吸采油量，绘制出渗吸采收率随油水黏度比的变化关系，实验结果如图5所示。

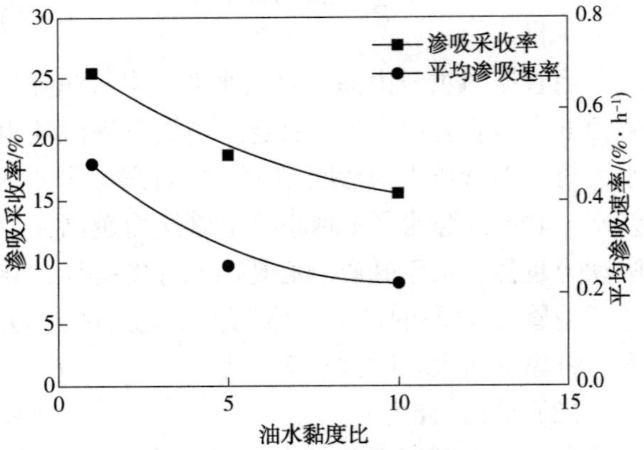

图5 不同油水黏度比条件下岩心的渗吸采收率和平均渗吸速率

由图5可知油水黏度比越高，渗吸速率和渗吸采收率越低；原油黏度越高，渗吸排油阻力粘滞力越高，会影响在毛管力作用下吸水置换油的速度，从而影响渗吸速率和渗吸平衡时间，因此，对于原油黏度高的储层进行渗吸采油，有必要降低油水黏度比。

3.1.5 界面张力

在65℃和常压条件下研究界面张力对渗吸效果影响。实验用岩心数据见表4。

表4 油水界面张力影响用岩心基本物性数据

油水黏度比	岩心号	直径/cm	长度/cm	孔隙度/%	渗透率/$10^{-3}\mu m^2$
30	12	2.468	4.85	11.35	0.459
1	13	2.465	4.68	12.56	0.510
0.297	14	2.475	4.42	12.87	0.533
0.065	15	2.478	4.53	13.12	0.542

根据不同油水界面张力下岩心的渗吸采油量随渗吸绘制出渗吸采收率随界面张力的变化关系，实验结果如图6所示。

随着油水界面张力降低，渗吸平衡时间缩短，平均渗吸速率增加，渗吸采收率增加。界面张力降低对于渗吸过程的影响是四个方面的：(1)降低毛管力，减小渗吸动力，削弱渗吸效率，甚至使毛细管力支配的逆向渗吸变为重力支配的顺向渗吸。(2)减小原油与岩石表面的粘附功，使原油更容易从岩石表面剥离，有效提高洗油效率。(3)降低油滴变形阻力，可使相当一部分不

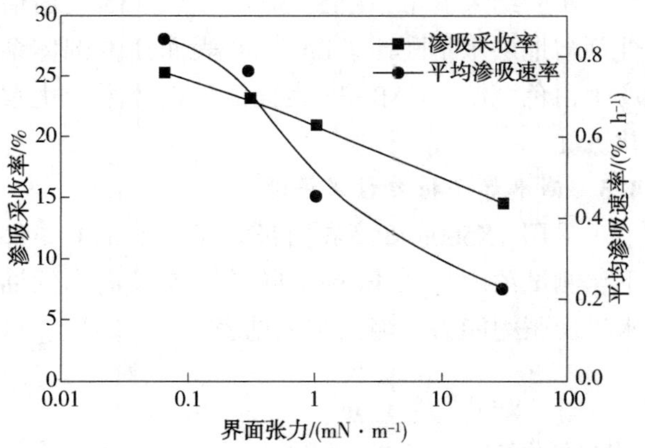

图 6　不同界面张力下的渗吸采收率和平均渗吸速率

可动油瞬时变为可动油。使更多的可动油参与毛细管自发吸水排油这一渗流过程，并减小贾敏效应的不利影响；(4) 界面张力处于较低水平时，原油容易被乳化，乳状液滴容易造成孔喉堵塞。

3.2　加压渗吸

根据矿场单轮次和多轮次渗吸实际，设计增压渗吸模式，研究不同高压渗吸模式的渗吸效果。

采用高温高压渗吸反应釜装置，研究了恒增压渗吸模式下常压渗吸与高压渗吸压差 0.5MPa 下对岩心渗吸效果的影响规律。如图 7 所示。

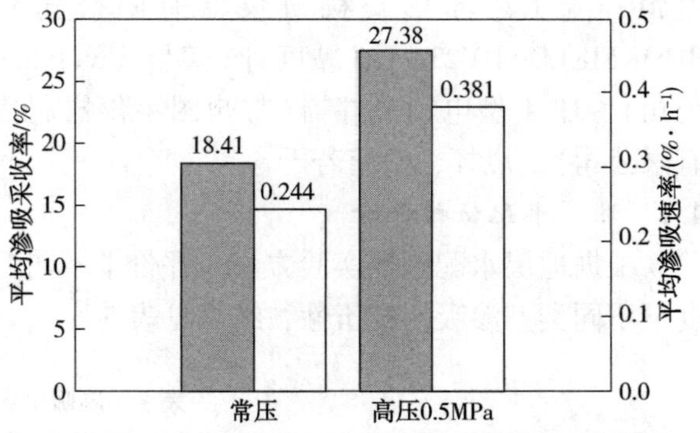

图 7　不同渗吸模式下平均渗吸采收率与采收速率对比

相比于常压渗吸模式，高压渗吸模式下压差 0.5MPa 条件下岩心平均渗吸采收率和渗吸速率分别增加了 8.97%和 0.137%/h。在外加压差作用下，促进了地层水向岩心内部渗吸进入孔隙，加快了油水渗吸置换，提高了渗吸速率。

为进一步阐明高压渗吸模式不同增幅对压差渗吸对岩心渗吸效果的影响，开展了不同增压幅度下岩心渗吸实验。如图 8 所示。

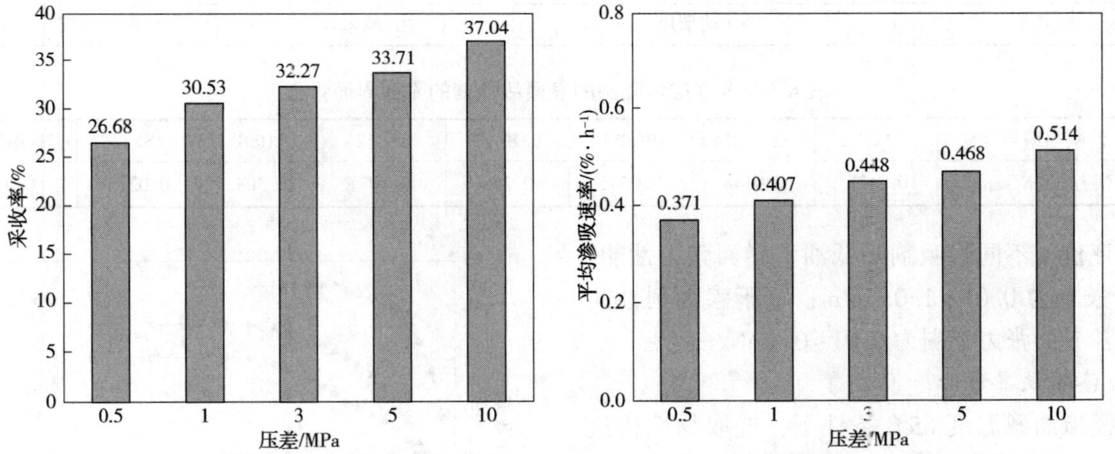

(a)不同增压幅度下平衡渗吸采收率　　(b)不同增压幅度下平均渗吸速率

图 8　增压渗吸模式下不同压差下渗吸采收率与平均渗吸速率柱状图

随着增压幅度增加，渗吸采收率和渗吸速率增加。表明：施加压差能够促进渗吸的进行，在外界压差的作用下，促进了地层水向岩心内部流动，加快了油水渗吸置换，提高了渗吸采收率和渗吸速率。

4　渗吸剂的优选

4.1　实验材料与仪器

（1）实验材料

模拟地层水；实验用油为模拟地层油；实验用岩心为长 8 致密砂岩储层天然岩心；实验用水为模拟地层水(矿化度为 65000mg·L^{-1})；不同类型渗吸剂：阴离子表面活性剂、非离子表面活性剂、自主研发渗吸剂。

（2）实验仪器

全自动渗吸实验装置：由 Sartorius 赛多利斯高精度天平(0.1mg)、数据自动采集系统、控温系统、烧杯和升降台等组成、TX500c 油水界面张力仪 TX500C 油水界面张力仪(美国)；Kruss 油水接触角测量仪；均质乳化机；岩心抽真空饱和加压装置；DQ-Ⅰ型多功能大尺寸岩心驱替装置(江苏华安科研仪器有限公司)；HSB-2型恒速恒压泵(江苏华安科研仪器有限公司)；BOOKFIELD-DV2T-LV黏度计(美国Brookfield公司)，JJ-1型电动搅拌器(常州国宇仪器制造有限公司)；烧杯、量筒若干。

4.2 地层水配伍性评价

根据地层水配伍性实验方法，评价了不同温度下不同类型渗吸剂配伍性，结果见表5。

实验结果显示，LAS-30与CAB-35表面活性剂与地层水不配伍。LAS-30表面活性剂体系产生白色沉淀，CAB-35表面活性剂体系产生絮状沉淀。

4.3 油水界面张力性能评价

采用TX500c旋滴界面张力仪，在65℃条件下，测试浓度为0.4wt%不同类型渗吸剂降低油水界面张力能力。测试结果见表6。

表5 渗吸剂剂体系配伍性评价结果

渗吸剂类型	渗吸剂名称	渗吸剂代号	地层水配伍性
阴离子表面活性剂	脂肪醇聚氧乙烯醚硫酸钠	AES	无浑浊和沉淀产生
	十二烷基苯磺酸钠	LAS-30	无浑浊但产生沉淀
非离子表面活性剂	烷基糖苷	APG1214($C_{12}\sim C_{14}$)	无浑浊和沉淀产生
		APG0810($C_8\sim C_{10}$)	无浑浊和沉淀产生
两性表面活性剂	椰油酰胺基丙基甜菜碱	CAB-35	浑浊和沉淀产生
	月桂酰胺丙基甜菜碱	LAB-35	无浑浊和沉淀产生
	十二烷基甜菜碱	BS-12	无浑浊和沉淀产生
	月桂酰胺丙基羟磺酸甜菜碱	LHSB	无浑浊和沉淀产生
阴—非离子表面活性剂	自主研发阴-非离子表面活性剂	SXJ	无浑浊和沉淀产生
其他	2D纳米片	2D纳米片	无浑浊和沉淀产生

表6 长8地层水配制的表面活性剂的平衡界面张力

渗吸剂编号	AES	APG1214	APG0810	LAB-35	BS-12	LHSB	SXJ	2D纳米片
界面张力/($mN\cdot m^{-1}$)	0.0178	0.0148	0.0581	0.268	0.107	0.308	0.0213	0.018

评价了不同渗吸剂降低油水界面张力性能，界面张力为0.01~1.0mN/m；基于渗吸剂性能指标：界面张力范围为0.01~0.1mN/m。

4.5 渗吸效果评价

模拟油藏温度65℃条件下，选取物性接近的岩心，岩心基本参数见表7，进行研究不同浓度的渗吸剂对渗吸效果影响，如图9所示。

表7 用于不同类型渗吸剂评价的岩心基本物性参数

岩心编号	渗吸剂类型	长度/cm	直径/cm	孔隙度/%	渗透率/mD
1	地层水	5.36	3.460	13.14	0.338
2	AES	5.04	3.446	13.25	0.488
3	APG1214	5.23	3.458	13.62	0.367
4	渗吸剂SXJ	5.05	3.460	13.04	0.456

相对于地层水，加入3种渗吸剂后，渗吸速率增加，渗吸平衡时间缩短，渗吸采收率增加。

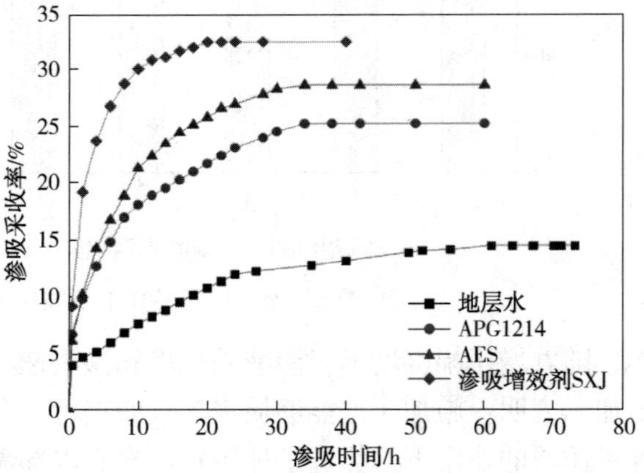

图9 不同类型渗吸剂渗吸效果(0.4wt%)

综合对比，排除与地层不配伍的两种渗吸剂LAS-30与CAB-35；LAB-35与LHSB界面张力过大，不处于0.01~0.1mN/m，故排除。剩余的三种渗吸剂中，APG0810界面张力最高，且抗盐性较差；而APG1214虽然界面张力最低，但单一APG1214具有非离子表面活性剂特有的弊端，虽然耐盐性强但耐温性差，而自主研发的阴-非离子表面活性剂 SXJ 集两者的优点，既有较好的耐盐性也具备良好的抗温性，界面张力较低，综合考虑下，阴-非离子渗吸剂 SXJ 是最优选择。

4.6 注入压力对渗吸效果影响评价

根据高压渗吸实验方法，采用高温高压渗吸反应釜装置，研究了恒压渗吸模式下压力对渗吸效果的影响，实验结果如图 10、图 11 所示。

和常压渗吸实验比，高压渗吸采收率明显高于常压渗吸采收率；压力增加，渗吸采收率和渗吸速率增加，结合前期矿场渗吸试验效果，施工工艺条件允许，压差范围处于 1～5MPa 之间。

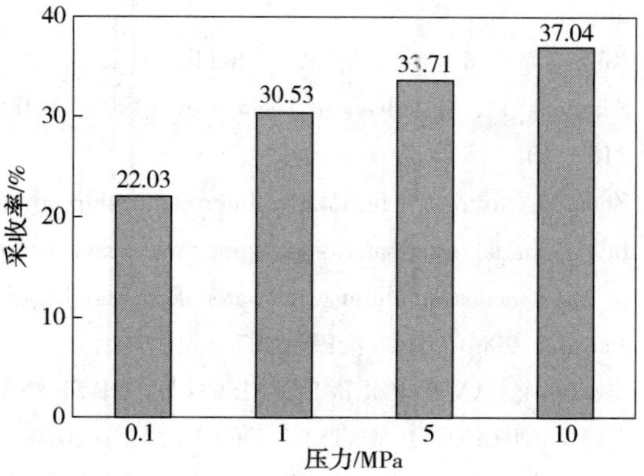

图 10　恒压下不同压力下平衡渗吸采收率柱状图

施加压力能够促进渗吸的进行，压力范围在 1～5MPa 时，渗吸采出程度增幅最高，随着压力的继续增加，增幅基本不变。在外界压力的作用下，促进了地层水向岩心内部流动，加快了油水渗吸置换，提高了渗吸采收率。

5　现场试验与效果评价

通过总结前期试验井的地质参数，明确地质条件是影响表面活性剂吞吐采油的主要因素。

如图 12 所示，渗吸见效率与油藏储层物性呈正相关，随着孔隙度及含油饱和度的增加，渗吸见效率越高。

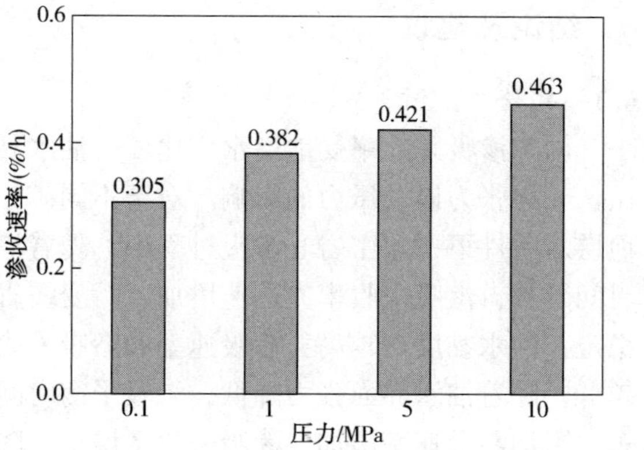

图 11　恒压下不同压力下渗吸速率柱状图

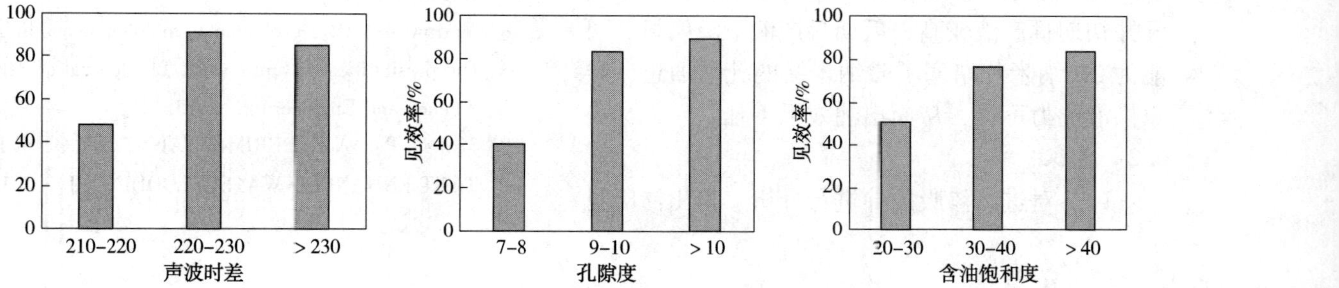

图 12　声波时差、孔隙度、含油饱和度对渗吸效率的影响规律

5.1 单次渗吸效果

A 井采用筛管完井方式，于 2013 年 12 月 15 日压裂投产长 8 层，共压裂六段，入地总液量 662.6m^3，破裂压力 22.67MPa；初期日产液 8.54m^3，日产油 8.24m^3，含水 3.51%；目前累计产液 15691t，累计产油 3214t，综合含水 79.5%。

2022 年 9 月 A 井利用 0.5%2D 纳米片进行渗吸，渗吸时累计注入量为 520m^3，顶替量为 30m^3，渗吸时最高注入压力为 3MPa，焖井时间为 7d。

A 井开井初期日产液较高，后期日产液下降明显，可能为 2D 纳米片堵塞了微纳米级的孔喉通道，导致供液能力不足，从而出油效果不佳。

A 井渗吸前日产液 4.56t，日产油 0.19t，含水 95.7%；渗吸后日产液 4.55t，日产油 1.05t，含水 77%，渗吸有效期 181d，累计增油 123.1t。

5.2 多次渗吸效果

B 井采用裸眼预制管柱完井，于 2013 年 4 月 24 日进行压裂投产，共压裂九段，入地总液量 1667.3m^3；投产初期日产液 12.07t，日产油 8.41t，含水 30.32%；目前累计产液 12456t，累计产油 6799t，综合含水 45.4%。

（1）表面活性剂渗吸

2021年9月B井利用表面活性剂进行渗吸，渗吸前日产液0.95t，日产油0.60t，含水36.69%；渗吸后日产液2.65t，日产油1.11t，含水58%，累计增油193t。

（2）纳米黑卡渗吸

2022年6月B井利用0.5%纳米黑卡进行渗吸，注入量为460m^3，顶替量为150m^3，最高注入压力为15.5MPa，焖井时间为17d。渗吸前日产液0.94t，日产油0.46t，含水50%；渗吸后日产液3.17t，日产油1.78t，含水43.9%，渗吸有效期180d，累计增油266.1t。

6 结论及建议

6.1 结论

（1）渗吸采收率受地层水矿化度、油水黏度比、界面张力以及压力的影响。对于不同矿化度地层水条件下，致密岩心渗吸过程中，随着渗吸时间延长，渗吸采收率先迅速增加，后变缓直至稳定；油水黏度比越高，渗吸速率和渗吸采收率越低；随着油水界面张力降低，渗吸平衡时间缩短，平均渗吸速率增加，渗吸采收率增加；随着增压幅度增加，渗吸采收率和渗吸速率增加。

（2）渗吸能驱替近井地带的原油，但渗吸后开井初期日产液较高，后期日产液下降明显，可能为2D纳米片堵塞了微纳米级的孔喉通道，导致供液能力不足，从而出油效果不佳。

6.2 建议

（1）对进行渗吸的井进行分析，得出渗吸见效特征以及见效井的生产和地质特征；

（2）对渗吸所用的驱油体系进行不断优化，使其驱油体系满足不同地质特征的生产井；

参 考 文 献

[1] 曹旭升，韩昀，张继卓，等. 渗吸效应对裂缝性低渗砾岩油藏开发的影响——以玛湖乌尔禾组储层为例[J]. 岩性油气藏，2020，32(04)：155-162.

[2] 华方奇，宫长路，熊伟，等. 低渗透砂岩油藏渗吸规律研究[J]. 大庆石油地质与开发，2003(03)：50-52+92.

[3] 王家禄，刘玉章，陈茂谦，等. 低渗透油藏裂缝动态渗吸机理实验研究[J]. 石油勘探与开发，2009，36(01)：86-90.

[4] Keijzer P P M，De Vries A S. Imbibition of Surfactant Solutions[J]. SpeAdvanced Technology，1993，1(02)：110-113.

[5] Zhou X，Morrow N R，Ma S. Interrelationship ofwettability，initial water saturation，aging time andoil recovery by spontaneous imbibition and water-flooding[J]. SPE Journal，2000，5(2)：199-207.

[6] Mwangi P. AN EXPERIMENTAL STUDY OF SURFACTANT ENHANCED WATERFLOODING[J]. 2010.

[7] Kathel P，Mohanty K K. EOR in Tight Oil Reservoirs through Wettability Alteration[C]//Society of Petroleum Engineers，2013.

[8] Morrow M N R. Developments in spontaneous imbibition and possibilities for future work[J]. Journal of Petroleum Science and Engineering，2013.

[9] Mwangi P. AN EXPERIMENTAL STUDY OF SURFACTANT ENHANCED WATERFLOODING[J]. 2010.

双子两性抗重质油泡排剂研发及应用
——以鄂尔多斯盆地东胜气田为例

孔　浩[1,2]　罗　懿[1,2]　王锦昌[1,2]　周瑞立[1,2]　周　舰[1,2]　黄　霞[1,2]

(1. 中国石化华北油气分公司石油工程技术研究院；2. 中国石化深层煤层气勘探开发重点实验室)

摘　要　东胜气田产出液中含有重质原油，严重影响了现场气井的泡排效果，研发新型抗重质油泡排剂是提高东胜气田泡排效果的重要途径。本文通过凝析油消泡主控因素实验，评价了不同颜色凝析油组分构成，发现随着颜色加深，重质组分增加，同时对现场用的4种泡排剂进行起泡、稳泡实验，随着重质组分增加，泡排效果明显变差，当C_{13}以上重质组分含量达到19.33%时，4种泡排剂均不起泡，明确了影响泡排效果的主控因素为产出油中的重质组分(C10以上重质组分)；通过室内评价实验，优选出CH_{14}和CH_{18}混合碳链(比例为8.5：1.5)所合成的双子活性剂为主剂，同时辅以凝析油乳化剂提升泡排体系乳化能力，引入氟碳活性剂，以降低泡沫表面张力，提升发泡、携液能力，研发形成了双子两性抗重质油泡排剂，室内起泡、稳泡实验表明该泡排剂具有良好的抗重质油能力，抗油含量达20%，针对不同组分油样，携液率均大于80%，并开展了10口井现场试验，有效率90%，单井平均增产20%，新药剂克服了凝析油中重质组分消泡能力强、常规泡排剂稳泡能力差的难题，提升了抗重质油能力，对同类含油气井的泡排工艺体系完善具有重要意义，具有良好的推广应用前景。

关键词　双子两性；泡排剂；凝析油；重质组分；东胜气田

1　引言

随着东胜气田的持续开发，地层压力、产量持续降低，当产量低于临界携液流量时，气井携液愈发困难，易出现积液问题。东胜气田泡排辅助携液井273口，占总生产井数40.3%，是主要稳产工艺，而产出液中高含凝析油(最大30%)、且含有重质组分(C_{10}以上)，严重影响泡排效果，泡排有效率仅61.3%。目前，关于抗轻质凝析油泡排剂的研究较多，但关于抗重质凝析油泡排剂研究较少。

20世纪80年代开始，国外开始针对产出凝析油、高盐环境等针对性研发特殊泡排剂，但由于其生产成本高，并不适合引入国内。国内泡排技术起步较晚，1980年，四川气田用空泡剂和无患子作为起泡剂并在现场开展试验，增产天然气757万方。2011年，李谦定等将L-1、L-2、甜菜碱、铵盐按一定比例复配后研发形成泡排剂LYB-1，同时具有耐温抗油抗甲醇性能。2014年薛海东等通过对SDS、LAS、DTAB、甜菜碱等常规泡排剂进行帅选、复配，形成新型抗油泡排剂，抗凝析油含量达40%。2015年，胡敏等通过将常规泡排剂UT-11C与氟碳表面活性剂进行复配，研发形成抗温抗盐抗油型泡排剂。2016年，李进等以甜菜碱为主剂，添加氟碳表活剂提高泡沫稳定性，研发形成抗油耐高矿化度耐高乙二醇泡排剂FC-03。2018年武俊文等将Gemini阴离子表活剂作为主剂，加入纳米离子作为稳泡剂，研发了高效耐温耐盐抗油泡排剂。2022年，徐海民研发了新型抗凝析油泡排剂CSL，在煤油含量50%条件下，动态携液率高于50%。

目前泡排剂研发主要针对轻质凝析油，而东胜气田产出凝析油中含有重质组分，常规抗油泡排剂室内实验及现场应用效果表明其适应性较差。因此，有必要开展抗重质油型泡排剂研发，针对性解决含重质组分凝析油气井泡排效果差、频繁积液导致气井生产异常等难题，支撑东胜气田稳产。

2　凝析油消泡主控因素分析

2.1　不同颜色凝析油碳数分析

东胜气田产出凝析油差异性较大，从外观观察主要分为清质、淡棕色、棕色、黑色四种。如图1所示。

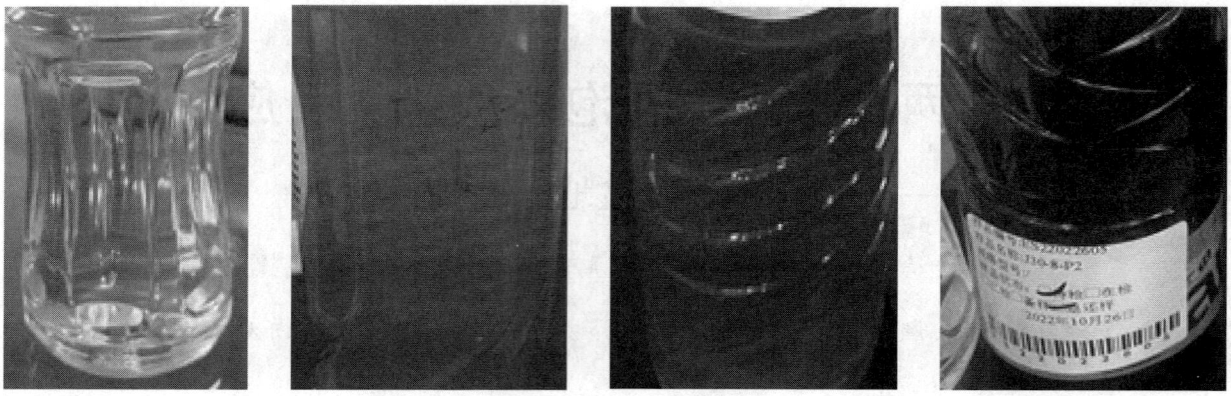

图 1　不同颜色凝析油油样

通过色谱法对不同颜色凝析油碳数组分进行分析。结果表明：凝析油颜色越浅、越透明，碳数分布越低；凝析油颜色越深，碳数分布越高。清质凝析油碳数主要分布在 $C_3 \sim C_9$；而黑色的凝析油碳数主要分布在 C_{10}以上。如图 2 所示。

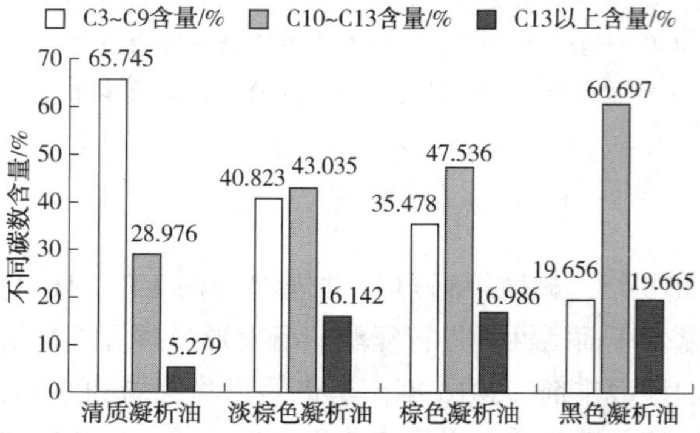

图 2　不同颜色凝析油碳数含量分析实验

2.2　凝析油对泡排影响效果分析

利用罗氏泡沫仪器测试 4 种不同起泡剂在以上 4 种不同颜色凝析油中的发泡、稳泡能力。

（1）实验方法

称取 1.5g 起泡剂样品于 1000mL 烧杯中，加入清水 240mL 和清质凝析油 60mL 配置样液，基于罗氏泡沫仪测定泡排剂起泡力、发泡能力方法，测定清质、淡棕色、棕色、黑色凝析油在相同条件下的发泡和稳泡能力，据此评价泡排效果。

（2）实验结果与讨论分析

基于动态携液法，通过配置相同含量、不同颜色凝析油试液进行评价实验。共开展 16 组起泡剂携液能力实验，结果如图 3 所示。由实验结果可知，随着凝析油颜色加深，4 种起泡剂起泡性能性能变弱、泡沫稳定性变差，当凝析油为黑色时，4 种起泡剂均无起泡、稳泡能力。因此，随着凝析油颜色加深，消泡能力变强，起泡剂的发泡、稳泡能力变弱。

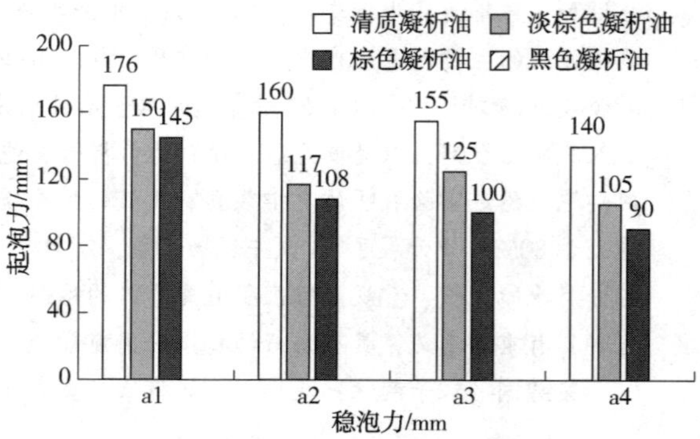

(a) 不同泡排剂对凝析油液样发泡力实验

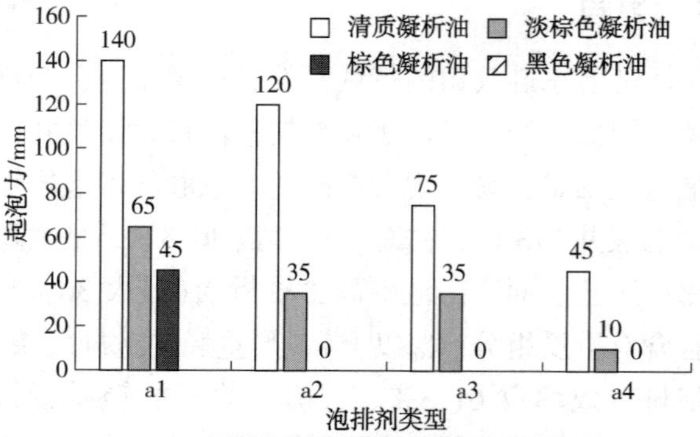

(b) 不同泡排剂对凝析油液样稳泡力实验

图 3

2.3　碳数对起泡剂性能影响

为明确不同碳数对泡排剂性能影响规律，选取汽油、煤油、柴油等不同碳数油样，以 2.2 结中实验方法单因素敏感分析相同型号泡排剂（a1 ~ a4）、不同碳数油样对起泡剂性能的影响规律。结果表明：随着油样的碳原子数的增加，四种起泡剂的发泡、稳泡性能均明显下降，油样的碳原子数越高，起泡剂的性能越差。当油样中的主要碳原子数大于 C_{13}以后，泡排剂的性能明显变差，尤其对于 C_{20}以上的油样，对泡排剂性能影响更大，几种泡排剂均不携液。如图 4 所示。

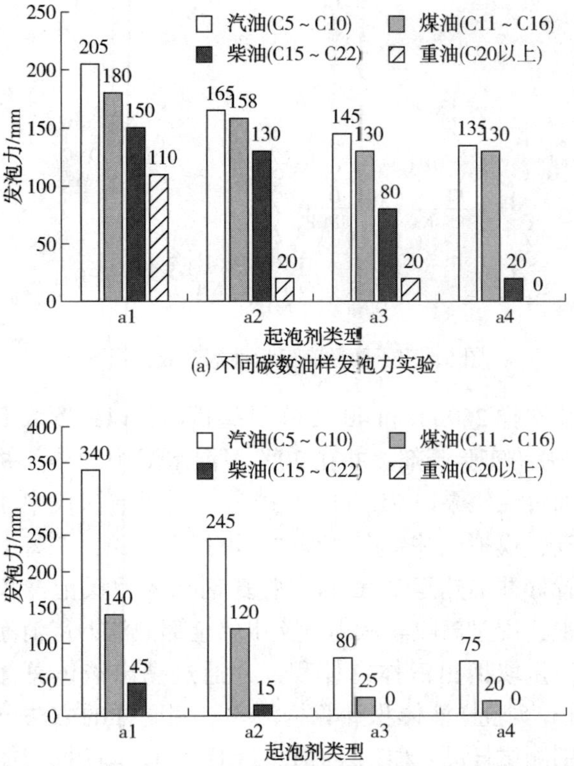

(a) 不同碳数油样发泡力实验

(b) 不同碳数油样稳泡力实验

图 4

3 抗重质组分凝析油泡排剂研制技术思路

泡沫排水采气早在 20 世纪 50~60 年代，受到国外学者的关注，苏联在克拉斯达尔、谢别林卡等气田广泛开展泡沫排水采气。目前国内、外泡排剂的主要成分为表面活性剂。表面活性剂是指能在在一定浓度下降低水的表面张力，进而形成稳定的泡沫。国际通常按表面活性剂在水溶液中离解后所带电荷进行分类。主要分为：阳离子型、阴离子型、非离子型、两性离子型。因此，目前国外泡排剂也分为：阳离子型、阴离子型、非离子型、两性离子型见表 1。

表 1　国内、外泡排剂主要类型

序号	泡排剂类型	类型	气井条件
1	烷基磺酸盐或烷基苯磺酸盐	阴离子型	低矿化度地层水气井
2	烷基酚聚氧乙烯醚	非离子型	低矿化度、低温气井
3	季胺盐类活性剂	阳离子型	低矿化度、低温气井
4	甜菜碱、咪唑啉型、氨基羧酸型	两性类型	中、高矿化水和凝析油
5	丙烯酰胺和乙酰丙酮丙烯酰胺共聚物	高分子聚合物	中、高矿化水和凝析油
6	磺酸盐类、硫酸醇脂，烷基聚氧乙烯醚等、甜菜碱	复合物类型	中、高矿化水和凝析油

（1）东胜气田层位之间的地层水的矿化度分布较广，为 50000mg/L 到 300000mg/L 之间，因此，泡排剂的发泡主剂应选择抗硬水能力较强的两性表面活性剂；

（2）目前现场所用泡排剂均为甜菜碱类两性表面活性剂，其用现场水样、油样测试以及现场使用情况表现出：在含清质凝析油、高矿化度地层水中均有很好的发泡、携液能力。但在高凝析油或者凝析油中主要碳原子数大于 C_{10} 以后，其发泡力、携液能力较弱，说明现用两性活性剂，虽抗硬水能力较强，但抗重质凝析油性能方面还有待提高，因此，在两性表面活性剂为发泡主剂中再加入非离子活性剂，以提高其对凝析油的乳化能力。

（3）现用甜菜碱两性活性剂，阴离子部分为羧酸基，阳离子部分由季铵盐构成。在合成抗重质油泡排剂时，将采用具有优良的分散性和高渗透性的双子两性活性剂结构，以提高其对凝析油渗透能力。

（4）在合成两性表面活性剂时存在：碳链在 14 以下内，其亲水性较好，在水中溶解度较高；碳链大 16 后，其亲油性较好；因此，通过调整不同碳链材料比例，以提高所合成的泡排剂的抗油能力。

4 双子两性泡排剂的研制

基于以上研制思路，通过室内实验评价优选主剂，并通过室内实验对不同配比的辅剂进行起泡、稳泡性能评价，以确定辅剂的最优配比量。

4.1 不同碳链主剂优选

目前针对高矿化度地层水或者含有少量凝析油的气井，常采用两性活性或非离子型表面活性剂作为起泡剂主剂，同时根据现场产出水样特征，配比针对性辅剂，以形成复合性能的起泡剂，提升其对现场的针对性、适应性。

因此，基于目前表面活性剂药剂特性，并结合东胜气田高矿化度、含凝析油的特征，则以不同碳链原材料分别制备出不同碳链甜菜碱双子表面活性剂，并对所合成的双子表面活性剂进行泡沫高度、携液能力测试。

（1）不同疏水链双子甜菜碱合成

在实验设备中加入等量的十二烷基、丙磺酸钠、乙醇并与水混合，升温到一定温度，反应固定时间。得到十二烷基酰胺丙基二甲基磺酸钠甜菜碱。

在三口烧瓶中加入十二烷基酰胺丙基二甲基磺酸钠甜菜碱和甲酰胺（两者摩尔比为：1∶0.5），升温到至一定温度，再缓慢滴加异佛尔酮二异氰酸脂（IPDI）。滴加完后，再在一定温度条件下保温固定时间，即得到碳链为12的双子甜菜碱表面活性剂。

以同样的方法分别用十四烷基酰胺丙基二甲基叔胺、十六烷基酰胺丙基二甲基叔胺、十八烷基酰胺丙基二甲基叔胺、二十二烷基酰胺丙基二甲基叔胺合成不同疏水链的双子甜菜碱表面活性剂，并分别记为：CH_{12}、CH_{14}、CH_{16}、CH_{18}、CH_{22}。

双子两性表面活性剂合成路线图如图5所示。

（2）不同碳链双子表面活性剂优选

以2.2结中的实验方法测试发泡、稳泡性能，以下述方法测试携液能力。

称取0.9g新合成的碳链为12双子两性活剂样品（CH_{12}）于1000mL烧杯中，加入20g/L的矿

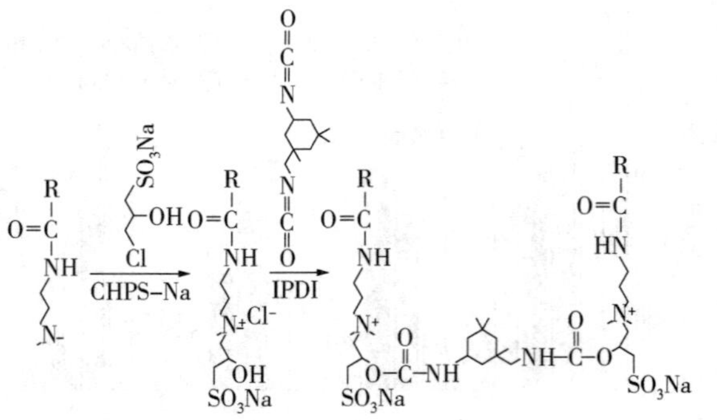

图5　双子两性表面活性剂合成路线图

化水样260mL和40mL东胜凝析油，以配置浓度3‰的实验药剂，并在70℃恒温水浴中加热。并通过注气泵以7L/min的排量向罗氏泡沫仪中注气，模拟气井生产过程中气液搅动现象，并将配置好并加热至70℃的实验药剂加入罗氏泡沫仪中，用量筒收集从出口流出的全部泡沫，待消泡后量取携出液体总体积，并通过携出液体总体积/实验样液体积计算携液率。用同样的方法分别测试样品：CH_{14}、CH_{16}、CH_{18}、CH_{22}的携液能力。试验结构如图6所示。

实验结果表明：用CH_{14}合成的双子活性剂在黑色凝析油中的发泡和携液能力最强；CH_{18}合成的双子活性剂的稳泡性能最强。因此，优选CH_{14}和CH_{18}做为合成发泡主剂的碳链。

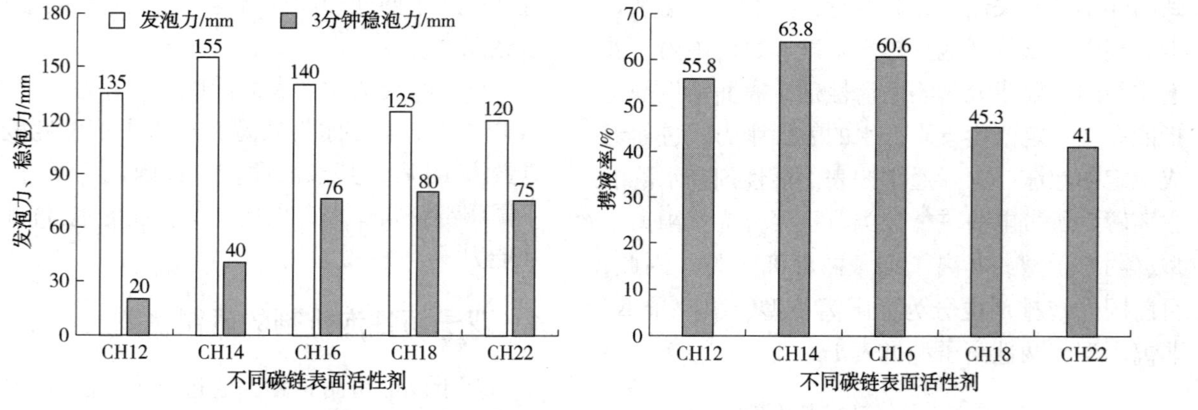

图6　不同碳链表面活性剂发泡力、稳泡力、携液率实验

（3）主剂碳链比例优选

通过对碳链优选时发现CH_{14}的发泡和携液能力较强、CH_{18}的稳泡能力较强。因此将两种碳链按不同比例组合后，再合成双子活性剂，并测试其抗油能力。以优选出最佳的碳链组合。通过实验测试不同比例主剂碳链组合的发泡力、稳泡力、携液率，结果表明：将CH_{14}与CH_{18}按8.5∶1.5的比例混合后，所合成的双子活性剂在东胜凝析油中的发泡、稳泡和携液能力最强。其发泡力达到165mm、稳泡高度为98mm、携液率也提高到70.3%。因此选用CH_{14}和CH_{18}混合碳链（比例为8.5∶1.5）所合成的双子活性剂做为东胜气田泡排剂的发泡主剂。如图7所示。

4.2　凝析油乳化剂优选

基于国、内外关于抗油泡排剂研究结果，结合东胜气田现场应用经验表明：要提高泡排剂在凝析油中的性能，产品配方中可以适当引入少量

的乳化剂，使泡排剂体系具有一定的乳化功能。在乳化剂中烷基酚系列的：A1 亲油性较好，用于制备 W/O 型乳液的、A2 亲水性较好，用于制备 O/W 型乳液的 A2；脂防醇系列乳化剂对对凝析油渗透性较好，其中 A3 型介于亲油与亲水之间、A4 亲水性较好。

因此，分别在发泡主剂中加入 2% 的 A1、A2、A3、A4 非离子乳化剂。并测试其在东胜气田凝析油中的发泡、携液性能，并对其的最优添加量进行优化。如图 8 所示。

实验表明：A3 的增效能力最强，在合成的双子活性剂中加入 2% 的 A3 后，所合成的起泡剂的发泡和携液能力大幅上升，其发泡高度达到 175mm、携液率提高到 80.8%。通过对 A3 在配方中添加量进行实验对比，A3 在配方中的最优添加量为 3%。如图 9 所示。

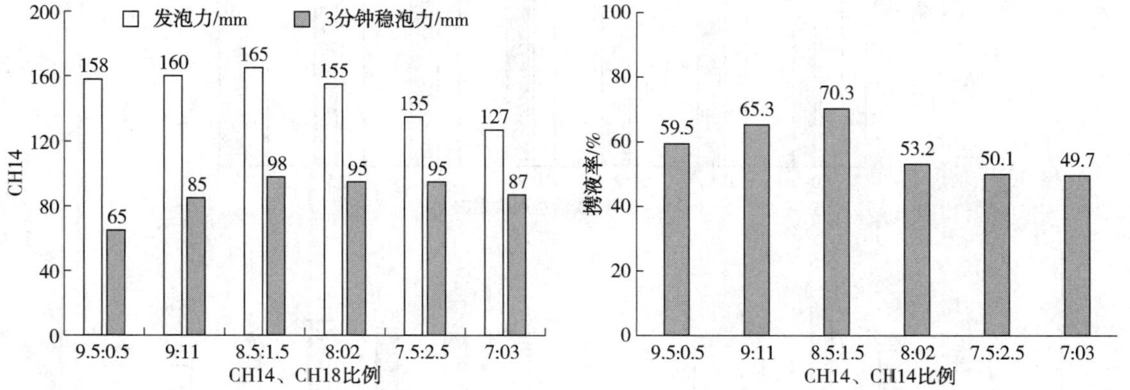

图 7　不同比例碳链组合的双子活性剂抗黑色凝析油性能对比

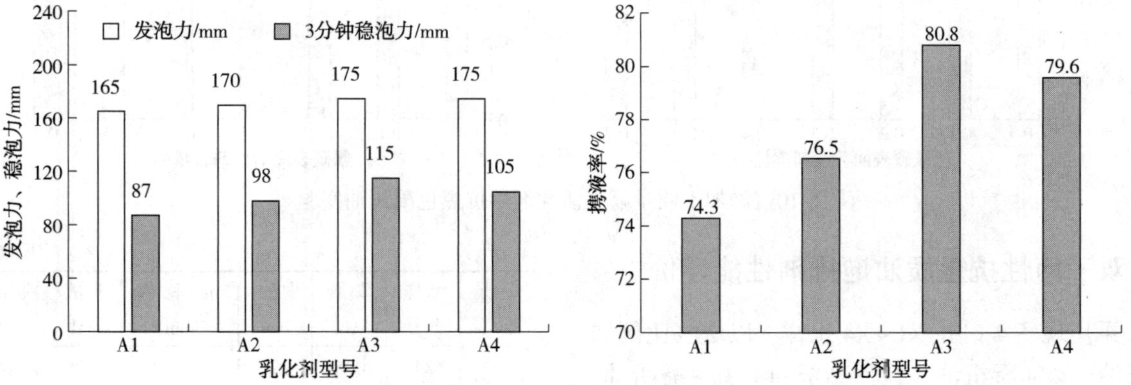

图 8　主剂中加入不同乳化剂后抗黑色凝析油实验

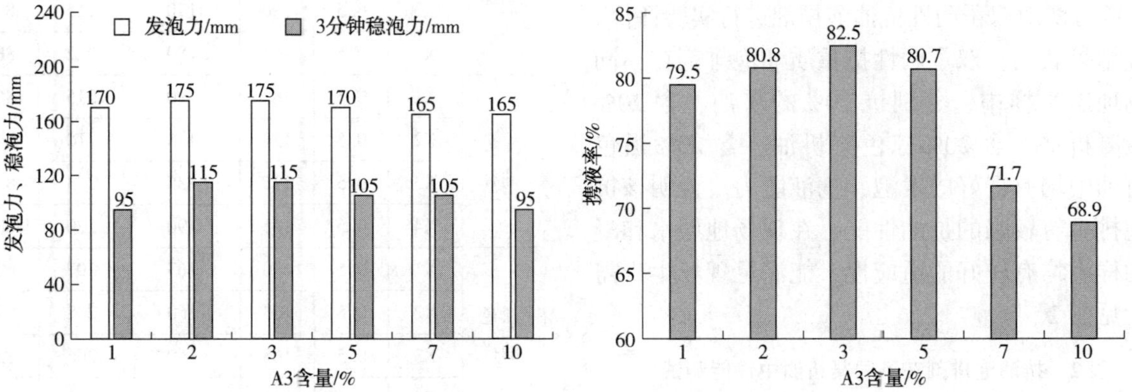

图 9　不同 A3 添加量下的抗油能力

4.3　氟表面活性剂添加量优选

泡沫排水剂除具有发泡、携液功能外，由于自身表面活性的特性，它也能降低地层水的表面张力。而根据临界携液流速公式可以看到，在压力和温度一定的情况下，从井底携带液滴到地面所需要的气体流速取决于液滴直径的大小，液滴直径越大，所需要的携带液滴的流速也越大。因此在泡排剂配方中引入一定量的氟碳活性剂，以降低地层水的表面张力。

实验表明：随着氟碳活性剂的加入，所合成的泡排剂表面张力也随着下降、泡排剂的发泡和携能力也有小幅增加。当氟碳活性剂加入量达到0.3%后，表面张力的下降幅度增加不明显，并且泡排剂的发泡和携液能力也开始下降。氟碳活性剂在配方中最佳的添加量为0.3%。如图10所示。

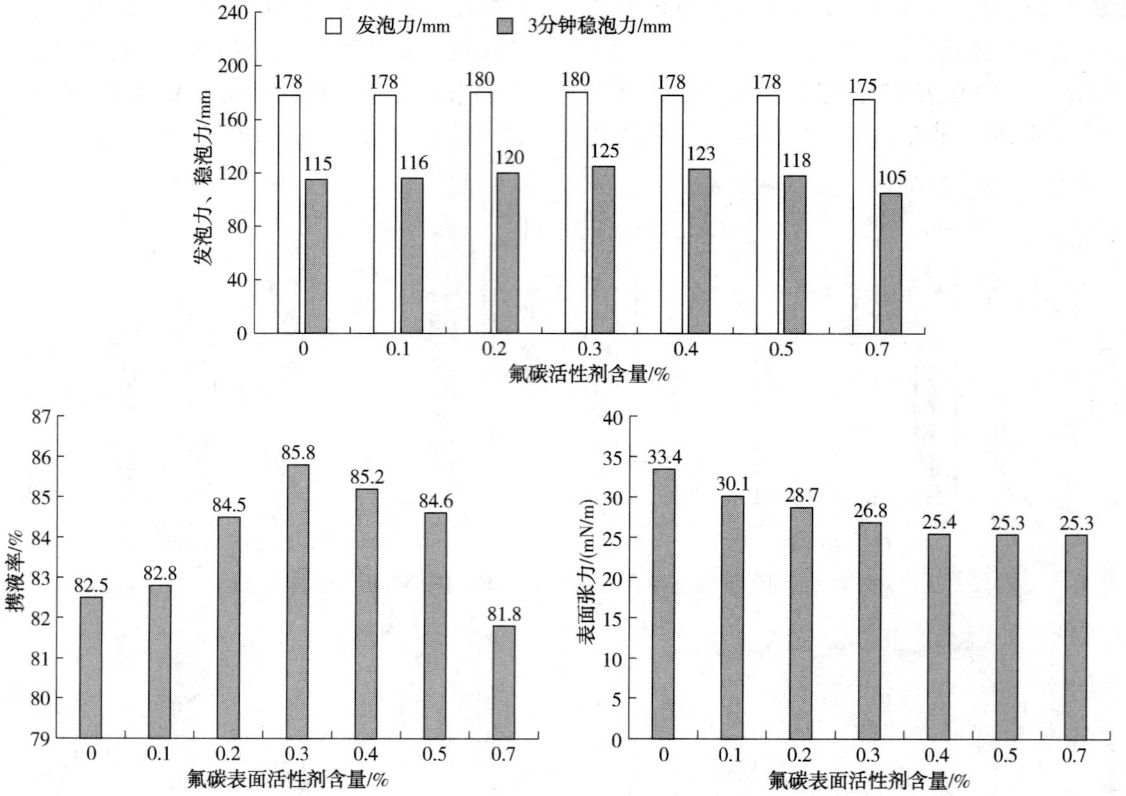

图10 添加不同量氟表活性剂后抗黑色凝析油实验

5 双子两性抗重质油泡排剂性能评价

采用现场4口井X1~X4水样，以20%比例加入煤油、清质凝析油、棕色凝析油、黑色凝析油，并基于2.2结中发泡力、稳泡力与3.1结中携液能力实验方法对双子两性抗油泡排剂进行实验评价。

结果表明：双子两性抗重质油泡排剂在不同现场地层水样中，分别抗20%的煤油、含20%清质凝析油、含20%棕色凝析油、含20%黑色凝析油中均有很好的发泡、携液能力。说明该抗油泡排具有较强的抗油性能、在现场地层水和凝析油样中均有较好的适应性，能满足现场生产需要。见表2。

表2 抗油泡排剂在不同凝析油中性能测试

凝析油样	水样井号	浓度/%	发泡/mm	5min 稳泡/mm	携液/mL	携液率/%
煤油	X1	0.5	200	180	225	90.0
	X2	0.5	190	175	220	88.0
	X3	0.5	195	170	215	86.0
	X4	0.5	203	182	224	89.6

续表

凝析油样	水样井号	浓度/%	发泡/mm	5min 稳泡/mm	携液/mL	携液率/%
清质油样	X1	0.5	190	175	220	88.0
	X2	0.5	184	175	218	87.2
	X3	0.5	180	170	215	86.0
	X4	0.5	195	180	222	88.8
棕色油样	X1	0.5	185	190	215	86.0
	X2	0.5	178	185	210	84.0
	X3	0.5	175	185	213	85.2
	X4	0.5	185	190	220	88.0
黑色油样	X1	0.5	170	163	207	82.8
	X2	0.5	163	160	208	83.2
	X3	0.5	165	160	206	82.4
	X4	0.5	175	170	210	84.0

6 现场试验

双子两性抗重质油泡排剂在东胜气田10口井进行了现场试验，这10口井产出水样中含有棕色、黑色凝析油。泡排剂加注浓度均为5‰，试验期间保持生产制度不变，将原泡排剂替换为双子两性泡排剂，开展为期30d的现场泡排评价试验。10口试验井在加注双子两性泡排剂后，井筒积液被带出，流压降低，平均单井日产气增加20%，以X5井为例针对试验效果进行评价。

X5井产出液中含有黑色凝析油，含量约15%，试验前使用普通抗油泡排剂，频繁积液，气井无法连续生产，试验前后60d的生产曲线如图11所示。

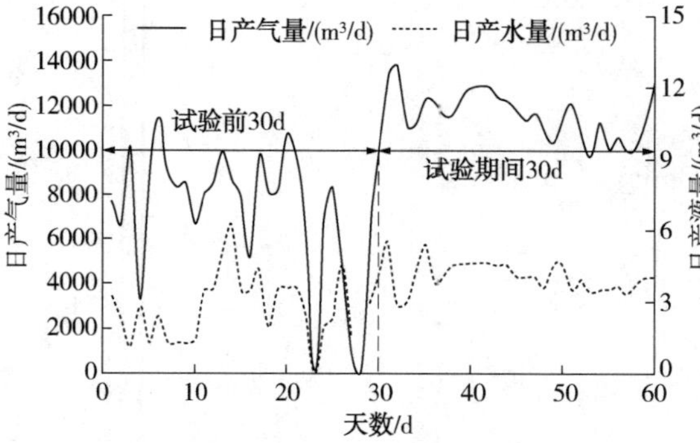

图11 东胜气田X5井生产曲线

试验结果表明：采用原泡排剂期间日产气量波动较大，频繁出现积液、水淹现象(日产气为0)，平均日产气7309m^3/d，日产液量2.77m^3/d，试验期间携液效果较好，表现为产液量上升且保持平稳，日均产液量4.09m^3/d井筒中的积液及地层产出液被携带至地面，日产气量升高且保持平稳，日均产气11642m^3/d，其产气量和产液量较试验前分别提高59.3%和47.7%。现场10口含重质凝析油井的泡排试验结果表明：在含有重质组分凝析油的气井中，双子两性抗重质油泡排剂综合性能明显优于现场使用的普通抗油泡排剂，增产效果显著。

7 结论与建议

(1) 通过现场含油水样与同类组分油样的泡排评价实验表明：影响东胜气田抗油泡排效果的主控因素为凝析油中的重质组分，且碳数越高，泡排效果越差；

(2) 研发形成双子两性抗重质油泡排剂，主剂为8.5∶1.5比例混合碳链的双子表面活性剂，乳化剂优选A3型，最佳配比为3%，并配入0.3%氟碳活性剂。

(3) 通过室内实验，双子两性抗重质油泡排剂在浓度为5‰时，在20%含量的煤油、清质凝析油、棕色凝析油、重质凝析油中的发泡、稳泡性能较好，携液率均>80%。

(4) 现场试验表明：研制的双子两性抗重质油泡排剂对于东胜气田产出液中的重质油组分具有较强的抗性，起泡、稳泡效果较好。建议后续扩大试验，并进一步推广应用，解决高含重质组分凝析油泡排效果不佳问题。

参 考 文 献

[1] 张婷，孙风景，于洋，等. 川西深层、超深层气井排水采气技术初探[J]. 钻采工艺，2023，46(05)：68-73.

[2] 曾小军，廖刚，任文希. 四川页岩气开发排水采气技术优选[J]. 钻采工艺，2023，46(03)：176-179.

[3] 田建峰，曹成寿，刘建英，等. 苏里格气田泡沫排水采气工艺应用技术难点及对策[J]. 钻采工艺，2016，39(03)：67-69+130-131.

[4] Bluestein B R. Amphoteric Surfactants[J]. Surfactants Science Ser，1982，12.

[5] 彭年穗. 气井泡沫排液中的起泡剂[J]. 油田化学，1989，6(1)：6.

[6] 李谦定，卢永斌，李善建，等. 新型高效泡排剂LYB-1的研制及其性能评价[J]. 天然气工业，2011，31(6)：49-52.

[7] 薛海东，张灵，贺映兰，等. 抗高凝析油抗高盐度泡排剂的筛选[J]. 新疆石油天然气，2014，10(3)：6.

[8] 胡敏，刘祥，薛丹，等. 一种新型抗盐耐油型泡排剂的研制[J]. 广东化工，2015，42(009)：10-13.

[9] 李进，徐杰，王明凤，等. 气井泡排剂SCF-1的室内研究简[J]. 当代化工，2016.

[10] 武俊文，张汝生，贾文峰，等. 基于Gemini表面活性剂及纳米材料的高效泡排剂[J]. 化学研究与应用，2018，30(2)：7.

[11] 徐海民. 新型复合泡排剂抗油性能研究与应用[J]. 断块油气田，2022，29(03)：422-426.

[12] 何党联，王维，刘洋，等. 防冻型泡排剂在靖边气田的试验效果评价[J]. 石油化工应用，2014，33(8)：3.

[13] 陈克全. 大牛地气田水平井生产制度与采气工艺研究[D]. 中国石油大学(华东)[2023-12-06].

[14] Shu Y，Jian-Xin H. Evaluation and Application of Foaming Agent in Foam Drainage Gas Production[J]. Value Engineering，2012.

[15] Hantal G，Sega M，Horvai G，et al. Contribution of Different Molecules and Moieties to the Surface Tension in Aqueous Surfactant Solutions[J]. The Journal of

Physical Chemistry C, 2019, 123 (27). DOI: 10.1021/acs.jpcc.9b02553.

[16] Adebayo A R. Sequential storage and in-situ tracking of gas in geological formations by a systematic and cyclic foam injection-A useful application for mitigating leakage risk during gas injection[J]. Journal of Natural Gas Science & Engineering, 2019, 62: 1-12. DOI: 10.1016/j.jngse.2018.11.024.

[17] 秦国伟，孙赛赛，薛云龙，等. 致密气藏中纳米流体迁移能力及宏观排水采气机理[J]. 大庆石油地质与开发，2022，41(06)：159-166.

[18] 先羿. ××气田低成本泡排剂研制与影响因素分析[D]. 成都：西南石油大学，2019.

[19] 凡青，李学丰，董金凤. 阴/非离子表面活性剂复配体系对O/W乳液粒径及稳定性的影响[J]. 武汉大学学报(理学版)，2016，62(01)：31-35.

[20] 周燕霞. 纳米碳酸钙—亲水性非离子表面活性剂复配体系的乳化协同效应研究[D]. 无锡：江南大学，2009.

[21] 邹巧育. 苏里格气田试采气井泡排剂研究[D]. 西安：西安石油大学，2014.

[22] 汪国威. 马仙地区气井井筒流动动态研究[D]. 荆州：长江大学，2023.

[23] 刘晓敏. 驱油用泡沫体系研究[D]. 无锡：江南大学，2022.

采出水高效处理技术研究及应用

刘永存　陈健康　李梦帆　裴　洁　凌　南

（中国石化河南油田分公司石油工程技术研究院）

摘　要　油田开发进入高含水后期，随着三次采油技术的持续应用，产出液性质发生了极大的变化，主要表现为水体黏度上升、油水乳化程度高、油珠粒径变小、Zeta电位升高等，常规水处理工艺无法满足需求。针对油田采出液成分复杂，处理难度大的特性，为提高开发效益，近年来，油田不断加强科技攻关、加大技术改造，适应采出液处理对注水水质的要求。通过开展产出液水性基础研究，形成了“双溶气气浮+微涡漩气浮一体化过滤技术+破乳净水一体剂”系列采出水高效处理技术，满足了不同油藏水质需求。聚驱油田集成应用双溶气气浮、微涡漩气浮一体化过滤技术、破乳净水一体剂处理工艺技术，处理费用从1.47元/方下降至0.98元/方，污泥量同比降低30%以上，节约了采出水处理费用，降低了运行成本。

关键词　采出水；高效；水处理；含聚；费用

1　前言

目前，油田开发进入高含水后期，采出液中含水量高达95%以上，化学驱采油技术已经成为油田持续稳产的主导技术。在众多的化学驱油技术中，缔合聚合物/碱/表面活性剂三元复合驱（ASP）既能扩大驱替液在油层中的波及体积，又能降低油层的最终残余油饱和度，因此得到大规模使用。但由于三元复合驱采出水中含有大量的聚合物、表面活性剂、碱等驱替剂，增强了采出水的稳定性，同时为了提高处理效果，从井口到污水站投加了大量的药剂，采出水成分复杂，油水乳化严重，油水乳状液破乳难度加大，给地面油水分离，特别是含聚采出水处理造成了很大的困难。传统的水处理工艺已无法满足含聚采出水的处理要求。

含聚污水主要特点为聚合物会使污水的黏度增加，黏度增加会增大水中胶体颗粒的稳定性，使污水处理所需要的自然沉降时间增长；聚合物的存在能使采出液中的油滴粒径变小，微观测量发现聚合物的存在使油水界面膜强度增大，界面电荷增强，因而采出液油滴粒径变小并能稳定地存在于水体中，造成了污水沉降罐处理效率下降，出口含油和悬浮物量均超标；聚合物的存在能使油珠粒径Zeta电位增强，形成双电层，微小颗粒相互排斥，阻止油珠聚并，水体中油水乳化状态非常稳定，普通方法很难去除乳化油；研究表明：目前油珠粒径、Zeta电位、粘度和聚合物含量等特征，决定了现有工艺条件已经不能满足水质处理要求，需要研究能有效去除乳化油的关键处理技术。

针对含聚采出水成分复杂、处理难度大的特性，近年来，油田通过开展产出液水性基础研究，形成了“双溶气气浮+微涡漩气浮一体化过滤技术+破乳净水一体剂”系列采出水高效处理技术，满足了不同油藏水质需求。

2　技术特点

通过分析研究、技术调研、工艺配套，研究应用双级气浮技术、微涡漩气浮一体化过滤技术等解决了含聚采出水处理的难题。处理流程如图1所示。

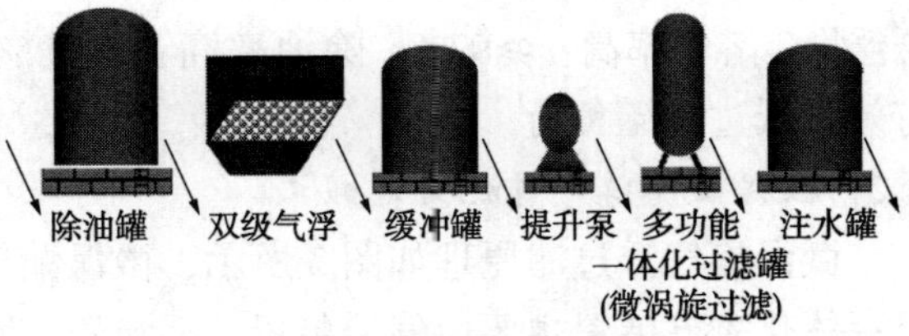

图1　三采产出液高效处理流程示意图

2.1　双溶气气浮处理技术

双溶气气浮是利用水在不同压力下溶解度不同的特性，将部分水加压，采用射流器负压吸气或压缩空气，在射流器气室内混合，经过射流器混合区及扩散区进一步混合、切割成微细气泡，使空气在最短时间内最大限度地溶入水中，形成饱和溶气水，水中形成许多小气泡粘附水中的乳化油或悬浮物而逸出水面达到去除的目的。为避免高速溶气水流在溶气罐中湍动，影响溶气水的稳定性，在溶气罐中分设挡板及稳流板，将溶气水送入气浮池中，通过调性气泡粒径的大小，以满足不同状态携油需求，实现分级去除处理介质中的乳化油和悬浮固体颗粒的目的。双溶气气浮装置结构如图2所示。

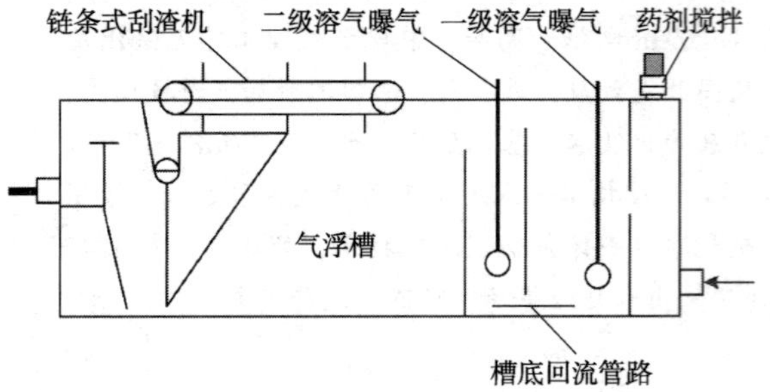

图2　双溶气气浮装置结构示意图

双溶气气浮技术无需投加浮选剂，不产生浮渣；过滤前将污水中的污油通过气浮去除，可改善过滤罐的工作状况，减少污油粘附在滤料上，使过滤罐真正起到截流机械杂质和容易反冲洗及延长滤料的使用周期。

双溶气气浮技术对25%的回流水加压、充气形成饱和溶气水，在射流器混合区及扩散区充分混合基础上被切割成微细气泡，将溶气水送入气浮池，去除采出水中油、悬浮物。该工艺气泡直径可调、溶气率、除油率高、运行费用低。

气泡直径可调：一级溶气产生50～100μm气泡去除较大颗粒的油珠及悬浮物，同时具有剪切聚合物、降低水体粘度的作用；二级溶气产生20～50μm气泡粘附絮体，去除小颗粒的油珠及悬浮物；溶气率高：≥97%；除油率高：≥50%，有效降低过滤罐负荷。

2.2　微涡漩气浮一体化过滤技术

微涡旋气浮过滤原理如图3所示，微涡漩气浮一体化过滤装置主要由气液装置、涡流器、除油填料、颗粒滤料及罐体等组成。在常规过滤的基础上集涡旋向心气浮除油、微涡旋除污降浊、滤料体外循环体内涡流搓洗再生和机泵充装滤料等多种功能于一体。处理含聚污水指标优于同类设备，并且具有滤料可再生、自动化程度高等特点。过滤装置结构如图4所示。

向心气浮除油：溶气采出水进入过滤罐涡流器，通过涡流旋转产生的离心力将油气向内圆运移，油气在内圆聚集后，在气体浮力下上浮罐顶，从顶部收油口由气体将油带出回收。

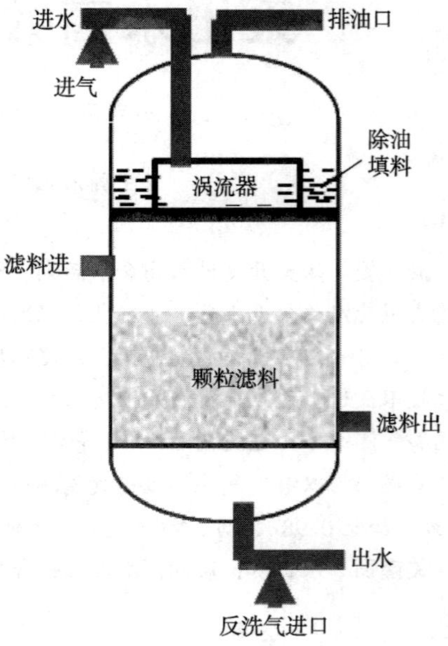

图3　微涡旋气浮过滤原理图

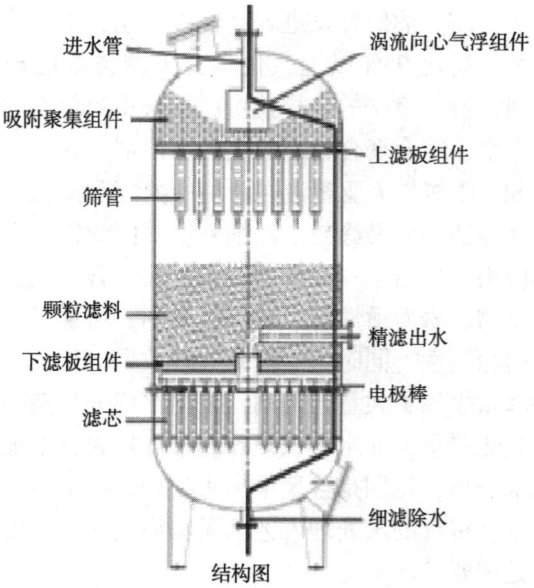

图4　结构图

微涡旋聚结除：采出水通过特殊的除油填料时产生微涡旋，可将90%以上2μm以下颗粒聚结成2μm以上大颗粒和大油珠，大油珠上浮去除，形成的大颗粒过滤去除。

除油填料纳污聚集：特殊的除油填料对聚合物进行吸附聚集，将聚合物截留在除油填料中，反冲洗时将其去除，防止聚合物对上筛板缝隙造成堵塞和对滤料的粘结。

滤料自洁再生：独立的滤料循环反冲洗再生系统，反冲洗滤料在罐内外循环的同时滤料也在罐内进行涡流旋转，从过滤罐结构上讲不留反冲洗死角，杜绝滤料板结现象发生。

电极缓蚀：增加了金属膜微孔精细过滤构件，配套电极减缓腐蚀。

微涡漩气浮一体化过滤技术通过除油填料，对聚合物和采出水中的浮油进行吸附聚集截留，确保上筛板空隙不堵塞、滤料不板结；同时，溶气采出水进入涡流器产生涡流旋转，在离心力作用下将油气向内圆运移，聚集后从顶部排出聚合物及浮油，降低颗粒滤料的截污负荷。截污能力强、滤料再生彻底、运行费用低。

2.3 破乳净水一体剂处理工艺技术

研制的破乳净水一体剂吸附速率大，具有良好的表面性能和渗透能力以及优良的润湿性，可迅速分散到原油中，取代、中和原来在油水界面的乳化剂，形成不牢固的吸附膜并改变颗粒物的润湿性；实现 W/O 及 O/W 型乳状液同步破乳；一剂两用，在后端污水处理过程中具有聚结絮凝作用，无需再添加其他药剂，即有破乳脱水功能又能起净水作用。

采用该种药剂后，沉降罐顶部漂浮物明显减少，不仅预收油罐、沉降罐的收油速度均比以前明显加快，原来每收一个罐需要 3～4h，改用此剂后只需 2h 就可完成，而且回收的原油品质也比较好(原油中漂浮物机杂含量明显少)，产生的污泥量比原来使用多剂时减少 1/3 以上。达到减少后续采出水处理难度和污泥量的产生，降低成本和满足现场所要求的各项指标的目的。

3 应用情况

3.1 双溶气气浮技术应用情况

双溶气气浮技术已在油田两个联合站应用，有效解决了含聚采出水(乳化程度高、水体黏度大)处理难度大的问题。在不投加化学药剂的情况下，其采出水指标可控制在双 25mg/L(含油和悬浮物)之内。同时，可根据前段来水性质的变化，调整一、二级溶气水气泡粒径大小，使出口水质稳定达标。应用效果见表 1、表 2、图 5。

表 1 不同气浮装置处理效果对比表

装置类型	进口/(mg/L)		出口/(mg/L)		除油率/%	除杂率/%
	含油	机杂	含油	机杂		
双级气浮	58.55	28.67	31.52	21.28	46.17	25.78
双溶气气浮	57.44	22.59	21.01	15.09	63.42	33.20

表 2 现场应用效果

应用站点	装置类型	数量	处理水量/m^3	进口含油/(mg/L)	出口含油/(mg/L)	进口悬浮物/(mg/L)	出口悬浮物/(mg/L)	除泊率/%	除杂率/%	运行单耗/(元/m^3)
联合站 1	双溶气气浮	2 座	11800	81	24	50	36	70	28	0.07
联合站 2	双溶气气浮	2 座	13700	68	23	40	22	66	45	0.07

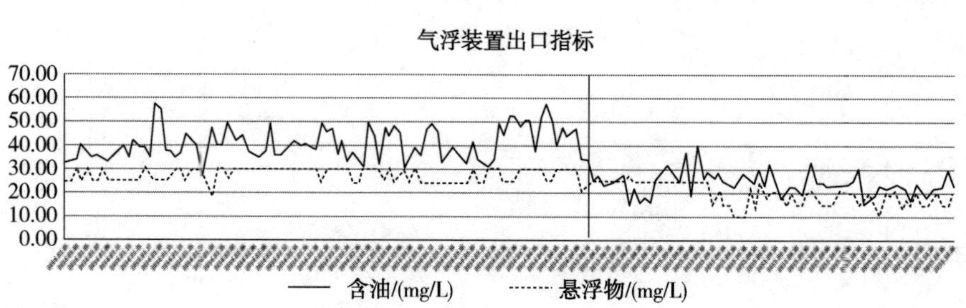

图 5 气浮装置出口指标图

3.2 微涡漩气浮一体化过滤技术推广应用情况

微涡漩气浮一体化过滤装置已在油田三座联合炸和 1 座集油站应用。能去除 50% 以上的油污，降低了后端颗粒滤料的截污负荷。污染的颗粒滤料泵入滤料再生罐，在涡流搓洗作用下脏物随反冲洗水排出，洗后滤料经滤料循环泵打回完成再生，滤料再生彻底。每年仅需补充 5%～10% 的滤料，每座罐年节约运行成本 1.8 万元。

3.3 破乳净水一体剂处理工艺技术应用效果

该药剂在油田某联合站使用后，投加量

240Kg/d(加药浓度为 25mg/L)，外输油含水为 1%~3%；总采出水含油为 300mg/L~500mg/L。同时，可减少联合站采出水处理系统污泥产生量 30~40%。

目前已经在油田的其余五座联合站推广应用。

4 结论

随着三次采油技术的持续应用，产出液性质发生了极大的变化，常规处理工艺无法满足需求。通过双溶气气浮技术的研发以提高沉降段含油和悬浮物去除效果，降低过滤负荷，实现水质稳定达标；通过微涡漩气浮一体化过滤，解决常规过滤罐滤料更换频繁、板结及运行效果差的问题；同时，针对不同采出液中原油性质的差异，油水乳化程度高，脱水难度大等问题而研制开发出系列高效复合药剂，解决了三采产出液处理的难题，节约采出水处理费用，从而降低运行成本。

聚驱油田集成应用双溶气气浮、微涡漩气浮一体化过滤、破乳净水一体剂处理工艺技术，处理费用从 1.47 元/m^3 下降至 0.98 元/m^3，污泥量同比降低 30% 以上，年节约运行费用 738 万元。

参 考 文 献

[1] 中石化河南石油工程技术研究院．河南油田地面系统整体规划[R]，2023.

[2] 张毅，屈丹龙，徐孝轩．中国石化油气田地面工程关键技术[M]．北京：中国石化出版社，2020.

稠油热采用高温封窜体系的研制

孙迎胜　常国栋　崔　灿　李　杰　肖文杰　张喜玲

（中国石化河南油田分公司石油工程技术研究院）

摘　要　河南油田中深层油藏稠油油藏热采存在着薄互层油藏物性相对较差，地层非均质性严重，层间渗透率差异、蒸汽超覆及边水能量强等原因导致汽窜频繁、边水沿汽窜通道推进等问题严重影响生产。针对以上问题，以酶解木质素为原料为主体，优选 KN-1 交联剂及 ZN 助剂，研制出不同温度成胶的木质素基高温封窜体系配方，实验表明木质素基封窜剂成胶时间可控，岩心封堵率≥97%，耐高温老化性能较好，具有较强的耐蒸汽冲刷能力，实现在热采吞吐井 50℃以上温度成胶，蒸汽驱井 120℃以上温度成胶。高温封窜体系应用后有效缓解稠油热采井汽窜、边水影响，取得较好的增油降水效果。

关键词　木质素；交联剂；成胶时间；封堵率；耐高温

用于稠油热采井汽窜封堵和抑制边水侵的方法有多种，使用高温冻胶堵剂进行调剖是一种有效的方法。然而，现有的高温冻胶耐温较差，容易在高温和高矿化度下失去封堵效果。针对稠油热采井日益严重的汽窜及边水侵问题，急需研制注入性好，且耐高温、高强度、适合深部封堵的化学封窜体系，实现扩大平面蒸汽波及面积、提高动用程度的目的。本文以酶解木质素为原料，利用其天然芳香结构及多官能位点进行改性，提高活性基团比例，开发热采用木质素基高温封窜体系，通过现场应用，解决热采井汽窜、平面开发不均等问题，改善了单井注采效果，提高区块整体储量动用水平。

1　木质素理化性能

酶解木质素来自于纤维素乙醇生产炼制副产物，相比造纸废液碱木质素相比，酶解木质素的提取分离反应条件较为温和，使得酶解木质素中仍然保留了大量的酚羟基、醇羟基和羰基等活性官能团。利用酶解木质素作为制备封窜剂的原料，可变废为宝，制备封窜剂的成本低。随着石油化工原料价格的上涨和环保要求提高，以木质素等低成本天然可再生资源为原料的绿色化学品已经成为国际热点研发方向。

木质素是由对羟基苯基、紫丁香基和愈创木基三种基本结构单元相互偶合、以醚键和碳碳键链接形成的无规高枝化聚合物，木质素结构单元及基本性能见图 1，表 1。

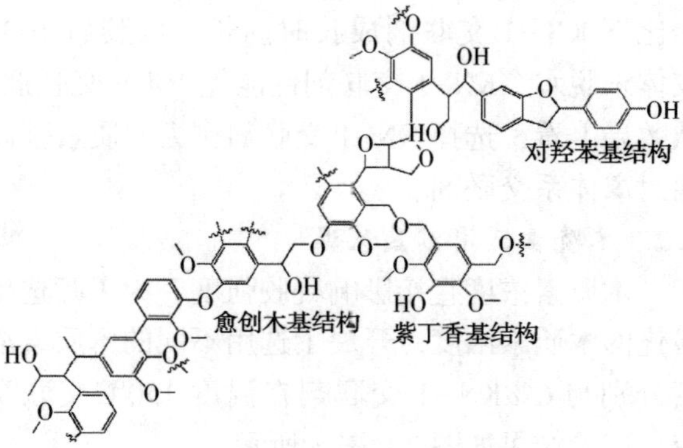

图 1　木质素三种主要的结构单元

表 1　木质素基本性能表

项目	木质素 LIG-1	木质素 JG
外观	棕褐色粉沫	棕褐色粉沫
木质素含量/%	90.7	90
pH 值(6%水溶液)	4.5	5.5
酚羟基含量/%	12.7	3.6

2　木质素基高温封窜体系配方优选

2.1　交联剂的选择

主剂选用 LIG-1 型木质素，其含有丰富的酚羟基、醇羟基和羰基等活性官能团，可以与交联剂发生结构单元之间的交联，交联后的结构是空间网架结构，在高温下反应生成的树脂又填充于其中，使体系具有更优良的封堵及耐温性能。实验中选用不同浓度 FN 交联剂、KN-1 型交联剂作为体系的高温交联剂。用清水配制不同配方的木质素凝胶体系溶液，装入耐压瓶中，封口后在 150℃下进行成胶实验，定期取出观察。实验数据见表 2 所示。

表 2　木质素与不同交联剂高温交联实验

序号	木质素浓度/%	交联剂	交联剂浓度/%	成胶时间/h	备注
1	6	FN	3	112	成胶后 24h 脱水
2	6	FN	4	74	成胶后 24h 脱水
3	6	FN	5	48	成胶后 24h 脱水
4	6	FN	6	40	成胶后 24h 脱水
5	6	KN-1	3	108	成胶后 100h 未脱水
6	6	KN-1	4	86	成胶后 100h 未脱水
7	6	KN-1	5	56	成胶后 100h 未脱水
8	6	KN-1	6	41	成胶后 100h 未脱水

由表 2 可见，FN 交联剂与 KN-1 型交联剂同 LIG-1 型木质素在 150℃ 交联均能形成凝胶，相比下 KN-1 交联剂成胶时间长，成胶后 100h 胶体未脱水，KN-1 交联剂性能优于 FN 交联剂，从效果上看，选择 KN-1 交联剂作为木质素基高温封窜体系交联剂。

2.2　木质素适用浓度优选

木质素浓度直接影响凝胶强度，为了筛选出最优的木质素浓度，开展了选用不同的木质素浓度分别与 6% KN-1 交联剂在温度 150℃ 交联反应。试验结果如图 2、图 3 所示。

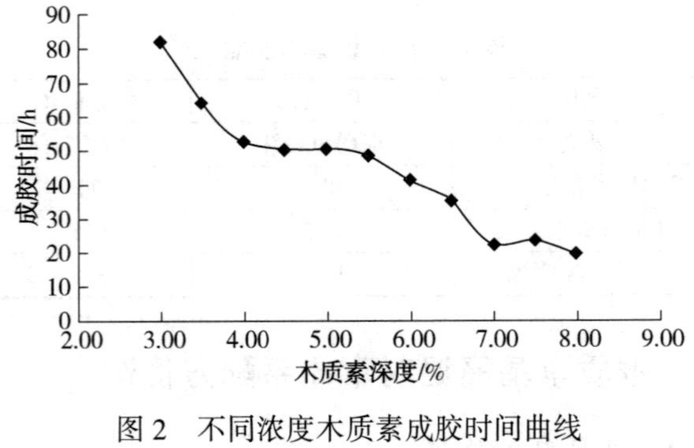

图 2　不同浓度木质素成胶时间曲线

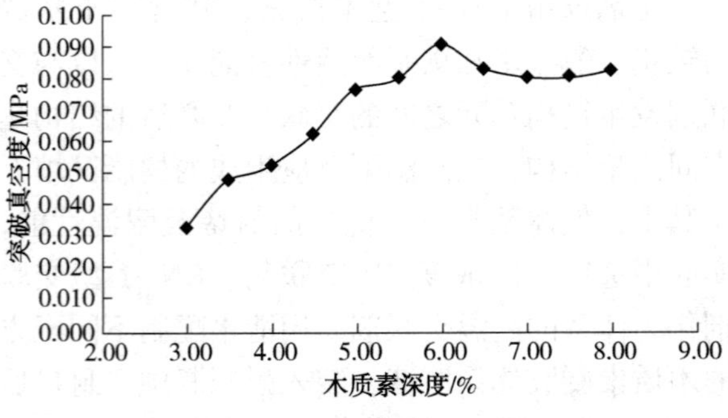

图 3　不同浓度木质素成胶强度曲线

由上图可以看出，随着木质素含量的不断升高，虽然整个凝胶的强度也随之升高，成胶时间随之加快，当木质素的含量 6% 时，成胶强度达 0.09MPa，木质素的成胶时间及成胶强度能满足现场要求，考虑现场实际注入时间需要以及成本，木质素的适用浓度优选为 6%。

2.3　木质素基凝胶高温成胶实验

将木质素基凝胶配成溶液装入耐压瓶或老化罐中分别放入 120℃、150℃、200℃、250℃、300℃ 高温烘箱或马弗炉中加热，不同时间取出观察其成胶时间。实验数据如图 4 所示。

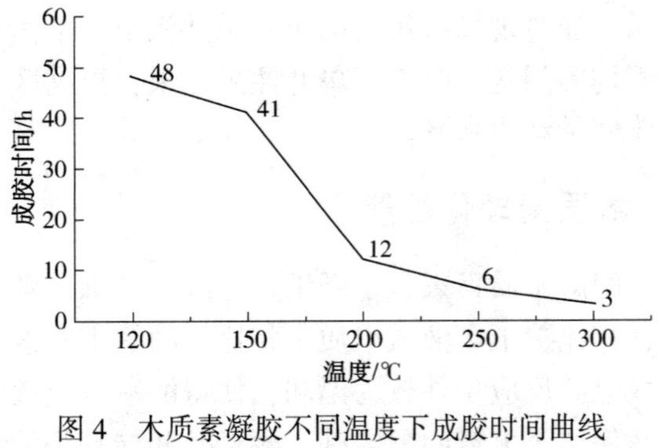

图 4　木质素凝胶不同温度下成胶时间曲线

由图 4 可见，随加热温度的升高，木质素基高温凝胶成胶时间加快。其中 250℃ 成胶时间为 6h，300℃ 成胶时间为 3h，高温成胶性能较好。

2.4　木质素基凝胶高温老化实验

将成胶后的木质素基凝胶，放入 150℃ 烘箱老化，不同时间取出观察，可以看出木质素成胶后胶体强度高，150℃ 老化 15 天，木质素凝胶胶体收缩小，如图 5 所示。300℃ 老化 5 天后，胶体呈块状硬胶，胶体有韧性，如图 6 所示。

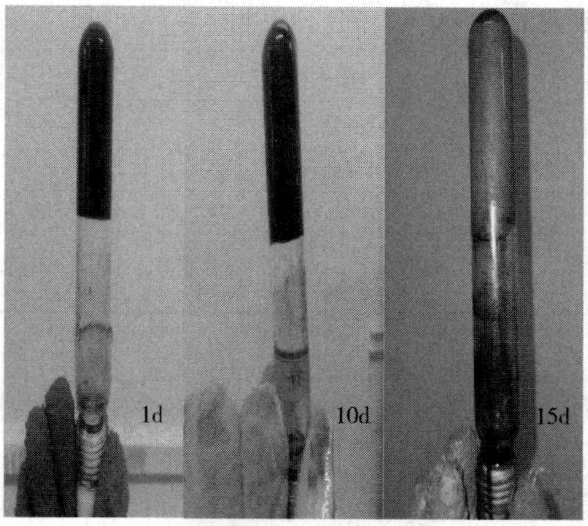

图 5 木质素凝胶高温老化图(150℃)

图 6 木质素凝胶高温胶体图(300℃)

3 木质素基凝胶性能影响研究

3.1 pH 值对体系性能的影响

在高温 150℃条件下研究 pH 值对体系性能的影响，选取已知浓度的基液进行实验。用氢氧化钠调节整个体系的 pH 值。在体系成胶以后进行测试，以成胶时间、成胶强度为评价指标，分析 pH 值对体系性能的影响，实验结果见表 3。

随 pH 值的增加，木质素基凝胶体系的成胶强度降低幅度不大，但成胶时间逐渐增加。pH 为 9 时，体系性能较优。

3.2 矿化度对体系性能的影响

为研究矿化度对体系的影响，用不同矿化度的模拟水配制 6%木质素溶液，加入 6%KN-1 交联剂。分别装入耐压瓶中，放入烘箱内，150℃条件下观察堵剂的成胶情况，记录不同矿化度条件下的每个堵剂的成胶强度和成胶时间，分析矿化度对整个体系性能的影响，其中凝胶强度参照突破真空度法，实验结果如图 7 所示。

表 3 pH 值对体系成胶时间和强度的影响(150℃)

木质素浓度/%	KN-1 浓度/%	pH 值	成胶时间/h	成胶强度/MPa	备注
6	6	8	33	0.078	成胶后 90h 脱水
6	6	9	41	0.09	成胶后 100h 未脱水
6	6	10	45	0.085	成胶后 100h 未脱水
6	6	11	53	0.083	成胶后 100h 未脱水

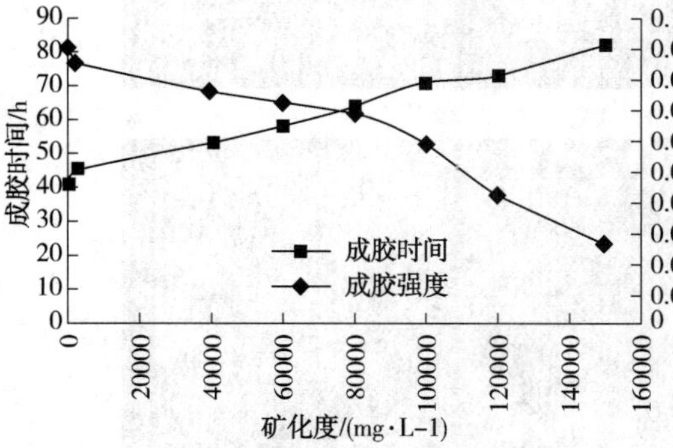

图 7 矿化度对木质素成胶性能影响曲线

试验表明：随着矿化度浓度的增加，特别是矿化度达到 80000mg/L 时，木质素基凝胶体系的成胶强度逐渐减小，成胶时间增加，证明了体系具有一定的耐矿化度能力。

3.3 低温成胶助剂对木质素基凝胶成胶的影响

通过进一步调整配比，优选低温成胶助剂 ZN，以木质素为主剂、降低交联剂 KN-1 用量，实现 50~70℃低温成胶，成胶时间 4~18h，胶体强度 I 级，胶体不收缩且强度高。实验结果见表 4、图 8。

表 4　木质素与交联剂不同温度成胶实验

木质素浓度/%	交联剂浓度/%	助剂浓度/%	成胶时间		
			50℃	60℃	70℃
6	3.5	4	18h	16h	15h
6	3.5	5	14h	12h	10h
6	3.5	6	10h	8h	7h
6	3.5	7	5h	4.5h	4h

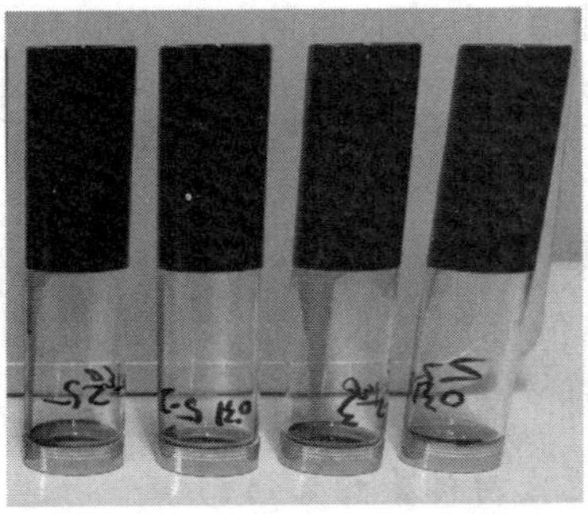

图 8　木质素基凝胶封窜剂 50℃ 成胶图

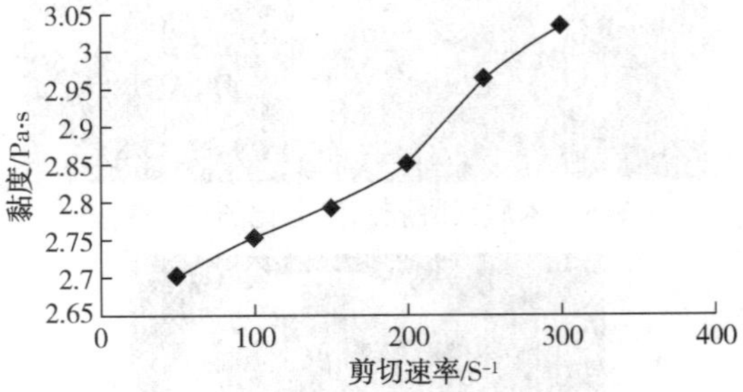

图 9　木质素基凝胶黏度随剪切速率变化曲线

将木质素基凝胶封窜剂在 50℃ 成胶后，升温至 300℃ 放置 7 天，降温后观察高温后胶体状态，胶体基本不脱水，胶体耐热稳定性强。

4　木质素基凝胶封窜剂流变性能研究及表征

4.1　木质素基凝胶封窜剂流变性能评价

按优化配方配制木质素基凝胶溶液，用流变仪测得溶液在室温下的黏度随剪切速率变化曲线见图 9。由图可知，溶液黏度不超过 4mPa · s，说明该木质素基凝胶初始黏度较小，具有良好的注入性能。剪切速度对初始黏度影响小，流变效果好的特点。

4.2　木质素基凝胶封窜剂微观结构表征

将木质素基凝胶封窜剂成胶后放置 300℃ 老化 48h 后取出，并将试样破碎成块，取较为平整的样品，喷金处理后，在扫描电子显微镜上观测样品表面形貌，观察试样微观结构。结果如图 10 所示。

如图 10 所示，木质素基凝胶封窜剂整体成胶较完全，胶体生成交错的粒状凝胶产物，生成的粒状凝胶产物的空隙率愈小，交联度愈好，相对凝胶强度愈高。木质素基凝胶封窜剂成胶后可以形成互穿网络结构，使生成的三维空间结构更加致密，具有更高的强度和耐温性能。

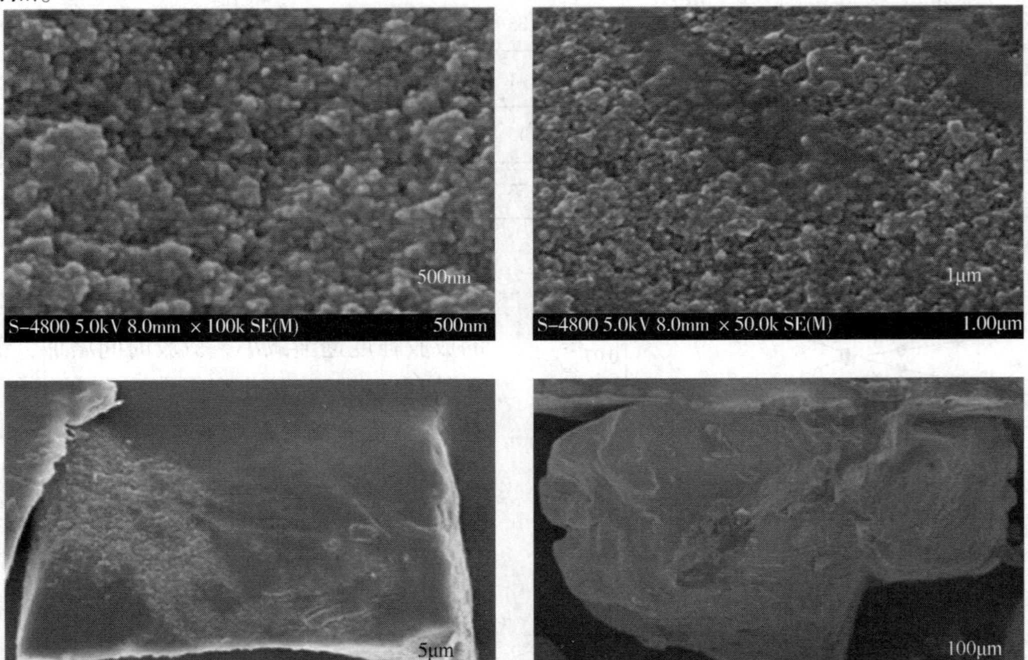

图 10　木质素基凝胶封窜剂 SEM 图

5 木质素基凝胶封窜剂体系的封堵性能评价

封堵性能评价实验步骤如下：

① 首先获得填砂管的几何参数，计算填砂管有效体积 V；再将石英砂填入管中，经压实后，称取填砂管干重 G1。

② 饱和地层水保持一定的回压，以 0.5mL/min 的恒定流速向填砂管中注入水，待流量和压力稳定(3PV)后测定流动压差 ΔP，由达西公式计算出岩心水相渗透率；再用电子计重秤称取填砂管湿重 G2，计算填砂管的孔隙体积 V_p 和孔隙度 φ；

③ 封窜剂的注入，以 5mL/min 的流速注入 1PV 以上的木质素基凝胶封窜剂，烘箱温度保持温度 50℃，候凝 3 天。

④ 测定岩心封堵率，木质素基凝胶封窜剂成胶后，用恒流泵以 5mL/min 的排量向填砂管注入水，观察和记录填砂管两端的压差，直到第一滴水采出，记录突破压力，直至压力稳定，计算封堵率。而后用 300℃ 蒸汽驱替记录封堵率变化情况。实验结果见表 5、图 11。

表 5 木质素基凝胶岩心封堵性能评价表

编号	孔隙体积/mL	注入量/PV	渗透率/$10^{-3}\mu m^2$		封堵率/%	突破压力/(MPa/m)
			堵前	堵后		
1#	123	1	891	21.7	97	23.97
2#	128	1	1255	16.8	98.7	20.65

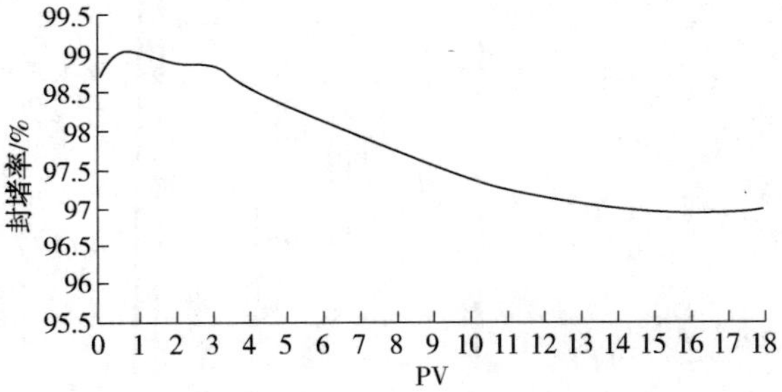

图 11 木质素基凝胶封堵后蒸汽驱封堵率随 PV 变化曲线图

由表 5 及图 11 可知，2#填砂管木质素基凝胶封堵后水驱突破压力>20MPa/m。300℃蒸汽驱替 18PV 后，封堵率从 98.7%降为 97%，说明木质素基凝胶封窜剂具有较强的耐蒸汽冲刷能力。

6 技术实施效果

该技术已经在河南油田稠油热采区块现场应用 30 井次，其中热采井强边水区块治理 24 井次、蒸气驱过程汽窜治理 6 井次，试验井现场试验效果表见表 6，试验井均采用不动管柱工艺施工，提施后累计增油 2.041 万吨。该技术有效缓解稠油热采井汽窜、边水影响，改善了河南油田稠油热采井开发效果。

表 6 试验井现场试验效果表

措施类别	井数	措施前				措施后				平均增油/t	累计增油/t
		日产液/m^3	日产油/t	含水/%	油汽比	日产液/m^3	日产油/t	含水/%	油汽比		
强边水治理(低温成胶)	24	44.1	4.7	89.3	0.19	50.3	8.9	82.3	0.24	681.5	16356.6
蒸汽驱治理(高温成胶)	6	21.7	4.5	79.3	0.23	34.5	8.1	76.5	0.28	676.1	4056.8
合计	30	32.9	4.6	86.0	0.21	42.4	8.5	80.0	0.26	680.4	20413.4

7 结论与认识

开展稠油热采用高温封窜体系研究，得到主要结论与认识如下：

(1) 研究出不同温度成胶的木质素基封窜体系配方，实现热采吞吐井 50℃ 以上温度成胶，蒸汽驱井 120℃ 以上温度成胶，成胶时间可控。

(2) 木质素基封窜剂耐高温老化性能较好。300℃老化后，胶体呈块状硬胶，胶体有韧性。

(3) 木质素基凝胶封窜剂封堵率高且耐高温，经过 300℃ 蒸汽驱替封堵率从 98.7% 降为 97%，封窜剂具有较强的耐蒸汽冲刷能力。

（4）该技术累计开展热采井封窜现场试验30井次，试验井有效缓解稠油热采井汽窜、边水影响，取得较好的增油降水效果。

参 考 文 献

[1] 王小泉，马宝岐，何竹梅．碱法造纸废液化学改性法制高温堵剂的研究[J]．西安石油大学学报(自然科学版)，1991；(02)：62-66.

[2] 李远林，王洁．SB-4型高温调剖剂在稠油开采中的应用[J]．油田化学，1998；(01)：35-38.

[3] 潘赳奔，栾林明，张国荣，等．稠油注汽井用高温调剖封窜剂的研制与应用[J]．精细石油化工进展，2003；(04)：15-17.

[4] 刘传武，王晓东，程红晓，赵长喜．选择性调剖堵窜技术在稠油热采井上的应用[J]．长江大学学报(自科版)理工卷，2007；(02)：223-225.

[5] 沈文敏．超稠油水平井高温调剖技术[J]．断块油气田，2009；16(05)：107-109.

[6] 张恩臣．高温凝胶调剖剂的研制及应用[J]．钻采工艺，2011；34(05)：107-109.

[7] 郝建玉．超稠油高温调剖封窜技术[J]．当代化工，2012；41(07)：712-713.

[8] 刘高文，葛际江，张贵才，王冲，冯岸洲．蒸汽驱用碱木素高温冻胶的研制[J]．精细石油化工进展，2012；13(07)：22-26.

颗粒凝胶复合调剖技术研究应用

田红燕　崔　灿　王新亮　廖　伟　张占锋　李　杰

（中国石化河南油田分公司石油工程技术研究院）

摘　要　随着油田进入开发中后期，长期高强度注水开发，油藏纵向、平面矛盾日益突出，窜流通道发育，注入水沿窜流通道突进，水驱见效率低，急需通过调剖措施改善治理。

柔性颗粒凝胶复合调剖技术是将柔性颗粒和凝胶以段塞组合方式注入地层，利用颗粒的吸水膨胀、抗温、抗盐、封堵性强的特点，封堵大孔道、高渗透层。后续段塞采用凝胶穿插进入颗粒预留的缝隙并与之交联，形成高强度凝胶，起到抗击注入水冲刷的作用。2020~2022 年在采油二厂进行了 6 井组的现场实验，措施后对应油井日产油量由 28t/d 上升至 45.5t/d，平均单井综合含水由 93.4%下降至 88.2%，油井累计增油 7204t。

关键词　柔性颗粒；凝胶；吸水膨胀；高强度凝胶

1　区块基本概况及开发存在问题

1.1　区块基本概况

王集油田位于泌阳凹陷北部斜坡带的东北部，为一被断层复杂化向东南倾没的缓鼻状构造，由一系列的断块组成，属复杂断块油气藏，如图 1、图 2 所示。开发大体上经历了天然能量降压开采（1987～1990），调整完善稳产阶段（1990~2003）和调整完善上产阶段（2004～至今）等三个阶段。

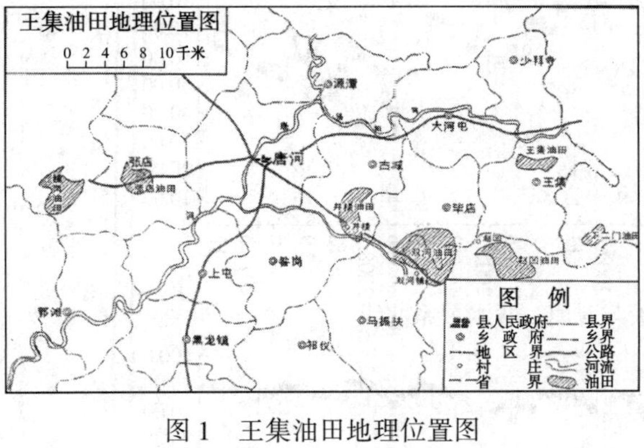

图 1　王集油田地理位置图

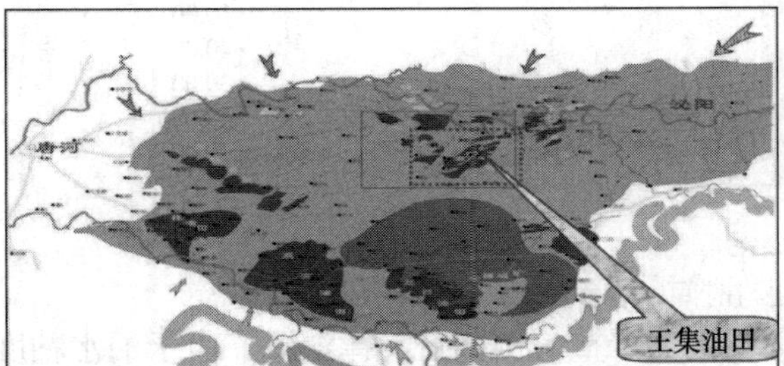

图 2　王集油田构造位置

王集油田开发单元有四个区块：东区、西区、柴庄区、泌 242 块，含油面积 20.16km^2，动用地质储量 1324.87 万吨，标定采收率 23.2%，采出程度 15.7%。王集油田油井开井 168 口，日产液 2177 吨，日产油 389 吨，综合含水 82.1%，采液速度 6.5%，采油速度 0.91%；注水井开井 44 口，日注水 1729 方，累积注采比 0.87，月注采比 1.09。

王集油田储层孔隙度介于 18.2%~ 24.5%之间，平均 20.85%，其中王集东区平均孔隙度为 18.5%，柴庄区平均孔隙度为 24.5%，泌 242 块平均孔隙度为 17.6%，王集西区平均孔隙度为 19.3%，储层属于大中孔隙度高中渗透类型。

王集油田的原始地层压力介于 10.4～12.73MPa 之间，饱和压力介于 1.29～2.49MPa 之间，地面原油密度介于 0.88～ 0.923g/cm^{3}之间，地层原油黏度介于 13.7～32.9mPa·s 之间，原油性质属于稀油和普通稠油。

王集油田主力层数共计 18 个，其中王集东区主力油层 8 个（Ⅱ1^{2}、$2^{1,2}$、Ⅲ1^{2}、2^{1}、5^{1}、6^{1}、6^{2}、$8^{1,2}$），主力层地质储量 239.18×10^{4}t；泌 242 块主力层 1 个（Ⅲ10），地质储量 23.27×10^{4}t；柴庄区主力层 4 个（Ⅰ2^{1}、Ⅱ$4^{2,3}$、$5^{1,2}$、Ⅳ6^{4}），地质储量 215.31×10^{4}t，王集西区主力层 5 个（Ⅳ3^{1}、5^{1}、5^{2}、Ⅵ$1^{2,4}$），地质储量 135.89×10^{4}t。

1.2　开发存在问题

目前已进入高含水期开发阶段，综合含水高达 92.6%，但是目前采出程度仅 15.7%，在较低采出程度下已进入高含水期开发阶段。

(1) 纵向油层多，物性差异大，层间干扰严重，剖面动用不均。

王集东区纵向上主要钻遇油层为 H3Ⅱ1^2、Ⅱ2^{1-2}、Ⅲ1^2、Ⅲ2^1、Ⅲ2^2、Ⅲ4^{1-2}、Ⅲ5^1、Ⅲ6^1、Ⅲ6^2小层，据测井解释统计纵向上渗透率极差：3.75，变异系数 0.36(表 1)。

表 1　王集东区主要含油小层物性统计表

小层	砂厚/m	有效厚度/m	孔隙度/%	渗透率/μm²	渗透率极差	变异系数	平面突进系数
Ⅱ1^2	3.3	2.1	21.3	0.497	12.48	0.37	2.8
Ⅱ2^{1-2}	2.4	2.4	20.58	0.4978	3.48	0.25	1.72
Ⅲ1^2	2.8	2.2	14.4	0.1329	44.36	0.56	9.34
Ⅲ2^1	3.7	2.9	17.09	0.1902	31.16	0.54	4.92
Ⅲ2^2	2.5	1.6	18.7	0.1992	45.05	0.63	4.07
Ⅲ4^{1-2}	2	1.2	17.62	0.1347	11.29	0.23	2.26
Ⅲ5^1	3.7	2.7	17.37	0.2027	21.68	0.28	1.54
Ⅲ6^1	2.9	2.6	17.47	0.2102	21.88	0.41	1.77
Ⅲ6^2	2.7	2.2	17.4	0.2328	31.67	0.36	2.45
平均	2.9	2.2	17.99	0.2553	24.78	0.40	3.43

(2) 平面上非均质性，窜流严重。

平面非均质性突出，据测井解释统计渗透率极差：3.48~45.05，平均 24.8，主力层渗透率极差达 20 以上。变异系数 0.23~0.63，平均 0.4。平面突进系数 1.54~9.34，平均 3.43。主力层Ⅲ1^2、Ⅲ2^1和非主力层Ⅲ2^2平面非均质性表现明显。

(3) 区块含水快速上升

由于区块平面和剖面非均质性严重，造成部分注水井水窜，使油井含水上升，从而造成王 17 断块含水突升，1993 年综合含水上升到 50%。随着生产虽然对水井进行调剖和油井进行堵水，但是综合含水还是一直呈上升趋势，当该井区块含水上升到 80% 左右时，含水上升速度减缓。如图 3、图 4 所示。

从图 3 和图 4 中可以看出王集东区王 17 断块投产初期靠天然能量开发时含水呈略微上升趋势，由初期的不含水上升到 20%。目前该断块综合含水 91.7%。

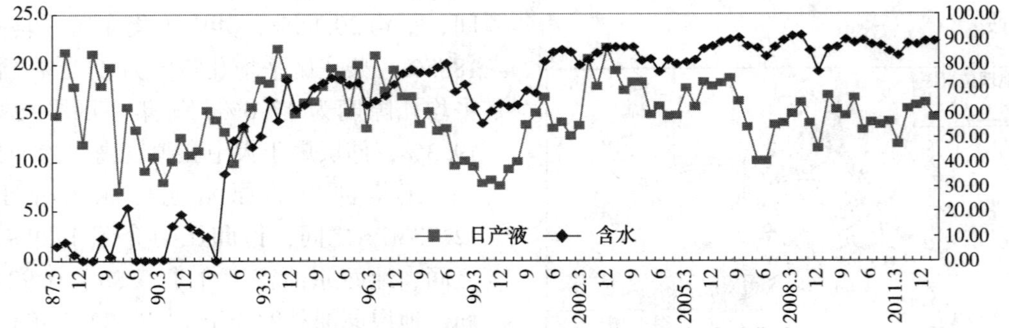

图 3　王 17 断块平均单井日产液与时间、含水关系曲线

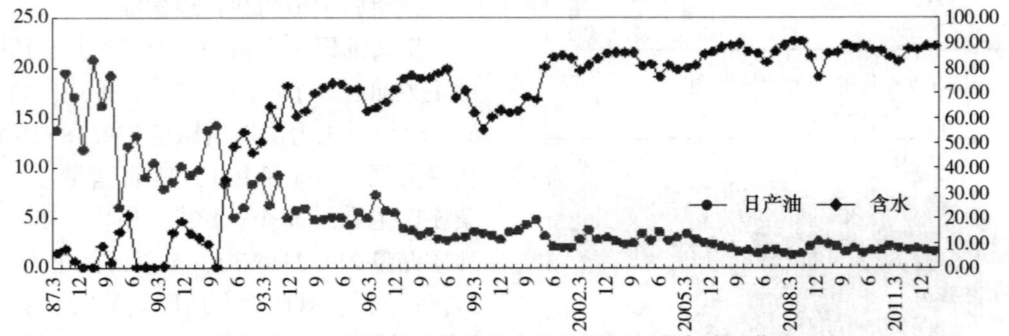

图 4　王 17 断块平均单井日产油与时间、含水关系曲线

(4) 油水流度比加剧非均质矛盾

对于非均质比较严重的油藏，水油粘度比的影响更为严重。例如正韵律油藏，由于油水粘度的差异大，在驱动压差不大时重力分离使得油层

下部高渗带的水容易流动，在底部大部分水淹后，底部水饱和度增高，水相渗透率增大，从而使油层纵向上的流度比产生差异，导致纵向上波及系数变差，层内非均质矛盾加剧。

2 试验区块优势通道认识研究

2.1 动态分析法

充分利用区块动静态资料及监测资料，通过综合分析，确定每个井组的优势方向及次级优势方向。

王 17 断块Ⅱ1^2层注采对应方向 18 个，优势流线 6 条，次级优势流线 1 条，优势流线占总注采方向的 38.9%；Ⅱ1^2层总油井数 10 口，优势方向油井 5 口，占总井数的 50%(图 5)。

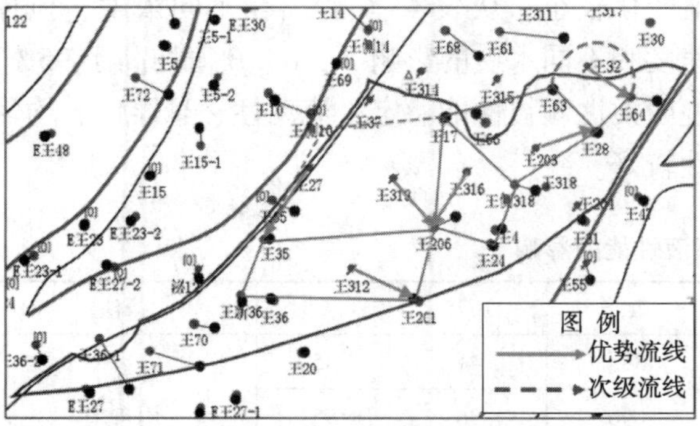

图 5 王 17 断块Ⅱ1^2层流线图

王 17 断块Ⅲ1^2层注采对应方向 13 个，优势流线 5 条，优势流线占总注采方向的 38.5%；Ⅲ1^2层总油井数 9 口，优势方向油井 4 口，占总井数的 44.4%(图 6)。

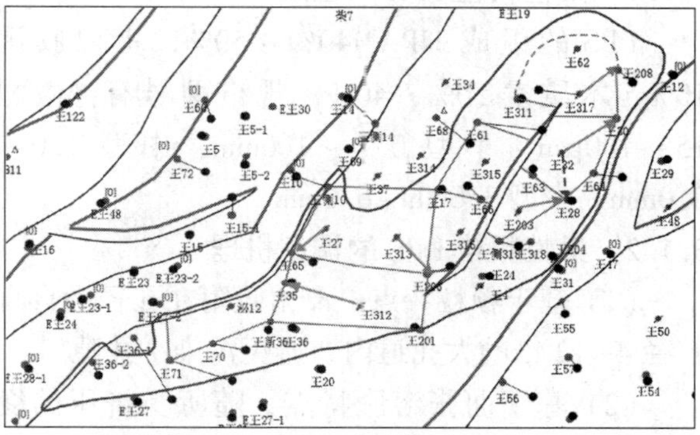

图 6 王 17 断块Ⅲ1^2层流线图

2.2 示踪剂监测法

从注水井注入一定浓度的示踪剂，在周围油井监测示踪剂浓度随时间的变化情况，绘出示踪剂浓度产出曲线，通过对该曲线数值分析，可以得到有关地层的物性参数，可以用来描述油藏，确定调剖剂用量，监测泊层有无高渗透层或大孔道存在，分析油水井注采状况和判断断层密封性等。还可以利用示踪剂井产出浓度曲线直接划分为大孔道和高渗带。见表 2、表 3。

表 2 示踪剂响应情况

注入井	井号	井距/m	示踪剂突破时间/d	见示踪剂峰值时间/d	推进速度/(m/d)
柴 15 井组	柴平 6	188	36	56	5.22
	柴 2	314	/	/	/
	柴资 3	293	/	/	/
柴 45 井组	柴平 6	131	42	69	3.12
	柴平 7	184	79	100	2.33
	柴 6 斜	217	/	/	/

表 3 示踪剂响应及主渗通道参数

注水井	对应油井	水线推进速度/(m/d)	注入水分配/%	渗透率/($\times10^{-3}\mu m^2$)	孔喉半径/μm	波及体积/m^3
柴 15 井组	柴平 6	5.22	100	1324.7	20.3	4662
柴 45 井组	柴平 6	3.12	97	1286.9	19.8	4326
	柴平 7	2.33	3.0	371.2	15.9	1533

3 调剖剂研究与性能评价

针对王集油田为大中孔隙度高中渗透油藏，且平面窜流严重，需要大剂量高强度深部调剖的问题，在调剖堵剂的选择上，采用多种调剖剂组合使用的方式。在该区决主要应用了柔性颗粒和凝胶等调剖剂，在室内对其配方进行了研究和优化。

3.1 柔性颗粒的性能评价研究

柔性颗粒主要是由木质素、蛋白质、絮凝剂

以及双丙烯酰胺等聚合而成。再经过干燥、粉碎、造粒等工序，形成曲张性胶沉胶束微粒PPS，PPS柔性颗粒具有良好的悬浮性、溶胀性和曲张性。

3.1.1 柔性颗粒PPS的组成

PPS的组成HPAM40%~50%，蛋白胶沉10%，木质素50%~40%，规格型号有：微型15~100μm，小型0.1~1.0mm，中型1.0~3.0mm，大型3.0mm~6.0mm。

3.1.2 柔性颗粒PPS的调剖机理

（1）基于颗粒特点，滞留吸附在孔径为自身粒径4~12倍的大孔道内，避免污染小孔隙。

（2）基于曲张溶胀特点，随所受挤压的变化，穿通吸附在孔隙深部，而不会被剪切、断裂。

（3）利用地层的滤失作用，将PPS过滤、沉积、吸附在大孔道和高渗透层带内，从而降低渗透性、堵塞水流通道、改变水走向，达到调剖的目的。

3.1.3 调剖剂性能研究

流动性用悬浮液的漏斗黏度η表示：指悬浮液的马氏泥浆漏斗黏度，单位S。

悬浮性用悬浮指数α表示：指悬浮液在容器内静置30分钟后，其中层液体与溶剂的密度之差除以该悬浮液配制初始其与溶剂的密度之差的百分比。

均匀性用均匀指数β表示：指悬浮液在容器内静置30分钟后，其上层液体与溶剂的密度之差除以其下层液体与溶剂的密度之差的百分比。

由表4看出：柔性颗粒的浓度从0.25%调整到2.0%时，黏度从27s增加到45s，漏斗黏度η值变化较小，从表4~6看出在不同浓度、搅拌速度和不同水质的影响下，α、β值均高于95%，说明柔性颗粒性能稳定，流动性、悬浮性、均匀性较好。

表4 PPS浓度对调剖液性能的影响

浓度C/%	0.25	0.5	0.75	1	1.25	1.5	1.75	2	备注
η/s	27	29	31	33.5	36	38.8	41	45	常温下用自来水稀释。
α/%	100	99	100	99	98	96	96	95	
β/%	100	100	99	98	98	97	96	96	

表5 搅拌转速γ对调剖液性能的影响

γ/（转/分）	1000	500	300	150	100	备注
η/s	29	30	30	29	30	1.0%PPS常温。
α/%	100	100	100	100	100	
β/%	100	100	100	100	100	

表6 水质对PPS调剖液性能的影响

水质	自来水	普通河水	回注污水	备注
η/s	29	30	30	PPS1.0%常温。
α/%	100	100	100	
β/%	100	100	100	

由表7可以看出：PPS调剖剂的高温耐热稳定性良好，其最高耐温达220℃。

表7 调剖剂的耐热稳定性能实验结果

温度/℃	90	120	150	180	220	250
时间/d	≥240	≥240	≥240	≥240	≥240	90
出现现象	无	悬浮减少	悬浮减少	悬浮减少	悬浮减少	出现沉淀

3.1.4 调剖剂封堵性能实验

堵塞率 η =（堵前渗透率—堵后渗透率）/堵前渗透率×100%。

突破压力用 Pc 表示：Pc 是指单位长度的堵后岩心所能承受的最小被水突破的压力，其单位为 MPa。

由岩心实验得出如下结论：（1）该调剖剂粒径可调，悬浮性好，合适的调剖剂量和恰当的施工压力，能达到中深部调剖；（2）该调剖剂对 0.3~3.0μm^2 岩心的调后堵塞率≥97.1%、突破压力>6.0MPa，说明柔性颗粒无论对高渗透率岩心还是低渗透率岩心的堵塞能力都很强，见表 8。

表 8　调剖剂的封堵性能实验结果

岩心号	渗透率/μm^2		突破压力/MPa	堵塞率/%
	调剖前	调剖后		
1	3.125	0.091	7.068	97.1
2	0.626	0.016	6.982	97.4
3	0.387	0.01	6.265	97.5

3.2 凝胶的研究及性能评价

凝胶的交联体系有多种，大致可以分为聚丙烯酰胺/高价金属离子交联体系，聚丙烯酰胺/有机酚醛交联体系以及一些其他树脂型交联体系。本研究中主要是采用酚醛交联体系。

3.2.1 凝胶的配方优化

本研究中凝胶以 HPAM 为原料，采用酚醛、PH 调节剂为交联剂。首先采用实验的方法来确定各组分的浓度。实验所采用的材料如下：HPAM，相对分子量为 2200 万，水解度 27%，固含量大于等于 90%；交联剂 A 分析纯　有效含量≥95%；交联剂 B 分析纯 有效含量≥98%；柠檬酸 分析纯　有效含量≥95%。

（1）HPAM 浓度对成胶性能的影响

HPAM 水解度对凝胶性能有影响，实验发现 HPAM 水解度增大，凝胶黏度增大。本实验中选择了水解度为 27%的 HPAM。实验温度：55℃。

HPAM 作为主剂在一定的反应条件下在交联剂 A、B 共同作用下形成凝胶，在不同浓度下成胶时间不同，表 4 为不同浓度下成胶时间。

表 9　HPAM 浓度对成胶性能的影响

浓度/%	0.35	0.40	0.45	0.55	0.6
成胶时间/h	14	12	10	8	7
凝胶强度/Pa	6.5	7.6	8.5	10.1	11.8

从表中可以看出：随 HPAM 浓度的提高，成胶时间缩短。

（2）交联剂 A 对调剖剂成胶时间的影响

交联剂 A 是一类活性较强的酚类物质，客观存在能与交联剂 B 首先发生反应生成多羟甲基酚，HPAM 发生交联，表 10 为交联剂 A 不同浓度下的成胶时间。实验温度：55℃。

表 10　交联剂 A 对调剖剂成胶时间的影响

浓度/%	0.03	0.035	0.04	0.045	0.06
成胶时间/h	12	10	8	7	6
凝胶强度/Pa	7.3	9.6	11.8	12.1	12.8

从表中可以看出：随着交联剂 A 的浓度的增加成胶时间缩短，但当其浓度超过 0.045%，缩短幅度较小，这是由于发生交联受到交联剂 B 浓度的控制，当交联剂 B 浓度一定时，交联剂 A 浓度增大到一定浓度后，将不再对交联反应发生显著影响。

（3）交联剂 B 对调剖剂的成胶时间的影响

交联剂 B 是一种能产生醛的物质，通过水解反应而成醛，首先与交联剂 A 反应，再交联 HPAM，表 11 为交联剂 B 不同浓度下的成胶时间。

表 11　交联剂 B 对调剖剂成胶时间的影响

浓度/%	0.12	0.13	0.14	0.15	0.16
凝胶强度/Pa	7.9	8.8	9.6	10.5	11.2
成胶时间/h	12	10	8	7	6

从表中可以看出：随着交联剂 B 浓度的增加，成胶时间缩短。

（4）pH 值对调剖剂成胶时间的影响

酸度主要控制交联剂 A 与交联剂 B 反应快慢，从而影响交联剂反应的速度，但当 pH 值太低时，对 HPAM 的浓度将会发生不利的影响，其 pH 值控制在 2.5 以上。pH 值对调剖剂成胶时间的影响见表 12。

实验温度：55℃。

表 12　pH 值对调剖剂成胶时间的影响

pH 值	7.5	7.0	6.0	5.5	4.5	4.0	2.5
凝胶强度/Pa			10.6	11.2	11.6	11.8	10.6
成胶时间/h	不反应	不反应	10	9	8	7	8

从表中可以看出：pH 值接近中性时，反应不发生。在酸性条件下随 pH 值浓度的降低，成胶时间性缩短。但 pH 值为 2.5 时，反而有所延长，这是由于 HPAM 黏度下降造成的。

（5）温度对成胶时间的影响

由于交联剂的活性受温度的影响，而使交联剂反应发生时间变化较大，表 13 为不同温度下调剖剂成胶时间。

表 13　温度对调剖剂成胶时间的影响

温度/℃	70	60	50	40
成胶时间/h	8	16	30	60
凝胶强度/Pa	10.9	11.3	115	11.2

从表中可以看出：随温度的升高，成胶时间缩短，温度每下降 10℃ 成胶时间延长 1 倍。温度对凝胶强度的影响不大。

3.2.2　凝胶体系最佳比例的确定

实验表明，在 55℃ 条件下，主剂浓度低于 0.3%，交联剂浓度低于 0.24%时，凝胶强度太低，无法成胶。因此，最优的体系配方为 0.3%~0.5% HPAM，0.24%~0.35%交联剂，pH 值为 4~6。

3.2.3　凝胶体系岩心试验评价

调剖剂的封堵性能实验结果见表 14。

从表中可以看出：调剖剂具有较高的残余阻力系数及较好的封堵效果。

表 14　调剖剂的封堵性能实验结果

编号	孔隙度/%	堵前渗透率/μm^2	堵后渗透率/μm^2	残余阻力系数	封堵率/%
1	40.3	3.582	0.372	9.6	89.6
2	35.5	1.251	0.094	14	92.5
3	38.7	0.498	0.028	10.4	94.4

4　调剖方案优化设计研究及试验效果

4.1　调剖体系的选择

针对王集油田的窜流特点，选择柔性颗粒+凝胶复合调剖体系进行深部调剖，利用柔性颗粒的吸水膨胀、能变形、抗温、抗盐，且稳定时间较长的特点，首先进入大孔道、裂缝或高渗透层，在孔道内沉降或滞留并吸水膨胀，可防止后面的调剖剂流失。

后续段塞采用延缓交联凝胶，使凝胶穿插进入柔性颗粒预留的缝隙并与之交联，形成高强度凝胶，起到抗击注入水冲刷的作用。

4.2　调剖施工参数的优化

调剖施工参数主要是对堵剂用量、施工压力以及施工排量进行确定和优化。

4.2.1　调剖剂用量的优化

近井-远井舌形孔道孔隙体积，如图 7 所示。

用近井孔隙体积+远井舌形孔道孔隙体积模型公式 $V=[0.5+\mathrm{Ln}Ry/(Rj\cos\pi/N)]nRj^2h\varphi\sin2\pi/N+v\cdots$ 计算调剖调剖剂量，Ry 是指本次调剖剂所能进入地层的最大深度；Rj 是指调剖剂所需要堵塞的水窜流大孔道的深度；N 是指对应油井及古河道等砂体渗透发育方向总数；n 是指现有资料所能判断出的高含水窜流、地层和注入水优势通道数；φ 取本井对应油层的孔隙度；h 是指强吸水段的吸水厚度；v 是指设计附加剂量；V 是指单层段设计调剖剂量；V 是指某注水井段设计调剖剂量；最高压力 P 是指调剖中所要遵守的最高施工压力，由注水允许压力和地层破裂压力综合确定。

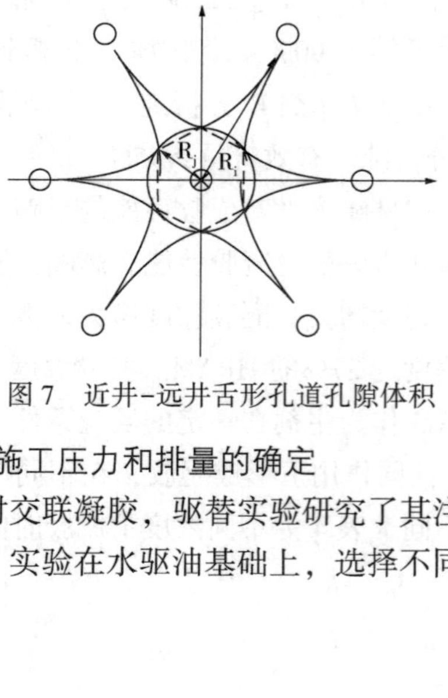

图 7　近井-远井舌形孔道孔隙体积

4.2.2　施工压力和排量的确定

针对交联凝胶，驱替实验研究了其注入速度的影响。实验在水驱油基础上，选择不同注入速度注入凝胶，首先注入段塞尺寸为 0.2PV 的弱凝胶，然后连续水驱至不出油为止，计量提高采出程度的幅度，实验结果如图 8 所示。

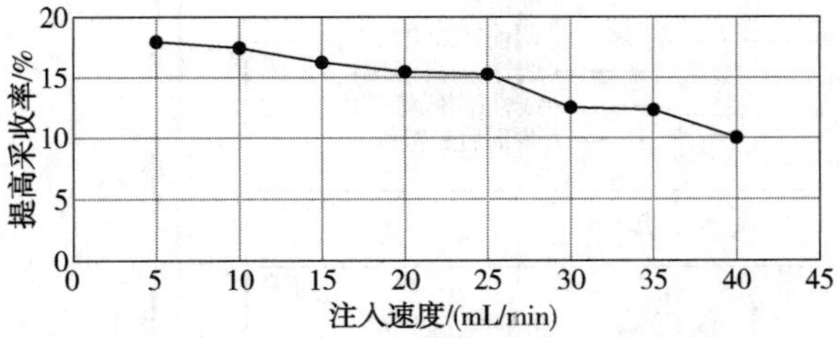

图 8　可动凝胶注入速度对采出程度的影响

由实验结果可见，在油藏条件下，注入速度越高，提高采出程度幅度降低，因此，现场施工时在设备允许的条件下，注入速度应尽量采用低排量的注入方式。

5　现场试验及应用效果

5.1　区块整体调剖效果

截至目前，现场应用 6 井组，有效 6 井组，措施有效率 100%，平均注水压力提升 4.9MPa，阶段增油 7204 吨。见表 15。

表 15　王集油田调剖效果统计表

序号	调部井号	材料费用/万元	配液费用/万元	调剖前				调剖后				对应油井见效率/%	增油/t
				注入压力/MPa	日产液/t	日产油/t	含水/%	注入压力/MPa	日产液/t	日产油/t	含水/%		
1	王柴 23、王柴 55	42.6	10.3	7	64.2	3.5	94.5	13.5	89.5	8.5	90.5	60%	3700
2	王柴 45	22	1.6	10.3	69.8	1.5	97.8	14	53	2.5	5.2	50%	952
4	王柴新 19	25	7.4	8.5	127.8	12.8	89.9	13.5	141	17	87.8	50%	952
5	王 983	23	4.6	11.2	26.9	3.8	85.9	14	33.9	7.3	78.5	100%	1134
6	王 9-平 4	35	8.3	8.1	52.8	6.4	87.8	14.6	68.7	10.2	85.1	60%	1226
	合计	158.2	32.2	9	341.5	28	91.8	13.9	386.1	45.5	88.2	64%	7204

5.2　吸水能力下降，吸水指示曲线上移

调剖后，调剖剂有效地封堵了高渗透层，降低了高渗透层的吸水能力，吸水指示曲线斜率发生变化，注水井的吸水状况得到改善。如图 9、图 10 所示。

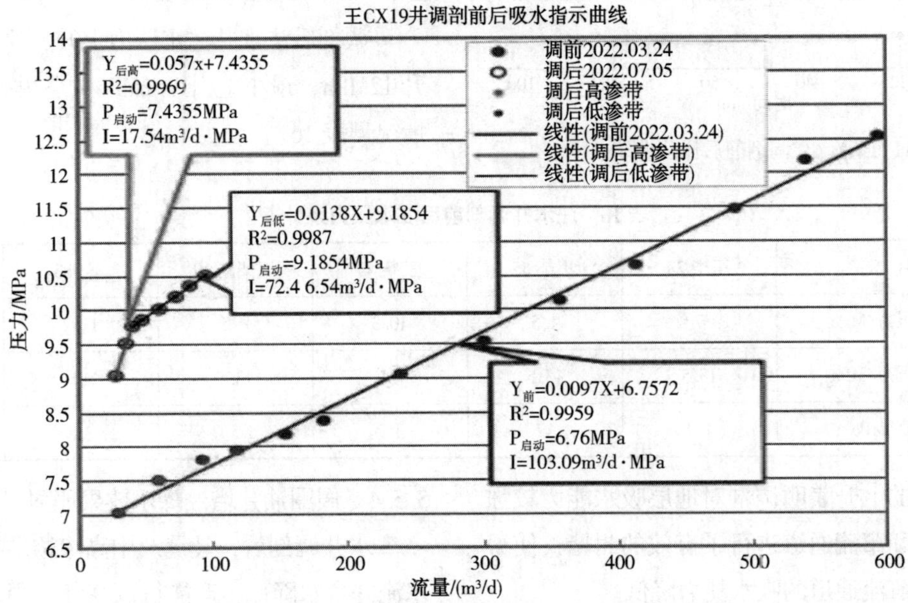

图 9　柴新 19 调剖前后吸水指示曲线

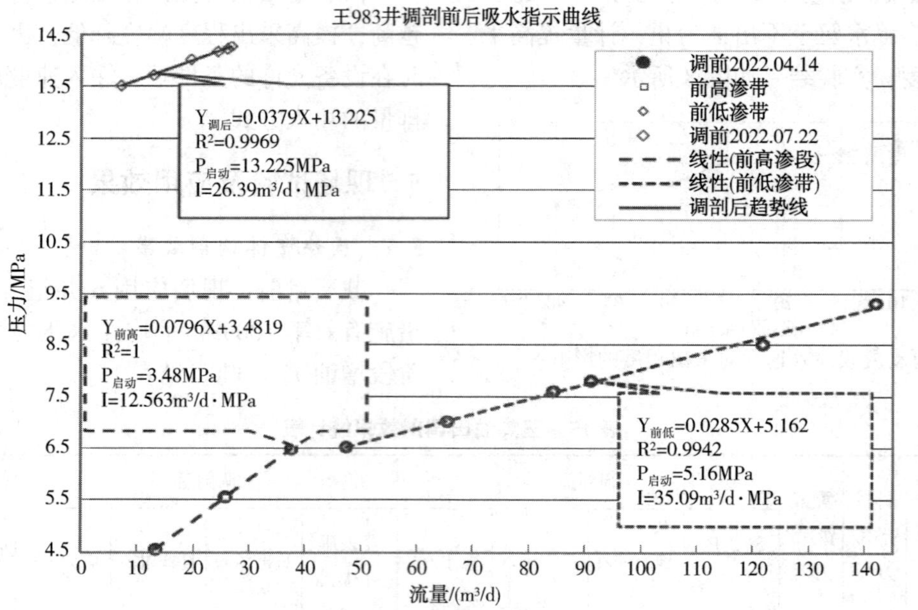

图 10　王 983 调剖前后吸水指示曲线

5.3　压降曲线变缓

当地层渗透性好时，导压能力强，吸水能力强，关井后压力降落快，降幅大；反之，压力降落缓慢。如图 11、图 12 所示。

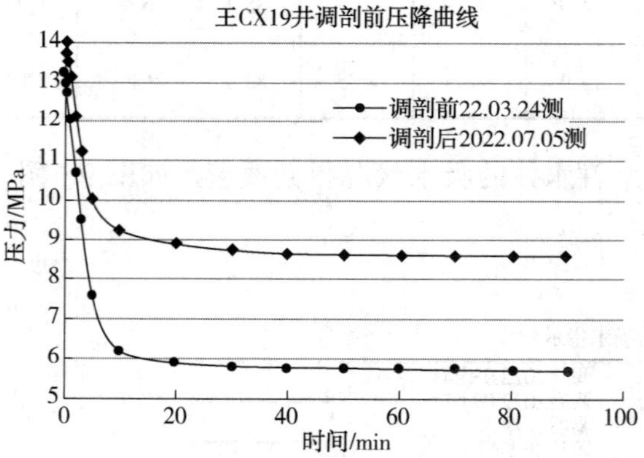

图 11　柴新 19 调剖前后压降曲线

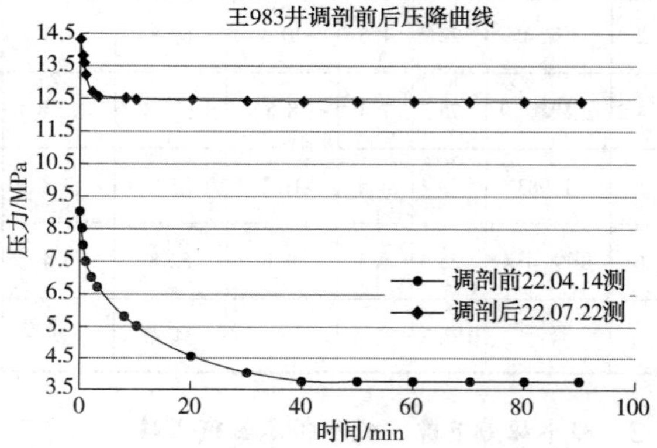

图 12　王 983 调剖前后压降曲线

5.4　注水压力上升明显

调剖后注水井注水压力上升，注水压力最大上升 12MPa，最小上升 1.2MPa，各井注水压力上升情况见表 16。

表 16　注水井调剖前后注水压力统计表

井号	王柴 23	王柴 55	王柴 45	王柴新 19	王 983	王 9-平 4
调剖前注水压力/MPa	7	1.5	10.3	8.5	11.2	8.1
调剖后注水压力/MPa	13.5	13.5	14	13.5	14	14.6
压力上升值/MPa	1.2	12	3.7	5	2.8	6.5

注水压力的上升表明调剖对地层吸水能力较强的中高渗透层和窜流通道进行了有效的封堵，使得中高渗透层和窜流通道的吸水能力降低。

5.5.4　周围油井增油降水效果明显

水井调剖后，裂缝及中高渗透层被封堵，主向水淹井含水降低，产能得以恢复，同时，侧向油井产量增加，起到了增油降水的效果。如图 13~14、表 17~18 所示。

王 983 调剖后，优势方向对应油井王 9-平 3 动液面下降，含水下降，强窜流通道受到抑制，王 9-平 2 井 4 月 20 日转注，液流转向王 973、王 975、王杨浅 53-12 井 3 个方向，其中王杨浅 53-12 井受效明显。

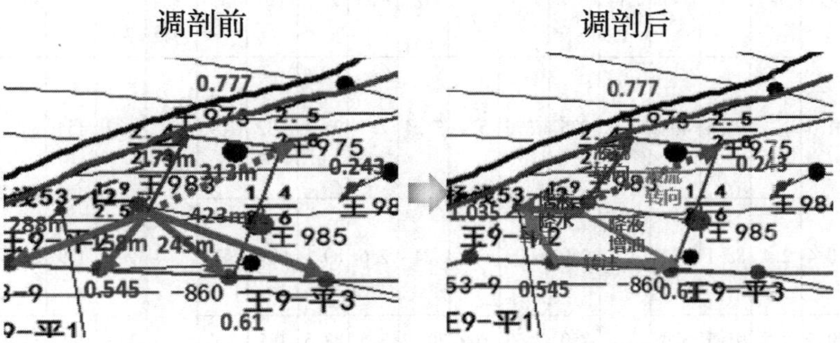

图 13　王 983 调剖前后流线变化

表 17　王 983 调剖效果统计表

措施井组	对应油井	生产层位	泵深/m	调剖前				调剖后							效果(纯增油)		效果(计算递减)			目前产状				备注
				日产液/t	日产油/t	含水/%	动液面/m	实施时间	生产天数/d	累计产液/t	累计产油/t	日产液/t	日产油/t	含水/%	增液/t	增油/t	上一年度自然递减	增液/t	增油/t	日产液/t	日产油/t	含水/%	动液面/m	
王 983	王 975	IV$5^{1.24}$	984.33	6.5	0.8	88.3	958	2022.4.21~6.29	196	1824	154	9.3	0.8	91.6	550	-3	8.53	550	9	14.1	1.7	87.9	975	
	王 973	IV$5^{1.24}$	967.82	2.1	1	51.9	947		196	604	271	3.1	1.4	55.1	192	75		192	91	2	1.1	45.0	962	
	王 9-平 3	IV5^{1}	954.57	16.6	0.6	96.5	515		196	3102	152	15.8	0.8	95.1	-152	34		-152	44	14.8	0.7	95.3	588	
	杨浅 53-12	IV51	1397.4	1.7	1.4	20.5	1317		192	1346	1086	7.0	5.7	19.3	1019	818		1019	839	4.0	2.1	47.5	1342	2022.9.13 作业检泵
	小计			26.9	3.8	85.9	934		780	6876	1663	35.2	8.6	75.6	1610	924		1610	983	34.9	5.6	84.0	967	

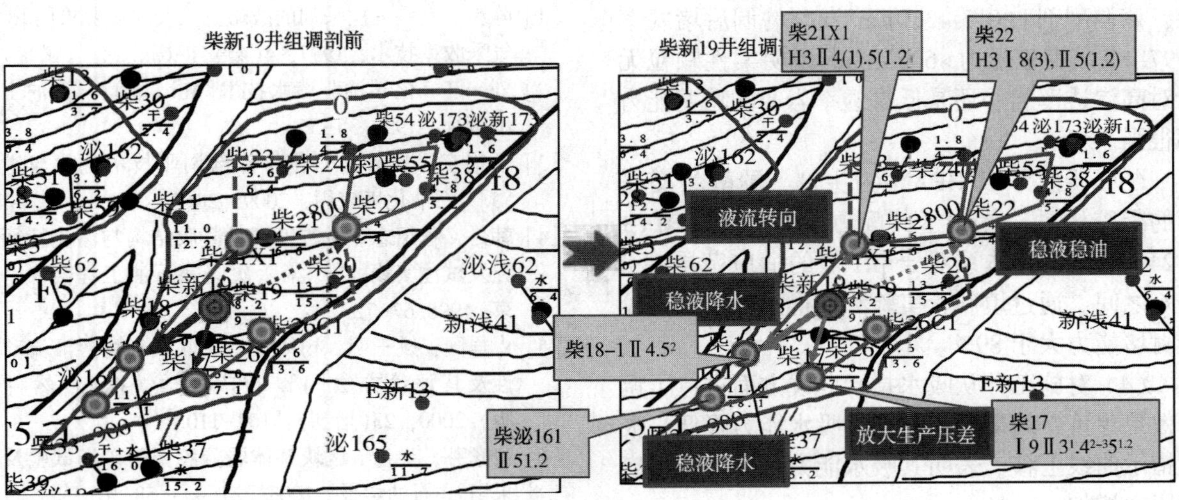

图 14　王柴新 19 调剖前后流线变化

表 18　王柴新 19 调剖效果统计表

措施井组	对应油井	生产层拉	泵深/m	调剖前				调剖后							效果(纯增油)		效果(计算递减)			目前产状				备注
				日产液/t	日产油/t	含水/%	动液面/m	实施时间	生产天数/d	累计产液/t	累计产油/t	日产液/t	日产油/t	含水/%	增液/t	增油/t	上一年度自然递减	增液/t	增油/t	日产液/t	日产油/t	含水/%	动液面/m	
王柴新19	柴18-1	Ⅱ4.52	1048.9	31.5	2	93.6	403	2022.4.21~6.29	235	7370	579	31.4	2.5	91.1	-32	109	1.71	-32	154	30.2	3.4	88.7	745	2022.9.17 注氮 2022.9.20 焖井
	柴17	Ⅰ9Ⅱ31.43-351.2	899.2	20.4	2.4	88.1	382		250	6009	657	24	2.6	89.1	909	57		909	119	28.2	2.2	92.2	456	
	泌161	Ⅱ51.2	946.2	29.5	2.5	91.5	374		250	7560	869	30.2	3.5	88.5	185	244		185	308	31.5	3.9	87.6	407	
	柴21X1	Ⅱ4151.2	897.5	17.9	1.3	92.8	524		250	5106	301	20.4	1.2	94.1	631	-24		631	10	22.1	1.7	92.3	848	
	柴22	Ⅰ83Ⅱ51-2	780	28.5	4.6	84	634		239	7464	734	31.2	3.1	90.2	652	-365		652	-257	29.5	5.4	81.7	709	2022.8.10-8.0 检泵作业
	柴26C1	Ⅱ42-351.2 Ⅲ92-3	1030.94	低能无液暂关																				暂关
	小计			127.8	112.8	90	463		1224	33508	3140	137	13	90.6	2344	21		2344	333	142	17	88.3	633	

6　结论与认识

针对王集油田为大中孔隙度高中渗透油藏，且平面窜流严重，开展了颗粒凝胶复合调剖技术试验研究。所取得的主要结论和认识如下。

（1）柔性颗粒具有较好的深部调剖作用，其解决了地下交联凝胶成胶条件难控制、适用范围窄，不受温度、矿化度的影响等施工工艺复杂的弊端。

（2）通过岩心流动实验测试了柔性颗粒的性能，该调剖剂对 0.3~3.0μm^2岩心的调后堵塞率≥97.1%、突破压力>6.0MPa，说明柔性颗粒无论对高渗透率岩心还是低渗透率岩心的堵塞能力都很强。

（3）研发了以 HPAM 为主剂，酚醛为交联剂的凝胶体系，优化了其配方：0.3%HPAM++0.24%交联剂，体系对于 pH 值的适应范围在 4 至 6 之间。通过填砂管实验测试得到该体系凝胶的封堵能力大于 89%。

（4）对施工井从吸水指示曲线方面进行了调剖效果评价，结果表明调剖后吸水能力降低，吸水指示曲线上移。表明其吸水能力下降，注水启动压力增加。

（5）从压降曲线上对调剖井的效果进行了评价，调剖后压力下降趋势比调剖前明显变缓，下降的幅度也比调剖前小，表明调剖后堵剂进入地层后一定程度上封堵了大孔道和窜流通道，导致注入水在地层中的流动能力变差，说明地层中高渗透层得到了有效封堵。

（6）该调剖技术可在油田开发中后期平面窜流严重的稀油普通稠油油藏推广使用。

参　考　文　献

[1] 陈淦．发展三次采油的战略意义及政策要求[J]．油气采收率技术，1997，4(4)：1-6.

[2] 刘一江．化学调驱堵水技术[M]．北京：石油工业出版社，1999. 35-56.

[3] 顾锡奎，杜芳艳．化学深部调驱技术现状与进展[J]．石油化工应用，2009，28(3)：4-7.

[4] 韩冬，程绍志．低浓度可动凝胶结构与渗流特征研究及试注实践[C]．第六次国际石油工程会议，北京．1998. 67-72.

[5] 卢祥国，姚玉明，杨风华．交联聚合物溶液流动特性及其评价方法[J]．重庆大学学报(自然科学版)．2000，23(增刊)：107-110.

[6] 唐孝芬，吴奇．区块整体弱凝胶调驱矿场试验及效果[J]．石油学报，2003，24(4)：58-61.

泌阳凹陷页岩油水平井压裂技术与应用

冯兴武　王树森　余小燕　李梦楠　朱泽玉　王　曼

（中国石化河南油田分公司石油工程技术研究院）

摘　要　泌阳凹陷东南深凹区页岩油储层具有较大的开采潜力，2022年中石化河南油田在该区域部署了一口水平井——Y1HF井。该井钻探目的评价页岩层含油气性，力争实现泌阳凹陷页岩油商业化开采突破。技术人员借鉴河南油田页岩油压裂历史经验以及目前页岩油压裂技术，针对Y1HF井的地质特点，提出了优化分段分簇参数、前置CO_2补能降粘、压裂参数优化、压裂参数评估及调整。Y1HF井压后累计产油3580.8m^3，产气21459m^3，取得了较好的生产效果。

关键词　泌阳凹陷；页岩油；分段分簇；参数优化；微地震监测

1　前言

泌阳凹陷是南襄盆地的一个次级构造单元，由深至浅为大仓房-玉皇顶组、核桃园组、廖庄组、上寺组沉积层。核桃园组自深至浅分为核三段、核二段、核一段。其中核三Ⅲ油组的岩性成分以有机质泥页岩为主，夹少量泥质白云岩、细砂岩、粉砂岩、泥质粉砂岩。泥页岩赋存的生物化石种类多，有机质类型复杂多样、数量丰富，总有机碳含量较高。因此，核三Ⅲ油组不仅是产生油气的主力烃源岩，也是有利于赋存油气的岩层，具有一定的开采潜力。

历史上，河南油田开展了非常规致密页岩油压裂技术探索。但初期缺乏页岩油压裂技术的基础研究，压裂设计照搬国外经验，效果并不理想。BY1HF、BY2HF井两口页岩油井采用簇式射孔+瓜胶滑溜水压裂液组合+小粒径支撑剂组合+大排量施工+易钻桥塞压裂工艺，两口井实际累计产量低于3000t，压后产量低，距离商业化开采目标仍有较大差距。分析原因是泌阳凹陷页岩油属于陆相中—低成熟度的页岩油，与国外海相环境下高成熟度的页岩油相存在本质的不同，国外压裂技术与泌阳凹陷地质情况不相适应。

近年来致密页岩油开采工艺出现了新的技术突破。其中FYP1井采用"少簇"促缝高+大液量促体积+前置CO_2增能工艺，压后峰值日产油171.4吨，日产气1.4万方，累产油1.55万吨，累产气125.75万方；溱潼凹陷ZY1井采用规模注液+渗吸置换+增能保压+限流射孔、密集布缝+大砂量、多级支撑工艺，压后初期日产油63.7吨，正常生产282天，累产油1.36万吨。

本文以泌阳凹陷Y1HF井页岩油储层为研究对象，提出了优化分段分簇参数、前置CO_2补能降粘、压裂参数优化、压裂参数评估及调整为一体的页岩油压裂技术。

2　Y1HF储层概况

2.1　钻井概况

Y1HF井水平段开始侧钻于2403m至5100m完钻，水平段整体长2060.32m。水平井轨迹整体下倾，从A靶到B靶依序经过层位为H三段Ⅲ2号②小层（3039.68～3531m，长491.82m）、H三段Ⅲ2号③小层（3531～4535m，长1004m）、H三段Ⅲ2号②小层（4535～5100m，长565m）。A靶点垂深为2820.21m，B靶点垂深为3182.70m，垂深差达362.49m。如图1所示，A、B靶垂距落差大，B靶段压裂段排液受重力影响难以排出。

2.2　储层概况

2.2.1　储层展布概况

Y1HF井目的层录井岩性为灰褐色页岩、灰黑色页岩层，有机质丰度较高，气测全烃高（0.8%～5.3%），平均含油饱和度高（48.4%～52.8%），平均孔隙度高（6.9%）。如表1所示，邻井同层物性统计情况可知，目的层砂体在平面上展布范围大。但结合邻井砂体厚度可知，整体砂体沉积不均匀，呈西薄，东厚的规律。常规分段分簇压裂工艺不能充分改造储层，需要根据储层沉积厚度特征优化分段分簇参数。

表 1 Y1HF 井对应邻井物性统计表

井号	与 Y1HF 关系		对应 Y1HF 深度/m	泥页岩厚度/m	全烃值/%	录井岩性
	方位	距离/m				
B270 井	东侧	329	2958.00~3050.00	90	0.24%~1.76%	灰黑色泥页岩
B100 井	东侧	101	3108.00~3216.00	102	0.01%~4.38%	黑色泥岩、深灰色白云质泥岩、褐色油浸泥岩、深灰色页岩
B101 井	东侧	187	2872.00~2950.00	78	0.018%~2.4%	深灰色泥页岩、深灰色白云质泥岩
B112 井	西侧	228	2829.00~2905.00	65		深灰色白云质泥岩、灰褐色油页岩、灰色泥质白云岩

2.2.2 储隔层岩石力学特征

(1) 储层岩石力学特征

根据岩心地应力测试结果可知：储层水平最大主应力 67.41~69.8MPa，水平最小主应力 57.93~58.94MPa。水平应力差 8.91~9.64MPa，平均 9.4MPa；应力差异系数 0.16(注：水平应力差异系数=1-水平最小主应力/水平最大主应力)。水平应力差异系数越大，则越容易形成复杂缝，反之容易形成单一裂缝。因此，Y1HF 不易形成复杂裂缝，需考虑配套在页岩能制备复杂裂缝相关工艺。

(2) 纵向隔层应力特征

如图 2 所示，通过地应力剖面图可知，目的层纵向应力剖面变化较大(55~65MPa)，同时纹层微裂缝发育。当裂缝开始从 2-③小层起裂时，受到 2-②小层中部厚度约为 3m(2800~2803m)的高应力层遮挡，显著的限制了裂缝高度扩展，不利于改造 2-①小层。

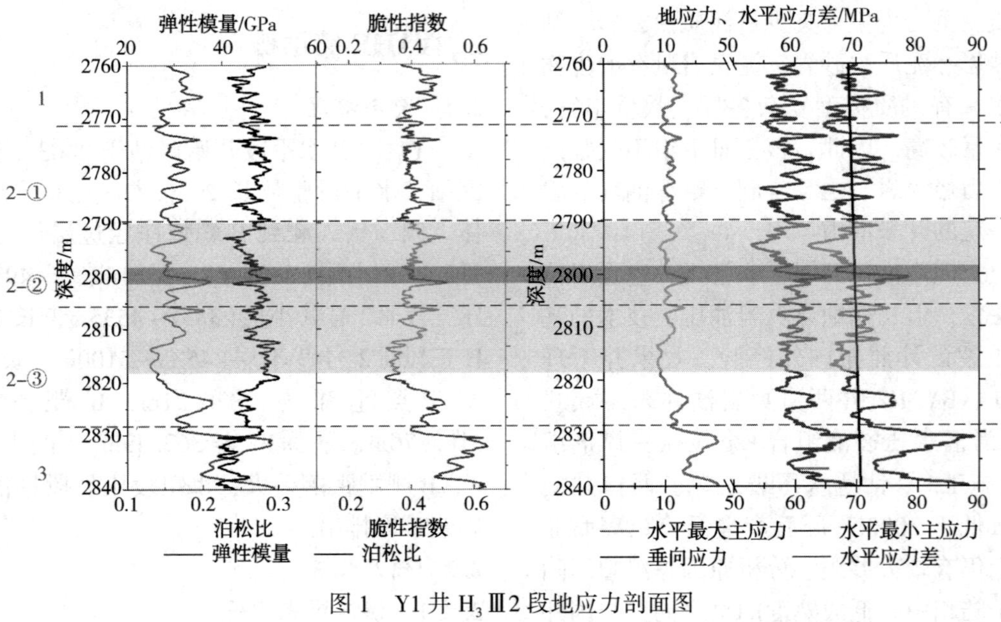

图 1 Y1 井 H_3Ⅲ2 段地应力剖面图

2.2.3 储层物性概况

(1) 岩石成分分析

Y1 井页岩储层主要矿物成分为黏土、石英、钾长石、斜长石、方解石、白云石及少量黄铁矿。根据录井资料分析元素构成，整体分析 H3Ⅲ2 层的黏土当中，主要以伊蒙混层为主(52%~65%)，其中 H3Ⅲ2-②小层为高钙低镁、低粘土含量(28%~29%)，H3Ⅲ2-③小层为高镁低钙、高黏土含量(34%)。因此黏土含量高，存在一定水敏伤害，需要考虑压裂液对储层的伤害。

(2) 储层孔吼结构

Y1 井储层岩心开展核磁测试，如图 3 所示，孔隙分布以 0.1ms<T2≤1ms、1ms<T2≤10ms 两类为主，少部分分布在 T2 ≤ 0.1ms 及 100ms<T2≤1000ms 范围内，极少部分孔隙分布在 T2>1000ms 范围内。结果表明储层孔隙为孔径较小，以介孔为主。基质型页岩孔吼半径小，油气流动难度大，降低原油产量，需考虑配套相关工艺，促使微孔隙环境下的油气启动运移工艺。

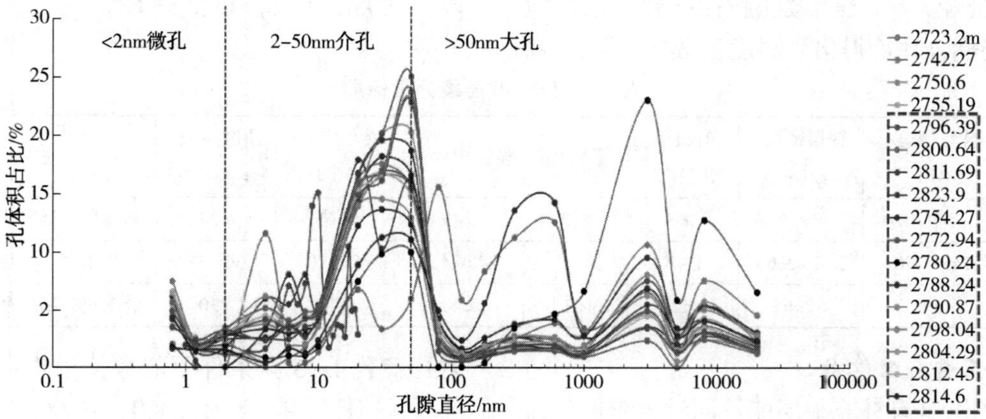

图2　Y1HF 岩心孔径分布示意图

(3) 储层压力系数

参考邻井 BY2HF 压力系数统计，目的层压力系数在 1.05~1.15。分析在常压下，本井储层以介孔为主的孔径类型，该类型环境下油气由于缺乏地层压力驱动，流动能力弱，不利于油气从岩石孔隙内流动至人工裂缝中。需考虑配套人工培育能量助力油气流动。

(4) 储层流体性质

参考邻井 BY2HF 原油密度 0.8606~0.8639g/cm^3，黏度 28.26~32.62mPa·s，含蜡量 35.66%，含胶质、沥青质 16.98%。随着油气从地层到井筒过程中，温度下降、压力降低，原油内析蜡、原油脱气后黏度变高，原油整体流动性降低的问题。

通过井筒状况和室内实验结果，分析了影响 Y1HF 井压裂效果的问题。因此，从工艺上考虑解决问题的对策，如：优化分段分簇参数、压前预处理地层、优化分段分簇参数、前置 CO_2 补能降黏、压裂参数优化、压裂参数评估及调整，提高压后效果。

3　致密页岩油压裂工艺优化

通过对 Y1HF 井的井筒结构和室内实验结果，归纳了压裂难点(表 2)，借鉴了目前主流的页岩油压裂工艺，提出了适应 Y1HF 井的解决方法。

表 2　Y1HF 井压裂工艺优化思路表

地质问题	实验现象	工程问题	拟解决方法
宏观问题	陆相沉积的页岩油层平面展布非均质强，储层物性差异大	裂缝压裂改造不充分	“双甜点法”分段
中观问题	最小与最大水平应力差异大	难形成复杂缝	数值模拟不同参数下分簇+暂堵转向裂缝平面延展结果
	2-②小层中部存在厚度约为 3m 的高应力遮挡层	2-②小层遮挡层不利于裂缝由 2-③小层起裂改造 2-①小层。	数值模拟不同前置液粘度、排量、液量参数穿层效果
微观问题	岩石粘土矿物以伊蒙混层为主(52%~65%)	水敏损害渗透率	实验评价低伤害一体化压裂液
	核磁测试岩石孔吼半径小	油气启动流动难度大	实验油水置换渗吸剂
	压力系数常压	地层压力衰竭不利于油气运移流动	数值模拟注液蓄能
	原油蜡量多、原油内含气	脱气、析蜡后的原油粘度增加，不利于原油流动	液态 CO_2 气化保压、降低析蜡点
工程问题		水平段 AB 靶点落差大，液体返排难	液态 CO_2 气化助排

3.1 储层分段优选

基于地质参数（自然伽玛、补偿密度、有机碳含量、全烃）、工程参数（脆性指数、最小应力），开展耦合评价得出“甜度系数”。根据“甜度系数”将水平段2038m划分好、中、差三类储层（如表3所示），其中一类层16段，二类层13段，三类层4段，共计33段。

表3 Y1HF井压裂分段标准

分类	自然伽玛/API	补偿密度/（g/cm³）	有机碳含量/%	全烃/%	脆性指数/%	最小应力/MPa	甜度系数/%	主要特征
一类（好）	>170	<2.6	≥3	≥3	>45	≤65	>38	高伽玛、低密度气测显示好
二类（中）	145~170	2.6~2.65	2~3	2~3	40~45	65~70	30~38	低密度、气层显示一般
三类（差）	<145	>2.65	<2	<2	<40	>70	<30	低伽玛、高密度气测显示弱

3.2 CO_2压前补能降黏

液态CO_2具有补充地层能量同时改善原油流动性、提高裂缝复杂性、增孔增渗以及降低破裂压力等方面的特点，有利于解决水平段的A、B靶点之间垂深大（362.49m），低位的B靶点压裂液不利于返排的问题。原油从地层到井筒过程中存在脱气降温现象导致原油流动性大的问题。如图4、图5所示，根据数值模拟，液态CO_2用量高于每段100t~150t时，起到提高增能波及范围的作用，从而增加累产油量。同时，整体来看增幅随CO_2用量上升变化较小。

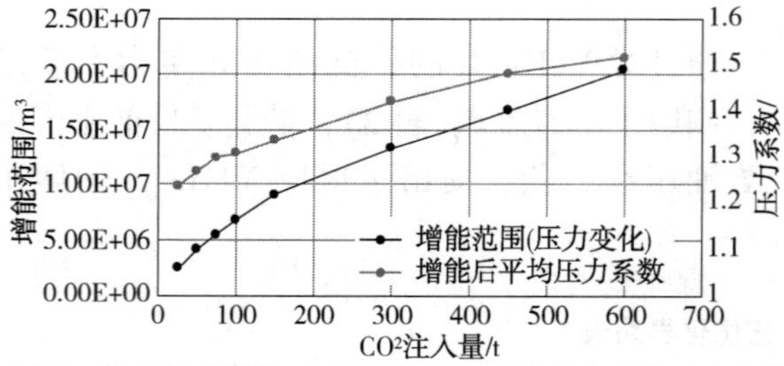

图4 前置CO_2量对增能范围及压力系数的影响

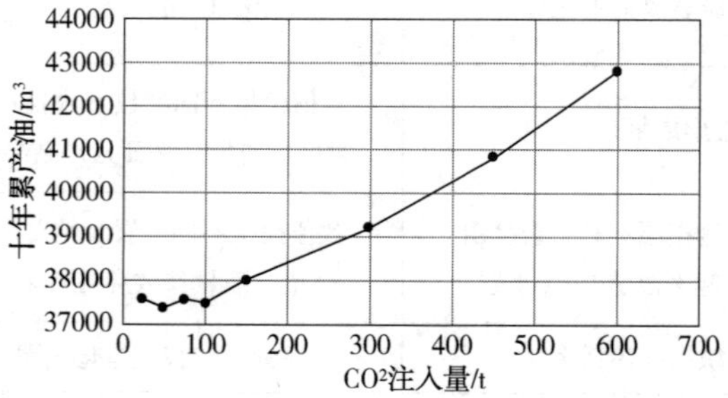

图5 前置CO_2量对十年累产油量的影响

3.3 压裂参数优化

（1）压裂施工规模优化

首先开展了单簇条件下泵注不同液量及砂量数值模拟（图6），优化单簇压裂规模400~500m³，加砂量25~35m³。其次开展了实际单段射孔簇数4~6簇条件下的数值模拟（图7），优选单段压裂液规模2400~3000m³，支撑剂150~180m³。

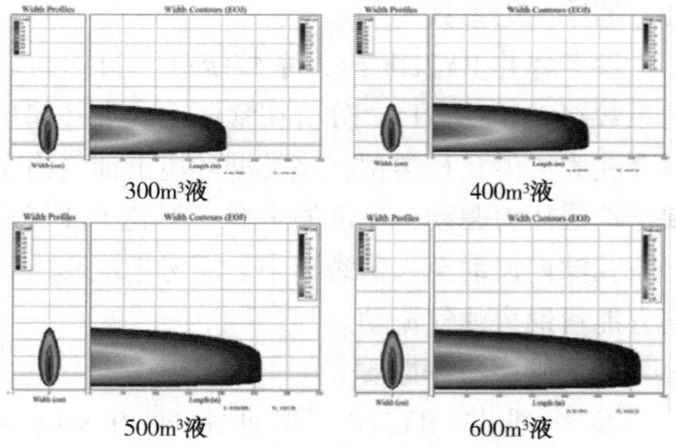

图6 单簇射孔对应的不同液量裂缝形态

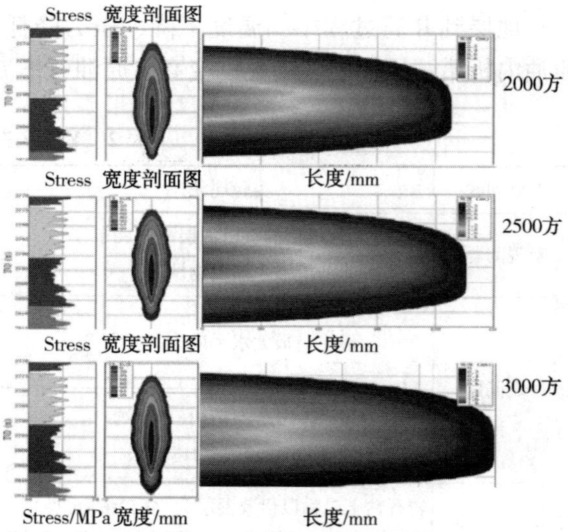

图7 多簇射孔对应的不同液量裂缝形态

（2）暂堵转向参数优化

由于储层物性差异和射孔段簇数不同，多簇射孔段同时进液时会产生多裂缝竞争起裂及扩展现象，不利于均匀改造储层。因此考虑“双暂堵工艺”即投加暂堵剂和暂堵球，改变裂缝内部和外部的流体压力场，使各簇射孔段之间均匀进液，实现裂缝横向均匀延伸，改善压裂段内改造一致性。如图8、图9所示，通过数值模拟，优化“暂堵剂-暂堵球-暂堵剂”方式暂堵，可以使得各射孔簇能够均匀进液，裂缝均匀延伸。具体优化结果：采用1次投球，投球总数量占总孔眼数50%~70%，采用直径18mm低密度暂堵球；投球时机为总液量的30%~60%。模拟了不同暂堵剂用量及投剂时机下的缝内净压力提升情况，推荐暂堵剂用量为300(投2次)，第一次投剂时机为总液量的10%~15%，第二次投剂时机为总液量50%~60%左右。

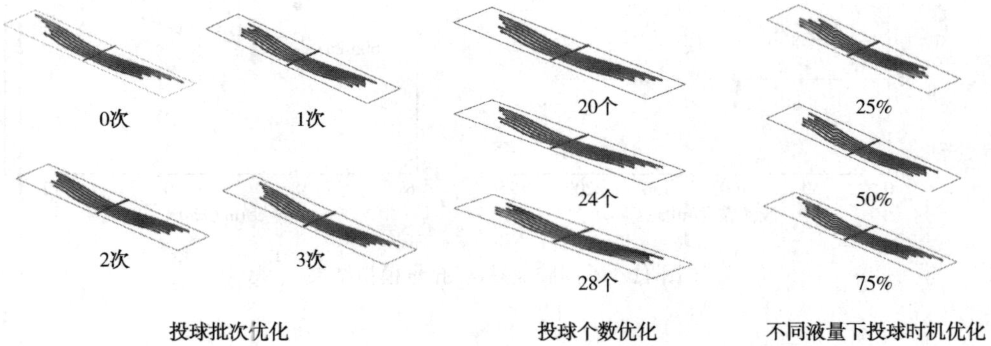

图8　投暂堵球参数优化

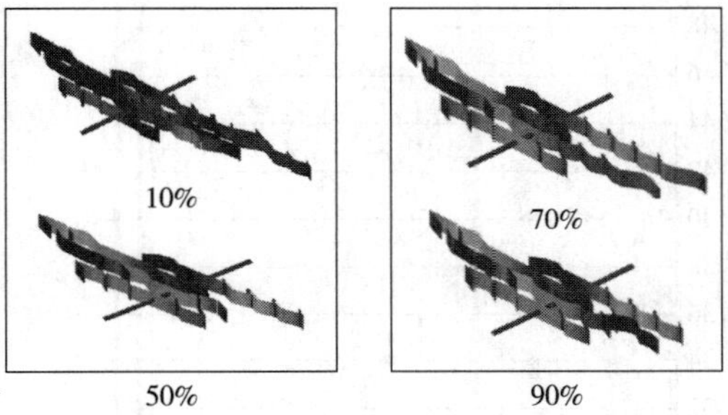

图9　投暂堵剂参数优化图

(3) 纵向多纹层裂缝穿层工艺优化

采用内聚力(CZM)方法模拟研究层状岩石水力裂缝穿层行为，模拟2号层段裂缝扩展形态。模拟结果：裂缝由2-②层起裂，穿过2-①和2-②层之间的隔层，在1-②小层停止，整体缝高可达到30~40m；但是2-②和2-③小层的之间存在应力遮挡，裂缝向下穿层较困难，需优化前置液参数促使液体向下部2-③小层延伸。如图10、11、12所示，根据模拟结果，前置胶液排量10m^3/min，黏度160~200mPa·s，前置胶液用量200~300m^3，起到较好的液体向下穿层效果。

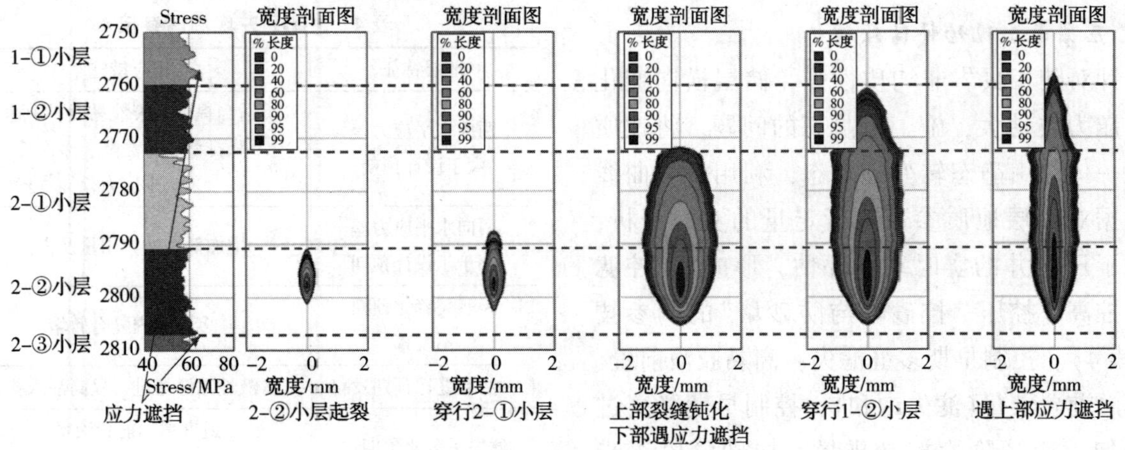

图10　裂缝扩展模拟结果

(4) 大规模注液蓄能

本井地层压力为常压1.05，且无注水井对应，随着开采时间延长，地层压力的衰竭，需补充地层能量，向地层注入一定量的蓄能液，通过蓄能液在地层的渗吸、扩散，实现压力传导，为地层流体提供驱替压力，增大孔隙压力，实现大液量以水换油。设计泵注以低黏一体化压裂液与渗吸液复配的蓄能液作为前置液补充地层能量。通过数模结果，优化用液强度50~55m^3/m。以段长45~70m计算，单段用液量2300~3500m^3。

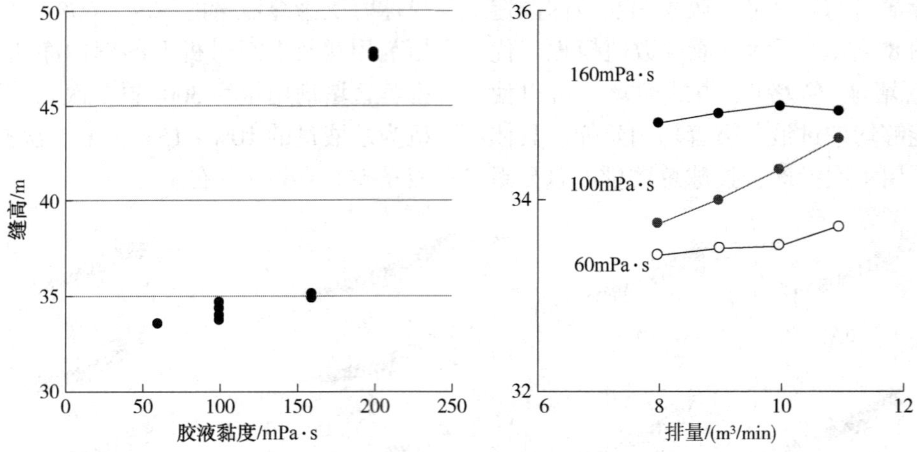

图 11　不同胶液黏度/排量模拟结果

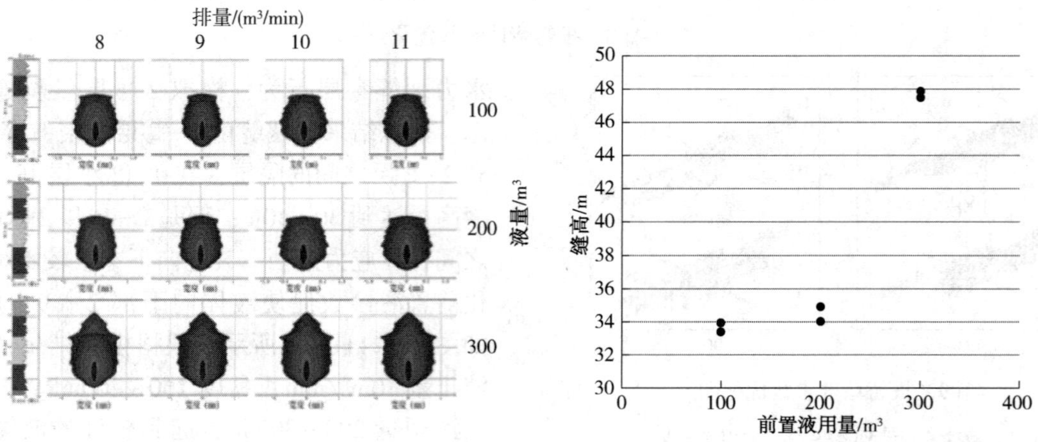

图 12　不同胶液用量模拟结果

3.4　压裂参数现场评估及调整

针对陆相页岩非均质性强，储层横向变化快，压力波动大，施工风险高的问题。将地质工程一体化由静态转变到动态，利用压裂曲线及数据对储层地质参数进行定量的实时分析，开展了压裂井的实时动态评估，形成了“控滤失、控高、控压、控砂堆与防砂堵”的调参技术(表4)。控制早期多缝滤失：高黏胶液前置、增加总前置液量(滤失饱和)；控制早期缝高过度延伸：造缝阶段控制排量、加砂阶段逐步提升排量；控制压力渐进性增长：远端裂缝滤失增大则考虑中途转1~2级粉陶；控制砂比敏感点：胶液提前介入扫砂，延长隔离胶液，降低砂堤平衡高度，防止缝口脱砂，依据后置胶排量和压力提砂比，严格控制砂比和段塞长度。

表 4　Y1HF 井现场调参技术

地层特征	相应措施
两向水平应力差大于设计预期	适当提供压裂液黏度，中途降排量交替注酸、多次停泵减少应力差异
两向水平应力差小于于设计预期	增加低黏液体用量及占比
天然裂缝比预期不发育	多次缝内复合暂堵
天然裂缝比预期发育	多液性粘滞指进，提高注入排量
滤失系数比预期大	适度增加前置液量，同时加入粉陶降率滤失
滤失系数比预期小	适度较少 10~20%前置液量，增加起步砂液比

4　矿场实践

4.1　压裂施工概况

Y1HF 井采用套管桥塞分段方式压裂，2022

年12月25日~2023年1月12日，累计完成33段169簇施工。施工排量18~24m^3/min，施工压力60~104MPa，共计泵注液量87642.9m^3，泵注砂量8578.2m^3。与设计相比，现场用液量缩减13%，现场加砂量符合率142.8%。达到了控液多砂，提高裂缝导流能力的目标。

4.2 微地震解释成果

通过对Y1HF井开展微地震监测。如图13所示，解释全井段改造体积(SRV)为5000.0×10^4m^3，每段改造体积为90~195×10^4m^3，平均为151.5×10^4m^3，实现了全井段体积改造。

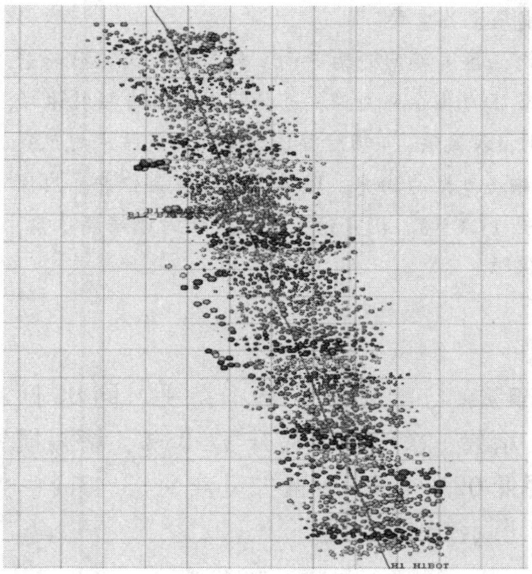

图13 Y1HF井1-33段微地震效果图

4.3 施工效果及效益

截止2024年2月23日，Y1HF井压后日产液量17.9m^3/d，产油量7.5m^3/d，产水量10.4m^3/d。累计产液22708.02m^3，累计产油3580.8m^3，水19768.53m^3，累计产气21459m^3，返排率24.8%。与同区块邻井BY1HF、BY2HF井对比，Y1HF井单段成本降低121万元，降低比例38.5%。单方液体施工费用降低2814元，降低比例79.4%，取得了良好的经济效益。

5 结论

(1)通过建立地质模型，加强地质工程一体化研究，针对具体Y1HF井的地质特征开展数值模拟研究。

(2)通过数值模拟优化解决了页岩纵向以及横向均匀改造的难题。优选了暂堵球粒径、数量及暂堵剂投加时机，使封堵效率得到较大提升，有助于提高裂缝在平面上的缝网复杂程度。优化了压裂液前置液粘度、排量等参数，使得前置液能够在纹层缝内延伸，实现纵向穿层的目的。

(3)采用"密切割分段分簇+复杂缝造缝工艺+强加砂促导流+强化渗吸提产"主体工艺思路，差异化改造储层。通过微地震监测佐证裂缝复杂度大，实现了"强加砂、复杂缝"的目的。

参考文献

[1] 李志明，金芸芸，李楚雄，等．南襄盆地泌阳凹陷渐新统核桃园组三Ⅲ亚段页岩油富集模式——以中部深凹带YYY1井取心段为例[J]．石油实验地质，2023，45(5)：955-956.

[2] 陈祥，丁连民，刘洪涛，等．南襄盆地泌阳凹陷陆相页岩储层压裂技术研究与应用[J]．石油地质与工程，2011，25(3)：94-95.

[3] 蒋廷学，卞晓冰．页岩气储层评价新技术——甜度评价方法[J]．石油钻探技术，2016，44(3)：3-4.

[4] 赵林，蒋尔梁，王树森，等．二氧化碳注入对低渗透储层矿物及孔隙结构的影响[J]．油田化学，2021，38(4)：600-601.

[5] 周朗，林然，周小金，等．页岩气水平井段内多簇缝口暂堵转向压裂数值模拟[J]．钻采工艺，2023，46(4)：86-87.

[6] 王燚钊，侯冰，王栋，等．页岩油多储集层穿层压裂缝高扩展特征[J]．石油勘探与开发，2021，48(2)：406-408.

[7] 方立勤，王进涛，袁玉峰，等．A断块致密砂岩油藏蓄能体积压裂应用实践[J]．石油化工应用，2023，42(5)：17-18.

[8] 蒋廷学，肖博，沈子齐，等．陆相页岩油气水平井穿层体积压裂技术研究与现场试验[J]．石油钻探技术，2023，51(2)：5-6.

[9] 陶飞宇．页岩油复杂裂缝形态段塞处理技术研究[J]．中外能源，2024，29(5)：55-56.

[10] 杨永华，宋燕高，王兴文，等．威荣页岩气田压裂实践与认识[J]．石油实验地质，2023，45(6)：1146-1147.

辽河油区防漏堵漏技术新进展

温立欣　郭联飞　蒋殿昱　王晨宇

（中国石油集团长城钻探工程有限公司钻井液公司）

摘　要　井漏是钻井或修井施工过程中钻井液大量漏入地层的复杂情况，它不仅影响钻井作业的正常进行，而且往往会衍生出其它类型的井下复杂事故，严重时可能会导致井塌、卡钻和井喷等事故的发生，同时造成钻探成本的大幅度增加。近年，全球钻井井漏发生率占钻井总数的20%~25%，每年用于堵漏的费用高达40亿美元。恶性井漏已成为石油勘探开发行业亟需破解的技术难题，科学有效预防、快速解除井漏复杂，综合提高钻井时效、节约钻井成本，对于石油行业发展至关重要。

本文聚焦国内外钻井成产面临的关键性井漏难题，以辽河油区井漏问题为导向，针对其馆陶组砂砾岩井漏、油层亏空性井漏、火成岩裂缝性井漏、同一裸眼段多套压力共存井漏等，进行防漏堵漏专项技术攻关。自主研发GW-QC系列一袋式堵漏剂，形成了2个模块化推荐做法、4项防漏堵漏施工工艺技术规范及多个区域防漏治漏指导意见，并完成了辽河油区防漏堵漏钻井液体系的构建。现场应用200余口井，应用效果良好，2022年堵漏一次成功率72.37%同比于2021年提升17.05%。研究结果表明，该防漏堵漏体系，有效解决了辽河油区井漏问题，为优质快速钻井提供了技术保障。

关键词　防漏堵漏；一袋式

辽河坳陷历经多期构造运动和油气运移，形成“三凸三凹”构造格架，属于断块发育、破碎的高丰度复式油气区，其中四级断层1600条以上，四级断块1000多个，地层构造及岩性多变，既有古老的太古界、元古界、古生界、中生界地层，又有较新的新生界地层。存在很多构造性井漏区块，例如欢2、沈84、曙1、冷东、小洼等地层压力系数较低区块(部分区块地层压力系数小于0.3)，这些区块在钻探过程中均有不同程度的井漏发生，常引起井下复杂情况或诱发恶性复杂，造成较大的经济损失。

1　辽河油区防漏堵漏现状

1.1　井漏概况

钻井液漏失的根本原因为井筒压力与地应力场和地层压力场的不平衡，建立井筒液柱压力与地应力场的平衡是钻井液防漏堵漏的最终目的。井周应力场、裂缝尖端应力场、封堵层自身强度是预防和控制钻井液漏失的主要屏障，强化裂缝-封堵层系统稳定性是钻井液防漏堵漏的重要手段。

辽河油区堵漏通常采用随钻、桥塞、凝胶+水泥等方式，堵漏一次成功率较低。2022年，采用GW-QC系统工艺技术，堵漏一次成功率72.37%，与渤海钻探基本持平。同比于2021年，堵漏一次成功率提升17.05%，堵漏损失时率降低0.30%，万米漏失量减少83.43m^3。如图1~3所示。

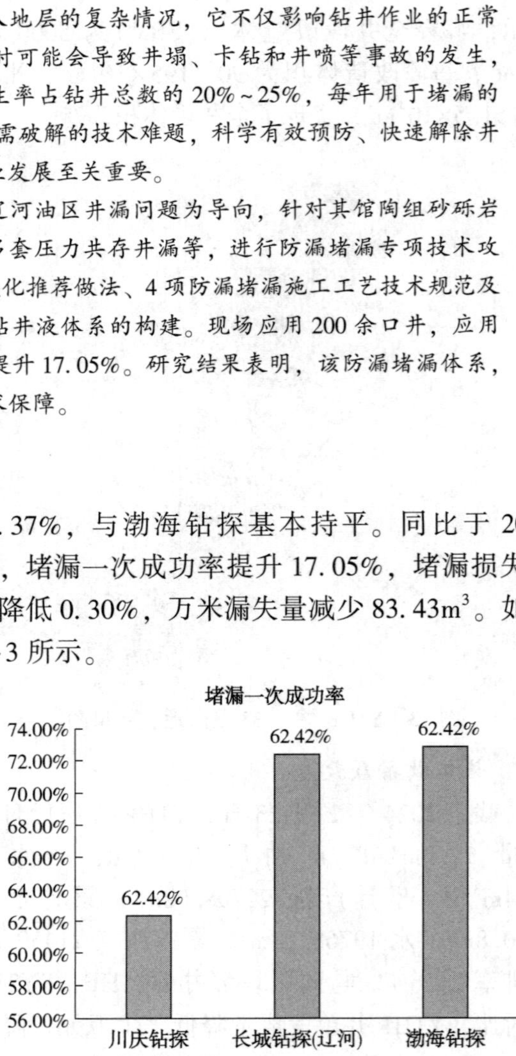

图1　堵漏一次成功率对比

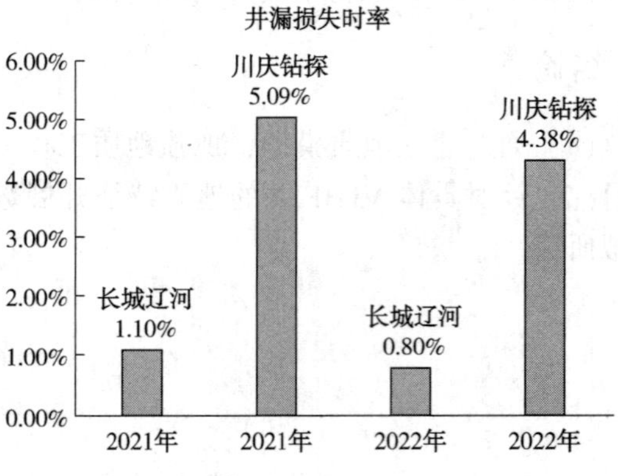

图2　堵漏损失时率对比

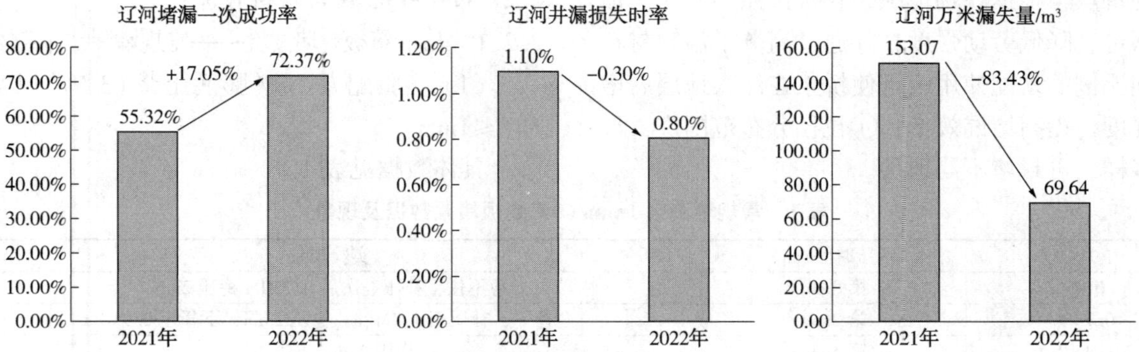

图 3　辽河井漏数据对比

1.2　井漏类型

结合辽河油区不同区块地层特点，常见的井漏类型有：①馆陶组砂砾岩发育井漏；②油层亏空性井漏；③火成岩裂缝性井漏；④同一裸眼段多套压力共存井漏。

1.3　井漏治理难点问题分析

1.3.1　馆陶组砂砾岩发育井漏--堵漏难度大

馆陶组砂砾岩发育，胶结性差，孔隙度高，可钻性强，施工中易发生井漏复杂。取芯数据显示：曙 1 区馆陶组油层砾岩层按其特征可分为 4 类，结构疏松，最大砾径达 7～8cm，漏失风险大。兴 20、欢锦采、海外河、双北等区域靠近辽河、大辽河、大凌河、饶阳河河道或海边，馆陶水发育，堵漏材料受暗河冲蚀不易停留，易发生复漏，堵漏一次成功率低。

1.3.2　油层亏空性井漏——井漏概率大

部分区块经过多轮次、多方式注采，原始地层的填充物-原油和水等大量采出，亏空严重，地层孔喉变大，地层压力系数降低(沈 84、曙 1、冷东、小洼等区块压力系数小于 0.3)，井漏发生概率大幅增加。

1.3.3　火成岩裂缝性井漏——随钻随漏

在火成岩内部，易出现发育良好的孔隙和裂缝，形成漏失通道，造成井漏多发。如 JT1 井，钻进至井深 2209m(东营组，玄武岩)发生井漏，玄武岩地层裂缝发育，渗透性好，随揭随漏，累计漏失 $2204m^3$。

1.3.4　同一裸眼段多套压力共存井漏——堵漏成功率低

同一裸眼段存在多套压力，防漏与防塌难以兼顾，提密度时出现重复性漏失，漏失层位难以判断和预测，堵漏成功率低。如 L121 井，3100m 后井眼轨迹沿断层施工，出现严重破碎带，施工中需要提密度来平衡破碎带坍塌压力，但是馆陶组裸露，当施工密度大于 $1.42g/cm^3$ 后，馆陶组出现井漏，导致该井施工周期较长。

1.3.5　表层下入较浅，井漏后上部易发生坍塌

部分井设计表层套管下深较浅，未完全封隔易漏砂砾岩地层。施工过程中钻遇严重漏失层位，因液柱压力大幅降低，上部流沙层发生坍塌导致卡钻。

1.3.6　随钻仪器影响，堵漏材料使用受限

部分施工井漏失段较长，需要带堵漏剂钻进，受靶点和轨迹限制需采用随钻仪器施工，因此粒径≥1.5mm 的堵漏材料被限制使用，导致漏失治理难度增加，损失较大。

2　井漏治理重点工作及进展

从堵漏技术发展历程看，井漏治理已由“见漏就堵、以堵为主”的初始阶段、“以堵为主、堵防结合”的发展阶段，进入到了“以防为主、堵防结合”的综合治理阶段，取得了一定的进步与发展，但仍是当前钻井行业的难点问题。通过研究辽河油区地层特点，并与各石油院校、专业堵漏公司开展联合攻关，系统推进井漏治理工作。2022 年自主研发应用 GW-QC 系列一袋式堵漏剂，完善优化易漏区块防漏堵漏工艺，堵漏成功率大幅提升。

2.1　GW-QC 堵漏材料研发

传统桥塞堵漏材料种类众多、加入繁琐、劳动强度大、结构强度低、复漏概率较高。为此，长城钻探钻井液公司整合多方资源力量，聚焦关键性井漏难题，进行靶向研发。

目前自主研发出 GW-QC 系列一袋式堵漏剂，具有一定自固结能力，加量少，配制简单，在室内实验承压能力达到 10～17MPa。该系列堵漏剂具有以下优势：①简化堵漏浆配制时间，避免分别加入多种堵漏剂浪费时效；②具有高集成

度的特点，根据现场情况，直接按照不同比例加入即可，降低劳动强度；③通过高分子温敏材料不同比例的复配使用，可使桥浆在注入地层后增加强度，提高堵漏效率；④粒径分布范围广，形状多样，可封堵不同地层。

2.2 GW-QC 堵漏材料评价

2.2.1 1mm 缝板封堵试验——常规堵漏钻井液体系

（1）实验配方：5%膨润土浆+3%常规堵漏剂(≤1mm)

具体数据见表 1。

表 1 常规堵漏剂 1mm/60℃缝板堵漏数据及现象

压力/MPa	承压时间/min	实验现象
0~0.7	第 0min	稳不住，补压五次后 0.7MPa 稳压 2min
0.7~1.4	第 2min	全掉下，补压至 1.4MPa，稳压 2min，下降至 0.9MPa
1.4~2.1	第 4min	稳压 2min，略降低
2.1~2.8	第 6min	2.8MPa，20s 降至 0MPa，补压至 2.8MPa，降至 0MPa，继续补压至 2.8MPa，40s 缓慢下降至 2.1MPa
2.1~3.5	第 7min	由 3.5MPa，15s 降至 0MPa，全程累计漏失量约 30mL

注：由于实验操作说明提示 FANN 封堵仪，一次实验手压泵加压冲程不得超过 20 次，所以后期压力下降未继续补压。

（2）实验配方：5%膨润土浆+5%常规堵漏剂(≤1mm)

具体数据见表 2。

表 2 常规堵漏剂 1mm/60℃缝板堵漏数据及现象

压力/MPa	承压时间/min	实验现象
0~0.7	第 0min	打压三次后 0.7MPa 稳压 2min
0.7~1.4	第 2min	补压至 1.4MPa，稳压 2min，下降至 1.0MPa
1.4~2.1	第 4min	稳压 2min，略降低
2.1~2.8	第 6min	2.8MPa，20s 降至 1.5MPa，补压至 2.8MPa，降至 1.8MPa，继续补压至 2.8MPa，40s 缓慢下降至 2.1MPa
2.1~3.5	第 11min	3.5MPa 稳压 5min，略降低
3.5~4.2	第 12min	由 4.2MPa，25s 降至 0MPa，全程累计漏失量约 35mL

2.2.2 1mm 缝板封堵试验—GW-QC(≤1mm)堵漏钻井液体系

（1）实验配方：5%膨润土浆+3%GW-QC(≤1mm)

具体数据见表 3。

表 3 GW-QC(≤1mm)1mm/60℃缝板堵漏数据及现象

压力/MPa	承压时间/min	实验现象
0~5.6	0~16min	每 2min 升压 0.7MPa
5.6~9.8	16~36min	每 2min 升压 0.7MPa，中间有轻微掉压现象，补压可达目标值
9.8~10.5	36~41min	10.5MPa 稳压 5min，略掉 0.1~0.15MPa，累计漏失约 10mL

（2）实验配方：5%膨润土浆+5%GW-QC(≤1mm)

具体数据见表 4。

表 4 GW-QC(≤1mm)1mm/60℃缝板堵漏数据及现象

压力/MPa	承压时间/min	实验现象
0~5.6	每隔 2min 升高 0.7MPa	时长 16min
5.6~6.3	第 17min	6.3MPa 降至 4.2MPa，补压至 6.3MPa
6.3~9.1	每隔 2min 升高 0.7MPa	时长 6min
9.1~9.8	第 24min	由 9.8MPa 降至 7MPa，补压至 9.8MPa
9.8~10.5	第 27min	由 10.5MPa 降至 9.8MPa，补压至 10.5MPa
10.5~11.9	每隔 2min 升高 0.7MPa	时长 4min
11.9~12.6	第 32min	由 12.6MPa 降至 12MPa，补压至 12.6MPa
12.6~14	每隔 2min 升高 0.7MPa	时长 4min

续表

压力/MPa	承压时间/min	实验现象
14~16.1	每隔2min升高0.7MPa	时长6min
16.1~17	第43min	由17MPa降至16.5MPa，补压至17MPa
17	第44min	由17MPa降至16MPa，未继续补压
16~14.5	10min	未补压情况下16MPa~14.5MPa需10min，全程累计漏失量约20mL

堵漏实验效果图如图4所示。

图4　堵漏实验效果图(FANN-LCM)

2.2.3　GW-QC系列一袋式堵漏剂横向对比

具体数据见表5。

表5　GW-QC系列一袋式堵漏剂横向对比数据

压力/MPa	配方	基浆及温度	缝板漏失量/mL	5mm钢珠床漏失量/mL	5mm钢珠床滤饼厚度/mm
实验组别1（5mm缝板）	5mm	3000ml5%膨润土浆；70℃	20	100	13
	NT-BASE		110	150	15
实验组别2（4mm缝板）	4mm		80	100	10
	AHLH		100	350	13
实验组别3（3mm缝板）	3mm		50	100	10
	YD-2		50	150	7
实验组别4（1mm缝板）	≤1mm		0	50	5
	NT-MF		0	150	钢珠裸露

注：相同压力(7MPa)和浓度(27%)条件下，与HBYD、AHLH、GRDS等系列堵漏产品1、3、4、5mm缝板实验效果对比。

2.2.4　实验结果分析

(1)相同实验条件下，浓度3%常规堵漏钻井液体系，承压能力接近2.1MPa。浓度3% GW-QC(≤1mm)堵漏钻井液体系，承压至10.5MPa；浓度5%常规堵漏钻井液体系，承压能力接近3.5MPa。浓度5%GW-QC(≤1mm)堵漏钻井液体系，承压至17MPa；结果表明GW-QC(≤1mm)堵漏剂能够有效提升地层承压能力。

(2)相同实验条件下，GW-QC系列一袋式堵漏剂承压能力优于HBYD、AHLH、GRDS等系列堵漏产品。

2.3　化学固结堵漏材料研发

化学固结堵漏是针对常用的桥接堵漏、水泥堵漏等工艺所存在的缺陷而研制的新型堵漏技术，其具备桥接堵漏施工的简便易行、承压能力高，可酸化解堵，油层损害可恢复特点，大幅提升堵漏作业时效。

目前已完成实物工作量：(1)优选出一种主体材料(质量占比50%)；(2)优选出一种助滤剂(质量占比10%)；(3)优选出一种固化剂(质量占比25%)；(4)优选出一种架桥材料(质量占比5%)；(5)优选出一种纤维(质量占比10%)。

2.4　化学固结堵漏材料评价

2.4.1　滤失量测试(中压滤失仪)

滤失量测试见表6。

表6　滤失量测试

配方	全滤失时间/s	滤饼厚度/mm
自研产品	18	10
XX公司产品	40	13

图 5　自研产品

图 6　XX 公司产品

2.4.2　滤饼强度测试(压力机)

测试数据见表 7。

表 7　滤饼强度测试

试样名称	形变距离/mm	6h/kN	12h/kN	24h/kN
自研产品	5	12512.54	21023.54	34406.34
XX 公司产品		16239.17	17736.33	16849.13

实验对比：从压力测试结果来看，随着时间推移，自制产品强度逐渐增大，候堵时间越长效果越好，XX 公司产品放置 24h 后可掰断，自制产品 24h 后不可掰断。

2.4.3　可视化无渗透砂床

封堵物如图 7、图 8 所示。

实验对比：自研产品形成高滤失封堵物全滤失时间 73s，XX 公司产品形成高滤失封堵物全滤失时间 120s；从可视化无渗透砂床实验形成的封堵物来看，自研产品形成的封堵物要优于 XX 公司产品；XX 公司产品形成的封堵物在膨润土浆堵漏时，侧边有孔隙形成，而自研产品封堵物要相对完整。

图 7　自研产品

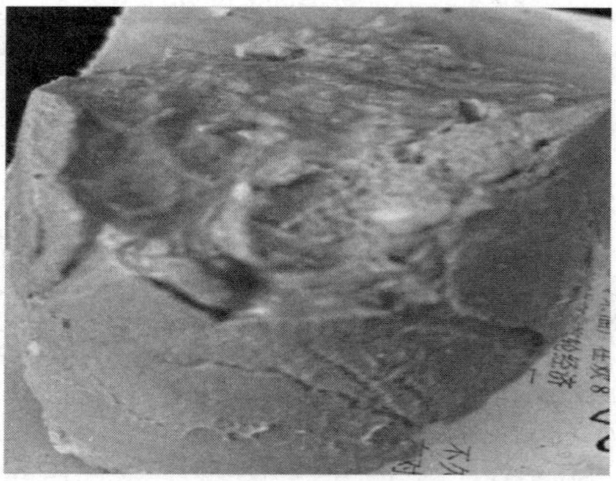

图 8　XX 公司产品

2.4.4　增压稠化实验

试验数据如图 9~11 所示。

实验对比：采用固井增压稠化仪，对不同浓度固结剂配方的堵漏浆进行室内评价，实验温度 90℃，实验压力 32 兆帕。其中，15%固化剂 40Bc 稠化时间为 259min，18%固化剂 40Bc 稠化时间为 50min，22%固化剂稠化时间为 99min。

注：一般稠度超过 40Bc 即丧失流动性，不可泵，仪器最大测试稠度 100Bc。

实验对比：15%固结剂浆体上面小部分未完全固结，呈黏糊状，主体部分固结，用手可轻易捏开；18%固结剂浆体外部整体呈黏糊状，内部固结，但强度不大，用手可轻易捏开；22%固结剂浆体上面小部分呈黏糊状，内部固结，强度较大，用手不易捏开。如图 12~14 所示。

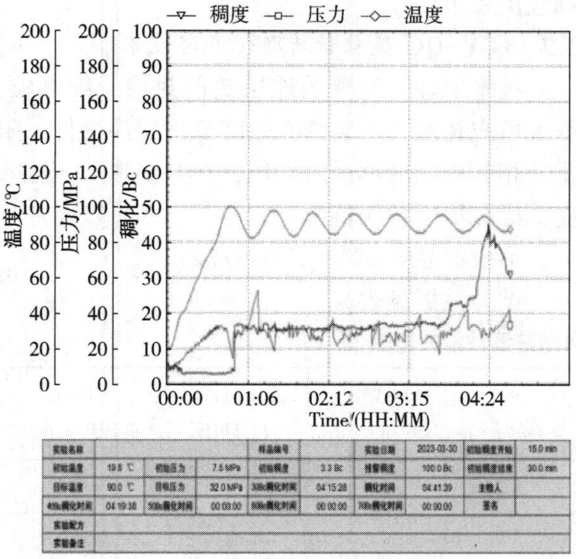

图 9　15%固化剂

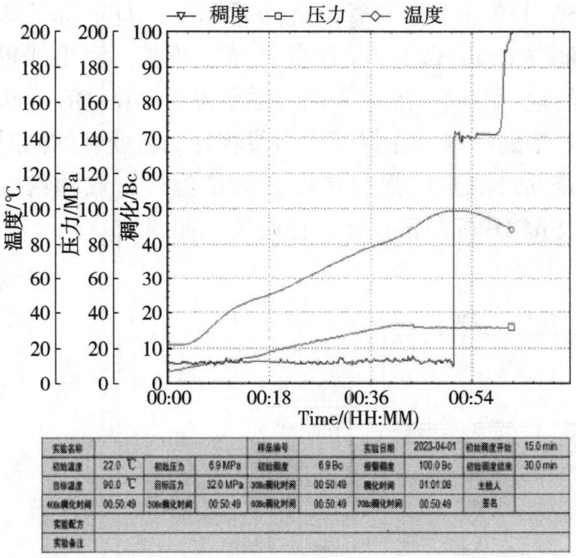

图 10　18%固化剂

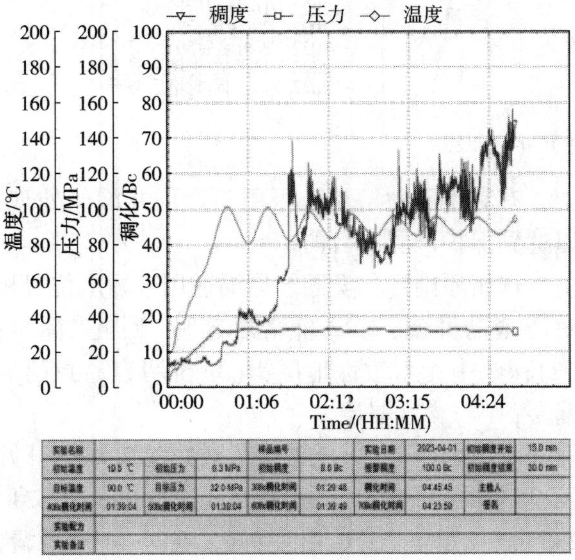

图 11　22%固化剂

图 12　15%固化剂

图 13　18%固化剂

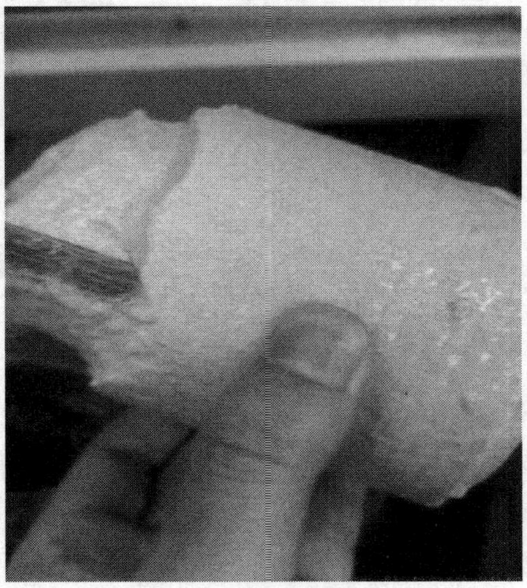

图 14　22%固化剂

实验结论：不同加量下，稠化后出罐浆柱强度不一，稠化时间可以根据加量不同进行调整，具备现场实施可能性。

3 取得的阶段成果

3.1 GW-QC 系列一袋式堵漏剂研发

根据辽河油区地层特点及不同区块漏失特征，引入温敏自固结材料，自主研发出4种型号GW-QC系列一袋式堵漏剂，在漏层堆积和高温下可粘连固结，抗返吐能力大幅提升，并通过中油集团公司产品质量认可，全部规模化生产，现场应用效果良好。

3.2 GW-QC 随钻封堵强化井眼技术

技术原理：对薄弱地层提前封堵，细颗粒、纤维填充孔隙、微裂缝有效降低地层渗透性，阻止液相和固相继续侵入地层，在井壁形成笼箍效应，提高地层承压能力。

形成产品：GW-QC(≤1mm)

试验数据见表8。

表8 GW-QC(≤1mm)对钻井液性能的影响

配方	AV/(mPa·s)	PV/(mPa·s)	YP/Pa	ρ/(g/cm³)	FLAPI/mL	30min FL砂床	30min 砂床侵入深度
井浆	28	20	8	1.25	6.5	全漏失	全浸湿
井浆+2%GW-QC(≤1mm)	29	21	8	1.25	5.0	零滤失	3.9cm

3.3 GW-QC 自固结高承压桥接堵漏技术

技术原理：优选高强度抗高温颗粒为一级架桥材料，延迟膨胀材料等特殊材料在漏层内经过膨胀填充和内部挤紧压实的双重作用，形成致密的封堵层。

形成产品：GW-QC(3mm)、GW-QC(4mm)、GW-QC(5mm)

应用示例："SAGD"抢险压井作业。D84-56-152井上部套管发生严重形变，且上部馆陶地层130m和165m处存在漏失通道，发生严重的地下井喷。通过采用自主研发的GW-QC一袋式堵漏材料，在保证堵漏浆较好的流变性的同时兼顾封堵浆的强封堵性和高抗温性，成功解除"SAGD"高温蒸汽驱井控险情。如图15所示。

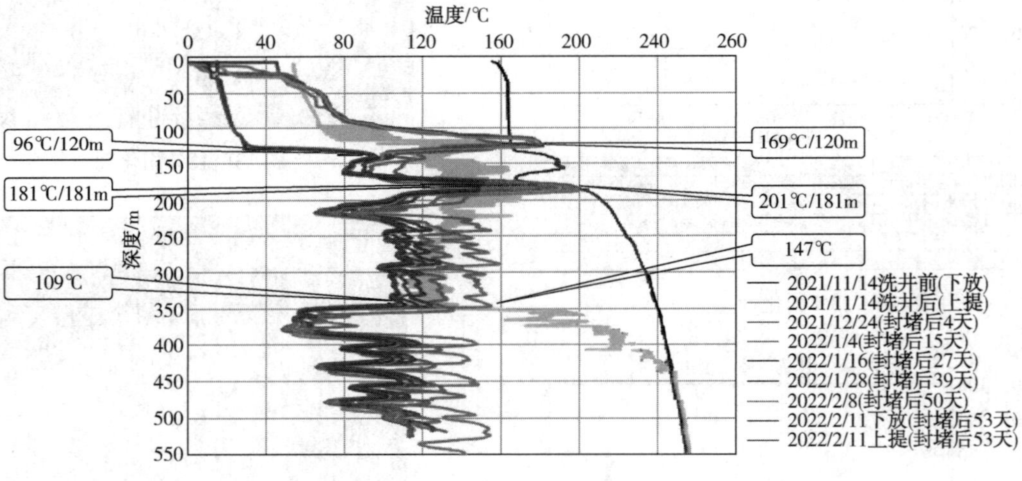

图15 D84-56-152井井温曲线

3.4 化学固结堵漏技术

技术原理：化学固结堵漏剂是一种集高失水、高强度、高承压和高酸溶率于一体的堵漏剂。堵剂浆液泵入井下遇到漏层，在压差作用下迅速失水，很快形成具有一定初始强度的滤饼而封堵漏层，在地温和压力的作用下，所形成的滤饼逐渐凝固，滤饼24小时后抗压强度可达到30MPa以上，从而使其漏层的承压能力得到大幅度提高，其堵塞物(滤饼)的酸溶率达80%以上，有利于酸化解堵，可用于产层井漏的处理，以达到保护产层的目的。

选用原则：化学固结堵漏适用于漏层位置相对清楚的井漏，(1)桥堵后容易"回吐"漏层；(2)裸眼中无水敏性地层；(3)桥堵容易封门的漏层；(4)含水漏层。

应用示例：S31-H2井钻至井深2045m开始发生渗漏，后又在2176m、2236m、2331、2353m、2705m多次发生复漏，经过14次桥漏，由于每次桥堵后进入量少且堵漏后有回吐，经分析认为堵漏剂与漏层孔喉不匹配，且即使少量进入漏层后“站不住”，结合地层和堵漏经验，决定采取化学固结方法进行堵漏，一次性堵漏成功，未发生复漏。室内试验如图 16 所示。

图 16　室内试验(清水浸泡 48h，滤饼强度和外观无明显变化)

3.5　区域井漏治理模块化规范化

目前已形成 2 个模块化推荐做法、4 项防漏堵漏施工工艺技术规范、多个区域防漏治漏指导意见，通过模块化配方，规范化工艺，提升堵漏的有效性和安全性，各项堵漏措施取得良好效果。如图 17 所示。

2个模块化推荐做法	4项单项工艺技术规范	多个重点区域指导意见		
• 分区块堵漏剂储备推荐	• 井漏预防技术要点	• 欢2	• 奈1	• 高2
• 分区域模块化配方	• 常规堵漏作业	• 兴20	• 曙1	• 桃15
	• 承压堵漏作业	• 锦45	• 杜84	• 欧601
	• 化学固结堵漏作业	• 冷东	• 千12	• 驾102
		• 荣72	• 黄20	• 杜古78
		• 杜229	• 热35	• 热20-5
		• 洼38	• 于606	• 双北32-46
		• 齐40	• 海外河	• 等等

图 17　区域井漏治理

3.6　现场应用效果

在储气库、奈 1 大平台、洼 38 侧钻大平台、双 229 大平台等区块，累计应用 200 余口井，应用效果良好，井漏损失大幅减少，钻完井周期缩短，助力提速提效。

3.6.1　储气库区块

堵漏一次成功率由 45%提升至 90%，大幅缩短建井周期。第一口大尺寸水平井 S6-H4331 井，获得中油技服表扬信。

3.6.2　奈 1 大平台

2022 年累计应用 34 井次，通过随钻封堵彻底解决了奈 1 区固井水泥低返问题，固井质量合格率由历年不足 50%提升至 97.1%。

3.6.3　洼 38 侧钻大平台

共部署 9 口井，井身质量合格率 100%，固井合格率 100%，总施工周期 83 天，对比计划提高 11%。

3.6.4　双 229 大平台

2022 年交井 14 口，平均井深 4161.21m，同比 2021 年(完钻井深基本相同)，平均机械钻速增加 9.53m/h，提高 57.55%，平均钻井周期减少 10.41 天，降低 35.13%，平均建井周期降低 9.69 天，平均降低幅度 20.32%。施工情况对比见表 9。

表 9　双 229 区块施工情况对比

年份	平均完钻井深/m	平均机械钻速/(m/h)	平均钻井周期/d	平均建井周期/d
2022	4161.21	26.09	19.22	38
2021	4125.87	16.56	29.63	47.69
对比	35.34	9.53	-10.41	-9.69
提速		57.55%	-35.13%	-20.32%

4 结论

（1）辽河油区断块发育、地层构造及岩性多变，存在欢2、沈84、曙1、冷东、小洼等多个构造性井漏区块，承压能力差，为漏失多发地层。

（2）GW-QC系列一袋式堵漏剂，具有一定自固结能力，加量少，配制简单，在室内实验承压能力达到10~17MPa，相同实验条件下，承压能力优于常规堵漏钻井液体系。

（3）建立的适合于辽河油区的防漏堵漏体系，具有很强的适应性，在储气库、奈1大平台、双229大平台等区块累计应用200余口，现场应用效果显著。

参考文献

[1] Fidan E., Babadagli T., Kuru E. Use of cement as lost circulation material - field case studies [C]. SPE88005, 2004.

[2] 刘均一．井壁强化钻井液技术研究[D]．青岛：中国石油大学(华东)，2016.

[3] Alshubbar G, Nygaard R, Jeennakorn M. The effect of wellbore circulation on building an LCM bridge at the fracture aperture[J]. Journal of Petroleum Science and Engineering, 2018, 165: 550-556.

[4] Cook J, Growcock F., Guo Q., et al. Stabilizing the wellbore to prevent lost circulation[J]. Oilfield Review, 2011, 23(4): 26-35.

[5] Feng Y, Gray K. E. Review of fundamental studies on lost circulation and wellbore strengthening[J]. Journal of Petroleum Science and Engineering, 2017, 152: 511-522.

[6] 徐同台，申威，冯杰，等．钻井工程防漏堵漏技术[M]．北京：石油工业出版社，2021.

[7] 侯冠群．承压堵漏钻井液工艺技术研究与应用[D]．大庆：东北石油大学，2015.

[8] 李银婷，高强，董小虎，等．井眼强化随钻防漏技术研究与应用[J]．钻采工艺，2021，44(5)：122-126

[9] 符豪，孙一流，徐伟宁，等．裂缝性地层承压堵漏新工艺技术及应用[J]．钻采工艺，2023，46(4)：137-143.

[10] 樊相生等．化学固结承压堵漏技术在明1井的应用[J]．钻井液与完井液，2016，33(5)：67-71.

低成本耐高温海水基瓜尔胶压裂液研究

官大军　吴志明　白　岩　朱明山　王雪稳　袁　哲

（中国石油集团长城钻探工程有限公司昆山公司）

摘　要　海上油气田压裂由于条件限制，采用淡水配制压裂液导致运输成本高，周期长。海水配制压裂液，碱性交联环境螯合剂加量大，材料成本高，耐温能力一般。本文针对以上情况采用钛酸四异丙酯、硫酸锆等物质作为反应原料，分步合成有机钛锆交联剂。经核磁碳谱、交联剂沉析后扫描电镜表征，表明交联剂为有机螯合物，动静态同步激光光散射仪表征交联剂尺寸，表明交联剂粒子直径主要为 $1\sim10^2$nm，具有良好的反应活性。该交联剂在中性条件下即可交联，适应海水等高矿化度水质配制压裂液，其交联微观形态为蜂窝状六元网格状结构，结构稳定，黏弹性相比单钛交联有明显的提升，耐温能力可达 180℃ 以上。在中海油南海区域施工实验一口海水配液高温井，效果良好。

关键词　高矿化度；海水；瓜尔胶；耐高温；低成本

随着我国油气需求急剧增长，低渗透、致密油气等非常规油气藏的开采力度逐步加大，海上油田开发也进入了一个新阶段。我国海上低渗透油气藏主要以砂岩为主，油藏孔喉细小，孔渗条件差，结构复杂，孔隙度低，泥质含量较大，普遍埋藏较深，地层温度高，油藏埋深大部分超过 2500m，东海区域部分超过 4000m。单井自然产能低，开发累产时间短。

压裂是海上非常规油气藏增产提效的主要措施之一，通过人为制造储层裂缝，可改善油在地下的流动环境，使油井产量增加，实现油气增储上产。目前海上压裂液体系主要以水力压裂为主，但海上常规的淡水压裂液存在运输周期长，平台净化要求高等诸多限制。采用海水配制压裂液，由于海水中大量的钙镁硬度离子，配制碱性压裂液需要进行复杂的水质处理或者采用大量的螯合剂屏蔽钙镁离子，大幅提升了压裂材料成本，并且由于大部分螯合剂耐温性能一般，压裂液的耐温能力也还达不到较高的水准。

本文研制了一种在中性条件下交联的交联剂，直接与海水配制的瓜尔胶基液交联，配制的压裂液耐高温剪切、黏弹性好等优点，同时避免了螯合剂的大量使用，进一步提升了油气田企业的经济效益。

1　实验部分

1.1　试剂与仪器

羟丙基瓜尔胶 JK106FC、助排剂 JK01、防膨剂 JK05、杀菌剂 JKSJ01（均为昆山公司产品）；钛酸四异丙酯、硫酸钛、三乙醇胺、2-羟基丙酸、甘油、丙酮、氘代水（分析纯）。

吴茵混调器（圣吉仪器 2000B），流变仪（HAAKE RS6000），动静态同步激光光散射仪（德国 ALV 公司 ALV-CGS3），台式扫描电子显微镜（飞纳科学 Phenom ProX），电感耦合等离子发射光谱仪（美国安捷伦 ICP-OES 5100）。

1.2　交联剂的制备

将一定量的三乙醇胺、钛酸四异丙酯依次加入到三口烧瓶中，搅拌 1h，再加入硫酸锆，充分搅拌 1h 形成均相，再依次加入 2-羟基丙酸、甘油、水，缓慢升温至 70℃，反应 1h，得到淡黄色透明的液体，即为有机钛锆交联剂，该交联剂为水溶性样品，标为 JK14M。

1.3　配液水水质分析

本文采用自来水，渤海湾海水作为配液水。采用 ICP-OES 5100 作为水质分析仪器。待测水质用 0.45μm 滤膜过滤，取所需体积滤液，加入硝酸在一定温度下消解。消解好后，定容至所需体积，并使溶液保持 5% 的硝酸度；在标样的仪器工作参数下，依次将待测水样喷入 ICP 焰测定，对应的元素测定值即为水样中该元素的浓度。

1.4　压裂液的配制

参照 SY/T 5107—2005 标准制备。

1.5　压裂液性能相关表征

1.5.1　交联剂的核磁表征

使用 600M 的 Bruker 核磁共振仪，温度控制在 25±1℃，交联剂采用氘代水（D_2O）作为溶剂，内标物为四甲基硅烷。

1.5.2　交联剂扫描电镜表征

有机钛锆交联剂丙酮沉析后干燥，待完全除去水分及挥发性溶剂，加入样品池，直接在 Phenom ProX 台式扫描电子显微镜观察。

1.5.3　交联剂尺寸表征

交联剂配制成一定浓度溶液，分别经过8μm、5μm和2μm的水相膜过滤后转移到样品池中，稳定2h后，在动静态同步激光光散射仪进行测试，激光全波长扫描。

1.5.4　压裂液体系流变性能测试

参照SY/T 5107—2005标准测试。

1.5.5　黏弹性测试

应力控制流变仪Thermo Fisher Mars Ⅲ上进行，PP60/Ti平行板测量系统，应变为0.1～10000%，频率扫描的范围为1Hz，测试温度为25℃～45℃，测试时间10min，分析软件为Rheowin4.3。装样后，样品停留一定时间后再测试。

1.5.6　冻胶微观结构测试

冻胶样品加于样品池，直接在Phenom ProX台式扫描电子显微镜观察。

2　结果与分析

2.1　交联剂的表征

2.1.1　交联剂的核磁表征

采用^{13}C-NMR对交联剂进行分子结构分析，并对信号峰进行归属：化学位移δ62.5ppm、72ppm是属于甘油的特征信号峰，化学位移δ20.2ppm、78.5ppm是属于2-羟基丙酸的特征信号峰，化学位移δ55.5ppm、57.5ppm是三乙醇胺的特征信号峰，化学位移δ23.8ppm、64.5ppm是异丙醇的化学特征信号峰。如图1所示。

结果表明：三乙醇胺、2-羟基丙酸、甘油等配体均以一种信号峰的形式出现，没有新的信号峰即表明三种配体没有新共价键生成，由此存在两种可能：一种是配体在反应过程中未参与反应，另一种是配体以配位键的形式与钛酸四异丙酯、硫酸锆进行反应。除了三种配体未参与新化学共价键生成反应外，钛酸四异丙酯发生新化学共价键生成反应，有异丙醇单体生成。

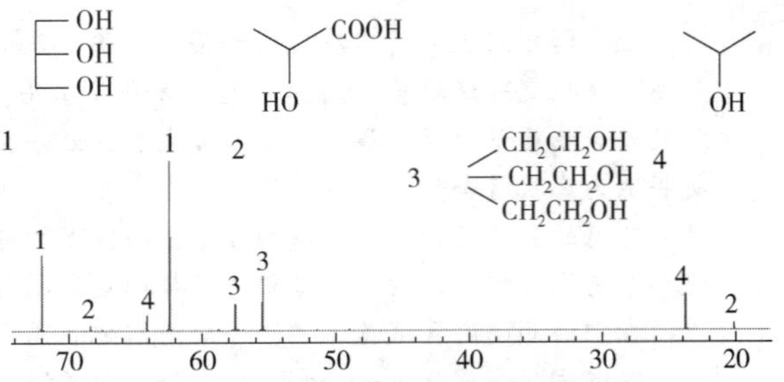

图1　交联剂的^{13}C-NMR核磁谱图

2.1.2　交联剂元素分析

制备的交联剂经丙酮沉析，由水相形成沉淀，经过过滤、抽滤、干燥等分离步骤，获得粉体样品，对粉体样品进行环境扫描电镜元素分析，如图2所示。结果表明：粉体结构呈现无规块状，研制的交联剂沉析产物含有氧、碳、氮、钛、锆等多种元素，氧含量41.93%，碳含量11.53%，氮含量9.87%，钛含量22.67%，锆含量14.00%。钛酸四异丙酯、硫酸锆原材料均不含氮元素，只有发生化学反应交联剂中才会有氮元素，结合核磁表征结果，表明钛酸四异丙酯、硫酸锆与三乙醇胺等配体发生配位反应见表1。

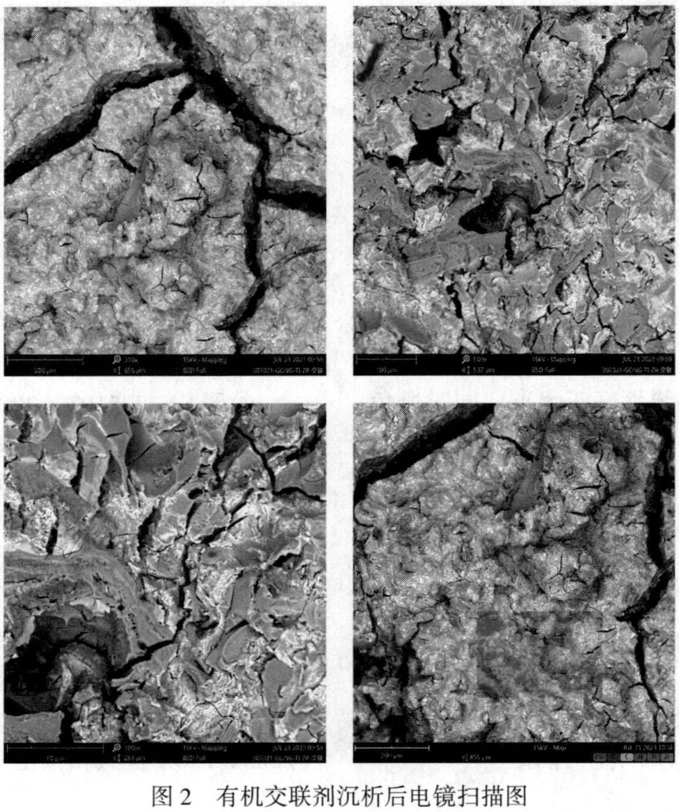

图2　有机交联剂沉析后电镜扫描图

表1 交联剂沉析后电镜元素分析

Element Number	Element Symbol	Element Name	Weight Conc.
8	O	Oxygen	41.93
6	C	Carbon	11.53
7	N	Nitrogen	9.87
22	Ti	Titanium	22.67
40	Zr	Zirconium	14.00

2.1.3 动静态同步激光光散射表征

交联剂尺寸的的大小，对交联剂交联速率有明显的影响，尺寸过大，交联剂分子难以扩散，与植物胶邻位双羟基等交联点难以充分交联，冻胶性能无法保证。尺寸过小，在适宜的交联 pH 值条件下，交联剂与被交联点急剧交联，冻胶交联密度过大，力学性能过强，冻胶呈脆性。本文研制的交联剂由两部分组成：直径 1~10nm 的有机锆交联剂与直径 $10\sim10^2$nm 有机钛交联剂，以有机钛成分为主。如图 3 所示。

在中性交联 pH 值条件下，交联尺寸较大的有机钛交联剂与植物胶以相对缓慢的交联剂速度进行交联，确保交联体系具有延迟交联性。交联冻胶在进入地层后受到高温作用，在 pH 值中性、常温条件下未与植物胶反应的有机锆交联剂在高温环境中与植物胶反应，确保了交联体系具有耐高温性能。

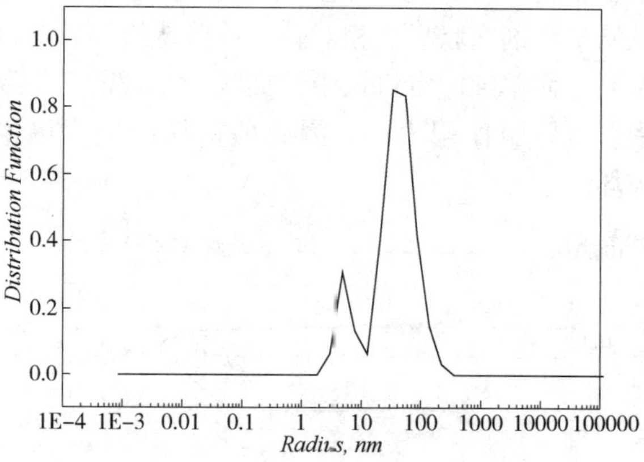

图3 本文研制的交联剂粒子尺寸分布图

2.2 胶粘冻胶结构分析与性能评价

2.2.1 冻胶形态分析

从图 4 两张环境电子扫描电镜图中可以看出，钛交联、钛锆交联在 pH 值中性的情况下，钛交联网格尺寸较小(10μm)，钛锆交联网格尺寸稍大(13~15μm)，这种网格尺寸的大小与交联速率快慢有关，交联越慢，网格尺寸越大。主要是因为钛锆复合交联剂中，掺杂了少量有机锆交联剂，影响了主要交联成分钛交联剂的浓度，另一方面有机钛锆交联采用多元配体进行配位，交联剂尺寸大，从而延缓钛锆交联速度，使得交联网格较大。

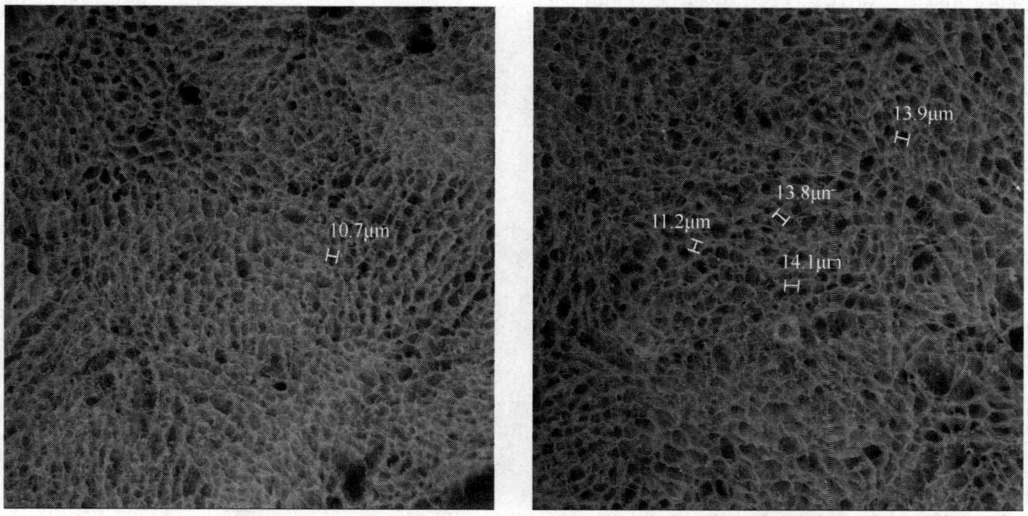

(a) 钛交联　　(b) 钛锆交联

图4 钛交联与钛锆交联瓜尔胶 ESEM 扫描图

2.2.2 黏弹性能评价

从图 5 中可以看出，两种交联的瓜尔胶具有明显的弹性体性质(储能模量 G′大于损耗模量 G″)。相比单一的有机钛交联瓜尔胶，有机钛锆交联瓜尔胶的储能模量、损耗模量更高，这是由于在一定的温度、时间条件下，锆交联键能更大，因此交联过后，冻胶强度更高，力学性质更为突出。有机钛锆交联相比有机钛交联冻胶的线性黏弹区间也有一定幅度的提升，主要是因为冻胶强度的增加，弹性增强，高剪切的状态下，冻胶屈服应力高，且采用多元配体进行配位反应，钛锆交联剂交联尺寸相对较大，剪切松开后可以恢复，而单纯的有机钛中性交联，交联密度小致密，且屈服作用力小，因此剪切易产生不可逆破坏。

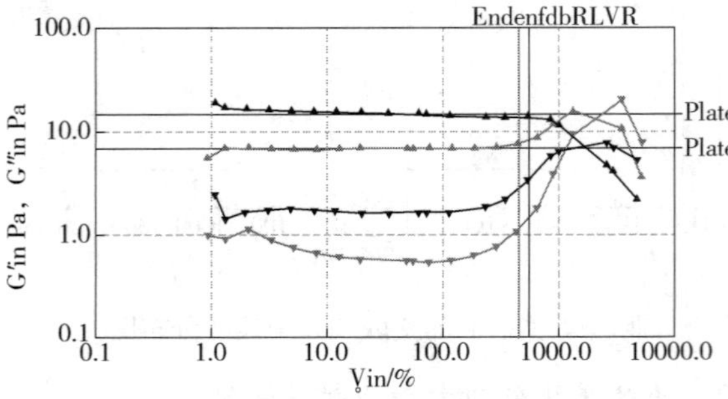

图 5　钛交联与钛锆交联黏弹性对比

（绿色为钛曲线，红色为钛锆曲线）

2.2.3　交联冻胶耐温耐剪切性能评价

本文研制的有机钛锆交联剂在中性与瓜尔胶交联，交联过程中不要另外加入碱性成分调节交联体系 pH 值。因此从理论角度分析，高矿化度水质的钙、镁等硬度离子在交联、加热、剪切过程中不会对交联冻胶有所影响。为了验证上述结论，分别采用自来水、海水直接配液，两种水质部分离子情况见表 2。

采用两种配液水分别配制 0.6%JK106FC 基液，交联剂交联后，对其进行流变性能评价(详细交联配方为：0.6% JK106FC + 0.3% JK01 + 0.3%JK05+0.2%JKSJ01+0.4%JK14M)。

表 2　配液水部分离子分析

离子含量	自来水/ppm	海水/ppm
钠离子	37	8860
钾离子	22	386
钙离子	20	387
镁离子	4	1220
硼离子	0	2.5
氯离子	47	18570
硫酸根离子	31	4200
总矿化度	161	33655.5

从图 6 结果可以得知，两种水质配制的冻胶均可满足 180℃的流变性能评价要求，矿化度高低对交联冻胶体系的流变性能影响甚微，冻胶性能基本不受钙、镁硬度离子影响，海水、自来水配制交联冻胶体系流变趋势基本一致，与理论分析一致。

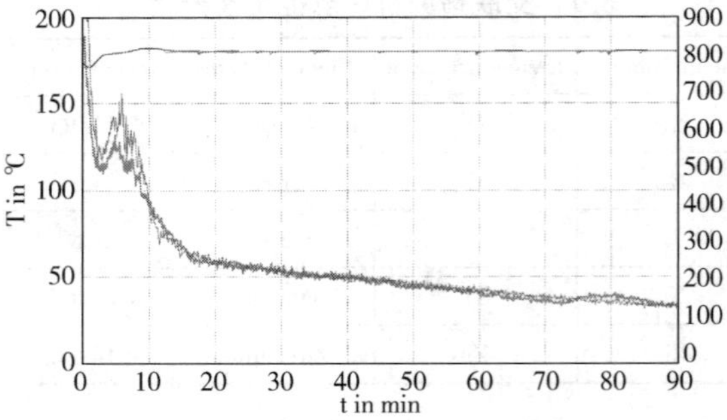

图 6　水质矿化度对交联体系流变性能的影响

从图 6 中同样可以看出，在 0~10min 之间，有黏度随剪切时间延迟上升的现象，主要是因为有机钛锆双组份交联剂，在高温加热的条件下，原先较少参与交联反应的有机锆交联剂逐步参与瓜尔胶的交联反应，产生二次交联，从而提高了交联冻胶的交联强度，冻胶的耐温耐剪切性有一定的提升。

3　钛锆交联体系应用情况

该压裂体系在中海油南海区块实验一口高温直井，该井井深 4700m 左右，井底温度 180℃。配液用水为海水，水质成分：钙离子 380ppm，镁离子 1240ppm，氯根离子 21000ppm，TDS 总量为 36000ppm，与实验所用海水水质情况基本一致。

该井通过油管压裂，井口限压 87MPa，压裂过程中，排量为 2.5~3.0~3.5~3.8m^3/min，最高压力 74.7MPa，施工顺利结束，最终入井液量 531.3m^3，砂量 55m^3(比设计多加 5m^3)，最高砂比 35%(525kg/m^3)，施工时间 2h40min，施工过程曲线如图 7 所示，曲线较为平稳，无停砂、降排量现象，超额完成压裂设计要求。

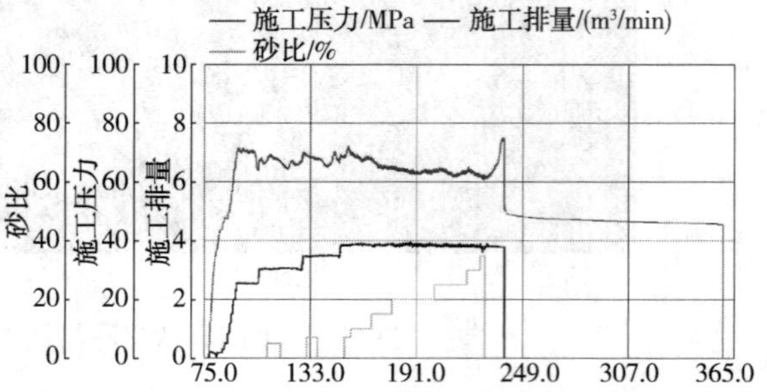

图 7　有机钛锆交联压裂体系实验井施工曲线

在此实验压裂液过程中，直接采用海水配制压裂液，没有其它的复杂工艺措施，极大降低了水质处理费用，相比清水化处理或螯合剂处理海水，每方施工成本降低 150～200 元，具有较高的经济效益。

4 结论

（1）合成了有机钛锆交联剂，通核磁碳谱、环境电子扫描电镜表征，表明交联剂为有机金属螯合物，动静态同步激光光散射仪表征交联剂组分与尺寸，其组分分为两部分：1～10nm 的有机锆交联剂与直径 $10\sim10^2$nm 交联剂，以有机钛成分为主。

（2）研究了有机钛交联剂交联瓜尔胶冻胶的微观显微结构，黏弹性和耐温耐剪切性，结果表明：有机钛锆交联体系交联网格尺寸 13～15μm，交联微观结构致密，比单钛交联体系具有更好的黏弹性能，$170S^{-1}$剪切条件下耐温能达到 180℃以上，海水中钙镁离子、高矿化度对其流变性能没有影响。

（3）本文研制的中性交联瓜尔胶压裂液，在中海油南海区使用海水配制压裂液，压裂施工一口高温实验井，施工效果良好，超额完成压裂设计要求，施工综合成本低。

参 考 文 献

[1] Hoffman H, Thunig C, Schmiedel P, et al. The rheological behavior of different viscoelastic surfactant solution[J]. Tenside, surfactants, detergents, 1994, 31(6): 387-401

[2] 郎学军，刘洪升，王俊英，等．水力压裂工艺中的分段破胶技术研究与应用[J]．石油钻采工艺，2003，25(4)：64-66

[3] 何春明，陈红军，刘超，等．高温合成聚合物压裂液体系研究[J]．油田化学，2012，2(1)：65-68

[4] 任占春，利平，孙慧毅．聚丙烯酰胺有机钛冻胶压裂液[J]．油田化学，1995，12(1)：365-368

[5] 郭建春，王世彬，伍林．超高温改性胍胶压裂液性能研究与应用[J]．油田化学，2011，28(2)：201-205

[6] 赵建波，沈一丁，王磊．疏水改性胍胶稠化剂的制备及结构与性能的相关性[J]．高分子材料科学与工程，2011，27(10)：58-61

[7] Wengsheng C, Ronghua H. Slow genlation of titanium (Ⅳ) with partially hydrolyzed polyacrylamide crosslinking reaction and gel properties[J]. Polymer Journal, 2001, 33(4): 330-335

[8] 赵以文．压裂液用有机钛螯合物交联剂[J]．油田化学，1991，8(3)：215-222

[9] 魏忠强，李小瑞，刘观军，等．有机钛交联剂的合成及流变性能评价[J]．科学技术与工程，2013，13(9)：7492-7495.

[10] 吕海燕，杨华，徐永高，等．一种多羟基醇压裂液用有机钛的制备[P]．中国专利，102108294，2011-6-29

[11] 罗建辉，陈桂英，孙广华，等．一种耐温耐盐共聚物增稠剂[P]．中国专利，98102592. 1998.

高密度水基钻井液聚合物降滤失剂的室内研究

张金波　张高波　刘海涛　曾小芳　范传宗　谢明东　郑　斌

（中国石油集团长城钻探工程有限公司钻井液公司）

摘　要　以苯乙烯、丁二烯、丙烯酸为共聚单体，采用乳液聚合法在气相纳米二氧化硅表面接枝聚合物壳层，合成了微球型降滤失剂。通过核磁共振、热失重、透射电镜、激光粒度分析等方法表征聚合产物，表征分析证明单体发生有效聚合，反应生成形状较规则单分散柔性微球，微球表面的亲水基团与地层黏土矿物产生多点吸附，使封堵泥饼更加致密，产物抗温性较好，这是因为分子结构中引入较多苯环刚性结构及适度的交联作用提高了分子内作用力。井浆评价实验证明，微球型降滤失剂对不同水基体系性能影响表现基本相同，即对高密度体系流变性影响不大，对降低高温高压滤失有较明显效果。中值粒径在亚微米级别样品降低滤失效果最好，纳米级别样品对降低滤失基本无效果。

关键词　高密度；降滤失；水基；钻井液

近年来随着石油勘探向深部、非常规油藏发展，对高密度水基钻井液性能要求越来越高，同时对钻井液处理剂提出更高要求。聚合物类降滤失剂具备优异的抗温抗盐性，相对分子质量在$(10\sim300)\times10^4$的链状聚合物通常用作降滤失剂，但具有一定的增黏效应，实践证明，在1.80～2.50g/cm^{3}的高密度水基钻井液体系中应用受限。低分子量聚合物由于分子链较短，护胶作用弱，一般用作降黏剂，在高密度体系应用时，由于固相含量高，自由水含量少，有时甚至起反作用。高密度水基钻井液固相粒径一般在2μm以上，通过增加体系中亚微米或纳米级封堵颗粒可进一步提升泥饼质量，起到降低滤失量作用。本文以苯乙烯、丁二烯、丙烯酸为共聚单体，采用乳液聚合法在气相纳米二氧化硅表面接枝聚合物壳层，合成了适用于高密度水基钻井液体系的聚合物微球型降滤失剂。

1　实验部分

1.1　实验原料

原料丁二烯、苯乙烯、丙烯酸、乳化剂，工业纯；偶联剂、叔-十二烷基硫醇，分析纯；气相纳米二氧化硅，粒径中值10 nm。

1.2　合成方法

真空条件下加入蒸馏水、乳化剂，偶联剂，完全溶解成水溶液，再加入丙烯酸、丁二烯、苯乙烯、叔-十二烷基硫醇、纳米二氧化硅、有机溶剂的油相混合液，采用氧化还原引发体系引发。在0.6 MPa条件下加热搅拌进行聚合反应。反应结束后冷却至25℃，中和后即得微球降滤失剂。

1.3　表征与评价方法

采用岛津热重分析仪TGA-50H型分析提纯样品，温度范围是室温～1000℃，升温速率采用5℃/min；粒度分布采用百特BT-9300Z型激光粒度仪分析；采用美国Thermo Scientific Talos F200X STEM扫描透射电子显微镜观察样品状态及粒径；采用布鲁克AVANCE NEO核磁共振(NMR)波谱仪表征样品组分。

2　表征与评价

2.1　微球降滤失剂表征

2.1.1　核磁共振分析

将样品离心30min，用丙酮、95%乙醇溶液、无水乙醇依次洗涤沉淀聚合物，采用核磁共振分析聚合物成分。核磁共振氢谱1.6～2.5ppm、5.0～5.3ppm、6.6～7.2ppm等宽峰主要是苯乙烯-丁二烯-苯乙烯嵌段共聚物的特征峰，合成产品中所含官能团与分子结构设计一致，说明单体发生有效聚合。如图1所示

2.1.2　热失重分析

图2所示为热失重分析谱图，提纯样品水分在135.7℃蒸发完毕，含量为8.98%；聚合产物在135.7～377.1℃之间性能稳定，未发生分解；当温度高于377.1℃时，分子发生快速分解。热失重分析可知，聚合物在低于377.1℃时性能稳

定，分子结构中引入较多苯环刚性结构，适度的交联作用提高分子内作用力都能提高聚合物热稳定性。

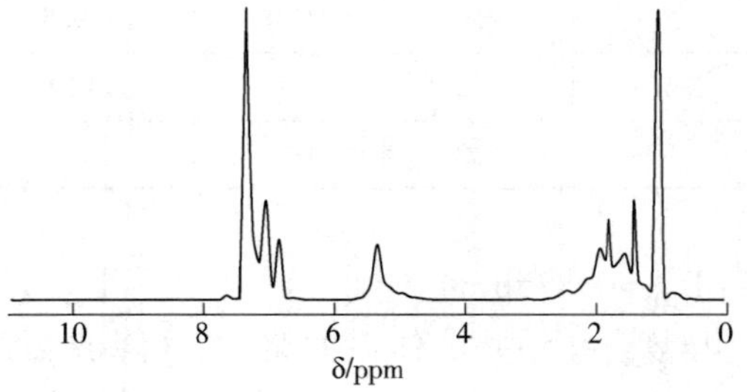

图 1　降滤失剂核磁谱图

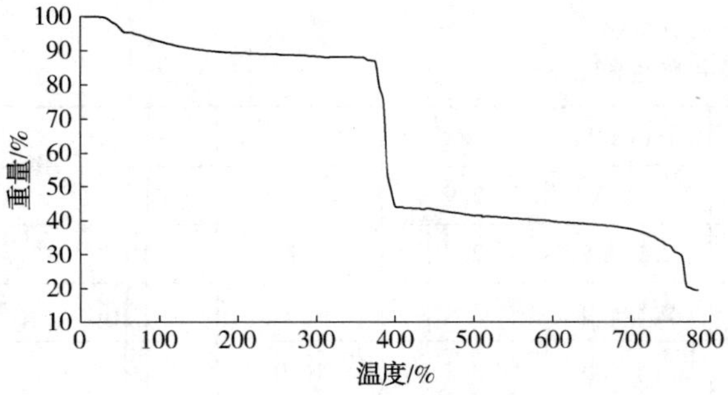

图 2　降滤失剂热失重分析

2.1.3　透射电镜分析

利用透射电镜分析，图 3 照片放大倍数为 5000 倍，照片可以看到反应生成形状较规则柔性微球，微球表面的活性基团也会与发生多点吸附，使封堵泥饼更加致密。

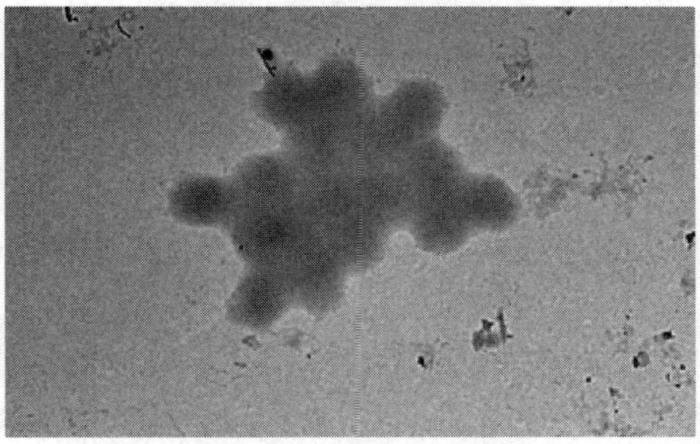

图 3　降滤失剂透射电镜照片(×5000)

2.1.4　激光粒度分析

采用湿法测试纳米微乳粒度分布，合成不同粒径范围样品结果见表 1，粒径中值样品 $1D_{50}$ = 0.093μm、样品 $2D_{50}$ = 0.875μm、样品 $3D_{50}$ = 5.371μm。

表 1　粒度实验数据

样品名称	粒度/μm									
	D_{03}	D_{06}	D_{10}	D_{16}	D_{25}	D_{50}	D_{75}	D_{84}	D_{90}	D_{97}
1	0.064	0.060	0.066	0.074	0.086	0.093	0.112	0.201	0.287	0.413
2	0.045	0.175	0.356	0.478	0.698	0.875	0.951	1.025	1.526	2.956
3	0.275	0.568	0.971	1.758	3.241	5.371	7.584	9.102	13.524	22.635

3　体系性能评价

将不同体系现场井浆加重至 2.1g/cm³ 左右，分别加入 2 %降滤失剂测试老化前 50℃下的流变性、API 滤失量，150℃热滚 16h 后 50℃下的流变性、API 滤失量及 150℃高温高压滤失量。

3.1　有机硅体系

1# 有机硅钻井液体系井浆

2#有机硅钻井液体系井浆+2 %降滤失剂样品 1(D_{50}=0.093μm)

3# 有机硅钻井液体系井浆+2 %降滤失剂样品 2(D_{50}=0.875μm)

4#有机硅钻井液体系井浆+2 %降滤失剂样品 3(D_{50}=5.371μm)

性能评价见表 2。

表 2　有机硅体系现场井浆性能评价

样品	温度/℃	AV/mPa·s	PV/mPa·s	YP/Pa	Gel/(Pa/Pa)	FL/ml	FL_{HTHP}/ml	pH
基浆	老化前	—	—	—	5.5/-	2.6		10
	150/16h	110	105	5	5.0/-	5.6	23	9.5
1	老化前	—	—	—	5.0/-	2.6		10
	150/16h	112	106	6	4.5/-	4.2	23.8	9.5

续表

样品	温度/℃	AV/mPa·s	PV/mPa·s	YP/Pa	Gel/(Pa/Pa)	FL/ml	FL_{HTHP}/ml	pH
2	老化前	—	—	—	5.0/-	1.6		10
	150/16h	110.5	104	6.5	5.5/-	4.0	13.6	9.5
3	老化前	—	—	—	5.5/-	2.2		10
	150/16h	114	109	5	4.5/-	5.2	18.8	10

注：测试温度 50℃、HTHP/150℃；密度：2.18g/cm^3

3.2 复合盐体系

1#复合盐钻井液体系井浆

2#复合盐钻井液体系井浆+2 %降滤失剂样品 1(D_{50}=0.093μm)

3#复合盐钻井液体系井浆+2 %降滤失剂样品 2(D_{50}=0.875μm)

4#复合盐钻井液体系井浆+2 %降滤失剂样品 3(D_{50}=5.371μm)

性能评价见表 3。

表 3 复合盐体系现场井浆性能评价

序号	温度/℃	AV/mPa·s	PV/mPa·s	YP/Pa	Gel/(Pa/Pa)	FL/ml	FL_{HTHP}/ml	pH
基浆	老化前	126	116	10	3/8.5	2.9		8
	150/16h	111	105	6	2.5/7.5	2.8	17	7
1	老化前	120	112	8	2.5/8.0	2.4		8
	150/16h	108.5	102	6.5	2.5/8.0	3.2	16.0	7
2	老化前	122	112	10	2.5/7.5	2		8
	150/16h	110	105	5	2.0/7.0	4	13.2	7
3	老化前	125	116	9	3.5/8.5	2.6		8
	150/16h	111	106	5	2.0/7.5	3.0	14.8	7

注：测试温度 50℃、HTHP/150℃；井浆密度：2.15g/cm^3

3.3 降滤失性能影响机理

微球型降滤失剂对不同水基钻井液体系性能影响表现基本相同，即对高密度体系流变性影响不大，对降低 API 滤失量无效果，但对降低 HTHP 滤失有较明显效果，有机硅钻井液体系150℃高温高压滤失量降低 35.7 %，复合盐钻井液体系 150℃高温高压滤失量降低 23.5 %。亚微米级颗粒的存在优化了钻井液体系的粒径级配，填充了泥饼孔隙，形成更加致密的封堵层，因此可以有效降低高温高压滤失量。API 滤失量测试时压差相对较低，基浆泥饼即有较好的降滤失效果，此时效果不明显。在不同钻井液体系中，中值粒径在亚微米级别样品降低滤失效果最好，纳米级别样品对降低滤失基本无效果，这可能是因为钻井液体系缺乏亚微米粒径组分或者亚微米粒径组分对 API 高温高压滤纸封堵效果最好导致，需要进一步实验探究。

4 结论

(1) 以苯乙烯、丁二烯、丙烯酸为共聚单体，采用乳液聚合法在气相纳米二氧化硅表面接枝聚合物壳层，合成了微球降滤失剂。

(2) 核磁共振分析可知聚合产物符合预期目标，透射电镜观察证明反应生成形状较规则柔性微球，微球表面的亲水基团与地层黏土矿物产生多点吸附，使泥饼更加致密。热失重分析表明纳米微乳抗温达 377.1℃，这是分子结构中引入较多苯环刚性结构及适度的交联作用提高分子内作用力导致。

(3) 微球型降滤失剂对不同体系性能影响表现基本相同，即对高密度体系流变性影响不大，对降低 API 滤失量无效果，但对降低 HTHP 滤失有较明显效果。亚微米级颗粒的存在优化了钻井液体系的粒径级配，形成更加致密的封堵层，因此可以有效降低高温高压滤失量。中值粒径在亚微米级别样品降低滤失效果最好，纳米级别样品对降低滤失基本无效果。

参 考 文 献

[1] 闫丽丽，李丛俊，张志磊，等．基于页岩气“水替

油”的高性能水基钻井液技术[J]. 钻井液与完井液，2015，32(5)：1-6.

[2] YAN Lili, LI Congjun, ZHANG Zhilei, et al. High performance water - base drilling fluid for shale gas drilling[J]. Drilling Fluid & Completion Fluid, 2015, 32(5): 1-6.

[3] CAI J, CHENEVERT M E, SHARMA M M, et al. Decreasing water invasion into Atoka shale using non-modified silica nanoparticles[J]. SPE Drilling & Completion, 2012, 27(01): 103-112.

[4] 林梅钦，董朝霞，彭勃，等. 交联聚丙烯酰胺微球的形状与大小及封堵特性研究[J]. 高分子学报，2011(1)：48-54.

[5] 白小东，蒲晓林. PMMA 纳米胶乳在钻井液中的性能评价[J]. 钻井液与完井液，2010，27(1)：8-10.

[6] 赵春花，夏小春，项涛，等. 防冻型纳米乳化石蜡 PF-EPF 的研制与应用[J]. 钻井液与完井液，2016，33(5)：9-14.

[7] 高鑫，钟汉毅，邱正松，等. 钻井液用 β- 环糊精聚合物微球降滤失剂的制备[J]. 钻井液与完井液，2021，38(1)：21-26.

[8] 毛惠，邱正松，沈忠厚，等. 两亲嵌段疏水缔合聚合物基纳米 SiO_2 的合成及溶液特性[J]. 高分子材料科学与工程，2015(1)：7-12.

一种新型环保耐高温油基钻井液降滤失剂

马　俊[1]　鲁政权[1]　王振军[2]

（1. 中国石油集团长城钻探工程有限公司工程技术研究院；2. 中国石油集团长城钻探工程有限公司钻井一公司）

摘　要　本研究采用羟甲基纤维素作为基础原料，结合2-丙烯酰胺基-2-甲基丙磺酸（AMPS）与N，N-二甲基丙烯酰胺（DMAA）作为主要单体，在过硫酸钾的催化作用和甲基丙烯酸羟丙酯的交联辅助下，通过溶液聚合技术成功合成了一种创新的环保型油基钻井液降滤失剂。本研究通过精心设计的单因素实验对合成工艺进行了系统优化，并全面评估了产品的耐温性、生物毒性及生物降解性。实验结果显示，在特定的质量配比和反应条件下，即N，N-二甲基丙烯酰胺与AMPS的质量比为1：16，混合单体与羟甲基纤维素的质量比为1：1，引发剂用量为0.8‰，反应温度控制在80℃，以及交联剂用量为0.06%，所得到的降滤失剂不仅在高温下展现出卓越的降滤失性能，达到200℃的耐温标准，还具备环保、无毒、易于生物降解的优势。

关键词　羟甲基纤维素；降滤失性能；环境友好；油基钻井液；耐高温特性

在石油勘探领域，随着技术的进步和需求的增长，勘探活动正从传统的浅层油气资源向更深层、超深层油气藏以及从常规油气藏向非常规油气藏过渡。在这一过程中，油基钻井液因其出色的润滑性、良好的失水造壁特性以及优异的耐盐和耐高温性能，已经成为钻井作业中不可或缺的一部分。降滤失剂作为油基钻井液的关键添加剂，其主要作用是在钻探过程中防止钻井液中的游离水分渗透进岩石裂缝，从而避免钻井液的不必要流失。

然而，尽管沥青类降滤失剂因其成本低廉和原料广泛可得而在市场中占据优势，但面对日益严格的环保要求，这类产品的环保处理难度逐渐成为其发展的瓶颈。与此同时，传统天然高分子材料，如淀粉、纤维素和生物胶等，虽然具有环保、无毒和易于生物降解的天然优势，但其在耐高温性能上的不足限制了它们在深层和超深层钻井中的应用，通常这类材料的耐温性能不超过120℃。

针对这一挑战，本研究选用羟甲基纤维素作为基础原料，并以2-丙烯酰胺基-2-甲基丙磺酸（AMPS）和N，N-二甲基丙烯酰胺（DMAA）为聚合单体，在过硫酸钾的引发作用和甲基丙烯酸羟丙酯的交联作用下，通过溶液聚合法成功合成了一种新型的环保型抗高温油基钻井液降滤失剂。本研究不仅对合成工艺进行了全面的优化，还对降滤失剂的耐高温性能和环保特性进行了深入评价，旨在开发出一种既满足工业应用需求又符合环保标准的创新产品。

通过本研究的深入探索，我们不仅优化了降滤失剂的制备工艺，还对其在高温环境下的应用性能进行了全面评估，确保了产品在满足工业需求的同时，也能达到环保标准，为石油勘探开发领域提供了一种高效、环保的新型降滤失剂解决方案。

1　实验部分

1.1　材料与仪器

1）材料

羧甲基纤维素：选用河北金誉化工科技有限公司提供的工业级产品，作为合成降滤失剂的基础材料。

5#白油：辽河石化公司生产的5#白油，以及辽宁泉瑞试剂有限公司提供的氧化钙、氢氧化钙等分析纯试剂，确保实验的高纯度需求。

单体与引发剂：包括N，N-二甲基丙烯酰胺（AMPS）、2-丙烯酰胺基-2-甲基丙磺酸（AMPS）、过硫酸钾、甲基丙烯酸羟丙酯等，均购自常州睿福通生物科技有限公司，均为分析纯级别。

有机土：本实验室自制，用于特定实验条件的模拟。

2）设备

恒温磁力搅拌器、数显恒温水浴锅、变频高

速搅拌机 、六速旋转粘度计、变频高温滚子加热炉、型高温滚子加热炉、电子天、分析天平)、高温高压滤失仪。

羧甲基纤维素的预处理：将定量的羧甲基纤维素加入60℃温水中，使用恒温磁力搅拌器搅拌50分钟以实现糊化。

1.2 降滤失剂的制备

1.2.1 羧甲基纤维素的预处理：将定量的羧甲基纤维素加入60℃温水中，使用恒温磁力搅拌器搅拌50分钟以实现糊化。

1.2.2 单体的溶解与pH调节：将N，N-二甲基丙烯酰胺(AMPS)和2-丙烯酰胺基-2-甲基丙磺酸(AMPS)溶解在选定溶剂中，并用氢氧化钠溶液调整至适宜pH值。

1.2.3 混合与反应：将步骤2中的溶液与步骤1得到的糊化羧甲基纤维素混合均匀，随后加入过硫酸钾作为引发剂和甲基丙烯酸羟丙酯作为交联剂，启动聚合反应。在50℃至90℃的温度范围内，于无氧环境(氮气保护)下反应5小时。

1.2.4 后处理：反应完成后，对产物进行洗涤、过滤和研磨，以获得最终的降滤失剂产品。

1.3 性能测试

1.3.1 钻井液滤失性能评估

本实验采用高温高压滤失量(HTHP)作为评价油基钻井液滤失性能的关键指标。通过单因素实验法，我们研究了单体配比、单体占比、反应温度、引发剂和交联剂的用量对降滤失剂性能的影响。

1.3.2 HTHP滤失量测定步骤：

用量筒量取300mL的白油水，置于高速搅拌杯中。

设定搅拌速度为8000转/分钟，边搅拌边加入9克有机土，持续搅拌20分钟。

分别加入9克氧化钙和10克氢氧化钙，每种物质加入后均搅拌20分钟。

加入9克降滤失剂，继续搅拌20分钟后，将混合物装入老化罐。

在150℃下滚动老化16小时，依据GB/T 16783.1—2014标准进行HTHP滤失量的测定。

1.3.3 生物毒性与生物降解性测定：

根据GB/T 18420.2—2009标准，测定降滤失剂对卤虫的96小时半致死浓度(LC50)，以评估生物毒性。

依据SY/T 6788—2020标准，评估降滤失剂的五日生化需氧量与化学需氧量之比(BOD5/CODCr)，以确定其生物降解性。

2 结果与讨论

2.1 单体配比的优化

图1的数据显示，随着2-丙烯酰胺基-2-甲基丙磺酸(AMPS)在单体混合物中的比例增加，高温高压滤失量(HTHP)呈现出先下降后上升的趋势。当AMPS与N，N-二甲基丙烯酰胺(DMAA)的配比达到1：16时，HTHP滤失量降至最低，仅为0.5毫升。这一现象归因于AMPS的亲油性，它促进了有机土的分散，有助于形成更加致密的胶质泥饼[8]。然而，当DMAA的比例增加时，由于其非离子型酰胺基团的亲油性不足，导致降滤失性能下降。因此，我们确定了1：16为最优单体配比。

2.2 单体占比的影响

单体占比，即混合单体与羧甲基纤维素的质量比，对降滤失剂的性能同样至关重要。实验中，我们设定了五种不同的质量比(3∶7、2∶3、1∶1、3∶2、7∶3)，并进行了系统评估。结果显示，单体占比对降滤失剂的性能有显著影响，合理的单体占比能够优化降滤失剂的结构，从而提高其在钻井液中的分散性和热稳定性。如图1所示。

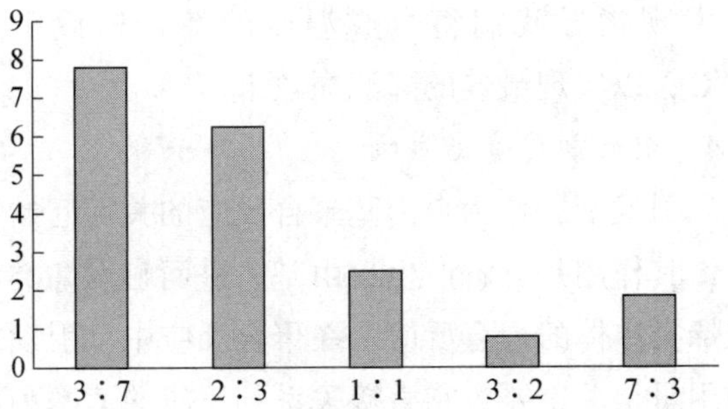

图2 单体占比对钻井液体系失水造壁性的影响

图1的分析结果揭示了单体占比对HTHP滤失量的显著影响。随着单体在混合物中所占比例的增加，HTHP滤失量显著下降，并在达到3∶2

的占比时稳定于0.8毫升的低值。进一步增加单体占比，滤失量变化不大。这种趋势表明，羧甲基纤维素分子链上的功能基团单体接枝，有助于构建多支链空间网状结构，这不仅保护了羧甲基纤维素中的C=O键，还提升了材料的抗温性能和降滤失效果。基于这些发现，实验确定了单体与羧甲基纤维素的最佳质量比为1∶1。

2.3 反应温度的效应

依据化学反应机理，实验确定了50~90℃为合成反应的最佳温度区间。在这一温度范围内，我们评估了不同合成温度对油基钻井液体系HTHP滤失量的影响。实验结果表明，随着合成温度的升高，钻井液体系的失水造壁性能得到改善。然而，当温度超过某一阈值后，性能增益趋于平缓。这些数据为我们提供了对反应条件优化的深刻见解，并指导我们选择最佳的合成温度以获得理想的降滤失性能。如图2所示。

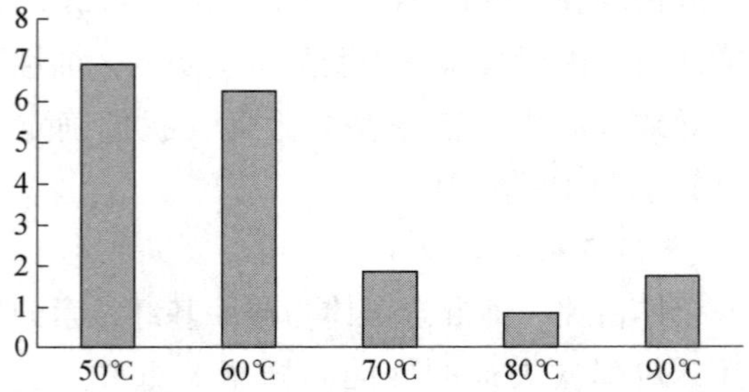

图2 合成温度对钻井液体系失水造壁性的影响

实验结果表明，随着合成温度的逐步升高，钻井液体系在高温高压条件下的滤失量呈现下降趋势。然而，当合成温度超过80℃时，滤失量开始缓慢上升。在80℃的合成温度下，我们观察到最低的高温高压滤失量，仅为0.8毫升。这一发现指导我们将合成温度的最佳值设定为80℃，以实现最佳的降滤失效果。

2.4 引发剂用量的影响

引发剂，作为自由基聚合反应的关键起始物质，其作用是分解产生自由基，进而触发烯类和双烯类单体的聚合反应。在聚合反应中，引发剂的用量至关重要，它直接关系到反应的速率和最终产物的性能。过量的引发剂可能导致反应速度过快，难以控制；而用量不足则可能导致聚合反应无法有效进行。基于聚合反应的原理和实验数据，我们将引发剂的推荐用量范围设定为0.2%至1.0%，以确保反应的平衡和产物的稳定性。如图3所示。

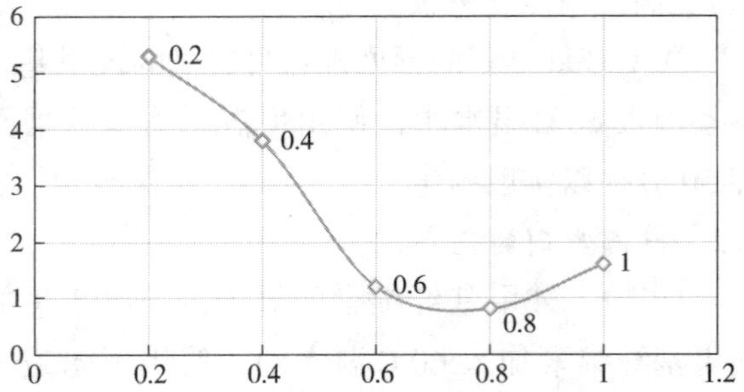

图3 引发剂用量对钻井液体系失水造壁性的影响

实验数据显示，随着引发剂用量的增加，钻井液在高温高压环境下的滤失量逐步降低。当引发剂的用量增至0.8%时，我们记录到了最低的滤失量，仅为0.8毫升。这一结果表明，0.8%的引发剂用量为最佳点，在此用量下，钻井液体系的降滤失性能达到最优。因此，我们推荐在合成过程中使用0.8%的引发剂，以确保聚合反应的高效进行和产品的高性能。

2.5 交联剂用量的影响

交联剂，作为聚合反应中的关键组分，通过分解产生自由基，促进聚合物链之间的交联，从而增强材料的机械性能和热稳定性。在本研究中，我们根据聚合反应的原理和实验需求，将交联剂的用量范围设定在0.02%至0.1%之间。这一用量范围旨在实现聚合物网络的最佳交联密度，以达到预期的降滤失性能和抗温性能。如图4所示。

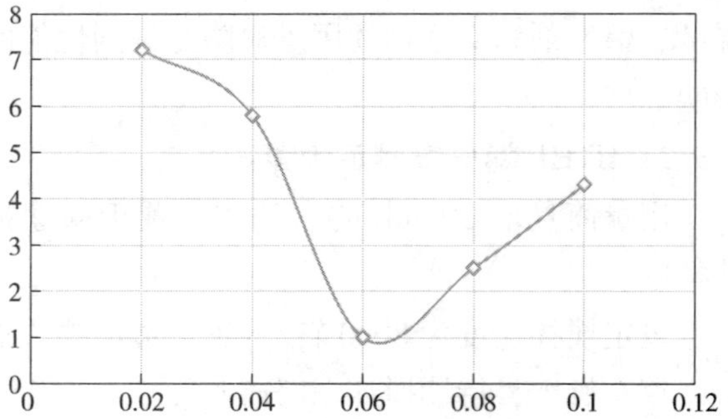

图4 交联剂用量对钻井液体系失水造壁性的影响

实验结果揭示了交联剂用量对钻井液体系高温高压滤失量的重要影响。随着交联剂量的增加，滤失量呈现下降趋势，但当用量超过0.06%时，滤失量开始缓慢上升。这一现象可归因于交联反应的动态平衡：在低用量下，交联剂主要在分子链内部反应，限制了网络结构的形成，导致降滤失效果不佳；而适量增加交联剂量，可以促进分子链间的交联，增强空间网络结构，从而显著提升吸水性和降滤失效果。然而，过量的交联剂会引发均聚反应，优先于有效的分子间交联，反而削弱了材料的滤失控制性能。

综合考虑，实验数据指出当交联剂用量设定为0.06%时，钻井液体系的高温高压滤失量降至最低，为1毫升。因此，我们确定0.06%为交联剂的最佳用量，这一用量能够平衡交联反应，优化钻井液体系的降滤失性能。

3 效果评价

3.1 降滤失剂的环保性能评价

本研究以羟甲基纤维素为基础原料，结合2-丙烯酰胺基-2-甲基丙磺酸(AMPS)和N，N-二甲基丙烯酰胺(DMAA)作为单体，在特定的反应条件下成功制备了降滤失剂。这些条件包括：单体质量比为1∶16，单体与羧甲基纤维素的质量比为1∶1，反应温度设定为80℃，引发剂用量为0.8%，交联剂用量为0.06%。进一步对所得降滤失剂的生物降解性和生物毒性进行了全面评估。

评估过程遵循了GB/T 18420.2—2009标准，通过测定降滤失剂对卤虫的96小时半致死浓度(LC50值)，以及依据SY/T 6788—2020标准测定的BOD5/CODCr比值，来评价其生物毒性和生物降解性。测试结果显示，降滤失剂对卤虫的96h-LC50值为100000mg/L，远高于国家标准规定的30000mg/L的生物毒性允许值。同时，其BOD5/CODCr比值为0.18，超过了行业标准规定的大于0.1的要求。

这些结果综合表明，所制备的降滤失剂不仅具有出色的生物降解性，而且具有较低的生物毒性，满足了绿色环保和环境友好的现代工业需求。

3.2 降滤失剂的抗温性能评价

如图5所示，我们观察到随着温度的逐步升高，钻井液的滤失量呈现递增趋势。为了确保钻井施工的安全性，我们特别关注了在极端条件下钻井液体系的高温高压失水性能。实验结果表明，在150℃的条件下，钻井液体系的高温高压失水量控制在0.8毫升以内，而在200℃经过16小时老化处理后，失水量为2.5毫升。这一结果仍然满足行业标准中对高温高压失水小于5毫升的要求，从而证实了加入降滤失剂后的油基钻井液体系具备优良的抗高温性能。

这一评价不仅展示了降滤失剂在维持钻井液稳定性方面的重要作用，也反映了其在极端温度条件下的可靠性，为深层和超深层油气勘探提供了有力的技术支持。

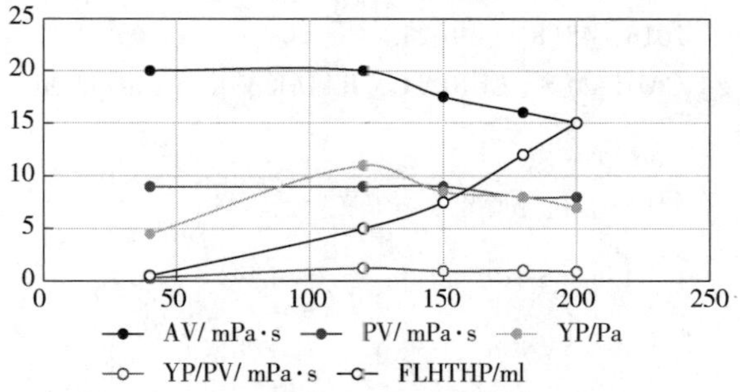

图5 加入3%降滤失剂在不同温度老化16h后的抗温性能

4 结论

本研究成功开发了一种环保型抗高温油基钻井液用降滤失剂，其合成策略和性能评估结果如下：

(1) 原料与单体选择：以羟甲基纤维素为基材，选用2-丙烯酰胺基-2-甲基丙磺酸(AMPS)和N，N-二甲基丙烯酰胺(DMAA)作为聚合单体。通过精确控制单体比例，即DMAA与AMPS的质量比为1∶16，以及混合单体与羧甲基纤维素的质量比为1∶1，确保了降滤失剂的性能和环保特性。

(2) 合成条件优化：确定了最佳的合成条件，包括引发剂过硫酸钾的用量为0.8‰，反应温度控制在80℃，以及交联剂的用量为0.06%。这些条件共同作用，实现了降滤失剂的高效合成。

(3) 性能评估：实验结果表明，所制备的降滤失剂在200℃的高温下具有良好的流变性和降滤失性能，满足了油基钻井液在极端条件下的应用需求。此外，降滤失剂对卤虫的96小时半致死浓度(LC50)高达100000mg/L，远超国家标准规定的30000mg/L，显示了其极低的生物毒性。同时，其BOD5/CODCr比值为0.18，超过行业标准，证明了其优秀的生物降解性。

综上所述，本研究开发的降滤失剂不仅具备了抗高温的工业应用性能，同时也符合绿色环保和环境友好的现代社会要求，为深层油气勘探提供了一种高效、可持续的解决方案。

参 考 文 献

[1] 王爱荣，闭梅，石海信，等．淀粉基降滤失剂的合成工艺及其降滤失机理研究[J]．化工技术与开发，2016，45(8)：19-23.

[2] CAUTAM S，CURIA C，RAJAK V K. A state of the art review on the performance of high-pressure and high-temperature drilling fluids：towards understanding the structure-property relationship of drilling fluid additives [J]. Journal of Petroleum Science and Engineering, 2022，213：110318.

[3] 徐同台，赵忠举，袁春．国外钻井液和完井液技术的新 进展[J]．钻井液与完井液，2004(2)：3-12.

[4] 吴鑫磊，闺朋朋，王立辉，等．环保型钻井液用降滤失剂研究进展[J]．钻井液与完井液，2018，35(3)：8-16.

[5] 邵旭佳，蒲晓林．环保钻井液研究现状及发展趋势[J]．化学世界，2018，59(9)：54-551.

[6] 王中华．中国天然材料改性钻井液处理剂现状与开发方向[J]．中外能源，2018. 23(8)：28-35.

海坨子水平井高性能盐水钻井液技术研究与应用

赵雪松[1]　张立刚[1]　蒋方军[2]

（1. 东北石油大学提高油气采收率教育部重点实验室；2. 中国石油吉林油田公司钻井工艺研究院）

摘　要　吉林油田海坨子地区探明储量大、含油面积广，储量未动用率达到76%以上，具有很大的开发潜力。但该地区地质条件复杂，采用水平井开发工程动用难度非常大，前期采用三开井身结构和油基钻井液体系能够打成，但无法实现效益动用。通过研究高性能盐水钻井液技术并在海49区块成功实施2口浅表二开井水平井，解决了海坨子地区塌漏导致复杂情况频发的难题，钻井周期和成本同比双降40%以上，实现了海坨子地区效益开发。

关键词　未动用；高性能；盐水钻井液技术；浅表二开；效益开发

1　地质和工程概况

吉林油田海坨子地区位于松辽盆地南部中央坳陷，探明储量大、含油面积广，是吉林油田重点开发区块。该区块发育萨尔图、高台子、扶余等油层，油层具有低孔、低渗、厚度薄等特点，常规直井、定向井开采单井产量低(平均单井日产油量只有1~2t左右)，目前均采用水平井开发扶余油层。该地区地质条件复杂，青山口微裂隙发育、地层漏失压力低，塌漏同层，前期钻井过程中使用常规聚合物体系存在井壁失稳、频繁井漏导致钻井周期长、提前完钻甚至井眼报废情况，采用三开井身结构和油基钻井液体系才能够实现水平段打长，但无法实现效益动用。如表1、表2、图1所示。

表1　海坨子油田地质分层

地层：界	系	统	组	段	油层	设计地层：底界深度（m）	厚度（m）	地层倾角（°）	岩性简述	故障提示
新生界	第四系					80	80		黄土、粘土、底部为砂砾层，粉砂质泥岩、泥质粉砂岩组成不等厚互层	
	第三系	上统	泰康组			181	101		杂色砂砾岩，夹绿灰色泥岩	
		下统	大安组			244	63		以绿灰色泥岩为主，下部及底部各发育一层杂色砂砾岩	
中生界	白垩系	上统	明水组			485	241		岩性以棕红、灰色泥岩为主，夹灰色粉砂质泥岩、泥质粉砂岩、粉砂岩互层	
			四方台组			739	254		岩性以棕红、灰色泥岩为主，灰色粉砂质泥岩、泥质粉砂岩粉砂岩互层层	
		下统	嫩江组	五段		849	110		岩性以灰色泥岩、粉砂质泥岩、泥质粉砂岩互层为主	
				四段		1091	242		岩性以灰色泥岩为主，夹灰色粉砂质泥岩、泥质粉砂岩、粉砂岩	防卡
				三段		1168	77		岩性以大段深灰、灰黑色泥岩为主，顶部发育一层灰色粉砂岩	防塌、漏、卡涌、喷
				二段		1291	123		岩性以大段灰黑色泥岩为主，顶部发育一层灰黑色粉砂质泥岩，底部见一层褐灰色油页岩	防塌、漏、卡涌、喷
				一段		1364	73		岩性以大段灰黑色泥岩为主，间夹一层褐灰色油页岩	防塌、漏、卡涌、喷
			姚家组	二加三段		1452	88		岩性以棕红色泥岩为主，层间发育灰色粉砂质泥岩、泥质粉砂岩、粉砂岩	防塌、漏、卡涌、喷
				一段		1511	59		岩性以棕红色泥岩为主，层间发育灰色粉砂岩	防塌、漏、卡涌、喷
			青山口组	二加三段	高台子	1867	356		岩性上部以棕红、紫红色泥岩与灰色粉砂质泥岩、泥质粉砂岩、粉砂岩组成的不等厚互层；中下部以深灰、灰黑色泥岩为主夹灰色粉砂质泥岩、泥质粉砂岩、粉砂岩	防塌、漏、卡涌、喷
				一段		1938	71		岩性以灰黑色泥岩，灰色粉砂质泥岩、泥质粉砂岩、粉砂岩组成不等厚互层	防塌、漏、卡涌、喷
			泉头组	四段	扶余	2061	123		岩性以恢黑、紫色、暗紫色泥岩，绿灰色泥质粉砂岩、灰色粉砂岩组成的不等厚互层	防塌、漏、卡涌、喷
				三段	杨大城子	2148	未穿		紫色泥岩、灰白、灰色泥质粉砂岩、细砂岩互层，与下伏地层整合接触	防塌、漏、卡涌、喷

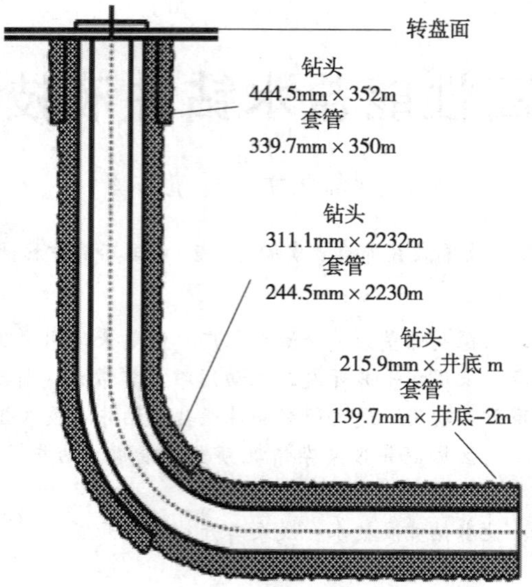

图 1　前期海坨子油田井身结构图

表 2　海坨子前期施工井情况表

井号	井身结构	施工时间	工期/d	水平段长	完钻井深	钻井液体系	完钻密度	漏失量/m^3
海 x1	三开	2013	报废	947	3232	水基	1.11	302
			报废			水基	1.11	120
	小井眼		63			油基	1.11	203
海 x2	浅表二开	2011	78	584	2696	水基	1.19	285
海 x3	浅表二开	2011	170	306	2473	水基	1.2	481
海 x4	三开小井眼	2013	82	658	2890	水基	1.29	215

2　海坨子地区施工难点分析

海坨子地区水平井施工被称为吉林油田水平井钻井“禁区”，均是直井、定向井进行开发，水平井采用三开井身结构和油基钻井液体系才能打成。近几年，随着钻井液技术提升，梳理了前期井漏、井壁失稳机理，开展了高性能水基钻井液技术研究，并开展先导性现场试验，实现海坨子地区效益开发。

2.1　井漏原因分析

海坨子自北向南漏失逐渐严重，漏失原因青山口微裂缝发育，多为垂直缝和高角度缝，裂缝大约 0.3mm 左右，多为闭合缝隙，在钻井过程中井底压力大诱导裂缝张开，发生漏失；同时扶余油层渗透性好，连通性强，易持续发生渗漏。南部钻井液密度窗口约为 1.15g/cm^3，中部约为 1.22g/cm^3。如图 2、图 3 所示。

2.2　井壁失稳原因分析

海坨子地区不稳定地层主要为嫩江组和青山口组。上部嫩江组由大段泥页岩组成，易水化缩径、坍塌；下部青山口组硬脆性泥页岩发育，且含微裂缝，在钻井液浸泡下，易掉块坍塌。

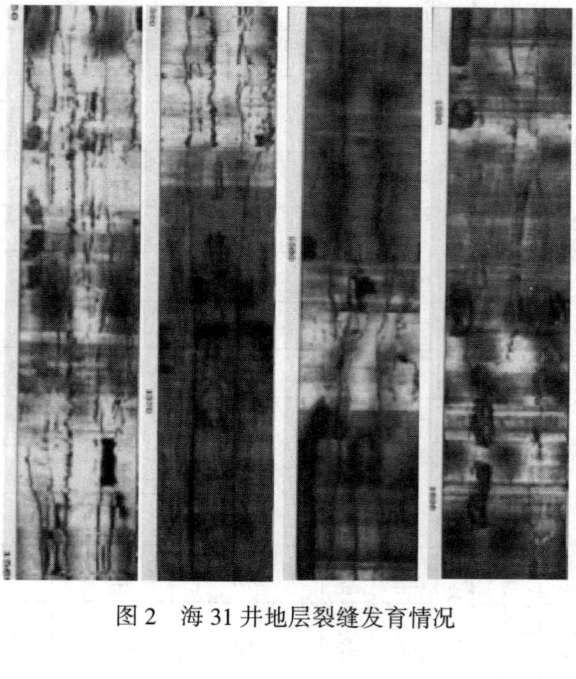

图 2　海 31 井地层裂缝发育情况

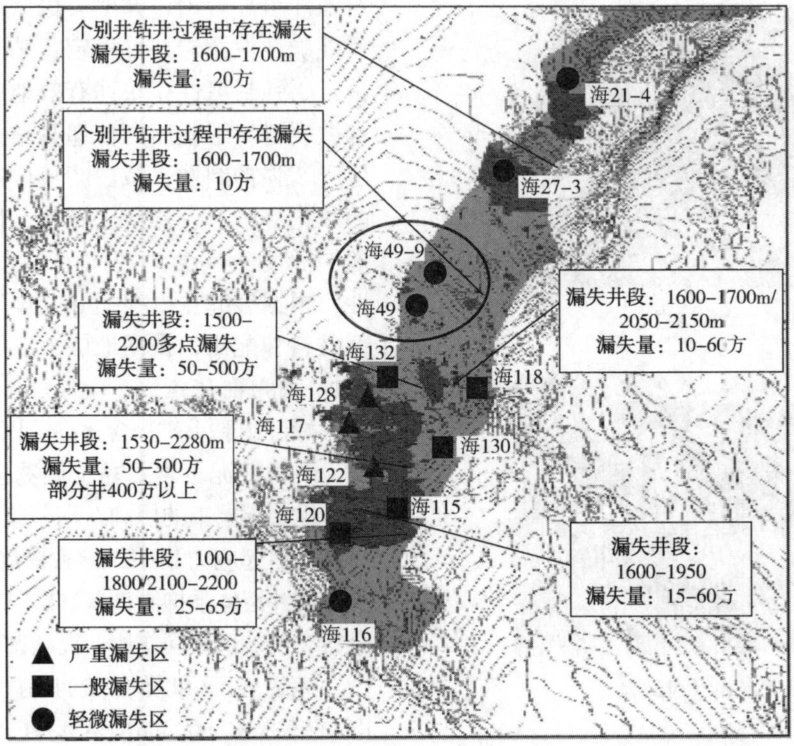

图3 海坨子漏失情况分布图

表3 海坨子地区嫩江组地层稳定性分析

项目地		膨胀率/%	回收率/%	分散性/s	水化性/s	坍塌性/[1/(y-b) * 10^{-3}]
嫩江组岩屑	样品数	5	8	5	5	11
	范围	16.93~36.14	1.0~30.14	241~2133	223~1130	1.503~6.930
	平均值	26.4	7.7	821	557	4.192
	类型	高	低	中	中	水化坍塌

表4 海坨子地区青山口组岩屑稳定性分析

序号	地层	回收率/%	膨胀率/%	分散性/s	水化性/s	坍塌性/[1/(y-b) * 10^{-3}]
1	青山口	72.1	0.69	148	531	29.41
2	青山口	83.2	0.05	365	689	8.16
3	青山口	90.3	0.03	194	816	9.16
4	青山口	79.7	0.53	389	824	5.87
平均值		81.325	0.325	274	715	13.15
所属类型		高	低	弱	中	跨塌坍塌

青山口为硬脆性泥岩，通过岩心浸泡实验能够看出，泥岩表面微裂隙发育，泥岩黏土矿物主要以伊利石和伊蒙混层为主，水进入岩心导致压力传导，减弱岩石强度，同时黏土矿物遇水膨胀，伊蒙混层受力不平衡导致泥岩剥落、解离。如图4、图5所示。

同时青山口塌漏同层，钻井液漏失进一步诱发泥岩段井壁失稳，引起掉块、井塌、卡钻等一系列井下复杂情况发生。此外海坨子地区地层水矿化度高（>10000mg/l），水敏性强，如果钻井过程中在目的层发生钻井液漏失，钻井液矿化度与地层水矿化度不匹配，就容易加速易塌层位的水化坍塌，并造成储层水敏性伤害，极大地影响储层开发效果。

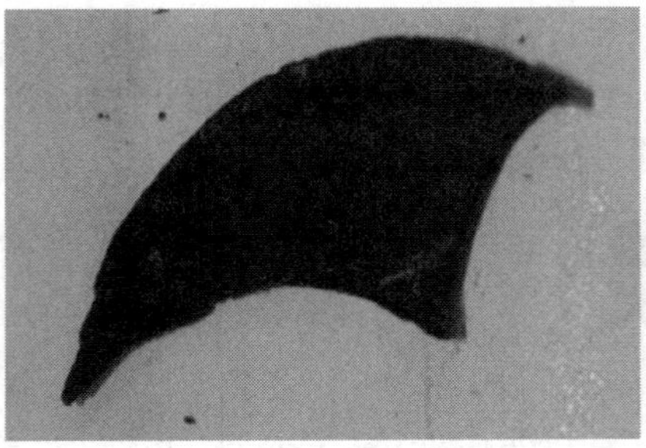

图 4　青山口岩心

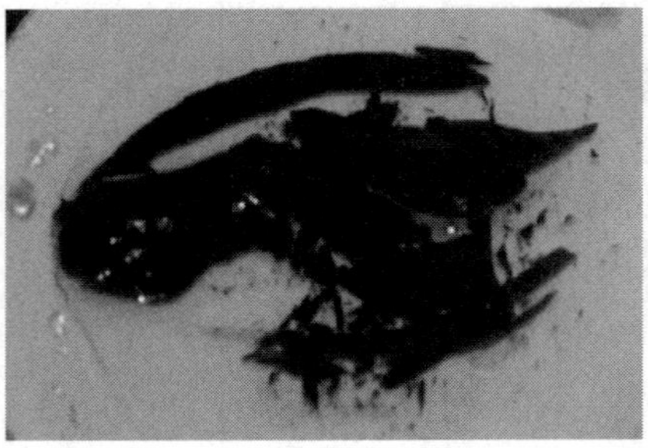

图 5　岩心浸泡试验

3　高性能盐水钻井液技术研究

海坨子水平井采用常规聚合物效果差，水平段仅 300~600m，采用油基钻井液体系能够实现 1000m 水平段，但都无法实现效益开发。针对嫩江组和青山口井壁失稳面的原因，为有效保持硬脆性泥页岩井壁稳定，钻井液应具备以下特性：①强封堵性，快速有效地封堵泥页岩的层理和微裂缝、阻止压力传递和钻井液滤液侵入到地层；②强抑制性，减少滤液侵入地层后黏土矿物的水化膨胀；③低活度特性，使钻井液活度低于地层活度，减少滤液向地层侵入；④随钻防漏性，根据裂缝宽度根据 d90 规则，优选随钻堵漏剂材料和配比，提高地层承压能力。

3.1　抑制剂优选。

嫩江组黏土矿物含量高，以蒙脱石为主，青山口为硬脆性泥页岩，黏土矿物主要以伊蒙混层为主，伊蒙混层中的伊利石和蒙脱石的吸水膨胀率不一致，引起应力集中，导致硬脆性泥页岩的剥落。水基钻井液体系抑制剂首选胺基类抑制剂，协同复合盐、包被剂共同作用，提高钻井液抑制性。

纯氯化钾和复合盐抑制性相当，优选 5% KCl+5%NaCl+0.3%KPAM+0.2%AP-1，页岩滚动回收达到 95%以上，抑制性接近于油基钻井液体系。同时由于滤液低活度特点，钻井液在近井壁地带发生反渗析，减少滤液侵入地层，防止井壁失稳。如图 6、图 7 所示。

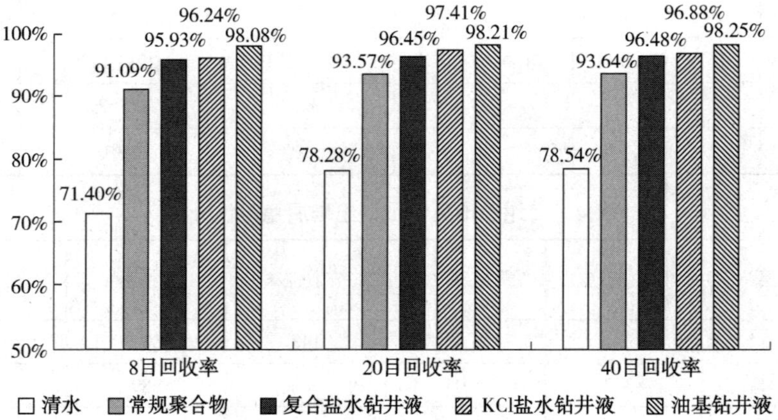

图 6　滚动回收率对比

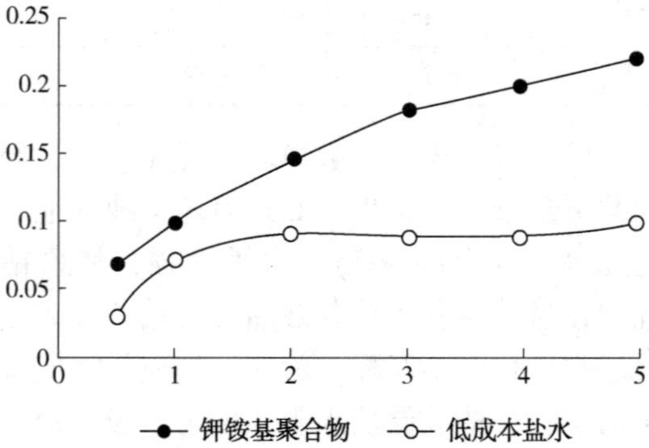

图 7　膨胀性对比

3.2　复合封堵技术。

优选了核心处理剂——纳米封堵剂，形成了以超细碳酸钙+纳米封堵剂+改性沥青的粒径合理匹配的复合封堵技术。钻井液在泥页岩纳-微米孔隙和微裂缝中的压力传递是导致井壁失稳的主要原因，而传统的封堵剂(例如磺化沥青)无法对纳微米级孔隙进行有效封堵。通过优选核心处理剂纳微米级封堵剂(0.02~1um)，配合刚性(1250：2000=1：1)+可变形材料(软化点 70~90℃)进行复合封堵微裂隙，阻止压力传递和钻井液滤液侵入到地层，达到稳定井壁目的。封堵剂配方1%NS-1+2%FF-3+2%YK-2+2%超细碳酸钙(1250：2000=1：1)。如图8、图9所示。

如图10所示，从粒径分布来看，该封堵材料封堵范围广，且能够实现从纳-微米级裂缝封堵，封堵青山口泥岩微裂隙和页岩层理。

图8 封堵前泥饼情况

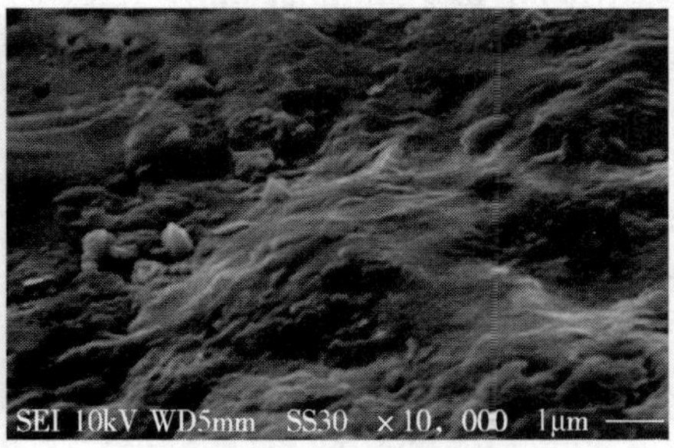

图9 封堵后泥饼情况

粒度特征参数

D（4，3）	3.29μm	D50	3.36μm	D（3，2）	1.97μm	S.S.A.	3.05 sq.m/c.c.
D10	0.86μm	D25	1.13μm	D75	4.22μm	D90	5.35μm

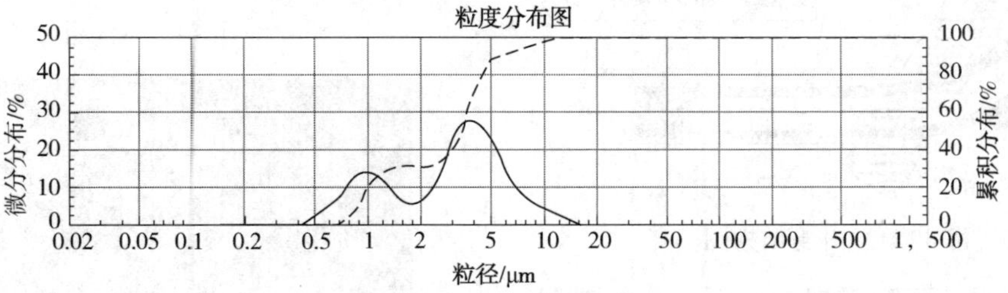

图10 钻井液粒径分布

3.3 随钻防漏技术

海坨子漏失层位主要为青山口和目的层泉头组，青山口微裂缝发育，泉头组属于高渗透砂岩，均为渗漏，由于水平井钻具组合中有螺杆和定向仪器，一旦发生较大井漏需要起钻更换钻具组合进行堵漏，堵漏成功后更换钻进组合，频繁起下钻耽误了生产时间。考虑该地区漏失速度，采取防漏为主、堵漏为辅的原则。

首先控制流变性，降低钻井液密度，实现降低井底ECD目的。盐水钻井液体系抑制性较强，使用盐水钻井液体系钻井液密度同比聚合物体系下降0.01~0.02g/cm^3，塑性黏度由30mPa·s降低到20mPa·s，井底ECD能够降低0.02以上。由于流动性较好，开泵激动压力较低，能较好预防井漏。

其次加入不同粒径随钻堵漏剂、封堵剂，提高地层承压能力，解决窄密度窗口问题。青山口和泉头组漏失压力为1.20~1.22，坍塌压力为1.18~1.20。根据不同渗漏速度优选不同粒径超细钙+单封+非渗透进行配比，架桥颗粒粒径基于d90规则，随钻配方：0.5%YDW-1+1%超细碳酸钙(800目)+1.5%单封，砂床侵入深度为6.5cm，失水10ml，基本可以实现不更换钻具组合进行随钻防漏、堵漏。砂床试验如图11，12所示。

图11 砂床试验

图12 砂床滤失量

4 现场应用

4.1 钻井方案

(1) 井身结构：浅表二开井身结构，表套500m，水平段长1200m，实现低成本高效开发。如图13所示。

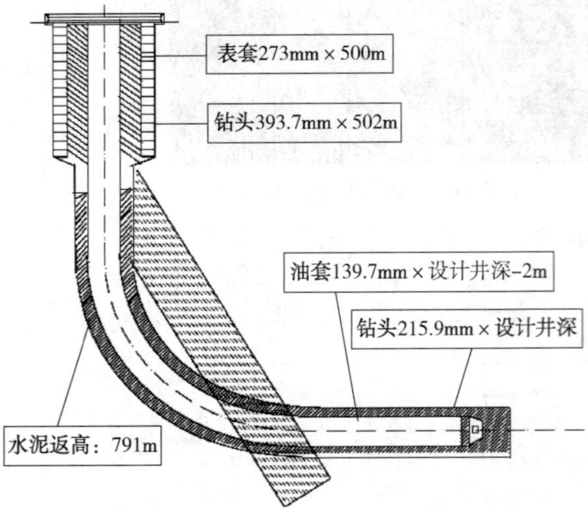

图13 海49区块井身结构图

(2) 顶驱工具：可以随时建立循环，针对漏失后坍塌，划眼效率更高，减少封井风险；

(3) 变频泵：采用变频泵技术，开泵时冲数可控，井底压力缓慢增加，降低漏失发生风险。

(4) 高性能盐水钻井液体系：较聚合物水基具有更强的抑制性，可以较好的抑制泥岩膨胀导致的掉块，进入青山口前提高封堵能力，钻井液密度控制在1.18~1.20g/cm^3，现场根据实际情况进行调整。

(5) 固控设备：高频震动筛2台，除砂除泥一体机，中高速离心机各一台，及时清除钻井液中劣质固相。

4.2 应用效果

姚家组以上地层以抑制性为主，控制Cl^-浓度大于50000mg/l，K^+浓度大于20000mg/l，协同胺基抑制剂、包被剂，失水控制在5ml以内。返出的岩屑比较完整，钻头切削痕迹明显，嫩江组未出现缩径、掉块等情况。如图14、图15所示。

图14 嫩江组岩屑

图15 青山口岩屑

青山口和泉头组以防塌、防漏为主，控制失水4ml以内，提前加入纳米封堵剂+沥青+超细钙，根据渗漏情况补充随钻堵漏剂超细钙、单封和无渗透，控制渗漏量小于1m^3/h，在微渗漏情况下保证没有掉块，建立了安全密度窗口。全井施工过程无复杂情况，渗透漏失量为120m^3，效果显著。海坨子水平井钻井液性能见表5。

表5 海坨子水平井钻井液性能

井深/m	密度/(g/cm^3)	漏斗黏度/s	失水/ml	六速						初/终切/Pa	电阻率	氯根/(mg/l)	固相/%
				Φ600	Φ300	Φ200	Φ100	Φ6	Φ3				
1126	1.15	42	4	33	21	13	8	3	2	1/3.5	0.13	37653	10
1495	1.18	45	4	45	28	19	9	3	2	1/3	0.11	40736	13
1850	1.18	46	4	45	29	19	10	3	2	1/3	0.11	40736	13
2011	1.18	46	3.6	45	30	19	10	3	2	1/3	0.11	40736	14
2334	1.19	52	3.4	54	34	22	16	4	3	1.5/3.5	0.11	47254	14
2460	1.22	51	3.4	54	34	22	13	4	3	1.5/3.5	0.10	50551	15
2960	1.22	55	3.2	65	42	26	15	7	4	2/4	0.09	63542	16
3150	1.22	58	3.0	72	49	30	18	8	4	2/5	0.08	73987	17

对比前期 4 口水平井，水平段长 306～947m，最大漏失 481m³，周期最长 170d，其中海 x1 井两次井眼报废，最终更改油基钻井液体系打成。已成功实施 2 口浅表二开水平井海 XX1 井完钻井深 3423m，水平段长 1218m，完井周期 40.7d，海 XX2 井完钻井深 3159m，水平段长 969m，完井周期 44.5d。对比海 x1 在水平段平均增加 146.5m 的前提下，完井周期平均缩短 23.6d，钻井投资和成本双降 40%以上。如图 16 所示。

同时盐水钻井液能够防水敏、盐敏，降低滤液活度，与地层配伍性好。钻井液滤液矿化度达到 10 万以上，与地层水、压裂液配伍性较好，确保钻完井过程中不会堵塞油气通道，压裂后稳产 10 吨，同比聚合物产量大幅度提高。如图 17 所示。

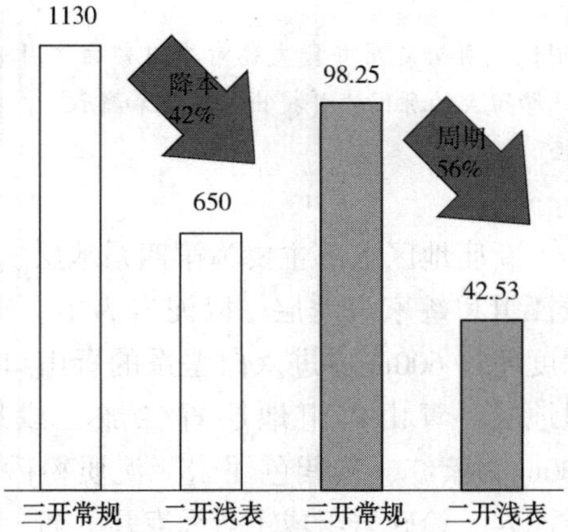

图16 钻井成本和周期对比

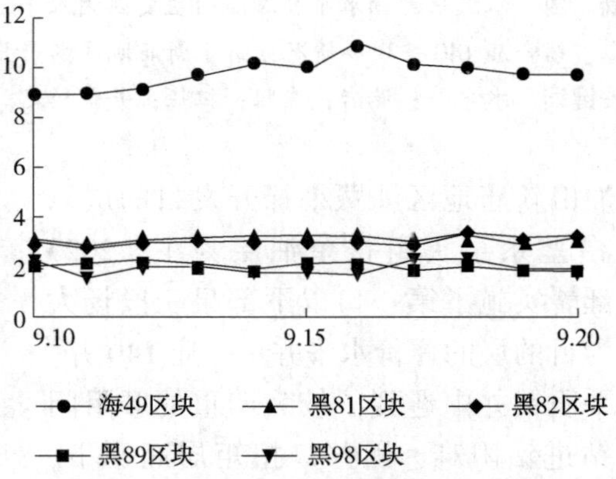

图17 盐水钻井液和聚合物体系产量对比

5 结论

（1）高性能盐水钻井液体系能够解决海坨子水平井井壁稳定问题。胺基抑制剂协同无机盐、包被剂能够较好抑制嫩江组、青山口泥页岩水化膨胀，复合封堵剂粒径范围广，封堵性强，能够有效阻止滤液侵入地层，阻止压力传导。

（2）高性能盐水钻井液体系能够有效降低井底 ECD。盐水钻井液体系同比聚合物体系坍塌压力降低 0.01～0.02g/cm³，同时切力低，能够大幅度减少开泵启动压力，降低井底循环压耗，达到防止井漏的目的。

（3）高性能盐水钻井液体系能够提高储层保护效果。盐水钻井液能够防水敏、盐敏，降低滤液活度，与地层配伍性好，钻完井过程中不会堵塞油气通道。

参考文献

[1] 鄢捷年．钻井液工艺学[M]．北京：中国石油大学出版社，2000.

[2] 李家学，黄进军，罗平亚，等．随钻防漏堵漏技术研究[J]．钻井液完井液．2008(03).

吉林油田新庙地区泥岩地层对水平井摩阻的影响分析

何 泳 李艳波 郭麦玲

（中国石油吉林油田公司钻井工艺研究院）

摘 要 本文从影响水平井摩阻的主要因素入手，在阐述泥页岩地层井壁失稳对摩阻影响作用机理的基础上，结合庙140井现场情况分析了新庙地区水平井钻井摩阻大的原因，并提出了认识和建议。

关键词 水平井；泥岩；摩阻；扭矩；井壁稳定；扩径

吉林油田新庙地区油藏勘探开发目的层以往主要以白垩系泉头组扶余油层为主，2023年，该区部署实施了第一口以下部泉三段杨大城子油层为目的层的评价水平井——庙140井。该井在水平段钻井中遇到了较为严重的摩阻问题，滑动钻进钻困难，因井口扭矩居高不下，后期甚至不能进行复合钻进，起下钻遇阻遇卡十分严重。本文结合现场情况从地层岩性、钻井液性能变化对井壁稳定能力和井眼净化效果的影响分析入手，探讨新庙地区水平井钻井高摩阻产生的原因。

1 新庙地区地层及钻井设计情况

新庙地区地质分层见表1。

新庙地区上部主要为第四系地层、白垩系的嫩江组和姚家组地层，以泥岩为主、较为松软，深度超过600m后进入白垩系的青山口组、泉头组地层。青山口组地层青二加三段地层厚度400m为紫红、灰紫色泥岩、泥质粉砂岩、粉砂质泥岩、粉砂岩组成不等厚互层。青一段地层厚度70m，由灰黑、深灰、灰色、褐灰色泥岩、粉砂质泥岩、泥质粉砂岩、粉砂岩组成不等厚互层，偶夹灰色粉砂质泥岩。

泉四段地层一般岩性为由紫红、灰黑、深灰、灰色泥岩、粉砂质泥岩、泥质粉砂岩、粉砂岩组成不等厚互层。下部泉三段预计以紫红色、灰绿色泥岩、灰、灰白、灰褐色粉砂岩组成不等厚互层。如图1所示。

表1 新庙地区地质分层

地层				预测分层	
界	系	统	组、段	底深/m	厚度/m
新生界	第四系			20	
	新近系		泰康组	120	100
			大安组	230	110
中生界	白垩系	上白垩统	嫩江组	920	690
			姚家组	1060	140
			青二+三段	1500	440
			青一段	1575	75
			泉四段	1700	125
			泉三段	▽	8

庙140井设计采用常规三开井身结构，设计井深3593m，技术套管下至1000m，设计水平段长1500m。在泉四段后钻遇了大段红泥岩，自泉三底1600m、井斜45°至2000m入靶进入水平段共钻遇泥岩269m，占比67%，自1800m探顶入窗至2000m进入水平段钻遇泥岩103m，占51%，基本为砂泥岩互层。

图1　庙140井井身结构

2　水平井摩阻影响因素分析

2.1　岩屑床对摩阻的影响

钻井摩阻大小与钻柱与地层间摩擦系数和钻柱所受侧向力大小直接相关。对于水平井来说，在井斜角在30~65°大斜度井段，岩屑会在重力作用下沉积在井眼低边并向下滑动，极易形成岩屑床，而在60°以后井段，岩屑沉降形成的岩屑床虽然不会向下滑动，但随着水平段的不断延长，岩屑床产生的摩阻也将不断累积增大，因此，岩屑堆积对摩擦系数的影响尤其显著。

2.2　井壁不稳定对摩阻的影响

泥岩井段发生缩径、扩径都会使井眼粗糙度增加，导致钻井摩阻升高。在缩径井段，因钻柱与井壁接触面积变大，钻柱受到的摩擦力会增加导致摩阻增大。在扩径处，虽然钻柱与井壁接触面积减少，但此处环空钻井液上返速度会降低。当扩径严重形成“大肚子”时，上返速度可能低于临界上返速度，就会有大量岩屑聚集停留在“大肚子”井段，不能及时返出井口。聚集的岩屑不断相互碰撞、摩擦，会产生一些小块的、颗粒状的后随钻井液返出井眼被振动筛、离心机分离出去，但还会产生更多难以被地面固控设备有效分离的细微颗粒进入钻井液，成为有害固相，最终造成泥浆摩阻增加。如图3所示。

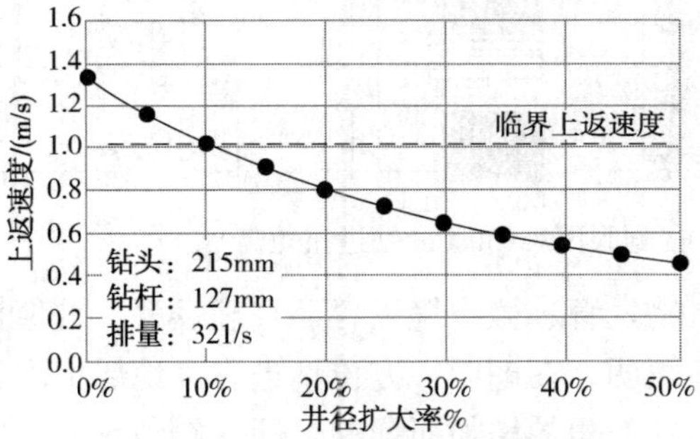

（a）井径扩大率与环空返速

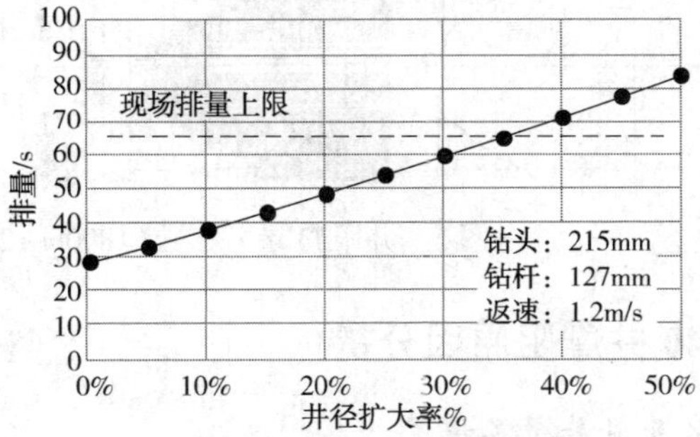

（b）井径扩大率与排量

图2　井径扩大率与环空返速和最低排量的关系

井径扩大还会增加钻柱发生屈曲的几率。随着水平段的延伸，钻具在水平段与下井壁接触面积逐渐增大，因此正常产生的摩阻也逐渐增大，钻进需要的钻压也随之增大，随着钻具轴向受力的增大，钻柱发生屈曲的几率也随之增大。在井径严重扩大的井段，钻柱会因失去井壁的有效支撑比正常井段更容易发生失稳屈曲，从而加剧钻井摩阻。

3　庙140井钻井摩阻情况

本井钻进至泉四地层下部后摩阻扭矩开始显著升高。第一个井眼钻至1670m（井斜53°、泉四段）后，摩阻逐渐增大，定向钻压由4~7t增至5~11t。钻至1815m（井斜73°、泉四段）后，定向钻压由12t逐渐增至25t，钻进至2500m井口扭矩达20~25kN·m。第二个井眼定向钻进至1730m（井斜59.5°、泉四段）后开始托压12~16吨，钻至2500m扭矩再次升高至20~25kN·m。第三个井眼钻至1800m后定向托压依然严重，后期以复合钻进为主，钻至3056m井口扭矩25~30kN·m，无法继续钻进。如图3~5所示。

因摩阻高无法钻进，三开进行了两次填井侧钻，水平段钻时进先后采取调整钻井液黏度、切力性能、提高排量至42l/s、调整钻具组合等措施、并使用了清砂接头、旋转导向等工具，钻井摩阻扭矩始终未能得到显著改善，也成为本井最终未能按设计井深完钻的主要原因之一。

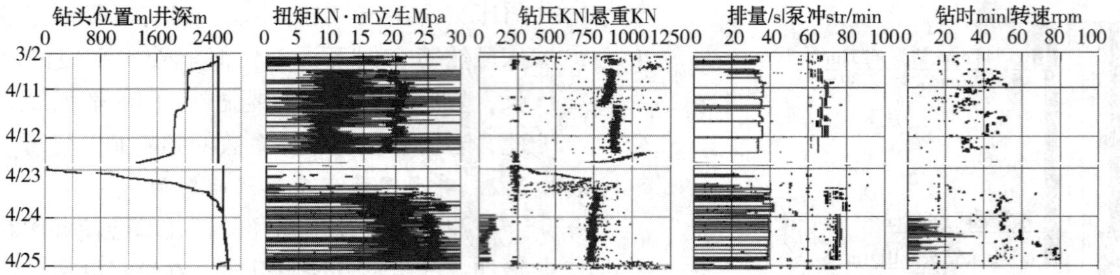

图 3　井眼#1 录井参数(1800~2000m 倒划眼/2500m 钻进扭矩高)

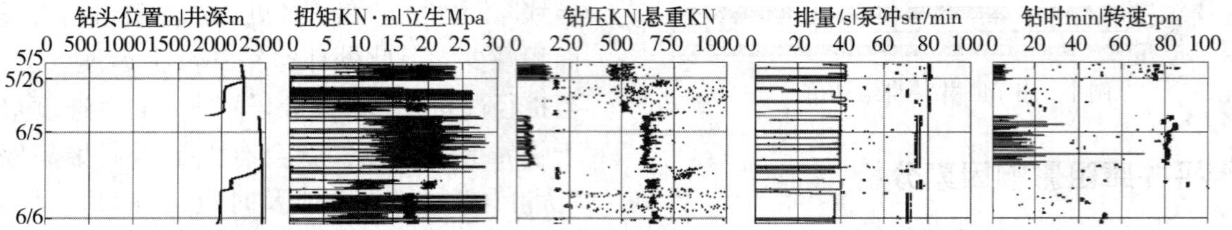

图 4　井眼#2 录井参数(2200m 钻进、起钻倒划眼扭矩高/2500m 钻进、起钻倒划眼扭矩高)

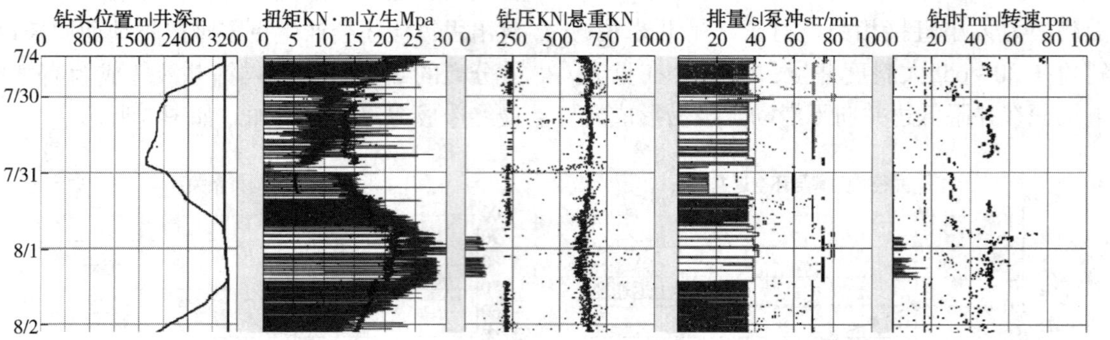

图 5　井眼#3 录井参数(1800m~2000m 划眼困难/3000m 钻进扭矩高)

4　庙 140 井摩阻原因分析

4.1　泥岩井段井壁不稳定

前期研究表明，松辽盆地泥页岩地层黏土矿物发育、微裂缝发育、页理发育。数值模拟研究表明，在朝同一方位钻进时，地层坍塌压力随着井斜角的增加而增加，即井斜角越大越容易发生井壁坍塌。如图 6 所示 。

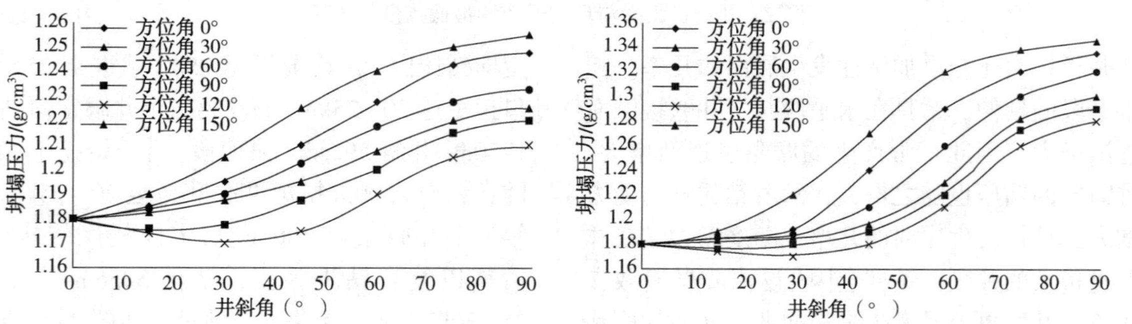

(a) 不考虑裂缝　　(b) 考虑裂缝

图 6　井斜角对地层坍塌压力影响

庙 140 井三开 1000m~1600m 为造斜段，位于青山口组地层，属泥岩地层，井壁失稳风险本身较高，该段实际施工中出现了较多掉块，井眼扩大较为严重，可能形成了“大肚子”井眼。如图 7 所示。

下部 1600m~1800m 为水平井探顶着陆段，井斜角为 70°~90°，处于泉四至泉三段层位交界过渡位置。从岩屑录井情况看泥岩段有 166m，占 83%。现场进行 X 衍射分析表明泥岩中蒙脱石含量较高，地层容易发生水化膨胀。该井段发生井眼缩径和井壁掉块坍塌、形成“糖葫芦”井眼的几率非常高。如图 8 所示。

(a)掉块　(b)泉三段掉块

图 7　返出的掉块

因井壁不稳定形成了“大肚子”、“糖葫芦”井眼，加剧了摩阻，同时，井底岩屑和掉块不能及时返出，在大井斜段持续堆积，并始终被重复切削和研磨，导致水平段钻进时井口返砂基本为细砂粉砂，很难见到大颗粒的岩屑，使得本井造斜段施工摩阻就已高于其它水平井，起下钻过程在大斜度段阻卡严重、需经常性地划眼。

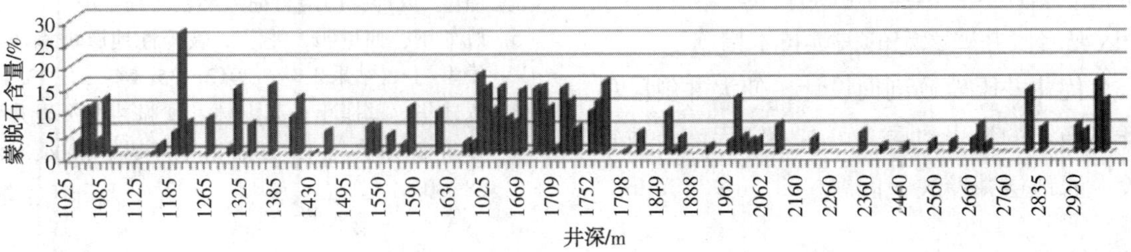

图 8　庙 140 井录井 X 衍射分析结果-蒙脱石含量

4.2 钻井液性能控制问题

三开钻井设计使用的水基聚合物体系钻井液性能见表 2。实际施工中，钻井液失水性能控制未能完全达到设计要求，变化也较大，不利于泥岩地层井壁稳定。同时，由于井底岩屑不能有效返出，在井下反复摩擦和重复切削，施工后期钻井液固相含量显著升高，也增加了钻井液摩阻系数。

表 2　庙 140 井三开钻井液性能

井深/m	密度/(g/cm^3)	漏斗黏度/s	API 失水/ml	pH	含砂/%	静切力/Pa		塑性黏度/(mPa·s)	动切力/Pa	总固含/%	含油/%
1100	1.30	50	3.2	9	0.2	3	8	21	7	8	
1419	1.30	53	2.8	9	0.3	3	9	23	8	10	
1580	1.31	46	3	8	0.2	2	8.5	20	7.5	8	1
1698	1.33	53	3	8	0.3	3	10	24	12	13	2
1787	1.33	52	3.1	8	0.4	3	11	24	12	13	3
1833	1.33	54	2.8	8	0.4	4	15	25	13	12	4
2042	1.34	57	1.9	8	0.5	4	14	23	11	14	5
2146	1.35	62	2 8	8	0.5	4	15	28	16	14	5
2261	1.35	54	4.5	8	0.4	3.5	17.5	25	14	13	7
2341	1.38	58	4.1	8	0.5	3	12.5	25	12	14	7
2373	1.42	73	3.8	9	0.5	4	16	34	16	18	8
2378	1.49	63	3.8	9	0.5	3	15	33	12	24	9.5
2410	1.49	63	3.6	8	0.5	4	16.5	35	18.5	24	10
2560	1.52	86	2.1	9	0.4	5	20	39	19.5	22	12
2610	1.55	88	1.9	9	0.5	5	21	40	20	23	15

5 认识和建议

（1）泥岩地层井壁不稳定，发生失稳缩颈和掉块，在青山口组形成“大肚子”井眼、在泉头组形成“糖葫芦”井眼影响井眼净化是导致庙140井钻井高摩阻的根本原因。

（2）优化钻井液体系和性能，尤其是控制较低的失水、确保良好的封堵抑制性能，是确保庙140井区泥岩段井壁稳定的关键技术措施。

（3）优化井眼轨迹剖面设计，使大井斜段尽量避开不稳定的泥岩地层，可在一定程度上减轻斜井段泥岩地层井壁失稳问题。

参 考 文 献

[1] 高东亮 . ZH凹陷硬脆性裂缝油页岩地层井壁稳定性研究[D]. 青岛：中国石油大学(华东)，2020.
[2] 侯云翌 . 脆性页岩储层水平井井壁稳定力学机理研究[D]. 西安：西安石油大学，2015.
[3] 赵维超 . 硬脆性页岩井壁稳定性影响因素研究[D]. 成都：西南石油大学，2014.
[4] 罗诚 . 硬脆性泥页岩组构及其对力学特征影响研究[D]. 成都：西南石油大学，2013.
[5] 姚如钢，何世明，龙平 . 破碎性地层坍塌压力计算模型[J]. 钻采工艺，2012，35(1)：21-23.
[6] 王建华，鄢捷年，苏山林 . 硬脆性泥页岩井壁稳定评价新方法[J]. 石油钻采工艺，2004，28(2)：28-30.

天然裂缝扰动下页岩储层水平井多裂缝扩展规律分析

王剑波[1] 徐兴盛[1] 王思奇[1] 邹林浩[1] 李 玮[1,2] 赵 欢[1,2]

（1. 东北石油大学石油工程学院；2. 油气钻完井技术国家工程研究中心）

摘 要 页岩储层中存在大量的天然裂缝，会对水力压裂过程以及最终压裂改造效果产生一定的影响，是压裂优化设计考虑的重要因素。文中通过结合X油田对水平井多簇压裂作业中实际地质参数及施工参数，并基于有限元方法，结合具有天然裂缝分布特征的天然裂缝网络模型，应用全局嵌入零厚度内聚力单元的方法，建立了天然裂缝扰动下页岩储层水平井多裂缝扩展有限元模型，分析地应力差、弹性模量、天然裂缝角度、天然裂缝组数分别对水力裂缝扩展的影响。研究结果表明：在裂缝性储层中，水力压裂裂缝扩展路径十分复杂，受诸多因素影响，并可能发生转向、分支以及合并等扩展路径。随着地应力差和天然裂缝角度增加，水力裂缝更容易贯穿天然裂缝；当天然裂缝和水力裂缝的角度较小时，天然裂缝对水力裂缝的扩展趋势控制能力较强，水力裂缝容易被天然裂缝捕获并沿着其他方向进行扩展；当天然裂缝与水力裂缝的角度较大时，天然裂缝对水力裂缝的控制能力在不断降低，水力裂缝贯穿天然裂缝后沿着最大应力方向扩展。天然裂缝与水力裂缝的夹角也在一定程度上随着弹性模量的增加，其裂缝应力和尖端应力随之增加，破裂单元体积、裂缝扩展宽度以及孔隙压力集中区域会减少，容易形成长而窄的裂缝；随着裂缝组数的增加，储层裂缝的连通性随之提高，裂缝的扩展性更强，更容易形成复杂的裂缝网络。该研究结果可以为页岩储层压裂施工开发方案提供一定的理论依据。

关键词 页岩储层；水平井；天然裂缝；裂缝网络；多裂缝

1 前言

我国页岩气藏资源丰富，约占全球储量20%，但其具有的低孔、低渗特性，导致此类油气资源的开发常常采用水力压裂技术。通过水平井水力压裂形成网状水力裂缝，高效沟通页岩气储层中的裂缝和孔隙，最终达到提高产气速度的目的。地下情况复杂，且不同页岩条件下天然裂缝与水力裂缝的影响机制不相同，所以需要进一步研究天然裂缝与水力裂缝的影响机制。

页岩储层具有复杂的天然裂缝结构，对水力裂缝具有明显的影响，引起国内外学者的研究。Warpinski提出在天然裂缝的影响下，水力裂缝会沿着天然裂缝方向扩展，并且会形成多裂缝。同时微裂缝的张开会导致流体的滤失性超过其裂缝的发育速度。金衍提出在天然裂缝影响，水力裂缝的3种起裂方式，并建立了相应的起裂压力计算模型。曾青冬等分析弹性模量、泊松比以及水力裂缝角度对裂缝扩展的影响。Arash系统性研究天然裂缝的形状对水力裂缝的影响，并且分交叉前中后三个阶段研究天然裂缝的变形规律。Fu等研究天然裂缝与水力裂缝之间产生的应力干扰，对单个水力裂缝扩展进行验证，并采用天然裂缝网络对水力裂缝扩展进行室内模拟。侯冰等分析天然裂缝与水力裂缝的夹角、水平应力差对裂缝扩展的影响。官兵分析随机天然裂缝的扰动对水力裂缝的影响。刘京分析了多簇裂缝同时扩展时，缝间距、水平应力差、裂缝长度对裂缝扩展形态的影响。

本文基于有限元方法，建立了天然裂缝扰动下页岩储层水平井多裂缝扩展有限元模型，研究了地应力差、弹性模量、天然裂缝角度、天然裂缝组数对裂缝发育的影响，通过对水力裂缝发育程度、天然裂缝发育程度以及裂缝扩展形态和应力场图对模型进行定量分析，从而揭示了天然裂缝与水力裂缝的相互作用机理，以及天然裂缝对裂缝网形成过程中的不同机理情况。

2 水平井多裂缝扩展分析计算模型

在发育有天然裂缝的储层进行压裂操作时，水力裂缝会与天然裂缝相交形5从而形成复杂缝网。天然裂缝与水力裂缝相交后会出现以下几种情况：水力裂缝直接贯穿天然裂缝，并沿原方向继续扩展；水力裂缝沿天然裂缝扩展，并沿着天然裂缝的端部继续扩展；水力裂缝与天然裂缝相交后先沿着天然裂缝方向扩展，随后从天然裂缝得某个弱面扩展出去；天然裂缝相交后发生剪切滑移，水力裂缝从裂缝面扩展出去。

2.1 多裂缝扰动机理

在裂缝网络中存在多条裂缝时，此时地层的扰动应力场为每条单独裂缝扰动应力的叠加而成，则第 n 条裂缝造成的扰动应力为：

$$\sigma_{yn1}=p_n\frac{r_n\sin\theta_n\sin\left[\frac{3}{2}(\theta_{n1}+\theta_{n2})\right]}{h_n}\left(\frac{h_n{}^2}{r_{n1}+r_{n2}}\right)^{\frac{3}{2}} \quad (1)$$

$$\sigma_{yn}=\sigma_{yn1}-p_n\left[\frac{r_n\cos\theta\left(\theta_n-\frac{1}{2}\theta_{n1}-\frac{1}{2}\theta_{n2}\right)}{(r_{n1}r_{n2})^{\frac{1}{2}}}-1\right] \quad (2)$$

$$\sigma_{zn1}=-p_n\frac{r_n\sin\theta_n\sin\left[\frac{3}{2}(\theta_{n1}+\theta_{n2})\right]}{h_n}\left(\frac{h_n{}^2}{r_{n1}+r_{n2}}\right)\frac{3}{2} \quad (3)$$

$$\sigma_{zn}=\sigma_{zn1}-p_n\left[\frac{r_n\cos\theta\left(\theta_n-\frac{1}{2}\theta_{n1}-\frac{1}{2}\theta_{n2}\right)}{(r_{n1}r_{n2})^{\frac{1}{2}}}-1\right] \quad (4)$$

$$\sigma_{xn}=v(\sigma_{yn}+\sigma_{zn}) \quad (5)$$

$$\tau_{yzn}=-p_n\frac{r_n}{h_n}\left(\frac{h_n{}^2}{r_{n1}r_{n2}}\right)\frac{3}{2}\sin\theta_n\cos\left[\frac{3}{2}(\theta_{n1}+\theta_{n2})\right] \quad (6)$$

式中：σ_{xn}、σ_{yn}、σ_{zn}分别为压裂第 n 条裂缝时产生的扰动正应力，MPa；τ_{yzn}为压裂第 n 条裂缝时产生的切应力，MPa；r_n 为到第 n 条裂缝的距离，m；p_n 为第 n 条裂缝内净压力，MPa；h_n 为第 n 条裂缝半高，m。

2.2 有限元裂缝扩展机理

在研究水力压裂过程中，基于线弹性断裂力学中的断裂能原理，运用 Cohesive 黏弹性孔压单元来模拟裂缝的起裂与延伸。图 1 为 Cohesive 黏弹性孔压单元的损伤判断依据。

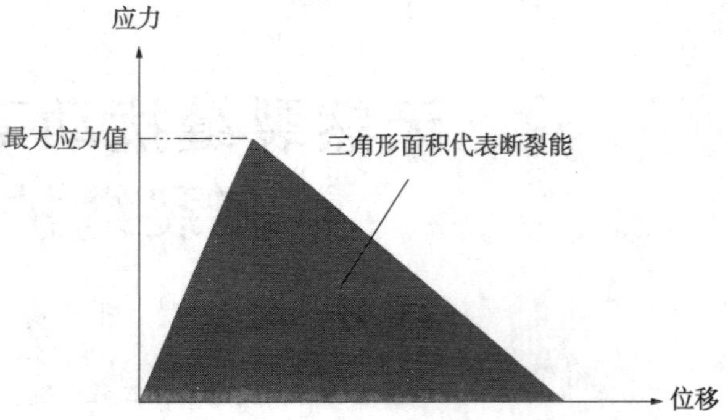

图 1　Cohesive 黏弹性孔压单元的损伤判断依据

Cohesive 单元起裂准则为：

$$\left\{\frac{\langle t_n\rangle}{t_n^0}\right\}^2+\left\{\frac{t_s}{t_s^0}\right\}^2+\left\{\frac{t_t}{t^0_t}\right\}^2=1 \quad (7)$$

式中：t_n，t_s和t_t为 3 个加载方向上的应力（t_n为正应力，t_s和t_t分别为第一、第二剪应力），MPa；$t^0{}_n$，$t^0{}_s$和$t^0{}_t$分别为未发生损伤的 Cohesive 单元的抗张、第一和第二剪切强度，MPa；<>为 Macaulay 括号，表示纯挤压变形或应力状态不会造成 Cohesive 单元损伤。

Cohesive 单元损伤的演化：

$$t_n=(1-D)\bar{t}_n\text{（Cohesive 单元开始损伤）}$$

$$t_n=\bar{t}_n\qquad\text{（Cohesive 单元没有损伤）} \quad (8)$$

$$t_s=(1-D)\bar{t}_s \quad (9)$$

$$t_t=(1-D)\bar{t}_t \quad (10)$$

式中：$\bar{t}_n$，$\bar{t}_s$和$\bar{t}_t$为假设模型不发生任何演化、仍处于线弹性变形过程时 3 个加载方向上的应力，MPa；t_n，t_s和t_t为 3 个加载方向上的真实应力，MPa；D 为无量纲损伤系数（D=0，材料没有损伤；D=1，材料完全损坏）。

考虑复合型断裂行为，选择采用 Benzeggagh-Kenane 断裂准则。当 Cohesive 单元沿第一和第二剪切方向变形的临界能量相同时，Benzeggagh-Kenane 断裂准则可以准确描述断裂扩展过程中损伤的演化：

$$G^c=G^c{}_n+(G^c{}_s-Gc_n)\left\{\frac{G_S+G_t}{G_n+G_s+G_t}\right\}^\eta \quad (11)$$

式中：G^c为混合模式下 Cohesive 单元的总临界能量释放率，Pa · m；$G^c{}_n$为 Cohesive 单元法向上的临界能量释放率，Pa · m；$G^c{}_s$为 Cohesive 单元切向上的临界能量释放率，Pa · m；G_n，G_s，G_t分别为 Cohesive 单元法向、第一切向和第二切向上的能量释放率，Pa · m；η 为与材料本身有关的常数，通常取 2.284。

同时，定义实际总能量释放率，$G_T=G_n+G_s+G_t$，当$G_T=Gc$时，裂缝发生扩展。

3　模型建立

X 油田采用水平井多段压裂开采，并采取水平井多簇压裂，在压裂作业中发现裂缝扩展受到了天然裂缝及多裂缝的综合扰动。基于该井的实际地质参数及施工参数，建立2簇水力裂缝扩展的水力压裂数值计算模型，裂缝间距5m，实体部分采用孔隙流体(CPE4P)网格，裂缝选择考虑渗滤的内聚力单元(COH2D4P)网格。对预制水力裂缝区域进行局部加密，在60m×60m矩形区域内二维人工裂缝扩展模型，模型网格采用结构化网格，嵌入全局0厚度cohesive渗流单元，同时增加渗流节点，形成离散体网格模型。对天然裂缝的初始损伤应力值和抗剪强度单元进行适当修改，增加差异性。水力裂缝设置为1m，并且水力裂缝形成的垂直裂缝为理想的对称双翼裂缝。

水力裂缝半径相对于整个模型的尺寸较小，所以可以对水力裂缝进行相应的简化，对有限元模型的渗流场以及变形场都各自边界条件以及初始条件。如表1、图2、图3所示。

表1　有限元模拟基本参数(单位)

最大水平地应力/MPa	最小水平地应力/MPa	储层杨氏模量/MPa	储层泊松比	储层渗透系数/(m^2/s)	孔隙比	排量/(m^3/s)	水力裂缝滤失系数/(m/Pas)	初始损伤变形基准
5E+06	2E+06	2.2E+10	0.25	1E-07	0.1	0.01	1E-14	0.001

均值模型与含天然裂缝模型的裂缝扩展过程如图4、5所示。

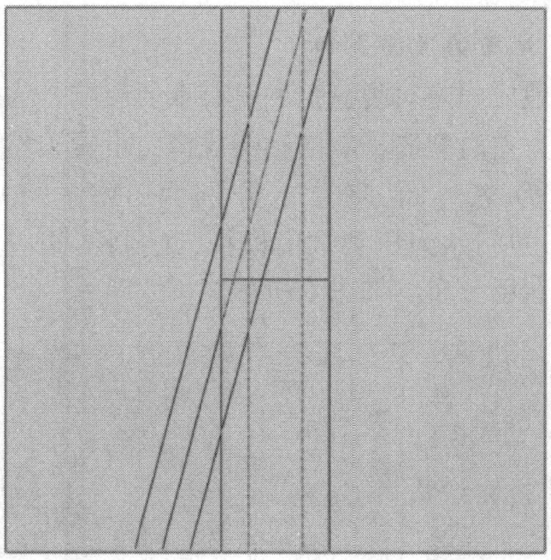

图2　计算模型

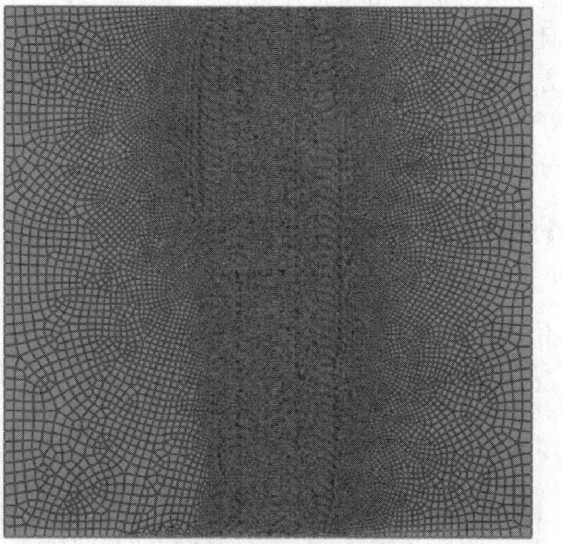

图3　网格模型

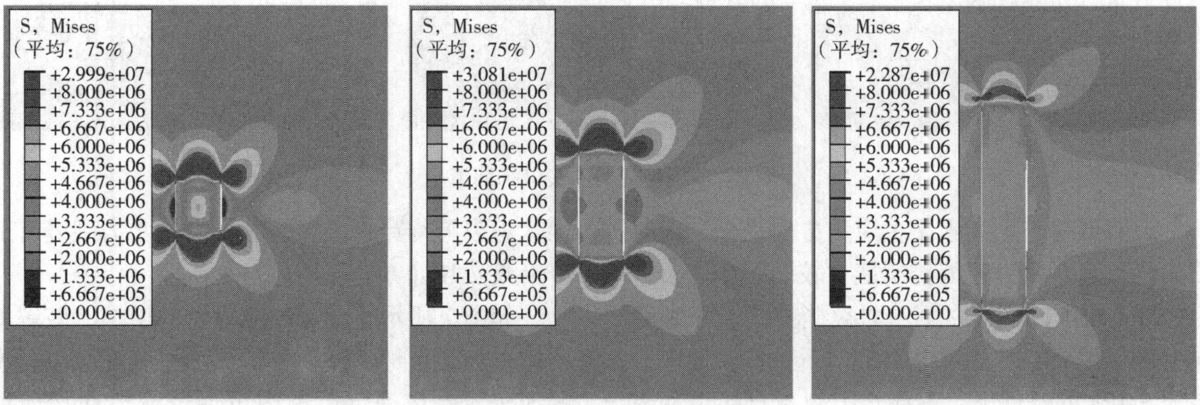

图4　均质模型裂缝扩展过程

均质模型的水力压裂上下双向对称扩展，水力裂缝扩展形态基本一致。裂缝基本呈现中间宽两端窄的形状，裂缝横向展开主要向两裂缝外侧进行，缝间部分地层几乎不存在位移情况。水力裂缝的注入压力以及裂缝宽度将会呈现对称的一致性

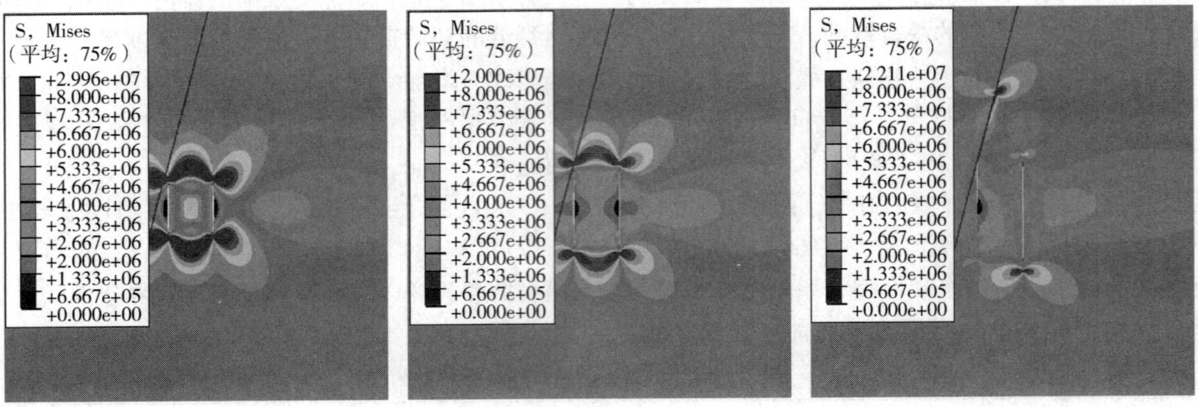

图5 含天然裂缝模型的裂缝扩展过程

存在天然裂缝的条件下，两注入点造成的水力裂缝初期均向两侧对称扩展，直至左侧水力裂缝与天然裂缝相连后开始沿天然裂缝方向延伸，且纵向裂缝逐渐闭合。右侧水力裂缝主要向相反方向扩展，呈中间宽两端窄的形状。裂缝横向展开主要向裂缝外侧地层进行，缝间地层存在小部分无位移区域。

4 结果分析

对水平井进行压裂操作时，地层参数是人为不可控的，所以在研究水平井水力压裂时，需要考虑地层参数在压裂过程中对局部应力的影响。其中地应力差、弹性模量、裂缝角度、裂缝组数都对局部应力场产生重要影响。分析这些因素对局部应力场的扰动规律具有极其重要的作用。

4.1 地应力差的影响

地应力差对裂缝扩展具有重要影响，为研究地应力差对裂缝扩展的影响规律，设置天然裂缝角度为 90°，地应力差分别为 3MPa、5MPa、7MPa 进行水力压裂数值模拟，绘制不同应力差的应力场分布。如图 6 所示。

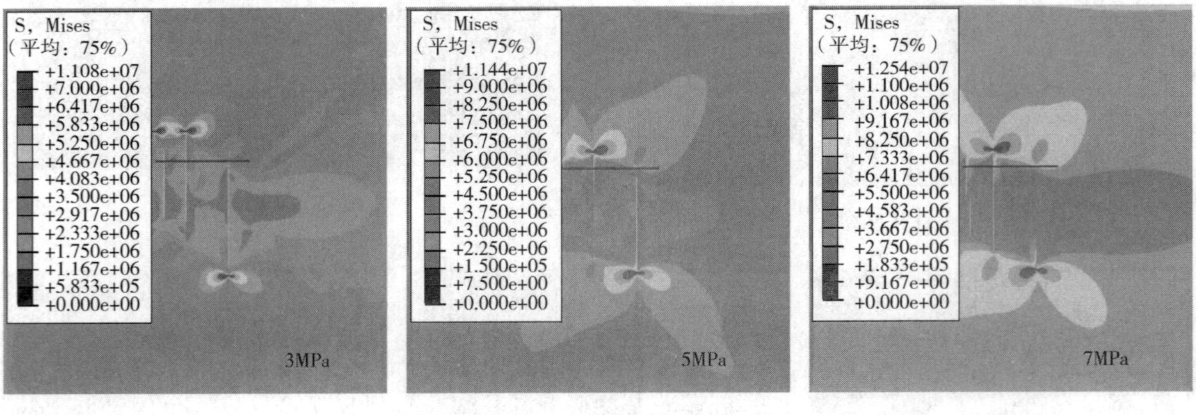

图6 不同地应力差裂缝扩展情况

天然裂缝与最大水平主应力方向平行，此时的天然裂缝对水力裂缝控制能力较弱。地应力差为 3MPa 的条件下，左侧水力裂缝贯穿天然裂缝向上进行扩展，右侧水力裂缝向下扩展。地应力差为 5MPa 的条件下，左侧水力裂缝直接贯穿天然裂缝，右侧水力裂缝扩展至天然裂缝处开始沿天然裂缝方向扩展。

地应力差为 7MPa 的条件下，两注入点造成的水力裂缝扩展形态基本一致，扩展方向相反，两水力裂缝均穿过天然裂缝，右侧水力裂缝有部分沿天然裂缝方向扩展。

如图 7 所示，随着地应力差的增加，破裂单元体积随之增加，而裂缝扩展速率线性减小。说明地应力差在一定范围内可促进流体向切向流动，进而促进裂缝尖端扩展。

4.2 弹性模量的影响

采用相同的水力压裂模型建模方式，除弹性模量改变其他参数不变。观察测量弹性模量为

14GPa、17GPa、20GPa、23GPa 时裂缝扩展的变化，计算分析不同弹性模量对裂缝扩展的影响因素。如图 8 所示。

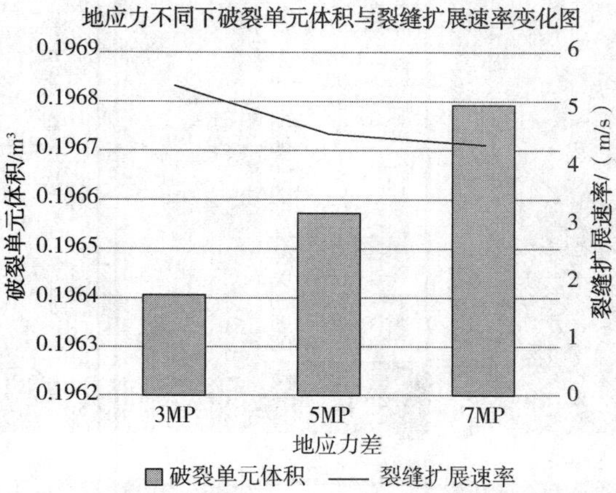

图 7　地应力不同下破裂单元体积与裂缝扩展速率变化图

弹性模量为 14Gpa 时，两水力裂缝扩展方向相反。左侧水力裂缝扩展至天然裂缝并没有受其影响，但右侧裂缝扩展至天然裂缝处开始沿天然裂缝方向扩展。弹性模量为 17GPa 时，两水力裂缝扩展扩展方向相反，且均穿过天然裂缝。弹性模量为 20GPa 时，两水力裂缝扩展方向相反，左侧裂缝穿过天然裂缝区域时有部分裂缝沿天然裂缝方向扩展，右侧裂缝扩展至天然裂缝处开始主要沿天然裂缝方向扩展。

如图 9 所示，随着弹性模量的增加，其裂缝应力也随之增加，但是其破裂单元体积随之减少。并且弹性模量的增加会导致孔隙压力集中区域减少，裂缝扩展时宽度逐渐降低，所以岩石弹性模量大的储层容易形成长而窄的裂缝。

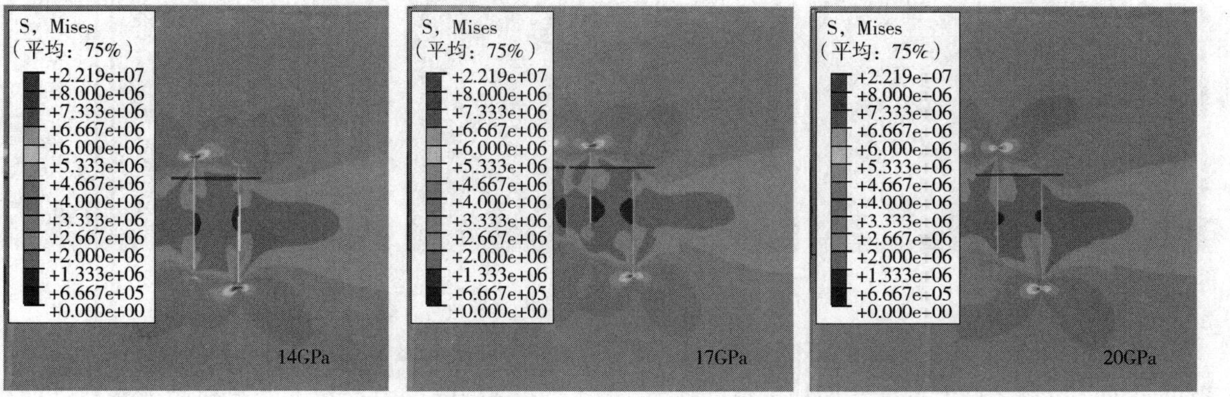

图 8　弹性模量差异压裂后应力分布云图

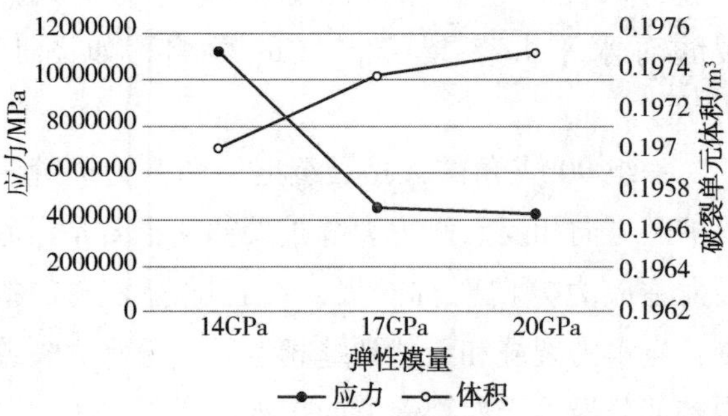

图 9　不同弹性模量下裂缝应力及体积图

4.3　裂缝角度的影响

分析储层中存在单条裂缝时，对多裂缝的干扰，建立裂缝夹角为 15°，30°，45°，60°，75°，90°时多裂缝的扩展模型，分析天然裂缝角度对水平井多裂缝扩展的影响。如图 10 所示。

裂缝夹角较低时，天然裂缝与最大水平主应力方向角度接近 90°，天然裂缝对水力裂缝控制能力较强。水力裂缝初期均向俩侧对称扩展，至左侧水力裂缝与天然裂缝相遇后，被天然裂缝捕获并沿天然裂缝方向向上扩展，且纵向裂缝逐渐闭合。

裂缝夹角中等时，天然裂缝与最大水平主应力方向角度逐渐变小，天然裂缝对水力裂缝控制能力逐渐降低。俩侧水力裂缝扩展形态基本一致，但扩展方向相反。45°时右侧水力裂缝与天然裂缝相遇后，被天然裂缝捕获并沿着天然裂缝方向向上扩展；但是在 60°时右侧水力裂缝就会完全穿过天然裂缝。

裂缝夹角较高时，天然裂缝与最大水平主应力方向角度变小，天然裂缝对水力裂缝控制能力较弱，水力裂缝与天然裂缝相遇后会贯穿天然裂缝，并沿着最大水平主应力方向扩展。随着角度的不断增加，水力裂缝贯穿天然裂缝后，左侧水力裂缝会继续沿着最大应力方向向上扩展，而右侧水力裂缝向下扩展。

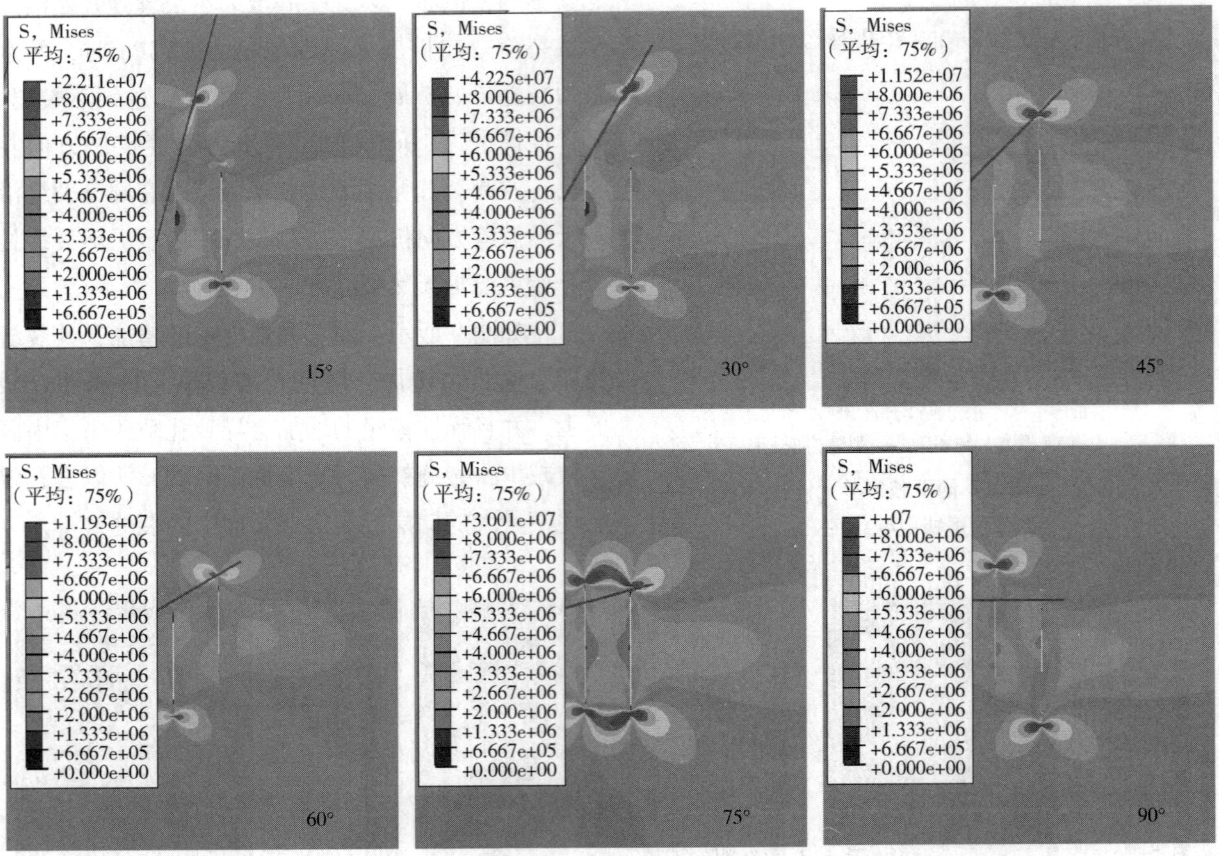

图 10　不同角度裂缝扩展形态

如图 11 所示，随着角度的不断降低，其破裂单元数量和裂缝最大宽度在增加。角度越大，水力裂缝越容易贯穿天然裂缝，压裂液大多用于水力裂缝继续向前扩展。当角度减小时，压裂液的注入导致裂缝内的压强不断增加增强，进而造成裂缝宽度增加。

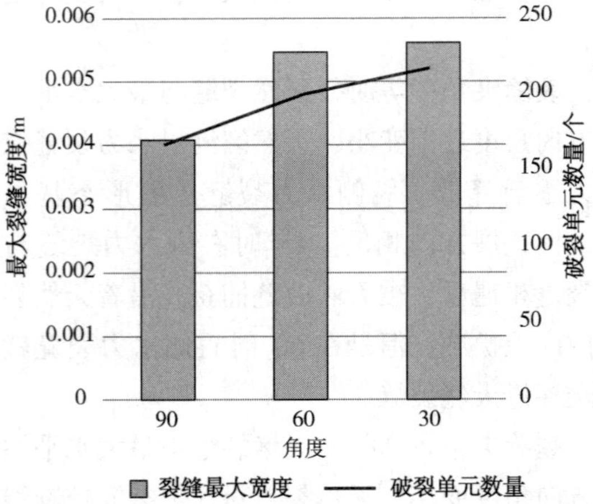

图 11　裂缝最大宽度和破裂单元数量图

4.4　裂缝组数的影响

分析储层中存在不同组数的天然裂缝的影响，通过建立 90°、0°和 45°三组不同的天然裂缝，研究在不同角度组数叠加情况下天然裂缝对水平井多裂缝扩展的影响。如图 12 所示。

一组 90°夹角的天然裂缝时，两水力裂缝主要扩展方向相反。水力裂缝扩展初期主要是沿着最大主应力方向对称扩展，并且随着裂缝的扩展，当水力裂缝和天然裂缝相遇后，两水力裂缝均有部分沿着天然裂缝方向扩展。

一组 90°夹角和一组 0°夹角的天然裂缝时，水力裂缝在扩展初期主要沿着最大应力方向扩展，直至扩展与天然裂缝相交，被天然裂缝捕获，水力裂缝基本仅沿着 0°的天然裂缝方向扩展，裂缝发育比一组天然裂缝复杂程度较高。

一组 90°夹角、一组 0°夹角以及一组 45°夹角的天然裂缝时，水力裂缝扩展阶段初期主要沿最大水平主应力方向扩展。当水力裂缝与天然裂缝相遇后，水力裂缝沿着不同方向扩展，形成多个裂缝分支。

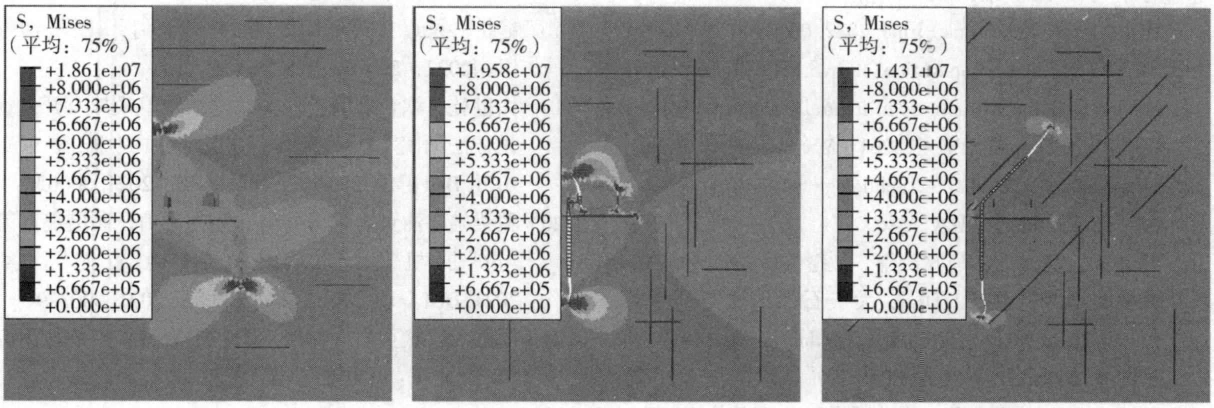

图 12　不同组数的影响

5　结论

（1）地应力差较小时，天然裂缝更容易捕获水力裂缝，使压裂液转向并转移部分的孔隙压力。随着地应力差的逐渐增加，水力裂缝更容易贯穿天然裂缝。

（2）随着弹性模量的增加，其裂缝应力会增加，但破裂单元体积和孔隙压力集中区域会减少。裂缝尖端应力增加，裂缝扩展宽度逐渐减少，容易形成长而窄的裂缝。

（3）当天然裂缝与水力裂缝的夹角较小时，天然裂缝对水力裂缝控制能力较强。水力裂缝容易被天然裂缝捕获并沿其方向扩展。随着夹角的不断增大，天然裂缝对水力裂缝的控制能力在不断降低，水力裂缝贯穿天然裂缝后沿着最大应力方向扩展。

（4）随着裂缝组数的增加，储层裂缝的连通性随之提高，裂缝的扩展性更强，更容易形成复杂的裂缝网络，压裂效果也更好。

参　考　文　献

[1] 张健，王金意，荆铁亚，等．天然裂缝角度对水力压裂的影响数值分析[J]．常州大学学报(自然科学版)，2020，32(03)：34-39.

[2] Warpinski N R，Lorenz J C，Branagan P T，et al. Examination ofa cored hydraulic fracture in a deep gaswel[R]．SPE26302，1993.

[3] Schecter R S. 油井增产技术[M]．刘德铸，译．北京：北京石油工业出版社 2003：198. Schecter R S. Oil wellstimulation[M]．Translated by Liu Dezhu. Beijing：Petroleum Industry Press，2003：198.

[4] 金衍，张旭东，陈勉．天然裂缝地层中垂直井水力裂缝起裂压力模型研究[J]．石油学报，2005，(06)：113-114+118.

[5] 曾青冬，姚军．基于扩展有限元的页岩水力压裂数值模拟[J]．应用数学和力学，2014，35(11)：1239-1248

[6] Arash DT. Numerical modeling of multistranded-hydraulic fracture propagation：accounting for the interaction between induced and natural fractures. SPE Journal2011，16(3)：575-581

[7] Fu P，Johnson SM，Carrigan CRAn explicitly coupled hydro-geomechanical model for simulating hydraulicracturing in arbitrary discrete fracture networks. international Journal for Numerical and Analytical Methods in Geomechanics，2013，37(14)：2278-2300.

[8] 侯冰，陈勉，张保卫等．裂缝性页岩储层多级水力裂缝扩展规律研究［J]．岩土工程学报，2015，37(06)：1041-1046.

[9] 官兵．水平井压裂储层应力场扰动规律研究[D]．东北石油大学，2016.

[10] 刘京．基于扩展有限元的页岩水平井压裂裂缝扩展规律研究[D]．西安：西安石油大学，2019.

[11] 刘伟．非均质页岩水力裂缝的扩展机理及多裂缝均衡扩展优化方法研究[D]．大庆：东北石油大学，2023. DOI：10. 26995/d. cnki. gdqsc. 2023. 000098

[12] 张扬．水平井多级压裂扰动应力分析软件开发及应用[D]．北京：中国石油大学(北京)，2017.

[13] 赵欢．裂缝性致密砂岩储层连通性及压裂机理研究[D]．大庆：东北石油大学，2020. DOI：10. 26995/d. cnki. gdqsc. 2020. 000014.

[14] 朱海燕，黄楚淏，唐煊赫．裂缝性页岩储层水力压裂多簇裂缝扩展的 FEM-DFN 数值模拟［J］．岩石力学与工程学报，2023，42（S1）：3496－3507. DOI：10.13722/j.cnki.jrme.2022.0652.

[15] BLANTON T L. Propagation of hydraulically and dynamically induced fractures in naturally fractured reservoirs[C]//Paper SPE－15261－MS presented at the SPE Unconventional Gas Technology Symposium，Louisville，Kentucky，May 1986.

[16] 邸士莹，赵云飞，马收，等．裂缝性致密油藏水平井缝间增产方法［J/OL］．大庆石油地质与开发，1－7［2024－01－16］ https：//doi.org/10.19597/J.ISSN.1000-3754.202308010.

[17] 赵欢，李玮，唐鹏飞，等．压裂工况下近井筒地应力及套管载荷分布规律研究［J］．石油钻探技术，2023，51（05）：106-111.

[18] 张小军，李军，张慧，等．天然裂缝分布对水力裂缝扩展及近井筒孔隙压力的影响［J］．断块油气田，2022，29（06）：831-836.

[19] 徐世乾．耦合裂缝扩展的致密油数值模拟及开发优化方法研究[D]．青岛：中国石油大学(华东)，2021. DOI：10.27644/d.cnki.gsydu.2021.000026

[20] 翟梁皓．油页岩水平井射孔完井水力压裂裂缝起裂与扩展机理研究［D］．吉林：吉林大学，2021. DOI：10.27162/d.cnki.gjlin.2021.000329

[21] 周彤．层状页岩气储层水力压裂裂缝扩展规律研究[D]．北京：中国石油大学(北京)，2017.

海上疏松砂岩压裂增产工作液体系及配套工艺研究

张　宸　宋爱莉　陈维余　高　双　陈庆栋　张　薇

（中海油能源发展股份有限公司工程技术分公司）

摘　要　本文针对海上油田压裂液体系及工艺现状，开展海上疏松砂岩压裂增产工作液体系及配套工艺研究，形成了新型海水基压裂液体系配方，添加剂种类少，仅由稠化剂、交联剂、破胶剂组成；稠化剂速溶时间小于30s，耐盐大于40000mg/L，可通过加量的调节实现压裂液体系功能的改变。施工无需连续混配撬及缓冲液罐，简化了施工流程，降低占地面积，节省平台空间，可有效增加海上平台压裂规模及施工效率。

关键词　海上油田；连续混配；新型压裂液；简化工艺

我国海上油气储量丰富，中高渗透储层占比超过90%，但随着开发程度的加深，出砂等堵塞对产能的影响日益加强，常规酸化等解堵措施有效期短等特点日益突出。2000年以来，海上油田压裂技术成为一种重要的增产技术手段。其中过筛管压裂和大规模压裂成为其发展的方向，相应的压裂液体系及配套工艺日益成熟。

随着压裂技术的发展，以及多层分段压裂施工的需求，陆地油田压裂规模可以达到1000m^3以。海上实施压裂初期，由于受平台空间和承重的限制，压裂规模受到一定限制。海上平台压裂总液量范围为100m^3～360m^3，每米加砂量一般在0.3～1.8m^3。要解决海上压裂施工的后勤保障和规模限制、有效降低海上压裂施工风险和成本，最有效的方法就是采用连续混配装置联用开展在线施工，压裂规模将不受平台空间储液规模的限制，作业成本和风险降低。近年来，已形成适用的海水基压裂液体系及连续混配工艺，压裂液体系和工艺也在不断的完善和提升。

1　海水基压裂液体系及连续混配工艺

目前海上油田压裂最常用的工艺为过筛管压裂，采用海水基压裂液体系及连续混配工艺可以在平台空间有限的条件下，增加施工规模，目前已形成多套适用不同储层条件的压裂液体系，速溶型均可满足连续混配要求。

1.1　海水基速溶胍胶压裂液体系

针对渤海油田压裂需求储层特点，温度集中在60℃左右，速溶时间在5～10min之间；耐盐大于30000mg/L，其他性能满足行业标准的要求。研发成功速溶型海水基压裂液的改性胍胶增稠剂产品，并针对交联剂、破胶剂、其他辅助添加剂等开展了大量的实验，通过对增稠剂浓度的优选，交联剂、破胶剂以及其他辅助剂的优选，形成了速溶耐盐型压裂液体系。具体配方如下：

0.35%速溶抗盐植物胶+0.3%高效助排剂+1%抗盐黏土稳定剂+1%离子稳定剂+0.3%抗盐破乳剂+0.3%强交联抗盐交联剂+0.1%APS

压裂液体系性能见表1。

表1　速溶型胍胶海水基压裂液体系性能

项目		检测结果	行业标准
稠化剂溶解时间/min		3～5	/
基液表观黏度/(mPa·s)		33	10～40
pH值		7.0	/
60℃、100S^{-1}剪切2h后黏度/(mPa·s)		257.9	/
60℃、170S^{-1}剪切2h后黏度/(mPa·s)		189.7	≥50
破胶性能	破胶时间/min	120	≤720
	破胶液黏度/(mPa·s)	2.0	≤5
	破胶液表面张力/(mN/m)	22.24	≤28
破乳率/%		97	>95
残渣含量/(mg/L)		361	≤600
滤失系数/(m/min1/2)		0.49×10^{-3}	$\leq1.0\times10^{-3}$
降阻率/%		70	≥50

1.2 连续混配工艺

连续混配工艺技术将常规先配液、再施工的压裂工艺改为一种边配边注的连续式压裂施工工艺，所有的化学添加剂都在施工过程中加入，不但实现实时调整各种化工原料和液体配方，还可以根据实际施工情况配制液体，不存在液体浪费和短缺限制施工等现象，从而有效提高压裂施工效率。

工艺流程为用泵将海水抽提至平台，经过过滤等工序，海水直接连接连续配液设备的进口，用于配制压裂液；压裂液干粉直接供给连接连续配液设备与水混合，在设备出口处已经是指标合格的压裂液基液，经过缓冲罐就可以开展压裂施工。整个工艺流程中，海水提取、配液速度、液体缓冲以及压裂施工排量都有一定的协同关系，因此施工流程需要经过准确的流量设计，才能将压裂的整体供液达到完美的组合。

目前连续配液设备已经有两套．主要区别在于配液量、占地面积等。针对井的不同要求，选择不同设备开展压裂施工。设备的主要技术见表2所示。

表2 连续混配设备参数

设备	供液能力/(m^3/min)	占地面积/m^2	重量/t	一次性配液能力/m^3
设备一	1.5~6	25.5	10	500
设备二	2~6	18.25	9	1000

1.3 现场应用

WC-X井是文昌油田的一口单层系调整采油井。该井产能低且历年酸化、酸洗措施均不能有效提高产能，由于该井产能低、出砂，而且目的油组储量大，为了寻求有效的开发措施，该井采用海水基压裂液体系及连续混配设备进行现场施工，压裂作业分别进行了测试压裂和主压裂，整个压裂作业比较顺利，成功完成两层压裂，共加液527.5m^3，树脂涂层砂73m^3，形成裂缝缝高70m，半缝长199.6m，平均缝宽0.47cm，平均导流能力113.5md·m，施工过程顺利，标志着海上油田压裂工艺有了新的突破，为低渗油气田开发提供指导和借鉴。

近年来，过筛管压裂在渤海油田进入推广阶段，目前已采用海水基胍胶压裂体系与连续混配工艺完成10余口的压裂施工，效果良好。

2 新型海水基压裂液体系及配套工艺

前期采用的速溶型胍胶体系经过现场应用，取得了较好的效果，但体系添加剂种类繁多(如稠化剂、交联剂、助排剂、破胶剂、黏土稳定剂、pH调节剂、破胶剂等成)，需配套连续混配撬及缓冲液罐，采用复杂压裂工艺情况下还需准备滑溜水体系，极大降低了海上平台利用效率。

因此，研发一种添加剂种类少的新型压裂液体系及配套工艺，减少添加剂种类，无需混配撬及缓冲液罐，对于海上平台高效压裂施工意义重大。

2.1 新型压裂液体系

为达到增加海上平台压裂施工效率的效果，新型压裂液体系应具备如下特点：①添加剂功能复合，一剂多效，减少添加剂种类；②一体化能力，根据加量可实现滑溜水、线性胶、冻胶功能；③速溶性，溶解时间低于连续混配要求时间；④耐盐性强，海水配置压裂液体系性能不受影响；⑤性能符合常规压裂液体系性能要求。

(1) 添加剂类型

为降低压裂液体系添加剂种类，压裂液体系应具有一剂多效功能，一般来说，压裂液体系内最主要的组成部分为稠化剂、交联剂和破胶剂。其中稠化剂通常为聚合物，通过聚合物分子与水分子缔合，在溶液中展开延伸，形成溶胀线性体，达到增稠降黏的效果；交联剂与稠化剂分子间支链反应形成连接，每个聚合物分子都存在多处连接，从而交联后体系呈冻胶状，降低支撑剂沉降速度，降低体系在储层中的滤失；破胶剂通过氧化性，将稠化剂的聚合物分子分解成小分子碎片，从而降低液体黏度，使压裂液携砂后顺利返排，不影响储层开发。

助排剂、黏土稳定剂的作用为提高压裂液体系性能、降低储层伤害、增加返排能力。为降低添加剂种类，形成新型压裂液体系，研发了具有助排性能、黏土稳定性能、降阻性能、增黏性能的复配稠化剂单剂YTC，采用超分子聚集的中低分子量、窄分布的线性聚合物分子结构，同时加入抗盐单体，在低加量下具有高黏度、低表面张力、高降阻率的特点，同时海水矿化度高，具有较强的防膨性能。压裂液多为碱性交联，需加入 pH 调节剂可以加强交联性能，因此研发了中性交联的交联剂 ZJL，在 pH6～8 条件下交联强度最高，满足体系携砂性能。破胶剂采用聚合物破胶剂 HPJ，延迟破胶，放置提前破胶引起携砂能力减弱，并且破胶后分子量小，降低对储层的伤害。经过研发，将体系添加剂类型将为 3 种，大大减少了添加剂种类，配方组成为：YTC 稠化剂+ZJL 交联剂+HPJ 破胶剂

（2）多功能稠化剂

基液黏度是评价压裂液体系性能的重要参数，滑溜水黏度小于 20mPa · s，线性胶黏度为 20～30mPa · s，配制冻胶的基液黏度大于 30mPa · s。在体积压裂工艺中，通常情况下，采用降阻剂配置滑溜水，低砂比大液量携砂，若想采用高砂比，需准备胍胶压裂液体系，极大的增加了准备时间，降低了施工效率。

YTC 稠化剂根据加量不同，低加量下可形成滑溜水、中加量下形成线性胶，高加量下加入交联剂可形成冻胶，一剂多能，通过调节加量实现液体性能的在线实时转换，大幅度提高了施工效率，不同加量下的体系黏度及性能见表 3。

表 3　不同加量下新型压裂液体系黏度及性能

YTC 加量/%	体系黏度/（mPa · s）	体系性能
<0.1	<5	低黏滑溜水
0.1～0.3	6～18	中高黏滑溜水
0.4～0.6	20～30	线性胶
>0.6	>30	冻胶基液

（3）速溶能力

连续混配工艺一般采用稠化剂粉剂，稠化剂溶解时间 3～5min，在缓冲液罐内溶胀至黏度的 80% 以上，YTC 稠化剂为降低溶解时间，采用乳液的方式，可保证 30s 内迅速溶解，并且具有更高的增黏比，可与交联剂、破胶剂同时添加而不降低性能，因此无需缓冲液罐，提高了连续混配能力。

（4）耐盐性能

海水基压裂液采用海水配置，海水矿化度普遍为 30000～40000mg/L，YTC 稠化剂采用反向原子转移自由基，增加抗盐单体，实现可控聚合，屏蔽阳离子作用，从而提高耐盐性能，采用渤海海水进行配液，矿化度 34000mg/L，选择 YTC 加量 1.5%，体系耐温耐剪切性能如图 1 所示。

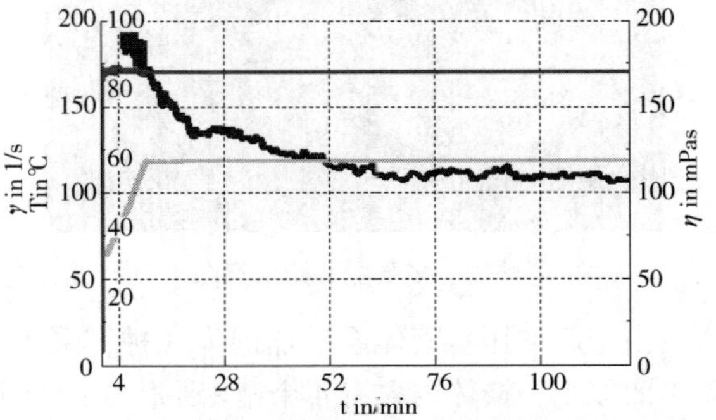

图 1　新型海水基压裂液体系耐温耐剪切性能

从图中可以看出，1.5% YTC 加量下，$170s^{-1}$剪切 2h 后黏度为 106.4mPa · s，高于行业标准的 50mPa · s，体系耐盐性能满足要求。

（5）综合性能

根据行业标准及海上油田储层特征需求，配方优化如下：

0.1%～1.5%YTC+0.3%～0.5%ZJL+0.2%～0.4%HPJ

根据配方配制冻胶液性能见表 4。

表 4　新型海水基压裂液体系冻胶性能

项目		检测结果	行业标准
稠化剂溶解时间/min		0.5	—
基液表观黏度/（mPa · s）		48	10～40
pH 值		7.0	/
60℃、$170S^{-1}$剪切 2h 后黏度/（mPa · s）		106.4	≥50
破胶性能	破胶时间/min	120	≤720
	破胶液粘度/（mPa · s）	2.0	≤5
	破胶液表面张力/（mN/m）	22.24	≤28
破乳率/%		98	>95
残渣含量/（mg/L）		315	≤600
滤失系数/（m/min1/2）		$0.79×10^{-3}$	$≤1.0×10^{-3}$
降阻率/%		78	≥50

2.2 配套工艺技术

目前海上平台连续混配流程为首先用泵将海水抽提至平台，过滤后进入连续混配撬内加入各类添加剂，经过3～5min溶胀形成基液进入缓冲液罐，缓冲液罐内基液在混砂撬内与交联剂、破胶剂、支撑剂混合进入井筒。新型压裂液体系具有30s内速溶的特点，因此可与交联剂、破胶剂同时加入混砂撬，因此无需连续混配撬和缓冲液罐，采用多泵撬体即可满足连续混配要求，如图2所示。

图2 多泵配液撬示意图

由于新型压裂液体系添加剂为3种，采用3备1的原则，撬体内含有4个精密泵体，同时可在撬内其余空间增加泵体，在需要增加其他添加剂的情况下满足配液要求，可以看出，新型压裂液体系的配套工艺具有如下优点：①配液程序简单，仅采用多泵撬体；②降低占地面积，适用海上平台；③液体功能快速切换，滑溜水、线性胶、冻胶转换无需倒灌；④实时调整配方，通过调整泵排量即可；⑤适用复杂压裂工艺。

3 结论

（1）目前海上平台压裂为海水基胍胶压裂液体系+连续混配施工工艺，体系配方为：0.35%速溶抗盐植物胶+0.3%高效助排剂+1%抗盐黏土稳定剂+1%离子稳定剂+0.3%抗盐破乳剂+0.3%强交联抗盐交联剂+0.1%APS，性能满足海水基压裂液指标，实现了连续混配压裂施工，已完成十余口井的现场应用，应用效果良好。

（2）通过研究形成了新型海水基压裂液体系配方，减少添加剂类型，体系由稠化剂、交联剂、破胶剂组成，配方为0.1～1.5%YTC稠化剂+0.3～0.55ZJL交联剂+0.2～0.4%HPJ破胶剂，性能满足行业标准要求，速溶时间小于30s，耐盐大于40000mg/L，适用温度60℃，可通过添加剂加量的调节实现压裂液体系功能的改变；配套工艺简化了施工流程，无需连续混配撬及缓冲液罐，采用多泵撬体同时将添加剂泵注至混砂撬，节省平台空间，降低占地面积，可有效增加海上平台压裂规模及施工效率。

参 考 文 献

[1] 冯饮升．过筛管压裂增产技术研究[D]．成都：西南石油大学，2015.

[2] 陈勇军，郑旭，郭秩瑛，等．过筛管压裂技术在海上油田的应用[J]．石化技术，2019，26(09)：3-4.

[3] 宋爱莉，安琦，胡军，等．海上油田大规模压裂连续配液新工艺研究与应用[J]．石化技术，2018，25(01)：57-58.

[4] 杨文轩，管保山，梁利，等．高矿化度水基压裂液稳定剂的研制及应用[J]．油田化学，2018，35(04)：622-626.

[5] 孙立田，罗彤彤，陈雁南，等．一种耐高温海水基速溶压裂液体系研究[J]．石油化工应用，2018，37(06)：37-41.

[6] 刘灼．大型压裂液连续混配装置的研制与试验[J]．石油机械，2017，45(07)：93-96.

高温海水基可在线混配一体化压裂液研究

王家航[1] 邱 康[1] 李 乾[1] 闫 秀[2]

(1. 中国石油化工股份有限公司上海海洋油气分公司；2. 中石化江汉石油工程有限公司页岩气开采技术服务公司)

摘 要 针对海上高温储层采用海水进行压裂液配置的需求，优选了FLICK-2耐盐型稠化剂、耐高温交联剂、多功能复合增效剂、破胶剂4种添加剂，形成了耐温高达175℃，可用60000mg/L以内海水在线混配的一体化压裂液体系。当前陆上应用情况表明，该体系流变性、减阻率等各项性能均满足现场施工要求，具有良好的推广价值。

关键词 耐盐型稠化剂；抗高温；快速混配；一体化压裂液；性能评价

近年来海上油气勘探开发力度逐渐增大，开发不断向纵深发展，部分储层温度超过170℃，目前淡水基压裂液体系适用温度可达180℃，但海上压裂受平台条件限制，泥浆池体积普遍无法满足大规模压裂施工的需求。采用淡水基压裂液通常需要在陆地上配置后，打入拖轮水舱内，再利用拖轮向平台缓冲罐供液，整个作业周期长，经济性差。海水基压裂液体系能够直接使用海水进行配液，提高作业效率。然而目前海水基压裂液体系耐温性普遍不超过160℃，且天然海水中钙镁离子含量高，会使聚合物稠化剂分子链蜷缩，影响其增粘、交联及耐温性能。

本研究研发了一种天然海水基一体化压裂液体系，该压裂液体系与胍胶压裂液相比具有配方简单、压裂施工设备占地面积小等优势，同时可实时调整液体性能，适用复杂工艺条件。添加剂仅包含稠化剂、交联剂、复合增效剂、破胶剂4种，并且稠化剂在海水中速溶，30s内起黏，可简化压裂施工的配液程序。同时无需提前配制基液，降低了由于施工时间过长导致的液体性能变化，实现零液体富余，适用于海上平台压裂施工。各添加剂直接泵注至混砂撬，按照对应的排量精确调整泵排量即可完成滑溜水、线性胶、冻胶的切换，可根据砂比快速调整加砂量，满足复杂大规模压裂、体积改造压裂、过筛管压裂、暂堵压裂过程中不同施工阶段对液体性能的不同需求。

1 实验试剂及海水样离子分析

1.1 实验药品及仪器

实验药品：过硫酸铵、亚硫酸氢钠、氢氧化钠、耐盐降阻剂、交联剂、多功能复合增效剂、过滤海水(取自东海海域)、不同矿化度模拟水(实验室配制)。

实验仪器：电热干燥箱、数显恒温水浴锅、压裂液摩阻测试仪、高温流变仪(密闭圆筒系统、PZ38转子)、高温高压滤失仪、离心机、表面张力仪、界面张力仪、旋转黏度计、傅立叶变换红外分析光谱仪、精密电子天平、吴茵混调器。

1.2 海水样离子分析

参照评价标准SY/T 5523—2016《油田水分析方法》对海水水样中的离子含量进行滴定分析，实验结果见表1。由实验结果可以看出两种海水水样矿化度在33000ppm左右，其中Ca^{2+}、Mg^{2+}含量较高，二价离子是影响压裂液性能的主要因素，因此海水基压裂液用添加剂围绕其抗温抗盐性进行评价优选。

表1 海水水样离子含量分析

水样	离子含量/(mg/L)					矿化度/(mg/L)
	Ca^{2+}	Mg^{2+}	SO_{42-}	Cl^-	HCO_{3-}	
1号海水样	450.90	1276.28	2161.35	19408.88	186.16	34357.34
2号海水样	375.75	1397.83	2041.28	19054.38	171.84	33496.88

2 压裂液添加剂优选

参考石油天然气行业标准 SY/T 5107—2016《水基压裂液性能评价方法》，针对海水矿化度高导致的稠化剂增黏、储层温度高引起的交联、低渗储层易水锁等问题，通过优选耐盐型稠化剂、耐高温交联剂、多功能复合增效剂，提升压裂液耐温耐剪切性能，减少水锁伤害，降低入井流体对储层伤害，保障气井返排能力。

2.1 耐盐型乳液稠化剂优选

（1）稠化剂优选

根据乳液型稠化剂增黏、降阻及耐盐机理，首先通过测定不同加量 W/O 型乳液稠化剂和悬浮乳液稠化剂表观黏度、减阻率、耐盐等性能（表 2），优选出在清水和盐水中性能优异的稠化剂。研究结果表明，悬浮乳液稠化剂增黏性、耐盐性均优于 W/O 型乳液稠化剂，其中悬浮乳液稠化剂 FLICK-2 的增黏、耐盐及降阻性最优，即在自来水中 0.1% 加量黏度为 9mPa · s，0.05%加量在自来水中降阻率达到 75.2%，在 20000ppm 盐水中，0.5%加量黏度为 30mPa · s。因此最终选用 FLICK-2 作为海水基可在线混配一体化压裂液用稠化剂。

表 2 不同稠化剂增黏、耐盐及降阻性能表

序号	名称	类型	加量/%	黏度/（mPa · s）	加量/%	自来水中黏度/（mPa · s）	加量/%	黏度/（mPa · s）	降阻率/%（0.05%加量）	20000ppm 盐水黏度/（mPa · s）/（0.5%加量）
1	NY	W/O	0.1	9	0.3	30	0.5	60	74.0	12
2	BD	W/O	0.1	1.38	0.3	6	0.5	12	72.5	3
3	DS	W/O	0.1	1.13	0.3	4.5	0.5	12	70.1	3
4	FY	W/O	0.1	1.51	0.3	12	0.5	24	68.5	3
5	BJXT	W/O	0.1	1.59	0.3	15	0.5	21	71.5	3
6	FLICK-2	悬浮液	0.1	9	0.3	24	0.5	57	75.2	30
7	JBT	悬浮液	0.1	6	0.3	18	0.5	42	73.8	21
8	SEW	悬浮液	0.1	7.5	0.3	21	0.5	45	70.8	18
9	JZ	悬浮液	0.1	10.5	0.3	27	0.5	60	70.9	24
10	AIS	悬浮液	0.1	7.5	0.3	21	0.5	45	73.6	18

（2）FLICK-2 稠化剂性能评价

① 增黏及耐盐性能评价

采用品氏黏度计和六速旋转黏度计分别测定了 FLICK-2 在自来水和海水里的增黏性能。由实验结果（表 3）可以看出，随着 FLICK-2 加量的增加，液体表观黏度增加，因此可根据现场液体性能需求调整稠化剂加量。在自来水中，当加量为 0.05%～0.1%时可用于常规滑溜水，加量为 0.12～0.2%可用于高黏滑溜水，加量为 0.25%～0.5%可用于线性胶及胶液。在海水中当加量为 0.1%～0.4%时可用于常规海水基滑溜水，加量为 0.5%～0.8%可用于高粘海水基滑溜水，加量为 1.0%～2.0%可用于海水基线性胶及海水基胶液。如图 1、图 2 所示。

表 3 不同 FLICK-2 稠化剂浓度配制的液体黏度

配液水	不同稠化剂加量%下液体表观黏度/（mPa · s）															
自来水	浓度/%	0.05	0.06	0.07	0.08	0.1	0.12	0.15	0.18	0.2	0.25	0.3	0.35	0.4	0.45	0.5
	黏度/（mPa · s）	2.38	4.5	6	7.5	9	12	15	18	19.5	21	24	28.5	33	39	57
海水	浓度/%	0.1	0.15	0.2	0.3	0.4	0.5	0.6	0.8	1.0	1.2	1.4	1.6	1.8	1.85	2
	黏度/（mPa · s）	3	4.5	6	9	10.5	12	15	24	37.5	45	54	69	90	93	117

② 降阻性能评价

压裂液在一定速率下流经一定长度和直径的管路时都会产生一定的压差，根据压裂液与自来水压差的差值和自来水压差的比值来计算压裂液的降阻率。由于室内摩阻仪排量有限，交联液无法测量，因此通过测量基液降阻率表征压裂液降阻性能。本实验所采用的摩阻仪：管径 4.6mm，最高剪切速率 $12000s^{-1}$，最大排量 7L/min。

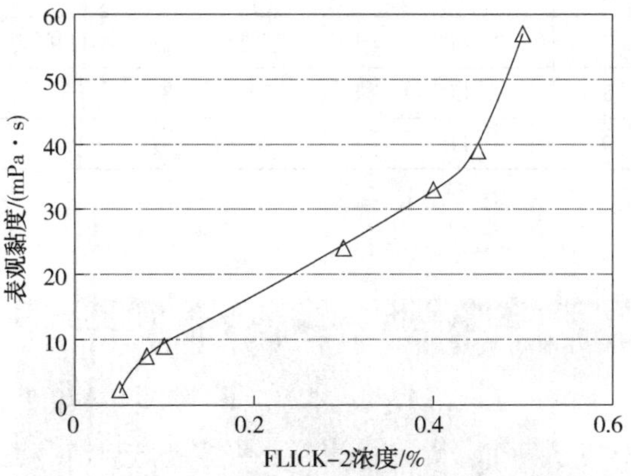

图 1　FLICK-2 稠化剂在自来水里的增黏曲线图

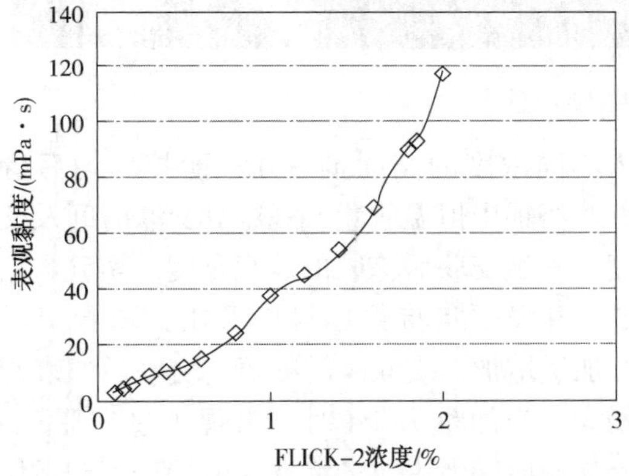

图 2　FLICK-2 稠化剂在海水里的增黏曲线图

为了节约实验室用天然海水用量，本实验使用矿化度为 60000mg/L 的盐水（盐水组成为 3% NaCl+2.9% KCl+0.05% $MgCl_2$+0.05% $CaCl_2$）配制不同浓度稠化剂的溶液，按照上述步骤测试其在测试排量为 6.8L/min 时降阻率，实验数据如图 3 所示。由实验结果可以看出，随着稠化剂浓度的增加，降阻率降低，因为室内摩阻仪管径较小，随着稠化剂浓度增加液体表观黏度增加，液体在管径中流动性变差，导致摩阻增加。当稠化剂浓度小于 0.3%时，降阻率均大于 70%，表现出良好的降阻效果。

③ FLICK-2 稠化剂微观结构分析

用乙醇将 FLICK-2 提纯后烘干，使用溴化钾压片法进行红外光谱分析，红外光谱结果如图 4 所示。通过对 FLICK-2 乳液稠化剂特征吸收峰进行分析，$1670cm^{-1}$ ~ $1620cm^{-1}$，以及 3075 ~ $3090cm^{-1}$无吸收峰，证明物质中不存在双键，反应物反应完全；$3471cm^{-1}$和 $3423cm^{-1}$附近为酰胺基中-NH_2的两个吸收峰，$1700cm^{-1}$附近为酰胺基中羰基吸收峰，$3559cm^{-1}$附近 C-N 吸收峰。$1042cm^{-1}$附近为 C-O-C 吸收峰；$1172cm^{-1}$处为 C-C 伸缩振动吸收峰。$1625cm^{-1}$为 N-H 面内弯曲吸收峰；$3237cm^{-1}$为 N-H 对称吸收峰；$2934cm^{-1}$为 C-H 伸缩吸收峰；$632cm^{-1}$处为磺酸基团吸收峰。

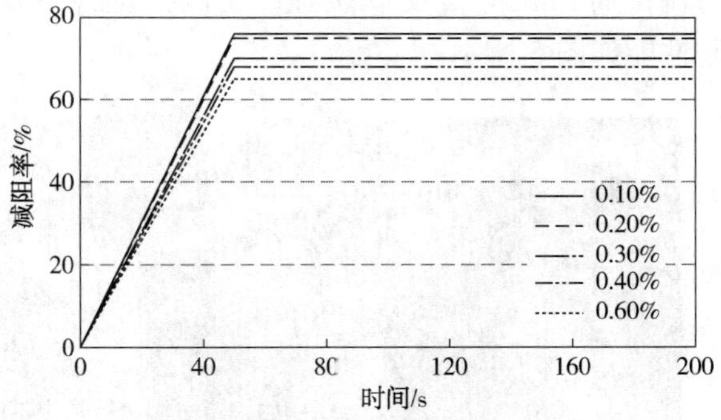

图 3　FLICK-2 稠化剂在 60000ppm 的矿化水中的降阻率

通过分析可知聚合物主链为丙稀酷胺单体，该单体反应活性高，具有良好的可聚合性、热稳定性、增黏性、耐高温性能；分子链上的磺酸基团可显著提高聚合物抗盐性。

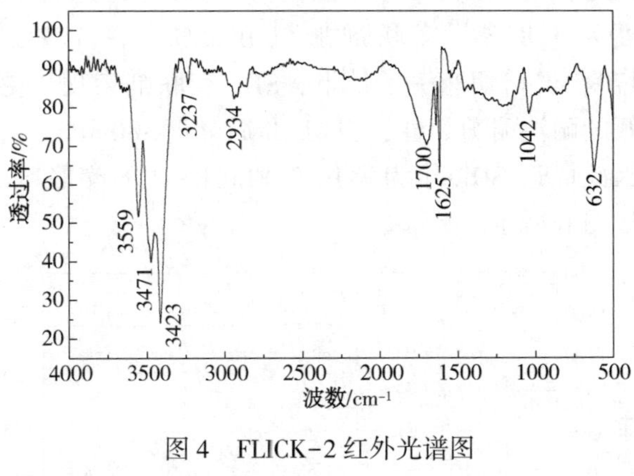

图 4　FLICK-2 红外光谱图

2.2　耐高温交联剂优选

（1）交联时间和挑挂性能

通过对 FLICK-2 乳液稠化剂进行微观结构分析，可交联基团有酰胺基、羧基和羧酸根离子，因此选用有机锆类交联剂。锆类既可以与酰胺基也可以与酰胺基水解后形成的羧基交联，同时可以抗高温。该类型交联剂以 Zr^{4+} 为中心体，以聚丙烯酸胺类聚合物分子链上的酰胺基、羧基和羧酸根离子为配体，通过形成多核羟桥络离子结构，实现相互交联。

通过交联时间和挑挂性能初步优选出可与 FLICK-2 稠化剂交联的交联剂(以 0.45%稠化剂+0.25%交联剂在自来水中交联性能为例)。由表 4 中数据可以看出，三种交联剂均可与 FLICK-2 稠化剂交联。交联剂 SDL 与 LP 的交联性能相似，在室温条件下不可挑挂，在 50℃及以上温度可以实现挑挂，且随着温度的升高交联挑挂时间变短。交联剂 WN 在 90℃以上才可以与稠化剂 FLICK-2 交联挑挂。交联挑挂性及携砂性能如图 5 所示。

表 4　不同交联剂交联性能表

(以 0.45%稠化剂+0.25%交联剂为例)

序号	交联剂名称	交联温度/℃	挑挂时间/min
1	WN	室温	不可挑挂
2	WN	50	15
3	WN	90	2.5
4	SDL	室温	不可挑挂
5	SDL	50	3
6	SDL	90	2
7	LP	室温	不可挑挂
8	LP	50	3
9	LP	90	2

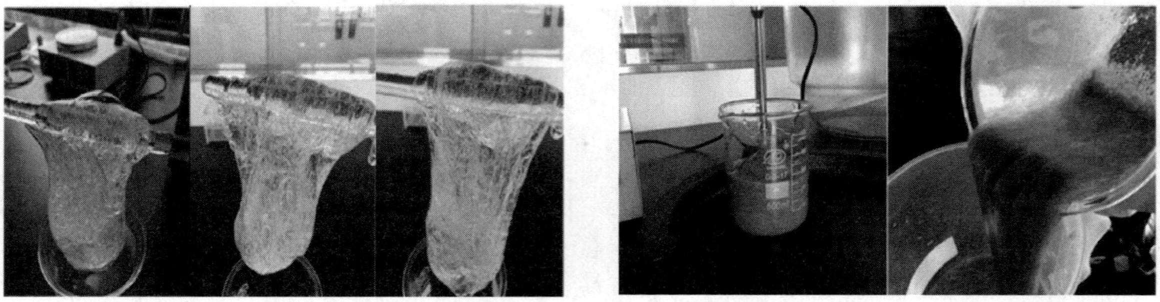

图 5　交联挑挂性及携砂性能示意图

(2) 交联冻胶耐温耐剪切性

为了进一步优选出适应 FLICK-2 稠化剂的交联剂，分别评价三种交联剂与稠化剂 FLICK-2 交联冻胶在海水中耐温耐剪切性，在稠化剂浓度为 1.85%，交联剂加量 0.85%，在 175℃、$170s^{-1}$的剪切速率条件下，SDL 交联剂表现出更好的耐温耐剪切性，剪切 1h 后黏度>80mPa·s；因此优选 SDL 作为稠化剂 FLICK-2 的交联剂。如图 6 所示。

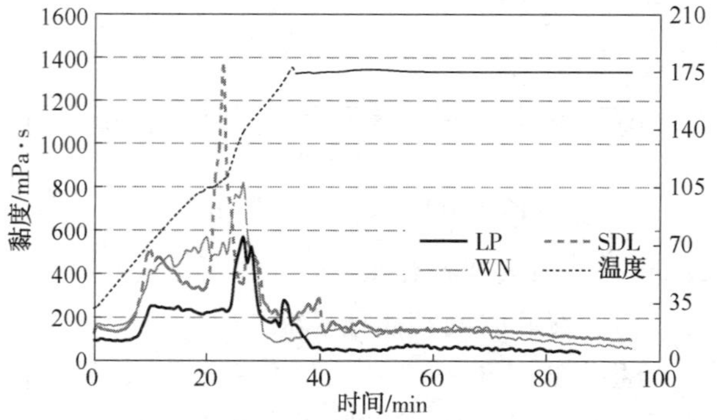

图 6　加入不同交联压裂液的耐温耐剪切曲线

(3) 交联剂 SDL 使用浓度优化

使用海水配制稠化剂浓度为 1.85%的溶液，加入不同浓度的交联剂 SDL，搅拌均匀后置于 50℃水浴锅中恒温放置，观察其交联时间及交联强度，测试交联后冻胶的表观黏度。实验数据见表 5，由表中实验数据可以看出，随着交联剂 SDL 加量增加，交联时间减短，交联后的表观黏度增大，当加量为 1%时，出现了过交联现象，综合交联时间考虑，最终选用的用于配制适用于 175℃储层用海水基压裂液的交联剂 SDL 用量为 0.85%。

表 5　SDL 不同加量的交联情况表

SDL 加量/%	交联时间/min	交联后表观黏度/(mPa·s)	交联强度
0.65	8.5	351	弱
0.75	6.8	465	强
0.85	3	816	强
1	1	1341	液体变脆

2.3　复合添加剂配方

(1) 助排剂优选

由于非常规储层具有非均质性强，孔渗物性极差等特点，压裂过程中沁入储层的大量压裂液由于吸附滞留效应或液相的聚集效应造成返排缓慢或返排困难，增大了对储层的二次伤害，降低压裂作业效果并最终影响储层产能。因此，必须在压裂液中加入助排剂以降其表面张力，改变储层润湿性，改变压裂液在地层中的气液驱替特性，使工作液均匀连续排出，有效提高岩心的渗透率。

目前用于压裂液助排剂的主要物质为氟碳表面活性剂，表面张力一般低于28mN/m，但与聚合物配伍性差。通过测试不同的助排功能添加剂加量为0.1%时、25℃分别在自来水和60000mg/L的盐水中的表界面张力，优选出于稠化剂FLICK-2配伍的助排剂。通过表6实验数据可以看出，FDS-239降低表界面张力能力最优，其在自来水中可将表界面张力降低至21.5mN/m和0.8mN/m，在盐水中可将表界面张力降低至23.8mN/m和1.0mN/m，表现出良好的表面活性和抗盐性，因此选用FDS-239为本压裂液体系用复合添加剂中的助排剂。

表6　不同助排功能添加剂性能评价

序号	名称	加量/%	自来水/(mN/m)		60000mg/L盐水25℃/(mN/m)	
			表面张力	界面张力	表面张力	界面张力
1	FCL-562	0.1	23.0	1.5	24.5	1.6
2	FDS-230	0.1	23.8	1.8	24.6	2.0
3	FDS-239	0.1	21.5	0.8	23.8	1.0
4	FDS-713	0.1	24.0	1.2	28.1	1.5
5	FDS-816	0.1	23.8	1.1	27.3	1.1

(2) 防膨功能添加剂研选

粘土稳定剂主要有无机盐类和有机季铵盐类，无机盐类粘土稳定剂主要包括如KCl、NH_4Cl、$CaCl_2$、$MgCl_2$，无机盐类主要通过粘土表面扩散双电层厚度缩小，进而降低粘土表面Zeta电位来起作用；有机季铵盐类粘土稳定剂是一种有机阳离子单体，分子链节含有多个阳离子基团，能以网络形式强力吸附在黏土的交换点上，并通过分子间力和氧键力等作用，牢固吸附在黏土表面。有机阳离子含有的离子基团和活性吸附基团，可提高无机盐的黏土膨胀控制能力并阻止微粒的迁移，两者复配表现出更优的防止黏土膨胀和运移的能力。

将阳离子单体与KCl复配形成了A、B、C三种型号的复合型防膨功能添加剂，并分别测试了三种防膨剂不同加量下的防膨率，通过防膨率的测试最终优选了防膨剂A和B；进一步测试A和B防膨剂的抗温性能。实验结果如图6所示，防膨剂B具有较好的防膨性和抗温性，加量0.1%时，防膨率大于70%。

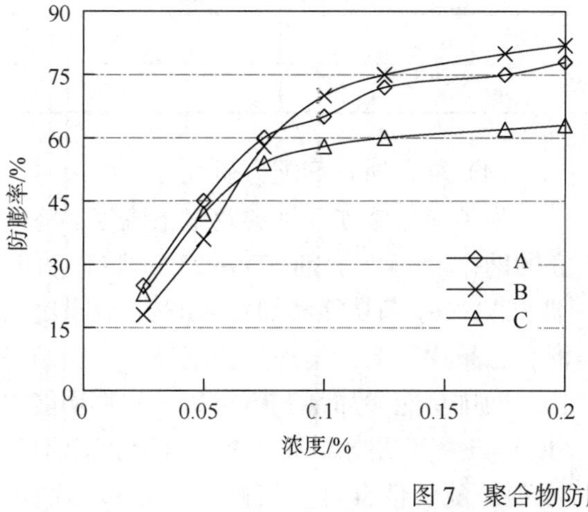

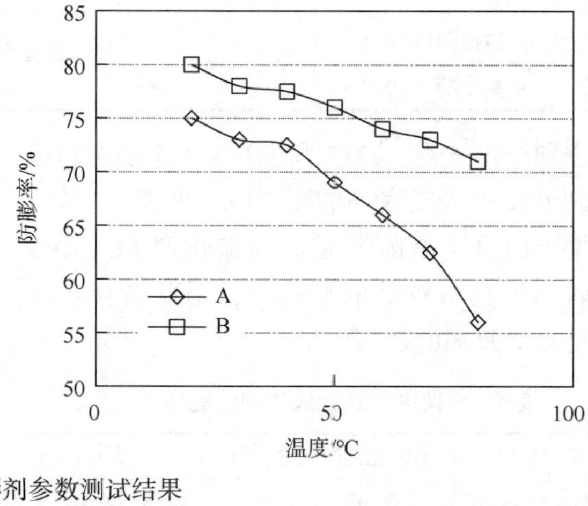

图7　聚合物防膨剂参数测试结果

同时测试了防膨剂B与稠化剂的配伍性，调整防膨剂加量，测试聚合物溶液加入防膨剂前后的表观黏度，实验数据见表7，由实验数据可知防膨剂B与聚合物具有良好的配伍性，随着B用量的增加，防膨率增加，降黏率略有增加，当加量为0.1%时，防膨率为70.9%，降黏率小于5%。

表 7　防膨率及液体性能随防膨剂 B 加量的变化情况

B 加量/%	防膨率/%	加入前黏度/(mPa·s)	加入后黏度/(mPa·s)	降黏率/%
0.05	36	57	57	0
0.075	58	57	56.4	1.05
0.1	70.9	57	54.3	4.7
0.2	82	57	53.7	5.8
0.25	93	57	51.9	8.9

备注：FLICK-2 稠化剂用量 0.5%

(3) 杀菌功能添加剂研选

油田水中常见的细菌为腐生菌、硫酸盐还原菌以及铁细菌，采用绝迹稀释法进行测定(参照标准 SY/T 0532—2012 油田注入水细菌分析方法—绝迹稀释法)。本研究选择常用的 1277、戊二醛、异噻唑啉酮 ABS 等物质作为杀菌剂，以杀菌剂 0.1%加量为例，评价杀菌性能。从表 8 可以看出杀菌剂 ABS、1227 和 THPS 表现出优异的杀菌性能，针对细菌浓度为 10^4～10^5个/mL 腐生菌、铁细菌和硫酸盐还原菌，杀菌率可以达到 100%。

表 8　杀菌剂性能评价表

日期	2022.3.11	水样	现场污水(2022.2.27)
杀菌剂	腐生菌(TGB) 10^4～10^5个/mL	铁细菌(FB) 10^4～10^5个/mL	硫酸盐还原菌(SRB) 10^4～10^5个/mL
25%ABS	√	√	√
10% BIT	×	×	×
25% 1227	√	√	√
40% THPS	√	√	×
14% NaClO	√	√	×
10% DBNPA	×	√	×
25% PHMG	√	√	√
25% 戊二醛	×	√	×
30% 有机溴	×	√	×
75% 三嗪类	√	√	×
98% 杂环化合物	√	√	×
40% 甲醛	×	√	×

分别评价 ABS、1227 和 THPS 等杀菌剂与稠化剂 FLICK-2 及交联剂的配伍性，见表 9，从实验结果可以看出杀菌剂 ABS 与稠化剂 FLICK-2 和交联剂均具有较好的配伍性，因此选择 ABS 作为复合增效剂的杀菌成份。

表 9　杀菌剂与其他添加剂的配伍性

杀菌剂类别	与稠化剂配伍性	与交联剂配伍性
25%ABS	配伍性好	配伍性好
25% 1227	产生絮状沉淀，黏度下降	配伍性好
40% THPS	黏度下降	配伍性好

(4) 复合增效剂配方研究

为了简化添加剂种类及施工流程，将上述研究的助排功能添加剂 FDS-239、防膨功能添加剂 FLYF、杀菌功能添加剂 ABS 按不同比例进行混合，采用互溶剂增加其稳定性。实验结果见表 10，助排功能添加剂 FDS-239、防膨功能添加剂 FLYF 与杀菌功能添加剂 ABS 在互溶剂加量大于 3%时，配伍性良好。因此结合各添加剂优选的加量，最终选用的复合增效剂配方为 49%FDS-239+39%防膨功能添加剂+9%杀菌功能添加剂+3%互溶剂，加量为 0.2%。

表 10 不同配方配伍性实验

序号	助排功能添加剂/%	防膨功能添加剂/%	杀菌功能添加剂/%	互溶剂/%	放置 1day	放置 60day
1#	49.5(FDS-239)	40	9.5	1	配伍	部分析出
2#	49(FDS-239)	39	9	3	配伍	配伍
3#	47(FDS-239)	39	9	5	配伍	配伍
4#	39.5(FDS-239)	49.5	10	1	配伍	部分析出
5#	39(FDS-239)	49	9	3	配伍	配伍
6#	39(FDS-239)	47	9	5	配伍	配伍
7#	59.5(FDS-239)	30	9.5	1	配伍	部分析出
8#	59(FDS-239)	29	9	3	配伍	配伍
9#	57(FDS-239)	29	9	5	配伍	配伍

(4) 复合增效剂配方研究

为了简化添加剂种类及施工流程，将上述研究的助排功能添加剂 FDS-239、防膨功能添加剂 FLYF、杀菌功能添加剂 ABS 按不同比例进行混合，采用互溶剂增加其稳定性。实验结果见表 10，助排功能添加剂 FDS-239、防膨功能添加剂 FLYF 与杀菌功能添加剂 ABS 在互溶剂加量大于 3%时，配伍性良好。因此结合各添加剂优选的加量，最终选用的复合增效剂配方为 49% FDS-239+39%防膨功能添加剂+9%杀菌功能添加剂+3%互溶剂，加量为 0.2%。

2.4 破胶剂优选

破胶剂是一种在一定条件下可以释放出氧化性自由基的化学剂。自由基进攻高分子链，通过链式反应使高分子链断裂，从而彻底降黏。FLICK-2 聚合物结构简单，使用常规的过硫酸铵(APS)破胶剂就能使其完全破胶。下面测试压裂液在加入不同破胶剂、175℃下破胶情况，其实验结果见表 11。可以看出胶囊破胶剂破胶慢，2h 还未完全破胶，而 APS 的破胶速率存在一定的不可控性，对于高温深井，为防止破胶太快，影响液体携砂性能，因此压裂液体系选择将胶囊破胶剂和 APS 组合使用。

表 11 不同破胶剂加量破胶性能测试结果

序号	温度/℃	APS 加量/%	胶囊破胶剂加量/%	破胶液黏度/mPa·s				破胶液各项性能			
				30min	60min	90min	120min	残渣含量/(mg/L)	表面张力/(mN/m)	界面张力/(mN/m)	膨胀体积/mL
1	175	/	0.005	不破	不破	不破	不破	/	/	/	/
2		/	0.01	不破	不破	不破	>5	/	/	/	/
3		/	0.02	不破	不破	破	>5	/	/	/	/
4		/	0.03	不破	不破	破	3.1	98	27.5	1.2	1.2
5		0.005	/	不破	不破	破	3.4	87	26.8	0.8	1.5
6		0.01	/	不破	12	9	2.1	88	27.8	1.1	1.5
7		0.02	/	不破	9	6	1.8	50	26.9	0.8	1.3
8		0.03	/	24	6	3	1.5	62	27.2	0.9	1.3

3 配方研究及性能评价

3.1 配方研究

通过对 FLICK-2 乳液稠化剂、交联剂及复合增效剂配伍性评价及配方研究，形成了适应 60000mg/L 矿化水的压裂液配方体系，如下：

低黏滑溜水配方为：0.1~0.4% FLICK-2 稠化剂+0.2%复合增效剂+0.5%破乳剂 YT +0.005~0.01%破胶剂；

高黏滑溜水配方为：0.5~0.8% FLICK-2 稠化剂+0.2%复合增效剂+0.5%破乳剂 YT+0.01~

0.02%破胶剂；

冻胶配方为：1.85% FLICK-2 稠化剂+0.85%交联剂+0.2%复合增效剂+0.5%破乳剂 YT+0.01~0.03 破胶剂(胶囊破胶剂与 APS 组合加入，加量根据现场施工要求调整)。

3.2 性能评价

(1) 耐温耐剪切性能

耐温耐剪切性能测试方法：用 MARS 60 高温流变仪测定压裂液在测试温度条件下的粘温曲线，选用 PZ38 的转子，设定剪切速率为 $170s^{-1}$，在 175℃条件下剪切 120min。耐温耐剪切曲线如图 8 所示。由耐温耐剪切实验结果可以看出，FLICK-2 压裂液不似普通聚合物溶液，在剪切过程中表观黏度主要依赖于高分子链的尺寸，聚合物链发生断裂后，溶液黏度会大幅度下降且不能恢复。本压裂液体系的结构是靠分子链间的相互作用，因而对剪切的时间敏感性不强。体系的结构强度与温度、剪切速率有关，但一旦这两个因素恒定后，体系强度与时间无关。在 175℃ 恒温、$170s^{-1}$的恒剪切条件下，经过 120 分钟的剪切仍稳定在 50mPa·s 以上，压裂液表现出了良好的剪切稳定性和耐温耐剪切性能。

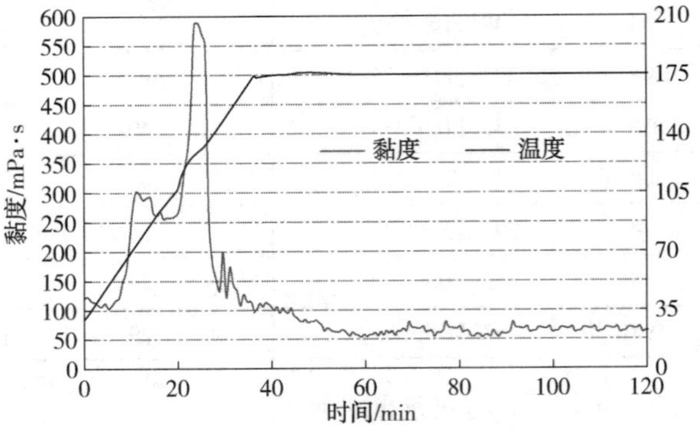

图 8　175℃耐温耐剪切测试曲线

(2) 悬砂性能

在室温和 90℃条件下，40%(体积比)30/50 目陶粒静置 2h 几乎无沉降。如图 4 所示。沉降速率见表 12。

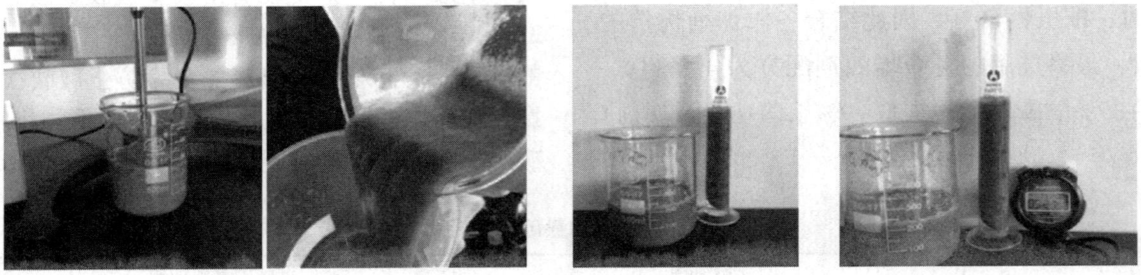

搅拌、动态携砂　　0h　　2h

图 9　悬砂性能评价

表 12　30/50 目陶粒沉降速率

次数	1	2	3	4	5	6	平均值
沉降速率/(cm/min)25℃	0.044	0.048	0.051	0.047	0.047	0.046	0.0472
沉降速率/(cm/min)90℃	0.091	0.093	0.088	0.089	0.091	0.092	0.0907

(3) 滤失性

压裂液的滤失性能是衡量压裂液效率的一项指标，以压裂液滤失系数 Cw 表示，其测定标准参照 SY/T 5107—2016 水基压裂液性能评价标准来进行测定。测试实验结果见表 13，从表中可以看出：120℃和 175℃压裂液的滤失系数分别为 $0.14×10^{-3}m/min^{1/2}$ 和 $0.21×10^{-3}m/min^{1/2}$，该压裂液不具备造壁性，但针对岩心仍然具有较低的滤失系数，低于行业标准 $1×10^{-3}m/min^{1/2}$。

表 13　120℃和 175℃静态滤失测试结果

测试温度/℃	滤失面积/(A/cm²)	不同时间(min)下的累计滤失量(mL)						滤失系数/($m/min^{1/2}$)
		1	4	9	16	25	36	
120	5.0645	1.2	2	2.8	3.8	4.6	5.6	$0.14×10^{-3}$
175	5.0805	1.3	2.4	4.4	5.1	6.5	7.8	$0.21×10^{-3}$

备注：120℃测试配方：海水+0.8%FLICK-2 稠化剂+0.15%交联剂+0.2%复合增效剂

175℃测试配方：海水+1.85% FLICK-2 稠化剂+0.35%交联剂+0.2%复合增效剂

（4）破胶性

如表 14 所示，通过组合加入胶囊破胶剂和过硫酸铵，可以保证液体在 2h 内彻底破胶，破胶时间可以通过调节两种破胶剂的加量来控制。压裂液残渣含量低至 49.78mg/L，对地层伤害小；表界面张力低于行业标准，最低分别为 26.89mN/m、0.79mN/m，利于压裂液返排；因海水中含有大量的无机盐，对防膨效果有所提高，破胶液最终防膨率均大于 80%。

表 14　破胶实验数据结果

胶囊破胶剂加量/%	APS 加量/%	不同时间(min)下破胶液黏度/(mPa·s)				残渣含量/(mg/L)	表面张力/(mN/m)	界面张力/(mN/m)	防膨率/%
		30	60	90	120				
0.01	0.01	627	153	84	3.6	64.36	27.24	0.8	89.6
	0.03	316	182	36	2.1	53.43	26.89	0.82	89.5
	0.05	291	90	3	1.8	49.78	28.67	0.79	88.2

（5）与现有速溶瓜胶压裂液对比

FLICK-2 一体化压裂液与现有速溶瓜胶压裂液均可以满足海水配制要求，耐温、携砂及价格等指标相当(表 15)，但 FLICK-2 一体化压裂液添加剂种类少、速溶性好、功能齐全、配液工艺简单，可减少缓存罐的数量，从而降低成本。

表 15　压裂液性能对比

压裂液类型	耐盐速溶瓜胶压裂液	一体化压裂液
稠化剂类型	羟丙基瓜胶	改性聚丙烯酰胺
添加剂种类	7~8	4
耐性性	耐盐 30000mg/L	耐盐 60000mg/L
适用储层温度/℃	60~180	60~180
交联时间/s	60~300	60~300
伤害率/%	≤30	≤20
携砂性/%	>40	>40
残渣含量/(mg/L)	348	52
溶解时间/min	3~5	0.5
材料费/(元/方)	300~600	300~600

4　现场应用

自 2019 年以来，该 FLICK-2 一体化压裂液体系在正安、宜昌、长宁、涪陵、陕西西部、湖南、郑州等地区共计应用 36 余井次，总用量 150 余万方；具有利于返排水配制、降阻率高更适用于深层等特点。例如对于长宁 H22 平台，水质固含量、细菌及矿化度高，最高矿化度达 60000mg/L；粉末降阻剂预混配，3h 后压裂液直接失效。FLICK-2 压裂液线性胶最高黏度达 30mPa·s，最高降阻率达 79%。现场应用统计见表 16。

表 16　现场应用统计表

序号	应用井号	用量/10^4m^3	最高砂比/%
1	EYC-2 井	0.18	20
2	EYC-3 井	1.21	20
3	ZDY-1HF 井	4.0	22
4	SZY-1HF 井	3.15	22
5	CN-H22A 平台	10.58	22
6	JY-106 平台	7.46	22
7	JY-107 平台	20.83	22
8	AY-1 平台	3.19	20
9	EXY-1HF 井	4.1	/
10	XXY-1 井	0.46	25
11	XY-L1HF 井	6.2	22
合计		61	

5　结论

（1）针对海上平台空间小，储层温度高、海水矿物度高等特点，研发了可用海水在线混配的一体化压裂液体系，添加剂类型仅包括 FLICK-2 耐盐型稠化剂、交联剂、复合增效剂、破胶剂 4 种，简化了压裂施工过程中的配液程序。

（2）FLICK-2 压裂液体系可通过调节添加剂加量，实现滑溜水、线性胶、冻胶的切换，满足储层温度 175℃以内，60000mg/L 海水配液的要求。

（3）陆上现场应用结果表明，该体系耐盐性强，减阻率高，实现了现场快速配置压裂施工要求，具备良好的应用价值，可推广至海上压裂施工。

参考文献

[1] 范美玲，王磊，李敬，等．耐高温低伤害清洁水性稠化剂的制备及性能[J]．精细化工，2023，40(03)：680-688. DOI：10.13550/j.jxhg.20220647.

[2] 李小凡，刘贺，江安，陈民锋．超高温有机硼交联剂的研究与应用[J]．油田化学，2012，29(01)：80-82+115. DOI：10.19346/j.cnki.1000-4092.2012.01.018.

[3] 潘一，夏晨，杨双春，等．耐高温水基压裂液研究进展[J]．化工进展，2019，38(04)：1913-1920. DOI：10.16085/j.issn.1000-6613.2018-1465.

[4] 易辉永，王世彬，赵占江，等．耐盐、耐高温水基压裂液研制[J]．应用化工，2020，49(S2)：69-74. DOI：10.16581/j.cnki.issn1671-3206.2020.s2.026.

[5] 赵健，鲍文辉，郭布民，等．水基植物胶压裂液用交联剂的研究进展[J]．石油化工应用，2022，41(06)：1-5+10.

[6] 鲍文辉，王杏尊，郭布民，等．高温海水基压裂液研究及应用[J]．断块油气田，2017，24(03)：434-436.

[7] 孙立田，罗彤彤，陈雁南，等．一种耐高温海水基速溶压裂液体系研究[J]．石油化工应，2018，37(06)：37-41.

[8] 王所良，陈迎花，许伟星．耐高温海水基植物胶压裂液性能研究[J]．长江大学学报(自科版)，2018，15(11)：56-59+7. DOI：10.16772/j.cnki.1673-1409.2018.11.012.

[9] 徐斌．耐高温高矿化度海水基压裂液体系研究及应用[J]．精细石油化工，2021，38(01)：12-17.

[10] 张大年，赵崇镇，范凌霄，等．海水基植物胶压裂液体系快速制备及性能评价[J]．中国海上油气，2016，28(06)：95-98.

东海深层大位移井井漏特征分析及风险识别研究

熊振宇　陈进程　汪珂欣

（中国石油化工股份有限公司上海海洋油气分公司）

摘　要　东海西湖油气田岩性复杂、断裂发育，大位移井垂深较深，深部平湖组地层孔隙压力高，安全泥浆密度窗口窄，钻井过程中易发生漏失，严重制约了西湖油气田滚动扩储增产过程。研究表明，西湖油气田大位移井漏失以断层裂缝性漏失和衰竭压力地层漏失为主。本研究基于叠后三维地震与测井数据综合评估，采用井震融合技术，形成了一种多因素控制的东海大位移井井漏风险预测评价方法。该方法可以预测井漏风险等级，为钻井过程中的防漏和堵漏工作提供技术支持。

关键词　西湖油气田；深层；大位移井；井漏特征；风险识别研究；井漏风险预测评价

1　前言

西湖凹陷处于东海陆架盆地东部坳陷中北部，属陆缘裂谷盆地，水深范围 80～120 米，主要勘探开发区域集中在保俶构造带、三潭深凹和中央背斜带。随着海洋油气勘探开发范围的进一步拓展延伸，亟需提高海洋平台的开发动用范围。大位移井能较大范围地控制含油面积，开发相同面积的油田可以大量减少陆地及海上钻井的平台数量，极大地节约开发成本，提高开发效率。东海大位移井在作业过程中，由于其横向延伸的特点，钻遇地层特征复杂多变，尤其遭遇渗透性、裂缝性地层越来越多。在渗透性、裂缝性发育地层中钻进，由于井壁承压能力弱，钻井施工过程中的压力激动等频繁引发井漏事故，给现场施工及成本控制带来极大问题。

井眼漏失问题在防治和处理方面已经吸引了国内外研究者的广泛关注。对于井漏问题的研究主要可以分为三个重要领域：理论与数值模型研究、漏失风险诊断及评估、漏失事故预防与处理措施。在理论与数值模型研究方面，研究者采用数学理论模型和数值模拟方法对裂缝尺寸、地层漏失破裂压力、漏失速度以及累积漏失量等方面进行深入探讨。针对漏失层段的辨识和风险评估，近年来研究者尝试利用地震技术，如相干体、地震属性分析以及频谱分析等方法来分析井漏问题，并预测漏失性地层。在漏失事故预防和处理方面，主要依靠设计合理的井身结构、减少钻井液动态压力、提高地层承压能力等措施来降低井漏风险，通过加入堵漏材料和注水泥浆来处理井漏复杂情况。然而，在实际工程应用中，数学模型仍存在较大差距，而井漏事故后期处理成本相对较高。因此，在勘探开发初期，预测和评估地层漏失风险显得尤为重要，以便尽早制定和实施井漏预防措施。

2　东海大位移井漏失机理分析

从异常压力纵向分布来看，保俶构造带从 3300m 开始出现异常压力，出现异常压力层位为平湖组及以下地层，地层压力一般不超过 1.6sg。三潭深凹和中央背斜带分别从 3800m、4000m 开始出现异常压力，层位为花港组下段，地层压力一般不超过 1.5sg；从破裂压力纵向分布规律来看，西湖作业区漏失、破裂压力一般较高，根据地漏试验实测值，花港组破裂压力一般为 1.65～1.75sg，平湖组破裂压力一般在 1.75 以上。

综上所述，按照大于坍塌压力小于漏失压力的原则计算，东海西湖作业区安全密度窗口一般大于 0.3sg，安全泥浆密度窗口一般比较宽裕。但大位移井在钻进过程中，井眼轨迹难以避免穿越断层、破碎带、压力衰竭地层等复杂地层，且具有循环压耗高的特点，东海西湖凹陷近 3 年 50%的大位移井发生漏失，需要首先对其漏失机理作深入分析。

2.1　钻遇裂缝发育地层

东海陆架盆地位于太平洋板块、欧亚板块和

菲律宾板块交汇区，构造活动丰富。盆地的演化和形成过程中产生了复杂的断裂系统。从横向分布来看，西湖凹陷断裂走向主要与构造走向一致，呈北东和北北东方向，斜坡带和西次凹主要发育张性正断层，中央背斜带形成一系列高角度逆断层。纵向分布方面，下部断裂带(T30 以下)广泛发育，多为同向断阶，而上部断层分布较少，主要与边界控盆大断裂正、反向伴生断裂组合。根据同沉积断层发育规模的差异，可将断层划分为 3 个级别，分别控制凹陷格局、斜坡特征及砂体展布 3 个层次，其中斜坡带多为主干断层及其响应的上盘低级别断层组合而成的“Y”型断层。相对于普通地层，断层破碎带内岩体连续性较差，孔裂隙明显发育，强度较低。在钻井施工过程中，三向应力状态下的断层破碎带围岩在流固耦合作用下发生颗粒流失，进而诱发断层带破碎岩石结构失稳，最终可能导致井漏或井塌等复杂情况。如表 1 所示，TA5、TA9、NA11 井就是典型的钻遇裂缝发育地层所导致的漏失。TA9 井在 H2 层附近(4200m~4280m)钻遇 F2 断层，9-5/8″套管下到位后固井前循环期间发生漏失。NA11、TA9 井过断层剖面井位如图 1、图 2 所示。

表 1　钻遇裂缝发育地层漏失案例

井名	漏失层位	漏失井深	漏失速度	漏失工况
TA5	龙井组	3494m	$7m^3/h$	二开钻进
	龙井组	3542.4m	$8m^3/h$	二开钻进
	龙井组-花港组	4006m	$6m^3/h$	二开下套管
	龙井组-花港组	4006m	$39m^3/h$	二开固井前循环
TA9	花港组	5775m	$48m^3/h$	二开固井前循环
NA11	花港组-平湖组	5539m	$20m^3/h$	二开中完起钻

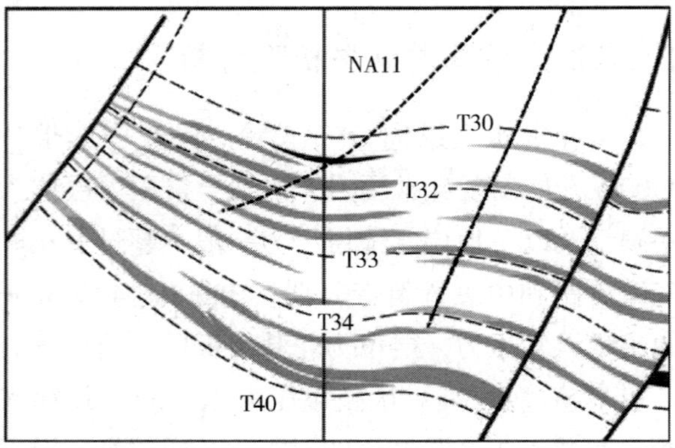

图 1　NA11 井过断层剖面井位图

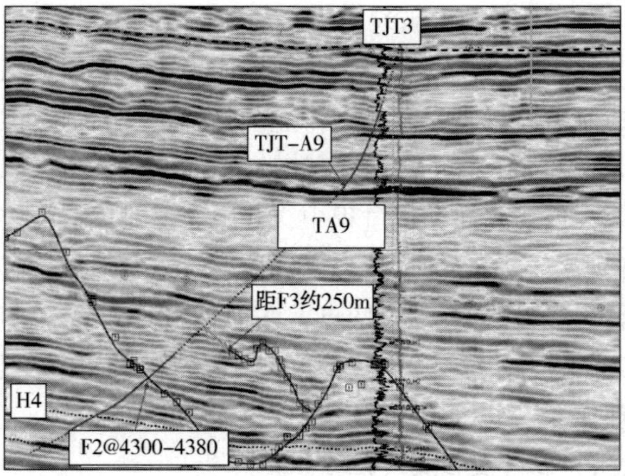

图 2　TA9 井过断层剖面井位图

2.2　钻遇压力衰竭地层

油气田开采过程中，烃类流体不断从储层中采出，油藏内部的孔隙压力降低，若外界没有任何补给压力，地层压力不可避免的发生衰竭，地层坍塌压力、破裂压力随之发生改变，增加了井漏、井塌等井下复杂情况风险。西湖油气田以气田为主，目前大部分已投产气井目的层均出现不同程度的地层压力衰竭，最大压力衰竭程度超过 50%。部分井区进入开发中后期后，受海上平台空间、井槽数量等条件限制，现多采用“外挂井槽+ 大位移井”或“老井侧钻+ 大位移井”的模式挖潜平台周边剩余油气。由于滚动增产扩储的需要，部分大位移井井眼轨迹穿过压力衰竭储层，存在漏失风险。如表 2 所示，CB7、SA4 井就是典型的钻遇压力衰竭地层所导致的漏失。CB7 井完钻后复测至 6228m 发生漏失，此时钻头 ECD1.40sg，判断上部压力衰竭地层发生漏失；SA4 井在三开钻进至 4316.71m 时发生漏失，此时钻头 ECD1.77sg，判断上部压力衰竭地层发生漏失。CB7 井四压力剖面图如图 3 所示。

表 2　钻遇压力衰竭地层漏失案例

井名	漏失层位	漏失井深	漏失速度	漏失工况
CB7	花港组	6436m	$5m^3/h$	测井
SA4	平湖组	4316.71m	$24m^3/h$	三开钻进

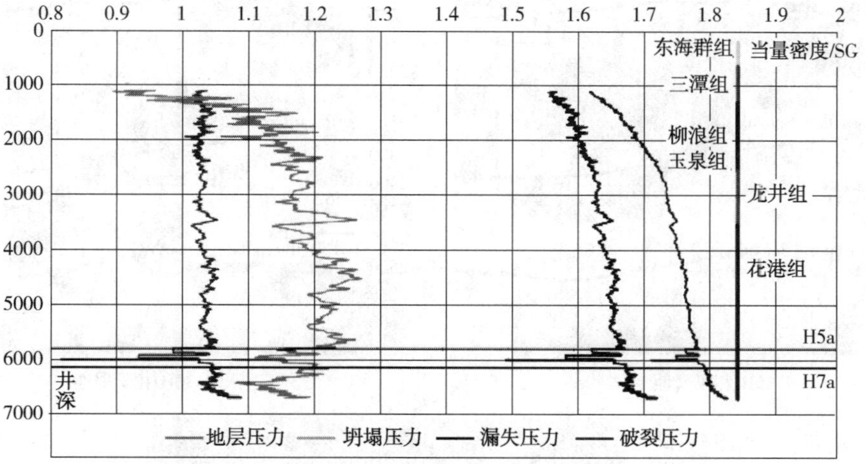

图 3　CB7 井四压力剖面图

3　易漏失层位风险识别方法

3.1　基于地震属性的井漏风险预测

地震相干属性是地震断裂预测中最常用的属性，对全频带地震数据提取相干属性可有效预测工区内大断裂，首先根据井轨迹的空间分布，抽取包含井轨迹的局部地震数据，然后按照井轨迹的平面分布抽取目标地震剖面进行地震断裂属性的质控，如图 4、图 5 所示。

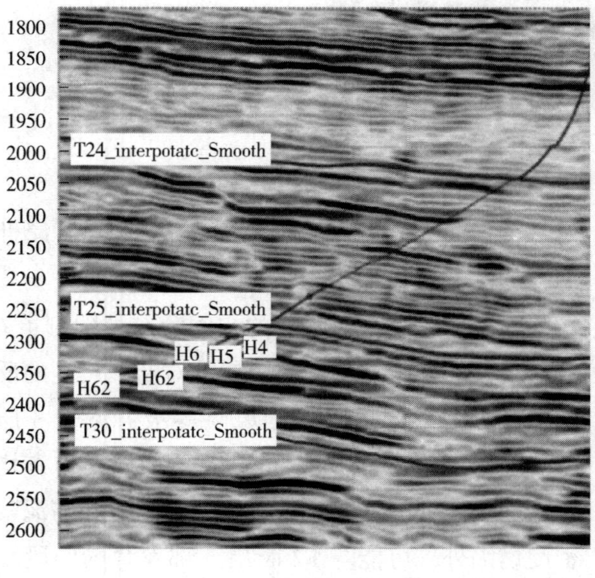

图 4　井轨迹所在的目标地震剖面

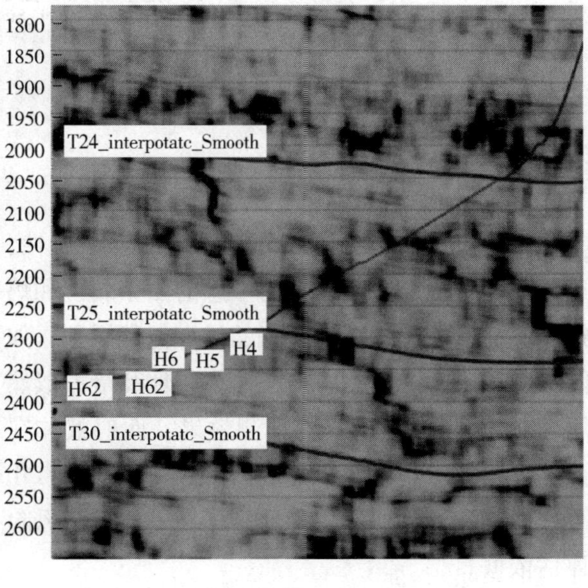

图 5　全频带相干属性

在钻井过程中不仅关心井轨迹上存在的大断裂，也关心井轨迹上存在的各种尺度断裂，对地震数据进行分频并提取相干属性，可观察到不同尺度的裂缝信息，如图 6 所示。从图 6 可以看出，低频相干属性主要反映井轨迹上大尺度裂缝，高频相干属性可看出一些小尺度裂缝。对比低频相干属性和全频带相干属性，发现在该区域全频带相干属性已经能够较好地表示井轨迹上裂缝信息，因此在本次应用中采用全频带相干属性。

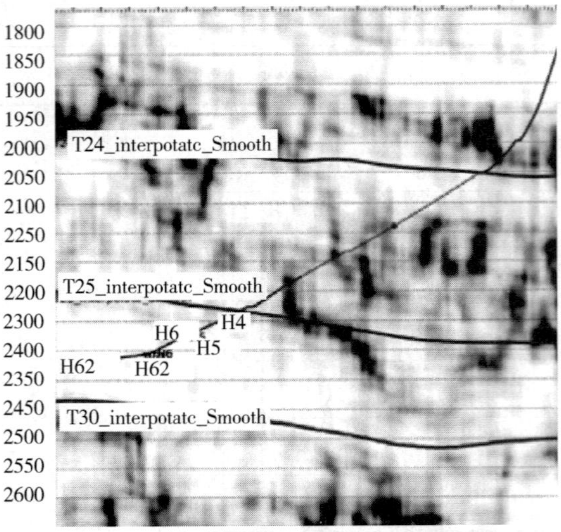

15Hz相干属性

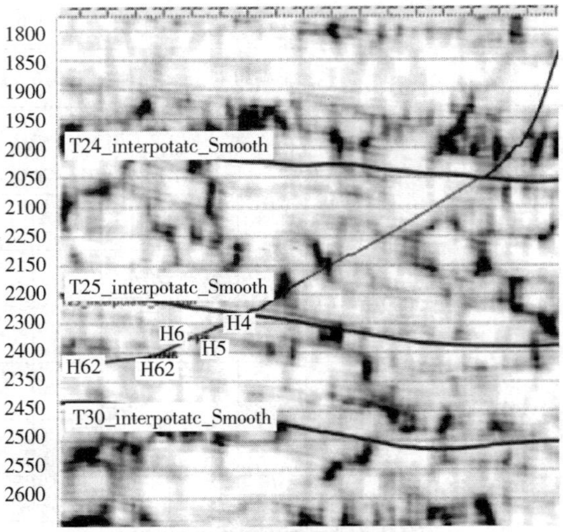

30Hz相干属性

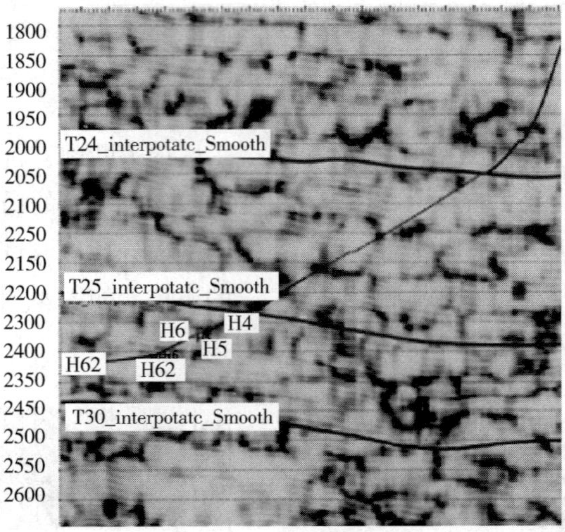

60Hz相干属性

图6　频率的相干属性

为了更可靠地预测出井轨迹上的断裂属性，还提取了对小尺度断裂较为敏感的曲率属性和蚂蚁体属性、断裂连续性较好的最大似然属性，如图7所示。由图可以看出，曲率属性和最大似然属性对F2断裂有很好地预测效果，而蚂蚁体在该数据体上表现不佳。建议该工区使用全频带相干、曲率和最大似然三种地震属性进行后续风险评估依据。

应用效果：

东海某大位移井设计轨迹钻遇断层及其破碎带区域，综合评价各种断裂属性在该区域的表现，优选出全频带相干属性、曲率属性和最大似然属性来对井轨迹上的断裂风险进行综合预测。对三种属性进行融合，得到综合地震断裂属性图，如图8所示。

在井轨迹上分析断裂的空间分布，预测了6段风险段，并根据不同断裂属性对断裂尺度的反映，区分了不同风险段的风险等级，见表3所示。实钻过程中在井段3640m~3970m，均有均有不同程度遇阻，蹩扭蹩泵现象。除岩性与泥浆密度诱因外，可能与F2断层上部发育的两段小断裂直接相关，与F2断层相关性不强。固井循环期间在4266m发生失返性漏失，与F2断层预测位置高度一一致，可以判断为钻遇F2断层引起。

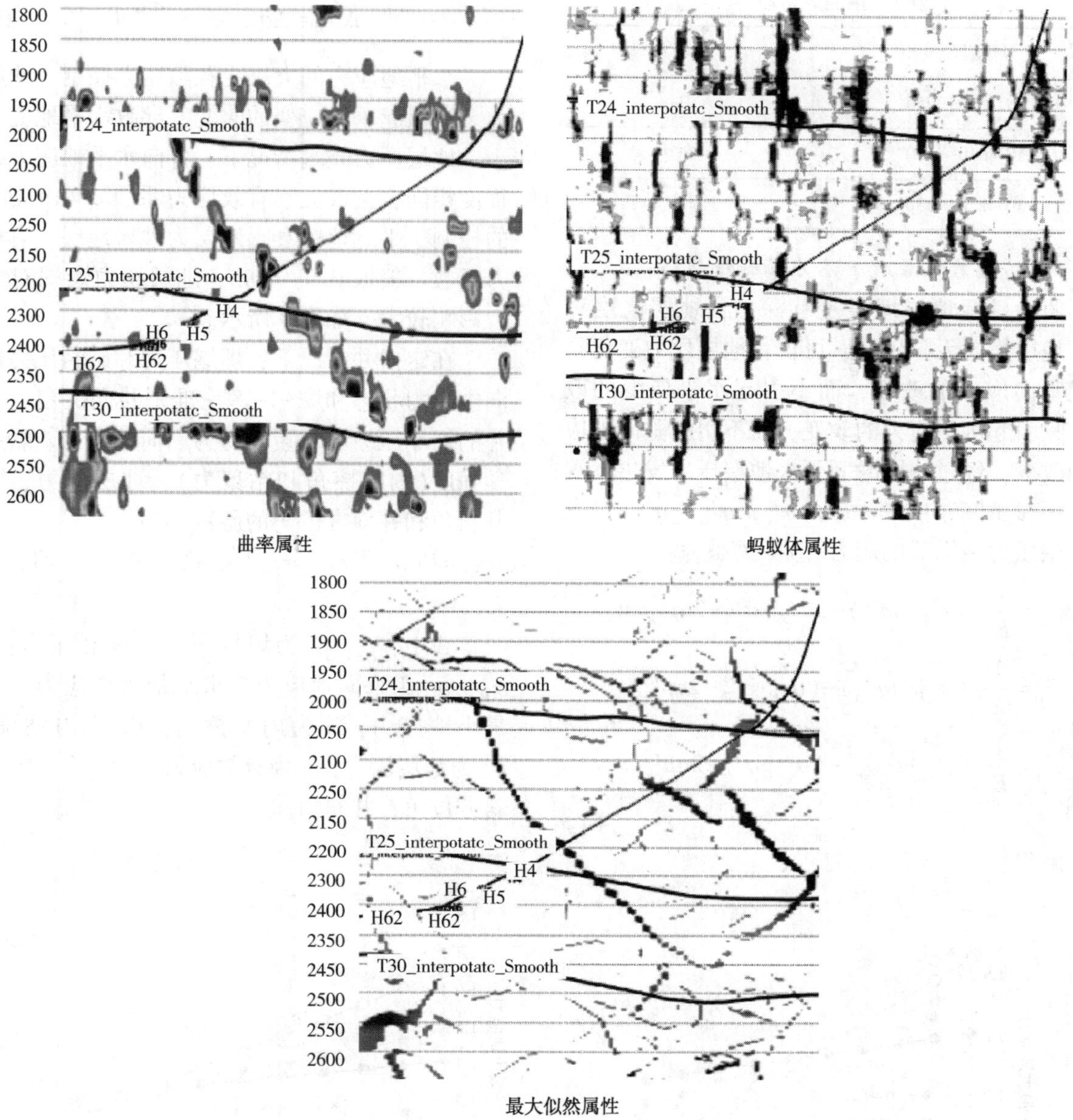

图 7　地震断裂属性

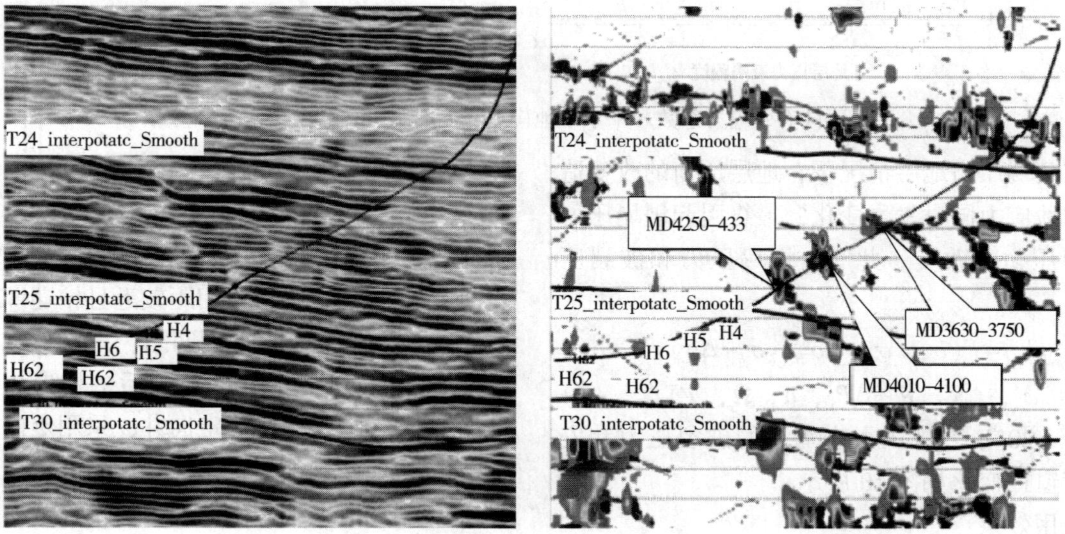

图 8　综合地震断裂属性图

表 3　预测风险段

风险段/m	风险等级
MD3630-3750	中
MD4010-4100	中
MD4250-4330	高

3.2　衰竭压力地层破裂压力预测模型

假设目标地层埋藏足够深，且地层高度有限，地层横向无限延伸，可得：地层压力变化只引起垂向应变的改变，而不引起水平应变的改变；只引起水平应力的改变，而不引起垂向地应力的改变，经过一段时间开采地层压力发生衰竭至 p'_p，此时三向地应力为 $\{\sigma'_v,\ \sigma'_H,\ \sigma'_h\}$，发生地层压力衰竭后的应力-应变关系为：

$$\begin{cases}\varepsilon'_v=\dfrac{1}{E}[(\sigma'_v-\alpha p'_p)-(\sigma'_H+\sigma'_h-2\alpha p'_p)\nu]\\ \varepsilon'_H=\dfrac{1}{E}[(\sigma'_H-\alpha p'_p)-(\sigma'_v+\sigma'_h-2\alpha p'_p)\nu]\\ \varepsilon'_h=\dfrac{1}{E}[(\sigma'_h-\alpha p'_p)-(\sigma'_v+\sigma'_H-2\alpha p'_p)\nu]\end{cases} \tag{1}$$

解得：

$$\Delta\sigma_H=\Delta\sigma_h=\alpha\frac{1-2\nu}{1-\nu}\Delta p_p \tag{2}$$

水平地应力的大小受孔隙压力控制，地层压力衰竭引起垂向应变的改变，导致水平地应力减小。地层压力衰竭情况下，各向水平地应力减小程度相同，且仅受到有效应力系数 α 和泊松比 v 的控制。平北地区衰竭地层为砂岩地层，有效应力系数一般取 0.9~0.95，地层压力衰竭对地应力影响较大。如图 9 所示。

在定向井情况下，坍塌压力和破裂压力由三向主应力状态和摩尔-库伦准则共同决定。定向井的坍塌压力，破裂压力为三向地应力、岩石力学强度(内摩擦角和粘聚力)、地层压力、以及井斜角和井斜方位角的函数。即：

$$p_{r,f}=F(\sigma_v,\ \sigma_H,\ \sigma_h,\ \varphi,\ CS,\ P_p,\ \alpha,\ \Omega,\ \Psi) \tag{3}$$

式中，p_r，p_f 为坍塌压力，破裂压力；σ_v，σ_H，σ_h 为垂向地应力，水平最大地应力，水平最小地应力；φ 为内摩擦角；C_0 为内粘聚力；P_p 为地层压力；α 为有效应力系数；Ω，Ψ 为井斜方位角，井斜角。

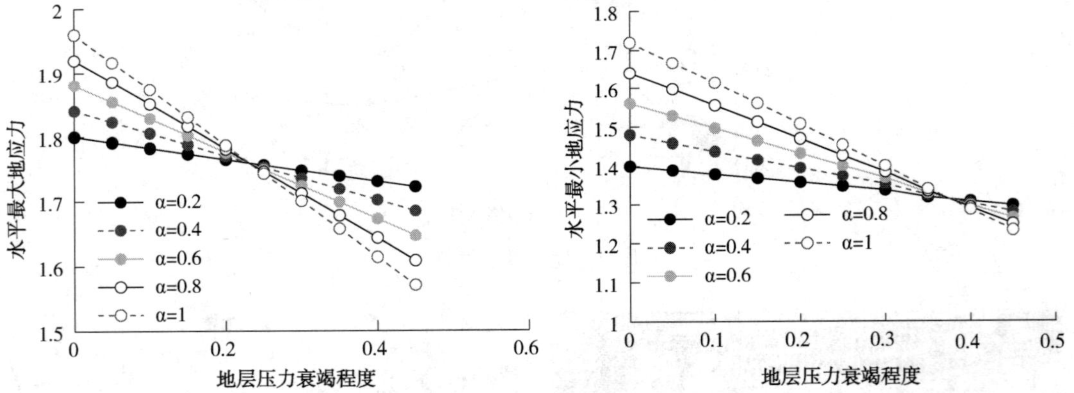

图 9　不同有效应力系数 α 下水平地应力与地层压力衰竭程度关系对应图

在衰竭压力地层情况下，地层压力的改变造成三向地应力同时发生变化，最终引起坍塌压力和破裂压力的改变。此时，坍塌压力和破裂压力为：

$$p'_{r,f}=F(\sigma_v,\ \sigma_H-\Delta\sigma_H,\ \sigma_h-\Delta\sigma_h,\ \varphi',\ CS',\ P_p-\Delta P_p,\ \alpha,\ \Omega,\ \Psi) \tag{4}$$

沿 N20°E 方位压力衰竭后的破裂压力和安全密度窗口变化如图 10 所示。

应用效果：

东海西湖凹陷西斜坡带 K 气田于 2015 年投产，经过几年的开采，该气田已呈现不同程度的地层压力衰竭。A1H 井 2015 年投入生产，储层 p2a 段压力衰竭至 0.74sg，A4H 井为 2022 年新增加的调整井，两口井相距较近且钻遇 p2a 层。

K 气田位于东海西湖凹陷，根据公式 3.2 计算出地层压力衰竭至 0.74sg 后的地应力。A4H 井钻遇衰竭地层井段为定向井，采用定向井井壁应力分析方法，根据公式 3.4 计算出压力衰竭后的地层坍塌、漏失、破裂压力。结合计算得到的坍塌、漏失、破裂压力，得到 A4H 井的安全钻井液密度窗口范围，如图 11 所示。平湖组 p2a 地层压力衰竭导致坍塌压力，漏失压力，破裂压力同时降低；地层压力的衰竭实质上导致了二开钻井液密度窗口允值的降低。平湖组顶(p2a)应注意采取防漏措施。

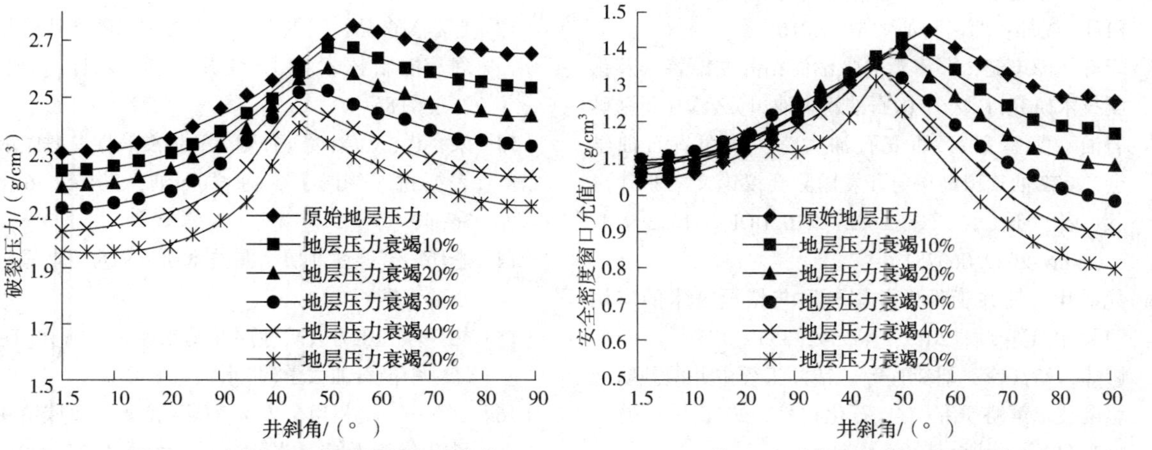

沿N20° E方位压力衰竭后的破裂压力变化　　沿N20° E方位压力衰竭后的安全密度窗口

图 10　沿 N20°E 方位压力衰竭后的破裂压力和安全密度窗口变化图

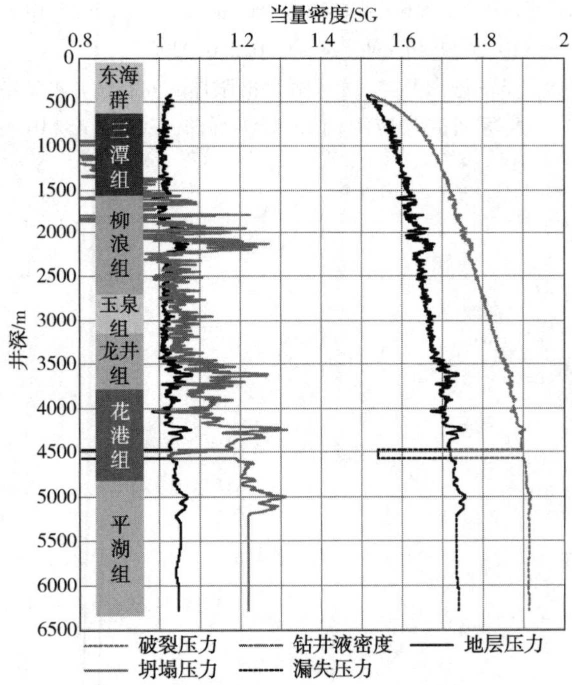

图 11　A4H 井四个应力剖面和安全泥浆密度窗口

4　结论

本文对东海大位移井漏失机理进行了深入分析，提出了裂缝发育地层基于地震属性的井漏风险预测方法，建立了衰竭压力地层破裂压力预测模型，形成了一种多因素控制的东海大位移井井漏风险预测评价方法。通过东海某大位移井设计轨迹与实际钻遇断层对比以及在东海 K 气田 A4H 井的应用表明：

(1) 基于地层属性的井漏风险预测方法能够为东海西湖作业区钻遇裂缝发育地层提供轨迹设计依据，优选使用全频带相干属性、曲率属性和最大似然属性来对井轨迹上的断裂风险进行综合预测，可以预测井漏风险等级；建立的衰竭压力地层破裂压力预测模型能够计算出东海西湖作业区压力衰竭后的地层坍塌、漏失、破裂压力，可以得到作业井的安全钻井液密度窗口范围。

(2) 目前以井震融合技术形成的一种多因素控制的东海大位移井井漏风险预测评价方法，有效地提高了西湖作业区井漏风险等级的预测精确度，为轨迹优化提供了设计依据，为钻井过程中的防漏和堵漏工作提供技术参数和理论支持，有较好的推广价值。

(3) 油气田开发到中后期储层压力普遍出现衰竭，进行调整井钻探时应尤其考虑地层压力衰竭引发的井漏风险。应用本文提出的基于地应力分析的衰竭地层安全密度窗口预测方法，可有效指导钻井液密度设计，避免井漏等复杂情况。

参　考　文　献

[1] 赵志兴，徐国盛，赵沐海等．西湖凹陷西部斜坡带花港组、平湖组储层裂缝发育特征及有效裂缝测井识别[J]．成都理工大学学报(自然科学版)，2021，48(03)：337-346.

[2] 刘永刚，肖兰兰．东海大位移井作业技术探讨[J]．中国石油和化工标准与质量，2020，40(14)：234-235+238.

[3] 朱宝衡，谢春雨，刘苗等．西湖凹陷平北地区断裂特征及控沉、控圈分析[J]．海洋石油，2022，42(03)：1-10.
[4] 彭浩．裂缝性地层井漏分析与堵漏决策优化研究[D]．成都：西南石油大学，2016.
[5] 李辉，谭忠健，邓津辉等．渤海钻井井漏特征及预测技术研究[C]//中国石油新疆油田分公司(新疆砾岩油藏实验室)，西安石油大学，陕西省石油学会．2022油气田勘探与开发国际会议论文集Ⅱ．[出版者不详]，2022：10. DOI：10.26914/c.cnkihy.2022.060731.
[6] 魏斯壮．钻井工程中井漏预防与堵漏技术的应用[J]．化工管理，2019，No.542(35)：175.
[7] 廖炜，褚江峰，刘梦宜等．钻井工程中井漏预防及堵漏技术策略研究[J]．石化技术，2021，28(06)：112-113.
[8] 金衍，卢运虎，李再均．一种井漏层位钻前风险预测新方法[J]．石油钻采工艺，2008，No.177(03)：24-28. DOI：10.13639/j.odpt.2008.03.007.
[9] 吴忠臣，于虹，李小冯．调整井钻井过程中地层压力控制技术的研究与应用[J]．海洋石油，2007，No.135(04)：68-72.
[10] 周杨．基于综合资料的漏层识别及漏失机理研究[D]．青岛：中国石油大学(华东)，2017.
[11] 魏嘉怡，张来斌，郑文培等．基于蝴蝶结模型的海上钻井井漏事故分析[J]．中国海洋平台，2017，32(06)：74-79.
[12] 赵建，李晶，王国震等．压力衰竭砂岩地层井漏机理及控制技术[J]．录井工程，2015，26(01)：26-30+85-86.
[13] 朱睿哲，马美媛，孙莉等．地震属性在海底扇储层表征的应用[J]．海洋石油，2016，36(03)：36-42.
[14] 李伟．裂缝性地层堵漏技术研究[D]．成都：西南石油大学，2013.
[15] 胡莎莎．压力衰竭地层井漏预测技术研究[D]．青岛：中国石油大学(华东)，2013.
[16] 王孝山，毛祖臣，方华良等．南黄海海域钻井地质风险分析及应对措施[J]．海洋石油，2019，39(03)：75-79.
[17] 孔维超．钻井液安全密度窗口防堵漏技术研究[D]．大庆：东北石油大学，2020. DOI：10.26995/d.cnki.gdqsc.2020.000296.
[18] 侯华丹，于雷．基于弹性网眼体的油基钻井液堵漏体系研究与应用[J]．海洋石油，2023，43(01)：55-58.

长庆油田陇东区域超深煤层气水平井钻井液技术

韩成福　王伟良　王成鑫　惠铁军　夏　俊　易　磊

（中国石油集团川庆钻探工程有限公司长庆钻井总公司）

摘　要　长庆油田落实集团公司加大加快深层煤层气勘探开发的工作要求，在陇东区域部署首口超深煤层气水平井，进一步探索超深高煤阶产气能力，落实盆地西南部深层煤岩气资源潜力。针对钻井过程中可能发生的井壁失稳、井漏等难题，基于井身结构的优化，通过优选微纳米封堵剂、页岩抑制剂及两性离子抗高温滤失剂等核心处理剂优选，形成了一套适用于超深煤层气储层安全钻井的多级配强封堵钻井液体系。现场应用情况表明，体系流变性能稳定，起下钻及下套管顺利正常，为超深煤层气高效开发提供了技术保障。

关键词　超深煤层气；井身结构优化；抑制；封堵防塌

鄂尔多斯盆地煤层气资源丰富，勘探开发潜力巨大，是下一步天然气增储上产的重要接替。长庆油田在米脂–横山区域规模化开发已初见成效，但超深煤层气地质条件复杂，钻探过程面临着高温、高压、微裂缝发育、井壁失稳等诸多难题。本文结合鄂尔多斯盆地首口垂深超4000m煤层气水平井的施工情况，概述了陇东区域山西5#煤层地质情况，从井身结构优化、强封堵防塌钻井液构建、井筒净化等方面，总结出一套适合于鄂尔多斯盆地超深煤层气水平井钻井液技术。该体系在洪探1井应用，钻井过程未出现井下复杂情况。

1　地质及工程简况

鄂尔多斯盆地上古生界石炭–二叠系发育多套含气层系，其中本溪组、山西组煤系储层厚度大，连续性好，分布范围广。

洪探1井自上而下钻遇白垩系、侏罗系、三叠系、二叠系，三叠系延长组、刘家沟组为区域性渗透漏失层位，砂泥岩不等厚互层；二叠系石千峰上部以棕红色含钙质结核泥岩和砂质泥岩为主，下部为肉红色块状砂岩夹棕红色泥岩、砂质泥岩；石盒子组上部主要为紫红、黄绿色泥岩和细砂岩、砂质泥岩，下部为浅灰色中–含砾粗砂岩；山西组为目的层，岩性为深灰色、灰黑色砂质泥岩与灰白色中厚层砂岩互层，底部发育煤层。5#煤岩自上而下发育碳质泥岩、优质煤层、煤矸夹层、优质煤层，合计8.5m。5#煤顶板泥岩厚度大于10m，主要为碳质泥岩与深灰色泥岩组合。底板为致密砂岩，成藏条件有利。

针对陇东区域延长组–石盒子组多点漏失、山西组碳质泥岩与煤岩易发生井壁失稳，基于“塌漏分治”思路，技术套管下入至石盒子中下部封固上部承压薄弱地层。同时考虑下部地层携岩效率，目的层优选为215.9mm井眼。井身结构优化设计如图1所示。

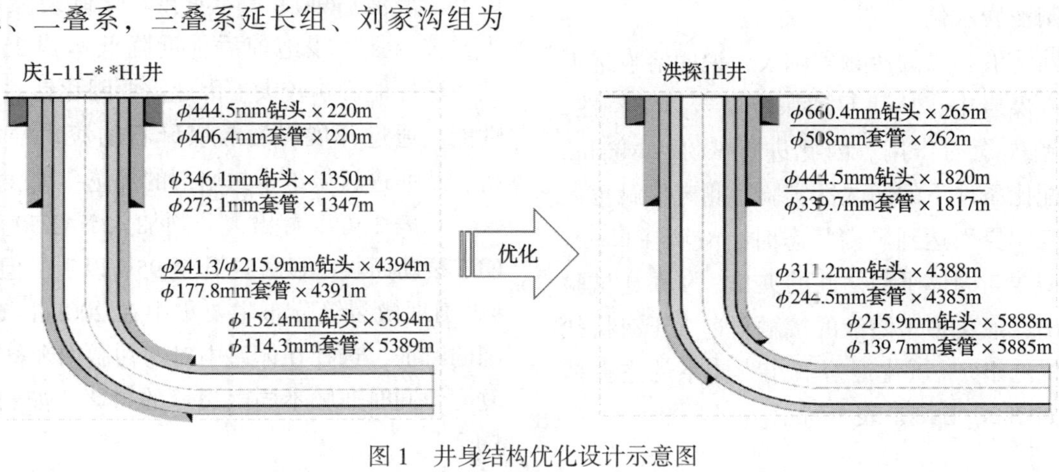

图1　井身结构优化设计示意图

2 钻井液技术难点

(1) 存在一定的塌漏矛盾。大斜度及水平段碳质泥岩与煤层坍塌压力较高，因此施工的钻井液密度较高，可能诱发压差性漏失。

(2) 井筒净化难度大。四开施工大斜度及水平段因地层受力发生改变，碳质泥岩与煤层夹矸地层会发生一定程度的剥落，产生的掉块强度高、密度大，不易携带出地面。

(3) 储层薄轨迹追踪难度大。目的层自西南向东北构造整体逐渐抬升，存在北东、北西两组断裂，主应力方向为北东-南西方向，因此地层倾角及目的层预测可能存在误差，触顶或触底风险高。

(4) 大斜度及水平段防塌难度大。由于5#煤割理裂缝发育，非均质性强，煤岩中黏土矿物组分占比约25%，其中以高岭石为主。钻井液滤液沿割理、裂隙侵入，易引起局部黏土矿物水化、填充物溶解，可能引起煤岩剥落失稳。

3 超深煤层气水平井钻井液技术

针对煤层裂隙发育特征，以物理平衡、强化抑制封堵、提高携岩效率为核心，复配固壁剂等微纳米材料加料，研发了多级配强封堵钻井液体系，实现“封堵、抑制和固化”的效果。

3.1 处理剂评价及优选

3.1.1 抑制剂的优选

选用匹配黏土晶层间距的胺基抑制剂嵌入黏土晶层，实现插层吸附，阻止水分子的进入，同时依靠分子链两端的氨基“抓手”固定黏土晶层，协同抑制泥岩水化。

不同溶液和煤的接触角越大，说明溶液越不容易进入煤岩中，从而起到保持煤岩力学特性，抑制井壁失稳的作用。因此进行KCL、weight2在不同配比条件下的润湿性实验，测定接触角大小，即三相界面达到平衡状态时，液滴在煤-水界面的切线与固体平面之间的夹角。从对比试验可以看出，氯化钾水溶液的接触角远大于有机盐溶液，优选出7%氯化钾溶液作为体系的主要抑制剂。如图2、图3、表1所示。

表1 煤-水界面接触角测量结果

溶液种类	第一次	第二次	第三次	平均值
7%KCL	52.4	53.7	50.9	52.33
7%Weigh2	37	38.4	37.5	37.63
15%KCl	54.7	61.4	56.3	57.47
15%Weigh2	22.7	22.4	21.9	22.33

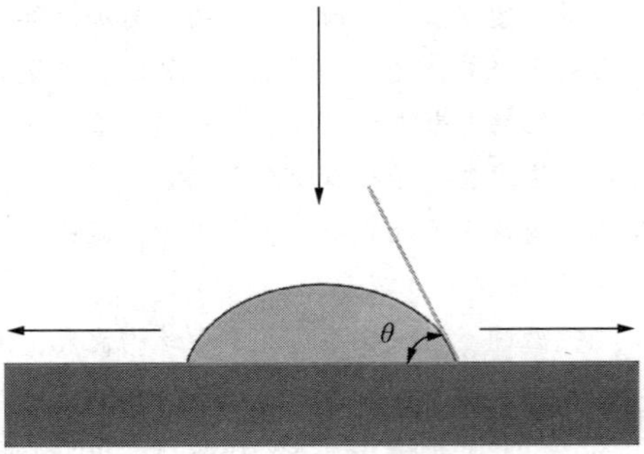

图2 井身结构优化设计示意图

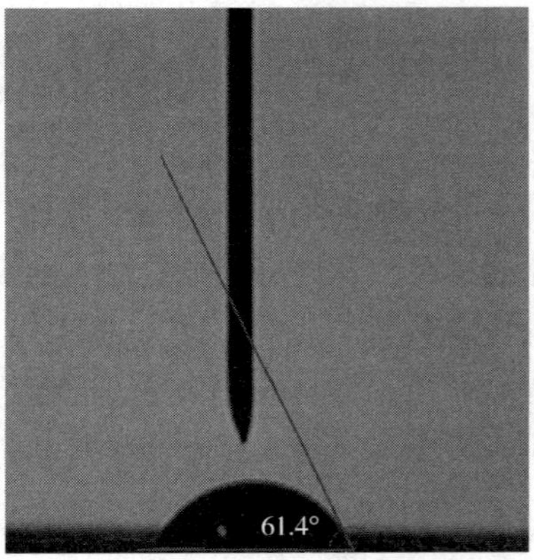

图3 接触角示意图

3.1.2 封堵剂的优选

三轴力学实验表明煤岩在钻井液基浆(清水+3%膨润土)浸泡前后内摩擦角降幅达到20%以上，浸泡后强度下降明显。煤矸裂隙相对较少，抗压强度浸泡前后强度降低达到25%，受钻井液性能影响较大，因此需要强化钻井液封堵性能。通过开展煤岩与煤矸石的滚动回收率分析，从而进行微纳米封堵剂的优选。见表2。

从表2可以看出，分别加入NAX50和XZ-GBJ滚动回收率显著提升至95%以上，但考虑5#煤割理微裂缝分布主要集中在200nm~6μm范围的特征，选择在体系中对两种微纳米材料进行复配，同时兼顾不同微裂缝的封堵。如图4、图5所示。

表 2　不同微纳米封堵剂滚动回收率

样品	钻井液体系	滚动前质量/g	滚动后质量/g	滚动回收率/%
煤矸石	基础配方	20	16.75	83.75
	基础配方+1%NAX50	20	19.33	96.65
	基础配方+1%XZ-GBJ	20	19.56	97.80
煤岩	基础配方	20	16.10	80.5
	基础配方+1%NAX50	20	18.90	94.5
	基础配方+1%XZ-GBJ	20	19.35	96.75

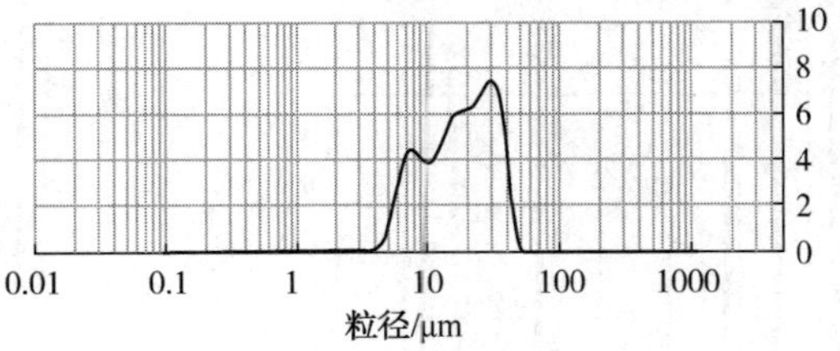

图 4　XZ-GBJ 粒径分布图

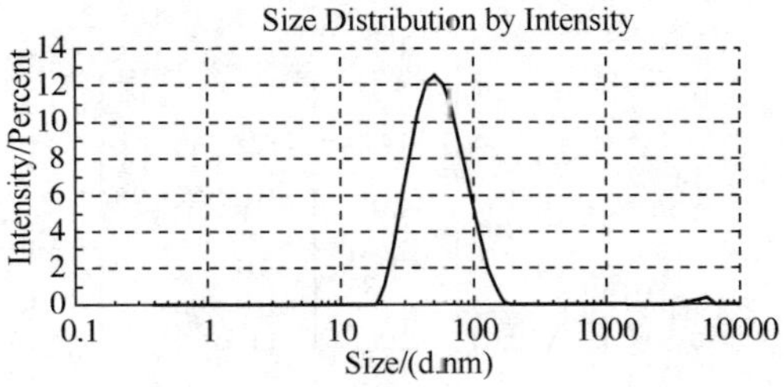

图 5　NAX50 粒径分布图

3.1.3　降滤失剂的优选

优选聚合物类降滤失剂吸附在煤泥交界面，形成薄韧泥饼，有效减少深层、特深层煤岩钻进过程中钻井液滤失量。通过 4 种聚合物类降滤失剂性能评价对比，两性离子抗高温降滤失剂 C 黏度效应最低，降滤失效果显著。见表 3。

表 3　降滤失剂性能评价对比表

项目	$\Phi600$	$\Phi300$	$\Phi6$	$\Phi3$	FL_{API}/mL	FL_{HTHP}/mL	备注
基浆	35	21	2	1	15	55	130℃养护 16h 测性能
基浆+1%A	60	35	3	2	12.5	32	
基浆+1%B	50	30	2	1	8.2	28.2	
基浆+1%C	55	30	2	1	2.7	20	
基浆+1%D	75	45	4	2	3.8	25	

3.2　多级配强封堵钻井液体系的建立与评价

煤岩脆性大、强度低、各向异性强，浸泡后岩石强度降低。煤岩割理裂缝发育，液相易侵入使得黏土矿物水化溶胀和部分填充物溶解，造成煤岩、煤矸胶结强度弱化，剥落产生掉块。钻井液维护的方向为强化封堵性，延缓孔隙压力传递，降低井周围岩破坏程度和坍塌压力；选择适当的钻井液密度，提高力学稳定井壁能力；优化钻井液携砂能力，提高井筒清洁能力。

3.2.1　钻井液密度的确定

依据目标井区域山西组岩石的弹性、强度、地应力、孔隙压力等剖面，做山西组井段水平井井壁稳定性分析。坍塌压力和破裂压力随井斜角方位角的变化规律基本相同，不随层位的变化而变化；当井斜角较小时，坍塌压力受井斜角方位角的影响较小；随着井斜角的增加，总体上坍塌压力要升高，即水平井的坍塌压力要比直井情况下高一些。因此依据临井三压力数据，运用...计算，推荐钻井液密度≥1.55g/cm³。如图 6、图 7 所示。

3.2.2　钻井液井筒净化

钻井液中加入 0.1%～0.2% 黄原胶，控制 Φ6 转读数>8，提高动切力≥12Pa，保证井壁剥落的煤矸及碳质泥岩顺利携带出井筒。钻遇碳泥、煤矸等地层出现扭矩、泵压升高异常时，通过“开泵停顶驱短起-正划眼”方式修复井壁，同时大排量循环清扫井筒。定期采用雷特纤维材料+黄原胶复配高粘切稠浆清扫井筒，将碳泥、煤矸等掉块携带出井保持井筒清洁。

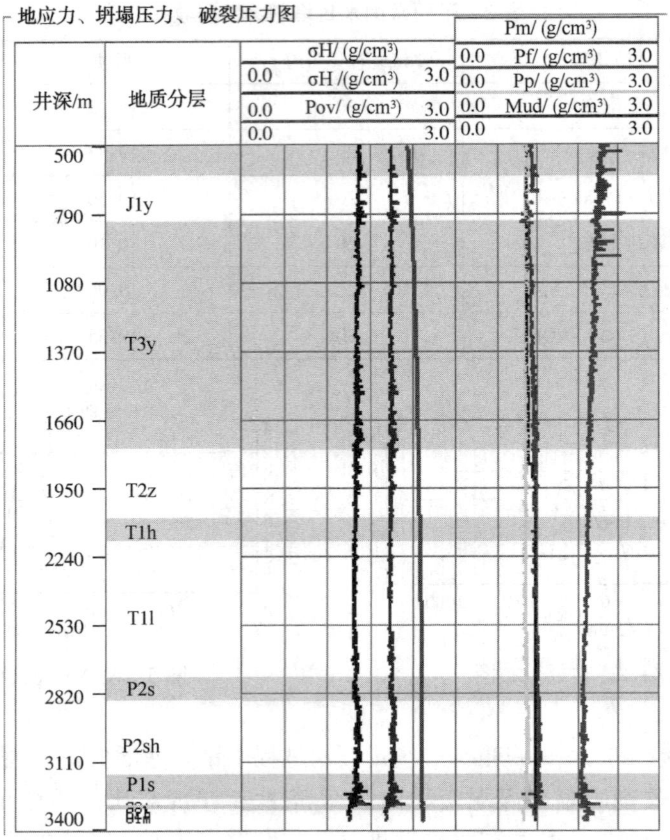

图 6　临井三压力剖面图

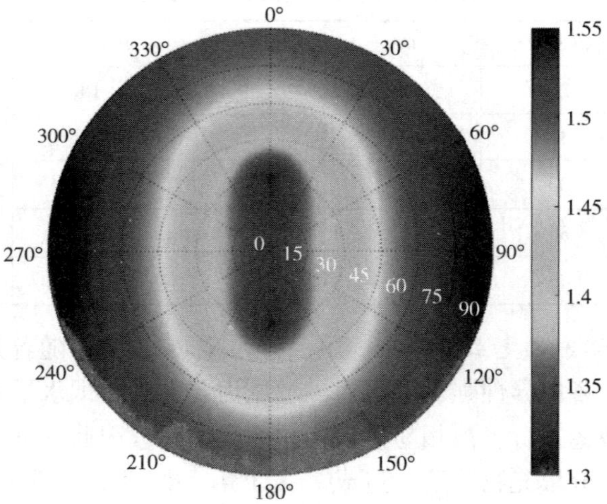

图 7　山西组井壁坍塌风险图版

3.2.3　体系配方的确定

多级配强封堵钻井液体系配方：0.15%烧碱+3%～4%沥青封堵剂+3%～4%树脂降滤失剂+3%～5%超细钙+0.3%～0.5%固壁剂+0.5%～1%纳米封堵剂+0.1%～0.2%黄原胶+7%～10%氯化钾+3%～4%润滑剂+重晶石。

煤层段施工钻井液性能：密度 1.55～1.65g/cm^3，黏度 60～80s，低温低压滤失量≤3mL，高温高压滤失量≤8mL，坂土含量 20～30g/L，动切力>10Pa。

4　洪探 1 井应用情况

该多级配强封堵钻井液体系在超深煤层气水平井洪探 1 井四开井段钻进过程中钻井液性能稳定，井壁稳定与携岩能力较好，完钻井深 5570m，水平段长度 870m，山西组目的层垂深 4381m。整体施工性能见表 4。

表4 钻井液实钻性能统计表

井深/m	ρ/(g/cm^3)	FV/(mPa·s)	PV/(mPa·s)	YP/Pa	Gel/(Pa·Pa^{-1})	FL_{API}/mL	FL_{HTHP}/mL
4390	1.45	104	40	12	2/4	2.2	8.6
4599	1.48	95	45	13	2/5	2.1	8.0
4785	1.55	70	47	12	1.5/7.0	1.8	7.8
5073	1.57	71	50	13	1.5/7.0	1.6	7.6
5243	1.60	73	46	15.5	2.5/8.5	1.2	7.0
5570	1.60	72	44	15	2.5/9.5	1.2	7.1

因该井大斜度与水平段一体化施工，因此4660m钻遇煤层前密度1.45~1.48g/cm^3，进入煤层施工密度提高至1.55g/cm^3。钻至水平段倒换钻具组合起下钻过程中，煤层顶部碳质泥岩交界处频繁遇阻划眼，然后根据井下情况逐步提高密度至1.60g/cm^{3}后恢复正常，后续施工均无遇阻。钻井液体系中微纳米级封堵材料分布范围50nm~6.5μm，平均粒径为789.5nm；2.8D砂盘滤失量4.5mL/30min。如图8、图9所示。

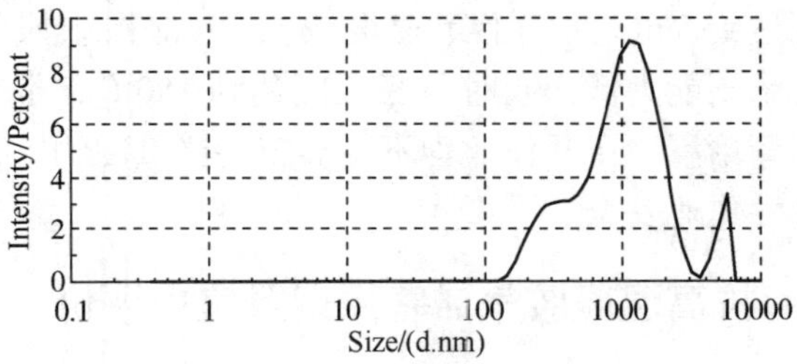

图8 粒径分布图

图9 粒径分布图

5 结论与建议

（1）鄂尔多斯盆地陇东区域5#煤底板有致密砂岩与铝质泥岩，整体可钻性较差，因此建议轨迹走靶体上部，避免施工过程触底后造成钻井周期延长。

（2）通过岩石力学测试，精准预测大斜度泥岩及煤层的坍塌压力，从而合理选取钻井液密度，钻遇顶板碳质泥岩时达到密度下限是防塌关键点。

（3）优选小分子页岩抑制剂、微纳米封堵材料，复配相关处理剂，构建强抑制封堵钻井液体系，有效延长煤岩地层坍塌周期。

（4）立足于高效携岩兼顾脱气性优化流变参数，提高循环排量使得钻井液达到紊流状态，同时通过扭矩、摩阻、回压、岩屑返出量综合判断井筒清洁度。

参 考 文 献

[1] 周德华，陈刚，陈贞龙，等．中国深层煤层气勘探开发进展、关键评价参数与前景展望[J]．天然气工业，2022，42(06)：43-51.

[2] 冯义，任凯，刘俊田，等．深层煤层气水平井安全钻井技术[J]．钻采工艺，2024，47(3)：33-41.

[3] 徐凤银，闫霞，林振盘，等．我国煤层气高效开发关键技术研究进展与发展方向[J]．煤田地质与勘探，2022，50(3)：1-15.

[4] 徐凤银，闫霞，李曙光，等．鄂尔多斯盆地东缘深部(层)煤层气勘探开发理论技术难点与对策[J]．煤田地质与勘探，2023，51(01)：115-130.

[5] 刘翰林，邹才能，尹帅，等．中国煤系气形成分布、甜点评价与展望[J/OL]．天然气工业，2024，10：1-21.

一种抗高温凝胶气滞塞在PL001-H1井的应用

海　波　刘智敏　谢显涛

（中国石油集团川庆钻探工程有限公司钻井液技术服务公司）

摘　要　钻完井过程中发生气侵现象，若不及时处理将会演变成复杂的井控问题。PL001-H1井三开套管鞋处发生气侵，窜气点孔隙极小、气层压力高，且灯二段地层承压能力低，处理措施受限，钻井起钻及完井作业井控风险高。针对以上难点，在本井引入一种抗高温凝胶气滞塞。室内实验证明，凝胶气滞塞在180℃高温下长期静置15d，流动度13cm，仍然保持良好的高抗剪切结构粘度；在80目~100目的模拟含气孔隙性地层中滞气时间超过2h。现场试验证明，凝胶气滞塞有效地封隔了窜气点气层，起到了较好的滞气效果，满足下步起钻及完井作业的井控要求。为防气窜钻完井施工提供了一种安全有效的井控技术。

关键词　抗高温凝胶；气滞塞；气侵

随着油气开发技术的不断发展，深部油气资源成为新的开发热点。在钻井完井施工过程中，钻进含天然气储层时常发生气侵现象。若不及时处理，可能会引起井涌、溢流、井喷等风险。气侵已成为目前影响安全施工的主要因素之一。为了降低钻完井过程中发生气窜、井涌等风险，需要使用气滞塞技术。目前常用冻胶阀和高浓度膨润土浆技术，但这两种技术均存在抗温能力不足的问题，限制了其在高温深井的应用。

本文提出一种新型抗高温凝胶气滞塞技术，是采用无固相复合盐加重的方法配制而成的一种溶胀型凝胶体，密度可在1.1g/cm^3~1.75g/cm^{3}之间调节，抗温可达180℃以上。在钻完井、压井作业中，凝胶气滞塞用于封隔油气层，防止气窜，可以减缓起钻和下钻过程中井筒内油气的上窜速度，减少排气时间，提高施工安全性。

1　PL001-H1井基本情况

1.1　基本情况

PL001-H1井为蓬莱气区以灯二气藏为目的层的施工井，设计五开钻遇井段为5763~7166m（层位为灯二段）。灯二段地层承压能力低，改段设计最高密度1.40g/cm^3，实际承压能力仅为1.35g/cm^3，钻井液密度超过该值极有可能压破裸眼地层而发生井漏。该井五开以2.29g/cm^{3}的钻井液密度配合160.00mm钻头开钻，扫水泥塞过程中持续缓慢降密度至1.80g/cm^{3}时出现气测值上涨情况，经过验证窜气点为三开套管喇叭口（井深3278m）。

1.2　难点

由于三开套管喇叭口窜气点处孔隙小，气层压力较高（气测值最高达到50.4152%，火焰高度达到5m，油气上窜速度快），下部裸眼段地层承压能力低，同时井底温度达到150℃，常规套管堵漏、压井作业均不能实施，严重制约了钻完井作业安全。

2　抗高温凝胶气滞塞原理及室内评价

为了有效地封隔气层，为钻完井作业提供安全施工时间，在本井试验抗高温凝胶气滞塞技术。

2.1　滞气原理

利用抗高温凝胶凝胶的高抗剪切结构粘度，封隔油气层，阻断气体通道，降低气体上窜速度，以达到滞气的目的。

2.2　防气窜评价

实验方法：将洁净干燥的80目~100目石英砂倒入FA无渗透钻井液滤失仪的桶状可透视钻井液杯中至350cm^{3}刻线处，在加入过程中用力摇动、敦实、填平，记为砂床基准界面。然后将300mL抗高温凝胶凝胶气滞塞（ρ=1.35g/cm^3）用玻璃棒引流，沿着钻井液杯内壁从不同方向缓慢、均匀地倒入，注意不要冲坏砂床，并尽量保证在加压前待测样品侵入砂床深度一致。上紧杯盖，固定钻井液杯，接通气源将压力调整到0.69MPa，打开放气阀，持续时间30min。然后卸压，打开杯盖，将洁净干燥的80目~100目石英砂倒入FA无渗透钻井液滤失仪的桶状可透视钻井液杯中抗高温凝胶的上部，填充满（模拟含气孔隙性地层）。上紧杯盖，将钻井液杯上下倒转方向，固定钻井液杯，接通气源将压力调整到 0.69MPa，打开放气阀，测定 30min、2h 时的砂床漏失量、凝胶侵入砂床的深度，观察出气口有无气体排出。如表 1、图 1 所示。

表 1　防气窜实验

项目	30min	2h
砂床漏失量/mL	0	0
凝胶侵入砂床的深度/cm	2	2
出气口有无气体排出	无	无

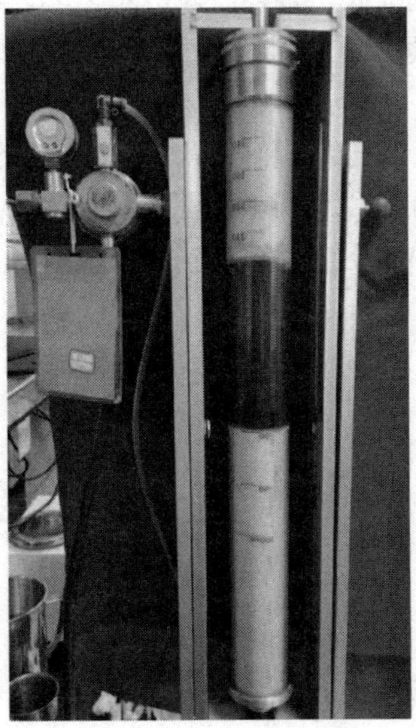

图 1　防气窜实验示例

从表 1、图 1 可知，抗高温凝胶凝胶气滞塞对砂床裂缝有明显的封堵效果，凝胶不漏失；反向注气加压，气体没有置换侵入凝胶中，也没有突破凝胶段塞窜入上部砂床。表明抗高温凝胶凝胶气滞塞可以阻止气体置换侵入，起到防气窜作用，模拟井下可以起到气滞塞的作用。

2.3　高温稳定性评价

为使气滞塞适应井下长时间高温静置的工况，需要对气滞塞长时间高温静置后的性能进行评价。将抗高温凝胶凝胶气滞塞（$\rho = 1.35 g/cm^3$）装入带聚四氟乙烯内衬筒的老化罐中密闭，置于烘箱中，在 180℃温度下长时间静恒温老化，测试在不同时间的流动度。实验结果见表 2。

表 2　凝胶气滞塞在 180℃高温下静恒温不同时间的流动度

静恒温时间	0d	1d	3d	7d	10d	15d
流动度/cm	11.0	11.5	12.1	11.0	12.0	13.0

从表 2 结果可知，凝胶气滞塞在 180℃静恒温老化 1d、3d、7d、10d、15d 后，凝胶流动度保持在 11cm~13cm 左右，保持很好的结构强度和韧性，表观上无脱水、无降解。表明抗高温凝胶凝胶气滞塞能够长期耐受 180℃高温，在井底长时间静止后，仍有较强的凝胶强性，能保障后续安全作业。

3　现场气滞塞施工技术

自 2024 年 4 月 27 至 2024 年 5 月 5 日期间进行两次施工作业，2 次共注入抗高温凝胶凝胶气滞塞 $10m^3$，气滞塞密度为 $1.35g/cm^3$，验证气滞塞的气滞效果。

3.1　6624.7m 处气滞塞施工及排后效过程

2024 年 4 月 27 日，起钻至井深 3590m，节流循环，全烃含量最高值 28.3846%，气体上窜速度 259.22m/h。

用两台压裂车注入 $5m^3$ 抗高温凝胶气滞塞，替入 $17m^3$ 密度 $1.35g/cm^3$ 水基钻井液。

起钻至 2780m，控压循环排后效，自然节流，全烃含量最高值 23.8989%。

敞井静停 6h，出口无异常。

控压循环排后效，自然节流，全烃含量最高值 14.0590%，气体上窜速度 101.42m/h。

打完滞气塞，起下钻，顺利。下钻至凝胶塞以上(2800m)循环，全烃含量最高值 16%，气体上窜速度 116.14m/h，远低于注抗高温凝胶滞气塞前的气显示强度。

3.2　6740.5m 处气滞塞施工及排后效过程

本井钻至 6740.5m 处，由于井下工具问题需起钻更换工具。

2024 年 5 月 3 日，下钻至井深 5776.72m，循环排后效，全烃含量最高值 45.0163%，气体上窜速度 244.46m/h。

起钻至井深 3604.32m，循环排后效，全烃含量最高值 35.6658%。

两台压裂车注入 $5m^3$ 抗高温凝胶气滞塞，替入 $17m^3$ 密度 $1.30g/cm^3$ 水基钻井液。

起钻至 2765m，控压循环排后效，自然节流，全烃含量最高值 27%。

2024 年 5 月 5 日下钻至 2700m 循环，全烃含量最高值 11%，油气上窜速度 101m/h。

3.3　应用效果

从前后两次凝胶气滞塞现场试验情况可以看

出，使用抗高温凝胶气滞塞进行隔气作业，气测全烃含量最高值分别由28.3846%下降至16%，由45.0163%下降至11%，气窜速度降低率大于50%。充分证明了BK721凝胶气滞塞成功起到了隔离滞气效果。

4 结论

（1）抗高温凝胶气滞塞是通过凝胶的高抗剪切结构粘度，封隔油气层，阻断气体通道，降低气体上窜速度，起到滞气作用。

（2）抗高温凝胶气滞塞可长期耐受180℃高温，可用于深井超深井作业。

（3）抗高温凝胶气滞塞技术在PL001-H1井成功应用，表明凝胶气滞塞可以减缓起钻和下钻过程中井筒内油气的上窜速度，减少排气时间，提高施工安全性，为防气窜钻完井的井控安全提供有效地解决方案。

参考文献

[1] 罗发强，韩子轩，柴龙，等，抗高温气滞塞技术的研究与应用[J]. 钻井液与完井液，2019，36(2)：165-169.
[2] 麻洪霞，张继国，罗俊杰，等，新型抗高温高密度暂堵凝胶的室内评价[J]. 应用化工，2022，51(2)，192-196.
[3] 张弛，高温凝胶化学堵漏技术在XJ-3井封层堵漏作业中的应用[J]. 能源与环保，2017，39(5)：77-80.
[4] 秦凤鸣，聚合物凝胶暂堵剂堵漏技术在X1093井的应用[J]. 中国新技术产品，2013，10(下)：70.
[5] 杨志勇，杨超，马攀，等，高温堵漏凝胶性能评价系统[J]. 钻井液与完井液，2015，32(2)：52-54.
[6] 王睿，马光长，曾婷，等，复合化学凝胶堵漏技术在四川地区的应用[J]. 钻采工艺，2009，32(1)：92-97.
[7] 方俊伟，吕忠凯，何仲，等，化学凝胶堵剂承压堵漏技术在顺北3井的应用[J]. 钻井液与完井液，2017，34(6)：13-17.

xs6 区块水基钻井液技术与应用

陈　飞　朱　磊　王增坤　霍　权　朱晓峰　李承林

（大庆钻探工程有限公司）

摘　要　xs6 区块位于松辽盆地北部徐家围子断陷区，该区块地层大段泥岩发育，水敏性含量高达 90%以上，在钻井过程中普遍存在嫩三段以上易泥包，出泥环，下部青山口组井壁失稳、营城组目的层易塌易漏等问题，通过对现有钻井液配方及工程措施进行优化和改进，通过现场应用，形成了适合 xs6 区块快速钻完井的钻井液技术，能有效稳定井壁和预防井下复杂。

关键词　抑制性；防泥包；井眼净化；井壁稳定

1　地质工程概况

xs6 井区设计 6 口井，4 口斜井，2 口水平井，目的层营城组，平均井深 4002m，钻井时主要钻遇四方台组、嫩江组、姚家组、青山口组、泉头组、登娄库组、营城组等，上部地层主要以大段泥岩为主，泉头组和登娄库组岩性以泥岩和砂岩为主，下部营城组岩性以含砾砂岩泥岩、火山岩为主。采用三开井浜结构，二开井深 2500m 左右，技套下至泉头组，三开钻至营城组完钻。如图 1 所示。

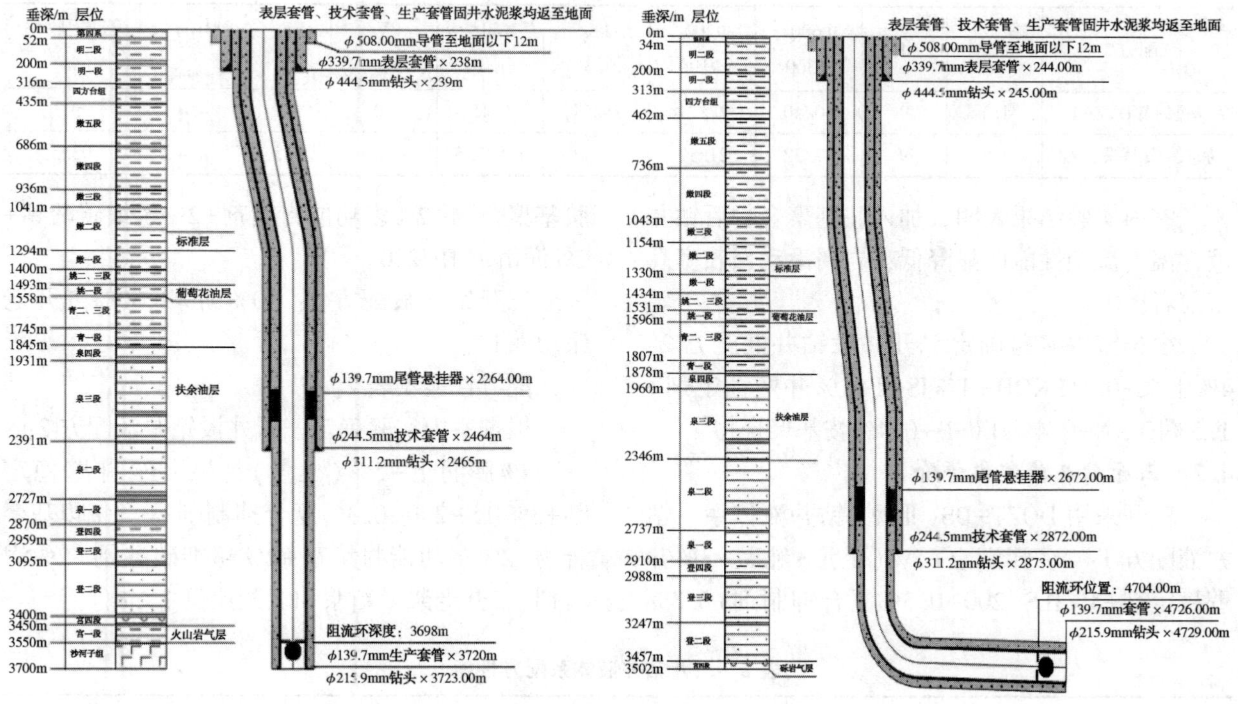

图 1　xs6 区块井身结构图

2　技术难点

（1）上部嫩江组一段、二段及青山口组发育大段硬脆性泥岩和页岩，水敏性强，井壁极易吸水膨胀发生掉块、剥落甚至坍塌，而且二开裸眼段长，大段泥岩长时间的浸泡对井壁稳定更加不利。

（2）二开钻井液密度高，固相含量相对偏高，给钻井液性能带来一些不利的影响，容易发生缩径、粘卡等井下复杂情况。

（3）三开目的层营城组施工时，多口邻井发生井漏、井涌、井喷等事故，井控风险高。施工时需根据实钻情况调节钻井液密度、黏度等参数，既要做到保护气层，又要保证钻井施工顺利进行。

（4）本井区施工井为定向井和水平井，施工时要保证钻井液具有良好的润滑性能，防止定向时托压、防止粘卡。

（5）xs6 井区地层温度梯度在 3.92℃/100m，预测井底温度为 140℃，施工时要充分考虑处理剂的抗高温能力。

3 解决思路

（1）优选钻井液用胺基聚合物抑制剂，增强体系的抑制能力，控制黏土分散，优化钻井液的流变性，提升体系的携岩和悬浮能力，充分净化井眼。

（2）通过提高钻井液密度，力求井壁力学稳定，同时针对上部水敏性泥岩易水化膨胀、剥落掉块，提高钻井液体系的抑制能力，整体提高钻井液体系的防垮塌能力。

（3）加大钻井液封堵剂的加量，强化钻井液的封堵能力和优良的造壁性，尤其在三开目的层钻进时，优选 JLS-200 降滤失剂和多功能封堵剂，同时保证钻井液中润滑材料的加量，增强体系的封堵、润滑能力，防止井壁失稳、防漏、防卡。

（4）施工时配合工程“两大三高”钻进参数和钻具中加入清砂工具，充分净化井眼，畅通环空，防止井眼缩径、防憋漏地层。

4 钻井液

4.1 二开钻井液室内评价

二开采用 DQZT-DS(Ⅱ型)钻井液体系，基浆配方如下：4%土粉浆+0.1%KOH+1%JS-I+1%井壁稳定剂+1.5%NPAN+0.4%HX-D，分别在基浆里加入 0.4%复合抑制剂和 0.4%胺基聚合物进行室内试验评价。配方性能见表 1。

表 1 二开钻井液体系配方性能

配方	密度/(g/cm^3)	pH	Φ600/Φ300	Φ200/Φ100	Φ6/Φ3	Gel/(Pa/Pa)	PV/(mPa·s)	YP/Pa	FL_{API}/mL	滚动回收率/%
基浆+WDYZ-1	1.1	9	60/40	28/21	14/11	6/15	20	10	4.4	91
基浆+胺基聚合物	1.1	9	47/32	21/12	8/7	1.5/7.5	15	8.5	4.4	93.5

室内实验结果表明，加入胺基聚合物后钻井液常温下流变性能明显降低，岩屑滚动回收率高于前者。

根据室内实验确定二开井段钻井液配方 2：4%土浆+0.1%KOH+1%JS-I+1%井壁稳定剂+1.5%NPAN+0.4%HX-D+0.4%胺基聚合物

4.2 三开钻井液室内评价

三开采用 DQZT-DS(Ⅲ型)钻井液体系，钻井液配方 1：4%膨润土+5%(土量)纯碱+3%井壁稳定剂+3%JLS-200+0.3%复合抑制剂+0.3%胺基聚合物+2%多功能封堵剂+2%超细碳酸钙+2%润滑剂 RH220。

三开钻井液配方 2：50%新浆+50%二开老浆(1∶1)。

配方性能见表 2。

根据室内实验确定三开井段钻井液配方 2：

4%膨润土+5%(土量)纯碱+3%井壁稳定剂+3%JLS-200+0.3%复合抑制剂+0.3%胺基聚合物+2%多功能封堵剂+2%超细碳酸钙+2%润滑剂+二开老浆，新浆和老浆比例 1∶1。

表 2 三开钻井液体系配方性能

配方 1	Φ600/Φ300	Φ200/Φ100	Φ6/Φ3	Gel/(Pa/Pa)	PV/(mPa·s)	Yp/Pa	FL_{API}/mL	HTHP 失水/mL	密度/(g/cm^3)	pH
老化前	63/37	29/18	4/3	1.5/5.5	26	5.5	1.8	18	1.30	10
150℃ 16h	67/44	33/22	5/4	2.5/4.5	23	10.5	2.8	16	1.30	10
二次老化 16h	71/45	35/23	6/4	2/4.5	26	9.5	2.6	16	1.30	10
48h 老化	66/39	29/18	3/2	1.5/3	27	6	2.2	15	1.30	10
72h 老化	66/34	22/12	3/2	1/2	32	1	1.6	15	1.30	10

续表

配方 2	Φ600/Φ300	Φ200/Φ100	Φ6/Φ3	Gel/(Pa/Pa)	PV/(mPa·s)	Yp/Pa	FL_{API}/mL	HTHP 失水/mL	密度/(g/cm^3)	pH
老化前	53/33	25/16	4/3	2.5/3	20	6.5	0.6	12	1.28	10
150℃16h	58/36	27/17	3/2	1.5/2.5	22	7	1	10.8	1.28	10

5 钻井液的现场应用

针对 xs6 井区地层特点及施工难点，上部地层四方台组、嫩江组造浆性强，优选胺基聚合物抑制剂并适当提高抑制剂的加量，防止大量劣质固相侵入钻井液，造成性能恶化引起井下复杂；钻穿嫩江组后逐步提高封堵防塌剂的加量，提高体系的封堵防塌能力，防止下部硬脆性泥岩失稳；三开钻井液配制时按上限加足抑制剂和润滑剂，提高钻井液的包被抑制性和润滑能力，施工中不断补充封堵材料，保证进入目的层钻进前降滤失、封堵材料含量不低于 10%，最大程度的提高体系封堵能力，防止井壁失稳、防止井漏。具体措施如下：

（1）上部地层钻进时优选强抑制剂包被絮凝剂胺基聚合物和 HX-D 复配加入钻井液中，加量 0.8%，有效抑制黏土矿物水化膨胀，钻进是主要以 1.25%的胺基聚合物、2%的复合铵盐胶液细水长流维护钻井液来控制上部地层造浆，另外每钻进 200m 补加 50~100kg 的胺基聚合物。

（2）改善钻井液的流变性，满足携岩和悬浮要求，优选出聚硅氟降黏剂 SF-260，加量 0.5%，有效拆除黏土网架结构，保证合理的流变性。

（3）二开复配使用井壁稳定剂和聚合铝树脂降滤失剂 JS-1，加量均为 1%，降低自由水活度，增强降滤失效果。

（4）进入嫩二段之前加入 1.5%的超细碳酸钙增强钻井液的封堵性，在葡萄花油层前 50 米，补加 2%非渗透性封堵剂，进一步增强钻井液的封堵能力。

（5）在青山口和泉头组钻进时，复配使用白沥青和超细碳酸钙，总量不低于 2%，有效封堵地层，提升体系的封堵防塌能力。

（6）三开配浆时加足抑制剂和封堵材料，保证体系的抑制能力和封堵防塌能力，三开钻进时每天补充抑制剂和封堵剂，改善和提高泥饼质量和提高钻井液封堵能力，做好防塌防漏工作。

（7）造斜段施工钻井液含油量不低于 6%，水平段施工钻井液含油量不低于 8%，另外钻井液中据需补充固体石墨等润滑材料，进一步增强体系润滑性，防止定向托压、防止粘卡。

（8）进入目的层钻进前，保证降滤失、封堵材料不低于 10%，进入目的层后，每天继续补充多功能封堵剂、非渗透封堵剂和超细碳酸钙等封堵材料，防止井漏。

（9）加强固控设备使用，振动筛筛布 80~230 目，二开后期全部换成 160/200 目筛布，三开筛布使用 230 目，除砂器使用率 100%。离心机视情况而定，最大限度的清除有害固相。

xs6-p3 井钻井液性能见表 3。

表 3 xs6-p3 井钻井液性能表

井深/m	密度/(g/cm^3)	漏斗黏度/s	滤失量/mL	塑性粘度/(mPa·s)	动切力/Pa	初切/终切/Pa
245(二开钻塞)	1.20	45	4.0	15	6	1/3
600	1.25	52	4.0	18	16.5	2/6
900	1.30	55	4.0	22	13	2/11
1200	1.35	60	4.0	25	12.5	3/14
1500	1.40	56	3.6	32	12	4/16
1800	1.45	60	3.2	32	13.5	5/18
2100	1.50	62	3.2	30	16.5	6/18
2400	1.53	60	3.0	32	14.5	7/23
2700	1.53	62	3.0	33	11.5	5/21

续表

井深/m	密度/(g/cm³)	漏斗黏度/s	滤失量/mL	塑性粘度/(mPa·s)	动切力/Pa	初切/终切/Pa
2873(二完)	1.55	66	3.0	30	16	6/20
2873(三开钻塞)	1.20	42	2.8	7	4.5	1/1.5
3200	1.22	46	2.6	11	2	1.5/2
3400	1.22	50	1.6	9	5.5	2/3
3600	1.22	52	1.6	16	7.5	3/4.5
3800	1.22	55	2.0	20	10.5	3/10
4000	1.22	57	2.2	18	11	3/9
4200	1.22	55	1.8	22	13	3/12
4400	1.22	58	2.0	22	12	3/11
4600	1.22	60	2.0	24	12	3/11
4719(完钻)	1.22	60	2.0	25	13	3/12

6 现场使用效果

6.1 总体应用情况:

二开通过引入了具有强吸附、强抑制、作用时间长久的胺基聚合物、优化封堵降滤失剂，三开优选JLS-200降滤失剂和封堵防塌剂多功能封堵剂，形成适合深层气井钻井的水基钻井液体系，该体系具有强抑制性和较好的井壁稳定能力，钻井液性能能够满足深层水平气井的安全施工需求。

6.1.1 指标情况

本井区开钻6口井，目前完井5口，钻井施工时起下钻顺利，电测一次成功率100%，未发生因为钻井液性能不好导致的井下复杂，实现了安全快速钻井。其中xs6-x402井全井平均机械钻速14.72m/h，其中三开设计平均机械钻速3.3m/h，实钻平均机械钻速9.17m/h，三开提速177.88%；设计钻井周期55天，实钻钻井周期27.54天；其中三开钻进周期7.13天，比设计提前了16.87天，创造了徐深气田钻进周期最短，提速最高的记录。

6.1.2 钻井液抑制效果

以往该区块上部大段泥岩地层极易分散，造浆严重，本井实际施工时，返出岩屑成型，胶结好，施工过程钻井液性能稳定，无泥包钻头等现象。

6.1.3 井壁稳定效果

整个施工过程中钻井液滤失量一直处于较低的水平，二开API失水≤4.0mL，三开API失水≤3.0mL、HTHP失水≤12.0mL，没有出现明显井壁剥落坍塌现象，其中xs6-x402井中完电测最大井径423.88mm，最小井径303.53mm，平均井径332.19mm，平均井径扩大率6.74%；三开最大井径244.55mm，最小井径208.68mm，平均井径221.11mm，平均井径扩大率2.41%。如图2所示。

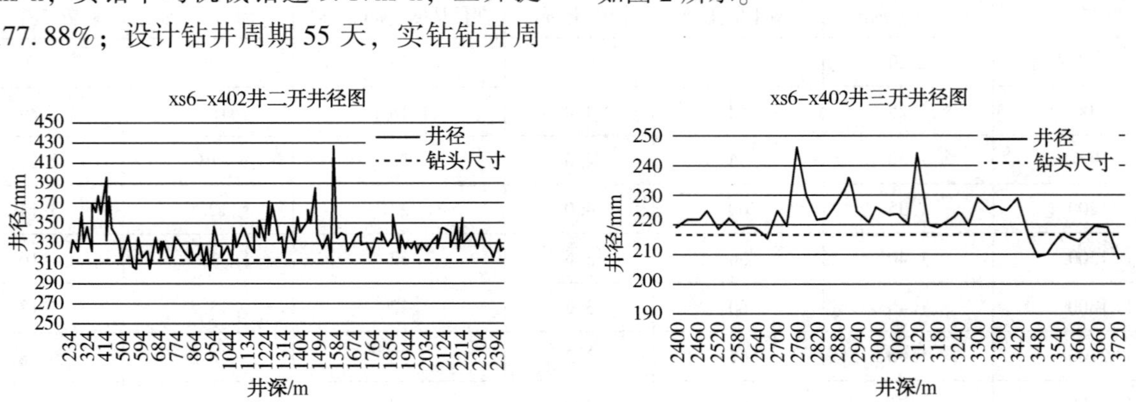

图2 xs6-x402井各开次井径图

7 结论与建议

（1）该钻井液体系具有很好的抑制页岩水化，防止地层膨胀、剥落、坍塌的能力，同时悬浮洗井能力强，滤失量低，能够满足 xs6 井区上部地层安全快速钻井的需要。

（2）三开钻井液中引入 JLS-200 抗高温降滤失剂，同时加入多功能封堵剂，有效增强了体系的抑制和井壁稳定能力，全井施工顺利，实现了安全快速钻井。

参 考 文 献

[1] 鄢捷年．钻井液工艺原理[M]．北京：中国石油大学出版社，2014.
[2] 孙明光，等．钻井完井基础知识手册[M]．北京：石油工业出版社，2002.
[3] 王中华．钻井液处理剂实用手册[M]．北京：中国石化出版社，2016.

超高温水基钻井液体系研究

余 婷 余加水 曹家俊 贾永红 梁承锋

（中国石油集团西部钻探工程有限公司钻井液分公司）

摘 要 深井超深井的勘探开发已逐渐成为油气开发的重点，抗高温高密度钻井液是深层超深层钻井工程的关键技术。高温高压条件下，钻井液滤失性、流变性、润滑性等难以控制，而现有的钻井液体系中有效的抗高温处理剂较少。因此，研发了一种抗240℃高温降滤失剂（XZ-KGW），结合小分子降滤失剂、抗高温抑制剂、封堵剂优选，协同配制了抗240℃高温的高密度盐水钻井液体系，该体系在240℃/16h高温老化后具有良好的流变性，HTHP滤失量小于15mL，钻井液抗钙、抗盐和抗土性能好，岩屑回收率达92.5%，封堵性能好。现场应用表明，该盐水钻井液体系在240℃高温下具有良好的流变性和降滤失剂性能，满足深井超深井的钻井需求。

关键词 深井超深井；高温；高密度；盐水钻井液

1 引言

随着浅井油气资源进入开发中后期，深井超深井已逐渐成为新增油气的主要储量来源，深地勘探技术突破对于国家能源战略发展具有重大意义。但是深地储层存在超高温、高压、高盐、高地应力等极端地层环境，复杂的地层压力系统及成藏条件，深层钻井对钻井液性能提出了更高的要求。高温高压下，常规钻井液无法解决稳定性差、固相含量高、流变性及滤失造壁性难以调控等难题，导致复杂情况频发，钻井成本高、时效低。目前，国内外对抗高温高密度盐水钻井液体系研究取得了一定的技术水平和经验总结，但抗高温高密度钻井液中添加剂种类和数量过多，配置过程繁杂，性能调控难度大，维护成本高。油气钻井实践表明，抗温200℃高密度（1.6~2.0g/cm^3）盐水钻井液体系研究仍是实现深井超深井安全、高效钻进的关键，为此本文通过研制抗高温抗盐降滤失剂，优选盐水钻井液抗高温材料，构建了一套抗高温240℃高密度（2.0g/cm^3）盐水钻井液体系，以解决深井超深井钻井液性能调控难题。

2 目前抗高温高密度盐水钻井液存在问题

高温条件下，钻井液体系热稳定性差，无机、有机处理剂易失效或聚结沉降，导致钻井液滤失量急剧上升、黏度大幅提高，钻井液流变性、滤失性等难以调控和维护，对于高密度盐水钻井液体系尤为突出。高效的抗高温抗盐降滤失剂是构建高温盐水钻井液体系的关键。

高密度条件下，固相含量高，钻井液黏度大，易高温胶凝或固化，增加沉降和卡钻风险。严格控制加重材料、膨润土及处理剂的类型选择和加量用法，才能有效平衡高温、高密度、高盐环境下钻井液沉降稳定性和流变性难题。

3 抗240℃高温高密度盐水钻井液体系构建

3.1 盐水钻井液抗高温高密度处理剂优选

3.1.1 抗高温降滤失剂研制

（1）抗高温降滤失剂机理研究

目前以有机盐为主要抑制剂的有机盐钻井液体系高温条件下降滤失性能、流变性不易控制，对含盐地层、含酸性气体地层抑制性差，流变性难以控制。为解决此难题，研发了一种抗高温高密度的降滤失剂XZ-KGW（图1），抗温机理与抗盐机理相辅相承，在分子链中引入-OH，它既是吸附基团，也是水化基团，与黏土颗粒以氢键形式相连，大幅度提高在恶劣环境下的降滤失剂对黏土颗粒的吸附能力，抵抗温度和盐度的影响，增加-CN，同样既是吸附基团也是水化基团，两者的加入，能更好地包裹住黏土颗粒，形成更致密的水化膜，降低黏土之间的联系，达到降滤失剂低黏度的目标。该降滤失剂在分子链中引入苯磺酸基，作为高温高盐下良好的水化基团，可大幅度提高在恶劣环境下的降滤失剂对黏土颗粒的吸附能力，有效的抵抗温度和盐度的影响；同时引入苯环，空间位阻效应可提升分子链强度，保证了分子链在高温条件下的延伸能力。

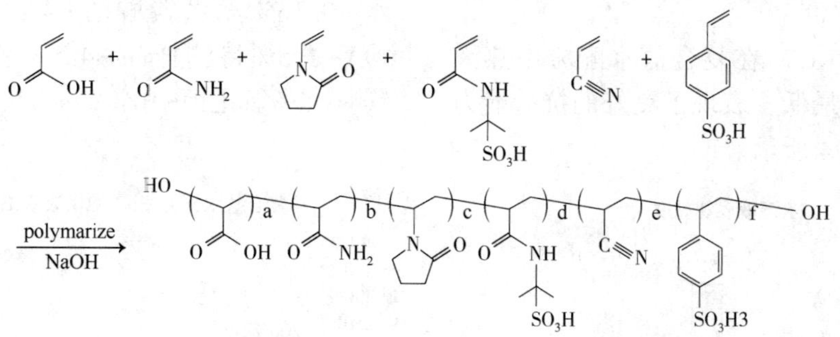

图 1　XZ-KGW 合成路线图

红外光谱图（图 2）中 $1042cm^{-1}$ 和 $1188cm^{-1}$ 是磺酸 S=O 的伸缩振动；$1666cm^{-1}$ 是酰胺C=O的伸缩振动；$1544cm^{-1}$ 处是羧酸的特征峰；$2198cm^{-1}$ 是腈基的特征峰，验证了特征官能团的存在。

热重分析（图 3）在 85℃ 由于聚合物中吸附的水分蒸发，重量下降；降滤失剂在 363℃ 聚合物支链上的单体发生分解，重量下降；降滤失剂在 404℃ 聚合物直链上的单体发生分解，重量下降；降滤失剂在 777℃ 无机盐与 363℃ 和 404℃ 聚合物分解产生的二氧化碳形成的碳酸盐发生分解，重量下降。降滤失剂中聚合物的实际分解温度约为 404℃，远远高于常规聚合物分解温度（300～350℃），说明该降滤失剂具有良好的热稳定性。

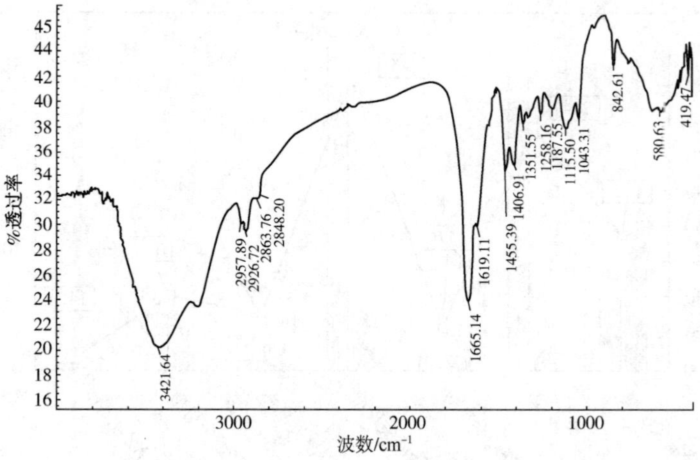

图 2　XZ-KGW 红外光谱分析

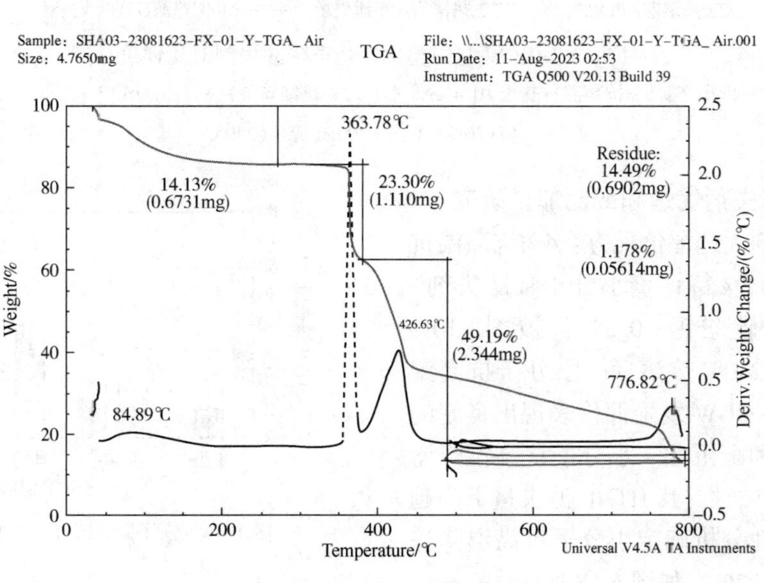

图 3　XZ-KGW 热重分析

（2）抗高温降滤失剂性能分析

① 表观黏度评价

新研制的 XZ-KGW 在复合盐水配方中热滚后表观黏度上升率最低，表现了良好的抗盐能力和抗温能力。如图 4 所示。

评价配方：蒸馏水+1%待测样品+评价配方水+0.16%无水碳酸钠+4%实验配浆用土（质检）+1.5%待测样品+4.5%氯化钠+1.4%氯化镁+0.5%氯化钙+10%Weigh2。

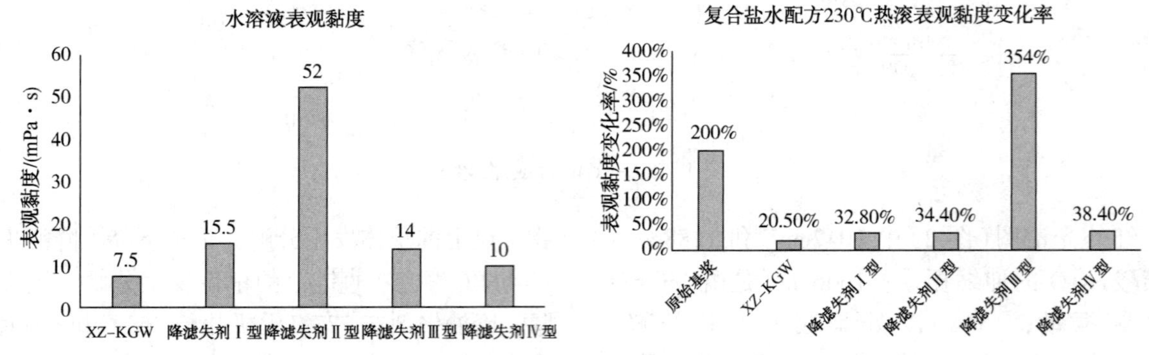

图 4　XZ-KGW 表观黏度

② 降滤失性能评价

在复合盐水中 XZ-KGW 和常规抗高温抗盐降滤失剂相比，240℃ 热滚后其 API 滤失量和 HTHP 滤失量最低。如图 5 所示。

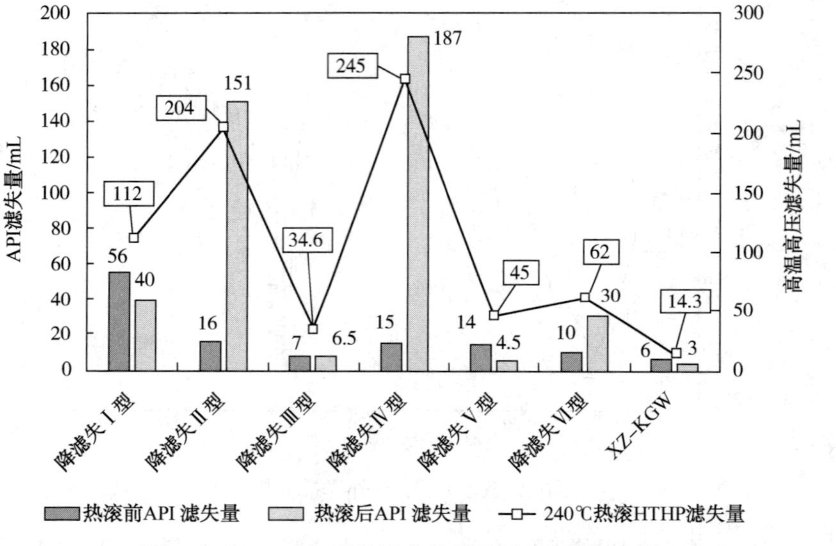

图 5　XZ-KGW 与同类聚合物类降滤失剂对比评价

注：评价配方：8%抗高温抗盐土+0.4%Na_2CO_3+3%超细碳酸钙+1%NaOH+3%评价处理剂+7%NaCl+20%有机盐+200ml 清水（240℃）

3.1.2　小分子降滤失剂优选和配比加量研究

小分子降滤失剂优选评价配方：4%抗高温抗盐土+1%XZ-KGW+3%待评价小分子降滤失剂+1%NaOH+3%超细碳酸钙+0.3%包被剂+10%KCL+20%有机盐，240℃热滚后，小分子抗高温降滤失剂Ⅰ型和 XZ-KGW 复配评价表现出良好的降滤失性、流变性和配伍性。小分子抗高温降滤失剂Ⅰ型加量超过 3%时，其 HTHP 滤失量下降趋势减缓，综合流变性分析确定小分子抗高温降滤失剂Ⅰ型最优加量在 3%。如图 6~8 所示。

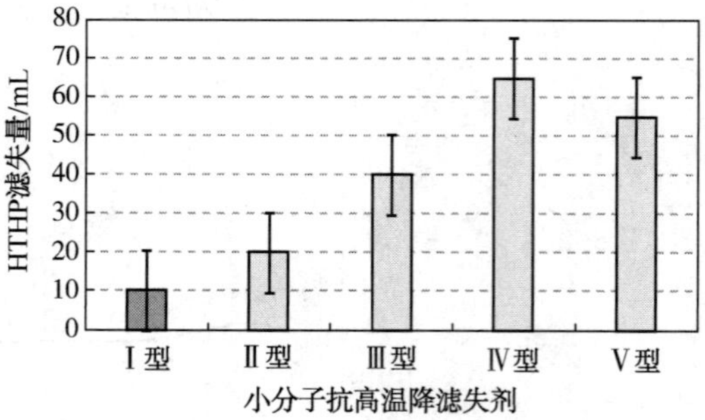

图 6　小分子降滤失剂 HTHP 滤失量对比

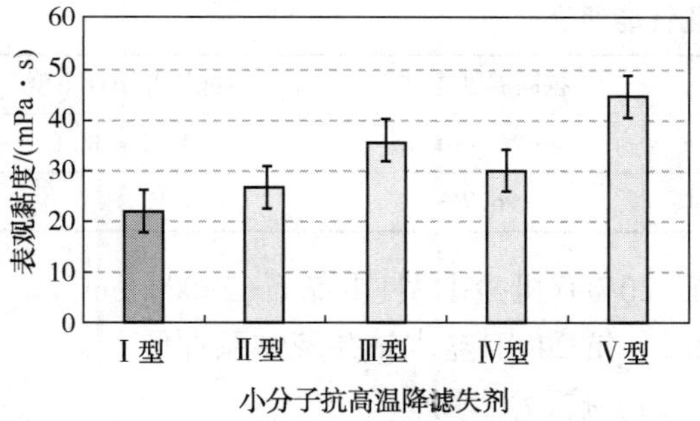

图 7　小分子降滤失剂表观黏度对比

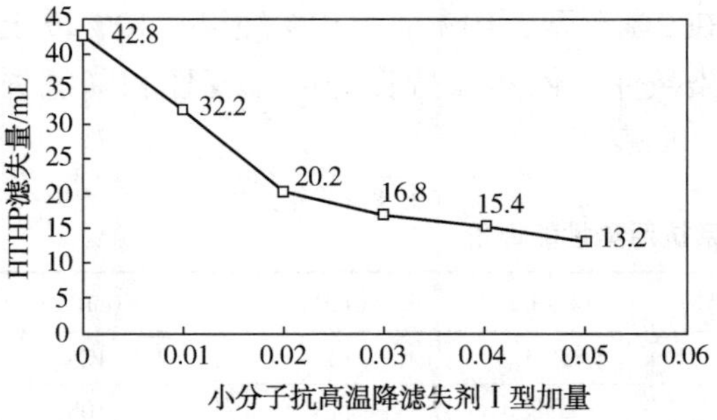

图 8　小分子抗高温降滤失剂Ⅰ型加量研究

3.1.3　抑制剂优选和配比加量研究

在盐水钻井液体系配方基础上对各类抗高温有机盐抑制剂进行分析评价。有机盐Ⅰ型和同类有机盐在抑制性能和密度提升能力方面表现出一定的优势。当有机盐Ⅰ型加量超过20%时，其API滤失量上升明显，岩屑回收率没有明显的增加，综合流变性分析确定有机盐Ⅰ型最优加量在20%。如表1、图9~11所示。

表 1　抗高温抑制剂岩芯回收率

有机盐抑制剂种类	甲酸钠基复合盐	有机盐Ⅰ型	有机复合盐
热滚后岩芯回收率/%	34.8	32.4	31.8

注：评价配方：水+20%待评价样品+安集海岩心，热滚温度为：240℃

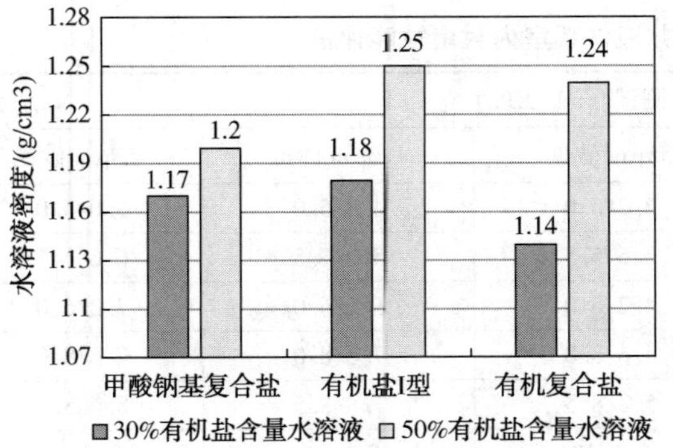

图 9　有机盐同等加量下对水溶液密度的影响分析

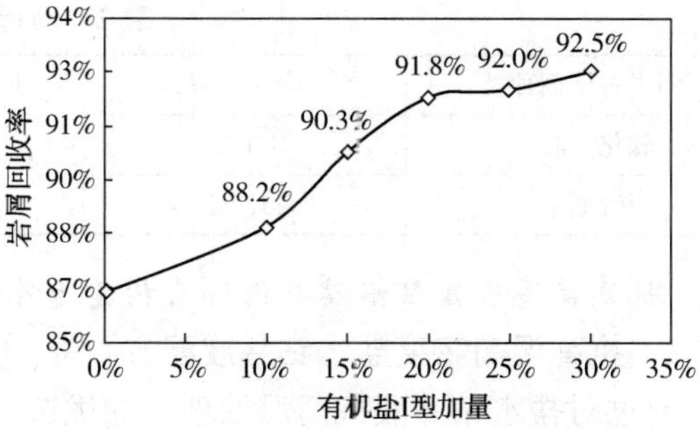

图 10　碳酸盐不同加量下岩屑回收率

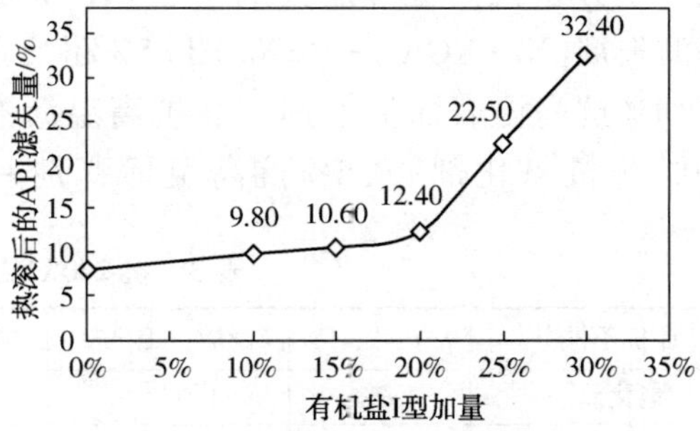

图 11　碳酸盐不同加量下热滚后 API 滤失量

3.1.4　沥青封堵剂优选和配比加量研究

在盐水钻井液体系配方基础上加入各类抗高温沥青开展对比优选，表2和图12结果显示抗高温沥青Ⅰ型的高温高压滤失降低率和相对抑制性最优，分别为56.8%和42.5%，且当抗高温沥青Ⅰ型加量超过3%时(图13)，HTHP滤失量都没有明显的增加。

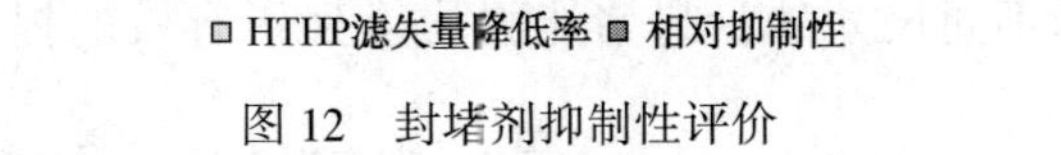

图 12　封堵剂抑制性评价

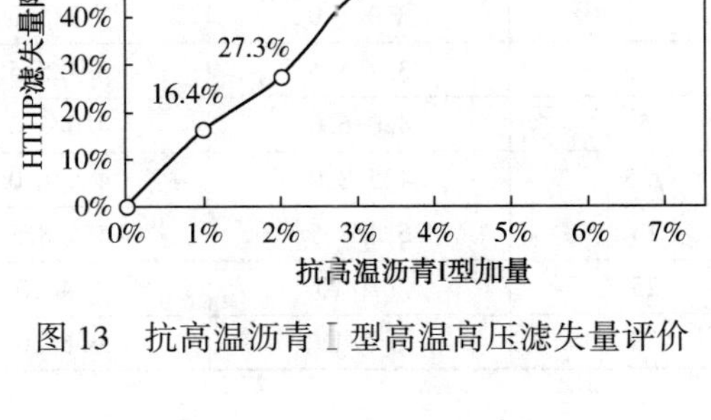

图 13　抗高温沥青Ⅰ型高温高压滤失量评价

表 2　沥青类封堵剂理化性能评价

沥青封堵剂种类	磺化沥青	抗高温沥青Ⅲ型	抗高温沥青Ⅱ型	抗高温沥青Ⅰ型
软化点温度	120℃	90~95℃	80℃~100℃	140℃~180℃
起泡率	11.7%	8.5%	6.7%	5.8%

3.2　抗高温高密度盐水钻井液体系构建与评价

3.2.1　抗高温高密度盐水钻井液配方

通过对盐水钻井液抗高温处理剂的优选，确定抗 240℃盐水钻井液配方为：3%抗高温抗盐土+5%小分子抗高温降滤失剂Ⅰ型+1.5%抗高温降滤失剂(XZ-KGW)+1%NaOH+5%超细碳酸钙+0.1%抗高温表面活性剂+3%抗高温沥青Ⅰ型+0.5%抗氧化剂+0.5%抗高温稀释剂+7% KCL+20%有机盐Ⅰ型+重晶石(2.00g/cm^3)。

3.2.2　抗 240℃盐水钻井液体系评价

（1）抗污染评价

开展了抗 240℃高温高密度盐水钻井液体系配方抗污染性能评价，高温高密度盐水钻井液体系在 2%石膏、10%盐、10%纯碱、10%坂土粉污染条件下依然保持良好的流变性和降滤失性能。见表 3

表 3　抗 240℃盐水钻井液体系抗污染性能评价

评价条件	ρ/(g/cm^3)	FL/h/(mL/mm)	HTHP/(mL/240℃)	Gel/Pa	AV/(mPa·s)	PV/(mPa·s)
老化前	2	1.0/0.5	—	5.0/15.5	135	125
老化后	2	2.2/0.5	10	4.0/8.0	115	108
老化后+2%石膏	2	8.5	12.5	10/15	144	124
老化后+10%NaCl	2	8.4	10.6	10/14.5	123	95
老化后+10%纯碱	2	6.4	13.4	12.5/20	125	118
老化后+10%坂土粉	2	1.5/0.5	8.6	20/35	148	140

（2）抑制性评价

开展了抗 240℃盐水钻井液体系配方抑制性能评价，岩屑回收率为 92.5%，岩芯膨胀量降低率达 84.78%表现了良好的抑制黏土水化分散的能力。见表 4

表 4　密度为 2.0g/cm^{3}钻井液体系抑制性能评价

泥浆体系	岩屑回收率/%	线性膨胀量/mm
清水	8.7	3.68
240℃配方	92.5	0.45

注：岩屑回收率的测试温度为 240℃，滚动条件为：240℃×16h，线性膨胀量的测试温度为常温，膨胀时间为 16h。

（3）封堵性评价

由于抗高温沥青的引进，抗高温盐水钻井液对不同尺寸砂盘封堵能力均得到了有效的提升，20μm 和 50μm 砂盘在承压 10MPa 下漏失稳定在 6mL 左右，无明显压降，150μm 砂盘漏失量控制在 10mL 内，无明显压降，封堵效果显著。见表 5。

表 5　密度为 2.0g/cm^{3}220℃优化后钻井液体系室内封堵性能评价

时间/min	封堵配方测试/(mL/MPa)				
	20μm 砂盘	40μm 砂盘	55μm 砂盘	120μm 砂盘	150μm 砂盘
1	3.0/5.0	3.2/5.0	3.2/5.0	4.8/5.0	5.0/5.0
2.5	3.2/5.5	3.4/5.5	3.6/5.5	5.0/5.5	6.6/5.5
5	4.0/6.0	4.0/6.0	4.2/6.0	6.2/6.0	7.2/6.0
7.5	4.5/8.0	4.5/8.0	4.6/8.0	7.6/8.0	7.6/8.0
15	5.4/8.5	5.5/8.5	5.8/8.5	7.8/8.5	8.0/8.5
25	6.2/10	6.4/10	6.6/10	8.6/10	9.0/10
30	6.5/10	6.6/10	6.8/10	9.0/10	9.5/10

4 现场应用

塔里木盆地 X 井技术难点：

（1）奥陶系高压盐水及钻遇塑性蠕变的辉绿岩，加强钻井液体系的抑制性和抗污染能力。

（2）奥陶系钻井液高温稠化、起泡，井底温度达到 200℃。针对此问题，现场采用抗温达 240℃的高密度盐水钻井液体系配方，引入新研制的抗高温降滤失剂，钻井液体系的沥青含量达 6%，氯化钾含量控制在 5%，保证钻井液的抑制性，HTHP 高温高压滤失量小于 10mL。

现场试验配方：4%抗高温抗盐土+1.5%抗高温降滤失剂（XZ-KGW）+5%小分子抗高温降滤失剂Ⅰ型+1%NaOH+5%超细碳酸钙+0.5%抗高温稀释剂+20%有机盐+3%抗高温沥青Ⅰ型+5%KCL+重晶石（密度 2.00g/cm^3）。

现场应用效果：施工井段钻井液体系性能稳定，高温高压滤失量小于 10mL，表现出良好的抗温能力从 7925m~8123m 之间井径扩大率小于 10%，表现出良好的应用效果。见表 6。

表 6 塔里木盆地 X 井四开段钻井液性能评价

开次	井深/m	密度/(g/cm^3)	黏度/s	失水/mL	AV/(mPa·s)	PV/(mPa·s)	初/终/Pa	HTHP/mL
四开	7925	1.45	40	4.2	45	35	2/8	8.6
	8000	1.47	55	3.5	50	45	2/6	9.8
	8100	1.47	58	4.5	55	50	3/7	8.8
	8200	1.85	60	3.0	60	54	2/10	8.6
	8359	2.00	68	4.0	65	40	2/10	9.6

5 结论

（1）高效的抗高温抗盐降滤失剂是构建高温盐水钻井液体系的关键，严格控制加重材料、膨润土及处理剂的类型选择和加量用法，才能有效平衡高温、高密度、高盐环境下钻井液沉降稳定性和流变性难题。

（2）所研制的抗高温降滤失剂 XZ-KGW 以及研选的小分子降滤失剂、抗高温沥青封堵剂和有机盐抑制剂可以满足抗 240℃高密度盐水钻井液的应用要求，具有良好的流变性、抑制性和封堵性。

（3）现场应用中，抗高温高密度盐水钻井液体系性能稳定，HPHT 滤失量小于 10mL，表现出良好的抗高温能力，满足深井超深的钻井需求。

参 考 文 献

[1] 姜相. 深井钻井液技术难点分析及对策研究[J]. 科学技术创新，2020(03)：185-186.

[2] 刘锋报，孙金声，王建华. 国内外深井超深井钻井液技术现状及发展趋势[J]. 新疆石油天然气，2023，19(02)：34-39.

[3] 徐春春，邹伟宏，杨跃明，等. 中国陆上深层油气资源勘探开发现状及展望[J]. 天然气地球科学，2017，28(08)：1139-1153.

[4] 何立成，唐波. 准噶尔盆地超深井钻井技术现状与发展建议[J]. 石油钻探技术，2022，50(05)：1-8.

[5] 蔡利山，胡新中，刘四海，等. 高密度钻井液瓶颈技术问题分析及发展趋势探讨[J]. 钻井液与完井液，2007(1)：38-44.

大位移井及水平井钻井液技术探讨

任重西　李吉军　于兴东　任志强　马广来　张丹阳

（大庆油田有限责任公司采油工艺研究院）

摘　要　随着油气田勘探与开发活动的持续深入，传统的直井钻井技术已无法满足现代油气田开发的需求，如大斜度大位移井、水平井、多分支井等复杂井型的应用日益增多。这些复杂井型的施工通常面临井眼轨迹复杂性、井深较大、地层条件复杂等多方面挑战，对井筒钻井液技术提出了更高的性能要求。井筒钻井液技术的发展趋势将更加注重综合性能的提升和智能化水平的提高。通过跨学科的研究，结合材料科学、化学、计算机科学等领域的最新成果，将开发出更加高效、安全、环保的钻井液体系。同时，智能化控制技术将更加普及，通过大数据分析和人工智能技术，实现钻井过程的精准控制，进一步提高钻井效率和安全性。本文将深入探讨大位移井、水平井井筒钻井液技术的发展现状、面临的挑战以及未来发展趋势，重点介绍近年来在高性能钻井液体系、智能化控制、绿色环保技术等方面的研究成果和应用进展，旨在为提高钻井效率、保障施工安全、降低钻井成本、保护环境提供理论支撑和技术借鉴。

关键词　井筒钻井液技术；高效安全环保；大位移井；发展现状；未来趋势；高性能体系；智能化控；绿色环保

1　引言

油气资源是国民经济发展的重要战略物资，其勘探开发对保障国家能源安全、促进经济社会发展具有重要意义。近年来，随着油气勘探开发的不断深入，传统直井钻井技术已难以满足现代油气田开发的需求，复杂井型如大位移井、水平井等应用逐渐增多，为提高油气产量、降低开发成本提供了新的技术手段。

1.1　大位移井、水平井的特点

大位移井、水平井等复杂井型相较于传统直井，具有以下显著特点：

井眼轨迹复杂：大位移井、水平井通常采用定向井或水平井技术，井眼轨迹曲折多变，存在较大位移和方位角变化，对井筒钻井液的性能提出了更高的要求，需要保证其能够适应不同井眼轨迹和地层条件。

井深较深：随着勘探开发目标的不断深入，井深不断增加，通常超过 3000 米，甚至达到 5000 米以上，深井带来的高压高温环境对井筒钻井液的性能提出了更高的要求，需要保证其在高温高压下能够保持稳定的性能。

地层条件复杂：地层压力、温度、渗透率等条件变化较大，地层中可能存在高压气层、含硫化氢或二氧化碳气层、高温地层等复杂条件，对井筒钻井液的性能提出了更高的要求，需要保证其能够有效防止地层坍塌、漏失、井壁垮塌等问题。

施工难度大：复杂井型施工难度大，对钻井设备、技术人员、井筒钻井液等方面都提出了更高的要求，需要更加先进的技术和设备来保障施工安全和效率。

1.2　井筒钻井液在复杂井型中的作用

井筒钻井液作为钻井过程中不可或缺的一部分，在复杂井型钻井中发挥着至关重要的作用，其主要功能包括：

井眼净化：清除钻头切屑、碎屑等，防止井眼堵塞，保证钻井顺利进行。

支撑井壁：平衡地层压力，防止井壁坍塌，保证井眼稳定。

防止地层漏失：控制地层流体进入井筒，防止地层漏失，保障施工安全。

冷却和润滑钻头：降低钻头磨损，提高钻速，降低钻井成本。

携带和运送钻屑：将钻屑从井底运送到地面，防止钻屑沉积在井底，影响钻井效率。

2　大位移井、水平井钻井液技术发展现状

随着复杂井型钻井技术的发展，井筒钻井液技术也随之不断进步，针对不同井型和地层条

件，研究人员开发了各种新型井筒钻井液体系和技术，有效提高了钻井效率，保障了施工安全。

2.1 高性能钻井液体系

近年来，随着对井筒钻井液性能要求的不断提高，研究人员不断探索新的材料和技术，开发了多种高性能钻井液体系，能够满足不同复杂井型的施工需求。

水基钻井液：水基钻井液具有成本低廉、环保性好、易于处理等优点，是目前应用最为广泛的钻井液类型。近年来，水基钻井液技术不断发展，涌现出多种新型水基钻井液体系，例如：

聚合物泥浆：聚合物泥浆具有良好的黏度、滤失控制性能，能够有效防止地层坍塌和漏失。

膨润土泥浆：膨润土泥浆具有良好的悬浮性能，能够有效清除钻屑，防止井眼堵塞。

生物降解型泥浆：生物降解型泥浆能够在自然环境中快速降解，减少对环境的污染，符合环保要求。

油基钻井液：油基钻井液具有良好的抗高温高压性能，适用于高温高压地层，能够有效防止地层坍塌和漏失。但油基钻井液存在成本高、环保性差等问题，近年来应用逐渐减少。

合成基钻井液：合成基钻井液具有良好的抗高温高压性能、润滑性能、防塌性能等，近年来应用不断增加。但合成基钻井液存在成本较高、处理难度较大等问题。

2.2 智能化控制

为了提高钻井效率、保障施工安全，近年来智能化控制技术在井筒钻井液领域得到了广泛应用，例如：

智能化钻井液配方设计：利用人工智能技术，根据实时地层条件和井眼轨迹，自动优化钻井液配方，提高钻井液性能，降低钻井成本。

智能化钻井液参数监测：利用传感器技术，实时监测钻井液参数，例如密度、黏度、滤失率等，及时发现异常情况，进行调整，保证钻井液性能稳定。

智能化钻井液处理系统：利用自动化控制技术，实现钻井液处理流程的自动化控制，提高处理效率，降低人工成本。

2.3 绿色环保技术

随着人们对环境保护的重视，近年来绿色环保技术在井筒钻井液领域得到了广泛应用，例如：

生物降解型泥浆：采用生物降解型泥浆，能够在自然环境中快速降解，减少对环境的污染，符合环保要求。

低毒井筒钻井液：采用低毒井筒钻井液，减少对生物的毒害，保护生态环境。

循环利用技术：利用循环利用技术，回收利用钻井液中的有用成分，减少废弃物排放，降低环境污染。

3 大位移井、水平井钻井液技术面临的挑战

尽管近年来井筒钻井液技术取得了显著进步，但面对复杂井型和地层条件，仍面临着一些挑战：

（1）高性能井筒钻井液的研发：随着井型复杂程度的提高，对井筒钻井液性能的要求越来越高，需要研发更多高性能、多功能的井筒钻井液，例如能够同时满足防塌、防漏、降摩、降滤失等多项性能要求的井筒钻井液。

（2）井筒钻井液的优化：针对不同地层条件和井型，需要对井筒钻井液进行优化设计，例如针对高压气层，需要选择能够有效防漏的井筒钻井液；针对高温地层，需要选择能够在高温下保持稳定性能的井筒钻井液；针对特殊地层，例如页岩层，需要开发能够有效抑制页岩膨胀的井筒钻井液。

（3）井筒钻井液的成本控制：高性能井筒钻井液的成本较高，需要在保证性能的前提下，降低成本，提高经济效益，例如探索低成本、高性能的井筒钻井液配方，或者开发新型高效的井筒钻井液处理技术。

（4）井筒钻井液的自动化控制：随着钻井技术的不断发展，需要开发能够自动化控制井筒钻井液性能的系统，例如实时监测井筒钻井液性能，自动调整配方，提高井筒钻井液的效率和安全性。

（5）井筒钻井液的环保性：随着人们对环境保护的重视，需要开发更加环保的井筒钻井液，例如生物降解型泥浆、低毒井筒钻井液等，减少对环境的影响。

4 大位移井、水平井钻井液技术的未来发展趋势

为了应对新的挑战，大位移井、水平井井筒

钻井液技术将朝着以下方向发展：

4.1 智能化

利用人工智能、大数据等技术，实时监测井筒钻井液性能，自动调整配方，提高井筒钻井液的效率和安全性。例如开发能够根据实时地层条件自动调整井筒钻井液配方的智能系统，能够有效提高钻井效率，降低钻井成本。

开发智能化井筒钻井液处理系统，能够根据实时监测数据自动调整处理参数，提高处理效率，降低人工成本，提高处理效果。

4.2 绿色化

采用环保材料和工艺，开发可降解、低毒的井筒钻井液，减少对环境的影响。例如开发生物降解型泥浆，能够在自然环境中快速降解，减少对环境的污染；开发低毒井筒钻井液，能够减少对生物的毒害，保护生态环境。

探索井筒钻井液循环利用技术，减少废弃物排放，降低环境污染，实现可持续发展。

4.3 多元化

针对不同井型和地层条件，开发更具针对性的井筒钻井液，满足不同需求。例如针对高压气层，开发能够有效防漏的井筒钻井液；针对高温地层，开发能够在高温下保持稳定性能的井筒钻井液；针对特殊地层，例如页岩层，开发能够有效抑制页岩膨胀的井筒钻井液。

探索新型井筒钻井液体系，例如纳米材料、生物材料等，以提高井筒钻井液的性能，满足复杂井型和地层条件的需求。

4.4 纳米技术

纳米技术能够提高井筒钻井液的性能，例如通过添加纳米材料，能够提高井筒钻井液的粘度、密度、降摩性能等，提高井筒钻井液的效率和安全性。

纳米技术还可以用于开发新型井筒钻井液体系，例如纳米复合材料，能够有效提高井筒钻井液的性能，满足复杂井型和地层条件的需求。

5 结论

大位移井、水平井井筒钻井液技术是油气勘探开发的重要组成部分，其发展趋势是智能化、绿色化、多元化。未来，需要不断加强技术研发，推动井筒钻井液技术的进步，为油气勘探开发提供更先进的技术支撑，提高钻井效率，保障施工安全，降低钻井成本，促进油气资源的有效开发和利用，为国家能源安全和经济社会发展做出更大的贡献。

参 考 文 献

[1] 王玉鹏，王志宏，张金华，等．基于纳米技术的钻井液新技术研究进展[J]．石油钻采工艺，2020，42(5)：7-13.

[2] 张彦，肖建华，孙志强，等．水基钻井液对页岩气储层的影响及对策[J]．天然气工业，2019，39(12)：109-115.

[3] 陈伟，赵明，肖建华，等．水基钻井液体系在致密油气开发中的应用[J]．特种油气藏，2021，28(4)：128-134.

[4] 周军，郑晓华，马静，等．高温高压条件下钻井液降滤失剂的性能评价[J]．石油钻采工艺，2021，43(3)：71-76.

[5] 张波，刘涛，陈锋，等．水基钻井液在水平井钻井中的应用研究[J]．石油钻采工艺，2019，41(6)：10-15.

[6] 张磊，侯平，张强，等．智能钻井液系统研发与应用[J]．石油钻采工艺，2022，44(2)：65-72.

[7] 刘伟，王军，冯伟，等．环保型钻井液技术研究进展[J]．石油钻采工艺，2021，43(5)：1-8.

[8] 李宁，王刚，刘伟，等．纳米材料在钻井液中的应用研究[J]．石油钻采工艺，2020，42(4)：1-7.

[9] 张强，侯平，张磊，等．水基钻井液体系在复杂地层中的应用研究[J]．石油钻采工艺，2020，42(6)：1-8.

[10] 王涛，冯伟，刘伟，等．钻井液处理技术研究进展[J]．石油钻采工艺，2021，43(4)：1-8.

地质工程一体化同裸眼塌漏同存复杂防控研究与应用

张　蔚　贾永红　孟先虎　杨真进　陈　源

（中国石油集团西部钻探工程有限公司钻井液分公司）

摘　要　新疆油田针对金龙2井区二叠系乌尔禾组存在乌三段井壁失稳、乌二乌一段井漏和窄密度窗口的技术难题，通过岩石力学特性、矿物组成分析、岩心微观特征研究摸清了乌三段井壁失稳影响因素并建立了井壁失稳预测模型，开展防塌防漏钻井液技术研究，针对漏失特性研发3种油基防漏堵漏材料及配方、就三压力剖面确定安全密度窗口，现场采用“高开低走”、”上固下防“措施，拓展安全密度窗口，为金龙2井区水平井防塌防漏、安全快速钻进、提质增效提供了技术支撑。

关键词　井壁稳定；井漏；同裸眼；复杂防控

1　前言

近年来，随着勘探领域的不断拓展和技术的持续进步，新疆油田的钻探活动日益频繁。在金龙2井区二叠系乌尔禾组的钻探过程中，面临着井壁失稳、井漏等技术难题。这些问题不仅增加了钻井成本，还严重影响了钻井作业的安全性和效率。为了解决这些问题，对乌尔禾组的井壁失稳机理、漏失特性进行了深入研究，并针对性地开发了防塌防漏钻井液技术。旨在通过岩石力学特性分析、矿物组成分析、岩心微观特征研究，建立井壁失稳预测模型，并研发出适合该地区的油基防漏堵漏材料及配方，从而为金龙2井区的安全快速钻进提供技术支撑。

2　技术难点

难点一：乌尔禾组三段井壁失稳严重，影响因素不明，失稳机理不清。2021年该区块阻卡井数占比32.25%，卡钻率19.35%，侧钻率6.45%，乌3段平均井径扩大率51.35%，从岩心取样可以看到，岩心胶结程度差，岩心破碎严重，井壁失稳概率高。岩石力学特性、钻井液化学影响尚不明确，亟需通过矿物组成分析、岩心微观特征、岩石力学特性摸清垮塌压力和周期。

难点二：乌尔禾组二、一段漏失严重，微裂缝发育、井漏频繁，低压地层承压弱，油基钻井液防漏手段少、堵漏效果差。井漏平均复杂时率16.33%；累计漏失量4863.45方，损失时间3736.63小时。乌二段砾石间通过黏土矿物胶结，存在很多较小粒度砾石。砾石间裂缝缝隙较大，达上百微米，易漏失或造成砾石剥离。水基钻井液堵漏材料在油基条件下不膨胀、不搭桥成网。常用的核桃壳在柴油中高温老化24h后碳化，质量损失率为25%，摩擦系数下降28%，抗压强度下降21%；由高温老化后的核桃壳和毫米级碳酸钙所形成的封堵层，承压能力下降了48.8%。

难点三：乌尔禾组上塌下漏、塌漏同层，安全密度窗口窄。“乌三段坍塌压力高，乌二段、乌一段裂缝发育，塌漏同存”。当乌三段井壁失稳时，需提高钻井液密度支撑井壁，井漏风险大大增加；发生井漏时，为降低井漏风险降低钻井液密度，井壁坍塌风险大大增加。这种“塌漏同存”的矛盾，直接导致钻井液安全密度窗口变窄，频繁诱发井下复杂情况的发生，严重影响勘探开发进度。

3　工程技术对策

3.1　对策1：基于多因素井壁失稳影响因素，通过封堵剂优选形成油基钻井液高效封堵技术

（1）通过岩石力学特性、矿物组成分析、岩心微观特征研究摸清了金龙区块乌三段井壁失稳影响因素，乌三段岩石内摩擦角最小，单轴抗压强度最小；乌三段抗压强度及弹性模量较小，岩石易破碎。乌三段掉块黏土矿物含量53%，岩心含量61%；均含有大量易水化黏土矿物，易

导致井壁岩石水敏垮塌。乌三段岩心及岩屑均存在20μm微裂缝及孔洞和褶皱结构，钻井液进入导致水化膨胀形成片状掉块，导致井壁岩石失稳，井径扩大。如表1、图1~3所示。

表1

井号	破坏荷载值/kN	单轴抗压强度值	黏聚力	内摩擦角
金208乌二段	23.4	46.9	0.519	48.73
金206乌三段	15.9	33.8	39.73	19.39

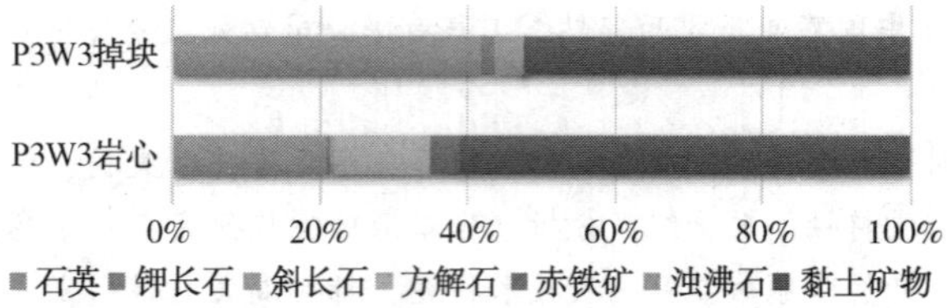

图1　乌三段掉块与岩心矿物组分对比图

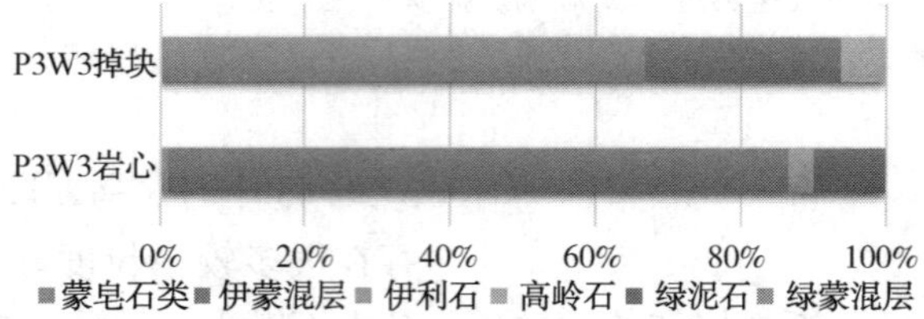

图2　乌三段掉块与岩心黏土含量对比图

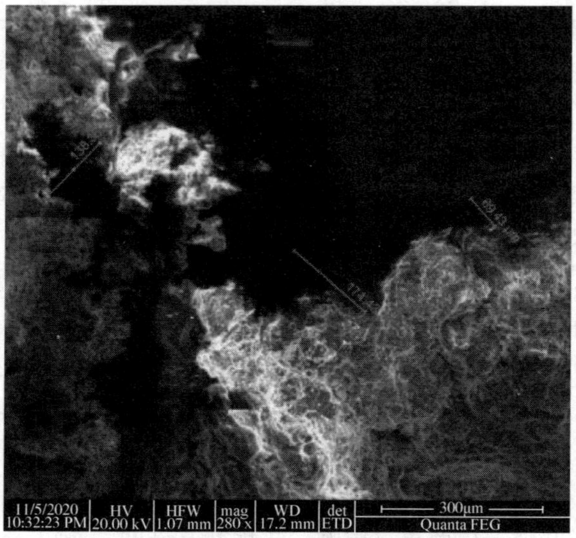

图3　乌三段岩心微观特征

（2）基于多压力因素优选模型计算地层坍塌压力，采用Eaton模型建立正常压实趋势线，快速准确预测地层压力，与dc指数监测值对比，准确率达92.88%。鉴于地层坍塌压力主要与地应力条件、井斜角、方位角相关，通过三维压力确定了最大水平主应力方向为90.5°，且垂向地应力为中间主应力。此地应力情况下坍塌压力随着井斜角的增加而减小，斜井段和沿最大水平主应力方向井壁更稳定。考虑中间主应力的影响优选D-P准则模型预测地层坍塌压力系数，金龙2井区地层坍塌压力系数在0.93~1.43g/cm^{3}之间；坍塌压力较高地层主要集中在上乌尔禾组上部（乌三段）。如图4~7所示。

（3）基于流体物理化学因素建立了井壁稳定预测模型，根据模型计算含水率随时间增加而增加，随距离增加而减小；黏聚力和内摩擦角随时间增加而减小，随距离增加而增加；坍塌压力随着时间增加而增加，随距离增加而减小；水基钻井液浸泡后的泥岩含水率、黏聚力、内摩擦角和坍塌压力变化程度更高。如图8所示。

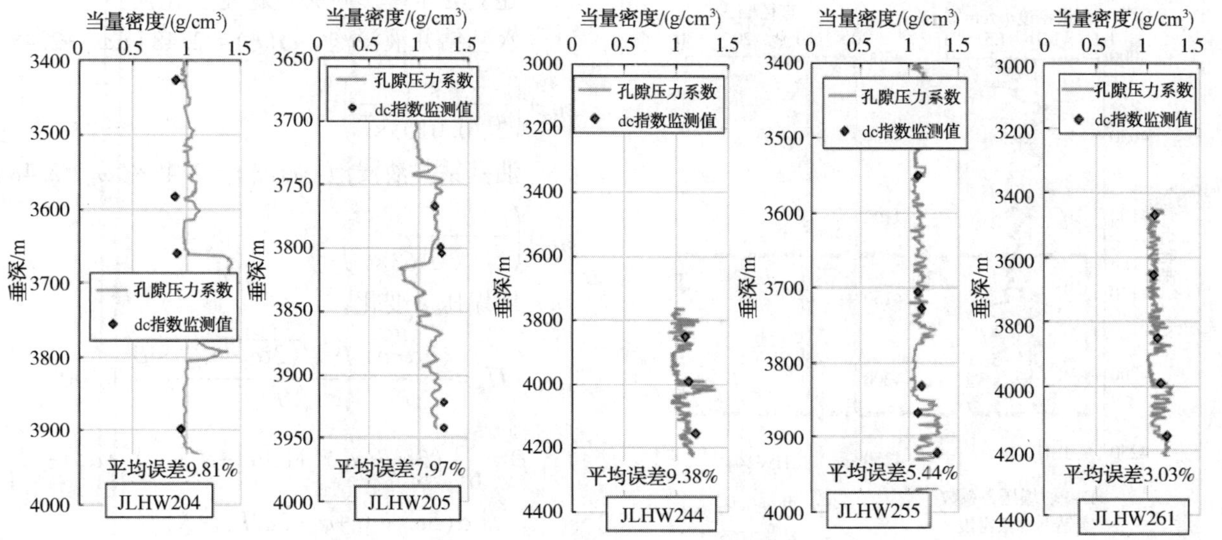

图 4　金龙 2 井区地层压力系数 dc 指数法监测值

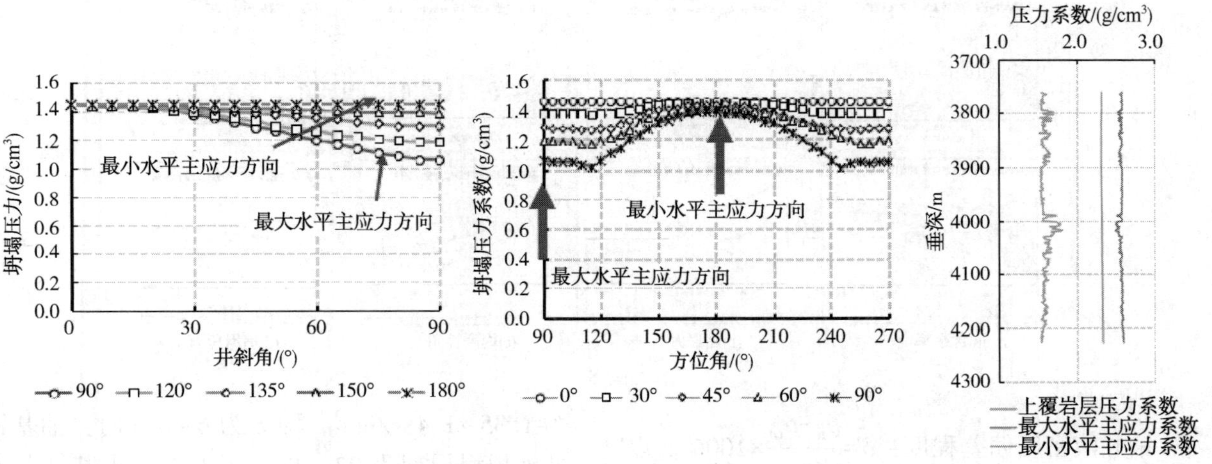

图 5　金龙 2 井区垂向地应力为中间地应力

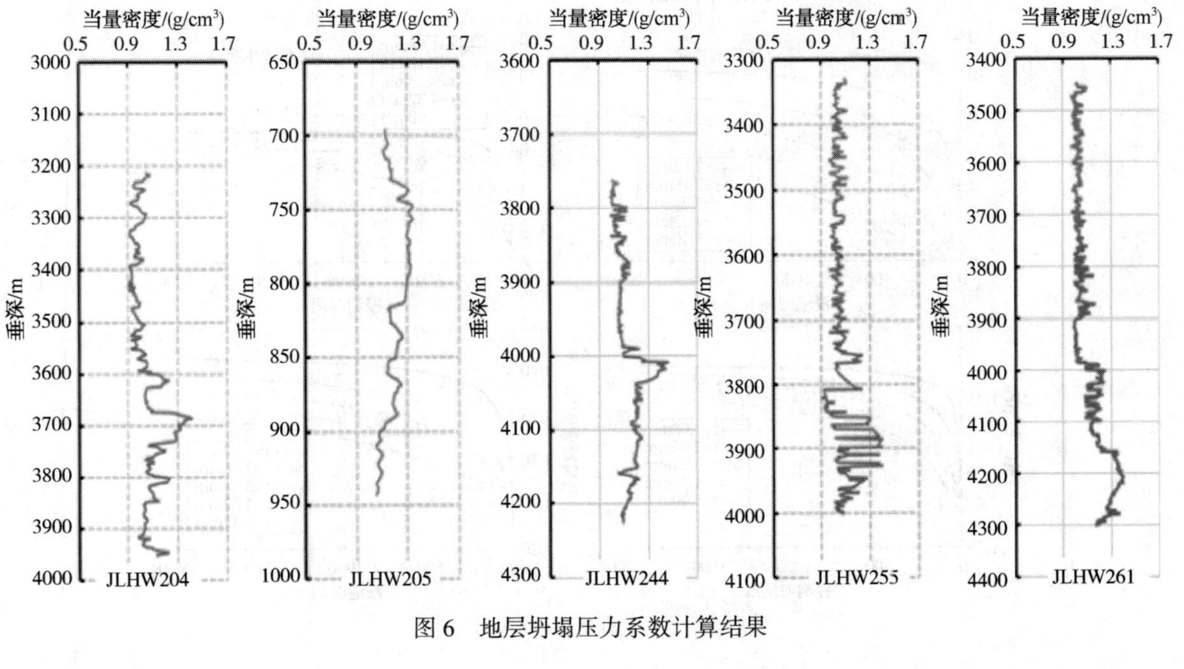

图 6　地层坍塌压力系数计算结果

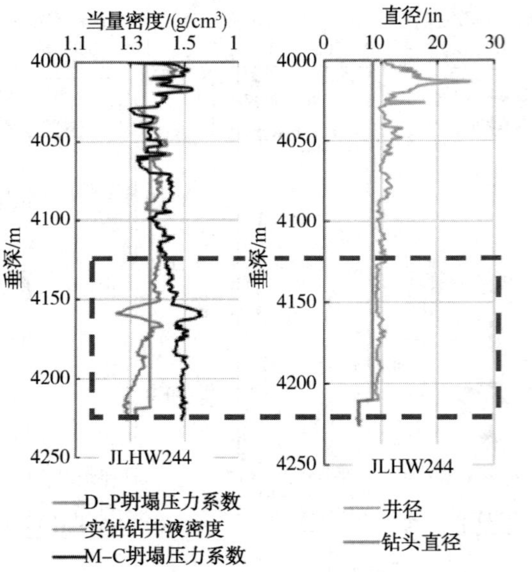

图 7　JLHW244 井坍塌压力系数计算结果对比

建立含水率影响井壁稳定变化模型

水基钻井液浸泡：$\omega(\xi)=2.48+(\omega_\alpha-2.48)$

$$\varepsilon\rho\varphi\chi\left(\frac{\zeta}{2\sqrt{0.0103\times\tau}}\right)$$

油基钻井液浸泡：$\omega(\xi)=2.48+(\omega_\alpha-2.48)$

$$\varepsilon\rho\varphi\chi\left(\frac{\zeta}{2\sqrt{0.0163\times\tau}}\right)$$

坍塌压力变化：

$$\Pi_x=\frac{(3\alpha-\alpha\eta)-\sqrt{(3\alpha_H-\alpha_\eta)-4\beta}}{2H}*100$$

$$\beta=\frac{1}{6}[(3\alpha_H-\alpha_\eta)^2+(3\alpha_H-\alpha_\eta-\alpha_v)^2+\alpha_v^2]-[\alpha(3\alpha_H-\alpha_\eta+\alpha_v-3a\Pi_\pi)+K_\phi]^2$$

井壁失稳周期与钻井液密度、体系、原始坍塌压力相关，δ 值越大，坍塌周期越长。

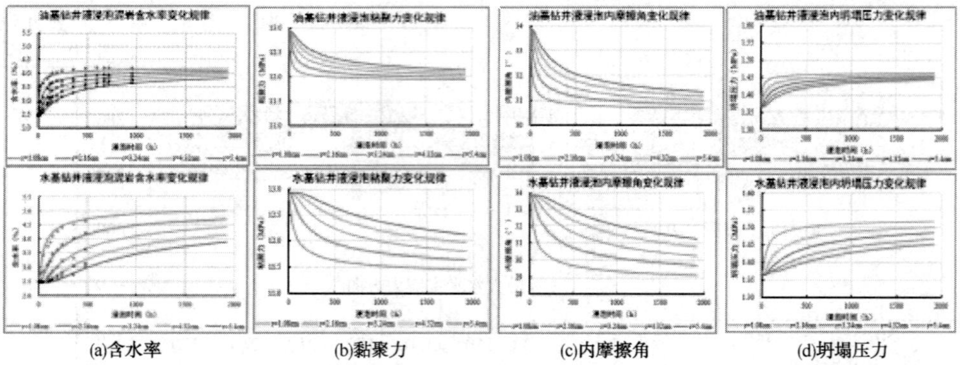

图 8

钻井液密度偏差程度：$\delta=\frac{\rho_\mu-\rho_{\chi_o}}{\rho_{\chi_o}}\times100\%$。以井径扩大 20% 判断为井壁坍塌，当地层原始坍塌压力为 1.27～1.40g/cm³，使用的钻井液密度为 1.35～1.48g/cm³，即 δ 为 6～6.5 时：油基钻井液坍塌周期为 23～27.5 天左右；水基钻井液坍塌周期为 14.5～16.5 天左右。如图 9 所示

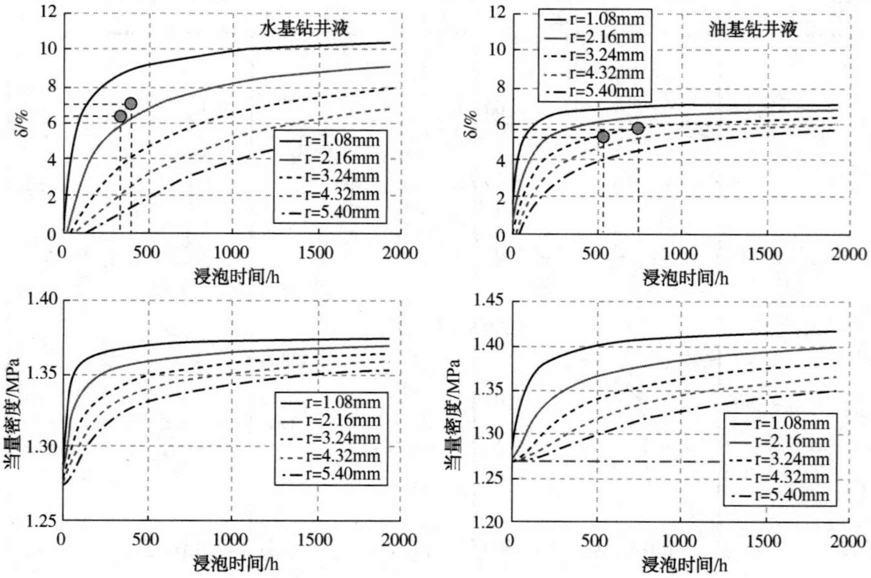

图 9

以JLHW233井为例，坍塌压力系数为$1.27g/cm^3$，实钻油基钻井液密度为$1.35g/cm^3$，浸泡时间为25天，预测扩井率为30%左右，实际扩井率27.2%。以JLHW255井为例，坍塌压力系数为$1.26g/cm^3$，实钻水基钻井液密度为$1.32g/cm^3$，浸泡时间为21天，预测扩井率为40%左右，实际扩井率48.3%。

技术对策：提高上乌尔禾组油基钻井液造壁性和封堵性，添加树脂类封堵材料。油基钻井液配方进行调整，以强化油基钻井液封堵防塌性能为主控制滤失量为辅。乌三段地层岩石矿物及孔隙度数据分析，选择适合地层的封堵剂材料进行了封堵性能评价及复配配方试验。确定的1% XZ-601+1%FDM-1复配封堵材料加入油基钻井液的封堵能力显著提升。10MPa条件下5μm砂盘滤失量由3.0mL下降到0.1mL，实现了55μm内的砂盘封堵。见表2。

表2

时间/min	JLHW24X井浆+1%XZ-601+1%FDM-1ml/MPa					
	5μm	10μm	20μm	40μm	55μm	120μm
1	0/10	0/10	0.1/10	0.1/10	0.1/10	2.4/13.5
2.5	0/10	0.1/10	0.1/10	0.1/10	0.1/10	3.1/10
5	0/10	0.1/10	0.1/10	0.1/10	0.1/10	3.4/10
7.5	0.1/10	0.1/10	0.1/10	0.1/10	0.1/10	3.4/10
15	0.1/10	0.1/10	0.1/10	0.1/10	0.1/10	3.4/10
25	0.1/10	0.1/10	0.1/10	0.1/10	0.1/10	3.4/10
30	0.1/10	0.1/10	0.1/10	0.1/10	0.1/10	3.4/10
40	0.1/10	0.1/10	0.1/10	0.1/10	0.1/10	3.4/10
50	0.1/10	0.1/10	0.1/10	0.1/10	0.1/10	3.4/10
60	0.1/10	0.1/10	0.1/10	0.2/10	0.2/10	3.4/10

3.2 对策2：针对裂缝特征研发3种新型堵漏材料并形成油基钻井液防漏堵漏技术

（1）岩性以及裂缝特征研究表明，玛湖1井区MHHW2201X乌二段井下成像，垂深3608~3660m直劈缝7.3mm、斜交缝19.2mm、诱导缝17.8mm，裂缝延展发育；金龙2乌一段缝宽16μm左右，乌二段砾间裂缝较宽26至174μm，可达上百微米。裂缝及微孔喉为乌二段漏失主因。为防止乌三段垮塌，密度高，钻遇乌二、乌一段微裂缝，引发漏失。如图10~12所示。

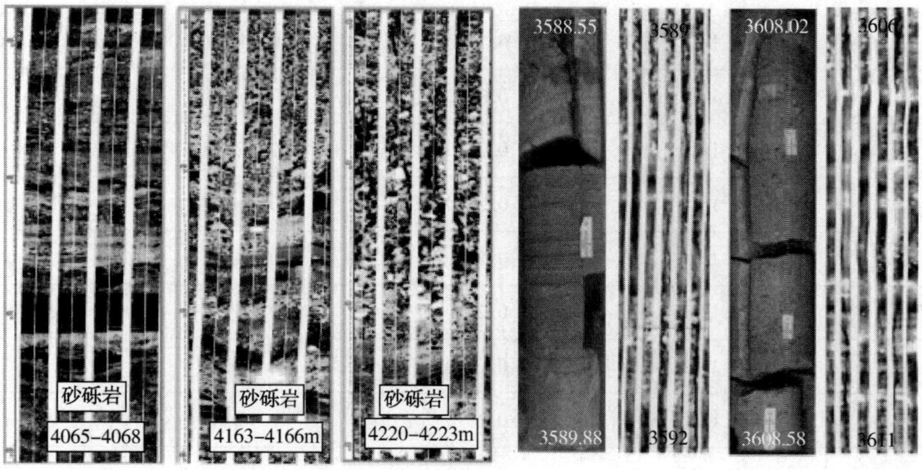

图10　岩相砾石非均质性更强，乌尔禾组一、二段裂缝发育

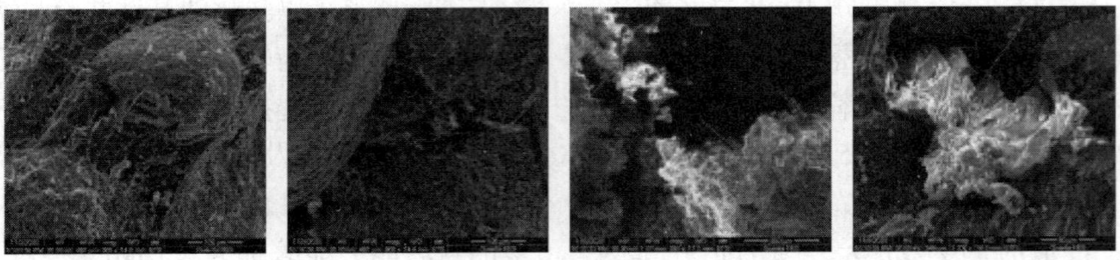

图 11 乌二段砾石间微裂缝宽度

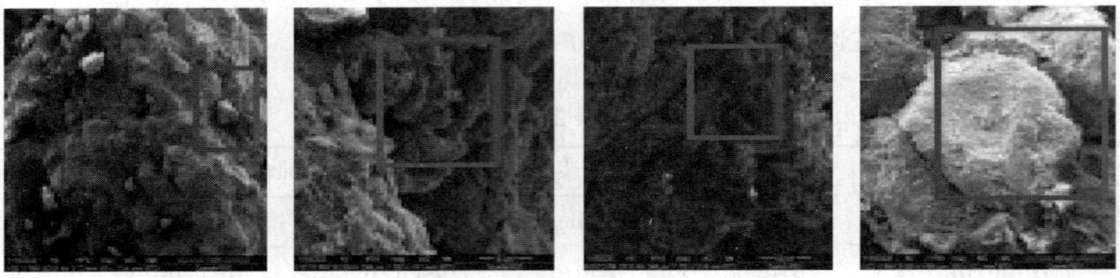

图 12 乌一段砾石间裂缝

（2）研发聚合物微球，采用乳液法合成聚合物微球，粒径主要分布在 1μm~100μm，30μm~40μm 的颗粒占比最多。聚合物微球的 FBRM 分析，微观形貌均一稳定的聚合物热重分析在 320℃以下，质量损失很少，满足深井的抗温需要。如图 13 所示。

对油基钻井液流变性影响不大，有利于体系的流变稳定性。封闭滤失量 150℃条件下 3%加量下 HTHP 滤失量 7.2mL；5~90μm 砂盘试验最大稳压达 10MPa，砂盘滤失量 1mL。见表 3、表 4。

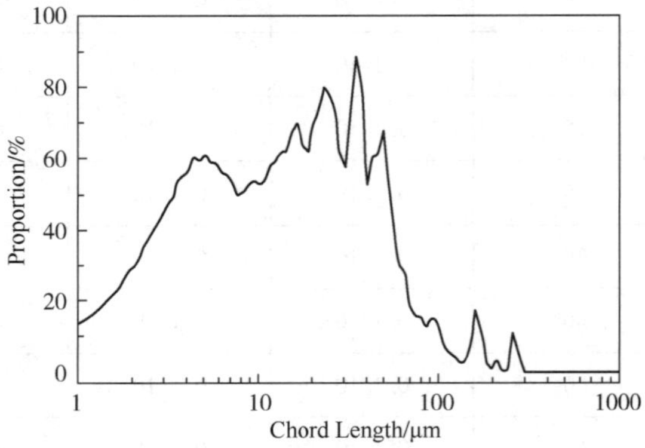

图 13 聚合物微球的 FBRM 分析

表 3 砂盘封堵实验

时间/min	mL/MPa			
	5μm	20μm	55μm	90μm
1	0.1/10	0.2/10	0.42/10	0.5/6
2.5	0.1/10	0.2/10	0.44/10	0.6/8.5
5	0.1/10	0.2/10	0.46/10	0.7/9.8
7.5	0.1/10	0.2/10	0.46/10	0.8/10
15	0.1/10	0.2/10	0.46/10	0.9/10
25	0.1/10	0.2/10	0.46/10	1/10
30	0.1/10	0.2/10	0.46/10	1/10
40	0.1/10	0.2/10	0.46/10	1/10
50	0.1/10	0.2/10	0.46/10	1/10
60	0.1/10	0.2/10	0.46/10	1/10

表4 封闭滤失量评价

配方	条件	AV/(mPa·s)	PV/(mPa·s)	YP/Pa	ES/V	FLHTHP/mL
基浆	老化前	10	8	2	430	—
	100℃老化后	14	10	4	450	7.6
	老化前	12.5	9	3.5	455	—
	120℃老化后	10.5	8	2.5	369	8.8
	老化前	10	8	2	406	—
	150℃老化后	9	7	2	319	11.2
+3%聚合物微球	老化前	11.5	9	2.5	486	—
	100℃老化后	15	13	2	527	5.6
	老化前	12	9	3	517	—
	120℃老化后	12	9	3	412	5.6
	老化前	13	10	3	515	—
	150℃老化后	13	10	3	393	7.2

（3）研发微孔树脂随钻堵漏剂，一种微孔树脂，油基钻井液中体积增加21.4%，具有良好的吸油膨胀性。复配刚性颗粒、矿物和植物纤维增强协同作用，形成随钻堵漏材料XZ-DL8。粒度分布显示其颗粒直径主要分布在10-100μm之间，与微裂缝渗透性漏失地层具有较好的匹配性。如图14所示。

对油基钻井液流变性影响小，砂床封堵能力强，侵入深度仅为0.08cm；对于20~90μm的砂盘，实现10MPa的封堵承压，抗温可达150℃。见表5~7。

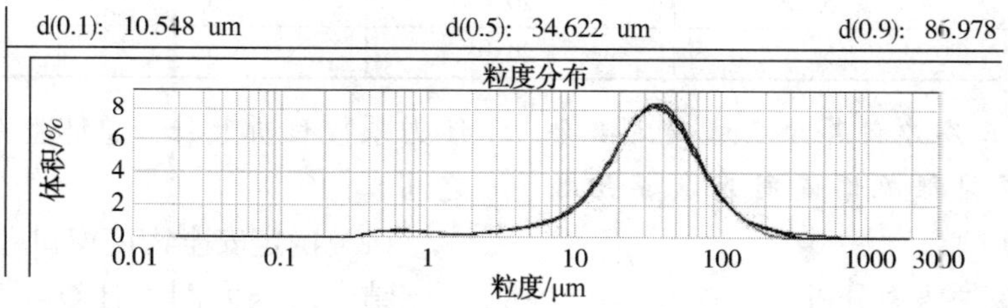

图14

表5

配方	YP/Pa	GeL/Pa	Es/V	FL/mL	砂床侵入深度/cm
4#	9.5	5.5/9	850	0	2.05
5#	10	6/9.5	810	0	1
6#	9.5	6/9.5	823	0	0.8

表6

时间/min	滤失量/mL		
	20μm	55μm	90μm
60	9.6	5.8	6.4
	8.3	4.4	4.8

表7

配方	条件	AV/(mPa·s)	PV/(mPa·s)	YP/Pa	GeL/Pa	Es/V
基浆	150℃ 16h	36	26	10	3.5	840
+2%XZ-DL8		37.5	27	10.5	4	720
+4%XZ-DL8		41.5	30	11.5	4	690

（4）研发 XZ-DL11 堵漏剂，一种针对裂缝性漏失的高失水堵漏材料：微孔树脂复配刚性颗粒、纤维、分散剂增强协同作用，直径为 100～200um。采用 30%XZ-DL11 配制堵漏浆，可封堵 1mm 缝板，承压能力达 5MPa。配合核桃壳形成的堵漏配方，150℃热滚后，对于 1～3mm 缝宽，实现 5MPa 封堵承压。数据见表 8、表 9。

1mm 缝：D：试验浆+5%核桃壳（≤0.9mm）+10%XZ-DL11

2mm 缝：E：试验浆+3%核桃壳（≤0.9mm）+5%核桃壳（1～4mm）+10%XZ-DL11

3mm 缝：F：试验浆+3%核桃壳（≤0.9mm）+5%核桃壳（1～4mm）+10%XZ-DL11

表 8

配方	封堵压力/MPa	漏失量/mL	封堵稳压/MPa	漏失量/mL
D	5	0	5	0
E	5	2	5	2
F	1.5	16	5	18

1mm 缝：A：试验浆+30%DL11+2%核桃壳（1～4mm）

2mm 缝：B：试验浆+30%DL11+5%核桃壳（1～4mm）

3mm 缝：C：试验浆+30%DL11+5%核桃壳（1～4mm）

表 9

配方	封堵压力/MPa	漏失量/mL	封堵稳压/MPa	漏失量/mL
A	4	5	5	5
B	5	20	5	20
C	5	20	5	20

3.3 对策 3：结合三压力计算分区域确定安全密度窗口形成同裸眼塌漏同存复杂防控技术

（1）坍塌压力漏失压力分析

上乌尔禾组泥岩夹层发育段，坍塌压力系数高（≥1.43），容易发生井壁垮塌、掉块卡钻等复杂事故，应适当提高上乌尔禾组（尤其是乌三段泥岩夹层段）钻井液密度。现场数据统计分析，金龙 2 井区三开使用的油基钻井液密度普遍比水基钻井液高。水基钻井液地层漏失压力系数在 1.32～1.34g/cm^{3}之间；油基钻井液地层漏失压力系数有所上升，总体上在 1.43～1.49g/cm^{3}之间。

（2）确定安全密度窗口

结合三压力剖面计算结果和断裂带分布情况，将金龙 2 井区划分为三个区域，分区域推荐上乌尔禾组钻井液密度范围。三开油基钻井液密度范围：A 区域 1.28～1.43g/cm^3；B 区域 1.33～1.43g/cm^3；C 区域 1.40～1.48g/cm^3。三开采用油基钻井液密度范围：A 区域：1.28～1.43g/cm^3；B 区域：1.33～1.43g/cm^3；C 区域：1.40～1.48g/cm^3，见表 10。

表 10

	层位	ρ_p	ρ_c	ρ_f	窗口
A 区	克拉玛依组	1.02～1.25	1.08～1.28	1.81～1.89	1.28～1.81
	百口泉组	0.98～1.10	1.04～1.18	1.83～1.93	1.18～1.83
	上乌尔禾组	1.05～1.23	1.35～1.45	1.81～1.93	1.45～1.81
B 区	克拉玛依组	0.97～1.21	1.08～1.30	1.79～1.87	1.20～1.79
	百口泉组	0.96～1.11	1.02～1.32	1.81～1.91	1.32～1.81
	上乌尔禾组	0.98～1.34	1.28～1.35	1.81～1.90	1.35～1.81
C 区	克拉玛依组	1.02～1.25	1.08～1.28	1.81～1.89	1.28～1.81
	百口泉组	0.98～1.10	1.04～1.18	1.83～1.93	1.18～1.83
	上乌尔禾组	1.05～1.23	1.35～1.45	1.81～1.93	1.45～1.81

(3) 形成同裸眼塌漏同存复杂防控技术

针对乌尔禾组三开水平井乌三段垮塌，乌二、一段水平段漏失的情况，确定安全密度窗口，精确预测井筒 ECD、优化钻井参数，同时以 ECD 大于安全密度窗口下限的最大值 0.05-0.1g/cm³为准，分段调整钻井液密度，配合随钻堵漏，采用"高开低走"、"上固下防"措施，有效减少垮塌降低漏失，形成了窄密度窗口安全钻井技术体系。

4 现场应用效果

4.1 同裸眼塌漏同存复杂防控技术

金龙 2 井区 5 口试验井平均井径扩大率为 5.84%，较区块平均井径扩大率 8.44% 下降 30.8%；复杂率 1.96%，较邻井 5.89% 降低 66.7%。如图 14 所示。

玛 18 井区 MAHW64XX 井，目的层二叠系上乌尔禾组，主要为褐色杂色砂砾岩、砂质砾岩和含砾砂岩，破碎性强，井壁易垮塌、井漏风险高。该井完钻井深 6600m，水平段长 2596m。采用具有固壁性能的井壁强化型油基钻井液，强化钻井液封堵防塌、防漏性能，针对上乌尔禾组裂缝尺寸，采用 1%XZ-601+1%FDM-1 封堵防漏配方，严格控制高温高压滤失量在 2mL 以下确保平稳钻穿。保证良好封堵能力的同时，落实防漏技术措施，维持好钻井液流变性，降低循环当量密度，防止激动压力过大造成井漏。水平段钻进中，流变性能稳定，滤失性能优异。与同期各施工阶段平均值对比，在增加了水平段延伸的同时缩短了施工时间，达到了提速提效的目的。见表 11。

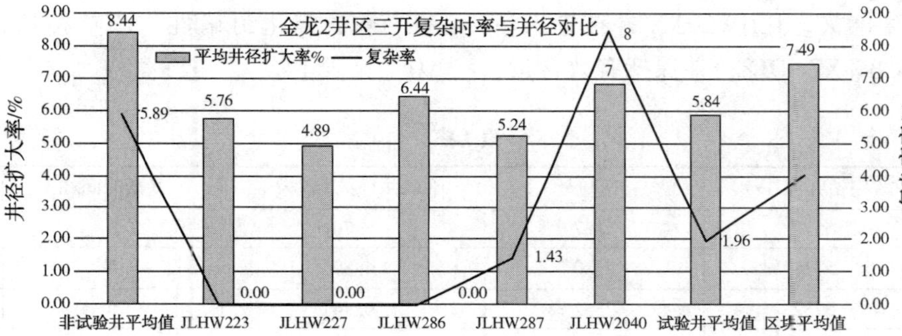

图 15

表 11

钻井液体系	井号	水平段/m	三开工期/d	完井工期/d	钻机台月/月
塌漏同存复杂防控技术	MAHW64XX	2596	39.75	14.25	1.80
钾钙基聚胺有机盐	同井区平均值	1397	58.42	14.65	2.44

4.2 聚合物微球应用

在 JLHW28X、JLHW22X 井现场应用，通过坍塌压力和安全密度预测，1.42~1.43g/cm³ 密度起步，配合 1%XZ-601+1%FDM-1 固壁，在进入易漏层段逐步密度降低 0.2~0.5g/cm³，同时加入 3% 聚合物微球，高温高压失水下降 30%，日消耗量由 2.8m³ 降至 1.2m³。井下未发生漏失。JLHW22X 井三开钻井周期同比平均钻井周期缩短 5.01 天，机械钻速提高 2.25m/h，油层的平均井径扩大明显降低。见表 12，13。

表 12 JLHW22X 井试验数据表

井深/m	密度	FV	AV	YP	Gel	HTHPFL	消耗量/m³
3917	1.42	84	45	8	4/7	2.4	2.8
3960	1.42	95	49	9	5/9	1.6	1.2
4012	1.42	92	47	8.5	5/8	1.6	1.4
4042	1.42	89	47	8	5/8	1.6	1

续表

井深/m	密度	FV	AV	YP	Gel	HTHPFL	消耗量/m^3
4082	1.42	84	45	8	4/7	1.8	1.6
4125	1.42	82	44	8	5/7	1.8	1.8
4158	1.41	88	47	8	5/8	1.8	1.8
4179	1.41	90	47	8	5/8	2.0	2.2
4210	1.41	89	47	8	5/8	2.0	2.5
4245	1.41	87	45	8	4/7	2.2	3.2
4320	1.40	82	44	7	4/7	2.2	2.4
4380	1.40	80	44	7	4/7	2.4	3

表 13

井号	井深/m	三开周期/d	机械钻速/(m/h)	油层井径扩大率/%	复杂/%
JLHW22X	5710	25.75	11.8	2.18	0
JLHW28X	5732	32.67	9.21	2.02	0

4.3 微孔树脂 XZ-DL8 应用

JLHW2XX、JLHW20XX 等五口井使用 XZ-DL8，全井未发生漏失。JLHW20XX 井在进入乌三段前 50m 加入 3%XZ-DL8，并保持有效含量，配合动态调整钻井液密度、控制 ECD 循环当量密度，三开段未发生漏失。三开将防塌、防漏放在首位，强化封堵性，调整粘切，保证携岩能力。见表 14。

表 14

井号	完钻井深/m	三开进尺/m	平均井径扩大率/%	复杂时间/h	复杂率/%
JLHW20XX	5570	2187	5.76	0	0
JLHW2XX	5710	2380	4.89	0	0
JLHW20XX	5732	2352	6.44	0	0
JLHW2XX	5919	2509	5.24	0	0
JLHW20X5	5688	2360	5.24	0	0
平均值	5696.14	2290.57	5.72	0	0

保证井造斜段适当提高粘切，防止乌三段脆性泥岩垮塌造成井下复杂。水平段重点落实流变性能的控制，控制钻井液中固相含量，保持合适的粘切，控制 ECD。合理使用钻井液密度，加强钻井液的防塌封堵能力，保持合适的粘切，减小对易垮塌地层的井壁冲刷，同时也可解决携岩问题，防止井下憋堵造成的复杂情况发生。

4.4 高失水堵漏剂 XZ-DL11

JLHW2029 井钻进至 3124m 发生失返性漏失，停泵环空不见液面，经多次桥堵及 2 次水泥堵漏，效果均不理想。用 XZ-DL11 进行承压堵漏，调配油基堵漏浆 30m^3，下光钻杆至 3100m，注入堵漏浆 26m^3。堵漏浆配方：柴油+35% DL11。顶替，起钻至 2600m，关井，憋压挤入堵漏浆 8m^3，起钻换钻头进行扫塞。扫塞至 3050m 进行憋压，最高憋压 2.1MPa，泄压后扫塞至井底，循环无漏失，堵漏成功。

JLHW278 井采用 Φ215.9mm 钻头，密度 1.35g/cm^3 粘度 88s 的油基钻井液，钻进至 5600m 发生井漏，漏速 14.5m^3/h，地层：乌一段，岩性：灰色砂砾岩。井漏原因：地层裂缝发育。提钻至 3650m，配堵漏浆 30m^3，下钻打入堵漏浆，替浆 40m^3，提钻到 3650m 做承压堵漏。配方：井浆+20%XZ-DL11+3%蛭石+5%核桃壳(≤0.9mm)+3%核桃壳(1~4mm)采用少量多次的方式，以 5L/s 排量进行憋压，第一次泵入 9m^3 泥浆，套压 3.2MPa，稳压 60min，压降 0.3MPa。第二次泵入 2.5m^3 泥浆，套压 3.6MPa，稳压 60min，压降 0.2MPa。承压堵漏成功后下钻循环验漏，液面稳定，复杂解除。

4.5 应用效果

该成果经推广应用，金龙 2 区块 2023 年度同比 2021 年，万米漏失量下降 29.3%，复杂时率% 下降 46.8%，复杂时间下降 49.6%。见表 15。

表 15

年度	漏失量/m^3	复杂时间/h	复杂时率/%	万米漏失量/m^3
2021	4863.45	3736.63	8.02	370.66
2023	3186.5	1882.13	4.27	261.92

5 结论

通过研究与现场应用，成功解决了金龙 2 井区在钻探过程中遇到的井壁失稳和井漏问题，实现了钻井作业的安全与高效。井壁失稳机理研究通过对乌尔禾组岩石的力学特性、矿物组成和岩心微观特征的深入分析，建立了井壁失稳预测模型，为钻井液密度的合理选择提供了科学依据。防塌防漏钻井液技术研发的油基钻井液配方和堵漏材料显著提高了井壁的稳定性和封堵性能，有效减少了井壁失稳和井漏的发生。安全密度窗口的确定结合地层压力剖面和实际钻井数据，确定了合理的钻井液密度窗口，为钻井液密度的动态调整提供了指导。现场应用效果显著：通过在金龙 2 井区的现场应用，井壁失稳和井漏的发生率大幅度下降，钻井效率和安全性得到了显著提升。综上所述，本项目的成功实施不仅提高了金龙 2 井区的钻井效率和安全性，还为类似复杂地层条件下的钻井作业提供了宝贵的经验和技术参考。

董 17 超深井防塌钻井液技术应用实践

邱春阳　龚　伟　刘霞继　秦　涛　宋翔远　郝泽君

（中石化胜利石油工程有限公司钻井液技术服务中心）

摘　要　董 17 井位于准噶尔盆地中央坳陷阜康凹陷，实际完钻井深为 8080.00m，是中石化部署在准中 4 区块最深的重点预探型直井。董 17 井地质构造复杂，白垩系上部地层红色及棕红色泥岩发育，地层水敏性极强，水化后易导致起下钻阻卡；侏罗系发育煤层和硬脆性泥岩，并且发育较强的地应力，井眼形成后，地应力沿着井眼的径向释放，极易造成井壁坍塌；侏罗系下部地层流体发育，钻井液容易遭受盐水侵和碳酸根离子污染，钻井液流变性迅速恶化，流变性失稳直接导致井壁失稳；董 17 井是该区块目前设计最深的井，三叠系及以下地层无实钻资料可供借鉴和参考，地层岩性和地层压力发育情况未知，保持井壁稳定难度加大；井底温度预计达到 190℃，高温下大分子处理剂易发生降解，高温下钻井液中膨润土粒子活性降低，钻井液处理剂与活性土之间易于发生解吸附现象，导致钻井液体系失稳，钻井液体系失稳直接导致井壁失稳，钻井液井壁稳定技术难度大。在调研国内超深井及抗高温钻井液体系使用的基础上，针对董 17 井地层岩性和施工中钻井液技术难点，制定了井壁稳定钻井液技术对策，优选复合盐防塌钻井液体系进行二开长裸眼井段施工；优选合成基强封堵钻井液体系进行三开未知高温地层施工，现场钻进过程中配合相应的钻井液施工工艺，安全钻至目的层，完成了设计目的和地质任务，使科研工作者和施工人员对中部四区块下部地层的认识又加深了一步，给区块下一步勘探开发提供了技术保障。

关键词　董 17 井；超深井；井壁稳定；复合盐防塌钻井液；合成基强封堵钻井液

董 17 井位于准噶尔盆地中央坳陷阜康凹陷，设计井深 8090.00m，实际完钻井深为 8080.00m，是当前中石化部署在准中 4 区块最深的重点预探型直井，完钻层位为石炭系，钻探目的是探索中部 4 区块董 8 井北侏罗系三工河二段岩性圈闭、侏罗系头屯河组二段河道砂、深层二叠系含油气性。准中 4 区块经过多口井钻探施工，上部地层钻进过程中井壁稳定，形成了具有特色的“三低一高”优快钻井液技术；但钻至白垩系地层后，由于白垩系易水化泥岩发育；侏罗系发育超压和煤层，导致煤层坍塌严重，井径扩大率最大达到 35%；另外，地层水中碳酸根离子含量高，导致钻井液受到污染；二叠系和石炭系地层无实钻资料，未知因素多；井底温度达到 190℃，因此，高温下钻井液稳定井壁技术难度大。通过优选复合盐防塌钻井液体系和合成基强封堵钻井液体系，保证了工程钻至目的层，完成了设计目的和地质任务，为区块下一步勘探开发提供了可借鉴的技术资料。

1　工程地质概况

董 17 井设计四开制井身结构，一开用 Φ444.5mm 钻头钻至井深 1922m，下入 Φ339.7mm 表层套管至井深 1921.5m；二开用 Φ311.2mm 钻头钻至井深 4502m，下入 Φ244.5mm 技术套管至井深 4501.85m；三开用 Φ215.9mm 钻头钻至井深 7348.87m，下入 Φ177.8mm 技术悬挂套管至井深 7336.5m；四开用 Φ149.2mm 钻头钻至井深 8080m 完钻，下尾管至井深 8079m 完井。

董 17 井钻遇地层自上而下为古近系（0～1900.00m），白垩系（东沟组（1900.00～2060.00m）、胜金口组（2060.00～2585.00m）、呼图壁组（2585.00～3160.00m）、清水河组（3160.00～3830.00m）），侏罗系（齐古组（3830.00～3948.00m）、头屯河组（3948.00～4507.00m）、西山窑组（4507.00～4865.00m）、三工河组（4865.00～5336.00m）、八道湾组（5336.00～5809.00m））地层，三叠系（白碱滩组（5809.00～6118.00m）、克拉玛依组（6118.00～6371.00m）、百口泉组（6371.00～6742.00m）），二叠系（上乌尔禾组（6742.00～7191.00m）、下乌尔禾组（7191.00～7360.00m）、佳木河组（7360.00～7776.00m）），石炭系（7776.00～8080.00m）（未穿）。

2 钻井液施工之技术难点

（1）白垩系上部地层发育红色、紫红色泥岩，中部呼图壁组发育褐色泥岩、砂质泥岩，水敏性强，吸水后膨胀，容易造成缩径，前期施工的几口井在此井段发生过起下钻阻卡事故，被迫反复划眼；下部清水河组至头屯河组发育的棕褐色泥岩水化后易坍塌，造成井径扩大率超标。

（2）侏罗系发育超压，地层中蕴含着较强的地应力，地层钻开后，地应力瞬间沿着井眼的径向释放，导致井壁岩石发生崩散，造成井壁坍塌；三工河组和八道湾组发育的灰色泥岩压实性强，可钻性差，地应力释放后易发生硬脆性坍塌。

（3）西山窑组至克拉玛依组地层发育煤层，煤层性脆，井眼钻开后，表面光滑，不易形成泥饼，在钻具等外力碰撞下容易坍塌；并且煤层在地质运动过程中发育孔隙和微细裂缝，钻井过程中容易发生漏失。

（4）侏罗系下统地层流体发育，钻井液容易遭受盐水侵和碳酸根离子污染。钻井液遭受污染后，流变性迅速恶化，流变性失稳直接导致井壁失稳。

（5）三叠系及以下地层无实钻资料可供参考，地质预报百口泉组及二叠系局部地层发育易水化泥岩和砂岩，泥岩高温吸水后直接变软，导致其上覆盖的岩石因支撑力降低而发生大面积坍塌；砂岩孔隙发育，容易发生漏失。

（6）井底温度预计 190℃，高温下大分子处理剂易发生降解，处理剂功能失效；高温下钻井液中膨润土粒子活性降低，钻井液处理剂与活性土之间易于发生解吸附现象，导致钻井液体系失稳，钻井液体系失稳直接导致井壁失稳。

3 井壁稳定钻井液技术对策

通过调研准中 4 区块前期已完钻井钻井液体系使用情况，参考邻近区块现场钻井液体系施工经验，总结其不足，保留其优势，针对董 17 井二开及其下部钻井液稳定井壁技术，提出其如下对策。

（1）在白垩系及其侏罗系上统，区块前期已完钻井发生起下钻阻卡主要原因是钻井液体系抑制性弱，导致泥页岩发生水化。虽然有机胺的使用能够对泥页岩起到一定的抑制作用，但是其抑制性不足以抵消其膨胀能力。即使依靠大排量能够解决上部的阻卡问题，但是到侏罗系上部地层，大的排量的冲刷下，高速射流导致钻井液滤液向地层孔缝渗透性加强，地层泥页岩水化加剧。因此，欲保持井壁稳定，借鉴庄 111 井优快钻井施工钻井液体系使用经验，采用复合盐防塌钻井液体系，体系中保留有机胺抑制剂，强化钻井液体系的抑制性；另外，施工中合理控制排量，上部地层采用大排量，而到清水河组地层则控制排量，现场合理调控钻井液滤失量，以达到稳定井壁的目的。

（2）在侏罗系中统及其以下地层，也是复杂情况发生最多的井段。引发复杂情况的主要原因有三点：第一、侏罗系地层复杂，前期对地层岩性及压力系数认识不清，使用的钻井液密度低，导致钻进过程中井眼力学不平衡，地应力释放，造成井壁坍塌；第二、钻井液体系的封堵性差，钻井液滤液在压差作用下向地层渗透，导致地层黏土矿物水化，因而导致井壁失稳。即使钻井液密度能够支撑井壁，但是地层水化后，坍塌压力增加，必须用更大的密度去平衡地层坍塌压力，过大的压力会造成滤液进一步侵入，井壁坍塌加剧；第三、钻井液体系抗污染能力差，遭遇盐水层及碳酸根流体污染后，不能保持良好的流变性，滤失量剧增；高密度钻井液沉降稳定性差，发生重晶石粉沉降，流变性失稳直接诱发井壁失稳。因此，欲保持侏罗系地层井壁稳定，首先选择好钻井液体系，要求钻井液体系高温下抗污染能力强；其次是必须强化钻井液体系的封堵性，封堵地层孔隙和微细裂缝，目的是防止泥页岩水化；最后合理调控钻井液密度，通过力学支撑平衡地层坍塌压力。

（3）针对三叠系及其以下地层，由于邻井无实钻资料可供借鉴，对地层岩性和地层压力系数认识不清晰，只能依靠地质预报。因此，欲保证井壁稳定，必须优选良好的钻井液体系，该钻井液体系具有良好的抗温性、流变性及其封堵性。

4 钻井液体系配方

根据上述井壁稳定钻井液技术对策，通过调研国内超深井及抗高温钻井液技术，通过优选处理剂，针对董 17 井地层岩性和工程井身结构，确定使用如下钻井液体系。

（1）针对白垩系及侏罗系上部地层，选择复合盐防塌钻井液体系，基本配方为：(3.0~5.0)%膨润土+(0.15~0.25)%烧碱 NaOH+(0.3~0.5)%聚丙烯酸钾 KPAM+(1.5~3.0)%聚阴离子纤维素+(0.5~1.0)%胺基聚醇+(3.0~5.0)%氯化钠+(5.0~7.0)%氯化钾+(3.0~4.0)%沥青防塌剂+(3.0~4.0)%多级配封堵剂+(3.0~4.0)%磺甲基酚醛树脂 SMP-2+(2.5~4.0)%褐煤树脂

(2) 针对侏罗系及以下地层，选择合成基强封堵钻井液体系，基本配方如下：基础油+(2.5~3.5)%有机土+(2.0~5.0)%主乳化剂+(1.5~3.5)%辅乳化剂+(1.5~4.5)%润湿剂+(4.0~6.0)%油基封堵剂+(2.0~4.0)%降滤失剂+(3.0~5.0)%多级配封堵剂+(1.5~3.5)%纳米封堵剂+(2.0~3.0)%氧化钙+(10~30)%氯化钙水溶液

5 现场钻井液施工工艺

5.1 复合盐防塌钻井液施工工艺

(1) 钻井液配制。在套管内循环钻井液，利用固控设备充分净化钻井液；加入 KPAM 胶液调整钻井液膨润土含量在 40g/L 左右，钻井液漏斗黏度在 35s 左右；加入聚阴离子纤维素、褐煤树脂和磺甲基酚醛树脂，提高钻井液胶体稳定性，中压滤失量控制在 5.0mL 左右；按照循环周，加入 5.0%氯化钠和 7.0%氯化钾，加入 0.5%胺基聚醇，强化钻井液体系的抑制性；充分循环钻井液，待钻井液性能稳定并符合设计要求后，开始钻水泥塞。

(2) 钻进过程中，补充胺基聚醇和聚丙烯酸钾，胺基聚醇加量控制在 0.5%，聚丙烯酸钾加量控制在 0.25%以上；定期补充氯化钠和氯化钾，保证钻井液中氯离子含量大于 50000mg/L，抑制泥页岩水化。

(3) 合理调控钻井液流变性，上部地层保持低粘低切流变性钻进，合理控制钻井液中压滤失量，有效释放泵排量，冲刷井壁；进入清水河组，加入聚阴离子纤维素，适当提高钻井液的黏度和切力，降低钻井液中压滤失量，预防泥页岩水化，并且控制钻井液泵排量，适当冲刷井壁即可。

(4) 胜金口组底部，一次加入 2.0%沥青防塌剂和 3.0%多级配封堵剂，增强钻井液的封堵能力；进入清水河组后，一次性加入 3.0%沥青封堵剂和 2.0%多级配封堵剂，继续封堵地层孔隙和微细裂缝。

(5) 根据井下情况逐步提高钻井液密度，进入呼图壁组之前，提高钻井液密度至 1.25g/cm^3；进入齐古组之前，将钻井液密度提高至 1.50g/cm^3，保证井眼稳定所需的力学平衡。

(6) 上部地层疏松，孔隙度大，钻井液消耗大，定期补充 8.0%预水化膨润土浆，补充钻井液中的活性土粒子，配合磺甲基酚醛树脂和聚阴离子纤维素，维护钻井液体系的胶体稳定性。

(7) 每班放锥形罐一次，让大颗粒固相尽可能在锥形罐内沉降，减轻后续固控设备的处理压力。合理开动固控设备，钻进过程中振动筛、除砂器、除泥器、离心机与钻井泵同步运转，严格控制钻井液中的劣质固相。

(8) 中完后，进行长起下钻，刮掉吸附在疏松砂岩地层的虚厚泥饼；下钻到底后，适当增大排量循环，提高环空流体的上返速度；配制漏斗黏度大于 80s 的稠浆净化井眼；待振动筛无返砂后，配制润滑封井浆封井，保证中完作业顺利。复合盐防塌钻井液性能控制情况见表 1 中所示。

表 1 复合盐防塌钻井液性能控制情况

井深/m	ρ/(g/cm^3)	FV/s	Fl_{API}/mL	PV/(mPa·s)	YP/Pa	$G_{10s/10min}$/(Pa/Pa)	MBT/(g/L)	pH	Fl_{HTHP}/mL
1922	1.11	34							
1949	1.15	34	20						
2003	1.16	34	10						
2335	1.17	36	8.0	8.0	2.0	1.0/2.0	60	9	
2582	1.20	40	9.0	12	2.5	1.0/2.5	60	9	
2837	1.22	40	5.0	13	1.5	0.5/1.5	60	9	
2963	1.27	45	3.0	18	3.0	0.5/2.0	65	9	12

续表

井深/m	ρ/(g/cm³)	FV/s	Fl_{API}/mL	PV/(mPa·s)	YP/Pa	$G_{10s/10min}$/(Pa/Pa)	MBT/(g/L)	pH	Fl_{HTHP}/mL
3175	1.29	46	3.4	20	4.0	2.0/4.0	65	9	12
3295	1.32	55	3.0	24	6.5	2.0/8.0	65	9	12
3391	1.32	55	3.0	24	6.5	2.0/8.0	65	9	12
3401	1.32	55	3.0	24	6.5	2.0/8.0	65	9	12
3454	1.36	60	3.0	31	7.5	2.0/7.5	65	9	12
3667	1.37	56	2.6	24	6.5	2.0/8.0	65	9	12
3801	1.40	58	2.6	26	7.0	2.0/11	65	9	11
3804	1.40	58	2.6	26	7.0	2.0/11	60	9	11
3906	1.47	68	3.4	29	11.0	4.5/15	56	9	11
3963	1.54	66	4.4	29	14.0	6.0/19	56	9	11
3969	1.57	66	3.8	33	13.5	3.5/14	56	9	11
4025	1.59	66	3.8	33	13.5	3.5/14	56	9	11
4082	1.58	75	3.6	36	13.5	5.0/22	56	9	11
4138	1.58	64	3.4	33	12.5	5.0/20	63	9	10.4
4171	1.58	63	4.0	32	12.5	5.0/21	63	9	10.4
4204	1.60	62	3.8	33	12.5	5.0/21	68	9	10.4
4251	1.59	70	3.8	36	14.0	5.0/22	68	9	10.4
4304	1.59	70	3.8	36	14.0	5.0/22	68	9	10.4
4306	1.58	67	4.2	35	14.0	5.0/20	68	9	10.4
4324	1.59	60	3.6	34	8.5	4.0/17.5	68	9	10.4
4359	1.58	57	3.0	32	6.5	3.0/16	75	9	10.4
4403	1.60	60	3.6	33	9.5	3.0/18	75	9	10.4
4453	1.65	75	3.4	40	14.0	7.5/31	75	9	10.6
4500	1.65	80	3.8	40	16.0	5.5/26	75	9	10.6
4502	1.65	78	4.0	40	15.0	6.0/27	75	9	10.6

5.2 合成基强封堵钻井液施工工艺

（1）开钻前按照配方配制合成基钻井液；然后配制25%氯化钙盐水，作为隔离液，将井眼内的水基钻井液顶替出来；顶替过程中密切观察隔离液的返出情况，放掉混浆。

（2）进入西山窑组补充2.0%油基封堵剂和2.5%多级配封堵剂，提高钻井液的封堵性，使钻井液能够封堵煤层孔隙和微细裂缝；进入八道湾组，一次性加入3.0%油基封堵剂、2.0%多级配封堵剂和1.5%纳米封堵剂，封堵泥页岩微纳米级孔缝，保证井壁稳定。

（3）定期监测钻井液的破乳电压，补充乳化剂，保持钻井液体系的稳定性；每次加重前补充润湿剂，保证重晶石粉能够融入钻井液体系中，维持钻井液的沉降稳定性。

（4）定期监测钻井液的抗温性和沉降稳定性，保证钻井液体系高温下具有良好的流变性，防止发生沉砂卡钻事故。

（5）根据固控设备损耗和井下渗透情况，及时补充合成基基液，同时补充乳化剂、润湿剂和封堵剂，保证钻井液流变性稳定及减少合成基钻井液损耗。

（6）进入油气层前，补充2.0%主乳化剂、2.0%辅润滑剂、2.0%润湿剂、1.0%油基封堵剂，2.0%多级配封堵剂，增强钻井封堵能力和电稳定性，保持良好的流变性，保护好油气层。

（7）用好固控设备，振动筛和一体机使用率达到100%，振动筛筛布目数为220目，每班至少检查筛网一次，保证一级固控的净化效率。严格执行短程起下钻措施，每钻进300m进行一次短起下钻，畅通井眼。

（8）完钻后，充分循环钻井液；待振动筛无返砂后，配制封井浆封井，封井浆配方：井浆+2.0%主乳化剂+1.0%辅乳化剂+2.0%润湿剂+0.5%有机土+1.0%封堵剂。合成基强封堵钻井液性能控制情况见表2。

表2　合成基钻井液性能控制情况

井深/m	ρ/(g/cm³)	FV/s	PV/(mPa·s)	YP/Pa	$G_{10s/10min}$/(Pa/Pa)	FL_{HTHP}/mL	Es/V
4505	1.77	95	42	9.0	3.5/7.5	2.0	827
4816	1.88	74	43	9.0	3.5/7.0	2.2	811
4978	1.93	87	52	9.5	4.0/7.0	2.2	822
5392	1.90	75	48	9.0	4.0/7.5	2.0	839
5870	1.90	73	47	9.5	4.0/7.5	2.2	897
6166	1.90	81	52	11.0	4.5/7.5	2.2	1361
6352	1.94	84	55	11.5	4.5/8.0	2.2	1349
6569	1.94	86	58	12.5	4.5/8.0	2.0	1521
6893	1.92	86	64	13.5	5.0/8.5	1.8	1524
7226	1.88	98	67	13.0	4.5/10.5	2.0	1035
7346	1.88	97	68	12.0	4.5/10.5	2.0	1035
7414	1.60	70	45	8.5	3.0/7.0	2.0	823
7627	1.55	83	40	8.0	3.0/7.5	2.0	873
7883	1.55	87	42	8.5	3.5/8.5	2.0	950
8080	1.55	95	43	8.0	3.0/8.5	2.0	983

6　复杂情况处理

6.1　漏失情况介绍

钻进至井深4966m发生漏失，漏失层位为三工河组，漏速10.8m³/h(钻井液密度1.90g/cm³)；降低泵排量至8L/s，漏速下降至2.8m³/h，上提钻具至井深4896.00m后注入堵漏浆13m³，起钻至井深4495m，静止堵漏，期间环空灌浆过程中漏失钻井液0.4m³；逐步提高排量至15.5L/s，漏失逐渐停止，继续提高排量至18.6L/s时，又发生漏失。此后至完钻，累计发生15次漏失，其中三开漏失合成基钻井液1489m³，四开漏失合成基钻井液139.3m³，全井累计漏失合成基钻井液1628.3m³。

6.2　漏失情况分析

从各个地层漏失量统计上看，三工河组地层漏失钻井液68.9m³；百口泉组地层漏失钻井液7.0m³；上乌尔禾组地层漏失钻井液474.4m³；下乌尔禾组地层漏失钻井液938.7m³；佳木河组及完井石炭系地层共计漏失钻井液139.3m³。下乌尔禾组地层漏失钻井液最多，井深在7340-7348.87m。

6.3　堵漏材料统计

从堵漏材料上看，三工河组地层漏失属于渗透性漏失，堵漏侧重于小粒径材料，主要是一袋式堵漏剂、刚性堵漏剂、多级配封堵剂和单向压力封堵剂，浓度28%左右。百口泉组漏失是更小规模的渗透性漏失，采用21%浓度的堵漏剂即可。上乌尔禾组地层漏失应该是渗透性和小型裂缝性漏失，堵漏材料在原来基础上增加酸溶性堵漏剂和非渗透处理剂。下乌尔禾组漏失应该是孔隙和微小裂缝的漏失，采用堵漏浆堵漏后效果不好，后期采用注水泥堵漏无果，采用堵漏剂有杏壳、核桃壳、刚洗堵漏剂、一袋式堵漏剂和随钻堵漏剂，总浓度达到42%。佳木河组地层漏失属于渗透性漏失。

6.4　漏失原因分析

第一、地层本身孔隙及裂缝发育，局部存在地层破碎带；第二、钻井液密度高，黏切高，产生的环空压耗大；第三、堵漏采用的堵漏剂粒径和地层孔缝不匹配，造成部分堵漏剂封门；第

四、使用的堵漏材料都是水基钻井液用的材料，这些堵漏材料部分溶于油，例如橡胶颗粒，因此在堵漏过程中，随着部分堵漏材料的溶解，堵漏强度下降，造成堵漏失败。

7 结论和建议

（1）复合盐防塌钻井液体系抑制性强，有效抑制了白垩系及侏罗系上部地层泥页岩的水化膨胀，钻井过程中井壁稳定，起下钻畅通无阻，中完作业顺利。

（2）合成基钻井液抗温性好，抗污染能力强，有效解决了侏罗系煤层和硬脆性泥岩的坍塌，平均井径扩大率为 6.24%，解决了三叠系和二叠系泥岩的水化膨胀难题，保证了董 17 井钻至目的层，该井取芯三筒，收获率达到 100%，完成了设计目的和地质任务。

（3）二叠系施工中钻井液漏失量最多，需要继续认识二叠系地质情况和地层压力变化情况，以便更好的解决井漏问题；鉴于成本考虑，迫切需要研发高性能水基钻井液，便于区块下一步的勘探开发。

（4）水基钻井液堵漏材料和合成基钻井液匹配性差，迫切需要研发与合成基钻井液相适应的堵漏材料，以便解决合成基钻井液施工中出现的井漏问题。

参 考 文 献

[1] 邱春阳，秦涛，王宝田，等．准噶尔盆地中部 4 区块侏罗系井壁稳定钻井液技术[J]．钻采工艺，2015，38(5)：77-80.

[2] 张建阔．复合封堵防塌钻井液体系在董 12 井的应用[J]．钻采工艺，2017，40(2)：99-101.

[3] 印树明，秦涛．董 703 井钻井液技术研究[J]．中国石油大学胜利学院学报，2019，33(3)：42-45.

[4] 邱春阳，赵立新，司贤群，等．强抑制抗高温防塌钻井液在董 8 井中的应用[J]．石油钻采工艺，2015，37(4)：45-49.

[5] 杨倩云，王宝田，肖林通，等．水基安全高效钻井液技术在准中区块的应用[J]．钻井液与完井液，2020，37(4)：482-487.

[6] 邱春阳，王家喜，张海青，等．庄 301 井优快钻井钻井液技术[J]．石油工业技术监，2015(6)：4-7.

[7] 徐雪琴，赵文龙，戴晓红，等．复合有机盐钻井液在庄 X15 井的应用[J]．石油化工应用，2014，33(11)：65-69.

[8] 于雷，冯光通，刘宝锋，等．低活度强封堵钻井液体系在准中 2 区的研究与应用[J]．承德石油高等专科学校学报，2019，21(2)：18-22.

[9] 李晓阳，张坤，吴先忠，等．LG 地区超深井钻井液技术[J]．天然气工业，2009，29(10)：62-64.

[10] 李家学，张绍俊，李磊，等．环保型高性能水基钻井液在山前超深井中的应用[J]．钻井液与完井液，2017，34(5)：20-26.

[11] 余加水，周玉东，辛小亮，等．准噶尔盆地超深井达探 1 井钻井液技术[J]．钻井液与完井液，2016，33(4)：60-64.

[12] 金军斌．塔里木盆地顺北区块超深井火成岩钻井液技术[J]．石油钻探技术，2016，44(6)：17-23.

[13] 杨云锋，曹光福，申延晴，等．准噶尔盆地超深井钻井液体系的研究与应用[J]．长江大学学报(自科版)，2016，13(29)：39-42.

[14] 王亚宁，黄物星，龚厚平，等．周深 X1 井钻井液技术[J]．钻井液与完井液，2011，28(4)：40-45.

[15] 郝少军，安小絮，韦西海，等．碱探 1 井超高温水基钻井液技术[J]．钻井液与完井液，2021，38，(3)：292-297.

[16] 许洁，乌效鸣，王稳石，等．松科 2 井抗超高温钻井液技术[J]．钻井液与完井液，2018，35(2)：29-34，39.

[17] 孙中伟，何振奎，刘霞，等．泌深 1 井超高温水基钻井液技术[J]．钻井液与完井液，2009，26(3)：9-11，15.

[18] 常晨，许明标，由福昌．超高温水基钻井液的室内研究[J]．钻井液与完井液，2012，29(3)：36-37，93-94.

[19] 谢彬强，邱正松．基于新型增黏剂的低密度无固相抗高温钻井液体系[J]．钻井液与完井液，2015，32(1)：1-6.

[20] 赵秀全，李伟平，王中义．长深 5 井抗高温钻井液技术[J]．石油钻探技术，2007，35(6)：39-73.

降凝剂在钻完井中的探索应用

赵红香　高素丽　林　鑫　李业成

（中石化胜利石油工程有限公司钻井液技术服务中心）

摘　要　在石油开发过程中，高含蜡原油蜡晶析出易造成采油过程中油管蜡沉积，不及时清蜡将制约油井的高效生产。原油降凝剂能有效抑制蜡的结晶，改善原油的流动能力，实现油管输油畅通，在油气生产中广泛应用。济阳坳陷页岩油储层具有层系多、层间差异大、埋藏深等特点，钻遇异常压力层系会出现钻井液和原油重力置换，地层中的原油会部分侵入到钻井液中，根据相似相容原理，原油很快分散在油包水乳化钻井液中，且原油含蜡量高，低温蜡晶析出会影响钻井液性能。因此，考虑将降凝剂应用于油侵后的钻井液，用于改善油侵后的钻井液低温流变性能。

关键词　油气开发；页岩油；降凝剂；钻井

原油中富含胶质、沥青质及石蜡等，随温度降低，蜡晶会析出，表现出较高的流体黏度并引发系列问题，包括阻碍油气流动、影响采收效率，为改善含蜡原油的流动性，确保油气的正常流通，常采用热处理、添加减阻剂等方法，普遍存在能耗大、设备投资高等问题。从降低能耗和生产成本等角度考虑，向原油中添加降凝剂，实现原油常温乃至低温流动是简便有效的方法。

胜利济阳坳陷页岩油资源丰富，在钻完井过程中，遇到异常压力地层，井下的钻井液受到地层中原油侵入的影响，引起钻井液性能变化，影响钻井液的循环流动和破岩效率。目前的处理方法包括稀释钻井液和添加降凝剂。但稀释钻井液会增加钻井液的体积，增大钻井液成本投入；降凝剂不能有效处理油相污染严重的钻井液。因此考虑引入降凝剂考察对钻井液的降凝降黏效果。

1　降凝剂机理及类型

1.1　蜡晶形成原因

原油中含有大量的石蜡。蜡是 C_{15} ~ C_{70} 的直链烷烃，常温状态下为固体状态。石蜡在较高温度时能完全溶解在原油中，当温度到某一温度时，石蜡开始以晶体方式析出，此温度称为蜡的析出温度。随着温度的降低，由于蜡的溶解度下降，原油中往往会有较多的蜡结晶析出，含蜡原油中的蜡在常温下以片状或细小针状结晶的形式分布在油相中，蜡晶的形状很不规则，比表面积较大，界面能较高，对液态油分具有亲液的性质。同时，蜡晶之间的范德华引力也容易使蜡晶之间形成絮凝体结构，从而使含蜡原油在蜡晶析出量很少的温度下就成为结构性溶胶体系，表现出非牛顿流体的特性。随着温度的进一步降低，蜡晶的浓度逐渐增大，油相内部的胶体结构越来越复杂。当蜡晶浓度增大到一定程度时，絮凝的蜡晶则发展成为蜡晶的三维空间网络结构，而液态油则被嵌固在蜡晶之间，油相产生结构性凝固，成为胶凝体系而失去流动性。石蜡含量的大小会影响油相的流动性。油相中含蜡量越高，原油的析出温度越高，其凝点也越高。

1.2　降凝机理

降凝剂是一种化学合成的聚合物或缩合物，其分子链中一般含有能够与蜡分子发生成核、共晶作用的非极性长链烷基和能够影响蜡晶分散状态的极性基团。目前，学术界广泛认同的聚合物降凝剂降凝机理一般包括以下几种：成核作用：当温度远高于析蜡点时，聚合物降凝剂自组装成胶束聚集体，随着温度的降低，形成结晶核并成为蜡晶发育的中心，产生大量亚临界尺寸的蜡核，使油品在冷却过程中形成的小蜡晶数目比加剂前有所提升，从而难以形成大蜡团；吸附作用：在接近或低于析蜡点的温度下，聚合物降凝剂吸附在已析出的蜡晶或蜡晶晶核活动中心上，破坏蜡晶的生长过程，并影响蜡晶的取向，减弱蜡晶间的黏附作用，抑制蜡晶网络结构的形成；共晶作用：当温度略高于析蜡点时，由于范德华力的相互作用，聚合物降凝剂分子的烷基链与相匹配的蜡分子共晶析出，通过与蜡晶的相互作用改善蜡晶的取向性及生长状态，降低蜡晶间的晶面距离，从而显著提升加剂原油的宏观流动性。增溶作用：聚合物降凝剂可以在原油中起到表面活性剂的作用，使蜡晶分子难以沉淀析出，且降凝剂的极性基团会影响蜡晶表面电荷的排布，使蜡晶在油相中充分分散，提升原油的流动性能。

1.3 降凝剂类型

降凝剂在含蜡原油生产中广泛应用，通过减少蜡的形成趋势来改善流动性。降凝剂一般为油溶性高分子聚合物，有主碳链烷烃和极性侧链。一般在含蜡原油或馏分油中加入少量的降凝剂，就能显著降低其凝固点，改善其低温流动性。这是实现含蜡原油常温输送、提高馏分油收率、降低能耗、提高经济效益的有效措施。含蜡原油的凝固点是原油中的含蜡量及蜡烃分子中碳原子数的反映。为了有效阻止蜡晶生成网状结构，要求降凝剂的碳链有一定的碳原子数。原油蜡分子中，碳原子数分布最集中的范围内的平均碳原子数即为降凝最适宜的碳原子数。这样在降凝剂与蜡分子共同结晶时，晶核表面可被降凝剂分子群有效覆盖，从而削弱晶体间的相互引力，改变结晶微粒大小、形状和结构，阻止晶粒接近，改善原油的流动性。因此，凝固点高的原油宜使用碳链较长的降凝剂，低凝固点的原油使用碳链较短的降凝剂效果会较好。

目前常用的降凝剂有以下几种：EVA 及其改性物、聚(甲基)丙烯酸酯系列、马来酸酐共聚物、聚两性电解质类降凝剂、表面活性剂型原油降凝剂。不同种类的原油因其蜡、胶质、沥青质的含量、相对分子质量的不同而呈现出不同的性质，降凝剂不具有普适性。因此，近些年来降凝剂的合成逐渐向复配方向发展。通过两种或两种以上不同类型降凝剂的复配使其适应于更多的油品。

2 原油结蜡对钻井液的影响

结蜡过程有蜡晶析出、蜡晶生长和蜡晶聚集沉积阶段这三个阶段。一般情况下含蜡量越高，原油的凝点也越会越高。根据页岩油发育成熟度，中低成熟度页岩油滞留液态烃油质偏稠、固体有机物占比较高，以重质油、沥青和尚未转化的有机质为主。经过原油结晶放热测试，原油析蜡温度在 39.27℃，石蜡组分从 39.27℃ 处开始大量析出，使油相流动性减弱。

在油层高温高压力状态下，蜡是溶解在原油中的，当原油进入油包水型钻井液后，在循环过程中，随着温度和压力的降低，石蜡就会结晶析出导致钻井液黏度显著增加。当温度降低到析蜡温度后，原油凝固造成钻井液增稠。

室内评价原油侵入后的钻井液在不同温度条件下的流变性能，结果如图 1 所示。

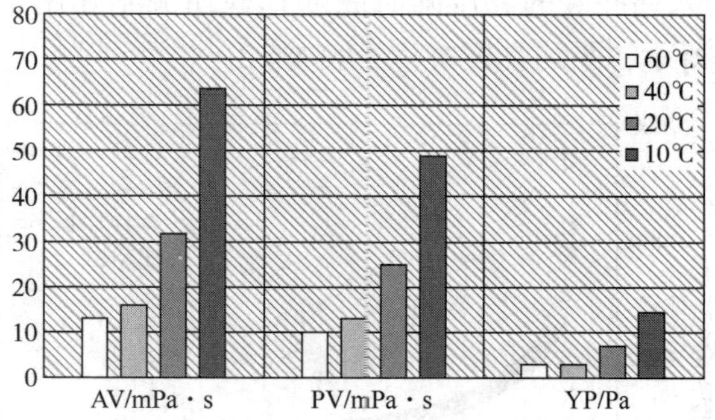

图 1 不同温度条件下基浆混入 40%原油的流变性能

从图 1 可以看出，油侵后的钻井液基浆在不同温度下的流变性能，随着温度的降低，钻井液的表观黏度、塑性黏度和动切力都显著增加。60℃是表观黏度 13mPa · s；40℃ 是表观黏度 16mPa · s，变化不大，温度降到析蜡温度以下，蜡晶开始析出，细小的蜡晶密集分布在油相中，蜡晶间相互聚集、搭接会导致大量液态油分被包裹，影响钻井液低温下流动性。温度达到 20℃ 时，表观黏度增加到 32mPa · s，黏度呈指数趋势上升，并且温度再降低，表观黏度继续升高。

3 降凝剂在页岩油钻井中的应用

3.1 降凝剂优选

原油侵入油包水钻井液后，造成钻井液黏切增大，特别是低温下黏切增加明显。造成非钻进时间延长，影响钻井施工。为降低原油的黏度，提升原油在低温下的流动性，所使用的的降凝剂须同时具备非极性的长烷基链与极性基团。其中，非极性长链烷基结构单元可以在降凝剂主链上，如国内外常用的乙烯-醋酸乙烯酯共聚物，其长链烷基便在主链上；长链烷基也可以在侧链上，如聚丙烯酸烷基酯类化学剂。

考虑在油侵后的钻井液中抑制蜡的结晶，优选降凝剂，在油包水型钻井液中具有良好的分散效果，不易挥发，芳香烃含量低，耐高温等要求。针对原油侵入后钻井液流动性问题，将优选的降凝剂添加至钻井液中，以提高石蜡抑制能力。

3.2 钻井液降黏效果测试

实验室采用安东帕流变仪对加剂后钻井液黏

度进行评价，以筛选出效果最优异的原油侵入钻井液分散降凝剂。实验样品均在70℃下搅拌热处理30min，降凝剂的加量为500ppm，原油侵入量20%。剪切速率为1022s^{-1}，测试温度为20℃时，加入油溶聚合物降凝剂1#～10#后原油侵入钻井液的黏度随时间变化规律分别如图2、3所示，平均黏度统计见表1、2。

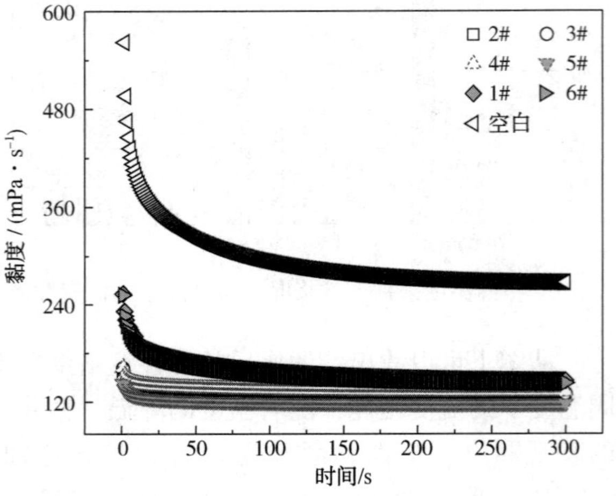

图2　1#～6#原油侵入钻井液的流变曲线

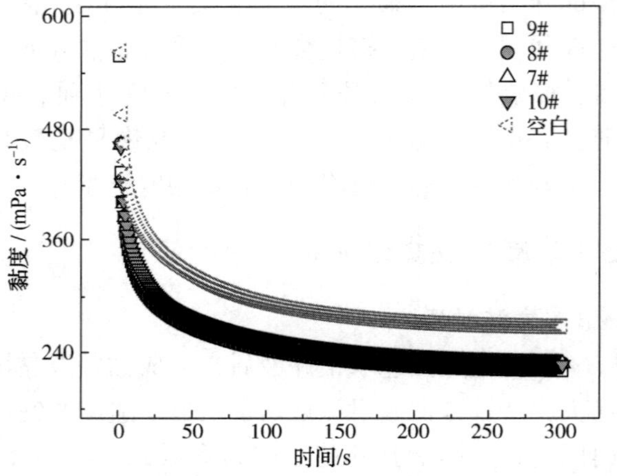

图3　7#～10#原油侵入钻井液的流变曲线

表1　剪切速率为1022s^{-1}原油侵入钻井液黏度及降黏率

添加剂	平均黏度/(mPa·s^{-1})	降黏率/%
未加剂	268.898	/
1#	147.191	45.26
2#	127.518	52.57
3#	130.014	51.64
4#	132.154	50.85
5#	117.03	56.47
6#	144.223	46.36
7#	229.801	14.53
8#	229.807	14.53
9#	221.826	17.50
10#	228.157	15.14

将表1与图2中1#～6#中数据结合分析可知，剪切速率为1022s^{-1}，测试温度为20℃时，原油侵入钻井液后黏度较高，加入降凝剂后原油侵入钻井液的黏度均明显下降。分析原因为20℃下原油中的石蜡已经大量结晶析出，而降凝剂可参与石蜡的结晶过程，使蜡晶形貌发生改变，倾向于形成大的、团聚状蜡晶，进而释放液态油分，起到显著的降黏效果。其中，降凝剂5#与2#具备相似的降黏效果，降黏率分别为56.47%与52.57%。

将表1与图3中7#～10#数据结合分析可知，剪切速率为1022s^{-1}，测试温度为20℃的条件下，原油侵入钻井液的黏度随时间变化规律。降凝剂的降黏效果间没有明显差异，不如1#～6#降黏效果。其中降黏率最高的8#降凝剂的降黏率也不足20%。7#～10#降凝剂对石蜡结晶过程的影响程度较弱，无法充分参与石蜡的结晶过程。因此，对蜡分子结晶过程影响较小的7#～10#降凝剂对原油掺混钻井液的降黏效果也较差。

考察低剪切速率条件下，降凝剂加入对钻井液的黏度影响，测试条件为剪切速率为5.11s^{-1}，测试温度为20℃，加入500ppm的1#～10#降凝剂，测试原油侵入钻井液的黏度随时间变化规律分别如图4、5所示，平均黏度统计见表2。

表2　剪切速率为5.11s^{-1}钻井液黏度及降黏率

添加剂	平均黏度/(mPa·s^{-1})	降黏率/%
未加剂	8935.413	/
1#	1687.901	81.11
2#	721.904	91.92
3#	731.364	91.81
4#	728.797	91.84
5#	610.296	93.17
6#	1523.567	82.95
7#	7155.152	19.92
8#	7074.979	20.82
9#	6443.454	27.89
10#	7352.973	17.71

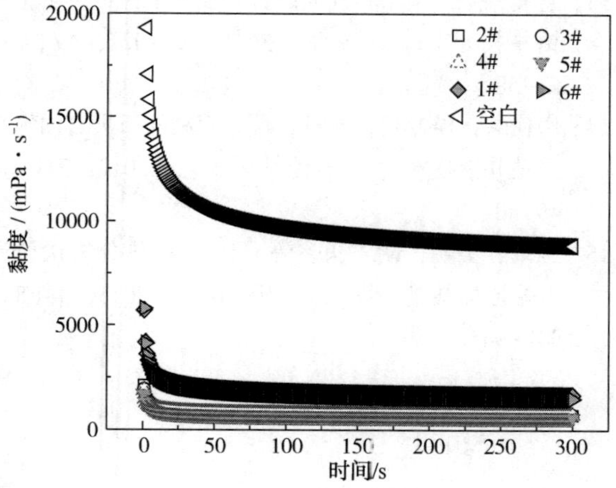

图 4　1#~6#原油侵入钻井液的流变曲线

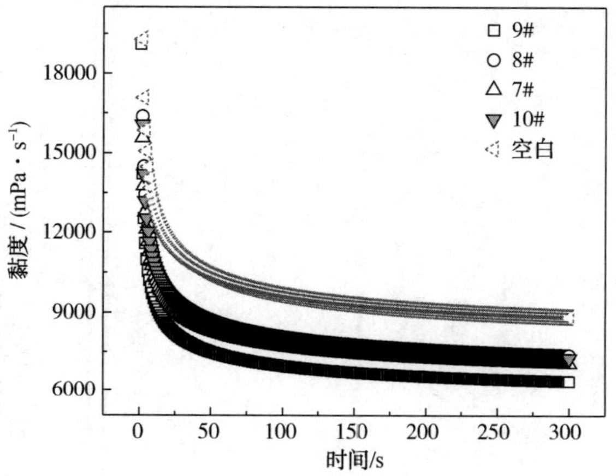

图 5　7#~10#原油侵入钻井液的流变曲线

将表 2 与图 4 中 1#~6#中数据结合分析可知，剪切速率为 5s^{-1}，测试温度为 20℃时，加剂后原油侵入钻井液的黏度均降低 80%以上，2#、3#、4#、5#的降黏率分别达到了 91.92%、91.81%、91.84%和 93.17%，降黏效果显著。降凝剂的加入会降低原油的析蜡点，减少原油在 20℃下的析蜡量，此外，可以参与石蜡的结晶过程，使蜡晶形貌发生改变，倾向于形成大的、团聚状蜡晶，释放大量液态油分，因此加剂后原油侵入钻井液的黏度显著下降。

将表 2 与图 5 中 7#~10#中数据结合分析可知，剪切速率为 5s^{-1}，测试温度为 20℃的条件下，加入 500ppm7#-10#系列降凝剂后，原油侵入钻井液的黏度随时间变化规律。结合表 2 中数据，7#~10#系列降凝剂的降黏效果普遍较低，其中，降黏率最高的 8#降凝剂的降黏率仅为 27.89%。由此得出结论，当环境温度远低于原油的析蜡点时，结晶析出的蜡分子是导致原油侵入钻井液黏度升高的主要原因。因此，7#~10#降黏效果较差，1#~6#系对钻井液的降黏效果较为明显。

因此，从表 1~2 和图 2~5 中的数据可以看出，降凝剂的加入可以改善页岩油油样的黏度和流动性，并在油侵后的钻井液中进行验证，可以改善油包水型钻井液在不同剪切速率条件下的黏度。

4　结论

（1）原油降凝剂广泛应用于原油开采过程中，防止在井筒和近井地带出现蜡结晶析出，聚集，造成蜡卡，缓解井筒的堵塞，保障油井正常生产。但是在钻井过程中应用较少。

（2）钻井过程中，出现原油侵入到油包水乳化钻井液的问题，原油由于相似相容原理溶于钻井液中，原油中的蜡结晶影响钻井液的流变性能，造成钻井液地面循环难度增加。因此考虑在油侵后的钻井液中添加降凝剂，降低钻井液中蜡晶的析出，改变蜡晶的三维网状结构，进而降低钻井液的黏度。

（3）基于原油降凝机理，筛选出适用于页岩油的降凝剂，室内实验证实了降凝剂对于原油侵入的钻井液具有良好的降黏效果，为后续油侵后的钻井液性能调控提供了技术攻关的方向。

参考文献

[1] 陈刚，李小龙，张洁．原油组分相互作用对析蜡的影响机理[J]．石油学报(石油加工)，2013，29(5)：844-850.

[2] 邹伟，黄战卫，刘凯旋，等．高含蜡页岩油智能投球收球清防蜡技术[J]．石油钻采工艺，2024，5，23：1-11.

[3] 董轲，都伟超，张洁，等．原油石蜡结晶与清除的研究进展[J]．化工技术与开发，2019，48(10)：28-32.

[4] 张足斌，张国忠，张树文．胜利原油粘温特性的实验研究[J]．油气储运，2000，19(1)：48-51.

[5] 赵向阳，孟英峰，侯绪田，等．沥青质稠油与钻井液重力置换规律与控制技术[J]．石油钻采工艺，2016，38(5)：622-62.

[6] 袁建强．济阳坳陷页岩油多层立体开发关键工程技术[J]．石油钻探技术，2023，51(1)：2-7.

[7] 董轲，都伟超，张洁，等．原油石蜡结晶与清除的研究进展[J]．化工技术与开发，2019，48(10)：28-32.

[8] 刘忠运，陆晓峰，汤超，等．油田清防蜡剂的研究

进展及发展趋势[J]. 当代化工，2009，38(5)：479-483.
[9] 刘林林，等. 原油降凝剂作用机理与影响因素[J]. 精细石油化工，2006(03).
[10] 杨飞，等. 含蜡原油降凝剂与石蜡作用机理的研究进展与探讨[J]. 高分子通报，2009(08).
[11] 崔译戈. 油田用降凝剂研究概述[J]. 化学工程与装备，2017，12：252-254.
[12] 何伟，施雯，李树松，等. 含蜡原油析蜡点测试方法综述[J]. 当代化工，2018，47(7)：1441-1444.
[13] 赵波，陈二丁. 胜利油田页岩油水平井樊页平1井钻井技术[J]. 石油钻探技术，2021，49(4)：53-58.
[14] 唐代绪，侯业贵，高杨，等. 胜利油田页岩油水平井钻井液技术[J]. 石油钻采工艺，2012，34(5)：45-48.
[15] 王卓，吴明，胡志勇，等. 用DSC热分析法研究含蜡原油结蜡特性[J]. 当代化工，2015，44(5)：942-944.

蒙古国十区块易失稳地层钻井液技术

郭　明[1]　时　磊[2]　毕春林[3]　于长华[1]　孙长青[1]　王立朝[1]　王　博[1]

（1. 大庆油田有限责任公司采油工艺研究院；2. 大庆钻探工程有限公司；3. 大庆油田有限责任公司工程技术部）

摘　要　蒙古国十区块位于乌兰巴托市以南约500km处。该钻井项目是蒙古国境内钻探深度最深、施工难度最大的项目。2022年前共钻井7口，最大垂深3630m，井底温度143℃。已钻井显示，该地区发育有水敏性泥岩层、煤层、砂砾岩夹层等特殊地层，极易出现井壁不稳定。多口井发生坍塌，3口井反复掉块、起下钻划眼，甚至卡钻。2023年大庆钻探进入该区块，为建设方提供钻井设计、施工一体化服务。为保证钻井安全，多角度对地层特点进行了研究，分析了钻井液的钻井液抑制性、流变性、封堵能力等对井壁稳定的影响，给出了安全密度窗口、防塌剂和抑制剂的优选方案。形成的钻井液体系有效的控制了坍塌掉块，解决了井壁易失稳问题。

关键词　失稳；泥岩；坍塌；抑制性；封堵

1　研究背景

2023年大庆钻探工程有限公司进入蒙古国十区块从事钻井设计、施工一体化技术服务。十区块地层复杂，发育有大段水敏性泥岩、胶结疏松的砂砾岩、松散的煤层等（表1），钻井风险高，调研7口已钻井资料，其中3口井出现了较严重的井壁剥落、掉块、井塌等复杂情况。主要表现在泥页岩遇水后垮塌、疏松地层扰动后垮塌，较长的钻井周期，加剧了井塌现象。其中3口井出现了下钻不到底、反复划眼、卡钻等复杂。为实现优快钻井，对该区块的井壁稳定性问题进行了研究。

表1　蒙古国10区块主要地层岩性分布

地层/组	底界深/m	厚度/m	岩性特点
巴彦思楞-赛音山达	1200	800	大段绿灰色泥岩为主
库克提格-希奈库达	2155	955	上部以绿灰、深灰色粉砂岩、砂岩为主；下部以深灰色泥岩和页岩为主，偶有砂砾岩
查干察布	2820	665	砂岩、泥岩、粉砂岩互层，见凝灰质砂岩
	3350	530	主要为凝灰岩、凝灰质砂岩、沉凝灰岩、砂岩和粉砂岩互层，底部为玄武岩薄层及砾岩
夏宁	3507	157	杂色砂砾岩，砾岩，砂岩和泥岩
基底	3630	123	主要为砂岩、粉砂岩、煤层，砾岩、英安岩、安山岩、玄武岩、流纹岩，灰岩和凝灰岩

2　井壁失稳因素分析

2.1　电镜扫描分析

通过运用扫描电镜对本地区易失稳地层的岩样进行观察分析得知，上部地层的泥岩井段岩样发育有大量裂缝，部分地层的层理较为发育，主要缝宽15-60μm，最小孔隙约10nm，部分岩样可见蜂窝状的伊蒙混层等黏土矿物以及少量白云石、方解石（图1）。对岩心进行渗透率测试得知，岩心实测渗透率约$280\times10^{-3}\mu m^2$，底部基质渗透率约$520\times10^{-3}\mu m^2$。

2.2　井壁失稳因素

2.2.1　地层因素

地层胶结松散，裂缝多、孔隙发育，滤液进入地层时，随着渗透增加，发生水力尖劈，造成裂缝扩展，裂缝间连通等现象，诱发井壁失稳。煤层、砂砾岩夹层胶结疏松，外力干扰后失稳进入井筒，导致井壁失稳（图2）。

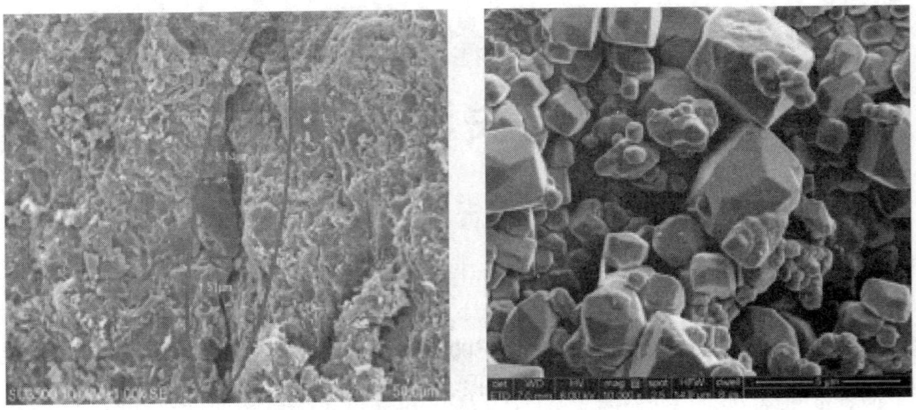

图 1　地层微裂缝及方解石立方体

图 2　地层裂缝及钻遇的煤层

2.2.2　化学因素

含蒙脱石的泥页岩遇水后极易分散，其分散程度随蒙脱石含量的增加而增大。泥质胶结多、埋藏浅、压实程度低的地层遇水后分散成细颗粒的速度越快。

2.2.3　力学因素

原始地层在原始应力及原始压力的环境中，较为稳定的存在。形成井眼的过程中，打破了这种力学平衡，同时部分较高的原始地层压力得以释放，大幅改变了地层的受力状况。当钻开地层后若无足够的侧向力保持平衡时，地层就会向井内释放导致井壁失稳。此外，钻井工程、钻井液性能等多方面因素都会以不同形式影响地层的稳定性。蒙古国十区块多次发生井壁失稳现象，井径显著扩大(图 3)。

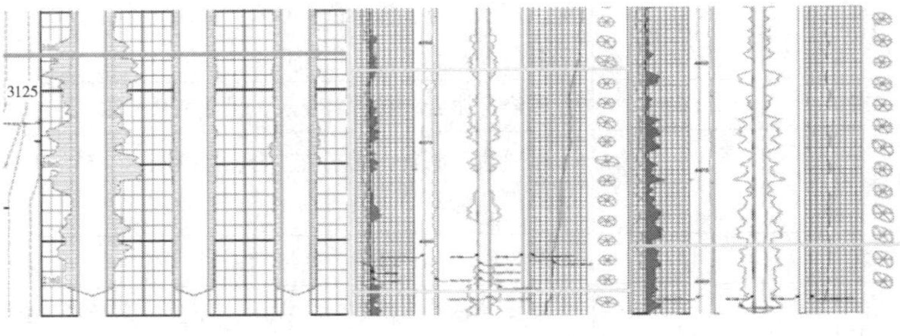

图 3　部分井壁失稳井段后的井径图

3　钻井液应对措施

3.1　确定安全钻井液密度窗口

针对区内不稳定地层，开展常规三轴实验，模拟井下温度、压力条件，求取岩心的静态弹性模量、静态泊松比等相关参数(图 4、图 5)，进行地层坍塌压力研究，优化钻井液密度窗口。

确定内聚角、内摩擦角、动态及静态弹性模量(表 2、表 3)，利用测井数据进行数值模拟，开展地层坍塌压力剖面分析。

表 2　内聚力及内摩擦角

岩心组	内聚力/MPa	内摩擦角/°
第一组	12.68	25.97
第二组	20.67	28.83
第三组	19.03	22.75
第四组	15.89	25.85

图 4　部分取心样品

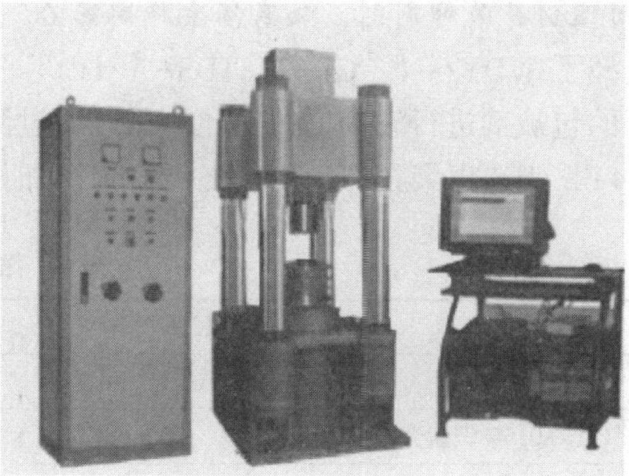

图 5　三轴试验仪器

表 3　动态弹性参数和静态弹性参数

岩心组	岩样号	动态弹性模量/GPa	动态泊松比	静态弹性模量/GPa	静态泊松比
一组	A1	18.2987	0.2598	11.34	0.29
	A2	12.2498	0.3144	9.57	0.27
二组	B1	20.6290	0.3235	15.02	0.31
	B2	19.5102	0.3283	15.22	0.30
三组	C1	15.7809	0.3054	9.53	0.23
	C2	11.1376	0.3834	12.49	0.20
四组	D1	11.9649	0.3586	8.28	0.25
	D2	15.8233	0.2956	10.13	0.30

根据计算结果，结合区内邻井实钻压力数据、测井资料等，在钻井设计过程中合理预测了地层的三项压力数据(图 6、图 7)，并根据压力数据确定合理钻井液密度区间，通过实钻证实，密度区间实现了井壁力学稳定，保证了安全钻井。

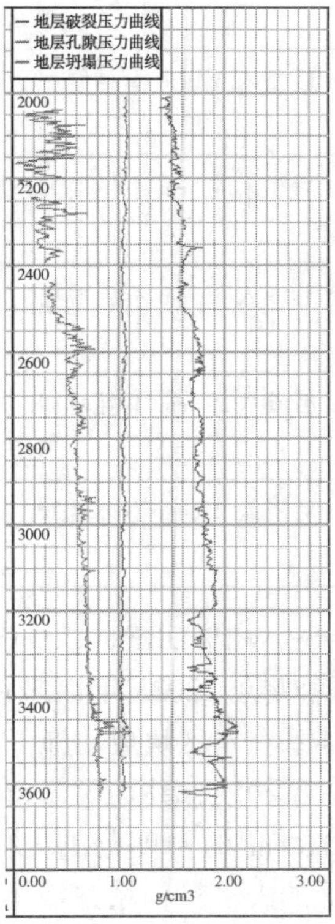

图 6　Uguumur-1 井三项压力预测

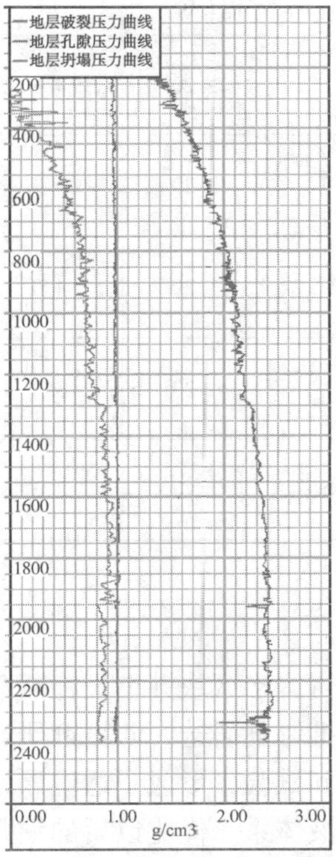

图 7　Engersukhait-1 井三项压力预测

3.2 研选钻井液抑制剂，提高体系抑制能力

选择了 WDYZ-1、GJ-2、TDS-ACLC 等三种常用的包被剂进行滚动回收对比测试。通过测试(表4)，研选出聚胺抑制剂 TDS-ACLC，加量确定为 0.3%。钻井液体系形成不易膨胀分散的稳定结构，能够有效降低地层黏土水化速度及规模，保持泥岩稳定。

表4 滚动回收对比试验

试样	10目回收率/%	20目回收率/%	40目回收率/%
清水	11	41	60
基浆(5%+0.5%铵盐)	20.6	60	69
基浆+0.2%TDS-ACLC	38	68	70
基浆+0.3%TDS-ACLC	41	72	77
基浆+0.2%GJ-2	32	66	67
基浆+0.3%GJ-2	37	67	69
基浆+0.1%WDYZ-1	30	65	66
基浆+0.2%WDYZ-1	36	67	68

3.3 研选钻井液防塌剂，提高体系封堵能力

针对该区块岩性特性，引入粒径 5~100nm 的超细碳酸钙 QS-4、乳化沥青 NRH 辅助封堵。实验测得引入以上两种封堵剂后，基浆的 API 滤失量、高温高压滤失量均有显著下降。其中 API 滤失量由 4.6ml 降低至 3.2mL，高温高压滤失量由 21.2mL 降低至 12.4mL。实验表明，对于 20~40 目砂床，使用含量 2%NRH+1%QS-4 碳酸钙时，封堵效果已较好，钻井液侵入 2.6cm 后不再增加(表5)。

表5 加入 NRH 和 QS-4 后性能变化情况

配方	$\rho/(g/cm^3)$	FL/mL	钻井液侵入深度(0.7~1.5MPa、30min、20~40目石英砂、常温)
膨润土浆	1.05	12	瞬时全漏
基浆	1.20	4.6	瞬时浸透 4.7cm，30min 后浸入 5.0cm 不再增加，加压至 1.5MPa，无变化
基浆+1%NRH	1.20	4.2	瞬时浸透 3.4cm，30min 后浸入 4.5cm 不再增加，加压至 1.5MPa，无变化
基浆+1.5%NRH	1.20	4.0	瞬时浸透 2.8cm，30min 后浸入 3.7cm 不再增加，加压至 1.5MPa，无变化
基浆+2%NRH	1.20	3.7	瞬时浸透 2.0cm，30min 后浸入 2.8cm 不再增加，加压至 1.5MPa，无变化
基浆+2%NRH+1%QS-4	1.20	3.2	瞬时浸透 1.7cm，30min 后浸入 2.6cm 不再增加，加压至 1.5MPa，无变化

4 应用效果

通过分析蒙古国十区块井壁失稳因素，从钻井液密度窗口、抑制剂研选、防塌剂研选等多个角度进行了研究和试验，形成了适应该地区地层特点的防塌钻井液体系。优化以后的钻井液配方为：2%bentone+4%Na_2CO_3(土量)+0.8%NPAN+0.3%TDS-ACLC+2%NRH+2%SMP-2+0.2%KOH+1%QS-4+1%DRF+0.1%CMC 解决了该区块井壁失稳难题。2023 年以来使用该钻井液体系钻井液体系在本区块成功施工探井 3 口，未发生严重的井壁掉块、井塌等复杂情况。钻井液在 1.15~1.30g/cm^3的密度范围内保持了较好的流变性及较低的失水量，钻井液体系在 150℃高温老化前后流变性及失水量变化幅度较小，能够满足施工需求。

参 考 文 献

[1] 黄龙，方石，刘招君，等. 蒙古塔木察格盆地塔南凹陷烃源岩特征及潜力评价[J]. 世界地质，2012，31(1)：149-151.

[2] 苏巍，张春芬. 火山岩地震响应特征的正演模拟[J]. 世界地质，2011，30(3)：429-434，438.

[3] 高福红，王东坡，张新荣. 安达断陷深部层序地层学及烃源岩特征[J]. 吉林大学学报：地球科学版，2002，32(3)：248-250.

[4] 张彩明，杜学斌. 陆相湖盆有效烃源岩识别及其石油地质意义[J]. 青海石油，2008，26(2)：5-10.

[5] 孔勇，杨小华，徐江，等. 抗高温强封堵防塌钻井液体系研究与应用[J]. 钻井液与完井液，2016，33(6)：18-20.

[6] 赵志国，白彬珍，何世明，等. 顺北油田超深井优快钻井技术[J]. 石油钻探技术，2017，45(6)：8-13.

[7] 刘彪，潘丽娟，易浩，等. 顺北含辉绿岩超深井井身结构优化设计[J]. 石油钻采工艺，2016，38(3)：296-301.

[8] 邹才能，杨智，朱如凯，等. 中国非常规油气勘探开发与理论技术进展[J]. 地质学报，2015，89(6)：979-1007.

[9] 林子智，卢双舫，常象春，等. 陆相页岩微观孔隙结构及分形特征——以徐家围子断陷沙河子组为例[J]. 煤田地质与勘探，2021，49(1)：151-160.

[10] 扈金刚，黄勇，熊涛，等. 湘鄂西地区龙马溪组黑色页岩孔隙结构及分形特征[J]. 中国煤炭地质，2018，30(12)：5-14.

[11] 鲜成钢，张介辉，陈欣，等. 地质力学在地质工程一体化中的应用[J]. 中国石油勘探，2017，22(1)：75-88.

[12] 王书婷，张景富，刘鹏飞. 页岩地层井壁稳定多模型对比[J]. 大庆石油地质与开发，2020，39(2)：166-174.

[13] 张慧，林伯伟，卞建玲，等. 富有机质海相与陆相页岩的对比研究：以南方早古生代和华北石炭-二叠纪页岩为例[J]. 煤田地质与勘探，2018，46(6)：88-95.

[14] 牛晓，潘丽娟，甄玉辉，等. SHB1-6H 井长裸眼钻井液技术[J]. 钻井液与完井液，2016，33(5)：30-34.

[15] 王思远，李俊乾，卢双舫，等. 渝东南地区海相页岩有机质孔隙发育特征[J]. 地球科学与环境学报，2019，41(6)：721-733.

[16] 金军斌. 塔里木盆地顺北区块超深井火成岩钻井液技术[J]. 石油钻探技术，2016，44(6)：17-23.

[17] 于洋，南玉民，李双贵，等. 顺北油田古生界钻井提速技术[J]. 断块油气田，2019，26(6)：780-783.

[18] 潘军，李大奇. 顺北油田二叠系火成岩防漏堵漏技术[J]. 钻井液与完井液，2018，35(3)：42-47

[19] 张平. 顺北蓬1井 φ444.5mm 长裸眼井筒强化钻井液技术[J]. 石油钻探技术，2018，46(3)：27-33.

[20] 刘四海，崔庆东，李卫国. 川东北地区井漏特点及承压堵漏技术难点与对策[J]. 石油钻探技术，2008，36

[21] 胜亚楠，管志川，罗鸣，等. 基于蒙特卡洛法的井壁稳定可靠度随机变量敏感性分析[J]. 石油钻采工艺，

松辽盆地致密气抗高温强封堵钻井液技术

潘永强　张　坤　张　洋　闫　晶　竹学友

（大庆钻探工程有限公司钻井工程技术研究院）

摘　要　针对松辽盆地深部致密气钻遇地层井底温度高、裂缝发育，钻井过程中易发生流变性恶化失去控制、漏失等复杂，在分析总结前人研究成果及经验基础上，从松辽盆地深部致密气钻遇地层地质特征及水平井施工难点出发，明确了钻井液技术对策，通过研发抗高温增黏型降滤失剂，配合高效封堵材料、润滑材料等关键处理剂，研发出一套适用于松辽盆地深部致密气水平井施工的抗高温强封堵钻井液技术。室内研究及现场应用表明，该钻井液体系抗温180℃，封堵能力强，润滑性能好，有效地解决了松辽盆地深部致密气水平井地层漏失、润滑和高温稳定性问题，保证了松辽盆地深部致密气水平井的顺利施工，为深部致密气水平井安全、快速、高效钻井提供了技术保障。

关键词　抗高温；防漏堵漏；致密气；水基钻井液

松辽盆地深层发育有多套火山岩地层，多年来，深层天然气勘探主要以营城组火山岩为目的层进行研究，沙河子组位于营城组之下，以致密砂砾岩为主，发育有大量煤层、煤线，此前重点开展了其作为烃源岩的生烃研究而忽略了其丰富的致密气资源。随着宋深9H、达深21HC、徐深1等井在沙河子组获得高产工业气流，沙河子组成为深层火山岩气藏后的重点接替领域。整体估算沙河子组致密气资源量为$3520\times10^8m^3$。目前致密气领域已提交三级储量，具有较大的勘探潜力。不同于其他致密气田，松辽盆地致密气埋藏深、地温梯度高、非均质性强、微孔缝发育，钻井过程中经常发生渗漏、严重漏失甚至恶性漏失等复杂。笔者分析松辽盆地深层致密气钻遇地层特点与水平井施工难点，以自主研发抗高温增粘型降滤失剂为核心形成了抗高温强封堵钻井液配方，以弹性体型胶黏材料为核心研发热塑性复合堵漏技术，形成了一套适用于松辽盆地深部致密气水平井的抗高温强封堵钻井液技术，解决了松辽盆地深部致密气水平井地层漏失、润滑和高温稳定性等问题，有效保障了松辽盆地深部致密气水平井的顺利施工。

1　地质特点及技术难点

1.1　地质特点

松辽盆地深部致密气钻遇层位地层自上而下依次为第四系、第三系泰康组、大安组、依安组、上白垩系明水组、四方台组、下白垩系嫩江组、姚家组、青山口组、泉头组、登楼库组、营城组、沙河子组。泉头组及以上地层主要岩性为泥岩、泥页岩、粉砂岩，岩石强度低、可钻性好，登楼库及以下地层的岩性较为复杂，主要为砂岩、泥岩、砾岩、砂砾岩、流纹岩、安山岩，具有多套储集类型，伴有原生裂缝和次生裂缝发育，主力气层具有孔隙度低、渗透率小的特点，地层压力系数为0.9~1.2，局部存在异常压力层系，可钻性最差，且抗压强度较高（表1），机械钻速极低，起下钻频繁，施工周期长，严重制约了松辽盆地深部致密气（以下简称致密气）高效开发。

表1　部分井不同层位钻进难易程度对比

岩性	层位	岩石可钻性				抗压强度/MPa
		级值1	级值2	级值3	平均级值	
砾岩	营城组	>11.2	10.6	9.8	>10.6	106
砾岩	沙河子组	8	9.1	8.7	8.6	117
泥岩	沙河子组	7.9	8	7.6	7.9	111
火山角砾岩	沙河子组	>11.2	>11		>11.1	160

续表

岩性	层位	岩石可钻性				抗压强度/MPa
		级值 1	级值 2	级值 3	平均级值	
流纹质角砾岩	营城组	8.4	7.3	8.5	8.1	190
凝灰质细砂岩	营城组	5.5	5.8	5.5	5.6	155
晶屑凝灰岩	营城组	>13.2	>11.4		>12.3	161
泥岩	营城组	7.9	8	7.6	7.8	90
熔结角砾岩	营城组	6.6	7	9.3	7.6	33
流纹岩	营城组	>12.3	>12.4		>12.3	228

1.2 施工难点

（1）平均地温梯度高达 4.0℃/100m、水平段长度 1000m 以上，对钻井液抗温性、流变性、润滑性要求高。由于致密气垂深普遍在 4000～4500m 之间，井底温度 160～180℃，钻井液处理剂在高温条件下发生降解或交联，导致钻井液性能恶化和流变性失去控制。

（2）深层致密火山岩主要发育有原生裂缝和次生裂缝，宏观裂缝平均开度 94.64μm，微观裂缝平均开度 29.5μm，裂缝平均线密度为 3.45 条/m。裂缝发育的同时还夹煤层，钻进时钻井液滤液侵入微裂缝，增加近井壁的孔隙压力，削弱了液柱压力对井壁的支撑作用，另一方面滤液侵入引起泥岩水化，使微裂缝开裂、延展，地层会沿某一力学性质最弱或较弱的裂缝发生破坏，造成井壁掉块等失稳情况。

（3）钻遇裂缝发育、胶结性差的破碎性地层时，经常发生井壁剥落、井眼坍塌和恶性漏失等复杂。如 X9-3 井漏失严重，未钻达设计井深提前完钻；X1-4 井在水平段共发生了 8 次漏失，漏失钻井液 730m^3，堵漏效果不理想而提前完钻；X8-1 井施工时共发生 5 次严重漏失及多次渗漏，累计损失钻井液 1050m^3，损失时间长达 450h，延长了钻井周期。

通过分析松辽盆地深部致密气地层的施工难点可知，研制的水基钻井液需要具有以下功能。

（1）具有良好的抗温能力，以减弱钻井液性能恶化和流变性失去控制为目的，拟采用自研抗高温增黏型降滤失剂，保障钻井液高温流变性，提高钻井液的携岩能力。

（2）具有较强的封堵能力，通过理想封堵软件结合室内实验拟采用复合碳酸钙配合可变形封堵材料低渗透封堵剂 DSFT 以及多元醇聚合物 PA-2 协同使用，可以对地层的微孔缝形成封堵，还能提高封堵层的致密性，阻止钻井液及滤液侵入。

（3）具有较好的润滑性，拟采用液体润滑剂 HBO-1 配合固体石墨使用，HBO-1 可以降低钻具与岩石的摩擦系数，石墨参与形成泥饼，改善泥饼质量，提高钻井液的润滑性。

2 抗高温强封堵钻井液技术

2.1 抗高温强封堵钻井液体系研发

2.1.1 抗高温增黏型降滤失剂的研制

聚合物类降滤失剂主链的耐温性及支链的抗水解能力，是决定其高温稳定性的重要因素。分子主链的刚性越强，分子链越舒展，保持黏度的性能越好；支链耐水解能力越强，高温碱性环境对其造成的破坏越小，高温后黏度保留率越高，因此降滤失剂分子结构中需要含有热稳定性和水解稳定性强的官能团。以 2-丙烯酰氨基-2-甲基丙磺酸（AMPS）为基本单体，与 N-乙烯基吡咯烷酮（NVP）、N，N-二甲基丙烯酰胺（DMAM）采用反向乳液聚合法进行多元共聚，并对分子量进行适度控制。合成出 ZNJS-2 增黏型降滤失剂，AMPS 单体和 NVP 单体虽然可以产生较大的空间位阻、增加主链结构的稳定性，DMAM 单体中双烷基取代的酰胺基团（叔酰胺）耐水解性强，甲基取代氢原子后，单体体积增大使共聚物中的空间位阻增大，有利于提高共聚物的热稳定性。通过用评价土浆进行评价（在 1000mL 水中加入 40g 钠膨润土和 5g 碳酸钠，高速搅拌 20min，在室温下养护 24h，即得含土质量分数为 4%的评价土浆），评价结果见表 2，基浆中加入 1～3% ZNJS-2 时，常温 API 失水从 32.6mL 降低至 4.6mL，180℃老化 16h 后，API 失水从 38.2mL 降低至 5.4mL，老化前后黏度保留率由 40%提高至

89.5%；随着基浆中 ZNJS-2 加量由 1%提高至 3%，高温高压失水由 15.2mL 降低至 10.6mL。

表 2　不同加量 ZNJS-2 性能对比

配方	实验条件	FL_{API}/mL	FL_{HTHP}/mL	AV/(mPa·s)	黏度保留率/%
基浆	常温	32.6	/	15	40
	180℃老化 16h	38.2	/	6	
基浆+1%ZNJS-2	常温	6.2	/	27	85.2
	180℃老化 16h	6.6	15.2	23	
基浆+2%ZNJS-2	常温	5.4	/	32	87.5
	180℃老化 16h	5.8	12.6	28	
基浆+3%ZNJS-2	常温	4.6	/	38	89.5
	180℃老化 16h	5.4	10.6	34	

2.1.2　抗高温封堵材料

针对深部致密气水平井储层地层特点，通过正交评价实验，确定使用复合碳酸钙配合其他封堵材料，复合碳酸钙为 20%400 目碳酸钙、30%1200 目超细碳酸钙和 50%800 目超细碳酸钙，配合可变形封堵材料低渗透封堵剂 DSFT 以及多元醇聚合物 PA-2 协同使用，封堵地层微孔隙、微裂缝。利用 Fann 渗透性封堵仪进行测试，在 4.5MPa 压力、180℃下，测定 30min 砂盘滤失量。实验配方如下，结果见表 3。由表 3 可以看出，加入封堵材料以后，能够有效封堵微孔隙、微裂缝，阻止滤液侵入，封堵效果较好。

1#：4%膨润土浆+3%ZNJS-2

2#：4%膨润土浆+3%ZNJS-2+3%复合碳酸钙+2%DSFT+2%PA-2

表 3　抗高温封堵剂评价

砂盘	钻井液	不同时间/min 的滤失量/mL						总滤失量/mL
		1	5	7.5	15	25	30	
10μm	1#	0.2	2.8	4.0	5.0	6.2	6.8	13.8
	2#	0	0.4	0.8	1.8	2.6	3.2	6.4
20μm	1#	0.4	3.2	4.4	5.2	6.6	7.2	14.8
	2#	0	0.6	1.0	2.2	3.6	4.4	8.8
50μm	1#	0.8	3.4	4.6	5.6	7.0	7.8	16.4
	2#	0	1.4	2.4	3.8	4.6	5.2	10.4

2.1.3　润滑材料

深部致密气水平井水平段较长，钻井液润滑性对安全施工极为重要，润滑性差时，滑动钻进效率低，严重时发生卡钻等复杂，严重影响施工效率及施工安全。通过室内实验优选抗高温液体润滑剂 HBO-1 配合固体石墨使用，液体润滑剂 HBO-1 中的极性基团能够吸附在金属表面形成润滑膜，降低金属与岩石之间的摩阻，石墨在水中吸附水分子，增大了石墨分子之间的滑动距离，增强了石墨的润滑效果，同时，石墨还能改善泥饼质量。室内实验结果见表 4。固液协同作用，1%石墨和 2%HBO-1 加量时，体系润滑性较好(4%膨润土浆+3%ZNJS-2+3%复合碳酸钙+2%DSFT+2%PA-2)。

表 4　润滑材料对钻井液性能影响(180℃热滚 16h)

润滑材料	PV/(mPa·s)	YP/Pa	Gel/Pa/Pa	FL_{HTHP}/mL	润滑系数
无	32	12	2/3	9.6	0.23
1%石墨	34	13	3/4	9.4	0.11
2%HBO-1	33	13	2/3	9.6	0.14
1%石墨+2%HBO-1	35	14	3/5	9.4	0.10

2.1.4 钻井液配方及评价

以自主研发的抗高温增粘型降滤失剂为核心，优选封堵材料、润滑材料，通过室内实验，结合深部致密气现场实际情况，形成抗高温强封堵钻井液配方 4%膨润土浆+0.5%抗高温抑制剂+3%ZNJS-2+3%复合碳酸钙+2%DSFT+2%PA-2+1%石墨+2%HBO-1+重晶石。室内对抗高温强封堵钻井液进行常规性能评价(表5)、抑制性评价(图1、2)、润滑性评价(图3)，体系抗温180℃，高温高压失水<10mL，岩屑滚动回收率92.3%，极压润滑系数<0.10，各项指标满足深部致密气水平井施工需求。

表5 钻井液热稳定性评价

密度/(g·cm^{-3})	实验条件	塑性黏度/(mPa·s)	动切力/Pa	FL_{API}/mL	FL_{HTHP}/mL	润滑系数
1.20	常温	35	13	3.2	9.4	0.10
	老化后	36	14	3.6	9.6	0.11
1.55	常温	38	15	3.0	9.2	0.12
	老化后	40	16	3.4	9.4	0.14
1.75	常温	42	18	2.8	9.0	0.15
	老化后	44	19	3.2	9.2	0.17

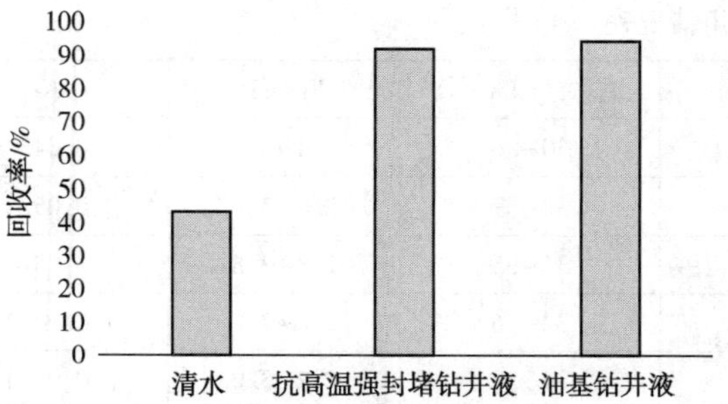

图1 岩屑滚动回收率实验

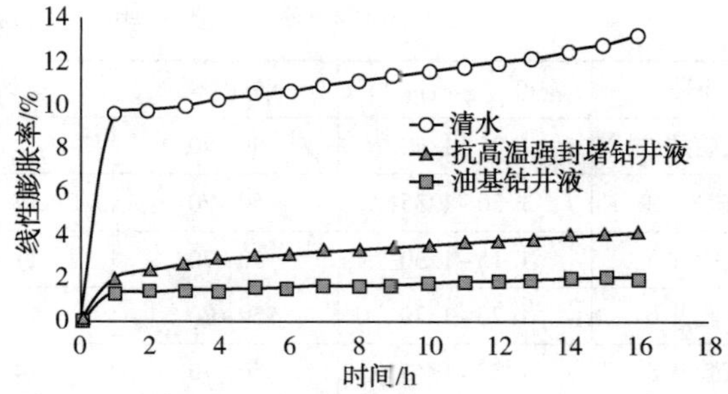

图2 线性膨胀实验

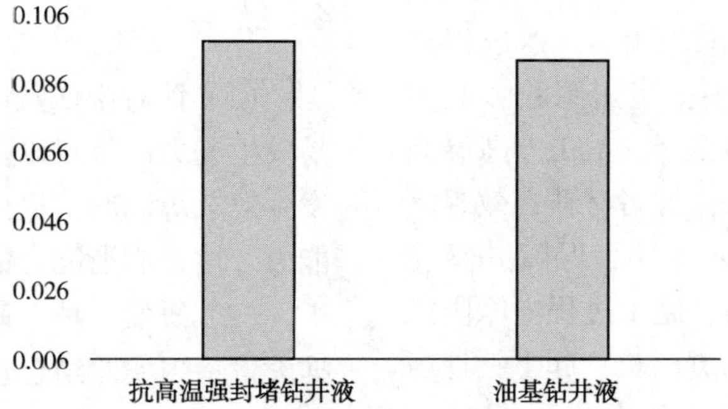

图3 润滑性评价实验

2.2 堵漏技术研究及效果评价

复配弹性体型胶黏材料、纤维材料、架桥粒子和吸水树脂，应用滚子炉180℃老化16h，用便携式堵漏仪进行了封堵评价实验，实验结果见表6。从实验结果可以看出，配方为0.5%双性纤维+1.0%~2.0%弹性体型胶黏材料TPE+0.5%~2.5%蛭石(10~60目)+0.0%~2.0%核桃壳粉(6~10目)+0.0%~8.0%吸水树脂(2~4目)的热塑性复合堵漏材料180℃老化后可以有效封堵1~4mm裂缝，承压5MPa。

表6 堵漏材料配方研究实验(180℃老化16h)

序号	配方	裂缝宽度/mm	瞬时漏失量/mL	总漏失量/mL	承压/MPa
1	0.5%双性纤维+1.0%弹性体型胶黏材料TPE+0.5%蛭石(40~60目)	1	10	115	5

续表

序号	配方	裂缝宽度/mm	瞬时漏失量/mL	总漏失量/mL	承压/MPa
2	0.5%双性纤维+2.0%弹性体型胶黏材料TPE+2.5%蛭石(10~60目)0.5%核桃壳粉(6~10目)	2	50	150	5
3	0.5%双性纤维+2.0%弹性体型胶黏材料TPE+2.5%蛭石(10~60目)+1.0%核桃壳粉(4~10目)	3	50	200	5
4	0.5%双性纤维+2.0%弹性体型胶黏材料TPE+2.5%蛭石(10~60目)+2.0%核桃壳粉(2~10目)+8.0%吸水树脂(2~4目)	4	200	200	5

3 现场应用效果

通过在松辽盆地深部致密气12口井现场应用说明，研发的抗高温强封堵钻井液体系性能稳定，部分数据见表7，未发生井壁失稳情况。应用过程中发生井漏3次，应用热塑性复合堵漏技术，一次堵漏成功率100%，承压最高7.5Mpa，保障了深部致密气安全高效施工。

表7 现场应用情况表

井号	密度/(g·cm^{-3})	黏度/s	动切/Pa	塑黏/(mPa·s)	FL/mL	Kf
试验井1	1.25~1.40	50~70	13~18	30~36	2.4~3.2	0.0437
试验井3	1.20~1.35	50~70	12~16	32~37	2.6~3.4	0.0524
试验井4	1.15~1.30	50~70	11~15	31~35	2.8~3.8	0.0524
试验井6	1.20~1.30	50~70	12~15	32~36	2.6~3.6	0.0437
试验井8	1.30~1.45	50~70	14~18	34~38	2.2~3.0	0.0524

取得效果主要体现以下几个方面：

(1) 现场应用过程中，钻井液流变性稳定，黏度、切力变化平稳，动塑比>0.4，返出岩屑棱角分明，滑动钻进摩阻小，扭矩平稳，起下钻、下套管作业顺利；API失水<4mL，高温高压失水<10mL，泥饼薄而韧，封堵材料有效封堵微裂缝孔隙，减少滤液侵入地层，保障井壁稳定；滑块摩阻系数≤0.0524，施工过程中摩阻扭矩小，未发生卡钻、滑动钻进困难、起下钻遇阻等情况，现场应用12口井，平均井深4674m，平均水平段长1535m。

(2) 根据各井地层风险提示，进入风险层位50m前，提高封堵材料的含量，封堵地层微孔隙裂缝，阻止滤液侵入，提升井壁强度，有效预防了漏失的发生，施工12口井，仅有2口发生井漏，防漏成功率达83.3%以上。

(3) 试验井11施工中发生1次漏失，累计漏失量35m^3，损失时间6小时，实验9井施工中发生2次漏失，累计漏失量63m^3，损失时间14小时，应用热塑性复合堵漏技术，一次堵漏成功，漏失层位未发生二次漏失，保证施工安全顺利进行。

4 结论

(1) 针对松辽盆地深部致密气地温梯度高、易发生漏失的特点以及水平段施工摩阻扭矩大易发生复杂等问题，提出了提高抗温性、提升封堵能力、增强润滑能力的水基钻井液解决思路。

(2) 研发1种、研选4种关键处理剂，并根据大量室内实验结合现场具体情况研发了抗高温强封堵钻井液体系，现场应用12口井，施工顺利。

(3) 形成的热塑性复合堵漏技术，可有效封堵4mm内裂缝，承压5MPa，现场操作简便，堵漏成功率100%，现场应用效果显著。

参考文献

[1] 赵春娟；徐淑娟；程宏岗，等．松辽盆地徐家围子断陷沙河子组沉积相类型及演化模式[J/OL]．沉积学报[2024-06-19].

[2] 高帅；巩磊；刘小波，等．松辽盆地北部深层致密火山岩气藏天然裂缝分布特征及控制因素[J]．石油

与天然气地质，2020，(03)：503-512.

[3] 孙莉．大庆深层天然气提速技术研究[J]．西部探矿工程，2021，v.33；No.305(09)：118-121+128.

[4] 闫晶；张坤；郭栋，等．弹性体型胶粘材料在大庆油田裂缝性漏失中的应用研究[J]．钻探工程，2024，51(02)：133-139.

[5] 潘永强；杨决算；于兴东，等．大庆深层水平井钻井提速技术[J]．西部探矿工程，2021，v.33；No.299(03)：43-46.

[6] 王嘉．大庆深层钻井提速技术研究[J]．西部探矿工程，2022，v.34；No.312(04)：93-94+96.

[7] 潘永强．抗高温封堵防塌钻井液在火成岩水平井中的应用[J]．西部探矿工程，2020，v.32；No.287(03)：59-63.

[8] 竹学友；赵亚涛；闫晶．抗高温抗盐降滤失剂的研究与应用[J]．石油石化节能，2022，v.12；No.134(04)：20-23+8.

[9] 侯卓识；郭涛；艾利国，等．大庆油田深层气开发钻完井关键技术应用与实践[J]．采油工程，2023，(01)：39-43+83-84.

[10] 权俊生．大庆油田深井提速及降本增效技术研究[J]．石油石化节能，2019，(01)：11-14+8.

[11] 李广环；龙涛；周涛等．大港油田南部页岩油勘探开发钻井液技术[J]．钻井液与完井液，2020，37(02)：174-179.

[12] 竹学友．AMPS多元共聚物降滤失剂的抗温效果分析[J]．西部探矿工程，2016，28(08)：94-97.

苏北盆地阜二段页岩油高性能水基钻井液推广应用

邹 宽[1] 高书阳[2] 胡子乔[2] 胡进科[1] 曹建山[1]

(1. 中国石化华东油气分公司；2. 中国石化石油工程技术研究院有限公司)

摘 要 苏北盆地溱潼凹陷页岩油主要目的层阜宁组二段泥页岩黏土矿物含量高，易于水化坍塌，微裂缝发育且存在异常高压，页岩油钻井面临垮、溢、漏等多种难题。通过研究，构建了SM-ShaleMud-II高性能水基钻井液体系，室内评价结果显示：不同密度条件下该体系均具有较低的粘度特征，动切力均>7Pa，动塑比>0.30，流变性能良好；体系中压滤失量<2.0mL，150℃高温高压滤失量<7mL，具有优异的滤失性能；体系极压润滑系数<0.12，润滑性能良好；体系页岩线性膨胀率仅为2.85%，抑制性能优秀；体系3μm陶瓷滤板条件下动态滤失量为4.6mL，封堵性能优异。室内评价表明，该体系能满足苏北盆地页岩油井对钻井液体系的技术要求。中国石化华东油气分公司在苏北盆地溱潼凹陷页岩油井开展了SM-ShaleMud-II高性能水基钻井液体系推广应用，取得了优异的成绩：在QY1井组水平井应用效果显示，该体系有效维持了阜二段井壁稳定，钻井周期缩短51.2%，机械钻速提高114.4%；在HY201井组二开(变径)井身结构定向井应用效果显示，该体系有效维持了阜宁组井壁稳定，降低了单井漏失量，钻井周期缩短了63.6%，机械钻速提高了153.8%，单井漏失量降低了94.8%；在Φ118mm小井眼井应用效果显示，SY3-7HF井创页岩油水平井Φ118mm井眼井深最深(5123.66m)、垂深最深(3817m)、裸眼段进尺最长(1947.99m)三项国内纪录，有效保持了阜宁组井壁稳定114d，LY1井组已顺利完井2口。

关键词 页岩油；水基钻井液；井壁稳定；水平井

近年来，中国原油对外依存度逐年攀升，亟需加大油气勘探开发力度，寻求新的资源接替，以保障国家能源安全。作为一种源-储一体的新型石油资源，中国的页岩油资源量远大于常规原油资源量。随着页岩油的成藏规律不断被认识、工程工艺技术不断进步，分布广泛的陆相页岩油已成为中国油气增储上产的重要领域。2020年，苏北盆地溱潼凹陷陆相页岩油取得重大突破，华东油气田部署在苏北盆地第一口页岩油井SD1井测试最高日产油50.9吨。随后华东油气田在苏北盆地先后部署20口页岩油探评井均获成功，页岩油井累计产油超8万吨，目前4口井累产油量超万吨，其中QY2HF井为苏北盆地首口页岩油百吨井，累产超3万吨，揭示了溱潼凹陷页岩油良好的勘探开发前景。

1 地质特征及技术难点

1.1 地质特征

苏北盆地溱潼凹陷主要目的层为阜宁组二段，具有良好油源基础，岩性整体为大套灰黑色泥岩与泥灰岩互层为主，夹少量粉砂质泥岩、灰绿色辉绿岩。取心及测井资料显示可见层理缝较为发育，部分层段发育高角度缝，裂缝平直，最长可断切0.5m；辉绿岩段疏松破碎。扫描电镜显示阜二段泥页岩段裂缝较为发育，以剪切缝和微裂缝为主；剪切缝倾角小，多顺层发育，缝宽10~45μm。微裂缝较为常见，裂缝宽约5~15μm，主要为层理缝及构造活动或成岩作用形成的微裂缝。矿物组分分析表明地层岩石主要为黏土矿物(36%~48%)、石英(23%~32%)为主，碳酸盐岩(12%~27%)和长石(3%~7%)；黏土矿物中以伊蒙混层(65%)和伊利石(35%)为主。理化特性分析表明清水条件下岩石滚动回收率76%~96.8%，24h最终线性膨胀率7.2%~17.5%，显示出中等偏弱的水化分散特性。

1.2 技术难点

(1) 目的层为古近系阜宁组二段，岩性主要为灰黑色泥岩、灰色灰质泥岩和辉绿岩。其中泥页岩黏土矿物含量高，易于水化坍塌，尤其是页岩油长水平段钻井中，浸泡时间越长，井壁稳定性越差。已钻井SD1井、BG1-1HF等均在阜宁组二段钻进中出现井壁坍塌。

(2) 阜宁组二段泥页岩和辉绿岩天然裂缝发育，漏失频发，已钻井SD1井、BG1-1HF等漏失量均在200m^{3}以上。溱潼凹陷阜二段目的层油气活跃且存在压力系数 1.65 的异常高压，钻井施工面临溢、漏并存的难题。

（3）水平井尤其是长水平段施工会产生较大摩阻，易出现托压、定向困难等问题，对钻井液润滑降摩减阻要求极高。

（4）为达到增产目的，老井采用注 CO_2驱、注水驱等提高采收率方式，新钻井常采用立体压裂技术，致使地层存在大量的 CO_2、水和压裂液，在钻井过程中，CO_2、原油、水易进入井筒，造成钻井液污染。

综上所述，在苏北页岩油井钻井过程中，钻井液体系需具备良好的井壁稳定性能、防漏堵漏性能、降摩减阻性能和抗污染性能。

2 技术对策及钻井液体系研究

2.1 技术对策

（1）井壁稳定是页岩油井正常施工的基础和关键。室内评价分析发现，阜宁组二段地层失稳的原因在于微裂缝发育，导致钻进过程中水基钻井液滤液易于沿微裂缝侵入，致使地层岩石水化而发生失稳。在结合邻井施工情况选择合理的钻井液密度的基础上，需强化体系对页岩油地层的抑制能力和封堵能力，防止地层垮塌。通过室内实验，优选了聚胺抑制剂 SMJA-1，并配合 KCl，阜二段页岩线性膨胀率降低 67%；研发了可变形微纳米封堵剂 SMNP-2，采用压力穿透实验表明裂缝封堵率提高 90.4%以上，高温高压力滤失量降低 40%，减少了滤液的侵入量。

（2）在防漏堵漏方面，通过成像测井和扫描电镜等技术手段研究了阜二段裂缝宽度在 0.1~400μm 之间。基于此，室内复配了纳微米级~毫米粒级随钻堵漏材料，形成了多级配复合随钻堵漏配方：1.5%SMNP-2+2%SM-SHIELD-2+2%超细钙 I 型+2%超细钙 II 型，提高了防漏能力。

（3）在降摩减阻方面，保证体系优良的携岩能力和井眼净化能力具有重要的意义，因此需控制施工过程中钻井液较低的黏度和较高切力。此外，为进一步提高体系的润滑性能，室内筛选了环保润滑剂 SMLUB-E、极压润滑剂 SMJH-1 复配，起到了较好的效果，体系极压润滑系数<0.12，粘滞系数<0.07。

（4）在防止钻井液污染方面，施工过程中应勤测体系性能，逐步摸清原油和 CO_2侵入规律；在小型实验的基础上采用生石灰和烧碱沉淀体系中的碳酸根和碳酸氢根离子，优选高效乳化剂乳化侵入体系中的原油，降低原油和和 CO_2侵入对体系性能的影响。

2.2 体系构建与评价

在钻井液技术对策的指导下，通过关键处理剂种类及加量的优化，形成了 SM-ShaleMud-II 高性能水基钻井液体系：3%膨润土+0.8~1.0%聚合物降滤失剂 SMLS-1+3%环保降滤失剂 SMGL-1+2~3%温敏防塌封堵剂 SMSHIELD-2+2%钻井液用液体封堵剂 SMFD-1+3%化学封堵剂 SMNP-1+2%纳米乳液 SMNR-1+3%QS-2+1~2%环保润滑剂 SMLUB-E+1~2%高效润滑剂 SMJH-1+0.3~0.5%聚按 SMJA-1+5~7%KCl+0.5%KOH+重晶石。

（1）基础性能评价

室内评价分析表明，不同密度条件下体系均具有较低的黏度特征，且动切力均>7Pa，动塑比>0.30，流变性能良好。体系中压滤失量<2.0mL，150℃高温高压滤失量<7mL，具有优异的滤失性能。体系极压润滑系数<0.12，润滑性能良好。见表 1。

表 1 SM-ShaleMud-II 高性能水基钻井液基础性能评价表

编号	密度/(g/cm^3)	AV/(mPa·s)	PV/(mPa·s)	YP/Pa	YP/PV	G/Pa	FL_{HTHP}/mL	FL_{API}/mL	润滑系数
1	1.20	29	22	7	0.32	2/13	6.4	1.8	0.11
2	1.50	31	23	7	0.30	2.5/12.5	5.8	1.6	0.11
3	1.80	35	26	9	0.35	3.5/14	5.4	1.2	0.12

（2）井壁稳定性能评价

通过对抑制性能和封堵性能的评价，可有效分析不同钻井液体系对井壁的稳定能力。实验采用去离子水、聚合物钻井液、SM-ShaleMud-II

高性能水基钻井液和油基钻井液四种不同性能的流体。其中聚合物钻井液配方为3%膨润土+0.8%LV-CMC+0.2%KPAM+0.5%NaOH+2%YH-8+2%DF-1+重晶石；油基钻井液配方为白油+2%有机土+1.5%主乳化剂+1%辅乳化剂+2%降滤失剂+25%$CaCl_2$溶液+1.5%流型调节剂+2%CaO+重晶石。实验中钻井液体系密度均为1.50g/cm^3。

① 抑制性能评价

线性膨胀实验和滚动回收实验是评价钻井液体系抑制能力最为常用的两种方法。采用这两种方法对不同钻井液体系抑制阜宁组二段泥页岩的能力进行了评价。实验温度为150℃。

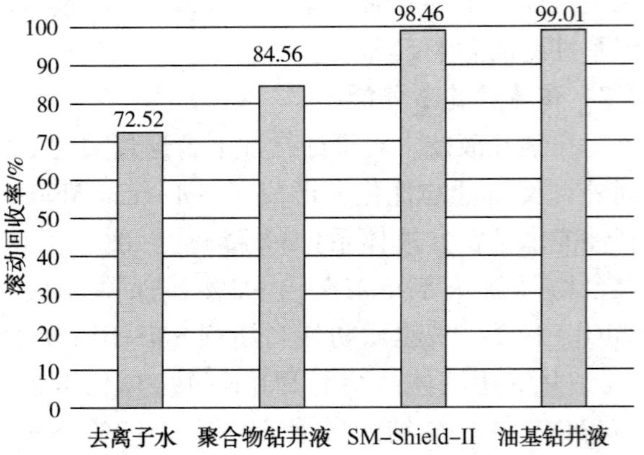

图1 钻井液滚动回收率

实验结果如图1和图2所示。通过图1可以发现高温150℃滚动20h后去离子水中阜二段易塌泥页岩地层滚动回收率为72.52%，在聚合物钻井液中为84.56%；而在SM-ShaleMud-II高性能水基钻井液中滚动回收率提高至98.46%，与油基钻井液非常接近。在图2中可见离子水中阜二段易塌泥页岩最终线性膨胀率为17.84%，在聚合物钻井液中降低至11.63%；而在SM-ShaleMud-II高性能水基钻井液中线性膨胀率仅为2.85%，接近于油基钻井液中的1.64%。从上述实验中可见SM-ShaleMud-II高性能水基钻井液对阜二段易塌泥页岩水化抑制能力极佳，远好于普通的聚合物钻井液体系，与油基钻井液抑制能力相近。

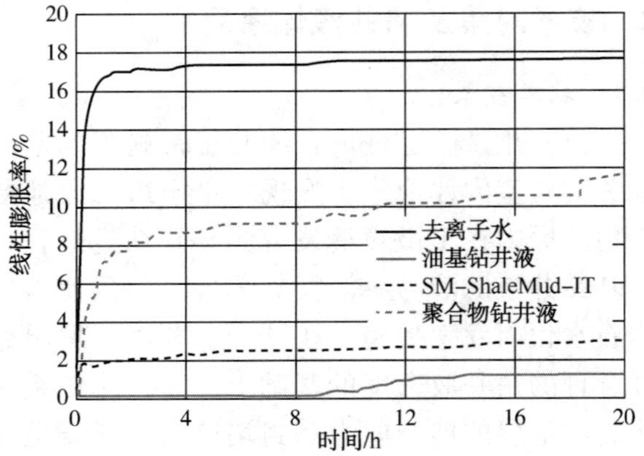

图2 钻井液页岩线性膨胀率

② 封堵性能评价

采用Fann高温高压动态封堵测试仪分别评价了聚合物钻井液、SM-ShaleMud-II高性能水基钻井液和油基钻井液三种不同钻井液体系的封堵性能。实验采用孔径为3μm和10μm两种不同规格的陶瓷滤板，实验压差为3.5MPa，实验温度150℃。实验结果见图3。从图中可以发现与常规聚合物钻井液体系相比，SM-ShaleMud-II高性能水基钻井液和油基钻井液均可显著地降低不同规格陶瓷滤板的动态滤失量；在3μm陶瓷滤板条件下，聚合物钻井液动态滤失量为26.4mL，SM-ShaleMud-II高性能水基钻井液为4.6mL，油基钻井液为3.8mL；表明SM-ShaleMud-II高性能水基钻井液和油基钻井液均具有优异的封堵性能，可显著降低实钻条件下对页岩等多孔裂缝性介质的渗透量。

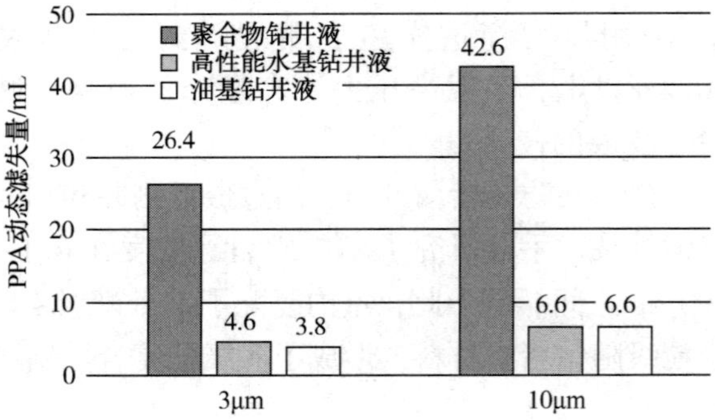

图3 PPA动态滤失量

(3) 润滑性能评价

在室内对上述聚合物钻井液、高性能水基钻井液和油基钻井液三种不同钻井液体系的润滑性能进行了对比分析。

采用E-P极压润滑仪及NZ-3A泥饼粘滞仪对常温条件下润滑性能进行了评价，结果如表2所示。通过对比可见SM-ShaleMud-II高性能水基钻井液在常温条件下具有极佳的润滑性能，其极压润滑系数为0.092，泥饼粘滞系数为0.061，润滑性能与油基钻井液大体相当，远好于常规聚合物钻井液体系。

表 2　常温下不同钻井液润滑性能对比

体系	极压润滑系数	泥饼粘滞系数
聚合物钻井液	0.262	0.168
高性能水基钻井液	0.092	0.061
油基钻井液	0.081	0.054

通过 LEM-4100 高温高压润滑仪，评价了三种不同钻井液体系在高温 150℃天下的润滑性能。结果见图 4。从图中可见普通聚合物钻井液润滑系数为 0.184，SM-ShaleMud-II 高性能水基钻井液润滑系数为 0.044，油基钻井液为 0.042。由此可见在实钻高温条件下，SM-ShaleMud-II 高性能水基钻井液同样具有同油基钻井液相当的润滑性能。

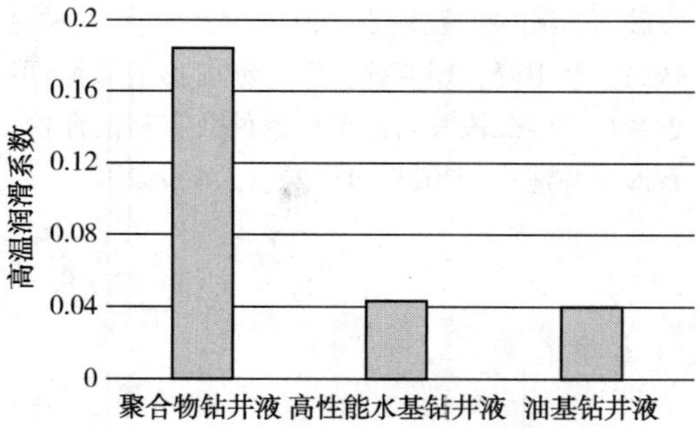

图 4　LEM-4100 高温高压润滑系数

3　现场应用

3.1　QY1 井组水平井应用效果

QY1 井组是中国石化华东油气分公司部署在苏北盆地溱潼凹陷深凹带内阜二段页岩油水平井试验井组。该井组前期 4 口水平井阜二段目的层采用油基钻井液体系，其中有 2 口井在目的层水平段钻进过程中发生水侵卡钻，导致油基钻井液粘切升高、密度降低、油水比反转、破乳电压降低，钻井液中重晶石、岩屑沉降，造成裸眼地层失稳，钻具卡死，最终回填侧钻，造成巨大损失。

后期 4 口井采用三开制井身结构，技术套管封阜二段不稳定地层及上部低承压地层，应用一体化精细控压钻井技术以应对目的层安全密度窗口窄，钻进过程中溢、漏、塌风险高等技术难题，同时三开采用 SM-ShaleMud-II 高性能水基钻井液应对阜二段井壁失稳问题。钻井周期从早期 82.5d 逐步下降至 40.25d，缩短 51.2%；机械钻速由 8.6m/h 提高至 18.44m/h，提高 114.4%，提速提效效果显著。

其中 QY1-1S02HF、QY1-1S03HF 井在水平段钻进过程中遭遇不同程度的溢流、井漏等复杂情况。SM-ShaleMud-II 高性能水基钻井液的应用，成功保障了水平段井壁稳定的同时，也留下了处理井下复杂的操作空间，使井漏、水侵等井下复杂得以快速处理，确保快速安全成井。这两口井的成功实施，不仅刷新了华东石油局 6000m 页岩油水平井最快钻完井周期，也证明了 SM-ShaleMud-II 高性能水基钻井液能满足苏北页岩油长水平井对钻井液体系的技术要求，更为苏北盆地页岩油安全高效钻完井提供了重要模板。

3.2　HY201 井组定向井应用效果

HY201 井组是中国石化华东油气分公司部署在苏北盆地溱潼凹陷深凹带东部构造复杂区的阜二段页岩油定向井评价井组。为应对前期 2 口井在阜宁组钻进过程中遇到的不同程度的起下钻划眼遇阻、憋泵等井壁失稳以及漏失问题，该井组之后 4 口井采用二开(二级变径)井身结构，并应用偏心扩眼器，以应对盐城组、三垛组缩径问题。钻进至戴南组后替换为 SM-ShaleMud-II 高性能水基钻井液，并在易漏地层随钻加入竹纤维等纤维类封堵剂，以应对阜宁组井壁失稳和漏失问题。

HY201 井组钻井周期由前期的 64.48d 下降至 23.5d，缩短 63.6%；机械钻速由 9.25m/h 提高至 23.38m/h，提高 153.8%；单井漏失量从 388m^3，下降至 20m^3，降低 94.8%。HY201 井组的成功实施为苏北盆地复杂构造区页岩油井效益开发提供了新的模式。

3.3　Φ118mm 小井眼井应用效果

2021 年，SM-ShaleMud-II 高性能水基钻井液在 SY3-7HF 井首次在页岩油井成功应用，创页岩油水平井 Φ118mm 井眼井深最深(5123.66m)、垂深最深(3817m)、裸眼段进尺最长(1947.99m)三项国内纪录。SM-ShaleMud-II 高性能水基钻井液有效保持了阜宁组井壁稳定达 114d，改变了阜二段泥脖子段水基钻井液浸泡 30d 必垮的认知。

中国石化华东油气分公司为进一步试验钻井降本工艺，在苏北盆地溱潼凹陷深凹带东部构造断块区部署 LY1 试验井组。该井组通过采用"瘦身型井身结构+组合型钻机+井工厂"钻井模式，降低套管和钻井液使用量，并通过钻井液集中转换和高效重复利用，减少固井候凝等辅助时间，大幅降低钻井成本。该井组三开为 Φ118mm 小井眼，采用 SM-ShaleMud-II 高性能水基钻井液，井深 4100～4500m，进尺 1300～1600m。目前 LY1 井组 4 口新钻井均已完成一开、二开施工，且 LY1-2 和 LY1-3 井已经顺利完井。SM-Shale-Mud-II 高性能水基钻井液应用效果优秀，阜宁组钻进过程安全无复杂，套管一次性下到位。

4 结论

（1）SM-ShaleMud-II 高性能水基钻井液具有优异的抑制能力、封堵性能和润滑性能，满足苏北盆地阜二段页岩油井对钻井液体系的技术要求。

（2）SM-ShaleMud-II 高性能水基钻井液有效保持了阜宁组井壁稳定，成功应对了目的层油气水侵、漏失等多种井下复杂，在苏北盆地阜二段页岩油多种井型成功开展应用试验并推广。

（3）SM-ShaleMud-II 高性能水基钻井液的成功应用，保障了苏北盆地阜二段页岩油井的安全快速成井，为苏北盆地页岩油大规模效益开发奠定了基础。

参 考 文 献

[1] 姚红生，云露，昝灵，等．苏北盆地溱潼凹陷阜二段断块型页岩油定向井开发模式及实践[J]．油气藏评价与开发，2023，13(2)：141-151.

[2] 云露，何希鹏，花彩霞，等．苏北盆地溱潼凹陷古近系陆相页岩油成藏地质特征及资源潜力[J]．石油学报，2023，44(1)：176-187.

[3] 昝灵，白鸾羲，印燕铃，等．苏北盆地溱潼凹陷古近系阜宁组二段页岩油基本特征及成因分析[J]．石油实验地质，2023，45(2)：356-365.

[4] 姚红生，昝灵，高玉巧，等．苏北盆地溱潼凹陷古近系阜宁组二段页岩油富集高产主控因素与勘探重大突破[J]．石油实验地质，2021，43(5)：233-241.

[5] 昝灵，骆卫峰，印燕铃，等．苏北盆地溱潼凹陷古近系阜宁组二段页岩油形成条件及有利区评价[J]．石油实验地质，2021，43(2)：776-782.

碳酸盐岩储层环保钻完井液体系评价及建议

巴合达尔[1] 程维恒[2] 顾亦新[1] 郭启军[2] 陈宝喆[2] 姜福华[1]
周海秋[1] 叶宇光[1] 周世英[1]

[1. 中国石油集团工程技术研究院有限公司；2. 中石油阿姆河天然气勘探开发(北京)有限公司]

摘 要 B油田是超深水碳酸盐岩油田，在钻完井作业期间井筒工作液的漏失往往会造成储层污染。本文根据B油田生产区块储层岩心的物性数据，制备了密度、孔隙度和渗透率与目标区块储层接近的人造岩心，配置了多套与目标区块钻井液、完井液及酸液性质相似的井筒工作液体系，并利用人造岩心完成了钻完井液污染及污染解除等评价实验。通过模拟的碳酸盐岩岩心，以NaCl、$CaCl_2$为主要配方的完井液体系对岩心的渗透率恢复率为80%~90%；以乙酸为主体的钻井液污染解除液对岩心渗透率恢复率可达88%~96%；以谷氨酸二乙酸为主体的完井液污染解除液对岩心渗透率恢复率可达99%；以过滤海水为主体的完井液体系与地层水的浊度值最高为31NTU，与原油黏度最大可增加至156.8mPa·s，且EC50值大于30000mg/L。评价认为以NaCl、$CaCl_2$为主要配方的钻完井液体系以及分别以乙酸和谷氨酸二乙酸为主体的钻完井液污染解除液体系可作为碳酸盐岩油气藏的清洁井筒工作液体系，以过滤海水为主体的完井液体系在碳酸盐岩储层中的地层流体配伍性较好且生物毒性小。

关键词 碳酸盐岩储层；人造岩心；井筒工作液；储层污染；清洁完井液

1 前言

超深水油气勘探与开发是全球各大能源公司的“竞技场”，近十年全球重大油气发现70%来自深水。深水超深水高温高压油气井中，由于使用高密度井筒工作液，储层难免会受到固相污染伤害，工作液中的固相颗粒残留在井筒内也会加剧套管和油管腐蚀的风险。在清洁完井技术方面，目前主要有耐高温高密度无固相完井工作液体系、基于油藏隔离阀的清洁完井工具、可溶筛管完井工具和工艺、“重晶石解除+加砂压裂”复合解堵工艺技术、基于管柱回插的二次完井工艺技术、重晶石污染解除技术、高密度完井工作液的高温沉降稳定性、使用高密度完井工作液条件下的井筒清洁工艺及防止结垢的磁性完井工具、类金刚石油管等技术或研究。在完井液方面，目前有溴盐盐水完井液、甲酸盐盐水完井液体系、有机盐完井液体系等，密度可加重至2.1~2.3g/cm^3，目前还在进一步攻关高温沉降稳定性。在酸化方面，目前倾向于研究清洁环保酸液，不但最大限度地减少对地层的二次伤害，同时满足地面安全环保的要求。

B油田是超深水海上油田，储层为碳酸盐岩，在钻完井作业期间井筒工作液的漏失往往会造成储层污染，需配套清洁井筒工作液体系，降低储层伤害。本文根据B油田储层特性，采用特殊工艺制备了与B油田目的层特性相似的人造岩心，配置了与现场钻井液、完井液及污染解除酸液性质相似的井筒工作液体系，利用人造岩心实验对比了不同钻完井液体系对储层的污染程度，并优选出相对最优的完井液体系和污染解除液体系，旨在对类似特性的碳酸盐岩油气田储层保护提供更环保的钻完井液体系及污染解除液。

2 实验准备

2.1 人造岩心制备

B油田某区块两口井目的层岩心的基础数据见表1所示，分析两口井的孔隙度和渗透率、含油饱和度、矿物含量等数据，考虑矿物组成、岩石孔隙度和渗透率等进行人造岩心的制备(图1~3)。

表 1 B 油田某区块两口井岩心物性基本数据表

井号		X-1	统计井深范围/m	X-2	统计井深范围/m
孔隙度(范围)/%		7.1~27.8	5416.5~5764	8~30.4	5366.7~5735.4
孔隙度(均值)/%		16.4	5416.5~5764	16.5	5366.7~5735.4
岩石密度(范围), SG		2.68~2.83	5416.5~5764	2.64~2.82	5366.7~5735.4
岩石密度(均值), SG		2.71	5416.5~5764	2.69	5366.7~5735.4
渗透率(范围)/mD		111~4360	5416.5~5764	100~26900	5366.7~5735.4
渗透率(均值)/mD		667	5416.5~5764	2192	5366.7~5735.4
含油饱和度(范围)/%		46.5~91.4	5416.2~5778.4	76.5~88	5364.8~5782.1
含油饱和度(均值)/%		77.6	5416.2~5778.4	82.8	5364.8~5782.1
矿物组分(范围)/%	白云石	9~70	5427.4~5435.7	5~90	5365.2~5545.0
	方解石	11~83	5427.4~5435.7	4~86	5365.2~5545.0
	石英	2~29	5427.4~5435.7	2~78	5365.2~5545.0
矿物组分(均值)/%	白云石	38.5	5427.4~5435.7	39.8	5365.2~5545.0
	方解石	47	5427.4~5435.7	45.1	5365.2~5545.0
	石英	13.8	5427.4~5435.7	14.0	5365.2~5545.0
天然裂缝发育情况		19 条裂缝，半充填为主，倾角多在 70~90°，开度 0.01~0.28mm，长度 0.02~0.6m	5427~5434.9	72 条裂缝，半充填-全充填，倾角多在 50~90°，开度 0.1~2mm，长度 0.02~1.0m	5373.4~5541.3

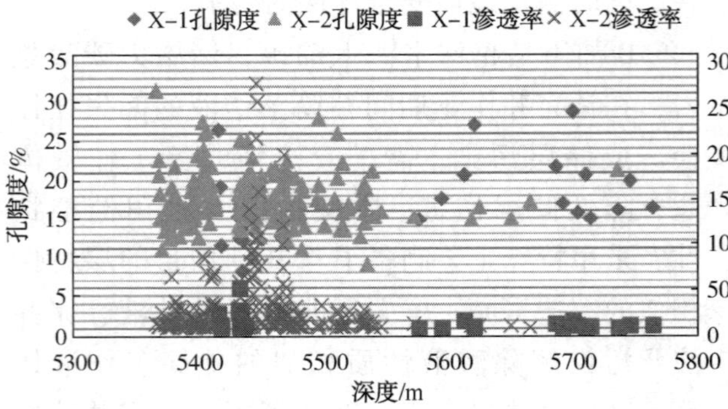

图 1 两口井孔隙度和渗透率分布图

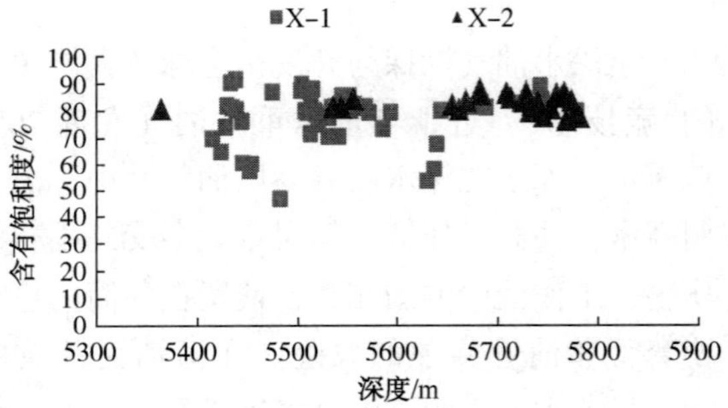

图 2 两口井含油饱和度分布图

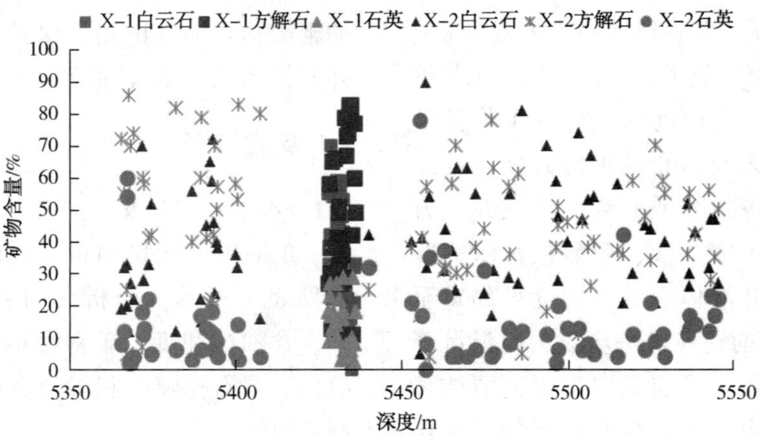

图 3 两口井矿物含量分布图

岩心制备过程中，采用了特殊工艺处理技术手段提高了人造岩心与真实岩心的相似性。首先，选用无机盐类胶结代替传统的树脂类有机胶结。使用传统的树脂类有机胶结剂时，微细颗粒易集中粘附，微细小孔隙难以形成。本实验采用无机盐型胶结剂+固化剂进行烧结，充分模拟成岩作用，微细小孔隙也更容易形成(图4)。其次，优化了固化剂用量和烧结次数，保证人造岩心强度(图5，图6)，烧结次数为4时强度级别达到最高。

图4　无机胶结人造岩心实物图及铸体薄片图(72×)

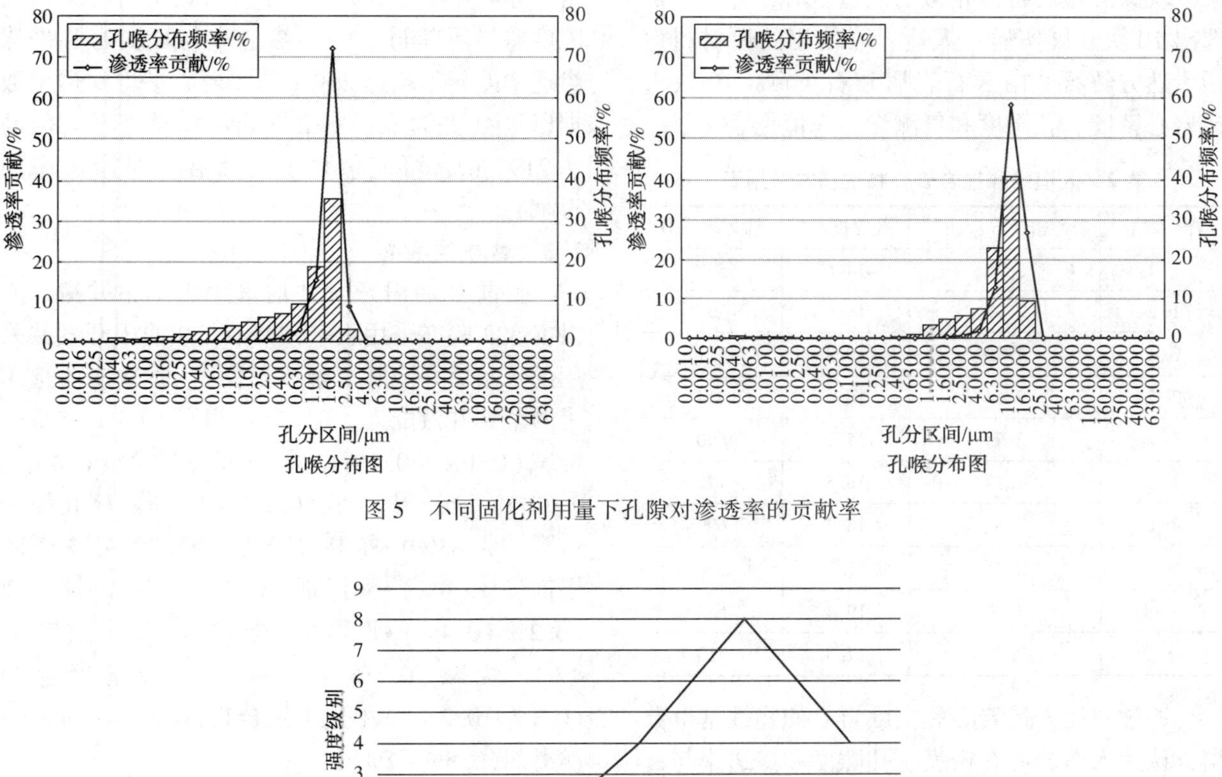

图5　不同固化剂用量下孔隙对渗透率的贡献率

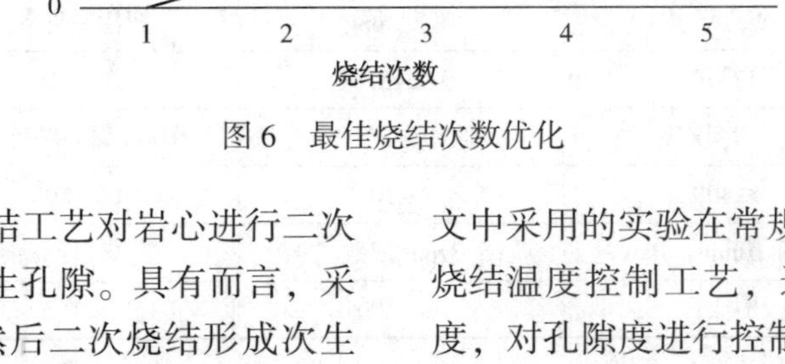

图6　最佳烧结次数优化

随后采用渐进高温烧结工艺对岩心进行二次处理，丰富孔隙空间及次生孔隙。具有而言，采用地层水浸泡24小时，然后二次烧结形成次生微孔(图7)。常规胶结的孔隙度渗透率一般由压力和粒径控制，使岩心呈现较好的孔渗关系。本文中采用的实验在常规制作方法基础上，考虑了烧结温度控制工艺，通过影响其化学反应的强度，对孔隙度进行控制，改变孔隙度与渗透率的相关性。B油田某区块岩心的孔渗相关性较好，经过实验优选，确定粒度中值为62.5μm。

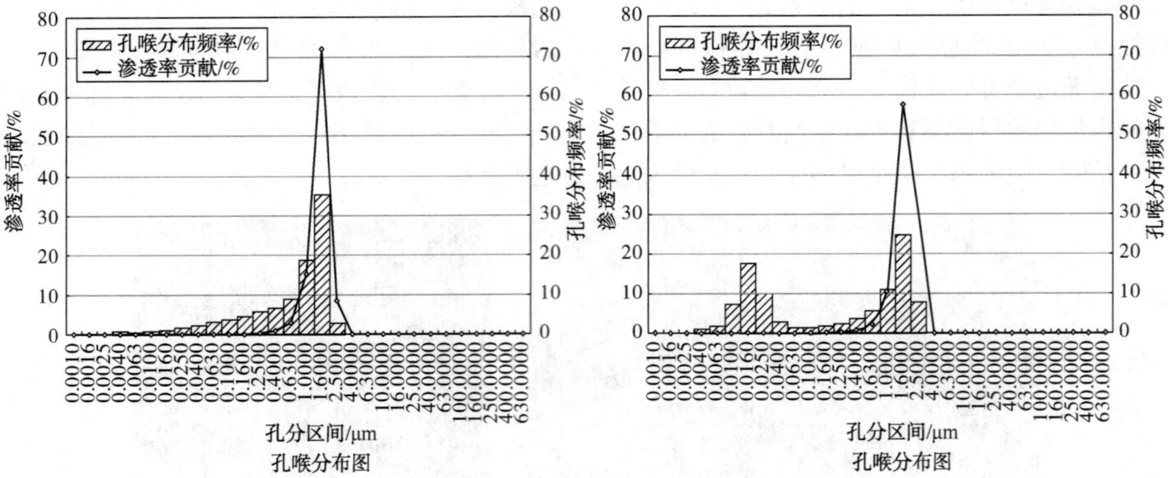

图7　二次处理前后人造岩心孔喉分布对比

基于以上岩心制备方法，制作了与 B 油田某区块碳酸盐岩特性相似的人造岩心，并从中优选出 10 块开展实验。人造岩心使用的原材料包括天然方解石、白云石岩屑和石英砂。10 块人造岩心密度、孔隙度和气测渗透率值见表 2。

表 2　人造碳酸盐岩岩心物性基本数据表

岩心编号	岩心密度/(g/cm^3)	孔隙度/%	渗透率/mD
1-1	2.75	14.5	537
1-2	2.72	18.6	757
2-1	2.70	19.9	611
2-2	2.64	16.6	714
3-1	2.75	15.2	690
3-2	2.73	16.5	770
4-1	2.80	16.2	699
4-2	2.75	17.3	756
备-1	2.63	19.4	633
备-2	2.72	17.0	759

通过对比人造岩心和实际岩心的物性基本数据，认为人造岩心在密度、孔隙度和渗透率与目标区块实际岩心数据接近：密度与真实岩心平均密度差异不超过 5%；孔隙度与真实岩心平均孔隙度差异不超过 20%；渗透率与真实岩心平均渗透率差异不超过 20%(真实岩心平均渗透率数据以 X-1 井为准；X-2 井岩心渗透率平均值高达 2192mD，可能包含了天然裂缝对渗透率的贡献)。

2.2　钻井液准备

目前 B 油田开发井均采用水基钻井液，所以本次实验亦采用水基钻井液。B 油田开发井采用的水基钻井液基本参数见表 3。本次实验选用了两个钻井液配方。配方 1：膨润土(3%~5%)+烧碱(0.1%~0.5%)+大分子聚合物(0.4%~0.6%)+小分子聚合物(0.2%~0.4%)+磺化酚醛树脂(2%~3%)+抗高温降滤失剂(1%~3%)+防塌剂(2%~4%)+润滑剂(0.5%~1.5%)+清洁剂(0.2%~0.4%)+加重剂。配方 2：膨润土(5%~8%)+烧碱(0.1%~0.2%)+大分子聚合物(0.1%~0.2%)+小分子聚合物(0.2%~0.4%)+润滑剂(0.5%~1%)。

表 3　B 油田开发井使用的水基钻井液性能参数

深度/m	井眼尺寸	密度/ppg	塑性黏度/cp	pH
5302~5868	12¼″	9.2~9.9	15~25	9.5~10.0
NaCl/(g/L)	钙离子含量/(g/L)	固相含量/%	马氏漏斗粘度/s	API 滤失量/mL
60~90	≤400	2~10	60~100	≤5.0
Gel 10s/Pa	Gel 10min，Pa	3rpm 读数	含砂/%	
7~12	8~15	6~10	≤1.0	

实验测定配方 1 和配方 2 的钻井液基本性能参数如表 4 和表 5 所示，可以看出实验室配制的钻井液基本性能与 B 油田开发井实际使用的钻井液性能参数值接近。

表 4　实验用水基钻井液配方#1 实测性能参数表

密度/(g/cm^3)	塑性黏度/(mPa·s)	pH	马氏漏斗黏度/s	动切力/Pa	初切/Pa
1.14	17	9.0	62	11	5
API 滤失量/mL	NaCl/(g/L)	钙离子含量/(mg/L)	固相含量/%	含砂/%	终切/Pa
5.0	55	212	6	0.3	12

表 5　实验用水基钻井液配方#2 实测性能参数表

密度/(g/cm^3)	塑性黏度/(mPa·s)	pH	马氏漏斗黏度/s	动切力/Pa	初切/Pa
1.12	14	9.0	70	13	4
API 滤失量/mL	NaCl/(g/L)	钙离子含量/(mg/L)	固相含量/%	含砂/%	终切/Pa
5.0	/	/	8	0.4	15

2.3　完井液准备

B 油田某区块采用 NaCl 盐水或抗腐蚀 $CaCl_2$ 盐水作为完井液。完井压井时，采用 150psi 的过平衡压力。完井液中加 Mono-ethylene glycol（一乙基乙二醇），以防止在井下安全阀和采油树处形成水合物。据此准备完井液配方 1：清水+26%NaCl，室温下实测密度 1.20g/cm^3。配方 2：清水+20%$CaCl_2$+0.4%缓蚀剂 JM-218，室温下实测密度 1.19g/cm^3。

2.4　酸液（污染解除液）准备

B 油田某区块采用乙二胺四乙酸（EDTA）、乙酸或者盐酸进行酸化。酸液类型和浓度根据每口井具体情况设定。据此准备酸液配方 1：20% CH_3COOH（乙酸）+0.1%缓蚀剂；配方 2：15% CH_3COOH（乙酸）+5% $C_{10}H_{14}N_2Na_2O_8$（依地酸二钠）+0.1%缓蚀剂；配方 3：50% $C_9H_{13}NO_8$（谷氨酸二乙酸）+5% $C_{10}H_{16}N_2O_8$（依地酸）+0.1%缓蚀剂。配方中未考虑盐酸，因为盐酸与碳酸盐岩岩心在高温下的反应能力极强，一接触即反应，易造成岩心破坏，无法继续开展实验。

2.5　低污染低伤害环保型完井液准备

考虑对储层损害小、密度可调范围广、对水敏矿物具有强抑制性等特性的完井液体系，本次实验选用了主体为过滤海水的完井液，具体配方：过滤海水+2%粘土稳定剂+1.5%缓蚀剂+1.5%+酸性解堵剂。

3　实验结果及评价

3.1　钻井液和完井液污染实验评价

根据 SY/T 6540—2021《钻井液完井液损害油层室内评价方法》，采用高温高压动态伤害评价系统，对 2 套钻井液体系和 3 套完井液体系进行了岩心污染实验。钻井液配方 1 和配方 2 的污染实验结果见表 6~10。

表 6　钻井液配方#1 污染岩心实验结果

岩心编号	K_0/mD	K_d/mD	R_d
1-1	416.9	236.7	56.78%
1-2	527.2	318.6	60.43%
平均值	472.1	277.7	58.61%

表 7　钻井液配方#2 污染岩心实验结果

岩心编号	K_0/mD	K_d/mD	R_d
2-1	443.9	211.7	47.69%
2-2	508.2	262.6	51.67%
平均值	476.1	237.2	49.68%

完井液配方 1 和配方 2 的污染实验结果如下。

表 8　完井液配方#1 污染岩心实验结果

岩心编号	K_0/mD	K_d/mD	R_d
3-1	516.4	471.2	91.25%
3-2	536.2	473.8	88.36%
平均值	526.3	472.5	89.80%

表 9　完井液配方#2 污染岩心实验结果

岩心编号	K_0/mD	K_d/mD	R_d
4-1	546.8	488.3	89.30%
4-2	569.5	477.2	83.79%
平均值	558.2	482.8	86.55%

低污染完井液对岩心的污染实验结果如下。

表 10　低污染完井液污染岩心实验结果

岩心编号	K_0/mD	K_d/mD	R_d
备-1	567.3	586.3	103.35%
备-2	701.2	634.8	90.53%
平均值	634.3	610.6	96.94%

以上5套钻完井液的岩心渗透率恢复率实验结果对比如图8所示。岩心渗透率恢复率最高值是低污染完井液的96.94%，最低值是钻井液配方#2的49.68%，完井液配方#1和#2的数值在86-90%之间，由此可知，低污染完井液配方对类似碳酸盐储层的渗透率影响最小。

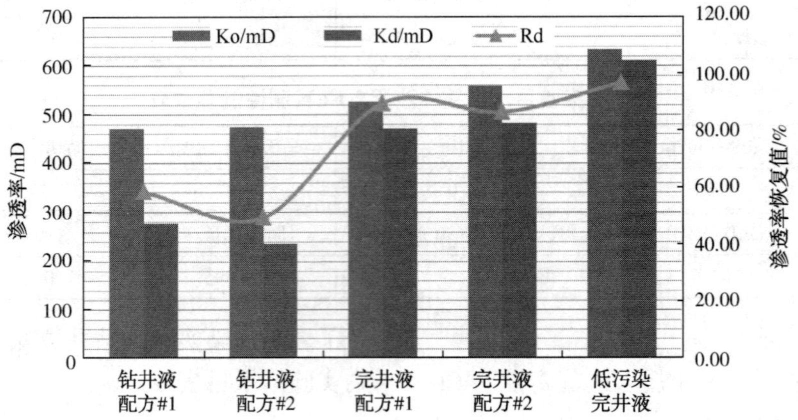

图8 五套钻完井液的岩心渗透率恢复率对比

3.2 钻井液和完井液污染解除实验评价

同钻完井液污染实验类似，根据SY/T 6540—2021《钻井液完井液损害油层室内评价方法》，采用高温高压动态伤害评价系统，用10块人造岩心测试了3套污染解除液的污染解除性能。

由于需要用10块岩心测试3套污染解除液的污染解除性能，则每个污染解除液配方针对每一种污染介质进行一组对比实验，不再设计重复实验，即从两个钻井液配方1污染岩心中优选解除液配方1和解除液配方2，再用两个钻井液配方2污染岩心比较解除液配方3；从两个完井液配方1污染岩心中优选解除液配方1和解除液配方2，再用两个完井液配方2污染岩心比较解除液配方3；对于低污染完井液，则直接用完井液污染解除实验中优选出的污染解除液配方进行验证实验。实验安排见表11。

表11 钻完井液岩心污染解除实验安排

岩心编号	污染介质	污染解除液	实验目的
1-1	钻井液配方#1	解除液配方#1	对比解除液配方#1和配方#2
1-2	钻井液配方#1	解除液配方#2	
2-1	钻井液配方#2	解除液配方#1或#2	对比更优解除液配方和配方#3
2-2	钻井液配方#2	解除液配方#3	
3-1	完井液配方#1	解除液配方#1	对比解除液配方#1和配方#2
3-2	完井液配方#1	解除液配方#2	
4-1	完井液配方#2	解除液配方#1或#2	对比更优解除液配方和配方#3
4-2	完井液配方#2	解除液配方#3	
备-1	低污染完井液	从完井液污染解除实验中优选出的配方	测试优选的完井液污染解除液对低污染完井液的作用效果
备-2	低污染完井液		

采用上述实验流程，用准备好的3套酸液体系分别对污染后的10个岩心进行污染解除实验。实验结果如图9、图10和表12所示。

从图9、图10和表12可知：污染解除液配方1对钻井液污染的解除效果最好，处理后岩心渗透率恢复率达到88%~96%，这说明在碳酸盐岩储层中用乙酸为主的酸液配方解除钻井液污染是可行的；污染解除液配方3对完井液污染的解除效果最好，处理后岩心渗透率恢复率达到99%，这说明在碳酸盐岩储层中用谷氨酸二乙酸和依地酸为主的酸液配方解除完井液污染是可行的。因为酸液配方有强络合作用，可以络合掉完井液中的钙离子，避免其形成碳酸钙或氢氧化钙沉淀。

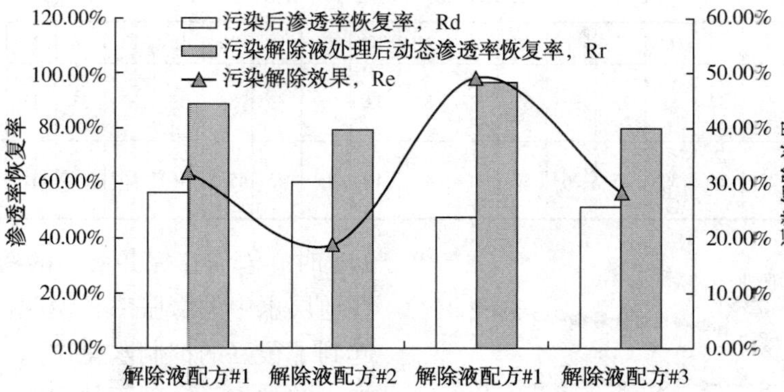

图9　三套解除液配方对两套钻井液污染的解除效果对比

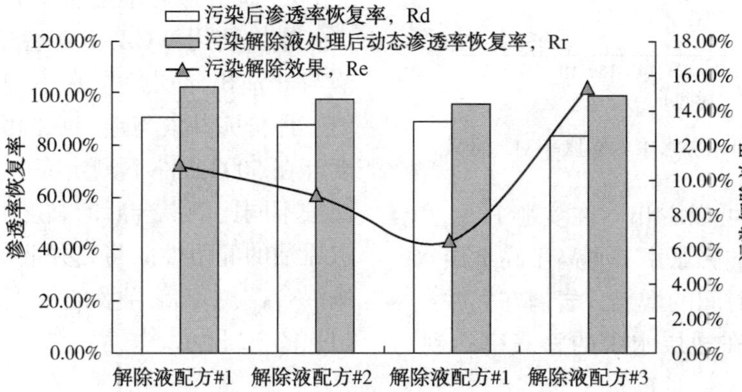

图10　三套解除液配方对两套完井液污染的解除效果对比

表12　污染解除液评价实验结果

岩心编号	污染前渗透率 K_0/mD	污染介质	污染后渗透率 K_d/mD	渗透率恢复率 R_d	污染解除液	污染解除液处理后渗透率 K_r/mD	污染解除液处理后动态渗透率恢复率，R_r	污染解除效果，R_e	备注
1-1	416.9	钻井液配方#1	236.7	56.78%	解除液配方#1	369.8	88.70%	31.93%	优选解除液配方#1
1-2	527.2	钻井液配方#1	318.6	60.43%	解除液配方#2	418.2	79.32%	18.89%	
2-1	443.9	钻井液配方#2	211.7	47.69%	解除液配方#1	429.8	96.82%	49.13%	优选解除液配方#1
2-2	508.2	钻井液配方#2	262.6	51.67%	解除液配方#3	406.8	80.05%	28.37%	
3-1	516.4	完井液配方#1	471.2	91.25%	解除液配方#1	527.3	102.11%	10.86%	优选解除液配方#1
3-2	536.2	完井液配方#1	473.8	88.36%	解除液配方#2	522.6	97.46%	9.10%	
4-1	546.8	完井液配方#2	488.3	89.30%	解除液配方#1	524.3	95.89%	6.58%	优选解除液配方#3
4-2	569.5	完井液配方#2	477.2	83.79%	解除液配方#3	564.4	99.10%	15.31%	
备-1	567.3	低污染完井液	586.3	103.35%	解除液配方#3	588.4	103.72%	0.37%	解除液配方#3效果验证
备-2	701.2	低污染完井液	634.8	90.53%		694.1	98.99%	8.46%	

3.3　低污染低伤害环保型完井液性能实验评价

通过对完井液与地层岩石的配伍性、完井液与地层流体的配伍性、完井液对岩心渗透率的损害、完井液的生物毒性实验等评价了低伤害环保型水基完井液的基本性能。

3.3.1　完井液与储层岩石的配伍性测试

用CLPZ-Ⅱ高温高压智能型页岩膨胀仪模拟储层温度和压力条件，分别测定岩屑在模拟地层水和完井液中的线性膨胀率，实验时间为24h。岩屑为人造岩心破坏获得。人造岩心破坏之前，必须已经完成钻井液（或完井液）污染实验以及污染解除实验。实验结果如表13、图11所示。

表 13　岩屑在完井液和地层水中的膨胀率对比

时间/h	1	2	3	4	5	6	7	8	9	10	11	12	13	14	15	16	17	18	19	20	21	22	23	24
膨胀率-完井液/%	7	15	28	31	32	33	33	33	33	33	33	33	33	33	33	33	33	33	33	33	33	33	33	33
膨胀率-地层水/%	3	6	12	22	26	30	33	36	37	40	42	44	45	45	45.5	46	46	46.5	46.5	47	47	47.5	48	48.5

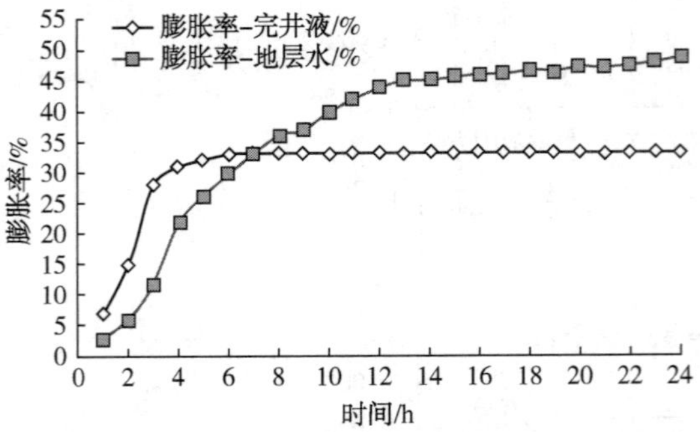

图 11　岩屑在完井液和地层水中的膨胀率对比曲线

由表 13 和图 11 可以看出，在实验开始 7h 内，岩屑在完井液中的膨胀率一直高于在地层水中的膨胀率；但随着时间的增长，岩屑在完井液中的膨胀率开始低于在地层水中的膨胀率；到 24h 时，岩屑在完井液中的线性膨胀率明显小于在地层水中的膨胀率，说明该完井液对储层岩石起到了很好的抑制水化作用。这是因为完井液中加入的黏土稳定剂等处理剂对岩石的水化膨胀具有良好抑制能力。

3.3.2　完井液与地层流体的配伍性测试

室内使用 WGZ-100 型光电浊度仪测定完井液与 B 油田储层地层水不同比例混合后的浊度值，评价完井液与地层水的配伍性。使用布氏黏度计在 50℃条件下测定完井液与 B 油田储层原油按不同比例混合后的黏度值，评价完井液与储层原油的配伍性。将完井液与地层水按照不同比例混合，测定混合液的浊度值。实验结果如表 14、图 12 所示。

表 14　完井液与地层水不同比例(体积比)混合液浊度值

完井液：地层水	10：0	9：1	8：2	7：3	6：4	5：5	4：6	3：7	2：8	1：9	0：10
浊度，NTU	3	10	8	7	9	26	31	25	20	12	5

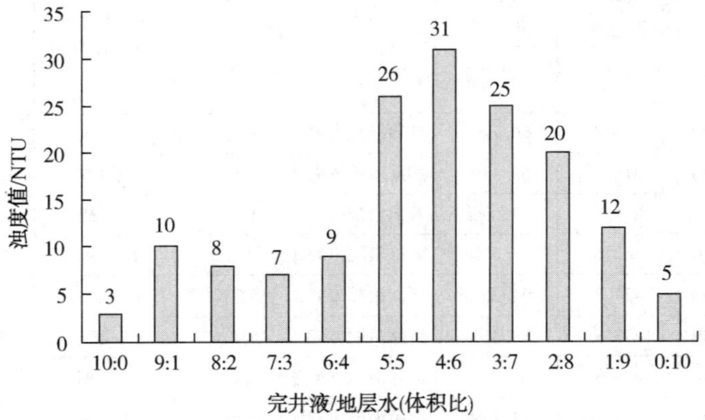

图 12　完井液与地层水不同比例(体积比)混合液浊度值

由表 14 和图 12 数据可以看出，完井液与地层水按不同比例混合后，配伍性良好，当混合比例为 5：5 和 4：6 时，其浊度值达到最高，分别为 26NTU 和 31NTU，处于接受的浊度值范围内，说明完井液与地层水配伍性良好。使用布氏黏度计在 100℃条件下(模拟 B 油田地层温度)测定完井液与原油按不同比例混合后的黏度值，结果如表 15、图 13 所示：

表 15　完井液与原油不同比例(体积比)混合液黏度值

完井液：原油(体积比)	100：0	90：10	80：20	70：30	60：40	50：50	40：60	30：70	20：80	10：90	0：100
黏度/(mPa·s)	58.6	79.3	88.5	100.5	122.4	156.8	88.2	71.1	44.9	18.2	1.1

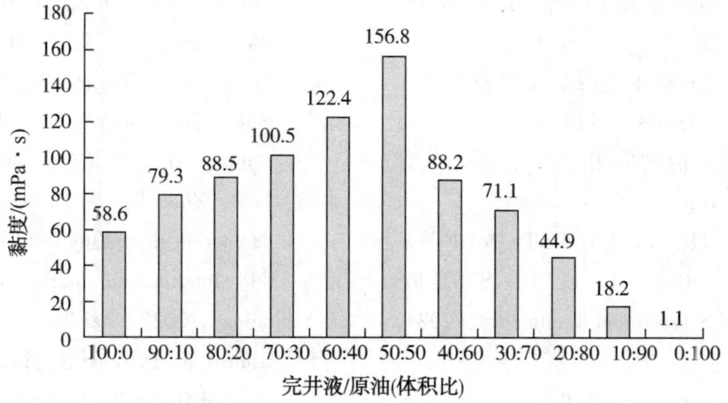

图 13 完井液与原油不同比例(体积比)混合液黏度值

从表 15 和图 13 的实验结果数据可知，原油与完井液按不同比例混合后，黏度出现不同幅度的变化，当比例为 50∶50 时，黏度增加到最大(156.8mPa·s)。这是由于完井液中加入了黏土稳定剂和缓蚀剂等表面活性剂物质，这类完井液中的添加剂可以改变储层中的油水界面性能，形成油和水的乳化液，提高流体的黏度。并且完井液仅与原油在界面上乳化增黏，增粘后会阻止完井液和原油的继续传质，不会影响完井液的性质。

3.3.3 完井液储层保护性能评价

使用高温高压动态伤害评价系统评价了完井液对岩心的伤害，结果见表 12。由此可知，在使用完井液污染后人造岩心的渗透率恢复值大于 90%；岩心备-1 的渗透率恢复值甚至超过了 100%，这是因为完井液中加入了酸性解堵剂，会对岩石产生一定的溶蚀作用，不但没有伤害，甚至提高了它的渗透率。由此可知，优选的完井液体系在完井作业过程中不会对储层造成显著损害，具有良好的储层保护效果。

3.3.4 低污染低伤害环保型完井液的生物毒性测试

使用水质在线生物毒性测定仪，随机取三个完井液样品，用发光细菌法分别测定了完井液体系的生物毒性，实验结果见表 16，完井液体系 EC50 值均大于 30000mg/L，满足环境保护要求。

表 16 完井液生物毒性测试结果

样品	#1	#2	#3
EC50 值/(mg/L)	30498	32009	31886

4 结论与认识

在超深水碳酸盐岩油田中，钻井液配方中加入大小分子聚合物、磺化酚醛树脂、抗高温降滤失剂、防塌剂等外加剂虽对保持钻井液性能有帮助，但其对碳酸盐岩储层会造成不同程度的伤害，这类钻井液对模拟碳酸盐岩岩心的渗透率恢复率为 50%~60%。而以 NaCl、$CaCl_2$ 为主要配方的完井液对碳酸盐岩储层的污染程度较低，它们对模拟碳酸盐岩岩心的渗透率恢复率为 80%~90%。

在模拟碳酸盐岩的岩心中，污染解除液配方 1 对钻井液的污染解除效果最好，处理后岩心渗透率恢复率达到 88%~96%，优选的钻井液污染解除液配方为：20% CH_3COOH(乙酸)+0.1%缓蚀剂；污染解除液配方 3 对完井液的污染解除效果最好，处理后岩心渗透率恢复率达到 99%，优选的完井液污染解除液配方为：50% $C_9H_{13}NO_8$(谷氨酸二乙酸)+5% $C_{10}H_{16}N_2O_8$(依地酸)+0.1%缓蚀剂。

在模拟碳酸盐岩的岩心中，主体为过滤海水的完井液配方为过滤海水+2%粘土稳定剂+1.5%缓蚀剂+1.5%+酸性解堵剂。模拟的碳酸盐岩岩屑在该完井液中放置 7h 后，其膨胀率趋于稳定且明显低于在地层水中的膨胀率，表明该配方对碳酸盐岩岩石可起到很好的水化抑制作用。该完井液与地层水(浊度值最高为 26-31NTU)和原油(粘度最大增加到 156.8mPa·s)的配伍性都较好，并且对人造岩心的渗透率恢复值大于 90%，对储层污染小。此外该完井液 EC50 值大于 30000mg/L，生物毒性小。综合考虑，该完井液体系可作为碳酸盐岩油气田的清洁完井液体系。

参考文献

[1] Han W, Yu S, Zhao H, et al. Strategies of Efficient Exploration and Development of Deepwater Oil and Gas

Overseas [J] . Frontiers of Engineering Management, 2016, 3(04): 314-320.

[2] 李中. 中国海油深水钻井技术进展及发展展望[J]. 中国海上油气, 2021, 33(03): 114-120.

[3] 王卫东. 南海深水钻井液的应用探讨[J]. 化工管理, 2021(29): 192-193.

[4] Lim S . PROGRESS IN THE INVESTIGATION OF MARINE DEEPWATER DRILLING FLUID SYSTEMS [J]. Eurasia Journal of Science and Technology, 2024, 6(2):

[5] Yu Z, Peng X, Mingbiao X, et al. Properties of Bentonite Slurry Drilling Fluid in Shallow Formations of Deepwater Wells and the Optimization of Its Wellbore Strengthening Ability While Drilling. [J]. ACS omega, 2022, 7(44): 39860-39874.

[6] Xie B, Zhang X, Li Y, et al. Application a novel thermo - sensitive copolymer as a potential rheological modifier for deepwater water - based drilling fluids [J]. Colloids and Surfaces A: Physicochemical and Engineering Aspects, 2019, 581123848-123848.

[7] 李斌, 苏东海, 张鑫. 超深水油田完井液应用探索[J]. 中国石油石化, 2017(07): 106-107.

[8] 万宏春, 李艳飞, 葛俊瑞, 等. 一种新型油藏隔离阀在海上水平裸眼气井中的应用[J]. 石油钻采工艺, 2023, 45 (04): 516 - 522. DOI: 10.13639/j.odpt.202212015.

[9] 魏波, 彭永洪, 熊茂县, 等. 超深层高压气井可溶筛管清洁完井新工艺研究与应用[J]. 钻采工艺, 2022, 45(03): 61-66.

[10] 陈圣乾, 郝明慧, 张兰江, 等. 海上疏松砂岩储层复合解堵工艺优化[J]. 化学工程与装备, 2022 (12): 108 - 110. DOI: 10.19566/j.cnki.cn35 - 1285/tq.2022.12.127.

[11] 刘言理. 复杂井二次开发完井工艺技术研究[J]. 化工管理, 2016(19): 165.

[12] Kunjian W, Ruibin H, Qianhua L, et al. A Gel-Based Solidification Technology for Large Fracture Plugging[J]. 1 Tianjin Branch of CNOOC (China) Co., Ltd., Tianjin, 300450, China; 2 Jingzhou Jiahua Technology Co., Ltd., Jingzhou, 434001, China, 2024, 20(3): 563-578.

[13] Li Z, Zhou Y, Qu L, et al. Smart plugging and low-damage foam drilling fluid technology for CBM drilling [J]. International Journal of Oil, Gas and Coal Technology, 2023, 32(2): 103-125.

[14] Gharib M S, Roger A, Ettehadi R O, et al. Development of Digital Twins for Drilling Fluids: Local Velocities for Hole Cleaning and Rheology Monitoring [J]. J. Energy Resour. Technol, 2022, 144(12):

[15] Fischer B C, Rohrbeck M, Zentgraf S. Diamond-like carbon coatings on medically relevant polyurethane tubing with a follow-up aging study [J]. Biointerface Research in Applied Chemistry, 2014, 4(5): 837-842.

[16] 向兴金, 易绍金. JB-Ⅰ非溴盐完井液体系试验研究(Ⅱ)[J]. 湖北化工, 1998, (05): 13-14.

[17] 余明炎. 甲酸盐钻井液完井液及其应用之研究[J]. 当代化工研究, 2016, (06): 102-103.

[18] Balaban C D R, Vidal F L E, Borges R M. Design of experiments to evaluate clay swelling inhibition by different combinations of organic compounds and inorganic salts for application in water base drilling fluids [J]. Applied Clay Science, 2015, 105-106124-130.

[19] 万里平, 孟英峰, 卢清兰, 等. 塔里木油田有机盐完井液腐蚀研究[J]. 西南石油大学学报(自然科学版), 2009, 31(01): 133-136+196-197.

[20] Pereira I Z A, Delpech C M, Costa G F, et al. Structural effects of the hydrolysis of poly (methylene oxide) and poly (glycolic acid) exposed to completion and acidizing fluids in an oil well environment [J]. Journal of Applied Polymer Science, 2019, 136 (16): n/a-n/a.

温度响应型页岩封堵剂 XZ-FD4 的评价与应用

贾永红[1] 黄叁鹏[2] 孙少林[1] 吴家乐[2] 张 蔚[1] 马晓飞[1] 杨丽丽[2]

[1. 中国石油集团西部钻探工程有限公司钻井液分公司；2. 中国石油大学(北京)石油工程教育部重点实验室]

摘 要 新疆准噶尔盆地的玛湖凹陷是全球最大的砾岩油田，该区块的上乌尔禾组、白碱滩组及克拉玛依组地质条件复杂，泥页岩互层多，井壁岩石中黏土含量高，极易水化膨胀，导致井壁稳定性差，钻具摩阻大，岩屑清除困难。传统的封堵剂因颗粒粒径大，无法有效封堵纳微孔隙裂缝，使得封堵效果不佳。本研究采用自由基聚合方法，以热稳定性强的无机材料为交联剂，表面接枝多种聚合物，利用有机/无机杂化复合技术，合成了一种抗高温的温度响应型页岩封堵剂 XZ-FD4。实验结果表明，XZ-FD4 的形态为球形，尺寸在 50nm~150nm 之间，热稳定性良好；当温度从室温逐渐升高至 65℃时，封堵剂的颗粒粒径可快速膨胀，膨胀率达 548.6%，且其中值粒径可随温度的下降而逐渐恢复。同时，封堵剂浓度对于颗粒粒径也存在一定影响，当浓度从 1‰增加至 1%时，其颗粒粒径从原本的纳米级膨胀到微米级别。这种温度响应性使得 XZ-FD4 能够在不同条件下有效封堵不同尺寸的孔隙和裂缝，可实现纳微孔隙裂缝地层的多级封堵。砂床实验中，向钻井液加入 2%XZ-FD4，体系的漏失量减少至一半左右，与体系配伍性良好。在玛湖井区进行应用，向井浆加入 1-2%XZ-FD4 能有效增加封堵效果，抑制性良好。本文合成的抗高温的温度响应型页岩封堵剂 XZ-FD4，其独特的温度响应性为解决复杂地质条件下的井壁稳定性问题提供了有效的技术方案。

关键词 钻井液；温度响应性；封堵剂；纳米材料

新疆准噶尔盆地的玛湖凹陷区域，石油地质储量超过 12 亿吨，是全球迄今为止最大的砾岩油田，油气勘探开发前景十分广阔，是我国油气资源增储上产的重要接替区，勘探潜力巨大。该区块的上乌尔禾组、白碱滩组及克拉玛依组地质条件复杂，泥页岩互层多，井壁岩石中黏土含量高，极易水化膨胀，岩石胶结疏松，纳微孔隙裂缝极其发育，采用水基钻井液进行造斜段和水平段的钻进作业时，由于压差和毛细管的吸水效应，钻井液能够渗透进岩石的微裂缝和微纳米级孔隙中。这种渗透导致岩石内部的泥质填充物和胶结物发生水化反应，使得原本胶结疏松的井壁岩石的胶结强度进一步减弱。这种变化使得井壁更加容易坍塌，同时增加了钻具的摩擦阻力，岩屑清除困难，从而影响了勘探开发的效率。因此，如何对该区域的纳微孔隙裂缝进行有效封堵，提高井壁稳定性成为了解决问题的核心。

井壁的不稳定性由多种因素引起，这些因素包括地质力学要素、地层的原始应力条件、空隙中的压力、地下温度以及地质结构的特点等。此外，岩石的总体特性，如其强度、形变特性、孔隙率、含水率、粘土矿物的含量、成分和固结程度等，也是关键因素。钻井液的渗透作用，特别是其引发的水力尖劈效应，同样会对井壁的稳定性构成威胁。微量钻井液渗透进页岩的微小孔隙，会导致井壁孔隙压力上升，减弱静水压力的支撑效果，最终可能引起井壁的崩塌。目前常用的封堵剂为沥青类或者聚合醇类，其颗粒粒径较大，无法进入泥页岩微结构封堵，导致封堵失败。传统的封堵材料在形成泥饼后无法实现“零失水”，这使得滤液持续渗透进地层，进而引起泥页岩的水化膨胀，最终造成地层的不稳定。因此，在面对纳微孔隙裂缝发育地层时，与地层条件下的温度响应行为相结合，开发微纳米级封堵剂才可能实现自适应多级封堵。

针对玛湖井区地层中纳微孔隙裂缝的发育和不稳定特性，本研究选取了有机/无机复合纳米材料作为研究的核心。以地层的温度变化作为触发因素，成功开发了一种新型的、能够抵抗高温的温度响应型页岩封堵剂。形成高效的温度响应型页岩封堵水基钻井液体系，提升钻井液的封堵效果，防止水基钻井液对地层的渗透。

1 技术思路和研究方法

1.1 主要试剂与仪器

（1）主要实验材料：N-乙烯基吡咯烷酮（NVP）、二甲基二烯丙基氯化铵（DMDAAC）、2-丙烯酰胺基-2-甲基丙磺酸（AMPS）、改性二氧化硅（$mSiO_2$）、氢氧化钠（NaOH），分析纯，北京伊诺凯科技有限公司；过硫酸钾（$K_2S_2O_8$），分析纯，上海泰坦科技股份有限公司；实验用水为去离子水。

（2）主要实验仪器：GJSS-B12K 型变频高速搅拌机、GW300 型变频高温滚子加热炉、1103 型六速旋转粘度计、恒温磁力搅拌器（T09-1S）、数显恒温水浴锅（XMTD203）、LA-960S 型激光粒度仪、JEM-2100F 型透射电镜、SZ-100 型纳米粒度及 Zeta 电位仪。

1.2 XZ-FD4 的合成

通过自由基聚合法，以热稳定性强的无机材料为交联剂，表面接枝多种聚合物，利用有机/无机杂化复合技术，合成了一种抗高温的温度响应型页岩封堵剂 XZ-FD4。合成步骤如下：

① 室温下，将定量的 AMPS 加入烧杯中，然后加入去离子水，用玻璃棒搅拌均匀至完全溶解后，使用 NaOH 水溶液调整 PH 值至中性（应缓慢加入，防止加入过快，局部自聚）。

② 将溶液转移至烧瓶中，开启搅拌，将 NVP、DMDAAC 各单体按一定比例加入烧瓶中，以 250rpm 转速继续搅拌 30min 直至搅拌均匀。

③ 把烧瓶转移至水浴锅中，向三口烧瓶中通入氮气 20min 至 25min，期间依次加入少量的交联剂 $mSiO_2$、引发剂 $K_2S_2O_8$，继续通氮气 20min，然后迅速盖紧盖子，防止氧气进入。

④ 然后升温至 70℃，反应 8h，待反应完全后，取下三口烧瓶，得到封堵剂产品 XZ-FD4。

2 结果与效果

2.1 XZ-FD4 的表征

2.1.1 XZ-FD4 的结构表征

使用透射电镜对 XZ-FD4 的微观形貌进行观察，将浓度为 1‰的 XZ-FD4 点滴在膜片上，风干后进行透射电镜分析。可以清晰的观察到微纳米结构，从而对 XZ-FD4 的形貌进行分析，$mSiO_2$和 XZ-FD4 的 TEM 图像如图 1 所示。

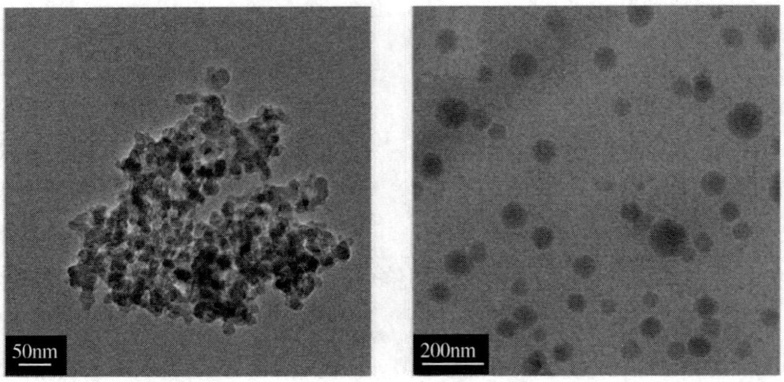

(a) (b)

图 1 (a) $mSiO_2$和 (b) XZ-FD4 的 TEM 图像

纳米 SiO_2材料被有机单体包裹后，会导致聚合物颗粒的尺寸增加，构建出纳米级别的有序“核壳”结构。通过图像可以明显看到，众多球形纳米颗粒均匀分散，颗粒直径为 50~150nm，而纳米无机材料的平均直径约为 20nm，与其相比颗粒直径大 1.5~6.5 倍。

2.1.2 XZ-FD4 的热稳定性分析

由于高分子聚合物在高温环境中易于分解，为了检验添加二氧化硅能否增强共聚物的热稳定性，我们进行了热稳定性的测试分析两性离子聚合物（ZP）单体为 NVP、DMDAAC 和 AMPS，TGA 曲线可以观察质量随温度的变化。

XZ-FD4、ZP/$mSiO_2$、ZP 和 $mSiO_2$的热稳定性测试结果如图 2 所示。

ZP 接枝 $mSiO_2$后，失重起始温度（T_{onset}）和最大热分解温度（T_{max}）分别增加 100.2℃ 和 5.5℃，表明无机组分有效提高杂化材料的热稳定性。当温度达到 600℃时，XZ-FD4 和 ZP 的 TGA 曲线几乎重叠，验证了 XZ-FD4 中 $mSiO_2$的低百分比，表明少量的无机纳米材料 $mSiO_2$足以显著提高纳米复合材料的热稳定性。

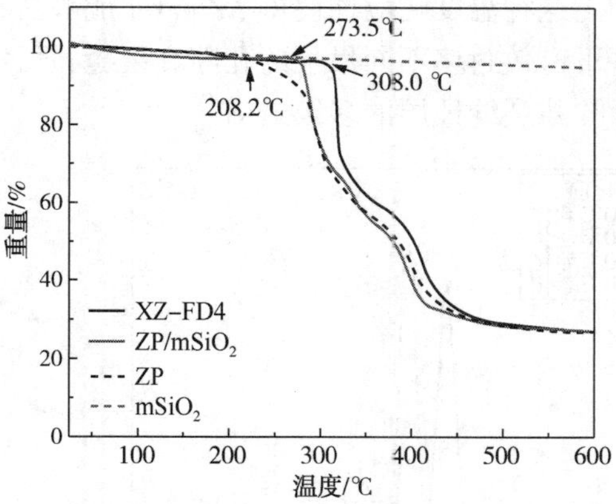

图 2　XZ-FD4，$ZP/mSiO_2$，ZP 和 $mSiO_2$ 的 TGA 曲线

2.2　XZ-FD4 封堵性能性能评价

为了研究 XZ-FD4 的封堵效果，配制三种钻井液体系，各体系沥青浓度不同，分别加入 2% XZ-FD4，对比体系在不司目数下(40～60、60～80 目)的砂床封堵效果进行评价。如图 3 所示。

1*：2%土+3%SMP-2+1%AP220+3%FT-401(阳离子乳化沥青)+2%白沥青+1.0%PAC-LV+0.5%NaOH+0.5%AHB+2%$CaCO_3$+7%KCl+重晶石粉(密度 1.5g/cm^3)

2*：2%土+3%SMP-2+1%AP220+1.5%FT-401(阳离子乳化沥青)+1%白沥青+1.0%PAC-LV+0.5%NaOH+0.5%AHB+2%$CaCO_3$+7%KCl+重晶石粉(密度 1.5g/cm^3)

3*：2%土+3%SMP-2+1%AP220+1.0%PAC-LV+0.5%NaOH+0.5%AHB+2%$CaCO_3$+7%KCl+重晶石粉(密度 1.5g/cm^3)(无添加沥青)

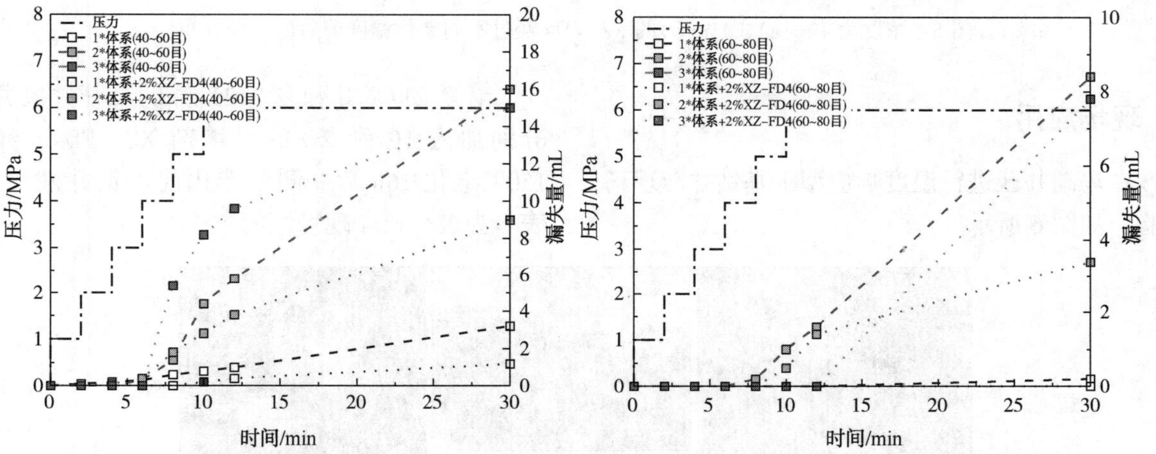

图 3　加入 XZ-FD4 前后，各体系的砂床(40～60、60～80 目)封堵实验

由图 3 可知，体系 1* 至 3* 的沥青浓度降低，伴随漏失量逐渐增多。在(40～60 目)砂床中加入 2%XZ-FD4 后，体系的漏失量降低率分别达到 62.5%、43.8% 和 46.4%；在(60～80 目)砂床中加入 2%XZ-FD4 后，体系的漏失量降低率分别达到 100%、59.5% 和 51.3%。在体系 3*(无沥青)中加入 2%XZ-FD4 与总加量 2.5% 的沥青(2*)相比，封堵效果更好。表明仅 2% 加量的 XZ-FD4 便可显著提高封堵效果，且效果优于 2.5% 总加量的沥青。封堵剂 XZ-FD4 与体系的配伍性良好，降滤失作用优异。

2.3　XZ-FD4 的温度响应性评价

为了研究封堵剂 XZ-FD4 的粒径在温度响应下的变化，使用纳米粒度仪分别对 25℃、35℃、45℃、55℃、65℃下的浓度为 1‰的 XZ-FD4 的粒径分布进行测试。如图 4，当温度从室温逐渐升高至 65℃时，封堵剂的颗粒粒径可快速膨胀，膨胀率达 548.6%，且其中值粒径可随温度的下降而逐渐恢复。

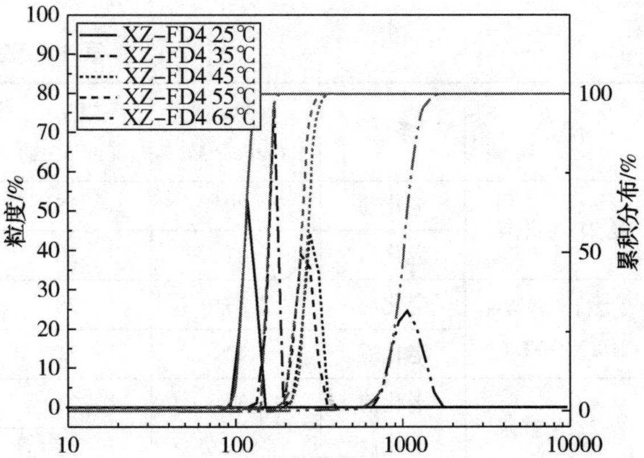

图 4　不同温度下的 XZ-FD4 粒径分布

分别对 100℃、120℃、150℃、180℃ 热滚 16h 前后的浓度为 1‰、1% 的 XZ-FD4 的粒径分布进行测试，分析不同浓度的粒径变化以及老化前后的粒径变化。如图 5，当浓度从 1‰增加至 1%时，其颗粒粒径从原本的纳米级膨胀到微米级别。这种温度响应性使得 XZ-FD4 能够在不同条件下有效封堵不同尺寸的孔隙和裂缝，可实现纳微孔隙裂缝地层的多级封堵。

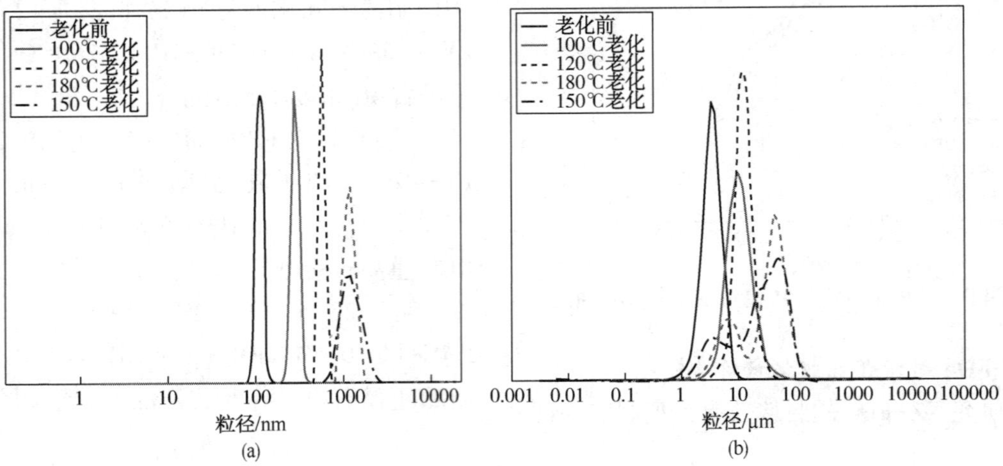

图 5　浓度为 1‰(a)、1%(b) 的 XZ-FD4 经过不同老化温度前后的粒径分布

3　现场应用

在玛湖井区进行温度响应型水基钻井液现场实验，如图 6 所示。

对夏 211X 井和夏 212X 井的二开井段井浆分别加入 1% 和 2% 的封堵剂 XZ-FD4，经过 150℃老化 16h 后，测量老化前后钻井液性能，表 1 为 XZ-FD4 现场性能。

图 6　夏 211X 井和夏 212X 井二开现场钻井液施工图

表 1　XZ-FD4 现场性能

配方	条件	AV/(mPa·s)	PV/(mPa·s)	YP/Pa	Gel/Pa	FL_{HTHP}/mL	FL_{API}/mL	pH
夏 211X 井浆	老化前	30	25	5	1/3		3.2	9
	老化后	41	30	11	2/8	10.2	3.4	9
夏 211X 井浆+1%XZ-FD4	老化前	33	28	5	2/3		2.8	9
	老化后	42	31	11	3/9	8.6	2.5	9
夏 212X 井浆	老化前	32	21	11	1/2		3.2	9
	老化后	33	27	6	2/6	10.6	3.0	9
夏 212X 井浆+2%XZ-FD4	老化前	34	28	6	2/3		2.6	9
	老化后	35	29	6	3/7	7.6	2.2	9

井浆加入 XZ-FD4 后流变性能稳定，其中夏 211X 井浆在加入 1%XZ-FD4 后 HTHP 漏失量降低 15.7%，夏 212X 井浆在加入 2%XZ-FD4 后 HTHP 漏失量降低 28.3%，体现出 XZ-FD4 强封堵剂效果，有良好抑制性，井壁稳定取得明显效果。

4 结论

（1）有机单体包裹的纳米 SiO_2 材料形成核壳结构，使聚合物颗粒尺寸增大，直径 50～150nm，比无机纳米材料大 1.5～6.5 倍。ZP 接枝 $mSiO_2$ 后，热稳定性显著提升，$mSiO_2$ 少量添加即可增强复合材料热稳定性。

（2）XZ-FD4 封堵效果良好，钻井液中添加 2%XZ-FD4 可显著降低漏失量，封堵效果优于 2.5%沥青。XZ-FD4 与钻井液配伍性好。

（3）温度升高至 65℃时，颗粒粒径快速膨胀，且粒径随温度降低可逐渐恢复。随着浓度增加至 1%时，颗粒粒径从纳米级膨胀至微米级。这表明 XZ-FD4 具有优异的温度响应性，能有效封堵不同尺寸的孔隙和裂缝，实现地层的多级封堵。

（4）在玛湖井区现场井浆中加入 1-2%XZ-FD4，流变性能稳定，并能有效降低滤失量。

参 考 文 献

[1] 覃建华，王建国，李思远，等. 玛湖凹陷三叠系百口泉组致密砾岩储层水力裂缝特征及形成机制[J]. 岩性油气藏，2023，35(04)：29-36.

[2] 宋永，杨智峰，何文军，等. 准噶尔盆地玛湖凹陷二叠系风城组碱湖型页岩油勘探进展[J]. 中国石油勘探，2022，27(01)：60-72.

[3] 孙平涛，赵建忠，刘强. 吉林油田页岩油水平井二开钻井关键技术及应用[J]. 天然气勘探与开发，2024，47(03)：111-117.

[4] 黎然，刘玉娥，张军，等. 纳米封堵剂 NanoZJS-1 的合成与评价[J]. 石油化工，2021，50(09)：934-939.

[5] 董晓强，金冰垚. 一种抗高温高密度盐水钻井液体系优选及性能评价研究[J]. 化学工程师，2024，38(03)：50-54.

以 CO_2 为工作液的钻井技术探讨

孙文超[1,2] 汪海阁[1,2] 孙宝江[3] 于 璟[1,2] 纪国栋[1,2] 卓鲁斌[1,2]
孙小辉[3] 左 昆[4] 王灵碧[1,2] 王 庆[1,2] 呼怀刚[1,2]

[1. 中国石油集团工程技术研究院有限公司；2. 油气钻完井技术国家工程研究中心；
3. 中国石油大学(华东)石油工程学院；4. 中海石油(中国)有限公司深圳分公司]

摘 要 本文通过建立的井筒温压场计算模型及计算软件，对超临界 CO_2 钻井注入温度、注入流量和井口回压进行了敏感性分析，结果表明：井筒内温度随着注入温度的增加而增加，随着注入流量的增加而减小；井筒内压力随着注入温度的增加而减小，随着注入流量的增加而增加；井筒内温度压力都随着井口回压的增加而增加，压力增加幅度要比温度增加幅度明显。在此基础上，提出了超临界 CO_2 钻井水力参数优化原则和步骤，目的是保证二氧化碳流体在井筒近钻头部分始终处于超临界状态。

关键词 CO_2；钻井；破岩；流动参数

超临界状态下的 CO_2(温度>314.3K，压力>7.38MPa)黏度接近气体，密度接近液体，扩散系数远大于液体，表面张力接近 0，在非常规油气开发中具有独特的优势。与水基工作液相比，对储层没有水敏、水锁等伤害；与油有混相效应，与天然气可转换吸附等；破岩能力强；能大幅提高钻井机械钻速。与气体钻井相比，能够满足马达动力。利用超临界 CO_2 开发非常规油气是一种绿色、环保、高效的开发方式。应用超临界 CO_2 钻井，可大幅度提高钻井速度、保护储层、提高单井产量和油气采收率。

塔尔萨大学、俄克拉荷马大学、宾夕法尼亚州立大学、中国石油大学(华东)、中国石油大学(北京)等进行了超临界 CO_2 流体物性、井筒传热和流动、射流破岩、携砂及携岩等方面的基础研究。美国曾在密西西比州内 Darbun 油田中某个枯竭油藏上开展了超临界 CO_2 连续管钻井应用试验，发现超临界 CO_2 钻井能够满足马达动力的同时便于控制井底的压力，可以增大油气渗透率。

老井侧钻可以提高油气藏采收率，动用剩余储量，提高致密油气、页岩油气采收率。低产水平井侧钻形成分支井、径向水平井钻井、水平井侧钻形成鱼骨水平井等，成本低于压裂。以水基钻井液进行径向分支井钻井存在问题包括：不能控制侧钻分支方向，在已水淹情况下，不能从根本上解决油井产层位置的水淹问题；水力破岩能力有限，只适用于软地层；压耗大，导致排量受限，分支井段携岩性能较差。利用超临界 CO_2 进行连续管钻井，其优势在于：超临界 CO_2 与油可以混相，水淹情况得到改善；超临界 CO_2 破岩能力强，可适应更硬地层；压耗小，可以采用更大排量，钻进更容易。

1 超临界 CO_2 钻井井筒内温度压力分布

将 CO_2 流体作为钻井液进行循环钻井，主要目的是利用其特殊的物理性质，能够在井筒中受温度和压力的变化而呈现出液体、超临界态和气态等相态的灵活转化，从而安全、快速钻进。CO_2 流体作为一种特殊的钻井液，其密度、粘度、比热容和导热系数等对井筒温度和压力的变化比较敏感。物性变化反过来也会影响钻井井筒内温度的分布和压力的分布，两者相互耦合，相互影响。因此，要进行超临界二氧化碳钻井工艺过程设计，须对钻井井筒中的温度和压力分布进行研究，掌握其分布规律。

1.1 模型建立及求解

基于质量守恒、动量守恒和能量守恒定律，建立了超临界 CO_2 钻井井筒温度压力计算模型，采用有限差分方法对所建立的温度场和压力场计算模型进行求解，并编制了超临界 CO_2 钻井井筒内流动参数计算软件。如图 1 所示。

1.2 算例分析

钻井井深为 3000m，井型为直井，下入套管外径为 114.3mm，套管内径为 101.6mm，连续管

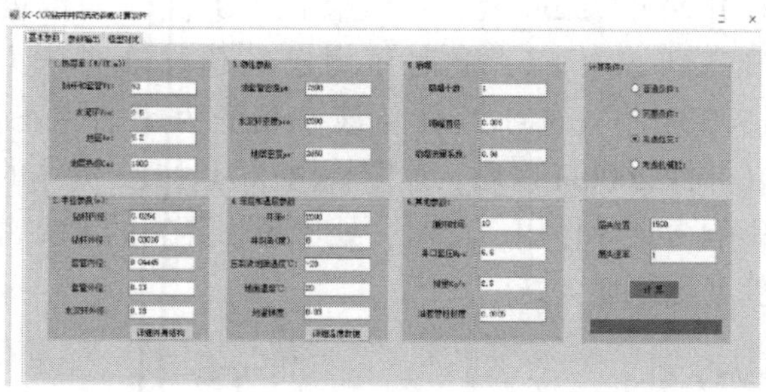

图 1　超临界 CO_2 钻井井筒内流动参数计算软件

外径为 50.8mm，连续管内径为 42.88mm，井眼直径为 155.5mm，钻头喷嘴当量直径为 4.7625mm，CO_2注入流量为 1.7kg/s，CO_2注入温度为 263.15K，井口回压为 5MPa，循环时间为 10h，地面环境温度为 293.15K，地层温度梯度为 0.02723K/m，地层导热系数为 2.3W/(m·K)，地层密度为 2650kg/m^3，地层比热容为 837.279J/(kg·K)，水泥环导热系数为 0.52W/(m·K)，水泥环的密度为 2000kg/m^3。

1.2.1　井筒流体分布规律

（1）温度分布

如图 2 所示，连续管内 CO_2流体的温度随着井深的增加而逐渐升高，在井深 990m(A 点)以前，CO_2流体的温度随井深呈非线性增加，增加幅度较大，在井深 990m(A 点)到井深 2840m(B 点)之间，CO_2流体的温度随井深呈线性增加，在井深 2840m(B 点)以后直到井底，连续管内 CO_2流体的温度增加非常缓慢，甚至在井底附近有略微降低的趋势。在井底处，连续管内 CO_2流体的温度与环空内 CO_2流体的温度存在显著的温度降，这是由于 CO_2流体经过钻头喷射出来，产生了焦耳汤姆逊效应，使得井底环空内温度降低，从而也间接影响到了井底附近连续管内 CO_2流体的温度变化。

环空内 CO_2流体在上返的过程中，吸收地层的热量，在井底附近温度迅速升高，在井深 2925m(C 点)处达到最大值，而后随着上返的进行，温度又逐渐降低，这是因为随着井深的减小，地层温度降低，传递给环空 CO_2流体的热量减少。在井深 990m(A 点)以前，环空 CO_2流体的温度降低的幅度明显较大。

在整个井筒中，连续管内温度要低于环空内温度，环空内温度要低于地层温度，但是它们差别不是很大，尤其是在井深 1000m 到井深 2500m 之间，环空温度略微低于地层温度，这是由于钻井循环时间比较长，地层传递给环空与环空传递给连续管的热量都比较充分，达到了稳定状态。

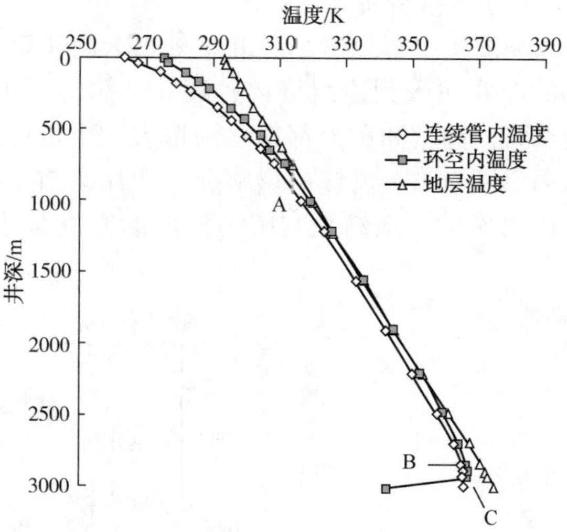

图 2　超临界 CO_2 钻井井筒温度分布

（2）压力分布

如图 3 所示，不管是连续管内还是环空内，CO_2流体的压力都是随着井深的增加而逐渐增大，并且两者压力的增加都是非线性的。从图中可以看出，在井筒上部连续管内压力与环空内压力差值较小，而在井筒底部，两者的压力差值较大，也就是说井底钻头处产生了比较大的压降，钻头部分得到了较多的水力能量。

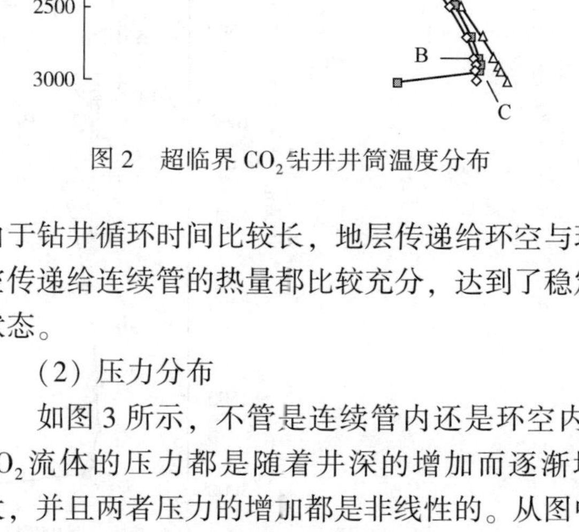

图 3　超临界 CO_2 钻井井筒压力分布

在整个井筒内，连续管内的压力要高于环空内的压力，因为地面泵压一定的情况下，CO_2流体在井筒中循环流动时要克服井筒摩擦阻力而产生循环压耗，同时在井底钻头处也会产生压降，符合能量守恒规律。

（3）密度分布

从图4中可以看出，井口处CO_2流体以液态的形式注入到连续管内，随着井深的增加，连续管内温度和压力都在逐渐增大，但是连续管内温度对CO_2流体的影响要大于压力对CO_2流体的影响，最终使得CO_2流体的密度减小。在井深637.2m处，连续管内CO_2流体的温度升高到304.2K，此时压力已经超过临界压力（7.38MPa），CO_2流体从液态相变为超临界态。在井深2600m以后，连续管内压力对CO_2流体的影响占主导作用。此时，处于超临界态的CO_2密度又逐渐增大。

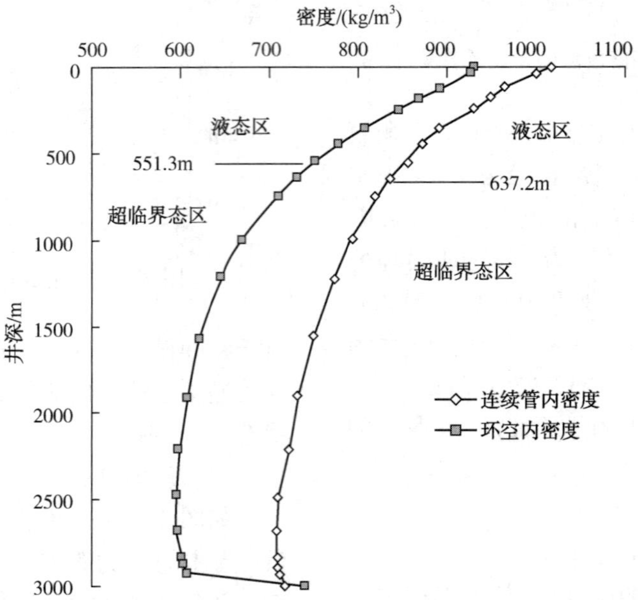

图4　超临界CO_2钻井井筒密度分布

在井底环空处，超临界CO_2从钻头处喷射出来，温度急剧降低，虽然产生了钻头压降，但环空底部压力还是相对较大，此时环空内超临界CO_2的密度要稍大于连续管内的密度。井底附近，随着井深的减小，环空内压力减小，而环空温度吸收热量迅速升高，使得超临界CO_2的密度又急剧减小，随后环空压力减小，环空温度也在减小，超临界CO_2的密度减小缓慢。在环空中上部，温度减小占主导作用，使得CO_2流体的密度随着井深的减小又逐渐增大。在井深551.3m处，CO_2流体的温度降低到临界温度以下，超临界态CO_2变为液态。

1.2.2　钻井因素敏感性分析

1）注入温度的影响

针对上述钻井实例，改变其注入温度，注入温度分别为253.15K，263.15K，273.15K，其他条件都不变，分析不同注入温度对井筒温度和压力的影响。

（1）注入温度对井筒温度的影响

如图5所示，在井深1000m以上，对于同一井深处，随着注入温度的增加，连续管内的温度和环空内的温度都在增加，并且增加的幅度较大，比较明显，最大能达到6K。这是因为在浅部地层中地层温度比较低，传递给井筒的热量相对较少，增大注入温度，带给井筒的热量相对比较明显。而在井深1100m以下，由于地层温度相对较高，传递给井筒的热量较大，其影响力要大过注入温度的增加所带来的，使得在同样的井深处，随着注入温度的增加，连续管内和环空内的温度增加都不太明显。在井底处，随着注入温度的增加，钻头处的温降基本没有变化。

（2）注入温度对井筒压力的影响

图6所示为三种不同注入温度对钻井井筒中压力分布的影响，可以看出，在整个井筒内，对于同一井深处，随着注入温度的增加，连续管内和环空内的压力都有略微的减小，尤其是井筒下部减小的要明显，其幅度要大于井筒上部的幅度。这是由于随着注入温度的增加，带给井筒的热量要增加，整个井筒中CO_2流体的密度会随着井筒中热量的增加而减小，使得整个井筒连续管内和环空内的压力剖面会有略微的减小。

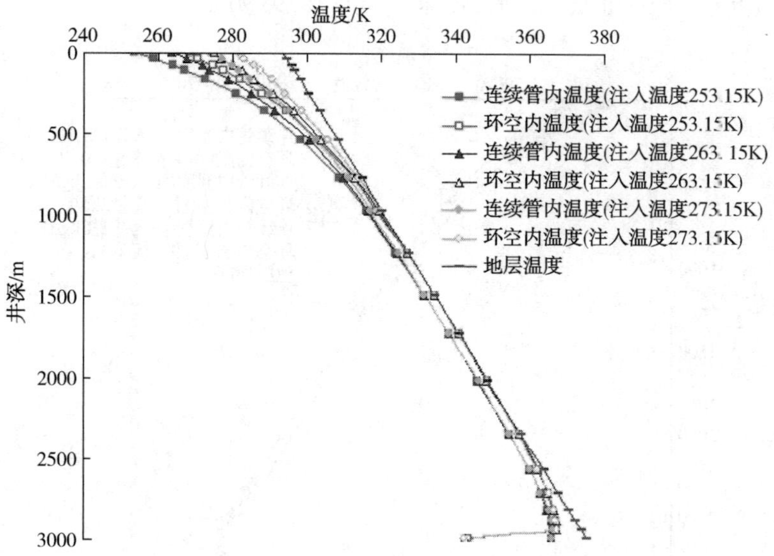

图 5　不同注入温度下井筒温度分布

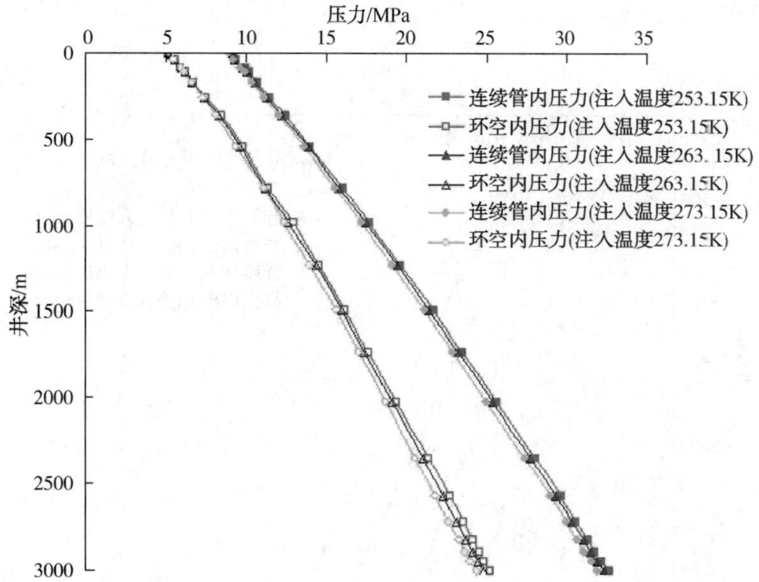

图 6　不同注入温度下井筒压力分布

2）注入流量的影响

改变其注入流量，注入流量分别为 1.5kg/s，2kg/s，3kg/s，其他条件都不变，分析不同注入流量对井筒温度和压力的影响。

（1）注入流量对井筒温度的影响

如图 7 所示，在同一井深处，随着注入流量的增加，无论是连续管内还是环空内，CO_2 流体的温度都在减小．这是因为流量增大后，CO_2 流体的流速相对增大，井筒与地层之间的换热会变得不够充分，热量传递会减小，导致井筒中温度都在降低。在井筒中上部，连续管内温度降低的不够明显，而环空内温度降低的稍微明显一些，在井筒底部附近，连续管内和环空内温度都降低较明显。同时可以看出，随着注入流量的增大，井底钻头处温降会明显增大。比如注入流量 1.5kg/s 时，钻头温降为 19.32K，而注入流量 3kg/s 时，钻头温降达 44.43K。

（2）注入流量对井筒压力的影响

如图 8 所示，随着注入流量的增大，环空内压力也在增加，但是增加的不够明显，而连续管内压力随着流量的增加会显著增大，也就是说在井底处钻头的压降会随着注入流量的增加而明显增大。比如 1.5kg/s 的注入流量，井底钻头压降为 5.96MPa，注入流量为 2kg/s 时，钻头压降为

9.97MPa，注入流量为 3kg/s 时，钻头压降为 19.97MPa。

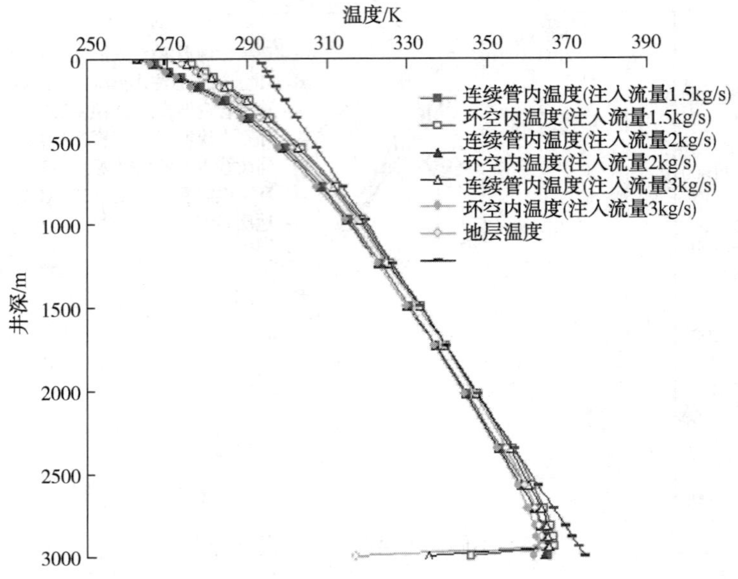

图 7　不同注入流量下井筒温度分布

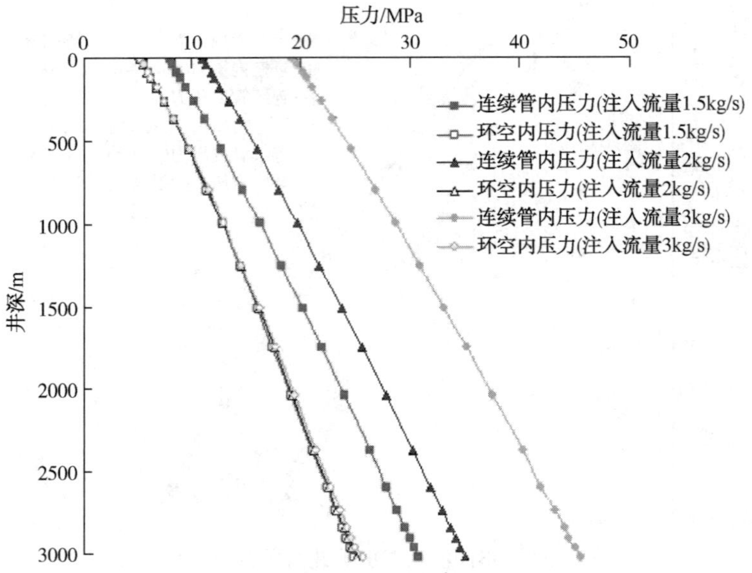

图 8　不同注入流量下井筒压力分布

3）井口回压的影响

同样对于上述钻井实例，改变其井口回压，井口回压分别为 5MPa，6MPa，7MPa，其他条件都不变，分析不同井口回压对井筒温度和压力的影响。

（1）井口回压对井筒温度的影响

如图 9 所示，对于同样的井深处，随着井口回压的增加，不管是连续管内还是环空内，CO_2 流体的温度都在增加，不过增加的幅度都较小，不太明显。由于井口回压增大，整个井筒内压力都增大，导热系数会增大，热量传递相应增加，从而使得整个井筒内的温度增加，不过导热系数增加较小，使得温度增加不明显。同时，在井底处随着井口回压的增大，钻头温降在减小，比如井口回压为 5MPa 时，钻头温降为 23.09K，井口回压为 6MPa 时，钻头温降为 21.48K，井口回压为 7MPa 时，钻头温降为 19.97K。

（2）井口回压对井筒压力的影响

如图 10 所示，在同一井深处，随着井口回压的增加，连续管内压力和环空内压力都在显著增加。这是因为井口回压增大，使得整个井筒内 CO_2 流体的密度增加，从而使流体产生的液柱压力在增大，导致整个井筒内压力剖面都在增大。在井底处，随着井口回压的增加，钻头部分产生的压降在减小。井口回压为5MPa时，井底环空压力为24.76MPa，钻头压降为7.47MPa，井口回压为6MPa时，井底环空压力为26.62MPa，钻头压降为7.37MPa，井口回压为7MPa时，井底环空压力为28.27MPa，钻头压降为7.2MPa。

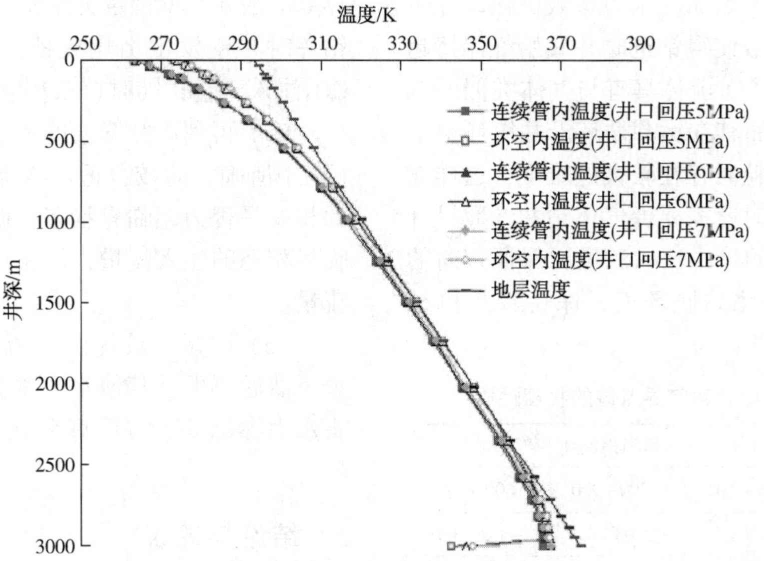

图9　不同井口回压下井筒温度分布

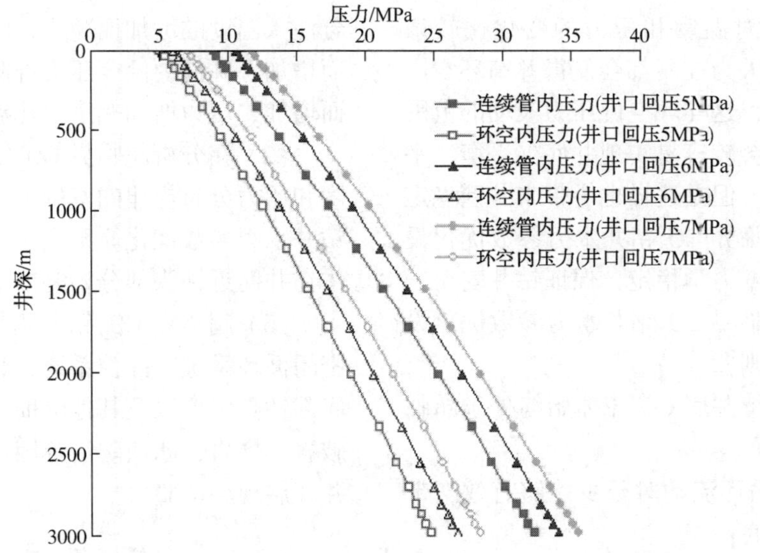

图10　不同井口回压下井筒压力分布

2　超临界CO_2钻井水力参数优化

2.1　水力参数优化原则

国内外的一些学者曾经对超临界CO_2喷射辅助破岩效果进行过研究，将超临界CO_2射流与高压水射流进行了破岩性能对比。研究发现，相比于高压水射流，超临界CO_2射流的破岩优势显著。与高压水射流相比，在射流压力低于30MPa时，超临界CO_2射流提高破岩性能的幅度较大，是水射流破岩深度的3.75~7.85倍，当射流压力超过30MPa后，对破岩深度提高的幅度有所降低，射流压力为40MPa时是水射流破岩深度的2.19倍，而射流压力为50MPa时则降到1.65倍。分析认为，由于超临界CO_2流体粘度低、扩散系数大、膨胀性好，与水射流相比在破岩后期更易向微孔隙、微裂纹等损伤继续扩展，射流作用的范围增大，体积膨胀后泄压并在岩石破碎体周围形成较大拉应力，不断汇聚最终形成宏观破坏，使岩石孔眼的直径扩大，从而降低了破岩的门限压力，强化了破岩效果。

与常规钻井相比，超临界 CO_2钻井最大的优势便是井底超临界态喷射辅助破岩，相同能量下极大提高机械钻速，因而在水力参数优化设计时必须要控制水力参数使得钻进时井底始终保持超临界状态。超临界 CO_2流体具有与气体类似的低黏特性(表1)。因而其在钻井循环沿井筒环空上返携带固体岩屑颗粒时存在较大的难度，这样在水力参数优化设计时就需要像气体钻井参数设计一样考虑 CO_2流体的最小注入流量，保证井筒的携岩能力，充分净化井底环境，保持较高机械钻速。

表1　气体、液体和超临界流体的物理性质

流体	气体	超临界流体	液体
密度/(kg/m³)	0.6~2.0	200~900	600~1600
黏度/(mPa·s)	0.01	0.03~0.1	0.2~3.0
扩散系数/(cm²/s)	10^{-1}	10^{-3}	10^{-6}

对于超临界 CO_2钻井来说，井筒环空内超临界 CO_2流体的密度对温度和压力的变化比较敏感，因而地面上的人为控制都会使得井筒环空内压力产生较大变化，这样环空内压力波动的范围也就比较广，也就会较容易实现井底欠平衡、平衡、过平衡的转化。但是这样也会带来井壁稳定的问题，因而在超临界 CO_2钻井水力参数优化设计时也要考虑到井壁力学稳定，保证钻井安全。

分析认为，超临界 CO_2钻井水力参数优化设计时可采用如下原则：

(1) 钻进时保持井底 CO_2流体始终处于超临界状态；

(2) CO_2流体循环流动时至少能够有效携带钻井岩屑，净化井底；

(3) 钻进时能够保证井壁岩石稳定，不出现坍塌掉块或缩径现象。

2.2　水力参数优化步骤

可根据以下的具体步骤进行超临界 CO_2钻井的水力参数优化设计：

(1) 由实际钻井工程情况，根据超临界 CO_2钻井最小注入流量模型(采用最小携岩速度标准)来确定有效携岩最小注入流量；

(2) 根据已经确定的有效携岩最小注入流量来选择钻井所需的增压泵；

(3) 在地面增压泵的限制条件下，由井筒温度和压力计算模型求解出不同注入流量(相应增压泵的排量)下井筒内基础水力参数的分布如温度、压力、密度、返速等。

(4) 基于井筒内的基础水力参数，根据超临界 CO_2钻井井壁稳定力学模型，主要是为了防止钻井时井壁发生坍塌或掉落，确定比较合适的 CO_2注入流量，同时校核环空内的携岩；

(5) 再利用井筒温度和压力计算模型，校核(4)中所确定的较合适注入流量下井底 CO_2流体的相态是否为超临界状态，循环找出符合井底超临界相态的注入流量，该流量即为 CO_2最优注入流量。

(6) 计算出最优注入流量下的基础水力参数，然后再根据其他水力参数(如循环压耗、钻头水力参数等)的计算公式依次求出最优参数配合。

3　结论与建议

(1) 井筒内温度随着注入温度的增加而增加，随着注入流量的增加而减小；井筒内压力随着注入温度的增加而减小，随着注入流量的增加而增加；井筒内温度压力都随着井口回压的增加而增加，压力增加幅度要比温度增加幅度明显。

(2) 在分析超临界 CO_2钻井井筒中流体的温度和压力分布规律的基础上，提出了超临界 CO_2钻井水力参数优化原则和步骤，保证二氧化碳流体在井筒近钻头部分始终处于超临界状态。

(3) 超临界 CO_2钻井需要配套连续管钻机、密闭循环系统、井控系统、相态控制系统、井下底部钻具组合以及其他辅助设备，建议综合考虑破岩、携岩、冰堵防治等因素，进一步深化研究并开展现场试验。

参考文献

[1] 沈忠厚，王海柱，李根生．超临界 CO_2连续油管钻井可行性分析[J]. 石油勘探与开发，2010，37(6)：743-747.

[2] 孙宝江，孙小辉，王志远，等．超临界 CO_2钻井井筒内流动参数变化规律[J]. 中国石油大学学报(自然科学版)，2016，40(03)：88-95.

[3] 王瑞和，倪红坚，宋维强，等．超临界二氧化碳钻井基础研究进展[J]. 石油钻探技术，2018，46(02)：1-9.

[4] 王志远，张洋洋，张剑波，等．深水气井水合物流动障碍形成机制与防治方法研究进展[J]. 中国科学

基金，2021，35(06)：992-1005.

[5] 孙小辉，孙宝江，王志远，等．超临界 CO_2 钻井井筒水合物形成区域预测[J]. 石油钻探技术，2015，43(06)：13-19.

[6] 宋维强，倪红坚，景英华，等．超临界 CO_2 钻井井筒流动规律[J]. 中国石油大学学报(自然科学版)，2017，41(06)：101-107.

[7] 宋维强，王瑞和，倪红坚，等．水平井段超临界 CO_2 携岩数值模拟[J]. 中国石油大学学报(自然科学版)，2015，39(02)：63-68.

[8] Kolle J. J.. Coiled-Tubing Drilling with Supercritical Carbon Dioxide [R]. SPE/Petroleum Society of CIM 65534, 2000.

[9] Kolle J. J., Marvin M. H.. Jet-Assisted Drilling with Supercritical Carbon Dioxide[J]. Washington: Tempress Technologies Inc., 2000.

多功能压裂液在鄂尔多斯盆地页岩油压裂中的应用

周志平[1,2]　吴　江[1,2]　薛小佳[1,2]　齐　银[1,2]

(1. 中国石油长庆油田分公司；2. 低渗透油气田勘探开发国家工程室验室)

摘　要　过去数十年来，滑溜水广泛应用于非常规油气藏的开采中并对全球能源消耗和战略格局产生了重大影响。从长远战略效益看，把多功能助剂和减阻剂整合到一起使用对现场施工操作的简化和整体成本的降低具有重大意义。长庆油田成功研发并规模在中石油长庆油田区块完成水平井的多级压裂。长庆油田地处我国黄土高原环境区域，面临着超低渗透性，排驱困难，自然产能低，运输物流难和水资源匮乏等挑战。新开发的滑溜水体系现场施工中水合速度快，减阻效率可迅速达到70%左右。更重要的是，超过90%的采出返排水可以循环再利用来连续配置滑溜水，同时在整个压裂过程中不会影响减阻的性能。该体系的特点显著缓解了现场施工带来的供水挑战。相比常规产品综合生产成本更低，经济效益可行性好。此外，它可在广泛的盐水矿化度下有效工作，对地层损害和环境的影响小。最后，该减阻剂和多类不同的功能助剂相容性良好，所配制的压裂液实现兼有防膨、阻垢、防乳化及驱油等功能。本文将详细阐明关于滑溜水合成、性能和现场实施结果。

关键词　页岩油藏；压裂增产；压裂液

在全球进入了难动用储量开发时代的背景下，我国主力油田均面临着低渗透、超低渗透开发难题，同时，也迫切地需要在非常规储量上寻求突破。压裂改造技术的研发与应用，正成为破解当前难题及今后发展的关键，也成为中国压裂技术发展的未来。

现场开发实践表明，传统的以形成多条单一裂缝为主要目的的常规压裂工艺增产幅度有限。由于致密储层的特点与页岩气类似，参照页岩气改造在地层中形成复杂缝网的作业思路，按照“纵向充分动用、横向充分改造、降低储层伤害”的技术思路，开展了大排量、大液量、大砂量的混合水压裂试验，增大了储层改造体积，初期单井产量得到了较大提高。已形成的工艺和液体技术为：工艺上低黏携砂，大排量、低砂比、大规模为主要施工方式，液体上采用“低黏+交联混合”压裂液技术。国内外页岩储层压裂用的携砂液主要分为3种类型：植物胶交联携砂液体系、线性胶携砂液体系、滑溜水携砂液体系，这些携砂液体系在某种程度上提高了储层的产量，但大量的现场试验和应用也充分暴露了现有各种携砂液的缺点。植物胶交联携砂液体系携砂能力强，液体滤失小，容易造缝；但成本高，施工摩阻较高。线性胶携砂液体系携砂能力较强，液体滤失较小，摩阻较低，同时也存在成本较高、残渣较高等不足。滑溜水携砂液体系配制简便，成本低，无残渣，返排快；但滤失大，携砂能力差。

对于像长庆油田这样渗透率极低的储层而言，其伤害仍然不可忽视。近年来，国内外许多学者对于压裂破胶液对致密油储层渗吸作用开展了大量的研究工作，取得了不小的进展。李鸣通过对长庆油田长7储层三个区块的致密砂岩储层研究，基于同一岩心重复洗油饱和的实验方法分析了长7致密砂岩岩心自发渗吸的影响因素，发现：渗透率越高，渗吸原油置换率越大，黏度越大，渗吸速度越慢，渗吸原油置换率越低；岩心在搞矿化度盐水渗吸时，岩心内外盐浓度差越大，置换率越高。在一定范围内，存在一个界面张力，使得岩心的渗吸置换率最高。不管对那个储层，界面张力均为主控因素。郭刚等人在统计长庆油田某区块存地液量与油井一年累积产量的关系发现，存地液量越大，一年累积产量越高，与常规的返排率越高产量越高概念恰恰相反，可能与存地液的自发渗吸替油有关。研究影响压裂液油水置换的关键影响因素后结果表明：对渗吸速度的影响顺序为：界面张力>渗透率>原油粘度>矿化度，并不是界面张力越低，采收率越高，而是存在某一最佳界面张力，使地层中被绕流油的数量减少，渗吸采收率达到最高。

为此，吕乃欣等人研制了一种驱油型清洁压裂液，该体系的稠化剂为含近肽链结构的黏弹性表面活性剂。遇油即破胶，其破胶液具有超低的界面张力和良好的驱油效率，室内试验表明：较水驱基础上平均提高采收率10.67%。在长庆陇东油田现场试验取得良好的改造效果。李婷针对玉门油田储层物性和岩性特征，开发具有渗吸驱油效果的压裂液体系，该体系以两性表面活性剂甜菜碱为压裂液稠化剂，在碱性条件下，该压裂液具有较低的界面张力和良好的渗吸驱油效果。于欣针对清洁压裂液返排液回收利用率低、处理困难的问题，结合致密油藏渗吸采油机理，以处理后的现场清洁压裂液返排液为渗吸液，开展了清洁压裂液返排液对致密油藏自发渗吸驱油效果的影响研究。结果表明：毛细管力作为渗吸驱油的动力占主导地位，为达到最大渗吸采油率，需综合考虑渗吸液浓度、降低黏附功、提高洗油效率，还需兼顾界面张力和润湿性对毛细管力的影响。刘晨在评价破胶液基本性能的基础上，对清洁压裂液破胶液体系降低界面张力、乳化能力、改变岩石润湿及提高采收率等性能进行了评价，室内岩心模拟驱油实验表明：该体系可提高采收率10.04%。吴新民通过对一种Gemini型阳离子表面活性剂为稠化剂的耐高温清洁压裂液模拟返排液的研究，发现该清洁压裂液经过高温剪切以后，其破胶液仍然具有较高的表面活性。其降压增注效果明显，可提高采收率10.69%~12.50%。

从以上分析可以看到，采用“体积压裂”开发的致密油储藏，对压裂液的要求除了传统的低伤害和低成本外，也要求压裂液具有一定的渗吸置换驱油性能，以最大限度提高单井产量。同时，为了简化现场施工流程，希望尽可能的减少添加剂的种类，以提高作业效率。

相对于天然聚合物组成不稳定，含有水不溶物或固相、破胶后残渣含量高等缺点，合成聚合物具有性能稳定、产品质量易于控制、破胶几乎无残渣，而且可以通过配方、生产工艺的调节满足不同地层的需要，近年来得到广泛的应用。其中，疏水缔合型聚合物由于具有无需交联剂、耐剪切性能良好等优点，在压裂液的应用得到越来越多的应用。结合致密油储层的特点以及本项目的技术要求，本文使用疏水型缔合物作为驱油型压裂液的减阻剂和稠化剂。

在众多的缔合聚合物中，反相乳液型丙烯酰胺减阻聚合体系是今年来用量较大的一套聚合物体系，然而由于其油包水的乳液结构，使得其他添加剂，如黏土稳定剂、助排剂以及本文中将涉及的阻垢剂、驱油剂等水溶性添加剂无法在浓缩液中添加，导致大量的泏相使用，同时仍需多种添加剂配合。现场应用较为不便，同时带来一定的环保隐患。

为此本研究采用水相乳液合成法进行体系加工，致密油驱油型压裂液的技术要求，首先筛选出性能合格的水基添加剂；而后在高盐度连续水相中加入各种添加剂，同时使的聚合单体制备多功能压裂液。最后在高分子中引入缔合基团，在不使用交联剂的情况下，实现良好的携砂性能。最实现压裂液体系的驱油、减阻、阻垢等性能的单一添加剂一体化压裂液。

1 多功能缔合物的合成与评价

本研究采用水相乳液合成法进行体系加工，致密油驱油型压裂液的技术要求，首先筛选出性能合格的水基添加剂；而后在高盐度连续水相中加入各种添加剂，同时使的聚合单体制备多功能压裂液。最后在高分子中引入缔合基团，在不使用交联剂的情况下，实现良好的携砂性能。最实现压裂液体系的驱油、减阻、阻垢等性能的单一添加剂一体化压裂液。

1.1 多功能主剂的合成

1.1.1 减阻稠化剂原料

选用丙烯酰胺、2-丙烯酰胺基-2-甲基丙磺酸、自制疏水单体A1.三种单体，其中丙烯酰胺单体，能够获得较大的分子量，并且具有良好的主链稳定性和侧链稳定性。2-丙烯酰胺基-2-甲基丙磺酸单体可以增加聚合物的抗盐性能和耐高温性能，疏水单体A1，有望大幅度提高聚合物的流变性能。稳定剂选用聚2-丙烯酰胺基-2-甲基丙磺酸钠，分散体系采用硫酸铵/硫酸钠无机盐溶液组合，引发体系采用偶氮类引发剂。

1.1.2 其他添加剂剂原料

针对致密储层压裂液研制了一种新型液体黏土稳定剂Clayplex 650。其分子链上分布阳离子基团，又含有小分子阳离子化合物，2二者协同作用达到稳定黏土的效果。研制的渗吸剂Plexsurf 580ME和传统的助排剂相比，不仅可以极大的降低液体的表界面张力，而且压后破胶液在储层裂缝壁面和孔隙基质内具有驱油置换的作用，可将油层内的油气置换出来。选用含膦类聚合物阻垢剂 Greenhib 679，其优点是具有较好的阻垢和缓蚀效果，而且耐高温和耐盐。

1.1.3　合成方法

目前常用的减阻剂为反相乳液型减阻剂，但是由于本身含有大量的乳化剂，不但成本较高，需要转相溶解后才能起效。而水包水型减阻剂由于外相为水相，可以显著提高其溶解速度，更适合于滑溜水压裂的施工要求。由于没有使用乳化剂，因此，成本更低，更环保。

所谓"水包水"乳液聚合是指一种(或几种)水溶性单体在一种水溶性聚合物的溶液中进行聚合反应，生成另一种水溶性聚合物。在一定条件下，这两种水溶性聚合物的溶液互不混溶，其中一种聚合物及其所携带的水化水作为连续相包裹着作为分散相的另一种聚合物及其水化水，由于连续相和分散相都是水相且两相不互溶，因此所得到的乳液称之为"水包水"聚合物乳液。20 世纪七十年代国外开始进行水包水乳液的研究，1983 年，Hosoda 等以聚乙二醇. 硫酸铵水溶液为分散介质，首次合成出稳定的水包水 PAM 乳液。20 世纪九十年代国内开始对水包水乳液进行研究，主要方向为阳离子水包水的合成及应用，而对阴离子水包水乳液的研究较少。

将一定 HLB 值的 Span80 与 Tween60、白油加入到三口烧瓶中，形成分散介质，其中乳化剂占油相的 20%。将不同质量比的三种单体溶于 5%的 NaCl 水溶液中，形成分散相，并慢慢滴入分散介质中搅拌均匀，即得到透明、稳定的微乳液体系。在高转速条件下充分乳化 30min，再加入引发剂反应 2.5h，即得到第一步乳胶状的乳液，进一步的将其他功能性添加剂溶于硫酸铵/硫酸钠无机盐溶液分散体系中，加入稳定剂，而后高速搅拌下加入之前生成的乳液体系，最终形成全新的分散相。

1.1.4 合成条件优化

由于分散剂的主要作用是来稳定聚合物的，因此寻找高性价比的分散剂十分重要。一般认为在分散聚合体系中分散剂浓度越高，形成的核越小；比表面积越大，吸附单体到粒子内进行聚合的概率也就越大，所得到的聚合产物分子量越高，粒径越小。由于常用的分散剂价格昂贵，且用于分散聚合时的单体浓度较低。此外，稳定剂的分子量和有效浓度对最后生成的减阻剂乳液的稳定性、溶解速度、单体转化率和相对分子质量等有影响。因此本项目自制聚 2-丙烯酰胺基-2-甲基丙磺酸钠作为整个反应体系的稳定剂，并对稳定剂的有效含量以及分子量进行优化。结果见表 1。

表 1　稳定剂优化结果

有效含量	10%	15%	20%	25%
稳定剂黏度	300cP	4000cP	50000cP	150000cP

稳定剂黏度过低时，无法在体系中发挥稳定作用，导致体系反应不稳定，易出现结胶现象；稳定剂黏度过高时，在工艺生产放大过程中难以操作实现。根据实验结果，优选稳定剂的有效含量为 15%。确定体系稳定剂的生产配方及过程如下：

实验以高浓度的盐水溶液作为分散介质进行丙烯酰胺的分散聚合反应，考察了无机盐用量对分散体系的影响，通过对盐水浓度的高低进行优化实验得出最优结果。其结果见表 2。

表 2　盐水浓度优化结果

浓度/%	15	15.5	16	16.5	17	17.5	18
结果	成胶	成胶	乳液	乳液	乳液	乳液	分离

从上表可以看出，无机盐用量对水分散体系的表观性状影响显著。当盐水浓度较低时，无法有效形成分散体系将单体隔离为相互独立的聚合空间，盐析效应较差，不能得到稳定的分散体系。着反应的进行低聚物持续聚合为高聚物，最终形成胶体。当盐水浓度较高时，盐析效应明显，单体形成聚合物粒子的稳定性下降，易于形成胶液分离两相。根据实验结果，优选分散体系的盐水浓度为 16.5%。

2　多功能压裂液体系综合性能评价

通过国内外调研以及前期试验分析得知致密油藏储层改造用压裂液体系必须具有粘度低、破胶彻底、返排容易，防膨性能好、摩阻低等特点，基于以上考虑，对于体系的工艺性能开展了评价测试。

2.1　临界缔合浓度

疏水缔合聚合物溶液的黏度与聚合物浓度之间的关系如图 1 所示。由图 1 可知，当聚合物浓度低于 0.15%时，溶液中的聚合物大分子比较少，聚合物分子的活动空间较大，以单个分子形式存在，疏水基团通过疏水作用形成的分子内缔合微区比较少，溶液黏度随着浓度的增加而变得缓慢。在聚合物浓度大于 0.15%后，聚合物溶液的黏度随着浓度的增加明显增大，可以认为 0.15%为疏水缔合物的临界缔合浓度，此时分子缔合的几率增大，大分子之间形成大量疏水微区，大分子链伸展，流体力学体积增加，聚合物的黏度急剧增加。在聚合物浓度为 0.6%时，黏度达到 523mPa·s.

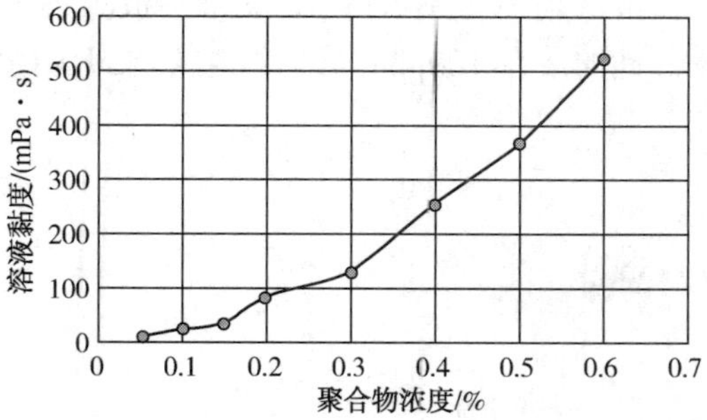

图 1　聚合物浓度与黏度关系

2.2　耐盐性能

按照《SY/T 5107》中的标准盐水配方，配制矿化度为 2000、4000、5000、10000、15000ppm 的，测试乳液加量为 0.5%的溶液基液的黏度。结果如图 2 所示。

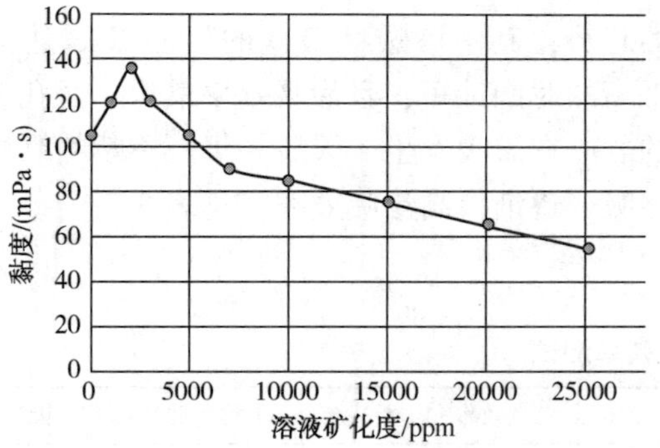

图 2　矿化度对基液黏度的影响

由图可知：压裂液中矿化度对基液黏度影响较大。当矿化度小于 2000ppm 时，随着矿化度的增加，压裂液的基液黏度增加；当矿化度大于 2000ppm 时，随着矿化度的继续增加，压裂液的基液黏度减小。这是因为疏水缔合聚合物分子结构中带有部分长链烷烃，其在盐水中溶解度比在纯水中的溶解度小，加入一定量的盐后疏水缔合聚合物分子间的缔合作用大于分子内的缔合作用，导致聚合物分子中的长链烷烃会聚集或缠结在一起，起到增稠作用；但是矿化度过高，分子内的缔合效应大于分子间的缔合效应，因而黏度呈现下降趋势。当矿化度达到 20000ppm 时，黏度为 65mPa·s，黏度损失率为 38%。

使用 AMF 测试了分子在矿化度下和清水中的分子形态，在水溶液中，因—SO-3 离子间的静电斥力而伸展的分子链在强烈的分子间缔合作用下形成了物理交联网络结构，使得聚合物具有高的溶液黏度。然而由于盐对分子链的屏蔽作用，削弱了聚合物分子间静电斥力，从而使聚合物在盐溶液中的黏度下降。如图 3 所示。

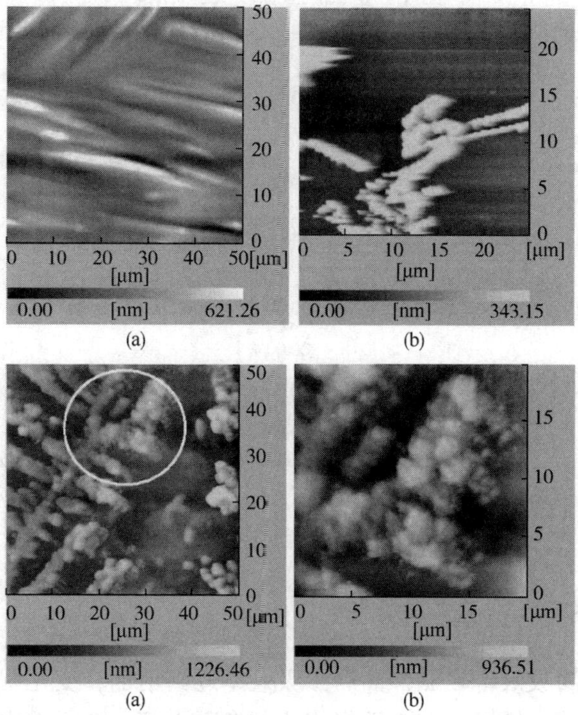

图 3　淡水及盐水中聚合物薄膜的 AMF 照片

2.3　携砂性能

压裂液是一种具有黏弹特性的流体，利用支撑剂沉降考察在实验温度和静态条件下支撑剂的沉降速率。结果表明，对于粒径在 0.4~0.8mm 的石英砂沉降速度为 0.0048cm/s，粒径为 0.45~0.90mm 的陶粒沉降速度为 0.0040cm/s。

取 100mL 乳液加量为 1%的配方压裂液，边搅拌边加入 100mL 石英砂(砂比 20%)，待砂子均匀后，倒入 100mL 量筒中静置观察，实验表明 1 小时后，砂子几乎无沉降。说明其具有较好的携砂性能。如图 4 所示。

2.4　减阻性能

根据表面活性剂和线性高分子聚合物湍流减阻特性及机理的研究，聚合物具备的长分子链及其水溶液的可逆网络结构为其同时具备高效减阻

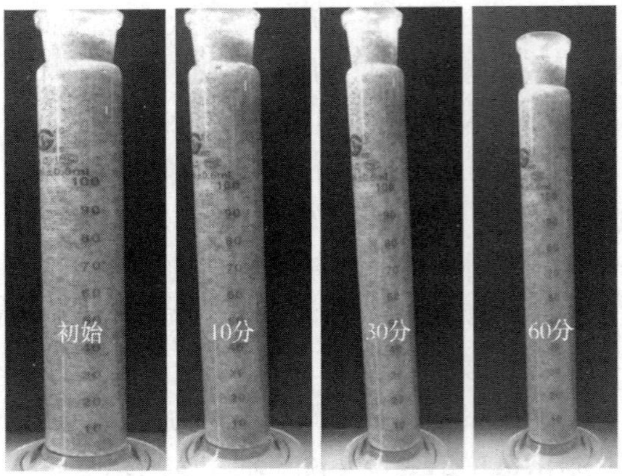

图4 室温静态悬砂实验结果

和自修复能力提供了可能性。因此聚合物的应用可扩展为高效减阻剂，并且应用到体积改造的减阻水压裂液中。

采用滑溜水摩阻测试仪（实验室自制）对乳液进行减阻性能测试，并与清水进行对比。分别向清水和盐水中加入一定浓度的乳液，记录流体通过管路后的摩阻压降，计算减阻率。如图5所示。

由图5可知，乳液在加量100、200、300ppm时，其溶液均有较好的减阻效果，最大时接近70%，且加量在100ppm后对减阻效果无明显的影响。

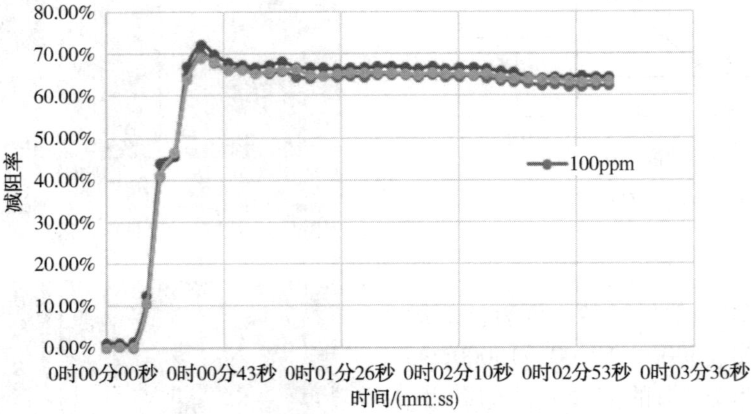

图5 乳液在清水中的减阻率测试

2.5 渗吸驱油性能

结果表明，多功能压裂破胶液在第1天时，渗吸效率较低，而后渗吸效率逐渐增加，变化明显，最终，在7天内均达到渗吸平衡，渗吸效率均表现出先缓慢增加，再加速上升，最后达到平衡的趋势；其中渗透性最差的岩心X28达到渗吸平衡的时间最短，且渗吸效率最低，而孔渗较好的岩心在渗吸发生3天后，仍能不断的缓慢发生渗吸，逐渐提高渗吸效率。见表3。

表3 试验区岩心渗吸效率测试

岩心号	气测渗透率/mD	渗吸效率(3天)/%	渗吸效率(7天)/%	渗吸效率(14天)/%	平均渗吸效率(14天)/%
N72	0.120	21.5	41.3	41.3	30.5
X29	0.073	15.3	35.1	35.1	
X28	0.044	11.5	15.0	15.0	

2.6 阻垢性能

与传统压裂工艺不同，致密储层压裂液注入液量大，而且存地液滞留时间长。因此，加入的阻垢剂技术要求和注水用阻垢剂类似。综合阻垢剂性能评价结果，在高温高矿化度盐水溶液中（钙镁离子浓度≥5000ppm条件下测试），加入阻垢剂20ppm后，在70℃，24小时残留的钙、钡、镁离子的浓度相比未加阻垢剂的水质降低90%以上；适于于致密储层的压裂改造。如图6所示。

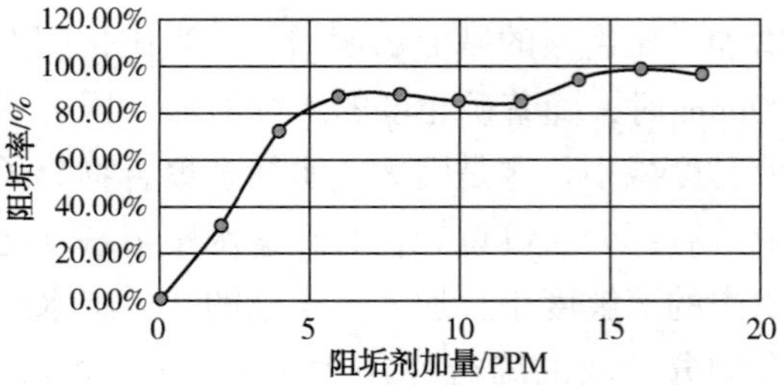

图6 防硫酸钡垢率曲线

3 现场试验与应用

多功能压裂液完成水平井现场试验，试验井闷井 70 天后放喷，返排 1.13%即见油，单井试油产量达 111.35t，现场测试结果显示体系的减阻、混配、携砂等关键施工性能指标，均超过了设计预期。试油产量远超同层为邻井直井。见表 4。

表 4 试验井改造参数

水平段长/m	钻遇率/%	段数/段	簇数/簇	砂量/m^3	液量/m^3
1500	75.1	24	97	2712.1	28757.1

4 结论

(1) 通过水相乳液聚合工艺，克服了反相乳液稳定性与无机水剂添加剂的混溶矛盾，成功在一种乳液中实现了聚合物减阻、高效表活剂驱油、有机螯合阳离子足够多功能一体化的压裂液体系。

(2) 新研发的多功能压裂液体系室内评价具有较好的体积压裂工艺适配性能。

(3) 现场试验表明，多功能压裂液有优越的减阻性，能够连续混配，并且压裂液返排能够回收利用，存地液具有一定驱油、阻垢能力，为致密油、页岩油气藏开发提供了新的技术选择。

参 考 文 献

[1] 王永辉，卢拥军，李永平，等。非常规储层压裂改造技术进展及应用[J]，石油学报，2012，8 月增刊 1，33；149-158.

[2] 郭刚，薛小佳，李楷，等。压裂液存留液对致密油储层渗吸替油效果的影响[J]，钻井液与完井液，2016，11 月，33，121-126.

[3] Prateek Kathel，Kishore K. Mohanty，EOR in Tight Oil Reservoirs through Wettability Alteration，[R] SPE 166281，2013.

[4] 蒋官澄，许伟星，李颖颖，等。国外减阻水压裂液技术及其研究进展[J]，特种油气藏，2013，2 月，20；1-6.

[5] 甘亮，张晨，牛玉莲，等。乳状液稳定性影响因素及检测方法综述[J]，日用化学品科学，2014 年 3 月 37，22-26.

[6] 张亚东，苏雪霞，孙举，等。国内压裂用减阻剂的研究及应用进展[J]，精细石油化工进展，2016 年 7 月 17，8-11.

[7] 余维初，吴军，韩宝航，页岩气开发用绿色清洁纳米复合减阻剂合成与应用[J]，长江大学学报(自科版)，2015，12(8)：78-82.

复合盐成膜防塌钻井液的应用与展望

章洋阳　景　瑞　刘锰钰　白　净

（西安长庆化工集团有限公司）

摘　要　在石油和天然气开采过程中，钻井液的性能对钻井作业的顺利进行至关重要。特别是在复杂地质条件下，钻井液的稳定性和防塌能力，直接影响到钻井的效率、安全性。近年来，复合盐成膜防塌钻井液，因其优越的防塌性能和环保特性，逐渐受到业内的关注和应用。复合盐成膜钻井液通过在井壁上形成稳定的膜，增强井壁稳定性，有效防止井塌塌陷，提高钻井作业的安全性和效率。基于此，本文主要分析复合盐成膜防塌钻井液的应用与展望。

关键词　复合盐；成膜防塌；钻井液；应用展望

1　引言

钻井工程是石油和天然气开采过程中的关键环节，钻井液的性能，直接关系到钻井的安全与效率。在复杂地质条件下，井壁坍塌是影响钻井作业的重要问题之一，为了解决这一难题，复合盐成膜防塌钻井液应运而生。

2　复合盐成膜防塌钻井液的应用

2.1　在复杂地质条件下的应用

复合盐成膜防塌钻井液在复杂地质条件下的应用，是一项具有重要意义的技术创新，其优异的性能，使其成为解决多种复杂地质问题的有效工具，这种钻井液系统，通过复合盐的协同作用和成膜机制，能够有效应对不同类型的地层挑战，为钻井作业提供全面的保护和支持。在高温高压地层中，复合盐成膜防塌钻井液表现出卓越的稳定性。随着钻井深度的增加，地层温度和压力显著升高，对于常规的钻井液来说，往往难以维持其理化性能，导致钻井液失效、井壁失稳等问题，而复合盐成膜防塌钻井液中的复合盐组分，能够在高温条件下，持续保持稳定，同时，通过成膜作用在井壁形成致密的保护层，有效防止高压条件下的地层流体侵入，这不仅确保了钻井液的基本功能，还大大增强了井壁的稳定性，为深层和超深层钻井，提供了可靠的技术支持。另外，在易水化膨胀的泥页岩地层中，复合盐成膜防塌钻井液的优势更加明显，其中，泥页岩因其含水敏性矿物，而容易吸水膨胀，导致井壁失稳和坍塌，复合盐成膜防塌钻井液通过其独特的成膜机制，在井壁表面形成一层半渗透膜，有效阻止钻井液中的水分子渗入地层。同时，复合盐的存在能够调节钻井液的渗透压，进一步抑制水分子向地层迁移，这种双重保护机制，极大地降低了泥页岩的水化程度，有效防止了井壁

失稳和坍塌问题的发生。

2.2　在深井和超深井中的应用

随着油气勘探开发不断向更深层次推进，传统钻井液在面对极端条件时，往往显得力不从心，而复合盐成膜防塌钻井液，凭借其独特的性能优势，成为应对深井和超深井钻探挑战的有力工具。在深井和超深井钻探中，最突出的特点，是高温和高压环境，随着井深的增加，地层温度和压力呈现出显著的上升趋势，常常达到150℃以上的高温，以及到达70MPa以上的高压，在这种极端条件下，复合盐成膜防塌钻井液，展现出卓越的耐温耐压性能，而其中的复合盐组分，能够在高温环境中保持稳定，不易发生降解或分解，从而保证了钻井液的基本性能。同时，复合盐的存在还能够抑制其他添加剂的热降解，进一步增强了整个钻井液系统的高温稳定性。高温高压条件下，井壁稳定性是另一个关键问题。复合盐成膜防塌钻井液通过其独特的成膜机制，在井壁表面形成一层致密的保护膜，这层保护膜，不仅能够有效阻止钻井液向地层渗透，还能够抵抗高压条件下地层流体的入侵，这种双向屏障作用，极大地增强了井壁的稳定性，有效防止了因高压差，而导致的井壁失稳和坍塌问题。

3 复合盐成膜防塌钻井液的展望

展望未来，复合盐成膜防塌钻井液的发展，将朝着多个方向不断深化和拓展，以应对更加严峻的挑战，以及更高的技术要求。首先，复合盐成膜防塌钻井液的性能优化，将是一个持续的研究方向，随着钻井深度的不断增加，以及地质条件的日益复杂，对钻井液的要求也在不断提高。未来的研究，将致力于进一步提升复合盐成膜防塌钻井液的耐温耐压能力，使其能够适应更加极端的高温高压环境，这可能涉及到新型复合盐的开发，以及成膜机理的深入研究。通过优化复合盐的组成和配比，结合先进的添加剂技术，有望实现钻井液性能的质的飞跃，使其能够在300℃以上的超高温，以及100MPa以上的超高压环境中，保持稳定性能。其次，智能化和响应性，是复合盐成膜防塌钻井液未来发展的另一个重要方向。随着智能钻井技术的发展，对钻井液的智能化要求也在提高，未来的复合盐成膜防塌钻井液，可能会融入智能响应元素，能够根据井下环境的变化，自动调整其性能，例如，开发出能够感知温度、压力或pH值变化的智能分子，并将其引入钻井液系统中，这些智能分子可以在特定条件下，触发成膜过程，或改变钻井液的流变性能，从而实现对井下复杂环境的实时响应和自适应调节。

4 结论

综上所述，复合盐成膜防塌钻井液，在解决井壁坍塌问题方面展现了显著的优势，其应用前景广阔。未来，随着技术的不断进步和创新，复合盐成膜防塌钻井液将在更广泛的地质条件下得到应用，并发挥更加重要的作用。

参 考 文 献

[1] 孙明杰，贺同宝，范落成，等．复合盐成膜防塌钻井液研究与应用[J]．冶金与材料，2023，43(3)：46-48.

[2] 肖超，蔡利山，赵素丽，等．复合硅酸盐钻井液体系室内研究[J]．油田化学，2002，19(1)：6.

[3] 郑文武，田茂明，刘福，等．复合盐防塌钻井液技术应用研究[J]．化工管理，2019(32)：2.

[4] 华松，常洪超，何振奎，等．复合盐钻井液在庆1-12-67H2井的应用[J]．西部探矿工程，2018，30(7)：3.

一种解吸附剂的室内性能评价与现场应用研究

程晓亮　李起映　龚瑞琦　屈延洲　胡名家　周树涛　曹凯程

（西安长庆化工集团有限公司）

摘　要　乳液类稠化剂配置形成变粘滑溜水体系具有可循环利用、一体化可连续混配等优势，在长庆油田致密砂岩改造中使用频率较高。但一直缺少针对乳液稠化剂在储层中吸附滞留造成储层渗透率伤害的低伤害压裂液技术。针对长庆致密砂岩气压裂过程中使用的聚丙烯酰胺压裂液在储层多孔介质中的吸附滞留问题，研发出了一种可有效解决吸附滞留问题的解吸附剂。本文旨在将所研发的这种解吸附剂加入聚丙烯酰胺压裂液配方中进行研究，通过一系列室内性能评价，证实了该解吸附剂具有与聚丙烯酰胺液体配方良好的配伍性，并且不会影响压裂液的综合性能，现场应用中，该解吸附剂表现出良好的试验效果，实施的3口井均一次喷通，平均返排率43.6%，相比邻井提高了大约1.9倍；平均无阻流量达到17.46万方/天，相较邻井提高了1.5~2.5倍，具有更好的返排效果和产量。

关键词　长庆致密砂岩；储层渗透率伤害；解吸附剂

致密砂岩气由于其较低的储气丰度与极低的渗透率，需要通过水力压裂改造来增产增注后方能投产。长庆致密砂岩气压裂工艺技术经过多年的发展，改造规模逐渐增大，对压裂液性能、施工效率与成本提出了更高要求。乳液类增稠剂变黏滑溜水体系具有可循环利用、一体化可连续混配等优势，在长庆致密砂岩气压裂改造中使用频率越来越高。然而，大量的压裂液进入储层后在压差作用下长时间与储层接触，破胶液滤液进入裂缝附近的基质中，导致储层受到严重伤害，这种伤害主要是指压裂液中的水相、固相导致的裂缝壁面附近的孔喉结构变化从而使得渗透率降低的现象，其中水相伤害主要包括水敏、水锁，固相伤害主要是由于压裂液破胶后残渣、水不溶物以及添加剂的固相析出物质造成的渗透率降低。另一种类型的储层伤害是压裂液稠化剂破胶后与水相一起通过裂缝壁面进入储层介质，从而在裂缝壁面附近的基质中形成吸附层，随着堆积效应增加，稠化剂出现大量滞留，从而导致孔隙度减小、孔喉连通性变差，使得储层渗透率降低，这种类型的储层伤害称为吸附滞留伤害，吸附滞留伤害介于水相和固相伤害之间。针对有关水相、固相伤害的储层伤害问题，研究人员通过各种手段，提出了许多控制措施，也得到了一定的实际应用，但一直未基于储层吸附滞留方面对乳液类稠化剂与致密砂岩储层的适应性进行论证和相应的研究，对稠化剂伤害的现象和原因认识不充分，缺少针对乳液稠化剂造成储层渗透率伤害的低伤害压裂液技术。

针对上述问题，通过大量的文献调研，对乳液类稠化剂的微观结构、与致密砂岩作用机理及流动作用进行研究。研究表明，随着稠化剂浓度的增加，破胶后由于分子间氢键作用，分子溶液卷曲成团，导致分子团粒径增大，在砂岩多孔介质中容易产生机械滞留作用，这也是导致稠化剂固相堵塞伤害的根本原因。乳液稠化剂分子链上含有亲水基团，容易与砂岩表面的吸附位点(含氧基团)形成氢键从而被捕捉，吸附在岩石表面的稠化剂具有一定的厚度，同时还可能在孔道两端形成架桥作用，降低孔径，更容易在不规则孔道附件形成滞留从而导致堵塞降低通道的导流能力。因此，稠化剂分子在砂岩多孔介质中导致滞留伤害的原因在于其分子团本身具有较大粒径的机械属性以及稠化剂分子容易与岩石表面形成吸附的化学属性。需要从上述两方面着手采取有效措施来降低乳液稠化剂对砂岩的吸附滞留伤害，最终优化形成一种降低致密砂岩储层渗透率伤害的压裂液体系，为长庆油田致密砂岩气的高效开发提供技术支撑。

基于上述乳液稠化剂的吸附滞留机理，研发了一种具有氢键抑制作用的解吸附剂，本论文通过将该解吸附剂加入聚丙烯酰胺乳液滑溜水体系压裂液，通过一系列室内性能评价实验，验证了该解吸附剂的加入不会影响乳液压裂液体系原有的综合性能，具有与聚丙烯酰胺压裂液体系良好的配伍性，现场应用表明该解吸附剂可以满足实际压裂需求，并达到良好的压裂施工效果。

1　实验部分

1.1　解吸附剂的微观形貌

通过扫描电子显微镜(SEM)表征了解吸附剂的微观形貌，如图1所示，将溶液烘干结晶出的解吸附剂呈现纳米颗粒团聚堆积分布，具有纳米颗粒堆积性质。

图1　解吸附剂微观形貌

1.2　解吸附剂的元素分析

通过EDS进一步对解吸附剂表面进行元素定性定量分析(图2)，证实其含有C、N、O、Si元素，其含量分别为C(23.84%)、N(42.91%)、O(33.08%)、Si(0.17%)。

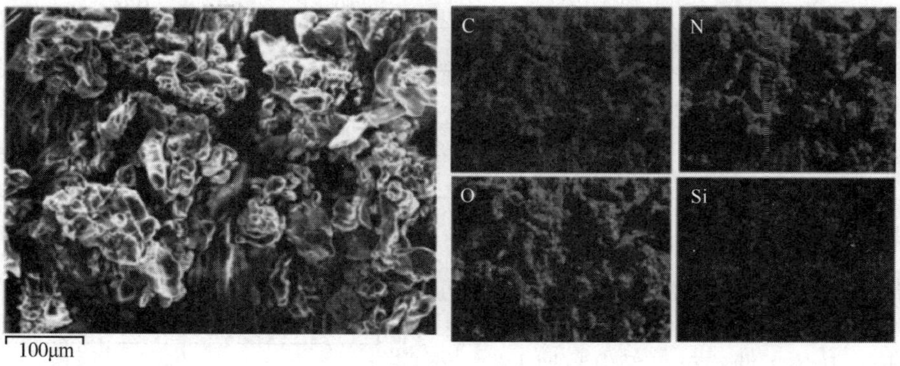

图2　解吸附剂的元素分析

1.3　解吸附剂的室内性能评价

基于相关行业标准，对解吸附剂与现场压裂液体系的配伍性进行评价。

长庆致密砂岩现场一体化乳液变黏压裂液体系配方：滑溜水：0.3%聚丙烯酰胺；低黏液：1.2%聚丙烯酰胺。

配伍性

现场施工作业压裂液采用连续混配，单段施工时间通常不超过4h，因此将0.2%的解吸附剂加入0.3%乳液稠化剂配置的滑溜水压裂液和1.2%配置的低黏液中静置0.5~4h。测试结果显示(图3)，表观黏度未出现明显变化，表明解吸附剂与压裂液配伍性良好。

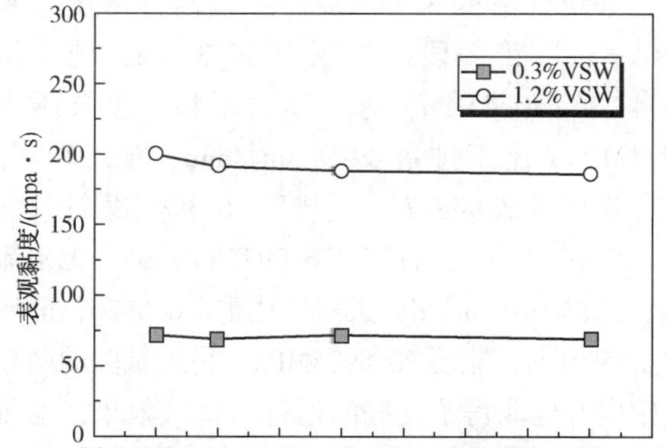

图3　静置不同时间压裂液表观黏度变化流变性能

在100℃、170s^{-1}剪切速率下测试了加入解吸附剂前后压裂液的流变性能。剪切90min后，不含解吸附剂的压裂液粘度为138mPa·s，加入0.2%解吸附剂的压裂液粘度为134mPa·s。表明解吸附剂对压裂液的流变性能几乎无影响。

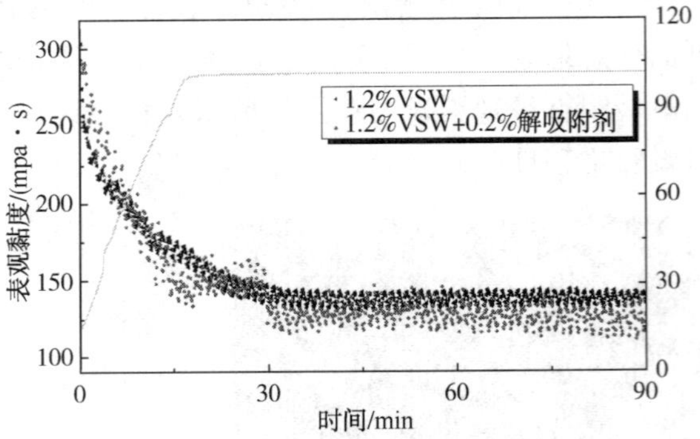

图4　流变测试结果破胶性能

根据《SY-T 5107—2016 水基压裂液性能评价方法》测试加入解吸附剂前后压裂液体系的破胶时间、破胶液黏度以及表面张力。测试结果表明解吸附剂不会影响压裂液的破胶性能，各项指标均符合行业标准。（SY/T 6376—2008《压裂液通用技术条件》中规定：一体化乳液压裂液的破胶时间≤720min；破胶液黏度≤5mPa·s；破胶液表面张力≤28mN/m）

2　解吸附剂的现场应用

该解吸附剂已在长庆油田分公司苏里格气田中试验3口井，其中一口水平井为XX-XX井，该井共5段，共使用聚丙烯酰胺压裂液2337.1方，

表1　破胶测试结果

压裂液类型	实验条件	破胶时间/min	破胶液黏度/(mPa·s)	表面张力/(mN/m)
0.3%聚丙烯酰胺	破胶剂150ppm；温度90℃	60	1.91	24.32
		60	1.86	24.38
0.3%聚丙烯酰胺+0.2%解吸附剂		60	2.89	24.51
		60	3.38	24.55
1.2%聚丙烯酰胺	破胶剂500ppm；温度90℃	90	2.30	25.26
		90	2.98	25.36
1.2%聚丙烯酰胺+0.2%解吸附剂		90	3.15	25.58
		90	3.25	25.39

每段前置液阶段按照0.3 wt%伴注解吸附剂，共使用解吸附剂2.5方，累计加40-70目石英砂270方，40-70目陶粒55方。该井第一段施工曲线如图5所示，从施工曲线可以看出，加入解吸附剂后的压裂液体系，其造缝、携砂性能良好，平均砂浓度353.4kg/m^3，最高砂浓度达到570kg/m^3，第一段破裂压力45.3MPa，施工压力47.9~40.4MPa，施工压力平稳，停泵压力22.1MPa，施工排量8~9.5m^3/min，施工顺利。该井累计排液942方，返排率36.3%，累计放气量6.2570×10^4m^3，日产气6.0937×10^4m^3，无阻流量21.7550×10^4m^3/d，天然气比重：0.5926，静压25.3859MPa，流压20.8925MPa。另外试验的两口直定向井也取得了良好的返排与试气效果，返排率分别为33.3%、61.1%，日产气量分别为5.6606×10^4m^3、5.2557×10^4m^3，试气无阻流量分别为18.2584×10^4m^3/d、12.3723×10^4m^3/d，而同井场一邻井无阻流量仅为4.59×10^4m^3/d，解吸附剂试验井相比邻井每米无阻流量提高了1.5~2.5倍。

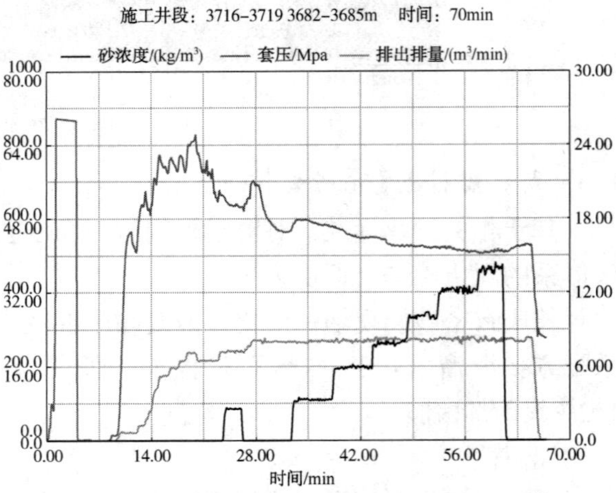

图5　XX-XX井第一段压裂施工曲线

3　结论

乳液类增稠剂破胶后的聚合物分子团粒径与长庆致密砂岩储层孔喉半径大小相匹配，易导致固相堵塞伤害；氢键是乳液类增稠剂与长庆致密

砂岩吸附的主要作用力，针对稠化剂的吸附滞留伤害，解吸附剂可以形成竞争吸附作用，抑制了稠化剂在砂岩储层介质中的吸附滞留；本论文经过室内试验与现场应用证实了该解吸附剂与压裂液配伍性良好，不会影响压裂液的增稠性能、流变性能、破胶性能等，并且具有更好的压裂施工效果。

参 考 文 献

[1] 王继平，张城玮，李建阳，等．苏里格气田致密砂岩气藏开发认识与稳产建议[J]．天然气工业，2021，41(02)：100-110.

[2] 蒋海，杨兆中，李小刚，等．裂缝面滤失对压裂井产能的影响分析[J]．长江大学学报(自科版)，2008，5(1)：87-89.

[3] Huang, Q M, Liu S M, Wang G, Wu, B et al. Coalbed methane reservoir stimulation using guar-based fracturing fluid: A review[J]. Journal of Natural Gas Science and Engineering, 2019, 66: 107-125.

[4] 曾冀，郭建春，曾凡辉．考虑裂缝壁面伤害的压裂井产能计算模型[J]．天然气勘探与开发，2014，37(4)：49-5310-11.

[5] Zhu H l, Liu X j, Yao G h, et al. Fenglin. Determination of water-lock critical value of low-permeability sandstones based on digital core[J]. Natural Gas Industry B, 2016, Vol. 3(3): 253-259.

[6] 刘彦学．松南油气田火成岩储层低损害钻井液体系研究[J]．钻采工艺，2011，34(6)：89-9211.

[7] 聂法健，田巍，李中超，等．致密砂岩气藏水锁伤害及对产能的影响[J]．科学技术与工程，2016，16(18)：30-35.

[8] 张洁，罗平亚，朱建峰，管宝山．HPG胶水基压裂液残渣的伤害与溶解[J]．西南石油学院学报，2001，23(4)：44-45.

[9] 王安培，王稳桃，赵保才，等．羟丙基胍胶压裂液滤饼对岩心伤害试验研究[J]．钻采工艺，2018，41(1)：92-94101.

[10] Huang Q M, Liu S M, Wang G, et al. Gas sorption and diffusion damages by guar-based fracturing fluid for CBM reservoirs[J]. FUEL, 2019, 251: 30-44.

[11] Yin, Z C, Wang, Y L, San, J S. Adsorption behavior of hydroxypropyl guar gum onto montmorillonite and reducing adsorption in the reservoir(Article)[J]. Applied Clay Science, 2018, Vol. 166: 123-130.

[12] 尹子辰，王彦玲，张传保．羟丙基胍胶在高岭土上的吸附性质研究[J]．分析化学，2019，47(1)：93-98.

[13] Yin Z C, Wang Y L, Zeng Y J. Adsorption behavior of carboxymethyl guar gum onto quartz sand[J]. New Journal of Chemistry, 2018, Vol. 42 (19): 16273-16280.

[14] Li Y, Wang S B, Guo J C, et al. Reduced Adsorption of Polyacrylamide-Based Fracturing Fluid on Shale Rock Using Urea[J] Energy Science and Engineering. 2018, 6: 749-759.

[15] Balajee S R, Iwasaki I. Adsorption Mechanism of Starches in Flotation and Flocculation of Iron Ores[J]. Trans, 1969, 244: 401-406.

鄂尔多斯盆地西缘复杂冲断带堵漏体系研究与应用

滕宇翔[1,2] 闫 乐[1,2] 杨佐英[1,2] 段志锋[1,2] 田得粮[1,2] 思代春[1,2]

（1. 中国石油长庆油田分公司油气工艺研究院；2. 低渗透油气田勘探开发国家工程实验室）

摘　要　青石峁气田位于鄂尔多斯盆地西缘冲断带，区域构造复杂，以天然裂缝型漏失为主，常规钻井液固相无法封堵漏失裂缝。本文根据钻井液密度、井筒半径、漏失体积等关键参数建立漏失裂缝宽度反演模型，确定漏失裂缝宽度范围为 2.64~3.21mm。基于超分子化学理论，研发超分子聚合物堵漏材料 WSD-1，结合裂缝宽度明确堵漏材料粒度分布，构建了超分子聚合物堵漏配方：基浆+3%核桃壳+1.5%云母颗粒+4%橡胶颗粒+1%锯末+5%超分子聚合物堵漏材料 WSD-1，可提高封堵层承压能力至 15MPa，性能优于现场常规堵漏配方。在李 24-＊＊恶性漏失井进行现场应用，可有效解决鄂尔多斯盆地西缘复杂冲断带气井的恶性漏失难题，具有广阔的应用前景。

关键词　青石峁；盆地西缘；超分子聚合物；堵漏；裂缝宽度；漏失

井漏是指在钻井、测井、固井等井下作业过程中，钻井液、完井液等井筒工作液大量漏入地层的现象，不仅消耗大量工作液，延长完井周期，处理不当还可能引发井塌、卡钻、井喷等严重井下事故。全球井漏事故约占钻井复杂事故总数的 20%~25%，因井漏每年损失井筒工作液约 $30\times10^4 m^3$，每年直接损失和间接损失资金高达 20~40 亿美元。因此，如何安全高效地解决井漏问题成为近年来国内外堵漏技术的研究重点。

随着桥接堵漏技术发展，逐渐形成了“1/3 规则”、“2/3 规则”、“D50 规则”、“D90 规则”和理想充填等架桥封堵基本理论。而实际桥接堵漏效果严重依赖于漏层裂缝的尺寸与堵漏材料粒度分布匹配度。由于复杂地层漏失裂缝通常具有多尺度特性和不确定性，往往致使传统桥接堵漏材料的类型和粒径难以优化匹配，承压堵漏成功率较低，聚合物类堵漏材料可以较好地克服上述难题。

青石峁气田上古生界提交探明储量 1036 亿方，是长庆气区上产稳产的战略接替新区。该区块位于鄂尔多斯盆地西缘复杂冲断带，地质构造复杂，高角度裂缝发育，存在漏点多、漏失反复、裂缝不确定性大的特点，单一类型堵漏材料无法满足钻井施工要求，严重迟滞勘探开发进程。本文借助超分子化学理论，研发出了超分子聚合物堵漏材料，为青石峁气田乃至整个盆地西缘恶性漏失提供新的解决途径。

1　盆地西缘漏失特征及主控因素分析

1.1　盆地西缘钻井液漏失特征

盆地西缘漏失主要发生在刘家沟组、石千峰组和石盒子组。其中刘家沟组、石千峰组和石盒子组单层漏失概率大，漏失风险高，恶性漏失主要集中刘家沟组，各层位发生漏失频次依次为：刘家沟组>石千峰组>石盒子组>延长组>山西组。如图 1 所示。

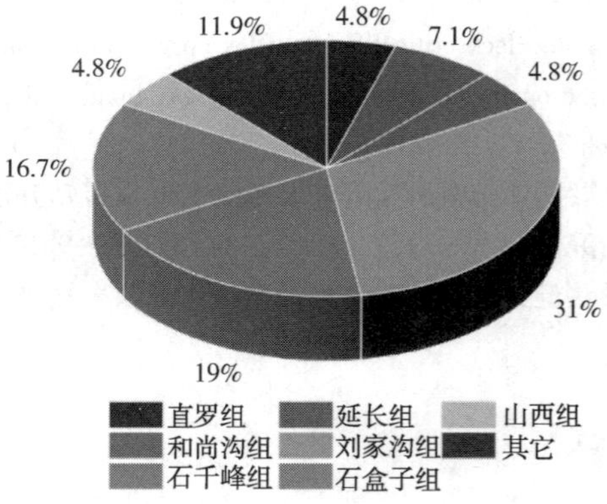

图 1　盆地西缘单层漏失概率统计图

1.2　盆地西缘钻井液漏失主控因素

井筒-地层之间正压差、构造裂缝发育以及钻井液固相组成是盆地西缘钻井液漏失的主要影响因素。该地区平均压差值 $0.25g/cm^3$，为井漏提供压力来源；刘家沟组、石千峰组和石盒子组以细砂岩为主，泥质胶结，地层岩石致密，主要漏层垂直裂缝发育，取样裂缝长度分布在 0.74~2.82m，裂缝开度主要分布在 0.2~2mm，裂缝切深延伸较长，为主要漏失通道；现场钻井液固相主要由黏土、固相添加剂和岩屑组成，颗粒粒径偏小，只能封堵 100μm 以下微裂缝，无法有效封堵毫米级裂缝。如图 2-~4 所示。

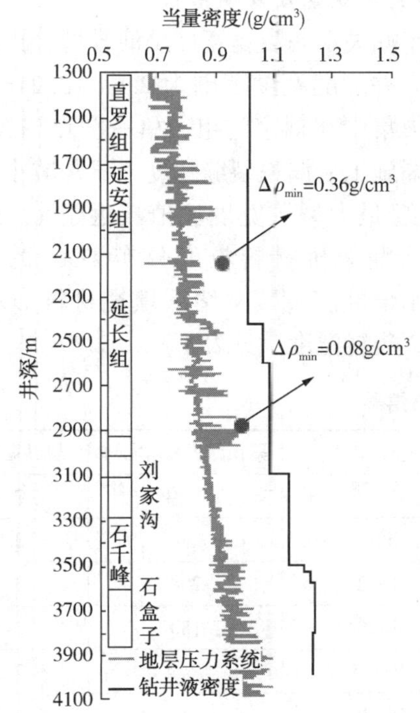

图 2　盆地西缘井地层压力系数

图 3　砂岩段裂缝发育情况

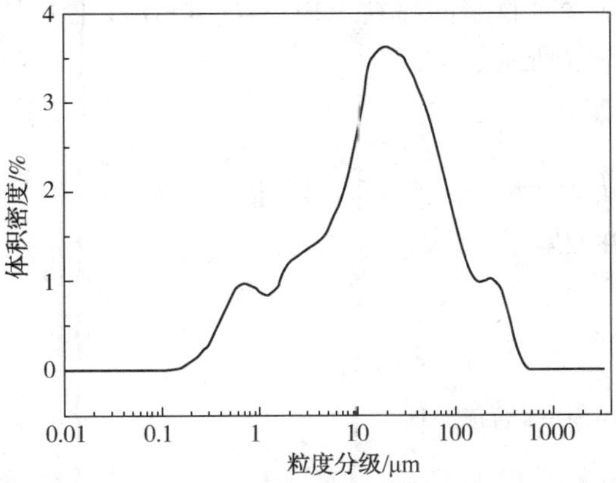

图 4　盆地西缘钻井液粒度分布

2　盆地西缘漏失裂缝宽度计算

2.1　裂缝宽度预测模型

盆地西缘以垂直裂缝为主，考虑裂缝面粗糙起伏以及漏失过程中扩延行为，根据裂缝水力学宽度、钻井液密度、流变参数、漏失体积、井筒半径、地层压力系数等变量，综合漏失控制方程、漏失体积计算方程和裂缝变形方程，建立有限长垂直裂缝宽度预测模型。如图 5 所示。

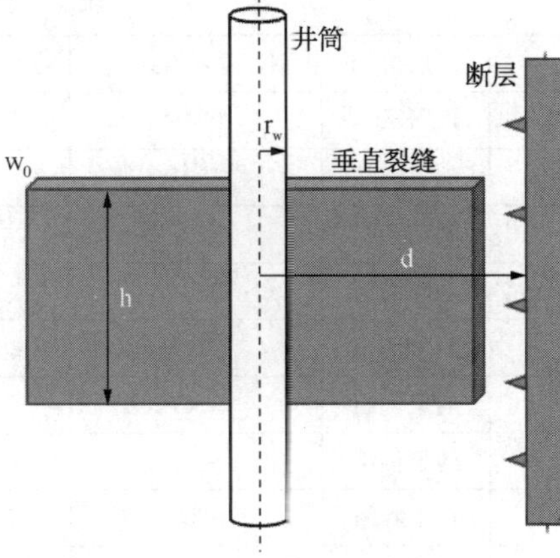

图 5　有限长垂直裂缝漏失模型图

通过设定漏失时间和 3 个及以上的由小到大的裂缝静态宽度，联立公式(1)～公式(5)求得不同裂缝静态宽度下的漏失体积，拟合数据得到裂缝静态水力学宽度–漏失体积关系式(6)，根据实际漏失量计算出地层漏失裂缝静态水力学宽度，由公式(2)求得漏失动态裂缝宽度。

裂缝宽度预测模型：

$$\frac{\partial(\rho w_h)}{\partial t}=\frac{\partial}{\partial x}(\rho w_h v)=\left(\frac{n}{2n+1}\right)\frac{1}{k^{\frac{1}{n}}2^{1+\frac{1}{n}}}\frac{\partial}{\partial x}\left[\rho w_h^{2+\frac{1}{n}}\left(-\frac{dp}{dx}\right)^{\frac{1}{n}}\right] \tag{1}$$

式中，裂缝变形方程和工作液状态方程分别为：

$$w_h=w_o\left(\frac{e^{-(1/3)\beta(\sigma_n-\alpha p)}+K_\sigma}{e^{-(1/3)\beta(\sigma_n-\alpha p_p)}+K_\sigma}\right) \tag{2}$$

$$\rho=\rho_0 e^{C_p(P-P_p)} \tag{3}$$

边界条件：

$$P(0,\ t)=P_w \tag{4}$$

$$P(d_e,\ t)=P_p \tag{5}$$

式中，x_e为定压漏失边界与井壁的距离；$P(0,\ t)$为垂直裂缝漏失时任意时刻井壁处压力；$P(x_e,\ t)$为垂直裂缝漏失时任意时刻边界上的压力。

静态水力学宽度-漏失体积关系式：

$$V=4h\left(\frac{n}{2n+1}\right)\left(\frac{1}{k}\right)^{\frac{1}{n}}\left(\frac{w_{0i}e^{\frac{\beta}{3}(\alpha P_w-\alpha P_p)}}{2}\right)^{2+\frac{1}{b}}\int_0^{t0}\left(-\frac{dP(0,\ t)}{dr}\right)^{\frac{1}{n}}dt \tag{6}$$

式中，h 为裂缝高度；$\frac{dP(0,\ t)}{dx}$为某时刻井壁处压力梯度值。

2.2 漏失裂缝宽度反演结果

基于漏失动态裂缝宽度反演模型，预测盆地西缘漏失井裂缝宽度范围为 2.64～3.21mm。纵向上漏失集中在刘家沟组，单一漏点漏失严重，多次堵漏施工后漏失裂缝宽度未显著减小。平均裂缝宽度/最大裂缝宽度比值接近于 1，近平行裂缝。堵漏架桥材料粒度分布 D90 值应处于 0.8～1.1 倍裂缝宽度，堵漏填充材料 D90 值应小于 1/3 裂缝宽度。见表 1。

表 1　盆地西缘漏失裂缝反演结果

井号	层位	井深/m	钻井液密度/(g/cm³)	漏速/(m³/h)	累积漏失量/(m³)	裂缝宽度/mm
李 19-＊＊	延长组	2746	1.08	10-15	71.4	2.92
李 24-＊＊	刘家沟组	3201	1.15	119	84	3.00
李 24-＊＊	刘家沟组	3201	1.15	4-22	238	3.10
李 24-＊＊	刘家沟组	3201	1.15	4-29	180	3.11
李 24-＊＊	刘家沟组	3225	1.15	10-15	76.4	3.11
李 22-＊＊	刘家沟组	3247	1.15	16-30	50	2.76
李 19-＊＊	刘家沟组	3431	1.15	15	127	2.65
李 19-＊＊	石千峰组	3700	1.25	22-24	314.2	3.21
李 24-＊＊	石千峰组	3721	1.17	45	128	2.64
李 22-＊＊	石盒子组	3732	1.21	29-42	71.5	2.99

3　超分子聚合物堵漏配方

3.1 研发超分子聚合物堵漏材料

超分子聚合物堵漏材料相对于其他传统堵漏剂具有独特的物理化学性质，其具有拉伸变形强、剪切稀释性好、粘附性强的优点，可以通过复配其他堵漏材料产生优异的堵漏效果。

3.1.1　疏水单体 WS-2 的制备

选择丙烯酰氧乙基单体和长链卤化物进行季铵化反应，得到疏水单体。取 30g 丙烯酰氧乙基二甲基胺溶于 150mL 丙酮中，低温滴加 30g 氯代十六烷，后升温至 50℃ 避光反应 24h，过滤，洗涤，干燥，得到疏水单体 WS-2。

3.1.2　超分子聚合物堵漏材料的合成

称取 27g 丙烯酰胺溶于 100mL 蒸馏水中，加入 3g 疏水单体 WS-2 和 0.9g 十二烷基硫酸钠，搅拌混匀后倒入 250mL 三口烧瓶中，通氮气保护 30min，升温至 50℃，加入 0.18g 偶氮二异丁腈，反应 4h，得到粘稠状聚合物，冷却后加入 100mL 溶有 30g 羟乙基纤维素的水溶液，使用 NaOH 溶液调节 PH 至 11，升温至 80℃ 反应 5h，冷却，干燥，粉碎得到白色粉末即为超分子聚合物堵漏材料 WSD-1。WSD-1 合成原理如图 6 所示。

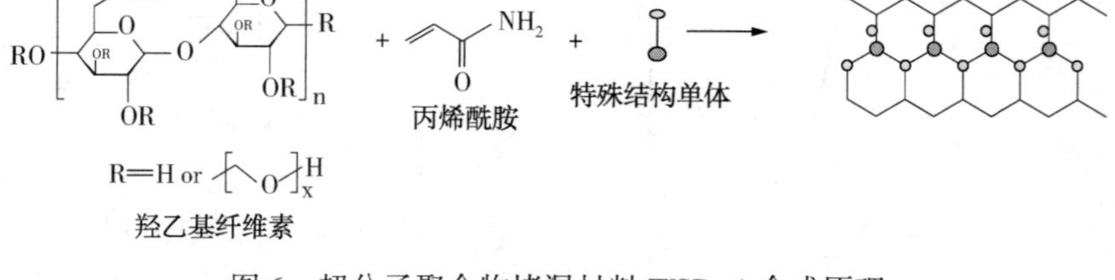

图 6　超分子聚合物堵漏材料 WSD-1 合成原理

3.1.3　超分子聚合物堵漏材料的表征

当聚合物溶液中存在大量非极性共价键时，某些特殊键如 C—H、C ═O 伸缩振动的位置会发生偏移，采用 Thermo Scientific FT-IR 光谱仪对超分子聚合物堵漏材料进行结构表征。图7为该材料的红外图谱，谱峰在 $3400cm^{-1}$、$3000cm^{-1}$、$1650cm^{-1}$处发生了蓝移，表明分子存在大量的非共价键，分子间形成了超分子缔合聚集结构。

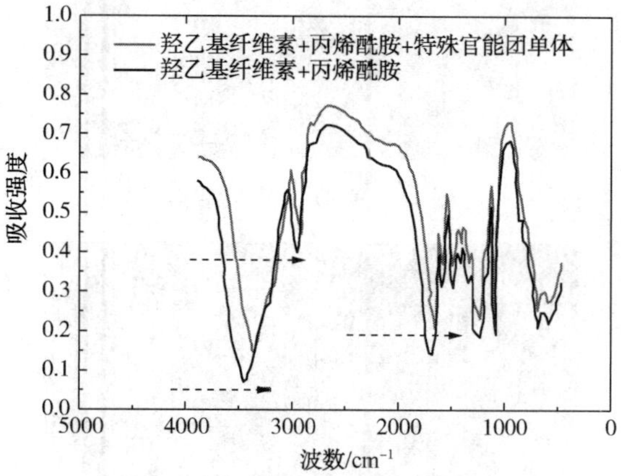

图7 超分子聚合物堵漏材料红外分析图谱

使用透射电镜对超分子聚合物堵漏材WSD-1进行二维结构表征，电镜照片如图8所示。可以发现，超分子聚合物堵漏材料可形成大量三维网络结构，周围分布大量的聚集体，充分说明堵漏材料分子间通过非共价键形成空间网架结构。

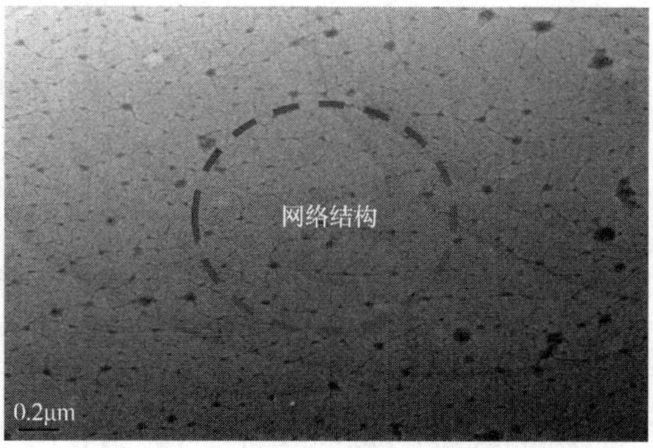

图8 超分子聚合物堵漏材料WSD-1透射电镜照片

3.2 堵漏配方构建

由前文可知，盆地西缘裂缝宽度范围为2.64~3.11mm，可推算出堵漏架桥材料粒度分布D90值应处于2.5mm~3.2mm，堵漏填充材料粒度分布D90值应小于1.0mm。因此，本文选择6~12目核桃壳作为堵漏架桥材料，选择16~30目云母颗粒作为堵漏填充材料，选择12~18目橡胶作为柔性堵漏材料，选择锯末作为纤维堵漏材料，形成堵漏配方方案见表2所示。

表2 堵漏配方优选实验方案

实验编号	核桃壳浓度/%	云母颗粒浓度/%	橡胶浓度/%	锯末浓度/%	超分子聚合物堵漏材料WSD-1浓度/%
1	2.0	1.0	2.0	2.0	3.0
2	2.0	1.0	3.0	1.5	5.0
3	2.0	1.0	4.0	1.0	7.0
4	3.0	1.5	2.0	2.0	7.0
5	3.0	1.5	3.0	1.5	3.0
6	3.0	1.5	4.0	1.0	5.0
7	4.0	2.0	2.0	2.0	7.0
8	4.0	2.0	3.0	1.5	3.0
9	4.0	2.0	4.0	1.0	5.0

开展3mm裂缝复合桥接堵漏实验，实验结果如图9所示，核桃壳、云母颗粒、橡胶颗粒、锯末和超分子聚合物堵漏材料WSD-1五种堵漏材料组合可以提高封堵层的承压能力，但是封堵层的承压能力并未随着材料浓度的增加而持续增大，说明每种类型材料均存在最佳浓度。最终优选核桃壳浓度为3%，云母颗粒浓度为1.5%，橡胶颗粒浓度为4%，锯末浓度为1%，超分子堵漏材料浓度为5%时，堵漏效果最佳，封堵层承压能力为15MPa，累计漏失量为28mL。

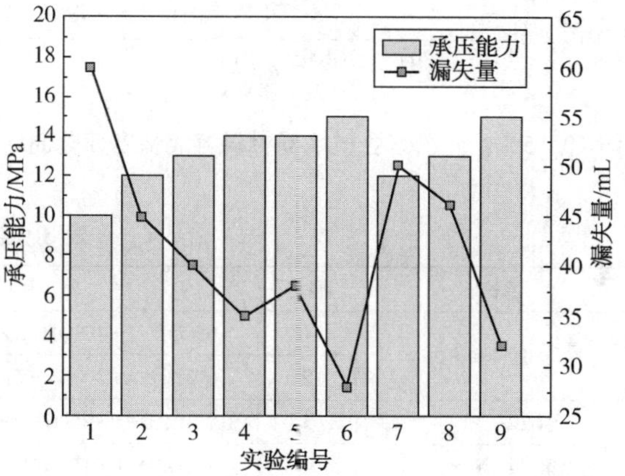

图9 堵漏配方优选实验结果

形成超分子聚合物堵漏配方：基浆+3%6-12目核桃壳+1.5%16-30目云母颗粒+4%12-18目橡胶颗粒+1%锯末+5%超分子聚合物堵漏材料WSD-1。

3.3 堵漏机理分析

本文研发的超分子聚合物堵漏材料WSD-1引入特殊官能团，通过多种非共价键形成有序的超分子结构体，具有如下性能特点：

① 高黏度。在低剪切速率下，有比较高的黏度(图10)，大大提高了堵漏材料与漏失通道

之间的摩擦系数。当进入漏失通道后，堵漏浆黏度上升促进堵漏材料与漏失通道内壁的粘结，有利于堵漏材料的滞留封堵并提高漏层的承压能力。

② 强吸附作用。超分子聚合物堵漏材料 WSD-1 在漏层形成高强度超分子聚集体，并通过多种非共价键作用将堵漏材料牢牢吸附在岩石表面，有效封堵漏失通道。

③ 成胶性。本文设计的超分子聚合物堵漏材料 WSD-1 在显微镜下可以呈现出大量完整的三维凝胶网状结构(图 11)，而现场所用堵漏剂未形成有效胶结(图 12)，表明本文研发的超分子聚合物堵漏材料更有利于粘接堵漏材料和漏失通道内壁，可实现高强度堵漏。

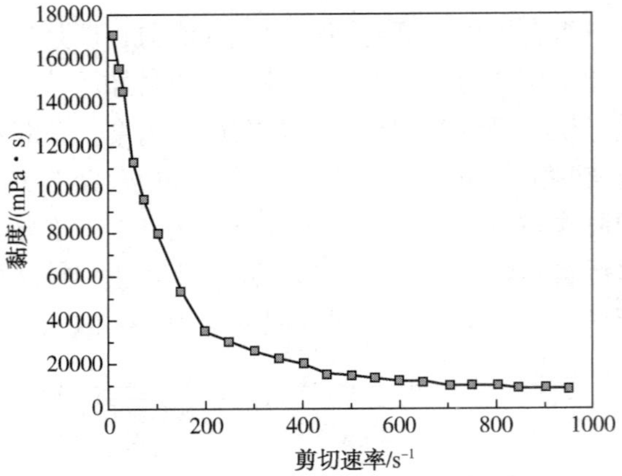

图 10　5%超分子聚合物堵漏材料溶液粘度变化曲线

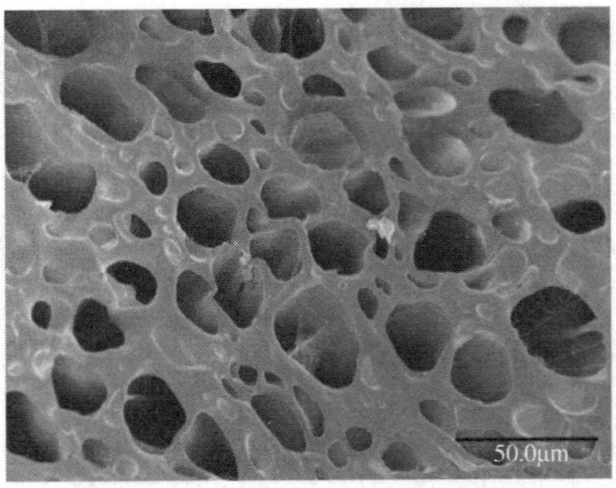

图 11　WSD-1 三维结构

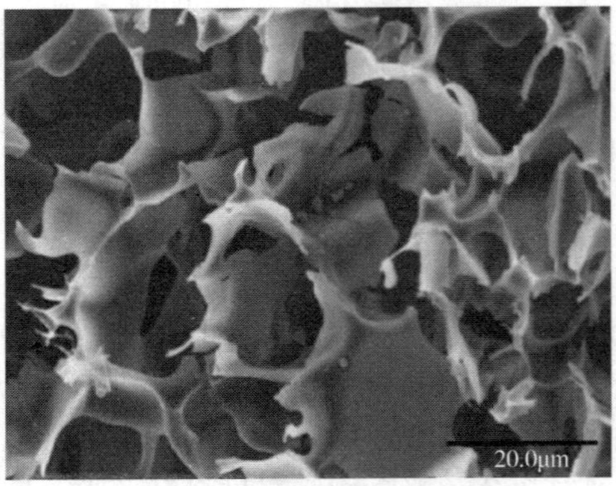

图 12　现场用堵漏剂三维结构

4　现场应用

4.1　现场堵漏配方收集评价

收集、整理了盆地西缘常用堵漏配方，并开展 3mm 裂缝复合桥接堵漏实验，配方见表 3，实验结果如图 13 所示。

表 3　盆地西缘堵漏配方

名称	编号	配方
李 19-＊＊	1	6%QD-1+4%QD-2+9%QD-3+6%DF-A+5%KSD
	2	6%DF-A+3%GT-MF+1.0%LCC-200+5%锯末
李 22-＊＊	3	7%GZD-B+3%GZD-C+7%GZD-D+9%核桃壳+3%WNPDL
李 24-＊＊	4	7%GZD-B+1%GZD-C+7%NaOH+1.2%淀粉+3%锯末+7%核桃壳+2%GT-MF
超分子聚合物堵漏配方	5	3%核桃壳+1.5%云母颗粒+4%橡胶颗粒+1%锯末+5%超分子堵漏材料 WSD-1

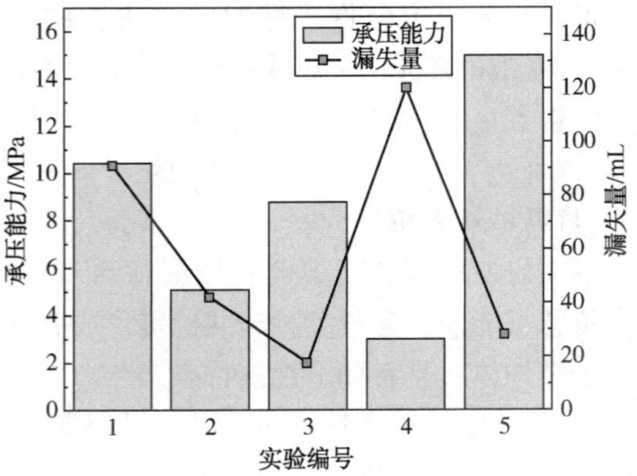

图 13　配方评价结果

由图 13 可以得出，超分子聚合物堵漏配方对 3mm 缝板具备更优异的堵漏能力，承压能力高达 15.0MPa，显著优于现场应用的 QD 堵漏配方(10.4MPa)、DF 堵漏配方(5.1MPa)和 GZD 堵漏配方(8.8MPa)等体系。

4.2　现场试验

盆地西缘李 24-＊＊井，目的层为石盒子组和山西组，设计垂深为 3991m。该井钻至刘家沟组发生漏失失返，使用 GZD、DF 等堵漏配方堵漏均失败，累计漏失钻井液超 1200m³，漏失堵漏浆超1000m^3。分析漏失原因主要是存在裂缝性漏失通道，多次堵漏施工后漏失裂缝宽度未显著减小，且裂缝间连通性好，使得堵漏浆驻留效果不理想，因此考虑使用超分子聚合物堵漏配方提升堵漏材料驻留效果，有效封堵漏失通道，提高漏失地层承压能力。

配制50m^3超分子聚合物堵漏浆，泵入井内，漏失15m^3堵漏浆后，井口见返，关井，间隙挤注堵漏浆11.5m^3，挤注过程最高承压16MPa，在14.5MPa稳压10min，压降0.4MPa，一次堵漏成功，恢复钻进。

5 结论

（1）明确了盆地西缘钻井液漏失特征及主控因素。漏失集中在刘家沟组、石千峰组及石盒子组。漏层多发育天然垂直裂缝，漏失成因以天然裂缝型漏失为主。取心统计裂缝开度主要分布在0.2~2mm，大于钻井液固相可封堵极限。

（2）根据钻井液密度、井筒半径、漏失体积等关键参数，建立了动态漏失裂缝宽度反演模型，预测盆地西缘漏失井裂缝宽度范围为2.64~3.21mm，为堵漏材料优选与配方设计提供理论依据。

（3）基于超分子化学理论，研发了超分子聚合物堵漏材料WSD-1，构建了超分子聚合物堵漏配方：基浆+3%核桃壳+1.5%云母颗粒+4%橡胶颗粒+1%锯末+5%超分子聚合物堵漏材料WSD-1。通过粒子间多种非共价键作用力实现堵漏材料和漏失通道内壁有效胶联，显著提高地层承压能力。通过现场应用，可有效解决鄂尔多斯盆地西缘复杂冲断带气井恶性漏失难题，具有广阔应用前景。

参 考 文 献

[1] Fidan E，Babadagli T，Kuru E. Use of cement as lost circulation material-field case studies[C]. SPE88005，2004.

[2] 刘均一. 井壁强化钻井液技术研究[D]. 青岛：中国石油大学(华东)，2016.

[3] Al-saba M，Nygaard R，Saasen A，et al. Laboratory evaluation of sealing wide fractures using conventional lost circulation materials[C]. SPE170576，2014.

[4] Cook J，Growcock F，Guo Q，et al. Stabilizing the wellbore to prevent lost circulation[J]. Oilfield Review，2011，23(4)：26-35.

[5] Feng Y，Gray K. E. Review of fundamental studies on lost circulation and wellbore strengthening[J]. Journal of Petroleum Science and Engineering，2017，152：511-522.

[6] Alshubbar G，Nygaard R，Jeennakorn M. The effect of wellbore circulation on building an LCM bridge at the fracture aperture[J]. Journal of Petroleum Science and Engineering，2018，165：550-556.

[7] 康毅力，余海峰，许成元，等. 毫米级宽度裂缝封堵层优化设计[J]. 天然气工业，2014，34(11)：88-94.

[8] Abrams A. Mud design to minimize rock impairment due to particle invasion[J]. Journal of Petroleum Technology，1977，29(05)：586-592.

[9] 罗向东，罗平亚. 屏蔽式暂堵技术在储层保护中的应用研究[J]. 钻井液与完井液，1992，9(02)：19-27.

[10] Hands N.，Kowbel K.，Maikranz S.，et al. Drill-in fluid reduces formation damage，increases production rates[J]. Oil and Gas Journal，1998，96(28)，65-69.

[11] Alsaba M.，Al Dushaishi M. F.，Nygaard R.，et al. Updated criterion to select particle size distribution of lost circulation materials for an effective fracture sealing[J]. Journal of Petroleum Science and Engineering，2017，149：641-648.

[12] Whitfill D. Lost circulation material selection，particle size distribution and fracture modeling with fracture simulation software[C]. SPE115039-MS，2008.

[13] 郑力会，张明伟. 封堵技术基础理论回顾与展望[J]. 石油钻采工艺，2012，34(05)：1-9.

[14] Hands N，Kowbel K，Maikranz S，et al. Drill-in fluid reduces formation damage，increases production rates[J]. Oil and gas Journal，1998，96(28)：24-28.

[15] 张潇，王萍，李亮，等. 丙烯酸树脂复合丁苯橡胶自黏粒子的性能及其模拟封堵评价[J]. 弹性体，2020，30(4)：56-60.

[16] 王萍，张桂林，孔德成，等. 缝洞油藏用苯丙树脂自黏堵剂的结构与性能[J]. 油田化学，2021，38(2)：268-272.

[17] 张县民，姜雪清，黄宁，等. 油基钻井液堵漏用共混聚合物研究[J]. 钻井液与完井液：2021，38(5)：593-597.

[18] 郭国浩，史俊. 桥塞堵漏材料的固化可行性研究[J]. 化工技术与开发，2019，48(12)：38-41.

[19] 张战. 钻井液用柔性颗粒封堵剂研制[D]. 青岛：中国石油大学(华东)，2018.

[20] 余海峰. 裂缝性储层堵漏实验模拟及堵漏浆配方优化[D]. 成都：西南石油大学，2014.

合成基钻井液在9508m大位移井中的应用与性能评价

王志伟

［中海石油(中国)有限公司深圳分公司］

摘　要　恩平21-4油田钻2口高难度级大位移井，平均井深9055m，最大井深9508m。钻井过程中面临着井段深，稳斜段长，稳斜角度大，岩屑易堆积，井眼清洁困难；地层岩性复杂，易产生井壁失稳风险；钻遇断层，安全密度窗口急剧减小，易发生井漏等技术难点，对钻井液的润滑性、抑制性、封堵性、携岩性能提出了较高要求。BIODRILL S合成基钻井液合成基钻井液在150℃的温度下老化16h，抗温性能良好；在$CaCl_2$含量26%，岩屑浓度15%条件下，悬浮性、润滑性、流变性良好；在80℃下16h，老化前后极压润滑系数分别为0.095和0.082；在150℃下热滚16h后，渗透率恢复达90%以上，储层保护性能良好；生物毒性96h-LC_{50}高于普通白油基钻井液，基液在75d降解99.5%，环保性能良好。BIODRILL S合成基钻井液在恩平21-4油田2口大位移井Ø311.2mm井眼和Ø215.9mm井眼中应用，结果表明：φ6/φ3值保持在13-15/12-14之间，ECD与钻井液密度的差值较为稳定，Ø311.2mm井眼约0.11g·cm^{-3}，Ø215.9mm井眼约0.28g·cm^{-3}，Ø311.2mm井眼反演摩阻系数为套管内0.15~0.20，裸眼内为0.16~0.21，展现出稳定的流变性能，良好的携岩性能，高效的封堵性能，较好的润滑性能，未来需要在提高作业时效、降低合成基钻井液成本方面进一步提升。

关键词　合成基钻井液；恩平21-4油田；大位移井；现场应用；性能评价

大位移井是水垂比≥2且测深>3000m的井或水平位移超过3000m的井，广泛应用在海上边际油气田的开发中。恩平21-4油田位于南海东部海域珠江口盆地，距离临近的恩平20-5油田恩平20-5平台7.6km，平均水深86m，探明储量159×10^4t，规模偏小。若采用“导管架井口平台+自升式钻井船”开发模式，预计投资费用12.79亿元，若采用“水下井口+半潜式钻井平台”开发模式，预计投资费用11.83亿元，以上两种开发模式钻完井难度低、投资高，均无法实现经济开发。若依托恩平20-5平台，采取钻两口大位移井的模式开发，预计投资7.06亿元，投资低，可以实现经济开发，但钻完井工程难度较大。

合成基钻井液是采用合成基油作为基础油的一种油基钻井液体系，具备优良的流变性、热稳定性、抑制性和润滑性，不同的是其环保性能更好，生物毒性低、易于降解。本次在恩平21-4油田2口高难度级大位移井应用BIODRILL S合成基钻井液体系，在抑制性、润滑性、流变性、环保特性等方面展现出良好的优势，有效拓展了大位移井钻井工程中的裸眼延伸极限、机械延伸极限和水力延伸极限，是大位移井安全高效钻井作业的关键技术之一。

1　工程概况

恩平21-4油田钻探2口大位移井，总井深18109m，平均井深9055m，2口井均属于高难度级大位移井(水平位移≥7km，或5km≤水平位移<7km，且水垂比≥3)。其中EP21-4-A1H井完钻井深9508m，垂深1962m，水平位移8689m，水垂比4.43，2024年成为中国海域第一深井。EP21-4-A1H井采用五开井身结构：一开采用锤入法下入Ø762.0mm隔水导管(0~212.3m)；二开采用马达钻具钻进Ø609.6mm井眼(212.3~807m)，下入Ø508.0mm套管；三开采用旋转导向钻具钻进Ø444.5mm井眼(807~3007m)，下入Ø339.7mm套管；四开采用旋转导向钻具钻进Ø311.2mm井眼(3007~8131m)，下入Ø244.5mm套管；五开采用旋转导向钻具钻进Ø215.9mm井眼(8131~9508m)，下入Ø139.7mm防砂筛管完井。

2 钻井液技术难点及对策

2.1 钻井液技术难点

（1）井段深，稳斜段长，稳斜角度大，岩屑易堆积，井眼清洁困难。恩平21-4油田2口大位移井平均井深9055m，稳斜角度在82°~83°之间，如表1所示。以EP21-4-A1H井为例，该井斜深9508m，垂深仅1962m，水垂比达4.43，稳斜角82.5°，稳斜段长度达到6780m，属于高难度级大位移井。岩屑下沉与积聚形成岩屑床，井眼清洁难度大，岩屑床厚且运移和监测难，作业风险高。

表1 恩平21-4油田大位移井基本数据

井号	井深/m	垂深/m	水平位移/m	水垂比	全角变化率/m	稳斜角/(°)·(30m)$^{-1}$	断层位置/m	井身结构
EP21-4-A1H	9508	1962	8689	4.43	1.5°~2°	82.5	2600~2700 4690~4790 5419~5450	Ø762.0mm隔水导管212.1m+Ø609.6mm井眼807m/Ø508.0mm套管805.5m+Ø444.5mm井眼3007m/Ø339.7mm套管3004m+Ø444.5mm井眼8131m/Ø244.5mm套管8125m+Ø215.9mm井眼9508m
EP21-4-A2H	8601	1953	7776	3.98	1.5°~2°	82.1	2700~2800 4830~4930 5900~6000 7150~7250	Ø762.0mm隔水导管212.1m+Ø609.6mm井眼807m/Ø508.0mm套管805.5m+Ø444.5mm井眼3005m/Ø339.7mm套管2999m+Ø444.5mm井眼7617m/Ø244.5mm套管7609.2m+Ø215.9mm井眼8601m

（2）地层岩性复杂，易产生井壁失稳风险。恩平21-4油田自上向下依次为万山组、粤海组、韩江组、珠江组，目的层位在珠江组。地层岩性非均质特点强，总体砂岩居多，其中粤海组、韩江组含砾较多，珠江组灰夹层较多，以砂泥岩互层为主。井壁周围泥岩的具有一定的塑性特点，在钻开井眼后，易发生蠕变，产生井眼缩径，进而产生井壁失稳风险，造成卡钻、遇阻等事故。此外，灰岩夹层易形成井壁台阶，造成起下钻阻卡。

（3）钻遇断层，安全密度窗口急剧减小，易发生井漏。恩平21-4油田各层位安全密度窗口较宽，但在钻遇断层时，安全密度窗口急剧减小。以EP21-4-A1H井为例，该井在2600m~2700m钻遇第一条断层，断距100m，最小漏失压力由1.62g/cm^{3}急剧下降到1.48g/cm^3，容易造成井漏、卡钻等井下复杂情况，给钻进过程带来极大的挑战。

2.2 钻井液体系技术对策

恩平21-4油田2口高难度级大位移井钻井过程中面临着地质条件复杂，岩性非均质特点强，钻遇多条断层和大套疏松砂岩，井漏风险高；轨迹控制要求高，精准着陆难度大；稳斜角大，稳斜段长，岩屑床厚且运移和监测难，井眼清洁难度大；摩阻扭矩大，设备负荷高等难点。对钻井液提出了高性能要求，不仅要提高井眼清洁效率，同时还需具备稳定井壁和降低钻具摩阻扭矩等作用，钻井液构建应满足以下要求。

（1）提高井壁稳定性。合成基钻井液连续相是油相，与地层具有良好的配伍性，可防止岩石水化分散。改善钻井液水活度，优选钻井液体系为合成基，该体系可在页岩表面形成较为理想半透膜，选取CaCl2调节钻井液的水活度低于或近于地层水活度，抑制钻井液中水相的侵入，稳定井壁。提高钻井液的封堵性，优选可随钻型钻井液封堵材料，封堵充填岩石微裂缝和断层，协助钻井液形成致密、光滑的井壁泥饼，减少钻井液对地层的侵入。

（2）增强钻井液携岩性能。为预防在大位移井钻井过程中产生岩屑床，合成基钻井液应具备良好的携岩性能。应着重对钻井液提切剂进行优选，在保证体系具备良好流变性能的同时获得较高的动塑比和剪切稀释特性。

（3）摩擦阻力和扭矩控制。大位移井钻井作业中通常选用油基、合成基或高性能水基钻井液，本文基于对成本、环保和性能3方面对比分析，合成基钻井液体系在提高润滑钻头和钻具的同时可有效抑制泥岩水化，有效减少了高摩阻、高扭矩和岩石水化问题产生，是较为合适的选择。

3 合成基钻井液室内性能评价

3.1 合成基钻井液体系构建

中国海油自主研发的 BIODRILL S 合成基钻井液体系，是一种以环保合成基液为连续相，盐水溶液为分散相，并添加乳化剂、亲油性胶体及其它处理剂和加重材料所形成的稳定的油包水乳状液。基础配方为：(75%～85%)合成基油+(15%～25%)$CaCl_2$溶液+(8～12)kg/m^3主乳化剂 PF-FSEMUL+(12～15)kg/m^3辅乳化剂 PF-FSCOAT+(10～15)kg/m^3辅乳化剂 PF-FSWET+(10～25)kg/m^3增黏提切剂 PF-FSGEL+(8～15)kg/m^3增黏提切剂 PF-FSVIS+(20～30)kg/m^3降滤失剂 PF-MOHFR+(20～30)kg/m^3碱度调节剂 PF-MOALK+(10～20)kg/m^3封堵剂 PF-MOSHIELD(15～20)kg/m^3封堵剂 PF-EZCARB。如需加重钻井液，可以按需添加一定数量的重晶石、碳酸钙等加重材料。该体系具有温度和密度适用范围广、抑制性强、流变性能稳定、润滑性好、环保无毒、抗污染能力强、对含黏土的砂岩储层伤害小等特点

3.2 合成基钻井液性能评价

3.2.1 抗温性能评价

在150℃的温度下老化16h，恢复至65.5℃后测试 BIODRILL S 合成基钻井液体系的流变性，结果见表2。从表2可以看出，该钻井液体系初切与终切相近，具有较好的携岩能力，避免钻井过程中激动压力过大，有利于在钻井过程中保持井眼清洁和井壁稳定。

表2 BIODRILL S 合成基钻井液抗温性能测试

内相盐	测试条件	AV/(mPa·s)	PV/(mPa·s)	YP/Pa	φ6/φ3	GEL/(Pa/Pa)	ES/V	FL_{HTHP}/m
$CaCl_2$	老化前	21.5	16.0	5.5	7/6	3/4	503.0	
	老化后	30.5	24.0	6.5	10/9	5/8	737.0	4.8

3.2.2 抗污染性能评价

水相中$CaCl_2$的含量对合成基钻井液体系的流变性、滤失性和抑制性能影响较大。该实验中改变 BIODRILL S 钻井液基础配方水相中$CaCl_2$的质量分数，提高钻井液的密度至1.25g/cm^3，分别测定了钻井液的流变、抑制和电稳定性能。测试条件为在80℃下热滚16h，高温高压条件为80℃/3.5MPa，结果见表3。由表3可以看出，随着水相中$CaCl_2$质量分数的增大，老化前体系的流变性能整体良好，老化后体系的黏度上升、动切力下降，破乳电压老化前逐步下降，老化后不断上升，但是整体数值均超过700V，电稳定性良好。上述实验结果表明，随着水相中$CaCl_2$加量的增大，虽然会对体系的性能有一定的影响，但是整体性能变化不大，体系对$CaCl_2$的容量较高。

表3 不同浓度$CaCl_2$加量对 BIODRILL S 合成基钻井液性能影响

$CaCl_2$含量	测试条件	AV/(mPa·s)	PV/(mPa·s)	YP/Pa	GEL/(Pa/Pa)	ES/V	FL_{HTHP}/m
20%	老化前	23.0	14.0	9.0	5.0/11.0	970.0	
	老化后	22.0	16.0	6.0	4.5/10.0	950.0	0.4
22%	老化前	26.0	16.0	10.0	8.0/14.0	930.0	
	老化后	22.0	17.0	5.0	7.0/11.0	1030.0	0.6
24%	老化前	25.0	15.0	10.0	7.0/11.5	780.0	
	老化后	21.5	18.0	3.5	6.5/10.5	1150.0	1.0
26%	老化前	25.5	16.0	9.5	7.0/13.5	740.0	
	老化后	20.0	15.0	5.0	6.5/11.0	1400.0	1.2

当钻遇泥页岩等易水化地层时，劣质钻屑的侵入会导致钻井液体系流变性能急剧恶化。该实验中将 BIODRILL S 合成基钻井液体系加重至1.25g/cm3，向其中分别添加质量分数为0%、10%、15%的200目泥页岩岩屑，80℃下老化16h，模拟钻进过程中钻屑的侵入对钻井液性能影响，实验结果见表4。相比于基础配方，老化前后添加不同质量分数岩屑的钻井液体系 AV、YP、Gel 均有不同程度的增大，但是总体增量较小，破乳电压均超过700V，体系乳液稳定性和

流变性能优异，当钻屑加量达到15%，体系整体性能依旧良好。上述实验结果表明，BIODRILL S对目标区块的岩屑耐受性优异，减弱了地层岩石水化作用，有助于提高井壁稳定性。

表4　不同钻屑浓度对BIODRILL S合成基钻井液性能影响

钻屑浓度	测试条件	AV/(mPa·s)	PV/(mPa·s)	YP/Pa	GEL/(Pa/Pa)	ES/V
0%	老化前	22.0	13.0	9.0	4.5/7.0	840.0
	80℃/16h老化后	17.0	13.0	4.0	4.0/8.5	700.0
10%	老化前	23.5	12.0	11.5	6.5/9.0	1020.0
	80℃/16h老化后	18.5	13.0	5.5	6.0/11.5	996.0
15%	老化前	26.5	13.0	13.5	7.5/11.0	1047.0
	80℃/16h老化后	20.5	14.0	6.5	8.0/11.5	941.0

3.2.3　润滑性评价

实验配制了密度为1.25g/cm^{3}的BIODRILL S体系，评价了老化前后(80℃×16h)体系的润滑性能。老化前后BIODRILL S体系极压润滑系数分别为0.095和0.082，均小于0.1。普通白油基钻井液极压润滑系数为0.109，通过对比，老化前后的BIODRILL S体系润滑性能均优于普通白油基钻井液。

3.2.4　储层保护性能评价

为测试该体系的储层保护性能，将某区块的天然岩心放入该钻井液中，在150℃下热滚16h后，进行驱替实验，测试其渗透率恢复情况，结果见表5，该体系对岩心的渗透率恢复均可达90%以上，说明该合成基钻井液体系对储层伤害较小，储保效果优异。

表5　BIODRILL S合成基钻井液岩心渗透率恢复值

岩心编号	K_o/mD	K_{od}/mD	R_d/%
k-3	4.7	4.5	95.4
k-6	142.7	129.2	90.6

3.2.5　环保性能评价

BIODRILL S合成基钻井液体系参照GB/T18420.2-2009《海洋石油勘探开发污染物生物毒性第2部分：检验方法》对其生物毒性进行检测。毒性测试实验过程中，所用受试生物为凡纳滨对虾，结果见表6。从实验结果可以看出，BIODRILL S合成基钻井液在5组不同浓度的实验组中96h虾仔死亡率均未超过20%，满足GB/T18420.2—2009《海洋石油勘探开发污染物生物毒性第1部分：分级》非水基钻井液生物毒性检验结果一级海区需≥20000mg/L的要求，且生物毒性96h-LC_{50}高于普通白油基钻井液。此外，BIODRILL S合成基钻井液体系基液BOD_5/COD_{Cr}值为0.3，说明基液比较容易降解。根据实验，合成基基液在53d可以降解90%，在75d降解99.5%，对环境的影响较小，表现出良好的环保性能。

表6　BIODRILL S合成基钻井液和白油基钻井液生物毒性检测对比

实验样品	组别	实验浓度/(mg·L^{-1})	虾仔数量/只	96h死亡数量/只	96h死亡率/%
白油基钻井液	对照组	0	40	38	5%
	实验组1	1250	40	36	10%
	实验组2	2500	40	34	15%
	实验组3	5000	40	32	20%
	实验组4	10000	40	29	28%
	实验组5	20000	40	28	30%

续表

实验样品	组别	实验浓度/（$mg \cdot L^{-1}$）	虾仔数量/只	96h 死亡数量/只	96h 死亡率/%
合成基钻井液	对照组	0	40	40	0%
	实验组 1	1250	40	37	8%
	实验组 2	2500	40	36	10%
	实验组 3	5000	40	36	10%
	实验组 4	10000	40	34	15%
	实验组 5	20000	40	32	20%

4 钻井液现场应用

4.1 EP21-4-A1H 井合成基钻井液作业情况

EP21-4-A1H 井实际完钻井深 9508m，水垂比 4.43，钻完井工期 117.39 天，2024 年成为中国海域第一深井，实钻轨迹与设计轨迹吻合度高，井身质量优良。其中，Ø311.2mm 井眼和 Ø215.9mm 井眼（8131～9508m）使用 BIODRILL S 合成基钻井液体系钻进。Ø311.2mm 井眼从 3007m 钻进至 8131m，钻井液密度控制在 1.15-1.27$g \cdot cm^{-3}$，期间在 5126m 进行一次短起下，6387m 进行一次起钻更换旋转导向工具，接着钻进至着陆深度 8131m，倒划眼起钻至井口，在 3948m、4386m 遭遇井下漏失，漏速约 11～14$m^3 \cdot h^{-1}$，泵入随钻堵漏材料，成功克服井下漏失。Ø215.9mm 井眼水平段钻进目的层从 8131m 钻进至目的深度 9508m，钻井液密度控制在 1.10$g \cdot cm^{-3}$左右，钻进过程未发生漏失等复杂情况。

4.2 合成基钻井液现场维护要点

（1）密度。Ø311.2mm 井眼开钻钻井液密度 1.15$g \cdot cm^{-3}$，钻进至 5126m 进行短起下作业，起钻过程中憋泵憋扭矩频繁，初步判断因钻井液密度不足导致井壁稳定性存在问题，遂逐步将钻井液密度提升至 1.25$g \cdot cm^{-3}$，起钻下阻卡现象有了较大改善，该井段完钻钻井液密度 1.27$g \cdot cm^{-3}$。Ø215.9mm 井眼钻井液密度维持在 1.10$g \cdot cm^{-3}$，钻进、起下钻过程均较为顺利。

（2）油水比。为了保持体系稳定性，合成基油含量控制在 75%～85%，并维持水相中 $CaCl_2$ 浓度为 15%～25%。

（3）流变性。使用 PF-FSVIS 调整钻井液流变性，维持 φ3 的读数在 8～16，提高钻井液悬浮携带能力。

（4）ECD 监控。钻进期间通过 Virtual Mud 软件模拟与井底 ECD 实测数据对比，出现异常及时通过循环及短起提高井眼清洁性。

（5）乳化稳定性。钻进期间监测电稳定值，根据机械钻速补充润湿剂及辅乳化剂，维持现场 ES>400V。

（6）高温高压滤失。通过开钻钻井液中充足的 PF-MOHFR 维持钻井液 FLHTHP（120℃/3.5MPa）在 2.0～3.0mL。

（7）封堵性。钻进至断层前提高封堵剂 PF-RG 含量至 10kg/m^3、PF-EZCARB 含量至 20kg/m^3，提高地层承压能力，预防漏失。

（8）固相控制。合成基钻井液抑制性强，使用 API 170～API 200 高目数筛布，降低钻井液中有害固相含量，并配合三台高速离心机清除低密度固相。

4.3 应用效果评价

（1）稳定的流变性能。如图 1 所示，Ø311.2mm 井眼钻进期间，低剪切速率粘度 φ6/φ3 值保持在 13～15/12～14 之间，维护精细、稳定的流变性能，较高的低剪切速率更加有利于大位移井钻屑悬浮及井眼清洁。在整个钻井过程中，如图 2 所示，ECD 与钻井液密度的差值较为稳定，Ø311.2mm 井眼差值约 0.11$g \cdot cm^{-3}$，Ø215.9mm 井眼差值约 0.28$g \cdot cm^{-3}$，井下未出现明显的压力激动和抽汲。

（2）良好的携岩性能。图 3 为钻进期间振动筛返出收集的井深 6200m 深度处泥岩井段返出岩屑的形态，返出岩屑干爽、成型，钻头切削痕迹明显，约 90%的岩屑粒径<5mm，其余 10%的岩屑粒径在 5-10mm 之间，表明该合成基钻井液在黏软泥岩地层抑制性强，携岩性能好，井眼清洁情况好。如图 3 所示

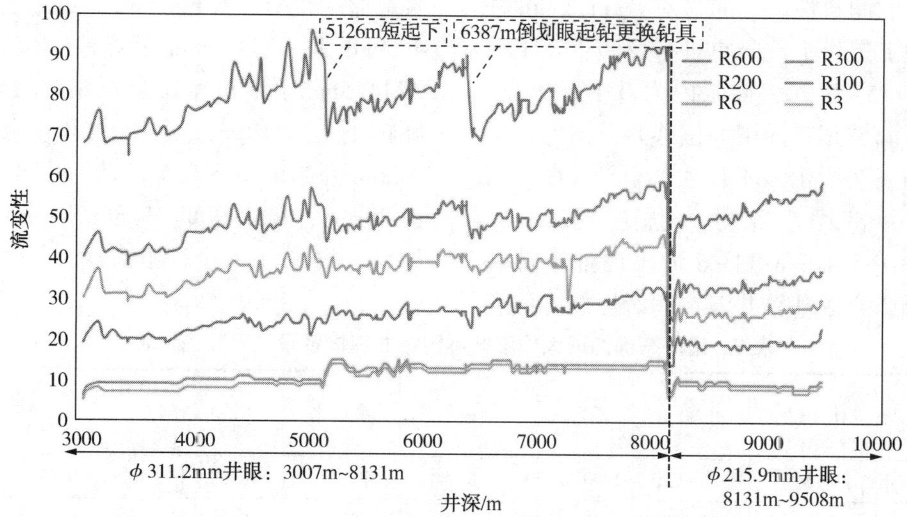

图 1　EP21-4-A1H 井 BIODRILL S 合成基钻井液流变性能图

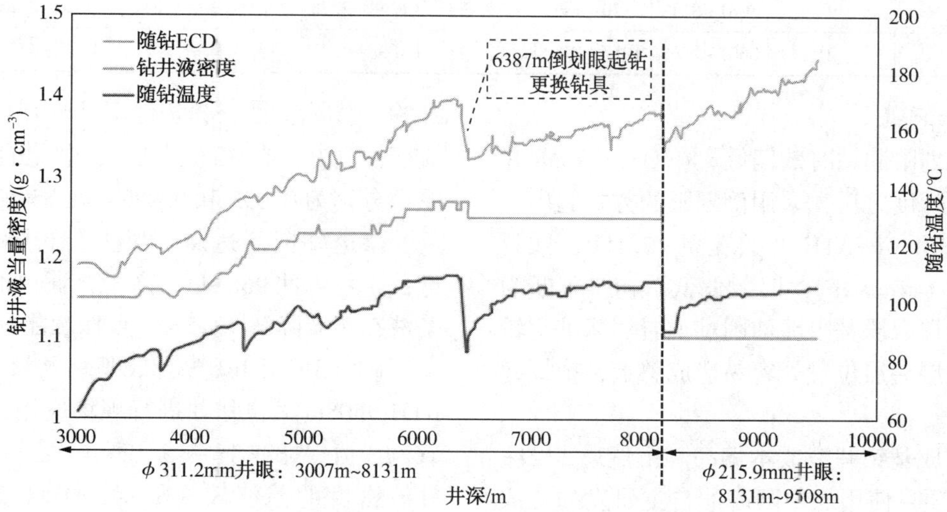

图 2　EP21-4-A1H 井 ECD 与钻井液密度变化图

图 3　EP21-4-A1H 井 6200m 振动筛返出岩屑图

（3）高效的封堵性能。加入 10kg·m^{-3} PF-RG 井壁承压防漏剂，kg·m^{-3} PF-EZCARB 屏蔽暂堵剂（400-800 目），提高地层承压能力。过断层期间，持续加入高效防返吐承压堵漏剂 PF-LCLOCK F，高效封堵地层，预防漏失，EP21-4-A1H 井在钻断层期间未发生井下漏失，起钻过程中因憋压导致的漏失，通过添加随钻堵漏材料成功堵漏。

(4) 较好的润滑性能。通过对 Ø311.2mm 井眼实钻过程中上提、下放悬重进行反演，摩阻系数为套管内 0.15~0.20，裸眼内为 0.16~0.21。对比南海东部海域其它油田大位移井反演的实钻摩阻系数，如表 7 所示，不仅大幅低于 LH11-1 油田水基钻井液摩阻系数，也比 XJ24-3、HZ25-4、PY10-5/10-8/11-6 油田白油基钻井液摩阻系数低，合成基钻井液在润滑性能方面有着显著的优势。良好的润滑性能也保障了 EP21-4-A1H 井 Ø244.5mm 套管柱的顺利下入，该井 Ø244.5mm 套管柱采用全程漂浮的方式下入，不旋转下至 4026m，套管柱悬重接近于 0，从 4026m 开始旋转下入至设计深度 8125m，最大转速 30rpm，最大扭矩 43.80kN·m，套管柱悬重约 84.5kN，下入全程不灌浆。

表 7 南海东部海域大位移井不同钻井液体系摩阻系数统计表

油田名称	统计井数/口	井深/m	垂深/m	稳斜角/°	水垂比	钻井液体系	实钻摩阻系数反演	
							套管内	裸眼内
XJ24-3	15	8000~9292	2700~2870	78~84	2.71~3.03	白油基钻井液	0.17~0.23	0.20~0.25
PY10-5/10-8/11-6	3	6207~7646	2103~2420	76~84	2.10~2.76	白油基钻井液	0.20~0.25	0.25~0.30
LH11-1	12	3518~6556	1078~1238	80~88	3.03~6.65	水基钻井液	0.21~0.30	0.27~0.40
HZ25-4	9	7081~8118	1870~3865	79~84	1.48~3.75	白油基钻井液	0.20~0.25	0.20~0.30
EP21-4	2	8601~9508	1953~1962	82~83	3.98~4.43	合成基钻井液	0.15~0.20	0.16~0.21

4.4 存在的问题

(1) 倒划眼起钻时效偏低。在 Ø311.2mm 井眼钻至目的深度之后，采用倒划眼的方式起出井下钻具，EP21-4-A1H 井共花费 12.15d，裸眼起钻速度仅 144m·d^{-1}，时效偏低。初步判断为大井斜、长裸眼段井眼清洁困难，岩屑床堆积较厚，加上地层夹层位置处容易造成憋卡，拖累起钻时效。

(2) 合成基钻井液成本偏高。虽然恩平 21-4 大位移井项目使用的中国海油自主研发的合成基钻井液体系，成本相对国际油服公司的合成基钻井液，已有明显的下降，但是相比于常规的白油基钻井液，合成基钻井液的成本明显偏高，加上大位移井井下复杂情况多，易发生井漏等复杂情况，进一步推高了合成基钻井液的使用成本。同时，较高的成本也限制了合成基钻井液的推广应用。

5 结论

(1) 恩平 21-4 大位移井面临着井段深，稳斜段长，稳斜角度大，岩屑易堆积，井眼清洁困难；地层岩性复杂，易产生井壁失稳风险；钻遇断层，安全密度窗口急剧减小，易发生井漏等技术难点，对钻井液的润滑性、抑制性、封堵性、携岩性能提出了较高要求。

(2) BIODRILL S 合成基钻井液在 150℃的温度下老化 16h，抗温性能良好；在 $CaCl_2$ 含量 26%，岩屑浓度 15%条件下，悬浮性、润滑性、流变性良好；在 80℃下 16h，老化前后极压润滑系数分别为 0.095 和 0.082；在 150℃下热滚 16h 后，渗透率恢复达 90%以上，储层保护性能良好；生物毒性 96h-LC_{50} 高于普通白油基钻井液，基液在 75d 降解 99.5%，环保性能良好。

(3) BIODRILL S 合成基钻井液在 EP21-4-A1H 9508m 大位移井进行现场应用，结果显示：φ6/φ3 值保持在 13~15/12~14 之间，ECD 与钻井液密度的差值较为稳定，Ø311.2mm 井眼约 0.11g·cm^{-3}，Ø215.9mm 井眼约 0.28g·cm^{-3}，Ø311.2mm 井眼反演摩阻系数为套管内 0.15~0.20，裸眼内为 0.16~0.21，展现出稳定的流变性能，良好的携岩性能，高效的封堵性能，较好的润滑性能，未来需要在提高作业时效、降低合成基钻井液成本方面进一步提升。

参 考 文 献

[1] 董星亮. 海洋钻井手册[M]. 北京: 石油工业出版社, 2009.

[2] 李俊, 王宗宝, 韩晓琳, 等. 合成基钻井液在油田钻井的应用进展[J]. 山西化工, 2024, 44(04): 36-41.

[3] 高德利, 黄文君, 李鑫. 大位移井钻井延伸极限研究与工程设计方法[J]. 石油钻探技术, 2019, 47(03): 1-8.

[4] 张杰, 王志伟, 马玲. 连续循环阀钻井技术在番禺油田大位移井的应用[J]. 西南石油大学学报(自然

科学版），2018，40(4)：90-96.
[5] 王志伟，张伟国，金颢，等．南海番禺油田大位移井全程漂浮旋转下套管技术[J]．钻采工艺，2021，44(01)：147-151.
[6] 马磊，袁学强，张万栋，等．乌石 17-2 油田强封堵合成基钻井液体系[J]．钻井液与完井液，2022，39(5)：558-564.
[7] 彭三兵，李斌，韩东东，等．BIODRILL S 合成基钻井液在垦利区块首次应用[J]．钻井液与完井液，2024，41(1)：60-67.
[8] 郭东红，汤柏松，张博，等．适用于渤海大斜度探井的环保型合成基钻井液体系研制与性能评价[J]．化学工程与装备，2024(03)：25-28.
[9] 赵春花，罗健生，夏小春，等．高性能合成基钻井液体系的研制及性能研究[J]．钻井液与完井液，2018，35(3)：25-31.
[10] 张立格．环保型合成基钻井液体系的研究与评价[D]．中国石油大学(北京)，2022.

长庆气田老井近平衡压井关键材料研究与应用

马旭昇[1,2]　衣德强[1,2]　王尚卫[1,2]　任　勇[1,2]　罗有刚[1,2]　张华光[1,2]

（1. 中国石油长庆油田分公司油气工艺研究院；2. 低渗透油气田勘探开发国家工程实验室）

摘　要　长庆气田单井产量低，地层能量不足，后期修井复产中存在压井产层漏失、低压力系数压井液选取难度大等一系列问题。低产老井在注入压井液之前，需要对漏失通道进行暂时性的封堵，且封堵剂要具有降滤失、自降解、可泵注等特点；注入压井液时，压井液要具有低密度、可泵注、能循环使用等特点，且能在具有不同压力系数的老井中使用。基于此，本文研发了自降解暂堵降滤体系和低密度压井液体系，通过两种体系的配合，解决了因气田老井地层亏空导致压井液漏失及常规压井液压井造成的井筒液柱压力过高等问题，井底压差过大进一步加剧井筒漏失等问题，实现近平衡压井。自降解暂堵降滤体系最优配方为8%自降解暂堵剂+0.3%HY-B，其中自降解暂堵剂合成配方为主单体25%，功能性交联单体0.2%，韧性调节剂30%，催化剂0.15%；该体系的滤失量为2.0mL。通过优选悬浮稳定剂、润湿分散剂及其它配套材料，结合低密度材料建立了0.6~0.8g/cm³密度的压井液体系。建立的低密度压井液体系，在80~110℃范围内，沉降稳定性良好，上下密度差小于0.2 g/cm³；耐压能力可达30MPa，基本满足垂深最深4000m井深压井的需求；该体系具有耐污染能力强，可重复利用等特点。在现场1口井应用过程中，注入自降解暂堵降滤体系+低密度压井液后，油/套循环建立，一次性压井成功，进一步验证了低密度压井液在低压气井近平衡压井过程中的作用。

关键词　老气井；自降解；暂堵剂；低密度；压井液

长庆气区投产气井20320口，普遍进行压裂投产，平均单井产量0.75万方/天，而产量低于0.5万方/天、0.3万方/天的井分别占53%、40%；并且地层能量不足，平均套压仅有8.9MPa，后期修井复产中存在压井产层漏失、低压力系数压井液选取难度大等一系列问题。为了解决气井常规修井、封堵侧钻等井下作业前存在的压井地层漏失、试压套管破损、施工工序复杂等因素影响施工效率的问题，需要研发一套近平衡压井技术。

对于低压气井修井的压井作业，常用清水或在清水中加入一定量的黏土稳定剂配制的活性水作为压井液进行压井，施工作业中再吊灌一定量的压井液。该方法仍存在漏失情况，且压井液用量大，作业费用增加，作业难度与风险相对较高。因此，针对压井现状，开展防漏失压井液的研究，具有重要的现实意义。

目前国内外的研究中，主要是通过两个方面：一是通过降低压井液的密度从而降低井筒与地层的压差来实现减小漏失量；二是通过加入堵漏剂来减小压井液的漏失量。针对修井过程中的储层损害问题国内外主要采取使用低密度泡沫压井液、屏蔽暂堵压井液等措施。

60年代至70年代，国内使用了烃基压井液，这类压井液可以避免产层中黏土矿物的水化膨胀、毛管现象造成的水锁效应及设备腐蚀等负面影响，但容易引起火灾，不利于环境保护，使用成本较高。国内从80年代开始开展低密度修井压井液的研究和产品开发，长庆等油田进行泡沫冲砂洗井作业，成功率高。但针对低压有水气井中使用低密度压井液，需要作进一步的研究和试验工作。

国外从80年代中期开始，开展了以泡沫液为主的水基低密度压井液的研究。前苏联在谢别林气田和斯塔夫罗波尔气田的大量低压气井中成功地应用了三相泡沫压井液，应用效果表明三相泡沫压井液体系适用于晚期开采的气田和凝析气田的修井作业。天然气研究院于2000年初步形成了一套泡沫压井液体系，并进行了2次泡沫压井液施工。现场应用试验表明，泡沫压井液现场配制方便，具有密度低、漏失量小、黏度适中、用液量小、返排迅速彻底、摩阻小、易泵注等特点。2006年，吐哈油田通过实验优选出了一种低密度水基微泡沫压井液。该压井液具有密度低、泡沫强度高、稳定性好、携砂能力强等优点。2013年，大港油田针对低压易漏油藏修井作业，研究出一套新型的低密度微泡沫修井液，该微泡沫修井液抗温达130℃，抗压达10MPa，API滤失量仅为10.3mL，高温高压滤失量仅为15.6mL，抗盐可达10%，抗钙可达3%，抗油污在15%以上，岩心渗透率恢复在89%以上。

当遇特殊工况如冲砂、洗井等，以及井筒处于几个压力层系的油水井时，即使使用低密度压井液也无法阻止压井液进入地层，此时就只能暂堵储层。其原理是在压井液中加入与储层漏失通道配伍的固相颗粒，使其在裂缝端面形成有效的暂堵，防止储层漏失的发生，达到减少储层伤害的目的。

我国的暂堵技术始于20世纪80年代，随着化学堵水技术的发展，暂堵剂被广泛的开发和应用，先后出现了水溶性暂堵剂、酸溶性暂堵剂、碱溶性暂堵剂、油溶性暂堵剂等。20世纪90年代我国成功的发展和应用了屏蔽暂堵技术。目前国内使用的屏蔽暂堵剂有带纤维颗粒的低荧光复合屏蔽暂堵剂JDB-Ⅱ、HT10高温屏蔽暂堵剂等，其在实践中证明有一定的效果。

暂堵剂的种类很多，目前主要有油溶性暂堵剂、酸溶性暂堵剂、水溶性暂堵剂、复合屏蔽暂堵剂、吸水膨胀型聚合物暂堵剂、聚合物冻胶封堵剂等。

油溶性暂堵剂具有良好的暂堵效果，不溶于水、易溶于油，施工时注入地层，在高温高压下软化变形，暂时对储层孔隙进行堵塞，实现屏蔽，施工完毕后暂堵剂能够通过油的溶解反排解堵，恢复储层渗透率，但其应用因高温软化易结块而受限。

酸溶性暂堵剂以$CaCO_3$类产品为主要原料，能够较好的溶解于酸中，施工后可使用酸

对暂堵剂进行溶解，从而达到暂堵和解堵的目的。但R. Verret等研究发现$CaCO_3$颗粒仅能在孔喉及裂缝处起架桥作用，难以起到有效的封堵作用。酸化解堵施工的工艺较为复杂，费用较高，且极易形成二次污染。

水溶性暂堵剂使用通过改性处理后具有水溶性的某些有机物及无机物，施工时暂时封堵漏失储层；投产时，水溶性暂堵剂能逐步水解或溶解，实现暂堵和解堵的要求。

复合屏蔽暂堵剂（广谱屏蔽暂堵剂）对油层渗透率或油层孔径范围分布较广的储层，能够在近井处形成良好的“油膜”屏蔽环，可以将入井液的滤液和固相颗粒隔离在储层之外，达到保护储层的目的。

吸水膨胀型聚合物暂堵剂适用于高渗透、大孔道的漏失储层的暂堵。对于渗透率高达20～50μm^{2}的地层，该类暂堵剂的堵水率可达99%以上。这是由于该类暂堵剂在低矿化度盐水浸泡后，再置于高矿化度盐水中，会进一步脱水收缩；聚合物到达储层后吸水膨胀，达到暂堵目的，而该类暂堵剂具有先低矿化度盐水浸泡再高矿化度盐水浸泡会脱水收缩的特性，将高矿化度盐水注入地层后，盐水与膨胀聚合物接触，使膨胀的聚合物脱出已吸收的绝大部分水，从而将聚合物清洗出储层达到解堵目的。同时该类暂堵剂遇油后会一步步的脱水收缩并可以随油流排出，实现自动解堵，但其缺点是承压强度低，返排解堵时间较长。

聚合物冻胶封堵剂是一种具有一定成胶强度的冻胶体系，以水溶性聚合物、交联剂等为主要载体，能够有效的封堵漏失储层，施工完毕后，再挤入破胶剂进行破胶，实现暂堵和解堵的目的。

上述中泡沫压井液及屏蔽暂堵压井液在现场应用中都取得过不错的效果，但泡沫压井液在高温高矿化度水中会很快失水收缩，稳定性较差，且固相对地层伤害大；而屏蔽暂堵压井液在高温下易软化结块，降解时间不易控制，对地层伤害大，成本高。目前的压井液不能适应长庆油田复杂的井况，因此需要研发一套新的近平衡压井液体系以满足长庆油田的井况需求。

在注入压井液之前，需要对漏失通道进行暂时性的封堵，且封堵剂要具有降滤失、自降解、可泵注等特点；注入压井液时，压井液要具有低密度、可泵注、能循环使用等特点，且能在具有不同压力系数的老井中使用。基于此，本文研发了自降解暂堵降滤体系和低密度压井液体系，通过两种体系的配合，来实现近平衡压井。

1 自降解暂堵降滤技术研究

自降解暂堵降滤体系是由可降解悬浮剂、自降解暂堵剂组成的悬浮体系，具有良好的悬浮稳定性和封堵性，其中可降解悬浮剂、自降解暂堵剂具有温度响应性，当温度>80℃时，可实现自

降解，降解后黏度与水相当，对储层伤害小。

1.1 降解暂堵剂材料配方研究

文章以自降解暂堵材料的强度为指标，以主单体加量，功能性交联单体加量，韧性调节剂加量和催化剂加量等4个因素影响因子设计了四因素三水平正交表 $L_9(3^4)$，实验设计与结果见表1。

表1 实验设计及结果

因素实验号	主单体加量/%	功能性交联单体加量/‰	韧性调节剂加量/%	催化剂加量/%	压缩强度/kPa
1	15	1.5	20	0.1	14.68
2	15	2	25	0.15	25.65
3	15	2.5	30	0.2	36.46
4	20	1.5	25	0.2	32.40
5	20	2	30	0.1	49.77
6	20	2.5	20	0.15	29.80
7	25	1.5	30	0.15	80.94
8	25	2	20	0.2	63.93
9	25	2.5	25	0.1	48.49
K1	25.597	42.673	36.137	37.647	
K2	37.323	46.450	35.513	45.463	
K3	64.453	38.250	55.723	44.263	
R	38.856	8.200	20.21	7.816	
主次顺序	主单体加量>韧性调节剂加量>功能性交联单体加量>催化剂加量				
最优组合	25%主单体+1.5‰功能性交联单体+30%韧性调节剂+0.15%催化剂				

由表1中的极差分析结果可知，影响暂堵材料降解时间综合效果的因素主次顺序为主单体加量>功能性交联单体加量>韧性调节剂加量>催化剂加量。由均值结果可知，最佳合成条件为主单体为20%，功能性交联单体为2.5‰，韧性调节剂为32%，催化剂为0.15%。

1.2 自降解暂堵材料自降解性能评价

1.2.1 实验方法

称取0.4%的自降解暂堵剂置于100mL不同盐浓度（0、0.5%、3%、5%、10%）NaCl溶液中，然后将试剂瓶置于80℃～110℃的恒温水浴中，每隔2h观察一次耐酸型自降解暂堵剂降解情况，并记录降解过程的现象及完全降解时间。

1.2.2 自降解暂堵剂材料降解行为研究

（1）温度对自降解暂堵剂降解性能的影响

自降解暂堵材料在80℃～110℃降解实验数据及结果见表2。

表2 温度对自降解暂堵剂降解性能的影响

温度/℃	0%NaCl	0.5%NaCl	3%NaCl	5%NaCl	10%NaCl
80	10d	9d	8.5d	8.5d	9d
90	9d	8.5d	7d	6.5d	8.5d
100	7.5d	7d	6.5d	6d	7d
110	6.5d	6d	6d	5.5d	6d

暂堵剂降解时间随着盐浓度的增加呈现先减小后增大的趋势。盐浓度较低时，盐离子增加了聚合物的收缩和蜷曲，故降解时间缩短，但随着盐浓度的持续增大，盐离子提高反离子对交联基团的屏蔽能力，故暂堵剂降解时间延长。此外，降解温度与降解时间成反比，主要是因为高温促进分子间热运动，导致聚合物大分子链发生断裂，降解速度加快。同时，暂堵剂在80℃～110℃条件下，在5～10天之内可以完全降解，满足降解性指标。

（2）自降解暂堵剂材料降解过程形貌变化

自降解暂堵剂的降解过程如图1所示。暂堵

剂在不同盐浓度、不同温度中的降解过程均类似。暂堵剂在降解前以固体颗粒形式存在于溶液中，随着时间的推移，颗粒开始变软并黏结在一起逐渐转变为具备一定韧性与黏性的胶状物，并最终溶解在溶液中，形成透明溶液。

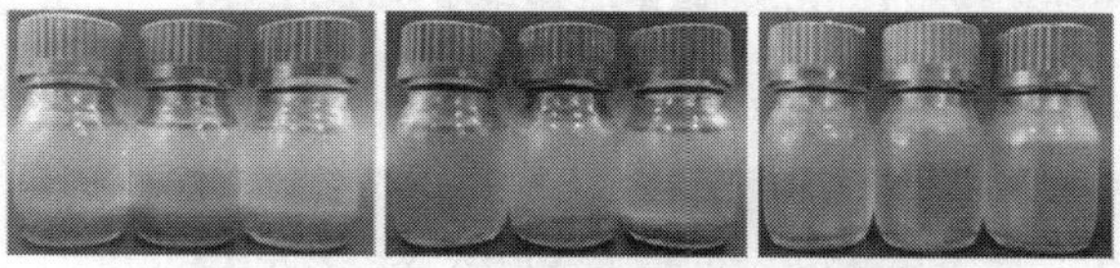

降解前　降解中　降解后

图 1　自降解暂堵剂降解过程形貌变化图

1.3　自降解暂堵降滤体系建立与评价

1.2.3　实验方法

将自降解暂堵剂材料分别置于 50mL 两种可降解悬浮剂(HY-B，HY-C)中，然后将其置于 80~110℃的恒温水浴中，隔一段时间观察降解情况，待其完全降解后，用图 2 所示装置测量其降解黏度，并记录降解时间及黏度。

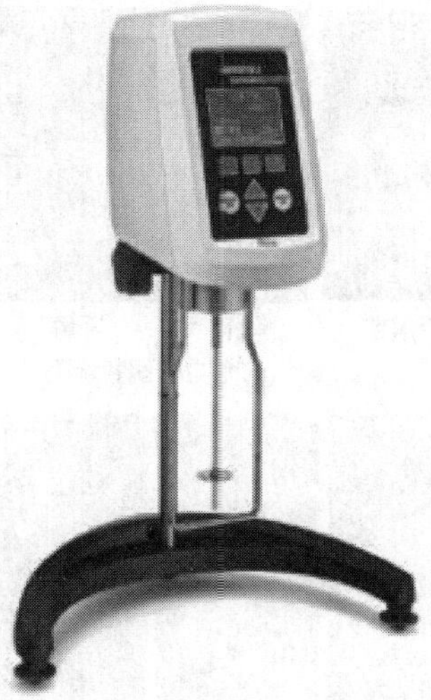

图 2　流变仪

1.2.4　自降解暂堵降滤体系可降解悬浮剂的优选

以黏度为指标，分别评价了两种可降解悬浮剂(HY-B、HY-C)在不同介质中的黏度，确定了其加量，实验数据见表 3。

表 3　不同可降解悬浮剂的筛选

可降解悬浮剂加量/%	去离子水中黏度/(mPa·s)		地层水中黏度/(mPa·s)		10%NaCl+0.5%$CaCl_2$ 中黏度/(mPa·s)	
	HY-B	HY-C	HY-B	HY-C	HY-B	HY-C
0.3	95.6	103.8	90.4	86.3	89.8	15.36
0.5	191.2	213.1	205.7	183	178.1	16.37
0.6	243.1	287.4	253	245.6	260.3	22.1
0.8	342.6	419.4	315	361.6	343.8	41.55
1	416.3	556.9	480.8	505.3	501	71.84

由上述可以看出，HY-C 对 NaCl 较敏感，黏度变化较大，而 HY-B 的黏度相对稳定，受 NaCl 影响不大，故选用 HY-B 可降解悬浮剂。随着可降解悬浮剂加量的增加，降解完后溶液的黏度增大，超过 100mPa·s，综合考到泵注性和悬浮稳定性，选用可降解悬浮剂 HY-B，确定加量为 0.3%。

1.3.3　自降解暂堵降滤体系的优选

选定 0.3%HY-B 可降解悬浮剂，考察自降解暂堵剂的加量对降解时间和黏度的影响，对 5 个自降解暂堵降滤体系进行评价，实验数据结果见表 4，降解过程如图 3 所示。

表 4　自降解暂堵剂降滤体系优选

降滤体系	降解时间/d	起始黏度/ mPa·s	降解后黏度/ mPa·s
2%自降解暂堵剂+0.3%HY-B	3	87.96	0.45
4%自降解暂堵剂+0.3%HY-B	4	88.34	0.98
6%自降解暂堵剂+0.3%HY-B	5	89.12	1.34
8%自降解暂堵剂+0.3%HY-B	7	91.12	2.02
10%自降解暂堵剂+0.3%HY-B	12	92.45	2.79

由上表 4 可以看出，暂堵剂加量增大，降解时间增大；暂堵剂的加量对黏度影响较小，选用 8%自降解暂堵剂+0.3%HY-B 为降滤体系。

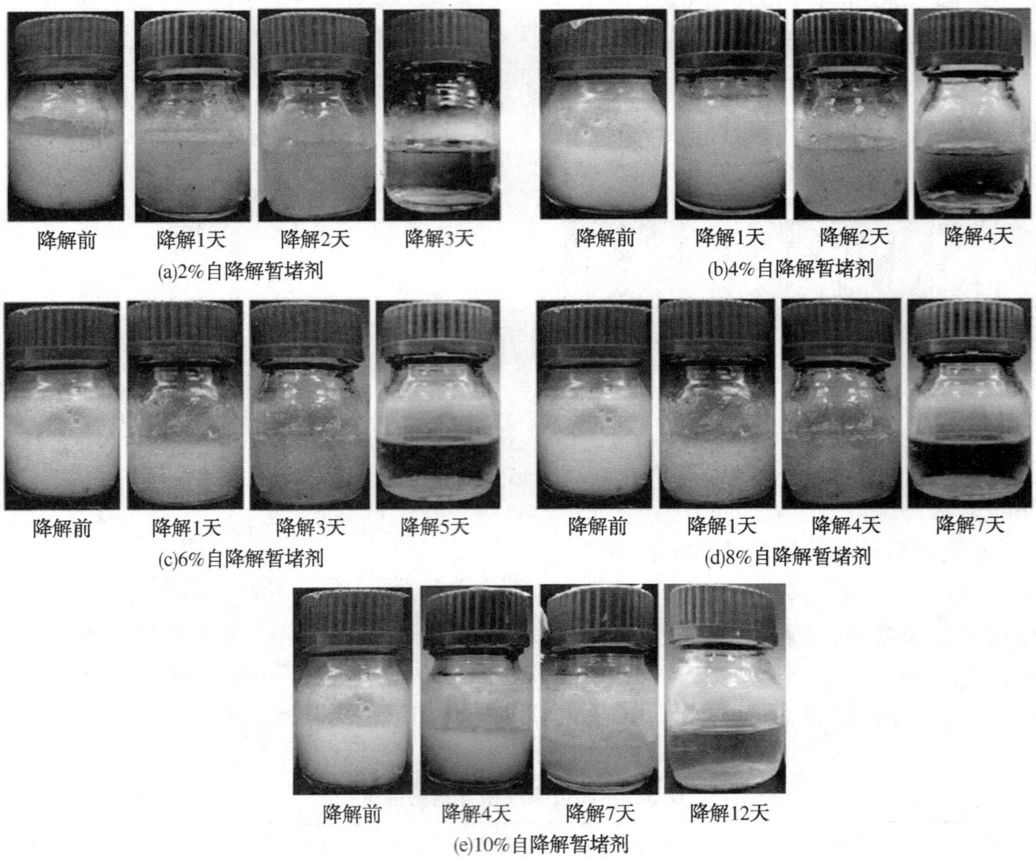

图3　5个自降解暂堵降滤体系降解过程

1.4　自降解暂堵降滤体系的性能评价

实验方法：采用中华人民共和国石油天然气行业标准 SY/T 7074-2016 标准评价不同加量自降解暂堵剂对降滤失的影响，测试时间为 30min，温度为 120℃，压力为 5MPa，实验结果见图 4 所示。

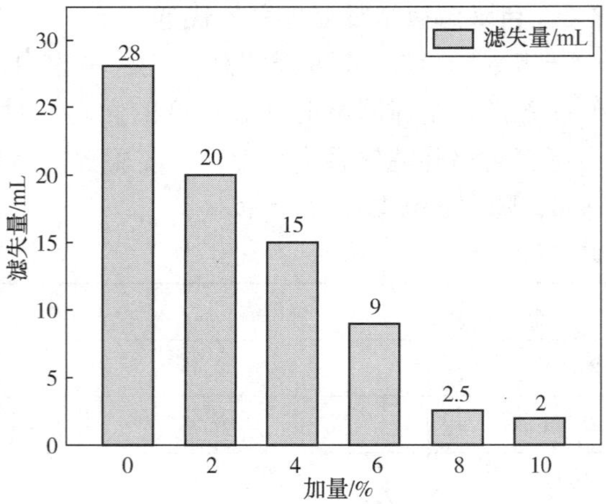

图4　自降解暂堵降滤失体系性能评价

由上图可知，随着暂堵剂加量增大，滤失量减小，当暂堵剂加量超过 8%时，滤失量变化减小，故 8%自降解暂堵剂+0.3%HY-B 降滤失效果最好。

2　低密度压井液技术研究

低密度材料是以聚合物为壳层，发泡剂为核芯，具有核-壳结构的高分子材料。当温度加热至发泡剂沸点以上，核芯处的发泡剂气化并在核芯内部产生压力，迫使低密度材料发生膨胀，直至膨胀完全；此时当温度降低，低密度材料维持膨胀时的体积不变。该材料具有良好的热稳定性、高机械强度、密度小等特点。

2.1　低密度材料优选与评价

本文主要以 MMA(甲基丙烯酸甲酯)和 St(苯乙烯)为共聚单体，通过改变不同的反应条件，采用反相悬浮法制备了五种型号的低密度材料：YR-43、YR-37、YR-35、YR-31、YR-22。主要制备过程图 5 所示。

2.1.1　实验配方

低密度材料的实验配方见表 5。

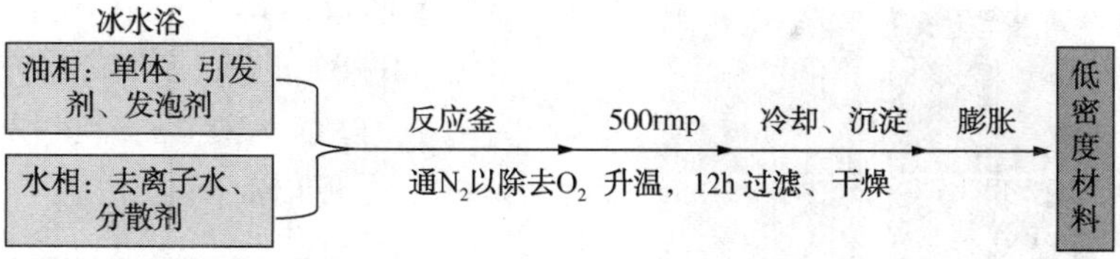

图 5　制备过程

表 5　低密度材料实验配方

型号	序号	MMA/g	St/g	引发剂	发泡剂类型	发泡剂加量	去离子水/mL	NaNO2/g	反应温度
YR-43	1	80	0	AIBN	FP-2	24g	400	0	65℃
	2	64	16	AIBN	FP-2	24g	400	0	65℃
	3	40	40	AIBN	FP-2	24g	400	0	65℃
	4	0	80	AIBN	FP-2	24g	400	0	65℃
YR-37	5	80	0	LPO	FP-2	24g	400	0	65℃
	6	64	16	LPO	FP-2	24g	400	0	65℃
	7	40	40	LPO	FP-2	24g	400	0	65℃
	8	0	80	LPO	FP-2	24g	400	0	65℃
YR-35	9	40	40	AIBN	FP-2	24g	400	0	65℃
	10	40	40	AIBN	FP-2	24g	400	0.3	65℃
	11	40	40	AIBN	FP-2	24g	400	0.6	65℃
	12	40	40	AIBN	FP-2	24g	400	1	65℃
YR-31	13	64	16	LPO	FP-1	24g	400	0	65℃
	14	64	16	LPO	FP-2	24g	400	0	65℃
	15	64	16	LPO	FP-3	24g	400	0	65℃
	16	64	16	LPO	FP-2	24g	400	0	75℃
YR-22	17	64	16	LPO	FP-3	8g	400	0	65℃
	18	64	16	LPO	FP-3	16g	400	0	65℃
	19	64	16	LPO	FP-3	24g	400	0	65℃
	20	64	16	LPO	FP-3	32g	400	0	65℃

2.1.2　YR-43

以表 5 中第 1、2、3、4 组为实验配方，以 AIBN 为引发剂，通过改变单体配比来确定 YR-43 的配方，其形貌结构如图 6 所示。

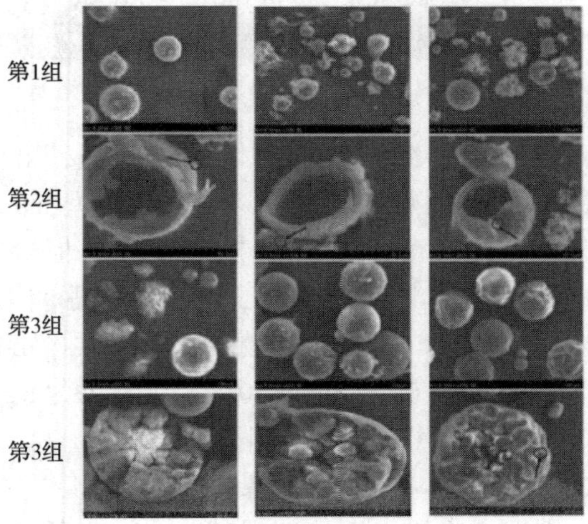

图 6　第 1-4 组低密度材料的微观形貌

由于 MMA 单体大量存在，会在低密度材料外表面形成次级粒子，而仅有 St 单体存在，又会在内部聚集大量初级颗粒，难以形成核-壳结构，故综合考虑 MMA 和 St 单体的含量，确定第 3 组为 YR-43 的最佳合成配方：MMA 为 40g，St 为 40g，AIBN 为 0.1g，FP-2 为 24g，反应温度为 65℃，反应时间为 12h。

2.1.3　YR-37

以表 5 中第 5、6、7、8 组为实验配方，以 LPO 为引发剂，通过改变单体配比来确定 YR-37 的配方，其形貌结构如图 7 所示：

由于随着 St 单体用量的增加，第 7、8 组不能形成核-壳结构，而第 5 组虽然能形成核-壳结构，但其形貌不够圆整，故确定第 6 组为 YR-37 的最佳合成配方：MMA 为 64g，St 为 16g，LPO 为 0.1g，FP-2 为 24g，反应温度为 65℃，反应时间为 12h。

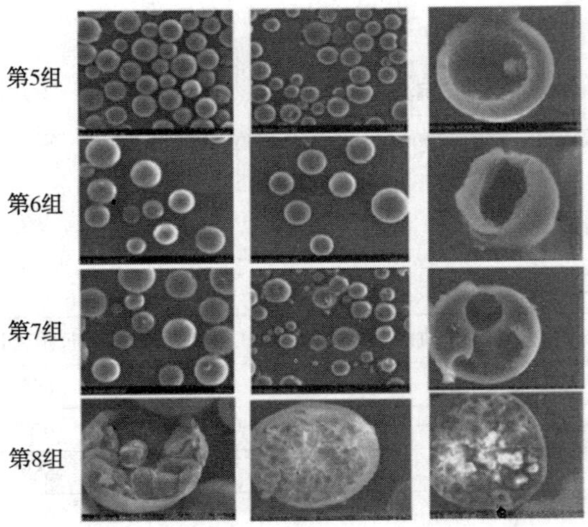

图7 第5-8组低密度材料的微观形貌

2.1.4 YR-35

以表5中第9、10、11、12组为实验配方，通过改变$NaNO_2$的用量来确定YR-35的配方，其形貌结构如图8所示。

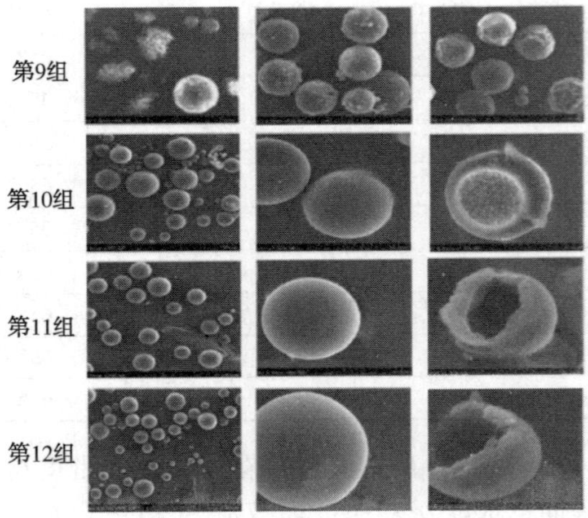

图8 第9-12组低密度材料的微观形貌

由图8可知，$NaNO_2$可以有效地阻止次级微粒的形成。第11组和第12组表面均较光滑圆整，但第11组$NaNO_2$加量更少就能达到同样的效果，故确定第11组为YR-35的最佳合成配方：MMA为40g，St为40g，AIBN为0.1g，FP-2为24g，$NaNO_2$为0.6g，反应温度为65℃，反应时间为12h。

2.1.5 YR-31

以表5中第13、14、15、16组为实验配方，通过改变发泡剂种类和反应温度来确定YR-31的配方，其形貌结构如图9所示。

发泡剂的沸点和聚合温度对低密度材料的形貌和结构存在协同作用。当聚合温度低于发泡剂的沸点时，有利于形成核-壳结构。反之低密度材料表面及内部具有孔洞结构。因此确定第15组为YR-31的最佳合成配方：MMA为64g，St为16g，LPO为0.1g，FP-3为24g，反应温度为65℃，反应时间为12h。

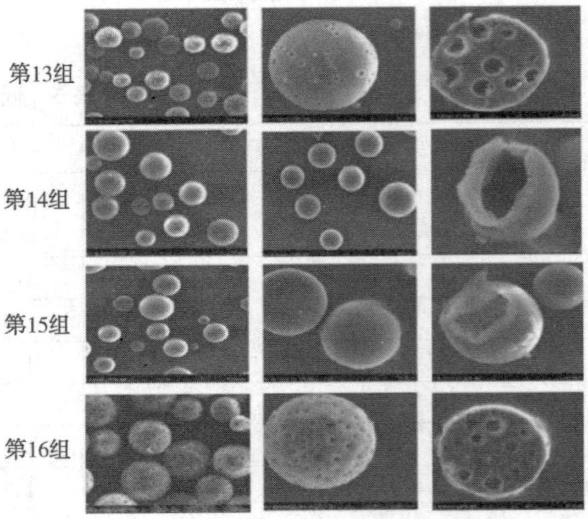

图9 第13-16组低密度材料的微观形貌

2.1.5 YR-22

以表5中第17、18、19、20组为实验配方，通过改变发泡剂用量来确定YR-22的配方，其形貌结构如图10所示。

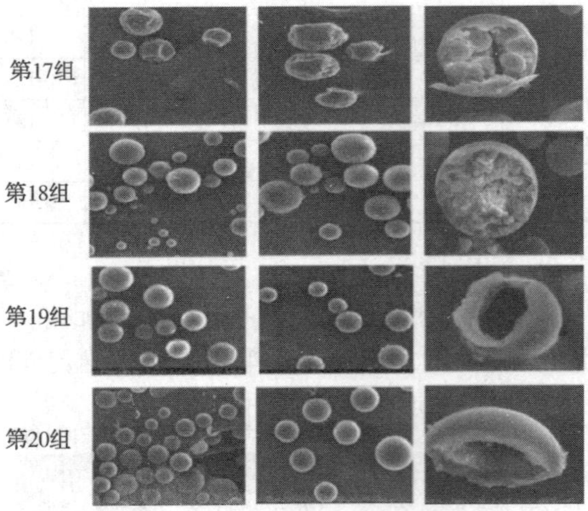

图10 第13-16组低密度材料的微观形貌

由于第17组的低密度材料收缩内陷，第18组的低密度材料内部包覆小粒子，第19、20组的低密度材料微观形貌均为核-壳结构，但第20组的低密度材料表面更光滑，球形度更高。因此确定第20组为YR-22的最佳合成配方：MMA为64g，St为16g，LPO为0.1g，FP-3为32g，反应温度为65℃，反应时间为12h。

2.2 低密度压井液体系建立

根据长庆气田区块储层特点，属于低压气层，且垂深一般达到2800-3500m之间，温度达到90~110℃，在此种温度和压力条件下，低密度压井液首先要满足的几个如下性能：

① 密度变化值小，低密度压井液密度不能变化过大。②静止稳定性，在高温和高压条件下，低密度压井液要保证在井下具有良好的稳定性，液柱上下密度及黏度变化应在合理范围内。③流体可泵送，压井液应具有较低的黏度，以保证压井液能够顺利泵送到井底。④密度可调整，应根据井下实际情况，随时调整压井液密度等性能。

2.2.1 低密度材料筛选

目标井位的垂深以及地层压力系数是选择低密度材料型号的重要依据，因此根据大部分井位的地层压力系数情况，计算出对应所需低密度压井液的密度与液柱压力的关系。

表6 垂深与密度的关系

垂深/m	压井液密度/(g/cm^3)	液柱压力/MPa
2500	0.80	20
	0.70	17.5
	0.60	15
3000	0.80	24
	0.70	21
	0.60	18
3500	0.80	28
	0.70	24.5
	0.60	21
4000	0.80	32
	0.70	28
	0.60	24

目标区块2500~4000m及0.6~0.8g/cm^3情况下，液柱压力基本在15~32MPa之间。

影响低密度材料使用性能主要有几个因素，而低密度压井液对低密度材料性能要求主要有密度、粒径、抗压强度等几个方面。低密度材料抗压强度及密度测试数据见表下表：

表7 低密度材料耐压强度及密度

低密度材料	耐压强度/MPa	真密度/(g/cm^3)	D50/μm	D90/μm
YR-43	42	0.42~0.44	30~39	54~62
YR-37	29	0.38~0.40	33~40	60~66
YR-35	24	0.34~0.36	32~41	62~68
YR-31	18	0.30~0.32	36~44	71~78
YR-22	15	0.20~0.22	45~53	76~84

低密度材料密度越低，外壳壁厚越薄，耐压强度越小，粒径也越大；根据现场液柱压力15~32MPa情况，优选YR-31\\35\\37三种材料，基本以满足耐压的需求。

2.2.2 低密度材料加量对密度的影响

压井液密度越低，单位体积压井液所需的水越少，而低密度材料越多，即水固比值减小。低密度材料含量越高，其在水中的分散能力以及悬浮稳定性都将面临巨大的挑战。因此，室内试验给出了不同密度下压井液性能的水固比情况，为低密度压井液选择与评价提供参考依据。见表8。

表8 不同密度压井液的水固比

低密度材料	压井液密度/(g/cm^3)	水/kg	低密度材料用量/kg	水固比	总体积/L
YR-22	0.80	0.75	0.05	15.0	1
	0.70	0.625	0.075	8.3	1
	0.60	0.5	0.1	5.0	1
YR-31	0.80	0.710	0.090	7.9	1
	0.70	0.565	0.135	4.2	1
	0.60	0.420	0.180	2.3	1
YR-35	0.80	0.690	0.110	6.3	1
	0.70	0.539	0.161	3.3	1
	0.60	0.379	0.221	1.7	1
YR-37	0.80	0.677	0.123	5.5	1
	0.70	0.516	0.184	2.8	1
	0.60	0.355	0.245	1.4	1

综合各种因素，后续室内在建立低密度压井液过程中均以 YR-35 为基础进行评价，同时在建立合适配方后，会再反过来对不同类型的低密度材料进行优化评价。

2.2.3　悬浮稳定剂筛选

低密度材料若要悬浮到水中，必须选用合适的悬浮稳定剂．室内选择了聚丙烯酰胺、聚乙烯醇、黄原胶等聚合物类增黏剂作为悬浮稳定剂，评价了其基本流变性能。其中 VIS-A 具有较低的黏度和较高的切力，后续以 VIS-A 为基础，进行低密度压井液体系的建立。见表 9、表 10。

表 9　悬浮稳定剂筛选

悬浮稳定剂	状态	Φ600/Φ300	Φ200/Φ100	Φ6/Φ3	备注
VIS-A	静置前	27/18	12/8	5/4	流态良好
	静置后	24/13	10/7	5/4	流态良好
PVA	静置前	14/9	7/5	2/1	流态良好
	静置后	12/7	6/4	1/0	流态良好
PAM	静置前	19/13	9/6	2/1	流态良好
	静置后	15/11	7/5	1/0	流态良好
RC	静置前	35/22	15/11	3/2	流态良好
	静置后	28/16	12/10	2/1	流态良好

实验配方：水+0.1%pH 调节剂+0.3%悬浮稳定剂；实验条件：90℃静置 2 天。

表 10　悬浮稳定剂与低密度材料 YR-35 复配性能

密度/(g/cm^3)	状态	Φ600/Φ300	Φ200/Φ100	Φ6/Φ3	备注
0.80	静置前	58/39	30/24	9/7	流态良好
	静置后	56/36	29/18	8/6	流态良好
0.71	静置前	161/127	102/86	33/32	稠
	静置后	178/132	111/82	35/34	稠、且分层
0.62	静置前	-	200/115	40/32	稠
	静置后	-	222/125	42/35	稠、且分层

实验配方：水+0.1%pH 调节剂+0.3%悬浮稳定剂 VIS-A；实验条件：90℃静置 2 天。

以 VIS-A 悬浮稳定剂与 YR-35 低密度材料配制低密度压井液，当密度为 0.8 时，其黏度和静置稳定性均较好；当密度继续降低，YR-35 用量成倍增加后，黏度急剧增大，且静置稳定性变差；需要进一步提高悬浮稳定剂用量或寻求润湿分散剂以满足要求。

2.2.4　润湿剂筛选

润湿剂可以降低颗粒表面的表面能和表面张力，使其能够更好的在水溶液中分散。由低密度材料配制压井液密度越低，所需加入的低密度材料比例越大，水固比越小，对压井液中的润湿剂性能要求高。

室内首先采用极限低密度 0.6g/cm^{3}条件下，来优选润湿剂，进一步考察润湿剂对低密度压井液性能的影响。见表 11。

表 11　悬浮稳定剂性能评价

润湿剂	状态	Φ600/Φ300	Φ200/Φ100	Φ6/Φ3	备注
162A	静置前	-/271	209/128	25/17	压井液整体 1/20 水析出，压井液上层固化
	80℃静置 2d 后				
195L	静置前	-/274	215/113	26/16	压井液整体 1/20 水析出，上层固化
	80℃静置 2d 后				
PG504	静置前	189/111	86/56	12/10	压井液未见水析出，上层无固化
	80℃静置 2d 后	201/151	121/79	23/10	

续表

润湿剂	状态	Φ600/Φ300	Φ200/Φ100	Φ6/Φ3	备注
DS-17	静置前	-/276	211/129	24/17	压井液整体 1/20 水析出，上层固化
	80℃静置 2d 后				
1725	静置前	-/-	248/157	29/21	压井液上层固化严重
	80℃静置 2d 后				
DS1610A	静置前	-/-	201/135	31/24	压井液上层固化严重
	80℃静置 2d 后				

实验配方：水+0.1%pH 调节剂+0.3%悬浮稳定剂 VIS-A+0.5%润湿剂+YR-35 降密度至 0.6g/cm^3；
实验条件：80℃静置 2 天。

润湿剂 PG504 配制成压井液静置 2d 后，压井液性能稳定，未见上层固化、析水现象，初步定为润湿剂 PG504 后续作为低密度压井液的添加剂。

2.2.5　分散剂筛选

引入分散剂可以进一步强化润湿剂的润湿分散效果，使低密度压井液能够在提高悬浮稳定剂加量的前提下，进一步降低黏度，而提高高温稳定性。见表 12。

表 12　分散剂性能评价

分散剂	状态	Φ600/Φ300	Φ200/Φ100	Φ6/Φ3	备注
0.2%DE-P	静置前	-/210	173/131	21/17	流态良好
	80℃静置 5d	-	-	-	下部无析水，上层固化严重，
0.2%HF-12	静置前	185/113	89/68	13/11	流态良好
	80℃静置 5d	193/152	121/89	22/18	下部无析水，流动性好
0.2%HIG	静置前	264/193	163/121	24/19	流态良好
	80℃静置 5d	283/209	173/156	32/27	下部无析水，摇晃后恢复流动性
0.2%FS-1	静置前	234/183	153/118	29/25	流态良好
	80℃静置 5d	-/210	170/143	36/28	下部约 1/15 水析出，无固化

实验配方：水+0.1%pH 调节剂+0.4%悬浮稳定剂 VIS-A+0.5%PG504+分散剂+YR-35 降密度至 0.6g/cm^3；
实验条件：80℃静置 5 天。

分散剂 HF-12 使压井液静置前后的表观黏度均小于 100mPa·s，与压井液的配伍性良好，80℃静置 5 天后，压井液未出现底部析水、上层固化等现象，分散剂 HF-12 提高压井液的稳定性，因此，此初步筛选分散剂 HF-12 作为压井液的处理剂。

2.2.6　高温稳定剂与流型调节剂筛选

通过上述对悬浮稳定剂、润湿剂、分散剂的筛选，已初步建立了一套低密度压井液体系，其能够满足在 80℃条件下静置 5 天的要求，且静置后，上下密度差较小，没有分层现象，且具有较为合理的黏度。因目标区块最高温度可能达到 100℃以上，因此对上述建立的体系进行了不同温度下的评价。见表 13。

表 13　低密度压井液耐温性能

温度/℃	状态	Φ600/Φ300	Φ200/Φ100	Φ6/Φ3	备注
80	静置前	185/113	89/68	13/11	流态良好
	静置 5d	193/152	121/89	22/18	下无水析出，流动性好
90	静置前	185/113	89/68	13/11	流态良好
	静置 5d	163/109	93/86	18/16	下 1/5 水析出，摇晃后恢复流动

续表

温度/℃	状态	Φ600/Φ300	Φ200/Φ100	Φ6/Φ3	备注
100	静置前	185/113	89/68	13/11	流态良好
	静置 5d	165/100	92/83	11/10	下部约 1/3 水析出，基本无固化

实验配方：水+0.1%pH 调节剂+0.4%悬浮稳定剂 VIS-A+0.5%PG504+0.2%分散剂+YR-35 降密度至 0.6g/cm³；

高温条件下，悬浮稳定剂存在着一定的降解现象，也有可能是润湿剂或分散剂在高温条件下失去作用或作用效果不明显，从而导致了低密度压井液稳定性变差。

为解决上述问题，通过筛选高温稳定剂来提高其与悬浮稳定剂协同作用，提高两者所形成的网架结构的热稳定性，保持稳定的流变性能，使低密度材料均匀、稳定地分散在压井液中，评价其在 100℃ 下对低密度压井液性能的影响。见表 14。

表 14　高温稳定剂筛选

高温稳定剂	状态	Φ600/Φ300	Φ200/Φ100	Φ6/Φ3	备注
WENS-2	静置前	-/189	163/140	32/26	流态良好
	100℃静置 6d	-	-	-	下 1/15 水析出，上固化严重，
STR-1	静置前	201/162	102/82	27/20	流态良好
	100℃静置 6d	-/192	156/121	34/30	下 1/10 水析出，无固化
YF-G	静置前	234/203	181/132	30/26	流态良好
	100℃静置 6d	-/259	198/176	45/37	下 1/4 水析出，基本无固化
STARFL	静置前	213/142	89/68	13/11	流态良好
	100℃静置 6d	256/192	171/132	39/32	下部无水析出，流动性好

实验配方：水+0.1%pH 调节剂+0.4%悬浮稳定剂 VIS-A+0.5%PG504+0.2%分散剂+0.5%高温稳定剂+YR-35 降密度至 0.6g/cm³；实验条件：100℃静置 6 天。

高温稳定剂 STARFL 与压井液的配伍性较好，提高了压井液体系的稳定性，使其在 100℃ 静置 6 天后，未出现下部析水，上部固化的现象，且流动性较好，初步满足现场施工需求。由于高温稳定剂 STARFL 加入，使压井液的黏度出现上涨现象，为了进一步优化压井液的流变性，因此筛选流型调节剂。见表 15。

表 15　流型调节剂筛选

流型调节剂	状态	Φ600/Φ300	Φ200/Φ100	Φ6/Φ3	备注
HTX-3	静置前	267/199	153/134	40/27	流态良好
	100℃静置 7d	189/163	145/129	28/25	下 1/15 水析出，无固化
LX-10	静置前	196/169	140/109	30/25	流态良好
	100℃静置 7d	187/146	121/99	28/25	下无水析出，流动性好
HBRG	静置前	250/198	176/130	31/25	流态良好
	100℃静置 7d	-/245	183/156	40/30	下约 1/10 水析出，无固化
FOS-1	静置前	229/171	143/120	37/30	流态良好
	100℃静置 7d	238/202	181/150	45/37	下无水析出，流动性好

实验配方：水+0.1%pH 调节剂+0.4%悬浮稳定剂 VIS-A+0.5%PG504+0.2%分散剂+0.5% STARFL +0.2%流型调节剂+YR-35 降密度至 0.6g/cm³；
实验条件：100℃静置 7 天。

流型调节剂 LX-10 与压井液具有良好的配伍性，100℃静置 7 天后，未出现下部析水，上部固化的现象，且流动性能良好，满足现场施工需求。

经上述初步对各类型材料的筛选，初步形成了一套低密度压井液体系：低密度材料+悬浮剂

VIS-A+润湿剂 PG504 +分散剂 HF-12+高温稳定剂 STARFL +流型调节剂 LX-10 。

2.2.7 不同密度压井液体系建立

根据上述材料的筛选，初步建立了一套低密度压井液体系，其具有较好的流动性能及高温稳定性能，在目标温度下，长时间静置后，性能稳定。基于上述配方情况，通过调整各个材料加量，尤其是低密度材料、悬浮稳定剂、润湿剂加量，来建立不同密度的压井液体系。

分别采用三种低密度材料（YR-37、YR-35、YR-31）配制三种不同密度的压井液，将其置于100℃下静置7d，压井液均下部无水析出，上层无固化现象，流变性良好，其最终配方见表16，不同密度下压井液的表观黏度均小于100mPa·s，能够满足泵送要求和项目要求。

表16 不同密度压井液配方

密度/(g/cm³)	低密度材料类型	最终配方	表观黏度/(mPa·s)
0.8	YR-31	水+0.1%pH 调节剂+0.4%VIS-A+0.7%PG504+0.2%分散剂+0.5% STARFL +0.2%LX-10+YR-31	26
0.8	YR-35	水+0.1%pH 调节剂+0.6%VIS-A+0.5%PG504+0.2%分散剂+0.5% STARFL +0.2%LX-10+YR-35	33
0.8	YR-37	水+0.1%pH 调节剂+0.6%VIS-A+0.5%PG504+0.2%分散剂+0.5% STARFL +0.2%LX-10+YR-37	40
0.7	YR-31	水+0.1%pH 调节剂+0.5%VIS-A+0.7%PG504+0.2%分散剂+0.5% STARFL +0.2%LX-10+YR-31	41
0.7	YR-35	水+0.1%pH 调节剂+0.5%VIS-A+0.7%PG504+0.2%分散剂+0.5% STARFL +0.2%LX-10+YR-35	50
0.7	YR-37	水+0.1%pH 调节剂+0.4%VIS-A+1.0%PG504+0.2%分散剂+0.5% STARFL +0.2%LX-10+YR-37	55
0.6	YR-31	水+0.1%pH 调节剂+0.4%VIS-A+1.0%PG504+0.2%分散剂+0.5% STARFL +0.2%LX-10+YR-31	77.5
0.6	YR-35	水+0.1%pH 调节剂+0.4%VIS-A+1.0%PG504+0.2%分散剂+0.5% STARFL +0.2%LX-10+YR-35	84
0.6	YR-37	水+0.1%pH 调节剂+0.4%VIS-A+1.3%PG504+0.2%分散剂+0.5% STARFL +0.2%LX-10+YR-37	99

2.3 低密度压井液体系性能评价

在初步建立了低密度压井液体系后，需要对其综合性能进行评价，主要针对以下几个方面的性能进行了评价。

2.3.1 抗温性能评价

将上述建立的9种压井液配方，配制成压井液，分别置于温度为90℃、100℃、110℃恒温鼓风干燥箱中静置7天，测试其静置前后的流变性能以及静置后的压井液状态。见表17。

表17 压井液抗温性能评价（以 YR-35 为例）

密度/(g/cm³) 低密度材料类型	状态	Φ600/Φ300	Φ200/Φ100	Φ6/Φ3	备注
0.8 YR-35	静置前	75/59	52/43	22/20	压井液均匀，流变性良好
	90℃	68/54	53/39	20/18	压井液均匀，流变性良好
	100℃	66/53	49/38	20/18	压井液均匀，流变性良好
	110℃	74/58	52/40	22/18	压井液均匀，流变性良好
0.7 YR-35	静置前	115/84	70/55	27/24	压井液均匀，流变性良好
	90℃	103/78	69/52	24/21	压井液均匀，流变性良好
	100℃	96/72	63/50	24/21	压井液均匀，流变性良好
	110℃	100/84	71/53	25/21	压井液均匀，流变性良好

续表

密度/(g/cm^3) 低密度材料类型	状态	Φ600/Φ300	Φ200/Φ100	Φ6/Φ3	备注
0.6 YR-35	静置前	172/158	140/109	30/25	压井液均匀，流变性良好
	90℃	178/154	142/100	25/24	压井液均匀，流变性良好
	100℃	168/150	134/101	29/24	压井液均匀，流变性良好
	110℃	189/171	154/123	34/28	压井液均匀，流变性良好

不同密度条件下，低密度压井液体系在90-110℃静置7天，压井液性能稳定，均匀，黏度适中，具有较好的抗温性能。

2.3.2 静置稳定性评价

稳定性评价见表18。

表18 压井液静置稳定性评价(以YR-35为例)

密度/(g/cm^3) 低密度材料类型	状态	Φ600/Φ300	Φ200/Φ100	Φ6/Φ3	备注
0.8 YR-35	静置前	75/59	52/43	22/20	压井液均匀，流变性良好
	静置3天	70/53	50/39	20/18	压井液均匀，流变性良好
	静置5天	68/50	50/43	22/19	压井液均匀，流变性良好
	静置7天	66/53	49/38	20/18	压井液均匀，流变性良好
0.7 YR-35	静置前	115/84	70/55	27/24	压井液均匀，流变性良好
	静置3天	103/78	69/52	24/21	压井液均匀，流变性良好
	静置5天	101/76	63/51	25/21	压井液均匀，流变性良好
	静置7天	96/72	63/50	24/21	压井液均匀，流变性良好
0.6 YR-35	静置前	172/158	140/109	30/25	压井液均匀，流变性良好
	静置3天	175/151	140/101	26/24	压井液均匀，流变性良好
	静置5天	170/152	133/100	29/24	压井液均匀，流变性良好
	静置7天	168/150	134/101	29/24	压井液均匀，流变性良好

将上述建立的9种压井液配方，配制成压井液，分别置于温度为100℃恒温鼓风干燥箱中静置3、5、7天，测试其静置前后的流变性能以及静置后的压井液状态。压井液均下部无水析出，上层无固化现象，流变性良好，随着静置时间延长，压井液黏度出现增稠现象，其流变性满足现场施工要求。

2.3.3 沉降稳定性评价

室内采用极限低密度0.6g/cm^{3}条件下，评价压井液在110℃下的沉降稳定性能。见表19。

表19 压井液沉降稳定性评价

密度/(g/cm^3)/ 低密度材料类型	状态	压井液下层密度/ (g/cm^3)	压井液上层密度/ (g/cm^3)	密度差/(g/cm^3)
0.6 YR-31	静置3天	0.607	0.590	0.017
	静置5天	0.615	0.581	0.034
	静置7天	0.621	0.578	0.043
0.6 YR-35	静置3天	0.617	0.585	0.032
	静置5天	0.620	0.580	0.040
	静置7天	0.634	0.566	0.068
0.6 YR-37	静置3天	0.630	0.585	0.045
	静置5天	0.649	0.547	0.102
	静置7天	0.688	0.565	0.123

压井液均下部无水析出，上层无固化现象，流变性良好。由 YR-35、YR-31 配制的压井液静置后上下密度差均小于 0.10g/cm³，由 YR-37 配制的压井液静置后上下密度差均小于 0.20g/cm³，符合要求。

2.3.4 耐压性能评价

将上述建立的 9 种压井液配方，配制成压井液，分别加入高温高压动失水仪，一定压力下承压 2h。见表 20。

表 20 低密度压井液耐压性能评价(以 0.8 为例)

密度/(g/cm³)低密度材料类型	状态	承压后压井液密度/(g/cm³)	密度变化值/(g/cm³)
0.80/ YR-31	18MPa 承压 2h	0.81	0.01
	20MPa 承压 2h	0.86	0.06
	22MPa 承压 2h	0.98	0.18
0.80/ YR-35	24MPa 承压 2h	0.83	0.03
	26MPa 承压 2h	0.90	0.10
	28MPa 承压 2h	0.96	0.16
0.80/ YR-37	28MPa 承压 2h	0.81	0.01
	30MPa 承压 2h	0.85	0.05
	32MPa 承压 2h	0.91	0.11

压井液抗压性能取决于低密度材料的抗压性能，低密度材料的抗压性能越强，使压井液在高压下性能稳定，其密度变化小，YR-31 配制的压井液可抗 20MPa，YR-35 配制的压井液可抗 26MPa，YR-37 配制的压井液可抗 30MPa，由三种低密度材料(YR-37、YR-35、YR-31)配制三种不同密度的压井液可根据地层压力系数来选择。

2.3.5 重复利用性能评价

室内采用极限低密度 0.6g/cm³ 条件下，评价压井液的抗侵污性能。见表 21。

表 21 低密度压井液重复利用性能评价(以 YR-35 为例)

密度/(g/cm³)低密度材料类型	状态	Φ600/Φ300	Φ200/Φ100	Φ6/Φ3	备注
0.60/ YR-35	静置前	172/158	140/109	30/25	
	100℃静置 7d	168/150	134/101	29/24	压井液均匀，流变性良好
	100℃静置 7d 后+20%水+YR-31 调整密度至 0.60g/cm³ 再 100℃静置 5d	187/153	141/108	33/27	压井液均匀，流变性良好
	100℃静置 7d 后+20%水+5%污染油+YR-31 调整密度至 0.60g/cm³，再 100℃静置 5d	192/165	135/119	34/26	压井液整体均匀，上层出现少量浮油，流变性良好

3 近平衡压井现场试验

3.1 G49-6 井试验基本概况

根据地质设计、工程设计，G49-6 井通过大修对井下管柱打捞、套管修复，工艺堵漏，重新下入 4 1/2″气密封抗硫套管，进行固井、二次完井，彻底治理套损隐患，磨铣、冲砂，下入 2 3/8″油管，诱喷排液，恢复气井产能。2020 年采用 Cullendet－Smith 方法预测地层压力为 20.38MPa(关井 204 天，套压最高恢复至 15.86MPa)。历年测试结果表明，该井地层中部折算温度为 112.8-117.5℃。

3.2 近平衡压井过程及试验效果

2021 年按照设计对 G49-6 井进行了低密度压井作业，施工过程如下：

低密度压井液配制完成后，泵入了 25m³ 清水+25m³ 浓度为 8%的自降解暂堵降滤体系+5m³ 隔离液(清水)，泵压从 2MPa 升到 8MPa，说明储层暂堵成功。然后泵入 50 方低密度压井液(密度为 0.83g/cm³)，泵注低密度压井液时泵压将至 2MPa，此时观察到井口返液(图 11)，油/套循环成功建立。2021 年 10 月 29 日～10 月 30 日，成功将生产管柱起出，进入下一步修井施工。

图 11　井口返液情况

现场实验证明，由自降解暂堵降滤体系和低密度压井液体系形成的近平衡压井关键材料与地层配伍性好，具有良好的承压性能、稳定性、低伤害和低密度特征，可以提升储层承压能力及降低压井静液柱压力，同时减少了修井过程中对储层的伤害，进一步验证了低密度压井液在低压气井近平衡压井过程中的作用。

5　结论

通过对低压气井压井技术调研与分析，在近平衡压井技术关键材料研发基础上取得了如下研究成果：

（1）研发了自降解暂堵降滤体系，得到了最优配方为 8% 自降解暂堵剂+0.3% HY-B，其中自降解暂堵剂合成配方为主单体 25%，功能性交联单体 0.2%，韧性调节剂 30%，催化剂 0.15%；该体系的滤失量为 2.0mL；

（2）研发了低密度材料，并对其原理、制备及成粒过程进行了详细分析与研究，得到了不同耐压强度的低密度材料，最高耐压强度可达 42MPa；

（3）通过优选悬浮稳定剂、润湿分散剂及其它配套材料，结合低密度材料建立了 0.6~0.8g/cm^3 密度的压井液体系，通过调整各配套材料用量，可实现密度可调整；

（4）所建立的低密度压井液体系，在 80-110℃范围内，沉降稳定性良好，上下密度差小于 0.2g/cm^3；耐压能力可达 30MPa，基本满足垂深最深 4000m 井深压井的需求；该体系具有耐污染能力强，可重复利用等特点；

（5）给出了低密度压井液现场配制方案及现场施工工艺，现场施工方面强；在现场 1 口井应用过程中，注入自降解暂堵降滤体系+低密度压井液后，油/套循环建立，一次性压井成功，进一步验证了低密度压井液在低压气井近平衡压井过程中的作用。

参　考　文　献

[1] 周玲革，王正良 . JBD 吸水膨胀型聚合物暂堵剂的研究[J]. 钻采工艺，2004，27(5)：80-81.

[2] 熊颖，杨健，江涛 . 液体胶塞在低压易漏失含硫气井修井中的应用-以 Z-7 井为例[J]. 石油与天然气化工，2021，50(02)：67-71.

[3] 贾虎，杨欣雨，李三喜，等 . 双交联型泡沫凝胶的制备及其暂堵压井防漏机理[J]. 钻井液与完井液，2019，36(03)：384-390.

[4] 张赟新，汪政明，王晓磊，等 . 准噶尔盆地凝析气藏压井液体系的研制应用与集成[J]. 天然气勘探与开发，2015，38(02)：72-77.

[5] 罗有刚，巨亚锋，王尚卫，等 . 纳米复合泡沫凝胶修井液的研制与试验[J]. 钻井液与完井液，2020，37(01)：127-132.

[6] 董军，樊松林，郭元庆，等 . 新型低密度微泡沫防漏修井液技术[J]. 钻井液与完井液，2013，30(01)：22-25+90-91.

[7] 张光焰，张云芝，陈景军 . 渤南油田压井过程中油层保护技术研究与应用[J]. 胜利油田职工大学学报，2007(01)：32-33.

[8] 周玲革，王正良 . JBD 吸水膨胀型聚合物暂堵剂的研究[J]. 钻采工艺，2004，27(5)：80-81.

[9] 刘学 . 油溶性暂堵剂的研制[D]. 西安：西安石油大学，2006.

[10] 周凤山，苏标谨 . 一种新型酸溶性高失水暂堵剂的研制与评价[J]. 西安石油学院学报，1998，13(5)：40-43.

[11] Verret R，Robinson B，Cowan J，et al. Use of Micronized Cellulose Fibers to Protect Producing formations[C]. SPE 58794，2000.

[12] 喻高明，唐善法，蔡木平 . JFM 暂堵剂性能评价与应用[J]. 钻采工艺，1999，22(1)：55-57.

[13] 蒋官澄，马先平，纪朝凤，等 . 广谱“油膜”暂堵剂在油层保护技术中的应用[J]. 应用化学，2007，24(6)：665-669.

[14] 张杰，隋清国，滕学伟，等 . 双基团交联聚合物冻胶堵剂实验研究[J]. 中国石油和化工标准与质量，2018，38(20)：51-52+55.

NaCl 饱和盐水钻井液在应城压缩空气储能井中的应用

高元臣　刘　昕　陈安亮　穆剑雷　陈　涛

（中国石油集团渤海钻探泥浆技术服务分公司）

摘　要　湖北应城压缩空气储能电站示范工程施工区域的地层情况复杂，存在大段膏盐层、盐层缩径、垮塌、芒硝污染等问题。通过开展 NaCl 饱和盐水钻井液的室内评价，证明了该体系具有良好的稳定性、抗温性、润滑性、抑制性和较好的抗盐钙能力。该体系中具有适当的聚合物，足够的降失水剂和防塌剂含量，降低了钻井液的高温高压失水，改善和提高了泥饼质量，使钻井液具有良好的流变性和造壁性以及悬浮稳定性。该体系在“湖北应城 300MW 级压缩空气储能电站示范工程”成功应用 6 口井，形成了一套针对性强，经济实用的 NaCl 饱和盐水钻井液体系和钻膏盐层、芒硝层的工艺技术，满足了钻膏盐、芒硝地层、及盐岩地层钻井液技术的需要。

关键词　NaCl 饱和盐水；压缩空气储能；抗盐钙；芒硝；大段膏盐层

1　前言

压缩空气储能是现在最热门和新兴的低碳产业，压缩空气储能具有大规模、长时间、低成本、高效率、安全和环境友好等优点，是最具发展潜力的大规模储能技术之一。其中压缩空气储能库是地下盐穴，前期需要进行钻完井作业连通地面与地下储气库，储能时需要将电能转化为压缩空气注入储能库，发电时将压缩空气能采出转化为电能。据了解，最近我国将在各地陆续投资建设一批 300MW 级以上压缩空气储能项目，其中湖北应城 300MW 级压缩空气储能电站是先期建设的示范工程项目，因此，进行压缩空气储能注采井钻完井关键技术研究是非常必要的。

湖北应城 300MW 级压缩空气储能电站示范工程项目利用已有盐腔在上端布置 2 口排卤井和 8 口注采气井，需要进行钻井施工井施工及过程中所需的各项测试。该地区地层情况比较复杂，地层由浅至深为第四系、下第三系文峰塔组钙质泥岩和石膏层、下第三系膏盐组含芒硝和大段膏盐层。面临着膏、盐岩井段钻井液易受污染，影响性能指标，盐岩易溶解形成大肚子井眼，造成井径扩大率超标，膏泥岩易水化缩径，钻井井径大、岩屑返出困难等技术难题。最大井斜 70°，定向托压问题突出。

2　应城压缩空气储能井的技术难题

2.1　下第三系文峰塔组易塌

（1）下第三系文峰塔组埋深 90～270m，厚 180m。上部为浅绿色、灰白色及赭色泥灰岩夹粉砂岩。

（2）下部灰绿色和赭色钙质泥岩、钙质粉砂岩，含纤膏。

（3）下第三系文峰塔组含膏泥岩性较软易吸水膨胀钻进过程中极易发生坍塌掉块，且坍塌周期很短，不利于井下正常施工。

2.2　钻井液密度值难以确定

（1）原始盐岩层是处于应力平衡状态，该地区盐层由于长期开采地层应力被破坏，盐岩受力状态发生变化。

（2）当上覆岩层压力指向井内的侧压力大于液柱压力且达到一定井温时，盐岩就会发生塑性变形，导致井眼缩径，起下钻遇阻、卡钻等井下复杂情况，又由于盐膏层的存在，进一步造成钻井液密度值难以确定。

2.3　盐膏层井壁易失稳

（1）盐岩层中夹杂其它盐类如石膏、芒硝、氯化镁、氯化钙等，它们原始状态都含有结晶水，在上覆地层压力作用下失去结晶水，成为无水石膏、无水芒硝。

（2）当使用水基钻井液钻开此类地层时，无水石膏就会吸水变为二水石膏，体积增大26%，引起岩石强度下降，易发生井壁垮塌和缩径，造成起下钻遇阻、划眼、卡钻等事故。

2.4 盐层上裸眼井段易漏失

（1）在盐膏层钻进时，由于平衡盐层塑性蠕变的需要，一般采用较高的钻井液密度打开盐层。

（2）在大多数情况下，密度提高的幅度均会接近或超过上部裸眼井段可以承受的最高安全密度，因此往往引起井漏，加剧了钻盐膏层的复杂情况。

3 NaCl饱和盐水体系研究

3.1 钻井液体系选择

（1）钻盐膏层及盐层地层的最佳体系是油基钻井液或油包水钻井液，但由于其成本高、安全性较差、污染环境等缺点，其应用受到限制。目前应用较多的还是欠饱和/饱和盐水钻井液。

（2）针对应城压缩空气储能井钻探目的层位为下第三系膏盐组岩盐段K5盐群，埋藏深度394~1598m，二开井眼大，下部盐岩层井段盐层、盐膏层、复合盐层分布厚度长的特点，需要钻井液体系具有较强的抗盐抗膏的抗污染能力，还要防止盐层段盐岩溶解形成“大肚子”井眼；因此，该区块二开井段优选NaCl饱和盐水钻井液体系，加入30%~35%的NaCl复配防塌剂、降滤失剂、抑制剂及润滑剂，通过防塌剂中的钾离子的镶嵌作用及较高的矿化度有效地抑制黏土矿物的水化、分散，使该体系具有很强的抑制防塌性，可解决井壁失稳的问题，延缓该井段地层的坍塌周期，同时也满足下部井段钻盐膏层的需要。

3.2 NaCl饱和盐水钻井液的特点

（1）NaCl饱和盐水钻井液，也就是钻井液的滤液含盐量达到饱和状态，即常温下含盐量达到31.5%（Cl^-浓度为189000mg/l）左右。

（2）具有较强的防坍塌能力，通过在饱和NaCl盐水钻井液中加入防塌剂，提高体系的防塌能力。NaCl饱和盐水钻井液体系由于其液相中存在大量电离出来的钠离子，可以镶嵌到泥页岩黏土矿物中的六方网格中，使黏土颗粒间的结构力大大增强，起到了抑制黏土水化膨胀作用，由此实现抑制地层造浆、稳定井壁、防止地层坍塌，延缓地层坍塌周期的目的。

（3）具有较强的抑制性，在盐膏层井段能够有效抑制盐层段盐的溶解，保持井壁稳定，钻出的岩屑在钻井液中不易分散，因此比较容易清除，有利于保持较低的固相含量。

（4）具有较强的抗盐浸的能力，并能有效抗钙侵和抗高温，适于钻盐膏层。

（5）能有效抑制地层造浆，流动性好，性能较稳定，易于维护。

3.3 钻井液体系配方研究

3.3.1 提高钻井液的抑制性

（1）选用NaCl水溶液为钻井液基液，并作为钻井液的抑制剂。其优点为Na+的大小和水化数与其它阳离子不同，对蒙脱石的水化分散性有着较强的抑制作用，能有效地提高钻井液的抑制性。

（2）通过加大抑制剂的投入量来进一步增强钻井液的抑制性，有效抑制粘土的水化分散，每钻进50m，就补充50kg的大分子包被剂IND30，使钻井液中的抑制剂含量达到0.3%~0.5%。

实验数据见表1、表2。

表1 页岩膨胀对比实验

试样名称	膨胀高度/mm							
	1h	2h	3h	4h	5h	6h	7h	8h
清水+30%NaCl	4.41	5.24	5.92	6.18	6.27	6.54	6.38	6.43
30%NaCl+0.3%IND30	0.33	0.59	0.88	1.04	1.10	1.24	1.27	1.28
30%NaCl+0.5%IND30	0.31	0.55	0.82	1.03	1.08	1.23	1.25	1.25

注：岩心压制条件：10g钻井液膨胀实验用膨润土，4MPa，5min

表2 页岩回收对比实验

	清水	清水+30%NaCl	30%NaCl+0.3%IND30	30%NaCl+0.5%IND30
页岩回收率/%	17	20.8	37.6	38.6

注：试验条件：10g307-PL井一开岩芯（钻屑）80℃热滚16h。

通过上面实验对比可以得出加入包被剂 IND30 后的盐水胶液的抑制性明显增强，能有效抑制膨润土、泥岩膨胀和分散。

3.3.2 流变性的调控

（1）确定钻井液流变参数的原则是：提高钻井液在环空剪切速率下的黏度以提高携岩效果；降低钻井液的表观黏度以减少环空压耗；改善钻井液的触变性以减少压力激动，防止井下事故。

（2）室内研究表明，BZ-XC 特性有利于实现上述钻井液流变性要求。BZ-XC 是一种水溶性聚多糖，其结构决定它具有两大显著特性：一是耐盐，在盐水中有良好的溶解性，水溶液具有较高的结构黏度，具有弱凝胶的特征；二是具有优良的触变性。

1# 0.1%生物聚合物 BZ-XC+30% NaCl+2%BZ-YRH+2%细目碳酸钙

2# 0.2%生物聚合物 BZ-XC+30% NaCl+2%BZ-YRH+2%细目碳酸钙

3# 0.3%生物聚合物 BZ-XC+30% NaCl+2%BZ-YRH+2%细目碳酸钙

4# 0.4%生物聚合物 BZ-XC+30% NaCl+2%BZ-YRH+2%细目碳酸钙

实验数据见表 3。

表 3 生物聚合物 XC 加量对性能的影响

配方	ρ/(g/cm³)	FV/s	YP/Pa	η∞/*mpa·s*
1#	1.22	36	3.5	9.36
2#	1.22	44	4	10.4
3#	1.22	51	5.5	13.6
4#	1.22	57	6	14.5

通过上面实验数据表明生物聚合物 BZ-XC 能够在饱和盐水中有效提高钻井液的黏度和动切力。

3.3.3 增强封堵能力

（1）采用 BZ-YFT 与 BZ-YRH 相结合，利用 BZ-YRH 类改性产品的浊点效应、活度效应和吸附机理，与沥青类防塌剂不同的防塌机理，协同作用，提高钻井液对泥页岩、胶结性差的破碎带岩层的封堵作用效果。

（2）BZ-YRH 是一种非离子型低分子聚合物，其独特的浊点效应，使其在一定温度下发生相分离作用而从水相中析出，形成一种憎水而类似油的膜并自动富集在黏土及井壁表面，使其水化膨胀得到有效抑制，进一步增强钻井液的封堵能力。

（3）封堵剂加量优选

1#配方：水+30% NaCl+0.3% IND30+1% Redu-I+5%BZ-YFT+3%BZ-YRH+3%抗盐土 2%细目碳酸钙

2#配方：水+30% NaCl+0.3% IND30+1% Redu-I+3%BZ-YFT+3%BZ-YRH+3%抗盐土 2%细目碳酸钙

3#配方：水+30% NaCl+0.3% IND30+1% Redu-I+3%BZ-YFT+2%BZ-YRH+3%抗盐土 2%细目碳酸钙

实验数据见表 4。

表 4 封堵剂加量优选实验

ρ/(g/cm³)	FV/s	API(FL)/泥饼/(mL/mm)	pH	GEL/(Pa/Pa)	AV/(mPa·s)	PV/(mPa·s)	YP/Pa	备注
1.23	62	3.9/0.2	8	3/5	27	17	10	1#常温
1.23	61	3.9/0.2	8	3/5.5	24	17	7	120℃×24h
1.23	62	4/0.2	8	3/5	27	17	10	2#常温
1.23	61	4/0.2	8	3/5.5	24	17	7	120℃×24h
1.23	62	4.6/0.3	8	3.5/6	28	18	10	3#常温
1.23	61	4.6/0.3	8	3.5/6	25	17	6.5	120℃×24h

分析上述配方在常温下以及 120℃热滚 24h 后的实验数据，1#配方和 2#配

方流变性能和滤失性能较好，根据现场的施工需求和投入方面考虑优选 2#配方。

3.3.4 加强防塌性能

（1）为了进一步加强钻井液的塌性，引入细目碳酸能封堵岩石表面较大范围的孔喉，在井壁岩石表面形成致密超低渗透封堵膜，有效封堵不同渗透性地层和微裂缝泥页岩地层。

（2）同时在井壁表层很浅的地方很快（形成井壁的同时）形成低渗透率的封堵层。在井壁的外围形成保护层，钻井液及其滤液有效隔离，不会渗透到地层深处，可以实现低滤失，细目碳酸钙通过在井壁表面形成低渗封堵层大幅度提高地层承压能力。

1#配方：水+30% NaCl+0.3% IND30+1% Redu-I+3%BZ-YFT+3%BZ-YRH+3%抗盐土

2#配方：水+30% NaCl+0.3% IND30+1% Redu-I+3%BZ-YFT+3%BZ-YRH+3%抗盐土+2%细目碳酸钙

实验数据见表5、表6。

表5 封堵剂加量优选实验

ρ/(g/cm^3)	FV/s	API(FL)/泥饼/(mL/mm)	pH	GEL/(Pa/Pa)	AV/(mPa·s)	PV/(mPa·s)	YP Pa
1.23	58	4.8/0.2	8	3/4.5	24	15	9
1.23	62	4/0.2	8	3/5	27	17	10

表6 钻井液稳定性实验

热滚时间/h	AV/(mPa·s)	PV/(mPa·s)	YP/Pa	GEL/(Pa/Pa)
0	32	24	8	2/4.5
16	26.5	19	7.5	1.5/9
40	26	19	7	1.5/6
64	26	19	7	1.5/6
88	23	17	6	1.0 /6
112	22.8	15	4.4	0.5/5.5

实验表明，配方中加入2%细目碳酸钙能降低滤失量。

3.3.5 稳定性

（1）对于饱和盐水聚合物钻井液，合适的黏土含量和足够有效的护胶材料是保持钻井液的稳定性保持适当的黏度、切力的重要因素，如果钻井液中般土含量和低密度固相含量太高，会造成钻井液性能失控，特别是在高密度钻井液体系中粘切很难控制；

（2）钻井液中的般土含量和低密度固相含量太低，致使钻井液悬浮能力降低，钻井液稳定性差，会出现加重材料沉淀。所以，控制好钻井液中的般土含量和适度分散至关重要，因此该体系采用了抗盐土，并保持膨润土含量40~50g/L之间。

（3）NaCl饱和盐水钻井液体系在钻进过程中保持较高的Cl^-含量，Cl^-浓度保持在189000mg/l以上，有助于在钻入大段纯盐层中有效抑制岩盐溶解，保证了盐岩井段和膏泥岩井段井壁的稳定性。

实验配方：淡水+3%抗盐土+1%Redu1+2%细目碳酸钙+1%BZ-YFT

+0.3% IND30+2% BZ-YRH-1+0.2% BZ-XC+30%NaCl

实验证明，随老化时间增加，钻井液流变性能变化很小，具有较好的抗温稳定性。

3.3.6 NaCl饱和盐水钻井液体系配方的选取

1#配方：淡水+0.3%IND30+0.2%BZ-XC+3%Redu-I+0.5%BZ-YRH +3%

NFA-25+1.5%细目碳酸钙+10%NaCL+5%抗盐土 2%BZ-YFT

2#配方：淡水+0.3%IND30+0.2%BZ-XC+3%Redu-I+0.5%BZ-YRH +3%

NFA-25+2%细目碳酸钙+30%NaCl+5%抗盐土 5%BZ-YFT

3#配方：淡水+0.3%IND30+0.2%BZ-XC+2%Redu-I+3%BZ-YRH +3%

NFA-25+1.5%细目碳酸钙+30%NaCl+3%抗盐土 5%BZ-YFT

4#配方：淡水+0.3%IND30+0.15%BZ-XC+1%Redu-I+1.5%BZ-YRH +3%

NFA-25+1.5%细目碳酸钙+30%NaCl+3%抗盐土 2%BZ-YFT

5#配方：淡水+0.2%IND30+0.2%BZ-XC+1%Redu-I+2%BZ-YRH +3%

NFA-25+2%细目碳酸钙+30%NaCl+3%抗盐土 2%BZ-YFT

6#配方：淡水+0.3%IND30+0.2%BZ-XC+1%Redu-I+3%BZ-YRH +3%

NFA-25+2%细目碳酸钙+30%NaCl+3%抗盐土 3%BZ-YFT

实验数据见表7。

表 7 钻井液钻井液配方实验

序号	ρ/(g/cm³)	Φ_{600}	Φ_{300}	Φ_{200}	Φ_{100}	Φ_6	Φ_3	Gel/Pa		FL_{API}/mL
1	1.08	—	—	260	180	30	21	10.5	30	2.6
2	1.25	—	—	242	128	70	42	3.0	26	2.4
3	1.25	195	135	109	74	14	9	4.5	5.5	3.6
4	1.25	105	67	51	32	5	4	1.5	2	6.8
5	1.25	115	75	56	37	6	4	2	2.5	6.0
6	1.25	128	85	67	43	7	5	2.5	3	4.0

（1）经室内大量试验研究优化 NaCl 饱和盐水钻井液体系。

（2）优选 6#配方：淡水+3%抗盐土+1% Redu1+2%细目碳酸钙+3% BZ-YFT+0.3% IND30+3%BZ-YRH+0.2%BZ-XC+30%NaCl

4 现场应用

4.1 概述

在该区块 305-PL、307-PL、308-A 、307-B、307-A、308-B 六口井中施工过程中，在 220m~500m 井段均呈现出含盐泥岩、含膏泥岩、盐岩、膏盐岩、含泥盐岩的互层或混杂分布，在该井段使用密度为 1.30g/cm³ 的饱和盐水聚合物钻井液体系，能有效地抑制了膏泥岩、纯盐层和膏盐岩的溶解，克服了芒硝和 Ca^{2+} 对钻井液的污染，解决了盐层的蠕变问题，顺利地钻达设计井深。现场应用表明，该钻井液体系具有抗污染能力强，性能稳定，抑制性良好，保证了钻井、电测、下套管、固井施工的顺利进行。

4.2 钻井液体系的转化

（1）一开使用聚合物钻井液，配方：5%膨润土+0.1%~0.2% HV-CMC+0.3%~0.5% IND30+0.5%~0.8% NH_4 HPAN+1%~1.5% BZ-YFT。

（2）在二开开钻前，配好新浆，配方：淡水+3%抗盐土+1% Redu1+2%细目碳酸钙+3% BZ-YFT+0.3% IND30+3%BZ-YRH+0.2%BZ-XC+30%NaCl ，尽可能保证新浆的高粘切。

（3）在二开钻塞过程中，将新浆与井内老浆混合并充分循环后再开始钻塞，在钻塞过程中加入适量的 Na_2CO_3，清除钙离子，防止水泥污染，均匀加入所需的 NaCl，控制好加盐速度，保证盐的充分溶解，同时要控制好钻速，充分循环干净井底砂子，防止转盐过程中出现井下复杂。

（4）转化过程中，加入护胶剂和加盐都会使钻井液粘切上升，钻进中要注意泵压和钻井液携砂情况。必要时要求停钻循环观察，处理好钻井液性能，方可钻进。

（5）加重前，要保证钻井液具有足够的悬浮能力，可通过加入 BZ-XC，抗盐土，提高钻井液粘切。

（6）准备充足的膨润土，转盐过程中注意观察，如果出现粘切下降携砂不正常或失水上升现象，应及时加入膨润土或补加护胶剂。

4.3 钻井液的维护和处理

4.3.1 钻井液的维护

（1）在二开钻进过程中，要在调整好钻井液的各项性能达到设计要求后，才能打开盐层，进入盐层后要加密监测观察钻井液性能，如果性能不适合要及时调整，确保盐层中施工顺利进行。

（2）钻进过程中要求用抗饱和盐降滤失剂 Redu1、磺化材料等配制的胶液进行维护处理，保持低的滤失量和薄而韧的泥饼，提高钻井液的造壁性能；加入足够的抗盐大分子类处理剂，确保钻井液聚合物的有效含量；在补充胶液的同时，必须补加一定量的 NaCl，使 Cl^- 含量达到要求，避免盐层溶解，形成大肚子井眼，造成井下复杂。

（3）严格按钻井设计要求，选择合理的钻井参数，控制好合理的机械钻速，盐层钻进时坚持划眼，每钻完一个单根进行一次划眼，坚持短起下，保证施工的顺利进行。

（4）进入大段盐层后，在钻进过程中如果出现粘切下滑、携砂不正常现象，可加入抗盐土，BZ-XC，来提高钻井液粘切。在提粘过程中，要控制好加量，加料速度，密切关注钻井液的变化，防震动筛跑浆。

（5）钻进过程中注意钻井液 PH 值的变化，

补充适量碱液，保持 PH 值在 9~11；同时应加入适量的 Na_2CO_3 除去侵入到钻井液中 Ca^{2+}；在钻盐层过程中，要适时适量加入盐重结晶抑制剂 NTA-1，防止过饱和出现结晶颗粒。

（6）补充胶液过程中应注意密度变化，及时补充加重材料，尽可能维持密度在 1.30g/cm³ 左右，以平衡盐层蠕动和缩径，防止压漏地层。

（7）必须严格按时取样检测和分析固相含量、般含、Cl^- 含量等钻井液性能指标，发现异常，及时处理。

（8）使用好固控设备，把钻井液中劣质固相含量控制在最低范围，维持性能稳定。在二开过程中不宜使用离心机，但由于除砂器、除泥器的使用效率低，固相控制难度较大，因此必须充分使用好震动筛，筛布要不低于 180 目，如有条件要及时更换高目筛布

4.3.2　抑制盐层溶解

（1）在 380m~520m 井段有大段纯盐层，钻进过程中，要定时定量补充 NaCl 使钻井液中的 Cl^- 保持在 180000mg/l 以上，防止岩盐溶解，造成井内出现大肚子。

（2）与此同时加入适量盐重结晶抑制剂 NTA-1，使全井处于饱和或过饱和盐水聚合物钻井液条件下钻进.

（3）在该区块三口井的施工过程中钻井液中 Cl^- 含量最高达到 198000mg/l，保证了盐岩井段和膏泥岩井段井壁的稳定性。

4.3.3　应城压缩空气储能六口井部分井段复合饱和盐水钻井液性能

性能数据见表 8。

表 8　施工井部分井段饱和盐水钻井液性能

井号	井深	ρ	FV	PV	YP	Gel	FL_{API}	Vs	MBT	Cl^-
	m	g/cm³	s	mPa. s	Pa	Pa/Pa	ml	%	%	mg/L
305-PL	660	1.30	48	20	8	1.5/3.0	3.6	12	48	189000
307-PL	655	1.30	46	25	9	1.5/2.5	3.4	12	45	189000
308-A	540	1.30	65	25	12	1.0/2.0	2.8	13	45	198000
307-B	520	1.30	60	23	11	1.5/3.0	3.0	13	46	193000
307-A	534	1.30	58	22	10	1.5/2.5	3.0	12	45	198000
308-B	534	1.30	57	20	9	1.5/3.0	2.8	12	46	198000

4.3.4　施工过程中出现的问题

（1）308-B 井一开扩眼至 121m 时钻时变慢，起钻后发现扩眼器泥包。钻井液性能：密度：1.15g/cm³，黏度：50s，失水：4.4mL，泥饼：0.5mm，切力：0.5/1Pa，六速：46/29/18/8/3/1，塑性黏度：17Pa·s，动切力：6Pa，PH：9，固相含量：9%，含砂：0.3%。

（2）307-A 井二开扩眼至 268m 时钻时变慢，起钻后扩眼器泥包。泥浆性能：密度 1.29g/cm³，黏度 53s，失水 3mL，泥饼 0.3mm，PH8，含砂 0.3%，初终切 1/2，六速 61/37/28/16/3/2，固相 15%，坂含 35.62，氯根 189000。

4.3.5　原因分析

（1）地层原因黏土岩，黏土，塑性强，隔水性强，易发生泥包现象；（2）排量小冲刷清洗效果差，711.2mm 的井眼排量 63~65L/S 不能起到较好的冲刷作用，前期钻领眼（311mm）时排量 63L/S 未发生泥包钻头现象；（3）扩眼工艺钻进，扩眼器在钻头以上相当于一个扶正器，钻头有水眼，扩眼器上面也有水眼，泥浆同时从这两个地方出来，在扩眼器位置产生一个断流减速现象，冲刷力不够；（4）泥浆黏度偏高，冲刷力不够。

4.3.6　针对问题采取的措施

（1）一开前配制包被剂 IND30（100kg）胶液水化，另外在配药罐配降滤失剂（400~500kg）胶液待用，利用剪切泵或者泥浆泵进行地面循环充分水化，一开使用地面配好的泥浆一开钻进。

（2）一开钻完领眼扩眼钻进时不加包被剂，降低钻井液黏度至 30-35s，密度维持 1.10~1.12g/cm³，黏度高于 35s 或者密度超过 1.12g/cm³ 后，及时用清水配浓度 1% 铵盐胶液置换，单次置换量不少于 20~30m³，钻进期间勤放锥形罐，用好四级固控设备，确保离心机和一体机运转率 100%。

（3）二开改型少留一开老浆，其余全部放掉，地面打 100~120m³ 卤水，根据配方加入封堵防塌剂、降滤失剂等材料，最后一次加入大分子包被剂 300~500kg 水化备用。

(4)在二开钻塞时，将井筒内的混浆和老浆全部放掉，使用纯碱及时处理钻井液时防止水泥污染，混浆及时放掉，注意控制钻井液的 pH 值不易过高。

(5) 二开钻进及循环期间，泵排量不低于 65L/s，振动筛和除砂器 100%使用，筛布目数不低于 200 目，一体机使用率 100%，离心机每班使用 3~6h，若出现自然密度上涨现象或者含砂量高于 0.3%，则增加离心机使用时间，及时降低固相含量。

4.3.6 现场措施改进以后应用效果

通过采取以上措施的优化，在后续注采井施工过程中未出现泥包扩眼器现象。

5 结论和认识

(1) NaCl 饱和盐水钻井液体系在 305-PL、307-PL、308-A 、307-B、307-A、308-B 六口井的成功应用，表明 NaCl 饱和盐水钻井液体系能够适应城地区盐膏层地层，满足钻井工程的需要。

(2) NaCl 饱和盐水钻井液体系能有效的抑制泥岩、石膏层的吸水膨胀和盐岩层的溶解，防止因地层压力过高发生的塑性蠕动，起到良好的井壁稳定作用。有效解决来了应城地区泥页岩坍塌掉块的情况。

(3) NaCl 饱和盐水钻井液体系具有良好的抗高温抗盐能力，钻井液中具有适当的聚合物，足够的降失水剂和防塌剂含量，降低了钻井液的高温高压失水，改善和提高了泥饼质量，使钻井液具有良好的流变性和失水造壁性以及悬浮稳定性。

(4) 由于 BZ-YRH 的加入提高了钻井液的各项性能指标，BZ-YRH 在水中可以形成不同大小的颗粒，这些颗粒通过吸附、扩散等途径结合到井壁上，能有效地封堵地层孔隙，同时也满足了环保要求和清洁生产的要求。

(5) 加入适量的大分子包被剂 IND30，能有效控制钻井液的黏度，并对钻井液中的 NaCl 细小颗粒进行絮凝、包被，可延缓盐结晶生长的速度。

(6) NaCl 饱和盐水钻井液体系能抑制盐层溶解、泥页岩水化膨胀缩径和砂岩段形成厚泥饼，有利于岩样录井，解决了录井捞不到盐样的问题。

参 考 文 献

[1] 鄢捷年．钻井液工艺学[M]．北京：石油大学出版社．2003.

[2] 徐同台，赵忠举．21 世纪初国外钻井液和完井液技术[M]．北京：石油工业出版社，2004.

志丹–安塞超前注水区域高密度水平井钻井液技术应用

刘朝峰 王伟良 骆胜伟 刘 波 朱明明 孙 欢 焦海潮 荆朝旗

（中国石油集团川庆钻探工程有限公司长庆钻井总公司）

摘 要 针对超前注水区域地层原始压力破坏，压力系统紊乱，水侵频发，原有水平井钻井液体系摩阻大、机械钻速慢易粘托，电稳定性差，高密度加重材料易沉淀等问题。研究以钻井液改性天然高分子降滤失剂和钻井液无荧光防塌封堵剂为主，结合提切剂黄原胶和复合盐等处理剂，形成了无土相高密度水基钻井液体系，同时对体系配方进行了优选和性能评价。在志丹–安塞超前注水区域加密水平井LP–5井进行了现成试验应用，取得了良好的效果。试验结果显示：该体系流变性好，稳定性强，润滑性好，抗污染能力强，水平段在1.58~1.65g/cm^3连续安全施工881m，并顺利完井。该体系的成功试验，为志丹–安塞超前注水区域水平井的规模开发提供了技术保障。

关键词 LP–5井；超前注水；高密度钻井液；水平井；沉降稳定；高密度水基钻井液

1 超前注水区水平井难点

志丹–安塞油井区域经过多年超前注水，原始地层压力系统破坏，局部区域形成高压圈闭层，或形成连通的通道，水平段钻进时水侵频发，安全钻井需要较高密度的钻井液，而现有加重剂为重晶石，导致高密度钻井液固相含量高，机械钻速慢，摩阻大、滑动钻进易粘托，压差卡钻风险高，加重材料易发生沉降。地层酸性液体、油和气等侵入钻井液中，对钻井液造成污染，破坏钻井液流变性能，造成井下复杂。以往水平井施工中，常发生因为钻遇异常压力层，提高钻井液密度压井而发生井下故障，导致井眼报废，造成巨大的经济损失。

2 室内研究

2.1 抑制剂加量实验

将不同加量的复合盐进行钻屑的回收率试验，结果见表1，一次回收率最高的为10%加量，二次回收率最高的为15%加量，考虑油井周期短的特点和经济性，复合盐加量选用10%。

表1 不同加量复合盐回收率实验

配方	一次回收率/%	二次回收率/%
自来水	43.88	22.66
5%复合盐	70.88	53.84
7%复合盐	77.54	54.54
10%复合盐	79.84	57.62
15%复合盐	81.25	62.7

2.2 封堵剂筛选

对防塌封堵剂、SFT–Ⅱ、ZDS和白土进行封堵性能对比评价。通过表2实验结果可以看出：防塌封堵剂和白土的封堵效果较好，降滤失效果相当，考虑控制水平井摩阻和滑动防粘托因素，封堵剂选用防塌封堵剂。

表2 处理剂封堵性能对比实验

配方	滤失量/mL	表观黏度/mPa·s
1%高分子降滤失剂+10%复合盐+2%防塌封堵剂	25	2
1%高分子降滤失剂+10%复合盐+2%SFT–Ⅱ	46	2
1%高分子降滤失剂+10%复合盐+2%ZDS	48	1.5
1%高分子降滤失剂+10%复合盐+2%白土	24	2

2.3 配方确定实验

从表3实验数据看出：4个配方失水均较低，1、2号配方与3号配方相比，动切力低、Φ6读数小，而4号配方表观黏度相比偏高，考虑失水控制和流变性的综合因素，确定体系的配方为 3 号：0.1%NaOH+1%高分子降滤失剂+1%防塌封堵剂+0.2%TZT-2+10%复合盐+重晶石。

表 3

序号	配方	AV/(mPa·s)	PV/(mPa·s)	YP/Pa	Φ6	APIFL/mL
1	0.1%NaOH+0.5%高分子降滤失剂+1% 防塌封堵剂+0.1%TZT-2+10%复合盐+重晶石	19	11	8	3	6.8
2	0.1%NaOH+1%高分子降滤失剂+2%防塌封堵剂+0.1%TZT-2+10%复合盐+重晶石	38	28	10	4	5.2
3	0.1%NaOH+1%高分子降滤失剂+1%防塌封堵剂+0.2%TZT-2+10%复合盐+重晶石	28	16	12	5	4.8
4	0.1%NaOH+2%高分子降滤失剂+1%防塌封堵剂+0.2%TZT-2+10%复合盐+重晶石	42	28	14	6	4.2

3 钻井液性能评价

3.1 沉降稳定性评价

按照确定的配方 0.1%NaOH+1%高分子降滤失剂+1% 防塌封堵剂+0.2%TZT-2+10%复合盐配制好基浆后，加入重晶石粉提高密度至 1.50~1.70g/cm^3，分别静置 24h 和 48h，测量密度对比变化情况。从表 4 实验结果来看：该体系静置 24h 的密度下降幅度 $\Delta\rho \leq 0.1$g/cm^3，静置 48h 的密度下降幅度 $\Delta\rho \leq 0.2$g/cm^3，说明该体系具有良好的悬浮能力。同时，从表 4 所示性能中可以看出：钻井液沉降稳定性受漏斗粘度因素影响较小，与切力关系较大，钻井液密度达到 1.50g/cm^{3}以上时，动切力≥13Pa、Φ6≥5 可以保证高密度钻井液较好的悬浮能力。

表 4

ρ/(g/cm^3)	FV/s	YP/Pa	Φ6	静置 24h ρ/(g/cm^3)	静置 48h ρ/(g/cm^3)
1.50	48	13	5	1.49	1.48
1.55	50	13.5	6	1.55	1.54
1.60	54	15	6	1.59	1.58
1.65	56	15.5	6	1.65	1.64
1.70	60	17	7	1.69	1.68

3.2 抗污水污染能力

为模拟水侵，测试油田所注入的污染水对钻井液的影响，在钻井液中加入 5%~20%的污染水，测流变性和 API 失水的变化情况。从表 5 的结果可以看出：粘切随污染水的加入而下降，API 失水随污染水的加量增大；当污染水的量小于 15%时，粘切和 API 失水的变化幅度较小，老化前后的流变性变化不大，显示出体系具有较好的抗污水污染能力。而当污染水的量达到 20%后，钻井液性能变化加速，说明当钻进中发生溢流时，应当及时采取措施控制溢流量，避免大量的污水侵入钻井液中破坏性能。

表 5　钻井液抗污染能力

污染水/%	实验条件	*AV*/(mPa·s)	*PV*/(mPa·s)	*YP*/Pa	API FL/mL
0	常温	47.0	28	19.0	4.0
	老化后	46.5	28	18.5	4.2
5	常温	45.0	27	18.0	4.2
	老化后	44.5	27	17.5	4.2
10	常温	43.5	26	17.5	4.5
	老化后	42.0	25	17.0	4.6
15	常温	38.0	22	16.0	4.8
	老化后	36.0	21	15.0	5.0

续表

污染水/%	实验条件	AV/(mPa·s)	PV/(mPa·s)	YP/Pa	API FL/mL
20	常温	32.0	20	12.0	5.6
	老化后	30.0	18	12.0	5.8

注：钻井液密度为 1.60g/cm³，老化条件为 100℃，16h，测量条件为室温常压。

3.3 抗 Ca^{2+} 污染能力

地层酸性流体侵入井筒时，含有大量 Ca^{2+}，以往聚磺体系常因受污染而更换钻井液，故在室内对高密度水基钻井液体系和聚磺体系的抗 Ca^{2+} 能力进行对比。从表 6 结果可以看出：钻井液中加入 0.1～0.5%石膏后，两种钻井液体系均变稠，流动性随之变差，当石膏加量达到 0.3%以上时，聚磺体系性能严重破坏，而高密度水基钻井液体系流变性变化幅度较小，API 失水下降。说明高密度水基钻井液钻井液体系具有相对较强的抗 Ca^{2+} 污染能力。

表 6　体系抗污染实验

石膏/%	实验体系	AV/(mPa·s)	PV/(mPa·s)	YP/Pa	FL/mL
0	聚磺	35	23	12	4.0
	高密度水基钻井液	37	25	12	3.5
0.1	聚磺	44	28	16	6.4
	高密度水基钻井液	38	26	12	3.2
0.3	聚磺	63	38	25	6.8
	高密度水基钻井液	40	28	12	2.8
0.5	聚磺	滴流状，无法测量			
	高密度水基钻井液	42	28	14.0	2.8

3.4 润滑防卡性能

高密度水平井对钻井液润滑性能要求高，高密度水基钻井液体系自身具有良好的润滑性能，与液体和固体润滑剂均匀较好的配伍性。在体系中加入全油基润滑剂和固体石墨润滑剂进行评价，在 NZ-3A 泥饼粘滞系数测定仪上，分别测量了基浆和不同润滑剂加量泥饼粘滞系数 K_f。实验结果见表 7：全油基润滑剂和石墨润滑剂的加入能够明显改善钻井液的润滑性能，复配使用效果更佳，随着加量的增加，可使钻井液的泥饼粘滞系数降低 63%以上，可以满足高密度水平井长水平段的安全施工要求。

表 7　不同配方润滑性能实验

配方	粘附系数 K_f	降低率/%
基浆：0.1%NaOH+1%高分子降滤失剂+1%防塌封堵剂+0.2%TZT-2+10%复合盐+重晶石	0.2867	/
基浆+1%全油基润滑剂	0.2035	29.02
基浆+1%石墨润滑剂	0.1853	35.37
基浆+0.5%全油基润滑剂+0.5%石墨润滑剂	0.1673	41.65
基浆+1%全油基润滑剂+1%石墨润滑剂	0.1051	63.34

注：基浆性能为密度：1.55g/cm³，黏度 56s，API FL 5mL。

4　现场应用

LP-5 井为在志丹-安塞超前注水区域的部署的一口加密水平井，该区域定向井施工打开油层密度普遍为 1.40g/cm³以上，而发生水侵压井密度需达到 1.50g/cm³以上，为保障该井的顺利完成，在该井试验使用高密度水基钻井液钻井液体系。

LP-5 井深 1483m(长$_{4+5}$组)按实验配方转化钻井液，转化后通过加入重晶石提高钻井液密度，钻进至 1600m(长$_6{}^1$)、1695m(长$_6{}^2$)和 1741m(长$_6{}^3$)发生 3 次水侵，压井钻井液密度分别为 1.20g/cm^3、1.50g/cm^3和 1.55g/cm^3。入窗前，钻井液性能：密度 1.58g/cm^3，黏度 57s，失水 4ml，PH 值 9，动切力 14Pa，Φ6 读数 5。入窗后，固体与液体润滑剂复配使用控制摩阻，水平段钻进发生水侵 2 次，压井成功后，钻井液性能：密度 1.63～1.65g/cm^3，黏度 57-69s，失水 4～5mL，pH 值 9，动切力 12.5～18.5Pa，Φ6 读数 5～10，钻进至 2725m 完钻，安全施工水平段 881m。

5 应用效果

5.1 水平段润滑性能良好

LP-5 井水平段密度在 1.58～1.65g/cm^3，通过改善泥饼质量和加入适量的润滑剂，高密度钻井液润滑性能良好，如图 1 所示，与同区块 LP-1 井(水平段密度 1.25g/cm^3)对比，水平段摩阻平均低约 25%，说明该体系润滑性能能够满足该井水平段安全钻井的需要。

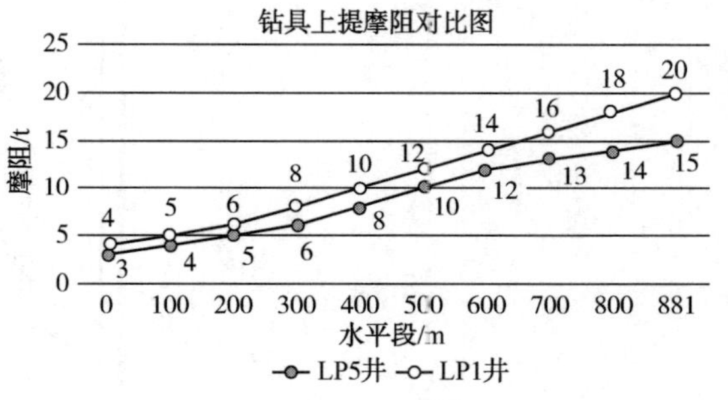

图 1 摩阻对比图

5.2 抗污染能力强、性能稳定

LP-5 井斜井段发生水侵 3 次，水平段发生水侵 2 次，侵入物中含气、水和油。如图 3、4 所显示，压井大幅度提高了钻井液密度，而钻井液黏度和切力平稳上升，PH 值稳定，API 失水保持在较低值，性能未受地层流体侵入而剧烈波动。

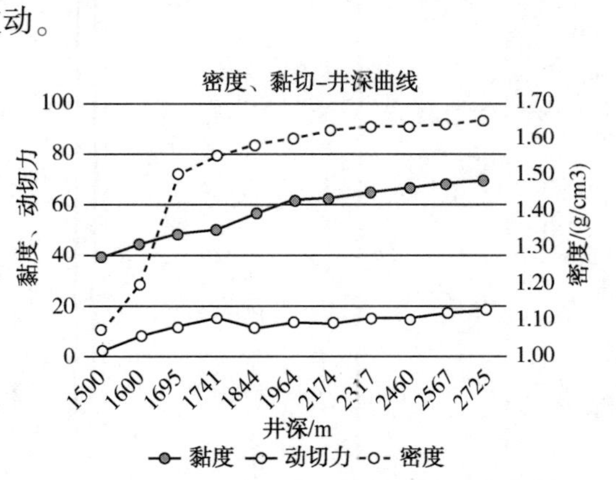

图 2 密度、粘切变化曲线

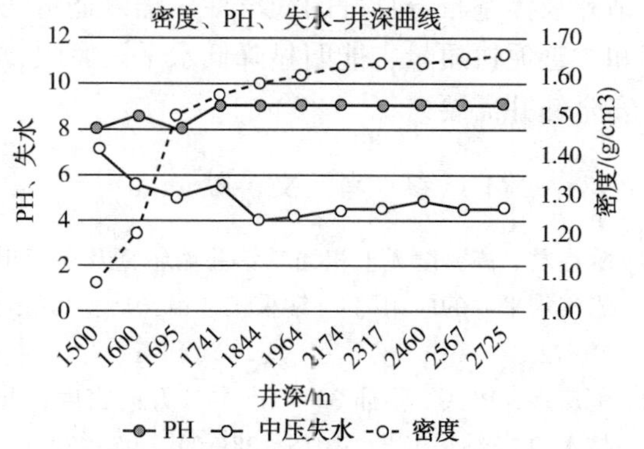

图 3 密度、失水和 PH 值变化曲线

5.3 悬浮能力强

如图所示，钻井液密度提高到 1.50g/cm^3以上后，调节 Φ6≥5，随着密度的增加，Φ6 读数通过维护逐步提高，以保证钻井液的悬浮能力，通过现场验证：Φ6≥5 后，密度 1.65g/cm^3，钻井液静置 24h，无沉降分层发生。

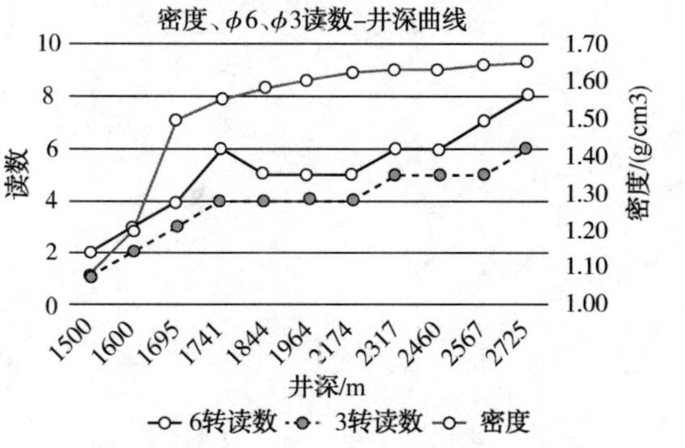

图 4 密度、Φ6 和 Φ3 读数变化曲线

5.4 抑制防塌效果

钻井液转化完成后，加入 10%复合盐，返出砂子成形、不糊筛，地质捞取砂样中无明显掉块，多趟起下钻均无井塌或砂桥遇阻现象，与邻井 LP-1 井对比，平均井径扩大率降低 17.6%，泥岩段最大井径扩大率降低 58.5%。

6 结论建议

(1) 高密度水基钻井液体系的成功应用，有效解决了志丹-安塞超前注水区域施工井 摩阻大、机械钻速慢易粘托，电稳定性差，高密度加重材料易沉淀等问题，为该区域水平井的规模开发提供了技术支持。

(2) 超前注水区水侵频发，钻井液的抗污染能力尤为重要，发生水侵时要控制侵入量，避免侵入流体破坏钻井液性能，造成井下复杂。

(3) 高密度钻井液润滑性要求高，高密度水基钻井液体系自身良好的润滑性，辅以适量润滑剂和改善泥饼质量，能明显降低水平段摩阻，满足安全钻井需要。

参 考 文 献

[1] 陈在君. 高密度无土相油基钻井液研究及在四川页岩气水平井的应用[J]. 钻采工艺，2015，38(5)：70-72.

[2] 邵广兴，梁兵. 高庙 33-4HF 井二开高密度钻井液技术[J]. 钻采工艺，2015，38(2)：95-97.

[3] 刘明华，孙举，王中华，等. 非常规油气藏水平井有机钻井液技术[J]. 钻井液与完井液，2013，30(2)：1-5.

[4] 张欢庆，陈林，贺文廷，等. KL2-H1 水平井高密度饱和盐水混油钻井液技术[J]. 钻井液与完井液，2009，26(4)：26-28.

[5] 王富华，王瑞和，刘江华，等. 高密度水基钻井液高温高压流变性研究[J]. 石油学报，2010，31(2)：306-310.

[6] 凡帆，王京光，蔺文法. 长宁区块页岩气水平井无土相油基钻井液技术[J]. 石油钻探技术，2016，44(5)：34-38.

[7] 刘兆利，李晓明，张建卿，等. 无土相复合盐水钻井液的研究与应用. 钻井液与完井液[J]，2010，27(6)：34-37.

[8] 孙金声，张希文. 钻井液技术的现状、挑战、需求与发展趋势. 钻井液与完井液[J]，2011，28(6)：67-76.

深层煤层气水平井信探 1H 井钻井液技术研究

崔永林　魏建兵　刘娅飞　官洪波　刘　涛　胡国焱　徐志刚

（中国石油集团渤海钻探工程有限公司第二钻井工程分公司）

摘　要　信探 1H 井是中油集团公司在冀中地区部署的首口重点深层煤层气水平井，实钻井深 4055m，钻井周期 37.75d，最大井斜 88.50°，井底井斜 83.00°，井底位移 1653.81d，水平段长 1270m。针对信探 1H 井煤层地质特点，通过对钻井液体系及降失水处理剂进行优选，对储层保护技术进行研究，配合针对性施工措施，有效解决了煤层易塌易漏、井眼净化困难、定向托压等难题，保障了安全施工。信探 1H 井创造了冀中地区第一口大井斜、七段制、深层煤层气水平井新纪录，为华北油田渤海湾盆地冀中坳陷霸县凹陷苏桥东构造-岩性圈闭的深层煤层气开发作出了巨大贡献。

关键词　深层；煤层气；水平井；钻井液技术

中国煤层气资源丰富，但是目前的产气量难以满足国内天然气消费量和“双碳”目标对煤层气高效绿色开发的需求。近年来，国家逐步加大了对深层煤层气水平井的勘探开发力度，复杂的煤层地质条件是中国煤层气开发面临的重大技术挑战，随着中国煤层气进一步的开发，水平井钻井液技术的发展迎来了前所未有的机遇，也迎来了巨大的挑战。笔者简要综述了华北油田北部地区深层煤层气水平井信探 1H 井的钻井情况，主要包括钻井液体系及主要降失水剂优选情况、储层保护技术研究、钻井液施工技术措施情况、现场实际施工效果等，以期为深层煤层气水平井钻完井液技术研究与深层煤层气高效开发提供借鉴。

1　地质概况

信探 1H 井位于河北省廊坊市文安县大柳河镇北官村，构造位置是冀中坳陷霸县凹陷文安斜坡外带苏桥东构造-岩性圈闭，自上而下钻遇地层分别为新生界平原组，明化镇组、馆陶组、中生界、古生界石千峰组、石盒子组、山西组、太原组，主要岩性为泥岩、砂岩、砾岩、红色泥岩、粉砂岩、煤层及炭质泥岩为主。信探 1H 井在信探 1 井的基础上进行直改平侧钻施工，井身结构：Φ215.9mm×(2150~4400.51)m。如图 1 所示

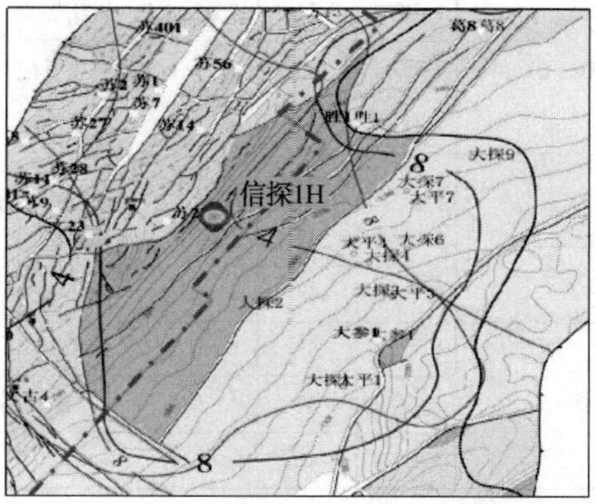

图 1　信探 1H 井井位图

2　钻井液技术难点

2.1　煤层稳定

信探 1H 井目的层太原组岩性为灰色泥岩、灰色细砂岩、黑色煤层交结面散碎，侧钻定向作业时间长，易发生垮塌，存在更大的垮塌、卡钻风险。

2.2　井眼净化

信探 1H 井水平段长 1270m，井底位移 1653.81m，如何调整合理的流变参数，尤其是提高低减切速率下的黏度和动塑比，有效携带出井内岩屑，保持井眼清洁显得极为重要。

2.3　润滑防卡

施工中频繁在煤层顶板与底板间追层，井眼轨迹导致摩阻较大，对钻井液的润滑性能提出更高要求，需要优选出与本系配伍的润滑材料，提高钻井液的润滑性，保障施工需求。

3　钻井液体系及主要降失水剂优选

3.1　钻井液体系的选择

基于深层煤层气水平井存在极大的垮、塌、漏、卡及出层风险，加之煤岩内部存在游离气，

易侵入钻井液，钻进过程中对进出口钻井液性能变化大。因此我们优选了抑制性强的复合盐钻井液体系，该体系具有良好的流变性能、滤失性能、抑制性能、封堵性能、抗污染性能及沉降稳定性能，配合采用合理的钻井液密度，优选配伍的处理剂，大胆尝试应用新型封堵材料，确保了该井的顺利完成。

3.2 主要降滤失剂的优选

通过室内实验，筛选目前在用的处理剂 Redu1、Redu2，其中 Redu2 是在 Redu1 降滤失剂的基础上，通过优化官能团比例合成的降滤失剂，保持吡咯烷酮基团比例不变，减少 N，N-二甲基酰胺基团比例，减少黏度效应，解决增稠问题。实验数据见表 1。

表 1　主要降滤失剂对比实验

处理剂	加量	黏度	中压失水/mL	pH	HTHP		AV/(mPa·s)	PV/(mPa·s)	YP/(Pa)	G′/G″
					压力/MPa 温度/℃	失水/mL				
原浆(井浆+4%土浆+水)		34.7	6.8	11	3.5/150	20	11	8	3	1.0/4.5
Redu1	1.00%	60.8	5.6	10			37.5	28	9.5	1.0/1.5
	1.50%	108	4.4	10			63	44	19	1.5/3.0
	2.00%	220	4.2	9	3.5/150	14.8	102	65	37	2.5/6.5
PAC-LV	1.00%	51	5.8	9.5			30	24	6	0.5/1.5
	1.50%	83	4.6	9.5			53.5	38	15.5	1.0/2.5
	2.00%	150	5.2	9.5	3.5/150	12	79	52	27	1.5/5.0
Redu2	1.00%	41	8	10			17.5	11	6.5	1.5/4.0
	1.50%	44	7	10			19.5	14	5.5	1.5/3.5
	2.00%	44	6.2	9.5	3.5/150	11	20.5	14	6.5	1.5/3.5
LZ-5	1.00%	33	6.8	8.5			9.5	8	1.5	0/1.5
	1.50%	37	5.6	8			13.5	12	1.5	0.5/1.5
	2.00%	40	5.8	8	3.5/150	14.06	16	13	3	0.5/1.5

实验结果可以看出，Redu1 降滤失效果较好、Redu2 抗温性能优秀，形成的泥饼都较为致密如图 2、图 3 所示。由于本井出口温度 70°，井底温度≤100°，兼顾考虑 Redu1 价格略低于 Redu2，故优选 Redu1 作为主要降滤失剂。

图 2　Redu1 泥饼

图 3　Redu2 泥饼

4 储层保护技术研究

4.1 储层保护难点

信探 1H 井目标储层为太原组 5#、6#、10# 煤煤层，垂深 2400m～2500m。煤岩储层具有非常大的内表面积和较强的吸附能力且天然裂隙不同程度发育，这些特性决定煤岩储层在正压差以及毛细管自吸的作用下，水相进入煤岩储层裂隙难以返排，同时粘土矿物及煤粉微粒等水化膨胀、分散、运移及絮凝沉淀，煤基质膨胀，造成水相伤害。

4.2 储层保护的对策

通过微米级封堵剂和多功能纳米聚合物协同作用，在近井地带形成超低渗封堵层，降低固相和滤液的侵入深度，提高滤液抑制性和防水锁效果。

4.3 微米级封堵剂

主架桥粒径可调，改性树脂与惰性颗粒复合的砂床封堵剂，能快速在砂床表面形成暂堵层。如图 4 所示。

微米级封堵剂对钻升液性能影响及砂床效果评价

配方	密度/(g/cm3)	流变参数			砂床滤失量(砂床20~408目)ml	API失水ml
		表观黏度/(mPa·s)	塑性黏度/(mPa·s)	动切力/Pa		
5%土浆	1.04	7	4	3	全部滤失	14.5
5%土浆+1%微米级封堵剂-1	1.04	6	5	1	29	10.5
5%土浆+2%微米级封堵剂-1	1.04	6	5	1	25	8.5
5%土浆+1%微米级封堵剂-2	1.04	7	6	21	0	14.5
5%土浆+2%微米级封堵剂-2	1.04	8	5	3	0	14

粒度分布

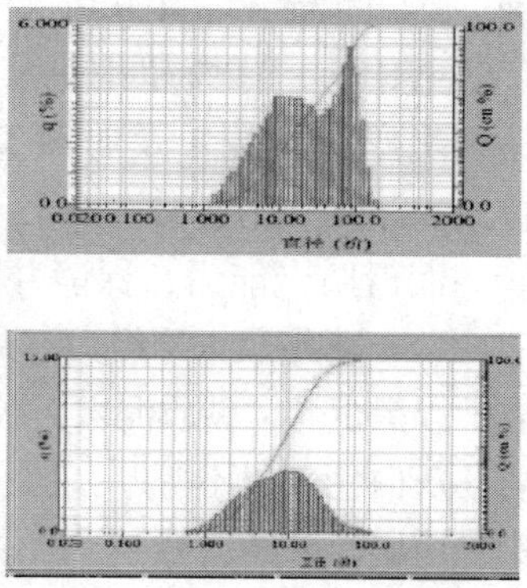

不增加基浆黏度情况下，砂床滤失量大幅降低，中帳失水下降明显；
微米级封堵剂-1的D50粒径10~20μm左右，微米级封堵剂-2的D50粒径1~100μm，
与信探1井煤岩孔隙尺寸(1~25μm)相匹配

图 4　微米级封堵剂实验评价

4.4 微米级封堵剂+多功能纳米聚合物

实验评价如图 5 所示。

加入微米级封堵剂+多功能纳米聚合物后，与原有钻井液8h浸透砂床相比，大幅度降低了钻井液的侵入深度；
对相对致密的100~120目砂床侵入深度更小，降低侵入深度可达50%以上。

常温常压砂床滤失实验					
配方	砂床粒径	砂床高度	压力	时间	侵入深度
	目	cm	Mpa	min	cm
聚合物井浆	20~40	30	0.7	25	>30
井浆+2%纳米聚合物+1%微米封堵剂		30	0.7	480	4.9
聚合物井浆	40~80	30	0.7	65	>30
井浆+2%纳米聚合物+1%微米封堵剂		30	0.7	480	4.2
聚合物井浆	80~100	30	0.7	112	>30
井浆+2%纳米聚合物+1%微米封堵剂		30	0.7	480	3.4
聚合物井浆	100~120	30	0.7	480	5.6
井浆+2%纳米聚合物+1%微米封堵剂		30	0.7	480	2.6

注：测量体系在不同粒径石英砂中8小时侵入深度

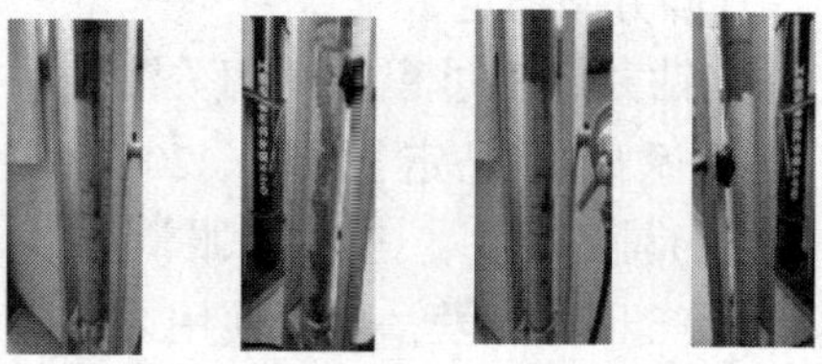

20~40目　40~80目　80~100目　100~120目
聚合物钻井液体系在不同砂床粒径条件下，侵入深度

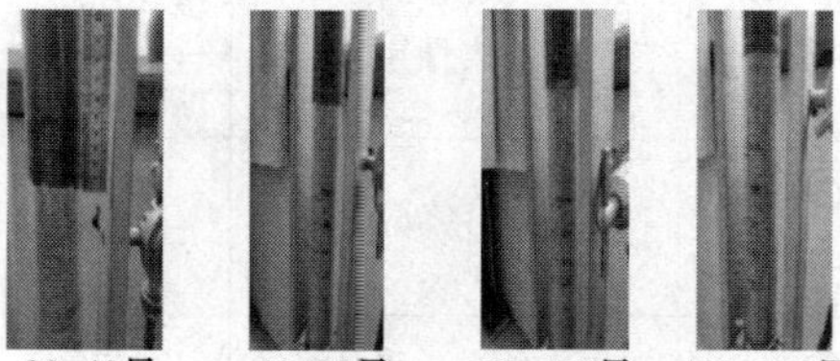

20~40目　40~80目　80~100目　100~120目
加入1%纳米聚合物+1%微米封堵剂，砂床实验

图 5　微米级封堵剂+多功能纳米级聚合物实验评价

5　技术措施

（1）三开侧钻前，使用直导眼三开 KCL 钻井液钻水泥塞、附件。同时，钻塞过程中放掉污染浆，钻完附件后彻底清理锥形罐、泥浆槽。

（2）侧钻三开使用复合盐钻井液体系。配方：3%膨润土+0.1%~0.2%NaOH+6%~8%KCL+10%~25%WEIGH2+1%~3%Redu1+1%~2%YRL-1+2%微米封堵剂+2%多功能纳米封堵剂+1%~2%固壁剂+0.2%~0.4%包被剂+1%~3%承压护壁剂 LK-4+2%~4%润滑剂 LUBE-1+2%~3%超细钙+重晶石。钻井液密度 1.25%~1.28g/cm^3，黏度 50~60s，API 失水≤4mL 即可侧钻。

（3）维护配方：清水+6% KCL+0.05%~0.1%NaOH+0.2%~0.4%包被剂+0.3%~0.6% HN4-HPAN+1%~3% Redu1（PAC-LV）配制胶液，通过胶液罐均匀加入。

（4）增斜井段下石盒子组、山西组地层以粉

砂岩、砂岩与泥岩不等厚互层，夹薄层黑色煤、碳质泥岩，含煤层 0~8 层。泥岩水敏性强、质地疏松，砂泥岩交结面散碎，侧钻定向作业时间长，易发生垮塌；钻进中，及时补充 2%防塌剂，2%固壁剂、1%可变形聚合物封堵剂、1.5%YRL-1、2%超细钙、3%润滑剂，根据随钻坍塌压力预测，及时调整钻井液密度 1.28~1.32g/cm³，黏度 55~65s，提高钻井液护壁封堵、润滑防卡能力，保障井壁稳定。

（5）水平段太原组为本井主力目的层段，地层岩性以黑色煤、碳质泥岩，灰色泥岩与浅灰色细砂岩、灰白色灰岩不等厚互层，含煤 3~20 层；施工中易垮塌、易漏、易卡。钻井液重点突出化学抑制封堵防塌、防漏、物力支撑能力，强化携岩、润滑防卡能力。施工中，强化化学抑制封堵防塌能力，有机盐有效含量≥20%，微米封堵剂≥2%、功能纳米聚合物≥2%、固壁剂≥2%、防塌剂≥3%，钻井液 API 滤失量<3ml，HTHP 失水≤8ml，切力(初/终)4~5/8~12Pa，摩阻≤0.08。重点做好地层坍塌压力、ECD 等数据监测，及时调整钻井液密度，突出物力支撑井壁的关键作用(设计 1.32~1.35g/cm³)，保障井眼稳定。

（6）钻井施工过程中密切关注振动筛返砂情况，根据返砂情况定期泵入 20m³ 稠浆(粘度 100s 以上)辅助携砂，提高井眼清洁。

（7）三开全井段，全程使用好固控设备。要求使用振动筛筛布>200 目。当钻井液密度高于 1.25g/cm³，每班离心机使用不少于 2 个循环周；短起下、起下钻后，离心机使用至少 2 个循环周以上。大幅提高泥浆密度前，要采用离心机充分除掉低密度劣质固相，并加密检测泥浆密度变化，掌握好离心机使用时间，重点保障钻井液清洁。同时提高钻井液密度采取湿加的方式，严格按循环周加入，保证钻井液密度均匀。

（8）目的层段，根据实钻煤岩存在游离气，侵入钻井液情况，及时运用好除气器等设备配合加入消泡剂，保障钻井液性能稳定。严格落实坐岗制度及时填写坐岗记录，勤测性能，发现异常立即汇报，三开侧钻前要储备好各种处理剂，尤其是随钻堵漏剂、单封、复合堵漏剂和加重剂。

（9）钻完进尺，充分循环钻井液携砂后，方可起钻更换钻具组合通井，并根据通井情况调整钻井液性能，保证电测顺利。下套管前通井，井眼状况满足下套管条件时，方可替入润滑钻井液，起钻进行下套管作业。

6 钻井液现场施工

由图 6、表 2 可见，信探 1H 井钻井液性能稳定，封堵、防塌性能强，返出砂样比较规则，说明本体系及处理剂的抗温性、防塌性、抑制性、封堵性等方面均达到了较高的标准。

表 2　信探 1H 井实钻钻井液性能

井段/m	岩性	密度	黏度	动切	塑黏	API/	初切	终切
		g/cm³	mPa·s	Pa	Pa/Pa	mL		
2145(侧钻点)~2228	泥岩、砂岩	1.27	105	23	52	3.2	4.5	10.5
2380	泥岩、砂岩、碳质泥岩	1.29	101	20	58	2.4	2.5	7.5
2584	灰岩、煤	1.33	106	23	74	1.8	2.5	4.5
2741	细砂岩、碳质泥岩、煤	1.34	126	27	88	1.6	3	5
2952	砂岩、黑色煤	1.32	119	24.5	80	1.6	2.5	4.5
3204	砂岩、黑色煤	1.33	108	21	72	1.6	2	4
3500	粉砂岩、泥岩、煤	1.32	115	23	73	1.6	2	4
3768	砂岩、煤	1.32	102	19	65	1.6	2	3
4011	泥岩、砂岩、煤	1.32	136	30	77	1.6	3	4.5

图6　井深4037m左右返砂

7　认识与建议

（1）复合盐钻井液抑制能力强，既能提供防水敏性垮塌的K+，又能提供高矿化度的CL-，防塌、抑制更强，成本较低、满足深层煤层气水平井施工。

（2）井壁稳定关键在于提高煤岩地层封堵性，增强煤岩结构强度，提升泥岩地层抑制性；储层保护关键在于降低煤层水相圈闭损害及水敏损害。

（3）煤层气钻井施工能否成功，很大程度上取决于能否在煤层垮塌周期内完井，所以必须在井下安全的基础上提高钻井速度。

参考文献

[1] 赵江印，陈永奇，等．大斜度长裸眼定向井钻井液技术[J]．钻井液与完井液，2012，29(4)：81-83.

[2] 郭元恒，何世明，等．长水平段水平井钻井技术难点分析及对策[J]．石油钻采工艺，2013，35(1)：14-18.

塔里木盆地高温高密度油基钻完井液技术研究与应用

汪　倩[1,2]　江　华[2]　张　健[1,2]　刘大超[2]　胡振波[2]　成晓雷[2]

（1. 天津市复杂条件钻井液企业重点实验室；2. 中国石油集团渤海钻探工程有限公司泥浆技术服务分公司）

摘　要　塔里木盆地库车山前构造是我国典型的复杂地质条件深层超深层油气资源，库姆格列木群组巨厚盐膏层、高压盐水层等地层，压力高并且压力系统复杂，地层流体对钻井液污染风险高，盐下储层埋藏深，温度高，钻井液施工难度大。本文通过优选油基钻井液用关键核心处理剂，构建了适用于巨厚盐膏层、高压盐水层的高温高密度柴油基钻井液，并对其综合性能进行评价。结果表明，高温高密度柴油基钻井液在200℃热滚后仍具有良好的流变性能和较低的高温高压滤失量，抗30%～50%复合盐水、15%岩膏层岩屑、10%水泥石粉污染。能够有效应对巨厚泥页岩层、盐膏层以及高压水层。在博孜-大北区块的大北4井、博孜1302井和博孜304井中进行了现场试验，结果表明，形成了高温高密度柴油包水钻井液与完井液能有效解决巨厚盐膏层、高压盐水和高温高压带来的钻井液技术难题。

关键词　油基钻井液；巨厚盐膏层；高温高压；试油完井液

塔里木油田山前构造是我国典型的复杂地质条件深层超深层油气资源，近年来主要探井井深达到8000m以上，其中轮探1井达到8882m。塔里木盆地库车坳陷克拉苏构造带博孜-大北区块博孜9井获高产工业油气流，工程技术服务市场潜力巨大。

塔里木山前构造存在巨厚盐膏层、高压盐水层等地层，压力高并且压力系统复杂，钻井密度达2.40g/cm^3，压井密度2.55～2.85g/cm^3。地层流体对钻井液污染风险高，高矿化度盐水污染可达30%，克深1101井盐水污染达到1000多m^3；并且，目的层温度高，部分区块达到180～200℃。目前，塔里木山前井在钻进盐膏层后，采用高温高密度柴油包水油基钻井液，在钻完目的层后，采用柴油包水钻井液进行完井试油作业，时间长达15d，要求钻井液不能产生硬性沉淀。

本文针对上述难题，开展了高温高密度油包水钻井液与完井液配方研究与评价，并在博孜-大北区块开展了现场应用。

1　高温高密度柴油包水钻井液

塔里木盆地库车山前构造的库姆格列木群盐膏地层面临盐层蠕变、盐膏污染和高压盐水侵污，压力系数2.4~2.6。而白垩系巴什基奇克组目的层压力较低，压力系数1.6~1.9。在库木格列木群盐膏地层。库姆格列木群和白垩系巴什基奇克组地层温度大多为120~180℃。因此为了保障安全快速优质钻井，要求使用的柴油包水钻井液在高密度、超高密度下具有良好的流变性、较强的封堵能力与较低的滤失损耗、良好的热稳定性、能够抑制岩屑分散、盐水侵污容限量高，对于目的层试油完井要求静置7~15天不发生硬质聚沉。

针对上述要求，优选了油基钻井液有机矿物黏土、有机褐煤降滤失剂、氧化沥青类降封堵剂、非极性聚烯烃嵌段共聚物等关键材料。

1.1　有机土优选

有机土是油基钻井液中最常用的增黏剂，是用长碳链表面活性剂对蒙脱石、锂皂石、累托石、海泡石或凹凸棒土等粘土矿物进行表面疏水改性的产物的统称。本文对有机土进行了优选，选择有机土OC-1、OC-2，复合改性有机土BZ-OC和亲有机改性硅酸铝锂BZ-CHT四种产品，并与国外某公司有机土产品VG-PLUS进行同等条件评价。优选评价配方为：255 mL 0#柴油 + 乳化剂 + 0.5% BZ-MOD + 52 mL$CaCl_2$(25%) + 3.5%氧化钙 + 5% 有机矿物黏土 + 4% DURATONE HT + 440 g 重晶石(Ⅰ级)，其中乳化剂及其加量分别为5% BZ-OPE + 3% BZ-OSE、3% BZ-PSE。以不同温度热滚前后的钻井液动切力为主要指标来选择不同抗温能力有机土，结果如图1所示。

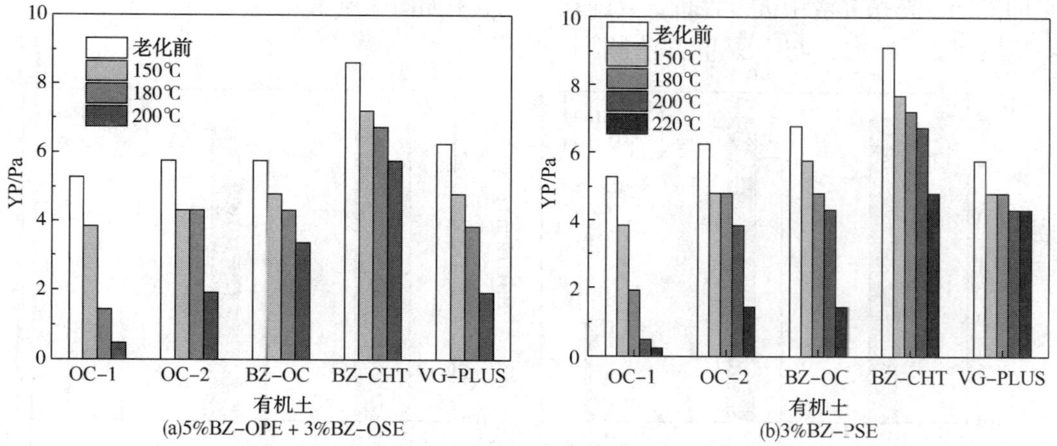

图 1　有机土对油基钻井液不同老化温度下屈服值的影响

由图 1 可知，在不同抗温能力的油基钻井液中，有机土对动切力的影响较大。在 150~220℃ 的老化评价温度下，评价的四种有机土中，亲有机改性的硅酸铝锂 BZ-CHT 配制的油基钻井液的动切力较高，抗温能力较为突出。在其他三种有机土中，对钻井液性能影响的表现出相同规律，其中 BZ-OC 配制的油基钻井液动切力稍高。根据评价实验结果，本文后续研究中，主要采用 BZ-OC 和 BZ-CHT 两种有机土。

1.2　降滤失剂优选

油基钻井液中，常见的封堵降滤失剂有亲油改性腐殖酸类、有机改性褐煤和氧化沥青类，本文选择了有机褐煤降滤失剂 BZ-OLG、改性腐殖酸 P-4，氧化沥青类降滤失剂 OFL、BZ-OSL。在柴油包水钻井液中对上述降滤失剂评价和优选，评价配方如下：204 mL 0#柴油 + 5% BZ-OPE + 3% BZ-OSE + 36 mL $CaCl_2$（25%）+ 1.8% BZ-OC + 3% CaO + 0.5% BZ-MOD + 4% 降滤失剂 + 重晶石粉（加重至 2.35 g/cm^3）（油水比为 85/15），将配制的钻井液在不同温度下进行热滚老化，并在老化温度下测试高温高压滤失量和泥饼厚度，结果如图 2 所示。

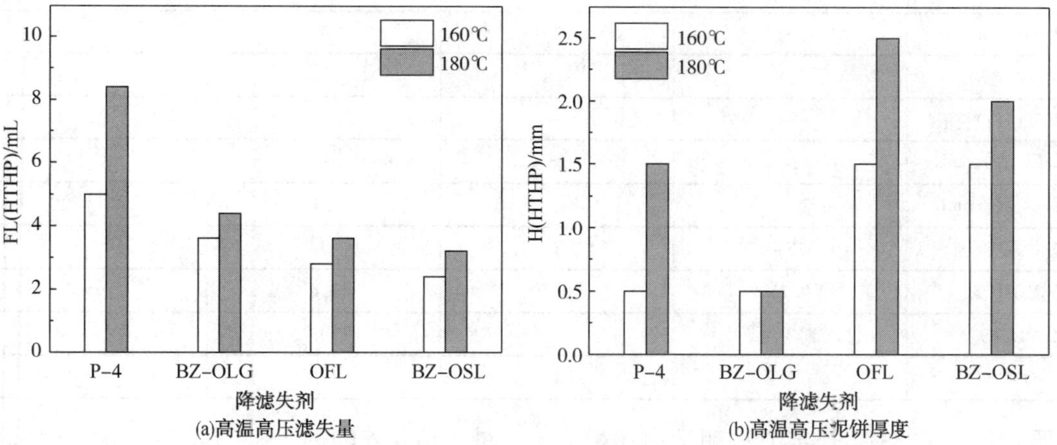

图 2　降滤失剂对油基钻井液高温高压滤失量和泥饼厚度的影响

由图 2 可知，不同降滤失剂对油基钻井液高温高压滤失量和泥饼厚度的影响较大。其中，亲油改性腐殖酸类降滤失剂 P-4 的抗温能力低于 180℃，有机改性褐煤 BZ-OLG 在 180℃ 老化后仍具有较低的高温高压滤失量和较薄的泥饼；而亲油胶体类的降滤失剂，氧化沥青降滤失剂 OFL（软化点 160℃）、BZ-OSL（软化点 220℃），均能有效控制钻井液高温高压滤失量，但沥青类降滤失剂导致油基钻井液高温高压泥饼的厚度较大。上述四种降滤失剂中，180℃ 时仍能有效控制降低高温高压滤失量的产品为亲有机改性褐煤降滤失剂 BZ-OLG 和氧化沥青类降滤失剂 BZ-OSL。

为优化油基钻井液的高温高压滤失量和泥饼质量，对上述亲有机改性褐煤降滤失剂 BZ-OLG、氧化沥青类降滤失剂 BZ-OSL 两产品进行不同加量的复配，在钻井液中进行评价，复配比例为1：3、2：2、3：1，与上评价方法相同，结果如图3所示。

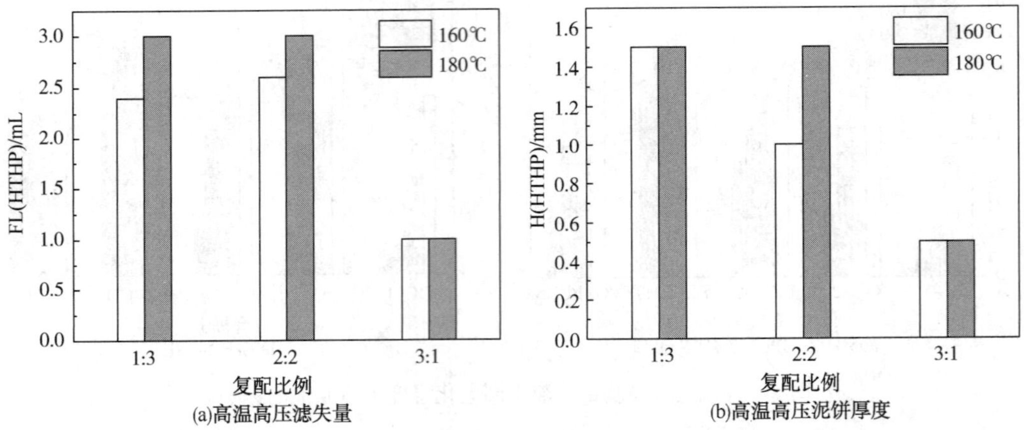

图3　降滤失剂复配比例对油基钻井液高温高压滤失量和泥饼厚度的影响

由图3可知，亲有机改性褐煤降滤失剂BZ-OLG、氧化沥青类降滤失剂BZ-OSL两产品进行不同加量的复配后，高温高压滤失量降低至1.0mL，高温高压泥饼降低至0.5mm，具有显著的协同增效作用。

1.3　高温超高密度柴油包水钻井液研究与评价

形成抗温160~200℃、密度2.4~2.6g/cm^{3}的盐膏层柴油包水钻井液配方，具体配方见表1。

表1　柴油包水钻井液配方

编号	1	2	3	4
油水比	90/10	85/15	90/10	90/10
密度/(g/cm^3)	2.4	2.4	2.6	2.6
柴油/mL	216	204	180	180
BZ-OPE/%	5	5	3	3
BZ-OSE/%	3	3	4	4
BZ-OC/%	1.8	1.8	1	1
BZ-WET(HT)/%	—	—	1	1
20% $CaCl_2$溶液/mL	24	36	—	—
25% $CaCl_2$溶液/mL	—	—	20	20
氧化钙/%	3	3	3	3
BZ-MOD/%	0.75	0.5	0.4	0.4
BZ-OLG/%	3	3	4	4
BZ-OSL/%	1	1	1.5	1.5

按照GB/T 16783.2规定方法测试上述配方的油基钻井液在设计温度下热滚16 h后的性能，结果见表2。

由表2可知，上述配方1、配方2性能基本一致，塑性t黏度小于70mPa·s，高温高压滤失量1.0mL，破乳电压较高，均在1500V以上，其中油水比90/10的配方破乳电压高于85/15，钻井液具有良好的性能。对于抗温200℃的钻井液配方，选择使用抗高温有机土亲有机改性硅酸铝锂BZ-CHT，并增加降滤失剂BZ-OSL的加量，钻井液经过200℃热滚后，各项性能指标保持稳定。当密度达到2.6g/cm^{3}时，由于重晶石等固相含量明显增加，为保持较低的流变性能，油水比90/10的条件下，增加润湿性好的辅乳化剂加量，同时为保证更好的润湿反转效果，增加专用的高温润湿剂BZ-WET(HT)，有机土加量降低至1%，塑性黏度基本保持在70mPa·s，与较低密度（2.4g/cm^3）钻井液(配方1和配方2)的流变性保持一致。

表2　高温超高密度柴油包水钻井液性能测试

配方编号	测试条件	AV/(mPa·s)	PV/(mPa·s)	YP/Pa	Φ6	Φ3	Gel/Pa 10″	Gel/Pa 10′	FL_{HTHP}/mL	ES/V
1	BHR	78	65	13	6	5	2.5	6.0	-	1974
	AHR（160℃）	75	68	7	7	6	3.0	5.0	1.0	1867
2	BHR	80	75	15	6	5	2.5	6.0	-	1764
	AHR（160℃）	74.5	67	7.5	7	6	3.5	5.5	1.0	1508
3	BHR	95	82	13	11	10	4.5	7.2	-	2027
	AHR（180℃）	97	89	7.7	6	4	2.4	5.7	1.0	1524
4	BHR	81	67	14	15	14	7.5	9.4	-	2034
	AHR（180℃）	80.5	70	10.5	11	9	4.5	6.7	1.0	2036

1.4　高温超高密度柴油包水钻井液抗污染性能评价

在库姆格列木群盐膏层钻进过程中，油基钻井液经常会遭受到盐膏层钻屑、固井水泥石粉和高压盐水的侵入和污染。抗污染能力是油基钻井液的一个重要指标，对盐膏层安全优快钻井非常重要。本文考察了研发的柴油包水钻井液抗污染能力，试验设计和测试结果如下。

（1）盐膏层钻屑的污染

按照2#配方配制钻井液试样三份，在160℃条件下滚动老化16h后，分别加入5%、10%及15%钻屑，将试样在11000r/min条件下搅拌20min，再在160℃条件下滚动老化16h，观察开罐现象，然后将试样在11000 r/min条件下搅拌20min，根据GB/T 16783.2—2012标准测定试样老化后的流变性（65℃）、高温高压滤失量（160℃/3.5MPa）及泥饼厚度、电稳定性（50℃），实验结果见表3。

表3　柴油包水钻井液盐膏层钻屑污染测试(160℃热滚16h后)

钻屑污染量	AV/(mPa·s)	PV/mPa·s)	YP/Pa	Φ6	Φ3	Gel/Pa 10″	Gel/Pa 10′	FL_{HTHP}/mL	ES/V
空白样	74.5	67	7.5	7	6	3.5	5.5	1.0	1508
5.0%	71.5	66	5.5	6	5	2.4	3.8	2.0	1380
10.0%	70.5	65	5.5	6	5	2.9	4.3	2.5	1045
15.0%	76.5	71	5.5	7	6	2.9	4.3	2.5	955

由表3中结果可知，盐膏层钻屑的污染对油基钻井液流变性和滤失性能的影响较小，对电稳定性的影响略大。盐膏层钻屑的污染，导致钻井液中低密度固相、盐岩和石膏的含量增加，钻井液中塑性黏度略有上涨，但动切力(YP，屈服值)和低剪切流变(Φ6和Φ3)变化较小，高温高压滤失量略有增加，盐膏层钻屑的污染对流变性和滤失控制性能的影响较小。盐膏层污染对电稳定性的影响略大，破乳电压由1508V降低至955V，主要原因是由于侵入的盐膏层钻屑量较大，表面润湿翻转对乳化剂有所消耗，另外，盐岩和石膏对钻井液的稳定性有负面影响。结果表明，柴油包水钻井液具有良好的抗盐膏层钻屑污染的能力。

（2）水泥石粉的污染

在油气建井过程中，固井水泥石是钻井液常见的污染物，油基钻井液用于钻开水泥塞后，油基钻井液对水泥石的容限度大小是油基钻井液抗污染性能的重要方面，同时水泥石的侵入对钻井液性能的影响是需要被准确识别的。

因此，采用100目固井水泥石粉对油基钻井液进行污染，考察了油基钻井液抗水泥石污染的容限。按照2#配方配制钻井液试样三份，在160℃条件下滚动老化16h后，分别加入3%、5%及10%水泥石粉，将试样在11000r/min条件下搅拌20min，再在160℃条件下滚动老化16h，实验步骤同上，实验数据、现象描述及结果见表4。

表 4　柴油包水钻井液固井水泥石粉污染测试(160℃热滚 16h 后)

水泥石污染量	AV/(mPa·s)	PV/mPa·s)	YP/Pa	Φ6	Φ3	Gel/Pa		FL_{HTHP}/mL	ES/V
						10″	10′		
空白样	74.5	67	7.5	7	6	3.5	5.5	1.0	1508
3.0%	69	63	6.0	6	5	2.9	3.8	2.0	1482
5.0%	69	64	5.0	6	5	2.4	3.4	3.0	1336
10.0%	75	69	6.0	6	5	2.9	4.3	3.8	1380

由表 4 结果可知，水泥石粉的污染对柴油包水钻井液的性能影响较小。随着污染量的增加，钻井液的高温高压滤失量逐步增加，电稳定性逐步降低，当污染量达到 10.0%时，高温高压滤失量升高到 3.8mL，破乳电压达到 1380V，表明柴油包水钻井液具有较好的抗水泥石粉污染的能力。

(3) 高矿化度盐水的污染

油基钻井液污染后性能的变化对井下事故复杂的控制非常重要。本文考察了油包水钻井液的盐水污染性能，采用高矿化度盐水（180g/L NaCl+120g/L $CaCl_2$）为模拟地层水。按照配方 2 #配制钻井液试样，在 160℃条件下滚动老化 16h 后，分别 10%、20%、30%、50%及 80%复合盐水，将试样在 11000r/min 条件下搅拌 20min，再在 160℃条件下滚动老化 16h，试验设计与结果见表 5。

表 5　柴油包水钻井液抗盐高矿化度盐水污染测试(160℃热滚 16h 后)

污染比例	密度/(g·cm^{-3})	AV/(mPa·s)	PV/(mPa·s)	YP/Pa	Φ6	Φ3	Gel/Pa		ES/V	实验现象
							10″	10′		
空白样	2.35	74.5	67	7.5	7	6	3.5	5.5	1508	浆体均匀
10.0%	2.32	70.5	58	12.5	10	9	4.3	5.3	1163	未见显著变化
20.0%	2.23	76	59	17	14	11	5.3	6.7	798	未见显著变化
30.0%	2.14	99.5	74	25.5	19	16	7.7	8.6	618	略有增稠
50.0%	2.05	136.5	103	33.5	27	22	10.5	11.5	382	浆体增稠
80.0%	1.91	–	–	–	54	43	20.1	23.0	176	严重增稠

由表 5 结果可知，高矿化度盐水的侵入污染对油基钻井液的性能影响相当显著，较低量的侵入污染，钻井液的性能变化较小，当盐水浓度加到 30.0%时，钻井液略有增稠现象，当污染量达到 50.0%时，黏度升高幅度较大，当污染量达到 800 mL/L 时，钻井液出现严重增稠，破乳电压将至 176 V，未发生析水，仍保持油包水钻井液状态。本文所研制的柴油包水钻井液，在高污染量情况下，能保持稳定的状态，表明钻井液抗盐水污染能力较高，就流动性而言，污染量 30.0%~50.0%时仍能保持较好的流动状态。

1.5　高温超高密度柴油包水钻井液高温静置评价

在钻井施工过程中，下套管、电测等作业环节，井眼中钻井液需要静置 3-5 天，时间，需要保证在上述作业环节过程中不产生加重材料的硬性聚沉，保证下套管到位和起下电测仪器通畅。

(1) 油包水钻井液的高温静置评价

将上述钻井液进行处理，有机土加量调整至 2.5%，流变调节剂 BZ－MOD 的加量增加至 1.0%，调整后的配方如下(配方 5)：204 mL 柴油 + 5% BZ-OPE + 3% BZ-OSE + 36 mL $CaCl_2$ (20%) + 2.5% BZ-OC + 3% CaO + 1.0% BZ-MOD + 3.0% BZ-OLG + 1.0% BZ-OSL + 重晶石粉(加重至密度 2.35g/cm^3)。

按照配方 5 配制钻井液，在 160℃条件下滚动老化 16h 后，将试样 11000r/min 条件下搅拌 20min，再在 160℃条件下分别静置老化 24h、72h、120h 后，测试试样的描述沉降稳定性，测试流变性和电稳定性，实验数据、现象描述及测试结果见表 6。

表 6　柴油包水钻井液高温静置试验评价

静置时间/h	平行样	PV /(mPa·s)	YP /Pa	Φ6	Φ3	Gel/Pa		ES /V	沉降稳定性描述/cm			
						10″	10′		析液	流体	软沉	硬沉
24	1	84	7	6	5	3.4	6.7	1128	2.0	13.5	0	0
	2	83	7	6	5	3.4	6.7	1043	2.0	12.8	0.7	0
72	1	81	4.5	5	4	2.9	5.3	940	3.5	13.0	1.0	0
	2	80	5.0	5	4	2.9	5.3	940	3.0	12.5	1.0	0
120	1	61	4.0	4	3	1.9	4.3	883	1.5	13.0	0	0
	2	63	4.5	4	3	1.9	4.3	889	1.5	13.5	0	0

由表 6 中结果可知，油基钻井液在 160℃高温条件静置 120h，罐底均未发现加重材料的硬质聚沉。钻井液加重材料未产生硬质聚沉，能够保证下套管、电测仪器起下作业等环节的施工。

将配方 3 调整为(配方 6)：216mL0#柴油+5.5%BZ-OPE+3.5% BZ-OSE + 24 mL $CaCl_2$(20%) + 3.0%BZ-CHT+3%CaO + 1.0%BZ-MOD+3.0%BZ-OLG+3.0%BZ-OSL+重晶石粉(加重至 2.4g/cm^3)；将上述配方在 200℃下热滚后，高搅 20 min，再在 200℃条件下静置 120h、168h、240h 和 360h。测试并描述沉降情况后，测试流变性（65℃）和电稳定性（50℃），结果见表 7。

表 7　柴油包水钻井液超高温静置试验评价

静置时间/h	平行样	PV /(mPa·s)	YP /Pa	Φ6	Φ3	Gel/Pa		ES /V	沉降稳定性描述/cm			
						10″	10′		析液	流体	软沉	硬沉
120	1	80	19.2	23	20	8.6	24.4	2048	1.5	11.0	0	0
	2	82	15.8	20	18	8.6	20.6	2048	1.9	12.4	0	0
168	1	85	24	28	25	11.0	21.6	2048	3.5	13.0	0	0
	2	76	23	28	25	9.1	21.1	2048	3.5	14	0	0
240	1	82	26.4	16	12	8.1	21.1	2048	3.0	8.5	5.5	0
	2	83	26.4	16	13	8.1	22.5	2048	2.5	8.0	6.0	0
360	1	74	15.4	18	16	9.1	20.6	2048	3.0	12.5	0	0
	2	68	14.9	16	15	7.7	17.2	2048	2.0	12.5	0	0

由表 7 中结果可知，抗温 200℃的油基钻井液在 200℃高温条件静置 360h，罐底均未发现加重材料的硬质聚沉，能够保证在井底 200℃超高温地层中下套管、电测仪器起下作业等环节的施工。综上所述，本文研制和选择的钻井液处理剂在井底 160~200℃高温条件下没有从重晶石材料表面解吸附，具有良好的高温稳定性。

2　油基试油完井液配方与性能评价

试油完井液在高温条件下稳定性降低的主要因素主要有：一是乳化剂、润湿剂、有机土、流变调节剂等构建乳状液、亲油胶体间结构和固体亲油表面的关键材料在油水界面、固相颗粒表面吸附(或“锚定”)强度不够，在乳化液滴或加重材料固体表面解吸附，造成亲水界面的聚结，造成絮凝；二是沥青类亲油胶体在高温条件下充分溶剂化和软化，造成沥青颗粒的粘结；三是中低密度是加重材料的数量密度低，固相颗粒的空间网架结构力弱，造成稳定性能恶化。

因此，在室内实验研究的基础上，对油基试油完井液的配方进行设计和优化，具体配方组成见表 8。表 8 中所有油基钻井液配方的性能评价测试结果见表 9，热滚温度和静置稳固均为 200℃。

表 8 油基试油完井液配方设计

材料名称	配方 12	配方 13	配方 14
0#柴油/mL	225	250	250
25%$CaCl_2$/mL	25	0	0
BZ-OPE(HT)/%	3	3	3
BZ-WET(HT)/%	4	4	4
BZ-MOD/%	1	1	1
氧化钙/%	4	4	4
BZ-CHT/%	4	1	1
BZ-OLG/%	8	8	8
BZ-PRM/%	0.5	0.5	1.0
2000 目超细碳酸钙/%	10	10	10
6000 目硫酸钡/g	540	540	-
12000 目硫酸钡/g	-	-	540

表 9 设计的油基试油完井液性能测试(200℃)

静置时间/h	平行样	PV /(mPa·s)	YP /Pa	Φ6	Φ3	Gel/Pa		ES /V	沉降趋势 SR	沉降稳定性描述/cm			
						10″	10′			析液	流体	软沉	硬沉
12	老化前	—	—	—	—	—	—	—	—	—	—	—	—
	老化后(16h)	91	32.6	50	47	34.4	56.7	2014	1.00	-	-	-	-
	高温静置(360h)	115	43.7	58	56	32.9	72.1	2037	1.00	0.5	10.5	0	0
13	老化前	53	21.6	28	26	15.7	21.6	2037	-	-	-	-	-
	老化后(16h)	57	18.8	24	23	15.9	19.8	2032	1.00	-	-	-	-
	高温静置(360h)	55	17.3	20	18	11.6	16.4	2019	1.00	2.0	11.0	0	0
14	老化前	63	26.9	33	31	16.6	21.6	2027	-	-	-	-	-
	老化后(16h)	70	22.6	28	26	15.9	20.6	2023	1.00	-	-	-	-
	高温静置(360h)	80	24.0	30	28	13.6	26.2	2024	1.00	2.0	11.5	0	0

由表 9 可知，按照本文研制的高温油基试油完井液，在高温老化和高温静置 360 h 后，动态沉降趋势为 1.00，老化罐开罐后，玻璃棒均可自由落体到罐底，罐底无软质沉积，表现出良好的高温静置稳定性。同时，根据设计策略，将抗高温有机土亲有机改性硅酸铝锂 BZ-CHT 的加量由 4%逐步降低 1%，油溶性聚烯烃嵌段共聚物 BZ-PRM 加量为 0.5%~1.0%。改变了高温油基试油完井液难以泵送的状态。

将上述配方 14 中，并分别采用 12000 目硫酸钡、12000 目硫酸钡与 6000 目硫酸钡 1∶1、6000 目硫酸钡等三种不同的加重方式进行加重，配方分别为配方 15、配方 16 和配方 17。配制三个配方的试油完井液，与上述实验过程相同，将其在 200℃下进行热滚、高温静置，测试其性能，结果见表 10。

表 10 油基试油完井液配方测试结果(200℃)

配方	测试条件	PV /(mPa·s)	YP /Pa	Φ6	Φ3	Gel/Pa		ES /V	沉降趋势 SR	沉降稳定性描述/cm			
						10″	10′			析液	流体	软沉	硬沉
15	老化后(16h)	52	16.8	22	20	14.1	18.7	2020	1.00	-	-	-	-
	高温静置(360h)	54	14.9	19	18	12.1	17.6	2022	1.00	3.5	13.5	0	0
	高温静置(528h)	53	14.9	19	18	11.6	17.5	2022	1.00	3.0	11.5	0	0
16	老化后(16h)	38	12.0	15	14	10.4	14.5	2012	1.00	-	-	-	-
	高温静置(360h)	37	10.6	13	12	8.6	12.8	2022	1.00	4.5	13.5	0	0
	高温静置(528h)	40	10.6	13	12	8.8	13.2	2032	1.00	3.5	12.5	0	0
17	老化后(16h)	30	7.2	10	9	6.4	11.3	2020	1.00	-	-	-	-
	高温静置(360h)	32	7.8	10	8	5.5	9.8	2030	1.00	5.0	13.5	0	0
	高温静置(528h)	35	7.8	10	8	6.5	10.3	2022	1.00	4.0	12.0	0	0

由表 10 可知，经过 200℃高温热滚和高温静置老化后，油基试油完井液无软质沉降层和硬质沉降层，颗粒更细的加重材料(12000 目硫酸钡)沉降稳定性更高，能够保障高温深井储层的试油管柱装配和试油测试。将配方 17 高温静置 528 h(22 天)的试油完井液高搅后，应用 Fan ix 77 高温高压流变仪测试模拟井筒温压条件下的流变性，测试的温压条件和结果见表 11、图 4。

表 11 高温油基试油完井液的高温高压流变性测试

T/℃	P/MPa	AV/(mPa·s)	PV/(mPa·s)	YP/Pa	动塑比	Φ6	Φ3	LSYP/Pa
120	34.5	61.0	39.0	22.0	0.56	28.0	27.0	12.5
120	69.0	83.5	58.0	25.5	0.44	34.0	32.0	14.4
150	69.0	61.0	31.0	30.0	0.97	35.5	34.0	15.6
150	103.5	79.0	45.0	34.0	0.76	44.0	41.0	18.2
180	103.5	66.0	34.0	32.0	0.94	43.5	41.5	19.0
180	138.0	80.5	44.0	36.5	0.83	47.5	46.0	21.4
200	138.0	73.0	35.0	38.0	1.09	51.0	49.0	22.6
200	155.3	79.5	40.0	39.5	0.99	55.0	52.0	23.5
220	155.3	75.0	35.0	40.0	1.14	57.0	54.0	24.5
220	172.5	81.0	39.0	42.0	1.08	61.0	57.0	25.4

由表 11 中测试结果可知，在模拟井筒温度压力变化的步增式测试过程中，油基试油完井液的流变性表现出较为稳定的流变剖面，在相同温度条件下，油基试油完井液的流变性随压力的升高而升高，在相同压力条件下，流变性随温度的升高而下降。同时，可以看出，在温度/压力的测试条件变化的过程中，流变性的变化范围较窄，表现出流变剖面的稳定。由图 4 可知，用 12000 目超细重晶石加重的油基试油完井液，在随温度/压力同时升高的过程中，屈服值（YP）和低剪切屈服值（LSYP）具有缓慢增加的趋势。

综上所述，本文形成的油基试油完井液配方能够为深井超深井高温储层的试油完井提供技术支持。

3 现场试验

本文研发形成的高温高密度柴油包水钻井液与完井液，在塔里木盆地库车山前构造的大北 4

井、博孜 1302 井和博孜 304 井进行了应用。

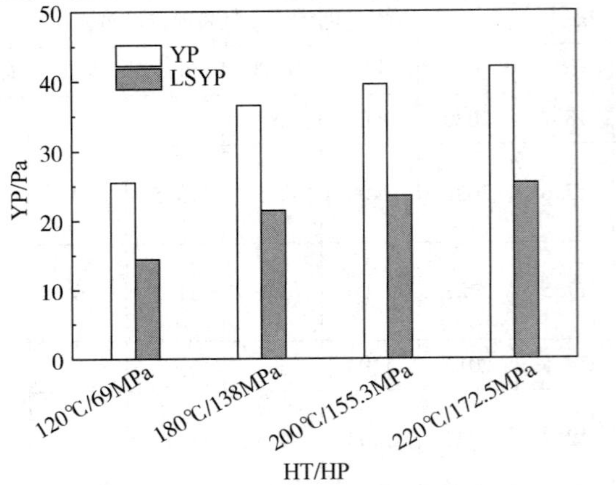

图 4　不同温度压力条件下的屈服值和低剪切屈服值

大北 4 井自三开开始，使用柴油包水钻井液钻进，直至五开，为该区块第一口超深、巨厚盐层井。表 13 为大北 4 井使用该高温高密度柴油包水钻井液施工的现场实测性能参数。

从表中可以看出，该钻井液在现场应用中保持了较低的黏度和较高的动切力，破乳电压较为维持稳定，体系稳定性较好，且具有良好的降滤失效果。

博孜 1302 井钻进至吉迪克组，地层出盐水，出口钻井液密度降低，黏度降低，氯离子浓度增加。对井浆进行了抗盐水污染实验，实验结果见表 14。

表 13　大北 4 井现场钻井液性能情况

开次	井深 /m	ρ /(g/cm^3)	AV /(mPa · s)	PV /(mPa · s)	YP /Pa	Φ6	Φ3	GEL/Pa		ES /V	FL_{HTHP} /mL	O/W
								10″	10′			
三开	4840	2.35	99	93	6	6	5	3	4	584	3.0	76/24
	6800	2.35	80	73	7	8	7	4	5.5	803	2.0	84/16
四开	7362	2.38	65	61	4	6	5	3	4.5	1042	2.0	90/10
	8005	2.36	70	65	5	6	5	3	5	587	2.0	83/17
五开	8143	1.75	25	21	4	4	3	2	4	590	2.4	86/14
	8271	1.75	26	22	4	4	3	2	4	580	2.0	85/15

表 14　博孜 1302 井现场井浆盐水污染实验

	油水比	AV /(mPa · s)	PV /(mPa · s)	YP /Pa	Φ6	Φ3	Gel/Pa		ES/ V
							10″	10′	
井浆	67/33	88	80	8	8	6	3.5	5.5	480
井浆+复合盐水 (15% NaCl+8% $CaCl_2$)	60/40	91.5	80	11.5	9	7	4.5	5.5	388
	55/45	103.5	91	12.5	9	8	4.5	6.0	310
	50/50	120.5	105	15.5	11	9	5.5	7.0	242
	45/55	140.5	123	17.5	12	10	6.0	7.5	185

博孜 1302 三开的钻井液体系无论是在钻进过程中还是处理复杂的过程中，都表现出了对钻井作业很好的适应性，即使在持续盐水侵，油水比最低 43：57，破乳电压最低 112 的情况下，该油基钻井液体系还能保证划眼的正常进行及起下钻的顺畅。充分说明了博孜 1302 三开的钻井液体系能满足钻进需要和特殊情况下的作业。

博孜 304 井和博孜 1302 井三开均钻遇高压盐水，施工过程中对污染的钻井液补充乳化剂和润湿剂，提高钻井液的油水比，保证较高的破乳电压和流变性能。同时每次起钻前，打入高密度钻井液，提高钻井液静置时的液柱压力，减少地层中的盐水侵入井筒中。此外，还在油基钻井液中加入封堵材料，提高钻井的封堵能力。应用情况见表 14。

表 15　柴油包水钻完井液在试验井施工难点和应用情况

井号	施工井段	主要难点	应用效果
大北 4	三开～五开 4837m～8271.4m	巨厚盐膏层、高压盐水、盐底漏失、高温储层完井试油等。	钻穿盐膏 3200m，盐膏层下套管顺利，盐底卡层堵漏顺利，目的层试油效果突出。

续表

井号	施工井段	主要难点	应用效果
博孜 1302	三开~五开 5188m~7268m	三开遭遇高压盐水(5975.93m)、盐膏层、目的层试油	处置 443.69 方出水，污染浆 1274 方，三开下套管至完钻施工顺利，目的层试油效果明显。
博孜 304	三开~四开 5646m~6289m	三开遭遇高压盐水(5646.97 m)	处置出水 1076 方，漏失 1956 方，排污 1469 方。三开出水处置至四开完井施工顺利。

大北 4 井和博孜 1302 井均采用本文研制的试油完井液进行施工，高温静置 15 天后，罐底无硬沉，流变性能保持稳定。现场钻井液在井下静置 15 天，开泵正常，体现了钻井液良好的抗温稳定性和悬浮性能。应用情况见表 15。

表 16　柴油包水完井液在大北 4 井和博孜 1302 井应用情况

井号	施工方案	小型试验	现场施工结果
大北 4 中途试油	油水比 90/10，微粉重晶石、乳化剂、有机土、有机褐煤，调整 3 转读数 20~25，加重泵剪切	170℃ 高温静置 15 天，罐底无硬沉(玻璃棒到底且不直立)	1.3 L/s，0.9 MPa 顶通
大北 4 完井试油			1 3 L/s，5.8 MPa 顶通
博孜 1302 完井试油	油水比 80/20，乳化剂、有机土、有机褐，煤调整 3 转读数 20 ~ 25，加重泵剪切	140℃ 高温静置 10 - 14 天，罐底无硬沉(玻璃棒到底且不直立)	4 冲，5.5 MPa 顶通

现场试验的三口井电测均一次到底，成功率 100%。研发的高温高密度柴油包水钻井液完井液表现出了良好的流变性、封堵性、较高抗污染能力和良好沉降稳定性，能够有效保障巨厚盐膏层、高压盐水层钻井和超深井试油完井。

4　结论

（1）针对塔里木盆地库车山前钻井液技术难题，开展了超高温高密度柴油包水钻井液研究，优选了有机矿物黏土和流变调节剂，构建了适用于巨厚盐膏层和高压盐水层的钻井液（抗温 200℃，密度 2.60g/cm³）抗 30%~50%复合盐水、15%岩膏层岩屑、10%水泥石粉污染，满足厚盐膏层和高压盐水层的钻井液技术要求。

（2）该油基钻完井液体系在博孜-大北区块现场试验 3 口井，刷新了大北区块最深井纪录和 8000 以深储层取芯纪录，助力大北 4 井在 8000 以深获高产气层；处置了博孜 1302 井和博孜 304 井三开溢漏同层、井壁失稳等井筒复杂。

（3）强化亲油润湿、优化加重材料粒径级配以及嵌段聚烯烃稠化，提高了试油完井液的悬浮稳定性，200℃高温静置 15~22 天无硬质聚沉；现场试验中保障了完井管柱安装与测试，顶通压力小于 6MPa，最低达到 0.9MPa，满足了超深井高温高压试油完井测试的技术要求。

参　考　文　献

[1] 周健，贾红军，刘永旺，等．库车山前超深超高压盐水层安全钻井技术探索[J]．钻井液与完井液，2017，34(1)：54-59.

[2] 尹达，胥志雄，徐同台，等．库车山前深井钻完井液技术[M]．北京：石油工业出版社，2020.

[3] 黄津松，张家旗，王建华，等．国内油基钻井液研发现状与思考[J]，化工管理，2020(33)：4.

[4] 王建华，王立辉，杨海军，等．抗高温高密度油基钻井液体系 DR-OBM[J]．石油科技论坛，2015，34(S1)：56-58.

[5] 王建华，闫丽丽，谢盛，等．塔里木油田库车山前高压盐水层油基钻井液技术[J]．石油钻探技术，2020，48(02)：29-33.

[6] 高尊升，朱良根，周梦秋，等．高密度超微重晶石完井液在塔里木油田超深井的应用[J]．钻井液与完井液，2013，30(05)：50-52.

[7] 闫丽丽，倪晓骁，等．纳米材料改善高密度油基钻完井液沉降稳定性的研究及应用[J]，应用化工，2022，52(1)：53-57.

[8] 张现斌，汪倩，王丹，等．纳米二氧化硅改善高密度油基钻井液性能研究，2023 年第四届油田化学国际会议[C]，2023.

枣园/王官屯油田钻井液用阻垢封堵剂研究

卓绿燕　张　毅　赵晨刚　李志强　王　滨

（中国石油大港油田公司石油工程研究院）

摘　要　针对枣园/王官屯油田常用钻井液侵入储层后形成无机垢，堵塞油流通道问题，依据 Davis-Stiff 饱和指数法进行结垢趋势预测，并开展了静态结垢实验验证，同时构建了岩心动态结垢损害评价流程，对钻井过程中储层无机垢损害程度取得了初步认识。在此基础上研制了阻垢封堵剂 PS-Ca，加入钻井液后，滤液阻垢率 90%以上、岩心渗透率损害率控制在 5%以内。该保护剂在枣园/王官屯油田进行了 2 口井现场实验，储层钻井液岩心渗透率恢复值 88.2%，初期日产油 19.3t，超出预期产量 12.3t。研究结果表明，阻垢封堵剂 PS-Ca 在提高封堵减少钻井液侵入的同时，可降低侵入滤液引起的储层无机垢损害，满足枣园/王官屯油田高盐易结垢储层钻井过程储层保护要求。

关键词　钻井液；阻垢；储层损害；封堵；岩心

枣园/王官屯油田主要含油层系为孔店组，储层非均质性强，该油田钻井过程油层保护技术以“封堵减少侵入”为主，取得了一定效果。钻井液侵入导致储层损害的方式一般分为固相损害和液相损害，与固相微粒侵入相比，钻井液滤液侵入地层更深。而枣园/王官屯油田地层水多为 $CaCl_2$水型，平均矿化度 25000mg/L 以上，侵入储层的钻井液滤液与高矿化度地层水混合，由于矿化度不同，会在接触面发生离子扩散，从而诱发结垢。

汪伟英等通过岩心流动实验，测试了钻井液侵入产生结垢对储层的伤害程度。陈军、岳前升等提出使用合适矿化度、密度和具有阻垢功能的钻井液以及可解除的钻井液处理剂是煤层气水平井钻井过程保护煤储层的有效措施。苏延辉等建立力学化学耦合的微分方程组数学模型，实现无机垢损害的时空尺度模拟、定量诊断，为有效储层保护提供指导。

笔者借鉴前人研究成果，通过结垢趋势预测、静态结垢实验以及优化构建的结垢损害程度评价动态流程，评价了枣园/王官屯油田高盐易结垢储层损害程度，进而研究形成了钻井液用阻垢封堵技术，在封堵减少钻井液侵入的同时，兼顾侵入滤液的阻垢能力，解决了高盐易结垢储层保护问题。

1　结垢损害程度评价

1.1　水质分析及结垢趋势预测

枣园/王官屯油田常用钻井液体系为钾盐聚合物钻井液（表中简称钾盐）、硅基防塌钻井液（表中简称硅基）以及镶嵌屏蔽钻井液（表中简称镶嵌）体系。通过 API 滤失量测试过程制备各钻井液体系滤液，根据《SY/T 5621—93 钻井液测试程序》进行地层水和钻井液滤液水质分析。水质分析结果见表 1。

表 1　水质分析结果

实验流体	总矿化度/(mg·L^{-1})	各种离子含量/(mg·L^{-1})							pH
		K^++Na^+	Mg^{2+}	Ca^{2+}	SO_4^{2-}	Cl^-	CO_3^{2-}	HCO_3^-	
地层水	25270.4	9351.6	103.8	350.8	250.2	15125.0	0	89.0	7
钾盐滤液	102136.7	45964.8	5.1	1077.5	3272.8	49099.1	0	2717.4	7
硅基滤液	2172.1	550.9	0	75.2	130.1	152.0	0	1263.9	8
镶嵌滤液	9688.4	2851.9	12.7	271.2	1199.9	2192.9	0	3159.8	8

由表 1 数据可知，地层水与常用钻井液滤液中都含有 Ca^{2+}、HCO_3^-、SO_4^{2-}离子，混合后有

可能形成碳酸钙垢和硫酸钙垢。依据《SY/T 0600—2016 油田水结垢趋势预测方法》进行了碳酸钙结垢(Davis-Stiff 饱和指数法)和硫酸钙结垢趋势预测，其中硫酸钙结垢预测结果均显示 S>C，表明无硫酸钙垢结垢趋势，表 2 中不再列出。

表 2　地层水与钻井液滤液混合后结垢趋势分析

实验流体	饱和指数	混合比例($V_{地层水}$ ：$V_{滤液}$)								
		1∶9	2∶8	3∶7	4∶6	5∶5	6∶4	7∶3	8∶2	9∶1
钾盐滤液	SI	2.55	2.47	2.38	2.33	2.21	2.08	1.91	1.94	1.44
硅基滤液	SI	0.58	0.64	1.73	0.68	0.67	0.64	0.59	0.35	0.24
镶嵌滤液	SI	0.35	0.78	0.93	1.54	1.62	2.18	2.31	2.28	2.23

表 2 中的预测结果显示，当地层水与钾盐聚合物钻井液滤液体积比为 1∶9、地层水与硅基防塌钻井液滤液体积比为 3∶7 以及地层水与镶嵌屏蔽钻井液滤液体积比为 7∶3 时，结垢趋势最为明显。

1.2　静态结垢实验

采用静态结垢实验对预测结果进行验证。将地层水与钻井液滤液按照不同比例混合，放置于 90℃恒温干燥箱中静置养护 24h，对比养护前后混合液中的 Ca^{2+} 含量变化，评价结垢程度。见表 3。

表 3　地层水与钻井液滤液混合后结垢程度评价

混合液构成			Ca^{2+} 含量/($mg \cdot L^{-1}$)			示意图编号
$V_{地层水}$	滤液		养护前	养护后	变化量	
	滤液类型	$V_{滤液}$				
1	钾盐滤液	9	458.9	371.7	87.2	1-a
3	硅基滤液	7	495.0	453.8	41.2	1-b
7	镶嵌滤液	3	312.1	255.8	56.3	1-c

地层水与钻井液滤液的混合液养护后 Ca^{2+} 含量降低，表明形成了钙沉淀物。三种常用钻井液体系中，钾盐聚合物钻井液与地层水接触后最易形成沉淀物，镶嵌屏蔽钻井液次之。如图 1 所示。

1-a　　1-b　　1-c

图 1　地层水与不同钻井液滤液混合后沉淀物示意图

1.3　动态结垢损害程度评价

通过静态结垢实验验证了本区常用钻井液体系与地层水配伍性存在不足，混合后可形成钙沉淀物，存在堵塞油流通道风险。采用动态损害评价实验，可定量评价结垢对储层的损害程度。参考《SY/T 6540—2021 钻井液完井液损害油层评价方法》中的测试要求，笔者构建了一套结垢损害程度评价动态流程，测试并计算岩心渗透率损害率。见表 4。

表 4　不同钻井液体系因结垢引发的岩心渗透率损害率

污染流体构成			污染前			污染后			岩心渗透率损害率/%
$V_{地层水}$	滤液		突破压力/MPa	平衡压力/MPa	油相渗透率/($10^{-3}\mu m^2$)	突破压力/MPa	平衡压力/MPa	油相渗透率/($10^{-3}\mu m^2$)	
	滤液类型	$V_{滤液}$							
1	钾盐滤液	9	0.045	0.0445	22.45	0.067	0.06	16.65	25.8

续表

污染流体构成			污染前			污染后			岩心渗透率损害率/%
$V_{地层水}$	滤液		突破压力/MPa	平衡压力/MPa	油相渗透率/($10^{-3}\mu m^2$)	突破压力/MPa	平衡压力/MPa	油相渗透率/($10^{-3}\mu m^2$)	
	滤液类型	$V_{滤液}$							
3	硅基滤液	7	0.05	0.043	21.92	0.058	0.047	19.97	8.9
7	镶嵌滤液	3	0.047	0.045	20.94	0.057	0.051	18.41	12.1

表4是在最大结垢趋势混合比例下进行的动态结垢损害程度评价数据，表明不同钻井液体系与地层水混合后的渗透率损害程度可以达到8%以上。污染前后突破压力升高0.008MPa~0.021MPa，持续驱替后平衡压力略有降低，表明污染流体在岩心中形成结垢并在流体驱替下随之运移，至某一位置后停滞、堵塞流道。

2 阻垢封堵剂研制与评价

为了进一步提高枣园/王官屯油田高盐易结垢储层保护效果，以成膜封堵材料为基础，优选阻垢剂，复合形成系列阻垢封堵剂PS-Ca，在减少侵入的同时兼顾侵入液阻垢能力。

2.1 阻垢剂优选

根据钻井液性能和储层保护的基本要求，在依据阻垢能力优选的同时，对阻垢剂另外提出2项原则。其一，由于许多钻井液处理剂需要在碱性环境下发挥作用，要求新的处理剂不可为酸性物质。其二，部分钻井液用处理剂具有阻垢功能，比如木质素、淀粉、单宁等均作为阻垢剂使用过，而这些处理剂在钻井液中是作为降黏剂使用的，它们通过破坏已经形成的结构达到降黏效果，会促进黏土颗粒形成细分散，对储层造成损害，故对钻井液粒度分布无显著影响也是一项重要原则。

2.1.1 阻垢能力评价

通过pH测试，优选了AH-7、AH-8、AH-9、AH-10四个pH中性-碱性的阻垢剂，对比在100ppm加量下、90℃养护24h对地层水-钻井液滤液混合液阻垢能力测试，按照公式(1)进行阻垢率计算：

$$H=\frac{(C_{加药前}-C_{加药后})}{C_{加药前}}\times 100 \quad (1)$$

式中，H，阻垢率，单位%；$C_{加药前}$：加药前结垢量，以养护前后钙离子变化量计，单位mg/L；$C_{加药后}$：加药后结垢量，以养护前后钙离子变化量计，单位mg/L。

阻垢率测试结果如表5所示。

表5 阻垢剂在混合液中的阻垢能力

混合液构成			阻垢剂编号	结垢量/($mg\cdot L^{-1}$)		阻垢率/%
$V_{地层水}$	滤液			加药前	加药后	
	滤液类型	$V_{滤液}$				
1	钾盐滤液	9	AH-7	87.2	0	100
			AH-10	87.2	0	100
7	硅基滤液	3	AH-7	41.2	0	100
			AH-10	41.2	3.6	91.3
3	镶嵌滤液	7	AH-7	56.3	4.8	91.5
			AH-10	56.3	3.3	94.1

阻垢能力评价过程中，阻垢剂AH-8和AH-9加入混合液养护后出现白色絮状物，无法进行Ca^{2+}测试。阻垢剂AH-7和AH-10在混合液中的阻垢率可以达到90%以上，具有较好阻垢能力。如图2所示。

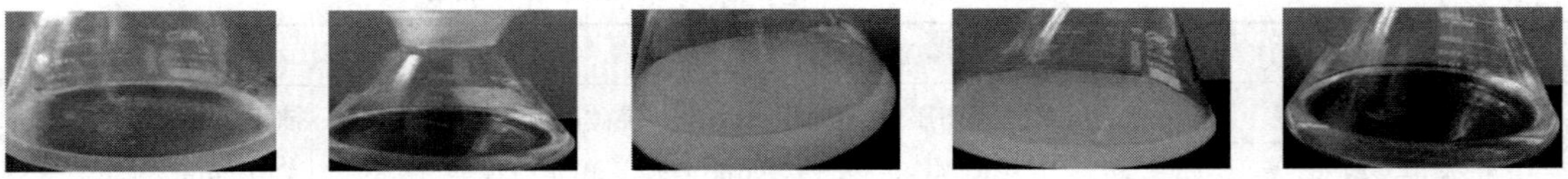

2-a加药前　2-b AH-7　2-c AH-8　2-d AH-9　2-e AH-10

图2 阻垢效果对比图

2.1.2　与钻井液配伍性评价

将优选的 AH-7 和 AH-10 分别应用于常用钻井液体系中，在 90℃ 条件下加热滚动 16h 后室温观察钻井液稳定性并测试常规性能、粒度分布。见表 6。

表 6　阻垢剂对钻井液常规性能影响

钻井液体系	阻垢剂编号	表观黏度/(mPa·s)	塑性黏度/(mPa·s)	动切力/Pa	API 滤失量/mL	热滚后状态描述	D_{10}/μm
钾盐聚合物	未加样	18.0	12.5	5.5	7.2	体系稳定	1.329
	AH-7	18.5	13.5	5.0	7.4	体系稳定	1.320
	AH-10	17.2	12.5	4.75	7.6	体系稳定	0.991
硅基防塌	未加样	14.5	11.5	3.0	6.0	体系稳定	0.802
	AH-7	12.0	10.0	2.0	5.6	体系稳定	1.020
	AH-10	15.0	11.0	4.0	5.6	体系析出水分	0.652
镶嵌屏蔽	未加样	30.7	18.5	12.2	5.0	本系稳定	1.316
	AH-7	28.5	20.5	8.0	5.6	本系稳定	1.349
	AH-10	18.5	13.5	5.0	5.2	体系析出水分	0.705

表 6 数据显示，阻垢剂 AH-7 与钻井液配伍性良好，加入钻井液加热滚动后体系仍保持稳定均一状态，黏度、切力、API 滤失量变化较小；而阻垢剂 AH-10 加入钻井液加热滚动后，对镶嵌屏蔽钻井液黏度、切力影响较大，两项数值下降较为明显，同时该剂的加入影响了硅基防塌和镶嵌屏蔽钻井液体系稳定性，出现分层、析出水分现象。在粒度分布方面阻垢剂 AH-7 对钻井液固相粒度分布几乎无影响，而阻垢剂 AH-10 进入钻井液后，各个体系 D_{10} 均降低至 1μm 以下，表明该剂具有较强分散作用，使得钻井液细分散固相含量增大、增加了劣质固相污染储层的风险。

2.2　阻垢封堵剂合成

在以苯乙烯、丙烯酸丁酯单体为原料，采用乳液聚合法合成成膜剂过程中加入优选的阻垢剂 AH-7，维持聚合条件至反应结束，形成不同阻垢能力的阻垢封堵剂 PS-Ca-A 和 PS-Ca-B。

2.2.1　阻垢封堵能力评价

将合成的阻垢封堵剂加入钻井液中，90℃ 条件下加热滚动 16h 后测试对滤失量的影响，而后压制滤液与地层水按照最大结垢比例混合，90℃ 养护 24h，测试阻垢率。见表 7。

表 7　阻垢封堵能力评价

钻井液体系	试样	API 滤失量/mL	HTHP 滤失量/mL	阻垢能力	
				$V_{地层水}:V_{滤液}$	阻垢率/%
钾盐聚合物	常规成膜剂	4.6	11.6	1∶9	0
	PS-Ca-A	4.6	11.7		88.7
	PS-Ca-B	4.8	12.0		93.5
硅基防塌	常规成膜剂	4.2	13.2	3∶7	0
	PS-Ca-A	4.2	13.4		100
	PS-Ca-B	4.4	13.8		100
镶嵌屏蔽	常规成膜剂	4.3	10.6	7∶3	0
	PS-Ca-A	4.4	10.6		84.6
	PS-Ca-B	4.5	11.0		93.3

表 7 数据表明，阻垢封堵剂 PS-Ca-A 对常规成膜剂封堵性能几乎无影响，API 滤失量和 HTHP 滤失量均无较大变化，但在钾盐聚合物和镶嵌屏蔽钻井液中阻垢率不足 90%，因此阻垢剂 PS-Ca-A 只适用于硅基防塌钻井液体系。阻垢封堵剂 PS-Ca-B 对封堵性能虽然有一定影响，但仍可控制在设计要求内（设计要求 API 滤失量 ≤5mL，HTHP 滤失量 ≤15mL），且阻垢率可达

90%以上，因此 PS-Ca-B 适用于钾盐聚合物和镶嵌屏蔽钻井液体系。

2.2.2 动态结垢损害程度评价

将合成的阻垢封堵剂加入钻井液中，90℃条件下加热滚动 16h 后，分别按照本文构建的动态结垢程度评价流程进行岩心渗透率损害率评价。评价结果见表 8。

表 8 岩心渗透率损害率评价结果

污染流体构成			污染前			污染后			岩心渗透率损害率/%
$V_{地层水}$	滤液		突破压力/MPa	平衡压力/MPa	油相渗透率/($10^{-3}\mu m^2$)	突破压力/MPa	平衡压力/MPa	油相渗透率/($10^{-3}\mu m^2$)	
	滤液类型	$V_{滤液}$							
1	钾盐+PS-Ca-B	9	0.0425	0.04	22.99	0.054	0.042	21.90	4.74
3	硅基+PS-Ca-A	7	0.057	0.055	16.72	0.073	0.056	16.35	2.21
7	镶嵌+PS-Ca-B	3	0.046	0.03	30.69	0.056	0.031	29.58	3.62

表 8 数据显示，将合成的阻垢封堵剂加入钻井液中后，压制的滤液与地层水混合后，岩心渗透率损害率可控制在 5%以内，具有较好阻垢能力。

3 现场实验

在枣园/王官屯油田进行了 2 口井阻垢封堵剂 PS-Ca-A 现场实验。结果表明，技术与钻井液配伍性良好，钻井液黏切稳定、滤失量降低，钻进过程顺利，未发生与技术相关事故复杂，进一步降低了高盐易结垢储层损害。下面以官 1608-33 井为例介绍现场试验情况。

官 1608-33 井位于渤海湾盆地王官屯油田官 1608-30 断块，是一口二开定向井，目的层枣Ⅲ油组，平均孔隙度 14.3%，平均渗透率 46.5mD，地层水为氯化钙型，总矿 36812mg/L，属于低孔低渗高盐易结垢储层。试验数据见表 9。

表 9 技术实施前后钻井液岩心渗透率恢复值评价结果

试样	污染前			污染后			动态滤失量/mL	岩心渗透率恢复值/%
	突破压力/MPa	平衡压力/MPa	油相渗透率/($10^{-3}\mu m^2$)	突破压力/MPa	平衡压力/MPa	油相渗透率/($10^{-3}\mu m^2$)		
技术实施前钻井液	0.05	0.042	21.92	0.06	0.057	15.81	6.2	72.1
技术实施后钻井液	0.043	0.043	16.03	0.062	0.046	15.14	4.8	88.2

表 9 数据表明，阻垢封堵技术应用后，钻井液渗透率恢复值可达到 88.2%，具有良好储层保护效果。

跟踪官 1608-33 井生产数据，本井设计日产油 7t，实际初期日产油 19.3t，超出设计 12.3t，储层保护效果得到了生产数据支撑。

4 结论与建议

(1) 钻井液侵入高盐易结垢储层，与地层水混合后，引发无机垢结垢损害造成油流通道堵塞，在枣园/王官屯油田此类堵塞会引起的岩心渗透率损害率高于 8%，甚至高达 25.8%，在开展储层保护工作中应予以足够重视。

(2) 本文研究的阻垢封堵剂是在暂堵技术基础上的一种多功能化尝试，室内阻垢率达到 90%以上、岩心渗透率损害率控制在 5%以内，现场实验也取得了较好效果，岩心渗透率恢复值达到 88.2%，试验井初期日产油超出设计 12.3t，可在高盐易结垢储层进行推广。

(3) 本文研究的结垢损害程度评价方法应持续优化，比如污染流体选择、结垢时间、结垢温度以及结垢压力的模拟等方面与真实情况仍存在差异，数据对保护技术选择的指导作用还需进一步加强。

(4) 本文开展的研究仅涉及了侵入钻井液与地层水形成无机垢引发损害的问题，在实际储层保护技术工作中，侵入钻井液可引发多种损害，但目前业内研究较少，究其原因可能在于主要损害因素和次要损害因素的关注度存在差异，建议在做好暂堵前提下，投入精力解决侵入钻井液损害控制问题，更进一步提高钻井液储层保护能力和效果。

参 考 文 献

[1] 徐同台，熊友明，等，保护油气层技术[M]. 北京：石油工业出版社，2016：79-82.

[2] 田巍，邓瑞健，刘云华，等，钻井液对海相储层伤害及产能的影响[J]，科学技术与工程，2022，22(1)：129-135.

[3] 王宇飞，砂岩储层伤害机理及模拟模型研究[D]. 成都：西南石油大学，2015：8-9.

[4] 王亚娟，砂岩储层的伤害诊断技术与伤害解除对策研究，成都：西南石油大学，2005：7-11.

[5] 汪伟英，陶杉，黄磊，等，煤层气储层钻井液结垢伤害实验研究[J]. 石油钻采工艺，2010，32(5)：35-38.

[6] 苏延辉，王巧智，易飞，等，钻井过程储层无机垢损害的时空尺度数值模拟及应用[J]，科学技术与工程，2024，24(3)：1014-1020.

[7] 陈军，马玄，岳前升，等，沁水盆地清水钻井液对煤储层损害机理[J]. 煤矿安全，2014，45(11)：68-71.

[8] 岳前升，邹来方，蒋光忠，等，煤层气水平井钻井过程储层损害机理[J]. 煤炭学报，2012，37(1)：91-95.

[9] 王洋洋，刘庆旺，范振忠，等，油田常用阻垢剂的研究进展[J]. 石油化工，2021，50(11)：1222-1228.

[10] 凌革，李张洁，李宁博，等，油田开发用绿色阻垢剂的研究进展[J]. 油田化学，2022，39(3)：564-570.

[11] 冷一欣，聚天冬氨酸的合成和应用研究[D]. 南京：南京工业大学，2005：21-22.

[12] 王霄正，环保型水基钻井液降粘剂研究[D]. 北京：中国石油大学(北京)，2021：1-2.

潜山奥陶系地热资源酸压改造工艺研究与应用

闫　钰[1]　郭树召[1]　蔡晴琴[1]　张宝立[2]　杨　杨[1]　刘　宁[1]

（1. 中国石油大港油田公司石油工程研究院；2. 中国石油大港油田地热开发公司）

摘　要　天津地区位于华北平原，拥有丰富的地热资源，自上世纪80年代起已经完成了多个区域的地热资源勘查。本文介绍了天津地区丰富的地热资源及其地质背景，聚焦于潜山奥陶系储层地热资源的高效开发方法——酸压改造技术，介绍了国内外在碳酸盐岩储层酸压改造技术方面的研究进展，描述了酸压工艺实现裂缝面凹凸体自支撑的技术原理，讨论了具有较好的溶解能力、缓蚀性能和环境友好性的复合有机酸和胶凝酸体系。以X1井为例，详细介绍了酸压改造工艺的应用。通过对潜山奥陶系地热井X1井的详细的地质分析和工程设计，利用封隔器分层+缓速酸酸压改造储层，显著提高了地热井的产量和效率。施工参数符合率100%，注入总液量341m^3，施工最高油压36MPa，最大排量5.4m^3/min。通过施工净压力拟合获得裂缝动态尺寸和酸蚀缝长，下部65~70号层动态缝长86.7m，缝高63.4m，导流能力30~40D·cm；上部52~63号层动态缝长75.9m，缝高57m，导流能力30~50D·cm。并通过地热井降压抽水试验验证措施效果，酸压后，地热井降压抽水试验显示瞬时流量59.6~60.5m^3/h，液面145.06~162.06m，井口温度大于80℃。证明了酸压改造技术在地热资源开发中的有效性。为潜山地热资源高效开发，提供良好借鉴。

关键词　潜山碳酸盐岩；酸压；地热井

1　前言

地热资源作为一种清洁、稳定的能源，在全球范围内受到广泛关注。天津地处华北平原，地热资源丰富，具有巨大的开发潜力，上世纪80年代起先后完成了十余个区域的地热资源勘查工作。随着能源结构的调整和环境保护的要求，天津地热资源的研究与开发显得尤为重要。地热资源与油气资源在地质成因上有一定的相似性，均与地壳运动、沉积作用和热力作用密切相关。在构造位置上，天津处于Ⅰ级构造单元华北陆块北缘，纵跨了燕辽裂陷带和华北盆地两个Ⅱ级构造单元，宝坻断裂以北为基岩裸露区或浅埋区，以南即华北盆地，为新生界覆盖区，是中新生代以来的断陷、坳陷盆地，总体构造线多呈NNE向展布。如图1、图2所示。

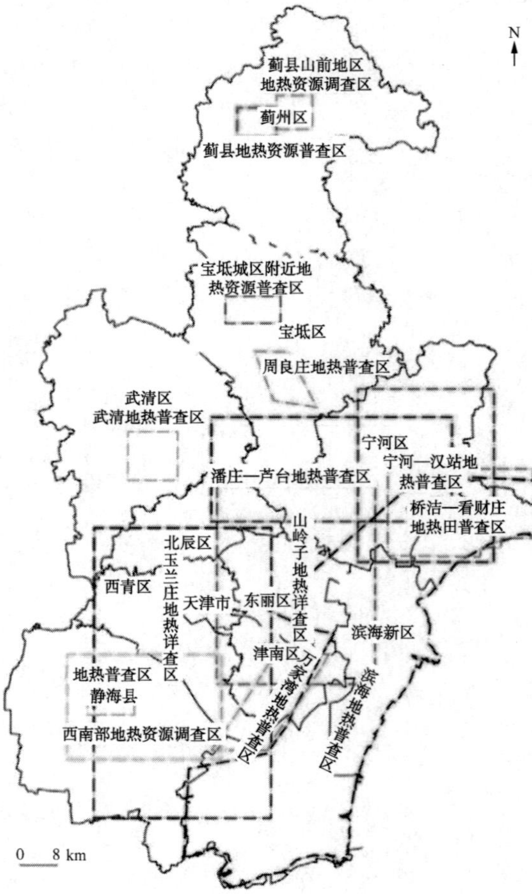

图1　天津市地热资源勘查现状图

2　酸压改造技术原理

中石油将新能源列为主营业务，打造“油气热电氢”综合性能源公司，在新能源领域部署“六大基地、五大工程”，以京津冀为地热供暖示范基地，地热业务辐射全国，目前已在华北、华东地区建成地热供暖2461万平。

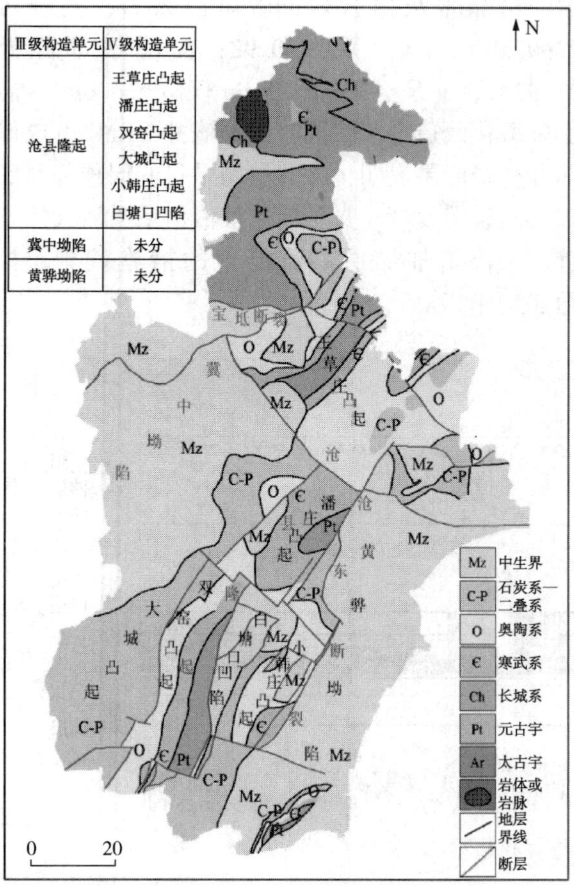

图 2　天津市基岩地质简图

地热资源开发与油气开采在技术层面有许多相通之处，酸压改造技术旨在提高储层的渗透性和产能，主要应用于酸岩反应溶蚀率较高的奥陶系碳酸盐岩储层，平均溶蚀率可达 82%。酸压改造工艺通过盐酸与碳酸盐岩储层中的方解石、白云石等矿物成分发生酸盐反应，在基质面形成大量蚓孔，提升孔喉之间的连通性，同时通过多种液体体系组合交替注入等方式，延伸储层裂缝，通过酸蚀缝面增大水力宽度，以及裂缝面凹凸体自支撑，改善储层渗流能力，从而提升资源的开采效率。酸压施工中酸液沿壁面的凹凸体非均匀刻蚀是由岩石的矿物分布和渗透性的不均一性所致。沿裂缝壁面，部分矿物极易溶解（如方解石等），而有些则难以被盐酸所溶解，甚至不溶解（如石膏、砂等）。易溶解的地方刻蚀较严重，形成较深的坑沟或沟槽，难溶解的地方保持原状。此外少数较大的岩石孔隙会首先受到过量酸液的溶蚀，使它们优先迅速增长，这时酸液大部分将进入到这些少数增大的孔隙内，迅速溶解孔隙内的岩石矿物，形成凹凸不平的岩石表面，甚至酸蚀孔道，从而进一步加重非均质刻蚀。酸化施工结束后，由于裂缝壁面的不均匀刻蚀，裂缝在多个支撑点的作用下，不能完全闭合，最终形成具有一定几何尺寸和导流能力的人工裂缝，为储层流体输出提供通道，大幅提高了储层的渗流能力。

3　酸压改造工艺研究进展

国内外数十年来针对碳酸盐岩储层进行了多种酸压改造技术的研究与实践，逐步发展形成了常规酸酸压、前置液酸压、胶凝酸/稠化酸酸压、泡沫酸分流转向酸压、乳化酸酸压等碳酸盐岩储层深度酸压工艺技术。二十世纪 90 年代以来，通过对酸液滤失控制机理的研究，研究人员在前置液酸压改造工艺的基础上发展了多级注入酸压技术，该项技术成为目前低渗油气藏改造中应用最广泛的技术。自上世纪 80 年代初，国内油田也陆续开展了前置液酸压、胶凝酸酸压、泡沫酸分流转向酸压等工艺技术的研究和应用，同时还引进了如哈里伯顿等海外技术服务公司的液体体系及增产改造技术进行实验应用，也取得了大量的实践经验。与多级注入技术相配合的液体体系也从普通酸发展到了可选用多元有机酸、胶凝酸、交联酸等各种控制滤失较好的新型酸液体系。

（1）复合有机酸：复合有机酸通常包括甲酸、乙酸、柠檬酸等多种有机酸，复合有机酸具有较强的溶解能力，可以有效地溶解碳酸盐岩和部分硅酸盐矿物；缓蚀性能较好，可以减少对井筒和设备的腐蚀；反应速率相对较慢，可有效降低酸岩反应的速率，提高酸液的穿透深度和；同时，生物降解性好，对环境的污染较小。有机缓速酸酸压体系控制滤失能力较差，适用于酸岩反应速度受表面反应控制的低温白云岩地层的酸化，与降滤酸液配合使用可应用于中温白云岩储层的酸压施工。

（2）胶凝酸：胶凝酸是酸经酸液胶凝剂稠化后形成的一种高分子溶液，属于亲液溶胶，具有很高的粘度。胶凝酸的主要技术特点是在酸化液中加入高分子聚合物（胶凝剂）后，使之成为亲液溶胶而降低 H+的扩散速度，从而降低酸岩反应速度及酸液滤失速度，增加活性酸穿透距离，达到深度酸化目的，它具有较好的缓速性能，具有粘度高、滤失低、摩阻较小、作用距离远和刻蚀能力较强的特点。胶凝酸的表面张力较低，残液易返排，具有一定的携带能力，易于将地层中的酸不溶物微粒排出。

4 酸压改造工艺应用情况

4.1 基本情况介绍

X1 井为某潜山开发井，2024 年补孔奥陶系开采，射开 2256.59~2418.09m，共 75m/17 层，其中Ⅰ类储层 9 层，厚度 54.8m，Ⅱ类储层 2 层，厚度 9.8m，X1 井主要岩性为泥晶含云灰岩、粉晶含灰白云岩、砂质白云岩；测静压 22.07MPa，压力系数 0.98；油层中部静温 91.97℃，下泵至 130m，5min 仅出水 4.0m^3，需实施酸化改造增产。同时依据该井 XRMI 电成像测井解释成果表明，该井奥陶系目的层顶部及底部天然裂缝发育，具备使用酸液体系激活天然裂缝，大幅增加储层渗流能力的措施基础。如图 3、图 4 所示。

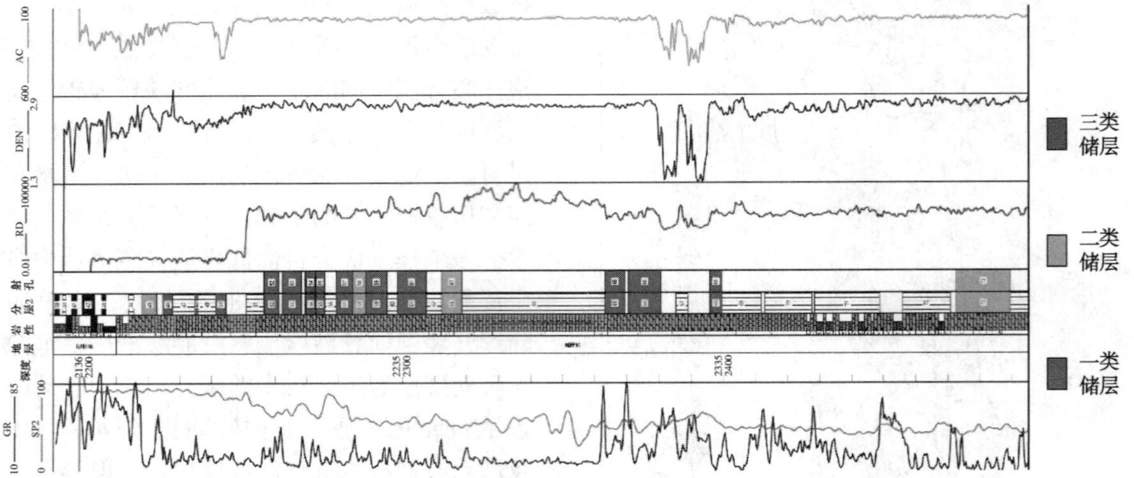

图 3 X1 井奥陶系综合测井图

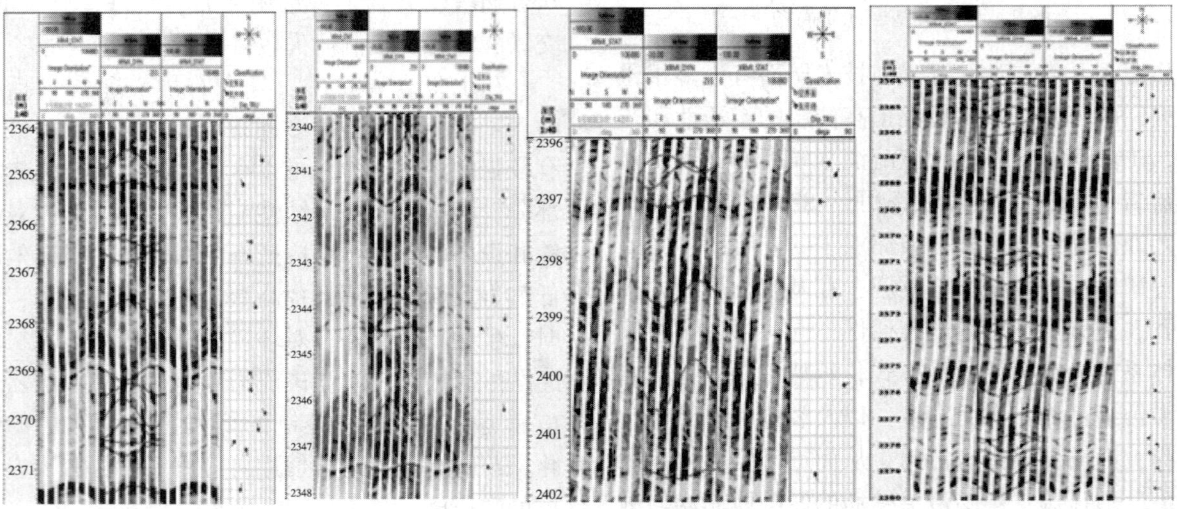

图 4 目的层 XRMI 电成像测井解释成果

4.2 主体酸选择

依据 X1 井全岩分析结果，该井目的层碳酸盐岩含量较高(22%~84%，平均 68%)，同时含硫矿物分布广泛(占总井段 17.8%)，借鉴奥陶系储层岩屑溶蚀实验经验，选择盐酸为主体酸；为避免和减少次生硫化氢的产生，优选 HCl 浓度为 15%。如图 15、图 16 所示。

4.3 措施工艺及施工参数选择

该井目的层措施井段长(75m/17 层)岩性差异大(上部奥陶系为灰岩、白云岩，下部为砂质白云岩、砂岩)，建议采用封隔器分层酸压。设计使用 N80 加厚油管+耐压差 70MPa 等级的 RTTS 封隔器及滑套组合，下入至隔层层位置，实施分段酸压改造。因上部套管抗内压强度较低(60MPa)排量受限，建议先期低排量注酸，激活微裂缝降低破裂压力，后期使用胶凝酸酸压造缝。为减缓酸岩反应速度，增大酸液作用距离，优选复合有机酸作为前置液，激活近井地带微裂缝；优选胶凝酸体系作为酸压改造液，提升溶蚀造缝能力。

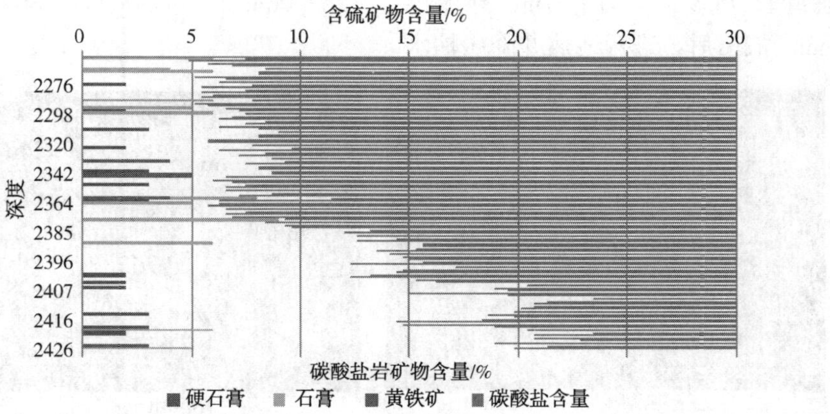

图 5　X1 井全岩分析结果

依据潜山奥陶系储层历史施工数据估算施工压力，破裂压力梯度按照 0.019MPa/m 计算，计算得到破裂压力 44.40MPa，依据套管承压能力，限定油管泵注压力 ≤45MPa，套管监测压力 45MPa，计算目标排量 $4m^3/min$。利用测井及录井解释数据，模拟酸压改造措施规模与动态裂缝长度关系，确定酸压规模设计拐点为 65~70 号层 $100m^3$；52~63 号层 $200m^3$；设计总液量 $340m^3$，其中复合有机酸 40 m^3，胶凝酸 26 m^3，顶替液 40 m^3，模拟动态缝长 ≥70m。如图 7 所示。

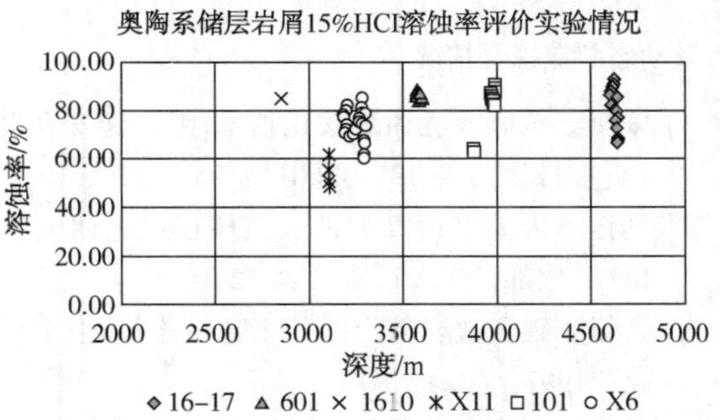

图 6　潜山奥陶系酸蚀评价结果

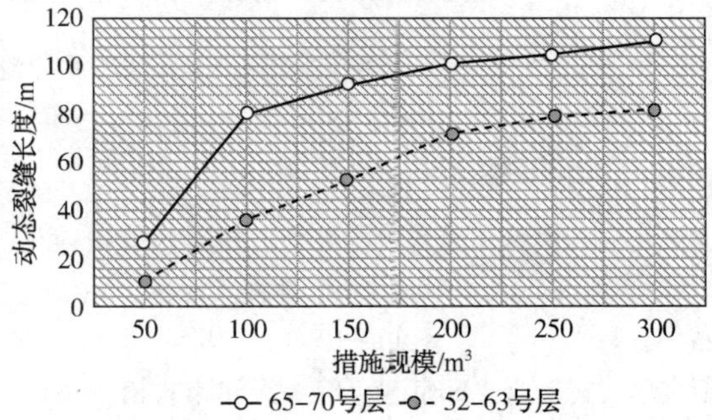

图 7　酸压改造措施规模与动态裂缝长度关系模拟

4.4　施工情况及措施效果

2024 年 3 月完成酸压现场施工，施工符合率 100%。注入总液量 341.59 方，其中复合有机酸 40.3 方，胶凝酸 259.7 方，顶替液 41.6 方。施工最高油压 36.2 兆帕，最大排量 5.44 方/分钟，套压最大压降 21.5 兆帕。如图 8 所示。

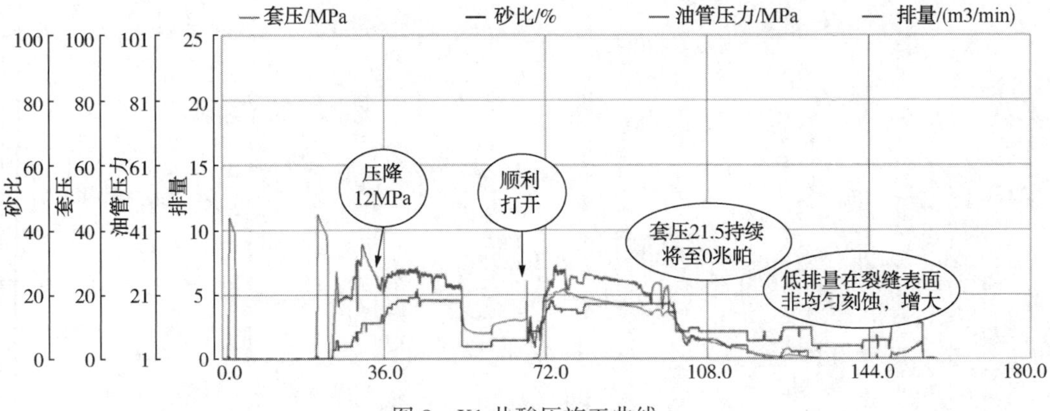

图 8　X1 井酸压施工曲线

通过施工净压力拟合获得裂缝动态尺寸和酸蚀缝长，下部 65~70 号层，动态缝长 86.7m，缝高 63.4m，导流能力 30~40D·cm；上部 52~63 号层，动态缝长 75.9m，缝高 57m，导流能力 30~50D·cm。酸压后，进行地热井降压抽水试验，瞬时流量 59.6~60.5m^3/h，液面 145.06~162.06m，井口温度大于 80℃。如图 9 所示。

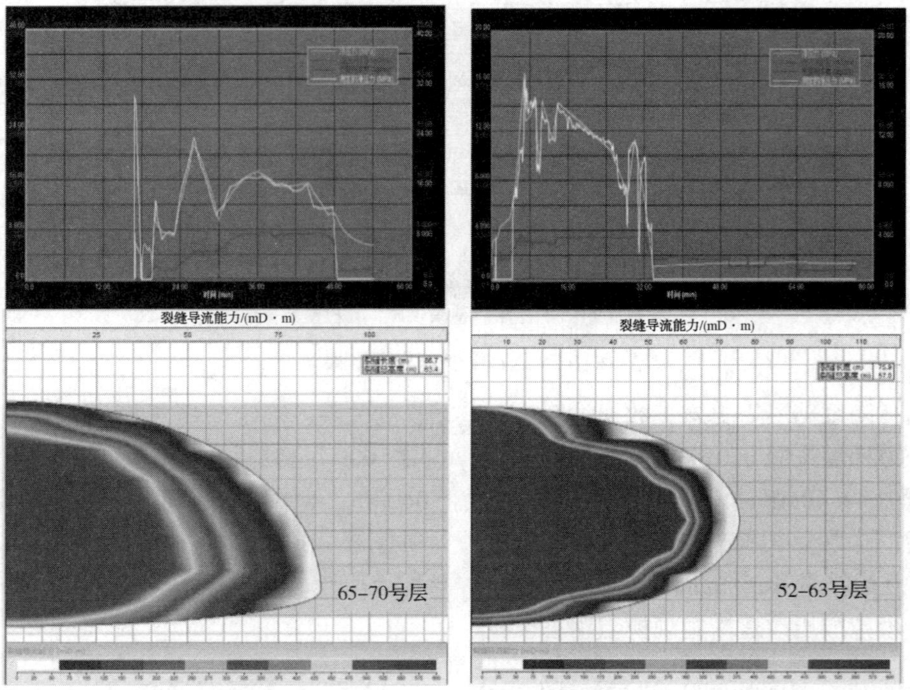

图 9　X1 井酸压后导流能力及动态裂缝拟合情况

参 考 文 献

[1] 茹洪久，刘东林，胡慧川，等．天津地热资源评价与综合研究[J]．中国地质调查，2018，5(2)：25-31.

[2] 靳宝珍，杨云霄，邱京卫，等．天津市古潜山奥陶系岩溶裂隙发育规律研究[J]．中国地质调查，2019，6(2)：94．

[3] 宋秦宁．低渗透油藏酸化技术[J]．延安大学学报(自然科学)，2013，32(01)：95.

[4] 闫钰．大港潜山高温油气藏酸压工艺研究与应用[D]．成都：西南石油大学，2016.

[5] 胥耘．碳酸盐岩储层酸压工艺技术综述[J]．油田化，1997，(02)：80.

[6] 陈赓良，黄瑛．酸化工作液缓速作用的理论与实践[J]．钻井液与完井液，2004，(01)：50.

基于油层保护的暂堵型压井液技术研究

韩　华[1]　吕志欣[1]　张　璠[2]

（1. 中国石油大港油田公司第五采油厂；2. 中国石油集团测井有限公司天津分公司）

摘　要　港西油田储层埋藏浅，地层胶结疏松，渗透率高。随着开发的不断深入，部分层位作业过程中入井液漏失严重，对储层造成了不同程度的损害，同时也造成了作业困难。在漏失井的完井与修井作业过程中，为了避免大量修井液或完井液漏失进入地层，研制了一种基于油层保护的暂堵型压井液或隔离液。本文研究了暂堵剂组成、分子结构表征及暂堵型压井液的暂堵机理，通过实验优选出适合港西油田的防漏失压井液体系，并在现场实验取得了良好的效果。

关键词　修井液；漏失；产能恢复；油层保护

1　港西油田储层特征分析

港西油田主力油组集中在明化、馆陶组，埋深小于2500m。该储层物性较好，高孔高渗，储层胶结疏松，潜在着油井出砂和漏失的难题。

1.1　储层特征

港西油田高孔高渗储层，埋深602.0～1443.6m，油层有效渗透率104～913×10^{-3}μm^2，有效孔隙度30%～32%，泥质含量5.2～21.4%。正常压力系统，压力系数0.9300～1.0000，地层温度43.0～54.7℃。

1.2　流体性质

港西油田高孔高渗储层原油具有中黏低凝的特点，油品性质较好。原油密度

为0.9122～0.9480g/cm^3，黏度为49.90～414.86mPa·s，凝固点为-21～28.5℃，含蜡量0.7～9.1%。地层水型为$NaHCO_3$，总矿化度4842～13474mg/L。

1.3　储层敏感性分析

港西油田高孔高渗储层物性好，结构疏松，储层出砂严重。在洗压井时，由于油层吸液能力强，液柱压力大于地层压力时，洗压井液容易进入油层，造成微粒运移，水化膨胀，颗粒堵塞等多种损害。敏感性分析显示，该类型储层临界流速为0.25ml/min，速敏损害程度为7.27%，速敏强度弱。明化镇胶结疏松，储层孔渗性好，颗粒随流体运移出岩心，从而渗透率逐步上升，表明该油组在高的生产压差下存在出砂问题；水敏性强，水敏伤害程度77.7%，临界盐度4800mg/L；在中等偏强的碱敏性，临界碱度pH=7。

采用普通的修井液难以有效堵漏，甚至无法建立循环，严重影响施工进度；即使采用含固相大颗粒体系实施堵漏，很容易堵死储层，作业后产量无法恢复。因此需要针对储层特征，开展暂堵技术研究，形成港西漏失井暂堵修井液配方体系。

2　防漏失修井液技术研究

2.1　增粘降滤失剂优选

增粘剂的主要作用在于调节修井液的流型，改善携屑能力。同时降低向地层的滤失量，减少由此造成的地层损害。

目前在修井液中常用的增黏剂主要是有机聚合物，比如HPAM，HPG，CMC、HEC、HPC、XC类等。室内实验结果表明，这些聚合物在3%的KCl盐水中均具有较好的增黏作用。但是CMC和HPAM作为增黏剂时，其抗二价离子能力较弱，且进入地层后不易降解，存在较大的地层损害性；HPG虽然具有较好的抗盐性，但是抗高温性能较差。因此，HPC、HEC、PAC具有较好的抗温抗盐性，但是在增黏性、降滤失性以及成本上不如XC具有优势。性能对比见表1。

表1　常用增黏剂性能对比

名称		HPAM	HPG	CMC	HEC	HPC	XC
增稠性	K^+，Na^+	+	+	+	+	+	+
	Ca^{2+}，Mg^{2+}	−	−	−	+	+	+

续表

名称	HPAM	HPG	CMC	HEC	HPC	XC
抗温能力	<120℃	70℃	<120℃	120℃	80℃	90，120℃
降解性	高温氧化、水解	高温氧化	高温氧化	高温氧化	高温氧化	氧化、细菌降解
静态悬浮性	-	-	-	-	-	+
岩心损害可能性	+	+	+	+	+	+
降失水性	+	+	+	+	+	+

由于聚合物XC具有特殊的流变性、抗温性好，滤失性能好，与其它添加剂配伍性好，损害小的优点，故室内筛选出XC作为压井液的增稠剂主剂。

表2中为不同浓度的XC在自来水中的表观黏度等数据，结果显示，XC的加入有一定的增黏作用，而且其在水中的表观黏度和塑性黏度均随着浓度的增加而增大，API滤失量随着黏度的增加而降低，当XC加量至0.6%时，滤失量可达到30mL左右。这对于一般的深井已经足够，显然这些结果和实际使用效果不符。

表2　XC加量对表观黏度等参数的影响

加量/(g/100mL)	AV/mPa·s	PV/mPa·s	YP/Pa	FL/mL
0.3	10.5	5	5.5	51.0
0.4	14.0	6	8	31.8
0.45	14.5	6	8.5	34.6
0.5	18.5	7	11.5	30.0
0.6	23.0	9	14	29.7

优选了几种抗高温降滤失剂，和XC复配后测量其增黏降滤失作用及抗高温作用，结果见表3。

表3　增黏剂和降滤失剂协同增黏降滤失效果

名称及加量	常温常压			90℃，6 h			pH
	AV/mPa·s	PV/mPa·s	FL/ml	AV/mPa·s	PV/mPa·s	FL/ml	
0.45%XC+稳定剂	17	9	25	0	0	200	7
0.45%XC+1.0%JLS-1+稳定剂	20	10	19	18	9	25	7
0.45%XC+1.0%JLS-2+稳定剂	55	30	17	41	26	17.5	12
0.45%XC+1.0%JLS-3+稳定剂	18	9	16.5	15	8	42	9

实验结果表明，所优选的3种降滤失剂和XC复配后均可一定程度上降低滤失量，综合表观黏度和降滤失程度，JLS-1可以将表观粘度从17mPa·s增加至20mPa·s，滤失量可以从25mL降低至19mL。JLS-2可将表观黏度从17mPa·s增加至55mPa·s，滤失量可以从25mL降低至17mL。通过对3组配方进行抗高温评价，结果显示3种降滤失剂的加入均能提高体系的抗温性。在90℃条件下老化6h后，黏度保持率在75%以上，但是JLS-2的加入会导致pH值呈碱性。综合考虑，选择JLS-1和XC复配作为修井液体系的增黏降滤失剂。

2.2　抑制剂优选

通过室内页岩膨胀模拟试验装置，对选定的几种抑制剂进行黏土防膨率研究分析，结果见表4、图1。

实验结果表明，所选的6种抑制剂均可达到一定的抑制黏土膨胀的效果，黏土膨胀量随着和抑制液接触时间的增加而增大，其中抑制剂YZ-1和抑制剂YZ-2在大约1.5~3 h膨胀量达到最大值，之后不再膨胀，其它四种抑制剂则在 16 h 内膨胀量保持持续增大。从表中结果可以看出，YZ-1 和 YZ-2 相对膨胀量较小，因此抑制剂 YZ-1 或 YZ-2 作为本修井液配方抑制剂的备选。

对 YZ-2 不同浓度时对膨润土的抑制性进行考察，结果如图 2 所示。

表 4　不同抑制剂页岩膨胀数据

抑制剂名称	质量浓度/%	膨胀量/mm		
		3 h	8 h	16 h
蒸馏水	–	10.56	12.71	13.28
抑制剂 YZ-1	5	4.95	5.17	5.32
抑制剂 YZ-2	5	4.58	4.96	5.05
抑制剂 YZ-3	5	3.67	5.04	5.78
抑制剂 YZ-4	5	4.97	6.88	8.24
抑制剂 YZ-5	5	3.22	4.55	5.27
抑制剂 YZ-6	5	6.21	8.17	8.63

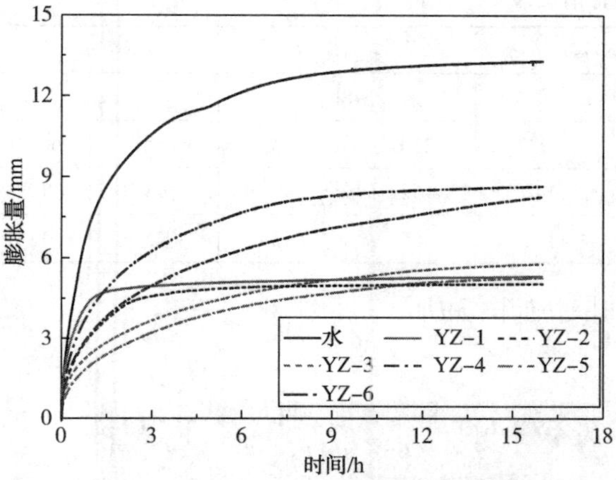

图 1　不同抑制剂页岩膨胀曲线

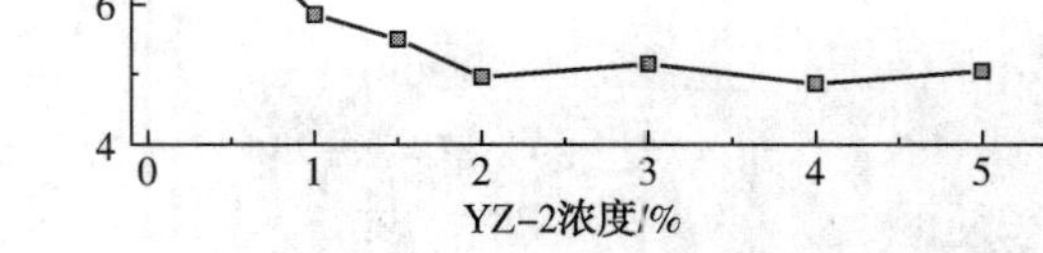

图 2　抑制剂 YZ-2 加量优化实验数据

从图中实验结果可以看出，YZ-2 加量为 0.5%时，膨润土膨胀量由蒸馏水中的 13.28 mm 降至 7.01 mm，当加量达到 2.0%时，膨胀量降至最低，之后继续增加 YZ-2 的加量，膨胀量上下波动很小，基本保持不变，因此抑制剂最佳加量为 1%~2%，具体加量视抑制剂和其它处理剂的配伍性及相互影响而定。

2.3　暂堵剂优选

大孔道封堵的重要作用在于：暂堵剂注入后能够封堵大孔道层，有效改善层间非均质性。

根据资料显示，颗粒直径 Dp 与孔吼直径之比 β，当 $\beta<3$ 时，形成外部封堵滤饼，$3<\beta<7$，时，形成内部滤饼，$\beta>7$ 时，不能建立滤饼。

$$\beta=\frac{1}{Fs}=\frac{0.95\sqrt{K}}{Dp}$$

通过堵漏模拟研究，要建立良好的封堵效果，必须控制 $\beta<3$，即形成外部滤饼。

暂堵剂优选实验数据见表 5。

表 5　暂堵剂优选实验

名称	实验 1	实验 2	实验 3	实验 4	实验 5	实验 6
防膨剂	1	1	1	1	1	1
悬浮剂	0.4	0.4	0.4	0.4	0.4	0.2
暂堵剂 1#	3	2	1.5	1	1.1	2
暂堵剂 2#	3	1	0.8	1	1.1	1
暂堵剂 3#	0	1	1	1	0	0
暂堵剂 4#	0	0	0	0.7	0	0
暂堵剂 5#	0	0	0	0	1	0.8
承压/MPa	0	0.5	0.8	1.4	2.6	2.1
备注	全漏				黏度大	悬浮时间短

实验结果显示，暂堵剂 1#、暂堵剂 2#和暂堵剂 5#的复配，其承压能力最强，且悬浮性能良好。

(1) 暂堵剂 5#砂床堵漏实验研究

目前国内外暂堵能力的评价一般采用砂床堵漏实验评价其堵漏效果。这项实验在室内采用填砂管，分别选用20~40目、40~60目、60~80目砂子，模拟漏失地层，制定了不同渗透率/孔隙半径的砂床模型，对凝胶堵漏能力进行评价。在模型中加入凝胶后施加0.7MPa压力，室温下(25℃)测试凝胶的堵漏效果。

实验数据见表6。

表6 暂堵剂1砂床堵漏实验

目数	渗透率/um²	孔隙半径/um	压力/MPa	漏失量	侵入深度
20~30	8.6	53-62	0.7	86	1
30~40	7.2	38-53	0.7	62	0.7
40~60	6.4	10-38	0.7	15	0.3

结果表明：在渗滤性漏失地层，暂堵剂5#有一定的承压和防漏失能力，但随砂床渗透率增加，凝胶侵入深度增大，防漏失能力降低，说明单一的暂堵剂防漏失适应地层渗透率不宜过高，最好与其它暂堵材料复合使用。

(2) 暂堵剂5#自降解能力实验

实验考察了暂堵剂5#在常温、50℃下不同时间的自降解情况。

实验数据见表7。

表7 凝胶降解实验情况表

凝胶黏度/(mPa·s)										
初始	8h		16h		24h		48h		72h	
	25℃	50℃	25	50℃	25℃	50℃	25℃	50℃	25℃	50℃
467	396	289	302	212	226	142	52	40	23	19
	416	294	321	226	234	153	65	42	25	18

实验结果表明，暂堵剂5#有很好的自降解性能，作业2~3天后可完全水化破胶，不伤害油层。如图3所示

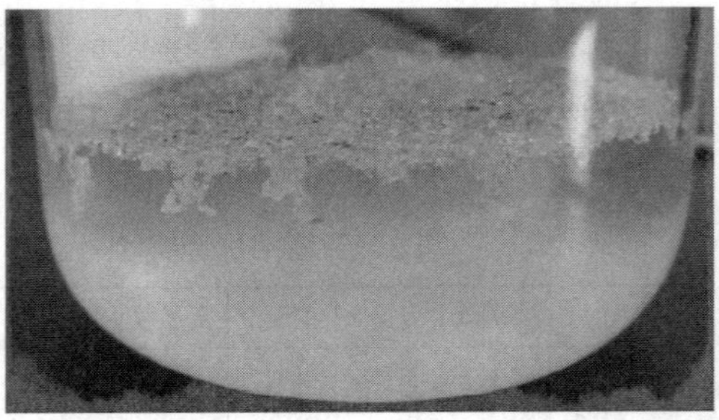

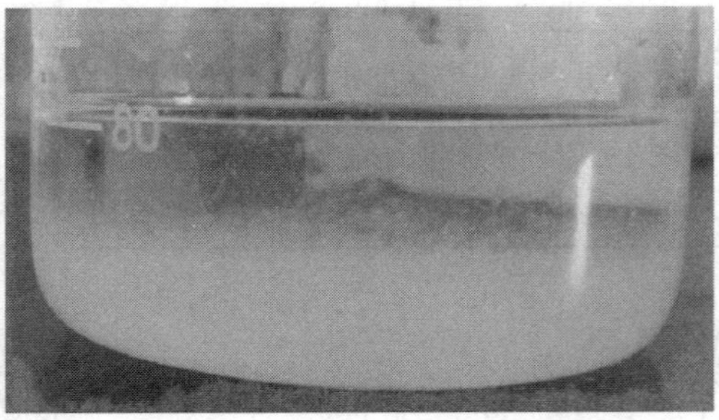

图3 暂堵剂5#降解前后

(3) 暂堵剂1#、暂堵剂2#自降解能力实验

室内对暂堵剂1#和暂堵剂2#的自降解能力进行了评价，如图4所示，放置48h后，自降解能力在50%以上，能保持良好的返排解堵效果。

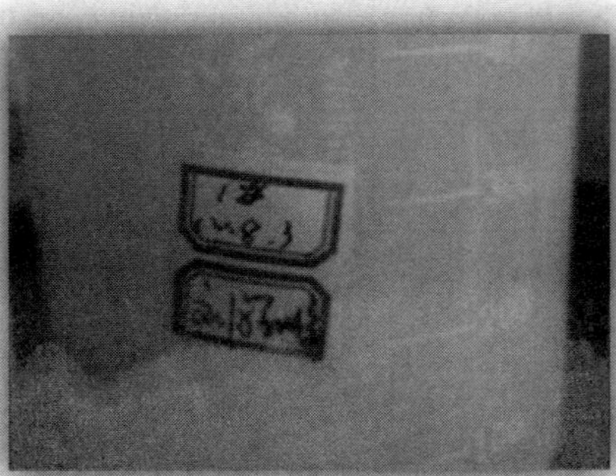

图4 暂堵剂1#和暂堵剂2#自降解性能评价

实验结果显示，暂堵剂1#、2#和5#复配使用防漏效果最好，且都能自降解，因此实验选用暂堵剂1#、2#和5#复配材料作为体系的暂堵成分。按照修井液配方配制的几组修井液，具有良好的防膨性能，其防膨率均在95%以上。

4 实施效果与前景

油层保护技术在港西油田试验25井次，总体来看，修井液技术应用效果好，成功率90%，恢复率>96%，产量恢复率高，油层保护效果好。但个别井由于储层亏空严重，导致恶性漏失，技术还需进一步研究。

参考文献

[1] 王万鹏，秦立民，张帅，等．油层保护修井液在渤海南部油田修井作业中的应用[J]．精细与专用化学品．2021，(6)．

[2] 张立新．原油性质对油井结蜡程度的影响[J]．油气田地面工程．2010，(8)

[3] 刘平德，刘承华，廖仕孟，等．新型无固相压井液的研制及性能评价[J]．天然气工业．2005，(4)

海水基压裂液研制及在非常规油气藏大型压裂中的应用

贾云鹏　田福春　杨立永　陈紫薇　王　娟　李晓娟

（中国石油大港油田公司石油工程研究院）

摘　要　为了满足滩浅海及非常规油气藏大规模体积压裂需求，研发了多元共聚超支化分子增稠剂、锆交联剂、促溶助排剂等新型添加剂，形成海水直接配制、连续混配的系列化海水基压裂液体系，耐矿化度达300000mg/L、溶胀时间2min、耐温200℃、残渣含量54.2mg/L。优化海水基压裂液连续混配流程及海上压裂设备平面布局，实现滩浅海及海上大型压裂。研究成果在大港油田浅滩海及海外市场规模推广，液体性能稳定，效果显著，可在国内外海上及滩浅海类似低渗透油藏广泛应用。

关键词　低渗透；海水；压裂液；连续混配；大型压裂

大型压裂已成为开发低渗油气田的重要技术手段。滩浅海及海上低渗油气田应用的压裂液主要采用淡水批量配制，由于作业空间有限、淡水需长途运输，存在制约压裂规模、成本高等缺点。大港油田地处渤海湾地区，自北至南有146公里海岸线，海水资源丰富、淡水资源匮乏。研发海水配制压裂液技术，可有效地节约淡水资源、降低压裂成本，实现滩浅海及海上大型压裂改造。

海水是一种非常复杂的多组分水溶液，其中含量大于1毫克/千克的有11种化学成分。对大港油田近海海域海水进行取样分析，水质化验分析结果显示（表1），其钙、镁离子含量1695mg/L，矿化度30974mg/L。

表1　大港油田近海海域海水水质分析实验结果

分析离子	Na^+、K^+	Mg_2^+	Ca_2^+	Cl^-	SO_4^{2-}	HCO_3^-	CO_3^{2-}	总矿化度
离子含量/(mg/L)	9626	1094	601	17371	2161	31	90	30974

20多年来，国内外不断探索海水配制压裂液技术，已见报道的海水压裂液主要有改性瓜胶、合成聚合物、表面活性剂三类。改性瓜胶分子为碱性交联，交联剂与海水反应产生沉淀，目前主要以添加螯合剂、屏蔽剂的方式进行改性瓜胶海水压裂液配制，但存在添加剂浓度高、成本高、配制条件要求高的缺陷；合成聚合物一般为聚丙烯酰胺体系，分子量大则溶解时间长，分子量小则溶解后粘度低，对高价金属离子敏感同时抗盐能力较差；清洁压裂液体系，稠化剂为表面活性剂，靠表面活性剂自身的低临界胶束浓度，形成可相互缠绕的长棒状胶束集合体而起到增黏作用，但普遍存在耐温差的问题。由于以上三类增稠剂配制的海水压裂液存在的问题，至今国内外未形成成熟、可现场规模推广的海水压裂液体系，已成为世界性难题。

为了解决以上问题，笔者合成新型聚合物、新型交联剂、促溶助排剂，形成可用海水直接配制、可连续混配的海水基压裂液体系，满足滩浅海及海上低渗透油藏大型压裂的需求。

1　海水基压裂液的研制

1.1　新型增稠剂研制

增稠剂在大港油田近海海域海水中溶胀实验结果表明（表2），常规聚丙烯酰胺、磺酸基聚丙烯酰胺增稠剂在海水中存在溶胀速度慢、溶胀不彻底、静置分层等问题。

表2　大港油田近海海域海水中聚丙烯酰胺类增稠剂溶胀对比实验结果

时间	常规聚丙烯酰胺1#	常规聚丙烯酰胺2#	磺酸基聚丙烯酰胺3#
搅拌3min后初始黏度及状态	无粘度	无黏度	无黏度
搅拌10min后初始黏度及状态	无黏度	3mPa·s;	23mPa·s

续表

时间	常规聚丙烯酰胺 1#	常规聚丙烯酰胺 2#	磺酸基聚丙烯酰胺 3#
搅拌 30min 后初始黏度及状态	无黏度	3mPa·s	65mPa·s
静置 4h 黏度及状态	200mPa·s	未溶胀聚合物颗粒沉在烧杯底部	100mPa·s
静置 24h 黏度及状态	半固体状态	聚合物溶液分层，底部为半固态聚合物	430mPa·s

针对以上难点问题，进行新型增稠剂的研制。由丙烯酰胺、疏水改性单体和耐盐单体等通过自由基溶液共聚法合成多元共聚超支化分子新型增稠剂。通过引入耐盐基团，提高增稠剂的耐盐性能；引入支链剂将分子线性结构变为枝型分子结构，支链上有丰富的氨基、羟基、羧基，分子表面端基富集，反应活性好，提高了增稠剂的水溶速度；引入大分子疏水单体，提高了新型增稠剂的抗温耐剪切性能。溶胀实验结果显示(表3)，多元共聚超支化分子新型增稠剂在大港油田近海海域海水中溶胀 2min 即可达到最高黏度的 90%，与改性瓜胶相比(在海水中溶胀 10min 达到最高黏度的 90%)，溶胀速度提高 80% 以上，流动性好，易形成均匀的黏稠液体，配制成的压裂液基液黏度 40mPa·s 左右，满足现场低压管线泵送的需要。

表 3　大港油田近海海域海水中新型增稠剂溶胀实验结果

时间	多元共聚超支化分子新型增稠剂	改性瓜胶
搅拌 2min 后初始黏度及状态	37mPa·s	19mPa·s
搅拌 10min 后初始黏度及状态	39mPa·s	56mPa·s
搅拌 30min 后初始黏度及状态	40mPa·s	61mPa·s
静置 4h 黏度及状态	41mPa·s	62mPa·s
静置 24h 黏度及状态	41mPa·s	62mPa·s

1.2　新型锆交联剂研制

常用硼交联剂的交联环境为碱性，与海水中钙镁离子产生沉淀，因此需选用交联环境为酸性的交联剂作为海水基压裂液用交联剂。硫酸铝、无机锆、无机钛、无机酸酯交联剂交联环境为酸性，但硫酸铝耐温耐剪切性能差，无机锆、钛交联剂腐蚀性强，现有的无机酸酯交联剂与海水配伍性差，制成的压裂液耐温性能差。研制新型交联剂，以无机锆、有机配位体(醇类、胺类、乙酰丙酮)等为主要原料，通过改变无机锆与有机配位体比例，使有机配位体提供孤对电子(如羟基上的 O，胺基上的 N)形成配位键，从而和超支化分子新型增稠剂发生络合作用，生成具有环状结构的多核络合物，达到提高海水基压裂液耐温能力的目的。该交联剂交联环境为酸性，避免与海水中钙、镁离子产生沉淀。

合成了 5 种不同的交联剂样品，在同样条件下对交联剂性能进行评价。实验结果表明(表4)，当无机锆与有机配位体比例为 3∶2 时，合成的 3#交联剂性能最好。

表 4　新型交联剂性能对比表

合成的交联剂	1#	2#	3#	4#	5#
无机锆：有机配位体	1∶1	4∶3	3∶2	2∶1	3∶1
交联环境，pH 值	3	5	5	5	4
交联性能	可挑挂	可挑挂	可挑挂	交联快，半固体状	脱水
交联时间/s	16	161	79	2	/

1.3　促溶助排剂研制

针对不同地区取得海水、采出液测定多元共聚超支化分子新型增稠剂溶解性能，实验结果显示(表5)，海水矿化度高于 40000mg/L，新型增稠剂溶胀时间长。为进一步扩大新型增稠剂适用范围，开展提高增稠剂耐盐性能的助剂研究。

表 5　不同地区海水矿化度测定结果

取水海域	矿化度/(mg/L)	黏度/(mPa·s)				
		溶胀 2min	溶胀 10min	溶胀 30min	静置 4h	静置 24h
大港油田盐池水	74780	6	12	18	21	27
东海	40199	18	24	36	45	45
南海	31629	38	40	40	42	42
东太平洋(秘鲁近海海域)	89924	6	9	18	22	24
煤层气采出液	291364	3	6	6	6	6

合成增效剂在水溶液中水解成多个个正负离子，与金属离子螯合，形成多个单体结构大分子网状络合物，松散地分散于水中，使钙、镁垢正常结晶被破坏，降低钙镁离子对增稠剂溶胀的影响，大幅提高增稠剂溶胀速度。实验结果显示(表 6)，新型增稠剂在 300000mg/L 采出液中溶胀 2min，达到最高黏度的 93%(表 6)。同时增效剂与烷基多苷进行复配，实验结果显示(表 7)，烷基多苷与增效剂配比 3：1，大幅度降低水的表、界面张力。

表 6　加入增效剂后新型增稠剂溶胀实验结果

取水海域	矿化度/(mg/L)	黏度/(mPa·s)				
		溶胀 2min	溶胀 4min	溶胀 6min	溶胀 8min	溶胀 10min
煤层气采出液	291364	40	42	43	43	43

表 7　不同浓度下不同表面活性剂表、界面张力及其生物降解率

序号	烷基多苷与增效剂比例	表面张力/(mN/m)	界面张力/(mN/m)	150℃，6h 热稳定性	
				表面张力/(mN/m)	界面张力/(mN/m)
1	5：1	23.821	0.134	23.901	0.342
2	4：1	23.831	0.136	23.904	0.343
3	3：1	23.824	0.138	23.871	0.311
4	2.5：1	24.11	0.208	24.625	0.423
5	2：1	26.366	0.234	26.541	0.602
6	1：1	29.931	1.138	29.962	1.156
7	1：2	31.201	2.843	31.602	2.956

2　海水基压裂液综合性能评价

利用研制的多元共聚超支化新型增稠剂、新型锆交联剂及促溶助排剂，形成了耐矿化度 30000mg/L~300000mg/L 的系列化海水基压裂液。本文分别针对耐矿化度 30000mg/L 的大港油田近海海域海水及耐矿化度 300000mg/L 的不同区域海水形成的海水基压裂液开展黏-温性能、破胶性能、静态滤失性能、防膨性能及储层配伍性实验。

2.1　黏-温性能

耐矿化度 30000mg/L 海水基压裂液的耐温耐剪切实验结果表明(图 1)，在 180℃、170s^{-1}条件下剪切 120min，压裂液黏度 81mPa·s，完全满足压裂施工对压裂液黏度的要求。

耐矿化度 300000mg/L 海水基压裂液的耐温耐剪切实验结果表明(图 2)，在 200℃、170s^{-1}条件下剪切 120min，压裂液黏度 58mPa·s，完全满足压裂施工对压裂液黏度的要求。

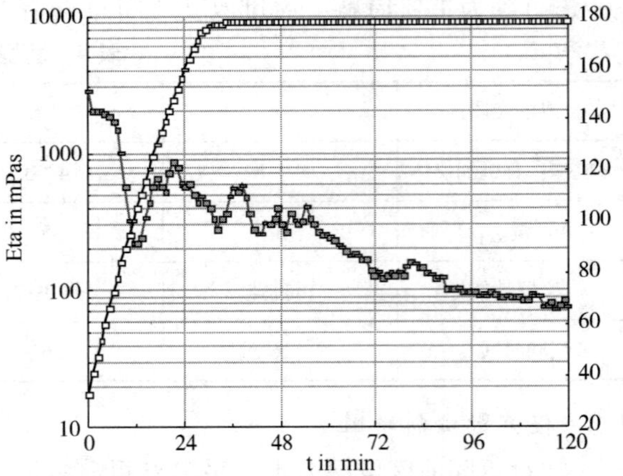

图 1　耐矿化度 30000mg/L 海水基压裂液黏温曲线

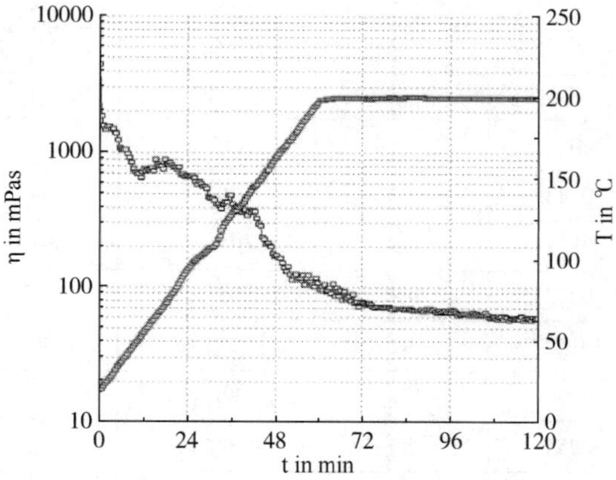

图 2　耐矿化度 300000mg/L 海水基压裂液粘温曲线

2.2　破胶性能

实验结果表明(表 8)，耐矿化度 30000mg/L 海水基压裂液破胶时间为 6 小时，破胶液见度 1.85mm²/s，残渣含量 45.3mg/L；耐矿化度 300000mg/L 海水基压裂液破胶时间为 6 小时，破胶液见度 1.87mPa·s，残渣含量 54.2mg/L，具有较高的清洁程度。

2.3　防膨性能

地层中的粘土矿物质存在于天然堆积或偶然排列于孔隙中的片晶内，被含盐的原生地层水所包围，这些盐主要是钠盐和钙盐，当矿化度低的水进入地层，稀释了原生地层水造成粘土膨胀。由于海水具有较高的含盐量，有效避免和减少了对原生地层水的稀释，使海水基压裂液具有较好的防膨性能。应用埕海油田沙二段岩屑进行海水压裂液防膨实验，实验数据显示(表 9)，海水压裂液自身防膨性能与 1%复合防膨剂溶液防膨性能相当，海水压裂液自身防膨性能好。

表 8　系列海水基压裂液破胶实验结果

系列海水基压裂液	实验温度/℃	破胶时间/(min)	破胶液粘度/(mm^2/s)	残渣含量/(mg/L)
耐矿化度 30000mg/L	180	360	1.85	45.3
耐矿化度 300000mg/L	200	360	1.87	54.2

表 9　海水基压裂液破胶液对 ZH48-82 井岩屑防膨实验

防膨剂	耐矿化度 30000mg/L 海水压裂液破胶液	耐矿化度 300000mg/L 海水压裂液破胶液	1%复合防膨剂	0.5%复合防膨剂	2%KCl
防膨率/%	86.54	88.21	87.05	78.84	82.1

2.4　岩心基质渗透率损害率

实验结果表明(表 10)，海水基压裂液对岩心基质渗透率损害率低。

表 10　海水基压裂液对岩心基质渗透率损害实验

系列海水基压裂液	原始渗透率/$10^{-3}\mu m^2$	损害后渗透率/$10^{-3}\mu m^2$	渗透率损害率/%
耐矿化度 30000mg/L	5.99	4.92	17.9
耐矿化度 300000mg/L	4.16	3.36	19.1

3　滩浅海及海上大型压裂配套技术

3.1　海水配制时期选择

在不同季节、不同时期(涨落潮)大港油田近海海域海水，测定海水矿化度及悬浮物含量，实验结果表明(表 11)，不同季节、不同时期下，大港油田近海海域海水矿化度在 29000～31000mg/L 之间。在不同条件下，当海水处于平静期时，海水中悬浮物含量较低。根据以上分析结果，压裂时选择平静期海水直接配制滑溜水、压裂液。

表 11　不同时间海水矿化度测定结果

采集时间	取样点	总矿化度/(mg/L)			悬浮物/(mg/L)		
		平静期	涨潮期	落潮期	平静期	涨潮期	落潮期
2018.3-2018.4	1-1#	29547	30125	30256	85	90	1186
	2-1#	30252	30369	29985	89	102	1069
	2-2#	30012	29001	29525	83	85	1125

续表

采集时间	取样点	总矿化度/(mg/L)			悬浮物/(mg/L)		
		平静期	涨潮期	落潮期	平静期	涨潮期	落潮期
2018.5-2018.6	1-1#	29123	29521	30001	98	115	1253
	2-1#	29863	30974	30143	87	79	1109
	2-2#	30124	30258	29852	95	105	1095
2018.7-2018.8	1-1#	30922	30026	30822	88	95	1188
	2-1#	29784	29880	30122	92	97	1156
	2-2#	29965	29847	30098	81	86	1242
2018.9-2018.10	1-1#	30142	29958	30955	85	108	1215
	2-1#	29224	30042	30142	89	97	1108
	2-2#	29105	29784	30121	75	88	1152
2018.11-2018.12	1-1#	30121	30058	29995	88	91	1200
	2-1#	29952	30102	30185	84	88	1185
	2-2#	30125	29987	29994	81	85	1197

3.2 海水基压裂液连续混配技术

结合研发的海水基压裂液增稠剂快速溶胀的特点，优选了连续混配设备，设计了滩浅海及海上现场施工的连续混配流程，并根据连续混配流程及现场设备情况进行了海上压裂船设备平面布局优化，形成了整套的海水基连续混配技术。

3.2.1 海水基压裂液连续混配性能

利用优选的连续混配撬进行压裂液基液配制试验，试验结果显示(表11)，连续混配的海水基压裂液基液黏度、交联时间、耐温耐剪切性能指标与室内实验结果相当。

表11 现场连续混配压裂液与室内试验性能对比

实验项目	现场结果	室内实验
基液表观黏度(mPa·s)	63	65
交联时间/s	41	40
耐温耐剪切能力/(mPa·s)180℃，$170s^{-1}$，120min	99	103

3.2.2 连续混配流程

常规的压裂工艺采用先配液后施工的方式，混砂车和储液罐直接连接，储液罐的容积决定着泵注液量，储液罐占用空间大，根据连续混配撬的技术参数，设计了海水基压裂液连续混配流程(图3)，平静期海水抽到压裂船上直接在连续混配撬上进行连续混配，经缓冲罐后在混砂车/撬上与交联剂混合后经泵车注入油井。大大减少了配液罐的使用，减少了设备占用面积。

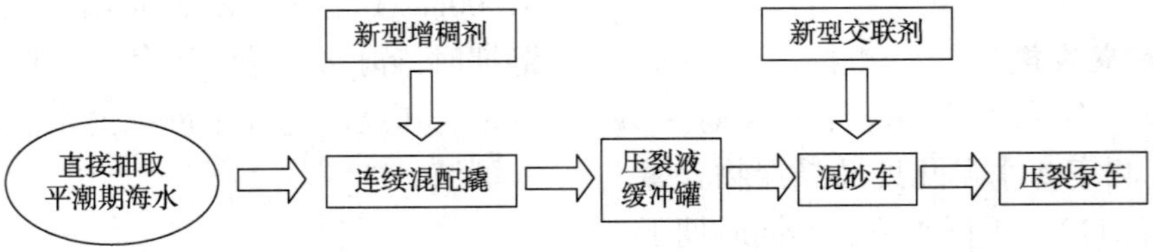

图3 连续混配流程

3.2.3 海上压裂设备平面布局

针对海上甲板空间狭小、撬装设备附件多、其配套性、稳定性较差；施工船舶、各种设备、高压管汇、大罐等设施的摆放、固定难度大，进行了设备和施工工艺配套优化(图4)，在压裂船上实行高低压分区，施工过程更加安全。

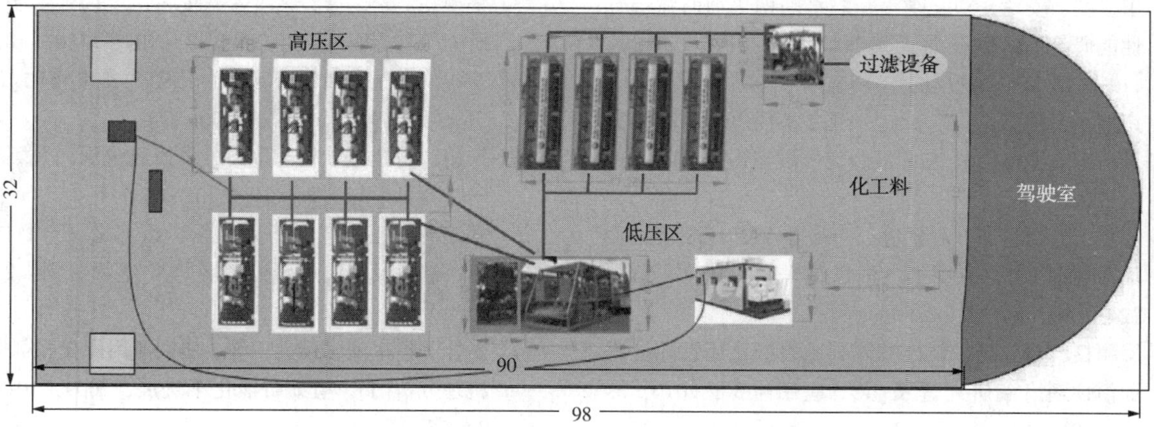

图 4　压裂船压裂设备平面布局图

4　应用情况

研发海水基压裂液体系在国内外市场应用 102 井(层)次，累计增油 10 万吨，增气 3900 万方。现场施工施工排量 4~12m^3/min，最高砂比 40%，平均加砂强度 5.34m^2/m，施工成功率 100%，现场平均降阻率 74.6%。

以 ZH54-22 井为例，该井采用海水基压裂液体系，分三段实施大型压裂，施工曲线如图 5 所示。压裂过程共泵入海水基压裂液 4505.3m^3、总砂量 327.6m^3、平均施工排量 11m^3/min。压前间开，日产油 1.7t，日产气 1200m^3；压后 5mm 油嘴，日产油 57.6t，日产气 14800m^3。

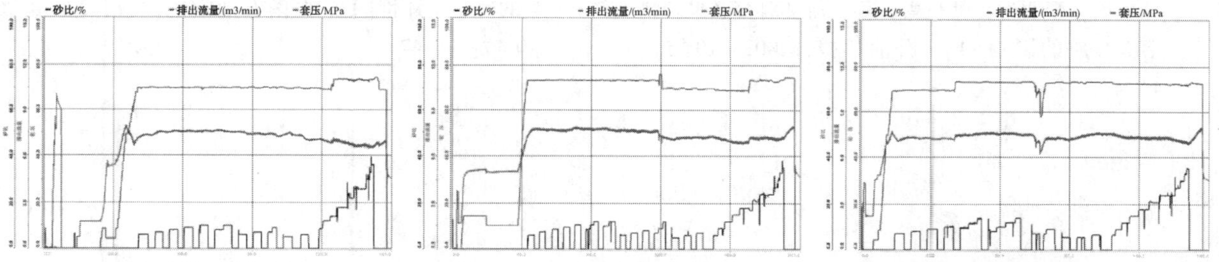

图 5　ZH54-22 井施工曲线

5　结论及应用前景

(1) 研发了多元共聚超支化分子新型增稠剂、新型锆交联剂、促溶助排剂，形成海水直接配制、连续混配的系列化海水基压裂液体系，耐矿化度达 300000mg/L，适用于不同区域海水配制压裂液。耐温 200℃，残渣含量 54.2mg/L，解决了海上配制常规压裂液成本高、海水与常规压裂液添加剂不配伍、海上及端岛作业空间受限无法实现大规模压裂等技术难点；

(2) 直接抽取平静期海水(无需过滤)配制海水基压裂液，优化连续混配流程及海上压裂设备平面布局，形成海上压裂连续混配流程，减少设备占用面积，实现滩浅海及海上大型压裂；

(3) 研究成果在大港油田滩浅海及海外市场规模推广，取得显著效果，可在国内外滩浅海及海上类似低渗透油藏广泛应用；

(4) 研究成果推广应用对建设绿色矿山、践行“两山”理念发挥了重要作用，为原油上产提供关键技术支撑。

参　考　文　献

[1] King G E. Thirty Years of Gas Shale Fracturing: What Have We Learned? [R]. SPE 133459, 2011.

[2] 江怀友，李治平，卢颖，等. 世界海洋油气酸化压裂技术现状与展望[J]. 中外能源，2009，14(11)：45-49.

[3] Charles, F. C. D. Michael. Developing Offshore Tight Gas Sands and Navigating Subsurface Uncertainty [R]. SPE 132273, 2010.

[4] Sergey S. D. Greg, et, al. First Hydraulic Fracturing Treatments Improve HPHT Well Offshore India [R]. SPE 143560, 2011.

[5] 宋爱丽，安琦，刘全刚等．海水基稠化剂的筛选与性能研究[J]．石油天然气学报，2014，1(36)：119-120.

[6] 卢拥军，陈彦东，社长虹．硼交联羟丙基瓜胶压裂液的综合性能[J]．钻井液与完井液，1997，14(6)：18-20.

[7] 赵梦云，贾自龙，赵青等．中高温 VES 压裂液用表面活性剂 NTX-100[J]．油田化学，2004，21(3)：224-226.

[8] 罗明良，赵忠扬，刘佳林等．压裂酸化用黏弹性表面活性剂溶液研究进展[J]．应用化工，2010，39(6)：913-915.

[9] 唐善法，赵成洋，田磊等．羧酸盐双子表面活性剂耐温清洁压裂液[J] 天然气工业，2016，36(6)：45-50.

[10] 皮银银，张磊，刘忠运，等．硫酸酯盐双子表面活性剂溶液流变性能研究 [J]．石油天然气学报，2011，33(6)：135-138.

[11] 杨珍，秦文龙，杨江，等．一种阳离子双子表明活性剂压裂液的研究及应用 [J]．钻井液与完井液，2013，30(6)：64-67.

[12] 林梅钦，李明远，韩飞雪，等．盐度对交联聚合物溶液性质的影响[J]．石油学报，2003，19(3)：44-46.

[13] 张炯亮，李芝藩．聚丙烯酰胺冻胶酸的制备与应用研究[J]．应用化工，2008，37(10)：1180-1181.

[14] 王中华．国内油田用水溶性 AMPS 共聚物[J]．油田化学，1999，16 (1)：122-124.

[15] 宁萌，黄鹏程．超支化高分子研究进展[J]．高分子材料科学与工程，2002，18(6)：11-15.

[16] 郑晓昱，王锦成，杨科，等．超支化聚合物的特征、制备及其应用研究进展[J]．绝缘材料，2ol1，44(1)：36-40.

[17] 王佳，怡宝安，杨文，等．压裂液用硼交联剂作用机理分析[J]．精细石油化工进展，2009，10(8)：23-26.

[18] 戴彩丽，葛继江，张贵才，等．影响锆冻胶成胶因素的研究[J]．油田化学，2001，18(3)：229-231.

[19] 任占春，张文胜，秦丽萍．有机锆交联剂 oz1 应用研究[J]．油田化学，1997，14(3)：274-276.

[20] Parris Mike，Mirakyan Andrey，Abad Carlos，et a1. A new shear - tolerant high - temperature fracturing fluid [J]. Proceedings—SPE International Symposium on OilfieldChemistry，2009，2：1041-1053.

[21] 蒋山泉，陈青萓，张红静，等．新型聚合物压裂液的研制及评价[J]．西南石油学院学报，2004，26(4)：44-47.

抗高温饱和盐水钻井液用合成酯润滑剂的创新研究

张 蔚 余加水 刘 鹏 韦西海 兰晓云

（中国石油集团西部钻探工程有限公司钻井液分公司）

摘 要 深井钻探面临高温、高盐、钻进摩阻高等难题，现有的水基钻井液润滑剂在高盐高温下效果欠佳。本文旨在研发抗220℃、抗饱和盐的水基钻井液润滑剂。通过分析常用润滑剂性能，提出研制思路，研究酚羟基对合成酯润滑性能的影响，确定最优合成方案、优选基础油、表面活性剂和极压抗磨剂，制备出满足指标要求的润滑剂，满足钻井液对润滑剂的更高需求。

关键词 抗高温；抗饱和盐；合成酯；润滑剂

深井钻探代表当今世界钻井最高水平，是石油工业上游业务的新阶段，被为“超级工程”，但面临诸多世界级难题。其中，深层钻井普遍具有高温、高盐、钻进摩阻高的特点，润滑剂在高温、高盐条件下容易吸附性能恶化、水解，降摩减阻效果不理想，影响钻井周期，威胁钻井安全。中国陆上深井地质条件复杂按地温梯度2.1～2.7℃/100m计算，8000m地层温度为：184.6～232.5℃。四川盆地海相地层发育高压盐水层按地温梯度1.8～2.8℃/100m计算，8000米地层温度为：158.6～238.4℃。现有的水基钻井液润滑剂无法在高盐度和高温环境保持良好的降摩减阻效果，为解决高盐度及深井高温环境下，因润滑剂无法吸附和水解失效而导致的水基钻井液润滑剂性能降低的问题。亟需研发一种同时具备抗220℃、抗饱和盐特性的水基钻井液润滑剂，满足“提高钻速、降本增效”要求部署下，钻井液对润滑剂性能的更高需求。

常用润滑剂抗温抗盐性能见表1。

表1 常用润滑剂抗温抗盐性能

润滑剂样品	润滑系数降低率/%220℃，16h		
	淡水浆(0. 加量)	10%NaCL(1.0%加量)	36%NaCL(1.0%加量)
标准及参数	≥80	≥60	≥50
SDXXXX	93.2	63.8	19.4
GXXXXX	90.2	65.6	14.5
RHXXXX	72.5	51.7	10.6

从国内外润滑剂技术发展情况可以看出，在近二十年间取得了长足的发展。跟随钻井工程发展的需求，在抗温和降磨减阻方面持续突破，可在200℃高温环境下润滑系数降低率达80%，但鲜少有兼具抗高温和抗饱和盐特性润滑剂的相关报道。

1 抗220℃抗和盐润滑剂研制思路

合成酯类润滑剂具有良好的高温稳定性，在高温环境下不易分解或挥发，保持稳定的润滑效果。低温流动性好，在低温条件下仍能顺畅流动，确保设备在寒冷环境下正常启动和运行。抗氧化性强，能够抵抗氧化作用，防止润滑剂变质。与复配材料的相容性好，具有良好的润滑性能，减少摩擦和磨损，同时易降解。常用润滑剂的分类及特点见表2。

表2 常用润滑剂的分类及特点

名称	详情	特点
乳液类润滑剂	采用的矿物基础油，根据化学键的差异可以分为芳香基、环烷基和直链型等类型。	基油的理化性质在该类润滑剂中的作用最为关键，直接影响到乳液膜性质；会影响和干扰地质录井的准确度。

续表

名称	详情	特点
精制矿物油类润滑剂	对加氢精制后的矿物油，不仅可以去掉会对环境产生较大危害的芳烃组分，还能提高其抗氧化性能，并避免荧光效应。	会影响和干扰地质录井的准确度。
醇醚类润滑剂	乙二醇、聚乙二醇及多元醇的改性产物等均可作为润滑剂使用。	浊点效应会影响该类润滑剂的润滑性能。
聚 α-烯烃(PAO)类润滑剂	与传统的矿物油相比，PAO 具有高粘度指数、高燃点、低挥发度等特点。	在合成基钻井液中应用较多。
酯类润滑剂	酯类化合物自身的热稳定性较高，远高于相同黏度下的矿物油。同时具备毒性较低和易生物降解等优点。	合成酯类润滑剂可根据不同的使用环境和使用需求来设计酯分子的分子结构。
植物油类润滑剂	物油没有毒性，并且具有生物降解性、可再生性好、对环境污染小或无污染、价格合理等优点。	植物油对环境污染很小，可能会是矿物油润滑剂的主要替代物。但抗温性能差，易氧化水解。

基础油的选择与考虑：(1)性能匹配。合成脂类润滑剂通常具有良好的高温稳定性和低温流动性。选择基础油时，要确保其与合成脂的性能相匹配，以充分发挥合成脂的优势。考虑基础油的抗氧化性能，与合成脂共同作用，延长润滑剂的使用寿命。(2)兼容性。确保基础油与合成脂具有良好的兼容性，不会发生相分离或化学反应。

表面活性剂的作用与选择：(1)降低界面张力。表面活性剂在润滑剂中起到降低油-金属界面张力的作用，提高润滑剂在金属表面的铺展性和附着性。这有助于形成均匀的润滑膜，减少摩擦和磨损。选择具有适当亲水亲油平衡值(HLB)的表面活性剂，以适应不同的润滑环境。对于水基润滑剂，可以选择阴离子或非离子表面活性剂。(2)抗乳化性。防止润滑剂在使用过程中与水或其他液体发生乳化。选择具有良好抗乳化性能的表面活性剂，确保润滑剂在潮湿环境下仍能保持稳定的性能。

极压抗磨剂的添加与优化。(1)提高承载能力。极压抗磨剂在高负荷条件下能够在金属表面形成一层保护膜，防止金属之间的直接接触，从而减少磨损和擦伤。考虑极压抗磨剂与合成脂和基础油的协同作用。有些极压抗磨剂可能与特定的合成脂或基础油有更好的兼容性和协同效果，可以通过实验进行筛选和优化。

水基钻井液润滑剂在金属表面吸附规律及相关润滑机理的研究，设计合成性能优良的合成酯，通过基础油、表面活性剂、极压抗磨剂优选复合，以得到抗温抗盐润滑剂。

2 酚羟基对合成酯的润滑性能影响

2.1 不同酚羟基数量合成酯的合成

取 0.01mole 油醇倒入三口烧瓶，分别与过量的 0.03mole 苯甲酸(0 羟基)、0.03mole 对羟基苯甲酸(1 羟基)、0.03mole 原儿茶酸(2 羟基)及 0.03mole 没食子酸(3 羟基)混合分别加入 50mL 二恶烷中搅拌至充分溶解。三口烧瓶接上冷凝装置，反应温度设置为 115℃，反应时间固定为 24h，反应过程中进行 N_2保护。催化剂固定为 0.05g 对甲苯磺酸和 0.05g4A 分子筛。反应结束后，产物利用旋转蒸发仪去除未反应溶剂，然后利用 $NaHCO_3$ 溶液及去离子水清洗产物 3~5 次去除未反应完的小分子酸，最后减压蒸馏去除水，得到深棕色黏稠液体。

2.2 合成酯的结构分析

利用红外光谱分析提纯后润滑剂的分子结构，采用液膜法，数据用 omnic 软件分析处理。

如图 1 所示，通过红外光谱来看，油醇与四种不同羟基苯甲酸均发生了明显酯化反应。由于苯环的空间位阻效应，油醇与不同羟基苯甲酸的酯化反应无法彻底反应。

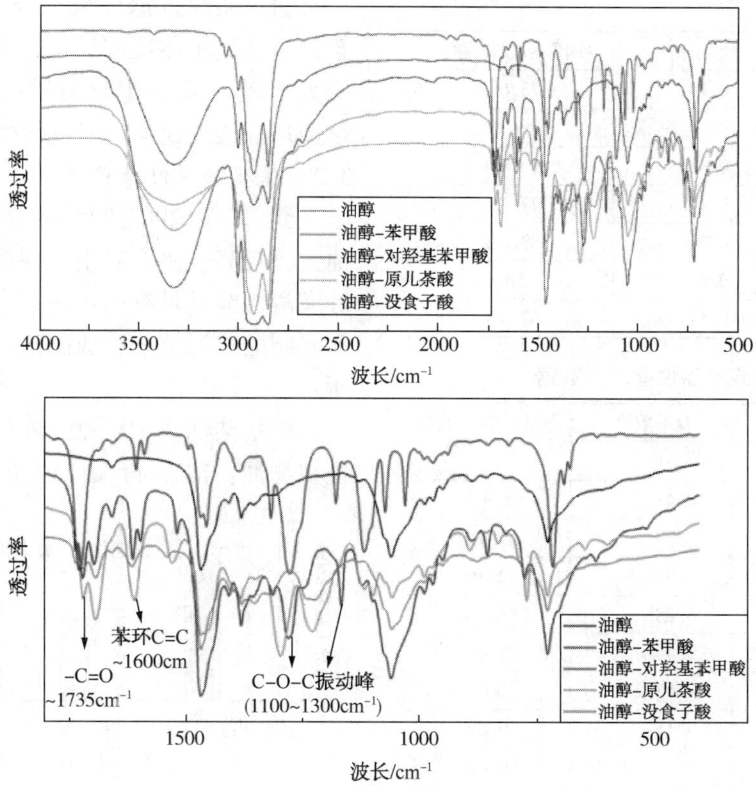

图 1　红外光谱分析

2.3　酚羟基数量对润滑剂润滑系数影响（表 3）

A 油醇；B 苯甲酸；C 对羟基苯甲酸；D 原儿茶酸；E 没食子酸

含有多个羟基基团的 C_2 和 C_3 在清水和基浆中均有良好润滑性能，说明含有多个羟基的两亲分子在金属表面形成的润滑膜具有更高的强度和抗剪切破坏性能。

表 3　酚羟基数易对润滑剂润滑系数影响评价数据

样品	EP 极压润滑系数	极压润滑系数降低率/%
4%水	0.38	0
4%水+0. A	0.11	71.05
4%水+0. A+B	0.1	73.68
4%水+0. A+C	0.12	68.42
4%水+0. A+D	0.07	81.56
4%水+0. A+E	0.08	78.95

3　抗温抗盐合成酯润滑剂的研制

3.1　合成酯的研制

通过前面研究发现，酚羟基对合成酯润滑剂润滑性能有显著提升，但是在带有酚羟基的小分子酸不易酯化，润滑剂的合成工艺需要简单可行，同时酯化产率要高。单体筛选：长链羧酸+多元醇/长链醇+多元酸。将长链羧酸和多元醇，或长链醇和多元酸置于反应容器中，加入催化剂对甲苯磺酸，150℃温度下搅拌通氮气反应 5h，酯化产物。合成方案见表 4。

表 4　合成方案

实验项	反应原料 1	反应原料 2
酯 1#	0.2mol 油酸	0.1mol 季戊四醇
酯 2#	0.2mol 油酸	0.1mol 丙三醇
酯 3#	0.2mol 油酸	0.1mol 三羟甲基丙烷
酯 4#	0.2mol 油酸	0.1mol 三乙醇胺
酯 5#	0.2mol 油酸	0.1mol 新戊二醇
酯 6#	0.2mol 油醇	0.1mol 柠檬酸
酯 7#	0.2mol 油醇	0.1mol 酒石酸
酯 8#	0.2mol 十二醇	0.1mol 柠檬酸
酯 9#	0.2mol 十二醇	0.1mol 酒石酸

配淡水基浆，加入 0. 酯化产物，在不同条件下，高速搅拌 20min，测润滑系数。

基浆配方：400mL 蒸馏水+0.6g 无水碳酸钠+20g 实验用膨润土

性能评价数据见表 5~8。

表 5　淡水浆常温性能评价数据

样品	润滑系数	润滑系数降低率
基浆	0.53	
基浆+酯 1#	0.51	3.8%
基浆+酯 2#	0.09	83.0%

续表

样品	润滑系数	润滑系数降低率
基浆+酯 3#	0.14	73.6%
基浆+酯 4#	0.11	79.2%
基浆+酯 5#	0.46	13.2%
基浆+酯 6#	0.12	77.4%
基浆+酯 7#	0.09	83.0%
基浆+酯 8#	0.22	58.
基浆+酯 9#	0.17	67.9%

表 6　淡水浆高温性能评价数据

样品	润滑系数	润滑系数降低率
基浆	0.51	
基浆+酯 1#	0.48	5.9%
基浆+酯 2#	0.09	82.4%
基浆+酯 3#	0.09	82.4%
基浆+酯 4#	0.08	84.3%
基浆+酯 5#	0.45	11.8%
基浆+酯 6#	0.13	74.
基浆+酯 7#	0.15	70.6%
基浆+酯 8#	0.1	80.4%
基浆+酯 9#	0.12	76.

表 7　盐水浆常温性能评价数据

样品	润滑系数	润滑系数降低率
基浆+36%NaCL	0.48	
基浆+36%NaCL+酯 1#	0.38	20.8%
基浆+36%NaCL+酯 2#	0.12	75.0%
基浆+36%NaCL+酯 3#	0.2	58.3%
基浆+36%NaCL+酯 4#	0.17	64.6%
基浆+36NaCL+酯 5#	0.39	18.8%
基浆+36%NaCL+酯 6#	0.16	66.7%
基浆+36%NaCL+酯 7#	0.14	70.8%
基浆+36%NaCL+酯 8#	0.3	37.
基浆+36%NaCL+酯 9#	0.28	41.7%

表 8　盐水浆高温性能评价数据

样品	润滑系数	润滑系数降低率
基浆+36%NaCL	0.45	
基浆+36%NaCL+酯 1#	0.42	6.7%
基浆+36%NaCL+酯 2#	0.11	78.4%
基浆+36%NaCL+酯 3#	0.14	72.
基浆+36%NaCL+酯 4#	0.16	68.6%
基浆+36%NaCL+酯 5#	0.39	23.
基浆+36%NaCL+酯 6#	0.17	66.7%
基浆+36%NaCL+酯 7#	0.22	56.9%
基浆+36%NaCL+酯 8#	0.15	70.6%
基浆+36%NaCL+酯 9#	0.19	62.7%

通过实验数据分析，合成方案 2#为最优方案，并经过单体比例优化，油酸和丙三醇单体比例为 1.2∶1 时，老化前后润滑性能都较好，继续增加油酸的比例，对润滑性影响不大。

3.2　基础油评价及优选

润滑剂由基础油和添加剂组成，其中，基础油占比较高，决定其主要性能。选取几种具有良好润滑性能且具有一定抗温、抗盐性能的基础油和研制的抗温抗盐合成酯进行性能测试。如图 2 所示。

生物柴油：JCY-2；改性硅油：JCY-3；改性植物油：JCY-4；白油：JCY-5

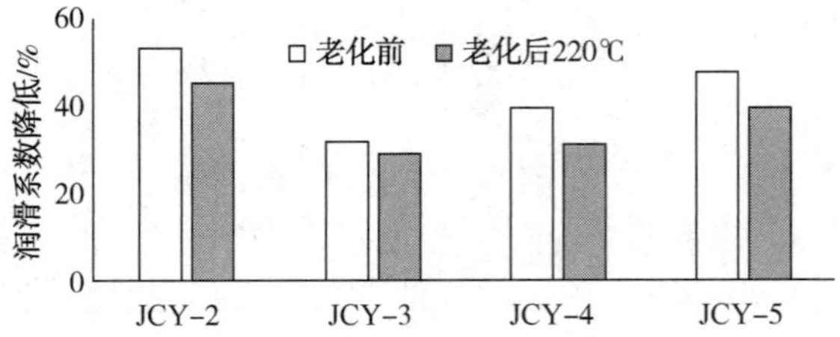

图 2　基础油分析

饱和盐浆中，老化前 JCY-2、JCY-5 润滑系数降低率分别达 53%、48%，优于其他基础油；220℃老化后其润滑性能略微下降，润滑系数降低率分别有 4、40%；但老化前后的润滑系数降低率均，接近需求目标。为实现在高温时润滑剂具有较好润滑性能，选择 JCY-2 与 JCY-5 为基础油。

如图 3 所示材料不同比例复配，对淡浆、10%盐浆的润滑性能的影响较小，对饱和盐浆润滑性能影响较大，符合需求。

3.3　表面活性剂复配优选

表面活性剂含有两性基团(极性与非极性)，既具备亲水性又具备亲油性。通过添加润滑剂使基础油能在水基钻井液中更好的溶解分散，对润滑剂性能产生影响。BM 类表面活性剂：HLB 值较低，可通过取代反应吸附于钻杆、套管上。BN 类表面活性剂：HLB 值较高，在水中不电离，不存在成键离子，不易与离子产生化学吸附，具有极强的抗盐能力。通过将 BM-1 和 BN-1 进行复合，通过调节 BM-1 和 BN-1 的配比，配制得到不同 HLB 值的乳状液：4.3、5.3、6.3、7.3、8.3，再采用高速离心法测定其稳定性。如图 4 所示。

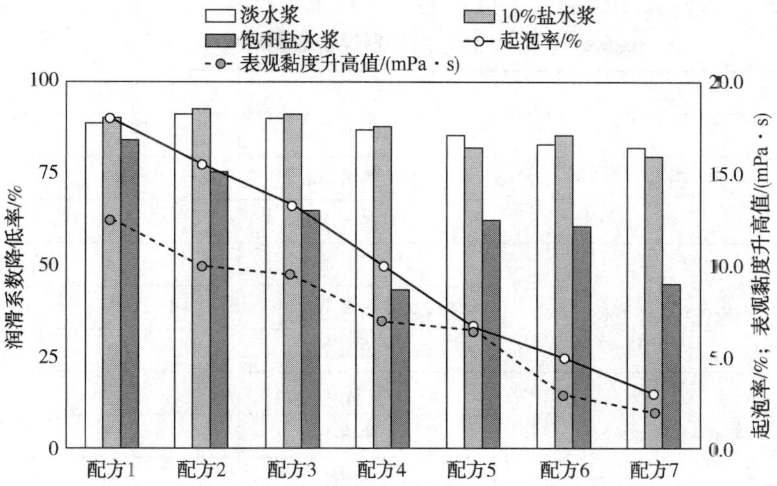

图 3　基础油复配效果

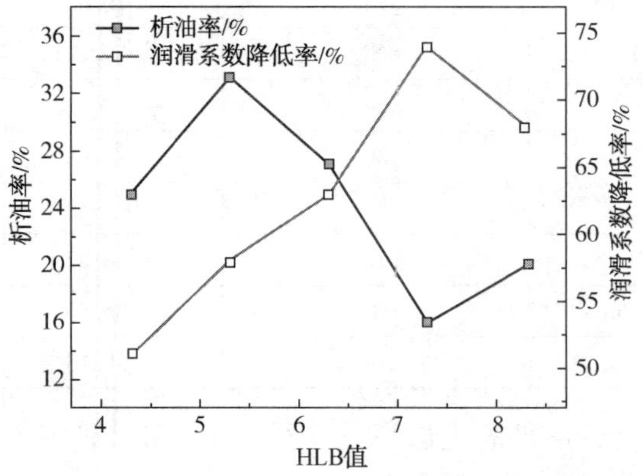

图 4　表面活性剂分析

当 HLB 值为 7.3 时，析油率最低，表明其稳定性最好。这是由于该 HLB 值的复合乳化剂可吸附形成致密的油水界面膜，具有一定的机械强度，因此液滴不易碰撞聚并。

3.4　极压抗磨剂的优选

极压抗磨剂主要应用于高速、高温和高负荷等较为恶劣苛刻的钻探环境。当负荷越高，金属表面抗磨添加剂形成的膜逐渐被破坏，可再次形成化学反应膜。选择 JYJ-1、JYJ-2、JYJ-3、JYJ-4、JYJ-5、JYJ-6、JYJ-7 进行优选。评价数据见表 9。

表 9　极压抗磨剂评价数据

序号	EP 极压润滑系数	EP 极压润滑系数降低率%
JYJ7	0.0705	86%

JYJ-3 出现严重分层，无法满足润滑剂稳定性要求；JYJ-6 起泡严重，加入淡水基浆中密度变化值大；JYJ-1、JYJ-2、JYJ-4 使自制润滑剂的润滑性能下降；JYJ-5 与 JYJ-7 性能良好，但 JCY-5 老化后起泡较严重，而 JYJ-7 密度变化值更小。因此，JCY-7 与其他极压抗磨剂相比，具有更好的稳定性和润滑性能，综合考虑，选择性能更全面的 JYJ-7 作为极压抗磨剂。

3.5　抗 220℃抗饱和盐润滑剂的制备

应用正交实验确定各原料的物料比，并确定主要因素对所制备的润滑剂的性能的影响。

做种确定润滑剂配方：92.9%（合成脂+基础油 JCY-2）+15.0%复合表面活性剂+1.3%复合极压抗磨剂（JYJ-1+JYJ-2）。

4　抗 220℃抗饱和盐润滑剂性能评价

通过表 10 可知，研制的抗 220℃抗饱和盐润滑剂在不同配方条件下均表现出了良好的性能。在常温及经过 220℃热滚 16 小时和 72 小时后，加入润滑剂的基浆润滑系数显著降低，润滑系数降低率较高。与未加润滑剂的基浆相比，降摩减阻效果明显。当基浆中加入不同浓度的氯化钠时，该润滑剂依然能发挥较好的作用。在含有 10.0%NaCl 的基浆中，加入 1.0%润滑剂后，常温及热滚不同时间的润滑系数降低率较为可观。在含有 36.0%NaCl 的基浆中，加入 1.0%润滑剂后，虽在热滚 72 小时后润滑系数降低率有所变化，但整体上仍能有效降低摩擦系数。此外，通过对不同浓度润滑剂的钻井液摩阻系数降低率进行测试，发现随着润滑剂浓度的增加，摩阻系数降低率也有所提高，当润滑剂浓度达到一定程度后，摩阻系数降低率趋于稳定。

综上所述，该抗 220℃抗饱和盐润滑剂在高温、高盐环境下具有出色的性能，能够满足钻井工程对润滑剂的需求，为深井钻探提供了可靠的　　技术支持。

表 10　润滑剂评价数据

序号	配方	润滑系数	润滑系数降低率%)	
1#	基浆	常温	56	—
		220℃热滚 16h	47	—
		220℃热滚 72h	49	—
2#	基浆+0. 润滑剂	常温	8	85.71
		220℃热滚 16h	3	93.61
		220℃热滚 72h	3	93.87
3#	基浆+10.0%NaCL	常温	52	—
		220℃热滚 16h	44	—
		220℃热滚 72h	46	—
4#	基浆+1.0%润滑剂+10.0%NaCL	常温	10	80.76
		220℃热滚 16h	13	70.45
		220℃热滚 72h	5	89.13
5#	基浆+36.0%NaCL	常温	34	—
		220℃热滚 16h	30	—
		220℃热滚 72h	23	—
6#	基浆+1.0%润滑剂+36.0%NaCL	常温	12	58.82
		220℃热滚 16h	4	86.66
		220℃热滚 72h	14	39.13

5　结语

本研究成功研制出抗 220℃抗饱和盐水基钻井液用润滑剂，为解决深井钻探中的高温、高盐及钻进摩阻高的难题提供了有效的解决方案。

通过对不同类型润滑剂的分析对比，确定了合成酯类润滑剂的研发方向，并深入研究了酚羟基对合成酯润滑性能的影响，为优化润滑剂性能奠定了理论基础。在研制过程中，经过单体筛选、基础油评价及优选、表面活性剂复配优选和极压抗磨剂的优选等一系列步骤，最终确定了性能优良的润滑剂配方。

经性能评价，该润滑剂在不同条件下均表现出了出色的降摩减阻效果，满足了钻井液对润滑剂在高温、高盐环境下的性能要求。未来，随着深井钻探技术的不断发展，抗高温、抗高盐的润滑剂将在石油工业中发挥更加重要的作用，本研究成果也将为相关领域的研究和应用提供有益的参考和借鉴。

微生物降粘增产技术在油田中的应用

金 辉[1,2] 许万利[1,2] 沈 强[1,2]

［1. 中国石油大学（北京）；2. 大庆油田有限责任公司采油七厂］

摘 要 葡萄花外围油田油藏发育较差，存在开发难、采出程度低等问题，为保证开发任务顺利完成，必须依靠有效的增产措施。特定微生物菌群能够利用原油作为唯一营养源生长繁殖，生长代谢释放出的生物制剂可高效催化原油中石蜡、沥青、胶质等长碳链组分断裂，减少大分子物质沉积，降低原油凝固点和粘度。微生物在油层生长代谢过程中产生的CO_2、N_2、H_2和CH_4等气体，能够有效地融入原油中，形成气泡膜，降低原油粘度，提高渗透率。微生物生长代谢过程产生低分子量的醇、脂肪酸、糖脂、生物表面活性剂等，能显著降低油水界面张力，改善原油的乳化性能和流动性能，产生的各类酸性物质能溶解岩石中的碳酸盐，增加孔隙度，疏通油路，提高渗透率。结合七厂区块特点及生产实际，针对部分区块原油胶质含量高、采油速度慢、采出程度低等问题，开展微生物降粘增产技术试验，探索微生物降粘增产技术的可行性。通过室内配伍性实验，优选培育特定微生物菌群，实现降粘增产的目的。目前已在葡萄花油田现场试验52口，试验后，初期平均单井日增液2.1吨、日增油1.1吨、综合含水下降9.4个百分点，平均有效期282天，单井日增油312吨，已累计增油1.63万吨，投入产出比1：3.54，实现了提高单井产量的目的，具有较好的推广应用前景。

关键词 微生物；降粘；增产；提高产量

葡萄花外围油田部分区块原油粘度高、流动性差、采油速度慢，油井易发生结蜡现象，水驱开采受到了制约，需要生产单位频繁进行化清或加药处理，给油井的日常管理增加负担。据统计，A区块2019年平均洗井周期90d，加药周期45d，化清周期60d，加药周期30d。为改善上述问题，提高单井产量，攻关了微生物降粘增产技术试验，优选了与目的层相匹配的药剂配方体系，优化了施工工艺，实现了降粘增产的效果。

1 微生物增产技术应用背景

微生物增产技术在油田中广泛应用，进入90年代以后，国内的微生物采油技术发展讯速，微生物采油机理得到逐步深入和丰富，现场应用也向多元化、规模化方向发展。国家和中石油始终重视微生物采油技术的研究，在“十一五”、“十二五”期间连续将其列为“863”科技攻关项目。从2009年开始，中国石油研究院联合多个油田和高校，重点开展了内源微生物驱技术研究，深化了微生物驱油主要机理，实现了对油藏内源微生物的定向激活和调控，在大庆、胜利、新疆油田等多个区块开展现场试验，提高采收率3~5个百分点。

微生物技术在提高原油采收率方面取得一定成效，但外源微生物在地层中的生存繁衍大多依赖营养源注入，在油藏中微生物群落结构特征无法控制，此外微生物菌种并非适应所有的油藏条件，必须经过针对性筛选才能应用，一定程度上影响了该项技术的推广。

2 微生物增产技术原理

微生物提高原油采收率工程技术涉及到复杂的生物、化学和物理过程。其作用机理主要包括以下几个方面：

（1）特定微生物菌群能够利用原油作为唯一营养源生长繁殖。微生物生长代谢释放出的生物制剂可高效催化原油中石蜡、沥青、胶质等长碳链组分断裂，降解为短碳链组分，使原油中长链组分减少，短链组分增加，减少大分子物质沉积，原油凝固点和粘度均显著降低。通过上述作用微生物不仅改善了原油在油层中的流动性，而且会使原油品质得到提高。

（2）微生物在油层生长代谢过程中产生的CO_2、N_2、H_2和CH_4等气体，能够有效地融入原油中，形成气泡膜，降低原油粘度，并使原油膨胀，带动原油流动，还可以提高地层压力从岩缝中挤出原油，提高渗透率。

(3) 微生物的生长代谢过程产生低分子量的醇、脂肪酸、糖脂、生物表面活性剂等，能显著降低油水界面张力，改善原油的乳化性能和流动性能，提高采油效果；同时生物表面活性剂会改变油藏岩石润湿性，从亲油变成亲水，使吸附在岩石表面上的油膜脱落，油藏残余油饱和度降低，从而提高采收率。

(4) 微生物产生的各类酸性物质(甲酸、丙酸、部分无机酸)能溶解岩石中的碳酸盐，增加孔隙度，疏通油路，提高渗透率。各类醇、酯、表面活性剂等有机溶剂，可以改变岩石表面性质和原油物理性质，使吸附在孔隙岩石表面的原油被释放出来，并易于采出地面。

(5) 微生物粘附到岩石表面上形成的沉积膜，能改善岩石孔隙的表面性质，使岩石表面附着的油膜更容易脱落，并有利于细胞在油层孔隙中成活与延伸，扩大驱油面积，提高采收率。

3 微生物菌群的优选及主要性能

3.1 微生物菌群的选育

以采出液为样品，进行微生物菌群优选；所选菌株必须能够以原油为唯一营养源迅速生长繁殖；具有对原油组分较强的降解、转化、利用能力；各菌株之间能够相互协同作用，促进共同生长繁殖；针对不同菌株对烷烃、环烃、芳香烃、石蜡、沥青、胶质、大分子的各自降解能力、产表面活性剂、产气、耐高温等性能特点，通过综合评估，科学构建成为功能齐全、作用目的明确、提高采油率综合效果显著的特定复合微生物菌群。

根据上述标准从不同来源含原油样品中通过现代微生物技术手段分离纯化、选育出一批优良菌株。通过对各菌株的生理生化特性和对原油石油烃类的降解、表面活性剂产生、大分子聚合物的分解能力、耐盐碱能力的分析，经过科学配伍选育出一组能够相互协同作用，共同促进生长繁殖，显著提高对原油降解、转化、利用能力的优良菌群。

3.2 微生物菌群对石油烃类物质的降解实验

石油主要包括直链烃、环烷烃、芳香烃类化合物、沥青、蜡质、大分子胶质类等，所选菌群降解石油烃类物质的能力结果见表 1、2、3。

表 1 所选菌群对石油烃类物质的降解实验结果

菌株编号	菌株类别	石油烃类降解率
Nwu1-mu	细菌	78%
Nwu2-mu	细菌	80%
Nwu4-mu	细菌	87%
Nwu6-mu	细菌	89%
Nwu11-mu	霉菌	75%

表 2 所选菌群对直链烃与环烷烃降解实验结果

菌株编号	菌株类别	直链烃降解能力	环烷烃降解能力
Nwu1-mu	细菌	++++	+++
Nwu2-mu	细菌	+++	++
Nwu4-mu	细菌	++++	+++
Nwu6-mu	细菌	+++++	++++
Nwu11-mu	霉菌	+++	++

表 3 所选菌群对芳香烃降解实验结果

菌株编号	菌株类别	芳烃降解能力
Nwu1-mu	细菌	+++
Nwu2-mu	细菌	++
Nwu4-mu	细菌	+++
Nwu6-mu	细菌	++++
Nwu11-mu	霉菌	++

实验结果表明：所选菌群对石油烃类物质均具有显著的降解能力，并符合以上规律，在实验室条件下培养七天，石油烃类物质降解率最高可达 89%。直链烃与环烷烃降解能力最强的为 Nwu6-mu，其余依次为 Nwu1-mu、Nwu4-mu、Nwu2-mu、Nwu11-mu。芳香烃降解能力最强的 Nwu6-mu，其余依次为 Nwu1-mu、Nwu4-mu、Nwu2-mu、Nwu11-mu。表明所选菌群对石油烃类物作为唯一碳源具有良好的降解利用能力，基本上达到了菌株选育的预期目的。

3.3 菌群产生表面活性剂实验

研究资料表明，石油烃类在水中会形成水油界面，微生物正是在这一水油界面上降解烃类的，降解速率与水油界面的面积密切相关。微生物对石油烃类物质的降解利用主要机制之一是由其产生的表面活性剂增大了环境中水油界面的面积并形成油水乳化，进而促进微生物对石油烃类物质的降解利用速率大大提高。因此，我们考察了复筛菌株产生表面活性剂的能力。结果见表 4。

表 4　所选菌群产生表面活性剂实验结果

菌株编号	菌株类别	溶血圈大小
Nwu1-mu	细菌	+++
Nwu2-mu	细菌	+++
Nwu4-mu	细菌	+++++
Nwu6-mu	细菌	++++
Nwu11-mu	霉菌	+++

实验结果表明：所选菌群均具有产生表面活性剂的能力，Nwu4-mu 和 Nwu6-mu 明显优于其它三株菌。这一结果与各菌株的石油烃类物质降解能力基本吻合。

3.4　菌群对聚合物类物质的降解实验

原油的胶体成分构成较为复杂，因此我们采用降解聚丙烯酰胺的能力作为菌株对聚合物类物质降解能力的指标，分别对所选菌株进行了实验考察。结果如表 5 所示。

表 5　所选菌群对聚丙烯酰胺的降解实验

菌株编号	菌株类别	降解率
Nwu1-mu	细菌	48%
Nwu2-mu	细菌	5%
Nwu4-mu	细菌	7%
Nwu6-mu	细菌	67%
Nwu11-mu	霉菌	13%

实验结果表明：所选菌株均具有对聚丙烯酰胺的降解能力，Nwu6-mu 和 Nwu1-mu 明显优于其它两株菌，聚丙烯酰胺降解率最高可达 67%。

3.5　菌群对原油大分子的降解作用

特定微生物复合菌群在以原油为唯一营养源培养 7 天后原油样品经分析检测结果如下（表 6、表 7）：

表 6　对照与处理样石蜡、沥青质、胶质含量对比

	含蜡量/%	相比对照降低率/%	沥青质/%	相比对照降低率/%	胶质/%	相比对照降低率/%
对照	20.39		2.31		7.08	
处理样品 1	15.44	24.28	2.18	5.63	5.81	17.94
处理样品 2	16.12	20.94	2.15	6.93	6.79	20.20

处理后原油样品与对照相比含蜡量分别降低 24.28%、20.94%；沥青质分别降低 5.63%、6.93%；胶质降低 17.94%、20.20%。

表 7　对照与处理样品原油组份变化对比

碳数	对照含量/%	处理样含量/%	增长率/%
C16	0.03	0.15	400.00
C17	0.15	0.44	193.33
C18	0.13	1.44	1007.69
C19	0.52	3.59	590.38
C20	1.91	5.69	197.91
C21	4.31	7.03	63.11
C22	6.20	7.63	23.06
C23	7.49	7.93	58.75
C24	0.65	0.52	-20
C25	0.58	0.47	-18.97
C26	0.52	0.39	-25
C27	0.43	0.33	-23.26
C28	0.35	0.24	-31.43
C29	5.87	4.06	-30.83
C30	4.42	3.15	-28.73
C31	3.71	2.05	-44.74

续表

碳数	对照含量/%	处理样含量/%	增长率/%
C32	2.57	1.78	-30.74
C33	2.14	1.33	-37.85
C34	1.6	1.24	-22.5
C35	1.16	0.99	-14.66
C36	0.75	0.61	-18.67
C37	7.35	7.22	-1.77
C38	7.59	6.79	-10.54
C39	7.14	6.81	-4.62
C40	7.21	5.82	-19.28
C41	6.11	5.51	-9.82

C25 到 C41 的原油组份最高降低率为 44.74%，最低降低率为 4.62%，平均降低率为 24.48%。其中 C24 至 C36 之间的原油组份降解效果更为突出。C16 到 C23 原油组分最高增加率为 1007.69%，最低增加率为 23.06%，其中 C16 到 C20 原油组分平均提高率为 477.86%，效果尤为突出。

一般来说，原油中 C4-C12 的组份为汽油，C12-C15 的组份为煤油，C16-C22 的组份为柴油。C23 以上的组份主要是蜡、沥青质、胶质等长链物质。这类物质是原油粘度增大、流动性降低的主要结构成份。该类成份通过微生物的降解转化能够形成大量短链烷烃类物质，不但能使原油粘度大大降低，流动性增强，而且能够大幅度增加原油中 C20 以下的组份，提高原油品质。

上述分析结果可以看出，所选育驯化的特定复合微生物菌群不但能够利用原油作为唯一营养源生长繁殖、新陈代谢，发挥其各类生物学功能，还能显著降解、转化原油中 C20 以上组份成为 C20 以下组份，降低原油粘度，增强流动性，提高原油品质，达到了菌种选育的标准和目的。

4 微生物菌群的主要性能测定

4.1 微生物菌群对脱水原油表面张力降低率测定

实验目的：评价不同浓度复合微生物菌群对脱水原油的表面张力降低率。

实验步骤：

a. 母液配置：浓度为 4%。取微生物菌群 10ml 置于 250ml 容量瓶中，加蒸馏水使之充分溶解，然后定容；

b. 用配置好的复合微生物菌群母液配置不同浓度的实验液 20ml，配置好后用测定原油表面张力；

实验结果：

表 8 表面张力测定结果

序号	生物制剂浓度/%	水量/mL	母液量/mL	原油表面张力/mN · m	降低率/%
0	对照	0	0	71.54	—
1	4	0	20	60.09	55.79
2	2	10	10	61.15	54.31
3	1.5	12.6	7.4	61.24	54.18
4	1	15	5	61.35	54.03
5	0.5	17.5	2.5	61.36	54.01
6	0.2	19	1	61.07	54.42
7	0.1	19.5	0.5	60.92	54.63
8	0.01	0.1%的基础上稀释 10 倍	70.60	41.10	

实验结果表明：微生物菌群能够很好的起到降低油水表面张力的效果，表面张力最低降低率的复合微生物菌群浓度为 0.1%。万分之一浓度脱水原油表面张力降低率可达 41.1%。

4.2 微生物菌群对脱水原油的降粘实验

实验目的：评价不同浓度复合微生物菌群对脱水原油的降粘效果。

实验步骤：

a. 母液配置：浓度为 4%。取复合微生物菌群 10mL 置于 250mL 容量瓶中，加蒸馏水使之充分溶解，然后定容；

b. 取脱水原油置于 50℃恒温水域锅中，使原油充分融化；

c. 用配置好的复合微生物菌群母液配置不同浓度的 15mL 实验液；

d. 按照油水比 7：3 的实验要求，取脱水原油 35mL，加入到不同浓度的复合微生物菌群溶液中，在恒温水浴锅中充分搅拌使原油和水成为单相(油水混合过程中，原油在复合微生物菌群的作用下，在水中迅速分散，静止后分层)；

e. 利用布氏粘度计测定上述样品的粘度。测定条件为 50℃、6.0rpm。

实验结果：

表 9 降粘测定结果

序号	表活剂浓度/%	水量/mL	母液量/mL	粘度/mP · s	降低率/%
0	空白	脱水原油		1596	—
1	4	0	15	102.4	93.6
2	2	7.5	7.5	187.7	88.2
3	1.5	9.4	5.6	273.1	82.9

续表

序号	表活剂浓度/%	水量/mL	母液量/mL	粘度/mP · s	降低率/%
4	1	11. 25	3. 75	452. 3	71. 7
4	0. 5	13. 15	1. 85	1143	28. 4
5	0. 1	14. 625	0. 375	1306	18. 2

微生物菌群降粘过程中，随着微生物菌群浓度的降低油水难以成为单相，但是微生物菌群能够明显增加原油的流动性。

3）微生物菌群对原油的乳化试验

实验目的：考察复合微生物菌群对原油的乳化效果。

试验方法：利用产出水和原油按照 1∶1 的比例混合，一个作为空白，另一个添加 1%复合微生物菌群。分别在常温和 45℃条件下观察。

试验结果：

a. 常温条件下的试验照片（左为加微生物菌群）：

b. 45℃条件的试验照片（右为加微生物菌群）：

图 1　实验产气情况

可以观察到微生物菌群能够起到很好的洗油效果，原油不挂壁。

由以上试验结果可以得出：添加微生物菌群后原油乳化、降粘效果明显。而且原油由黄色转变成黑色均匀分散于水中，产生这种试验现象的原因是微生物菌群能够使原油中的乳化水由油包水转化为水包油状态从而降低原油粘度增加原油在地层的流动性。

5　施工工艺设计

5.1　现场试验药剂量计算依据：

注入量计算公式：

$$V=\pi R^2\times H\times\varphi$$

式中，V 为注入液用量（m^3）；R 为处理半径（m）；H 为射开厚度（m）；φ 为孔隙度（%）

5.2　施工工艺优化

施工方式：利用泵车将复合微生物菌剂注入地层，套管段塞注入施工

（1）第一段，注入前置液（清水）。清洗管内及炮眼附近油蜡，保障微生物注入效果。

（2）第二段，注入药剂（微生物菌剂）。

（3）第三段，注入顶替液（清水）。将井筒微生物顶替至油层中。

完成注入后，为确保原油与微生物充分反应，实施闷井反应，结合生产实际建议闷井 7–10 天。

6　应用情况、效益分析及市场前景

6.1　应用情况

截止 2024 年 11 月末，在葡萄花油田现场试验 52 口，试验后，初期平均单井日增液 2. 1 吨、日增油 1. 1 吨、综合含水下降 9. 4 个百分点，平均有效期 282 天，单井日增油 312 吨，已累计增油 1. 63 万吨，投入产出比 1∶3. 54，从试验结果来看，该技术达到了降粘增油目的。

6.2　应用效果分析

6.2.1　选井依据

总体原则：选择注采完善区块，原油中含有较多的重组分如石蜡、沥青等，油层性质好，油井投产初期产量较高，由于层间、层内矛盾注水后快速水淹，导致剩余油较多，目前采出困难的井，同时储层油水井建立有效沟通，具有一定能量，保证措施后具有较好的能量补充。

6.2.2　采出液检测分析情况

a. 菌群检测

将采出井采出液样品进行细菌瓶测试，菌浓

检测结果表明：微生物菌群能够利用原油作为唯一营养源有效生长繁殖，菌群数量最高值达到原来的 273 倍。

表 10　菌群检测情况统计表

阶段	间隔时间	总菌数/(个/mL)
试验前		1.1×10^{3}
试验后	2 个月	3×10^{5}
试验后	4 个月	1.1×10^{4}
试验后	6 个月	2.0×10^{4}

b. 表面张力检测

在常温下复合微生物菌群能够较好的起到降低油水表面张力的，初期表面张力最低降低率达到 36.8%，开采 6 个月后表面张力值逐渐增大降低率减小达到 13.6%。

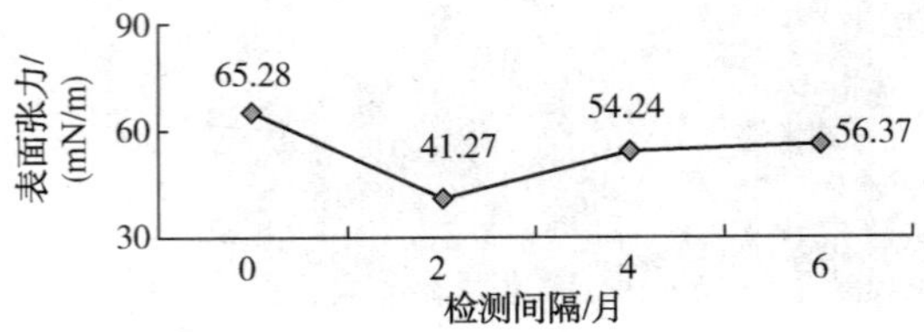

图 2　试验前后表面张力检测情况

c. 原油粘度检测

复合微生物菌群降粘过程中，初期降粘效果较好，在地层中持续周期较长，6 个月时降粘率仍维持在 34.3%。

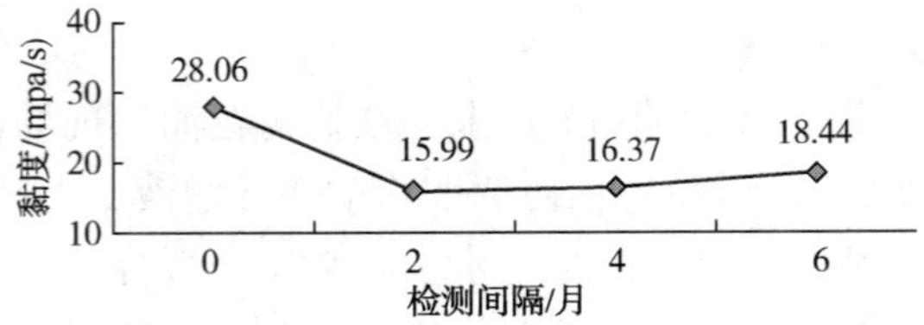

图 3　试验前后原油粘度检测情况

d. 原油含蜡、含胶检测

地层中注入微生物菌剂处理剂后，含蜡、含胶量开始逐渐降低，并且降低幅度越来越小，在 6 个月时分别达到最低值 23.5%、11.2%，8 个月时原油中蜡质、胶质含量增加，菌剂作用效果减弱。

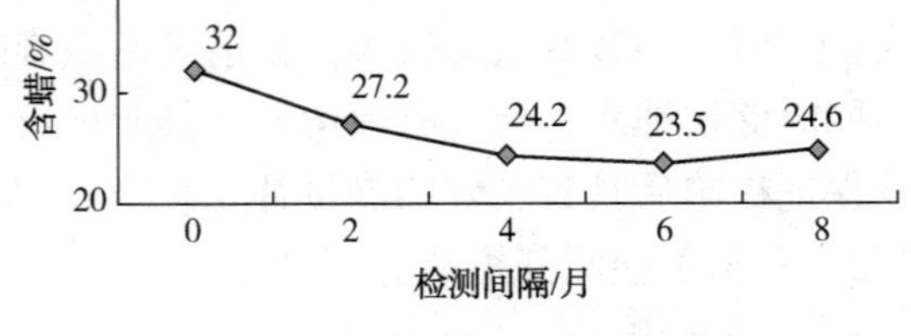

图 4　试验前后含蜡量检测情况

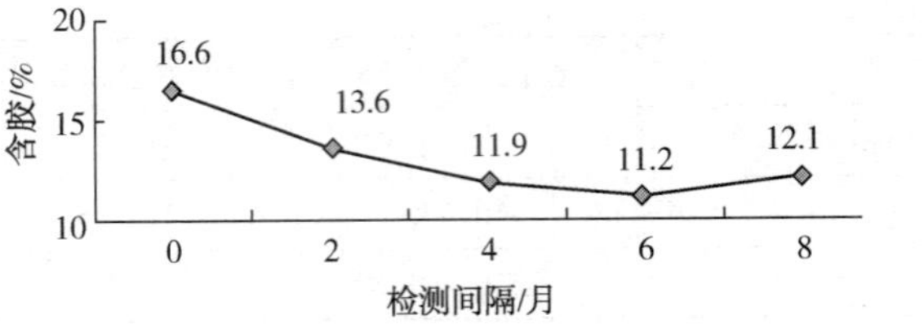

图 5　试验前后含胶量检测情况

c. 原油全烃气相色谱分析检测

试验后 2 个月原油组份含量，C1 到 C23 的明显增多，C24 以上的明显减少，表面蜡、沥青质、胶质等长链物质被有效降解并转化能够形成大量短链烷烃类物质。

试验后 4 个月原油组份含量，C1 到 C23 的继续增加，其中 C19 到 C23 的增加幅度较大；C24 以上的组份继续减少，并且变化大的主要集中在 C32 以上的组份，此时增加与较少的幅度均变缓。

试验后 6 个月原油组份含量，与 4 个月时相比较，C1 到 C23 的仍然增加，但整体变化明显变缓，C24 以上的组份仍然继续减少，变化幅度仍然变小。

检测结果表明，微生物菌群不但能够利用原油作为唯一营养源生长繁殖、新陈代谢，发挥其各类生物学功能，还能显著降解、转化原油中 C24 以上组份，并转换成为 C23 以下组份，降低原油粘度，增强流动性。

6.3　市场前景

微生物降粘增产提高单井产能技术能够解决区块原油胶质含量高、采油速度慢、采出程度低等问题，该技术与其它增产措施对比，施工成本低，占地面积小，适应性强，施工工艺技术成熟，具有较广阔的推广应用前景。

7　结论

一是该技术能够解决因原油粘度高、流动性差、采油速度慢，油井易发生结蜡现象等问题。

二是该技术成本低，是提高地层能量、原油流动性，降低油井近井地带污染堵塞，提高油井产量的经济有效手段。

三是该技术主要选取原油高粘、高含蜡、高胶质的油井，措施后增油效果明显，且作用有效期长，适用于油井产量递减快、需补充地层能量的区块井层治理。

参 考 文 献

[1] 马秀波，周开学．磁处理对原油结蜡影响机理分析．油气储运 2004，23(4)：35-39.

[2] 罗锐尼，白静．防蜡降粘增油技术现场应用效果及认识．大庆石油地质与开发．2006，增刊：59-61.

[3] 武继辉，孙军，贺志刚，喻西崇．油井清防蜡技术研究现状．油气田地面工程．2004，23(7)：14.

[4] 李树林，陈俊昌，赵炜．解决油气生产系统中结蜡的新方法．国外油田工程．2004，20(12)：17-19.

[5] 李明，杨正一，赵大壮．含蜡原油处理后流变特性的变化．油气储运．1997(3)：20~23

[6] 卢炳俊，抗石蜡析出器．油气田地面工程．2005，24(12)：59.

[7] 王明信，石蜡基原油常温集输技术研究．浙江大学硕士学位论文．2002：12-19.

[8] 惠健，凝析气藏石蜡实验研究及现场应用．西南石油学院硕士学位论文．2004：17-19.

[9] 杜新媛等．原油中蜡的沉积和影响沉积的因素及防蜡原理．新疆石油学院学报．1995，1：51-53.

[10] 敬加强，等．含蜡原油结构的存在性研究．西南石油学院学报．2001. 12：38-42.

[11] 刘涛，赵凤敏，林军章，等．胜利油田辛 68 区块内源微生物驱油现场试验[J].《石油与天然气化工》，2018，2：71-74.

[12] 王学立，陈智宇，李晓良，等．官 69 断块微生物驱油现场试验效果分析．[J]．石油勘探与开发，2005，2：107-109.

[13] 宋永亭，李彩风，曹嫣镔，等．内外源微生物复合吞吐技术在常规稠油低效井中的研究与应用．石油钻采工艺，2018，3：400-404.

[14] 刘建英，程明明，雷光伦，等．安塞特低渗油田微生物驱油室内研究及先导试验[J]．科学技术与工程，2014，12，26-30.

鄂尔多斯盆地东部盐下高抗硫化氢酸性腐蚀水泥浆体系的研究与应用

周志平[1,2]　周　宇[1,2]　杨佐英[1,2]　刘广胜[1,2]　欧阳勇[1,2]　高云文[1,2]　官臣兴[1,2]　杨　乐[1,2]

（1. 中国石油长庆油田公司；2. 低渗透油气田勘探开发国家工程实验室）

摘　要　鄂尔多斯盆地东部气田奥陶系盐下高含硫储层碳酸盐岩-膏盐岩互层发育，固井水泥环长期处在 H_2S 腐蚀环境中易导致水泥石碱性降低、渗透率增大、抗压强度下降，严重影响井筒密封性能和完整性。笔者基于室内硫化氢腐蚀气、液不同环境下水泥石的力学性能、渗透率及腐蚀产物发展规律研究，借鉴紧密堆积理论，引入孔隙率表征颗粒堆积程度，室内开展了防腐材料种类优选，在此基础上以水泥石抗压强度、渗透率和腐蚀产出物为评价目标，优选出防腐材料聚合物微球的加量为8%-12%，通过其他外加剂配伍性优化研究，形成一套适合高压高含硫气藏安全钻完井的抗硫化氢腐蚀固井水泥浆体系。室内硫化氢腐蚀模拟实验表明，该体系具有良好的抗硫化氢腐蚀特性，腐蚀60天后水泥石抗压强度仍可达20.6MPa，抗压强度衰退率仅17.62%，渗透率仅增加0.0026mD。现场试验5口井水泥全部成功返出地面，全井段封固率可达99.28%，表明所研发的抗硫化氢酸性腐蚀水泥浆体系可以满足高含硫地层的固井水泥浆需求。

关键词　抗腐蚀；硫化氢；水泥石；抗压强度；孔隙率

鄂尔多斯盆地东部气田盐下主要储层为下古生界奥陶系马家沟组碳酸盐岩地层，存在古风化壳碎屑岩层、大段膏盐层和泥质碳酸盐岩互层，其中马一段、马三段和马五6亚段等含厚度80-140m的盐岩段，马五$_5$亚段、马四段储层为晶间孔、微裂缝发育，埋藏深度2800-3000m，气侵、溢流等井下复杂风险高，一直以来被视为“禁区”的高含硫气藏，H_2S 含量可达32633.60-50130.50mg/m^3，腐蚀性强，对固井水泥石抗硫化氢酸性腐蚀要求高。

对于油气井第一保护屏障-固井水泥环，在高含硫腐蚀介质条件下，水泥石中的胶结相易被 H_2S 等酸性腐蚀介质消耗，且 H_2S 等酸性气体侵入后首先与水泥石中 Ca(OH)2 发生反应，造成水泥石中的碱性降低，生成无胶结相、体积增大的腐蚀产物，使水泥石内部出现裂纹，局部产生较大的孔隙度和较高的渗透率，甚至出现破裂，导致水泥石完整性和均质性遭到破坏。近年来国内外研究学者主要通过添加无机复配料使形成的硬化水泥石组成物质与 H_2S 反应活性大幅降低以提高水泥石抗 H_2S 腐蚀的能力；在水泥组分中掺加适量的微硅，以其极小的粒径与水泥颗粒间的良好级配作用，形成致密不渗透水泥石，从而减缓或阻止腐蚀介质进一步侵蚀；采用防气窜的水泥浆体系，防止水泥浆凝结过程发生气窜。

基于此，本文开展了室内模拟硫化氢腐蚀环境下水泥石的力学性能、渗透率及腐蚀产物发展规律研究，明确了鄂尔多斯盆地东部气田盐下马家沟组碳酸盐岩地层的腐蚀机理。以嘉华G级水泥作为水泥原材料，借鉴紧密堆积理论，引入孔隙率表征颗粒堆积程度，以水泥石抗压强度、渗透率和腐蚀产出物为评价目标，优选出防腐材料聚合物微球，通过分散剂G408FJ和降失水剂G409F1等关键外加剂配伍性优化研究，形成一套适合高压高含硫气藏安全钻完井的抗硫化氢腐蚀固井水泥浆体系，为保障高含硫气藏井筒完整性及持续安全生产提供了关键技术支撑。

1　硫化氢腐蚀水泥石机理研究

选取现场空白G级固井水泥石原样，由于试样制备过程中水泥石端面相对不平整，对其端面进行先打磨处理以减小后期抗压强度和渗透率实验误差。其中抗压强度测试试样尺寸为2.5×2.5 cm，渗透率测试试样尺寸为2.5×5.0cm。利用高温高压腐蚀仪开展水泥石在液相硫化氢环境下的腐蚀模拟实验，实验条件设定为85℃×

18MPa，其中硫化氢分压为 1.5MPa，实验环境分别为硫化氢+水环境、硫化氢气体环境，实验时间依次为 7d、18d 和 28d。

1.1 水泥石宏观形貌和微观结构变化规律

对腐蚀 7d、18d 和 28d 后的水泥石分别进行宏观形貌和扫描电镜观测，结果如图 1 和图 2 所示。从水泥石腐蚀宏观形貌可以看出，水泥石硫化氢腐蚀程度均随腐蚀龄期增加而加深，且硫化氢气相环境腐蚀程度大于液相环境，同一腐蚀龄期条件下液相环境下水泥石整体结构更为致密。通过微观形貌观察可知，硫化氢气相环境下的水泥石整体表面疏松多孔，腐蚀龄期为 7 d 时，水泥石已经出现了较为明显的腐蚀孔洞，发现了大量的粒状腐蚀产物的堆积，腐蚀龄期增加至 28 d 时，水泥石腐蚀部分变得粗糙多孔，水泥石表面呈现松散状态，已经出现裂纹。液相环境下腐蚀龄期为 7 d 时可观察到腐蚀程度相对较轻，腐蚀龄期增加至 28 d 时，水泥石结构随着腐蚀龄期延长逐渐粗糙、疏松多孔，有明显腐蚀产物堆积。

图 1　水泥石硫化氢腐蚀宏观变化(上气下液)

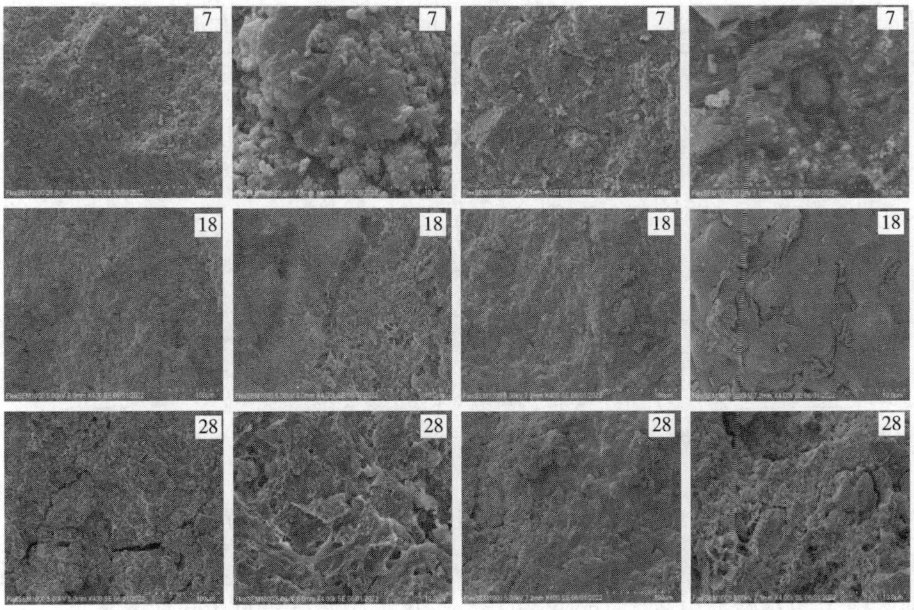

图 2　水泥石硫化氢腐蚀后微观变化(左气右液)

1.2 水泥石力学性能及渗透率腐蚀规律

水泥石抗压强度及渗透率腐蚀实验结果见表 1 所示，经过硫化氢腐蚀之后的空白水泥石抗压强度明显衰退，渗透率显著增大。相比较硫化氢气相腐蚀，硫化氢液相腐蚀对固井水泥石的腐蚀程度明显下降；气相环境下腐蚀 28 天后，水泥石的抗压强度衰退率高达 54.97%，渗透率增长至 0.0042mD，表明经过硫化氢腐蚀之后，水泥石力学性能及内部结构已经遭受严重的腐蚀破坏。

表 1　硫化氢腐蚀环境下水泥石抗压强度和渗透率测试结果

实验时间	腐蚀环境	7 d	18 d	28 d
抗压强度值	气相	36.80	29.50	22.16
	液相	37.40	31.94	25.39
渗透率值	气相	0.00	0.0028	0.0042
	液相	0.00	0.00	0.0024

1.3　水泥石腐蚀产物变化规律

1）水泥石预处理

硫化氢腐蚀 7、18 和 28d 后，取出水泥石试样并用小刀在腐蚀区域内刮取一定质量水泥石粉末，然后将水泥石粉末置于无水乙醇中静置 24h 终止水泥水化反应，之后将其置于 60℃ 真空干燥烘箱中进一步干燥至恒重，以除去水泥石粉末表面吸附的自由水，烘干至恒重之后研磨至 0.08mm 粒度以下。

2）X 型射线衍射分析

利用 X Pert PRO MPD 型射线衍射仪进一步分析水泥石腐蚀产物变化，实验结果如图 4 所示，硫化氢液相腐蚀（见图 4 紫色曲线）对固井水泥石的腐蚀程度明显弱于气相腐蚀。腐蚀龄期为 7d 时，水泥石硫化氢气相腐蚀后的物相主要包括 Ca(OH)2 晶体、水化硅酸钙凝胶 C-S-H 和部分未水化硅酸三钙 C_3S 和硅酸二钙 C_2S，水化产物中没有发现明显的腐蚀产物衍射特征峰，但硫化氢液相腐蚀产物中显出更多的水化硅酸钙衍射特征峰，衍射角 32-36°之间的馒头峰即为水化硅酸钙凝胶衍射特征峰。腐蚀龄期为 18d 时，水泥石腐蚀程度进一步加深，未水化硅酸钙 C_3S 和 C_2S 含量降低，已观察不到较为明显的特征衍射峰，且水泥水化产物 $Ca(OH)_2$ 晶体特征衍射峰强度变弱，水泥水化产物中出现了钙矾石的特征衍射峰（约 15.8°处），表明水泥水化反应与硫化氢腐蚀同步进行；腐蚀龄期为 28d 时，水泥石试样中 $Ca(OH)_2$ 晶体特征衍射峰已基本不可见，腐蚀较为严重，与前面水泥石力学性能及渗透率腐蚀规律研究结果一致。

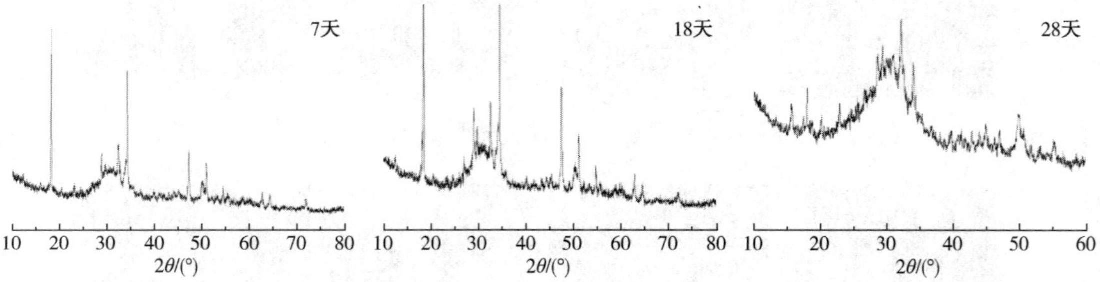

图 3　气相环境下水泥石硫化氢腐蚀后物相 XRD 分析结果

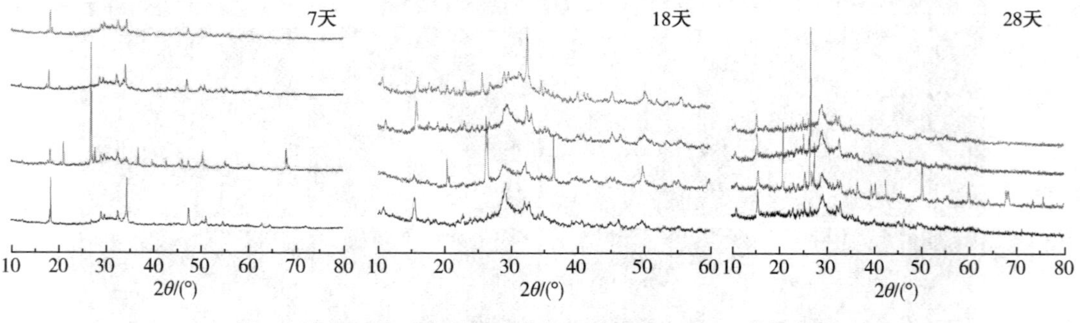

图 4　液相环境下水泥石硫化氢腐蚀后物相 XRD 分析结果

3）TG-DTG 热重分析

已有文献资料表明分解温度小于 100 ℃的热失重部分对应于水泥石样品中的表面自由水及物理结合水，100-260℃ 对应于水泥石样品中水化硅酸钙凝胶 C-S-H 受热分解，300～450℃ 对应于水泥石中水化产物 $Ca(OH)_2$ 受热分解。因此水泥石样品在预处理完成后，采用 DSC823 TGA/SDTA85/e 型热分析仪对样品进行腐蚀分析，实验结果见表 2 所示。

整体上水泥石试样中 C-S-H 和 $Ca(OH)_2$ 含量均随腐蚀龄期延长而呈现下降趋势，即部分 C-S-H 和 Ca(OH)2 晶体被腐蚀，胶结物质减小，片层状晶体含量下降，这与水泥石力学性能及渗透率腐蚀规律中水泥石抗压强度相应降低相吻合，结合前述扫描电镜检测结果可知，水泥石结构变得粗糙、疏松多孔，整体呈现松散状态。但与硫化氢气相腐蚀不同的是，同一腐蚀龄期及水泥石试样，液相腐蚀后水泥石中C-S-H和Ca$(OH)_2$含量高于硫化氢气相腐蚀，即硫化氢气相条件下对固井水泥石的腐蚀作用强于液相条件，这与XRD、SEM、抗压强度及渗透率等实验结果相吻合。

表2 C-S-H和Ca$(OH)_2$含量随腐蚀龄期的变化

腐蚀环境	腐蚀7d		腐蚀18d		腐蚀28d	
	C-S-H/%	Ca(OH)$_2$/%	C-S-H/%	Ca(OH)$_2$/%	C-S-H/%	Ca(OH)$_2$/%
气相	0.9521	3.0090	0.4991	2.6446	0.2126	1.7806
液相	1.9407	2.9750	1.6482	2.2471	1.1827	1.9424

1.4 水泥石硫化氢酸性腐蚀机理分析

在井下H_2S以潮湿的气体（气相腐蚀环境）和水溶液（液相腐蚀环境）这两种的形式存在，不同环境下水泥石硫化氢腐蚀程度均随腐蚀龄期增加而加深。由于水泥石中的胶结相易被H_2S等酸性腐蚀介质消耗，且H_2S侵入后首先与水泥石中Ca$(OH)_2$发生反应，造成水泥石中的碱性降低，生成无胶结相、体积增大的腐蚀产物，使水泥石内部出现裂纹，局部产生较大的孔隙度和较高的渗透率，甚至出现破裂，导致水泥石完整性和均质性遭到破坏。但不同环境下水化产物腐蚀速率存在差异性，同一腐蚀期下，气相腐蚀后的物相Ca$(OH)_2$晶体含量明显高于液相腐蚀，水化硅酸钙凝胶C-S-H和部分未水化硅酸三钙C_3S和硅酸二钙C_2S含量明显低压液相腐蚀。当腐蚀龄期达到28 d以上时，水泥石试样中Ca$(OH)_2$晶体特征衍射峰已基本不可见，表明水泥石抗压强度等力学性能及内部结构遭受严重的腐蚀破坏，渗透率明显增加。

基于此，笔者所在团队借鉴紧密堆积理论，提出加入惰性防腐材料形成抗腐蚀水泥体系，引入孔隙率表征颗粒堆积程度，利用惰性防腐材料在水泥石孔隙间充填聚合物薄膜或凝胶粒，使水泥石渗透率降低，提高耐侵蚀能力。

2 抗硫化氢腐蚀水泥浆体系配方研发

2.1 防腐蚀剂优选

1）种类优选

选取具有高抗硫酸盐型的嘉华G级水泥作为水泥原材料，以抗压强度和流动度为评价指标，优选评价聚合物微球（改性纳米二氧化硅，平均直径211.6nm）、环氧树脂和硅麦酸盐三种抗硫化氢防腐剂，实验结果见表3所示。现场前期实践应保障水泥浆流动度不低于20cm，且初凝时间过长和抗压强度过低都会影响后续井筒质量。因此综合考虑虑流动度、初凝时间、抗压强度等因素情况下，优选聚合物微球做为抗硫化氢防腐剂。

表3 不同防腐蚀剂对流动度及抗压强度影响

防腐蚀剂加量/%	流动度/cm	初凝时间/min	24h抗压强度/MPa
4%聚合物微球	18.0	145	29.71
8%聚合物微球	20.0	168	27.15
12%聚合物微球	23.0	182	23.18
4%环氧树脂	19.0	156	28.46
8%环氧树脂	21.0	171	25.29
12%环氧树脂	25.5	196	22.49
4%硅麦酸盐	20	160	26.34
8%硅麦酸盐	23.5	191	24.88
12%硅麦酸盐	26.0	212	20.16

2）加量优选

由于水泥浆稠化形成水泥石过程中固相颗粒的堆积聚集具有随机性，因此以水泥石孔隙率和渗透率为评价指标，开展不同聚合物微球加量优选实验，实验结果见图5所示。水泥石孔隙率和渗透率均随着防腐蚀剂加量呈现先下降后上升的趋势。由于聚合物微球粒径远小于常规水泥熟料颗粒，在一定范围加量下，纳米防腐蚀剂颗粒可以有效充填于水泥颗粒孔隙之中，从而细化水泥石孔径、改善孔径结构分布，水泥石孔隙度和渗透率随之降低。当防腐蚀剂加量过多（>14%）时，水泥浆在高速拌浆过程中引入大量空气，使得硬化后水泥石中存在大量孔隙，因而其孔隙率和渗透率随之增大。因此优选防腐蚀剂聚合物微球加量最佳范围为8%-12%。

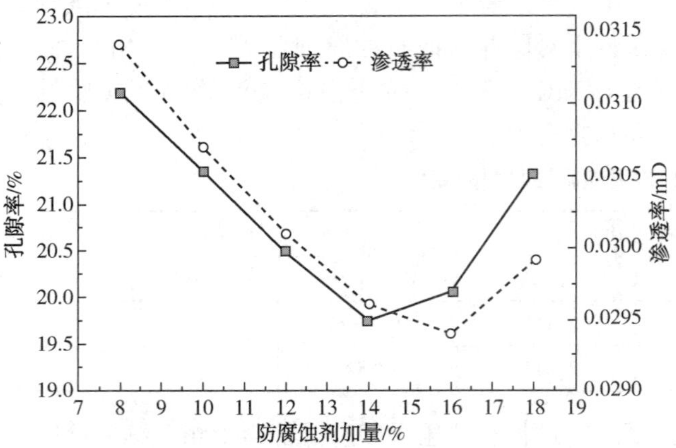

图 5　不同防腐蚀剂加量下水泥石孔隙率和渗透率测定结果

2.2　外加剂优选

以流动度、失水量为评价指标，室内优选现场水泥浆常用分散剂 G408FJ 和聚乙醇类降失水剂 G409F1 的最佳加量。实验结果如图 6 所示，当分散剂 G408FJ 加量大于 1.0%时，水泥浆流动度均大于 20.0cm，当加量大于 1.2%时流动度超过了 24cm，因此分散剂 G408FJ 的最优加量为 0.4%－0.8%。当降失水剂 G409F1 加量大于 1.3%时，其失水量小于 50.0mL，完全满足现场施工要求，但考虑稠度影响，降失水剂 G409F1 的最优加量范围确定为 1.3%-1.5%。

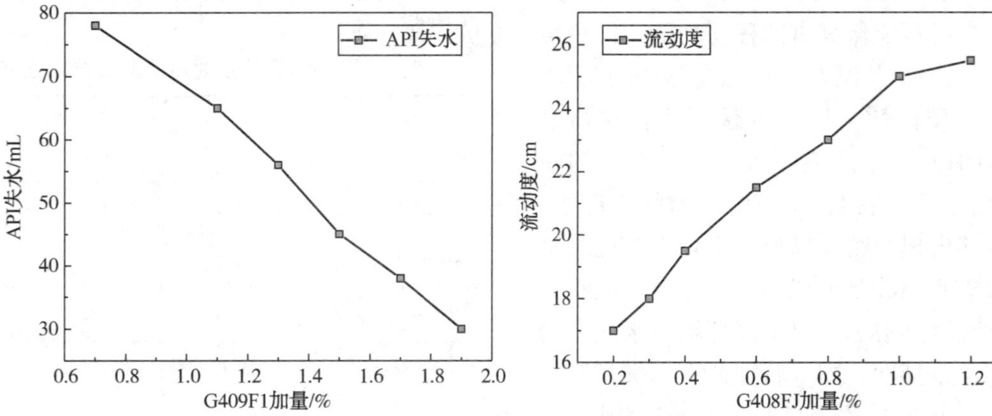

图 6　分散剂 G408FJ 和降失水剂 G409F1 加量优选实验结果

2.3　体系配方确定

借鉴紧密堆积理论，经过防腐蚀剂、外加剂优选，最终确定了防腐蚀剂和外加剂的种类及最优加量范围，即抗硫化氢腐蚀水泥浆体系配方：嘉华 G 级水泥+防腐蚀剂－聚合物微球（8%－12%）+分散剂-G408FJ(0.4%-0.8%)+降失水剂 G409F1-(1.3%-1.5%)，水灰比：0.44。

3　抗硫化氢腐蚀水泥石性能评价

选取抗硫化氢腐蚀水泥浆体系配方：嘉华 G 级水泥+防腐蚀剂-聚合物微球(0%、8%、10%、12%)+分散剂－G408FJ（0.8%）+降失水剂 G409F1-(1.3%)，水灰比：0.44。

对其相应水泥石标记为 1#：固井水泥石原样；2#：防腐水泥石样品(8%聚合物微球)；3#：防腐水泥石样品(10%聚合物微球)；4#：防腐水泥石样品(8%聚合物微球)。

3.1　抗压强度测试

评价结果表明，较硫化氢气相腐蚀，硫化氢液相对固井水泥石的腐蚀程度明显下降。经过硫化氢气相腐蚀之后的水泥石抗压强度呈现明显衰退，腐蚀 60 天后，水泥石的抗压强度衰退率高达 54.97%。2#、3#和 4#水泥石抗压强度衰退率分别为 20%、38%和 29.77%，2#水泥石抗腐蚀性能最佳。

3.2　渗透率测试

实验结果结果见表 4 所示，腐蚀龄期高于 18d 后，仅仅 2#水泥石渗透率为 0mD，表明 2#水泥石的耐腐蚀性能最优。

表 4　水泥石硫化氢腐蚀渗透率变化情况

试样	腐蚀环境	原始渗透率/mD	腐蚀 7d 渗透率/mD	腐蚀 18d 渗透率/mD	腐蚀 28d 渗透/mD
1#	气相	0	0	0.0028	0.0042
	液相	0	0	0.0026	0.0034

续表

试样	腐蚀环境	原始渗透率/mD	腐蚀 7d 渗透率/mD	腐蚀 18d 渗透率/mD	腐蚀 28d 渗透/mD
2#	气相	0	0	0	0.0026
	液相	0	0	0	0.0024
3#	气相	0	0	0.0029	0.0035
	液相	0	0	0.0027	0.0029
4#	气相	0	0	0.0032	0.0038
	液相	0	0	0.0031	0.0032

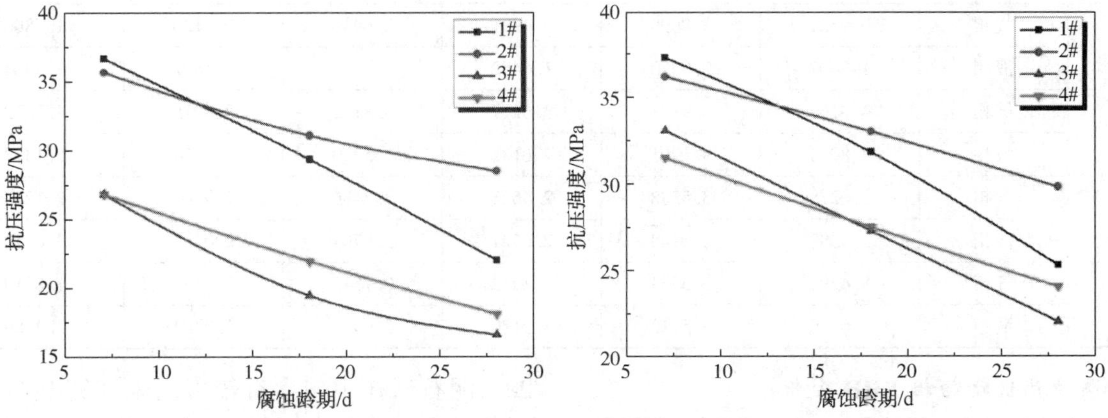

图 7　水泥石试样硫化氢相腐蚀后抗压强度变化情况(左气右液)

3.3　腐蚀产出物微观结构及组分分析

实验结果结果见图 8 所示，硫化氢气相腐蚀条件下，1#、2#、3#和 4#水泥石微观结构均随腐蚀龄期的延长而越发疏松多孔，腐蚀龄期为 7 天时，水泥石整体表面较为致密，且存在大量片层状、团簇状和辐射状的水泥水化产物 C-S-H 和针棒状的 AFt；腐蚀龄期为 18 天时 1#、3#和 4#水泥石表面开始出现细小裂缝，腐蚀龄期增加至 28 d 时，仅有 2#水泥石断面结构边缘仍旧存在些许未被腐蚀的水化硅酸钙凝胶。

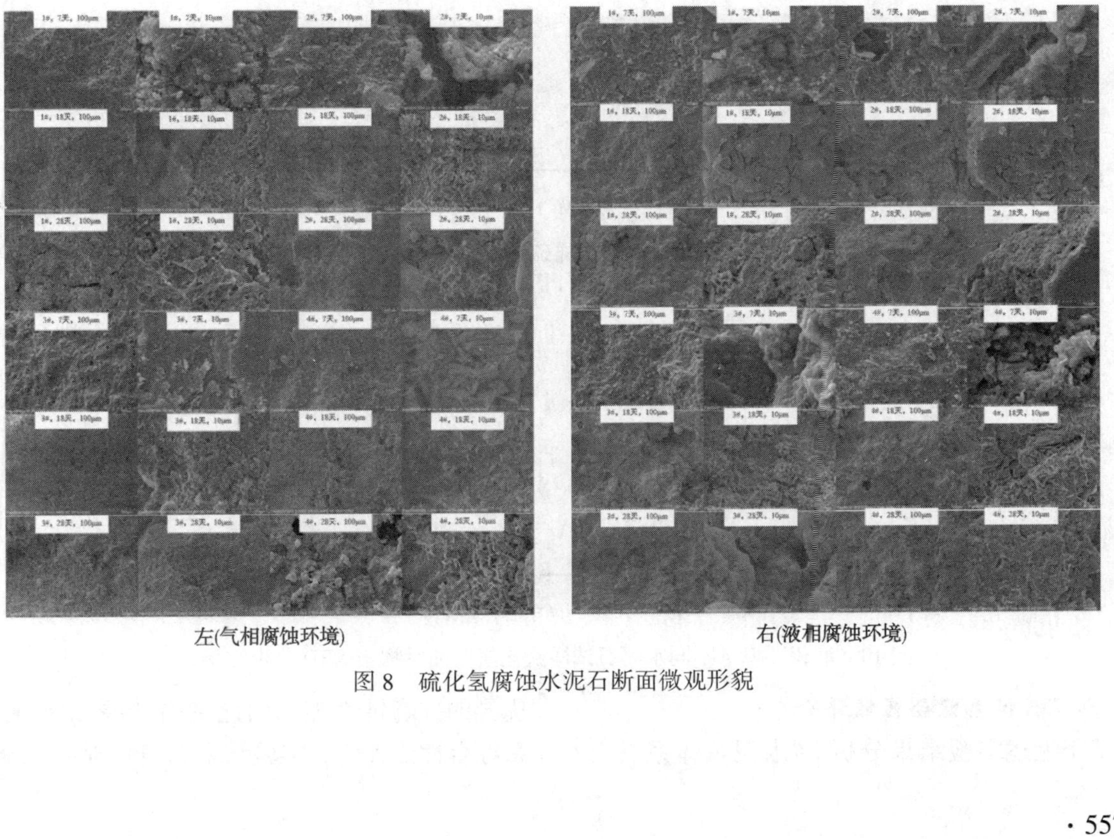

左(气相腐蚀环境)　　右(液相腐蚀环境)

图 8　硫化氢腐蚀水泥石断面微观形貌

3.4 腐蚀产出物物相 TG-DTG 分析

硫化氢气相腐蚀后水泥石物相 TG-DTG 分析测试实验结果见表 5 所示，不同水泥石试样 C-S-H 和 Ca(OH)2 含量均随腐蚀龄期延长而呈现下降趋势，即部分 C-S-H 和 $Ca(OH)_2$ 晶体被腐蚀。同一腐蚀龄期，2#水泥石试样中 C-S-H 和 Ca(OH)2 含量最高，而 1#水泥石，即空白水泥石试样中二者含量最小，与宏观抗压强度测试实验结果一致性较强。此外，同一腐蚀龄期液相腐蚀后水泥石中 C-S-H 和 $Ca(OH)_2$ 含量高于硫化氢气相腐蚀。

表 5　C-S-H 和 Ca(OH)2 含量随腐蚀龄期的变化

试样	腐蚀环境	腐蚀 7d		腐蚀 18d		腐蚀 28d	
		C-S-H/%	Ca(OH)2/%	C-S-H/%	Ca(OH)2/%	C-S-H/%	Ca(OH)2/%
1#	气相	0.9521	3.0090	0.4991	2.6446	0.2126	1.7806
	液相	1.9407	2.9750	1.6482	2.2471	1.1827	1.9424
2#	气相	4.3146	6.9973	3.6217	5.8132	2.8915	4.9872
	液相	4.8044	9.1201	4.0132	7.5320	3.2864	6.1338
3#	气相	3.0278	3.5388	2.4623	2.7436	1.9764	2.1217
	液相	3.1580	4.1948	2.6521	3.8764	2.0286	3.0110
4#	气相	3.4291	3.3334	2.8972	2.7543	2.1439	1.8319
	液相	4.0890	3.5712	3.9110	2.9912	3.0462	2.7289

3.5 腐蚀产出物物相 XRD 分析

实验结果见图 9 和图 10 所示，腐蚀龄期为 28 d 时，1#、2#、3#和 4#水泥石腐蚀程度进一步加深，未水化硅酸钙 C3S 和 C2S 含量持续降低，但较之气相腐蚀，特征衍射峰更明显。此外 2#水泥石试样中包含有较多的未被完全腐蚀的 Ca(OH)2 晶体，且存在大量的无定形态游离二氧化硅，因此 2#水泥石耐硫化氢腐蚀性能最佳，4#水泥石试样次之。

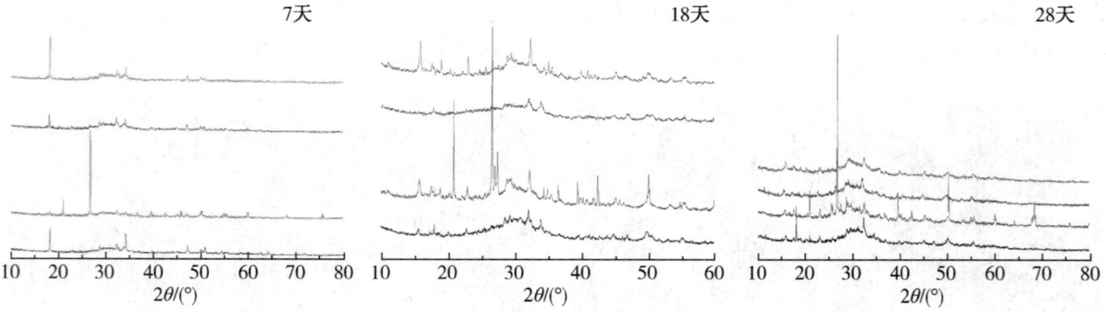

图 9　气相环境下不同水泥石试样硫化氢腐蚀后物相 XRD 分析结果

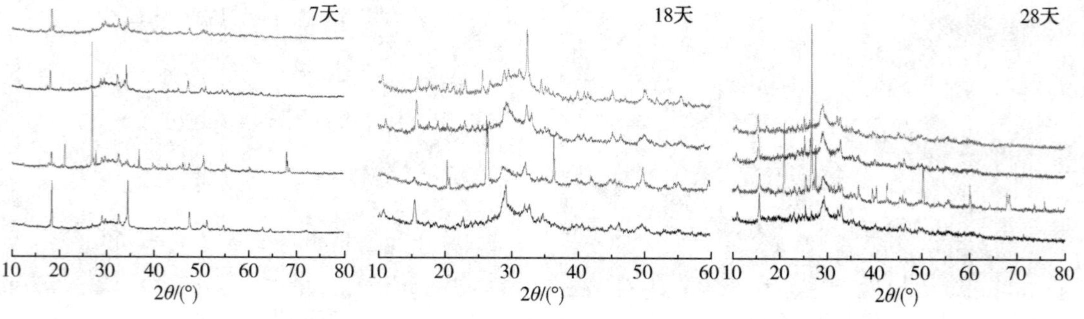

图 10　液相环境下不同水泥石试样硫化氢腐蚀后物相 XRD 分析结果

3.6 水泥浆体系综合性能评价

基于上述实验结果分析 2#水泥浆体系具有优异的抗腐蚀性能，因此室内开展 2#水泥浆体系综合性能评价，实验结果见表 6 所示。2#水泥浆密度 1.95g/cm³，API 失水 38ml，流动度达到 23.5cm，综合性能良好，可以满足注水泥工艺要求。

表 6　2#水泥石综合性能测试结果

编号	密度/(g/cm³)	API 析水/mL	失水/mL	流动度/cm	流变参数	
					n	K/Pa・sn
2#	1.95	0	38	23.5	0.78	0.88

4　现场试验效果

采用该高抗硫水泥浆体系及配套固井工艺后，全年施工 5 口井，水泥全部成功返出地面，全井段封固率可达 99.28%，固井质量大幅提高，表明所研发的抗盐防硫水泥浆体系可以满足现场高含硫地层的安全固井。

表 7

井号	固井井深/m	裸眼段长/m	目的层	完井泥浆密度/(g/cm³)	领浆密度/(g/cm³)	施工情况	全井封固率/%
X1	3030	525	马三	1.69	1.80	水泥返出，密度 1.75	99.79
X2	3421.72	641.72	马二	1.78	1.80	水泥返出，密度 1.80	99.80
X3	2950	421	马三	1.68	1.70	水泥返出，密度 1.68	99.88
X4	3953.5	888.5	滹沱系	1.29	1.35	水泥返出，密度 1.34	97.47
X5	2735	415	马三	1.67	1.70	水泥返出，密度 1.69	99.45

5　结论

(1) 不同环境下水化产物腐蚀速率存在差异性，同一腐蚀期下，气相腐蚀后的物相 $Ca(OH)_2$晶体含量明显高于液相腐蚀，水化硅酸钙凝胶 C-S-H 和部分未水化硅酸三钙 C_3S 和硅酸二钙 C_2S 含量明显低压液相腐蚀。

(2) 优选的硫化氢防腐剂聚合物微球对水泥石强度影响较小，且具有较好的流变性。

可以有效增加水泥石的抗硫化氢腐蚀能力，经过 28 天硫化氢腐蚀后抗压强度衰退率为 17.62%，渗透率增加 0.0022mD。

(3) 优选的抗硫化氢酸性腐蚀水泥浆体系配方：嘉华 G 级水泥+防腐蚀剂-聚合物微球(8%)+分散剂-G408FJ(0.8%)+降失水剂 G409F1(1.3%)，水灰比：0.44。该配方能同时满足硫化氢抗腐蚀及现场施工双要求。

参 考 文 献

[1] 张金平，倪华锋，史配铭．鄂尔多斯盆地东部气田盐下高含硫储层安全高效钻井技术[J]．石油钻探技术，2023，51(03)：22-29.

[2] 王国亭，程立华，孟德伟，等．鄂尔多斯盆地东部奥陶系古岩溶型碳酸盐岩致密储层特征、形成机理与天然气富集潜力[J]．石油与天然气地质，2018，39(04)：685-695.

[3] 张锦虹，宋玥，刘书勤，等．Power-V 在克深 102 井膏盐岩层中的应用[J]．石油钻采工艺，2015，37(06)：13-17.

[4] 陈大钧，张颖，赵川宁，等．利用水溶性聚合物防止油井水泥 H_2S 腐蚀的研究[J]．钻井液与完井液，2011，28(03)：56-59.

[5] 刘天恩，贺彦亮，靳盛，等．防 H_2S 和 CO_2 酸性气体腐蚀水泥浆体系研究与应用[J]．钻井液与完井液，2014，31(04)：68-70.

[6] 郭小阳，辜涛，李早元，等．水湿环境下硫化氢对固井水泥石的腐蚀机理[J]．天然气工业，2015，35(10)：93-98.

[7] 严思明，王杰，卿大咏，等．硫化氢对固井水泥石腐蚀研究[J]．油田化学，2010，27(04)：366-370.

[8] 代丹，岳蕾，罗宇维，等．聚合物对油井水泥石微观结构和抗腐蚀性能的影响[J]．电子显微学报，2016，35(03)：235-239.

[9] 黄柏宗．紧密堆积理论优化的固井材料和工艺体系[J]．钻井液与完井液，2001，(06)：4-12.

[10] 徐璧华，宋茂林，李霜，等．水泥石抗盐防 CO_2/H_2S 腐蚀研究[J]．钻井液与完井液，2010，27(05)：58-60.

[11] 周仕明，谭春勤．耐酸性气体腐蚀水泥添加剂 DC206 的研制及性能评价[J]．石油钻探技术，2011，39(01)：25-28.

[12] 马开华，周仕明，初永涛，等．高温下 H_2S 气体腐蚀水泥石机理研究[J]．石油钻探技术，2008，(06)：4-8.

[13] Zhang Y, Xu M, Song J, et al. Study on the corrosion change law and prediction model of cement stone in oil wells with CO2 corrosion in ultra-high-temperature acid gas wells[J]. Construction and Building Materials, 2022, 323: 125879.

[14] Idriss A F, Negi S C, Jofriet J C, et al. SE-Structures and Environment: Corrosion of Steel Reinforcement in Mortar Specimens exposed to Hydrogen Sulphide, Part 1: Impressed Voltage and Electrochemical Potential Tests [J]. Journal of Agricultural Engineering Research, 2001, 79(2): 223-230.

[15] 房恩楼，刘仕康，王学春，等. 微硅固井水泥石的抗 CO2 腐蚀性能[J]. 腐蚀与防护，2022，43(09)：41-45.

[16] 严思明，王杰，卿大咏，等. 硫化氢对固井水泥石腐蚀研究[J]. 油田化学，2010，27(04)：366-370.

[17] 郑友志，佘朝毅，姚坤全，等. 川渝地区含硫气井固井水泥环界面腐蚀机理分析[J]. 天然气工业，2011，31(12)：85-89.

[18] 曾添. 油气井抗腐蚀性水泥浆体系的研究[J]. 长江大学学报(自科版)，2018，15(15)：50-52.

触变胶凝堵漏技术在长庆油田的应用

史　野[1,2]　崔永林[3]　崔节磊[2]　张晓娟[2]　李　超[3]　杨　刚[2]

（1. 天津市复杂条件钻井液企业重点实验室；2. 中国石油集团渤海钻探工程有限公司泥浆技术服务分公司；
3. 中国石油集团渤海钻探工程有限公司第二钻井工程分公司）

摘　要　针对长庆油田关于刘家沟-石千峰组水泥堵漏留不住塞问题，为提高水泥浆在地层漏失通道的滞留能力，在水泥浆中加入新型有机无机杂化的触变剂，配比降失水剂和缓凝剂建立了触变胶凝堵漏浆体系。室内研究了触变剂的加量范围，并对触变胶凝堵漏体系的触变效果、稠化时间、固结强度、失水、流动度等性能进行评价，实验表明，触变胶凝堵漏浆体系具有触变能力高、滞留能力强、固化时间可调、施工安全可靠等技术优势。在长庆油田靖边、神木气田的两口水平井治漏过程中，触变胶凝堵漏浆体系一次堵漏成功率高，表现出良好的堵漏效果。

关键词　触变胶凝；堵漏；长庆

随着油气勘探开发不断深入，油气开采和水井的采注导致地层的压力紊乱，对于薄弱地层，钻井液密度偏高导致井漏频发。井身结构不断简化，钻井安全密度窗口矛盾更加突出，井漏逐渐成为了制约钻井提速的一个重要因素，以中石油为例，井漏约占钻井事故复杂总损失时间的70%，年均损失约4000天，大幅度增加了非生产时间，造成直接经济损失每年超60亿元，间接损失难以估量。

长庆油田主要漏失层位为延长组、刘家沟组、石千峰组。延长组与刘家沟组砂泥岩互层，胶结性差，且存在天然裂缝发育，易造成诱导裂缝漏失或天然裂缝漏失；石千峰组裂缝发育，部分区块裂缝开度大，易出现“放空”现象，多为失返性漏失。

地层胶结性差，微裂缝纵横发育，以纵向发育为主，且发育较好，具备裂缝剪切错位形成复杂裂缝网络的条件，整体地层承压能力差，易受外界压力变化造成井漏。刘家沟组地层破裂压力和承压能力较低，与易塌的石千峰组、石盒子组、山西组和太原组煤层处于同一裸眼段，为平衡下部地层压力导致井漏。

1　堵漏现状

自然裂缝、溶洞性漏失及人工诱导沟通造成的恶性漏失，是目前堵漏工作的主要难题，钻井过程中应当重点预防自然裂缝引发的井漏。据统计裂缝性、溶洞性漏失的漏失量占比78.4%，漏失时间占比60.8%。针对大裂缝、大溶洞的恶性漏失，目前大都采取固结堵漏技术，见表1。但是现有的固结堵漏技术在大的裂缝、溶洞的空间下不能有效的滞留，堵漏成功率低。触变胶凝材料是通过在普通可固化材料中加入触变剂而得到的一种特种材料，在混拌和顶替过程中，具有较好的流动性，泵送停止后则迅速变稠，形成具有一定支撑作用的胶凝结构，且此过程具有可逆性。触变胶凝材料独特的性能使其在封堵溶洞及大裂缝时，具有良好的滞留性，从而极大地提高堵漏的成功率。

表1　堵漏用水泥浆体系种类及特点

防漏水泥浆种类	优点及适用范围	缺点及局限性
低密度水泥浆	适用于薄弱地层避免压漏（20-180℃）	重点在防止压漏
纤维防漏水泥浆	适用于渗透性及小型裂缝性漏失（20-150℃）	无法解决恶性漏失容易堵塞水眼等
触变水泥浆	可用于大型裂缝等漏失较严重地层（20-120℃）	使用温度受限，不易停泵时间过长

2 触变胶凝堵漏技术原理

研制的触变剂 CBJ-1 的触变特性是聚合物和膨润土的共同作用。聚合物的加入使膨润土分散更为均匀，其次膨润土与聚合物之间形成一定的氢键作用是由膨润土自身的触变特性和杂化触变剂内氢键的作用产生的。表现为搅动时氢键结构被破坏，静止时氢键又会生成，从而在水泥浆之间形成一定的触变性。

3 触变胶凝堵漏体系性能评价

（1）CBJ-1 加量的评价

表 2 触变剂加量对浆体胶凝强度的影响

CBJ-1 加量/%	常温胶凝强度/Pa		50℃胶凝强度/Pa		90℃胶凝强度/Pa		流动度/cm	
	10s	10min	10s	10min	10s	10min	0min	静止搅拌后
0	18.4	25	5.1	8.2	6.2	10.5	12	10
1	3.1	88.9	11.8	50.1	21.2	49.4	22	23
2	10.4	96.2	14.5	53.4	25.4	55.3	22	22
2.5	15.6	110.2	21.3	65.4	23.6	66.2	21	21
3.0	16.2	112.4	25.3	66.8	27.8	70.5	20	20

对于在高温条件下胶凝强度产生严重下降的水泥净浆，随着触变剂加量的增加，触变水泥浆胶凝强度增加，高温下 10min 胶凝强度也发生大幅下降，大约是常温的二分之一，但与水泥净浆相比还具有较高的胶凝强度。触变剂加量达到 1.8%以上时，水泥浆 10min 胶凝强度不再大幅增长，且随着加量增加液相粘度增大，水泥浆不易配制。无论是刚制备时的流动度，还是静止 10min 重新搅拌后的流动度，触变水泥浆均优于水泥净浆，触变剂的推荐加量为 1-2%。

（2）触变效果评价

研制的触变剂 CBJ-1 测试在 10min 静胶凝强度大于 50Pa，触变能力较国内同类产品提升 60%。

表 3 不同触变剂静切力测试

序号	触变剂	温度/℃	初切/Pa	终切/Pa	差值/Pa
1	纯水泥	50	0.5	2	1.5
2	研制的触变剂	50	10.5	53.5	43
3	国内(固体)	50	28	55	27
4	国外(液体)	50	2	10	8
5	纯水泥	90	2	8	6
6	研制的触变剂	90	21	60	39
7	国内(固体)	90	32	58	26
8	国外(液体)	90	5	20	15

注：静切力的差值越大表面触变能力越强。

（3）稠化时间评价

触变胶凝体系在不同缓凝剂的加量下测试 50℃、90℃、120℃下的稠化曲线。通过测试可得随着缓凝剂用量的增加，稠化时间可调，保证了触变胶凝体系在堵漏施工过程中可以根据不同地层温度，控制缓凝剂的加量来调节水泥浆的稠化时间。

表 4 缓凝剂不同加量下的稠化时间

温度/℃	缓凝剂加量/%	初始稠度/Bc	稠化时间/min
50	0	21.5	114
	0.1	19.7	152
	0.2	23.9	195

续表

温度/℃	缓凝剂加量/%	初始稠度/Bc	稠化时间/min
90	0	18.9	82
	0.15	19.0	123
	0.3	19.0	148
	0.4	14.2	275
120	0.7	25.0	154
	1.4	16.0	257

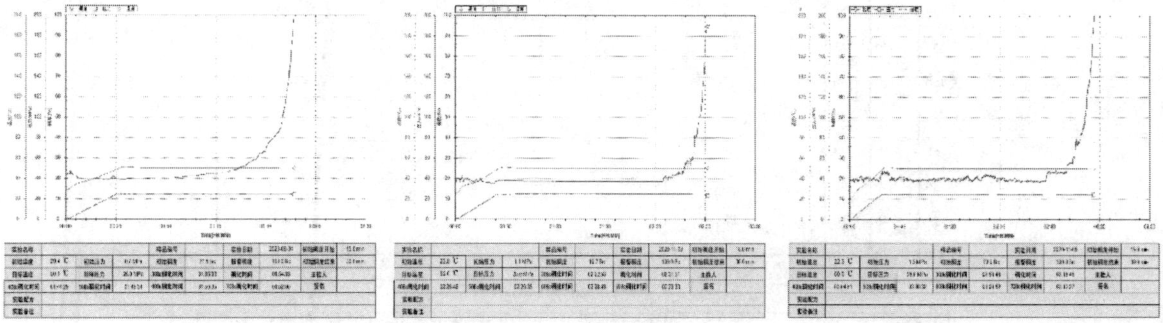

(a)0%–114min (b)0.1%–152min (c)0.2%–195min

图 1 缓凝剂不同加量下的稠化曲线图(50℃)

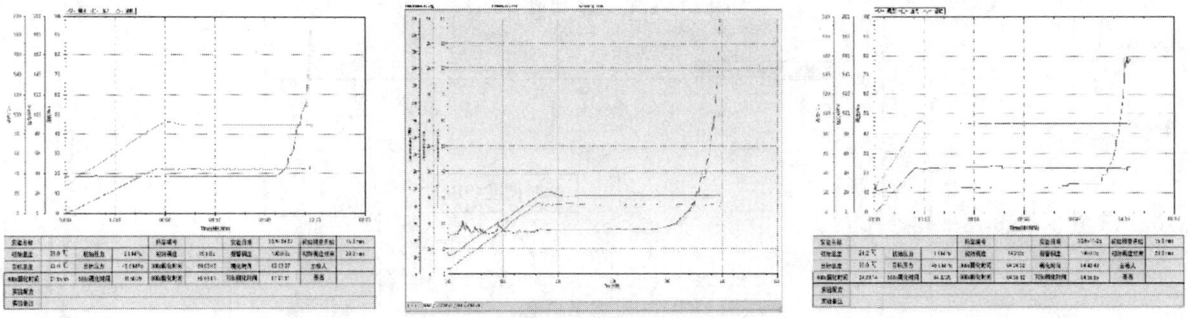

(a)0.15%–123min (b)0.3%–148min (c)0.4%–275min

图 2 缓凝剂不同加量下的稠化曲线图(90℃)

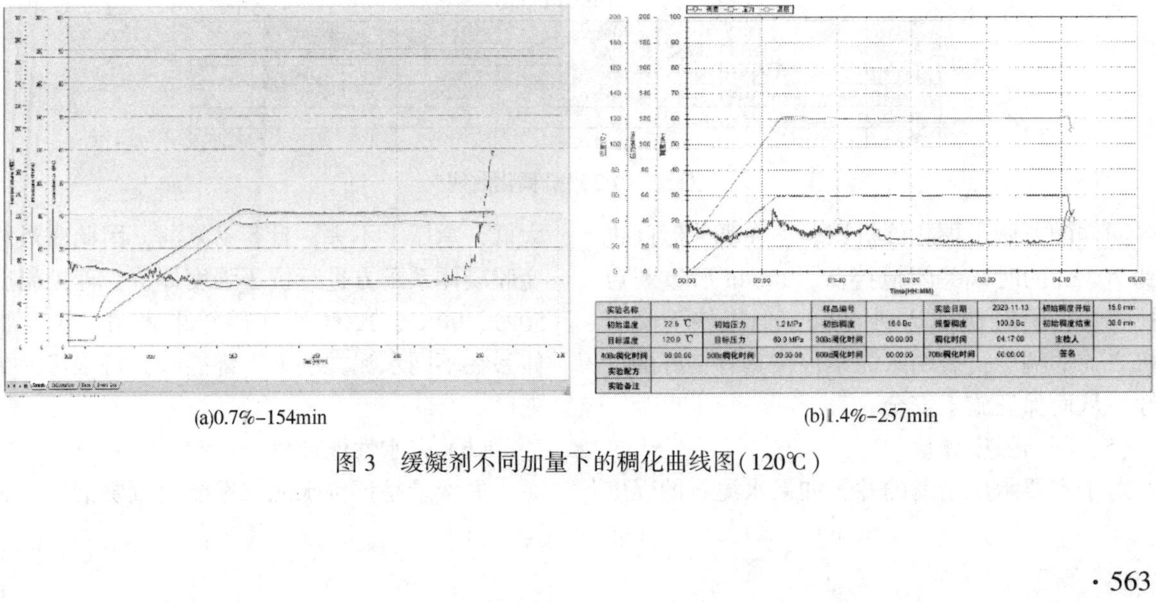

(a)0.7%–154min (b)1.4%–257min

图 3 缓凝剂不同加量下的稠化曲线图(120℃)

(4) 安全性评价

采用G级水泥，在90℃下进行了稠化停机试验。

表5　触变水泥浆基本性能

配方	密度/(g/cm³)	常温胶凝强度/Pa	
		10s	10min
水泥灰+ 2%触变剂+降失水剂 +缓凝剂	1.86	2.6	49

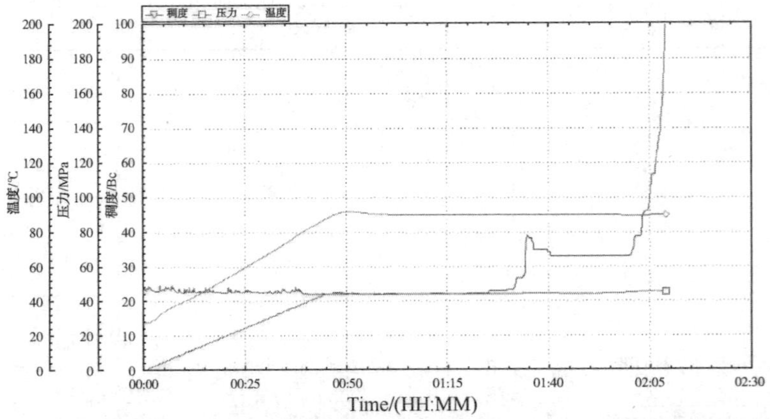

实验名称				样品编号		实验日期	2020-08-21	初始稠度开始	15.0min
初始温度	28.1℃	初始压力	0.7MPa	初始稠度	24.3Bc	报警稠度	100.0Bc	初始稠度结束	30.0min
目标温度	90.0℃	目标压力	45.0MPa	30Bc稠化时间	01:34:18	稠化时间	02:09:08	主检人	
40Bc稠化时间	02:03:11	50Bc稠化时间	02:05:06	60Bc稠化时间	02:06:46	70Bc稠化时间	02:07:51	签名	
实验配方									
实验备注									

图4　90℃未停机稠化曲线

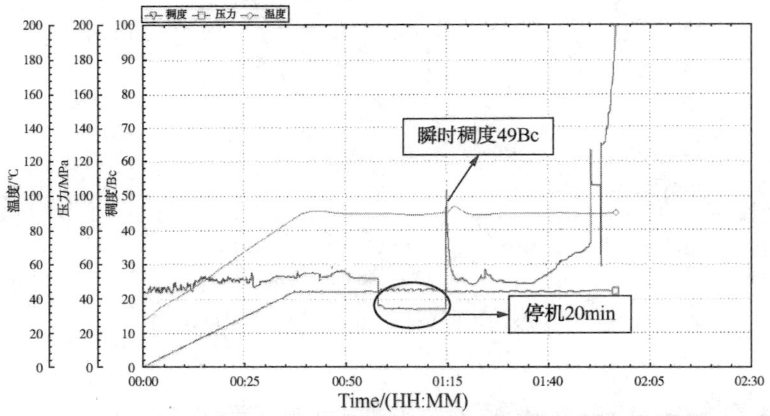

实验名称				样品编号		实验日期	2020-08-21	初始稠度开始	15.0min
初始温度	28.4℃	初始压力	0.8MPa	初始稠度	26.7Bc	报警稠度	100.0Bc	初始稠度结束	30.0min
目标温度	90.0℃	目标压力	45.0MPa	30Bc稠化时间	00:46:34	稠化时间	02:20:16	主检人	
40Bc稠化时间	00:46:54	50Bc稠化时间	01:29:58	60Bc稠化时间	02:12:52	70Bc稠化时间	02:17:57	签名	
实验配方									
实验备注									

图5　90℃停机稠化曲线

同样配方做了稠化停机试验，在稠化时间进行到70min的时候关闭搅拌器，20min后重新启动搅拌器，瞬时稠度达到49Bc，但很快下降到停机之前的稠度，表明水泥浆很快具有良好的可泵性，从而保证施工安全。

(5) 固结强度评价

对于需要承压堵漏的井，如果水泥石的强度太低，承压上不去，且容易复漏，因此对最终触变胶凝体系配方进行抗压强度评价。养护温度为50℃、90℃、120℃。实验结果表明，触变胶凝体系在不同水泥类别下，都能够保持很好的抗压强度。

(6) 失水性能评价

失水量是评价水泥浆性能的重要指标，失水

量大会导致水泥浆流动性能变差，进而影响现场施工。基础配方为G级水泥+1.2%触变剂+4%降失水剂。经常压稠化仪在50℃养护20分钟后，触变水泥浆的失水量为40mL；经常压稠化仪在90℃养护20分钟后，触变水泥浆的失水量为43mL；经高温高压稠化仪在120℃养护20分钟后，触变水泥浆的失水量为49mL。

表6 不同触变胶凝体系抗压强度测试

水泥类别	50℃/MPa	90℃/MPa	120℃/MPa
胜潍G级	17.2	19.6	22.5
嘉华G级	16.3	17.8	19.6
药王山G级	15.2	17.4	18.4

（7）流动度性能评价

将配制好触变水泥浆后静置几分钟后测得流动度为10cm，搅动后测得流动度为17cm。

4 触变胶凝堵漏工艺

（1）起钻换光钻杆+铣齿接头，下钻通井，循环测漏速；起钻至漏层以上200m附近，确保钻具安全，测量环空液面高度，准备堵漏施工。

（2）注触变水泥浆。根据封堵漏失段的长度计算需要注入触变水泥浆的量，使用水泥泵车，以0.8m^3/min排量注入前置液、触变水泥浆、后置液。

（3）替泥浆。使用泥浆泵以0.8-1.5m^3/min替泥浆至钻具水眼内触变水泥浆液面高于外环空50-100m。若注替触变水泥浆期间漏失量较大，则替浆平衡后起钻至安全井段静止候凝；若漏失量小或未发生漏失，起钻至触变水泥浆液面上部循环冲洗钻具，根据循环期间漏失量多少确定是否关井憋挤，以触变水泥浆总量的三分之二挤入漏层为宜。替浆完毕起钻至安全井段候凝24h。

（4）侯堵结束，分段下钻试循环，钻塞验漏。

5 现场应用

（1）S 295-3-42井

刘家沟组底部、刘家沟与石千峰组交界处多裂缝发育，漏失频发，地层承压能力不足(该井前期在钻至井深2007m(漏速24m^3/h，漏失量30m^3)、2060m(漏速40m^3/h、漏失量15m^3，采用高失水堵漏承压能到3MPa)，钻进至2078m发生漏失，漏速48m^3/h，漏失量22m^3，采用桥堵后循环不漏，但是承不住压，钻井至井深2127m再次发生漏失，配桥接堵漏浆25m^3进行堵漏，无法承压，钻进至2157m时再次失返，采用触变胶凝堵漏技术，根据现场漏失情况选取注水泥塞封固井段2007-2157m，注入前置液3m^3，触变水泥浆12.1m^3，后置液1m^3注替完成后上提钻具循环冲洗钻具，关封井器进行憋挤堵漏浆，起到安全井段候凝24h。下钻探塞(塞面：2130m，塞厚27m)，钻塞无漏失，一次堵漏成功。

（2）S37-8H4井

漏失地层：刘家沟-石千峰组；漏速：40.8m^3/h，钻井液性能：密度1.20g/cm^3、粘度45s、失水5ml。本井钻进至2200m发生漏失，漏速40.8m^3/h。下光钻杆至2120m注触变胶凝堵漏体系，(前置液3m^3，触变水泥浆12.8m^3，密度：1.80/1.87/1.91 = 1.86g/cm^3，后置液1m^3)，替浆15m^3，施工过程漏失2m^3，起钻15柱，关井憋挤6m^3，套压2MPa。侯凝24h探塞面2050m，钻塞完无漏失，一次堵漏成功。

6 结论及认识

（1）触变胶凝体系配方经过水泥浆静态失水测试，在50℃、90℃、120℃下养护后，失水量小于50mL，搅动时稠度18-20Bc，10min胶凝强度为50-85Pa，控制缓凝剂加量调节稠化时间为120-360min可调，满足现场施工要求。

（2）触变胶凝堵漏体系是在普通水泥浆中加入触变剂，能够使浆体提高滞留效果，但是不影响水泥浆的基本性能(稠化时间、相容性、稠度等)，因此凡是桥堵不成功的，需要打水泥堵漏，都可以应用触变胶凝堵漏技术(120℃以内触变效果最佳)。

（3）触变胶凝堵漏体系在长庆等油田现场应用效果良好，堵漏成功率高，从现场应用效果表明，该技术可以应用在大裂缝、孔洞型的失返性漏失中。

参考文献

[1] 孙金声，王韧，龙一夫．我国钻井液技术难题、新进展及发展建议[J]．钻井液与完井液，2024，41(1)：1-30.

[2] 孙金声，杨景斌，白英睿，等．深层超深层钻井液技术研究进展与展望[J]．石油勘探与开发，2024，

51(4)：1-10.

[3] 陈军，王先兵，刘松，等．恶性井漏治理现状及展望[J]. 石油化工应用，2017，36(6)：12-16.

[4] 王中华．复杂漏失地层堵漏技术现状及发展方向[J]. 中外能源，2014，19(1)：39-48.

[5] 孙金声，白英睿，程荣超，等．裂缝性恶性井漏地层堵漏技术研究进展与展望[J]. 石油勘探与开发，2021，48(3)：630-638.

[6] 步玉环，尤军，姜林林．触变胶凝材料浆体系研究与应用进展[J]. 石油钻探技术，2009，37(4)：110-114.

[7] 卢海川，李洋，宋元洪，等．新型固井触变水泥J浆体系[]. 钻井液与完井液，2016，(6)：73-78.

[8] JONES R R，CARPENTER R B. New latex，expanding thix-otropic cement systems improve job performance and reduce costs[R]. SPE 21010，1991.

[9] 李淑萍，侯万国，孙德军，等．Fe-Al-Mg-MMH-钠质蒙脱土分散体系触变性研[J]. 高等学校化学学报，2001，22(7)：1173-1176.

[10] 胡圣飞，李慧，胡伟，等．触变性研究进展及应用综述[J]. 湖北工业大学学报，2012，27(2)：57-60.

[11] 曾义金．塔北地区碳酸盐岩储层欠平衡压力钻井技术[J]. 石油钻探技术，2001，29(2)：7-9.

[12] 王维斌，马廷虎，邓团，等．川东宣汉-开江地区恶性井漏特征及地质因素[J]. 天然气工业，2005，25(2)：90-92.

[13] 石林，蒋宏伟，郭庆丰．易漏地层的漏失压力分析[J]. 石油钻采工艺，2010，32(3)：40-44.

[14] 侯冰，陈勉，卢虎，等．库车山前下第三系漏失原因分析及堵漏方法[J]. 石油钻采工艺，2009，31(4)：40-44.

[15] 吕开河，王晨烨，雷少飞，等．裂缝性地层钻井液漏失规律及堵漏对策[J]. 中国石油大学学报(自然科学版)，2022，46(2)：85-93.

[16] 史野，穆剑雷，朱峰，等．有机无机杂化触变剂的研究与应用[J]. 钻井液与完井液，2023，40(3)：397-402.